できる逆引き

Excel VBAを極める勝ちワザ716

2021/2019/2016&
Microsoft 365対応

国本温子・緑川吉行&できるシリーズ編集部

インプレス

ご購入・ご利用の前に必ずお読みください

本書は、2022年2月現在の情報をもとに「Microsoft Excel 2021」の操作方法について解説しています。下段に記載の「本書の前提」と異なる環境の場合、または「Microsoft Excel 2021」の機能や操作方法、画面などが変更された場合、本書の掲載内容通りに操作できなくなる可能性があります。

本書発行後の情報については、弊社のWebページ（https://book.impress.co.jp/）などで可能な限りお知らせいたしますが、すべての情報の即時掲載ならびに、確実な解決をお約束することはできかねます。また本書の運用により生じる、直接的、または間接的な損害について、著者ならびに弊社では一切の責任を負いかねます。あらかじめご理解、ご了承ください。

本書で紹介している内容のご質問につきましては、巻末をご参照のうえ、お問い合わせフォームかメールにてお問い合わせください。電話やFAXなどでのご質問には対応しておりません。本書の発行後に発生した利用手順やサービスの変更に関しては、お答えしかねる場合があります。また、本書の奥付に記載されている初版発行日から3年が経過した場合、もしくは解説する製品やサービスの提供会社がサポートを終了した場合にも、ご質問にお答えしかねる場合があります。

練習用ファイルについて

本書で使用する練習用ファイルは、弊社Webサイトからダウンロードできます。練習用ファイルと書籍を併用することで、より理解が深まります。

▼練習用ファイルのダウンロードページ

https://book.impress.co.jp/books/1120101187

●用語の使い方

本文中では、「Microsoft® Windows® 11」のことを「Windows 11」または「Windows」、「Microsoft® Windows® 10」のことを「Windows 10」または「Windows」と記述しています。また、「Microsoft® 365 Personal」のことを「Microsoft 365」、「Microsoft® Office 2021」のことを「Office 2021」または「Office」、「Microsoft® Excel® 2021」のことを「Excel 2021」または「Excel」、「Microsoft® Excel® 2019」のことを「Excel 2019」または「Excel」、「Microsoft® Excel® 2016」のことを「Excel 2016」または「Excel」と記述しています。また、本文中で使用している用語は、基本的に実際の画面に表示される名称に則っています。

●本書の前提

本書では、「Windows 11」と「Excel 2021」がインストールされているパソコンで、インターネットに常時接続されている環境を前提に画面を再現しています。

「できる」「できるシリーズ」は、株式会社インプレスの登録商標です。
Microsoft、Windowsは、米国Microsoft Corporationの米国およびその他の国における登録商標または商標です。
そのほか、本書に記載されている会社名、製品名、サービス名は、一般に各開発メーカーおよびサービス提供元の登録商標または商標です。
なお、本文中には™および®マークは明記していません。

Copyright © 2022 Atsuko Kunimoto, Yoshiyuki Midorikawa and Impress Corporation. All rights reserved.
本書の内容はすべて、著作権法によって保護されています。著者および発行者の許可を得ず、転載、複写、複製等の利用はできません。

まえがき

本書は、Excel VBAで実行できる処理をさまざまな角度から、716のサンプルとして集めています。ここで紹介するワザには、「VBAの基礎知識」から「セル、ワークシート、ブックの操作」や「データの並べ替え、抽出、集計、ピボットテーブル、グラフの作成」など実務で最も必要とされるワザ、そして「エラーが発生した場合の処理」や「エラーを回避する方法」といったプログラムを作成する上で重要なワザまですべて網羅しています。さらに、「XML形式やJSON形式を含むテキストファイルの操作方法」や「外部アプリケーションとの連携」、「Webスクレイピングの方法」、「クラスモジュールの使用方法」といった応用的で実践的なワザも多数取りそろえています。そのため、Excel VBAに不慣れな初心者の方から上級者の方まで、ほとんどの方にご利用いただける内容となっています。

そして、逆引きができるように構成されているので、「こんなときはどうすればいいのだろう」という疑問がわいたときに、本書を手に取っていただけば、何らかのヒントをつかんでいただけると思います。そういった要望に応えるために、本書にはVBAプログラミングで壁にぶつかりそうな疑問を解決するヒントとなるコードが随所にちりばめられており、作成したExcel VBAの引き継ぎに備えたノウハウなども含めています。

なお、本書は、Excel 2021/2019/2016、Microsoft 365 に対応しており、サンプルも用意しています。動作確認がすぐにでき、実務内容に合わせてコードを書き換え、ご活用いただくことが可能です。

本書が、すぐに使える便利な「勝ちワザ」として、多くの読者の皆さまのお手元でお役に立つことを心から願っています。

末筆になりますが、編集作業でご尽力くださいました株式会社インプレスの高橋様、制作に関わってくださいましたすべての方々に心より感謝申し上げます。

2022年2月　著者一同

第4章　セルの書式　197

第7章 高度なファイル操作 329

テキストファイルの操作

ファイルやフォルダーの操作

第14章 VBA関数 783

本書の読み方

本書は、Excel VBAを活用して問題を解決するテクニックを「ワザ」として提案しています。「解説」「入力例」「ポイント」の3つのステップを確認し、1つずつ読み進めれば、すぐにワザが身に付くでしょう。各要素の詳しい内容は以下を参照してください。

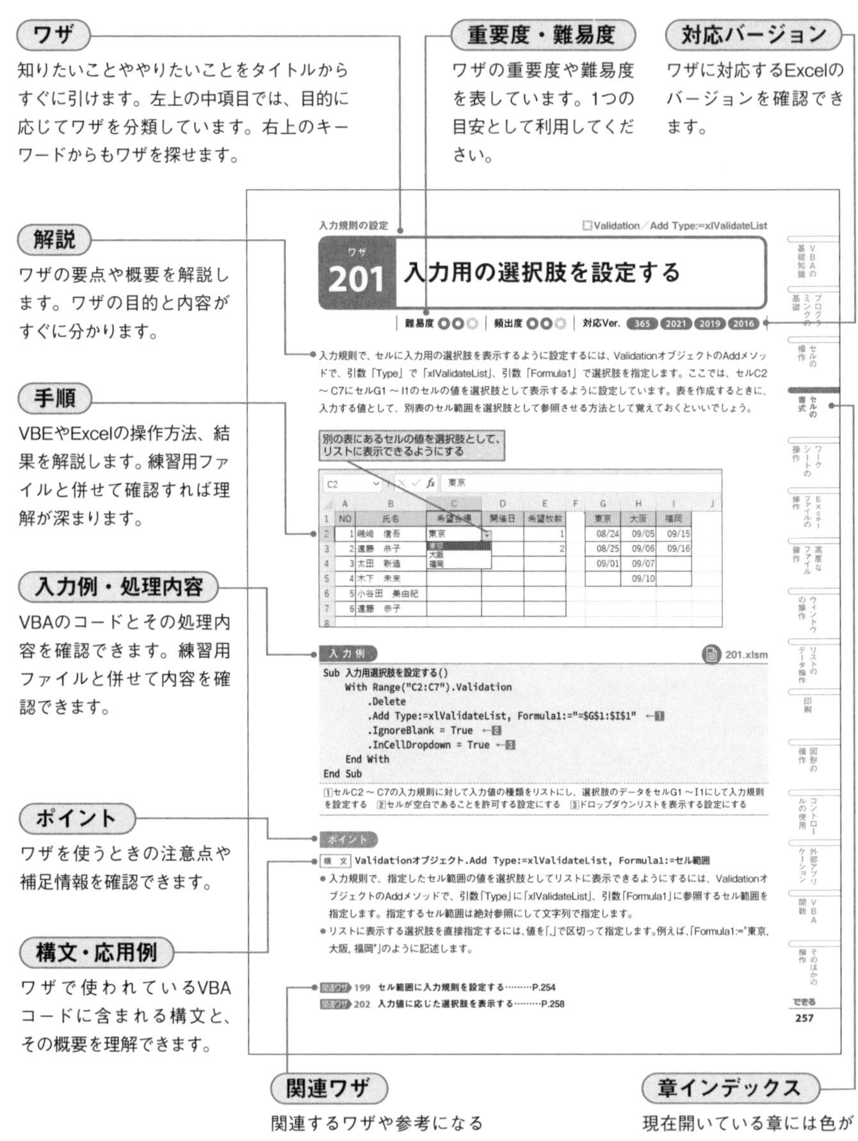

ワザ
知りたいことややりたいことをタイトルからすぐに引けます。左上の中項目では、目的に応じてワザを分類しています。右上のキーワードからもワザを探せます。
重要度・難易度
ワザの重要度や難易度を表しています。1つの目安として利用してください。
対応バージョン
ワザに対応するExcelのバージョンを確認できます。
解説
ワザの要点や概要を解説します。ワザの目的と内容がすぐに分かります。
手順
VBEやExcelの操作方法、結果を解説します。練習用ファイルと併せて確認すれば理解が深まります。
入力例・処理内容
VBAのコードとその処理内容を確認できます。練習用ファイルと併せて内容を確認できます。
ポイント
ワザを使うときの注意点や補足情報を確認できます。
構文・応用例
ワザで使われているVBAコードに含まれる構文と、その概要を理解できます。
関連ワザ
関連するワザや参考になるワザをすぐに参照できます。
章インデックス
現在開いている章には色が付いています。
入力規則の設定
Validation／Add Type:=xlValidateList
ワザ 201 入力用の選択肢を設定する
難易度 頻出度 対応Ver. 365 2021 2019 2016
入力規則で、セルに入力用の選択肢を表示するように設定するには、ValidationオブジェクトのAddメソッドで、引数「Type」で「xlValidateList」、引数「Formula1」で選択肢を指定します。ここでは、セルC2～C7にセルG1～I1のセルの値を選択肢として表示するように設定しています。表を作成するときに、入力する値として、別表のセル範囲を選択肢として参照させる方法として覚えておくといいでしょう。
別の表にあるセルの値を選択肢として、リストに表示できるようにする
入力例
201.xlsm
Sub 入力用選択肢を設定する()
With Range("C2:C7").Validation
.Delete
.Add Type:=xlValidateList, Formula1:="=$G$1:$I$1" ←1
.IgnoreBlank = True ←2
.InCellDropdown = True ←3
End With
End Sub
1セルC2～C7の入力規則に対して入力値の種類をリストにし、選択肢のデータをセルG1～I1にして入力規則を設定する 2セルが空白であることを許可する設定にする 3ドロップダウンリストを表示する設定にする
ポイント
構文 Validationオブジェクト.Add Type:=xlValidateList, Formula1:=セル範囲
入力規則で、指定したセル範囲の値を選択肢としてリストに表示できるようにするには、ValidationオブジェクトのAddメソッドで、引数「Type」に「xlValidateList」、引数「Formula1」に参照するセル範囲を指定します。指定するセル範囲は絶対参照にして文字列で指定します。
リストに表示する選択肢を直接指定するには、値を「,」で区切って指定します。例えば、「Formula1:="東京,大阪,福岡"」のように記述します。
関連ワザ 199 セル範囲に入力規則を設定する………P.254
関連ワザ 202 入力値に応じた選択肢を表示する………P.258
できる
257

第1章

VBAの基礎知識

この章では、VBAを使ってプログラミングする前に、用語や構文などの基礎知識の説明と、VBAの作業環境であるVBEの起動からコードを記述してプロシージャーを実行するまでの一連の操作を説明します。また、処理を自動実行するイベントプロシージャーの具体例も紹介しています。

ワザ 001 VBAを起動してモジュールを挿入する

難易度 ●○○ ｜ 頻出度 ●●● ｜ 対応Ver. 365 2021 2019 2016

Excelでプログラミングをするには、VBA（Visual Basic for Applications）というプログラミング言語を使います。VBAでプログラミングするには、VBE（Visual Basic Editor）というExcelに付属しているプログラミングツールを起動し、モジュールを追加して、そこにコードを記述します。モジュールに記述するのは、処理の実行単位である「プロシージャー」というひとまとまりのコードです。

1 標準モジュールを挿入する

VBAを記述するブックを開いておく

1 Alt + F11 キーを押す

VBEが起動した

ここでは、標準モジュールを挿入する

Microsoft Visual Basic for Applications - Book1

ファイル(F)　編集(E)　表示(V)　挿入(I)　書式(O)　デバッグ(D)　実行(R)　ツール(T)　アドイン(A)　ウィンドウ(W)　ヘルプ(H)

プロシージャ(P)...
ユーザー フォーム(U)
標準モジュール(M)
クラス モジュール(C)

2 ［挿入］をクリック

3 ［標準モジュール］をクリック

2 プロシージャーを入力する

標準モジュールが挿入された

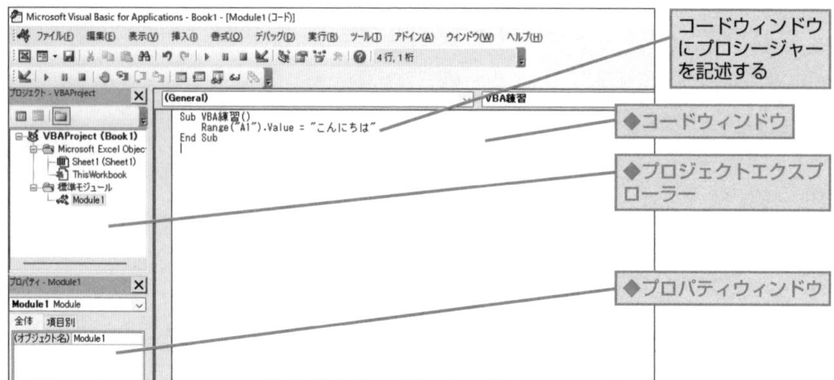

ポイント

- VBAでは、処理の実行単位を「プロシージャー」と言いますが、Excelでは「マクロ」と言います。
- プロシージャーは、モジュールにコードを記述して作成します。
- プロシージャーやモジュールの種類によってプログラムの実行方法が異なりますが、標準モジュールに記述したSubプロシージャーは、［マクロ］ダイアログボックスから実行できます。
- VBAでプログラムを記述するにはVBEを起動します。ここではVBEの起動に Alt + F11 キーを押していますが、［開発］タブの［コード］グループにある［Visual Basic］ボタンをクリックしても起動できます。

ワザ 002 ［開発］タブを表示する

難易度 ●○○ ｜ 頻出度 ●●● ｜ 対応Ver. 365 2021 2019 2016

プログラミングをするのに［開発］タブを表示しておくと便利です。［開発］タブには、［マクロ］ダイアログボックスの表示、セキュリティやコントロールの利用に関するものなど、プログラミング時によく使用するコマンドが用意されています。［開発］タブは標準の設定では表示されていません。ここでは［開発］タブの表示方法を確認しましょう。

1 ［Excelのオプション］ダイアログボックスを表示する

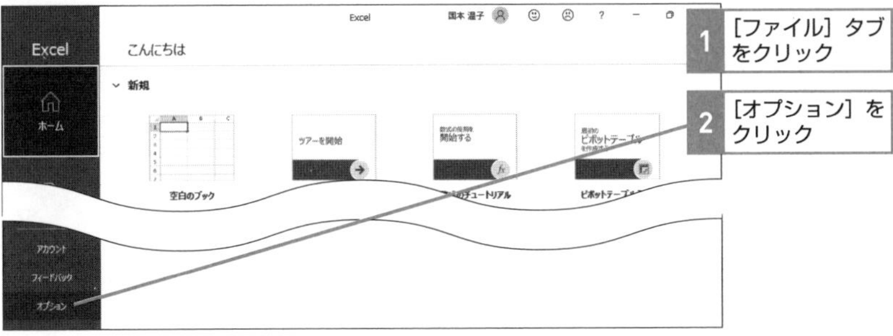

2 ［開発］タブを表示する

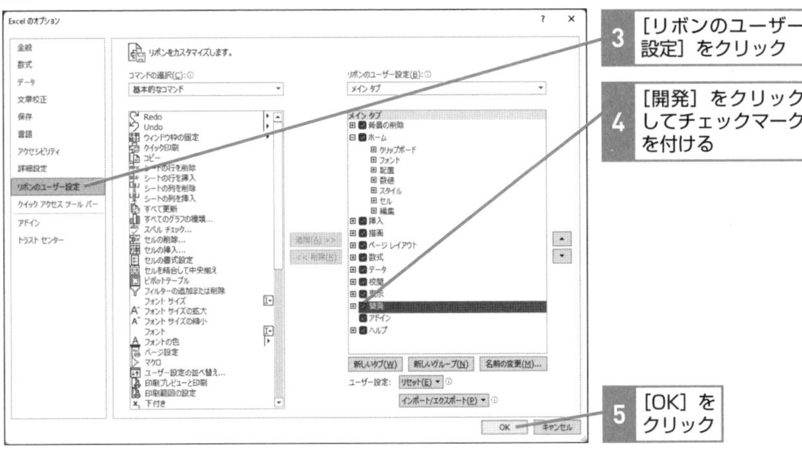

ポイント

- ［表示］タブの［マクロ］グループにもマクロのコマンドが用意されていますが、使用できるコマンドは、［マクロの表示］［マクロの記録］［相対参照で記録］の3つに限られています。

ワザ 003 VBEで使用するウィンドウの役割

難易度 ●○○ | 頻出度 ●●● | 対応Ver. 365 2021 2019 2016

VBE（Visual Basic Editor）は、VBAを使ってプログラミングするためのアプリケーションです。Excelに付属しているため、Excelの起動中に使用できます。VBEでは、基本的に「プロジェクトエクスプローラー」「プロパティウィンドウ」「コードウィンドウ」の3つのウィンドウを表示して操作します。ここでは、VBEで使用するウィンドウの役割を確認しましょう。

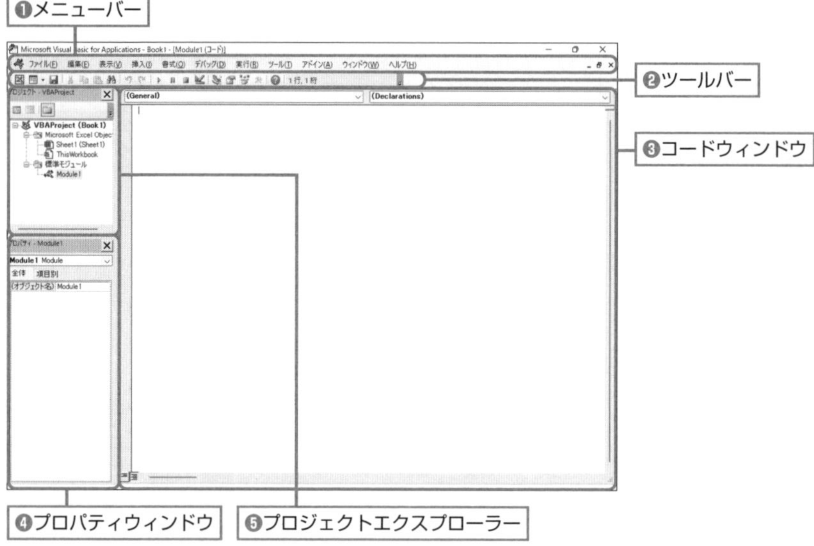

ポイント

❶**メニューバー**……作業の種類によって、操作がメニューにまとめられています。必要なメニューをクリックすると、操作の一覧が表示されます。

❷**ツールバー**……Excel画面への切り替えやコードの保存など、よく使う機能がボタンで表示されています。コードウィンドウのカーソル位置も確認できます。

❸**コードウィンドウ**……プログラムを記述するためのウィンドウで、モジュール単位でコードが表示されます。コードウィンドウを表示するには、プロジェクトエクスプローラーで表示したいモジュールをダブルクリックするか、モジュールを選択して、[コードの表示] ボタンをクリックします。表示したいモジュールが一覧にない場合は、新規にモジュールを追加します。

❹**プロパティウィンドウ**……プロジェクトエクスプローラーで選択されているモジュールや、オブジェクトのプロパティ一覧が表示されます。ここで、VBAで使用するオブジェクト名の指定など、プロパティの初期設定を行うことができます。

❺**プロジェクトエクスプローラー**……VBEでは、ブックに含まれるすべてのモジュールやそれに関連する項目を「プロジェクト」として管理しています。「プロジェクトエクスプローラー」には、プロジェクトとプロジェクトに含まれるモジュールなどの項目が階層構造で表示されます。

ワザ 004 モジュールの種類を理解する

難易度 ●●○ | 頻出度 ●●● | 対応Ver. 365 2021 2019 2016

VBAでは「モジュール」に処理の実行単位であるプロシージャーを記述します。モジュールの種類は以下の表を参照してください。モジュールの構成は、コードウィンドウを表示して確認できます。モジュールは、変数や定数などを宣言するための宣言セクションと、プロシージャーを記述する部分の2つに分けられます。宣言セクションや各プロシージャーの境界には、自動的に横線が表示されて区分されます。

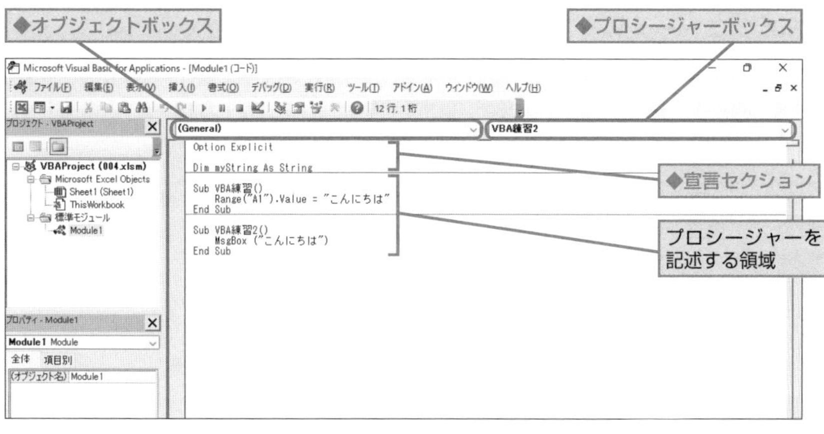

●モジュールの種類と表示方法

モジュール	内容
Microsoft Excel Objects	Excelのワークシートやブックに対応したモジュールの集まりのこと。ワークシートやブックのイベントに対応したイベントプロシージャーは、このオブジェクトのモジュールのコードウィンドウを表示して作成する。モジュールのコードウィンドウは、プロジェクトエクスプローラーで、ワークシートまたはブックをダブルクリックすると表示できる（ワザ014参照）
フォーム	ユーザーフォームのデザインやユーザーフォームに関連したプロシージャーを記述する。メニューの［挿入］-［ユーザーフォーム］をクリックして作成する。モジュールのコードウィンドウを表示するには、プロジェクトエクスプローラーで［コードの表示］ボタンをクリックする（ワザ482参照）
標準モジュール	イベントに関係なく、呼び出して実行することができるプロシージャーを記述する。モジュールのコードウィンドウを挿入するには、メニューの［挿入］-［標準モジュール］をクリックする（ワザ001参照）
クラスモジュール	クラスを定義するためのモジュール。ユーザーが独自に作成するオブジェクトやそれに付随するメソッド、プロパティなどを定義するためのプロシージャーを記述する。モジュールのコードウィンドウを挿入するには、メニューの［挿入］-［クラスモジュール］をクリックする（ワザ026参照）

関連ワザ 001 VBAを起動してモジュールを挿入する………P.26
関連ワザ 014 イベントプロシージャーを作成する………P.49

ワザ 005 いろいろなプロシージャーの特徴を理解する

難易度 ●○○ | 頻出度 ●●● | 対応Ver. 365 2021 2019 2016

プロシージャーとは、ひとまとまりの処理の単位のことを言います。Excelではプロシージャーのことを「マクロ」と呼んでいます。プロシージャーには、Subプロシージャー、Functionプロシージャー、Propertyプロシージャーの3種類があります。イベントプロシージャーもありますが、これはSubプロシージャーの1つです。簡単なサンプルを例にプロシージャーの特徴を確認してみましょう。

Sub プロシージャー

Subプロシージャーは処理を実行するプロシージャーです。「Subステートメント」で始まり、「End Subステートメント」で終了します。先頭のSubに続けて半角の空白を入力し「プロシージャー名 ()」を入力します。「Sub」と「End Sub」の間に実行する処理を記述します。

セルA1に「VBA」という文字列を表示するSubプロシージャーを作成する

ワザ001を参考に標準モジュールを挿入してコードを記述する

	A	B	C	D	E	F
1	VBA					
2						
3						

入力例　005.xlsm

```
Sub VBA練習()  ←1
  Range("A1") .Value= "VBA"  ←2
End Sub  ←3
```

1ここからSubプロシージャー「VBA練習」を開始する　2セルA1に「VBA」と表示する　3Subプロシージャーを終了する

Functionプロシージャー

Functionプロシージャーは、「Functionステートメント」で始まり、「End Functionステートメント」で終了します。Functionプロシージャーでは、実行した処理の結果である「戻り値」を返します。戻り値は、プロシージャー内でプロシージャー名と同じ名前の変数を使って、「プロシージャー名 = 戻り値」と記述します。Functionプロシージャーは、Excelでユーザー定義関数を作成するときによく使用されます。

Functionプロシージャーでユーザー定義関数「enshuu」を作成し、指定した円の直径から円周を求める

作成したユーザー定義関数は、「=enshuu(A2)」のようにセルに入力して利用する

ワザ001を参考に標準モジュールを挿入してコードを記述する

B2　=enshuu(A2)

	A	B	C	D	E	F
1	円の直径	円周				
2	15	47.1				
3						

入力例

005.xlsm

```
Function enshuu(chokkei) ←1
  enshuu = chokkei * 3.14 ←2
End Function ←3
```

①ここからFunctionプロシージャー「enshuu」を開始する　②変数「chokkei」に「3.14」を掛けて、戻り値（プロシージャー名）「enshuu」に代入する　③Functionプロシージャーを終了する

Property プロシージャー

Propertyプロシージャーは、オブジェクトの状態を表すプロパティを定義するためのプロシージャーで、クラスモジュールの中に作成します。「クラス」とは、オブジェクトの設計図に当たるものです。例えば、[ボタン] というオブジェクトの大きさや色、形などの属性（プロパティ）や実行できる動作（メソッド）を定義して、オブジェクトの概要を作成します。この情報を定義するのがクラスです。独自のオブジェクトを作成する場合、クラスモジュールにオブジェクトの詳細を定義します。なお、詳細は、ワザ710～712を参照してください。

入力例

005.xlsm

```
Private my_Height As Double ←2

Public Property Let Height(ByVal let_Height As Double) ←3
  my_Height = let_Height ←4
End Property ←5

Public Property Get Height() As Double ←6
  Height = my_Height ←7
End Property ←8
```

①このコードはクラスモジュール [Style] に記述する　②プライベート変数「my_Height」を倍精度浮動小数点数型（Double）で宣言する　③Heightプロパティに値をセットするPropertyプロシージャーを開始する　④変数「my_Height」に変数「let_Height」の値を代入する　⑤Propertyプロシージャーを終了する　⑥Heightプロパティの値を参照するPropertyプロシージャーを開始する　⑦Heightプロパティに変数「my_Height」の値を代入する　⑧Propertyプロシージャーを終了する

入力例

005.xlsm

```
Sub test() ←2
  Dim myStyle As Style ←3
  Set myStyle = New Style ←4

  myStyle.Height = 165 ←5
  MsgBox myStyle.Height ←6
End Sub ←7
```

①このコードは標準モジュールに記述する　②Subプロシージャー「test」を開始する　③Styleクラスのオブジェクト「myStyle」を宣言する　④Styleクラスのオブジェクト「myStyle」を新しく作成する　⑤オブジェクト「myStyle」のHeightプロパティに165を代入する　⑥オブジェクト「myStyle」のHeightプロパティの値をメッセージで表示する　⑦Subプロシージャーを終了する

次のページに続く▶

イベントプロシージャー

イベントプロシージャーは、処理のきっかけとなる動作（イベント）が発生したときに自動実行するSubプロシージャーです。例えば、セルの選択範囲を変更したときや、ユーザーフォームのボタンをクリックしたときなどのタイミングで、自動的に実行したい処理を記述します。イベントプロシージャーはワークシートやブックに対するもの（ワザ014参照）、ユーザーフォームのコントロールに対するもの（ワザ482参照）があります。

セルが選択されたときにセルの背景色を薄い青（色番号：28）に設定する

	A	B	C	D	E
1					
2					
3					
4					
5					
6					

セルがダブルクリックされたときに、背景色を色なしに設定する

ワザ014を参考にワークシートのモジュールを表示してコードを記述する

	A	B	C	D	E
1					
2					
3					
4					
5					
6					

入力例

005.xlsm

```
Private Sub Worksheet_BeforeDoubleClick(ByVal Target As Range, Cancel As
Boolean) ←2
    Target.Interior.ColorIndex = xlColorIndexNone ←3
End Sub ←4

Private Sub Worksheet_SelectionChange(ByVal Target As Range) ←5
    Target.Interior.ColorIndex = 28 ←6
End Sub ←7
```

1 このコードはワークシートのモジュールに記述する 2 イベントプロシージャー「Worksheet_BeforeDoubleClick」を開始する 3 ダブルクリックしたセルの背景色を「なし」に設定する 4 イベントプロシージャーを終了する 5 イベントプロシージャー「Worksheet_SelectionChange」を開始する 6 選択したセルの背景色に色番号28を設定する 7 イベントプロシージャーを終了する

関連ワザ 001 VBAを起動してモジュールを挿入する………P.26
関連ワザ 014 イベントプロシージャーを作成する………P.49

ワザ 006 プロシージャーの作成手順と構成要素を理解する

難易度 ○○○ ｜ 頻出度 ○○○ ｜ 対応Ver. 365 2021 2019 2016

プロシージャーを作成するには、命令文を1行ずつ記述していきます。プロシージャーを実行すると、1行目から順番に命令文が実行されます。プロシージャーには、「ステートメント」「コメント」「キーワード」の3つの要素があります。ここでは、Subプロシージャーを例として、プロシージャーの構成要素を理解しましょう。Subプロシージャーは標準モジュールを挿入してから記述します。

プロシージャーの作成手順

1 マクロの開始を宣言する

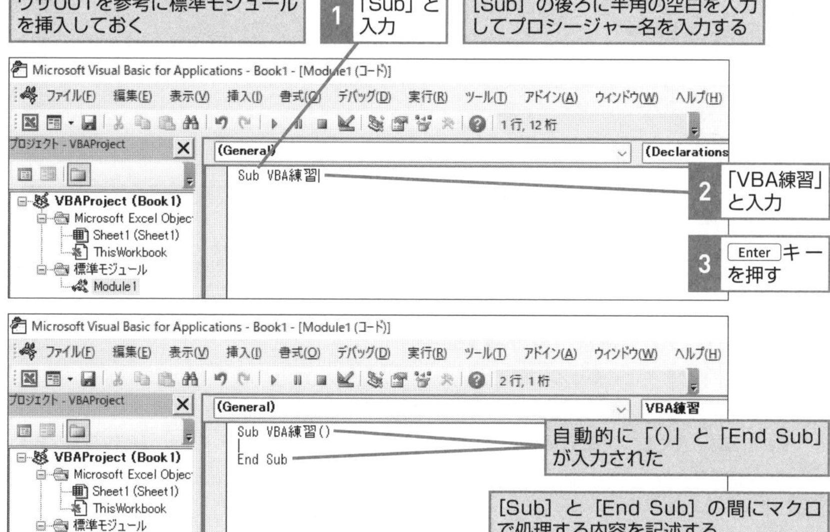

ワザ001を参考に標準モジュールを挿入しておく
1 「Sub」と入力
[Sub] の後ろに半角の空白を入力してプロシージャー名を入力する
Sub VBA練習
2 「VBA練習」と入力
3 Enter キーを押す
Sub VBA練習()
End Sub
自動的に「()」と「End Sub」が入力された
[Sub] と [End Sub] の間にマクロで処理する内容を記述する

2 ステートメントを入力する

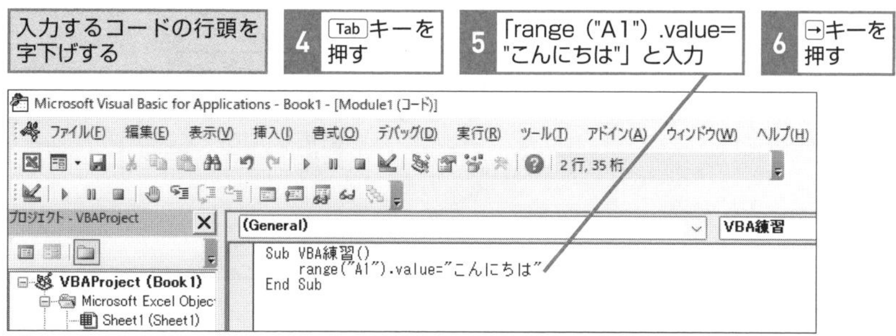

入力するコードの行頭を字下げする
4 Tab キーを押す
5 「range ("A1") .value= "こんにちは"」と入力
6 → キーを押す
Sub VBA練習()
range("A1").value="こんにちは"
End Sub

次のページに続く▶

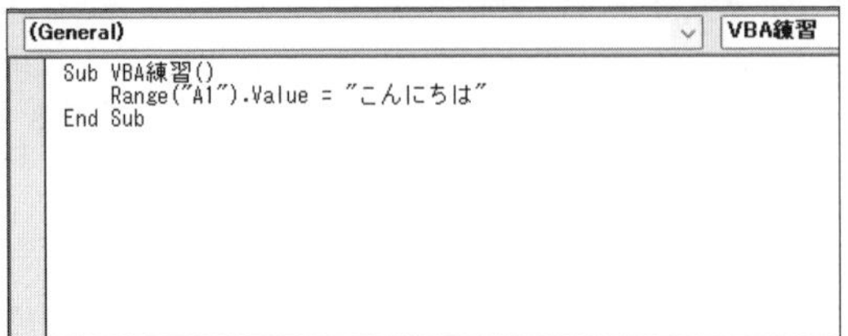

プロシージャーの構成要素

ステートメントは、通常1行で記述します。しかし、読みやすくするためにステートメントを途中で改行して複数行に分割したり、複数のステートメントを1行にまとめて記述したりすることができます。

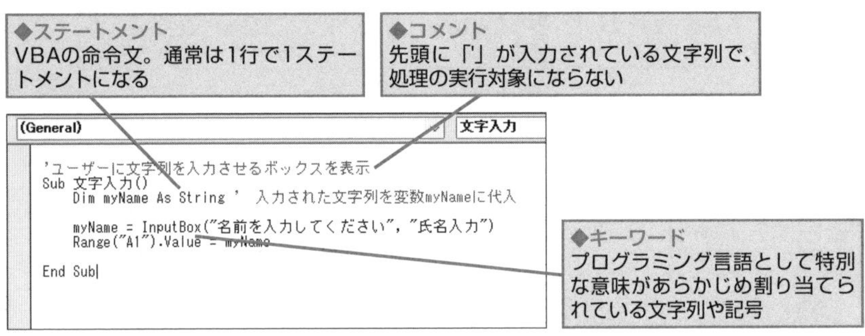

1 ステートメントを複数行に分割する

ステートメントを複数行に分割するには、改行したい位置で半角の空白と「_」（アンダーバー）を入力します。これを行継続文字と言います。行継続文字を入力すれば、コードを改行して次の行にステートメントの続きを記述できます。なお、行継続文字は、「,」や「.」の前後などの区切りのいい場所に記述します。

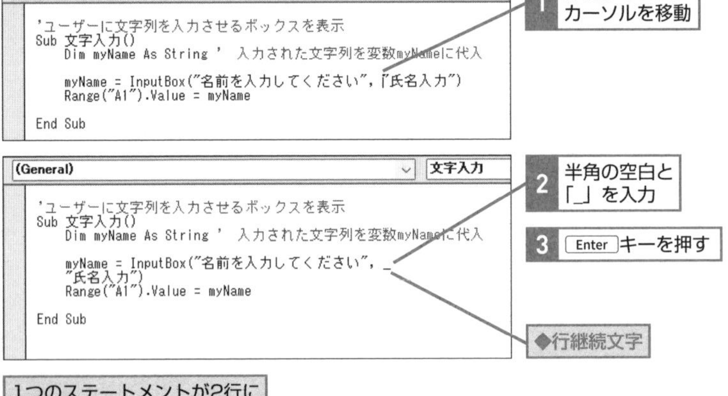

1つのステートメントが2行に分割された

2 複数のステートメントを1行に記述する

複数のステートメントを1行に記述するには、ステートメントの後ろに「:」(コロン)を入力し、続けて次のステートメントを記述します。

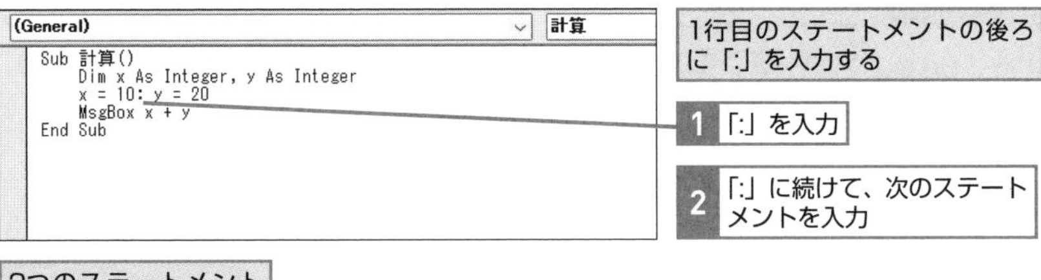

3 コメントを記述する

コメントとは、先頭に「'」(アポストロフィー)が入力されている文字列です。コメントに設定されている部分は、コード実行時は無視されます。そのため、説明文にしたり、一時的に実行しない命令文をコメントにしたりして利用できます。また、行の途中に「'」を入力すると、以降の文字列がコメントになります。複数行をまとめてコメントにしたいときは、[編集]ツールバーの[コメントブロック]ボタンをクリックします。

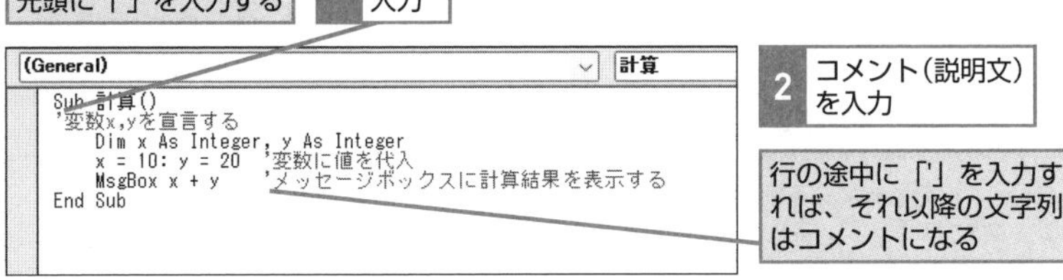

ポイント

- Subプロシージャーを記述するには、「Sub」に続けてプロシージャー名を記述します。プロシージャー名に続く「()」と、Subプロシージャーの終了を意味する「End Sub」は、自動的に入力されます。
- プロシージャーの処理内容は「Sub プロシージャー名()」と「End Sub」の間に記述します。
- 正しく入力された場合は、メソッドやプロパティなどの頭文字が自動的に大文字に変換されます。
- ステートメントを読みやすくするために、ステートメントを途中で改行して複数行に分割することもできます。ステートメントを複数行に分割するには、改行したい位置で半角の空白と「_」を入力します。これを「行継続文字」といいます。行継続文字は、「,」や「.」の前後など、区切りのいい場所に記述します。
- 複数のステートメントを1行に記述するには、ステートメントの後ろに半角の「:」(コロン)を入力し、続けて次のステートメントを記述します。
- コメントは、先頭に半角の「'」が入力された行です。コメントに設定された部分は、コードの実行時は無視されます。そのため、説明文にしたり、一時的に実行しない命令文をコメントにしたりして利用できます。また、行の途中に「'」を入力すると、以降の行にある文字列がコメントになります。複数行をまとめてコメントにしたいときは、[編集]ツールバーの[コメントブロック]ボタンをクリックします。

関連ワザ 001 VBAを起動してモジュールを挿入する………P.26

ワザ 007 オブジェクトとコレクションを理解する

難易度 ●○○ | 頻出度 ●●● | 対応Ver. 365 2021 2019 2016

VBAでは、処理の対象となるものを指定し、コードを記述します。この処理の対象のことを「オブジェクト」と言います。そして、同じ種類のオブジェクトの集まりを「コレクション」と言います。例えば、Excelではワークシートとかブックといった要素をオブジェクトとして扱います。VBAは、ブックの中にあるすべてのワークシートの集まりをワークシートのコレクションとして扱えます。

オブジェクト

Excelの主な構成要素と対応するオブジェクト名は次のようになります。

Excelの主な構成要素	オブジェクト名
アプリケーション	Application
ブック	Workbook
ワークシート	Worksheet
グラフシート	Chart
ウィンドウ	Window
セル	Range

オブジェクトの階層構造

Excelのオブジェクトは階層構造で管理されています。VBAでコードを記述するときに、処理対象となるワークシートやセルなどを正しく指定するために、階層構造を理解することが重要です。

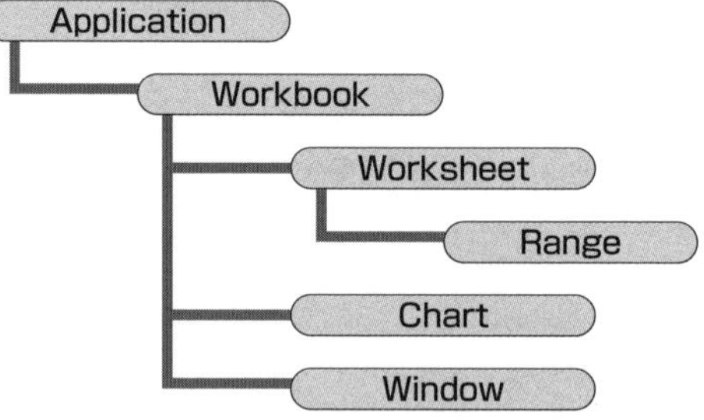

コードは、上の図のような階層構造に従って記述します。通常「Application」は省略できます。例えば、[売上］ブックの［渋谷店］シートにあるセル範囲「A1からC5」を参照したいときは、次のように記述します。

```
Workbooks("売上.xlsx").Worksheets("渋谷店").Range("A1:C5")
```

意味　[売上]ブックの[渋谷店]シートのセル範囲A1からC5

なお、コードを記述するときに、親オブジェクトを省略して「Range("A1:C5")」とだけ記述した場合は、「アクティブブックのアクティブシートのセル範囲A1からC5」であると見なされます。

コレクションとメンバ

「コレクション」とは、同じ種類のオブジェクトの集まりのことを言います。そしてコレクションに含まれる1つ1つのオブジェクトを「メンバ」と言います。コレクションは下の表のように、オブジェクトを複数形で記述したキーワードで指定します。また、コレクション内のメンバを参照するには、「Workbooks("売上.xlsx")」、「Worksheets(1)」のように指定します。コレクションを処理の対象とするときは、コレクション自体をオブジェクトとして扱います。例えば、Worksheetsコレクションを処理の対象とする場合は「Worksheetsオブジェクト」として扱い、「Worksheets.Add」のように記述します。

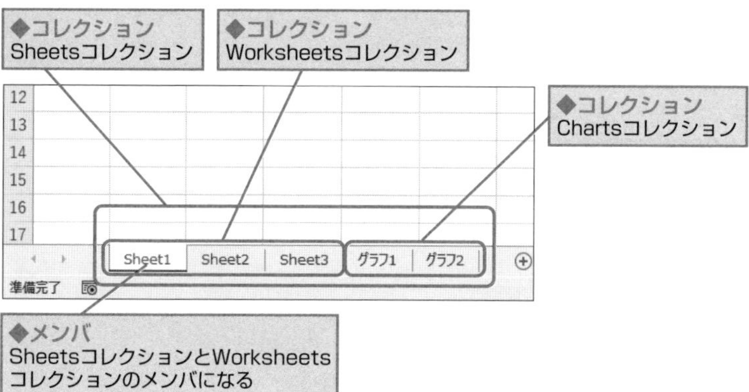

主なコレクション	内容
Workbooksコレクション	開いているすべてのブック
Sheetsコレクション	ブック内のすべてのシート
Worksheetsコレクション	ブック内のすべてのワークシート
Chartsコレクション	ブック内のすべてのグラフシート

関連ワザ 008 オブジェクト、プロパティ、メソッドを使用した基本構文を理解する………P.38

ワザ 008 オブジェクト、プロパティ、メソッドを使用した基本構文を理解する

難易度 ●○○ | 頻出度 ●●● | 対応Ver. 365 2021 2019 2016

VBAの基本的な構文は、オブジェクトやプロパティ、メソッドを使用して記述します。「プロパティ」は、オブジェクトの特性や属性を表します。また、「メソッド」はオブジェクトに対して削除、移動、保存などの操作を行います。ここでは、オブジェクト、プロパティ、メソッドを使用した基本構文について確認しましょう。

プロパティ

プロパティは、「1つ目のワークシートの名前を取得する」とか「セル範囲A1～C5のセルの色を赤に設定する」のように、オブジェクトの状態を取得したり、設定したりするときに使用します。

▶基本構文

取得 オブジェクト．プロパティ

例 Worksheets(1).Name

意味 1つ目のワークシートのシート名を取得する

※ 取得だけでは1つの独立した命令文としては成立しません。

設定 オブジェクト．プロパティ＝値

例 Worksheets(1).Name="1月"

意味 1つ目のワークシートのシート名を「1月」に設定する

メソッド

メソッドは、「1つ目のワークシートを削除する」というように、オブジェクトに対して何らかの処理を実行するときに使用します。また、操作をどのように実行するかの詳細を設定するための引数（ひきすう）を持つものがあります。引数を指定する場合は、メソッドの後ろに半角の空白を入力し、「引数名:=値」で指定する、あるいは直接値のみを指定する2つの方法があります。

▶基本構文

オブジェクト．メソッド

例 Worksheets(1).Delete

意味 1つ目のワークシートを削除する

▶引数の指定方法

オブジェクト.メソッド 引数名:=引数1, 引数名:=引数2…

・Addメソッドの引数

Add [Before] , [After] , [Count] , [Type]

[]で囲まれた引数は省略できる

・引数名を使って指定

例 Worksheets.Add Before:=Worksheets(1), Count:=3

意味 ワークシートを1つ目のシートの前に3つ追加する

・引数名を省略して指定

例 Worksheets.Add Worksheets(1),,2

意味 ワークシートを1つ目のシートの前に2つ追加する

プロパティやメソッドの引数を（）で囲む場合

引数のあるプロパティや、メソッドの戻り値としてオブジェクトが返り、そのオブジェクトを参照してコードを続けて記述する場合は、引数を「()」で囲みます。例えば、Rangeプロパティは、引数にセル番地を指定してセル（Rangeオブジェクト）を参照します。また、WorksheetsオブジェクトのAddメソッドは、戻り値に追加したワークシート（Worksheetオブジェクト）を返します。追加したワークシートに対して、処理を続けて指定したいときは、引数を（）で囲みます。

・プロパティの引数を()で囲む

例 Range("A1").Select

意味 セルA1を選択する

・メソッドの引数を()で囲む

例 Worksheets.Add(Worksheets(1)).Name="1月"

意味 1番目のワークシートの前に追加された
ワークシートのシート名を「1月」に設定する

ポイント

- プロパティには、取得のみで値を設定できないものもあります。
- コード入力中に、「Worksheets(1).」のように、オブジェクトの後に「.」を入力したときには、そのオブジェクトで指定できるプロパティやメソッドの一覧が表示されます。
- 引数名を使って「引数名:=値」とする形式を「名前付き引数」と言います。
- 引数名を省略する場合は、引数を区切る「,」を省略できません。例えば、1番目と3番目の引数を設定する場合は、1番目の引数の後ろに「,」を2つ入力し、3番目であることが分かるようにします。3番目以降の引数を省略する場合は、「,」を入力する必要はありません。

関連ワザ 007 オブジェクトとコレクションを理解する………P.36

ワザ 009 ほかのプロシージャーを呼び出す

難易度 ●○○ | 頻出度 ●●● | 対応Ver. 365 2021 2019 2016

プロシージャーは単体で実行するだけでなく、ほかのプロシージャーから呼び出して実行することができます。処理ごとに1つの小さなプロシージャーを作成しておき、必要なときに呼び出して実行すれば、それぞれのプロシージャーが簡潔になり、メンテナンスも容易になります。呼び出すプロシージャーを「親プロシージャー」、呼び出されて実行されるプロシージャーを「サブルーチン」と言います。

入力例 同じブック内のほかのプロシージャーを呼び出す　009.xlsm

```
Sub ブックを開いてグラフ作成()
    ブックを開く "C:¥dekiru¥渋谷.xlsx"  ─1
    売り上げグラフ作成
End Sub

Sub ブックを開く(BName)
    Workbooks.Open Filename:=BName
End Sub

Sub 売り上げグラフ作成()
    Charts.Add.SetSourceData ActiveSheet.Range("A3:F7")
End Sub
```

1 同じブック内のほかのプロシージャーを呼び出すには、プロシージャー名をそのまま記述する。引数を使用する場合は「プロシージャー名 引数の値」のように記述する

入力例 ほかのブックのプロシージャーを呼び出す　009.xlsm

```
Sub 他ブックプロシージャー呼び出し()
  Application.Run "'c:¥dekiru¥Book.xlsm'!Test"  ←1
End Sub
```

1 ほかのブックにあるプロシージャーを呼び出すには、ApplicationオブジェクトのRunメソッドを使用する。ここでは、Cドライブの［dekiru］フォルダーにあるブック［Book.xlsm］のプロシージャー「Test」を呼び出す

ポイント

構文 `Application.Run "'ブックのパス¥ブック名'!プロシージャー名"`

- Runメソッドの引数には、ブック名とプロシージャー名を「!」で区切り、文字列で指定します。ブックの保存先から指定する場合は、ブックのパスとブック名を「'」で囲みます。ブックが開いているか、ブックがカレントフォルダーにある場合は、パスと「'」を省略できます。例えば「Application.Run "Book.xlsm!Test"」のように記述できます。
- 同じブック内の別のモジュールにあるプロシージャーを呼び出すときは、プロシージャー名だけで指定できますし、「モジュール名.プロシージャー名」のように記述することもできます。この場合、別のモジュール内に同じ名前のプロシージャーが存在しても、間違いなく呼び出すことができます。
- ほかのブックにあるモジュールを呼び出す方法に、別のブックを参照する方法もありますが、本書では解説していません。

関連ワザ 008 オブジェクト、プロパティ、メソッドを使用した基本構文を理解する………P.38
関連ワザ 010 ほかのプロシージャーを引数を渡して呼び出す………P.41

ワザ 010 ほかのプロシージャーを引数を渡して呼び出す

難易度 ●○○ ｜ 頻出度 ●●● ｜ 対応Ver. 365 2021 2019 2016

サブルーチンが親プロシージャーから変数の値を引数として受け取る場合、引数の受け取り方には「参照渡し」と「値渡し」の2種類があります。「参照渡し」は、親プロシージャーの変数の値を変更できる状態で受け取ります。「値渡し」はサブルーチンが変数のコピーを受け取るため、親プロシージャーの変数の値は変更できません。ここでは簡単なサンプルを例に、参照渡しと値渡しの違いを確認しましょう。

●参照渡し

参照渡しにするには、サブルーチンで引数の変数を指定するときに「ByRef」のキーワードを付けるか、省略します。

入力例 親プロシージャー　010.xlsm

```
Sub 処理1()
    Dim rText As String
    rText = "できる逆引き"
    参照渡しサブルーチン rText  ←1
    MsgBox rText  ←2
End Sub
```

1 「参照渡しサブルーチン」プロシージャーを変数「rText」を引数にして呼び出す　2 サブルーチンを実行した結果、変数「rText」の値をメッセージ表示する

入力例 サブルーチン　

```
Sub 参照渡しサブルーチン(ByRef r As String)  ←1
    r = "参照渡し"  ←2
End Sub
```

1 参照渡しで引数を受け取るために、引数指定時にByRefを指定している　2 変数「r」に「参照渡し」と値を代入。ByRefキーワードで宣言している変数なので、親プロシージャーの元の変数「rText」が「参照渡し」に書き換わる

実行結果

Microsoft Excel ×

参照渡し

OK

「処理1」プロシージャーを実行する

参照渡しであるため、親プロシージャーの変数rTextの値が「参照渡し」に書き換わった

次のページに続く▶

●値渡し

値渡しにするには、サブルーチンで引数の変数を指定するときに「ByVal」のキーワードを付けます。

入力例 親プロシージャー  010.xlsm

```
Sub 処理2()
    Dim vText As String
    vText = "できる逆引き"
    値渡しサブルーチン vText ←1
    MsgBox vText ←2
End Sub
```

1「値渡しサブルーチン」プロシージャーを変数「vText」を引数にして呼び出す 2サブルーチンを実行した結果、変数「vText」の値をメッセージ表示する

入力例 サブルーチン  010.xlsm

```
Sub 値渡しサブルーチン(ByVal v As String) ←1
    v = "値渡し" ←2
End Sub
```

1値渡しで引数を受け取るために、引数指定時にByValを指定している 2変数「v」に「値渡し」と値を代入。ByValキーワードで宣言している変数なので、親プロシージャーの元の変数「vText」の値に変更はない

実行結果

「処理2」プロシージャーを実行する

値渡しであるため、親プロシージャーの変数vTextの値が「できる逆引き」のままで書き換わらない

ポイント

- 参照渡しにするか値渡しにするかは、サブルーチンを呼び出すときに、引数で渡す変数の値をサブルーチンで書き換えたいかどうかで異なります。例えば、1,000円という元の金額が格納されている変数をサブルーチンに渡します。サブルーチンでの処理の結果として変数の値が1,500円になったときに元の金額も1,500円に変更するのであれば、参照渡しにします。処理結果に変更があっても元の金額を1,000円のままにするのであれば、値渡しにしましょう。

関連ワザ 008 オブジェクト、プロパティ、メソッドを使用した基本構文を理解する………P.38
関連ワザ 009 ほかのプロシージャーを呼び出す………P.40

ワザ 011 マクロを有効にしてブックを開く

難易度 ●●○ | 頻出度 ●●● | 対応Ver. 365 2021 2019 2016

Excelでは、マクロウイルスの感染を防ぐために、マクロを含むブックに対するセキュリティが設定されています。マクロ（VBAのコード）を含むブックは「Excelマクロ有効ブック」として保存され、通常のブックと区別されます。ここでは、プログラムを含むブックに対するセキュリティ機能について説明します。

マクロを含むブックの保存

Excelでは、マクロを含むブックはファイルの種類を「Excelマクロ有効ブック」として保存します。拡張子は「.xlsm」となり、通常のExcelブック「.xlsx」とは異なるファイル形式になります。

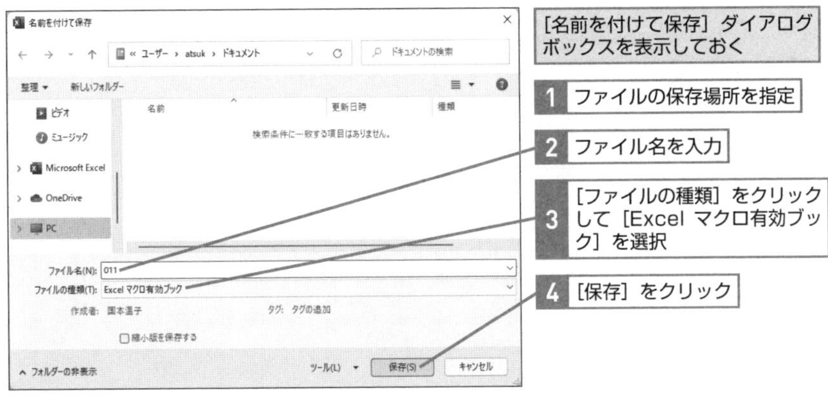
［名前を付けて保存］ダイアログボックスを表示しておく
1 ファイルの保存場所を指定
2 ファイル名を入力
3 ［ファイルの種類］をクリックして［Excel マクロ有効ブック］を選択
4 ［保存］をクリック
名前を付けて保存
ファイル名(N): 011
ファイルの種類(T): Excel マクロ有効ブック
保存(S)
キャンセル

開いたブックのマクロを有効にする

Excelでは、マクロを含むブックを開くと、初期設定ではマクロは無効になり［セキュリティの警告］が表示されます。［コンテンツの有効化］ボタンをクリックしてマクロを有効にします。次以降開くときは、マクロは有効な状態で開きます。

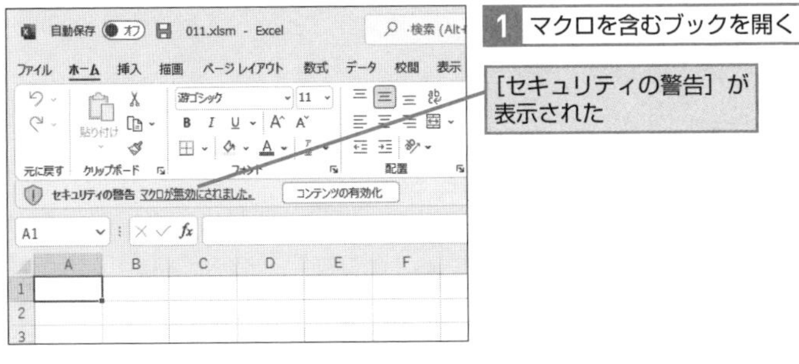
1 マクロを含むブックを開く
［セキュリティの警告］が表示された
011.xlsm - Excel
セキュリティの警告 マクロが無効にされました。
コンテンツの有効化

次のページに続く▶

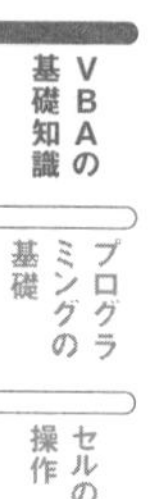

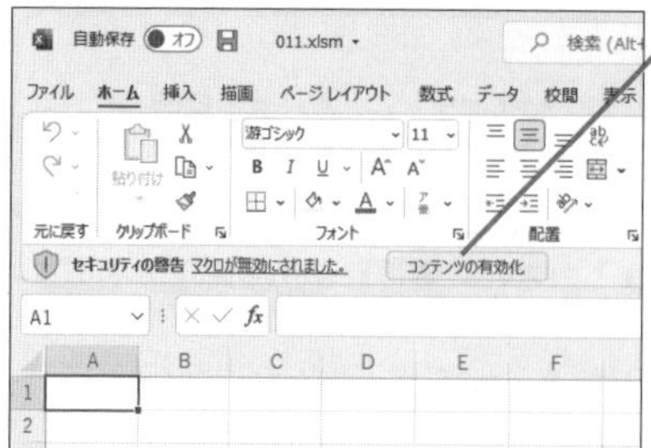
2 ［コンテンツの有効化］をクリック
マクロが有効になる
以降はブックを開き直しても、常にマクロが有効な状態でブックが開く

VBE が起動している場合

VBEが起動している場合は、ブックを開く前に以下のようなメッセージが表示されます。［マクロを有効にする］ボタンをクリックすると、マクロを有効にしてブックが開きます。

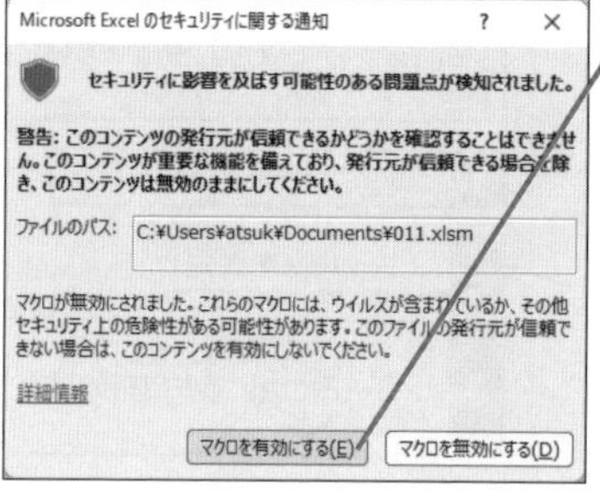
［マクロを有効にする］をクリックしてブックを開く

関連ワザ 002 ［開発］タブを表示する………P.27
関連ワザ 012 プロシージャーの実行方法を理解する………P.45

ワザ 012 プロシージャーの実行方法を理解する

難易度 ●○○ ｜ 頻出度 ●●● ｜ 対応Ver. 365 2021 2019 2016

作成したプロシージャーは、Excelから実行する方法と、VBEから実行する方法があります。プロシージャーの動作をチェックする場合は、VBEからプロシージャーを実行した方が素早く操作できて便利です。
複数のユーザーがプロシージャーを実行するような場合は、Excelのワークシートにボタンを配置して、そのボタンにプロシージャーをマクロとして割り当てておくと使いやすいでしょう。ここでは、プロシージャーの実行方法と、ボタンにマクロとして登録する方法を確認しましょう。

●プロシージャーを実行する

Excelからプロシージャーを実行するには、[マクロ] ダイアログボックスを表示します。VBEから実行するには、[Sub/ユーザーフォームの実行] ボタンをクリックします。

Excel からプロシージャーを実行する

[マクロ] ダイアログボックスを表示する

1 [開発] タブ-[コード] グループ-[マクロ] をクリック

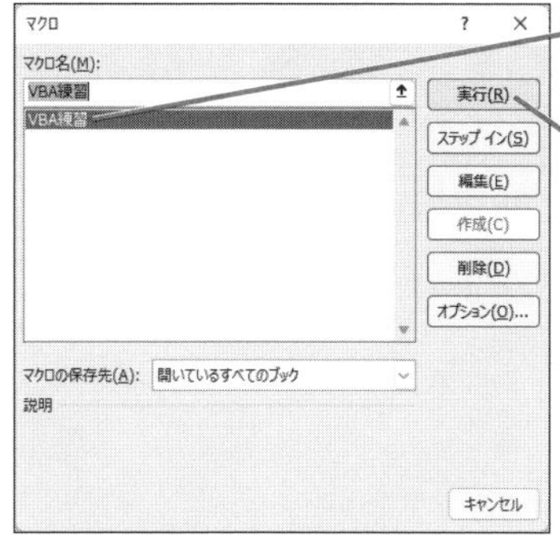

2 実行するプロシージャーを選択

3 [実行] をクリック

VBE からプロシージャーを実行する

```
Sub VBA練習()
    Range("A1").Value = "こんにちは"
End Sub
```

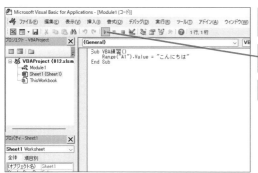

1 実行するプロシージャーにカーソルを移動

2 [Sub/ユーザーフォームの実行] をクリック

次のページに続く▶

●ワークシートに配置したボタンにマクロを登録する

ワークシート上に配置したボタンや図形、ツールバーのボタンなどにマクロを登録すると、すぐにマクロを実行できます。ここでは、ボタンにマクロを登録する方法を確認しましょう。

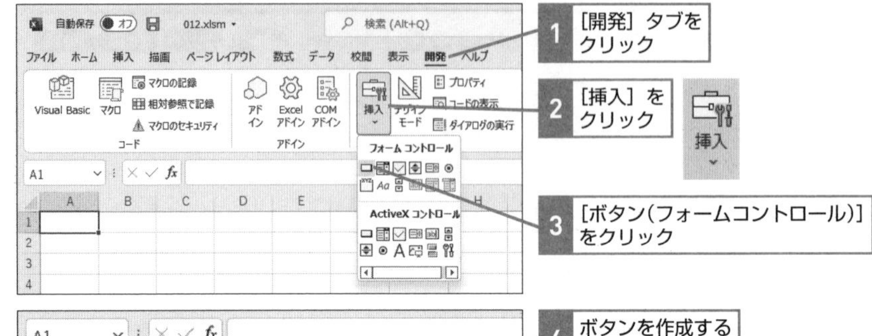
1 [開発] タブをクリック
2 [挿入] をクリック
3 [ボタン(フォームコントロール)] をクリック

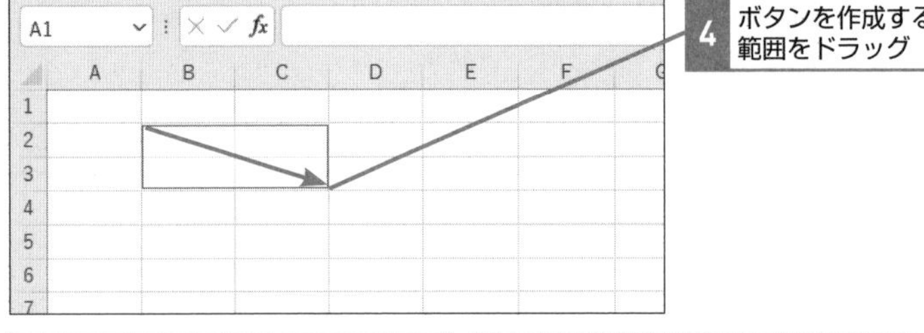
4 ボタンを作成する範囲をドラッグ

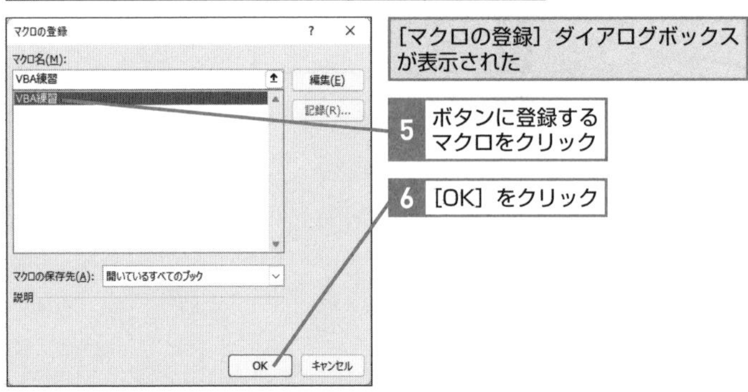
[マクロの登録] ダイアログボックスが表示された
5 ボタンに登録するマクロをクリック
6 [OK] をクリック

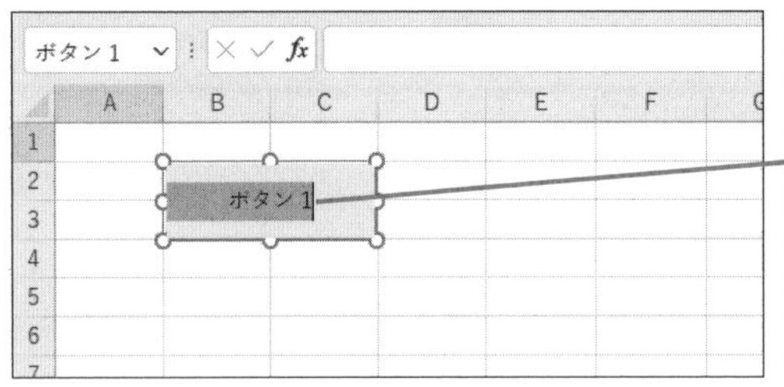
ボタンに登録する文字列を変更する
7 ボタンの文字をドラッグして選択
8 ボタンに表示する文字を入力
9 ワークシートのセルをクリック

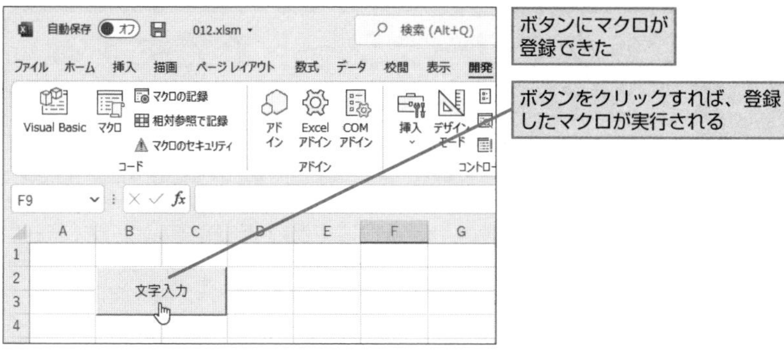

●ワークシートに作成した図形にマクロを登録する

ワークシートに追加した図形にマクロを登録することができます。マクロを追加したい図形を右クリックし、ショートカットメニューの［マクロの登録］をクリックすると、［マクロの登録］ダイアログボックスが表示され、登録したいマクロが選択できます。

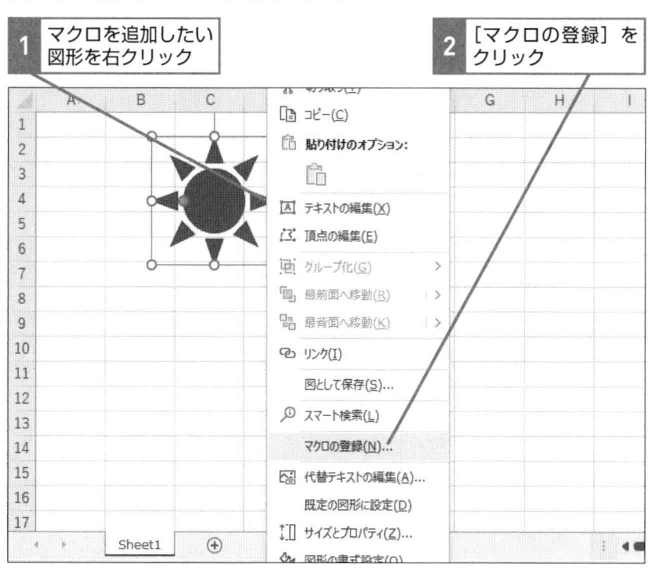

ポイント

- ［マクロ］ダイアログボックスで表示されるのは、Subプロシージャーのみです。
- VBEからマクロを実行するときは、VBEのウィンドウを少し小さくしてExcelのウィンドウを表示しておくと、実行結果が分かりやすくなります。
- ワークシート上に作成したボタンを削除するには、Ctrlキーを押しながらボタンをクリックして選択し、Deleteキーを押します。
- ワークシート上に作成した図形にマクロを登録することもできます。その際、図形を右クリックして表示されるショートカットメニューから［マクロの登録］をクリックし、表示される［マクロの登録］ダイアログボックスで、登録したいマクロを選択します。

関連ワザ 002 ［開発］タブを表示する………P.27

ワザ 013 ブックやワークシートで発生する主なイベントを確認する

難易度 ●●○ | 頻出度 ●○○ | 対応Ver. 365 2021 2019 2016

イベントプロシージャーは、イベントが発生したときに自動的に実行されるプロシージャーです。例えば、保存の操作をすると、保存処理を実行する前にブックの「BeforeSave」イベントが発生します。Excelで自動実行したい処理がある場合は、何らかの操作を行ったときに発生するイベントを利用して、イベントプロシージャーを作成します。ここでは、ワークシートとブックの主なイベントを解説します。

●ワークシートの主なイベント

イベントの種類	発生するタイミング
Activate	ワークシートがアクティブになったとき
BeforeDoubleClick	ワークシートをダブルクリックしたとき
BeforeRightClick	ワークシートを右クリックしたとき
Calculate	ワークシートが再計算されたとき
Change	ワークシートのセルの値が変更されたとき
Deactivate	ワークシートがアクティブでなくなったとき
SelectionChange	ワークシートで選択範囲が変更されたとき

●ブックの主なイベント

イベントの種類	発生するタイミング
Activate	ブックがアクティブになったとき
AddinInstall	ブックがアドインとして組み込まれたとき
AddinUninstall	ブックのアドインとしての組み込みを解除したとき
BeforeClose	ブックを閉じる操作をしたとき
BeforePrint	ブックを印刷する操作をしたとき
BeforeSave	ブックを保存する操作をしたとき
Deactivate	ブックがアクティブでなくなったとき
NewSheet	ブックに新しいワークシートを追加したとき
Open	ブックを開いたとき
SheetActivate	ブック内のワークシートがアクティブになったとき
SheetBeforeDoubleClick	ブック内のワークシート上でダブルクリックしたとき
SheetBeforeRightClick	ブック内のワークシート上で右クリックしたとき
SheetCalculate	ブック内のワークシートで再計算されたとき
SheetChange	ブック内のワークシートのセルが変更されたとき

ポイント

- ブックのSheetActivateイベントとワークシートのActivateイベントのように、イベントの中にはブックとワークシートの両方に共通のものがあります。SheetActivateのようなブックに関するイベントがブック内の全ワークシートを処理の対象とするのに対し、ワークシートのイベントは個々のワークシートが処理の対象になります。

関連ワザ 005 いろいろなプロシージャーの特徴を理解する………P.30

ワザ 014 イベントプロシージャーを作成する

難易度 ●●○ | 頻出度 ●○○ | 対応Ver. 365 2021 2019 2016

「イベントプロシージャー」とは、操作を行った結果、イベントが発生したときに自動的に実行されるプロシージャーです。イベントプロシージャーの名前は、「オブジェクト名_イベント」という形式で自動的に作成されます。イベントプロシージャーは、Microsoft Excel Objectsやフォームといったオブジェクトモジュールで作成します。ここでは、イベントプロシージャーの作成方法について確認しましょう。

●イベントプロシージャーの作成場所

イベントプロシージャーは、ブック、ワークシート、ユーザーフォームなどの、イベントが発生する対象となるオブジェクトのオブジェクトモジュールに記述します。

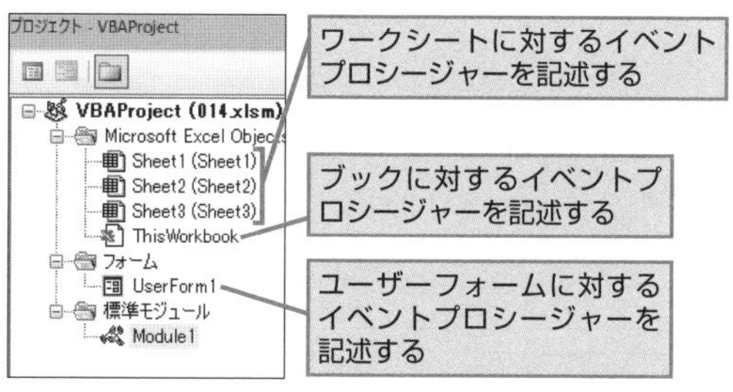

●イベントプロシージャーの作成手順

イベントプロシージャーは以下のような手順で作成します。ここでは、ブックを閉じる前に発生する「BeforeClose」イベントが発生したときに自動実行される「WorkBook_BeforeClose」イベントプロシージャーを例に説明します。

1 イベントプロシージャーを記述するオブジェクトをダブルクリック

ここでは、ブックに対するイベントプロシージャーを作成するので、[ThisWorkbook]をダブルクリックする

ThisWorbookのコードウィンドウが表示された

◆オブジェクトボックス
コードウィンドウで現在選択されているイベントプロシージャーの対象オブジェクトの名前が表示される

◆プロシージャーボックス
コードウィンドウで現在選択されているイベントプロシージャーのイベント名が表示される

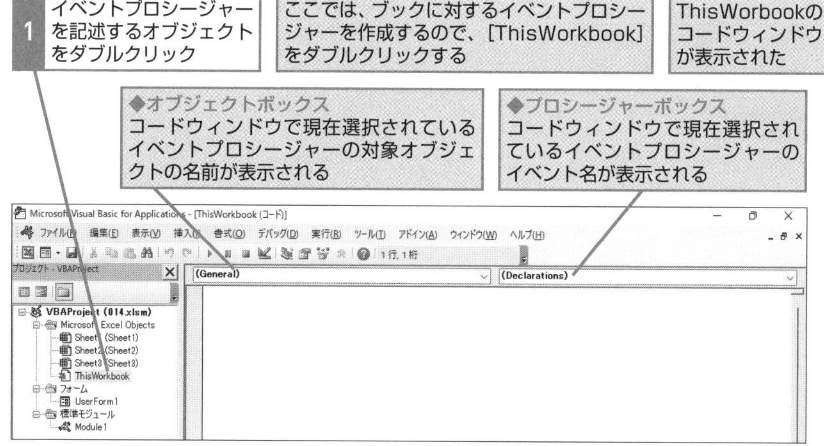

次のページに続く▶

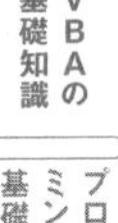

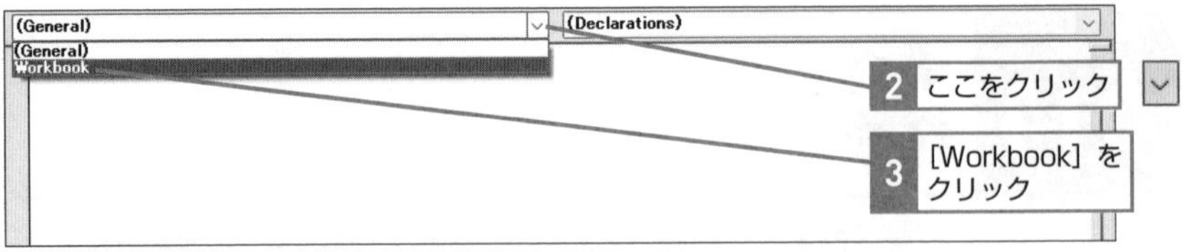

(General) / (Declarations)
(General)
Workbook

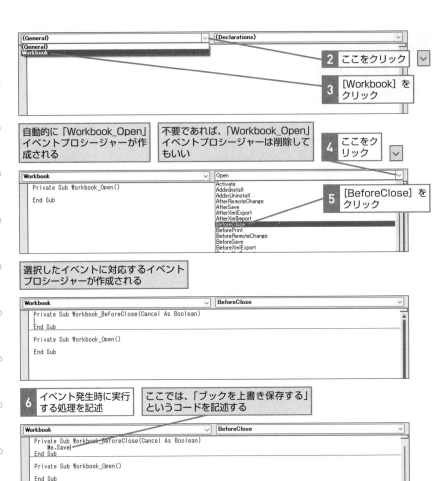

2 ここをクリック

3 [Workbook] をクリック

自動的に「Workbook_Open」イベントプロシージャーが作成される

不要であれば、「Workbook_Open」イベントプロシージャーは削除してもいい

4 ここをクリック

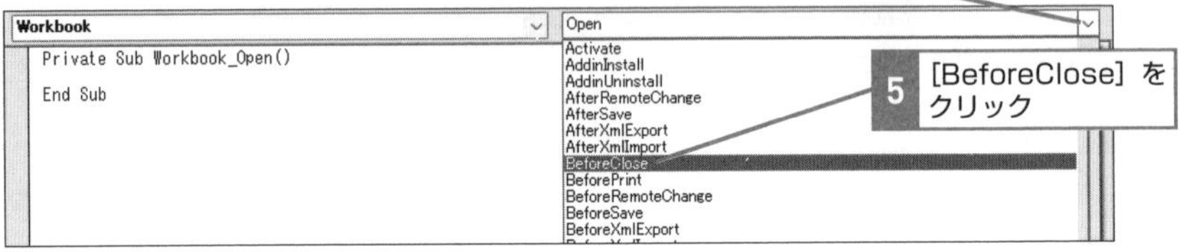

```
Private Sub Workbook_Open()

End Sub
```

Activate
AddinInstall
AddinUninstall
AfterRemoteChange
AfterSave
AfterXmlExport
AfterXmlImport
BeforeClose
BeforePrint
BeforeRemoteChange
BeforeSave
BeforeXmlExport

5 [BeforeClose] をクリック

選択したイベントに対応するイベントプロシージャーが作成される

```
Private Sub Workbook_BeforeClose(Cancel As Boolean)

End Sub

Private Sub Workbook_Open()

End Sub
```

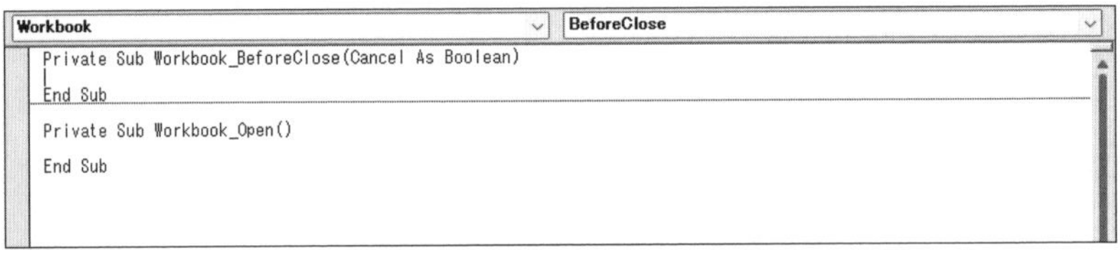

6 イベント発生時に実行する処理を記述

ここでは、「ブックを上書き保存する」というコードを記述する

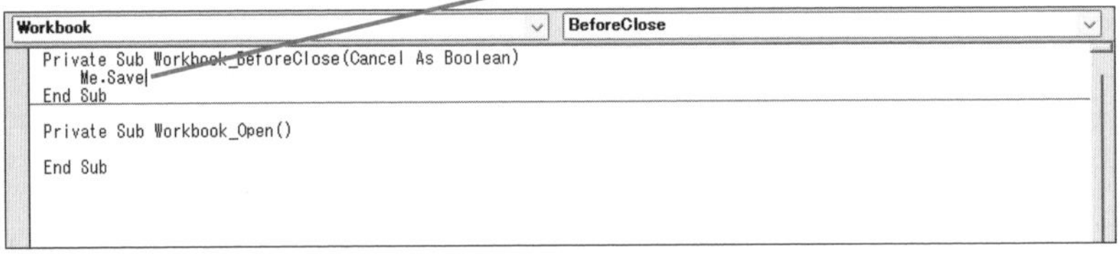

```
Private Sub Workbook_BeforeClose(Cancel As Boolean)
    Me.Save
End Sub

Private Sub Workbook_Open()

End Sub
```

ブックを閉じるとき、同時に上書き保存が実行される

ポイント

- ブックに対するイベントプロシージャーを作成する場合は、プロジェクトエクスプローラーで[ThisWorkbook]をダブルクリックして、[ThisWorkbook]のコードウィンドウを表示します。
- ワークシートに対するイベントプロシージャーを作成する場合は、処理を実行させたいワークシートのコードウィンドウを表示します。例えば、「[Sheet2] のセルの内容が書き換わったときに処理を実行する」という場合は、プロジェクトエクスプローラーで[Sheet2]をダブルクリックして[Sheet2]のコードウィンドウを表示します。
- オブジェクトボックスでオブジェクトを選択すると、そのオブジェクトの既定のイベントで空のイベントプロシージャーが自動的に作成されます。Workbookの場合は、「Workbook_Open」イベントプロシージャー、Worksheetの場合は、「Worksheet_SelectionChange」イベントプロシージャーです。不要であれば削除してください。

ワザ 015 ワークシートがアクティブになったときに処理を実行する

難易度 ●●○ | 頻出度 ●○○ | 対応Ver. 365 2021 2019 2016

特定のワークシートがアクティブになったときに処理を実行するには、「Worksheet_Activate」イベントプロシージャーを作成します。ここでは、[週報] シートがアクティブになったときに、今日の日付が入力されている行のセルを選択するイベントプロシージャーを作成します。特定のワークシートをアクティブにして決まった処理を行う場合に、このイベントプロシージャーを利用します。

[週報] シートのシート見出しをクリックしてアクティブにする

A列で今日の日付のセルの2つ右にあるセルが選択される

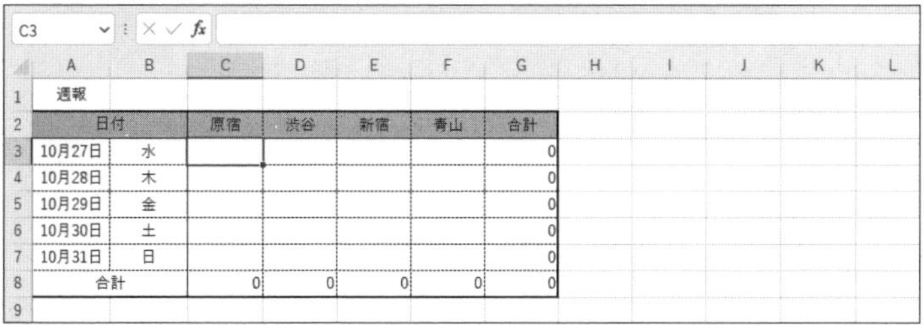

	A	B	C	D	E	F	G
1	週報						
2	日付		原宿	渋谷	新宿	青山	合計
3	10月27日	水					0
4	10月28日	木					0
5	10月29日	金					0
6	10月30日	土					0
7	10月31日	日					0
8	合計		0	0	0	0	0

入力例

015.xlsm

```
Private Sub Worksheet_Activate()
    Dim myRange As Range
    Set myRange = Range("A3:A7").Find(Date)  ←1
    If myRange Is Nothing Then  ←2
        MsgBox "日付を修正してください"
    Else
        myRange.Offset(0, 2).Select  ←3
    End If
    Set myRange = Nothing
End Sub
```

1表内で日付が入力されているセル範囲（セルA3～A7）の中で今日の日付のセルをFindメソッドで検索し、見つかったセルを変数「myRange」に代入する　2今日の日付が見つからなかった場合は、「日付を修正してください」というメッセージを表示する　3見つかった場合は、日付のセルの2つ右側のセル（C列）を選択する

ポイント

- 「Worksheet_Activate」イベントプロシージャーでは、特定のワークシートがアクティブになったときに実行する処理を記述します。このワザでは[週報]シートで処理を実行するので、[週報]シートのコードウィンドウを表示して、そこにコードを記述しています(ワザ014参照)。
- ブック内のすべてのワークシートについて、それぞれのワークシートがアクティブになったときに同じ処理を実行したい場合は、ブックのイベントである「SheetActivate」イベントを使って、ThisWorkbookコードウィンドウで「Workbook_SheetActivate」イベントプロシージャーを作成します。

関連ワザ 014 イベントプロシージャーを作成する………P.49

ワザ 016 ワークシート内のセルの内容を変更したときに処理を実行する

難易度 ●●○ | 頻出度 ●○○ | 対応Ver. 365 2021 2019 2016

特定のワークシート内のセルの内容が変更されたときに処理を実行するには、「Worksheet_Change」イベントプロシージャーを作成します。ここでは、［月報］シート内で変更されたセルの値が空白でないとき、日付とユーザー名を表示するメモ（Excel 2019/2016では「コメント」）を追加するイベントプロシージャーを作成します。データが修正されたとき、特定の処理を実行したいときに利用するといいでしょう。

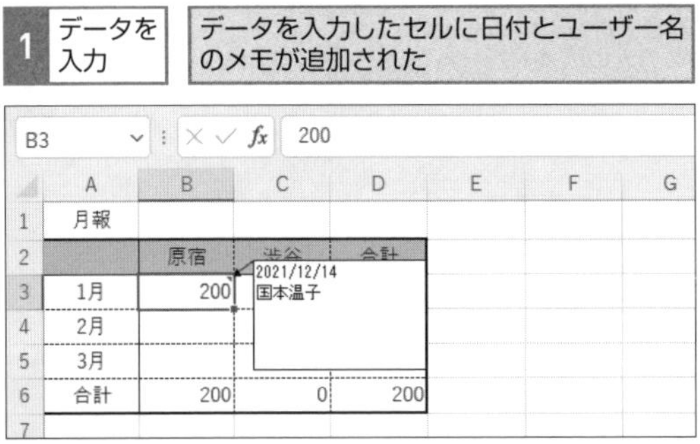

1 データを入力　データを入力したセルに日付とユーザー名のメモが追加された

	A	B	C	D	E	F	G
1	月報						
2		原宿	渋谷	合計			
3	1月	200					
4	2月						
5	3月						
6	合計	200	0	200			
7							

2021/12/14
国本温子

入力例

016.xlsm

```
Private Sub Worksheet_Change(ByVal Target As Range)
    On Error Resume Next ←1
    If Target.Value <> "" Then ←2
    Target.AddComment Date & Chr(10) & Application.UserName
    End If
End Sub
```

1 メモは1つのセルに対して挿入されるので、引数「Target」に格納されるセルが複数である場合はエラーになる。ここでは、エラーが発生しても、処理を中断せずにそのまま処理を継続させるためのエラー処理を設定する　2 変更されたセルの値が空白でないとき、そのセルに今日の日付とユーザー名を表示するコメントを挿入する

ポイント

- 引数の中にRange型のオブジェクト変数「Target」があります。「Target」には、変更が行われたセル、またはセル範囲が自動的に格納されます。この引数に格納されたセルを利用して処理を記述します。オブジェクト変数についてはワザ032を参照して下さい。
- 「Worksheet_Change」イベントプロシージャーでは、特定のワークシート内のセルの内容が変更されたときに実行する処理を記述します。このワザでは、［月報］シートで処理を実行したいので、［月報］シートのコードウィンドウを表示して、コードを記述します（ワザ014参照）。
- ブック内のすべてのワークシートについて、ワークシート内のセルの内容が変更になったときに、共通の処理を実行したい場合は、ブックのイベントである「SheetChange」イベントを使って、「ThisWorkbook」のコードウィンドウで「Workbook_SheetChange」イベントプロシージャーを作成します。

関連ワザ 014 イベントプロシージャーを作成する………P.49
関連ワザ 032 オブジェクト型の変数を使用する………P.73

ワザ 017 ワークシート内のセルを選択したときに処理を実行する

難易度 ●●○ | 頻出度 ●○○ | 対応Ver. 365 2021 2019 2016

「Worksheet_SelectionChange」イベントプロシージャーを作成すると、特定のシート内で選択セルを変更したときに、自動的に処理を実行できます。ここでは、[目次] シートに入力されている月名のセルをクリックしたときに、同じ月名のワークシートに自動で切り替えるイベントプロシージャーを作成します。

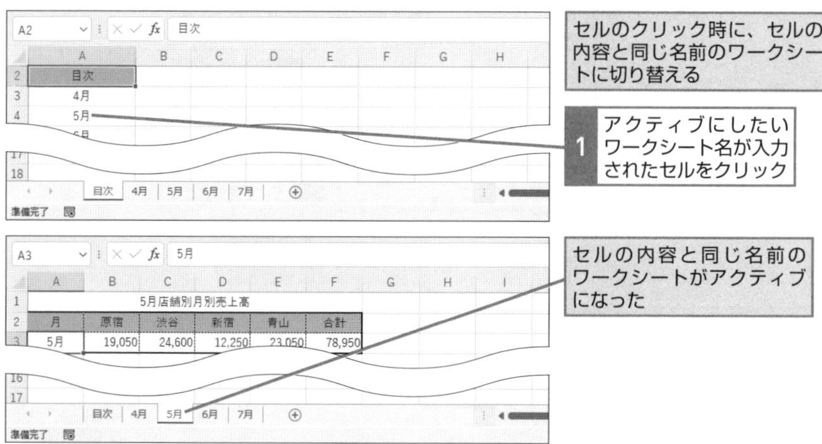
セルのクリック時に、セルの内容と同じ名前のワークシートに切り替える
1 アクティブにしたいワークシート名が入力されたセルをクリック
セルの内容と同じ名前のワークシートがアクティブになった
目次
4月
5月
5月店舗別月別売上高
月
原宿
渋谷
新宿
青山
合計
準備完了

入力例　017.xlsm

```
Private Sub Worksheet_SelectionChange(ByVal Target As Range)
    On Error GoTo errHandler
    Dim lastCell As Range
    Set lastCell = Cells(Rows.Count, "A").End(xlUp) ←1
    If Application.Intersect(Target, Range("A2", lastCell)) Is Nothing _ ←2
      Then Exit Sub
    Worksheets(Target.Value).Activate ←3
    Exit Sub
errHandler:
    MsgBox Err.Number & ":" & Err.Description
End Sub
```

1 A列でデータのある一番下のセルを取得する　2 選択されたセルと、セルA2からデータが入力されている一番下のセルまでの範囲で重複する部分が見つからなかったら処理を終了する　3 選択されたセルの値と同じ名前のワークシートを選択する

ポイント

- 引数「Target」には、選択されたセルまたはセル範囲が自動的に代入されます。
- 選択されたセルがセルA3からデータが入力されている最後のセルまでのセル範囲内にあるかどうかを、Intersectメソッドで調べます(ワザ018参照)。
- 正しくセルが選択されなかった場合は、実行時にエラーが発生します。そのため、エラー処理コードを追加し、安全に処理が終了するようにしておきます。

ワザ 018 ワークシート内のセルをダブルクリックしたときに処理を実行する

難易度 ●●○　頻出度 ●○○　対応Ver. 365 2021 2019 2016

特定のワークシート内のセルをダブルクリックしたときに自動的に処理を実行するには、「Worksheet_BeforeDoubleClick」イベントプロシージャーを作成します。ここでは、ワークシート内の「売上表」という名前の付いたセル範囲内でダブルクリックしたときに、表に行を挿入します。表の操作や、セル書式の設定など、頻繁に行う操作をダブルクリックに割り当てて、操作を簡単にできます。

入力例

018.xlsm

```
Private Sub Worksheet_BeforeDoubleClick(ByVal Target As Range, Cancel As Boolean)
    If Application.Intersect(Target, Range("売上表")) Is Nothing Then Exit Sub ←1
    If Target.Row = Range("売上表").Row Then Exit Sub ←2
    Range("売上表").Rows(Target.Row - 1).Insert _
            Shift:=xlDown, CopyOrigin:=xlFormatFromRightOrBelow ←3
    Cancel = True ←4
End Sub
```

1 ダブルクリックされたセルと「売上表」のセル範囲に重複する部分が見つからなかったら処理を終了する　2 ダブルクリックされたセルの行と「売上表」の先頭行が同じ場合は処理を終了する。これで項目行の上に行挿入されることを防いでいる　3「売上表」内のダブルクリックされた行に行挿入。ここではダブルクリックされたセルの行番号から1を引いて「売上表」の中で挿入する行を取得する　4 引数「Cancel」に「True」を代入し、ダブルクリックのイベントを取り消す

ポイント

- 引数であるRange型のオブジェクト変数「Target」には、ダブルクリックされたセルが自動的に格納されます。ダブルクリックされたセルの行番号はTarget.Rowで取得できます。

構文 `Application.Intersect(セル範囲1, セル範囲2, …)`

- ダブルクリックされたセルが「売上表」のセル範囲内にあるかどうかを、Intersectメソッドで調べます。Intersectメソッドは引数で指定したセル範囲に重複部分がある場合に重複するセルのRangeオブジェクトを返し、重複がない場合はNothingを返します。

ワザ 019 ワークシート内のセルを右クリックしたときに処理を実行する

難易度 ●●○　頻出度 ●○○　対応Ver. 365 2021 2019 2016

特定のワークシート内のセルを右クリックしたときに自動的に処理を実行するには、「Worksheet_BeforeRightClick」イベントプロシージャーを作成します。ここでは、ワークシート内のセル範囲「売上表」を右クリックしたときに、表の行を削除します。ワザ018でダブルクリックに割り当てた処理と反対の処理を右クリックに割り当てて、簡単なマウス操作で相反する処理を実行できます。

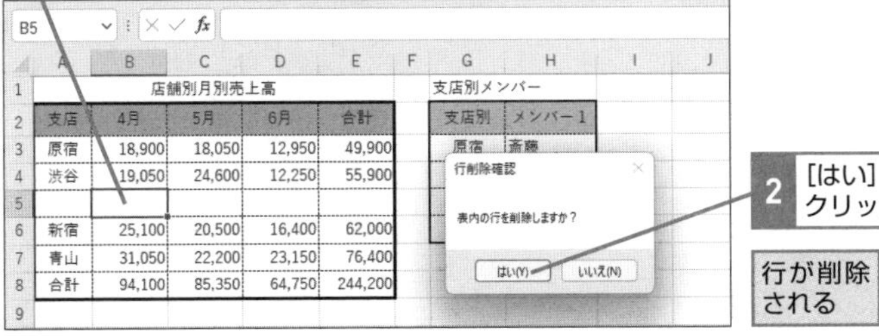
1 「売上表」の表内を右クリック
行削除の確認メッセージが表示された
2 [はい] をクリック
行が削除される
店舗別月別売上高
支店別メンバー
行削除確認
表内の行を削除しますか？
はい(Y)
いいえ(N)

入力例　019.xlsm

```
Private Sub Worksheet_BeforeRightClick(ByVal Target As Range, Cancel As Boolean)
    If Application.Intersect(Target, Range("売上表")) Is Nothing Then Exit Sub ←1
    If Target.Row = Range("売上表").Row Then Exit Sub ←2
    ans = MsgBox("表内の行を削除しますか？", vbYesNo, "行削除確認") ←3
    If ans = vbYes Then ←4
        Range("売上表").Rows(Target.Row - 1).Delete Shift:=xlUp
        Cancel = True
    End If
End Sub
```

1 右クリックされたセルと「売上表」のセル範囲に重複する部分が見つからなかったら処理を終了する　2 右クリックされたセルの行と「売上表」の先頭行が同じ場合は処理を終了する。これで項目行が削除されることを防いでいる　3 行削除の確認メッセージを表示する　4 表示されたメッセージで［はい］ボタンがクリックされたら「売上表」内で右クリックされた行を削除し、右クリックのイベントを取り消す

ポイント

- 引数であるRange型のオブジェクト変数「Target」には、右クリックされたセルが自動的に格納されます。右クリックされたセルの行番号はTarget.Rowで取得できます。
- 右クリックされたセルが「売上表」のセル範囲内にあるかどうかを、Intersectメソッドで調べます（ワザ018参照）。
- 引数「Cancel」に「True」を代入すると、右クリックのイベントを取り消すため、ショートカットメニューは表示されません。

ワザ 020 ブックを開いたときに処理を実行する

難易度 ●●○ | 頻出度 ●●● | 対応Ver. 365 2021 2019 2016

ブックを開いたときに処理を実行するには、「Workbook_Open」イベントプロシージャーを作成します。ここでは、ブックを開いたときに［日報］シートをアクティブにし、セルB1に今日の日付、セルB2にユーザー名を入力しています。ブックを開いたときに、日付や使用者の名前などの履歴に関する処理を実行する場合や、同時に使用するブックを開くといった使い方などがあります。

1 ブックを開く

［日報］シートがアクティブになり、今日の日付とユーザー名がセルに入力された

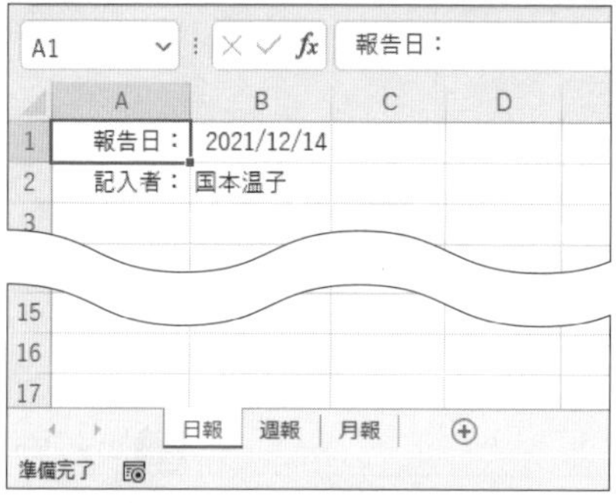

入力例　020.xlsm

```
Private Sub Workbook_Open()
    Worksheets("日報").Activate
    Range("B1").Value = Date  ←1
    Range("B2").Value = Application.UserName  ←2
End Sub
```

1セルB1に日付を表示するため、Date関数を使用する　2セルB2にユーザー名を表示するため、ApplicationオブジェクトのUserNameプロパティでユーザー名を取得する。UserNameプロパティは、Excelの［オプション］ダイアログボックスの［基本設定］で設定されているユーザー名が取得できる。

ポイント

- マクロが有効の状態でブックを開くと「Workbook_Open」イベントプロシージャーが実行されますが、Shiftキーを押しながらブックを開くと「Workbook_Open」イベントプロシージャーは無効となり、実行されません。
- 「Workbook_Open」イベントプロシージャーは、手動でブックを開いたときだけでなく、プログラムからOpenメソッドを使ってブックを開くときにも実行されます。

関連ワザ 014 イベントプロシージャーを作成する………P.49
関連ワザ 027 開いたブックの一覧表を作成する………P.65

ワザ 021 ブックにワークシートを追加したときに処理を実行する

難易度 ●●○ ｜ 頻出度 ●○○ ｜ 対応Ver. 365 2021 2019 2016

ブックにワークシートを追加したときに処理を実行するには、「Workbook_NewSheet」イベントプロシージャーを作成します。ここでは、追加した新規ワークシートを右端に移動し、シート名をユーザーが指定できるように設定しています。「新規ワークシート追加時にワークシート名を今日の日付にする」や「連番を付ける」など、ワークシート名の命名規則がある場合に、自動で設定するようにしても便利です。

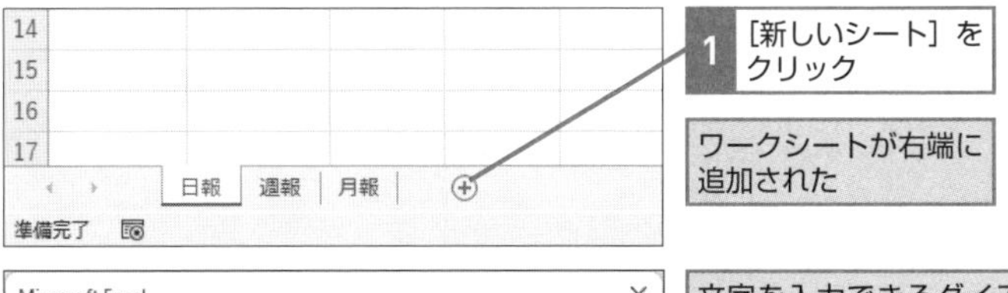
日報
週報
月報
準備完了
1 ［新しいシート］をクリック
ワークシートが右端に追加された

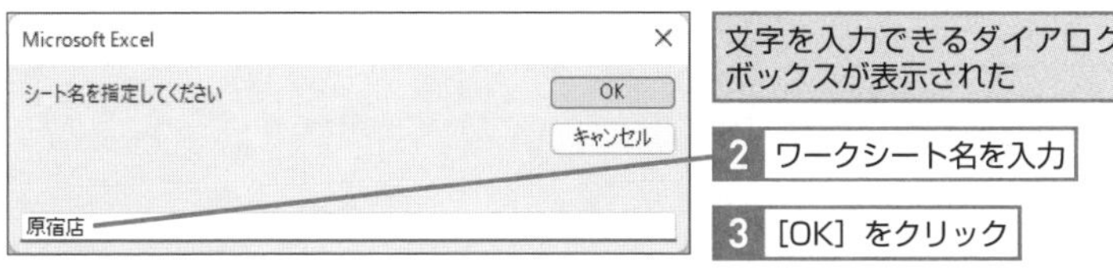
Microsoft Excel
シート名を指定してください
OK
キャンセル
原宿店
文字を入力できるダイアログボックスが表示された
2 ワークシート名を入力
3 ［OK］をクリック

日報
週報
月報
原宿店
準備完了
入力した名前がシート名に設定された

入力例　021.xlsm

```
Private Sub Workbook_NewSheet(ByVal Sh As Object)
    On Error Resume Next ←1
    Sh.Move after:=Sheets(Sheets.Count) ←2
    Sh.Name = InputBox("シート名を指定してください") ←3
End Sub
```

1インプットボックスに何も入力しなかったり、同じワークシート名を指定したりするとエラーになるため、エラーになってもそのまま次の処理を実行するようにエラー処理コードを追加する　2新規に追加されたワークシートを右端に移動する　3インプットボックスに入力された文字列を新規に追加されたワークシートの名前に設定する

ポイント

- 引数「Sh」には、追加されたワークシートオブジェクトが代入されます。追加したワークシートに対して処理を実行するには、引数「Sh」を使用します。

関連ワザ 014 イベントプロシージャーを作成する………P.49

ワザ 022 ブックを保存する前に処理を実行する

難易度 ●●○ | 頻出度 ●○○ | 対応Ver. 365 2021 2019 2016

ブックを保存する前に処理を実行するには、「Workbook_BeforeSave」イベントプロシージャーを作成します。ここでは、ブックを保存する前に、アクティブシートのセルB6に現在の日時を入力する処理を行います。ほかに、保存時に必ず入力すべき項目がある場合に自動的に入力する処理を行ったり、保存済みのブックの場合に上書き保存の確認を行う処理を実行したりできます。

1 ブックを保存

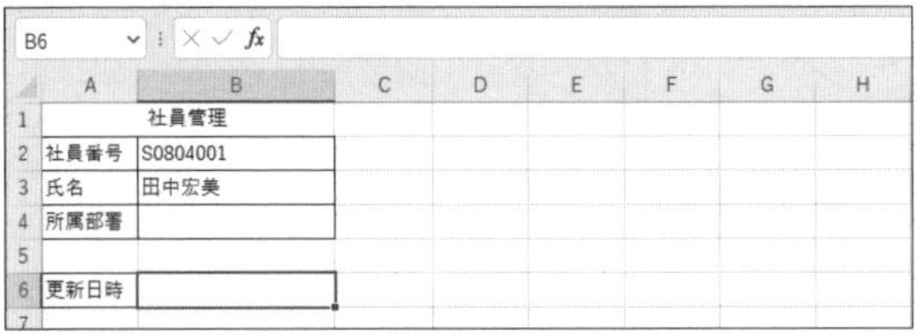

B6

	A	B	C	D	E	F	G	H
1		社員管理						
2	社員番号	S0804001						
3	氏名	田中宏美						
4	所属部署							
5								
6	更新日時							

保存時の日時がセルB6に入力された

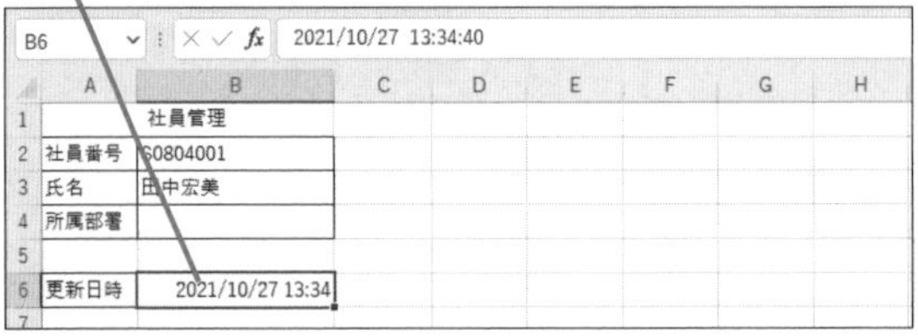

B6　2021/10/27 13:34:40

	A	B	C	D	E	F	G	H
1		社員管理						
2	社員番号	S0804001						
3	氏名	田中宏美						
4	所属部署							
5								
6	更新日時	2021/10/27 13:34						

入力例　022.xlsm

```
Private Sub Workbook_BeforeSave(ByVal SaveAsUI As Boolean, Cancel As Boolean)
    Range("B6").Value = Now  ←1
End Sub
```

1 セルB6に現在の日時が入力されるように、セルB6のValueプロパティにNow関数の値を設定する

ポイント

- 引数「SaveAsUI」には、[名前を付けて保存]ダイアログボックスが表示される場合に「True」が代入されます。例えば、「If SaveAsUI = True Then Cancel = True」とすると、上書き保存以外を防ぐことができます。
- 引数「Cancel」に「True」を代入すると、イベントの発生が取り消されます。そのためブックは保存されません。

関連ワザ 020 ブックを開いたときに処理を実行する………P.56
関連ワザ 023 ブックを閉じる前に処理を実行する………P.59

ワザ 023 ブックを閉じる前に処理を実行する

難易度 ●○○ ｜ 頻出度 ●○○ ｜ 対応Ver. 365 2021 2019 2016

ブックを閉じる前に処理を実行するには、「Workbook_BeforeClose」イベントプロシージャーを作成します。ここでは、ブックを閉じる前に［保存履歴］シートのA列に、閉じる時点での現在の日時を順番に入力し、ブックを上書き保存しています。データの入力チェックや保存など、ブックを閉じるタイミングで忘れてはいけない処理を行うときに利用するといいでしょう。

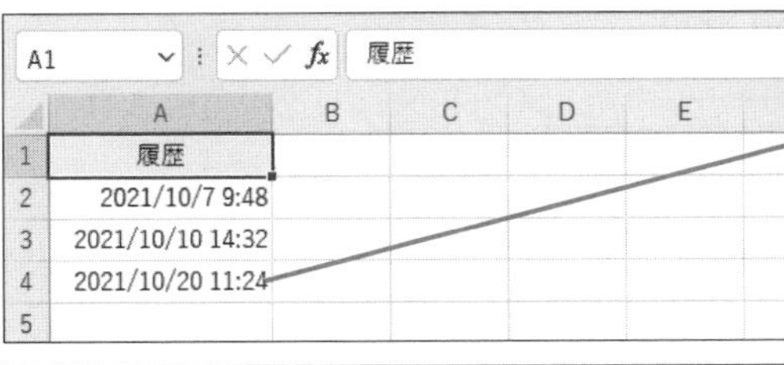

1 ブックを閉じる

［保存履歴］ワークシートがアクティブになり、A列の表の最終行に現在の日時が入力される

	A	B	C	D	E
1	履歴				
2	2021/10/7 9:48				
3	2021/10/10 14:32				
4	2021/10/20 11:24				
5	2021/10/27 13:40				

再度ブックを開くと、［保存履歴］シートに前回ブックを閉じる時点の日時が入力されているのが確認できる

入力例　023.xlsm

```
Private Sub Workbook_BeforeClose(Cancel As Boolean)
    Worksheets("保存履歴").Activate
    Cells(Rows.Count, "A").End(xlUp).Offset(1).Value = Now ←1
    Me.Save ←2
End Sub
```

1表のA列の最後のセルに日時が入力されるように、A列の一番下のセルから、Endプロパティで上方向のデータのある最初のセルを取得し、Offsetプロパティで1つ下のセルを取得して、そこにNow関数で現在の日時を入力する　2「Me」は、ここではWorkbookオブジェクトであるこのブックを意味している

ポイント

- 引数「Cancel」に「True」を代入すると、イベントの発生が取り消されます。そのためブックは閉じられません。閉じる前にデータの入力個所などをチェックし、入力に不備があった場合などにブックを閉じないようにしたいときは、引数「Cancel」に「True」を代入して、ブックのCloseイベントを取り消します。

関連ワザ 020 ブックを開いたときに処理を実行する………P.56
関連ワザ 022 ブックを保存する前に処理を実行する………P.58

ワザ 024 印刷を行う前に処理を実行する

難易度 ●●○ | 頻出度 ●○○ | 対応Ver. 365 2021 2019 2016

Excelで印刷を行う前に処理を実行するには、「Workbook_BeforePrint」イベントプロシージャーを作成します。ここでは、印刷を実行する前に、プリンターが利用できるかどうか、また用紙の設定は大丈夫かどうかを確認させるメッセージを表示します。印刷する前に確認すべきことや、必要な設定を行うための処理を記述しておくと、印刷ミスなどを防げます。

1 印刷を実行 プリンターや用紙の確認を促すメッセージが表示された

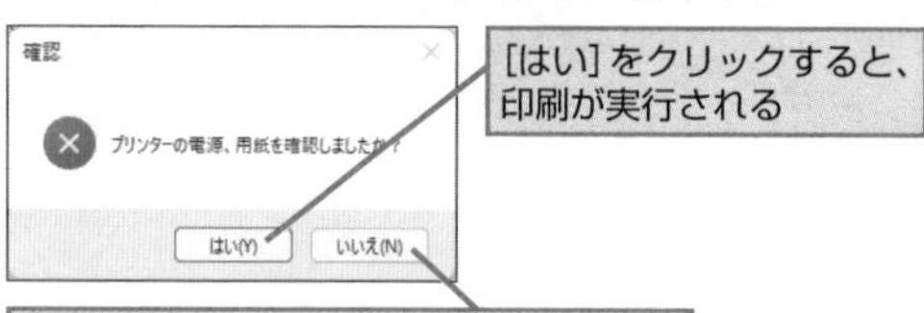

確認
プリンターの電源、用紙を確認しましたか？
はい(Y)
いいえ(N)
[はい] をクリックすると、印刷が実行される
[いいえ] をクリックすると、メッセージを表示して印刷が中止される

入力例 024.xlsm

```
Private Sub Workbook_BeforePrint(Cancel As Boolean)
    Dim ans As Integer
    ans = MsgBox("プリンターの電源、用紙を確認しましたか?", vbCritical + vbYesNo, "確認") ←1
    If ans = vbNo Then ←2
        MsgBox "印刷処理を中止します"
        Cancel = True
    End If
End Sub
```

1警告のアイコンと［はい］［いいえ］のボタンを表示するメッセージを表示し、クリックされたボタンの値を変数「ans」に代入する　2［いいえ］ボタンがクリックされた場合、変数「ans」にvbNoが代入される。それを利用してIfステートメントで「印刷処理を中止します」とのメッセージを表示し、引数「Cancel」に「True」を代入して、印刷時イベントを取り消して印刷処理を中止する

ポイント

- 引数「Cancel」に「True」を代入すると、イベントの発生が取り消されます。そのため印刷処理は中止されます。
- 印刷時に発生するBeforePrintイベントは、Workbookオブジェクトのみです。特定のワークシートを印刷するときに処理を実行するのであれば、Workbook_BeforePrintイベントプロシージャーの中に、印刷対象とするワークシートを設定するためのコードを追加してください。

関連ワザ 025 ワークシート上のボタンをクリックしたときだけ印刷を実行する………P.61

ワザ 025 ワークシート上のボタンをクリックしたときだけ印刷を実行する

難易度 ●○○ | 頻出度 ●○○ | 対応Ver. 365 2021 2019 2016

ワークシート上のボタンをクリックしないと印刷が実行できないようにするには、まず印刷を取り消す処理を「Workbook_BeforePrint」イベントプロシージャーで記述します。そして、ボタンに割り当てるマクロで、ApplicationオブジェクトのEnableEventsプロパティに「False」を設定し、BeforePrintイベントの発生を中止して、印刷を実行させる処理を記述します。これにより、ボタンをクリックした場合に限り、印刷を実行できます。EnableEventsプロパティは、プロシージャー実行中にイベントの発生を制御するときに使用します。

●「Workbook_BeforePrint」イベントプロシージャーで印刷処理を取り消す

印刷を実行するコマンドを選択するとメッセージが表示され、印刷処理ができない状態になります。

入力例　025.xlsm

```
Private Sub Workbook_BeforePrint(Cancel As Boolean) ←1
    MsgBox "シート上の[印刷]ボタンをクリックしてください"
    Cancel = True ←2
End Sub
```

1 [ThisWorkbook] をダブルクリックして表示されるブックのコードウィンドウに記述する　2 引数「Cancel」に「True」を代入することで、印刷を実行する前に発生するBeforePrintイベントを取り消し、印刷処理を中止する。「Workbook_BeforePrint」イベントプロシージャーは印刷する前に実行されるので、このブックでは印刷ができない状態となる

●[印刷]ボタンをクリックしたときに印刷処理を実行する

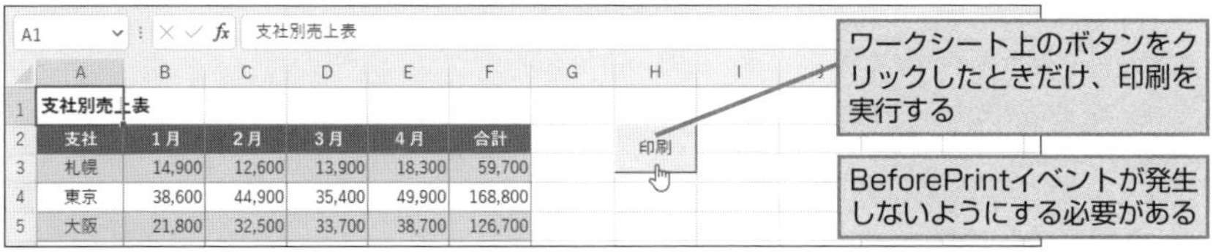

A1　支社別売上表

	A	B	C	D	E	F
1	支社別売上表					
2	支社	1月	2月	3月	4月	合計
3	札幌	14,900	12,600	13,900	18,300	59,700
4	東京	38,600	44,900	35,400	49,900	168,800
5	大阪	21,800	32,500	33,700	38,700	126,700

印刷

ワークシート上のボタンをクリックしたときだけ、印刷を実行する

BeforePrintイベントが発生しないようにする必要がある

入力例　025.xlsm

```
Sub 印刷実行() ←1
    Application.EnableEvents = False ←2
    ActiveSheet.PrintOut ←3
    Application.EnableEvents = True ←4
End Sub
```

1 標準モジュール内に記述して、ワークシート上に配置したボタンに割り当てる　2 EnableEventsに「False」を代入することで、イベントの発生を中止する　3 アクティブワークシートの印刷を実行する　4 EnableEventsに「True」を代入することで、イベントの発生停止を解除する

ポイント

- EnableEventsプロパティに「False」を代入すると、BeforePrintイベントだけでなく、すべてのイベントの発生が中止されます。そのため、イベント発生を停止した状態で実行する処理の後には、必ずEnableEventsプロパティに「True」を代入して、イベントの発生停止を解除します。

ワザ 026 アプリケーションのイベントを利用する

難易度 ●●●　頻出度 ●○○　対応Ver. 365 2021 2019 2016

Applicationオブジェクトのイベントを使って、イベントプロシージャーを作成できます。開いているすべてのブックやワークシートに共通の処理を実行するなど、アプリケーション全般にわたる処理を自動で実行したいときに利用できます。Applicationオブジェクトのイベントを使えるようにするには準備が必要です。ここでは、Applicationオブジェクトの主なイベントの種類と、イベントを使えるようにするための手順を確認しましょう。

●Applicationオブジェクトの主なイベントの種類

イベント	内容
NewWorkbook	新しいブックを作成したとき
SheetBeforeDoubleClick	既定のダブルクリックの操作の前にワークシートをダブルクリックしたとき
SheetCalculate	ワークシートで再計算するか、グラフでデータをプロットして変更したとき
SheetChange	ユーザーや外部リンクにより、ワークシートのセルが変更されるとき
SheetDeactivate	ワークシートが非アクティブになったとき
SheetSelectionChange	いずれかのワークシートで選択範囲を変更したとき
WindowActivate	ブックのウィンドウがアクティブになったとき
WindowDeactivate	ブックのウィンドウがアクティブでなくなったとき
WorkbookActivate	ブックがアクティブになったとき
WorkbookAfterSave	ブックが保存された後
WorkbookBeforeClose	開いたブックを閉じる直前
WorkbookBeforePrint	開いているブックを印刷する前
WorkbookBeforeSave	開いているブックを保存する前
WorkbookDeactivate	開いているブックが非アクティブになったとき
WorkbookOpen	ブックを開いたとき

●Applicationオブジェクトでイベントを使用するための準備

Applicationオブジェクトでイベントを使用するためには、クラスモジュールを作成し、そこにApplication型のオブジェクト変数をWithEventsキーワードを使って宣言します。次に、標準モジュールで、クラスモジュールで宣言したオブジェクト変数をApplicationオブジェクトに関連付けるプロシージャーを作成し、実行します。

クラスモジュールで Application 型のオブジェクト変数を宣言する

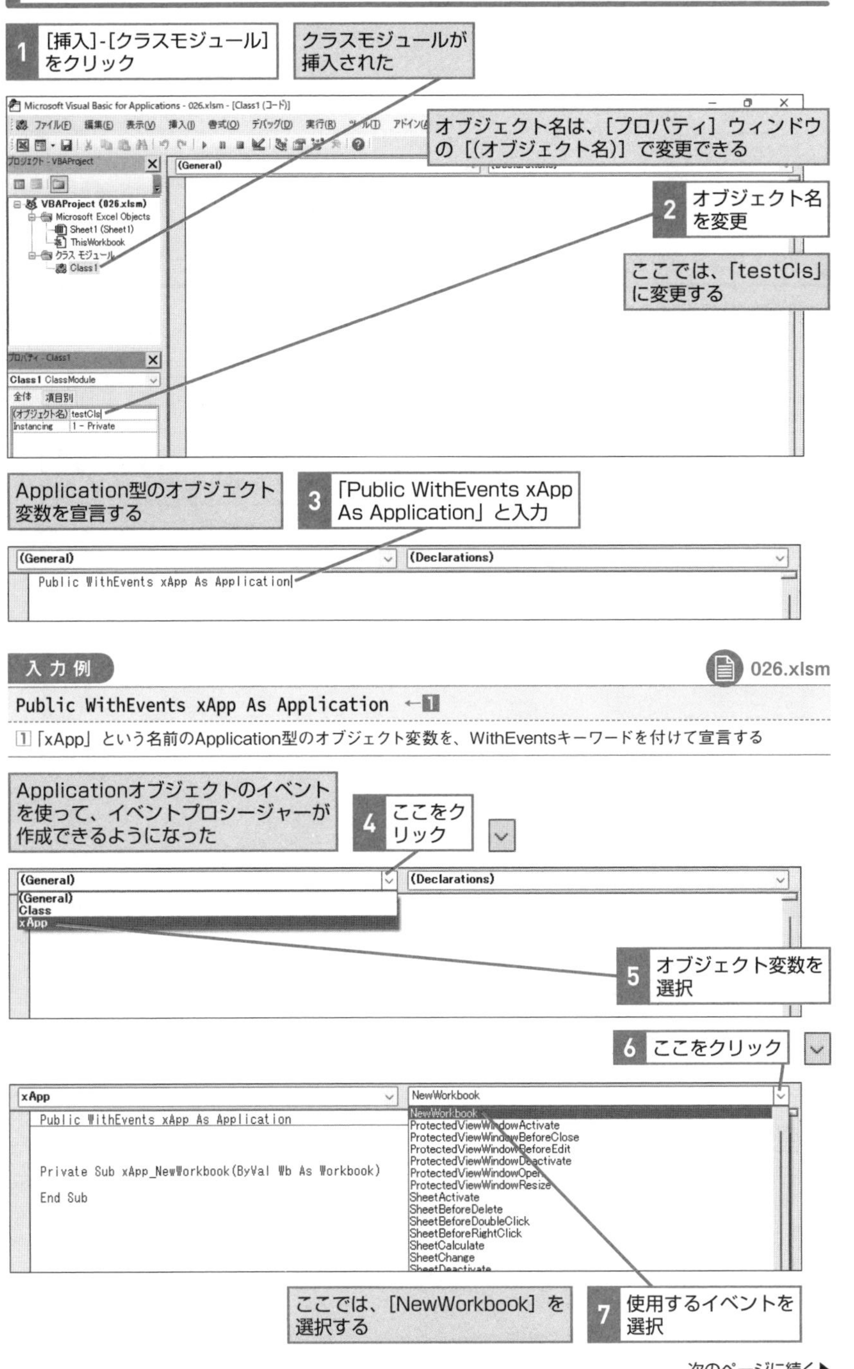

入力例 026.xlsm

```
Public WithEvents xApp As Application ←1
```

1 「xApp」という名前のApplication型のオブジェクト変数を、WithEventsキーワードを付けて宣言する

次のページに続く▶

空のイベントプロシージャーが作成された

実行したい処理を記述する

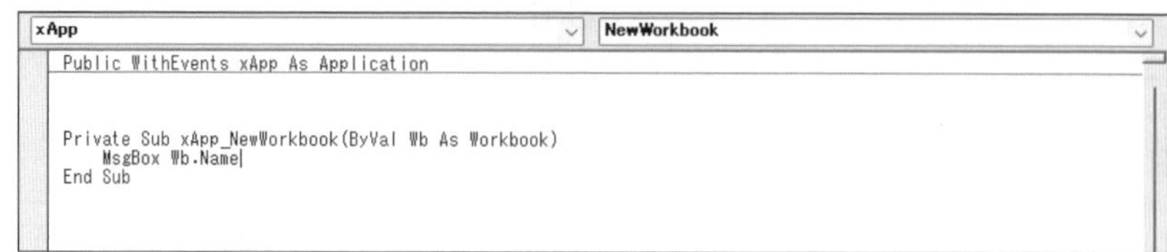

クラスモジュールで宣言したオブジェクト変数を、Applicationオブジェクトに関連付ける

[挿入] - [標準モジュール] から標準モジュールを追加しておく

[Module1] をダブルクリックして標準モジュールを表示しておく

1 コードを入力

作成したプロシージャー「clsInitialize」を実行する

2 [Sub/ユーザーフォームの実行] をクリック

クラスモジュールで宣言したオブジェクト変数「xApp」が、Applictionオブジェクトに関連付けられる

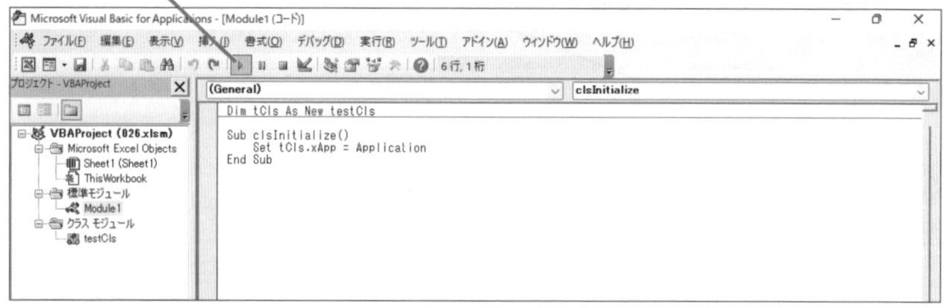

これ以降、Applicationオブジェクトのイベントが発生したら、クラスモジュールに作成したイベントプロシージャーが実行される

入力例

026.xlsm

```
Dim tCls As New testCls  ←1
Sub clsInitialize()  ←2
    Set tCls.xApp = Application  ←3
End Sub
```

1作成したクラス「testCls」のインスタンス「tCls」を作成する　2Subプロシージャー名は任意のものでいい　3作成したクラスの中で宣言したApplication型のオブジェクト変数「xApp」に、Applicationオブジェクトを設定する

ポイント

- Applicationオブジェクトのイベントプロシージャーを実行するには、イベントプロシージャーが記述されているブックを開き、手順2で作成したSubプロシージャーを実行する必要があります。毎回手動で実行するのが面倒な場合は、「Workbook_Open」イベントプロシージャーでSubプロシージャーを呼び出して、自動で実行させるといいでしょう(ワザ009、020参照)。

関連ワザ 009 ほかのプロシージャーを呼び出す………P.40
関連ワザ 020 ブックを開いたときに処理を実行する………P.56

ワザ 027 開いたブックの一覧表を作成する

難易度 ●●● | 頻出度 ●○○ | 対応Ver. 365 2021 2019 2016

開いたブックの一覧表を作成するには、ApplicationオブジェクトのWorkbookOpenイベントを使って「Application_WorkbookOpen」イベントプロシージャーを作成します。ここでは、開いたブックの一覧を［Sheet1］シートの表に追加します。Excelの起動中に開いたブックの履歴を残すなど、ブックを開いたときに一定の処理を実行したいときに利用するといいでしょう。

ブックを開くと、［Sheet1］シートにブック名と開いた日時が入力される

A1　ブック

	A	B	C	D	E	F	G
1	ブック	開いた日時					
2	渋谷.xlsx	2021/6/18 9:41					
3	原宿.xlsx	2021/10/3 14:50					
4							

入力例　027.xlsm

```
Public WithEvents xApp As Application ←1

Private Sub xApp_WorkbookOpen(ByVal Wb As Workbook)
    With ThisWorkbook.Worksheets(1).Cells(Rows.Count, 1).End(xlUp) ←2
        .Offset(1).Value = Wb.Name ←3
        .Offset(1, 1).Value = Now ←4
    End With
End Sub
```

1作成したクラスモジュールのコードウィンドウに記述する（ワザ026参照）　2コードを実行しているブックの1つ目のワークシートの1列目（A列）でデータが入力されている一番下のセルを取得する　32で取得したセルの1つ下に、開いたブック名を入力する　42で取得したセルの1つ下、1つ右にNow関数で現在の日時を入力する

入力例　 027.xlsm

```
Private Sub Workbook_Open()
    clsInitialize ←1
End Sub
```

1ブックを開いたときに、Subプロシージャー「clsInitialize」を実行する

ポイント

- 「xApp_WorkbookOpen」イベントプロシージャーを実行するためには、ワザ026のクラスモジュールを作成しておきます。作成されている場合は、ワザ026の最後で作成したSubプロシージャー「clsInitialize」を実行する必要があります。ここでは、「Workbook_Open」イベントプロシージャーを作成し、ブックを開いたときに自動で実行されるようにしています。
- 引数「Wb」には、開いたブックオブジェクトが代入されます。これを利用してブックに対する処理を記述します。

関連ワザ 026 アプリケーションのイベントを利用する………P.62

ワザ 028 同じフォームのブックを閉じるときに各ブックに保存日時を入力する

難易度 ●●●　頻出度 ●○○　対応Ver. 365 2021 2019 2016

ブックを閉じるときに同じ処理を実行するには、「Application_WorkbookBeforeClose」イベントプロシージャーを作成します。ここでは、ブックを閉じるときに変更がある場合、閉じるブックの1つ目のワークシートのセルD1に現在の日時を入力後に上書き保存し、変更がなければそのまま閉じます。各ブックで一律に同じ処理を行ってから閉じたいときに利用できます。

ブックに変更がある場合は、閉じる前に更新日時が入力されて上書き保存される

A1 店舗

	A	B	C	D	E	F
1	店舗	新宿	最終更新日時	2021/10/3 15:26		
2						
3		シューロール	苺ムース	総計		
4	4月	3,000	2,400	5,400		
5	5月	1,200	2,400	3,600		
6	6月	1,800	3,900	5,700		
7	7月	6,000	3,900	9,900		
8	総計	12,000	12,600	24,600		
9						
10						

入力例　028.xlsm

```
Public WithEvents xApp As Application ←1

Private Sub xApp_WorkbookBeforeClose(ByVal Wb As Workbook, Cancel As Boolean)
    If Wb.Saved = False Then ←2
        Wb.Worksheets(1).Cells(1, 4).Value = Now
        Wb.Save
    End If
End Sub
```

1作成したクラスモジュールのコードウィンドウに記述する（ワザ026参照）　2閉じようとしているブックに変更があった場合は、ブックのセルD1にNow関数で現在の日時を入力し、上書き保存して閉じる

ポイント

- 「xApp_WorkbookBeforeClose」イベントプロシージャーを実行するためには、ワザ026のクラスモジュールを作成しておきます。作成されている場合は、ワザ026の最後で作成したSubプロシージャー「clsInitialize」を実行する必要があります。ここでは、ワザ027と同じ「Workbook_Open」イベントプロシージャーを作成し、ブックを開いたときに自動で実行されるようにしています。
- 引数「Wb」には、閉じようとしたブックオブジェクトが代入されます。これを利用して、ブックに対する処理を記述します。
- 引数「Cancel」に「True」を代入するとブックを閉じる操作が取り消されます。

関連ワザ 026 アプリケーションのイベントを利用する………P.62

ワザ 029 新規ブック作成時にワークシートをコピーし、指定したブック名で保存する

難易度 ●●●｜頻出度 ●○○｜対応Ver. 365 2021 2019 2016

新しいブックの作成時に同じ処理を実行するには、「Application_NewBook」イベントプロシージャーを作成します。ここでは、新しいブックの作成時のブック名に、コードを実行するブックの1つ目のワークシートの表にある学籍番号を使用します。次に、2つ目のワークシートを新しいブックにコピーして、表にある氏名をワークシート名として使用し、「○」を付けて閉じています。生徒名や支店名など、同じ形式のブックを規則性のある名前で作成するときなどに使えます。

コードを実行するブックの1つ目のワークシートには、学籍番号、氏名、ブックの有無が入力されている

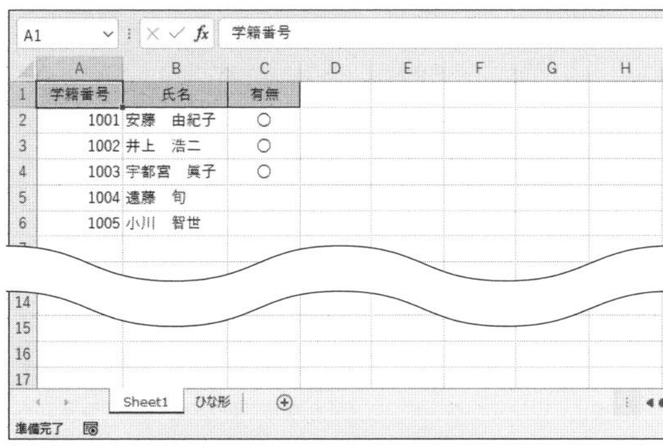

学籍番号	氏名	有無
1001	安藤　由紀子	○
1002	井上　浩二	○
1003	宇都宮　眞子	○
1004	遠藤　旬	
1005	小川　智世	

コードを実行するブックの2つ目のワークシートを新しいブックにコピーする

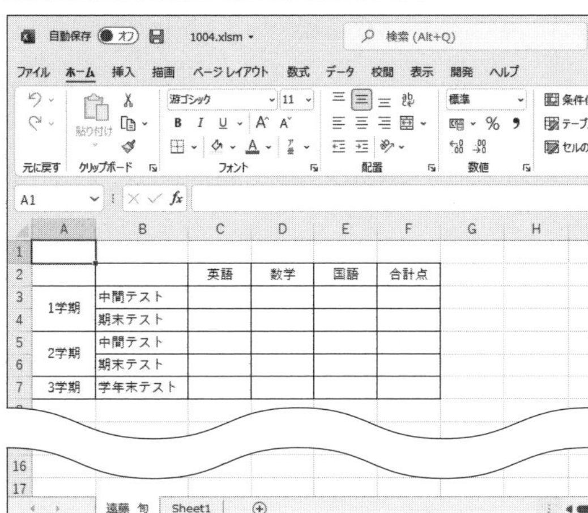

		英語	数学	国語	合計点
1学期	中間テスト				
	期末テスト				
2学期	中間テスト				
	期末テスト				
3学期	学年末テスト				

氏名をワークシート名に、ブック名を学籍番号にして保存して、ブックを閉じる

次のページに続く▶

入力例　029.xlsm

```
Public WithEvents xApp As Application ←1

Private Sub xApp_NewWorkbook(ByVal Wb As Workbook)
    Dim i As Integer
    Dim sh As Worksheet
    Set sh = ThisWorkbook.Worksheets(1) ←2
    On Error GoTo errHandler ←7
    For i = 2 To sh.Cells(Rows.Count, 1).End(xlUp).Row ←3
        If sh.Cells(i, 3).Value = "" Then ←4
            ThisWorkbook.Worksheets(2).Copy before:=Wb.Worksheets(1)
            Wb.Worksheets(1).Name = sh.Cells(i, 2).Value
            Wb.SaveAs Filename:="c:¥dekiru¥" & sh.Cells(i, 1).Value ←5
            Wb.Close
            sh.Cells(i, 3).Value = "○" ←6
            Exit For
        End If
    Next
    Exit Sub
errHandler: ←7
    MsgBox Err.Number & " : " & Err.Description
End Sub
```

1作成したクラスモジュールのコードウィンドウに記述する（ワザ026参照）　2コードを実行しているブック（ThisWorkbook）の1つ目のワークシート（Worksheets(1)）を変数「sh」に代入する　3変数「i」に2を代入し、1つ目のワークシートのA列のデータが入力されている最後のセルの行まで、以下の処理を繰り返し実行する　4もし、i行目C列のセルが空白だったら、コードを実行しているブックの2つ目のワークシートを新規ブックの1つ目にコピーし、ワークシート名をi行目B列の値（氏名）に設定する　5新規ブックを、i行目A列の値（学籍番号）をブック名にして、Cドライブの［dekiru］フォルダーに保存して閉じる　6ブックが保存済みであることが分かるように、i行目C列に「○」を入力する　7同じ名前のブックが存在するときに表示される確認メッセージで、［いいえ］ボタン、または［キャンセル］ボタンをクリックするとエラーになるため、エラーを回避するためのエラー処理コードを追加する

ポイント

- 「xApp_NewWorkbook」イベントプロシージャーを実行するためには、ワザ026のクラスモジュールを作成しておきます。作成されている場合は、ワザ026の最後で作成したSubプロシージャー「clsInitialize」を実行する必要があります。ここでは、ワザ027と同じ「Workbook_Open」イベントプロシージャーを作成し、ブックを開いたときに自動で実行されるようにしています。
- 引数「Wb」には、新規作成されたブックオブジェクトが格納されます。これを利用してブックに対する処理を記述します。
- 複数のブックを開いて処理を実行するときは、対象となるブック、ワークシート、セルを正確に指定することが大切です。

関連ワザ 026 アプリケーションのイベントを利用する………P.62

第2章

プログラミングの基礎

この章では、変数、配列、データ型、制御構造、エラー処理など、プログラミングをする上で知っておくべき基本的な知識を簡単な例題を使って説明しています。この章の内容をしっかり学習しておくと、本書内のサンプルコードをスムーズに理解できるようになるでしょう。

ワザ

030 変数を使用する

難易度 ●○○ | 頻出度 ●●● | 対応Ver. 365 2021 2019 2016

変数とは、マクロの実行中に使用する値を、一時的に格納するための「入れ物」です。変数の値は、マクロの実行中に自由に出し入れできます。通常は、プロシージャー内でデータ型を指定して変数を宣言して使用します。また、変数は宣言した場所に応じて、その変数を使用できる範囲が異なります。ここでは、変数の宣言と命名規則、そして使い方を確認しましょう。

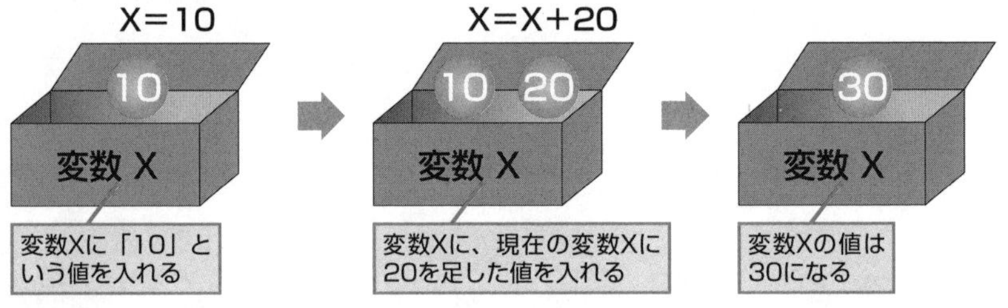

入力例　030.xlsm

```
Sub 変数宣言()
    Dim X  ←1
    X = 10  ←2
    X = X + 20  ←3
End Sub
```

1 変数「X」を宣言する　2 変数「X」に10を代入する　3 変数「X」に20を加えた値を変数「X」に代入する。変数「X」には、10がすでに代入されているので、それに20が加算され、30となる

ポイント

構　文 **Dim 変数名**

- 変数は、通常Dimステートメントを使って宣言します。
- VBAでは、変数や定数、プロシージャー名などに名前を付ける場合、命名規則に従って付ける必要があります。
  1.変数名には、英数字、漢字、ひらがな、カタカナ、「_」を使用する
  2.変数名に空白や「.」「!」「@」「&」「$」「#」などの記号は使用できない
  3.変数名は、半角255文字以内
  4.VBAの関数名、ステートメント名、メソッド名などと同じ名前を使わない
  5.同じ適用範囲内で、同じ変数名は使えない
  6.変数名の大文字と小文字は区別されない

構　文 **変数名 = 格納する値**

- 変数に値を代入するときは、代入演算子「=」を使います。
- 複数の変数を同時に宣言する場合は、「Dim 変数1, 変数2, 変数3, ……」のように「,」で区切って指定します。
- データ型を指定しない場合は、データ型はバリアント型と見なされます（ワザ031参照）。

関連ワザ 031 変数に代入する値の種類を指定する………P.71

ワザ 031 変数に代入する値の種類を指定する

難易度 ●○○ | 頻出度 ●●● | 対応Ver. 365 2021 2019 2016

変数に代入する値の種類を指定するには、変数の宣言時にデータ型を指定します。データ型には、「数値」「文字列」「日付」「オブジェクト参照」などの種類があり、変数で使用する値の種類に合わせて指定できます。データ型を指定すると、変数に間違った種類のデータが格納できなくなり、エラーの防止に役立ちます。ここでは、データ型を指定して変数を宣言する方法と種類を確認しましょう。

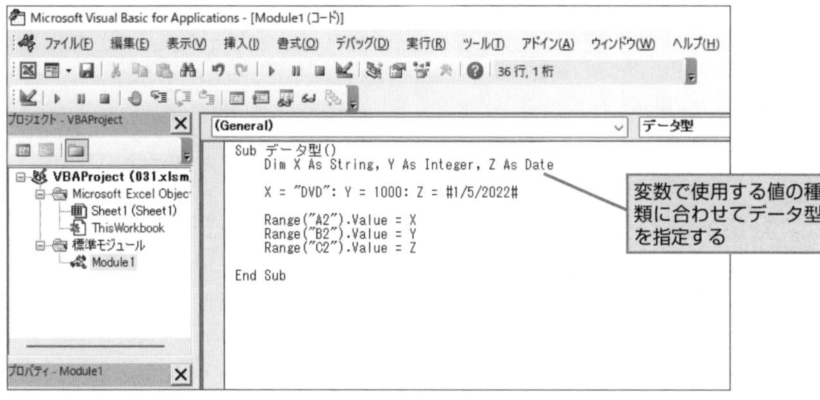

入力例　031.xlsm

```
Sub データ型()
    Dim X As String, Y As Integer, Z As Date  ←1
    X = "DVD" : Y = 1000 : Z = #1/5/2022#  ←2
    Range("A2").Value = X ┐
    Range("B2").Value = Y ├←3
    Range("C2").Value = Z ┘
End Sub
```

1変数「X」を文字列型、変数「Y」を整数型、変数「Z」を日付型として宣言する　2変数「X」に文字列「DVD」、変数「Y」に整数「1000」、変数「Z」に日付「2022/1/5」を代入する。3つのステートメントを「:」で区切って1行で記述する（ワザ006参照）　3変数「X」「Y」「Z」の値をそれぞれセルA2、セルB2、セルC2に表示する

ポイント

構文 Dim 変数名 As データ型

- データ型を指定して宣言する場合は、Asキーワードを使って上のように記述します。
- データ型を指定して複数の変数を同時に宣言する場合は、「Dim 変数1 As String, 変数2 As Integer」のように、「,」で区切って指定します。なお、「Dim 変数1, 変数2 As String」とした場合は、変数1はバリアント型になります。それぞれの変数で、必ずデータ型を指定してください。
- 文字列を変数に格納する場合は、文字列の前後を「"」で囲みます。数値はそのまま入力します。日付の場合は「#1/5/2022#」のように「#月/日/西暦#」の形式で指定します。なお、日付をセルに表示する場合は、「"2022/1/5"」のように文字列で指定できます。

次のページに続く▶

●データ型の種類

データ型	使用メモリ	値の範囲
バイト型 (Byte)	1バイト	0～255までの正の整数値
ブール型 (Boolean)	2バイト	TrueまたはFalse
整数型 (Integer)	2バイト	－32,768～32,767の整数値
長整数型 (Long)	4バイト	整数型（Integer）では保存できないような大きなけたの整数値 －2,147,483,648～2,147,483,647
単精度浮動小数点数型 (Single)	4バイト	小数点を含む数値 －3.402823E38～－1.401298E－45（負の値） 1.401298E－45～3.402823E38（正の値）
倍精度浮動小数点数型 (Double)	8バイト	Singleよりも大きなけたの小数点を含む数値 －1.79769313486231E308～ －4.94065645841247E－324（負の値） 4.94065645841247E－324～ 1.79769313486232E308（正の値）
通貨型 (Currency)	8バイト	－922,337,203,685,477.5808～ 922,337,203,685,477.5807
10進型 (Decimal)	14バイト	15けたの整数部分と4けたの小数部分の数値 +/－79,228,162,514,264,337,593,543,950,335（小数点なし） +/－7.9228162514264337593543950335（小数点以下28けた） +/－0.0000000000000000000000000001（0ではない最小の値）
日付型 (Date)	8バイト	日付と時刻 西暦100年1月1日～ 西暦9999年12月31日
オブジェクト型 (Object)	4バイト	オブジェクトを参照するデータ型
文字列型 (String)（可変長）	10バイト＋文字列の長さ	文字列 0～約20億
文字列型 (String)（固定長）	文字列の長さ	1～約65,400
バリアント型 (Variant)	数値：16バイト 文字：22バイト＋文字列の長さ	あらゆる種類の値を保存
ユーザー定義型	要素に依存	それぞれの要素の範囲はそのデータ型の範囲と同じ

関連ワザ 006 プロシージャーの作成手順と構成要素を理解する………P.33
関連ワザ 030 変数を使用する………P.70

ワザ 032 オブジェクト型の変数を使用する

難易度 ●○○ | 頻出度 ●●● | 対応Ver. 365 2021 2019 2016

ブックやワークシート、セルなどのオブジェクトを変数に代入するには、オブジェクト型の変数を使います。オブジェクト型の変数を一般的に「オブジェクト変数」と言います。また、オブジェクト型の変数の宣言方法には「総称オブジェクト型」と、オブジェクトの種類を指定する「固有オブジェクト型」の2つの方法があります。ここでは、オブジェクト型の変数の宣言方法と値を代入する方法を確認しましょう。

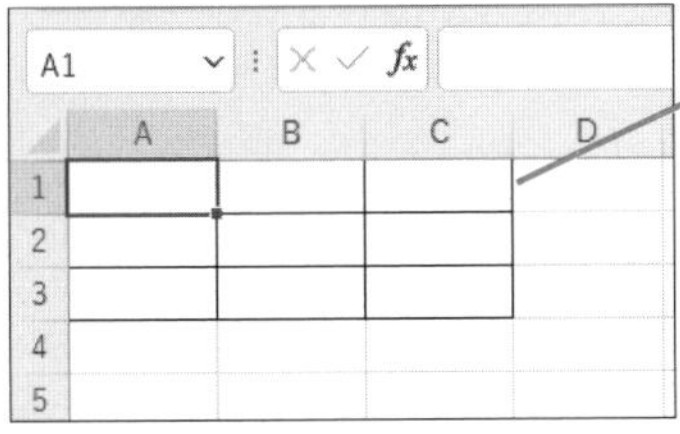

プロシージャーを実行して、オブジェクト型の変数に格納されたセル範囲「A1 ～ C3」に格子状の罫線を設定する

032.xlsm

```
Sub オブジェクト変数の使用()
    Dim myRange As Range ←1
    Set myRange = Range("A1:C3") ←2
    myRange.Borders.LineStyle = xlContinuous
    Set myRange = Nothing ←3
End Sub
```

1Range型の変数「myRange」を宣言する　2変数「myRange」にセル範囲「セルA1 ～ C3」を代入する　3変数「myRange」の参照を解除する

ポイント

構文 `Dim 変数名 As Range`

構文 `Dim 変数名 As Worksheet`

- 固有オブジェクト型としてオブジェクト変数を宣言する場合は、上のようにオブジェクトのタイプを直接指定します。
- 固有オブジェクト型で宣言すると、コード記述時にオブジェクトに対応した自動メンバが表示され、処理速度も速くなります。

構文 `Dim 変数名 As Object`

- 総称オブジェクト型としてオブジェクト変数を宣言する場合は、Objectキーワードを使って指定します。Objectキーワードを使うと、すべてのオブジェクトを代入できます。

構文 `Set 変数名 = 代入するオブジェクト`

- オブジェクト型の変数に値を代入するには、Setキーワードを使います。
- オブジェクト型の変数の使用が終了したら、変数に「Nothing」を代入して、オブジェクト変数への参照を解除します。

関連ワザ 030 変数を使用する………P.70

ワザ 033 変数の宣言を強制する

難易度 ●○○ | 頻出度 ●●○ | 対応Ver. 365 2021 2019 2016

変数の宣言を強制する場合は、Option Explicitステートメントをモジュールの先頭部分（宣言セクション）に記述します。Option Explicitステートメントを記述すると、そのモジュール内で変数の宣言が必要となります。宣言していない変数を使用するとエラーになるため、変数名の入力ミスを見つけるのに大変役立ちます。なお、以降の本書のサンプルファイルではOption Explicitステートメントを入れています。

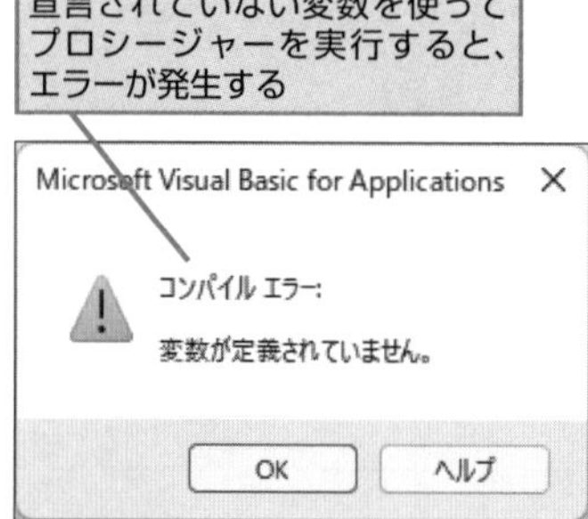
宣言されていない変数を使って
プロシージャーを実行すると、
エラーが発生する
Microsoft Visual Basic for Applications
コンパイル エラー:
変数が定義されていません。
OK
ヘルプ

入力例 033.xlsm

```
Option Explicit  ←1

Sub 変数宣言を強制する()
    Dim myHensu As String
    myHansu = "逆引きVBA"  ←2
End Sub
```

1モジュールの先頭行に「Option Explicit」と入力して変数の宣言を強制する 2変数「myHensu」を間違えて「myHansu」と入力している

ポイント

- Option Explicitステートメントが入力されている場合、宣言されていない変数が入力されていると、プロシージャーの実行時に「コンパイルエラー」というエラーが発生し、プロシージャーの実行が中断します。
- Option Explicitステートメントを自動的に表示するには、VBAでメニューの［ツール］-［オプション］をクリックして、［オプション］ダイアログボックスを表示し、［編集］タブの［変数の宣言を強制する］をクリックしてチェックマークを付けます。以降、新規モジュールを追加したときには、Option Explicitステートメントが入力された状態でモジュールが表示されます。

関連ワザ 034 変数の適用範囲………P.75
関連ワザ 035 定数を使用する………P.76
関連ワザ 072 エラーの種類………P.116

ワザ 034 変数の適用範囲

難易度 ●○○ | 頻出度 ●●○ | 対応Ver. 365 2021 2019 2016

変数は、宣言した場所や使用するキーワードによって、使用できる範囲が異なります。これを「適用範囲」(スコープ) と言います。「プロシージャーレベル変数」は、プロシージャー内で宣言する変数で、そのプロシージャー内でのみ使用します。「モジュールレベル変数」は、モジュールの先頭にある宣言セクションで宣言する変数で、そのモジュールに含まれるすべてのプロシージャーで使用できます。

◆モジュール

```
Dim Module1 As Integer

Sub プロシージャー1()
  Dim Proc1 As Integer
  Proc1 = 100
  Module1 = 100
End Sub

Sub プロシージャー2()
  Dim Proc2 As Integer
  Proc2 = 200
  Module1 = Module1 + 200
End Sub
```

◆モジュールレベル変数
→Module1

◆プロシージャーレベル変数
→Proc1

[プロシージャー1] 実行後、プロシージャーレベルの変数「Proc1」は初期化され、値が0になります。一方、モジュールレベルの変数Module1は100がそのまま保持されます。

[プロシージャー1] に続いて [プロシージャー2] が実行されると、実行後プロシージャーレベルの変数Proc2は0になります。モジュールレベルの変数「Module1」は、[プロシージャ 1] 実行後に維持されていた値100に、[プロシージャー2] で200が加えられ、[プロシージャー2] 終了時点での値は300となります。

●変数の適用範囲と有効期間

変数の種類	宣言する場所	適用範囲	有効期間
モジュールレベル変数	宣言セクション	モジュール内のすべてのプロシージャーで使用できる	モジュールを閉じるまで値が保持される
プロシージャーレベル変数	プロシージャー内	変数を宣言したプロシージャー内でのみ使用できる	プロシージャーの実行中のみ値が保持される

ポイント

- モジュールの宣言セクションで「Dim」または「Private」を使って変数を宣言すると、そのモジュール内のすべてのプロシージャーで変数を使用できます。「Public」を使って宣言すると、プロジェクト内のすべてのプロシージャーで使用できるようになります。
- プロシージャー内で「Dim」を使って宣言した変数は、プロシージャーが終了すると、格納された値が破棄されます。プロシージャーが終了しても値を保持したい場合は、「Dim」の代わりに「Static」を使って変数を宣言します。

関連ワザ 030 変数を使用する………P.70

ワザ 035 定数を使用する

難易度 ●○○ | 頻出度 ●●○ | 対応Ver. 365 2021 2019 2016

定数とは、特定の値を代入するための入れ物です。変数と異なり、プロシージャーの実行中に値の変更はできません。けた数の多い数値や文字列などをコードの中で毎回入力するのが面倒な場合や、「消費税率」などのように変更する可能性のある数値を、コード中で使用する場合に使用します。定数には、自由に設定できる「ユーザー定義定数」と、VBAで用意されている「組み込み定数」があります。

プロシージャーを実行すると、定数「sTax」の値で計算された結果がメッセージとして表示される

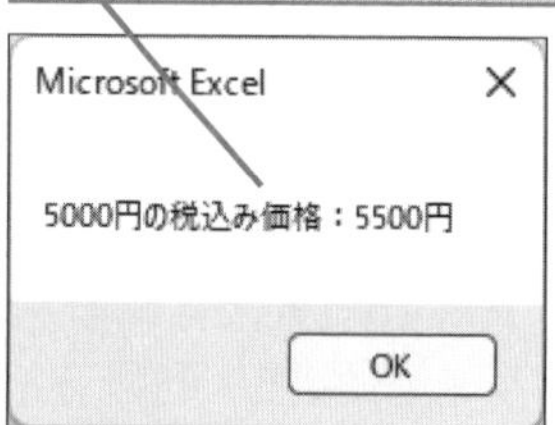

入力例 035.xlsm

```
Const sTax As Double = 1.1 ←1

Sub 税込み金額()
    Dim tanka As Currency, kingaku As Currency ←2
    tanka = 5000
    kingaku = tanka * sTax ←3
    MsgBox tanka & "円の税込み価格:" & kingaku & "円"
End Sub
```

1モジュールレベルの定数「sTax」を倍精度浮動小数点数型で宣言し、1.1を代入する 2通貨型の変数「tanka」と変数「kingaku」を宣言する 3変数「tanka」の値に定数「sTax」の値を掛けた結果を変数「kingaku」に代入する

ポイント

構文 `Const 定数名 As データ型 = 格納する値`

- ユーザー定義の定数を宣言するには、「Const」を使い、宣言時に格納する値も合わせて指定します。定数名の付け方や適用範囲は変数と同じです。
- 組み込み定数は、プロパティの設定値や関数の引数などを指定するために使用します。プロパティや関数のコード入力中に、自動メンバ表示で定数の一覧が表示されることがあります。例えば、セルに罫線を設定するためのRangeオブジェクトのBordersプロパティでは、「xlEdgeBotton」のような組み込み定数を使って「Range("A1:C3").Borders(xlEdgeBottom).LineStyle=xlContinuous」のように記述し、罫線を設定する位置を指定します。

関連ワザ 030 変数を使用する………P.70
関連ワザ 034 変数の適用範囲………P.75

ワザ 036 配列変数を使用する

難易度 ●●○　頻出度 ●●○　対応Ver. 365 2021 2019 2016

同じデータ型の値の集まりのことを「配列」と言い、配列を代入する変数のことを「配列変数」と言います。配列変数は、1つの変数をいくつかに区切って、複数のデータを代入できるようにしています。例えば、5つの支店のデータがあるとき、配列変数を使用すると、1つの配列変数で5つの支店をまとめて扱えるようになります。ここでは、配列を宣言し、要素を代入する方法を確認しましょう。

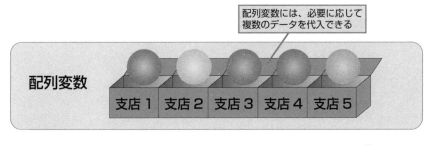

配列変数には、必要に応じて複数のデータを代入できる

配列変数

支店1 支店2 支店3 支店4 支店5

入力例

036.xlsm

```
Sub 配列変数の宣言()
    Dim shiten(2) As String   ←1
    shiten(0) = "東京"
    shiten(1) = "大阪"         ←2
    shiten(2) = "福岡"
End Sub
```

1文字列型の配列変数「shiten」を要素数を3つにして宣言する　2配列変数「shiten」の1番目から3番目までの各要素に値を代入する

ポイント

構文 `Dim 変数名(上限値) As データ型`

- 配列変数を宣言するときは、変数名の後ろの「()」内に配列の要素数を表す数を記述します。「()」内の数字のことを「インデックス番号」と言います。インデックス番号は下限値が「0」であるため、配列変数を宣言するときは、要素数から1を引いた数を「()」内に記述します。この数がインデックス番号の上限値になります。このように上限値を指定して宣言する配列変数を、「静的配列」と言います。

構文 `変数名(インデックス番号) = 格納する値`

- 配列変数の各要素に値を代入するには、「()」内にインデックス番号を使って要素を指定し、値を代入します。例えば、1つ目の要素はインデックス番号が0なので、「shiten(0)="東京"」のように記述します。

関連ワザ 034 変数の適用範囲………P.75
関連ワザ 035 定数を使用する………P.76
関連ワザ 040 動的配列を使う………P.81

ワザ 037 Array関数で配列変数に値を代入する

難易度 ●●○ | 頻出度 ●●○ | 対応Ver. 365 2021 2019 2016

Array関数を使用すると、配列変数に各要素の値を一度に代入できます。Array関数は、引数に指定した要素を配列にして返します。バリアント型の値を返すため、配列変数を宣言するときは、データ型をVariantにする必要があります。ここでは、配列変数「shiten」にArray関数で作成した配列を代入し、配列変数「shiten」に代入された配列の値をセルA1～C1に表示しています。

Array関数を使って作成した配列の値をセルA1～C1に表示する

	A	B	C	D
1	東京	大阪	福岡	
2				
3				

入力例 037.xlsm

```
Sub 配列変数の宣言()
    Dim shiten As Variant ←1
    shiten = Array("東京", "大阪", "福岡") ←2
    Range("A1:C1").Value = shiten ←3
End Sub
```

1配列変数「shiten」をバリアント型で宣言する　2Array関数で3つの要素（東京、大阪、福岡）を持つ配列を作成し、配列変数「shiten」に代入する　3セルA1～C1に配列変数「shiten」の値を表示する

ポイント

構文 変数名 = Array(要素1, 要素2, 要素3, ……)

- Array関数の構文は上のようになります。
- Array関数は、引数に指定した要素を配列にして、バリアント型の値を返します。そのため、Array関数の戻り値を変数に代入する場合は、その変数をVariantで宣言しておきます。
- Array関数を使った配列変数の下限値は、Option Baseステートメントで指定した下限値に従います（ワザ038参照）。

関連ワザ 038 配列のインデックス番号の下限値を変更する………P.79
関連ワザ 039 配列変数のインデックス番号の下限値と上限値を指定する………P.80

ワザ 038 配列のインデックス番号の下限値を変更する

難易度 ●●○ | 頻出度 ●●○ | 対応Ver. 365 2021 2019 2016

配列のインデックス番号の下限値は、初期設定では「0」です。そのため、配列変数の宣言時に指定する上限値は要素数から1を引いた数にします。Option Baseステートメントを使用すると、インデックス番号の下限値を「1」に変更できます。下限値を変更することで、上限値が要素数と同じになるため設定が簡単になります。

Option Baseステートメントを使って下限値を指定し、作成した配列の値をセルA1～C1に表示する

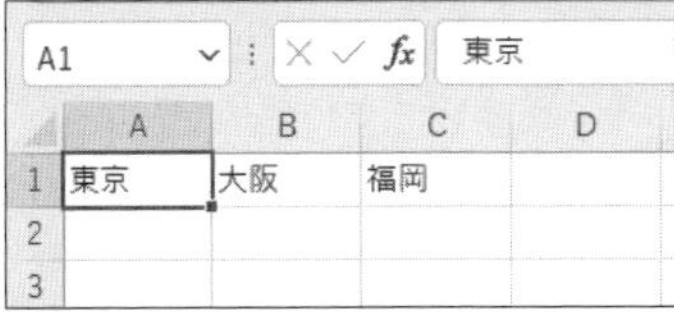

	A	B	C	D
1	東京	大阪	福岡	
2				
3				

入力例 038.xlsm

```
Option Base 1 ←1

Sub 配列変数の宣言()
    Dim shiten(3) As String ←2
    shiten(1) = "東京"
    shiten(2) = "大阪"   ←3
    shiten(3) = "福岡"
    Range("A1:C1").Value = shiten ←4
End Sub
```

1配列の下限値を「1」に変更する　2 3つの要素を持つ文字列型の配列変数「shiten」を宣言する。下限値が「1」であるため、引数で指定する上限値は要素数と同じ数が設定できる　3配列変数「shiten」の各要素に値を代入する　4セルA1～C1に配列変数「shiten」の値を表示する

ポイント

構文 `Option Base 下限値(0または1を指定)`

- Option Baseステートメントで指定できる下限値は、「0」または「1」です。なお、Option Baseステートメントを記述しない場合は、下限値は「0」になります。
- Option Baseステートメントはモジュールの先頭にある宣言セクションに記述します。

関連ワザ 037 Array関数で配列変数に値を代入する………P.78
関連ワザ 039 配列変数のインデックス番号の下限値と上限値を指定する………P.80

ワザ 039 配列変数のインデックス番号の下限値と上限値を指定する

難易度 ●●○ | 頻出度 ●●○ | 対応Ver. 365 2021 2019 2016

配列変数のインデックス番号の下限値と上限値を指定するには、配列変数を宣言するときにToキーワードを使いましょう。セルの行番号や列番号に対応した値に設定することができるため、配列の各要素の指定が分かりやすくなります。ここでは、配列変数を下限値「2」、上限値「4」で宣言し、セルA2～A4の値を順番に配列変数に代入し、配列変数に代入された値をセルB1～D1に表示しています。

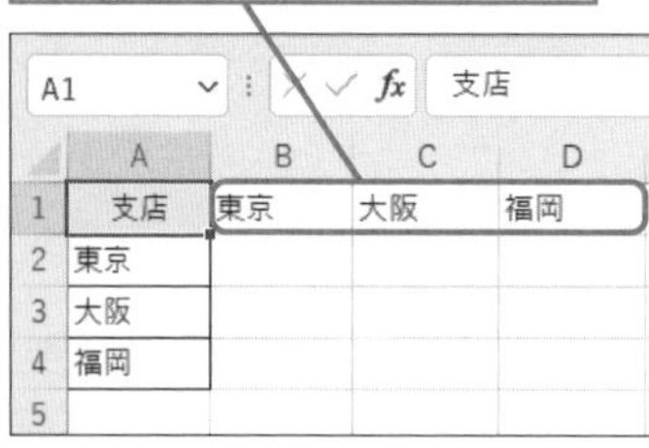
下限値「2」、上限値「4」で宣言した配列変数に、セルA2～A4の値を要素として代入し、代入した値をセルB1～D1に表示する
A1
支店
A
B
C
D
1 支店 東京 大阪 福岡
2 東京
3 大阪
4 福岡
5

入力例 039.xlsm

```
Sub 配列変数の宣言()
    Dim shiten(2 To 4) As String ←1
    shiten(2) = Range("A2").Value
    shiten(3) = Range("A3").Value ←2
    shiten(4) = Range("A4").Value
    Range("B1:D1").Value = shiten ←3
End Sub
```

1配列の下限値を「2」、上限値を「4」にして文字列型の配列変数「shiten」を宣言する 2配列変数「shiten」の各要素に値を代入する 3セルB1～D1に配列変数「shiten」の値を表示する

ポイント

構文 `Dim 変数名(下限値 To 上限値) As データ型`

- 配列変数に下限値と上限値を指定して宣言するには、Toキーワードを使って上のように記述します。
- Toキーワードを使って、下限値、上限値を指定した配列変数は、Option Baseステートメントで指定した下限値に関係なく、設定した下限値が有効になります。

関連ワザ 037 Array関数で配列変数に値を代入する………P.78
関連ワザ 038 配列のインデックス番号の下限値を変更する………P.79

ワザ 040 動的配列を使う

難易度 ●●○ ｜ 頻出度 ●●○ ｜ 対応Ver. 365 2021 2019 2016

プロシージャーの実行中に配列の要素の数に変更がある場合は、動的配列を使用します。動的配列は、上限値を指定せずに配列変数を宣言します。ここでは、動的配列を宣言し、A列のデータを要素として代入し、動的配列に代入された値をVBEのイミディエイトウィンドウに書き出します。動的配列はデータに増減のある範囲の値を配列として使用したい場合に便利です。

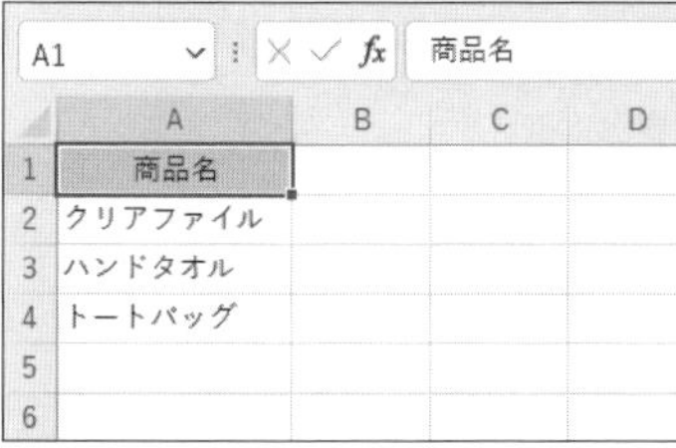

セルA1を含む表の行数から商品数を取得して、それぞれの商品名を配列変数に代入する

イミディエイト

クリアファイル
ハンドタオル
トートバッグ

配列変数に代入された商品名をVBEのイミディエイトウィンドウに書き出す

入力例 040.xlsm

```
Sub 動的配列()
    Dim goods() As String ←1
    Dim cnt As Integer, i As Integer
    cnt = Range("A1").CurrentRegion.Rows.Count - 1 ←2
    ReDim goods(cnt - 1) ←3
    For i = 0 To cnt - 1 ←4
        goods(i) = Cells(i + 2, "A").Value
        Debug.Print goods(i)
    Next i
End Sub
```

1 文字列型の配列変数「goods」を上限値を指定せずに宣言する　2 セルA1を含む表全体の行数から1を引いた値を、変数「cnt」に代入する。変数「cnt」には商品数が代入される　3 配列変数「goods」の上限値を、変数「cnt」の値（商品数）から1を引いた値に設定する　4 A列の商品名が入力されているセルの値を順番に配列変数の各要素に代入し、代入した値をイミディエイトウィンドウに書き出す（ワザ083参照）

ポイント

構文 `Dim 変数名() As データ型`

- 変数を動的配列として宣言するには、「()」に上限値を指定せずに上のように宣言します。

構文 `ReDim 変数名(上限値)`

- 動的配列に上限値を指定するときは、ReDimステートメントを使って上のように記述します。

関連ワザ 041 配列の下限値と上限値を調べる………P.82
関連ワザ 083 変数の値の変化を書き出して調べる………P.131

VBAの基礎知識
プログラミングの基礎
セルの操作
セルの書式
ワークシートの操作
Excelファイルの操作
高度なファイル操作
ウィンドウの操作
リストのデータ操作
印刷
図形の操作
コントロールの使用
外部アプリケーション
VBA関数
そのほかの操作

ワザ 041 配列の下限値と上限値を調べる

難易度 ●●○ | 頻出度 ●○○ | 対応Ver. 365 2021 2019 2016

配列の処理を行うためには配列のインデックス番号の下限値と上限値を正確に把握しておくことが必要です。下限値はLBound関数、上限値はUBound関数を使って求められます。動的配列を使用している場合や、Option Baseステートメントによって下限値が変更されている場合などには、これらの関数を使って上限値と下限値を正しく取得しておけば、処理を正しく実行できます。

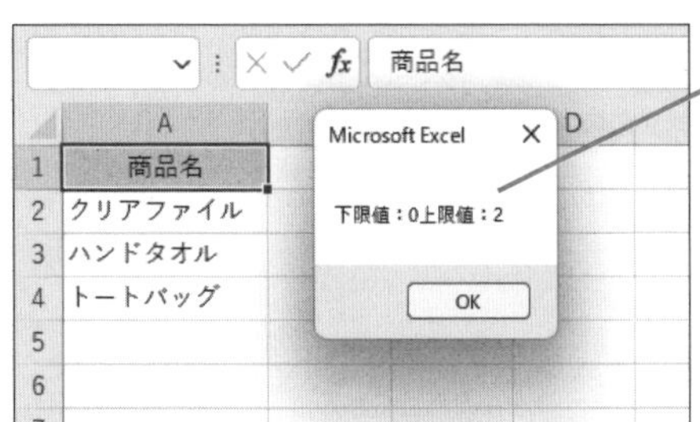

プロシージャーを実行して、配列変数の下限値と上限値をメッセージで表示する

下限値が0、上限値が2という結果が求められた

入力例

041.xlsm

```
Sub 配列の下限値上限値を調べる()
    Dim goods() As String ←1
    Dim cnt As Integer
    cnt = Range("A1").CurrentRegion.Rows.Count - 1 ←2
    ReDim goods(cnt - 1) ←3
    MsgBox "下限値:" & LBound(goods) & "上限値:" & UBound(goods) ←4
End Sub
```

1動的配列にするため、文字列型の配列変数「goods」を上限値を指定せずに宣言する　2セルA1を含む表全体の行数から1を引いた値を、変数「cnt」に代入する。これで変数「cnt」には商品数が格納される　3配列変数「goods」の上限値を変数「cnt」の値（商品数）から1を引いた値に設定する　4配列変数「goods」の上限値と下限値をメッセージで表示する

ポイント

構文 LBound(下限値を調べる配列変数)

構文 UBound(上限値を調べる配列変数)

- 配列の下限値を求めるLBound関数と上限値を求めるUBound関数は、それぞれは上のように記述します。

構文 UBound(配列変数) - LBound(配列変数) + 1

- LBound関数とUBound関数を使うと、上の式で配列の要素数を求められます。

関連ワザ 040 動的配列を使う………P.81
関連ワザ 042 動的配列で値を残したまま要素数を変更する………P.83

ワザ 042 動的配列で値を残したまま要素数を変更する

難易度 ●●○ | 頻出度 ●○○ | 対応Ver. 365 2021 2019 2016

動的配列では、ReDimステートメントを使用して配列の要素数を何回でも変更できますが、ReDimステートメントで要素数を設定して各要素に値を代入した後に、さらにReDimステートメントで要素数を変更すると、すでに代入されている配列の値は消えてしまいます。代入されている値を保持したまま要素数を再設定するには、ReDimステートメントにPreserveキーワードを付加しましょう。

●Preserveキーワードを使わずに要素数を再設定した場合

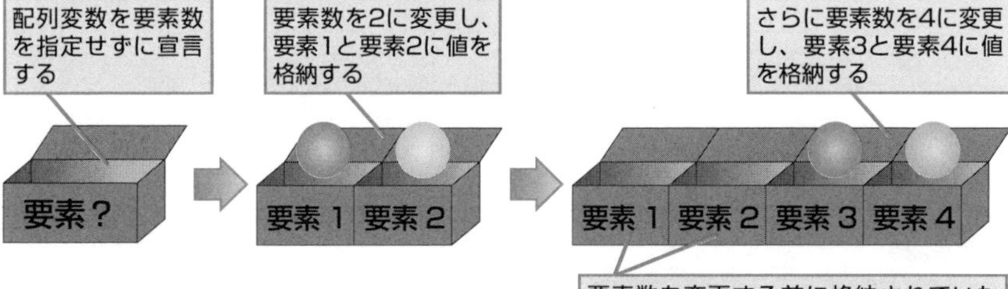

●Preserveキーワードを使って要素数を再設定した場合

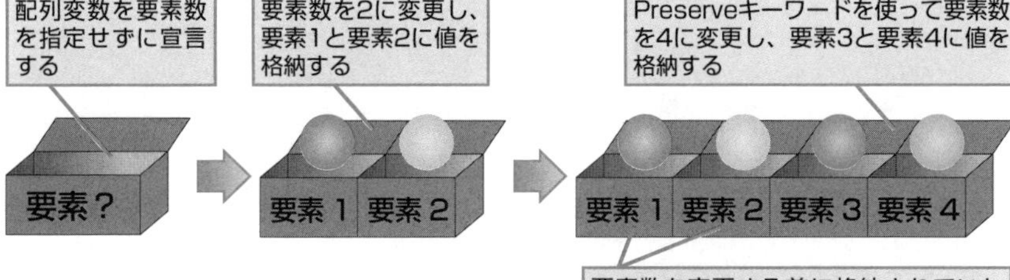

関連ワザ 040 動的配列を使う………P.81

次のページに続く▶

格納されていた配列の値を保持したまま要素数を変更し、配列に値を代入してVBEのイミディエイトウィンドウに書き出す

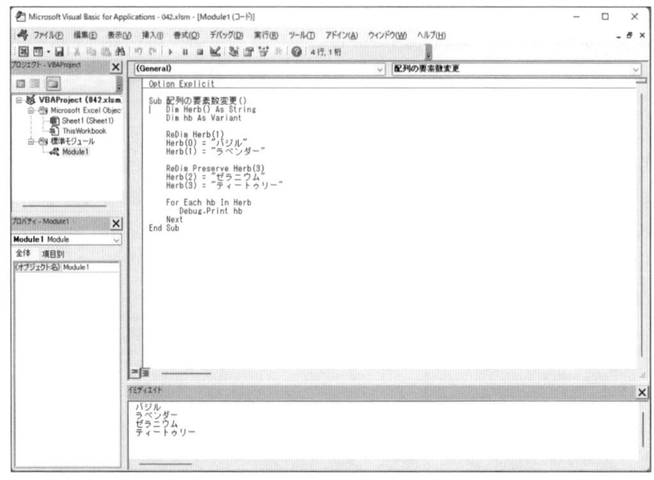

入力例

 042.xlsm

```
Sub 配列の要素数変更()
    Dim Herb() As String  ←1
    Dim hb As Variant  ←2
    ReDim Herb(1)  ←3
    Herb(0) = "バジル"        ┐
    Herb(1) = "ラベンダー"    ┘4
    ReDim Preserve Herb(3)  ←5
    Herb(2) = "ゼラニウム"     ┐
    Herb(3) = "ティートゥリー" ┘6
    For Each hb In Herb  ←7
        Debug.Print hb
    Next
End Sub
```

1動的配列にするため、文字列型の配列変数「Herb」を上限値を指定せずに宣言する 2For Eachステートメントで配列の各要素に対して処理を実行する場合、配列の各要素を代入するための変数はバリアント型で宣言しておく（ワザ065参照） 3動的配列変数「Herb」の上限値を「1」（要素数は「2」）に設定する 41つ目と2つ目の要素に値を代入する 5動的配列変数「Herb」を配列の値を残したまま、上限値を「3」（要素数は「4」）に変更する 63つ目と4つ目の要素に値を代入する 7配列の値を順番にイミディエイトウィンドウに書き出す

ポイント

構文 **ReDim Preserve 配列変数名(上限値)**

- ReDimステートメントで動的配列の要素数を設定するとき、先に代入されていた要素の値を保持するには、Preserveキーワードを使用して上のように記述します。

関連ワザ 065 配列の各要素に対して同じ処理を実行する………P.108

ワザ 043 2次元配列を使用する

難易度 ●●○ | 頻出度 ●○○ | 対応Ver. 365 2021 2019 2016

2次元配列とは、行と列からなる配列のことです。Excelの表のようなデータを扱う場合に使用すると便利です。2次元配列を宣言するには、行と列の上限値を「,」で区切って指定しましょう。ここでは、3行2列の2次元配列を宣言し、それぞれの要素に値を代入して、セル範囲に値を表示します。

▶2次元配列の変数を宣言する

Dim 変数名 (行方向の上限値 , 列方向の上限値) As データ型

▶2次元配列にデータを代入する

変数名 (行のインデックス番号 , 列のインデックス番号)= 代入する値

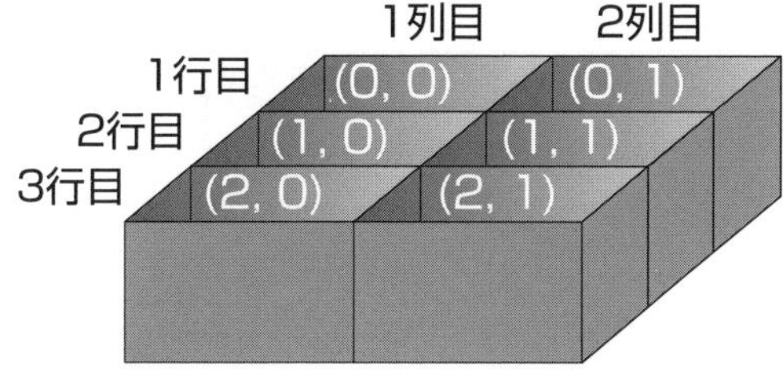

入力例 043.xlsm

```
Sub 二次元配列()
    Dim hairetu(2, 1) As String  ←1
    hairetu(0, 0) = "できるExcel"
    hairetu(0, 1) = "初級"
    hairetu(1, 0) = "できるExcel関数"
    hairetu(1, 1) = "初中級"                ←2
    hairetu(2, 0) = "できるExcelマクロVBA"
    hairetu(2, 1) = "初中級"
    Range("A2:B4").Value = hairetu  ←3
End Sub
```

1 文字列型の2次元配列変数「hairetu」を3行（行の上限値は2）、2列（列の上限値は1）で宣言する　2 2次元配列の各要素に値を代入する　3 セルA2～B4に2次元配列の値を表示する

ポイント

構文 Dim 変数名(行方向の上限値,列方向の上限値) As データ型

- 2次元配列の変数を宣言するには、上のように記述します。
- 2次元配列の宣言時にToキーワードを使用すると、行数、列数のそれぞれの下限値、上限値を指定できます。例えば、「Dim hairetu(2 To 4, 3 To 8) As Integer」のように記述します。

構文 変数名(行のインデックス番号, 列のインデックス番号) = 格納する値

- 2次元配列にデータを代入するには、上のように記述します。

ワザ 044 セル範囲の値を2次元配列に代入する

難易度 ●●○ ｜ 頻出度 ●○○ ｜ 対応Ver. 365 2021 2019 2016

セル範囲に入力されている値を配列変数としてまとめて代入するには、変数のデータ型をバリアント型にして宣言します。ここでは、セルA2～C4の値をまとめて変数に代入して、2次元配列に代入された各要素の値をVBEのイミディエイトウィンドウに書き出します。変数をバリアント型にすれば、セル範囲の値を配列に代入できるのに加えて、文字、数値、日付など異なるデータ型の値もまとめて代入できます。

A1 ｜ 商品名

	A	B	C	D
1	商品名	価格	納品日付	
2	アップルティー	800	2022/1/5	
3	ダージリン	750	2022/1/6	
4	オレンジペコ	600	2022/1/7	

セル範囲A2からC4の値を配列変数に代入する

イミディエイト

```
アップルティー
 800
2022/01/05
ダージリン
 750
2022/01/06
オレンジペコ
 600
2022/01/07
```

セルA2～C4にある値をVBEのイミディエイトウィンドウに書き出す

入力例　044.xlsm

```
Sub セル範囲の値を二次元配列に代入2()
    Dim hairetu As Variant,i As Integer,j As Integer  ←1
    hairetu = Range("A2:C4").Value  ←2
    For i = LBound(hairetu, 1) To UBound(hairetu, 1)  ←3
        For j = LBound(hairetu, 2) To UBound(hairetu, 2)
            Debug.Print hairetu(i, j)
        Next j
    Next i
End Sub
```

1 変数「hairetu」をバリアント型で宣言する　2 変数「hairetu」にセルA2～C4の値を代入する　3 セルA2～C4の2次元配列の値を、イミディエイトウィンドウに書き出す。2次元配列の行方向、列方向の下限値、上限値をLBound関数、UBound関数でそれぞれ取得して、For Nextステートメントでループして配列の各要素を取得する（ワザ041、062参照）

ポイント

構文　LBound(配列変数名, 次元数)

構文　UBound(配列変数名, 次元数)

- 2次元配列で行と列のそれぞれの下限値、上限値を調べるには、LBound関数、UBound関数ともに上のように記述します。行の場合は次元数を「1」に、列の場合は次元数を「2」に指定します。
- セル範囲の値を要素として配列変数に代入するには、配列変数のデータ型をVariantで宣言します。

関連ワザ 041 配列の下限値と上限値を調べる………P.82
関連ワザ 062 指定した回数だけ処理を繰り返す………P.105

ワザ 045 配列を初期化する

難易度 ●●○ ｜ 頻出度 ●○○ ｜ 対応Ver. 365 2021 2019 2016

配列に代入されている値をまとめて消去するには、Eraseステートメントを使います。動的配列は値の消去と同時にメモリーの解放も行いますが、静的配列は値の消去とメモリーの解放を同時には行いません。ここでは、配列に値を代入したときの内容と、配列を初期化した後の内容をイミディエイトウィンドウに出力します。Eraseステートメントは、配列の使用を終了して値をリセットしたいときなどに使います。

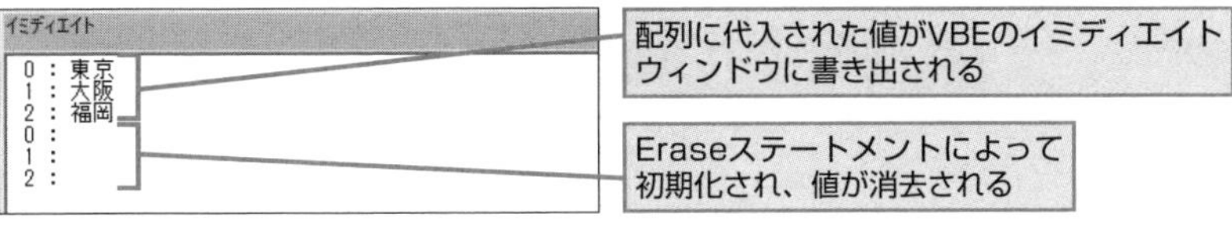

入力例　 045.xlsm

```
Sub 配列変数の初期化()
    Dim shiten(2) As String,i As Integer ←1
    shiten(0) = "東京" : shiten(1) = "大阪" : shiten(2) = "福岡" ←2
    For i = 0 To 2 ←3
        Debug.Print i & " : " & shiten(i)
    Next
    MsgBox ("配列を初期化します")
    Erase shiten ←4
    For i = 0 To 2 ←5
        Debug.Print i & " : " & shiten(i)
    Next
End Sub
```

1 3つの要素を持つ文字列型の配列変数「shiten」を宣言する　2 配列の各要素に値を代入する。複数のステートメントを1行でまとめるため、「:」で区切っている。　3 各要素のインデックス番号と値をイミディエイトウィンドウに書き出す　4 Eraseステートメントで配列「shiten」を初期化する　5 初期化後、各要素のインデックス番号と値をイミディエイトウィンドウに書き出す

ポイント

構文　Erase 配列変数名

- Eraseステートメントを使って配列の値を初期化するには、上のように記述します。
- 静的配列の場合は、配列の型によって、実行結果が以下の表のように異なります。

●静的配列の型の種類

配列の型	Eraseステートメントの実行結果
静的数値配列	要素はすべて「0」に設定される
静的文字列配列（可変長）	要素はすべて長さ0の文字列（""）に設定される
静的文字列配列（固定長）	要素はすべて「0」に設定される
静的バリアント型配列	要素はすべてEmpty値に設定される
ユーザー定義型配列	各要素は、別個の変数として設定される
オブジェクト配列	要素はすべて「Nothing」に設定される

ワザ 046 文字列を連結する

難易度 ●○○ | 頻出度 ●●● | 対応Ver. 365 2021 2019 2016

文字列と文字列を連結して1つの文字列にするには、文字列連結演算子である「&」または「+」を使います。このワザを使えば、変数に代入された値やセルの値と文字列を連結して、任意のメッセージを表示できます。ここでは、変数に代入された文字列と固定の文字列を連結し、改行文字を表す関数で任意の位置で文字列を改行したメッセージを表示します。

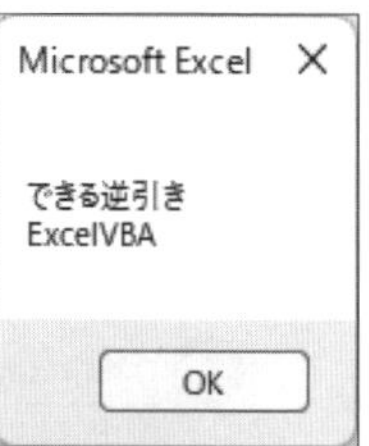

変数の値と文字列と改行文字を連結してメッセージを作成する

入力例　046.xlsm

```
Sub 文字列連結()
    Dim moji As String ←1
    moji = "できる"
    MsgBox moji & "逆引き" & Chr(10) & "ExcelVBA" ←2
End Sub
```

1文字列型の変数「moji」を宣言し、文字列「できる」を代入する　2変数「moji」、文字列「逆引き」、改行文字を表す関数、文字列「ExcelVBA」を「&」で連結した文字列をメッセージとして表示する。改行文字を表す関数はChr(10)を使用する（ワザ636参照）

ポイント

- 文字列同士を連結するときは「&」と「+」のどちらも使えますが、「+」は算術演算子の加算を意味する演算子としても使用されるため、「&」を使用した方が間違いがありません。

関連ワザ 636 改行文字を使用する………P.798

ワザ 047 数値を計算する

難易度 ●○○ ｜ 頻出度 ●●● ｜ 対応Ver. 365 2021 2019 2016

数値を計算するには、算術演算子を使います。算術演算子は、足し算、引き算、掛け算、割り算などの簡単な演算を行うときに使用します。また、演算子によって演算の優先順位があります。ここでは、変数に代入した数値を算術演算子を使って演算し、演算結果をセルに表示します。算術演算子の種類と優先順位を理解しましょう。

	A	B	C
1	x	y	z
2	10	20	30
3			
4	x + y − z	x + y ＊ z	（x + y） ＊ z
5	0	610	900
6			

変数に格納された数値を使って計算した結果を表示する

入力例　047.xlsm

```
Sub 数値計算()
    Dim x As Integer, y As Integer, z As Integer
    x = 10: y = 20: z = 30
    Range("A5").Value = x + y - z ←1
    Range("B5").Value = x + y * z ←2
    Range("C5").Value = (x + y) * z ←3
End Sub
```

1「+」と「-」は優先順位が同じであるため、左から順番に計算される　2「*」の方が「+」より優先順位が高いので先に「y*z」が計算され、その後にxの値が加算される　3「*」の方が「+」より優先順位は高いが、「x+y」を()で囲んでいるので先に計算され、その後にzが掛けられる

ポイント

- 算術演算子の演算の優先順位は、「べき乗（^）→掛け算（*）と割り算（/）→整数除算（¥）→剰余（Mod）→加算（+）と減算（-）」の順番になります。ただし、式を()で囲むと()内の計算が先に行われます。

●算術演算子の種類

演算子	意味	使用例	結果
+	足し算	5 + 2	7
-	引き算	5 - 2	3
*	掛け算	5 * 2	10
/	割り算	5 / 2	2.5
^	べき乗	5 ^ 2	25
¥	割り算の整数値の答え	5 ¥ 2	2
Mod	割り算の余り	5 Mod 2	1

関連ワザ 174 同じセルの色の数値の合計を求める………P.227
関連ワザ 649 文字列を数値に変換する………P.812

ワザ 048 2つの値を比較する

難易度 ●○○ | 頻出度 ●●● | 対応Ver. 365 2021 2019 2016

2つの値を比較するときは、比較演算子を使います。例えば、「AとBが等しい」や「Cが10以上」のように比較する場合、比較演算子を使って条件式を作成します。条件式が正しければ「真」(True) が返り、正しくなければ「偽」(False) が返ります。Ifステートメントのような、条件分岐の処理を行う場合の条件式を設定するときによく使われます。ここでは、2つの数値の比較をして、その結果をセルに表示します。

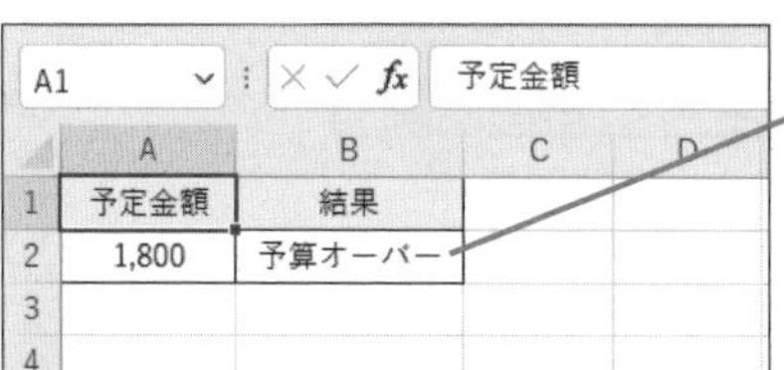

セルA2の金額が1,000より大きい場合は、セルB2に「予算オーバー」という文字列を表示する

入力例　048.xlsm

```
Sub 条件式()
    If Range("A2").Value > 1000 Then  ←1
        Range("B2").Value = "予算オーバー"  ←2
    End If
End Sub
```

1比較演算子「>」は「より大きい」を意味し、「セルA2の値が1,000より大きい」という条件式になる。セルA2の値が1,800であるため、1,000より大きい。条件を満たすので「真」(True) が返る　2 2行目の条件式が「真」(True) であるため、Ifステートメントにより3行目の処理が実行されてセルB2に「予算オーバー」と表示される

ポイント

構文　値1 比較演算子 値2

- 比較演算子を使った条件式は、上のように記述します。条件を満たすときは「真」(True)、満たさないときは「偽」(False)が返ります。

●比較演算子の種類

演算子	意味	使用例	結果
<	より小さい	5 < 2	False
<=	以下	5 <= 2	False
>	より大きい	5 > 2	True
>=	以上	5 >= 2	True
=	等しい	5 = 2	False
<>	等しくない	5 <> 2	True

関連ワザ 047 数値を計算する………P.89
関連ワザ 055 1つの条件を満たしたときだけ処理を実行する………P.97

ワザ 049 オブジェクトを比較する

難易度 ●○○ | 頻出度 ●●● | 対応Ver. 365 2021 2019 2016

ワークシートやブックなどのオブジェクトを比較するときは、Is演算子を使います。ここでは、アクティブなワークシートと［東京］シートをそれぞれオブジェクト変数に代入し、2つのオブジェクト変数を比較して、同じ場合とそうでない場合で異なるメッセージを表示します。オブジェクトの比較は、変数に代入されているオブジェクトが処理対象かどうかを確認するときなどに使用します。

［東京］シートがアクティブの場合にメッセージを表示する

入力例　049.xlsm

```
Sub オブジェクト比較()
    Dim mySheet1 As Worksheet, mySheet2 As Worksheet ←1
    Set mySheet1 = ActiveSheet ←2
    Set mySheet2 = Worksheets("東京")
    If mySheet1 Is mySheet2 Then ←3
            MsgBox "アクティブシートは[東京]です"
    Else
            MsgBox "アクティブシートは[東京]ではありません"
    End If
End Sub
```

1 Worksheet型のオブジェクト変数「mySheet1」「mySheet2」を宣言する　2 オブジェクト変数「mySheet1」にアクティブなワークシートを、「mySheet2」に［東京］シートを代入する　3 オブジェクト変数「mySheet1」と「mySheet2」を比較して、一致する場合と一致しない場合で異なるメッセージを表示する

ポイント

構文　**オブジェクト1 Is オブジェクト2**

- Is演算式を使った条件式は、上のように記述して2つのオブジェクトが同じオブジェクトを参照しているかどうかで、「真」(True)または「偽」(False)を返します。
- オブジェクト変数に何も代入されていない場合は「Nothing」になります。例えば、Range型のオブジェクト変数「myRange」に対して「myRange Is Nothing」とした場合、オブジェクト変数「myRange」にセルが代入されている場合は「偽」(False)、代入されていない場合は「真」(True)が返ります。

関連ワザ 048 2つの値を比較する………P.90
関連ワザ 056 1つの条件を満たしたときと満たさなかったときで処理を振り分ける………P.98

ワザ 050

あいまいな条件で比較する

難易度 ○○○ | 頻出度 ○○○ | 対応Ver. 365 2021 2019 2016

2つの文字列を比較するとき、「1文字目が同じ」や「最後の3文字が同じ」というように、あいまいな条件で比較するには、Like演算子を使います。ここでは、セルA2の文字列が「イチゴ」で始まっている場合に、セルB2に「苺」と表示します。Like演算子を使った条件式は、ワイルドカードという文字の代用となる記号を使って設定します。

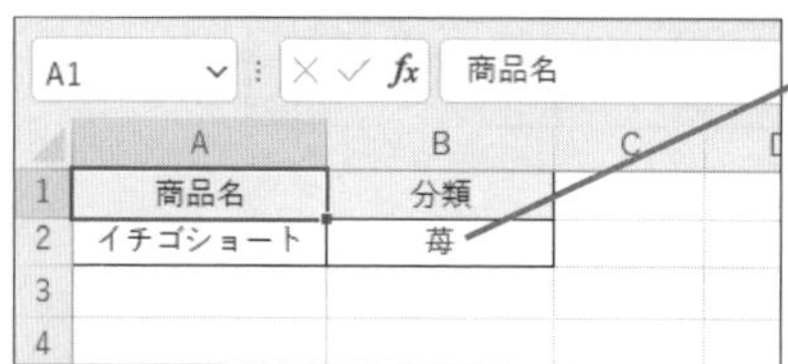

入力例 050.xlsm

```
Sub パターンマッチング()
    If Range("A2").Value Like "イチゴ*" Then ←1
        Range("B2").Value = "苺" ←2
    End If
End Sub
```

1指定している「"イチゴ*"」は『「イチゴ」で始まる文字列』を意味する。Like演算子によってセルA2の値と文字列を比較している。セルA2が「イチゴ」で始まっているので、ここでは「真」(True)が返る 22行目の条件式が「真」(True)であるため、Ifステートメントにより3行目の処理が実行され、セルB2に「苺」と表示される

ポイント

構文 文字列 Like 文字パターン

- Like演算子を使った条件式は、上のように記述します。ワイルドカードの使用例は、下の表を参照してください。

●ワイルドカードの種類

ワイルドカード	意味	使用例	結果
*	0文字以上の任意の文字列	"VBE" Like "*E*" → Eを含む文字列	True
?	任意の1文字	"VBE" Like "E??" → Eで始まる3文字の文字列	False
#	任意の1数字	"2E" Like "#E" →1文字目が数字で、Eで終わる文字列	True
[ ]	[]内に指定した1文字	"A" Like "[VBA]" → V、B、Aのいずれか1文字	True
[!]	[]内に指定した文字以外の1文字	"A" Like "[!VBA]" → V、B、A以外の1文字	False
[-]	[]内に指定した範囲の1文字	"C" Like "[A-E]" → A～Eまでの1文字	True

関連ワザ 048 2つの値を比較する………P.90
関連ワザ 049 オブジェクトを比較する………P.91

ワザ 051

複数の条件を組み合わせる

難易度 ●○○ | 頻出度 ●●● | 対応Ver. 365 2021 2019 2016

複数の条件を組み合わせる場合は、論理演算子を使います。論理演算子は「AかつB」や「AまたはB」のように指定します。ここでは、セルA2とセルB2の値を使って、「40歳以上の女性」という条件を満たすかを判定し、結果をセルB5に表示します。条件を組み合わせるときは使用する論理演算子が異なります。

入力例

051.xlsm

```
Sub 論理演算子()
    If Range("A2").Value = "女" And Range("B2").Value >= 40 Then ←1
        Range("B5").Value = "可" ←2
    Else
        Range("B5").Value = "否"
    End If
End Sub
```

1And演算子を使うと「セルA2の値が女」かつ「セルB2の値が40以上」となり、両方の条件を満たした場合に「真」(True)が返る。ここでは、セルB2の値が「36」で条件を満たしていないため「偽」(False)が返る　2 2行目の条件式が「偽」(False)であるため、Ifステートメントにより、「Else」以降の処理が実行される

ポイント

- 主な論理演算子は、「And」「Or」「Not」の3つです。それぞれの意味と書式は下の表を参照してください。

●論理演算子の種類

演算子	意味と書式
And	条件1を満たし、条件2を満たす（論理積） （条件1／条件2） 書式：条件1 And 条件2
Or	条件1を満たすか、または条件2を満たす（論理和） （条件1／条件2） 書式：条件1 Or 条件2
Not	条件でない（論理否定） （条件） 書式：Not 条件

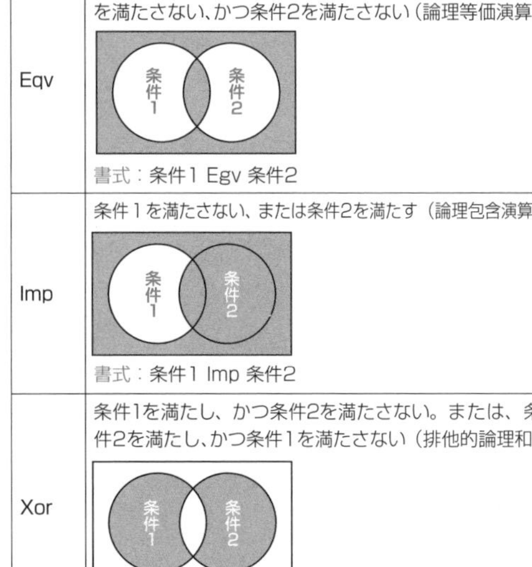

演算子	意味と書式
Eqv	条件1を満たし、かつ条件2を満たす。または、条件1を満たさない、かつ条件2を満たさない（論理等価演算） （条件1／条件2） 書式：条件1 Eqv 条件2
Imp	条件1を満たさない、または条件2を満たす（論理包含演算） （条件1／条件2） 書式：条件1 Imp 条件2
Xor	条件1を満たし、かつ条件2を満たさない。または、条件2を満たし、かつ条件1を満たさない（排他的論理和） （条件1／条件2） 書式：条件1 Xor 条件2

ワザ052 ワークシート関数のSUM関数、MIN関数、MAX関数をVBAの中で使う

難易度 ●●○ | 頻出度 ●●● | 対応Ver. 365 2021 2019 2016

Excelでは、SUM関数、MIN関数、MAX関数を使って簡単に合計、最小値、最大値を求められます。これをVBAの中で使用したい場合は、WorksheetFunctionオブジェクトを使います。WorksheetFunctionオブジェクトには、Sumメソッド、Minメソッド、Maxメソッドなどエクセルのワークシート関数に対応したものが用意されています。ここではVBAでワークシート関数を使う方法を確認しましょう。

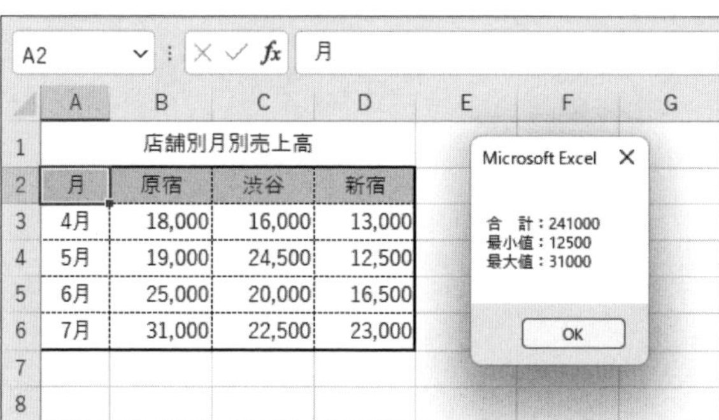

3支店の4カ月の合計、最小値、最大値を求めてメッセージで表示する

入力例

052.xlsm

```
Sub ワークシート関数の使用例()
    Dim mySum As Long, myMin As Long, myMax As Long
    mySum = WorksheetFunction.Sum(Range("B3:D6"))  ←1
    myMin = WorksheetFunction.Min(Range("B3:D6"))  ←2
    myMax = WorksheetFunction.Max(Range("B3:D6"))  ←3
    MsgBox "合　計:" & mySum & vbLf & _  ←4
           "最小値:" & myMin & vbLf & "最大値:" & myMax
End Sub
```

1変数「mySum」にセルB3～D6の合計を代入する　2変数「myMin」にセルB3～D6の最小値を代入する　3変数「myMax」にセルB3～D6の最大値を代入する　4それぞれの変数の値をメッセージで表示する。メッセージを改行するために、「vbLf」を使用している

ポイント

構文　`Application.WorksheetFunction.ワークシート関数名(引数)`

- VBAでワークシート関数を使う場合は、ApplicationオブジェクトのWorksheetFunctionプロパティでWorksheetFunctionオブジェクトを取得し、そのメソッドを使い、上のように記述します。なお、記述時はApplicationを省略できます。引数でセル範囲を指定する場合は、Rangeオブジェクトを使って、「Sum(Range("B3:D6"))」のように記述します。
- WorksheetFunctionオブジェクトでは、すべてのワークシート関数を使用できるわけではありません。

関連ワザ 053 ワークシート関数のSUMIF関数をVBAの中で使う………P.95
関連ワザ 054 ワークシート関数をEvaluateメソッドや[]を使ってVBAで使用する………P.96

ワザ 053 ワークシート関数のSUMIF関数をVBAの中で使う

難易度 ●●○　頻出度 ●●○　対応Ver. 365 2021 2019 2016

ワークシート関数のSUMIF関数は、条件に一致した数値の合計を求めます。これをVBAで利用すると、条件に一致する値の合計をシンプルなコードで求められます。VBAでは、WorksheetFunctionオブジェクトのSumIfメソッドとして用意されています。ここでは、SumIfメソッドを使用して表から担当者ごとの合計をメッセージで表示しています。取得した結果を別のワークシートに表示することも可能です。

	A	B	C
1	実施日	件数	担当者
2	10月1日	8	田中
3	10月3日	5	鈴木
4	10月12日	10	山崎
5	10月15日	8	鈴木
6	10月23日	15	田中
7	10月26日	7	山崎
8	10月28日	6	鈴木
9	10月29日	12	田中
10	10月31日	9	山崎

Microsoft Excel
訪問件数
鈴木さん：19
田中さん：35
山崎さん：26
OK

担当者ごとの合計件数を求めて、メッセージを表示する

入力例

053.xlsm

```
Sub SUMIF関数を使って条件に一致した数値の合計を取得する()
  Dim r1 As Range, r2 As Range ←1
  Set r1 = Range("C2:C10") ←2
  Set r2 = Range("B2:B10")
  MsgBox "訪問件数" & vbLf & _ ←3
       "鈴木さん:" & WorksheetFunction.SumIf(r1, "鈴木", r2) & vbLf & _
       "田中さん:" & WorksheetFunction.SumIf(r1, "田中", r2) & vbLf & _
       "山崎さん:" & WorksheetFunction.SumIf(r1, "山崎", r2)
End Sub
```

1 ワークシート関数をVBAで使用する場合のセル範囲はRangeオブジェクトで指定する　2 担当者のセル範囲をRange型変数「r1」に、件数のセル範囲をRange型変数「r2」に格納する　3 担当者のセル範囲「r1」の中から、「鈴木」「田中」「山崎」と同じ値を持つ場合の件数「r2」の合計をそれぞれ求める

ポイント

構文 `Worksheetfunction.SumIf(Arg1, Arg2, Arg3)`

- SumIfメソッドは、第1引数Arg1（範囲）の中で、第2引数Arg2（検索条件）と一致する行を探し、見つかった行と同じ行の第3引数Arg3(合計範囲)の値を合計します。
- 第2引数には、比較演算子（>=、<）やワイルドカード（*、?）を使用できます。例えば、「100以上」であれば「>=100」、姓が「山」で始まる人であれば「山*」と指定できます。
- CountIfメソッドを使えば条件に一致したセルの個数、AverageIfメソッドを使えば条件に一致した数値の平均を求められます。また、SumIfsメソッド、CountIfsメソッド、AverageIfsメソッドを使うと、複数の条件を指定できます。

関連ワザ 054 ワークシート関数をEvaluateメソッドや[]を使ってVBAで使用する………P.96

ワザ 054 ワークシート関数をEvaluateメソッドや[]を使ってVBAで使用する

難易度 ●●● | 頻出度 ●○○ | 対応Ver. 365 2021 2019 2016

VBAでワークシート関数を使う場合、WorksheetFunctionオブジェクトのメソッドを使う代わりに、半角の角かっこ（[]）やEvaluateメソッドを使えば、WorksheetFunctionオブジェクトでは使用できないワークシート関数をVBAで使用できます。ここでは、WorksheetFunctionオブジェクトでサポートされていないDATEDIF関数を例に、Evaluateメソッド、半角の角かっこ（[]）の使い方を確認しましょう。

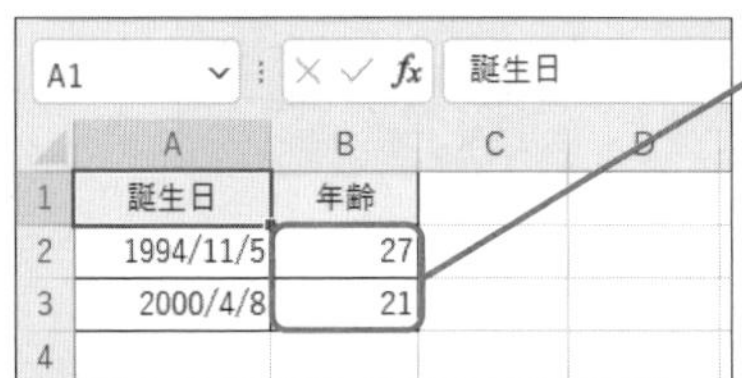

入力例

054.xlsm

```
Sub 年齢計算()
    Range("B2").Value = Evaluate("DATEDIF(A2,TODAY(),""Y"")")  ←1
    Range("B3").Value = [DATEDIF(A3,TODAY(),"Y")]  ←2
End Sub
```

1Evaluateメソッドの引数に、ワークシート関数のDATEDIF関数を使って年齢を計算する。このとき、関数全体を「"」で囲み、関数の中の文字列「Y」は2つの「"」で囲んで設定する。セルA2とワークシート関数のTODAY関数を使って日付間隔を年単位で計算することで年齢を算出している　2角かっこ([])の中で、ワークシート関数のDATEDIF関数を使って年齢を計算する

ポイント

構文 `Application.Evaluate("ワークシート関数")`

- Applicationオブジェクトの Evaluateメソッドを使うと、引数の中にワークシート関数を設定してプログラムの中で計算させることができます。Evaluateメソッドは引数を文字列で指定するため、関数全体を「"」で囲み、関数の中の引数に文字列を使用する場合は、2つの「"」で囲む必要があります。なお、Applicationは省略できます。

構文 `[ワークシート関数]`

- 半角の角かっこ([])を使う場合は、[]の間にワークシート関数を設定します。
- セルを参照するときは、Rangeオブジェクトを使用せずに、そのまま「A1」のように記述できます。

関連ワザ 053 ワークシート関数のSUMIF関数をVBAの中で使う………P.95

ワザ 055 1つの条件を満たしたときだけ処理を実行する

難易度 ●○○ | 頻出度 ●●● | 対応Ver. 365 2021 2019 2016

1つの条件を満たしたときだけ処理を実行するには、If～Thenステートメントを使います。条件式が「真」(True)の場合だけ処理が実行されます。条件式が「偽」(False)の場合は、If～Thenステートメントを終了して次の処理に進みます。ここでは、セルB2の値が150未満の場合、セルB2の文字色を赤に設定します。条件を満たすときだけ処理を実行するという、単純な処理を行ってみましょう。

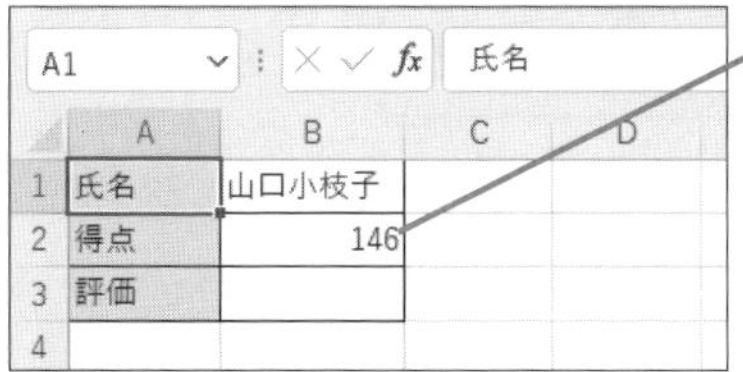

条件を満たしたときだけ文字色を赤に設定する

入力例 055.xlsm

```
Sub 一つの条件で条件分岐1()
    If Range("B2").Value < 150 Then ←1
        Range("B2").Font.Color = rgbRed ←2
    End If
End Sub
```

1条件式「Range("B2").Value < 150」が「真」(True)かどうかを判定する 2 1の条件を満たす場合、セルB2の文字色を赤(rgbRed)に設定する

ポイント

- If～Thenステートメントで、条件を満たしたときだけ処理を実行する場合の構文は、下の図のようになります。

▶If～Thenステートメントの構文

```
If 条件式 Then 処理
```

または

```
If 条件式 Then
    処理
End If
```

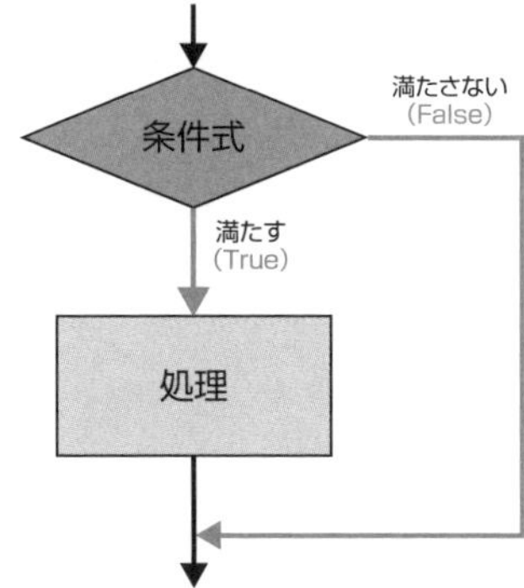

関連ワザ 056 1つの条件を満たしたときと満たさなかったときで処理を振り分ける………P.98
関連ワザ 057 複数の条件で処理を振り分ける………P.99

ワザ 056 1つの条件を満たしたときと満たさなかったときで処理を振り分ける

難易度 ●○○ ｜ 頻出度 ●●● ｜ 対応Ver. 365 2021 2019 2016

1つの条件を満たしたときと、満たさなかったときで処理を振り分けるには、If ～ Then ～ Elseステートメントで、「Else」の部分を使用します。条件式が「真」(True) のときと「偽」(False) のときで、それぞれ実行する処理を記述します。ここでは、セルB2の値が180点以上の場合はセルB3に「進級」、そうでない場合は「追試」と表示します。

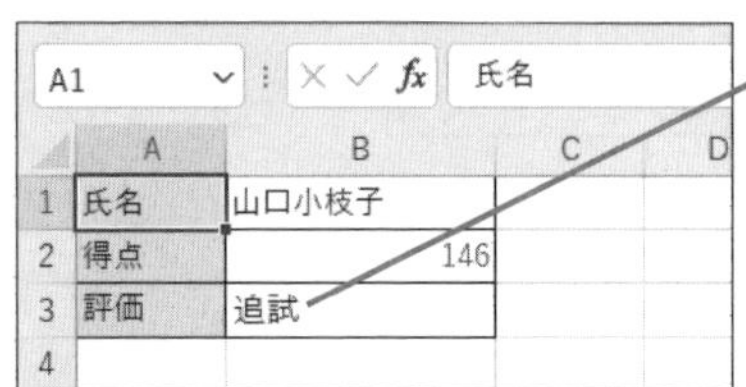

入力例 056.xlsm

```
Sub 一つの条件で条件分岐2()
    If Range("B2").Value >= 180 Then ←1
        Range("B3").Value = "進級" ←2
    Else ←3
        Range("B3").Value = "追試"
    End If
End Sub
```

1条件式「Range("B2").Value >= 180」を満たすかどうかを判定する　2 1の条件を満たす場合、セルB3に「進級」と表示する　3 1の条件を満たさない場合、セルB3に「追試」と表示する

ポイント

- If ～ Then ～ Elseステートメントの構文は、次のようになります。条件式が「真」(True)のときは処理1を実行し、「偽」(False)のときは処理2を実行します。

▶If ～ Then ～ Elseステートメントの構文

```
If 条件式 Then
        処理 1
Else
        処理 2
End If
```

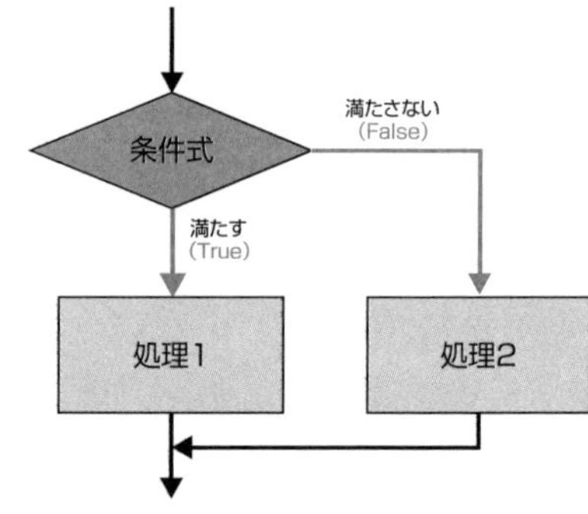

関連ワザ 055 1つの条件を満たしたときだけ処理を実行する………P.97
関連ワザ 057 複数の条件で処理を振り分ける………P.99

ワザ 057 複数の条件で処理を振り分ける

難易度 ●●○ | 頻出度 ●●○ | 対応Ver. 365 2021 2019 2016

複数の条件で処理を振り分けるには、IfステートメントのなかでElseIfキーワードを使います。「最初の条件を満たさなかったときはElseIfで指定した判定を行い、それも満たさなかったら、次のElseIfで指定した判定を行う」というように、必要なだけ条件を分岐できます。ここでは、セルB2の値が270以上、210以上、165以上、165未満の場合でそれぞれ異なる文字列をセルB4に表示します。

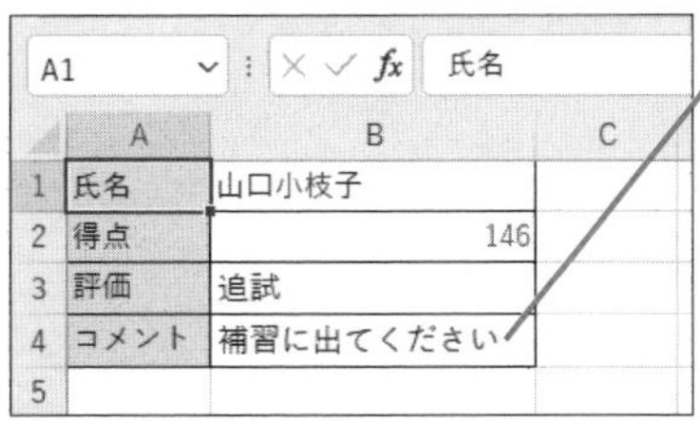

入力例 057.xlsm

```
Sub 複数の条件で条件分岐1()
    If Range("B2").Value >= 270 Then ←1
        Range("B4").Value = "この調子"
    ElseIf Range("B2").Value >= 210 Then ←2
        Range("B4").Value = "よく復習しよう"
    ElseIf Range("B2").Value >= 165 Then ←3
        Range("B4").Value = "苦手分野克服"
    Else
        Range("B4").Value = "補習に出てください" ←4
    End If
End Sub
```

1 セルB2の値が270以上の場合は「この調子」とセルB4に表示する　2 セルB2の値が210以上の場合は「よく復習しよう」とセルB4に表示する　3 セルB2の値が165以上の場合は「苦手分野克服」とセルB4に表示する　4 いずれの条件も満たさない場合は「補習に出てください」とセルB4に表示する

関連ワザ 055 1つの条件を満たしたときだけ処理を実行する………P.97
関連ワザ 058 1つの対象に対して複数の条件で処理を振り分ける………P.101
次のページに続く▶

ポイント

● IfステートメントでElseIfキーワードを使って複数の条件で処理を振り分けるには、下の構文のように記述します。条件と処理の流れについては、下の図を参照してください。Elseキーワードでの処理は、必要がなければ省略できます。

▶If ～ Then ～ ElseIfステートメントの構文

```
If 条件式 1 Then
        処理 1
ElseIf 条件式 2 Then
        処理 2
ElseIf 条件式 3 Then
        処理 3
  ⋮
Else
        処理 4（すべての条件を満たさなかったときの処理）
End If
```

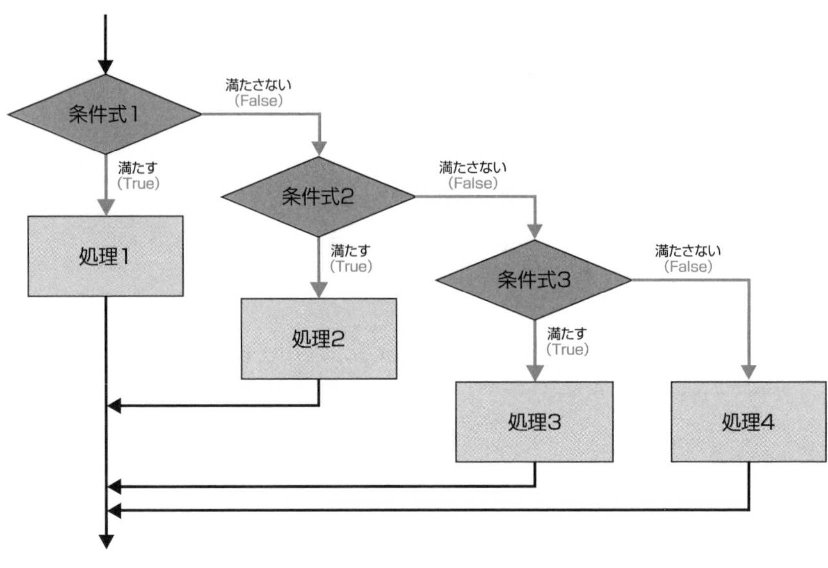

関連ワザ 059 条件を満たすときに処理を繰り返す………P.102
関連ワザ 060 条件を満たさないときに処理を繰り返す………P.103

ワザ 058 1つの対象に対して複数の条件で処理を振り分ける

難易度 ●●○ | 頻出度 ●●○ | 対応Ver. 365 2021 2019 2016

1つの対象に対して複数の条件で処理を振り分けるには、Select Caseステートメントが使えます。処理の流れは、ElseIfキーワードのあるIfステートメントと同じですが、条件を判定する対象が1つのときは、Select Caseステートメントを使った方がコードが簡潔になります。ここでは、ワザ057の入力例をSelect Caseに書き換えています。

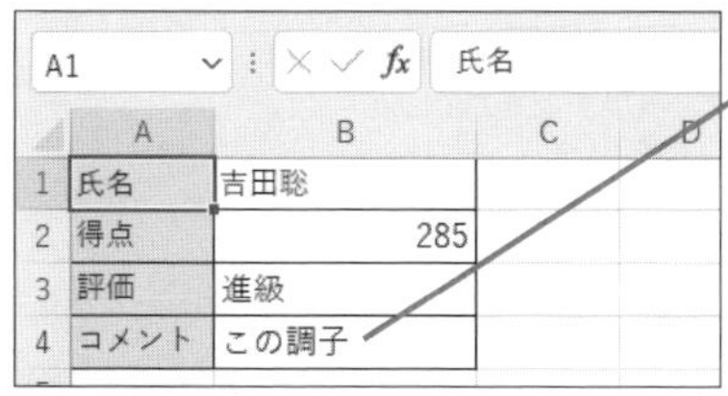

入力例 058.xlsm

```
Sub 複数の条件で条件分岐2()
    Select Case Range("B2").Value
        Case Is >= 270  ←1
            Range("B4").Value = "この調子"
        Case Is >= 210  ←2
            Range("B4").Value = "よく復習しよう"
        Case Is >= 165  ←3
            Range("B4").Value = "苦手分野克服"
        Case Else  ←4
            Range("B4").Value = "補習に出てください"
    End Select
End Sub
```

1 セルB2の値が270以上の場合は「この調子」とセルB4に表示する　2 セルB2の値が210以上の場合は「よく復習しよう」とセルB4に表示する　3 セルB2の値が165以上の場合は「苦手分野克服」とセルB4に表示する　4 いずれの条件も満たさない場合は「補習に出てください」とセルB4に表示する

ポイント

構文

```
Select Case 条件判断の対象
Case 条件式1
    対象が条件式1を満たすときの処理
Case 条件式2
    対象が条件式2を満たすときの処理
:
Case Else
    対象がすべての条件を満たさないときの処理
End Select
```

●条件の設定方法

条件	書き方
5のとき	Case 5
10以下のとき	Case Is <=10
5以上10以下のとき	Case 5 To 10
5または10のとき	Case 5,10

- Select Caseステートメントで、1つの条件判断の対象に対して複数の条件で処理を振り分けるには、上のように記述します。Case Elseキーワードでの処理は、必要なければ省略できます。

関連ワザ 057 複数の条件で処理を振り分ける………P.99

ワザ 059 条件を満たすときに処理を繰り返す

難易度 ●●○ ｜ 頻出度 ●●● ｜ 対応Ver. 365 2021 2019 2016

ある条件を満たすときだけ処理を繰り返し実行するには、Do While～Loopステートメントを使います。条件を満たさなくなった時点で、繰り返し処理を終了します。ここでは、B列のセルが空白でないとき、A列に回数を入力します。このとき、いつまで繰り返し処理を実行するかを、条件式で設定する部分が重要です。変数で回数をカウントする方法や、参照するセルを移動する方法も合わせて確認しましょう。

A1 回数

	A	B	C	D
1	回数	日付	得点	
2	1	10月1日	120	
3	2	10月3日	131	
4	3	10月5日	153	
5	4	10月9日	165	
6	5	10月12日	186	
7				

「B列のセルが空白でない」という条件を満たすときは、カウントした数をA列に入力する

入力例

059.xlsm

```
Sub 条件を満たす間処理を繰り返す()
    Dim i As Integer ←1
    i = 1 ←2
    Do While Cells(i + 1, "B").Value <> "" ←3
        Cells(i + 1, "A").Value = i
        i = i + 1
    Loop
End Sub
```

1 回数をカウントするための整数型の変数「i」を宣言する　2 変数「i」に初期値として「1」を代入する　3 B列のi+1行目のセルが空白でない間、A列のi+1行目のセルにiの値を表示する。iに1を加えて繰り返しの最初の行に戻って、条件の判定を行う

ポイント

- Do While～Loopステートメントで条件が満たされる間、処理を繰り返すには、下の構文のように記述します。条件が満たされなくなった時点で繰り返しの処理を終了し、Do While～Loopステートメントの次の処理に移ります。

▶Do While…Loopステートメントの構文

```
Do While 条件式
    繰り返し実行する処理
Loop
```

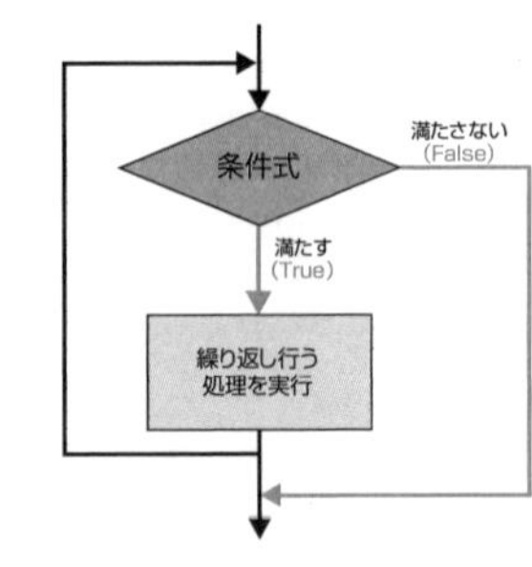

関連ワザ 060 条件を満たさないときに処理を繰り返す………P.103
関連ワザ 061 少なくとも1回は繰り返しの処理を実行する………P.104

ワザ 060 条件を満たさないときに処理を繰り返す

難易度 ●●○ | 頻出度 ●●○ | 対応Ver. 365 2021 2019 2016

条件を満たさないときに処理を繰り返し実行するには、Do Until ～ Loopステートメントを使いましょう。条件が満たされた時点で、繰り返し処理が終了します。ここでは、「A列のセルが空白」という条件を満たさないとき、B列の値の累計をC列に表示します。処理を終了するために、どういう状態になったら繰り返しを終了するかという部分を条件式で設定することが重要です。

入力例　060.xlsm

```
Sub 条件を満たさない間処理を繰り返す()
    Dim i As Integer, cnt As Integer ←1
    i = 2 ←2
    Do Until Cells(i, "A").Value = "" ←3
        Cells(i, "C").Value = Cells(i, "B").Value + cnt
        cnt = Cells(i, "C").Value
        i = i + 1
    Loop
End Sub
```

1 回数をカウントするための変数「i」と、累計を代入するための変数「cnt」を宣言する　2 データが2行目から入力されているため、変数「i」に初期値として「2」を代入する　3「A列のi行目のセルが空白」という条件を満たさない間、C列のi行目のセルにB列の累計を表示する。「i」に1を加えて繰り返しの最初の行に戻って判定を行う

ポイント

- Do Until ～ Loopステートメントで「条件が満たされない間」というのは、「条件が満たされるまで」と言い換えると理解しやすくなります。
- Do Until ～ Loopステートメントの構文は図のようになります。条件を満たした時点で、繰り返しの処理を終了し、Do Until ～ Loopステートメントの次の処理に移ります。

▶Do Until…Loopステートメントの構文

```
Do Until 条件式
        繰り返し実行する処理
Loop
```

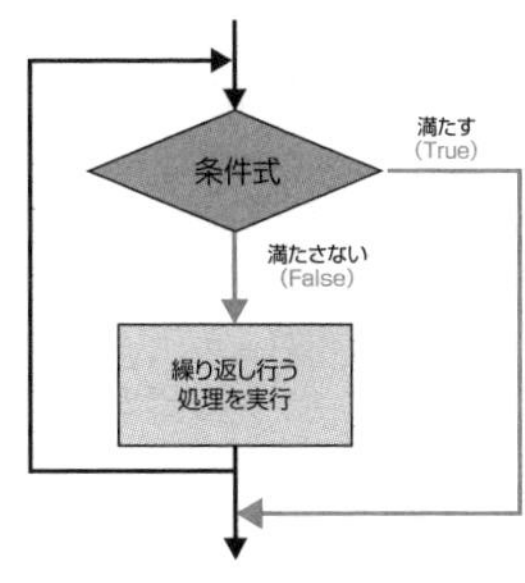

関連ワザ 059 条件を満たすときに処理を繰り返す………P.102
関連ワザ 061 少なくとも1回は繰り返しの処理を実行する………P.104

ワザ 061 少なくとも1回は繰り返しの処理を実行する

難易度 ●●○ | 頻出度 ●●○ | 対応Ver. 365 2021 2019 2016

Do While ~ Loopステートメント（ワザ059）やDo Until ~ Loopステートメント（ワザ060）は、最初に条件の判定を行います。そのため、最初の値と条件の内容によっては、処理が一度も実行されない場合があります。少なくとも1回は処理を実行したい場合は、最後に条件の判定を行うDo ~ Loop Whileステートメント、または、Do ~ Loop Untilステートメントを使用します。

A1 日付

	A	B	C	D
1	日付	個数	累計	
2	10月1日	105	105	
3	10月3日	46		
4	10月5日	62		

「C列の値が100未満」という条件を満たすとき、B列の値の累計をC列に表示する

最初のB列の値が105で条件を満たさないが、1回だけ処理を行ってC列に計算結果が表示される

入力例

061.xlsm

```
Sub 少なくとも1回は処理を実行する()
    Dim i As Integer, cnt As Integer  ←1
    i = 2
    Do
        Cells(i, "C").Value = Cells(i, "B").Value + cnt  ←2
        cnt = Cells(i, "C").Value  ←3
        i = i + 1
    Loop While Cells(i - 1, "C").Value < 100  ←4
End Sub
```

1回数をカウントするための整数型の変数「i」、累計を代入するための変数「cnt」を宣言する 2C列のi行目に、B列のi行目と変数「cnt」の値を加算した値を表示する 3変数「cnt」にC列i行目の値を代入し、変数「i」に1を加える 4C列のi-1行目のセルが100未満である場合は、4行目に戻って繰り返し処理を実行する

▶Do…Loop Whileステートメントの構文

```
Do
    繰り返し実行する処理
Loop While 条件式
```

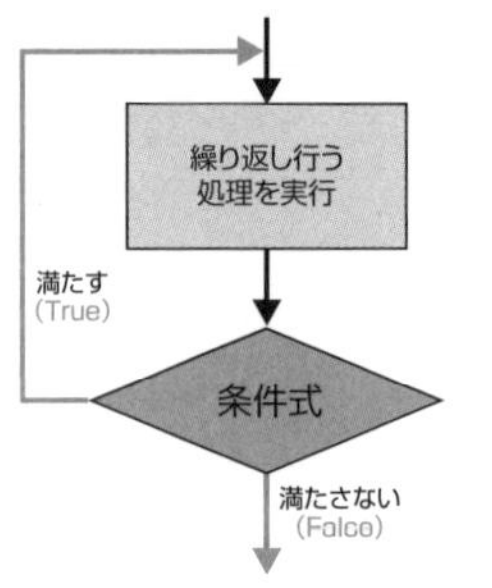

▶Do…Loop Untilステートメントの構文

```
Do
    繰り返し実行する処理
Loop Until 条件式
```

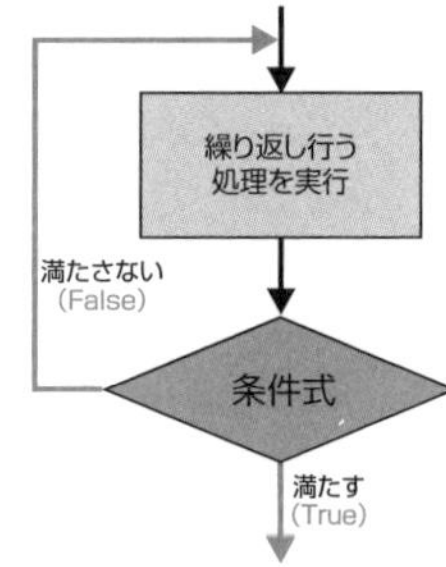

ワザ 062 指定した回数だけ処理を繰り返す

難易度 ●●○ | 頻出度 ●●● | 対応Ver. 365 2021 2019 2016

指定した回数だけ処理を繰り返すには、For Nextステートメントを使用します。For Nextステートメントは、指定した終了値まで処理を繰り返します。例えば、「表の1行目から5行目までを対象に処理を実行する」というように、繰り返す回数があらかじめ分かっている場合に使います。ここでは、ワークシートの個数を数えて、ワークシートの名前を「1回」から順にワークシートの個数分、回数を設定します。

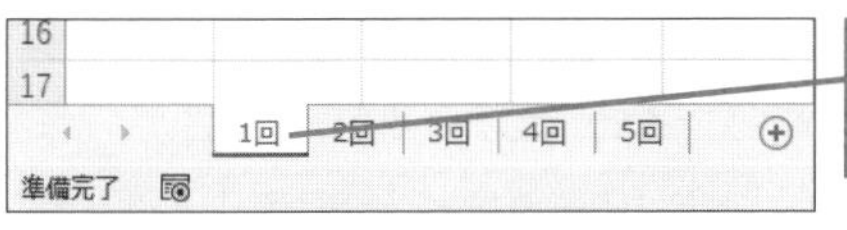

ブックに含まれるワークシートの個数を数えて、ワークシートの名前を「1回」から順に設定する

入力例 062.xlsm

```
Sub 指定した回数処理を繰り返す()
    Dim i As Integer, cnt As Integer ←1
    cnt = Worksheets.Count ←2
    For i = 1 To cnt ←3
        Worksheets(i).Name = i & "回"
    Next i
End Sub
```

1 回数をカウントするための整数型の変数「i」、ワークシートの個数を代入するための変数「cnt」を宣言する 2 ワークシートの個数を数えて変数「cnt」に代入する 3 変数「i」の値が1から変数「cnt」の値になるまで、i番目のシートの名前を「i回」にする

ポイント

構文
```
For カウンタ変数 = 開始値 To 終了値 (Step 加算値)
    繰り返し実行する処理
Next (カウンタ変数)
```

- For Nextステートメントの構文は上のようになります。「Step 加算値」で加算値が「1」の場合は、省略できます。また、Nextの後ろのカウンタ変数も省略できます。
- 加算値に設定する値を「2」にすれば、変数「i」の値は「2」ずつ増加します。1行置きに処理を実行したい場合に指定するといいでしょう。
- 加算値には、負の値も設定できます。例えば、「For 15 To 1 Step -2」とすると、「15、13、11、9、7、5、3、1」と変化します。表の下から上に向かって処理を実行したい場合に使用します。

関連ワザ 059 条件を満たすときに処理を繰り返す………P.102
関連ワザ 063 繰り返し処理の中で繰り返し処理を実行する………P.106

ワザ **063**

繰り返し処理の中で繰り返し処理を実行する

難易度 ●●○ | 頻出度 ●●○ | 対応Ver. 365 2021 2019 2016

表内の行、列それぞれのセルに対して、順番に処理を行いたい場合は、行方向の繰り返し処理と、列方向の繰り返し処理を組み合わせます。この場合、For Nextステートメントの中にFor Nextステートメントを記述します。このような入れ子の処理のことを「ネスト」と言います。ここでは、ネストを利用して9マス計算を実行しています。

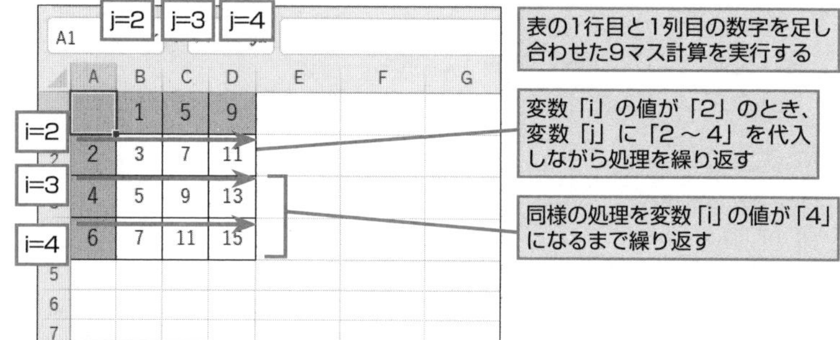
j=2
j=3
j=4
i=2
i=3
i=4
表の1行目と1列目の数字を足し合わせた9マス計算を実行する
変数「i」の値が「2」のとき、変数「j」に「2～4」を代入しながら処理を繰り返す
同様の処理を変数「i」の値が「4」になるまで繰り返す

入力例 063.xlsm

```
Sub 繰り返しのネスト()
    Dim i As Integer, j As Integer
    For i = 2 To 4 ←1
        For j = 2 To 4 ←2
              Cells(i, j).Value = Cells(i, 1).Value + Cells(1, j).Value ←3
        Next j
    Next i
End Sub
```

1 変数「i」が「2」から「4」になるまで以下の処理を繰り返す（表の行数の繰り返し） 2 変数「j」が「2」から「4」になるまで以下の処理を繰り返す（表の列数の繰り返し） 3 1列i行目の値とj列1行目の値を足してj列i行目のセルに表示する

ポイント

- 表の1つ1つのセルについて処理を実行するとき、行方向の繰り返しと、列方向の繰り返しが必要になります。このとき、For Nextステートメントのような繰り返し処理をネストして、コードを記述します。行番号と列番号をそれぞれ変数「i」と変数「j」に代入して、セル参照を移動しながら処理を実行します。
- 「ネスト」は繰り返しの処理だけでなく、Ifステートメントの中にIfステートメントを記述して、条件を分岐するときにも利用します。

関連ワザ 055 1つの条件を満たしたときだけ処理を実行する………P.97
関連ワザ 062 指定した回数だけ処理を繰り返す………P.105

ワザ 064 同じ種類のオブジェクトすべてに同じ処理を実行する

難易度 ●●○ | 頻出度 ●●○ | 対応Ver. 365 2021 2019 2016

ブック内のすべてのワークシートや、指定したセル範囲内の1つ1つのセルなどのように、同じ種類のオブジェクトの集合を「コレクション」と言います。コレクションの各要素に同じ処理を繰り返すには、For Each ～ Nextステートメントを使用しましょう。ここでは、指定したセル範囲の各セルについて、値が90以上の場合はセルの色をピンクに設定します。

A1 | fx 氏名

	A	B	C	D	E	F
1	氏名	英語	数学	国語	合計点	
2	安藤久美子	68	72	91	231	
3	飯田七海	86	93	100	279	
4	江口洋子	65	50	51	166	
5	小野里美	85	66	71	222	
6	斎藤希美	99	86	91	276	
7	都築香織	55	60	42	157	
8						

セルB2～D7のセル範囲で、セルの値が90以上の場合に背景色を[ピンク](38)に設定する

入力例

 064.xlsm

```
Sub セル範囲の各セルに対して処理を行う()
    Dim myRange As Range ←1
    For Each myRange In Range("B2:D7") ←2
        If myRange.Value >= 90 Then
           myRange.Interior.ColorIndex = 38
        Else
           myRange.Interior.ColorIndex = xlNone
        End If
    Next
End Sub
```

1 セルを代入するためにRange型のオブジェクト変数「myRange」を宣言する　2 セルB2～D7の各セルを変数「myRange」に順番に代入して、セルの値が90以上の場合はセルの背景色を[ピンク](38)、そうでない場合は、[なし]に設定する

ポイント

構文
```
For Each オブジェクト変数 In コレクション
    繰り返し実行する処理
Next (オブジェクト変数)
```

- For Each ～ Nextステートメントの構文は、上のようになります。コレクション内の各メンバをオブジェクト変数に1つずつ代入しながら、処理を実行します。なお、Nextの後ろのオブジェクト変数は省略できます。

関連ワザ 065 配列の各要素に対して同じ処理を実行する………P.108
関連ワザ 161 文字の色をインデックス番号で設定する………P.214

ワザ 065 配列の各要素に対して同じ処理を実行する

難易度 ●●○ | 頻出度 ●●○ | 対応Ver. 365 2021 2019 2016

For Each ～ Nextステートメントは、配列の各要素について同じ処理を実行するときにも使います。ここでは、配列変数「Hairetu」に代入された各要素の値を、1つずつ変数「myHairetu」に代入して、それらをイミディエイトウィンドウに書き出します。配列の値をFor Each ～ Nextステートメントで使用するには、各要素を代入するための変数をバリアント型にする必要があるので注意しましょう。

入力例

065.xlsm

```
Sub 配列に対する繰り返し処理()
    Dim Hairetu As Variant ←1
    Dim myHairetu As Variant ←2
    Hairetu = Array("屋久島", "白神山地", "知床", "白川郷")
    For Each myHairetu In Hairetu ←3
        Debug.Print myHairetu
    Next
End Sub
```

1 配列の各要素をArray関数で設定するため、配列変数「Hairetu」をバリアント型で宣言する（ワザ037参照） 2 配列の各要素を代入するための変数「myHairetu」をバリアント型で宣言する 3 配列変数「Hairetu」に代入されている各要素を変数「myHairetu」に順番に代入して、その値をイミディエイトウィンドウに書き出す

ポイント

構文
```
For Each 変数 In 配列変数
    繰り返し実行する処理
Next (変数)
```

- 配列の各要素に対して同じ処理を行う場合、For Each ～ Nextステートメントで上のように記述します。なお、配列の各要素を代入するための変数は、バリアント型で宣言しておきます。Nextの後ろの変数は省略できます。

関連ワザ 037 Array関数で配列変数に値を代入する………P.78
関連ワザ 064 同じ種類のオブジェクトすべてに同じ処理を実行する………P.107

ワザ 066 処理の途中で繰り返し処理やプロシージャーを終了する

難易度 ●○○ | 頻出度 ●●○ | 対応Ver. 365 2021 2019 2016

処理の途中で繰り返し処理を終了したり、プロシージャーの実行を終了したりするには、Exitステートメントを使用します。ここでは、C列の値が160点以上の場合、メッセージを表示して繰り返し処理を途中で終了します。不要な繰り返し処理の実行を防止したり、エラー処理コードの中でプロシージャーの実行を終了させたりするときなどに使用します。

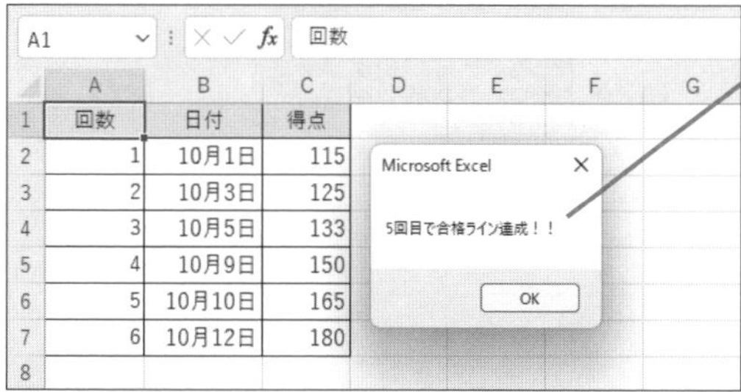

入力例　066.xlsm

```
Sub 繰り返し処理の途中終了()
    Dim i As Integer
    i = 2
    Do While Cells(i, "A").Value <> ""  ←1
        If Cells(i, "C").Value >= 160 Then  ←2
            MsgBox Cells(i, "A") & "回目で合格ライン達成！！"
            Exit Do  ←3
        End If
        i = i + 1
    Loop
End Sub
```

1 A列i行目の値が空白でない間、次の処理を実行する　2 C列i行目の値が160以上の場合、A列i行目の値と「回目で合格ライン達成!!」という文字列を連結してメッセージを表示する　3 Do ～ Loopステートメントの繰り返しの処理を終了する

ポイント

- 通常はIfステートメントなどで終了条件を設定し、条件を満たしたときにExitステートメントを使って処理を終了させます。

●主なExitステートメントの種類

ステートメント	機能
Exit Do	Do ～ Loopステートメントの途中で終了する
Exit For	For ～ Nextステートメント、またはFor Each ～ Nextステートメントの途中で終了する
Exit Sub	Subプロシージャーの途中で終了する
Exit Function	Functionプロシージャーの途中で終了する

ワザ 067 オブジェクト名の記述を省略する

難易度 ●○○ | 頻出度 ●●● | 対応Ver. 365 2021 2019 2016

同じオブジェクトの記述を省略するには、Withステートメントを使用します。1つのオブジェクトに対して、いくつかのプロパティの値を設定したり、メソッドを実行したりするときに、オブジェクトの記述を省略できます。このため、コードを簡潔に読みやすくできます。ここでは、Withステートメントを使って、セルA1の列幅を18ポイント、配置を［中央揃え］、フォントを太字に設定する例を解説します。

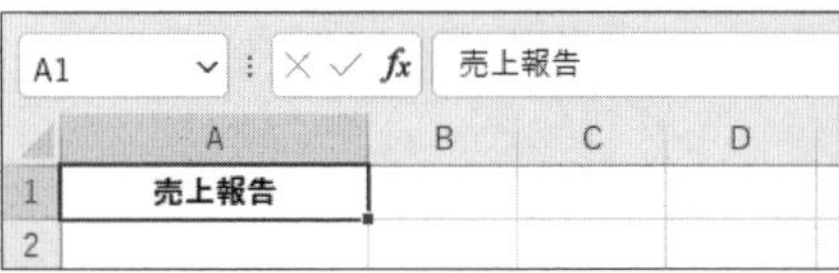

Withステートメントを使えば、オブジェクト名の記述を省略できる

入力例

067.xlsm

```
Sub オブジェクトの省略()
    With Range("A1")  ←1
        .ColumnWidth = 18  ←2
        .HorizontalAlignment = xlCenter
        .Font.Bold = True
    End With
End Sub
```

1 セルA1について次の処理を行う（Withステートメントの開始）。ここでは、「Range("A1")」の記述を省略する
2 セルの列幅を18ポイント、配置を［中央揃え］、フォントを太字に設定する。

ポイント

構文
```
With 省略する対象オブジェクト
    .オブジェクトに対する処理
End With
```

- Withステートメントの構文は上のようになります。Withステートメントの中でオブジェクトの記述を省略する場合は、必ず「.」を先頭に記述し、続けてプロパティやメソッドを記述しましょう。

関連ワザ 143 行の高さと列の幅を変更する………P.193
関連ワザ 149 セルの横方向と縦方向の配置を変更する………P.202
関連ワザ 157 文字に太字と斜体を設定して下線を付ける………P.210

ワザ 068 メッセージを表示する

難易度 ●○○ | 頻出度 ●●● | 対応Ver. 365 2021 2019 2016

プログラムの実行中にメッセージを表示するには、MsgBox関数を使います。メッセージ表示中は処理が止まり、[OK] ボタンをクリックすると処理が再開します。ここでは、現在の日時を表示するメッセージを表示します。表示するメッセージには、文字列以外に、変数の値、計算結果、条件式の結果など、いろいろな値を指定できます。

現在の日時をメッセージとして表示する

Microsoft Excel

現在の日時
2021/11/01 19:34:18

OK

[OK]をクリックすると、処理が再開される

入力例 068.xlsm

```
Sub メッセージを複数行で表示1()
    MsgBox "現在の日時" & Chr(10) & Now ←1
End Sub
```

1文字列「現在の日時」、改行の関数「Chr(10)」、現在の日時を求める「Now関数」の値を連結してメッセージとして表示する

ポイント

構文 Msgbox "メッセージ文"

- MsgBox関数は、メッセージを表示するだけの場合は、メッセージの本文となる文字列のみを引数で指定します。メッセージボックスには、メッセージと [OK] ボタンが表示され、[OK] ボタンをクリックするまで処理が止まります。

関連ワザ 069 メッセージボックスでクリックしたボタンによって処理を振り分ける………P.112
関連ワザ 074 エラーが発生した場合、メッセージを表示して終了する………P.118

ワザ 069 メッセージボックスでクリックしたボタンによって処理を振り分ける

難易度 ●●○ | 頻出度 ●●● | 対応Ver. 365 2021 2019 2016

MsgBox関数は、[はい] ボタンや [いいえ] ボタンなどを表示し、クリックされたボタンによって、異なる処理を実行できます。これは、クリックされたボタンに応じて異なる「戻り値」が返るためです。この「戻り値」を利用して、次に実行する処理の振り分けが可能になります。ここでは、メッセージボックスに [はい] [いいえ] [キャンセル] ボタンを表示し、クリックされたボタンによって印刷の処理を振り分けます。

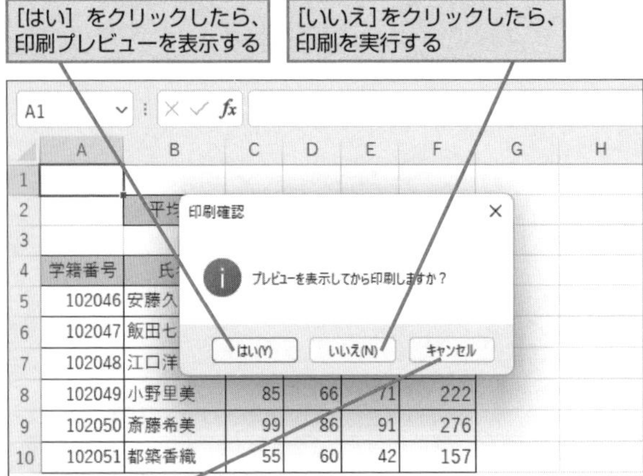

入力例

069.xlsm

```
Sub ボタンによる処理の振り分け()
    Dim ans As Integer
    ans = MsgBox("プレビューを表示してから印刷しますか？", _  ←1
        vbInformation + vbYesNoCancel, "印刷確認")
    Select Case ans  ←2
        Case vbYes
            ActiveSheet.PrintPreview
        Case vbNo
            ActiveSheet.PrintOut
        Case Else
            MsgBox "処理をキャンセルします"
    End Select
End Sub
```

1 MsgBox関数で表示するメッセージ、アイコン、ボタンの種類、タイトルを設定し、クリックされたボタンの戻り値を変数「ans」に代入する　2 Select Caseステートメントで変数「ans」の値（クリックされたボタンの戻り値）を調べて、「vbYes」の場合は印刷プレビューを表示し、「vbNo」の場合は印刷を実行、それ以外の場合は「処理をキャンセルします」とメッセージを表示する

ポイント

構文 MsgBox(Prompt, Buttons, Title)

- MsgBox関数の構文は上のようになります。引数「Prompt」では表示するメッセージを文字列で指定し、引数「Buttons」ではアイコンやボタンの種類を指定します。引数「Title」ではタイトルバーに表示する文字列を指定します。
- 引数「Buttons」では、表示するボタンやアイコンの種類などを以下の定数で指定します。指定するときは、アイコンとボタンの定数を「vbOkCancel+vbQuestion」のようにつなげて指定するか、それぞれの値の合計値「33」のように指定します。

●引数「Buttons」で設定する定数（ボタンの種類を指定）

定数	値	内容
vbOkOnly	0	[OK] ボタンを表示する
vbOkCancel	1	[OK] [キャンセル] ボタンを表示する
vbAbortRetryIgnore	2	[中止] [再試行] [無視] ボタンを表示する
vbYesNoCancel	3	[はい] [いいえ] [キャンセル] ボタンを表示する
vbYesNo	4	[はい] [いいえ] ボタンを表示する
vbRetryCancel	5	[再試行] [キャンセル] ボタンを表示する

●引数「Buttons」で設定する定数（アイコンの種類を指定）

定数	値	内容
vbCritical	16	警告メッセージアイコンを表示する
vbQuestion	32	問い合わせメッセージアイコンを表示する
vbExclamation	48	注意メッセージアイコンを表示する
vbInformation	64	情報メッセージアイコンを表示する

●ボタンの戻り値

定数	値	ボタン
vbOK	1	[OK] ボタン
vbCancel	2	[キャンセル] ボタン
vbAbort	3	[中止] ボタン
vbRetry	4	[再試行] ボタン
vbIgnore	5	[無視] ボタン
vbYes	6	[はい] ボタン
vbNo	7	[いいえ] ボタン

関連ワザ 068 メッセージを表示する………P.111

ワザ 070 文字入力が行える メッセージボックスを表示する

難易度 ●○○ | 頻出度 ●●● | 対応Ver. 365 2021 2019 2016

文字入力が行えるメッセージボックスを表示するには、InputBox関数を使用します。InputBox関数は、メッセージの文字列と入力欄のある「インプットボックス」を表示します。インプットボックスの［OK］ボタンをクリックすると、入力した文字列が返ります。ここでは、インプットボックスを表示し、入力された値をセルB2に表示します。ユーザーによって入力された文字列をコードの中で使用するのに便利です。

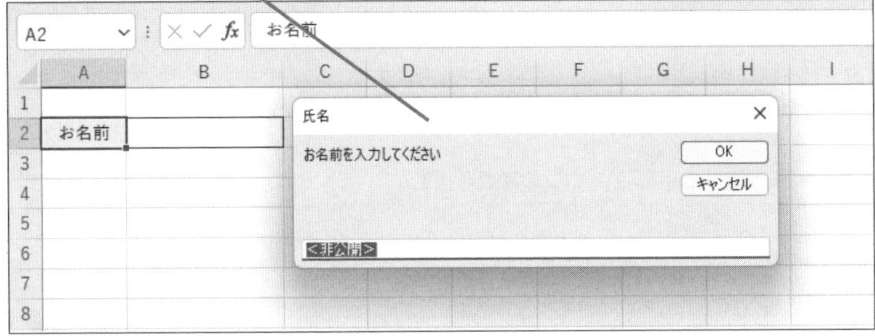

入力例

070.xlsm

```
Sub 入力されたデータを利用する()
    Dim myName As String
    myName = InputBox("お名前を入力してください", "氏名", "<非公開>") ←1
    Range("B2").Value = myName ←2
End Sub
```

1 InputBox関数で、メッセージ、タイトル、既定値を指定してインプットボックスを表示し、入力されたデータを変数「myName」に代入する　2 変数「myName」の値をセルB2に表示する

ポイント

構文 `InputBox(Prompt, [Title], [Default])`

- InputBox関数は、上のような構文で記述します。引数「Prompt」にはメッセージとして表示する文字列、引数「Title」にはタイトルバーに表示する文字列、引数「Default」には入力欄に表示しておく既定値を指定します。[]内の引数は省略可能です。
- インプットボックスで[OK]ボタンをクリックすると、入力した文字列が返されます。[キャンセル]ボタンをクリックすると、「長さ0の文字列」("")が返されます。

関連ワザ 068 メッセージを表示する………P.111
関連ワザ 071 入力できるデータの種類を指定した入力欄を持つメッセージボックスを表示する………P.115

ワザ 071 入力できるデータの種類を指定した入力欄を持つメッセージボックスを表示する

難易度 ●●○ | 頻出度 ●●○ | 対応Ver. 365 2021 2019 2016

入力できるデータの種類を指定した入力欄を持つメッセージボックスを表示するには、ApplicationオブジェクトのInputBoxメソッドを使います。入力欄に入力できるデータの種類を限定できるので、受け取ったデータをコードの中で扱いやすくなります。ここでは、数値を入力するインプットボックスを表示します。数値以外の値を入力した場合、エラーメッセージを表示して、データの再入力を促せます。

入力例 071.xlsm

```
Sub 数値データ入力()
    Dim kazu As Variant  ←1
    kazu = Application.InputBox(Prompt:="数量を指定してください", _  ←2
            Title:="数量入力", Default:=1, Type:=1)
    If TypeName(kazu) = "Boolean" Then  ←3
        Exit Sub
    Else  ←4
        Range("B4").Value = kazu
    End If
End Sub
```

1InputBoxメソッドの戻り値に、数値だけでなくブール型の値（False）が返ることがあるため、変数「kazu」をバリアント型で宣言する。 2InputBoxメソッドで、メッセージ、タイトル、既定値、データの型を指定してメッセージを表示し、入力された値を変数「kazu」に代入する。ここでは数値にするため、引数「Type」に「1」を指定する 3TypeName関数で、変数「kazu」のデータ型を調べる。変数「kazu」の値が［False］の場合（［OK］ボタンがクリックされない場合）は、TypeName関数の戻り値が「Boolean」になるので処理を終了する 4変数「kazu」の値が数値だった場合（TypeName関数の戻り値が「Boolean」でなかった場合）は、その値をセルB4に表示する

ポイント

構文 `Application.InputBox(Prompt, [Title], [Default],,,,,[Type])`

- ApplicationオブジェクトのInputBoxメソッドの構文では、InputBoxメソッドとInputBox関数と区別するために、記述時にApplicationを省略しません。ここでは、よく使われる引数のみ紹介します。引数「Prompt」にはメッセージ、引数「Title」にはタイトルバーに表示する文字列、引数「Default」には既定値、引数「Type」には入力できるデータの型を数値で指定します。[]内の引数は省略可能です。

●引数Typeの設定値

値	データの型
0	数式
1	数値
2	文字列（テキスト）
4	論理値（TrueまたはFalse）

値	データの型
8	セル参照（Rangeオブジェクト）
16	「#N/A」などのエラー値
64	数値配列

- ［OK］ボタンをクリックすると、入力された値を返します。入力された値が引数［Type］で指定したデータ型ではない場合はメッセージを表示します。
- ［X］ボタン、［キャンセル］ボタンをクリックすると、「False」を返します。

関連ワザ 070 文字入力が行えるメッセージボックスを表示する………P.114

ワザ
072 エラーの種類

難易度 ●●○ | 頻出度 ●●○ | 対応Ver. 365 2021 2019 2016

処理が正常に動作するようにコードを記述したつもりでも、予期しない操作や見落としなどでエラーが発生し、処理が途中で止まってしまうことがあります。エラーには、コンパイルエラー、実行時エラー、論理エラーの3種類があります。それぞれのエラーの種類を確認してみましょう。

コンパイルエラー

コンパイルエラーは、プログラムの文法が間違っているときに発生するエラーです。コードの記述中やプログラムの実行時に文法がチェックされ、間違っているとエラーメッセージが表示されます。コンパイルエラーが発生したら、エラーメッセージを確認し、メッセージを閉じてコードを修正します。

Microsoft Visual Basic for Applications
コンパイル エラー:
If ブロックに対応する End If がありません。
OK
ヘルプ
[OK] をクリックしてコードを修正する

実行時エラー

実行時エラーは、プロシージャー実行中に、処理を実行するために必要なオブジェクトが選択されていなかったり、データが間違っていたりして処理が継続できなくなってしまった場合などに発生します。実行時エラーが発生すると、処理が途中で止まり、エラーメッセージが表示されます。

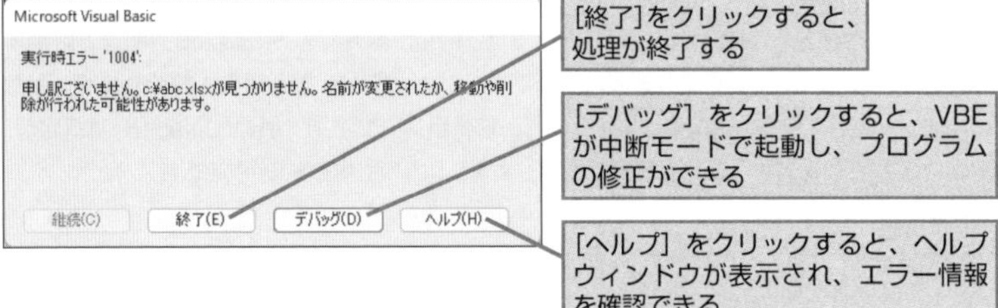
Microsoft Visual Basic
実行時エラー '1004':
申し訳ございません。c:¥abc.xlsxが見つかりません。名前が変更されたか、移動や削除が行われた可能性があります。
継続(C)
終了(E)
デバッグ(D)
ヘルプ(H)
[終了]をクリックすると、処理が終了する
[デバッグ] をクリックすると、VBEが中断モードで起動し、プログラムの修正ができる
[ヘルプ] をクリックすると、ヘルプウィンドウが表示され、エラー情報を確認できる

論理エラー

論理エラーは、処理が途中で中断することはありませんが、意図した通りの結果が得られないエラーのことを言います。このエラーに対処するには、どの部分が間違っているのかを見つけることが重要です。デバッグ機能を使って、コードを詳細に分析する必要があります。

関連ワザ 073 コードの入力途中にエラーメッセージが表示されないようにする………P.117
関連ワザ 074 エラーが発生した場合、メッセージを表示して終了する………P.118

ワザ 073 コードの入力途中にエラーメッセージが表示されないようにする

難易度 ●○○ ｜ 頻出度 ●●○ ｜ 対応Ver. 365 2021 2019 2016

コードの入力中に誤って改行したりすると、コンパイルエラーが発生してエラーメッセージが表示されることがあります。VBEでは、標準で［自動構文チェック］の機能が働いており、コードの入力中に発生した文法や構文の間違いが自動的に検出されるためです。入力途中のエラーメッセージを表示したくない場合は、［自動構文チェック］の機能をオフにします。

手順

1 ［オプション］ダイアログボックスを表示する

1 ［ツール］をクリック

2 ［オプション］をクリック

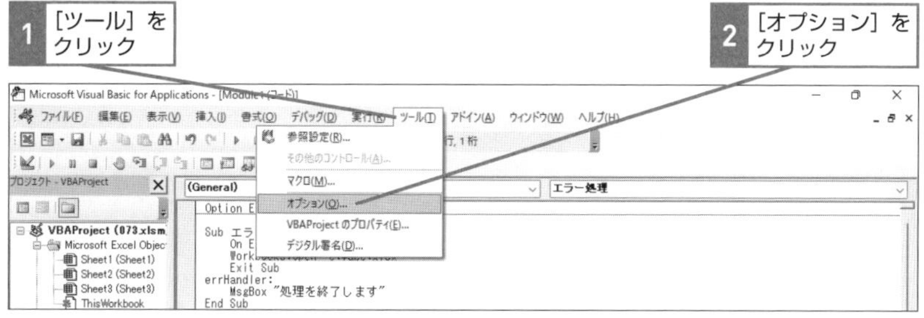

2 ［自動構文チェック］の機能をオフにする

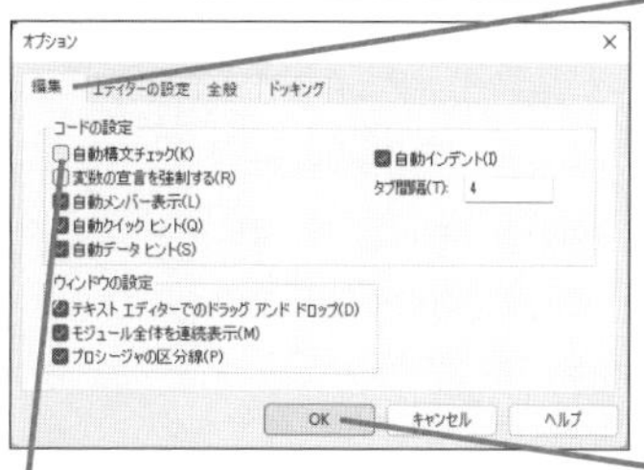

2 ［自動構文チェック］をクリックしてチェックマークをはずす

3 ［OK］をクリック

ポイント

- ［自動構文チェック］の機能をオフにすると、記述されたコードの途中にある改行などで構文エラーと認識されても、エラーメッセージは表示されません。ただし、間違っていると認識された個所のコードは赤字になります。
- ［オプション］ダイアログボックスでは、［自動メンバー表示］や［自動クイックヒント］など、VBEでコードを記述するときのためのさまざまな機能を設定できます。

関連ワザ 072 エラーの種類………P.116

ワザ 074 エラーが発生した場合、メッセージを表示して終了する

難易度 ●●○ | 頻出度 ●●○ | 対応Ver. 365 2021 2019 2016

エラー処理を行うコードを記述すると、実行時エラーが発生した場合に、処理を中断することなくプロシージャーを終了できます。エラー処理を行うコードは、On Error GoToステートメントを使って記述します。エラーが発生した場合に処理を移動するための「行ラベル」も同時に指定します。ここでは、実行時エラーが発生した場合、メッセージを表示して正常に終了させるエラー処理のコードを記述します。

Microsoft Excel
処理を終了します。
OK

実行時エラーが発生した場合、メッセージを表示してプログラムを正常に終了させる

入力例　074.xlsm

```
Sub エラー処理()
    On Error GoTo errHandler  ←1
    Workbooks.Open "c:¥abc.xls"
    Exit Sub  ←2
errHandler:  ←3
    MsgBox "処理を終了します"  ←4
End Sub
```

1 エラーが発生した場合に行ラベル「errHandler」に処理を移動する　2 プロシージャーの実行を終了する　3 行ラベル「errHandler」。エラーが発生した場合の移動先となる　4「処理を終了します」とメッセージを表示する

ポイント

構文
```
Sub プロシージャー名()
  On Error GoTo 行ラベル
    通常実行する処理
  Exit Sub
行ラベル:
  エラーが発生した場合の処理
End Sub
```

- 移動先となる行ラベルの後ろには、必ず半角の「:」を記述します。エラーが発生しなかった場合にエラー処理を実行しないように、行ラベルの上の行に、Exitステートメントを記述してプロシージャーを終了させます。
- On Error GoToステートメントは、エラーが発生したときに指定した行ラベルに処理を移します。
- On Error GoToステートメントは、エラーが発生する可能性のあるコードよりも前に記述し、エラーが発生した場合に移動する場所を行ラベルで指定しておきます。

関連ワザ 066 処理の途中で繰り返し処理やプロシージャーを終了する………P.109
関連ワザ 072 エラーの種類………P.116

ワザ 075 エラーを無視して処理を続行する

難易度 ●●○ ｜ 頻出度 ●●○ ｜ 対応Ver. 365 2021 2019 2016

エラーが発生したときに、エラーを無視して処理を続行させるには、On Error Resume Nextステートメントを使います。ここでは、アクティブシートの1つ前にあるワークシートをアクティブにして、ワークシート名を表示します。このワザで紹介するコードでは、1つ目のワークシートで実行するとエラーになりますが、On Error Resume Nextステートメントを使用しているため、エラーが無視されて正常に終了します。

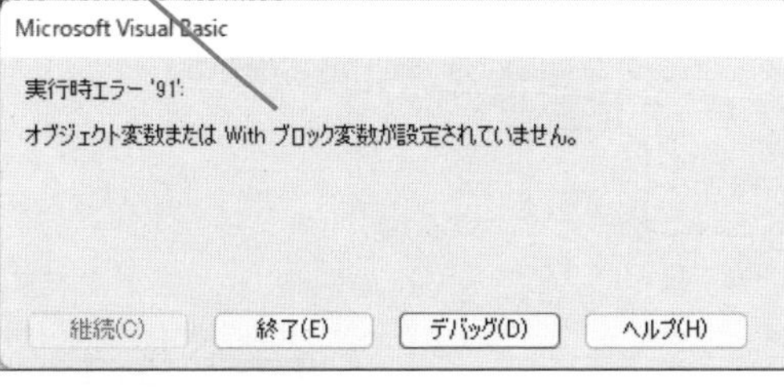
On Error Resume Nextステートメントを使わない場合、エラーメッセージが表示される
Microsoft Visual Basic
実行時エラー '91':
オブジェクト変数または With ブロック変数が設定されていません。
継続(C)
終了(E)
デバッグ(D)
ヘルプ(H)

入力例　075.xlsm

```
Sub エラーを無視して処理を続行()
    On Error Resume Next ←1
    ActiveSheet.Previous.Activate ←2
    MsgBox ActiveSheet.Name
End Sub
```

1エラーが発生した場合に、エラーを無視して処理を続行する　2アクティブシートの1つ前にあるワークシートをアクティブにする。エラー処理のコードが記述されていないと、1つ目のワークシートで実行した場合は、エラーが発生する

ポイント

- On Error Resume Nextステートメントは、発生したエラーを無視するため、内容によっては正常な処理ができなくなってしまう場合があります。そのためOn Error Resume Nextステートメントは、エラーを無視しても構わない程度の簡単な処理を実行する場合に使用するようにしてください。

関連ワザ 072 エラーの種類………P.116
関連ワザ 073 コードの入力途中にエラーメッセージが表示されないようにする………P.117
関連ワザ 074 エラーが発生した場合、メッセージを表示して終了する………P.118

ワザ 076 エラートラップを無効にする

難易度 ●●○ | 頻出度 ●●○ | 対応Ver. 365 2021 2019 2016

「エラートラップ」とは、プロシージャーの実行中にエラーが発生したときに、エラー発生時の処理に移行させる仕組みです。ワザ074で解説したOn Error GoToステートメントがエラートラップするためのコードです。「On Error GoTo（行ラベル）」によりエラートラップが有効のとき、On Error GoTo 0ステートメントを記述すると、エラートラップが無効になります。ここでは、エラートラップを無効にして、エラーメッセージを表示します。

●エラートラップが有効の場合

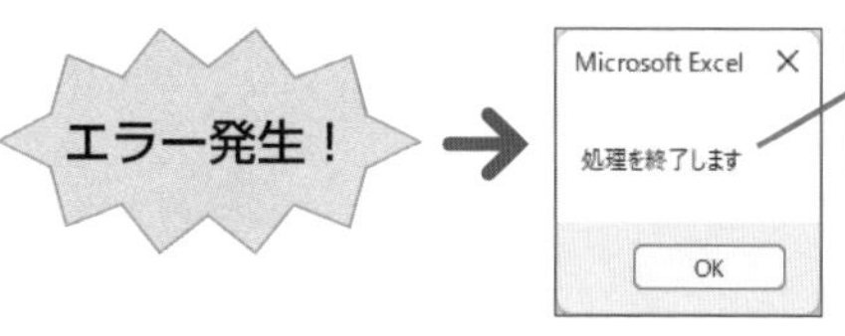
エラー発生！
Microsoft Excel
処理を終了します
OK
マクロの実行中にエラーが発生した場合に、あらかじめ指定した処理が実行される

●エラートラップが無効の場合

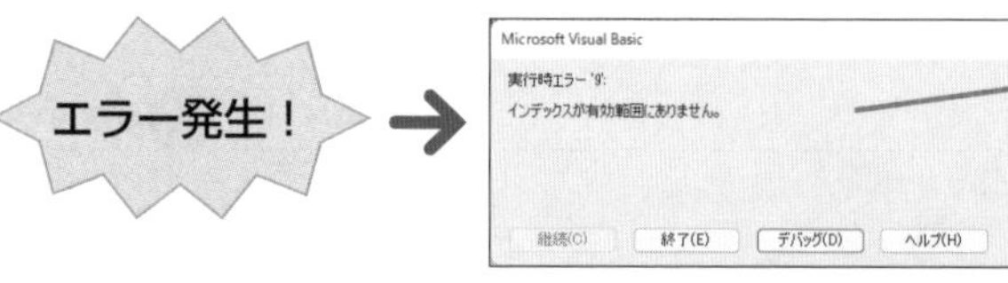
エラー発生！
Microsoft Visual Basic
実行時エラー '9':
インデックスが有効範囲にありません。
継続(C)
終了(E)
デバッグ(D)
ヘルプ(H)
マクロを実行中にエラーが発生した場合はエラーメッセージが表示され、処理が中断する

入力例　076.xlsm

```
Sub エラートラップを無効にする()
    On Error GoTo errHandler  ←1
    Workbooks.Open "c:¥dekiru¥abc.xlsx"  ←2
    On Error GoTo 0  ←3
    ActiveWorkbook.Worksheets("新宿").Activate  ←4
    Exit Sub
errHandler:  ←5
    MsgBox "処理を終了します。"
End Sub
```

1エラーが発生したら、行ラベル「errHandler」に処理を移す（エラートラップを有効にする）　2Cドライブの[dekiru]フォルダーにある[abc.xlsx]を開く。ブックが存在しない場合はエラーになるが、エラートラップが有効であるため、行ラベル「errHandler」に処理が移動する　3エラートラップを無効にする。以降エラーが発生したら処理を中断し、エラーメッセージが表示される　4[新宿]シートを有効にする。このブックには[新宿]シートは存在しないので、エラーメッセージが表示され、処理が中断する（エラートラップは無効になっている）　5エラーが発生した場合の移動先となる行ラベル「errHandler」

ポイント

- On Error GoTo 0ステートメントは、現在実行中のプロシージャー内でのエラートラップを無効にします。これを使うことで、別の種類のエラーを発見するのに役立ちます。

関連ワザ 074 エラーが発生した場合、メッセージを表示して終了する………P.118

ワザ 077 エラーの処理後にエラーが発生した行に戻って処理を再開する

難易度 ●●○ | 頻出度 ●○○ | 対応Ver. 365 2021 2019 2016

Resumeステートメントを使用すると、エラーの処理後にエラーが発生した行に戻って処理を再開できます。このワザで紹介するコードでは、アクティブシートに作成されている埋め込みの縦棒グラフを横棒に変更しますが、埋め込みグラフが存在しないとエラーになります。エラー処理として、埋め込みの縦棒グラフを作成した後、エラーが発生した行に戻って処理を再開します。

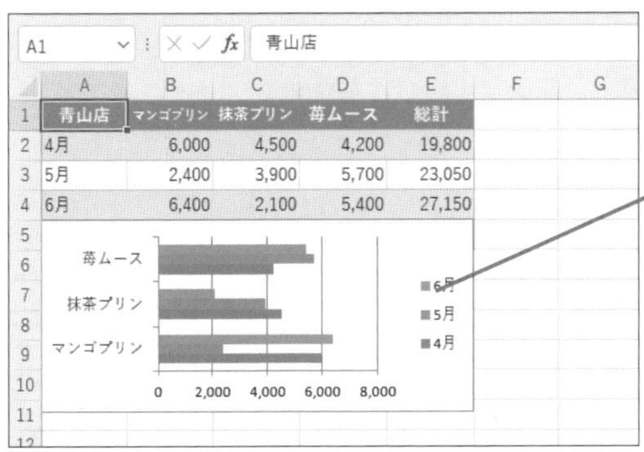

埋め込みグラフがない場合、エラー処理が実行されてメッセージが表示される

エラー処理のコードにより、埋め込みグラフを作成して処理を再開し、横棒グラフに変更する

入力例 077.xlsm

```
Sub エラー処理後に処理再開()
    On Error GoTo errHandler ←1
    ActiveSheet.ChartObjects(1).Chart.ChartType = xlBarClustered ←2
    Exit Sub
errHandler:
    MsgBox "埋め込みグラフがありません。グラフを作成します" ←3
    ActiveSheet.ChartObjects.Add(0, 75, 277, 120) _
        .Chart.SetSourceData Range("A1:D4")
    Resume ←4
End Sub
```

1エラーが発生したら行ラベル「errHandler」へ移動する 2アクティブシートの埋め込みグラフの種類を[集合横棒]に変更する 33行目でアクティブシートに埋め込みグラフがない場合に、エラー処理を実行し、メッセージを表示して埋め込みグラフを作成する 4エラーが発生した行に処理を戻す

ポイント

- Resumeステートメントでは、エラーの処理を実行してからエラーが発生した行に戻って処理を再開します。Resumeステートメントには、次の3種類があります。

●Resumeステートメントの種類

種類	内容
Resume	エラーが発生した行から処理を再実行する
Resume Next	エラーが発生した行の次の行から処理を再実行する
Resume 行ラベル	指定した行ラベルへ移動して処理を再実行する

ワザ 078 エラー番号とエラー内容を表示して処理を終了する

難易度 ●●○ | 頻出度 ●●○ | 対応Ver. 365 2021 2019 2016

ErrオブジェクトのNumberプロパティでエラー番号、Descriptionプロパティでエラー内容を取得し、エラー処理コードの中でMsgBox関数のメッセージの文字列として設定すれば、オリジナルのエラーメッセージを作成できます。このワザでは、埋め込みグラフの種類を変更するコードで埋め込みグラフが存在しないときに、エラー番号とエラー内容をメッセージとして表示し、処理を正常に終了させます。

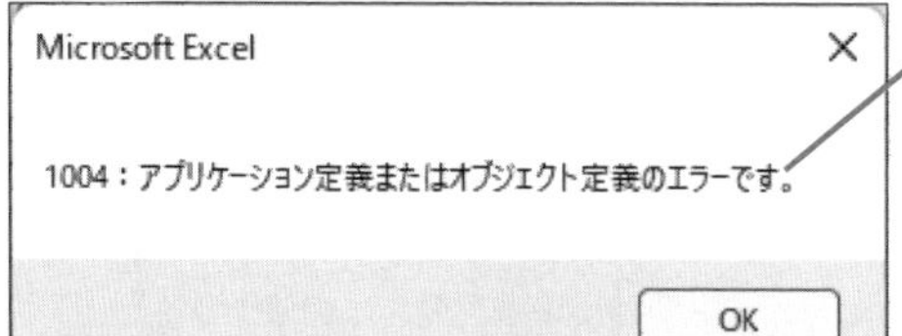
Microsoft Excel
1004：アプリケーション定義またはオブジェクト定義のエラーです。
OK
エラー番号とエラー内容を取得して、メッセージを表示し、処理を終了させる

入力例

078.xlsm

```
Sub エラー番号と内容を表示して終了する()
    On Error GoTo errHandler ←1
    ActiveSheet.ChartObjects(1).Chart.ChartType = xlBarClustered ←2
    Exit Sub
errHandler:
    MsgBox Err.Number & ":" & Err.Description ←3
End Sub
```

1エラーが発生したら行ラベルerrHandlerへ移動する　2アクティブシートの埋め込みグラフの種類を［集合横棒］に変更する　33行目でアクティブシートに埋め込みグラフがない場合に実行されるエラー処理。エラー番号とエラー内容をメッセージボックスに表示する

ポイント

- Err.Numberで取得するエラー番号と、Err.Descriptionで取得するエラー内容は、実行時エラーのときに表示されるエラーメッセージで表示されるものと同じです。

エラー番号　`Err.Number`

エラー内容　`Err.Description`

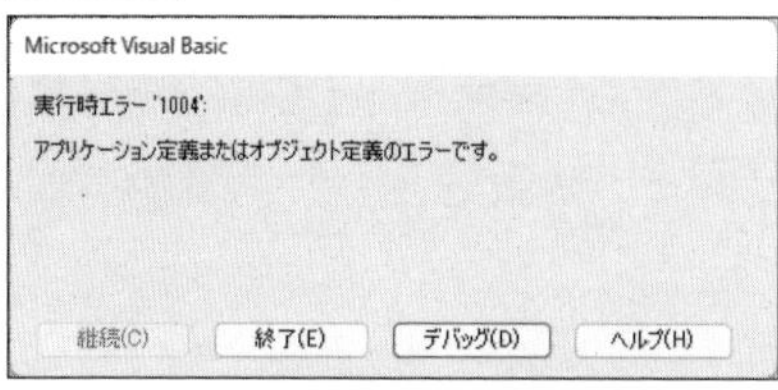
Microsoft Visual Basic
実行時エラー '1004':
アプリケーション定義またはオブジェクト定義のエラーです。
継続(C)
終了(E)
デバッグ(D)
ヘルプ(H)

- エラー番号の一覧は、ヘルプ画面で「トラップ可能なエラー」というキーワードで検索して下さい。

関連ワザ 074 エラーが発生した場合、メッセージを表示して終了する………P.118

ワザ 079 指定した行で処理を中断させる

難易度 ●○○ | 頻出度 ●●○ | 対応Ver. 365 2021 2019 2016

プロシージャー内の指定した行で処理を中断させるには、「ブレークポイント」を設定して「中断モード」にします。論理エラーの場合は、プロシージャーの内容を詳細に確認して問題個所を探す必要があるため、問題のありそうな個所にブレークポイントを設定して処理を中断し、その後に1行ずつ実行しながら処理を確認します。ここでは、指定した行で処理を中断するブレークポイントの設定方法を確認します。

手順

1 ブレークポイントを設定する

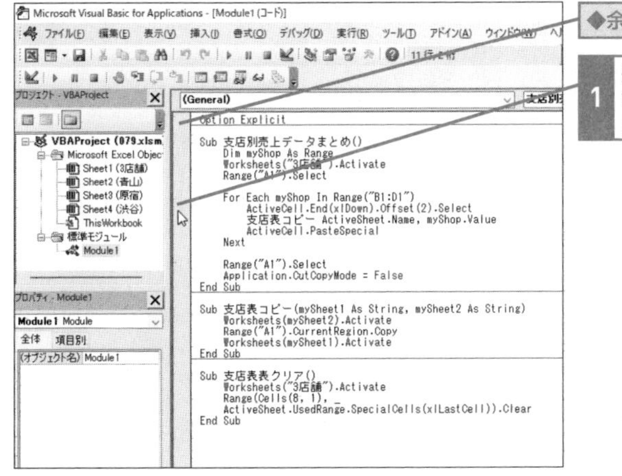

◆余白インジケーターバー
1 処理を中断したい行の余白インジケーターバーをクリック

2 ブレークポイントを確認する

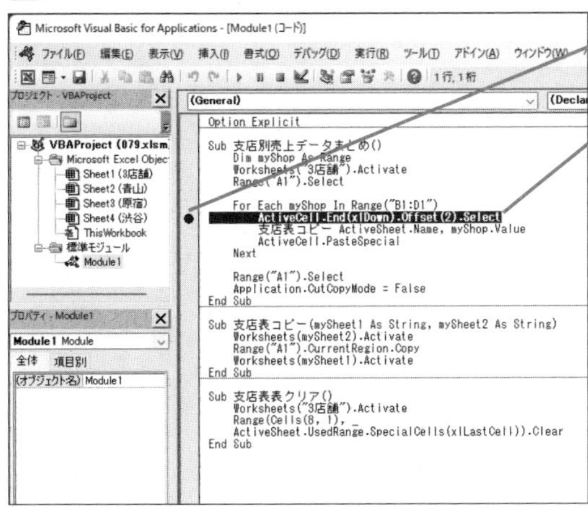

ブレークポイントが設定された
ブレークポイントが設定された行は、赤い丸が表示され、コードが赤く反転表示される

次のページに続く▶

3 プロシージャーを実行する

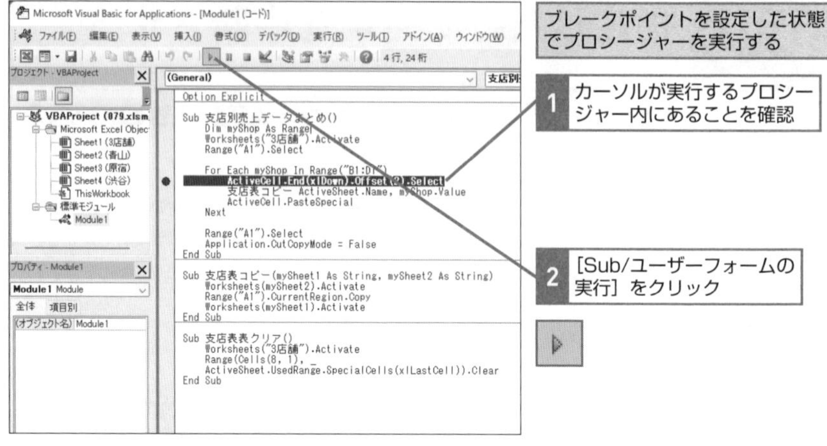

ブレークポイントを設定した状態でプロシージャーを実行する
1 カーソルが実行するプロシージャー内にあることを確認
2 [Sub/ユーザーフォームの実行] をクリック

4 処理の中断を確認する

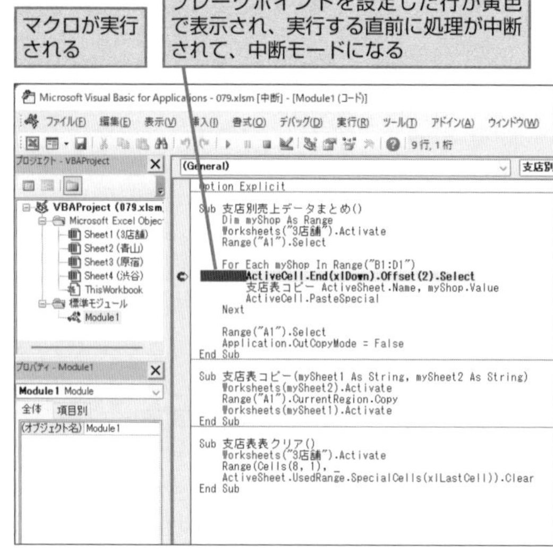

ポイント

- 余白インジケーターバーをクリックするごとに、ブレークポイントの設定と解除が切り替わります。
- ブレークポイントを設定したい行にカーソルを移動して F9 キーを押しても、ブレークポイントの設定と解除を切り替えられます。
- 中断モードの状態で処理を終了するには、[標準]ツールバーの[リセット]をクリックします。

関連ワザ 072 エラーの種類………P.116
関連ワザ 080 1行ずつ処理を実行する………P.125
関連ワザ 081 中断モードのときに変数、式、プロパティの値を調べる………P.127

ワザ 080 1行ずつ処理を実行する

難易度 ●●○ | 頻出度 ●●○ | 対応Ver. 365 2021 2019 2016

ワザ079で解説した「中断モード」のときは、これから実行する行が黄色で反転表示されます。1行ずつ処理を実行すれば、処理が実行される様子を1つずつ確認できるので、コードの中のエラーを見つけやすくなります。1行ずつステートメントを実行する状態を「ステップモード」と言います。ステップモードで処理を実行するには、[デバッグ] ツールバーのボタンを使用すると便利です。

手順

1 ブレークポイントを設定する

1 [表示] をクリック

ワザ079の手順でブレークポイントを設定しておく

[デバッグ] ツールバーを表示する

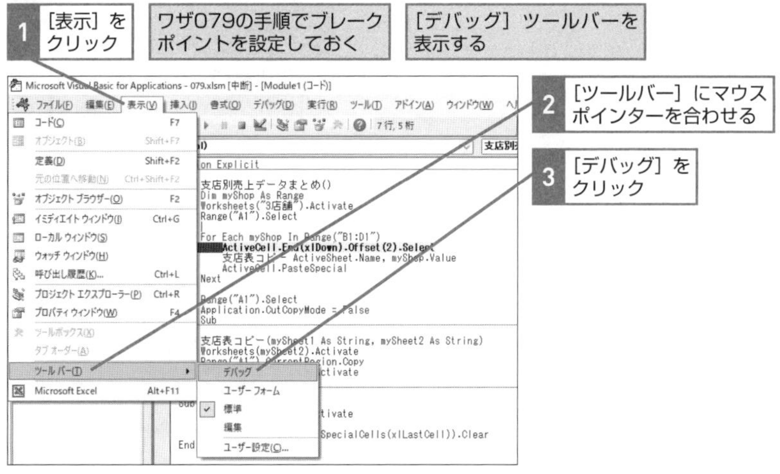

2 [ツールバー] にマウスポインターを合わせる
3 [デバッグ] をクリック

2 処理の中断を確認する

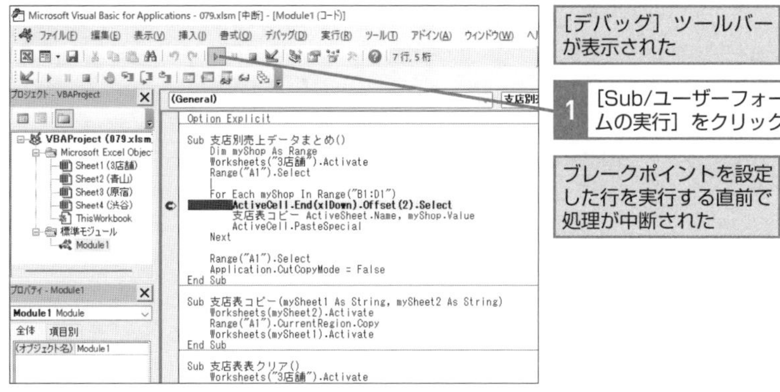

[デバッグ] ツールバーが表示された
1 [Sub/ユーザーフォームの実行] をクリック
ブレークポイントを設定した行を実行する直前で処理が中断された

関連ワザ 009 ほかのプロシージャーを呼び出す………P.40
関連ワザ 079 指定した行で処理を中断させる………P.123

次のページに続く▶

3 中断した処理を実行する

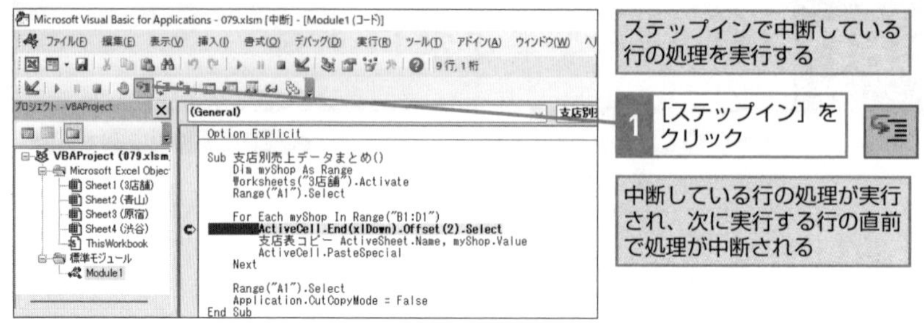
ステップインで中断している行の処理を実行する
1 [ステップイン] をクリック
中断している行の処理が実行され、次に実行する行の直前で処理が中断される

4 処理の実行を確認する

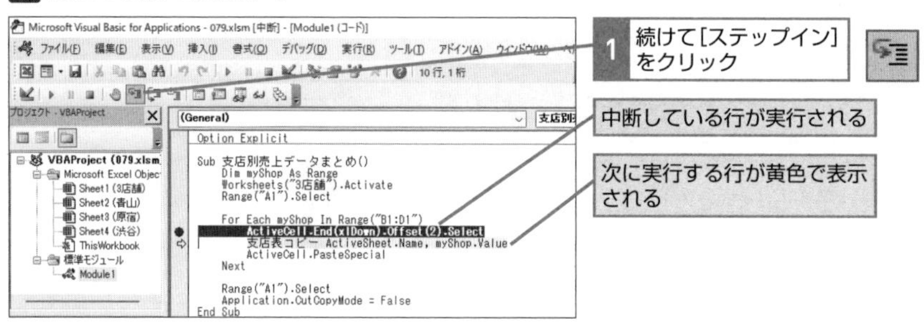
1 続けて[ステップイン]をクリック
中断している行が実行される
次に実行する行が黄色で表示される

ポイント

- プログラムの中のエラーのことを「バグ」と言い、バグを取り除く作業のことを「デバッグ」と言います。ステップモードは、デバッグのための機能の1つです。ステップモードで1行ずつ処理を実行することにより、変数の値の変化や動作を確認できるので、エラーを見つけやすくなります。
- ステップインの途中では、[Sub/ユーザーフォームの実行]ボタンが[継続]ボタンに切り替わります。
- ステップインの途中から残りの処理を一度に実行するには、[標準]ツールバーの[継続]ボタンをクリックします。
- ステップモードには[ステップイン]のほか、[ステップオーバー] [ステップアウト] [カーソルの前まで実行]の4種類があります。それぞれの内容は、下の表の通りです。

●ステップモードの種類

ステップモード	内容
ステップイン	処理を1行ずつ実行する。サブルーチンも1行ずつ実行する
ステップオーバー	処理を1行ずつ実行する。サブルーチンはまとめて実行する
ステップアウト	中断モードのとき、プロシージャーの残りの行をまとめて実行する。サブルーチンの行で中断しているときは、サブルーチンの残りをまとめて実行し、親プロシージャーに戻って次に実行する行で中断する
カーソル行の前まで実行	メニューの［デバッグ］-［カーソルの前まで実行］をクリックすると、プロシージャー内のカーソルがある行を実行する直前で処理を中断して、中断モードになる。ブレークポイントを設定せずに、一時的にカーソルのある行までまとめて処理したい場合に使用できる

関連ワザ 081 中断モードのときに変数、式、プロパティの値を調べる………P.127

ワザ 081 中断モードのときに変数、式、プロパティの値を調べる

難易度 ●●○ ｜ 頻出度 ●●○ ｜ 対応Ver. 365 2021 2019 2016

中断モードのときに、変数や式、プロパティの値を調べるには、それらを「ウォッチ式」に追加して、ウォッチウィンドウを表示します。ウォッチウィンドウには、ウォッチ式に追加された変数や式などの値が表示されます。中断モードで1行ずつ処理を進めながら値を確認できるので便利です。ここでは、ウォッチ式の追加方法やウォッチウィンドウの使用方法を確認しましょう。

1 [ウォッチ式の追加]ダイアログボックスを表示する

1 値を確認したい変数、式、プロパティをドラッグして選択

2 選択した範囲を右クリック

3 [ウォッチ式の追加]をクリック

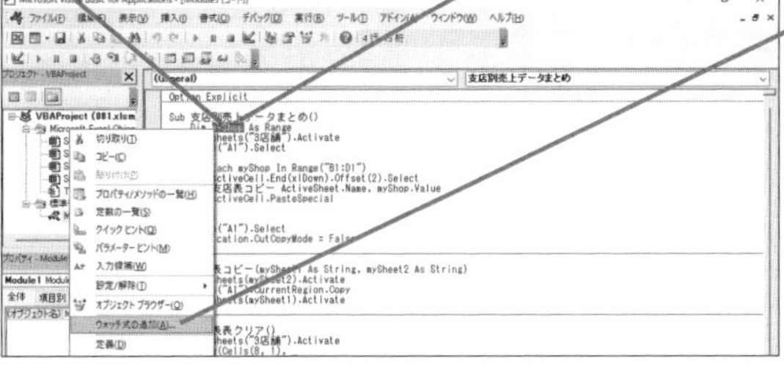

2 追加された値を確認する

[ウォッチ式の追加] ダイアログボックスが表示された

1 選択した変数、式、プロパティが表示されていることを確認

2 [OK] をクリック

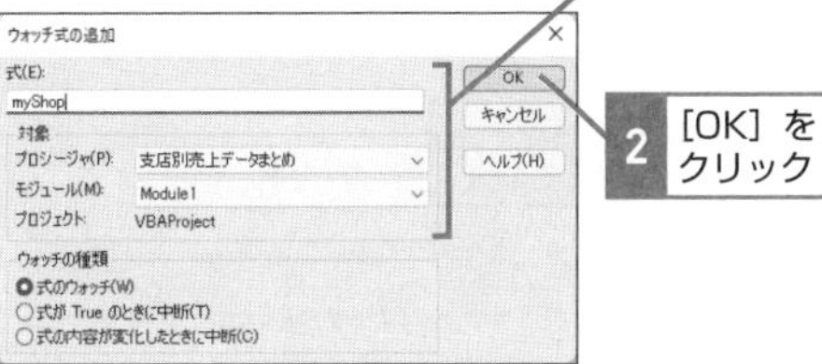

3 ウォッチウィンドウを確認する

ウォッチウィンドウが表示され、追加された変数、式、プロパティがウォッチ式に追加された

◆ウォッチウィンドウ

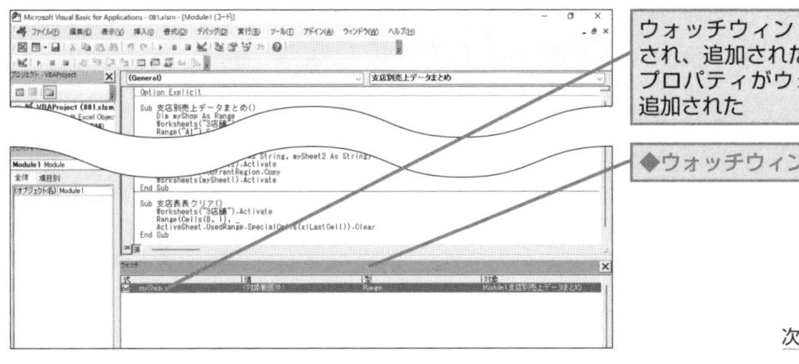

次のページに続く▶

4 確認したい値を追加する

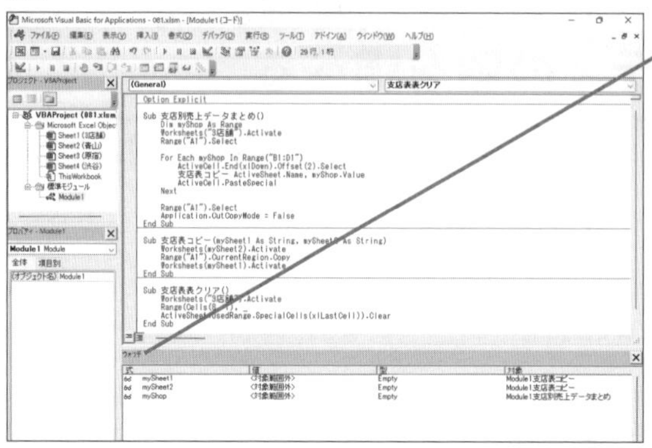

同様にして、確認したい変数、式、プロパティをウォッチ式に追加しておく

5 ［ステップイン］を実行する

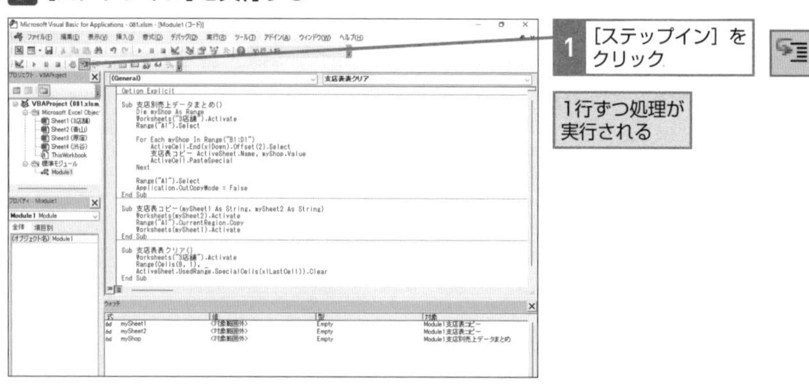

6 変数に代入された値を確認する

ウォッチ式に追加した変数、式、プロパティを含むステートメントを実行するとウォッチウィンドウに、変数に代入された値が表示される

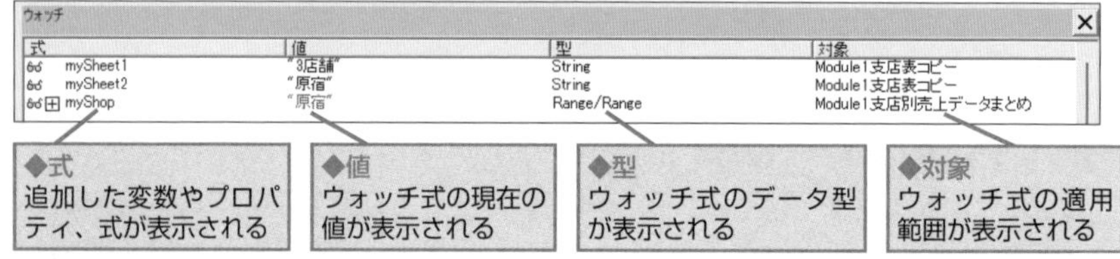

◆式
追加した変数やプロパティ、式が表示される

◆値
ウォッチ式の現在の値が表示される

◆型
ウォッチ式のデータ型が表示される

◆対象
ウォッチ式の適用範囲が表示される

ポイント

- ウォッチウィンドウは、ウォッチ式を追加すると自動的に表示されます。表示されない場合は、メニューの［表示］-［ウォッチウィンドウ］をクリックします。
- ExcelのウィンドウとVBEのウィンドウを並べて表示しておくと、処理の状況が確認しやすくなります。
- 中断モードで、変数や式などにマウスポインターを合わせると、ポップヒントで現在の値を確認できます。
- ウォッチ式を削除するには、ウォッチウィンドウで削除したい式を選択して Delete キーを押します。

関連ワザ 080 1行ずつ処理を実行する………P.125

ワザ 082 中断モードのときにすべての変数の値を調べる

難易度 ●●○ | 頻出度 ●●○ | 対応Ver. 365 2021 2019 2016

中断モードのときに、すべての変数の値を調べるには、ローカルウィンドウを表示しましょう。ワザ081で解説したウォッチウィンドウでは、ウォッチ式に追加した変数の値しか確認できませんが、ローカルウィンドウでは、ウォッチ式を追加する必要はありません。すべての変数の値を確認したいときに便利です。ここではローカルウィンドウの使用方法を確認しましょう。

1 ローカルウィンドウを表示する

1 [表示]をクリック

2 [ローカルウィンドウ]をクリック

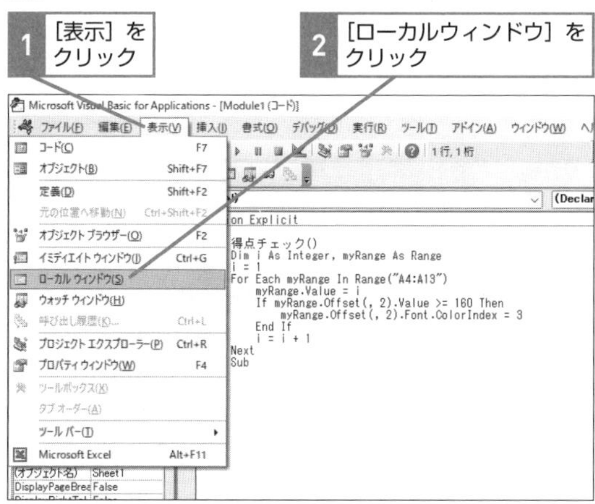

2 [ステップイン]を実行する

ローカルウィンドウが表示された

プロシージャー内で使用されている変数を確認する

1 プロシージャー内をクリックしてカーソルを表示

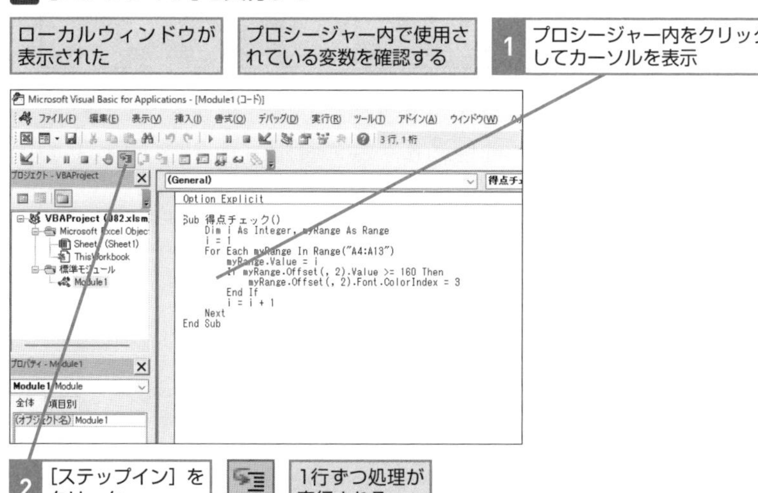

2 [ステップイン]をクリック

1行ずつ処理が実行される

次のページに続く▶

3 変数の値の変化を確認する

ローカルウィンドウにプロシージャー内で使用されている変数が一覧で表示される

さらに処理の実行を続けると、ローカルウィンドウの変数の値が変化する

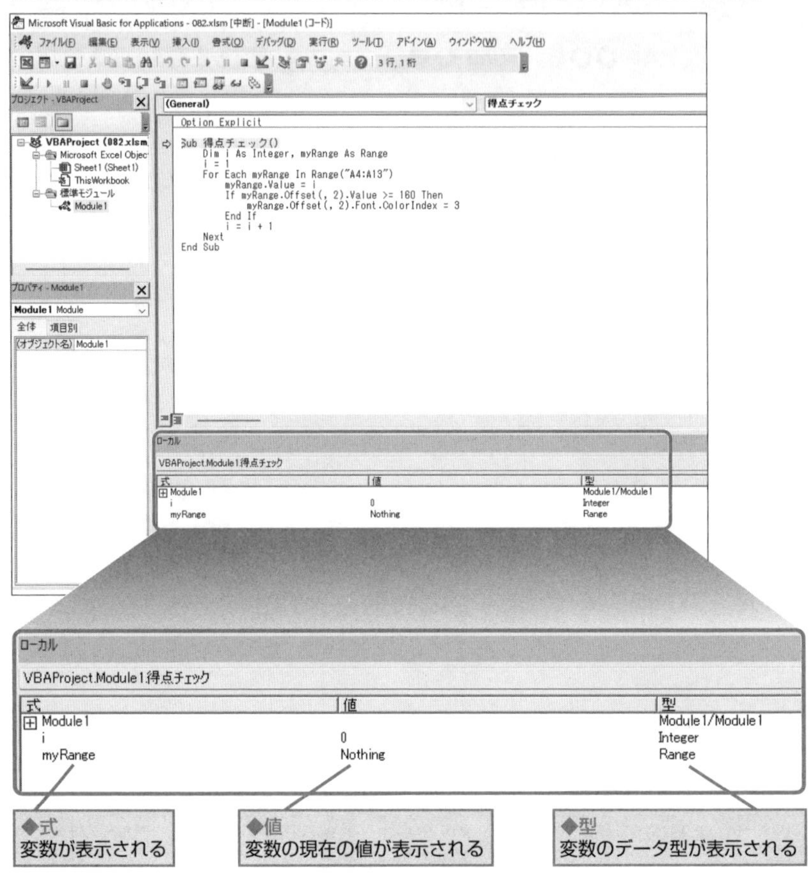

ポイント

- ローカルウィンドウに変数が表示されるのは、プロシージャーが中断モードのときだけです。処理が終了すると自動的にローカルウィンドウ内の変数は消えます。
- 配列やオブジェクトが格納されている変数は、ローカルウィンドウに表示される変数の左に⊞や⊟が表示されます。⊞をクリックすると展開され、変数の詳細な内容を確認できます。

関連ワザ 079 指定した行で処理を中断させる………P.123
関連ワザ 080 1行ずつ処理を実行する………P.125
関連ワザ 081 中断モードのときに変数、式、プロパティの値を調べる………P.127

ワザ 083 変数の値の変化を書き出して調べる

難易度 ●●○ | 頻出度 ●●○ | 対応Ver. 365 2021 2019 2016

変数の値の変化を調べるには、イミディエイトウィンドウを使うと便利です。ウォッチウィンドウやローカルウィンドウでは、プロシージャーが終了すると値が消えてしまいますが、イミディエイトウィンドウは、変数の値の変化を履歴として残せます。このため、プログラムの動作確認や問題点の特定に役立ちます。ここでは、イミディエイトウィンドウに、変数と配列の各要素の値を書き出してみます。

```
イミディエイト
1:2021/10/01
2:2021/10/02
3:2021/10/03
4:2021/10/04
5:2021/10/05
```

変数と配列の各要素の値をイミディエイトウィンドウに書き出す

入力例

083.xlsm

```
Sub 変数の値を書き出す()
    Dim i As Integer ←1
    Dim myArray(1 To 5) As String ←2
    For i = 1 To 5 ←3
        myArray(i) = Cells(i + 1, 2).Value ←4
        Debug.Print i & ":" & myArray(i) ←5
    Next
End Sub
```

1変数「i」を整数型で宣言する　2配列変数「myArray」を下限値「1」、上限値「5」の文字列型として宣言する　3変数「i」が「1」から「5」になるまで以下の処理を繰り返す　4i+1行目、2列目のセルの値を配列変数「myArray」のi番目の要素として格納する　5変数「i」の値と配列変数「myArray」の値をイミディエイトウィンドウに書き出す

ポイント

構文 **Debug.Print 変数名**

- イミディエイトウィンドウに変数の値を書き出すには、DebugオブジェクトのPrintメソッドを使って上のように記述します。
- イミディエイトウィンドウを表示するには、［デバッグ］ツールバーの［イミディエイトウィンドウ］ボタンをクリックするか、メニューの[表示]-[イミディエイトウィンドウ]をクリックします。
- プロシージャーの実行中にイミディエイトウィンドウが非表示でも、値は書き出されています。プロシージャー実行後にイミディエイトウィンドウを表示すれば、書き出された内容を確認できます。
- イミディエイトウィンドウに書き出された内容を削除するには、削除したい部分を選択して Delete キーを押します。まとめて削除するには、Ctrl + A キーを押してイミディエイトウィンドウに書き出された内容をすべてを選択し、Delete キーを押します。

関連ワザ 081 中断モードのときに変数、式、プロパティの値を調べる………P.127
関連ワザ 082 中断モードのときにすべての変数の値を調べる………P.129

ワザ 084 計算結果を簡単に確認する

難易度 ●○○ ｜ 頻出度 ●●○ ｜ 対応Ver. 365 2021 2019 2016

計算結果を簡単に確認するには、イミディエイトウィンドウを利用しましょう。Functionプロシージャーの戻り値をテストしたり、仮の計算を行ったりするなど、計算式の検証に便利です。イミディエイトウィンドウで計算式を実行して結果を表示する方法を確認しましょう。

手順

1 計算を実行する

ワザ083を参考にイミディエイトウィンドウを表示しておく

ここでは、Len関数を使って文字数を調べる

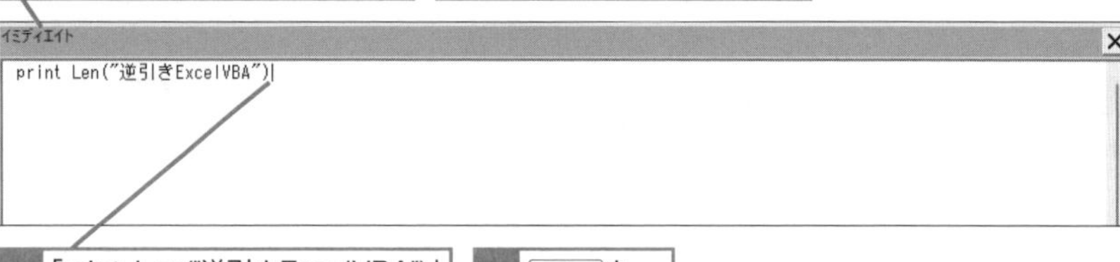

1 「print Len("逆引きExcelVBA")」と入力

2 Enter キーを押す

2 計算の実行結果を確認する

イミディエイト

```
print Len("逆引きExcelVBA")
 11
```

計算が実行され、次の行に計算結果が表示される

ポイント

構文 `Print 計算式`

- 計算を実行して結果を表示するには、Printメソッドを使って、上のように記述します。
- Printメソッドを使う代わりに「?」も使用できます。例えば、「Print Len("VBA")」は「? Len("VBA")」のように記述できます。
- イミディエイトウィンドウでは、ステートメントを1行記述して、それを実行することもできます。例えば、「Range("A1").Value=100」と入力して Enter キーを押すと、このステートメントが実行され、セルA1に100と表示されます。プロシージャーでコードを記述する前に動作を確認したいときに役立ちます。

関連ワザ 083 変数の値の変化を書き出して調べる………P.131
関連ワザ 665 ユーザー定義関数を作成してオリジナル関数を作成する………P.829

ワザ 085 誰かに引き継ぐことを想定してプログラミングする

難易度 ●●○　頻出度 ●●○　対応Ver. 365 2021 2019 2016

ExcelVBAは作業を自動化できて大変便利ですが、一方で、引き継いだExcelブックにマクロが含まれていて、メンテナンスできずに業務に支障が出てしまった、といった問題も発生しています。マクロを誰かに引き継ぐ可能性がある場合は、属人化を防ぐためにコメントを残したり、引き継ぎ後の変更に備えてコードに工夫を加えたりしておくことが重要です。

プログラムの内容を丁寧に伝える

コメントを利用して、プログラミングした処理内容をコード内に丁寧に記述しておきましょう。プロシージャーの処理概要、引数、戻り値の説明を記述したり、分岐処理や繰り返し処理の条件式の説明、宣言した変数の用途について記述したりしておくと、処理内容を正確に把握できるようになります。作成者本人の覚書にもなるので便利です。なお、コメントの記述量が多くなるような場合は、別途、ドキュメントの形でまとめておきましょう。

将来の変更に備えてプログラミングしておく

操作対象のセルやワークシートなどの構成が変更される可能性がある場合は、セルの行列番号やシート名などを直接コード内に記述せずに、変数や定数を利用してコードを記述すると変更時にメンテナンスしやすくなるので便利です。定数は、宣言時しか値を格納できませんが、コード内で変更される心配がありません。

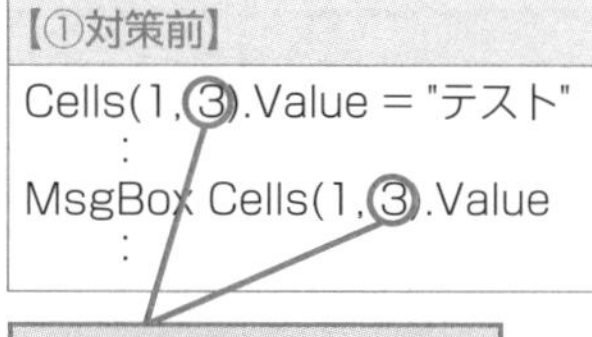

【②対策後】

```
Const testRow AS Integer = 3
    :
Cells(1, testRow).Value = "テスト"
    :
MsgBox Cells(1, testRow).Value
    :
```

列位置の指定に定数を使用

入力先を変更したい場合、定数の値を変更するだけでよい

サンプルコードなどは不要なコードを残さない

本書のサンプルコードをはじめ、Webサイトなどで調べたサンプルコードなどを利用するときは、不要なコードを残したまま利用することは避けましょう。部分的に変更してエラーなく動いたとしても、引き継いだあとの状況や処理内容の変化によって、残したコードがエラーの原因になる場合があります。サンプルコードは処理内容をしっかり理解した上で利用し、不要なコードは削除しておきましょう。

ワザ 086 他人が作成したプログラムを引き継ぐ

難易度 ●○○ | 頻出度 ●●○ | 対応Ver. 365 2021 2019 2016

引き継いだExcelブックにマクロが含まれている場合、その内容をしっかりと確認する必要があります。このワザでは、引き継ぎ資料などがない場合を想定してマクロの内容を把握するコツを紹介しますが、作成者が引き継ぎ資料としてドキュメントを準備しておくことが理想です。

マクロのおおまかな流れを把握する

引き継いだExcelファイルにマクロが含まれていたら、ひとまず、マクロの大まかな流れを把握しましょう。先に大まかな流れを把握して全体を俯瞰しておくと、細部の処理内容が理解しやすくなります。

ポイント

- サブルーチンの呼び出し関係がある場合は、親プロシージャーとサブルーチンの関係を整理しておきましょう。
- ユーザーフォームが含まれている場合は、コマンドボタンのClickイベントプロシージャーを中心に大まかな処理の流れを確認します。複数のユーザーフォームがある場合は、最初に表示されるユーザーフォームを特定し、画面の移り変わりを図にしておくとよいでしょう。
- マクロの大まかな流れは「入力→処理→出力」の流れを意識すると整理しやすくなります。外部ファイルとのやり取りも入出力の観点から整理できます。また、各プロシージャーの呼び出し関係を整理しながら、最初に実行するプロシージャーを把握しておきましょう。

マクロの詳細な内容を確認する

マクロの大まかな流れが把握できたら、詳細な内容を確認していきます。処理の流れを確認するときは、デバッグ機能を使用してコードを1行ずつ実行してみるとよいでしょう。[ローカル ウィンドウ]や[ウォッチ ウィンドウ] を使用すれば、変数の動きも観察できます。

ポイント

- コードを読みながら、宣言されている各変数の役割を把握します。このとき、変数の適用範囲にも注意を払ってください。適用範囲が広い変数ほど、関わりがあるコードが多いの注意が必要です。
- 分岐処理や繰り返し処理の条件式を注意深く確認します。特に、繰り返し処理のDo…Loopステートメントの場合は、「Whileによる継続条件（条件を満たす間繰り返す、ループに入る条件）」なのか、「Untilによる終了条件(条件を満たすまで繰り返す、ループを抜ける条件)」の違いに注意してください。
- サブルーチンの呼び出し関係がある場合は、「呼び出し側から渡される引数」と「呼び出し先から返される戻り値」を確認して、サブルーチンとのやり取りを把握します。
- ユーザーフォームが作成されている場合は、複数のユーザーフォームやワークシートとのデータのやり取りに注意して処理内容を確認します。
- ブックやワークシートのイベントプロシージャーがオブジェクトモジュールに記述されている場合があります。忘れずにチェックしておきましょう。
- VBAのコードだけでなく、ワークシート上で関数によるデータ処理が実行されている場合があります。ワークシートに入力されている関数の内容にも注意を払いましょう。

第 3 章

セルの操作

この章では、VBAでセルを参照する方法を解説します。単一セルやセル範囲、列、行などの基本的なものから、汎用性のあるものまで、さまざまな参照方法を紹介しています。セルの参照を上手に使いこなすことが、VBAでプログラミングする上での大きなポイントになります。

ワザ 087 単一のセルとセル範囲を参照する

難易度 ●○○ | 頻出度 ●●● | 対応Ver. 365 2021 2019 2016

VBAでセルを操作するときは、対象となる単一のセルやセル範囲を参照します。セルの参照には、Rangeプロパティを使って、Rangeオブジェクトを取得します。Rangeプロパティを使ったセルの参照は、セルを操作する上で最も基本的な方法です。ここでは、単一のセルA1のフォントサイズを「18」に、セルA3～C3の文字の配置を［中央揃え］に設定します。

入力例

087.xlsm

```
Sub 単一セルとセル範囲を参照する()
    Range("A1").Font.Size = 18 ←1
    Range("A3", "C3").HorizontalAlignment = xlCenter ←2
End Sub
```

1セルA1のフォントサイズを「18」に設定する　2セルA3～C3の配置を水平方向に［中央揃え］に設定する

ポイント

構文 **オブジェクト.Range(セル番号)**

- Rangeプロパティでセルを参照するには、セルまたはセル範囲を「"」で囲んで指定します。
- Rangeプロパティで引数を1つ指定して単一のセル、または、セル範囲を参照できます。例えば、セルA1を参照するには「Range("A1")」、セルA1～C1を参照するには「Range("A1:C1")」のように記述します。

構文 **オブジェクト.Range(セル番号1, セル番号2)**

- Rangeプロパティで引数を「,」で区切って2つ指定すると、先頭のセル(セル番号1)から終端のセル(セル番号2)までのセル範囲を参照することになります。
- オブジェクトを省略すると、アクティブブックのアクティブシートにあるセルを参照します。複数のブックやワークシートを処理する場合は「Workbooks("ブック名").WorkSheet("ワークシート名").Range("セル番号")」のように、ブックやワークシートをオブジェクトで指定しましょう。

●セルの参照方法

参照するセル	指定例	内容
単一のセル	Range("A1")	セルA1
離れた単一のセル	Range("A1, E1")	セルA1とE1
セル範囲	Range("A1:E1")	セルA1～E1
セル範囲	Range("A1","E1")	セルA1～E1
離れたセル範囲	Range("A1:C1, A5:C5")	セルA1～C1とセルA5～C5
列全体	Range("A:C")	列A～列C
行全体	Range("1:3")	行1～行3
名前付きセル範囲	Range("成績")	名前付きセル範囲「成績」

関連ワザ 088 行番号と列番号を別々に指定してセルを参照する………P.137

ワザ 088 行番号と列番号を別々に指定してセルを参照する

難易度 ●○○ | 頻出度 ●●● | 対応Ver. 365 2021 2019 2016

セルを参照する際に、行番号と列番号を別々に指定することもできます。Cellsプロパティを使用して、行番号と列番号をそれぞれ別々に指定します。ここでは、Cellsプロパティを使ってセルを参照する方法を紹介します。Cellsプロパティは、行と列を別々に指定できることから、繰り返し処理の中で変数を使用して参照するセルを移動するときによく使用されます。

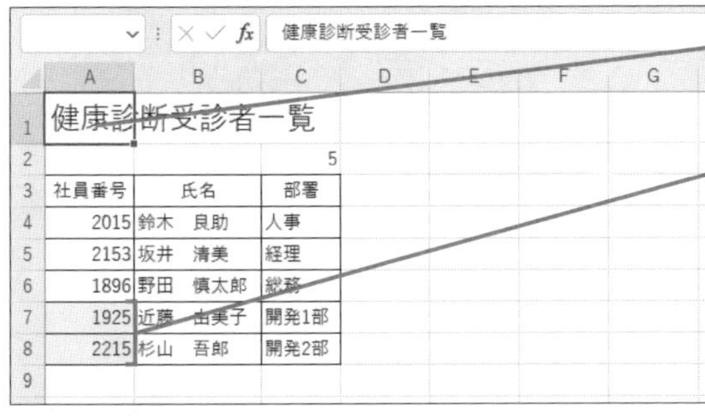

入力例 088.xlsm

```
Sub 単一セルを参照する()
    Dim i As Integer
    Cells(1, 1).Font.Size = 18  ←1
    For i = 4 To 8  ←2
        If Cells(i, "C").Value Like "開発*" Then  ←3
            Cells(i, "A").Interior.Color = rgbYellow
        End If
    Next
End Sub
```

1 セルA1のフォントサイズを［18］に設定する　2 変数「i」が「4」～「8」までの間、以下の処理を繰り返す
3 もし、i行C列のセルの値が、「『開発』で始まる文字列」である場合、i行A列のセルの色を黄色に変更する

ポイント

構文 オブジェクト.Cells(行, 列)

- 行を指定する場合は、上からの順番を整数で指定し、列を指定する場合は左からの順番を整数で指定するか、「"A"」のように列番号を文字列で指定します。
- Cellsプロパティで引数を省略した場合は、すべてのセルを参照します。
- Cellsプロパティでオブジェクトを省略した場合は、アクティブシートが対象になります。また、Rangeオブジェクトをオブジェクトに指定すると、Rangeオブジェクトで指定したセル範囲の中の相対的なセルを参照します。

関連ワザ 089 インデックス番号を使ってセルを参照する………P.138
関連ワザ 090 RangeプロパティとCellsプロパティを組み合わせてセル範囲を参照する………P.139

ワザ 089 インデックス番号を使ってセルを参照する

| 難易度 ●○○ | 頻出度 ●○○ | 対応Ver. 365 2021 2019 2016 |

1つ目のセル、2つ目のセルのようにインデックス番号を使ってセルを参照するには、Cellsプロパティを使用しましょう。「Cells(1)、Cells(2)、……」と記述すると、「セルA1、B1、……」のように右へ順番に参照セルが移動します。1行目の右端に達したら、2行目の左端となるA2から続きの番号が振られます。ここでは、セル範囲を対象とすることで、表の中のセルを1つずつ順番に参照しています。

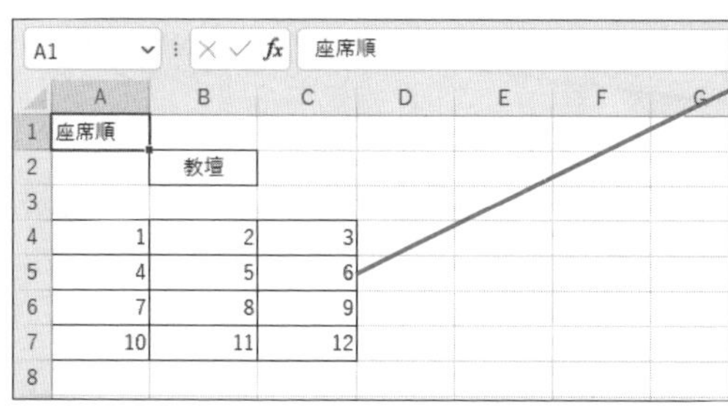

入力例

089.xlsm

```
Sub インデックス番号を使ってセルを参照する()
    Dim i As Integer
    Dim myRange As Range
    Set myRange = Range("A4:C7") ←1
    For i = 1 To myRange.Cells.Count ←2
        myRange.Cells(i).Value = i ←3
    Next
End Sub
```

1Range型の変数「myRange」にセルA4～C7を代入する　2変数「i」が1から変数「myRange」に代入されているセル範囲のセルの数になるまで、処理を繰り返す　3変数「myRange」に代入されているセル範囲で、インデックス番号を使ってセルを参照し、参照したセルに変数「i」の値を表示する

ポイント

構文 オブジェクト.Cells(インデックス番号)

- Cellsプロパティで引数を整数で1つだけ指定した場合は、指定したオブジェクトの中の各セルをインデックス番号で参照します。インデックス番号は、セル範囲の左上から右に順番に「1、2、3、……」と振られて、右端に達したら、2行目から続きの番号が振られます。
- インデックス番号を使ってセルを参照する場合は、上の行から順番に横方向に番号が振られます。そのため、横方向に順番に参照する場合に便利です。上から下へと順番に参照する場合は、ワザ088のように、行と列を別々に指定し、繰り返し処理を使って参照するセルを順番に移動します。

関連ワザ 088 行番号と列番号を別々に指定してセルを参照する………P.137

ワザ 090 RangeプロパティとCellsプロパティを組み合わせてセル範囲を参照する

難易度 ●●○ | 頻出度 ●●● | 対応Ver. 365 2021 2019 2016

Rangeプロパティでは、先頭のセルと終端のセルを指定してセル範囲を参照できますが、Cellsプロパティを使えば、先頭のセルから終端のセルまでを指定できます。ここでは、繰り返しの中で参照するセルを移動し、条件を満たすセルが見つかったら表内の同じ行のセルに色を付けます。Cellsプロパティの引数に変数を使用すると、変数の値を変更することで、いろいろなセル範囲の参照が可能になります。

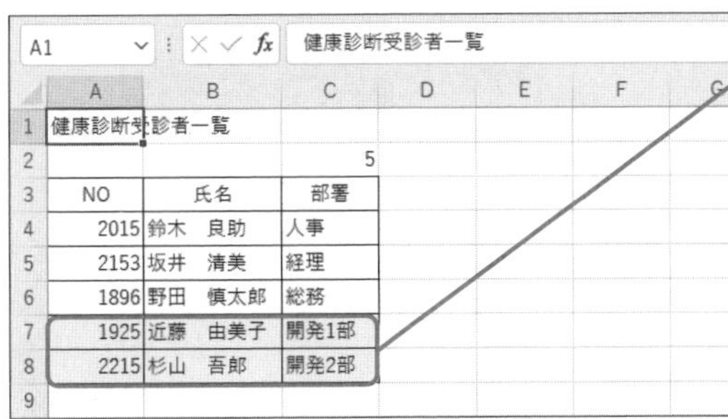

入力例 090.xlsm

```
Sub RangeとCellsの組み合わせ()
    Dim i As Integer
    For i = 4 To 8 ←1
        If Cells(i, "C").Value Like "開発*" Then ←2
            Range(Cells(i, "A"), Cells(i, "C")).Interior.Color = rgbYellow
        End If
    Next
End Sub
```

1変数「i」が「4」～「8」までの間に次の処理を繰り返す 2もし、i行C列のセルの値が「『開発』で始まる文字列」である場合、i行A列からi行C列までのセル範囲を黄色に変更する

ポイント

- Cellsプロパティは、行と列を別々に指定できるので、変数を使って参照するセルをプログラムの中で変更できます。Cellsプロパティで参照したセルをRangeプロパティの引数に指定すれば、プログラムの中で変更可能なセル範囲を参照できます。

関連ワザ 087 単一のセルとセル範囲を参照する………P.136
関連ワザ 088 行番号と列番号を別々に指定してセルを参照する………P.137

ワザ 091 選択した範囲とアクティブセルを参照する

難易度 ●○○ | 頻出度 ●●● | 対応Ver. 365 2021 2019 2016

選択しているセル範囲を参照するにはSelectionプロパティ、アクティブセルを参照するにはActiveCellプロパティを使います。ここでは､Rangeプロパティで指定した選択範囲に格子の罫線を設定し､アクティブセルに文字列「NO」を入力します。Selectionプロパティ、ActiveCellプロパティは、それぞれ現在選択されているセル範囲やアクティブセルを参照するので、セルが限定されません。そのため、汎用的に使用できます。

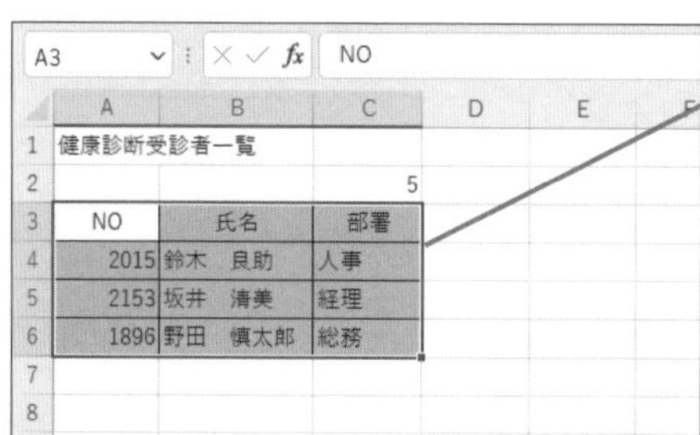

セル範囲を選択して格子の罫線を設定し、アクティブセルに「NO」と入力する

入力例

091.xlsm

```
Sub 選択されているセルとアクティブセルを参照()
    Range("A3:C6").Select ←1
    Selection.Borders.LineStyle = xlContinuous ←2
    ActiveCell.Value = "NO" ←3
End Sub
```

1 セルA3 ～ C6を選択する　2 選択されているセル範囲に格子の罫線を設定する　3 アクティブセルに「NO」と入力する

ポイント

- Selectionプロパティは選択されているセル範囲などを参照し、ActiveCellプロパティはアクティブセルを参照します。単一のセルを選択しているときは、SelectionプロパティとActiveCellプロパティは同じセルを参照しますが、複数のセルを選択しているときは、参照するセルが異なります。
- Selectionプロパティは現在選択されているものを参照します。セルが選択されていればセルを参照しますが、ワークシート上の埋め込みグラフや図形が選択されていると、それらがSelectionプロパティで参照されるので注意が必要です。

関連ワザ 087 単一のセルとセル範囲を参照する………P.135

ワザ 092 アクティブセルのあるワークシートを調べる

難易度 ●○○ ｜ 頻出度 ●○○ ｜ 対応Ver. 365 2021 2019 2016

現在、アクティブセルのあるワークシートを調べるには、Parentプロパティを使用します。Parentプロパティは、指定したセルの1つ上の階層となるオブジェクト（親オブジェクト）であるワークシートを参照します。ここでは、アクティブセルのあるワークシート名を取得し、メッセージを表示します。アクティブセルのあるワークシートが、処理対象として正しいワークシートかどうかを確認するときに利用するといいでしょう。

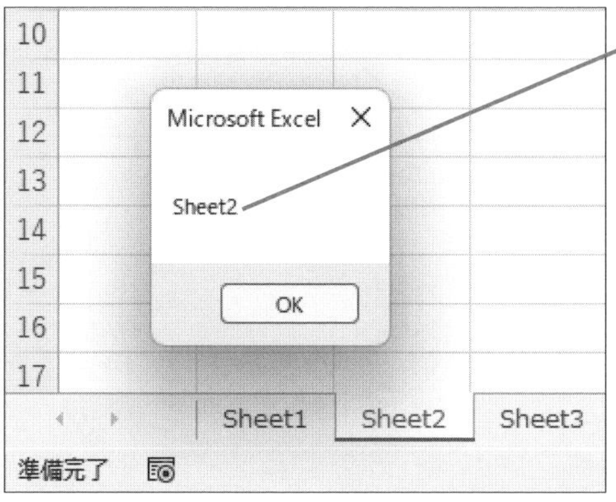

アクティブセルのあるワークシート名をメッセージで表示する

入力例　092.xlsm

```
Sub アクティブセルのあるワークシートを調べる()
    MsgBox ActiveCell.Parent.Name ←1
End Sub
```

1 アクティブセルの親オブジェクトであるワークシートを取得し、その名前をメッセージで表示する

ポイント

構文　オブジェクト.Parent

- Parentプロパティは、指定したセルの親オブジェクトであるワークシートを参照します(取得のみ)。
- オブジェクトにセルを指定した場合はワークシートを参照しますが、オブジェクトにワークシートを指定した場合は、そのワークシートの親オブジェクトであるブックを返します。

関連ワザ 091 選択した範囲とアクティブセルを参照する………P.140

ワザ 093 ワークシートを指定してセルを選択する

難易度 ●○○ | 頻出度 ●●● | 対応Ver. 365 2021 2019 2016

単一のセルまたはセル範囲を選択する場合はSelectメソッドを使用し、セルをアクティブにする場合はActivateメソッドを使います。ここでは、指定したワークシートのセル範囲を選択し、そのセル範囲の中でアクティブセルを移動しています。セルを選択するときに、ワークシートを指定しない場合はアクティブシートが対象となりますが、ワークシートを指定する場合はそのワークシートをアクティブにしておく必要があります。

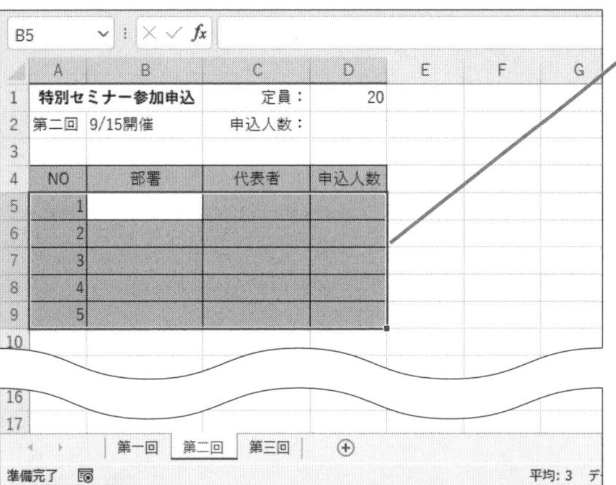

[第二回]シートをアクティブにし、セルA5～D9を選択して、セルB5をアクティブセルにする

入力例 093.xlsm

```
Sub ワークシートを指定してセルを選択する()
    Worksheets("第二回").Activate ←1
    Range("A5:D9").Select ←2
    Range("B5").Activate ←3
End Sub
```

1 [第二回] シートをアクティブにする　2 セルA5～D9を選択する　3 セルB5をアクティブセルにする

ポイント

構文 **オブジェクト.Select**

- Selectメソッドは、指定したオブジェクトを選択します。セル範囲をオブジェクトとして指定すると、セル範囲を選択します。

構文 **オブジェクト.Activate**

- Activateメソッドは、指定したオブジェクトをアクティブにします。単一セルをオブジェクトにした場合は、アクティブセルになります。ワークシートを指定すれば、指定したワークシートをアクティブにします。

関連ワザ 094 指定したワークシートのセルにジャンプする………P.143

ワザ 094 指定したワークシートのセルにジャンプする

難易度 ●○○ | 頻出度 ●●○ | 対応Ver. 365 2021 2019 2016

指定したワークシートのセルにジャンプするには、ApplicationオブジェクトのGotoメソッドを使います。Gotoメソッドは、指定したブックやワークシートのセルを選択します。ここでは、1つ目のワークシートのセルF4～I9を選択し、セルF4が左上端になるように画面をスクロールします。選択範囲に合わせて画面をスクロールすることも可能です。

指定したワークシートのセルを選択し、画面の左上端に表示されるようにスクロールする

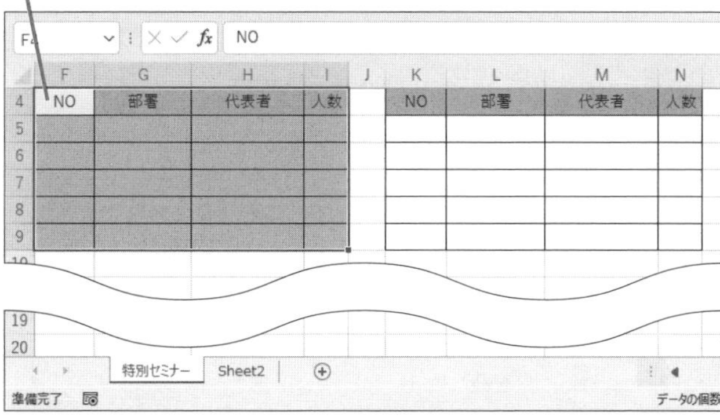

入力例　094.xlsm

```
Sub 指定したワークシートのセルにジャンプする()
    Application.Goto _ ←1
        Reference:=Worksheets(1).Range("F4:I9"), _
        Scroll:=True
End Sub
```

1 1つ目のワークシートのセルF4～I9にジャンプし、画面をスクロールする

ポイント

構文 `Application.Goto(Reference, Scroll)`

- ApplicationオブジェクトのGotoメソッドでは、引数「Reference」で選択するセルを指定します。引数「Scroll」が「True」の場合は画面をスクロールしますが、「False」または省略のときは画面をスクロールしません。
- Gotoメソッドを使って指定したセル範囲にジャンプするときは、Applicationオブジェクトの記述は省略できません。
- Gotoメソッドは、Selectメソッドと異なり、指定したワークシートがアクティブでない場合は、アクティブにしてセルを選択します。Selectメソッドのように、あらかじめワークシートをアクティブにする必要がないところが便利です。

関連ワザ 093 ワークシートを指定してセルを選択する………P.142

ワザ 095 表全体を選択する

難易度 ●●○　頻出度 ●●●　対応Ver. 365 2021 2019 2016

表全体を選択するには、RangeオブジェクトのCurrentRegionプロパティを使います。CurrentRegionプロパティは、指定したセルを含む空白行、空白列で囲まれた領域（アクティブセル領域）を参照します。ここでは、セルB2を含む表全体を選択しています。参照したいセル範囲をセル番号で指定する必要がないため、表の大きさが変更されることがあるセル範囲を参照する場合に頻繁に使用するテクニックです。

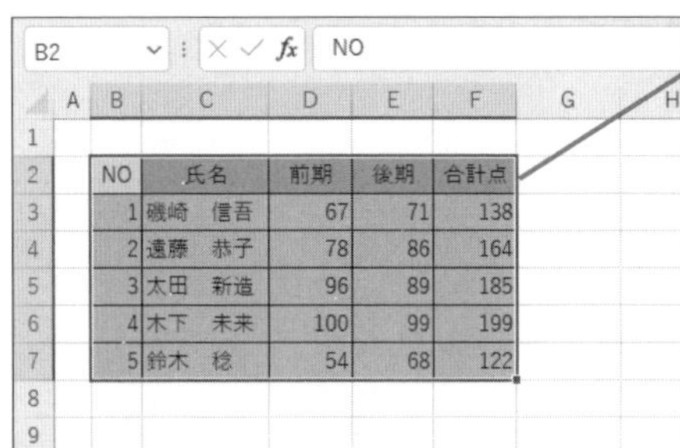

入力例　095.xlsm

```
Sub 表全体を選択する()
    Range("B2").CurrentRegion.Select ←1
End Sub
```

1 セルB2を含むアクティブセル領域を選択する

ポイント

構文　`Rangeオブジェクト.CurrentRegion`

- RangeオブジェクトのCurrentRegionプロパティは、上のように記述します。Rangeオブジェクトで指定するセルは、参照したいセル範囲の中のどのセルを指定しても構いません（取得のみ）。
- CurrentRegionプロパティは、空白行や空白列で囲まれた領域を参照するので、タイトルや日付などの値が表に隣接するセルに入力されていると、その部分まで含めて参照してしまいます。CurrentRegionプロパティを使って表全体を参照したいときは、表に隣接したセルにデータを入力しないように表を作成しましょう。

関連ワザ 087 単一のセルとセル範囲を参照する………P.136

ワザ 096 指定したセルから相対的に移動したセルを参照する

難易度 ●○○ | 頻出度 ●●● | 対応Ver. 365 2021 2019 2016

指定したセルから相対的に移動したセルを参照するには、RangeオブジェクトのOffsetプロパティを使います。Offsetプロパティは、指定したセルを基準に、相対的に上下左右に移動した場所にあるセルを参照します。ここでは、表にデータを追加するのにOffsetプロパティを使ってセルを参照し、データを入力しています。

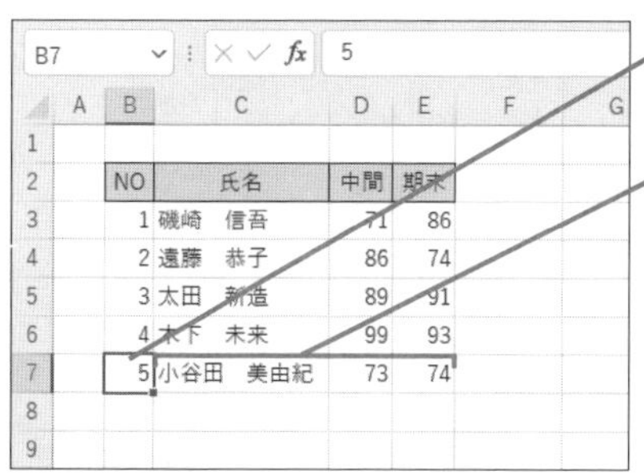

セルB7の1つ上のセルの値に1を加算したデータを入力する

セルB7を基準として、1つ右のセル、2つ右のセル、3つ右のセルにそれぞれデータを入力する

入力例

096.xlsm

```
Sub 表にデータを追加する()
    With Range("B7")
        .Value = .Offset(-1, 0).Value + 1 ←1
        .Offset(0, 1).Value = "小谷田　美由紀" ←2
        .Offset(0, 2).Value = 73 ←3
        .Offset(0, 3).Value = 74 ←4
    End With
End Sub
```

1 セルB7の1つ上のセルに1を加えた値をセルB7に入力する　2 セルB7の1つ右のセルに「小谷田　美由紀」と入力する　3 セルB7の2つ右のセルに「73」と入力する　4 セルB7の3つ右のセルに「74」と入力する

ポイント

構文 Rangeオブジェクト.Offset(行の移動数, 列の移動数)

- RangeオブジェクトのOffsetプロパティは、上のように記述します。行方向では、正の数は下方向、負の数は上方向に移動し、列方向では、正の数は右方向、負の数は左方向への移動になります（取得のみ）。
- 行や列を移動しない場合は「0」を指定しますが、記述を省略することもできます。例えば、セルB7の1つ下のセルは「Range("B7").Offset(1)」、1つ右のセルは「Range("B7").Offset(,1)」のように記述できます。

関連ワザ 087 単一のセルとセル範囲を参照する………P.136

ワザ 097
新規入力行を選択する

難易度 ●●○ | 頻出度 ●●● | 対応Ver. 365 2021 2019 2016

RangeオブジェクトのEndプロパティを使うと、表の終端セルを参照できます。新規入力行を選択するときには、まずEndプロパティで表の下端のセルに移動し、さらにOffsetプロパティで1つ下のセルに移動させます。ここでは、セルB2から始まる表で1行目がタイトル、2行目以降がデータである表の新規入力行を選択しましょう。

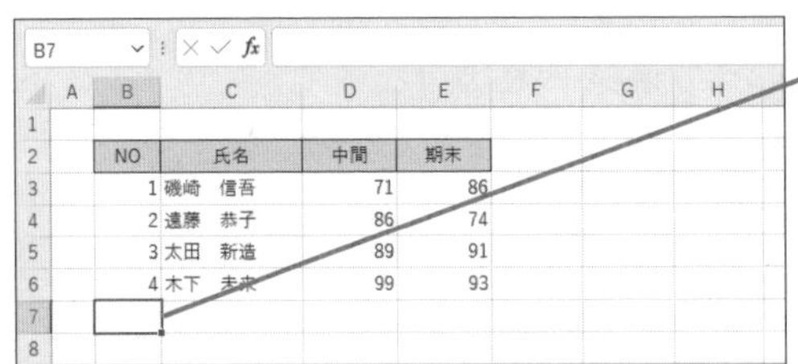

セルB2を先頭とする
表の新規入力行にセル
を移動する

入力例　097.xlsm

```
Sub 新規入力行を選択する()
    If Range("B2").Offset(1).Value = "" Then ←1
        Range("B2").Offset(1).Select
    Else ←2
        Range("B2").End(xlDown).Offset(1).Select
    End If
End Sub
```

1 セルB2の1つ下のセルが空白だったら、セルB2の1つ下のセルを選択する　2 そうでない場合は、セルB2を基準とした終端セルの1つ下のセルを選択する

ポイント

構文 `Rangeオブジェクト.End(Direction)`

- RangeオブジェクトのEndプロパティは、指定したセルが含まれるデータが入力されている領域の終端のセルを取得します。引数「Direction」で移動する方法をXlDirection列挙型の定数で指定します（取得のみ）。

●引数Directionの設定値（XlDirection列挙型の定数）

定数	方向
xlDown	下端
xlUp	上端

定数	方向
xlToLeft	左端
xlToRight	右端

- 表の新規入力行に移動するときに、表にまだデータが1件も入力されていない場合は、タイトルが入力されている基準となるセルから下はすべて空白なので、Endプロパティで下端に移動するとワークシートの一番下に移動します。基準となるセルの1つ下に値があるかどうかで処理を分けておきます。
- 基準のセルから終端セルまでの間に空白セルがあると、Endプロパティでは終端のセルを取得できません。空欄が発生しない列に、基準となるセルを設定するといいでしょう。

ワザ 098 データを入力するセル範囲を選択する

難易度 ●●○ | 頻出度 ●●○ | 対応Ver. 365 2021 2019 2016

表のデータ部分を選択するには、RangeオブジェクトのResizeプロパティを使います。Resizeプロパティは、セル範囲から指定した行数、列数分のセル範囲にサイズを変更したセル範囲を取得します。ここでは、セルB2を含む表で1行目のタイトル部分を除き、2行目以降のデータ部分だけを選択します。表のデータ部分のみコピーしたいときなどに活用するといいでしょう。

	A	B	C	D	E	F	G
1							
2		NO	氏名	中間	期末		
3		1	磯崎　信吾	71	86		
4		2	遠藤　恭子	86	74		
5		3	太田　新造	89	91		
6		4	木下　未来	99	93		
7							
8							

タイトル以外のデータを入力するセル範囲を選択する

入力例

098.xlsm

```
Sub 表のデータ部分を選択する()
    Dim myRange As Range
    Set myRange = Range("B2").CurrentRegion ←1
    myRange.Offset(1).Resize(myRange.Rows.Count - 1).Select ←2
    Set myRange = Nothing
End Sub
```

1セルB2を含む表全体を、Range型の変数「myRange」に代入する　2変数「myRange」をOffsetプロパティで1行下に移動し、表のデータ部分の行数に表のサイズを変更して選択する。ここで、データ部分の行数は表の行数から1を引いた数で取得できるため、「myRange.Rows.Count-1」と記述する

ポイント

構文 `Rangeオブジェクト.Resize(RowSize, ColumnSize)`

- RangeオブジェクトのResizeプロパティは、引数「RowSize」で指定した行数、引数「ColumnSize」で指定した列数にサイズ変更したセル範囲を取得します(取得のみ)。
- 表の1行目を除いたセル範囲を参照するには、表全体をOffsetプロパティで1つ下に下げてから、Resizeプロパティで表の行数から1を引いた行数にサイズを変更します。

関連ワザ 095 表全体を選択する………P.144
関連ワザ 096 指定したセルから相対的に移動したセルを参照する………P.145

ワザ 099 表の1行目、1列目を参照する

難易度 ●○○ | 頻出度 ●●○ | 対応Ver. 365 2021 2019 2016

RangeオブジェクトのResizeプロパティを使うと、セル範囲から指定した行数、列数分のセル範囲にサイズ変更したセル範囲を取得できます。Resizeプロパティを使って、表の1行目にある行見出しや1列目にある列見出しを簡単なコードで参照することができ、書式設定に便利です。ここでは表の1列目を空色、1行目を薄いターコイズ色に設定しています。

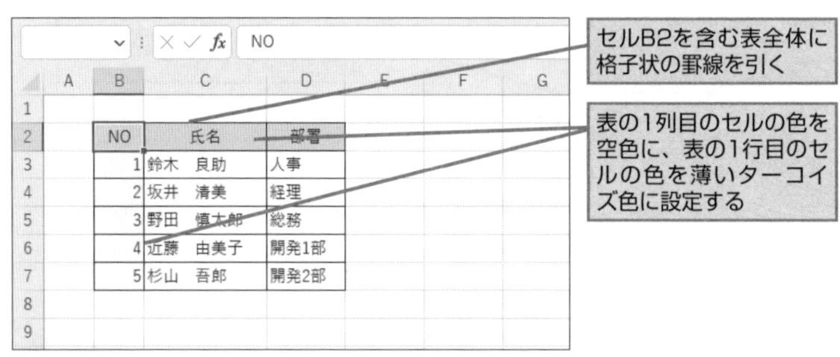

NO	氏名	部署
1	鈴木　良助	人事
2	坂井　清美	経理
3	野田　慎太郎	総務
4	近藤　由美子	開発1部
5	杉山　吾郎	開発2部

入力例　099.xlsm

```
Sub 表書式設定()
    With Range("B2").CurrentRegion
        .Borders.LineStyle = xlContinuous  ←1
        .Resize(, 1).Interior.Color = rgbAzure  ←2
        .Resize(1).Interior.Color = rgbPaleTurquoise  ←3
    End With
End Sub
```

1セルB2を含む表全体に格子状の罫線を引く　2表の1列目のセルの色を空色に設定する　3表の1行目のセルの色を薄いターコイズ色に設定する

ポイント

- Resizeプロパティの第1引数の「RowSize」を省略した場合は、指定したセル範囲と同じ行数、第2引数の「ColumnSize」を省略した場合は、指定したセル範囲と同じ列数になります。
- 「セル範囲.Resize(1)」とすると、行数が1、列数は変更なしとなるため、セル範囲の1行目だけを参照できます。
- 「セル範囲.Resize(,1)」とすると、行数は変更なし、列数が1となるため、セル範囲の1列目だけを参照できます。

関連ワザ 101　結合セルを解除する………P.150
関連ワザ 137　セルを結合する………P.187

ワザ 100 結合セルに連番を入力する

難易度 ●●○ | 頻出度 ●○○ | 対応Ver. 365 2021 2019 2016

結合されたセルに連番を入力するには、RangeオブジェクトのMergeAreaプロパティを使用します。MergeAreaプロパティは、指定したセルが含まれる結合セル範囲を取得し、結合セルに対してデータを入力するなどの編集を行うときに使用します。ここでは、セルB2から始まる表の1列目の結合セルに連番を入力します。

結合セルに連番を入力する

	A	B	C	D	E	F	G
1							
2		クラス	氏名	中間	期末		
3		1	磯崎　信吾	71	86		
4			遠藤　恭子	86	74		
5		2	太田　新造	89	91		
6			木下　未来	99	93		
7		3	佐藤　伸二	88	91		
8			山本　歩美	68	62		
9							

入力例

100.xlsm

```
Sub 結合セルに連番を入力する()
    Dim i As Integer, lastRow As Integer, myRange As Range ←1
    lastRow = Range("B2").CurrentRegion.Rows.Count + 1 ←2
    Set myRange = Range("B3").MergeArea ←3
    i = 1
    Do While myRange.Row <= lastRow ←4
        myRange.Value = i ←5
        Set myRange = myRange.Offset(1).MergeArea ←6
        i = i + 1
    Loop
    Set myRange = Nothing
End Sub
```

1 整数型の変数「i」、変数「lastRow」、結合セルを参照するためのRange型の変数「myRange」を宣言する 2 セルB2を含む表の行数に1を加算した数（表の一番下の行番号）を求めて、変数「lastRow」代入する 3 変数「myRange」に開始セルとしてセルB3を含む結合セルを代入する 4 連番を入力するために、変数「myRange」のセルの行番号が変数lastRow以下の間Do Whileステートメントで繰り返し処理を開始する 5 変数「myRange」のセルに変数「i」の値を入力する。これにより結合セルに連番が入力される 6 変数「myRange」の1つ下の結合セルを変数「myRange」に代入し、1つずつ下にある結合セルに移動する

ポイント

構文 `Rangeオブジェクト.MergeArea`

- RangeオブジェクトのMergeAreaプロパティは、指定した単一セルが含まれる結合セル範囲を取得します（取得のみ）。
- 指定したセルが結合セルではない場合は、指定したセルをそのまま返します。そのため、参照するセルが、結合セルでなくてもエラーになることはありません。

関連ワザ 101 結合セルを解除する………P.150
関連ワザ 137 セルを結合する………P.187

ワザ 101 結合セルを解除する

難易度 ●○○　頻出度 ●●○　対応Ver. 365 2021 2019 2016

指定したセル範囲の結合セルを解除するには、RangeオブジェクトのUnMergeメソッドを使います。UnMergeメソッドは、指定したセル範囲にある結合セルを解除します。ここでは、B列に設定されている結合セルを解除しています。指定したセル範囲に結合セルと結合セルではないものが含まれていてもエラーにはなりません。複数の結合セルをまとめて解除するときに利用できます。

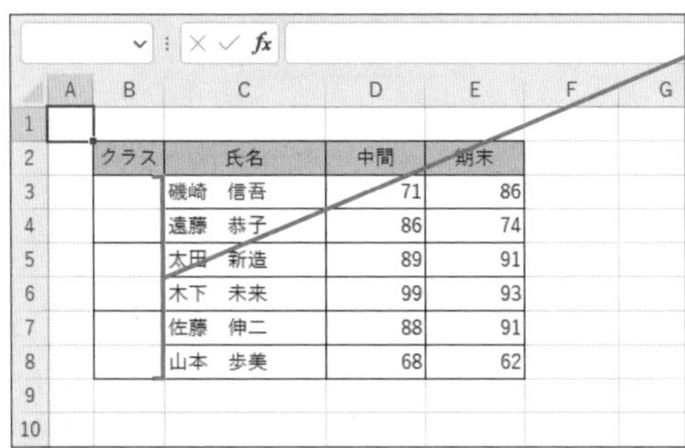

入力例　101.xlsm

```
Sub セル結合を解除する()
    Range("B:B").UnMerge ←1
End Sub
```

1 B列にある結合セルを解除する。Rangeプロパティを使ってB列全体を参照するには「Range("B:B")」と記述する

ポイント

構文　Rangeオブジェクト.UnMerge

- RangeオブジェクトのUnMergeメソッドは、指定したセル範囲に含まれる結合セルを解除します。
- 指定したセルが結合セルでない場合でも、エラーにはなりません。そのため、指定したセルが結合セルかどうかを調べる必要はなく、B列全部のようにセル範囲で指定して、まとめて解除できます。

関連ワザ 087 単一のセルとセル範囲を参照する………P.136
関連ワザ 100 結合セルに連番を入力する………P.149

ワザ 102 複数のセル範囲にまとめて罫線を設定する

難易度 ●○○ ｜ 頻出度 ●○○ ｜ 対応Ver. 365 2021 2019 2016

複数のセル範囲にまとめて罫線を設定するとき、ApplicationオブジェクトのUnionメソッドを使うと複数のセル範囲をまとめて参照できます。ここでは、セルA1を含む表とセルA6を含む表に対して、まとめて格子の罫線を設定します。現在の選択範囲に別のセル範囲を追加して選択する場合や、表の離れた部分のセル範囲からグラフを作成する場合などに使用できます。

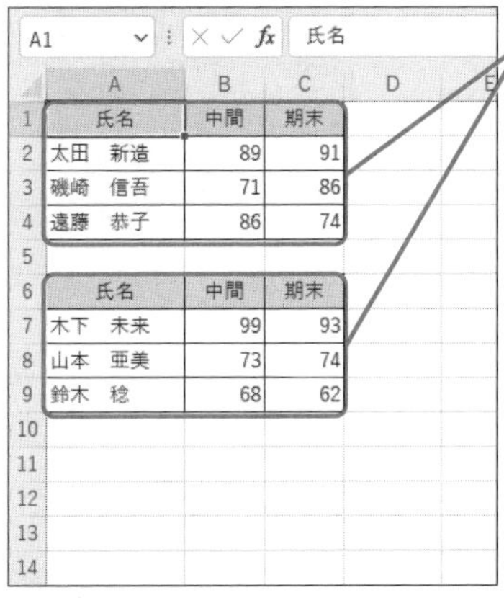

	A	B	C
1	氏名	中間	期末
2	太田　新造	89	91
3	磯崎　信吾	71	86
4	遠藤　恭子	86	74
5			
6	氏名	中間	期末
7	木下　未来	99	93
8	山本　亜美	73	74
9	鈴木　稔	68	62

入力例　102.xlsm

```
Sub 複数のセル範囲にまとめて罫線を設定する()
    Dim myRange As Range
    Set myRange = Application.Union(Range("A1").CurrentRegion, _  ←1
                                Range("A6").CurrentRegion)
    myRange.Borders.LineStyle = xlContinuous  ←2
    Set myRange = Nothing
End Sub
```

1 Range型の変数「myRange」にセルA1を含むアクティブセル領域とセルA6を含むアクティブセル領域を代入する　2 変数「myRange」に代入されたセル範囲に格子の罫線を設定する

ポイント

構文　`Application.Union(セル範囲1, セル範囲2, ……)`

- ApplicationオブジェクトのUnionメソッドは、指定した2つ以上のセル範囲の集合を返します。
- Unionメソッドの引数でセル範囲を1つだけ指定するとエラーになります。必ず2つ以上のセル範囲を指定するようにします。

関連ワザ 165 格子の罫線を引いて表組みをまとめて作成する………P.218

ワザ 103 複数のセル範囲で重複する部分があるかを調べる

難易度 ●●○ | 頻出度 ●○○ | 対応Ver. 365 2021 2019 2016

複数のセル範囲で重複する部分があるかを調べるには、ApplicationオブジェクトのIntersectメソッドを使用します。ここでは、セルB2～D4の中の1つのセルをランダムに取得して変数「myRange」に代入し、そのセルとアクティブセルが一致するかをIntersectメソッドで調べて、一致する場合としない場合で異なるメッセージを表示します。選択範囲が作業対象となる表内にあるかを調べるときに利用できます。

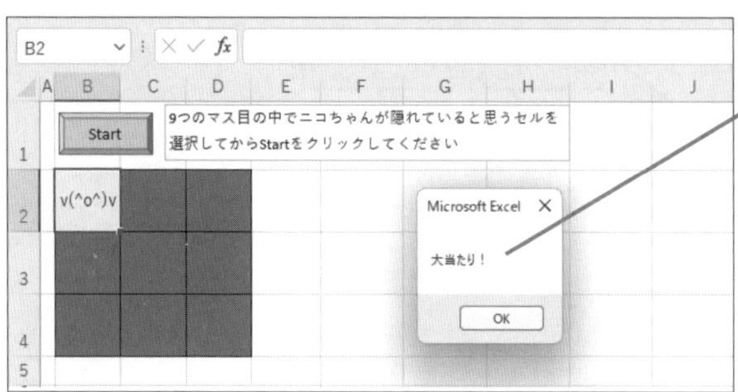

アクティブセルとニコちゃん（「v(^o^)v」の文字列）が隠れているセルが一致したときに、「大当たり！」とメッセージを表示する

入力例　103.xlsm

```
Sub 重複するセルを取得する()
    Dim i As Integer, myRange As Range
    Randomize ←1
    i = Int((9 - 1 + 1) * Rnd + 1) ←2
    Set myRange = Range("B2:D4").Cells(i) ←3
    myRange.Interior.Color = rgbYellow ←4
    myRange.Value = "v(^o^)v"
    If Application.Intersect(ActiveCell, myRange) Is Nothing Then ←5
        MsgBox "残念！"
    Else
        MsgBox "大当たり！"
    End If
    Range("B2:D4").Interior.Color = rgbGray ←6
    Range("B2:D4").Value = ""
End Sub
```

1乱数を初期化する　2「1」～「9」までの乱数を取得し、変数「i」に代入する　3セルB2～D4の中でインデックス番号「i」のセルを変数「myRange」に代入する（ワザ089参照）　4変数「myRange」のセルの色を黄色、値に「v(^o^)v」を設定する　5アクティブセルと変数「myRange」に代入されたセルが重複していない場合は、「残念！」とメッセージを表示し、重複している場合は「大当たり！」とメッセージを表示する　6セルB2～D4のセルの色を灰色、値を空白に設定する

ポイント

構文　`Application.Intersect(セル範囲1, セル範囲2, ……)`

- ApplicationオブジェクトのIntersectメソッドは、指定した2つ以上のセル範囲で重複するセル範囲を返します。重複する部分がない場合は、「Nothing」が返ります。
- Intersectメソッドの引数は、セル範囲の指定が1つだけだとエラーになるので必ず2つ以上にします。

ワザ 104

目的のセル番号を取得する

難易度 ●○○ | 頻出度 ●●○ | 対応Ver. 365 2021 2019 2016

目的のセルやセル範囲のセル番号を取得するには、RangeオブジェクトのAddressプロパティを使用します。ここでは、セルB1に入力されている名前を探し、見つかったセルを選択して、セル番号をメッセージで表示します。アクティブセルのセル番号を取得したり、SelectionプロパティやCurrentRegionプロパティで参照しているセル範囲のセル番号を取得したりするときなどに利用しましょう。

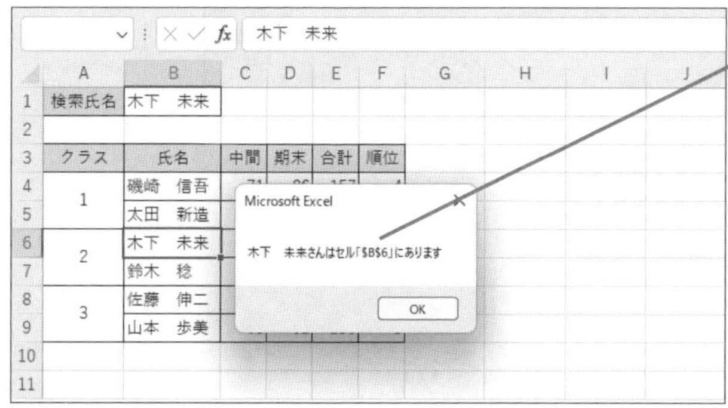

見つかったセルを選択し、セル番号をメッセージで表示する

入力例　104.xlsm

```
Sub 目的のセルのアドレスを取得する()
    Dim myRange As Range, myName As String
    myName = Range("B1").Value ←1
    Set myRange = Range("B4:B9").Find(what:=myName) ←2
    If Not myRange Is Nothing Then ←3
        myRange.Select
        MsgBox myName & "さんはセル「" & myRange.Address & "」にあります"
    End If
End Sub
```

1セルB1の名前を変数「myName」に代入する　2セルB4～B9の中で変数「myName」に代入されている値を検索し、見つかったセルを変数「myRange」に代入する。Findメソッドは、セルが見つかったらそのセルを返し、見つからなかったら「Nothing」を返す（ワザ352参照）　3変数「myRange」にセルが代入されている場合、そのセルを選択し、セル番号を取得してメッセージを表示する

ポイント

構文　Rangeオブジェクト.Address

- Rangeオブジェクトのアドレスプロパティは、上のように記述して指定したセル範囲のアドレスを絶対参照で取得します。Addressプロパティは5つの引数を持ちますが、ここでは引数の解説を省略しています(取得のみ)。

関連ワザ 352 データを検索する………P.442

ワザ 105 空白のセルに0をまとめて入力する

難易度 ●○○ ｜ 頻出度 ●●○ ｜ 対応Ver. 365 2021 2019 2016

指定したセル範囲の中の空白のセルに「0」をまとめて入力するには、RangeオブジェクトのSpecialCellsメソッドを使います。空白のセルは、SpecialCellsメソッドの引数を「xlCellTypeBlanks」に指定することで参照できます。ここでは、セル範囲C3～D8の中の空白セルに数値「0」を入力します。SpecialCellsメソッドは設定する引数によって、空白セルだけでなくいろいろなセルを参照できます。

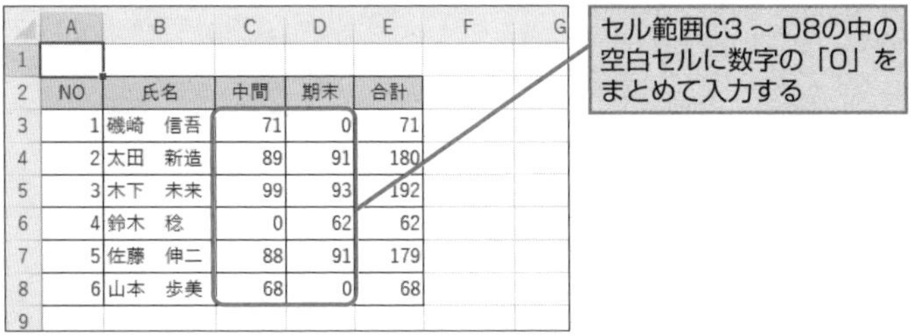

	A	B	C	D	E	F	G
1							
2	NO	氏名	中間	期末	合計		
3	1	磯崎　信吾	71	0	71		
4	2	太田　新造	89	91	180		
5	3	木下　未来	99	93	192		
6	4	鈴木　稔	0	62	62		
7	5	佐藤　伸二	88	91	179		
8	6	山本　歩美	68	0	68		
9							

セル範囲C3～D8の中の空白セルに数字の「0」をまとめて入力する

入力例

105.xlsm

```
Sub 空白セルに0をまとめて入力する()
    On Error Resume Next ←1
    Range("C3:D8").SpecialCells(xlCellTypeBlanks).Value = 0 ←2
End Sub
```

1エラーが発生しても、そのまま次のステートメントを実行する　2セルC3～D8に含まれる空白セルの値に「0」を設定する

ポイント

構文　`Rangeオブジェクト.SpecialCells(Type, Value)`

- RangeオブジェクトのSpecialCellsメソッドは、指定したセル範囲の中で引数「Type」で指定した種類のセルすべてを取得します。引数「Type」では、取得するセルの種類をXlCellType列挙型の定数で指定します。なお、指定した種類のセルが見つからなかった場合はエラーになります。

●引数Typeの主な設定値(XlCellType列挙型の定数)

定数	内容
xlCellTypeBlanks	空白セル
xlCellTypeComments	メモ（※）が含まれているセル
xlCellTypeConstants	定数が含まれているセル
xlCellTypeFormulas	数式が含まれているセル
xlCellTypeLastCell	使われたセル範囲内の最後のセル
xlCellTypeVisible	すべての可視セル

※Excel 2019/2016では「コメント」

関連ワザ 106 数式を除く数値と文字列だけを削除する………P.155
関連ワザ 123 セル内に数式があるかを調べて数式が入力されたセルを選択する………P.172

ワザ 106 数式を除く数値と文字列だけを削除する

難易度 ●●○ | 頻出度 ●○○ | 対応Ver. 365 2021 2019 2016

ワークシートから数値と文字列だけを削除するには、RangeオブジェクトのSpecialCellsメソッドを使います。ここでは、セルA3～E8の中で数式ではない数値と文字列だけを削除しています。表の中にある数式と数値は一見区別しづらいですが、SpecialCellsメソッドを使えば、簡単に見つけられます。使用例のようにセルE3～E8の数式を削除することなく、数値だけを削除したいときに利用しましょう。

	A	B	C	D	E	F	G	H
1								
2	NO	氏名	中間	期末	合計			
3	1	磯崎　信吾	71	86	157			
4	2	太田　新造	89	91	180			
5	3	木下　未来	99	93	192			
6	4	鈴木　稔	69	62	131			
7	5	佐藤　伸二	88	91	179			
8	6	山本　歩美	68	62	130			
9								

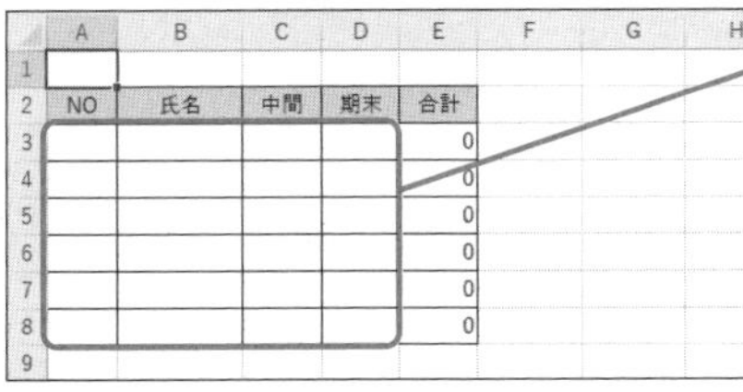

数式を除く数値と文字列だけを削除する

入力例

106.xlsm

```
Sub データ部分の文字と数値を削除する()
    Range("A3:E8").SpecialCells _  ←1
    (xlCellTypeConstants, xlTextValues + xlNumbers) _
    .ClearContents
End Sub
```

1 セルA3～E8の中で、数式ではない数値と文字列が入力されているセルを参照してデータを削除する

ポイント

- SpecialCellsメソッドで、数式ではない数値や文字列が入力されているセルを指定するには、引数「Type」に「xlCellTypeConstants」を指定し、引数「Value」に数値は「xlNumbers」、文字は「xlTextValues」を指定します。引数「Value」では、次の表に示すような定数を指定します。数値と文字列の両方を指定する場合は、「xlNumbers+xlTextValues」のように定数を「+」でつなげます。

●引数Valueの設定値(XlSpecialCellsValue列挙型の定数)

定数	内容	定数	内容
xlErrors	エラー値	xlNumbers	数値
xlLogical	論理値	xlTextValues	文字

関連ワザ 105 空白のセルに0をまとめて入力する………P.154

ワザ 107 データや書式が設定されたセル範囲を選択する

難易度 ●●○ ｜ 頻出度 ●●○ ｜ 対応Ver. 365 2021 2019 2016

データが入力されたセルや書式が設定されたセル範囲を選択するには、WorksheetオブジェクトのUsedRangeプロパティを使います。UsedRangeプロパティは、指定したワークシートで使用されたセル範囲をRangeオブジェクトで返します。ここでは、アクティブシートで使用したセル範囲を選択します。書式設定や文字入力などの編集を行ったセルを、まとめて選択したり削除したりするときに便利です。

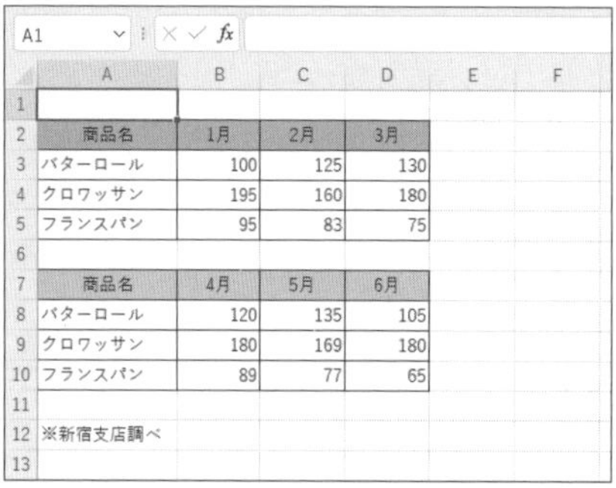

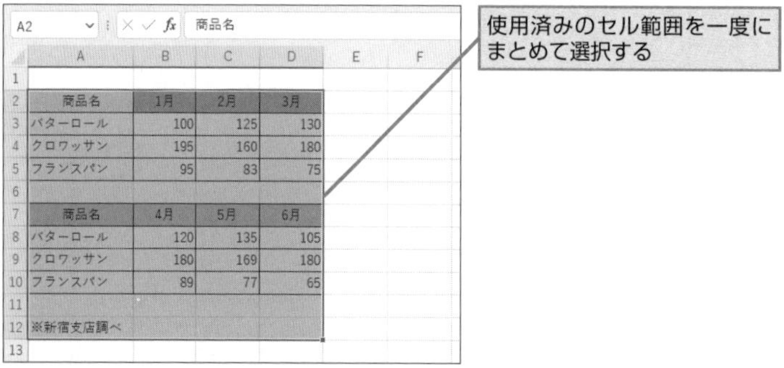

	A	B	C	D	E	F
1						
2	商品名	1月	2月	3月		
3	バターロール	100	125	130		
4	クロワッサン	195	160	180		
5	フランスパン	95	83	75		
6						
7	商品名	4月	5月	6月		
8	バターロール	120	135	105		
9	クロワッサン	180	169	180		
10	フランスパン	89	77	65		
11						
12	※新宿支店調べ					
13						

使用済みのセル範囲を一度にまとめて選択する

入力例

107.xlsm

```
Sub 使用済みのセルを選択する()
    ActiveSheet.UsedRange.Select ←1
End Sub
```

1 アクティブシートの使用済みのセル範囲を選択する

ポイント

構文 `Worksheetオブジェクト.UsedRange`

- WorksheetオブジェクトのUsedRangeプロパティは、指定したワークシートで使用済みのセル範囲を返します(取得のみ)。
- UsedRangeを使用するときは、必ず対象となるワークシートを指定してください。

関連ワザ 093 ワークシートを指定してセルを選択する………P.142

ワザ 108 セルの行番号と列番号を調べる

難易度 ●●○ | 頻出度 ●●○ | 対応Ver. 365 2021 2019 2016

セルの行番号を調べるには、RangeオブジェクトのRowプロパティ、列番号を調べるにはRangeオブジェクトのColumnプロパティを使います。ここでは、セルB2を含む表の最後のセル番号、行番号、列番号を取得し、メッセージで表示しています。RowプロパティとColumnプロパティで表の下端や右端の行や列の位置を調べれば、繰り返し処理やデータ入力先の確認に役立ちます。

行の最後のセル番号と、表の最後の行番号、列番号を調べてメッセージで表示する

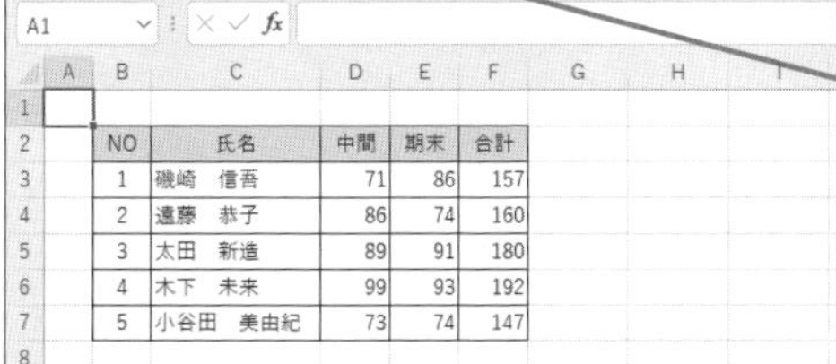

NO	氏名	中間	期末	合計
1	磯崎　信吾	71	86	157
2	遠藤　恭子	86	74	160
3	太田　新造	89	91	180
4	木下　未来	99	93	192
5	小谷田　美由紀	73	74	147

Microsoft Excel

表の最後のセル：$F$7
最後のセルの行番号：7
最後のセルの列番号：6

OK

入力例　108.xlsm

```
Sub 表の最後のセルの行列番号を取得する()
    Dim myRange As Range, cnt As Integer
    Set myRange = Range("B2").CurrentRegion ←1
    cnt = myRange.Cells.Count ←2
    MsgBox "表の最後のセル:" & myRange.Cells(cnt).Address & vbLf & _ ←3
           "最後のセルの行番号:" & myRange.Cells(cnt).Row & vbLf & _ ←4
           "最後のセルの列番号:" & myRange.Cells(cnt).Column ←5
    Set myRange = Nothing
End Sub
```

1 セルB2を含む表全体をRange型の変数「myRange」に代入する　2 変数「myRange」に代入された表のセルの数を調べ、変数「cnt」に代入する　3 表の最後のセルは、変数「myRange」に代入されているセル範囲を対象に、Cellsプロパティでインデックス番号にセルの数「cnt」を指定することで調べられる。Addressプロパティでセルのアドレスを調べる　4 表の最後の行番号は、最後のセルに対してRowプロパティで取得する　5 表の最後の列番号は、最後のセルに対してColumnプロパティで取得する

ポイント

構文　**Rangeオブジェクト.Row**

- RangeオブジェクトのRowプロパティは、指定したセルの行番号を返します。セル範囲を指定した場合は、先頭行の行番号を返します（取得のみ）。

構文　**Rangeオブジェクト.Column**

- RangeオブジェクトのColumnプロパティは、指定したセルの列番号を数値で返します。セル範囲を指定した場合は、先頭列の列番号を返します（取得のみ）。

関連ワザ 089 インデックス番号を使ってセルを参照する………P.138
関連ワザ 104 目的のセル番号を取得する………P.153

ワザ 109 表の行列見出しと合計列に色を設定する

難易度 ●●○ | 頻出度 ●●● | 対応Ver. 365 2021 2019 2016

表の行列見出しや合計列を取得するには、RowsプロパティやColumnsプロパティを使います。表の列見出しが表の1行目、行見出しが表の1列目にあり、合計列が表の最後の列にある表なら、表の1行目は「Rows(1)」、1列目は「Columns(1)」で取得できます。また、表の最後の列は、表が5列の場合は「Columns(5)」で取得できます。表内やワークシートの行や列を参照するときに、このワザで紹介するプロパティを利用しましょう。

入力例

 109.xlsm

```
Sub 表の行列見出しと合計列に色を付ける()
    Dim cnt As Integer, myRange As Range
    Set myRange = Range("B2").CurrentRegion  ←1
    cnt = myRange.Columns.Count  ←2
    myRange.Columns(1).Interior.Color = rgbLightGreen  ←3
    myRange.Columns(cnt).Interior.Color = rgbLightGreen  ←4
    myRange.Rows(1).Interior.Color = rgbLimeGreen  ←5
    Set myRange = Nothing
End Sub
```

1セルB2を含む表のセル範囲をRange型の変数「myRange」に代入する 2変数「myRange」に代入された表の列数を調べ、変数「cnt」に代入する 3変数「myRange」に代入された表の1列目のセルの色を明るい緑に設定する 4変数「myRange」に代入された表の最後の列のセルの色を明るい緑に設定する 5変数「myRange」に代入された表の1行目のセルの色をライムグリーンに設定する

ポイント

構文 オブジェクト.Rows(インデックス番号)

構文 オブジェクト.Columns(インデックス番号)

- Rowsプロパティは、指定したオブジェクトの行を参照し、Columnsプロパティは、指定したオブジェクトの列を参照します。下に示す表のように、引数にインデックス番号や行番号、列番号を使って参照する行や列を指定できます。また、オブジェクトにRangeオブジェクトを指定すると、そのセル範囲の中で指定した行や列を参照します。省略すると、アクティブシートの行や列を参照します(取得のみ)。

●行、列の参照方法

参照する行や列	指定例	内容
単一の行	Rows(1)	1行目
単一の列	Columns(1)	1列目
	Columns("B")	B列
連続する複数行	Rows("1:5")	1～5行目
連続する複数列	Columns("A:C")	A～C列
全行	Rows	すべての行
全列	Columns	すべての列

関連ワザ 110 表の行数と列数を調べる………P.159
関連ワザ 169 セルの背景色を設定する………P.222

ワザ 110 表の行数と列数を調べる

難易度 ●○○ | 頻出度 ●●● | 対応Ver. 365 2021 2019 2016

表の行数と列数を調べるには、RowsプロパティとColumnsプロパティ、Countプロパティを使います。Countプロパティは、指定したコレクションの要素数を取得します。ここでは、セルB2を含む表の行数と列数を調べ、さらにアクティブシートの行数、列数を調べてメッセージを表示します。表の行数や列数は、繰り返し処理を行う場合の回数の設定や、データ件数を調べるときなどによく使用されます。

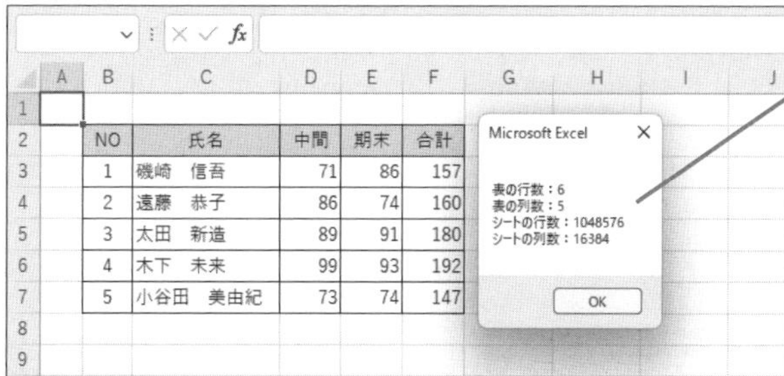

NO	氏名	中間	期末	合計
1	磯崎　信吾	71	86	157
2	遠藤　恭子	86	74	160
3	太田　新造	89	91	180
4	木下　未来	99	93	192
5	小谷田　美由紀	73	74	147

入力例　110.xlsm

```
Sub 表の行数列数を取得する()
    Dim myRange As Range
    Set myRange = Range("B2").CurrentRegion ←1
    MsgBox "表の行数:" & myRange.Rows.Count & Chr(10) & _ ←2
           "表の列数:" & myRange.Columns.Count & Chr(10) & _
           "シートの行数:" & Rows.Count & Chr(10) & _ ←3
           "シートの列数:" & Columns.Count
    Set myRange = Nothing
End Sub
```

1セルB2を含む表のセル範囲をRange型の変数「myRange」に代入する　2変数「myRange」に代入された表の行数、列数を調べる　3アクティブシートの行数と列数を調べる

ポイント

- RowsプロパティやColumnsプロパティで引数を省略すると、指定したオブジェクトのすべての行とすべての列を参照します。Rangeオブジェクトを指定すれば、指定したセル範囲の行数と列数を調べられます。
- Countプロパティは指定したコレクションの要素数を返します。「Rows.Count」ですべての行数、「Columns.Count」ですべての列数を返します。Countプロパティは、長整数型で数値を返します。長整数のサイズを超える要素を持つコレクションの数を調べようとすると、エラーになります。

関連ワザ 031 変数に代入する値の種類を指定する………P.71
関連ワザ 109 表の行列見出しと合計列に色を設定する………P.158

ワザ 111 指定したセルを含む行および列全体を操作する

難易度 ●○○ ｜ 頻出度 ●●○ ｜ 対応Ver. 365 2021 2019 2016

RangeオブジェクトのEntireRowプロパティで行全体、EntireColumnプロパティで列全体を取得することで、指定したセルを含む行全体、列全体を操作できます。ここでは、セルF2を含む列全体に列を挿入し、セルB5～B7を含む行全体を削除します。操作したい行全体や列全体を、セルやセル範囲を使って参照したいときに使用すると便利です。

	A	B	C	D	E	F	G	H
1								
2		NO	氏名	中間	期末	合計		
3		1	磯崎　信吾	71	86	157		
4		2	遠藤　恭子	86	74	160		
5		3	太田　新造	89	91	180		
6		4	木下　未来	99	93	192		
7		5	小谷田　美由紀	73	74	147		

	A	B	C	D	E	F	G	H
1								
2		NO	氏名	中間	期末		合計	
3		1	磯崎　信吾	71	86		157	
4		2	遠藤　恭子	86	74		160	
5								
6								
7								

セルF2を含む列に列を挿入し、セル範囲B5～B7を含む行を削除する

入力例

111.xlsm

```
Sub 指定したセルを含む行列の挿入と削除()
    Range("F2").EntireColumn.Insert  ←1
    Range("B5:B7").EntireRow.Delete  ←2
End Sub
```

1 セルF2を含む列全体に列を挿入する　2 セルB5～B7を含む行全体を削除する

ポイント

構文 Rangeオブジェクト.EntireRow

構文 Rangeオブジェクト.EntireColumn

- RangeオブジェクトのEntireRowプロパティ、EntireColumnプロパティは、それぞれ指定したセルやセル範囲の行全体、列全体を参照します。特定のセルを含む行全体、列全体に対して操作を行う場合に使用します（取得のみ）。

関連ワザ 112 クラスが切り替わるごとにワークシート全体に行を挿入する………P.161

ワザ 112 クラスが切り替わるごとにワークシート全体に行を挿入する

難易度 ●●○ | 頻出度 ●●○ | 対応Ver. 365 2021 2019 2016

特定の列見出しで区切ってワークシート全体に行を挿入するには、繰り返し処理の中でEntireRowプロパティとInsertメソッドを使います。ここでは、セルの値が「『組』で終わる文字列かどうか」を条件に設定し、繰り返し処理によって1行ずつ移動しながら、条件を満たすセルのところでワークシート全体に行を挿入します。隣接した表を分割するときに便利なワザです。

	A	B	C	D
1	掃除担当表			
2	1組	場所	実施日	
3	山本	中央玄関	7月1日	
4	鈴木	西門	7月12日	
5	田中	東門	7月31日	
6	2組	場所	実施日	
7	坂下	東門	7月3日	
8	本村	北出口	7月23日	
9	3組	場所	実施日	
10	稲垣	東出口	7月15日	
11	吉本	西出口	7月26日	
12				
13				
14				
15				

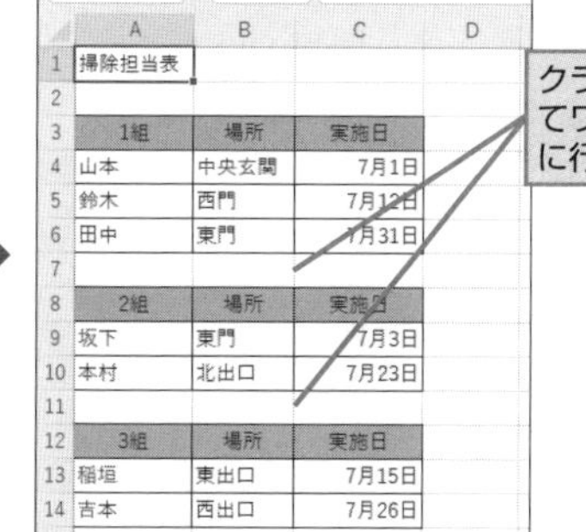

入力例 112.xlsm

```
Sub クラスごとにワークシート全体に行挿入()
    Dim i As Integer, lastRow As Integer
    lastRow = Range("A1").End(xlDown).Row  ←1
    For i = lastRow To 2 Step -1  ←2
        If Cells(i, "A").Value Like "*組" Then  ←3
            Cells(i, "A").EntireRow.Insert
            Cells(i, "A").EntireRow.ClearFormats
        End If
    Next
End Sub
```

1セルA1から下端のセルを参照し、その行番号を取得して変数「lastRow」に代入する 2表の最後の行番号から2行目（表の1行目）まで、1ずつ減らしながら以下の処理を繰り返す 3もし、A列i行目のセルの値が「『組』で終わる文字列」ならば、A列i行目のセルを含む行全体に行を挿入し、書式を削除する

ポイント

- 表の上から下へと処理を進めると、行を挿入することで行番号がずれてしまいます。そのため、表の下から上へと処理を進め、行番号のずれを防ぎます。
- 表の下端のセルの行番号を求める方法はいくつかありますが、ここでは、Endプロパティを使って表の下端のセルを参照し、Rowプロパティで行番号を取得します。表の中に空欄がない列を対象にしないと、正しく表の下端のセルを参照できないので注意が必要です。

関連ワザ 108 セルの行番号と列番号を調べる………P.157
関連ワザ 111 指定したセルを含む行および列全体を操作する………P.160

ワザ 113 日付が変わるごとに表部分に行を挿入する

難易度 ●●○　頻出度 ●●○　対応Ver. 365 2021 2019 2016

日付が変わるごとに表部分に行を挿入するには、日付のセルを1つずつチェックするためにFor Nextステートメントを使い、表の部分に行を挿入するためにRowsプロパティとInsertメソッドを使います。ここでは、セルA3を含む表のA列で日付が切り替わったら、表の部分だけ行を挿入します。データが切り替わるセルをチェックする方法と、表内のみに行を挿入するのがポイントです。

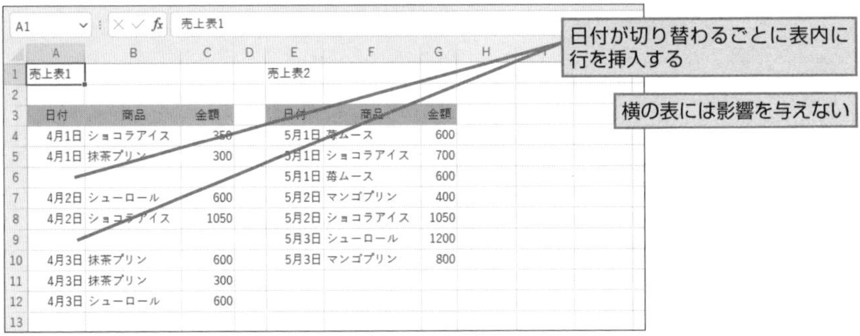

	A	B	C	D	E	F	G
1	売上表1				売上表2		
2							
3	日付	商品	金額		日付	商品	金額
4	4月1日	ショコラアイス	350		5月1日	苺ムース	600
5	4月1日	抹茶プリン	300		5月1日	ショコラアイス	700
6					5月1日	苺ムース	600
7	4月2日	シューロール	600		5月2日	マンゴプリン	400
8	4月2日	ショコラアイス	1050		5月2日	ショコラアイス	1050
9					5月3日	シューロール	1200
10	4月3日	抹茶プリン	600		5月3日	マンゴプリン	800
11	4月3日	抹茶プリン	300				
12	4月3日	シューロール	600				
13							

日付が切り替わるごとに表内に行を挿入する

横の表には影響を与えない

入力例

113.xlsm

```
Sub 日付が変わるごとに表内行挿入()
    Dim i As Integer
    With Range("A3").CurrentRegion  ←1
    For i = .Rows.Count To 3 Step -1  ←2
        If .Cells(i, 1) <> .Cells(i - 1, 1) Then  ←3
            .Rows(i).Insert  ←4
        End If
    Next
    End With
End Sub
```

1 セルA3を含む表全体に対して以下の処理を行う。以降、「End With」までの間で「.」で始まっているコードは、「Range("A3").CurrentRegion」が省略されている　2「.Rows.Count」で表の行数を数え、表の一番下の行から順番に表の3行目まで1つずつ上へと処理を繰り返す。そのために「Step -1」と指定する。　3 1列i行目のセルと、1列i-1行目のセル（1つ上のセル）で値が異なる場合、データが切り替わっていることになるので、次の処理を実行する
4 表のi行目に行挿入を行う。「.Rows(i).Insert」で表のi行目に、その表の範囲内だけに行を挿入できる

ポイント

- 現在のセルと1つ上のセルの内容が同じかどうか比較し、異なる場合は、そのセルでデータが切り替わることになるため、Ifステートメントを使って条件式を設定し、表内に行を挿入します。
- 表のi行目に表内のみに行を挿入するには、「表のセル範囲.Rows(i).Insert」と記述します。これにより、表の横に別の表があっても、影響を与えることはありません。

関連ワザ 109 表の行列見出しと合計列に色を設定する………P.158
関連ワザ 114 表内の空白行を削除する………P.163

ワザ 114 表内の空白行を削除する

難易度 ●●● | 頻出度 ●●○ | 対応Ver. 365 2021 2019 2016

表内の空白行を削除するには、1行ずつ行を移動する繰り返し処理と、行が空白行かどうかをチェックする繰り返し処理の2つの処理を組み合わせましょう。繰り返し処理にはFor Nextステートメントを使い、表内の行削除にはRowsプロパティとDeleteメソッドを使います。ここでは、「売上表1」と名前を付けたセル範囲「売上表1」（セルA3～C12）で表内の空白行を削除します。

入力例

 114.xlsm

```
Sub 空白行削除()
    Dim i As Integer, myFlag As Boolean
    Dim c As Range
    With Range("売上表1") ←1
    For i = .Rows.Count To 2 Step -1 ←2
        myFlag = False ←3
        For Each c In Range(.Cells(i, 1), .Cells(i, 3)) ←4
            If c.Value <> "" Then ←5
                myFlag = True
                Exit For
            End If
        Next
        If myFlag = False Then ←6
            .Rows(i).Delete
        End If
    Next
    End With
End Sub
```

1「売上表1」と名前を付けたセル範囲に対して以下の処理を行う。「End With」までの間で「.」で始まっているコードは、「Range("売上表1")」が省略されている　2「.Rows.Count」で「売上表1」の行数を数えて、表の一番下から順番に表の2行目まで1つずつ上へと処理を繰り返す。そのために「Step -1」と指定する　3ブール型の変数「myFlag」の値を「False」にしておく　4i行1列目から3列目までのセルを1つずつ変数「c」に代入して、次の処理を繰り返す　5もし、変数「c」に代入されたセルが空欄でなければ、変数「myFlag」の値を「True」にして、繰り返し処理を抜ける　6もし、変数「myFlag」の値が「False」であれば、表のi行目を削除する

ポイント

- 下から順番に1行ずつ上のセルに移動するための繰り返し処理と、セルの行方向にある各セルが空欄かどうかをチェックするための繰り返し処理の2つを組み合わせます。
- 表の行内の各セルで、1つでもデータがあれば削除対象としません。そこで、削除対象とするかしないかを見分けるためにブール型の変数「myFlag」を使って、セルにデータが入力されていれば「True」を代入し、削除対象からはずします。
- 表のi行目の行を表内のみ削除するには、「表のセル範囲.Rows(i).Delete」と記述します。これにより、表の横に別の表があっても、影響を与えることはありません。
- Withステートメント内の「.」で始まっているコードは「Range("売上表1")」が省略されています。「.」を誤って削除すると正しい処理が行われなくなりますので、注意しましょう。

関連ワザ 109 表の行列見出しと合計列に色を設定する………P.158
関連ワザ 113 日付が変わるごとに表部分に行を挿入する………P.162

ワザ 115 表の中から重複する行を削除する

難易度 ●●○ | 頻出度 ●○○ | 対応Ver. 365 2021 2019 2016

表の中から重複する行を削除するには、RangeオブジェクトのRemoveDuplicatesメソッドを使用すると便利です。ここでは、セルA2を含む表全体で氏名（2列目）とメールアドレス（3列目）が重複している場合に重複行と見なし、同じデータを持つ行を削除しています。データの重複入力がある場合に、1件だけを残して、ほかの重複するデータを一括して削除したいときに利用できます。

表の中で氏名とメールアドレスが重複している

	A	B	C	D	E
1					
2	NO	氏名	メールアドレス	予約希望日	
3	1	遠藤　恭子	endoxxx@xx.xx	4月5日	
4	2	太田　新造	oota@xx.xx.xx	4月24日	
5	3	木下　未来	mkinoxxx@xxx.xx	4月30日	
6	4	遠藤　恭子	endoxxx@xx.xx	5月15日	
7	5	佐藤　伸二	satoxxx@xxx.xx	6月5日	
8	6	横山　小観	yokoyaxxx@xx.xxx	6月23日	
9	7	木下　未来	mkinoxxx@xxx.xx	7月9日	
10					

→

1件を残し、重複するデータの行を削除する

	A	B	C	D	E
1					
2	NO	氏名	メールアドレス	予約希望日	
3	1	遠藤　恭子	endoxxx@xx.xx	4月5日	
4	2	太田　新造	oota@xx.xx.xx	4月24日	
5	3	木下　未来	mkinoxxx@xxx.xx	4月30日	
6	5	佐藤　伸二	satoxxx@xxx.xx	6月5日	
7	6	横山　小観	yokoyaxxx@xx.xxx	6月23日	
8					
9					
10					

入力例

115.xlsm

```
Sub 重複データの削除()
    Range("A2").CurrentRegion.RemoveDuplicates Columns:=Array(2, 3), _   ←1
        Header:=xlYes
End Sub
```

1 セルA2を含む表で、2列目と3列目が重複するデータを削除する

ポイント

構文 `Rangeオブジェクト.RemoveDupulicates(Columns, Header)`

- RangeオブジェクトのRemoveDupulicatesメソッドでは、上のように記述します。引数「Columns」で、重複を調べる列を整数で指定します。引数「Header」で、対象とするセル範囲の1行目を見出しとする場合は「xlYes」、見出しとしない場合は「xlNo」（既定値）、Excelに判断させる場合は「xlGuess」を指定します。
- 引数「Columns」で2列目と3列目のように複数の列を組み合わせて重複を調べる場合は、Array関数を使って「Array(2, 3)」のように指定します。
- 表の項目が増えたり減ったりした場合、引数「Columns」の指定を見直し、必要に応じて修正を加えることを忘れないようにしましょう。

関連ワザ 114 表内の空白行を削除する………P.163

ワザ 116 セル範囲に名前を付ける

難易度 ●○○　頻出度 ●●○　対応Ver. 365 2021 2019 2016

セル範囲に名前を付けるには、WorkbookオブジェクトのNamesコレクションのAddメソッドを使うか、RangeオブジェクトのNameプロパティを使います。セル範囲に名前を付けると、ブックのNameオブジェクトとして追加されます。ここでは、セルB2を含む表全体に「店舗別売上」、表の1列目に「商品」と名前を付けています。セル範囲に名前を付けると、セル範囲を正確に参照するのに役立ちます。

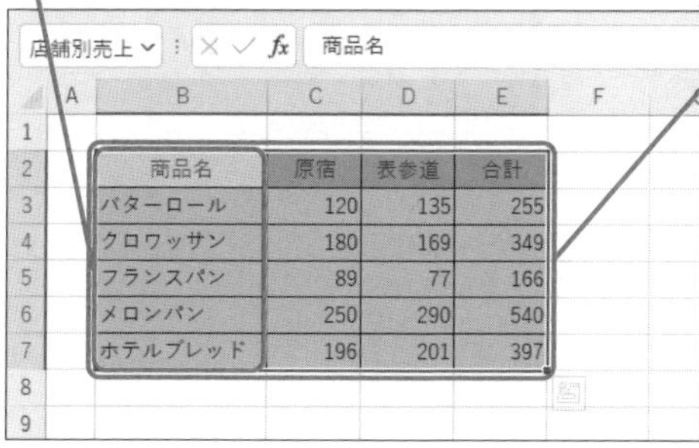

入力例　116.xlsm

```
Sub セル範囲に名前を定義する()
    Range("B2").CurrentRegion.Name = "店舗別売上"  ←1
    ActiveWorkbook.Names.Add Name:="商品", _  ←2
              RefersTo:=Range("B2").CurrentRegion.Columns(1)
End Sub
```

1 セルB2を含む表に「店舗別売上」と名前を付ける　2 セルB2を含む表の1列目に「商品」と名前を付ける

ポイント

構文 Rangeオブジェクト.Name

- RangeオブジェクトのNameプロパティは指定したセル範囲に対して名前の取得と設定を行います。設定は文字列で指定します。

構文 Workbookオブジェクト.Names.Add(Name, RefersTo)

- WorkbookオブジェクトのNamesコレクションのAddメソッドを使う場合は、上のように記述します。引数「Name」でセル範囲に付ける名前、引数「RefersTo」でセル範囲を指定します。
- RangeオブジェクトのNameプロパティ、NamesコレクションのAddメソッドを使って名前を付けると、ブックにNameオブジェクトとして追加されます。Nameオブジェクトは、ブックのNamesコレクションのメンバです。セル範囲を変更したり、削除したりするなどの編集を行う場合は、「Names("商品")」のように記述して、名前付き範囲を参照します（ワザ117参照）。

関連ワザ 117 セル範囲に付いている名前の編集と削除を行う………P.166

ワザ 117 セル範囲に付いている名前の編集と削除を行う

難易度 ●●○　頻出度 ●○○　対応Ver. 365 2021 2019 2016

セルやセル範囲に付いている名前は、Nameオブジェクトとして扱います。これは、WorkbookオブジェクトのNamesコレクションのメンバです。定義されている名前はNamesプロパティを使って参照し、削除などの編集を行います。ここでは、アクティブブックに定義されている名前「店舗別売上」のセル範囲を定義し直し、名前を「売上表」に変更します。次に、定義されている名前「商品」を削除します。

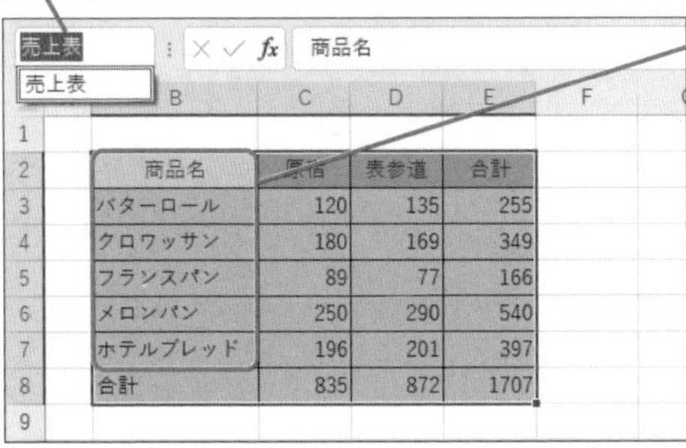

	B	C	D	E
2	商品名	原価	表参道	合計
3	バターロール	120	135	255
4	クロワッサン	180	169	349
5	フランスパン	89	77	166
6	メロンパン	250	290	540
7	ホテルブレッド	196	201	397
8	合計	835	872	1707

入力例　117.xlsm

```
Sub セル範囲に付いている名前の編集と削除()
    With ActiveWorkbook.Names("店舗別売上")  ←1
        .Name = "売上表"
        .RefersTo = "=Sheet1!" & Range("B2").CurrentRegion.Address
    End With
    ActiveWorkbook.Names("商品").Delete  ←2
End Sub
```

1アクティブブックに定義されている名前「店舗別売上」を「売上表」に変更し、セル範囲を［Sheet1］シートのセルB2を含む表全体に設定する。セル範囲を再設定するために、表全体のセル範囲を参照して、Addressプロパティでアドレスを取得している　2アクティブブックに定義されている名前「商品」を削除する

ポイント

構文　Workbookオブジェクト.Names(Index)

- セル範囲に付けられている名前を参照するには、WorkbookオブジェクトのNamesプロパティを使って、上のように記述します。引数「Index」には、定義されている名前またはインデックス番号を指定します。インデックス番号は、名前を昇順に並べ替えた順番です（取得のみ）。
- Namesプロパティを使ってNameオブジェクトを取得したら、NameオブジェクトのNameプロパティで名前の変更、Deleteメソッドで削除ができます。セル範囲を変更するには、RefersToプロパティでセル範囲のアドレスを「"=Sheet1!B2:E8"」のように記述して指定します。表全体を指定したい場合は、CurrentRegionプロパティで表全体を参照し、Addressプロパティでアドレスを取得して指定します。

関連ワザ 116 セル範囲に名前を付ける………P.165

ワザ 118 表の列見出しを名前としてセル範囲に名前を付ける

難易度 ●●○ | 頻出度 ●○○ | 対応Ver. 365 2021 2019 2016

表の列見出しを名前として、下に続く同じ列のセル範囲に名前を付けるには、RangeオブジェクトのCreateNamesメソッドを使用します。ここでは、セルA3を含む表の列見出しを名前とし、下に続くデータの部分のセル範囲に名前を付けます。1列ずつ名前を別々に設定する必要がなく、まとめて名前の定義ができます。列単位でセル範囲を参照したいときに使いましょう。

東京　2022/3/24

	A	B	C	D	E
1	日程表				
2					
3	東京	大阪	福岡		
4	03/24	04/05	04/15		
5	03/25	04/06	04/16		
6	04/01	04/07	04/18		
7	04/02	04/10	04/20		
8					
9					

列見出しの文字列で同じ列のセル範囲にまとめて名前を付ける

入力例　118.xlsm

```
Sub 列見出しから名前付き範囲作成()
    Range("A3").CurrentRegion.CreateNames _  ←1
        Top:=True, Left:=False, Bottom:=False, Right:=False
End Sub
```

1 セルA3を含む表で、列見出しを名前として、下に続くデータ部分のセル範囲に名前を付ける

ポイント

構文 `Rangeオブジェクト.CreateNames(Top, Left, Bottom, Right)`

- RangeオブジェクトのCreateNamesメソッドを使ってセル範囲に名前を付けるには、上のように記述します。引数「Top」で「True」を指定すると、セル範囲の上端行である列見出しを名前として、下に続くデータ部分のセル範囲を登録します。同様に、引数「Left」では左端、引数「Bottom」では下端、引数「Right」では右端をそれぞれ名前として、それに続くデータ部分のセル範囲に名前を付けます。それぞれ既定値は「False」です。
- CreateNamesメソッドで指定するセル範囲は、列見出しとデータを含んで指定します。
- ここでは、各列のデータの行数が同じであることが前提ですが、列によってデータの行数が異なる場合は、列ごとに名前を定義します。例えば、「Range(Cells(4,"A"), Cells(4,"A").End(xlDown)).Name=Range("A3").Value」と記述すると、表のデータ部分に「東京」という名前を定義でき、列の行の増減にも対応できます。

関連ワザ 116 セル範囲に名前を付ける………P.165

ワザ 119 ブック内に定義されているすべての名前を削除する

難易度 ●●○ | 頻出度 ●○○ | 対応Ver. 365 2021 2019 2016

ブック内に定義されているすべての名前を削除するには、ブックのNamesコレクションの各要素であるNameオブジェクトをFor Eachステートメントを使って1つずつ削除します。ここでは、アクティブブックに定義されているすべての名前を削除します。ブック内にいくつもの名前が定義されているときや、一度にまとめて削除したいときに使うと便利です。

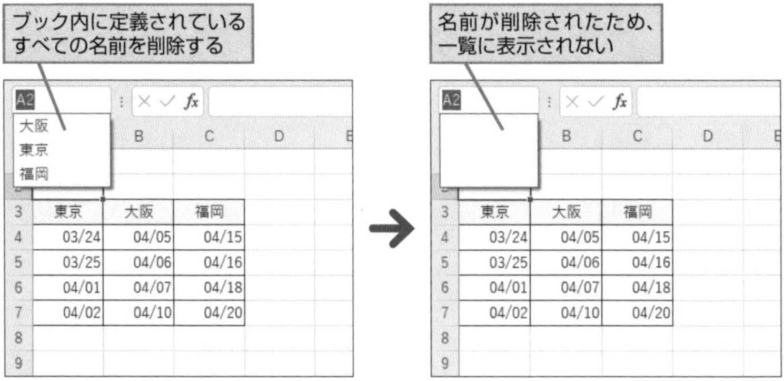

ブック内に定義されている
すべての名前を削除する

A2（名前ボックスの一覧：大阪 / 東京 / 福岡）

	A	B	C
3	東京	大阪	福岡
4	03/24	04/05	04/15
5	03/25	04/06	04/16
6	04/01	04/07	04/18
7	04/02	04/10	04/20

→

名前が削除されたため、
一覧に表示されない

A2

	A	B	C
3	東京	大阪	福岡
4	03/24	04/05	04/15
5	03/25	04/06	04/16
6	04/01	04/07	04/18
7	04/02	04/10	04/20

入力例 119.xlsm

```
Sub 定義されているすべての名前を削除()
    Dim myName As Name ←1
    For Each myName In ActiveWorkbook.Names ←2
        myName.Delete
    Next
End Sub
```

1 Name型の変数「myName」を宣言する　2 アクティブブックのNamesコレクションのメンバであるNameオブジェクトを1つずつ変数「myName」に代入して削除する

ポイント

- For Eachステートメントを使用すると、コレクションの各要素について順番に同じ処理を実行できます。NameオブジェクトがNamesコレクションのメンバであることを利用して、1つずつNameオブジェクトを削除しています。
- Nameオブジェクトを削除するには、Deleteメソッドを使います。

関連ワザ 117 セル範囲に付いている名前の編集と削除を行う………P.166

ワザ 120 セルの値を取得・設定する

難易度 ●○○ | 頻出度 ●●● | 対応Ver. 365 2021 2019 2016

セルの値を設定するときは、Valueプロパティを使います。セルの値を取得するときは、ValueプロパティまたはTextプロパティを使います。ここでは、セルに値を設定するほか、数式が設定されているセルの値を取得したり、表示されている値を取得したりするなど、いろいろな値の取得と設定方法を紹介します。

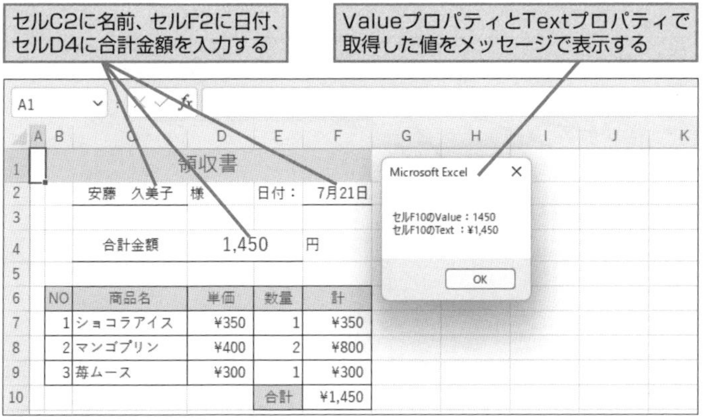

入力例　120.xlsm

```
Sub セルの値の取得と設定()
    Range("C2").Value = "安藤　久美子"  ←1
    Range("F2").Value = "7月21日"
    Range("D4").Value = Range("F10").Value  ←2
    MsgBox "セルF10のValue:" & Range("F10").Value & Chr(10) & _  ←3
           "セルF10のText :" & Range("F10").Text
End Sub
```

1 セルC2に「安藤　久美子」、セルF2に「7月21日」と入力する　2 セルD4にセルF10の値を入力する　3 数式が入力されたセルF10の値を、ValueプロパティとTextプロパティで取得し、結果をメッセージで表示する

ポイント

構文 `Rangeオブジェクト.Value`

- RangeオブジェクトのValueプロパティは、セルに入力されている値を取得、設定します。セルに数式が入力されている場合は、計算結果を取得します。
- VBAからセルに値を入力するときは、Valueプロパティに値を設定します。文字列は「"」で囲んで指定します。セルに文字列として「"7月21日"」と入力すると、Excelは自動的に日付と認識し、日付データとして入力されます。ただし、VBAの中で日時データを扱うときは「#07/21/2022#」のように、日付を「#」で囲んで指定してください。数値は「10」のようにそのまま指定します

構文 `Range.Text`

- RangeオブジェクトのTextプロパティは、セルに表示されている値を取得します。Textプロパティでは値の設定はできません（取得のみ）。

ワザ121 「=A1+B1」のような形式でセルに数式を設定する

難易度 ●○○ | 頻出度 ●●○ | 対応Ver. 365 2021 2019 2016

「=A1+B1」のような形式でセルに数式を設定するには、RangeオブジェクトのFormulaプロパティを使います。列番号のアルファベットと行番号を組み合わせてセルを表示する形式を、「A1形式」と言います。A1形式で数式を取得する場合も、Formulaプロパティを使います。ここでは、VBAからセルにA1形式で数式を設定するいくつかの例を紹介します。

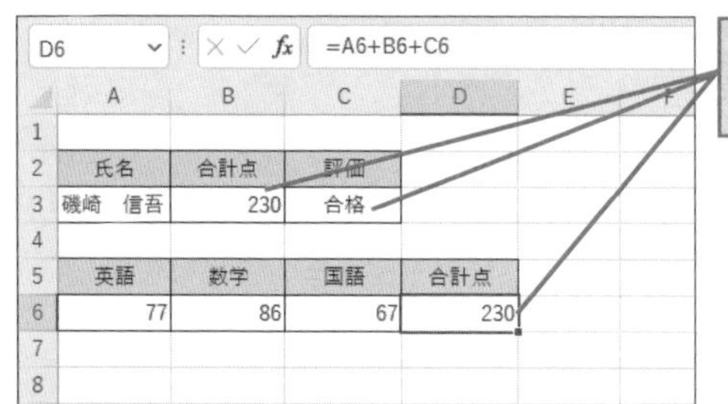

入力例　121.xlsm

```
Sub 数式入力A1形式()
    Range("D6").Formula = "=A6+B6+C6"  ←1
    Range("B3").Formula = Range("D6").Formula  ←2
    Range("C3").Formula = "=IF(B3>=210, ""合格"",""不合格"")"  ←3
End Sub
```

1 セルD6に「=A6+B6+C6」という数式を入力する　2 セルB3にD6に設定されている数式を入力する　3 セルC3に「=IF(B3>=210, "合格","不合格")」という数式を入力する

ポイント

構文　Rangeオブジェクト.Formula

- RangeオブジェクトのFormulaプロパティは、セルの数式をA1形式で取得、設定します。数式を設定する場合は、「"=A1+B1"」のようにワークシートの数式バーに表示される数式を記述し、前後に「"」を付けて指定します。なお、数式の中で文字列を引数として使用する場合は、2つの「"」で囲みます。

関連ワザ 122 「=RC[-2]+RC[-1]」のような形式でセルに数式を設定する………P.171

ワザ 122 「=RC[-2]+RC[-1]」のような形式でセルに数式を設定する

難易度 ●●○ | 頻出度 ●●○ | 対応Ver. 365 2021 2019 2016

「=RC[-2]+RC[-1]」のような形式でセルに数式を設定するには、RangeオブジェクトのFormulaR1C1プロパティを使います。行方向の移動は「R」、列方向の移動は「C」を使って、数式を入力するセルから相対的にどれだけ離れているセルかを示す形式を「R1C1形式」と言います。ここでは、VBAからセルにR1C1形式で数式を設定する例を紹介します。A1形式で設定する場合との違いを確認しましょう。

セルE3に入力した数式をセルE4～E6に入力する

セルF3～F6にIF関数を入力する

E3 =SUM(C3:D3)

	A	B	C	D	E	F	G	H
1								
2	NO	氏名	中間	期末	合計点	評価		
3	1	磯崎　信吾	71	98	169	○		
4	2	遠藤　恭子	82	74	156	×		
5	3	太田　新造	89	91	180	○		
6	4	木下　未来	62	93	155	×		
7								
8								

入力例

122.xlsm

```
Sub 数式入力R1C1形式()
    Range("E3").FormulaR1C1 = "=SUM(RC[-2]:RC[-1])"  ←1
    Range("E4:E6").FormulaR1C1 = Range("E3").FormulaR1C1  ←2
    Range("F3:F6").FormulaR1C1 = "=IF(RC[-1]>160,""○"",""×"")"  ←3
End Sub
```

1 セルE3に「2つ左のセルから1つ左のセル」までを合計範囲とするSUM関数を入力する　2 セルE4～E6にセルE3の相対参照の数式を入力する　3 セルF3～F6に「=IF(RC[-1]>160,"○","×")」という数式を入力する

ポイント

構文 Rangeオブジェクト.FormulaR1C1

- RangeオブジェクトのFormulaR1C1プロパティは、セルの数式をR1C1形式で取得、設定します。数式を設定する場合は、相対参照で数式を記述し、前後に「"」を付けて指定します。数式の中で文字列を引数として使用する場合は、2つの「"」で囲みます。
- R1C1形式では、基準となるセルから相対的な位置でセルを参照します。書式は「R[行の移動数]C[列の移動数]」となります。行の移動は、下方向は正の数、上方向は負の数で指定し、列の移動は、右方向は正の数、左方向は負の数で指定します。移動しない場合は、[]は省略します。例えば、「2行下で1列左」は「R[2]C[-1]」、「2行上」は「R[-2]C」となります。
- R1C1形式では、相対的な位置でセルを指定するため、複数のセルにまとめて同じ数式を入力しても、それぞれのセルに対応した数式を入力できます。

関連ワザ 121 「=A1+B1」のような形式でセルに数式を設定する………P.170

ワザ 123 セル内に数式があるかを調べて数式が入力されたセルを選択する

難易度 ●●○　頻出度 ●●○　対応Ver. 365 2021 2019 2016

セル内に数式があるかどうかを調べるには、RangeオブジェクトのHasFormulaプロパティを使います。数式セルを選択するには、SpecialCellsメソッドで引数に「xlCellTypeFormulas」を指定します。ここでは、セル内に数式があるかを調べて、数式がある場合に、その数式のセルを選択します。HasFormulaプロパティを使えば、セルの値が文字なのか、数式なのかを見分けられます。

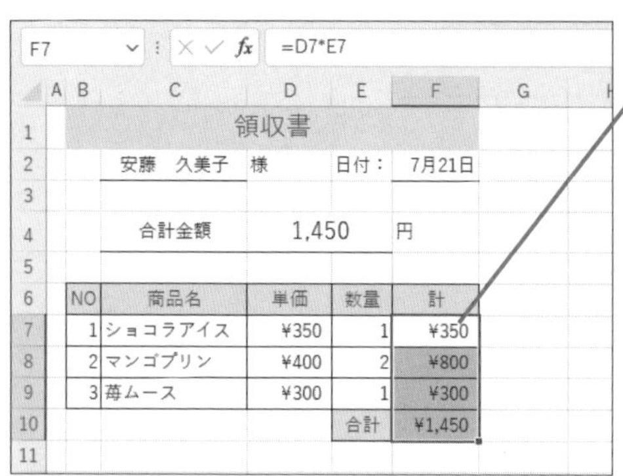

数式が設定されているセルが存在することを確認して、SpecialCellsメソッドで数式が設定されているセルのみを選択する

入力例

123.xlsm

```
Sub 数式セルの検索と選択()
    If IsNull(Cells.HasFormula) Then ←1
        Cells.SpecialCells(xlCellTypeFormulas).Select ←2
    End If
End Sub
```

1アクティブシートのいずれかのセルに数式が入力されている場合は「Null」となるので、IsNull関数からの戻り値は「真（True）」になる。条件を満たした場合は以下の処理を実行する　2すべてのセルの中から数式のあるセルだけを選択する

ポイント

構文 `Rangeオブジェクト.HasFormula`

- Rangeオブジェクトの HasFormulaプロパティは、指定したセル範囲のすべてのセルに数式がある場合は「真（True）」、すべてのセルに数式がない場合は「偽（False）」が返ります。それ以外の場合は「Null」が返ります（取得のみ）。
- SpecialCellsメソッドで引数に定数「xlCellTypeFormulas」を指定すると、数式が設定されているセルを、指定したセル範囲から返します。「Cells.SpecialCells(xlCellTypeFormulas)」と指定することで、アクティブシートの中で数式が設定されているすべてのセルを返します。ただし、該当のセルが見つからなかった場合はエラーになるため、HasFormulaプロパティで事前に数式が含まれているかどうかをチェックしてエラーを防ぎましょう。

関連ワザ 105 空白のセルに0をまとめて入力する………P.154
関連ワザ 658 変数に代入されている値がNullかどうかを調べる………P.821

ワザ 124 連続データを入力する

難易度 ●●○ | 頻出度 ●●○ | 対応Ver. 365 2021 2019 2016

セルに連続データを入力するには、RangeオブジェクトのAutoFillメソッドを使いましょう。ここでは、セルA3に入力されている日付に対してセルA8まで月単位のオートフィルを実行し、セルB2の「担当1」に対してセルE2まで標準のオートフィルを実行します。AutoFillメソッドは、VBAでExcelのオートフィル機能を使うことができるので、VBAからデータを効率的に入力したいときに便利です。

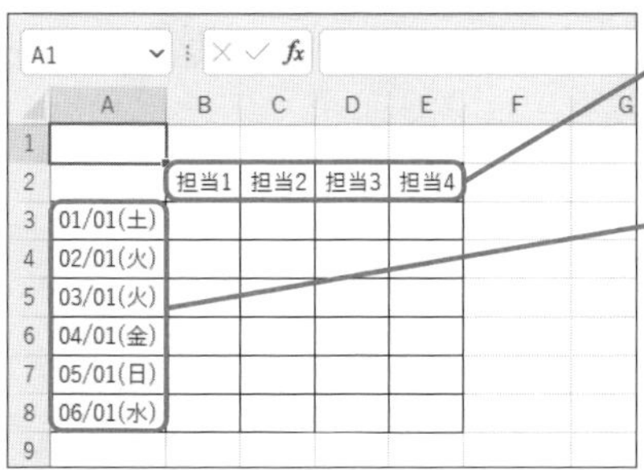

入力例　124.xlsm

```
Sub 連続データの入力()
    Range("A3").AutoFill Destination:=Range("A3:A8"), Type:=xlFillMonths  ←1
    Range("B2").AutoFill Destination:=Range("B2:E2")  ←2
End Sub
```

1 セルA3の値を基準にセルA3～A8まで、月単位でオートフィルを実行する　2 セルB2の値を基準にセルB2～E2まで、オートフィルを実行する

ポイント

構文 `Rangeオブジェクト.AutoFill(Destination, Type)`

- RangeオブジェクトのAutoFillメソッドでは、指定したセルの値を基準に、引数「Destination」で書き込み先のセル範囲を指定し、引数「Type」でオートフィルの実行タイプをXlAutoFillType列挙型の定数で指定します。
- 引数「Destination」には、オートフィルの基準となるセルも含めて、書き込み先のセル範囲を指定します。

●引数Typeの設定値（XlAutoFillType列挙型の定数）

定数	内容
xlFillDefault（既定値）	標準のオートフィル
xlFillSeries	連続データ
xlFillCopy	コピー
xlFillFormats	書式のみコピー
xlFillValues	書式なしコピー
xlFillYears	年単位

定数	内容
xlFillMonths	月単位
xlFillDays	日単位
xlFillWeekdays	週日単位
xlLinearTrend	加算
xlGrowthTrend	乗算
xlFlashFill	フラッシュフィル

ワザ 125 月に対応した日付を自動入力する

難易度 ●●○ | 頻出度 ●●○ | 対応Ver. 365 2021 2019 2016

月に対応した日付を自動入力するには、RangeオブジェクトのAutoFillメソッドやSelect Caseステートメントなどを組み合わせて作成します。月間スケジュールを作成する場合、月により日数が異なります。ここでは、指定した年、月に合わせた日数の行を作成する方法として、AutoFillメソッドで連続データを31日分入力後、Select Caseステートメントにより月によって余分な日付を削除しています。

入力例

125.xlsm

```
Sub 月別日付入力()
    With Range("A4")
        .Value = Range("A1") ←1
        .NumberFormatLocal = "mm/dd(aaa)" ←2
        .AutoFill Range("A4:A34") ←3
    End With
    Select Case Month(Range("A1")) ←4
        Case 4, 6, 9, 11
            Range("A34").Clear
        Case 2
            If Day(Range("A32")) = 29 Then
                Range("A33:A34").Clear
            Else
                Range("A32:A34").Clear
            End If
    End Select
End Sub
```

1セルA4に、セルA1の値を入力する　2セルA4の表示形式を「mm/dd(aaa)」に設定する　3セルA4を基準にセルA34まで連続データを31日分の日数として入力する　4セルA1の月の値が「4」「6」「9」「11」のとき、30日までしかないので、セルA34の値を削除する。月の値が「2」のとき、セルA32の値が「29」かどうかでうるう年のチェックをし、余分な日付を削除する

ポイント

- 月に合わせた日付を入力するために、まずオートフィルで31日分の日付を入力します。4、6、9、11月は30日までなので、Select Caseで判断して、31日目の日付になっている最後のセルA34の内容を削除します。2月の場合、通常は28日となりますが、うるう年の場合は29日なので、29日目のセル（セルA32）の日付をDay関数で調べ、「29」の場合に余分なセルとなるA33～A34の内容を削除し、そうでない場合に余分なセルとなるA32～A34の内容を削除します。
- セルA1に正確な西暦と月が入力されていることが条件です。正確な日付と判断できるかをチェックするには、IsDate関数を使うといいでしょう（ワザ656参照）。
- セルA1にはあらかじめ「yyyy/m」という表示形式を設定しておきます。例えば、「2022/4」と入力すれば、値は「2022/4/1」と判断され、セルには「2022/4」と表示されます。

関連ワザ 124 連続データを入力する………P.173

ワザ 126 セルの入力パターンを利用して連続データを入力する

難易度 ●○○ | 頻出度 ●●○ | 対応Ver. 365 2021 2019 2016

AutoFillメソッドの引数「Type」にxlFlashFillを指定すると、フラッシュフィルを使ってデータ入力できます。フラッシュフィルは、基準となるセルに入力されているデータの入力パターンを分析し、表内の列のデータを使用して連続データを入力する機能です。ここでは、セルE3のデータを基に、C列をD列の値を組み合わせて氏名が入力されます。

C列の姓とD列の名を合わせた氏名をそれぞれ入力する

会員NO	姓	名	氏名
1001	山本	歩美	山本歩美
1002	田中	花子	
1003	中西	良子	
1004	斉藤	孝美	
1005	清水	恵子	
1006	長谷川	清美	

E列に氏名が入力される

会員NO	姓	名	氏名
1001	山本	歩美	山本歩美
1002	田中	花子	田中花子
1003	中西	良子	中西良子
1004	斉藤	孝美	斉藤孝美
1005	清水	恵子	清水恵子
1006	長谷川	清美	長谷川清美

入力例

126.xlsm

```
Sub フラッシュフィル()
    Range("E3").AutoFill Range("E3:E8"), xlFlashFill ←1
End Sub
```

1 セルE3の値を基準にセルE3 ~ E8までフラッシュフィルを使ってデータ入力する

ポイント

- フラッシュフィルを使って連続データを入力するには、基準となるセルの値が、表内の同じ行にある値を基に入力パターンが分析できるものである必要があります。例えば、セルE 3の「山本歩美」は、C3の「山本」とD3の「歩美」を連結させたものであることから、セルE8までC列とD列の値を連結された値が入力されます。

関連ワザ 124 連続データを入力する………P.173

ワザ 127 月別スケジュールワークシートを作成する

難易度 ●●○ | 頻出度 ●●○ | 対応Ver. 365 2021 2019 2016

月別のスケジュールワークシートを、指定した年月から指定した月数分作成します。ここでは、[メニュー]シートに開始年、開始月、作成月数をあらかじめ入力しておき、それに基づいて作成するワークシート名の一覧を、DataSeriesメソッドを使って作成します。次に、ワークシート名一覧を基にワークシートを挿入し、それぞれのワークシートにスケジュール表を作成していきます。

ここでは、令和4年1月から令和4年3月までのスケジュール表を新しいワークシートに作成する

1 開始年、開始月、作成月数を入力

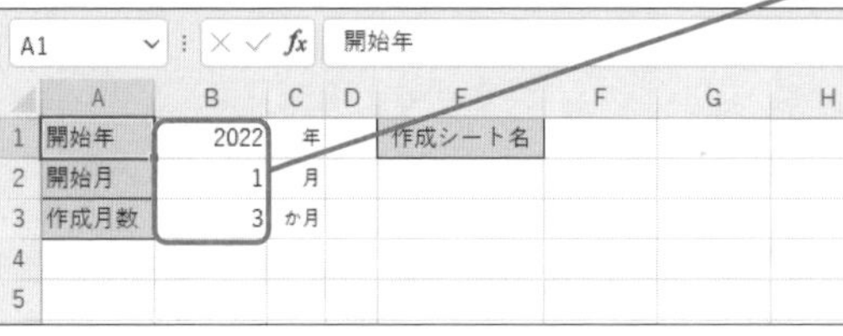

2 プログラムを実行

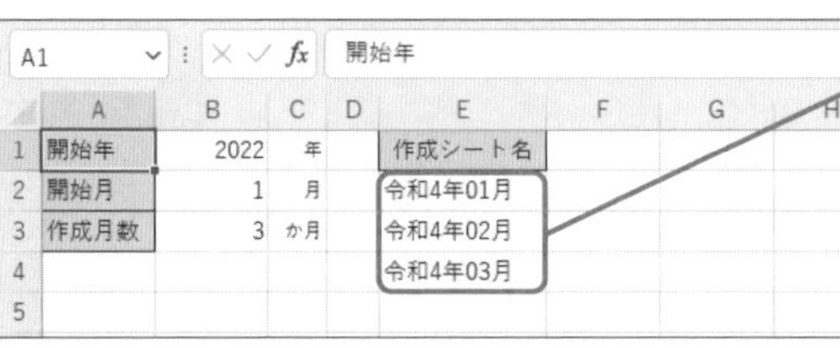

入力された開始年、開始月、作成月数から一覧が作成される

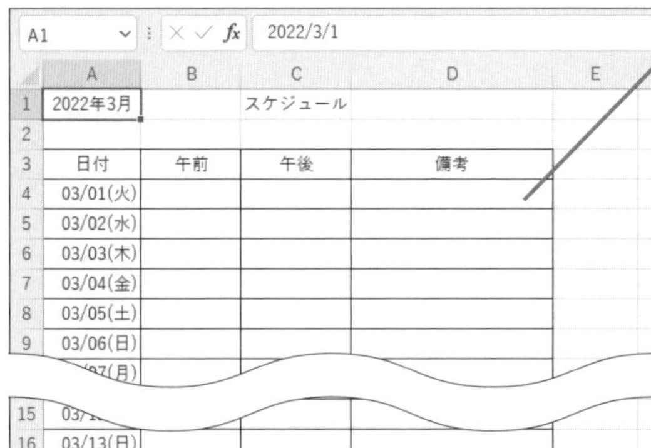

一覧にある分だけ新しいワークシートが挿入される

一覧の値にある名前がシート名に設定され、各シートにスケジュール表が作成される

入力例

127.xlsm

```
Sub スケジュールワークシート作成()
    Dim i As Integer
    On Error GoTo errHandler
    Worksheets("メニュー").Activate
    With Range("E2")   ←1
        .Value = DateSerial(Range("B1"), Range("B2"), 1)   ←2
        .NumberFormatLocal = "ggge年mm月"
        .DataSeries Rowcol:=xlColumns, Type:=xlChronological, Date:=xlMonth, _   ←3
                Step:=1, Stop:=DateAdd("m", Range("B3") - 1, Range("E2"))
    End With
    For i = 2 To Range("E1").CurrentRegion.Rows.Count   ←4
        Worksheets("原本").Copy After:=Worksheets(Worksheets.Count)   ←5
        ActiveSheet.Name = Worksheets("メニュー").Cells(i, "E").Text   ←6
        ActiveSheet.Range("A1").Value = Worksheets("メニュー").Cells(i, "E").Value   ←7
        月別日付入力   ←8
        Range("A3").CurrentRegion.Borders.LineStyle = xlContinuous
    Next
    Exit Sub
errHandler:
    MsgBox "エラーが発生しました"
End Sub
```

1［メニュー］シートのセルE2に対して次の処理を実行して、作成するシート名の一覧を作成する　2セルE2にセルB1の年、セルB2の月、日付を「1」として日付を作成して入力し、セルの書式を「ggge年mm月」に指定する3セルE2を先頭に、列方向に日付の値を月単位で「1」ずつ増加させて、セルB3で指定した月数分となるように連続データを作成する。ここでは、停止値にセルB3で指定した月数分となるように、DateAdd関数で最後の年月を指定する　4変数「i」が「2」からセルE1を含む表の行数になるまで処理を繰り返すことで、シート名の一覧にある分だけワークシートを挿入し、スケジュール表を作成する　5［原本］シートを基にワークシートをコピーし、末尾に追加する　6追加したアクティブシートの名前を［メニュー］シートのE列i行目のセルの値に設定する　7追加したワークシートのセルA1に、［メニュー］シートのセルE列i行目の値を入力する　8プロシージャー［月別日付入力］を呼び出して、月ごとの一覧を作成する（ワザ125参照）

ポイント

構文　Rangeオブジェクト.DataSeries (Rowcol, Type, Date, Step, Stop)

- 月単位の連続データを作成するためには、RangeオブジェクトのDataSeriesメソッドを使い、上のように記述します。列方向に作成する場合は引数「Rowcol」で「xlColumns」を指定し、日付の連続データを入力するには引数「Type」で「xlChronological」、単位を月にするために引数「Date」で「xlMonth」を指定します。引数「Step」で増加値、引数「Stop」で停止値を指定します。
- ワークシート名の一覧を作成するには、「令和○年○月」という形式で指定した月数分のワークシートを追加します。元となる日付から月単位の連続データを作成することが必要になります。元となる日付はDateSerial関数で作成し、NumberFormatLocalプロパティで表示形式を設定します。
- 引数「Stop」では、連続データを停止する値を指定します。最後となるデータは、セルE2の値のセルB3の値から1を引いた月の後になるため、DateAdd関数を使って停止値を求めています。

関連ワザ 124　連続データを入力する………P.173
関連ワザ 125　月に対応した日付を自動入力する………P.174

ワザ 128 セルの挿入や削除を実行する

難易度 ●●○ 頻出度 ●●● 対応Ver. 365 2021 2019 2016

セルを挿入したり、削除したりするには、RangeオブジェクトのInsertメソッド、Deleteメソッドを使います。ここでは、表のセルA6～E6までを削除し、セルB2を含む列全体を挿入しています。表の整形や編集時にセルの挿入・削除を実行するときに利用するといいでしょう。また、InsertメソッドとDeleteメソッドは、引数の指定方法によって挿入や削除の方法を設定できます。

セルA6～E6を削除する　セルB2を含む列全体を挿入する

	A	B	C	D	E	F	G
1	売上表						商品一覧
2	月	原宿	渋谷	新宿	合計		商品名
3	4月	1,890	1,850	1,290	5,030		バターロール
4	5月	1,950	2,460	1,250	5,660		クロワッサン
5	6月	2,510	2,050	1,640	6,200		フランスパン
6	7月	3,150	2,220	2,350	7,720		メロンパン
7	合計	9,500	8,580	6,530	24,610		ホテルブレッド
8							

セルA6～E6を削除して、表を上にシフトした後、セルB2を含む列を挿入し右側の書式を適用する

	A	B	C	D	E	F	G	H
1	売上表							商品一覧
2	月		原宿	渋谷	新宿	合計		商品名
3	4月		1,890	1,850	1,290	5,030		バターロール
4	5月		1,950	2,460	1,250	5,660		クロワッサン
5	6月		2,510	2,050	1,640	6,200		フランスパン
6	合計		6,350	6,360	4,180	16,890		メロンパン
7								ホテルブレッド
8								

入力例　128.xlsm

```
Sub セルの挿入と削除()
    Range("A6:E6").Delete Shift:=xlUp ←1
    Range("B2").EntireColumn.Insert CopyOrigin:=xlFormatFromRightOrBelow ←2
End Sub
```

1 セルA6～E6を削除し、上方向にシフトする　2 セルB2を含む列全体を挿入する。このとき、右側の書式を適用する

ポイント

構文 `Rangeオブジェクト.Insert(Shift, CopyOrigin)`

- セルを挿入するには、RangeオブジェクトのInsertメソッドを使用し、上のように記述します。引数「Shift」でセルのシフト方向を指定します。「xlUP」で上、「xlShiftToRight」で右、「xlShiftDown」で下へシフトします。引数「CopyOrigin」では、シフトしたときに設定する書式を指定します。「xlFormatFromLeftOrAbove」のときは隣接した左または上、「xlFormatFromRightOrBelow」のときは隣接した右または下のセルの書式を適用します。どちらの引数も省略時は、Excelが自動で判断します。

構文 `Rangeオブジェクト.Delete(Shift)`

- セルを削除するには、RangeオブジェクトのDeleteメソッドを使用し、上のように記述します。引数「Shift」では、削除後にセルを移動する方向を指定します。「xlShiftToLeft」のときには左方向、「xlShiftToUp」のときには上方向へシフトします。省略時は、Excelが自動で判断します。
- Deleteメソッドはセル自体を削除します。セルの内容を削除する場合はClearメソッドを使用してください。

関連ワザ 111 指定したセルを含む行および列全体を操作する………P.160
関連ワザ 129 セルの書式やデータを削除する………P.179

ワザ 129 セルの書式やデータを削除する

難易度 ●○○ | 頻出度 ●●● | 対応Ver. 365 2021 2019 2016

セルの書式を削除するにはClearFormatsメソッド、データのみを削除するにはClearContentsメソッド、書式とデータの両方とも削除するにはClearメソッドを使います。ここでは、3つの表でそれぞれのメソッドを使い分けて、違いを確認しています。表自体を削除するだけではなく、セルに設定されている書式やデータなどの編集内容を削除するときに頻繁に使用する基本的なメソッドです。

	A	B	C
1			
2	月	原宿	渋谷
3	4月	1,890	1,850
4	5月	1,950	2,460
5			
6	月	原宿	渋谷
7	6月	2,510	2,050
8	7月	3,150	2,220
9			
10	月	原宿	渋谷
11	8月	2,260	2,950
12	9月	3,020	2,460
13			

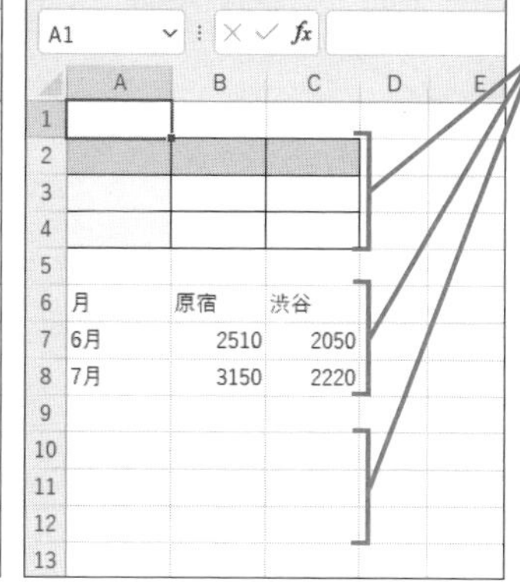

	A	B	C
1			
2			
3			
4			
5			
6	月	原宿	渋谷
7	6月	2510	2050
8	7月	3150	2220
9			
10			
11			
12			
13			

複数のメソッドを使ってデータの削除やクリアができる

入力例　129.xlsm

```
Sub データや書式の消去()
    Range("A2").CurrentRegion.ClearContents ←1
    Range("A6").CurrentRegion.ClearFormats ←2
    Range("A10").CurrentRegion.Clear ←3
End Sub
```

1セルA2を含む表全体のデータを削除する　2セルA6を含む表全体の書式を削除する　3セルA10を含む表全体のデータと書式を削除する

ポイント

構文 `Rangeオブジェクト.Clear`

構文 `Rangeオブジェクト.ClearContents`

構文 `Rangeオブジェクト.ClearFormats`

- RangeオブジェクトのClearメソッドは、セルのデータ、書式など内容をすべて削除し、ClearContentsメソッドは、セルの文字列、数式などのデータのみを削除します。ClearFormatsメソッドは、セルの罫線や色など設定されている書式を削除します。

関連ワザ 128 セルの挿入や削除を実行する………P.178

ワザ 130 表全体を移動する

難易度 ●○○ | 頻出度 ●●○ | 対応Ver. 365 2021 2019 2016

特定のセル範囲を別の場所に移動するには、RangeオブジェクトのCutメソッドを使います。ここでは、セルA2を含む表全体を、セルA7を左上端として移動します。Cutメソッドでは、引数の指定方法によって、指定したセル範囲を切り取って指定した場所に貼り付けたり、クリップボードに格納したりできます。

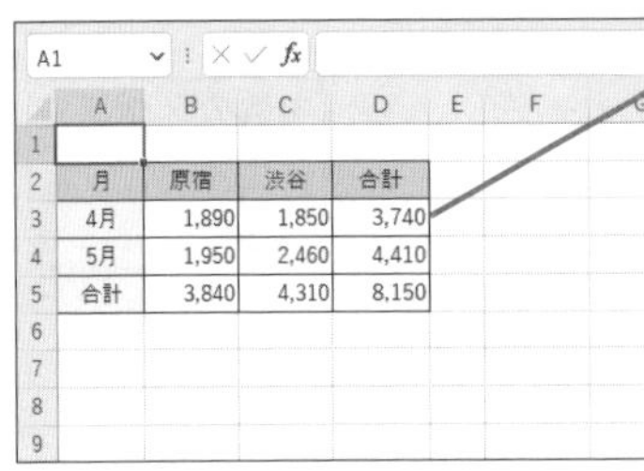

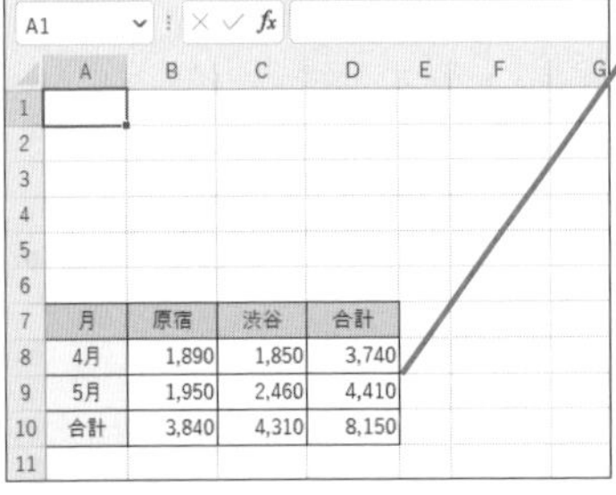

表全体を指定した位置に移動できた

入力例　130.xlsm

```
Sub 表全体の移動()
    Range("A2").CurrentRegion.Cut Destination:=Range("A7")  ←1
End Sub
```

1 セルA2を含む表全体を切り取って、セルA7を左上端として貼り付ける

ポイント

構文　Rangeオブジェクト.Cut(Destination)

- RangeオブジェクトのCutメソッドは、上のように記述します。引数「Destination」で貼り付け先のセル範囲を指定します。単一のセルを指定した場合は、そのセルを左上端として貼り付けられます。引数を省略した場合は、切り取ったセル範囲をクリップボードに格納します。
- Cutメソッドでセル範囲を切り取る場合は、連続したセル範囲を指定する必要があります。

関連ワザ 132 クリップボードのデータを貼り付ける………P.182

ワザ 131 表全体をコピーする

難易度 ●○○ ｜ 頻出度 ●●● ｜ 対応Ver. 365 2021 2019 2016

表全体をコピーするには、RangeオブジェクトのCopyメソッドを使います。ここでは、セルA2を含む表全体をコピーし、セルA7を左上端にして貼り付けます。Copyメソッドでは、指定したセル範囲をコピーして、指定した場所に貼り付けたり、クリップボードに格納したりできます。1回だけコピーしたいのか、複数の個所にコピーしたいのかで、使い分けるといいでしょう。

	A	B	C	D	E	F	G
1							
2	月	原宿	渋谷	合計			
3	4月	1,890	1,850	3,740			
4	5月	1,950	2,460	4,410			
5	合計	3,840	4,310	8,150			
6							
7	月	原宿	渋谷	合計			
8	4月	1,890	1,850	3,740			
9	5月	1,950	2,460	4,410			
10	合計	3,840	4,310	8,150			
11							

表全体を指定した位置に貼り付ける

入力例　131.xlsm

```
Sub 表全体のコピー()
    Range("A2").CurrentRegion.Copy Destination:=Range("A7")  ←1
End Sub
```

1 セルA2を含む表全体をコピーし、セルA7を左上端として貼り付ける

ポイント

構文 `Rangeオブジェクト.Copy(Destination)`

- RangeオブジェクトのCopyメソッドは、上のように記述します。引数「Destination」で貼り付け先のセル範囲を指定します。単一のセルを指定した場合は、そのセルを左上端として貼り付けられます。引数を省略した場合は、コピーしたセル範囲をクリップボードに格納します。
- 引数「Destination」を省略した場合は、クリップボードに格納されるので、PasteメソッドあるいはPasteSpecialメソッドを使って、貼り付けるためのコードを別途記述する必要があります（ワザ132参照）。

関連ワザ 132 クリップボードのデータを貼り付ける………P.182
関連ワザ 134 表に設定されている書式だけを貼り付ける………P.184

ワザ132 クリップボードのデータを貼り付ける

難易度 ●○○ | 頻出度 ●●● | 対応Ver. 365 2021 2019 2016

CutメソッドやCopyメソッドでクリップボードに格納したデータを指定した場所に貼り付けるには、WorksheetオブジェクトのPasteメソッドを使います。ここでは、セルA2を含む表をコピーしてクリップボードに格納し、Pasteメソッドを使って、通常の貼り付けとリンク貼り付けを行っています。Pasteメソッドでは、クリップボードに格納されているセル範囲をいろいろな方法で貼り付けることができます。

	A	B	C	D
6				
7	月	原宿	渋谷	合計
8	4月	1,890	1,850	3,740
9	5月	1,950	2,460	4,410
10	合計	3,840	4,310	8,150
11				
12	月	原宿	渋谷	合計
13	4月	1890	1850	3740
14	5月	1950	2460	4410
15	合計	3840	4310	8150
16				

クリップボードに保存されたデータをいろいろな方法で貼り付ける

入力例

132.xlsm

```
Sub クリップボードのデータ貼り付け()
    Range("A2").CurrentRegion.Copy ←1
    ActiveSheet.Paste Destination:=Range("A7") ←2
    Range("A12").Select ←3
    ActiveSheet.Paste Link:=True ←4
    Application.CutCopyMode = False ←5
End Sub
```

1 セルA2を含む表全体をコピーしてクリップボードに格納する　2 クリップボードに格納されているセル範囲を、セルA7を左上端にして貼り付ける　3 セルA12を選択する　4 クリップボードに格納されているセル範囲をアクティブシートにリンク貼り付けする　5 コピーした状態を解除する

ポイント

構文　`Worksheetオブジェクト.Paste(Destination, Link)`

- クリップボードに格納されているデータを貼り付けるには、WorksheetオブジェクトのPasteメソッドを使って上のように記述します。引数「Destination」は、貼り付け先のセルを指定します。引数「Link」は、元のデータとリンクするかを指定します。
- 引数「Destination」を省略した場合は、現在選択されているセル範囲に貼り付けられます。
- 引数「Link」の既定値は「False」です。「True」では、元のデータがリンク貼り付けされます。このとき、元のデータの書式はコピーされません。書式をコピーをするときはPasteSpecialメソッドを使います(ワザ134参照)。
- 引数「Link」を指定した場合は、引数「Destination」を指定できません。そのため、あらかじめ貼り付け先のセルを選択しておく必要があります。

関連ワザ 130 表全体を移動する………P.180
関連ワザ 131 表全体をコピーする………P.181

ワザ 133 コピーした表を図としてリンク貼り付けを行う

難易度 ●○○ | 頻出度 ●●○ | 対応Ver. 365 2021 2019 2016

クリップボードに格納されている表を図としてリンク貼り付けするには、PicturesコレクションのPasteメソッドを使います。ここでは、［Sheet2］シートのセルA2を含む表全体をコピーしてクリップボードに格納し、アクティブシートのセルA7に図としてリンク貼り付けを行います。列幅などのレイアウトが異なる別のワークシートに作成されている表を、1つのワークシートにまとめて印刷するときに便利です。

	A	B	C	D	E	F
1						
2	月	原宿	渋谷	合計		
3	4月	1,890	1,850	3,740		
4	5月	1,950	2,460	4,410		
5	合計	3,840	4,310	8,150		
6						
7	支店別担当者					
8		店長		アルバイト		
9	原宿	斉藤　雄介		水野　まゆみ		
10	渋谷	高橋　孝雄		森田　久美		
11						

［Sheet2］シートの表を画像として貼り付け、元表のデータ変更を反映できるようにする

入力例

133.xlsm

```
Sub 図のリンク貼り付け()
    Worksheets("Sheet2").Range("A2").CurrentRegion.Copy ←1
    Range("A7").Select ←2
    ActiveSheet.Pictures.Paste Link:=True ←3
    Application.CutCopyMode = False
End Sub
```

1［Sheet2］シートのセルA2を含むアクティブセル領域をコピーして、クリップボードに格納する　2アクティブシートのセルA7を選択する　3クリップボードの内容を図として、現在の選択位置にリンク貼り付けを行う

ポイント

構文 `Worksheetオブジェクト.Pictrues.Paste(Link)`

- クリップボードの内容を図としてリンク貼り付けを行うには、PicturesコレクションのPasteメソッドを使って上のように記述します。引数「Link」を「True」にすると、元のデータとリンクが貼られた状態で貼り付けます。
- 図として貼り付ける場合は、あらかじめ貼り付け先となるセルを選択しておく必要があります。
- 図としてリンク貼り付けを行う元の表でデータが変更された場合は、貼り付けられた図のデータが更新されます。

関連ワザ 132 クリップボードのデータを貼り付ける………P.182

ワザ 134 表に設定されている書式だけを貼り付ける

難易度 ●○○ ｜ 頻出度 ●●○ ｜ 対応Ver. 365 2021 2019 2016

クリップボードに格納されているセルの内容ではなく、書式だけを貼り付けるには、RangeオブジェクトのPasteSpecialメソッドを使います。ここでは、セルA2を含む表全体をコピーしてクリップボードに格納し、セルA7を左上端にして表の書式だけを貼り付けています。PasteSpecialメソッドは、セルの内容をいろいろな形式で貼り付けられます。

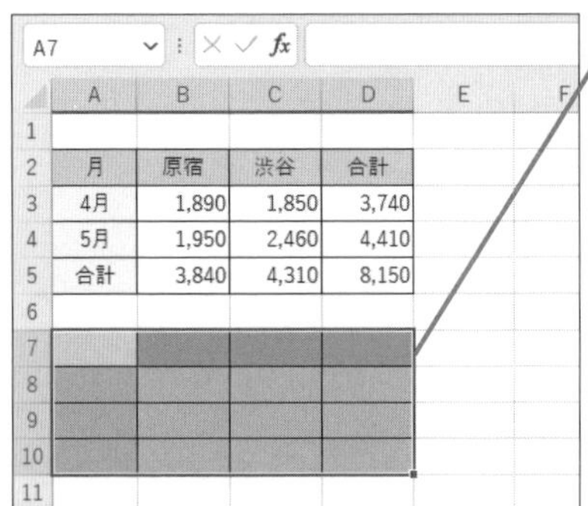

入力例

134.xlsm

```
Sub 形式を選択して貼り付ける()
    Range("A2").CurrentRegion.Copy ←1
    Range("A7").PasteSpecial Paste:=xlPasteFormats ←2
    Application.CutCopyMode = False ←3
End Sub
```

1 セルA2を含む表全体をコピーしてクリップボードに格納する　2 セルA7を左上端にして、コピーした表の書式のみを貼り付ける　3 コピーした状態（コピーモード）を解除する

ポイント

構文 `Rangeオブジェクト.PasteSpecial(Paste, Operation)`

- クリップボードに格納されている表の書式だけを貼り付けるには、RangeオブジェクトのPasteSpecialメソッドを使用して、引数「Paste」に「xlPasteFormats」を指定し、上のように記述します。なお、引数「Paste」では貼り付ける内容を指定し、引数「Operation」では貼り付ける際の演算方法を指定します（ワザ135参照）。また、引数をすべて省略すると、セルのデータがすべて貼り付けられます。

●引数Pasteの主な設定値（XlPasteType列挙型の定数）

定数	内容
xlPasteAll（既定値）	すべて
xlPasteValues	値
xlPasteFormats	書式
xlPasteColumnWidths	列幅

関連ワザ 135 商品の原価に一律30円加えたり、単価を一律1.5倍にしたりする………P.185

ワザ 135 商品の原価に一律30円加えたり、単価を一律1.5倍にしたりする

難易度 ●●○ ｜ 頻出度 ●●○ ｜ 対応Ver. 365 2021 2019 2016

原価や単価などが入力されている列の値に、一律に30円を加えたり、値を1.5倍にしたりするには、RangeオブジェクトのPasteSpecialメソッドを使って、引数「Operation」で演算方法を指定します。ここでは、原価のセルB4 ～ B6にセルB1の値を加算して、単価のセルC4 ～ C6にセルD1の値を乗算して貼り付けています。数式を設定せずに、セル範囲に一度にまとめて同じ演算を行う場合にも利用できます。

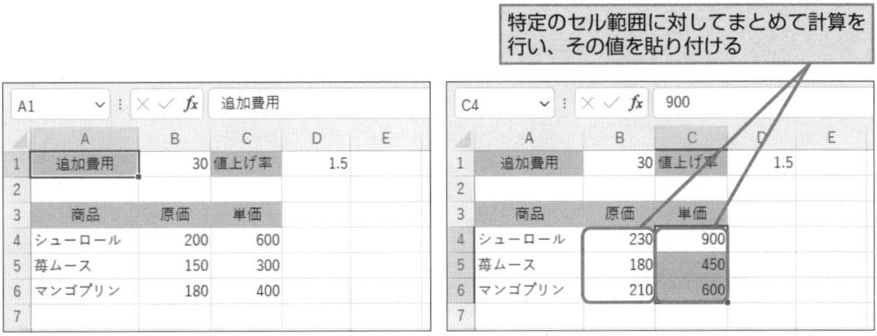

特定のセル範囲に対してまとめて計算を行い、その値を貼り付ける

A1 : 追加費用

	A	B	C	D	E
1	追加費用	30	値上げ率	1.5	
2					
3	商品	原価	単価		
4	シューロール	200	600		
5	苺ムース	150	300		
6	マンゴプリン	180	400		
7					

C4 : 900

	A	B	C	D	E
1	追加費用	30	値上げ率	1.5	
2					
3	商品	原価	単価		
4	シューロール	230	900		
5	苺ムース	180	450		
6	マンゴプリン	210	600		
7					

入力例

135.xlsm

```
Sub 演算貼り付け()
    Range("B1").Copy ←1
    Range("B4:B6").PasteSpecial Operation:=xlPasteSpecialOperationAdd ←2
    Range("D1").Copy ←3
    Range("C4:C6").PasteSpecial Operation:=xlPasteSpecialOperationMultiply ←4
    Application.CutCopyMode = False
End Sub
```

1 セルB1をコピーしてクリップボードに格納する
2 セルB4 ～ B6にクリップボードの値を加算して貼り付ける
3 セルD1をコピーしてクリップボードに格納する
4 セルC4 ～ C6にクリップボードの値を乗算して貼り付ける

ポイント

- RangeオブジェクトのPasteSpecialメソッドで、引数「Operation」に、「xlPasteSpecialOperationAdd」を指定すると加算して貼り付け、「xlPasteSpecialOperationMultiply」を指定すると乗算して貼り付けられます（ワザ134参照）。

●引数Operationの設定値（XlPasteSpecialOperation列挙型の定数）

定数	内容
xlPasteSpecialOperationNone（既定値）	演算をしない
xlPasteSpecialOperationAdd	加算
xlPasteSpecialOperationSubtract	減算
xlPasteSpecialOperationMultiply	乗算
xlPasteSpecialOperationDivide	除算

関連ワザ 134 表に設定されている書式だけを貼り付ける………P.184

ワザ 136 表の列を並べ替える

難易度 ●●○　頻出度 ●●●　対応Ver. 365 2021 2019 2016

表の列を並べ替えるには、表内で並べ替えたい列をRangeオブジェクトのCutメソッドで切り取り、RangeオブジェクトのInsertメソッドで挿入します。ここでは、G列にある表の順番に、セルA1を含む表の列を並べ替えます。ここではG列の順番になるように並べ替えるために、繰り返し処理や条件分岐を組み合わせています。表の列を指定した順番で並べ替えたいときに活用するといいでしょう。

A1　月

	A	B	C	D	E	F	G	H
1	月	青山	渋谷	新宿	原宿		順番	
2	4月	850	1,800	1,290	1,890		青山	
3	5月	2,300	2,460	1,250	1,950		渋谷	
4	6月	2,710	2,050	1,640	2,510		新宿	
5	合計	5,860	6,310	4,180	6,350		原宿	

G列の値を基準にB列からE列を並べ替える

入力例　136.xlsm

```
Sub 表の列を並べ替える()
    Dim myRange As Range, myCell As Range
    Dim i As Integer
    Set myRange = Range("A1").CurrentRegion  ←1
    For i = 2 To 5  ←2
        For Each myCell In Range("B1:E1")  ←3
            If Cells(i, "G").Value = myCell.Value Then  ←4
                If myCell.Column <> i Then  ←5
                    myRange.Columns(myCell.Column).Cut
                    myRange.Columns(i).Insert shift:=xlToRight
                End If
                Exit For
            End If
        Next
    Next
End Sub
```

1 セルA1を含む表全体を変数「myRange」に代入する　2 変数「i」が「2」～「5」になるまで次の処理を繰り返す。変数「i」はG列の表の行番号に対応している　3 セルB1～E1を、順番に変数「myCell」に代入しながら次の処理を繰り返す。表の列の項目名を順番にチェックするための繰り返し処理　4 もしG列i行の値と変数「myCell」の値（表の項目名）が同じならば、並べ替えを実行する処理に進む　5 変数「myCell」の列番号と変数「i」の値が等しくなければ、変数「myRange」に代入された表のmyCell列を切り取り、変数「myRange」に代入された表のi列目に挿入し、セルを右にシフトさせる

ポイント

- 表の中でG列の項目と同じ項目名の列を見つけたら、その項目の行番号が、表の列の移動先の列番号になることを利用しています。
- Cutメソッドで切り取る列とInsertメソッドで挿入する列が同じ場合は、エラーになってしまいます。そのため、8行目のIfステートメントによって、列番号が異なる場合のみ並べ替えを実行します。
- 表の列名とG列の項目は同一の文字列にします。列名に変更がありG列の項目と一致しない場合、該当する列は一番右側に移動します。

ワザ 137 セルを結合する

難易度 ●●○ ｜ 頻出度 ●○○ ｜ 対応Ver. 365 2021 2019 2016

セルを結合するには、RangeオブジェクトのMergeメソッドを使います。ここでは、セルA3 ～ A5を結合させます。結合時に表示される確認メッセージによって処理が中断しないように、ApplicationオブジェクトのDisplayAlertsプロパティを使用しています。セルに連続して同じ値が入力されているときに、同じ値のセルを連結して1つにまとめたいときなどに使用しましょう。

A2 店舗

	A	B	C	D	E	F	G
1							
2	店舗	日付	商品	金額			
3	青山	10月1日	シューロール	¥600			
4	青山	10月2日	苺ムース	¥300			
5	青山	10月2日	抹茶プリン	¥600			
6	渋谷	10月3日	苺ムース	¥300			
7	渋谷	10月3日	シューロール	¥1,200			
8	渋谷	10月4日	苺ムース	¥300			

同じ値が入力されたセルを結合する

A2 店舗

	A	B	C	D	E	F	G
1							
2	店舗	日付	商品	金額			
3		10月1日	シューロール	¥600			
4	青山	10月2日	苺ムース	¥300			
5		10月2日	抹茶プリン	¥600			
6	渋谷	10月3日	苺ムース	¥300			
7	渋谷	10月3日	シューロール	¥1,200			
8	渋谷	10月4日	苺ムース	¥300			

セルA3 ～ A5を結合して、その際に表示される確認のメッセージを非表示にする

入力例　137.xlsm

```
Sub セルの結合()
    Application.DisplayAlerts = False  ←1
    Range("A3:A5").Merge  ←2
    Application.DisplayAlerts = True  ←3
End Sub
```

1 確認のダイアログボックスを非表示にする　2 セルA3 ～ A5を結合する　3 確認のダイアログボックスを表示する設定に戻す

ポイント

構文　Rangeオブジェクト.Merge(Across)

- Rangeオブジェクトのメソッドは、上のように記述して、指定したセル範囲を結合します。引数「Across」を「True」にすると、指定したセル範囲を行単位で結合し、「False」または省略すると、指定したすべてのセル範囲を結合します。
- セルの結合を解除するには、RangeオブジェクトのUnMergeメソッドを使います(ワザ101参照)。

関連ワザ 101　結合セルを解除する………P.150
関連ワザ 697　注意メッセージを非表示にする………P.873

ワザ 138 同じ内容のセルを結合する

難易度 ●●○ | 頻出度 ●○○ | 対応Ver. 365 2021 2019 2016

同じ内容のセルを結合するには、繰り返し処理用のステートメントとセルを結合するMergeメソッドを使います。ここでは、Mergeメソッドを使ってA列で同じ内容のセルを結合します。A列の中で同じ値をチェックするための処理と、表の最後まで繰り返すための処理の2つを組み合わせています。

入力例 138.xlsm

```
Sub 同じ内容のセルを結合する()
    Dim i As Integer, j As Integer
    Application.DisplayAlerts = False
    i = 3 ←1
    Do Until Cells(i, "A").Value = "" ←2
        j = 1 ←3
        Do While Cells(i, "A").Value = Cells(i + j, "A").Value ←4
            j = j + 1
        Loop
        Range(Cells(i, "A"), Cells(i + j - 1, "A")).Merge ←5
        i = i + j ←6
    Loop
    Application.DisplayAlerts = True
End Sub
```

1変数「i」には初期値として「3」を代入する。これはデータが3行目から入力されているため 2A列i行目の値が空白になるまで、繰り返し処理を開始する 3変数「j」に「1」を代入する。これは同じ値を持つセルを調べるための繰り返し処理で使用する 4A列のi行目のセルとA列のi+j列目のセルの値が同じである間、変数「j」に1を加算する。これにより、同じ値のセルがどのセルまでなのかを調べる 5A列のi行目からA列のi+j-1行目までのセルを連結させる 6変数「i」に変数「j」を加算して5行目の繰り返し処理に戻る

ポイント

- 表の上から下の行へ向かって順番に処理を進めるために、最初のDo UntilステートメントでA列i行目のセルが空欄になるまで処理を繰り返します。
- 対象となるi行のデータとi+j行のデータが同じかどうかを比較し、データが同じ行がいくつ続くかを調べるために、Do Whileステートメントで繰り返し処理をネストしています。
- 繰り返し処理をネストしたり、行番号を代入する変数を使用したりするときは、ステップ実行や、ウォッチウィンドウ、ローカルウィンドウを使って、変数の変化や参照しているセルを確認し、正しく動作するかを確かめるといいでしょう。

関連ワザ 080 1行ずつ処理を実行する………P.125
関連ワザ 137 セルを結合する………P.187

ワザ 139 セルにメモを挿入する

難易度 ●●○ | 頻出度 ●○○ | 対応Ver. 365 2021 2019 2016

セルにメモ（Excel 2019/2016では「コメント」）を挿入するには、RangeオブジェクトのAddCommentメソッドを使います。セルにメモが設定されているときにAddCommentメソッドを実行すると、エラーになってしまいます。メモがあるかどうかを確認するには、TypeName関数を使いましょう（ワザ659参照）。ここでは、セルB2にメモがあるかを調べ、メモが設定されていない場合だけ、メモを挿入します。

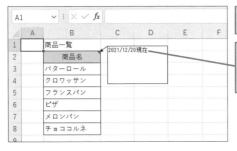

	A	B	C	D	E	F
1		商品一覧				
2		商品名	2021/12/20現在			
3		バターロール				
4		クロワッサン				
5		フランスパン				
6		ピザ				
7		メロンパン				
8		チョココルネ				

セルB2にメモが挿入されているかどうかを調べる

メモが挿入されていないときは、本日の日付（yyyy/mm/ddの形式）と「『現在』の文字列」を組み合わせてメモを挿入する

入力例 139.xlsm

```
Sub メモを挿入する()
    If TypeName(Range("B2").Comment) = "Comment" Then ←1
        MsgBox "メモが設定されています" ←2
        Exit Sub
    Else
        Range("B2").AddComment Format(Now, "yyyy/mm/dd") & "現在" ←3
    End If
End Sub
```

1セルB2にメモがあるかを調べる。「Range("B2").Commnet」でセルB2に設定されているCommentオブジェクトを参照する。TypeName関数の戻り値が「Commnet」であれば、メモが設定されていることになる 2メモが設定されている場合、メッセージを表示して終了する 3メモが設定されていない場合、セルB2に『本日の日付（yyyy/mm/ddの形式）と「現在」の文字列』を組み合わせて、メモを挿入する

ポイント

構文 Rangeオブジェクト.AddComment(Text)

- セルにメモを挿入するには、RangeオブジェクトのAddCommentメソッドを使って上のように記述します。引数「Text」ではメモに表示する文字列を指定します。AddCommentメソッドは、指定したセルにメモを挿入し、挿入したCommentオブジェクトを返します。
- セルにメモが設定されているかを調べるには、TypeName関数を使います（ワザ659参照）。「Rangeオブジェクト.Comment」で、セルに設定されているCommentオブジェクトを参照します。これをTypeName関数の引数に使って「TypeName(Range("B2").Comment)」と記述すると、セルB2にメモが設定されている場合は「"Comment"」が、メモが設定されていない場合は「Nothing」が返ります。これを利用してメモの有無を調べられます。

関連ワザ 140 セルのメモを編集する………P.190
関連ワザ 659 オブジェクトや変数の種類を調べる………P.822

ワザ 140 セルのメモを編集する

難易度 ●○○ ｜ 頻出度 ●○○ ｜ 対応Ver. 365 2021 2019 2016

セルに設定されているメモ（Excel 2019/2016では「コメント」）はCommentオブジェクトで扱います。Commentオブジェクトは、RangeオブジェクトのCommentプロパティを使って参照できます。Commentオブジェクトのプロパティやメソッドを使って、メモの編集が可能です。ここでは、セルB2に設定されているメモに対して、文字列の編集とメモの形の変更を行う例を紹介しましょう。

> メモの先頭に「備考」の文字列を挿入して、メモを四角いメモの形に変更する

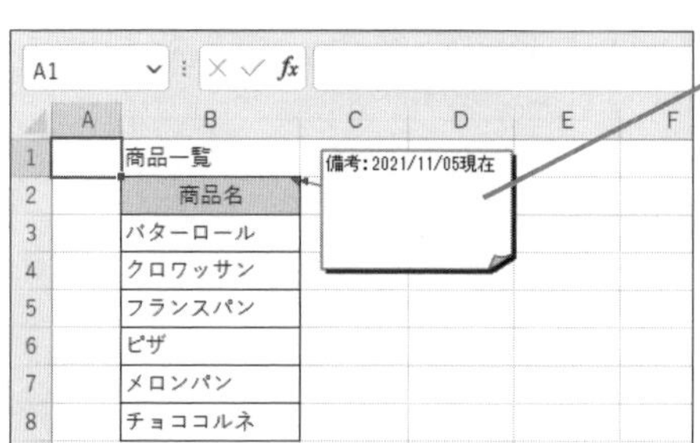

入力例　140.xlsm

```
Sub メモの編集()
    With Range("B2").Comment ←1
        .Text Text:="備考:", Start:=1, Overwrite:=False ←2
        .Shape.AutoShapeType = msoShapeFoldedCorner ←3
    End With
End Sub
```

1セルB2のメモに対して次の処理を行う　2メモの現在の文字列の先頭に、「備考」という文字を挿入する
3メモの形をオートシェイプの「四角形：メモ」に設定する

ポイント

構文 `Rangeオブジェクト.Comment`

- セルに設定されているメモを参照するには、RangeオブジェクトのCommentプロパティを使います（取得のみ）。

構文 `Rangeオブジェクト.Comment.Text(Text, Start, Overwrite)`

- メモの文字列を編集するには、Textメソッドを使って上のように記述します。引数「Text」はメモに追加する文字列を指定します。引数「Start」は追加する文字列の開始位置を指定します。省略すると既存の文字列は削除されます。引数「Overwrite」は文字列を挿入する場合は「False」、既存の文字列と置換する場合は「True」を指定します。

構文 `Rangeオブジェクト.ClearComments`

- メモを削除する場合は、CommentオブジェクトのDeleteメソッドを使います。なお、広いセル範囲に設定されている複数のメモを一度に削除する場合は、上のようにClearCommentsメソッドを使うと便利です。

関連ワザ 139 セルにメモを挿入する………P.189
関連ワザ 451 特定のオートシェイプを調べる………P.550

ワザ 141 セルに設定されているメモの一覧表を作成する

難易度 ●●○ ｜ 頻出度 ●○○ ｜ 対応Ver. 365 2021 2019 2016

ワークシート内のメモ（Excel 2019/2016では「コメント」）は、Commetsコレクションのメンバです。Commentsコレクションと For Eachステートメントを使えば、各Commentオブジェクトを参照してメモ一覧を作成できます。ここでは、［Sheet1］シートにあるメモの一覧を［Sheet2］シートに作成します。一覧表を作れば、ワークシートに設定されているメモの内容をまとめて参照できるので重宝します。

［Sheet1］シートに含まれるメモを一覧にして、［Sheet2］シートに表示する

入力例　141.xlsm

```
Sub メモ一覧作成()
    Dim myComment As Comment, i As Integer
    i = 2
    For Each myComment In Worksheets("Sheet1").Comments ←1
        With Worksheets("Sheet2")
            .Cells(i, "A").Value = myComment.Parent.Address ←2
            .Cells(i, "B").Value = myComment.Author ←3
            .Cells(i, "C").Value = myComment.Text ←4
        End With
        i = i + 1
    Next
End Sub
```

1［Sheet1］シートのCommentsコレクションから、Commentオブジェクトを1つずつ変数「myComment」に代入して、次の処理を実行する　2Commentオブジェクトの Parent.Addressプロパティで、メモが設定されているセルの位置を取得して、［Sheet2］シートのA列i行目に入力する　3CommentオブジェクトのAuthorプロパティで、メモの作成者を取得して、［Sheet2］シートのB列i行目に入力する　4CommentオブジェクトのTextメソッドでメモの文字列を取得して、［Sheet2］シートのC列i行目に入力する

ポイント

- メモが設定されているセルは、Parentプロパティを使って「Comment.Parent」で取得できます。セル位置を取得するには、「Comment.Parent.Address」と記述します。
- メモの作成者はCommentオブジェクトのAuthorプロパティで取得できます。
- メモの内容はTextメソッドを使います。Textメソッドの引数を省略すれば、メモの文字列をそのまま取得できます。

関連ワザ 140 セルのメモを編集する………P.190

ワザ 142 行列の表示と非表示を切り替える

難易度 ●○○ | 頻出度 ●●○ | 対応Ver. 365 2021 2019 2016

ワークシートの行や列の表示と非表示を切り替えるには、RangeオブジェクトのHiddenプロパティを使います。Hiddenプロパティは「True」と「False」の値を持つことから、Not演算子を使って実行するたびに、行列の表示と非表示が切り替えられます。ここでは、表のデータ部分であるセルB3～C6を非表示にするように、行と列のHiddenプロパティの値を切り替えます。

	A	B	C	D	E
1					
2	月	東京	大阪	合計	
3	4月	25,000	18,050	43,050	
4	5月	32,000	24,600	56,600	
5	6月	25,100	19,850	44,950	
6	7月	31,050	22,200	53,250	
7	合計	113,150	84,700	197,850	
8					

→ 指定した行と列を非表示にする

	A	D	E	F	G
1					
2	月	合計			
7	合計	197,850			
8					
9					
10					
11					
12					

入力例

142.xlsm

```
Sub 行列の表示非表示()
    With Range("B3:C6")
        .Rows.Hidden = Not .Rows.Hidden  ←1
        .Columns.Hidden = Not .Columns.Hidden  ←2
    End With
End Sub
```

1 セルB3～C6までの行が表示の場合は非表示、非表示の場合は表示する 2 セルB3～C6までの列が表示の場合は非表示、非表示の場合は表示する

ポイント

構文 **Rangeオブジェクト.Hidden**

- RangeオブジェクトのHiddenプロパティは、指定した行または列の表示、非表示を取得、設定します。「True」の時は表示、「False」の時は非表示になります。
- 行または列単位で表示、非表示を切り替えるので、記述するときにRowsプロパティ、Columnsプロパティを使って、行や列を参照しておく必要があります。
- 入力例では、指定したセル範囲についてRows、Columnsと記述して、セル範囲のすべての行または列を参照していますが、2行目だけであれば、「Rows(2).Hidden」のように記述します。
- Hiddenプロパティは、行全体、列全体を非表示にするため、表の横や下に別の表を作成すると、その表まで非表示になってしまいますので、注意しましょう。

関連ワザ 051 複数の条件を組み合わせる………P.93
関連ワザ 109 表の行列見出しと合計列に色を設定する………P.158

ワザ 143 行の高さと列の幅を変更する

難易度 ●○○ ｜ 頻出度 ●●○ ｜ 対応Ver. 365 2021 2019 2016

行の高さを変更するにはRangeオブジェクトのRowHeightプロパティ、列幅を変更するにはRangeオブジェクトのColumnWidthプロパティを使います。ここでは、セルA2の行の高さを取得し、セルA7の行の高さに設定しています。また、セルB2 ～ D2までの列幅を12文字に設定しています。このように、指定したセル範囲の行の高さと列の幅を変更したいときに使用します。

	A	B	C	D	E
1					
2	月	東京	大阪	合計	
3	4月	25,000	18,050	43,050	
4	5月	32,000	24,600	56,600	
5	6月	25,100	19,850	44,950	
6	7月	31,050	22,200	53,250	
7	合計	113,150	84,700	197,850	
8					

行の高さと列の幅を指定した値に設定する

入力例

143.xlsm

```
Sub 行の高さと列の幅を変更する()
    Range("A7").RowHeight = Range("A2").RowHeight  ←1
    Range("B2:D2").ColumnWidth = 12  ←2
End Sub
```

1セルA2の行の高さを取得し、セルA7の行の高さに設定する　2セルB2 ～ D2までの列の幅を12文字分に設定する

ポイント

構文 **RangeオブジェクトRowHeight**

- RangeオブジェクトのRowHeightプロパティは、指定した行の高さを取得、設定します。複数の行を指定した場合は、複数の行をまとめて同じ高さに設定できます。値を取得する場合、指定したセル範囲すべての行の高さが同じでないとNullが返ります。単位はポイント（1/72インチ、約0.35ミリ）で指定します。

構文 **Rangeオブジェクト.ColumnWidth**

- RangeオブジェクトのColumnWidthプロパティは、指定した列の幅を取得、設定します。複数の列を指定した場合は、複数の列をまとめて同じ幅に設定できます。値を取得する場合、指定したセル範囲すべての列の幅が同じでないとNullが返ります。幅は標準フォントの1文字分を「1」として、文字数で指定します。
- 入力例では、セル範囲をオブジェクトとして指定していますが、「Rows(2).RowHeight」や「Columns(3).ColumnWidth」のように、行や列全体を指定して記述することもできます。

関連ワザ 144 行の高さと列の幅を標準の高さや幅に変更する………P.194

ワザ 144 行の高さと列の幅を標準の高さや幅に変更する

難易度 ●○○ | 頻出度 ●●○ | 対応Ver. 365 2021 2019 2016

行の高さを標準の高さに変更するには、RangeオブジェクトのUseStandardHeightプロパティを「True」にします。また、列の幅を標準の幅に変更するには、RangeオブジェクトのUseStandardWidthプロパティを「True」にします。ここでは、セルA2～A7の行の高さと列の幅を、それぞれ標準の高さと幅に変更します。行の高さや列の幅を変更した表を、標準の高さと幅に戻したいときに利用すると便利です。

	A	B	C	D
1				
2	月	東京	大阪	合計
3	4月	25,000	18,050	43,050
4	5月	32,000	24,600	56,600
5	6月	25,100	19,850	44,950
6	7月	31,050	22,200	53,250
7	合計	113,150	84,700	197,850
8				

変更した行の高さと列の幅を標準に戻す

入力例

144.xlsm

```
Sub 行の高さと列の幅を標準に戻す()
    With Range("A2:A7")
        .UseStandardHeight = True  ←1
        .UseStandardWidth = True  ←2
    End With
End Sub
```

1セルA2～A7までの行の高さを標準の高さに設定する　2セルA2～A7までの列の幅を標準の幅に設定する

ポイント

設定 **Rangeオブジェクト.UseStandardHeight**

- RangeオブジェクトのUseStandardHeightプロパティは、指定したセル範囲が標準の行の高さかどうかを取得、設定します。指定したセル範囲を標準の行の高さにするには、設定値を「True」にします。

設定 **Rangeオブジェクト.UseStandardWidth**

- RangeオブジェクトのUseStandardWidthプロパティは、指定したセル範囲が標準の列の幅かどうかを取得、設定します。指定したセル範囲を標準の列の幅にするには、設定値を「True」にします。
- UseStandardHeightプロパティ、UseStandardWidthプロパティは、ともに複数のセル範囲を指定したとき、各行の高さや各列の幅が同じでない場合にはNullが返ります。

関連ワザ 143 行の高さと列の幅を変更する………P.193

ワザ 145 行の高さと列の幅を自動的に調整する

難易度 ●○○ ｜ 頻出度 ●●○ ｜ 対応Ver. 365 2021 2019 2016

行の高さと列の幅を自動調整するには、RangeオブジェクトのAutoFitメソッドを使います。ここでは、2～6行目の行の高さを、それぞれの行に入力されている文字サイズに合わせて自動調整し、セルA2～D6の表の各列に表示されている文字幅に合わせて列の幅を自動調整します。行の高さや列の幅を、セルに表示されている文字に合わせて自動調整したいときに利用します。

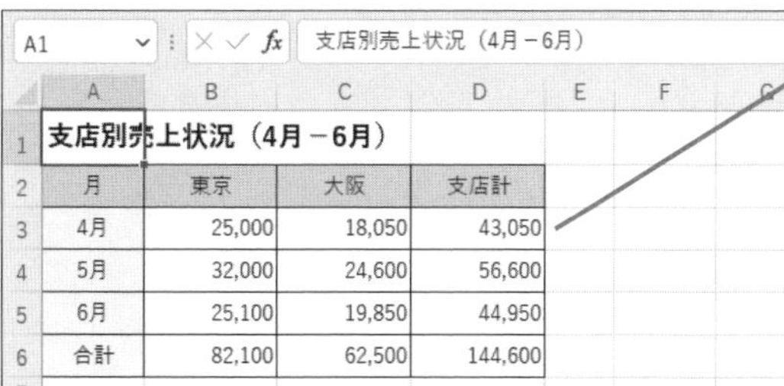

セルに表示されている文字に合わせて行の高さと列の幅を表示する

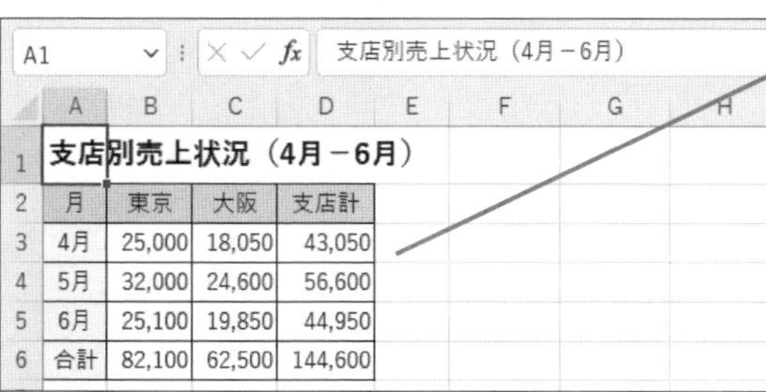

行の高さと列の幅が自動的に調整される

入力例

145.xlsm

```
Sub 行の高さと列の幅を自動調整する()
    Rows("2:6").AutoFit ←1
    Range("A2:D6").Columns.AutoFit ←2
End Sub
```

1 2～6行目までの行の高さを自動調整する　2 セルA2～D6に入力されている内容に合わせて列幅を自動調整する

ポイント

構文　Rangeオブジェクト.AutoFit

- RangeオブジェクトのAutoFitメソッドは、上のように記述します。セル範囲内の行や列を指定すると、そのセル範囲の中に入力されている文字に合わせて自動調整されます。
- AutoFitメソッドは、行または列を対象とするため、RowsプロパティやColumnsプロパティを使って、必ず行または列を参照するオブジェクトを指定します。

関連ワザ 109 表の行列見出しと合計列に色を設定する………P.158

ワザ 146 セル範囲の高さと幅を取得する

難易度 ●○○ ｜ 頻出度 ●●● ｜ 対応Ver. 365 2021 2019 2016

指定したセル範囲の高さを取得するにはRangeオブジェクトのHeightプロパティ、幅を取得するにはRangeオブジェクトのWidthプロパティを使用します。ここでは、セルA2～D6の表の高さと幅を取得し、メッセージで表示します。グラフや図形などを指定したセル範囲に収まるように作成するときに便利です。

支店別売上状況（4月－6月）

月	東京	大阪	支店計
4月	25,000	18,050	43,050
5月	32,000	24,600	56,600
6月	25,100	19,850	44,950
合計	82,100	62,500	144,600

セルA2～D6の表の高さと幅を取得する

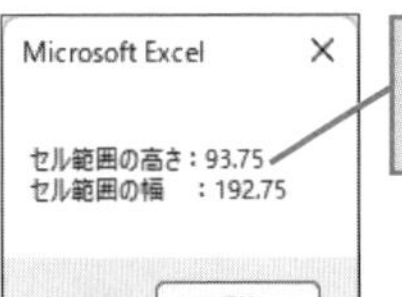

取得したセル範囲の高さや幅をメッセージで表示できる

入力例

146.xlsm

```
Sub セル範囲の高さと幅を取得する()
    MsgBox "セル範囲の高さ:" & Range("A2:D6").Height & vbCrLf & _   ←1
           "セル範囲の幅  :" & Range("A2:D6").Width
End Sub
```

1 セルA2～D6の高さと幅を取得し、メッセージで表示する

ポイント

構文 Rangeオブジェクト.Height

- RangeオブジェクトのHeightプロパティは、指定したセル範囲の高さをポイント単位（1/72インチ、約0.35ミリ）で取得します（取得のみ）。

構文 Rangeオブジェクト.Width

- RangeオブジェクトのWidthプロパティは、指定したセル範囲の幅をポイント単位で取得します（取得のみ）。

関連ワザ 456 セル範囲に合わせて埋め込みグラフを作成する①………P.555

第**4**章

セルの書式

この章では、セルの書式設定方法を中心に説明します。文字サイズ、フォント、色、罫線など、書式設定の基本的な方法や、設定されている書式を調べて計算したり、セルの値に応じて書式を設定したりするなど、実務につながるワザも紹介しています。

ワザ 147 セルの表示形式を変更する

難易度 ●●○ | 頻出度 ●●○ | 対応Ver. 365 2021 2019 2016

セルの表示形式を変更するには、RangeオブジェクトのNumberFormatLocalプロパティを使用します。NumberFormatLocalプロパティは、コード実行時の言語の文字列（日本語）で表示形式を設定できるプロパティです。ここでは、NumberFormatLocalプロパティを使って、セルに入力されている値の表示形式を変更するいくつかの例を紹介します。

セルC2に「(文字列) 様」と表示する

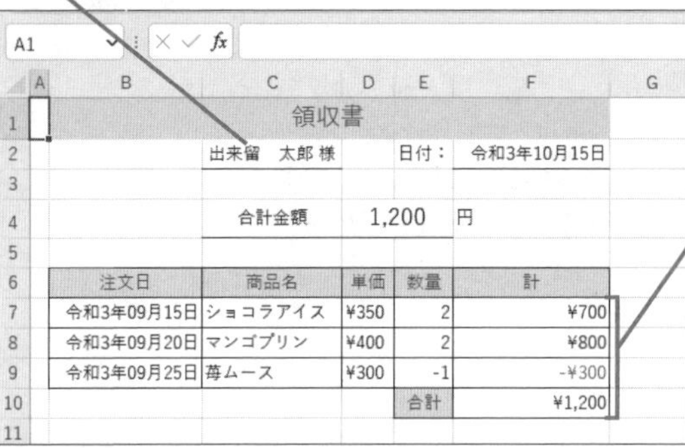

	A	B	C	D	E	F
1		領収書				
2			出来留　太郎 様		日付：	令和3年10月15日
3						
4			合計金額	1,200	円	
5						
6		注文日	商品名	単価	数量	計
7		令和3年09月15日	ショコラアイス	¥350	2	¥700
8		令和3年09月20日	マンゴプリン	¥400	2	¥800
9		令和3年09月25日	苺ムース	¥300	-1	-¥300
10					合計	¥1,200
11						

セルF2、セルB7～B9の表示形式を「令和3年10月15日」のように設定する

セルF7～F10の表示形式を正の数は「¥700」、負の数は赤色で「-¥300」のように設定する

入力例 147.xlsm

```
Sub 表示形式の取得と設定()
    Range("C2").NumberFormatLocal = "@　様" ←1
    Range("F2").NumberFormatLocal = "ggge年mm月dd日" ←2
    Range("B7:B9").NumberFormatLocal = Range("F2").NumberFormatLocal ←3
    Range("F7:F10").NumberFormatLocal = "¥#,##0;[赤]-¥#,##0" ←4
End Sub
```

1 セルC2の表示形式を「@　様」に設定する　2 セルF2の表示形式を「ggge年mm月dd日」に設定する　3 セルF2の表示形式を取得して、セルB7～B9の表示形式に設定する　4 セルF7～F10の表示形式を「¥#,##0;[赤]-¥#,##0」に設定する

ポイント

構文 `Rangeオブジェクト.NumberFormatLocal`

- RangeオブジェクトのNumberFormatLocalプロパティは、指定したセルの表示形式を取得・設定します。表示形式を設定するときは、定義済みの書式または書式記号を使って文字列で指定します。
- 書式記号「@」は、セル内の値をそのまま表示することを意味します。例えば「@　様」とした場合は、「出来留太郎　様」のように表示されます。
- 日付の表示形式は書式記号「g」で和号、「e」で和暦、「mm」で月2けた、「dd」で日2けたで表示することを意味します。例えば、「ggge年mm月dd日」と指定した場合は、「令和3年01月03日」のように表示されます。

関連ワザ 148 セルの表示形式を元に戻す………P.200

● 数値の表示書式は、「正の数;負の数;ゼロの値;文字列」の4つのセクションに分けて指定できますが、必要な要素だけを指定することもできます。例えば、2つのセクションを指定すると「正の数とゼロ;負の数」の表示形式になります。また、1つだけ指定すると、すべての数値にその表示形式が設定されます。

●数値の書式記号

数値では、「#」と「0」で数字の1けたを表し、「,」でけた区切り、「.」で小数点を表します。

書式記号	内容	表示形式	数値	表示結果
#	1けたを表す	##.##	123.456	123.46
		##	0	表示なし
0	1けたを表す	0000.0	123.456	0123.5
		00	0	00
,	3けたごとのけた区切り、または1000単位の省略	#,##0	55555555	55,555,555
		#,##0,		55,556
.	小数点	0.0	12.34	12.3
%	パーセント	0.0%	0.2345	23.5%
?	小数点位置をそろえる	???.???	123.45	123.45
			12.456	12.456

●日付の書式記号

日付の表示形式は、「y」「m」「d」などの記号を組み合わせて設定します。

書式記号	内容	表示結果（日付：2022/1/3）
yy yyyy	西暦	22 2022
g gg ggg	和号	R 令 令和
e ee	和暦	4 04
m mm mmm mmmm	月	1 01 Jan January
d dd	日	3 03
ddd dddd aaa aaaa	曜日	Mon Monday 月 月曜日

ワザ 148 セルの表示形式を元に戻す

難易度 ●●○ | 頻出度 ●●○ | 対応Ver. 365 2021 2019 2016

セルの表示形式を元に戻すには、RangeオブジェクトのNumberFormatLocalプロパティの値を［G/標準］に設定します。ただし、日付が入力されているセルを［G/標準］の設定にすると、「日付連番」の数値になってしまいます。ここでは、使用済みのセル範囲のセルをFor Eachステートメントで1つずつチェックし、日付データの場合は日付の表示形式、そうでない場合は［G/標準］にして設定を戻しています。

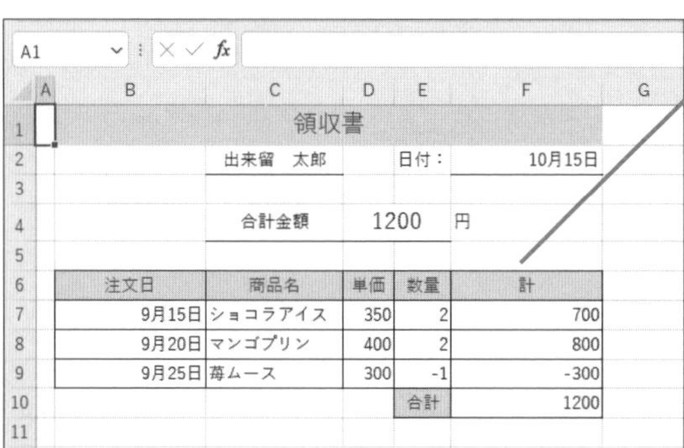

領収書
出来留　太郎
日付：
10月15日
合計金額
1200
円
注文日
商品名
単価
数量
計
9月15日
ショコラアイス
350
2
700
9月20日
マンゴプリン
400
2
800
9月25日
苺ムース
300
-1
-300
合計
1200
データが日付の場合は日付の表示形式に、そうでないデータは標準の書式に設定する

入力例　148.xlsm

```
Sub 表示形式を標準にする()
    Dim myRange As Range
    For Each myRange In ActiveSheet.UsedRange  ←1
        If IsDate(myRange.Value) Then  ←2
            myRange.NumberFormatLocal = "m月d日"
        Else
            myRange.NumberFormatLocal = "G/標準"  ←3
        End If
    Next
End Sub
```

1 アクティブワークシートの使用済みのセル範囲のセルを1つずつ変数「myRange」に代入して、以下の処理を繰り返す　2 変数「myRange」の値が日付と判断できる場合は、表示形式を「m月d日」に設定する　3 そうでない場合は、表示形式を［G/標準］に設定する

関連ワザ 107 データや書式が設定されたセル範囲を選択する………P.156
関連ワザ 147 セルの表示形式を変更する………P.198

ポイント

- 新規のブックを作成したとき、セルの表示形式は［標準］に設定されています。NumberFormatLocalプロパティでは、これを[G/標準]という値で指定します。
- ワークシートに日付を入力すると、自動的に日付の表示形式が設定されます。設定される表示形式は日付の入力方法によって変わりますが、「11/5」と入力した場合、既定では「m月d日」の形式になります。
- 表示形式を初期状態に戻すには、NumberFormatLocalプロパティを[G/標準]に設定しますが、日付データが日付連番にならないようにするには、セルに日付が入力されているかどうかをチェックし、日付データとそうでない場合で処理を分ける必要があります。

●時刻の書式記号

時刻の表示形式は、「h」「m」「s」の記号を使用して設定します。

書式記号	内容	表示結果（時刻：16時5分30秒）
h	時（24時間）	16
hh		16
m	分（hやsとともに使用）	16:5（h:mとした場合）
mm		16:05（hh:mmとした場合）
s	秒	16:5:30（h:m:sとした場合）
ss		16:05:30(hh:mm:ssとした場合)
h AM/PM	時 AM/PM（12時間）	4 PM
h:mm AM/PM	時:分 AM/PM（12時間）	4:05 PM
h:mm:ss A/P	時:分:秒A/P（12時間）	4:05:30 P

●文字、そのほかの書式記号

文字の書式記号は「@」で、セルに入力された文字をそのまま表示します。また、色、条件の書式記号には次のようなものがあります。

書式記号	内容	使用例	表示結果
@	入力した文字	@"様"	出来留太郎様
[色]	文字色（黒、赤、青、緑、黄、紫、水、白）	[緑]0.0;[赤]−0.0	1.5 → 1.5（緑色で表示） −1.5 → −1.5（赤色で表示）
[条件式]	条件付き表示書式	[>90] #"OK！";#	95 → 95OK！ 60 → 60

ワザ 149 セルの横方向と縦方向の配置を変更する

難易度 ●○○ ｜ 頻出度 ●●● ｜ 対応Ver. 365 2021 2019 2016

セルに表示するデータの横方向の配置を変更するには、RangeオブジェクトのHorizontalAlignmentプロパティを使用し、縦方向の配置を変更するには、RangeオブジェクトのVerticalAlignmentプロパティを使用します。ここでは、セルに入力されているデータの横方向、縦方向の配置をいろいろ変更しています。表の文字列の配置を変更し、表の見ためを整えるのに利用するといいでしょう。

	A	B	C	D
1	氏名	中間テスト	期末テスト	合計点
2	磯 崎　信 吾	71	86	157
3	遠 藤　恭 子	86	74	160
4	太 田　新 造	89	91	180

表の文字列の配置を変更する

入力例

149.xlsm

```
Sub 文字の横方向と縦方向の配置変更()
    Range("B2:D4").VerticalAlignment = xlBottom ←1
    Range("A1:D1").HorizontalAlignment = xlCenter ←2
    Range("A2:A4").HorizontalAlignment = xlDistributed ←3
End Sub
```

1セルB2 ～ D4の縦方向の配置を［下詰め］に設定する　2セルA1 ～ D1の横方向の配置を［中央揃え］に設定する　3セルA2 ～ A4の横方向の配置を［均等割り付け］に設定する

ポイント

構文 Rangeオブジェクト.HorizontalAlignment

- RangeオブジェクトのHorizontalAlignmentプロパティは、指定したセル範囲の値の横方向の配置を取得、設定します。

構文 Rangeオブジェクト.VerticalAlignment

- RangaオブジェクトのVerticalAlignmentプロパティは、指定したセル範囲の値の縦方向の配置を取得、設定します。

●HorizontalAlignmentプロパティの設定値

定数	内容
xlGeneral（既定値）	標準
xlLeft	左詰め
xlCenter	中央揃え
xlRight	右詰め
xlDistributed	均等割り付け
xlCenterAcrossSelection	選択範囲内で中央

●VerticalAlignmentプロパティの設定値

定数	内容
xlTop	上詰め
xlCenter	中央揃え
xlBottom	下詰め
xlJustify	両端揃え
xlDistributed	均等割り付け

ワザ 150 セル範囲の結合と結合解除を行う

難易度 ●○○ | 頻出度 ●●○ | 対応Ver. 365 2021 2019 2016

セル範囲の結合と、結合の解除を行うには、RangeオブジェクトのMergeCellsプロパティを使用します。MergeCellsプロパティでは、指定したセル範囲を結合するときは「True」、結合を解除するときは「False」を指定します。値の取得もできるので、指定したセルが結合セルかどうかを調べることもできます。ここでは、プロシージャーを実行するたびに、セルの結合と結合解除を切り替えています。

セルB3が結合されているときは解除、結合されていないときはセルB3～B6を結合する

	A	B	C	D	E	F
1						
2		学年	氏名	中間テスト	期末テスト	合計点
3		1	磯崎　信吾	71	86	157
4			遠藤　恭子	86	74	160
5			太田　新造	89	91	180
6			木下　未来	99	93	192

	A	B	C	D	E	F
1						
2		学年	氏名	中間テスト	期末テスト	合計点
3			磯崎　信吾	71	86	157
4		1	遠藤　恭子	86	74	160
5			太田　新造	89	91	180
6			木下　未来	99	93	192

入力例

150.xlsm

```
Sub セルの結合と解除()
    If Range("B3").MergeCells Then ←1
        Range("B3").MergeCells = False
    Else ←2
        Range("B3:B6").MergeCells = True
    End If
End Sub
```

1セルB3が結合されている場合、セルB3を含む結合セルを解除する　2そうでない場合、セルB3～B6を結合する

ポイント

構文 Rangeオブジェクト.MergeCells

- RangeオブジェクトのMergeCellsプロパティは、指定したセル範囲が結合セルに含まれている場合は「True」、そうでない場合は「False」を返します。MergeCellsプロパティでは指定したセル範囲に対して取得と設定ができ、「True」を指定するとセル結合、「False」を指定すると結合を解除します。

関連ワザ 101 結合セルを解除する………P.150
関連ワザ 137 セルを結合する………P.187

ワザ 151 文字列の角度を変更する

難易度 ●○○ | 頻出度 ●●○ | 対応Ver. 365 2021 2019 2016

セルにある文字列の角度を変更するには、RangeオブジェクトのOrientationプロパティを使用します。ここでは、表の行見出しを縦書きにし、列見出しの角度を45度に設定しています。角度を「-90」～「90」の整数で設定したり、「xlVertical」といった定数で指定したりすることができます。複数のセルの文字列に、まとめて角度を設定したいときに便利です。

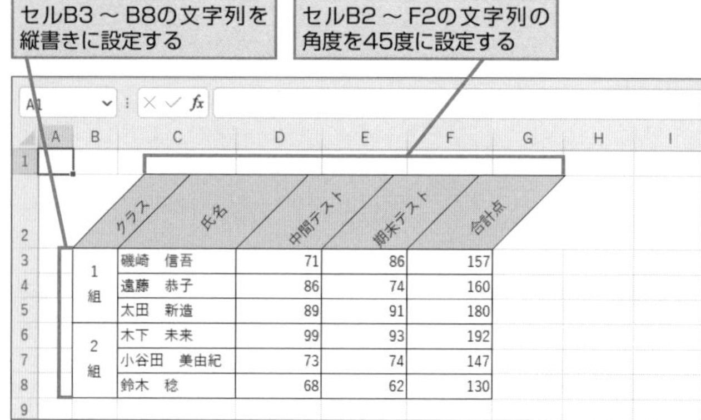

入力例　151.xlsm

```
Sub 文字の角度を変更する()
    Range("B3:B8").Orientation = xlVertical ←1
    Range("B2:F2").Orientation = 45 ←2
End Sub
```

1セルB3 ～ B8の文字列を縦書きにする　2セルB2 ～ F2の文字列を45度の角度に設定する

ポイント

構文 Rangeオブジェクト.Orientation

- RangeオブジェクトのOrientationプロパティは、指定したセル範囲の文字列の角度を「-90」～「90」の整数、あるいは下表の定数で指定します。取得と設定ができます。

●文字列の角度を設定する定数の種類

定数	内容
xlDownward	-90度の角度
xlHorizontal	水平、0度
xlUpward	90度の角度
xlVertical	垂直

関連ワザ 399 印刷の向きや用紙サイズ、倍率をまとめて設定する………P.492
関連ワザ 555 スクロールバーの最大値と最小値を設定する………P.668

ワザ 152 文字列を縮小したり、折り返したりして表示する

難易度 ●○○ ｜ 頻出度 ●●○ ｜ 対応Ver. 365 2021 2019 2016

文字列を列の幅に収まるように縮小して全体を表示するにはRangeオブジェクトのShrinkToFitプロパティを、列の幅に合わせて文字列を折り返して全体を表示するにはWrapTextプロパティを使用します。ここでは、表のC列の文字列を縮小して全体を表示し、D列の文字列を列の幅で折り返して全体を表示します。Excelに取り込んだテキストファイルの文字数が、列の幅に収まらない場合などに利用するといいでしょう。

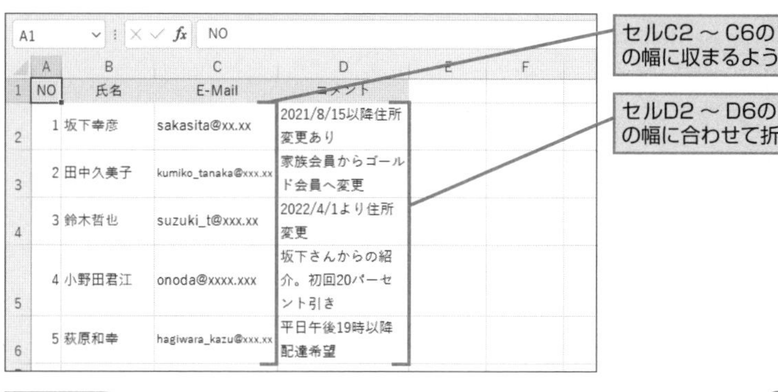

入力例　152.xlsm

```
Sub 文字列の縮小表示と折り返し表示()
    With Range("A1").CurrentRegion
        .Columns(3).ShrinkToFit = True  ←1
        .Columns(4).WrapText = True  ←2
    End With
End Sub
```

1 セルA1を含む表全体の3列目の文字列を縮小して全体を表示する　2 セルA1を含む表全体の4列目の文字列を列の幅で折り返して全体を表示する

ポイント

構文　Rangeオブジェクト.ShrinkToFit

- RangeオブジェクトのShrinkToFitプロパティは、列の幅に合わせてセル内の文字を縮小して全体を表示します。「True」で縮小に設定でき、「False」で解除します。取得と設定ができます。

構文　Rangeオブジェクト.WrapText

- RangeオブジェクトのWrapTextプロパティは、列の幅に合わせて文字列を折り返して全体を表示します。「True」で折り返しに設定でき、「False」で解除します。取得と設定ができます。
- ShrinkToFitプロパティとWrapTextプロパティを同時に「True」に設定できません。
- ShrinkToFitプロパティ、WrapTextプロパティともに、値を取得する場合に指定したセル範囲の中で同じ値を持たないものが含まれると、Nullを返します。

関連ワザ 109 表の行列見出しと合計列に色を設定する………P.158
関連ワザ 156 セルのフォントサイズをまとめて変更する………P.209

ワザ 153 列の幅に収まらない文字列を下のセルに表示する

難易度 ●○○ | 頻出度 ●○○ | 対応Ver. 365 2021 2019 2016

列の幅に収まらない文字列を下のセルに表示するには、RangeオブジェクトのJustifyメソッドを使用します。Justifyメソッドは、列の幅に収まらない文字列を下のセルに割り当てて表示します。その場合、下のセルに上書きします。ここでは、セルA2の文字列がすべてセル内に表示されるように、下のセルに分割しています。文字列の折り返しによって行の高さを変更したくない場合に、文字列をすべて表示する方法として使用できます。

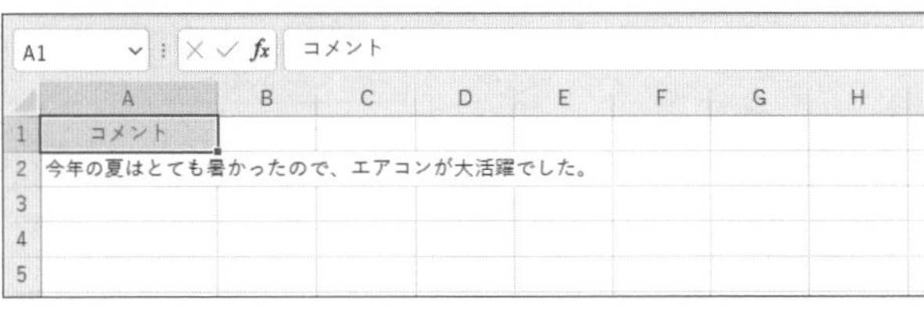

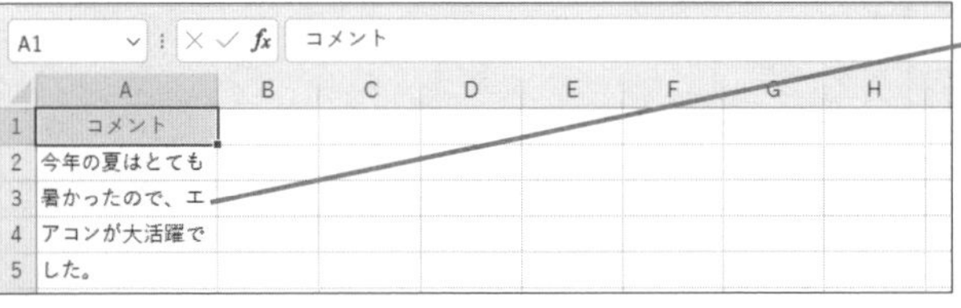

入力例　153.xlsm

```
Sub 下のセルに文字割り付け()
    Application.DisplayAlerts = False
    Range("A2").Justify  ←1
    Application.DisplayAlerts = True
End Sub
```

1 セルA2の文字列を下のセルに分割してすべて表示する

ポイント

構文 `Rangeオブジェクト.Justify`

- RangeオブジェクトのJustfyメソッドは、指定したセル範囲にある文字列が列の幅に収まらない場合、列の幅に収まらない文字列を下のセルに分割して、すべて表示できるようにします。
- 下のセルに分割する場合、セルのデータを上書きすることになるので、確認のメッセージが表示されます。Application.DisplayAlertsプロパティに「False」を設定すると、確認のメッセージを表示せずにセルを上書きできます。処理の後に確認メッセージが表示される設定に戻すため、「True」に設定するコードを忘れずに記述するようにしましょう。

関連ワザ 697 注意メッセージを非表示にする………P.873

ワザ 154 データの表示フォントを変更する

難易度 ●●○ ｜ 頻出度 ●●○ ｜ 対応Ver. 365 2021 2019 2016

フォントの種類を変更するには、FontオブジェクトのNameプロパティを使用します。セルに表示されている文字のフォントを変更する場合は、RangeオブジェクトのFontプロパティでFontオブジェクトを取得し、Nameプロパティで設定します。ここでは、フォントの種類を変更する例を紹介しています。複数のセルやセル範囲のフォントの種類をまとめて変更するときに役立ちます。

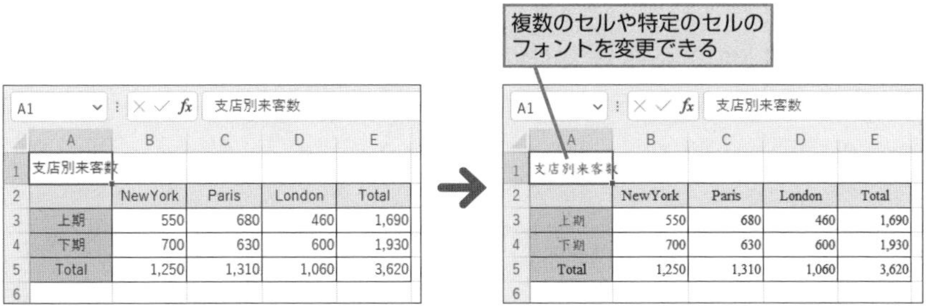

複数のセルや特定のセルのフォントを変更できる

A1 支店別来客数

	A	B	C	D	E
1	支店別来客数				
2		NewYork	Paris	London	Total
3	上期	550	680	460	1,690
4	下期	700	630	600	1,930
5	Total	1,250	1,310	1,060	3,620
6					

→

A1 支店別来客数

	A	B	C	D	E
1	支店別来客数				
2		NewYork	Paris	London	Total
3	上期	550	680	460	1,690
4	下期	700	630	600	1,930
5	Total	1,250	1,310	1,060	3,620
6					

入力例　154.xlsm

```
Sub フォント名の取得と設定()
    Range("A1,A3:A4").Font.Name = "HGP教科書体" ←1
    Range("B2:E5").Font.Name = "Times New Roman" ←2
    Range("A5").Font.Name = Range("E2").Font.Name ←3
End Sub
```

1 セルA1とセルA3～A4のフォントの種類を［HGP教科書体］に設定する　2 セルB2～E5のフォントの種類を［Times New Roman］に設定する　3 セルE2のフォントの種類を取得して、セルA5のフォントに設定する

ポイント

構文 **Rangeオブジェクト.Font**

- セルに表示する文字全体について設定する場合は、RangeオブジェクトのFontプロパティを使ってFontオブジェクトを取得します(取得のみ)。

構文 **Fontオブジェクト.Name**

- 取得したFontオブジェクトのNameプロパティを使って、フォント名の取得と設定ができます。値にはフォント名を文字列で指定します。
- フォント名を設定する場合、半角や全角の違いや空白などを正確に指定する必要があります。設定する場合は、ExcelでCtrl＋1キーを押して［セルの書式設定］ダイアログボックスを表示し、［フォント］タブの[フォント名]に表示されているフォント名を指定します。

関連ワザ 155 標準フォントに戻す………P.208

ワザ 155 標準フォントに戻す

難易度 ●○○ | 頻出度 ●●○ | 対応Ver. 365 2021 2019 2016

ワークシート上のいくつかのセルで変更したフォントを標準のフォントに戻すには、ApplicationオブジェクトのStandardFontプロパティを使用します。ここでは、アクティブシートで使用したセル範囲のフォントを、まとめて標準のフォントに設定しています。複数のフォントが設定されているワークシートで、一度に標準のフォントに設定したいときに利用できます。

各セルに複数のフォントが設定されている

	A	B	C	D	E
1	支店別来客数				
2		NewYork	Paris	London	Total
3	上期	550	680	460	1,690
4	下期	700	630	600	1,930
5	Total	1,250	1,310	1,060	3,620
6					

→

アクティブシートにあるフォントを標準のフォントに戻す

	A	B	C	D	E
1	支店別来客数				
2		NewYork	Paris	London	Total
3	上期	550	680	460	1,690
4	下期	700	630	600	1,930
5	Total	1,250	1,310	1,060	3,620
6					

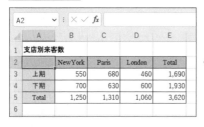

入力例　155.xlsm

```
Sub 標準フォントに戻す()
    ActiveSheet.UsedRange.Font.Name = Application.StandardFont ←1
End Sub
```

1アクティブシートで使用したセル範囲のフォントを標準フォントに変更する

ポイント

構文 `Applicationオブジェクト.StandardFont`

- ApplicationオブジェクトのStandardFontプロパティは、ワークシートの標準フォント名の取得と設定を行います。標準フォントを設定した場合は、Excelを再起動した後に変更が有効になります。例えば、「Application.StandardFont="MS ゴシック"」とした場合は、再起動後に標準フォントが「MSゴシック」に変更されます。

関連ワザ 154 データの表示フォントを変更する………P.207

ワザ 156 セルのフォントサイズをまとめて変更する

難易度 ●○○ ｜ 頻出度 ●●● ｜ 対応Ver. 365 2021 2019 2016

セルに入力されているデータのフォントサイズを変更するには、FontオブジェクトのSizeプロパティを使用して、ポイント単位で設定します。ここでは、セルA1を14ポイントにし、セルB2～E2をセルB2のフォントサイズより2ポイント大きく、セルB3～E5を標準のフォントサイズより2ポイント小さく設定します。このワザで、フォントサイズのいろいろな調整方法を確認しましょう。

複数のセルのフォントサイズをまとめて変更する

セルに設定されているフォントサイズや標準のフォントサイズを基準にサイズを設定する

	A	B	C	D	E
1	支店別来客数				
2		NewYork	Paris	London	Total
3	上期	550	680	460	1,690
4	下期	700	630	600	1,930
5	Total	1,250	1,310	1,060	3,620
6					

→

	A	B	C	D	E
1	支店別来客数				
2		NewYork	Paris	London	Total
3	上期	550	680	460	1,690
4	下期	700	630	600	1,930
5	Total	1,250	1,310	1,060	3,620
6					

入力例

156.xlsm

```
Sub フォントサイズの変更()
    Range("A1").Font.Size = 14 ←1
    Range("B2:E2").Font.Size = Range("B2").Font.Size + 2 ←2
    Range("B3:E5").Font.Size = Application.StandardFontSize - 2 ←3
End Sub
```

1 セルA1のフォントサイズを14ポイントに設定する　2 セルB2～E2のフォントサイズを、セルB2のフォントサイズに2ポイント加算したものに設定する　3 セルB3～E5のフォントサイズを、標準のフォントサイズから2ポイント減算したものに設定する

ポイント

構文 Fontオブジェクト.Size

- FontオブジェクトのSizeプロパティは、上のように記述してセルの文字サイズを取得、設定します。単位はポイント(1/72インチ、約0.35ミリ)です。
- ワークシートの標準のフォントサイズは、ApplicationオブジェクトのStandardFontSizeプロパティで取得できます。標準のフォントサイズを基準にして、どれだけ大きくするか、小さくするかといった目安でサイズを変更できます。

構文 Application.StandardFontSize

- ApplicationオブジェクトのStandardFontSizeプロパティは、ワークシートの標準のフォントサイズの取得と設定を行います。標準フォントサイズを設定した場合は、Excelを再起動した後に変更が有効になります。例えば、「Application.StandardFontSize=12」とした場合は、再起動後に標準フォントサイズが「12」に変更されます。

関連ワザ 154 データの表示フォントを変更する………P.207

ワザ157 文字に太字と斜体を設定して下線を付ける

難易度 ●○○ | 頻出度 ●●● | 対応Ver. 365 2021 2019 2016

セルに入力された文字に太字、斜体、下線を設定するには、FontオブジェクトのBoldプロパティ、Italicプロパティ、Underlineプロパティを使用します。いずれも「True」で設定、「False」で解除できます。ここでは、セルA1のタイトルを［太字］、表の見出しを［斜体］、合計のセルに［二重下線（会計）］を設定します。「Bold」「Italic」「Underline」は、スタイルを整えるための基本的なプロパティです。

複数のセルのフォントスタイルをまとめて設定する

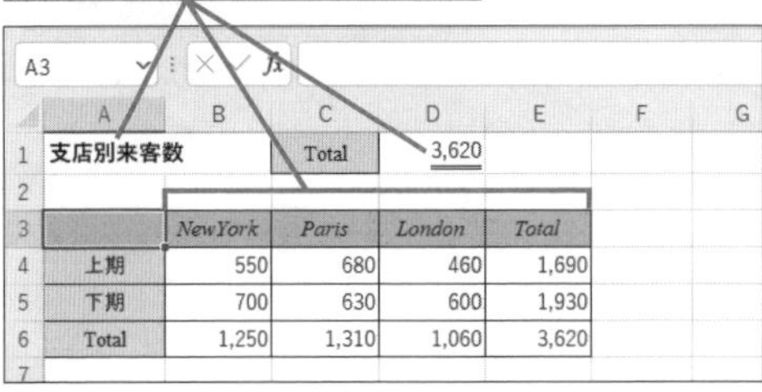

入力例

157.xlsm

```
Sub 太字斜体下線の設定()
    Range("A1").Font.Bold = True ←1
    Range("B3:E3").Font.Italic = True ←2
    Range("D1").Font.Underline = xlUnderlineStyleDoubleAccounting ←3
End Sub
```

1セルA1を［太字］に設定する 2セルB3～E3を［斜体］に設定する 3セルD1を［二重下線（会計）］に設定する

ポイント

構文 Fontオブジェクト.Bold

構文 Fontオブジェクト.Italic

構文 Fontオブジェクト.Underline

- FontオブジェクトのBoldプロパティは文字を太字、Italicプロパティは斜体、Underlineプロパティは下線を取得、設定します。いずれも「True」で設定、「False」で解除になります。また、Underlineプロパティでは、下表に示すようなXlUnderlineStyle列挙型の定数を使って、下線の種類を指定できます。

●Underlineプロパティの設定値（XlUnderlineStyle列挙型の定数）

定数	内容
xlUnderlineStyleNone	下線なし
xlUnderlineStyleSingle	下線
xlUnderlineStyleDouble	二重下線
xlUnderlineStyleSingleAccounting	下線（会計）
xlUnderlineStyleDoubleAccounting	二重下線（会計）

関連ワザ 158 文字に太字と斜体をまとめて設定する………P.211

ワザ 158 文字に太字と斜体をまとめて設定する

難易度 ●○○ ｜ 頻出度 ●●○ ｜ 対応Ver. 365 2021 2019 2016

セルに入力された文字に［太字］と［斜体］をまとめて設定するには、FontオブジェクトのFontStyleプロパティを使用しましょう。FontStyleプロパティでは、［太字］［斜体］［太字 斜体］［標準］のように、日本語で書式を設定できます。ここでは、表のタイトルに［太字］と［斜体］をまとめて設定し、セルB3を含む表全体の［太字］と［斜体］をまとめて解除しています。

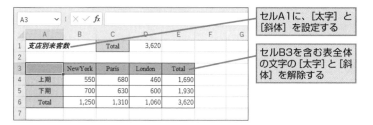

	A	B	C	D	E	F	G
1	***支店別来客数***		Total	3,620			
2							
3		NewYork	Paris	London	Total		
4	上期	550	680	460	1,690		
5	下期	700	630	600	1,930		
6	Total	1,250	1,310	1,060	3,620		
7							

セルA1に、［太字］と［斜体］を設定する

セルB3を含む表全体の文字の［太字］と［斜体］を解除する

入力例

158.xlsm

```
Sub 太字斜体の設定()
    Range("A1").Font.FontStyle = "太字 斜体"  ←1
    Range("B3").CurrentRegion.Font.FontStyle = "標準"  ←2
End Sub
```

1セルA1に［太字］と［斜体］を同時に設定する　2セルB3を含む表全体の［太字］と［斜体］をまとめて解除する

ポイント

構文　Fontオブジェクト.FontStyle

- FontオブジェクトのFontStyleプロパティは、上のように記述してセルの文字の［太字］［斜体］を文字列で取得、設定します。値は、「"太字"」「"斜体"」「"太字 斜体"」のように文字列で指定します。また、「"標準"」を指定すると、［太字］と［斜体］を同時に解除できます。
- FontStyleプロパティの設定値は、［セルの書式設定］ダイアログボックスの［フォント］タブにある［スタイル］の設定値に対応しています。

関連ワザ 157 文字に太字と斜体を設定して下線を付ける………P.210

ワザ 159 文字の色をRGB値で設定する

難易度 ●○○ | 頻出度 ●●● | 対応Ver. 365 2021 2019 2016

フォントの色をRGB値で設定するには、FontオブジェクトのColorプロパティを使用します。Colorプロパティは、RGB値に対応する色を取得、設定します。RGB値は、RGB関数を使って作成できます。ここでは、RGB関数を使って、セルA1のタイトルを青、セルB2～E2を赤、セルA3～A5を青緑に設定します。RGB値は、フォントだけでなく、セルや図形などのColorプロパティでも利用できます。

複数のセルのフォントの色をまとめて設定する

A2

	A	B	C	D	E	F
1	支店別来客数					
2		NewYork	Paris	London	Total	
3	上期	550	680	460	1,690	
4	下期	700	630	600	1,930	
5	Total	1,250	1,310	1,060	3,620	
6						

入力例

159.xlsm

```
Sub 文字色をRGB値で設定()
    Range("A1").Font.Color = RGB(0, 0, 255) ←1
    Range("B2:E2").Font.Color = RGB(255, 0, 0) ←2
    Range("A3:A5").Font.Color = RGB(0, 128, 128) ←3
End Sub
```

1 セルA1の文字色にRGB値の青（0,0,255）を設定する　2 セルB2～E2の文字色にRGB値の赤（255,0,0）を設定する　3 セルA3～A5の文字色にRGB値の青緑（0,128,128）を設定する

ポイント

構文 Fontオブジェクト.Color

- FontオブジェクトのColorプロパティは、文字の色をRGB値で取得、設定し、上のように記述します。

構文 RGB(赤の割合, 緑の割合, 青の割合)

- RGB値はRGB関数で求められます。RGB関数は、赤、緑、青の割合をそれぞれ「0」～「255」までの整数で指定します。
- RGB値は、[ホーム]タブの[フォントの色]の⌄をクリックし、メニューから[その他の色]をクリックして表示される[色の設定]ダイアログボックスの[ユーザー設定]タブで調べられます。

関連ワザ 161 文字の色をインデックス番号で設定する………P.214

ワザ 160 文字の色を定数で設定する

難易度 ●○○ | 頻出度 ●●● | 対応Ver. 365 2021 2019 2016

ColorプロパティにRGB値を設定して色を指定するには、ワザ159のようにRGB関数を使用する以外にXlRgbColor列挙型の定数が使用できます。XlRgbColor列挙型の定数は、主なRGB値に定数を設定したものです。定数は、赤は「rgbRed」、黒は「rgbBlack」のように、色が英単語で表現されているので、比較的わかりやすく使いやすいという特徴があります。ここでは、ワザ159のRGB関数をXlRgbColor列挙型の定数を使って書き換えています。

	A	B	C	D	E	F
1	支店別来客数					
2		NewYork	Paris	London	Total	
3	上期	550	680	460	1,690	
4	下期	700	630	600	1,930	
5	Total	1,250	1,310	1,060	3,620	
6						

フォントの色を定数で指定して設定する

入力例　160.xlsm

```
Sub 文字色を定数で設定()
    Range("A1").Font.Color = rgbBlue  ←1
    Range("B2:E2").Font.Color = rgbRed  ←2
    Range("A3:A5").Font.Color = rgbTeal  ←3
End Sub
```

1 セルA1の文字色にRGB値の青（rgbBlue）を設定する　2 セルB2～E2の文字色にRGB値の赤（rgbRed）を設定する　3 セルA3～A5の文字色にRGB値の青緑（rgbTeal）を設定する

ポイント

- XlRgbColor列挙型の定数は、メニューの［ヘルプ］-［Microsoft Visual Basic for Applications ヘルプ］をクリックして、オンラインヘルプ画面を表示し、検索ボックスに「XlRgbColor列挙」と入力して検索を実行します。検索結果の一覧から「XlRgbColor列挙(Excel)」をクリックすると定数一覧を確認できます。主な定数は下表を参照してください。

●Colorプロパティの設定値（XlRgbColor列挙型の主な定数）

定数	色	定数	色
rgbBlack	黒	rgbLime	黄緑
rgbWhite	白	rgbOrange	オレンジ
rgbRed	赤	rgbYellow	黄
rgbBlue	青	rgbPurple	紫
rgbAqua	水色	rgbPink	ピンク
rgbTeal	青緑	rgbBrown	茶
rgbGreen	緑	rgbDarkGreen	濃い緑

ワザ161 文字の色をインデックス番号で設定する

難易度 ●○○ | 頻出度 ●●● | 対応Ver. 365 2021 2019 2016

フォントの色を、色に対応するインデックス番号で設定するには、FontオブジェクトのColorIndexプロパティを使用します。ColorIndexプロパティは、カラーパレットに対応する色を取得、設定します。インデックス番号は「1」～「56」の範囲の整数で指定します。ここでは、ワザ159の入力例をColorIndexプロパティを使って書き換えています。ColorIndexプロパティは、フォントだけでなく、セルや図形に対しても使用できます。

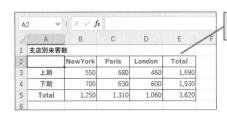

	A	B	C	D	E
1	支店別来客数				
2		NewYork	Paris	London	Total
3	上期	550	680	460	1,690
4	下期	700	630	600	1,930
5	Total	1,250	1,310	1,060	3,620

フォントの色をインデックス番号で指定して設定する

入力例

161.xlsm

```
Sub 文字色をインデックス番号で設定()
    Range("A1").Font.ColorIndex = 5 ←1
    Range("B2:E2").Font.ColorIndex = 3 ←2
    Range("A3:A5").Font.ColorIndex = 31 ←3
End Sub
```

1 セルA1の文字色をインデックス番号「5」(青)の値に設定する　2 セルB2～E2の文字色をインデックス番号「3」(赤)の値に設定する　3 セルA3～A5の文字色をインデックス番号「31」(青緑)の値に設定する

ポイント

構文 `Fontオブジェクト.ColorIndex`

- FontオブジェクトのColorIndexプロパティは、文字の色をインデックス番号で取得、設定し、上のように記述します。
- ColorIndexプロパティのインデックス番号は、Excel2003/2002で使われていたカラーパレットの色に対応しています。Excel2016以降では同じカラーパレットはありませんが、ColorIndexプロパティをそのまま使用することができます。主な色とインデックス番号の対応は次の表の通りです。

●主な色のインデックス番号

色	インデックス番号	色	インデックス番号
黒	1	ピンク	7
白	2	水色	8
赤	3	濃い赤	9
明るい緑	4	緑	10
青	5	自動	0（文字のみ）
黄	6	なし	xlNone（塗りつぶしのみ）

関連ワザ 159 文字の色をRGB値で設定する………P.212

ワザ 162 文字の色でデータ件数を調べる

難易度 ●●○ ｜ 頻出度 ●●○ ｜ 対応Ver. 365 2021 2019 2016

赤文字や青文字など、セルに入力されている文字列の色によってデータ件数を調べるには、FontオブジェクトのColorプロパティまたはColorIndexプロパティを使って文字色を調べ、繰り返し処理と組み合わせて件数を数えます。ここでは、赤字で入力されているデータの件数を調べ、セルC12に書き出します。フォントの色を基準にして、件数や合計を求めたいときに活用できます。

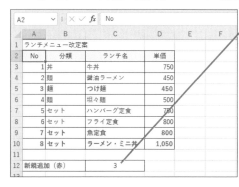

	A	B	C	D
1	ランチメニュー改定案			
2	No	分類	ランチ名	単価
3	1	丼	牛丼	750
4	2	麺	醤油ラーメン	450
5	3	麺	つけ麺	450
6	4	麺	坦々麺	500
7	5	セット	ハンバーグ定食	750
8	6	セット	フライ定食	800
9	7	セット	魚定食	800
10	8	セット	ラーメン・ミニ丼	1,050
11				
12	新規追加（赤）		3	

C列で文字列の色が赤になっているデータの件数をセルC12に表示する

入力例　162.xlsm

```
Sub 文字色で件数計算()
    Dim i As Integer, lastRow As Integer
    Dim redTotal As Integer
    lastRow = Range("A2").End(xlDown).Row ←1
    For i = 3 To lastRow ←2
        If Cells(i, "C").Font.Color = rgbRed Then ←3
            redTotal = redTotal + 1
        End If
    Next
    Range("C12").Value = redTotal
End Sub
```

1変数「lastRow」に、セルA2から下方向へ終端のセルの行番号を代入する。これにより繰り返しの最後の行番号を取得する　2変数「i」が3（表の1件目）からlastRow（表の最後）までの間、次の処理を繰り返す　3もしC列i行目の文字列の色が赤であれば、変数「redTotal」に「1」を加算する。ここで、ColorIndexプロパティを使う場合は、「Cells(i,"C").Font.ColorIndex=3」のように記述できる

ポイント

- 文字の色を基準に計算をするときは、セルの文字色が指定した色かどうかを判断する条件式を設定し、条件分岐を使って処理を記述します。ここでは1色だけなのでIfステートメントを使用していますが、複数の色でそれぞれ計算する場合は、Select Caseステートメントを使って、色の場合分けを行います。
- 件数を数える場合は、条件を満たす場合、件数を代入するための変数に「1」を加算して求めます。
- セルにある金額や個数などを加算したい場合、例えば、D列にある値を合計するのであれば、「gokei=gokei+Cells(i,"D").Value」のように記述します。

関連ワザ 160 文字の色を定数で指定する………P.213

ワザ 163 セル内の一部の文字だけ書式を変更する

難易度 ●●○ | 頻出度 ●○○ | 対応Ver. 365 2021 2019 2016

セル内の一部の文字だけに書式を変更するには、RangeオブジェクトのCharactersプロパティを使用して、Charactersオブジェクトを参照します。Charactersオブジェクトは、文字範囲を表すオブジェクトです。ここでは、セルA2の文字列の中の数字に対して、サイズを3ポイント加算し、太字と赤い色を設定しています。文字列を1文字ずつチェックして、書式変更などの処理を行えます。

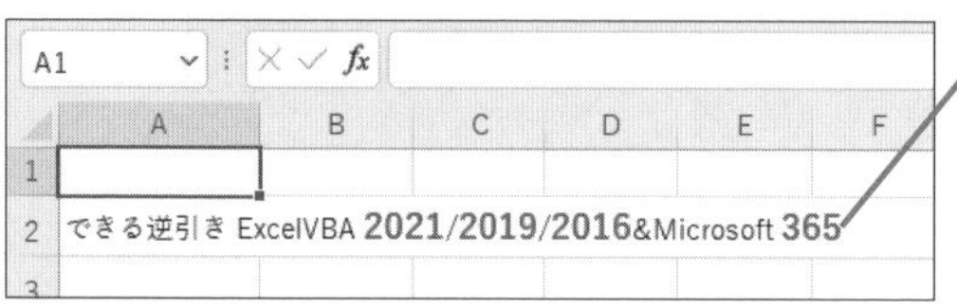

入力例

163.xlsm

```
Sub 数字のみ書式変更()
    Dim i As Integer, c As Characters
    For i = 1 To Len(Range("A2").Value)  ←1
        Set c = Range("A2").Characters(Start:=i, Length:=1)  ←2
        If Asc(c.Text) >= 48 And Asc(c.Text) <= 57 Then  ←3
            With c.Font  ←4
                .Size = .Size + 3
                .Bold = True
                .ColorIndex = 3
            End With
        End If
    Next
End Sub
```

1変数「i」が「1」～「セルA2の文字数」になるまで次の処理を繰り返す 2セルA2の文字列のi文字目から1文字を取得し、変数「c」に代入する 3変数「c」に代入された文字がAsc関数で48以上、57以下のとき次の処理を行う。Asc関数で「48」～「57」は数字の「0」～「9」に対応している 4変数「c」に代入されている文字に対して、現在のフォントサイズに3ポイント加算し、太字を設定し、フォントの色を赤に設定する

ポイント

構 文 `Rangeオブジェクト.Characters(Start, Length)`

- RangeオブジェクトのCharactersプロパティは、セル内の文字範囲を表すCharactersオブジェクトを取得します。引数「Start」は、取得する文字の先頭位置を指定します。「1」または省略時は1文字目から取得します。引数「Length」は、取得する文字数を指定します。省略時は、引数「Start」で指定した開始位置以降のすべての文字分を取得します(取得のみ)。
- Asc関数は、引数で指定した文字のASCII文字コードを返す関数です。例えば、ASCII文字コードで「48」～「57」は数字(0～9)、「65」～「90」は大文字のアルファベット(A～Z)、「97」～「122」は小文字のアルファベット(a～z)に対応しています(ワザ637参照)。

関連ワザ 635 文字列の長さを調べる………P.797
関連ワザ 637 文字のASCIIコードを調べる………P.799

ワザ 164 文字に［上付き文字］［下付き文字］［取り消し線］の書式を設定する

難易度 ●●○ ｜ 頻出度 ●○○ ｜ 対応Ver. 365 2021 2019 2016

文字を［上付き文字］にするにはFontオブジェクトのSuperscriptプロパティ、［下付き文字］にするにはSubscriptプロパティ、［取り消し線］を設定するにはStrikethroughプロパティを使用します。いずれのプロパティも「True」で設定、「False」で解除になります。ここでは、セルB1～B3の文字列について、［上付き文字］［下付き文字］［取り消し線］の書式を設定しています。化学記号や累乗の記号、修正履歴などの設定に使用するといいでしょう。

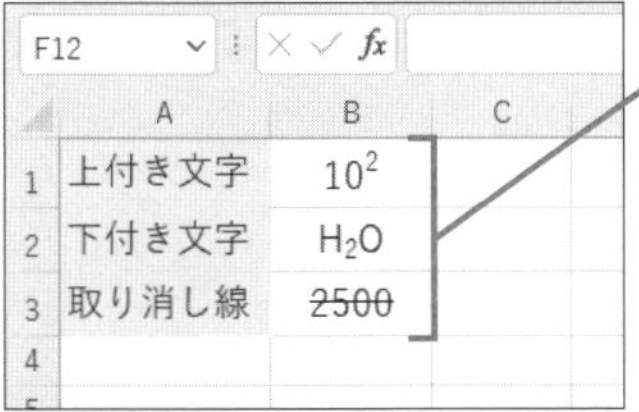

セルB1、セルB2、セルB3に対して［上付き文字］［下付き文字］［取り消し線］の書式をそれぞれ設定する

入力例

164.xlsm

```
Sub 上付き下付き取り消し線の設定()
    Range("B1").Characters(Start:=3, Length:=1).Font.Superscript = True ←1
    Range("B2").Characters(Start:=2, Length:=1).Font.Subscript = True ←2
    Range("B3").Font.Strikethrough = True ←3
End Sub
```

1セルB1の3文字目を［上付き文字］にする　2セルB2の2文字目を［下付き文字］にする　3セルB3の文字列に［取り消し線］を設定する

ポイント

構文 Fontオブジェクト.Superscript

構文 Fontオブジェクト.Subscript

構文 Fontオブジェクト.Strikethrough

- FontオブジェクトのSuperscriptプロパティは文字を［上付き文字］、Subscriptプロパティは文字を［下付き文字］、Strikethroughプロパティは［取り消し線］の取得、設定をします。いずれも「True」で設定、「False」で解除します。

関連ワザ 163 セル内の一部の文字だけ書式を変更する………P.216

ワザ 165 格子の罫線を引いて表組みをまとめて作成する

難易度 ●○○ | 頻出度 ●●● | 対応Ver. 365 2021 2019 2016

セル範囲に格子の罫線を引いて、表組みをまとめて作成するには、RangeオブジェクトのBordersプロパティを使います。Bordersプロパティは、セルの上下左右4つの罫線を含むBordersコレクションを参照します。ここでは、セルB2～E5に格子状の罫線を［細実線］で設定します。セル範囲に一度にまとめて罫線を引けるので、表を整えるのに役立ちます。

	A	B	C	D	E	F
1						
2			1年	2年	3年	
3		1組	田中	井上	磯山	
4		2組	鈴木	辻原	佐藤	
5		3組	宮田	近藤	山崎	
6						

セル範囲に格子の罫線を引く

入力例

165.xlsm

```
Sub 格子の罫線を引く()
    Range("B2:E5").Borders.LineStyle = xlContinuous ←1
End Sub
```

1 セルB2～E5に格子状の罫線を［細実線］で設定する

ポイント

構文　Rangeオブジェクト.Borders.LineStyle

- 指定したセル範囲に格子状の罫線を引くには、RangeオブジェクトのBordersプロパティを使ってBordersコレクションを参照し、設定する線種をLineStyleプロパティを使って指定します。［細実線］を引く場合は、値を「xlContinuous」に設定します。
- LineStyleプロパティは、指定したBorderオブジェクトの線種を取得、設定します（ワザ167参照）。

構文　Rangeオブジェクト.Borders(Index)

- セル範囲の1つ1つの罫線を参照するには、Borderオブジェクトを取得します。Borderオブジェクトは、Bordersプロパティに引数「Index」をXlBordersIndex列挙型の定数で指定して取得できます（取得のみ）。

●罫線の位置の設定値（XlBordersIndex列挙型の定数）

定数	内容	定数	内容
xlEdgeTop	上端の横線	xlInsideHorizontal	内側の横線
xlEdgeBottom	下端の横線	xlInsideVertical	内側の縦線
xlEdgeLeft	左端の縦線	xlDiagonalDown	右下がりの斜線
xlEdgeRight	右端の縦線	xlDiagonalUp	右上がりの斜線

関連ワザ 166 セル範囲の外周だけ罫線を引く………P.219
関連ワザ 167 場所を指定してさまざまな罫線を引く………P.220

ワザ 166 セル範囲の外周だけ罫線を引く

難易度 ●●○ | 頻出度 ●●○ | 対応Ver. 365 2021 2019 2016

セル範囲の輪郭となる外周だけ罫線を引くには、RangeオブジェクトのBorderAroundメソッドを使うと便利です。ここでは、セルB2～E5の外周だけに［太線］で罫線を設定します。セル範囲を表にして整えたいときや、セル範囲の輪郭だけ線種を変更して強調したいときに、1行のコードで外周に罫線が引けます。なお、線の種類だけでなく、太さや色の設定も可能です。

	A	B	C	D	E	F
1						
2			1年	2年	3年	
3		1組	田中	井上	磯山	
4		2組	鈴木	辻原	佐藤	
5		3組	宮田	近藤	山崎	

セル範囲の外周に罫線を引く

入力例　166.xlsm

```
Sub セル範囲の外周に罫線を引く()
    Range("B2:E5").BorderAround Weight:=xlThick ←1
End Sub
```

1 セルB2～E5の外周に罫線を太線で設定する

ポイント

構文 `Rangeオブジェクト.BorderAround(LineStyle, Weight, ColorIndex, Color, ThemeColor)`

- RangeオブジェクトのBorderAroundメソッドは、上のように記述してセル範囲の周囲に罫線を設定します。引数「LineStyle」では線種、引数「Weight」では太さを設定します。これらの引数を省略すると、既定の太さで罫線が引かれます。
- 引数「ColorIndex」、引数「Color」、引数「ThemeColor」のいずれか1つで色を指定します。複数を同時に指定することはできません。
- 引数「LineStyle」ではLineStyleプロパティで設定する値、引数「Weight」ではWeightプロパティで設定する値を指定します（ワザ167参照）。両方の引数を同時に設定すると、一方が無効になることがあります。
- 引数「ColorIndex」ではカラーパレットのインデックス番号（ワザ161参照）を、引数「Color」ではRGB値（RGB関数またはxlRgbColor列挙型の定数）を指定できます（ワザ159、ワザ160参照）。
- 引数「ThemeColor」は、テーマの色をXlThemeColor列挙型の定数を使って指定できます（ワザ171参照）。

関連ワザ 159 文字の色をRGB値で設定する………P.212
関連ワザ 161 文字の色をインデックス番号で設定する………P.214
関連ワザ 167 場所を指定してさまざまな罫線を引く………P.220
関連ワザ 171 セルにテーマの色を設定する………P.224

ワザ167 場所を指定してさまざまな罫線を引く

難易度 ●●○ | 頻出度 ●●○ | 対応Ver. 365 2021 2019 2016

セル範囲に線種や太さを指定して罫線を引くには、RangeオブジェクトのBordersプロパティを使って、罫線を表すBorderオブジェクトを取得します。LineStyleプロパティで線種、Weightプロパティで太さを指定します。ここでは、「セルB2を含む表全体」「列見出しの下」「行見出しの右」のように、罫線の設定場所を指定して線種や太さを変更します。これらは罫線を設定するための基本事項です。

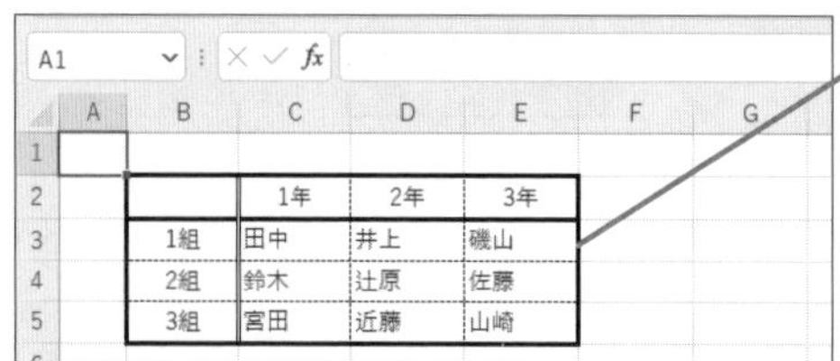

入力例

167.xlsm

```
Sub 線種と太さを指定する()
    With Range("B2").CurrentRegion
        .Borders.LineStyle = xlDash ←1
        .Rows(1).Borders(xlEdgeBottom).Weight = xlThick ←2
        .Columns(1).Borders(xlEdgeRight).LineStyle = xlDouble ←3
        .BorderAround Weight:=xlThick ←4
    End With
End Sub
```

1セルB2を含む表全体に対して、格子状に[破線]で罫線を設定する　2セルB2を含む表の1行目の下の横線を[太線]に設定する　3セルB2を含む表の1列目の右の縦線の線種を［二重線］に設定する　4セルB2を含む表の外周の太さを［太線］に設定する

ポイント

構文　オブジェクト.LineStyle

構文　オブジェクト.Weight

- 罫線の線種を設定するにはLineStyleプロパティ、罫線の太さを設定するにはWeightプロパティを使って、上のように記述します。それぞれオブジェクトにはBorderオブジェクト、Bordersコレクションを指定できます。
- LineStyleプロパティとWeightプロパティの両方を同時に設定すると、線種と太さの組み合わせにより、一方が無効になることがあります。

●LineStyleプロパティの主な設定値

定数	内容
xlContinuous	細実線
xlDash	破線
xlDot	点線
xlDouble	二重線
xlLineStyleNone	なし

●Weightプロパティの主な設定値

定数	内容
xlHairLine	極細
xlThin	細
xlMedium	中
xlThick	太

ワザ 168 罫線を消去する

難易度 ●●○ 頻出度 ●●● 対応Ver. 365 2021 2019 2016

セル範囲に設定されている罫線を消去するには、LineStyleプロパティに「xlLineStyleNone」を指定します。指定した表に設定されている上下左右のすべての罫線を対象にするには、Bodersコレクションを指定します。このとき、斜線は消去できないので、斜線がある場合は、個別に斜線を指定して消去する必要があります。ここではセルB2を含む表全体の罫線と、右下がりの斜線の罫線を消去しています。

	A	B	C	D	E
1					
2			1年	2年	3年
3		1組	田中	井上	磯山
4		2組	鈴木	辻原	佐藤
5		3組	宮田	近藤	山崎
6					
7					

→

セルB2を含む表の格子罫線と斜線をまとめて消去する

	A	B	C	D	E
1					
2			1年	2年	3年
3		1組	田中	井上	磯山
4		2組	鈴木	辻原	佐藤
5		3組	宮田	近藤	山崎
6					
7					

入力例 168.xlsm

```
Sub 罫線削除()
    Range("B2").Borders(xlDiagonalDown).LineStyle = xlLineStyleNone ←1
    Range("B2").CurrentRegion.Borders.LineStyle = xlLineStyleNone ←2
End Sub
```

1セルB2の右下がりの斜線を消去する 2セルB2を含む表全体の格子状の罫線を消去する

ポイント

構文 `Rangeオブジェクト.Borders.LineStyle=xlLineStyleNone`

- 指定したセル範囲のすべての罫線(斜線を除く)を一度に消去するには、上のように記述します。

応用例 `ActiveSheet.UsedRange.Borders.LineStyle=xlLineStyleNone`

- アクティブシートに設定されているすべての罫線(斜線を除く)をまとめて消去したい場合は、使用したセル範囲を参照するUsedRangeプロパティを使って、上のようにも記述できます。

関連ワザ 167 場所を指定してさまざまな罫線を引く………P.220

ワザ 169

セルの背景色を設定する

難易度 ●○○ | 頻出度 ●●● | 対応Ver. 365 2021 2019 2016

セルの背景色を変更するには、RangeオブジェクトのInteriorプロパティを使って、内部を表すInteriorオブジェクトを参照し、ColorプロパティまたはColorIndexプロパティを使って色を指定します。ここでは、セルA1の結合セルの背景色を［なし］にして、セルA3～E6の1列目と5列目と1行目の背景色を設定しています。タイトルや行、列見出しなど強調したいセルに色を付けたいときに使用します。

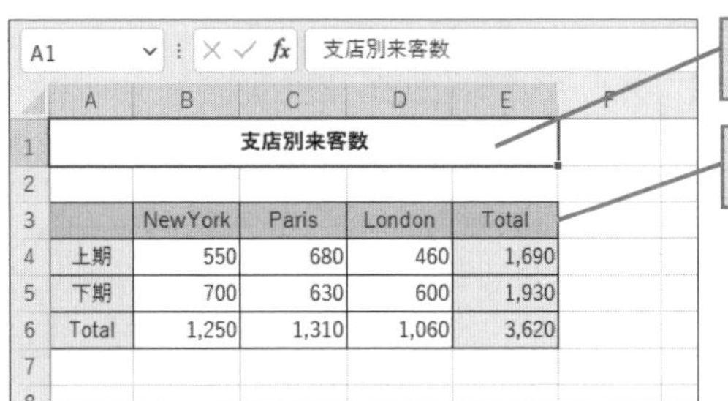

入力例 169.xlsm

```
Sub セルの色の取得と設定()
    Range("A1").MergeArea.Interior.ColorIndex = xlColorIndexNone ←1
    With Range("A3:E6")
        .Columns(1).Interior.ColorIndex = 35 ←2
        .Columns(5).Interior.ColorIndex = 35 ←3
        .Rows(1).Interior.Color = rgbPowderBlue ←4
    End With
End Sub
```

1 セルA1を含む結合セルの背景色を［なし］に設定する 2 セルA3～E6の1列目のセルの色をインデックス番号35（薄い緑）に設定する 3 セルA3～E6の5列目のセルの色をインデックス番号35（薄い緑）に設定する 4 セルA3～E6の1行目のセルの色をxlRgbColor列挙型の定数でパウダーブルーに設定する

ポイント

構文 `Rangeオブジェクト.Interior`

- セルの背景色に色を設定するには、RangeオブジェクトのInteriorプロパティを使って上のように記述し、Interiorオブジェクトを取得します(取得のみ)。
- InteriorオブジェクトのColorプロパティ、ColorIndexプロパティを使って設定する色を指定します。ColorプロパティではRGB値（RGB関数またはxlRgbColor列挙型の定数）で（ワザ159、ワザ160参照）、ColorIndexプロパティではインデックス番号で色を指定します(ワザ161参照)。

関連ワザ 160 文字の色を定数で指定する………P.213
関連ワザ 161 文字の色をインデックス番号で設定する………P.214

ワザ 170 セルの背景色に濃淡を付ける

難易度 ●○○ | 頻出度 ●●○ | 対応Ver. 365 2021 2019 2016

InteriorオブジェクトのTintAndShadeプロパティを使うとセルの色の濃淡を設定できます。ここでは、セルA1を含む結合セルの背景色を明るくし、セルA3を含む表全体に色を設定した後、列見出し、行見出しの色をそれぞれ濃くしています。1つの色を基準に濃淡で色に変化を付けられるので、統一感のある表を作成できます。

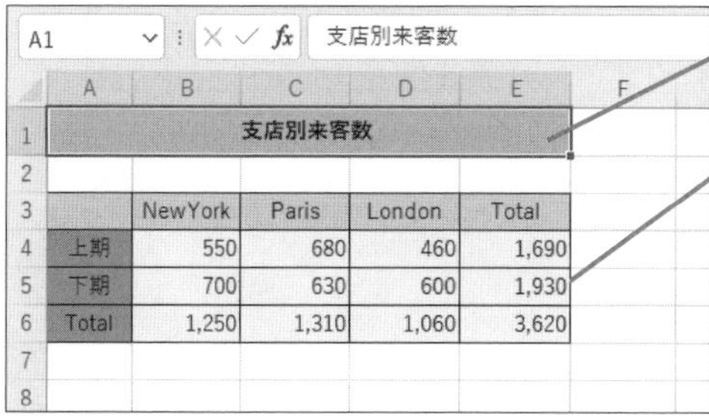
A1
支店別来客数
セルA1の結合セルの背景色を明るくする
セルA3～E6のセル範囲で列見出しや行見出し、各セルの背景色を設定する

	NewYork	Paris	London	Total
上期	550	680	460	1,690
下期	700	630	600	1,930
Total	1,250	1,310	1,060	3,620

入力例　170.xlsm

```
Sub 色の濃淡を設定する()
    Range("A1").MergeArea.Interior.TintAndShade = 0.5  ←1
    With Range("A3").CurrentRegion
        .Interior.Color = rgbAliceBlue  ←2
        .Columns(1).Interior.TintAndShade = -0.3  ←3
        .Rows(1).Interior.TintAndShade = -0.1  ←4
    End With
End Sub
```

1セルA1を含む結合セルの背景色を現在より明るく(0.5)する　2セルA3を含む表全体の背景色をxlRgbColor列挙型の定数でアリスブルーに設定する　3セルA3を含む表の1列目の背景色を現在の色より暗く(-0.3)する　4セルA3を含む表の1行目の背景色を現在の色より少し暗く(-0.1)する

ポイント

構文　**Interiorオブジェクト.TintAndShade**

- 色の濃淡を設定するには、InteriorオブジェクトのTintAndShadeプロパティを使って上のように記述します。TintAndShadeプロパティは、「0」を中間色として、「-1」～「1」までの範囲の単精度浮動小数点数(Single)の数値で指定します。「-1」が最も暗く、「1」が最も明るくなります。

関連ワザ 169 セルの背景色を設定する………P.222

ワザ 171 セルにテーマの色を設定する

難易度 ●●○ ｜ 頻出度 ●●● ｜ 対応Ver. 365 2021 2019 2016

セルの背景色にテーマの色を設定するにはInteriorオブジェクトのThemeColorプロパティを使用します。ここでは、セルA3を含む表全体にテーマの［灰色、アクセント3］の色を設定して、表の2行目以降のデータの部分を明るくします。ThemeColorプロパティで色を設定すると、ブックに適用するテーマを変更した場合、そのテーマに合わせて色合いが自動調整されます。

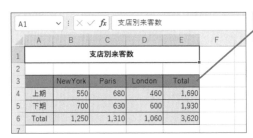

A1　fx　支店別来客数

	A	B	C	D	E	F
1	支店別来客数					
2						
3		NewYork	Paris	London	Total	
4	上期	550	680	460	1,690	
5	下期	700	630	600	1,930	
6	Total	1,250	1,310	1,060	3,620	
7						

表全体にテーマを設定して色を塗り分ける

入力例

171.xlsm

```
Sub 表にテーマの色を設定する()
    With Range("A3").CurrentRegion ←1
        .Interior.ThemeColor = xlThemeColorAccent3
        .Offset(1).Resize(.Rows.Count - 1).Interior.TintAndShade = 0.8 ←2
    End With
End Sub
```

1セルA3を含む表全体の背景色を［灰色、アクセント3］のテーマに設定する　2表の2行目以降のデータ部分の背景色を明るく（0.8）する。ここでは、OffsetプロパティとResizeプロパティを指定してデータ部分を取得している（ワザ098参照）

ポイント

構文　**Interiorオブジェクト.ThemeColor**

- InteriorオブジェクトのThemeColorプロパティは、上のように記述してテーマの色を取得、設定します。
- ThemeColorプロパティの値は、［ホーム］タブの［フォント］グループにある［塗りつぶしの色］ボタンの⌄をクリックしたときに表示されるカラーパレットにある［テーマの色］の、1行目に表示されている基本色の配置に左から順番に対応しています。

●ThemeColor の設定値（XlThemeColor 列挙型の定数）

定数	テーマカラー
xlThemeColorDark1	背景1（白）
xlThemeColorLight1	テキスト1（黒）
xlThemeColorDark2	背景2（25%灰色）
xlThemeColorLight2	テキスト2（ブルーグレー）
xlThemeColorAccent1	アクセント1（青）

定数	テーマカラー
xlThemeColorAccent2	アクセント2（オレンジ）
xlThemeColorAccent3	アクセント3（50%灰色）
xlThemeColorAccent4	アクセント4（ゴールド）
xlThemeColorAccent5	アクセント5（青）
xlThemeColorAccent6	アクセント6（緑）

ワザ 172 セルに網かけを設定する

難易度 ●●○ | 頻出度 ●○○ | 対応Ver. 365 2021 2019 2016

セルに網かけを設定するには、InteriorオブジェクトのPatternプロパティで網かけの種類を、PatternColorプロパティまたはPatternColorIndexプロパティで網かけの色を指定します。ここでは、セルA3～E3に[左下がり斜線 格子] の網かけを設定し、網かけの色を［緑］に設定します。網かけはグラフや図形にも設定できます。表をモノクロで印刷するときに利用するといいでしょう。

セルA3～E3に[左下がり斜線 格子]で［緑］の網かけを設定する

入力例 172.xlsm

```
Sub 網かけ設定()
    With Range("A3:E3").Interior
        .Pattern = xlPatternChecker ←1
        .PatternColor = RGB(0, 255, 0) ←2
    End With
End Sub
```

1セルA3～E3の網かけを[左下がり斜線 格子]に設定する 2セルA3～E3の網かけの色(緑)をRGBの値(0,255,0)で指定する

ポイント

構文 `Interior.Pattern`

- InteriorオブジェクトのPatternプロパティは、上のように記述して網かけの種類を取得、設定します。

構文 `Interior.PatternColor=RGB値`

構文 `Interior.PatternColorIndex=インデックス値`

- PatternColorプロパティはRGB値（RGB関数またはxlRgbColor列挙型の定数）で（ワザ159参照）、PatternColorIndexはインデックス番号で（ワザ161参照）色を指定して、上のように記述して網かけに色を設定します。

●Patternプロパティの主な設定値(XlPattern列挙型の定数)

定数	内容
xlPatternSolid	塗りつぶし
xlPatternGray25	25%灰色
xlPatternHorizontal	横縞
xlPatternVertical	縦縞

定数	内容
xlPatternDown	右下がり斜線 縞
xlPatternUp	左下がり斜線 縞
xlPatternChecker	左下がり斜線 格子

関連ワザ 159 文字の色をRGB値で設定する………P.212

ワザ 173 セルにグラデーションを設定する

難易度 ●●○　頻出度 ●○○　対応Ver. 365 2021 2019 2016

グラデーションを設定するには、InteriorオブジェクトのPatternプロパティで「xlPatternLinearGradient」、または「xlPatternRectangularGradient」を指定します。ここでは、セルA1を含む結合セルに方形のグラデーションを設定します。グラデーションの書式は、図形やグラフにも設定できます。

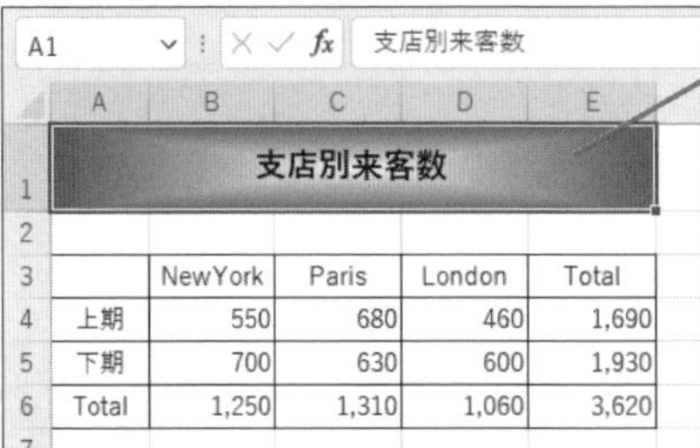
A1
支店別来客数
方向と色を指定して、グラデーションをセルA1の結合セルに設定する

	A	B	C	D	E
1	支店別来客数				
2					
3		NewYork	Paris	London	Total
4	上期	550	680	460	1,690
5	下期	700	630	600	1,930
6	Total	1,250	1,310	1,060	3,620

入力例

173.xlsm

```
Sub 方形グラデーション設定()
    With Range("A1").MergeArea.Interior
        .Pattern = xlPatternRectangularGradient ←1
        .Gradient.RectangleLeft = 0.5 ←2
        .Gradient.RectangleRight = 0.5
        .Gradient.RectangleTop = 0.5
        .Gradient.RectangleBottom = 0.5
        .Gradient.ColorStops.Clear ←3
        .Gradient.ColorStops.Add(0).ThemeColor = xlThemeColorDark1 ←4
        .Gradient.ColorStops.Add(1).ThemeColor = xlThemeColorAccent5 ←5
    End With
End Sub
```

1セルA1を含む結合セルに、方形のグラデーションを設定する　2グラデーションの左、右、上、下からの収束値をそれぞれ「0.5」とする　3グラデーションの色をリセットする　4グラデーションの開始の色を、テーマの色［白、背景1］に設定する　5グラデーションの終了の色をテーマの色［青、アクセント5］に設定する

ポイント

- グラデーションを設定するには、InteriorオブジェクトのPatternプロパティで、「xlPatternLinearGradient」または「xlPatternRectangularGradient」を指定します。「xlPatternLinearGradient」は線形グラデーション、「xlPatternRectangularGradient」は方形グラデーションになります。
- Patternプロパティの値に「xlPatternLinearGradient」を指定すると、GradientプロパティでLinearGradientオブジェクトを参照でき、線形グラデーションの色や角度などを設定できます。
- Patternプロパティの値に「xlPatternRectangularGradient」を指定すると、GradientプロパティでRactangularGradientオブジェクトを参照でき、方形グラデーションの色や収束値などを設定できます。

関連ワザ 171 セルにテーマの色を設定する………P.224

ワザ 174 同じセルの色の数値の合計を求める

難易度 ●●○　頻出度 ●●○　対応Ver. 365 2021 2019 2016

背景色が同じセルの数値の合計を求めたいときは、InteriorオブジェクトのColorプロパティまたはColorIndexプロパティで各セルの背景色を調べ、指定した色であれば、そのセルの値を変数に追加する形で合計を計算します。ここでは、セルB4～D5の中で赤色のセルの数値を合計しています。同じ色のセルに対して合計や件数を計算したり、そのほかの処理を行ったりするときに使用できます。

背景色が同じセルの数値を合計し、メッセージで表示する

A1　支店別来客数

	A	B	C	D	E
1	支店別来客数				
2					
3		NewYork	Paris	London	Total
4	上期	550	680	460	1,690
5	下期	700	630	600	1,930
6	Total	1,250	1,310	1,060	3,620
7					

Microsoft Excel
赤色のセルの合計：1980
OK

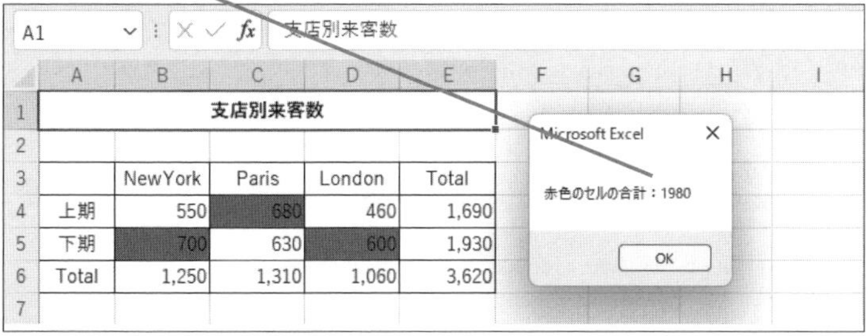

入力例　174.xlsm

```
Sub 同じセル色の数値の合計を求める()
    Dim r As Range, total As Integer
    For Each r In Range("B4:D5")  ←1
        If r.Interior.Color = rgbRed Then  ←2
            total = total + r.Value
        End If
    Next
    MsgBox "赤色のセルの合計:" & total  ←3
End Sub
```

1セルB4～D5のセルを変数「r」に1つずつ代入しながら、次の処理を実行する　2もし変数「r」に代入されたセルの色が赤色（rgbRed）であれば、変数「total」に変数「r」の値を加算する　3変数「total」の値をメッセージで表示する

ポイント

- For Eachステートメントを使ってRange型の変数「r」にセルB4～D5のセルを代入することで、各セルの数値を1つずつチェックできます。
- セルの背景色を基準に計算するときは、指定した色かどうかを判定する条件式を設定し、条件分岐を使って処理を記述します。ここでは、セルの背景色が赤色かどうかのみを判定するのでIfステートメントを使っていますが、複数の色を判定する場合は、Select Caseステートメントを使って判定するといいでしょう。

関連ワザ 360 セルの色で並べ替える………P.450
関連ワザ 371 セルの色が黄色のデータを抽出する………P.461

ワザ 175 土日の行に色を設定する

難易度 ●●○ ｜ 頻出度 ●●○ ｜ 対応Ver. 365 2021 2019 2016

日付が土日の行に色を設定するには、Weekday関数を使って日付が土曜日か日曜日かを調べ、土曜日または日曜日のときにそのセルの表内の行に特定の色を設定します。ここでは、セルA3を含む表の日付データの部分をWeekday関数を使って上から順番に調べ、土曜日の場合にセルの色を明るい青、日曜日の場合にセルの色を薄いピンクに設定します。月間予定表などの土日のセルに色を付けて平日と区別するときに便利です。

入力例

 175.xlsm

```
Sub 土日のセルに色を付ける()
    Dim i As Integer, r As Integer, myArea As Range
    Set myArea = Range("A3").CurrentRegion ←1
    r = myArea.Rows.Count - 1 ←2
    Set myArea = myArea.Offset(1).Resize(r) ←3
    For i = 1 To r ←4
        Select Case Weekday(myArea.Cells(i, 1)) ←5
            Case 1
                myArea.Rows(i).Interior.Color = rgbLightPink
            Case 7
                myArea.Rows(i).Interior.Color = rgbLightBlue
       End Select
    Next
End Sub
```

1セルA3を含む表全体を、変数「myArea」に代入する　2その表の日付部分の行数を取得して、変数「r」に代入する。表全体の行数から見出し行の1を引いた数が、日付部分の行数になる　3OffsetプロパティとResizeプロパティを使って、日付部分だけの表のセル範囲を変数「myArea」に代入し直す（ワザ098参照）　4For Nextステートメントで変数「i」の範囲が1～rの間、次の処理を繰り返す。これによって、変数「myArea」の1行目から最終行まで順番に曜日を調べられる　5変数「myArea」のセル範囲のi行、1列目のセルの値が何曜日であるかを「Weekday」関数を使って調べ、日曜日（値が1）のときは、その行のセルの色を薄いピンク（rgbLightPink）、土曜日（値が7）のときは明るい青（rgbLightBlue）に設定する

ポイント

- 日付が入力されているセルの曜日を調べる場合には、Weekday関数を使用します（ワザ626参照）。Weekday関数の値が1のときは日曜日、7のときは土曜日なので、これらを条件にしてそれぞれの場合で処理を記述します。
- 表の日付が入力されている行だけを作業対象とするために、表全体のセル範囲を代入した変数「myArea」を基に、OffsetプロパティとResizeプロパティで1行目の見出し行を省いたデータ部分だけのセル範囲を参照し直すことで（ワザ098参照）、対象とするセル範囲のみを単位として行を表す変数「i」を、1から指定できます。
- 祝日に対応するためには、祝日の表を別途作成し、参照させるコードを記述します。詳細はワザ176を参照してください。

関連ワザ 098 データを入力するセル範囲を選択する………P.147
関連ワザ 176 祝日の行に色を設定する………P.229
関連ワザ 626 今日の曜日名を表示する………P.788

ワザ 176 祝日の行に色を設定する

難易度 ●●●　頻出度 ●●○　対応Ver. 365 2021 2019 2016

スケジュール表で祝日の行に色を設定したい場合は、その年の祝日の表を別のワークシートなどに作成しておき、参照させて対応します。それには、ワークシート関数に対応したCountIfメソッド、VLookupメソッドを使うと簡単です。ここでは、［祝日］シートの祝日の表を参照して、アクティブシートのA列の日付が祝日と一致する行に色を設定し、B列に祝日名を入力します。

入力例

176.xlsm

```
Sub 祝日のセルに色を付ける()
    Dim i As Integer, r As Integer, Area1 As Range, Area2 As Range
    Set Area1 = Worksheets("祝日").Range("A3").CurrentRegion ←1
    Set Area2 = Range("A3").CurrentRegion ←2
    r = Area2.Rows.Count - 1 ←3
    Set Area2 = Area2.Offset(1).Resize(r) ←4
    For i = 1 To r ←5
      If WorksheetFunction.CountIf(Area1.Columns(1), Area2.Cells(i, 1)) = 1 Then ←6
          Area2.Cells(i, 2).Value = _ ←7
              WorksheetFunction.VLookup(Area2.Cells(i, 1), Area1, 2, False)
          Area2.Rows(i).Interior.Color = rgbLightGreen
      End If
    Next
End Sub
```

1祝日の一覧が作成されている［祝日］シートのセルA3を含む表全体を変数「Area1」に代入する　2アクティブシートのセルA3を含む表全体を変数「Area2」に代入する　3変数「Area2」に代入された表の日付部分の行数を取得して変数「r」に代入する　4表の2行目以降（日付データ部分）のセル範囲を変数「Area2」に代入し直す（ワザ175参照）　5For Nextステートメントで変数「i」の範囲が「1」から「r」の間、次の処理を繰り返す　6変数「Area2」のセル範囲のi行、1列目のセルの値が、変数「Area1」（祝日の表）の1列目にあるかどうかを、CountIfメソッドを使って調べる。見つかった場合はカウントされて「1」が返るので、それを条件とする　7i行1列目のセルが祝日であった場合、祝日の表の2列目にある祝日名をi行2列目に入力する。そのためにVlookupメソッドを使って、セル1行i列目の値をArea1から検索し、見つかった行の2列目から取得している

ポイント

構文 `WorksheetFunction.CountIf(Arg1, Arg2)`

- A列の日付のセルが祝日かどうかを調べるために、ワークシート関数であるCountIfメソッドを使っています。CountIfメソッドは、第1引数「Arg1」（範囲）の中で、第2引数「Arg2」（検索条件）と一致する行を探し、見つかったセルの個数を返します。
- ［祝日］シートの表（Area1）の1列目の中に、スケジュール表の日付のセルが見つかるとカウントされるため、「1」が返ります。これを条件式に使用すれば、セルの日付が祝日かどうかを調べられます。

構文 `WorksheetFunction.VLookup(Arg1, Arg2, Arg3, Arg4)`

- セルの日付が祝日であった場合、祝日名をスケジュール表の2列目に入力するために、［祝日］シートの表の2列目の値を参照します。これには、ワークシート関数であるVLookupメソッドを使用すると便利です。VLookupメソッドは、第1引数「Arg1」（検索値）を第2引数「Arg2」（範囲）の1列目の中で検索し、見つかった場合に第3引数「Arg3」（列番号）で指定した列の値を返します。第4引数「Arg4」（検索の型）で「False」を指定すると、完全一致した値だけが検索されます。

ワザ 177 セルにスタイルを設定して書式を一度に設定する

難易度 ●●○ | 頻出度 ●○○ | 対応Ver. 365 2021 2019 2016

セルのスタイルとは、表示形式やフォント、配置、罫線、塗りつぶしなどの書式をいくつか組み合わせて、名前を付けて登録したものです。スタイルをセル範囲に適用すれば、一度に複数の書式を設定できます。ここでは、セルA1にスタイル［タイトル］、セルB3～C4にスタイル［集計］、セルA6～E6にスタイル［アクセント 5］を設定します。

複数のセル範囲にまとめて書式を適用する

	A	B	C	D	E
1	1学期テスト結果				
2					
3		最高点	192		
4		最低点	147		
5					
6	NO	氏名	中間テスト	期末テスト	合計
7	1	磯崎　信吾	71	86	157
8	2	遠藤　恭子	86	74	160
9	3	太田　新造	89	91	180
10	4	木下　未来	99	93	192
11	5	小谷田　美由紀	73	74	147

入力例

177.xlsm

```
Sub セルにスタイル設定()
    Range("A1").Style = "タイトル" ←1
    Range("B3:C4").Style = "集計" ←2
    Range("A6:E6").Style = "アクセント 5" ←3
End Sub
```

1 セルA1にスタイル［タイトル］を設定する　2 セルB3～C4にスタイル［集計］を設定する　3 セルA6～E6にスタイル［アクセント 5］を設定する

ポイント

構文 Rangeオブジェクト.Style

- RangeオブジェクトのStyleプロパティは、セルにスタイルを設定します。設定値には、スタイル名を文字列で指定します。
- スタイル名は、スタイル一覧に表示されているスタイルにマウスポインターを合わせたときに表示されるポップヒントで確認できます。
- Styleプロパティに［標準］を指定すれば、新規ブックの各セルに設定されているスタイルに戻せます。

関連ワザ 178 現在のブックにユーザー定義のスタイルを登録する………P.231
関連ワザ 390 テーブルスタイルを変更する………P.480

ワザ 178 現在のブックにユーザー定義のスタイルを登録する

難易度 ●●○ | 頻出度 ●○○ | 対応Ver. 365 2021 2019 2016

ブックにユーザー定義のスタイルを登録するには、StylesコレクションのAddメソッドを使います。ここでは、アクティブブックに「myStyle」という名前で、フォント、配置、背景色の書式を設定したスタイルを追加し、セルA1に設定します。設定したい書式をまとめてスタイルとして追加しておけば、複数のセルに同じ書式を簡単なコードで設定できるようになります。

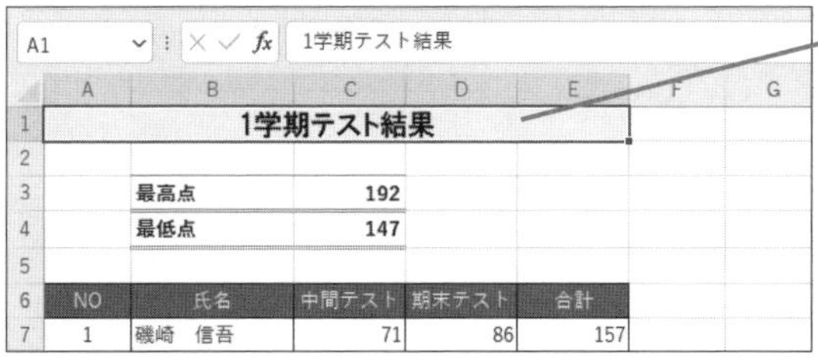

入力例　178.xlsm

```
Sub ユーザー定義スタイルの追加()
    On Error GoTo errHandler
    With ActiveWorkbook.Styles.Add(Name:="myStyle")  ←1
        .HorizontalAlignment = xlHAlignCenter  ←2
        .Font.Name = "HGPｺﾞｼｯｸE"
        .Font.Size = 16
        .Interior.ColorIndex = 34
    End With
    Range("A1").MergeArea.Style = "myStyle"  ←3
    Exit Sub
errHandler:
    MsgBox Err.Description
End Sub
```

1 アクティブブックに「myStyle」というスタイルを追加し、そのスタイルに次の書式を登録する　2 配置を［中央揃え］、フォントを［HGPゴシックE］、フォントサイズを［16］、背景色を［34］（薄い水色）に設定する　3 セルA1を含む結合セルにスタイル［myStyle］を設定する

ポイント

構文　`Workbookオブジェクト.Styles.Add(Name)`

- ブックにスタイルを追加するには、WorkbookオブジェクトのStylesプロパティを使ってStylesコレクションを参照し、AddメソッドでStyleオブジェクトを追加します。Addメソッドは、引数「Name」で指定した名前で新規のStyleオブジェクトを返します。
- ブックにスタイルを追加するとき、すでに同じ名前のスタイルが登録されている場合はエラーになってしまいます。そのため、エラー処理を追加してエラーの発生を防ぎます。
- アクティブブックに追加したStyleオブジェクトを削除するには、ActiveWorkbook.Styles("myStyle").Deleteと記述します。なお、スタイルを削除すると、すでにセルに設定されていたスタイルが解除されてしまうので注意してください。

ワザ 179 セルに入力されている文字のふりがなを取得する

難易度 ●●○ | 頻出度 ●●○ | 対応Ver. 365 2021 2019 2016

セルに入力されている文字列のふりがなを取得するには、ApplicationオブジェクトのGetPhoneticメソッドを使用します。ここでは、[氏名] 列に入力されている氏名のデータからふりがなを取得し、[フリガナ] 列に表示しています。ふりがなが設定されていない表に、後から [フリガナ] 列を追加し、まとめてふりがなをセルに入力したいときに役立ちます。

A1 NO

	A	B	C	D	E	F
1	NO	氏名	フリガナ			
2	1	坂下 幸彦	サカシタ　ユキヒコ			
3	2	田中 久美子	タナカ　クミコ			
4	3	鈴木 哲也	スズキ　テツヤ			
5	4	小野田 君江	オノダ　キミエ			
6	5	萩原 和幸	ハギワラ　カズユキ			
7						
8						

ふりがなの情報をまとめて取得して表示する

入力例

179.xlsm

```
Sub ふりがな取得()
    Dim i As Integer
    i = 2
    Do Until Cells(i, 2).Value = ""  ←1
        Cells(i, 3).Value = Application.GetPhonetic(Cells(i, 2).Value)  ←2
        i = i + 1
    Loop
End Sub
```

1 i行2列目のセルが空欄になるまで以下の処理を繰り返す　2 i行2列目のセルの値からふりがなを取得し、i行3列目のセルに入力する

ポイント

構文 **Applicationオブジェクト.GetPhonetic(Text)**

- ApplicationオブジェクトのGetPhoneticメソッドは、上のように記述して引数「Text」で指定した文字列のふりがなを取得します。
- GetPhoneticメソッドで取得したふりがなは、正しい読みではない場合があります。処理後に必ず読みを確認するようにしましょう。
- ふりがなの文字種を指定して取得したい場合、StrConv関数を使います（ワザ638参照）。例えば、セルB2のふりがなをひらがなで取得する場合は、StrConv(Application.GetPhonetic(Range("B2")), vbHiragana)と記述します。

関連ワザ 180 セルに入力されている文字列にふりがなを設定する………P.233
関連ワザ 638 文字の種類を変換する………P.800

ワザ 180 セルに入力されている文字列にふりがなを設定する

難易度 ●○○ | 頻出度 ●●○ | 対応Ver. 365 2021 2019 2016

セルに入力されている文字列にふりがなを設定するには、RangeオブジェクトのSetPhoneticメソッドを使用しましょう。ここでは、[氏名] 列の氏名にふりがなを設定し、文字種をひらがなにして表示します。テキストファイルなど、ほかのファイル形式のデータを取り込んだ場合など、ふりがな情報を持たない文字列に対してふりがなを設定したいときに便利です。

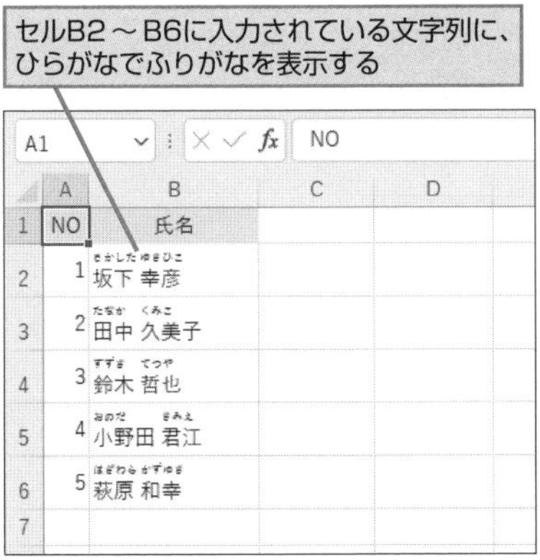

セルB2～B6に入力されている文字列に、ひらがなでふりがなを表示する

	A	B	C	D
1	NO	氏名		
2	1	坂下 幸彦（さかした ゆきひこ）		
3	2	田中 久美子（たなか くみこ）		
4	3	鈴木 哲也（すずき てつや）		
5	4	小野田 君江（おのだ きみえ）		
6	5	萩原 和幸（はぎわら かずゆき）		
7				

入力例

180.xlsm

```
Sub ふりがなの設定と表示()
    With Range("B2:B6")
        .SetPhonetic ←1
        .Phonetics.CharacterType = xlHiragana ←2
        .Phonetics.Visible = True ←3
    End With
End Sub
```

1セルB2～B6にふりがなを設定する　2ふりがなの文字種をひらがなに設定する　3ふりがなを表示する

ポイント

構　文　Rangeオブジェクト.SetPhonetic

- RangeオブジェクトのSetPhoneticメソッドは、上のように記述してセルにふりがなを設定します。セルにふりがながすでに設定されている場合は上書きされます。
- セルに設定されているふりがなは、PhoneticsコレクションのメンバであるPhoneticオブジェクトとして扱います。ふりがな全体に対して同じ設定を行う場合は、Phoneticsコレクションに対して設定を行います。例えば、文字種を設定する場合はCharacterTypeプロパティ、表示・非表示を切り替えるにはVisibleプロパティ、フォントを設定する場合はFontプロパティ、配置を設定する場合はAlignmentプロパティを使用します。

関連ワザ 179 セルに入力されている文字のふりがなを取得する………P.232

ワザ 181 ワークシートへのハイパーリンクを作成する

難易度 ●●○ ｜ 頻出度 ●●○ ｜ 対応Ver. 365 2021 2019 2016

ブック内のワークシートにジャンプするハイパーリンクを作成するには、HyperLinksコレクションのAddメソッドを使ってHyperlinkオブジェクトを追加し、引数「Address」に「""」、引数「SubAddress」にリンク先のワークシート名とセル番号を指定します。ここでは、目次用のワークシートに各ワークシートへのハイパーリンクの一覧を作成します。ワークシートの目次を作りたいときに利用するといいでしょう。

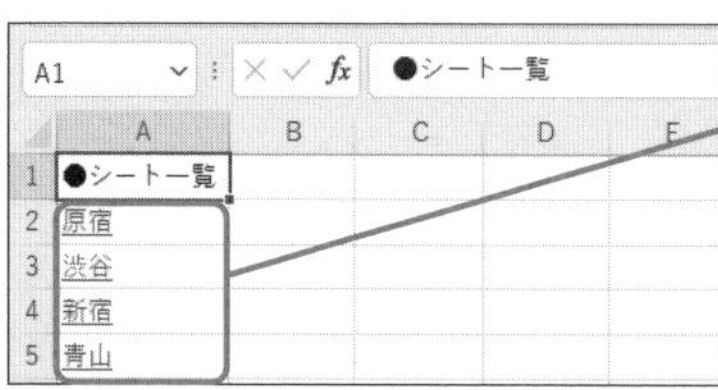

ブックに含まれるワークシートの名前を取得して、ワークシートへのハイパーリンクの一覧を目次用のワークシートに作成する

入力例

181.xlsm

```
Sub ブック内ハイパーリンク作成()
    Dim i As Integer
    For i = 2 To Worksheets.Count ←1
        ActiveSheet.Hyperlinks.Add Anchor:=Cells(i, 1), _ ←2
            Address:="", SubAddress:=Worksheets(i).Name & "!A1", _
            ScreenTip:=Worksheets(i).Name, TextToDisplay:=Worksheets(i).Name
    Next i
End Sub
```

1変数「i」が「2」からブック内のワークシートの数になるまで以下の処理を繰り返す　2アクティブシートのi行1列目のセルに、i番目のワークシートのセルA1をリンク先とし、ハイパーリンクにマウスポインターを合わせたときに表示するポップヒントの文字列と、セルに表示する文字列を、i番目のワークシートの名前に設定してハイパーリンクを追加する

ポイント

構文 `Hyperlinksコレクション.Add(Anchor, Address, SubAddress, ScreenTip, TextToDisplay)`

- ハイパーリンクを追加するには、HyperlinksコレクションのAddメソッドを使用して上のように記述します。各引数の設定内容は下の表の通りです。

●Addメソッドの引数

引数	内容
Anchor	ハイパーリンクの作成先をRange型またはShape型の値を使用して指定
Address	URLやファイルのパスなど、ハイパーリンクのアドレスを文字列で指定
SubAddress	ハイパーリンクのサブアドレスを指定。Webページ内のブックマークやワークシート内のセルなどのジャンプ先を指定（省略可）
ScreenTip	ハイパーリンク上にマウスを合わせたときに表示されるポップヒントを指定（省略可）
TextToDisplay	セルに表示される文字列を指定（省略可）

関連ワザ 182 ファイルを開くハイパーリンクを作成する………P.235
関連ワザ 183 指定したフォルダー内のすべてのファイルのハイパーリンクを作成する………P.236

ワザ 182 ファイルを開くハイパーリンクを作成する

難易度 ●●○ | 頻出度 ●●○ | 対応Ver. 365 2021 2019 2016

セルに別ファイルを開くハイパーリンクを作成するには、HyperlinksコレクションのAddメソッドを使用し、引数「Address」で開きたいファイルのパスとファイル名を文字列で指定します。ここでは、セルA2に入力されているファイル名として、Cドライブの［dekiru］フォルダーにある同名ファイルのハイパーリンクを作成します。ハイパーリンクでファイルを開くときの記述方法として確認しておきましょう。

クリックしてファイルを開ける、ハイパーリンクを作成する

	A	B	C	D	E
1	●ファイルを開くハイパーリンク				
2	案内状.docx				
3					
4					

入力例　182.xlsm

```
Sub 別ファイルを開くハイパーリンク作成2()
    Dim myFile As String
    myFile = Range("A2").Value  ←1
    ActiveSheet.Hyperlinks.Add Anchor:=Range("A2"), _  ←2
        Address:="c:¥dekiru¥" & myFile, ScreenTip:=myFile
End Sub
```

1セルA2の値を変数「myFile」に代入する　2アクティブシートのセルA2に、Cドライブの［dekiru］フォルダーにある変数「myFile」に代入されたファイル名のファイルをリンク先とし、ハイパーリンクにマウスポインターを合わせたときに表示するポップヒントにファイル名を指定して、ハイパーリンクを追加する

ポイント

- ブックへのハイパーリンクを作成するときは、HyperlinksコレクションのAddメソッドで、引数「Address」に開くブックのパスとファイル名を文字列で指定します。
- メールアドレスをハイパーリンクする場合は、引数「Address」に「"mailto:メールアドレス"」のように先頭に「mailto:」を付加して指定します。

関連ワザ 181 ワークシートへのハイパーリンクを作成する………P.234
関連ワザ 183 指定したフォルダー内のすべてのファイルのハイパーリンクを作成する………P.236

ワザ 183 指定したフォルダー内のすべてのファイルのハイパーリンクを作成する

難易度 ●●○ ｜ 頻出度 ●○○ ｜ 対応Ver. 365 2021 2019 2016

フォルダー内のすべてのファイルのハイパーリンクを作成するには、FilsSystemObjectのGetFolderメソッドを使用して、フォルダーを表すFolderオブジェクトを参照します。次に、For Eachステートメントを使用して、そのフォルダーに含まれる各ファイルのハイパーリンクを作成します。フォルダー内のファイルの一覧を作成するとともにハイパーリンクを設定できるので、ファイルを開く場合に便利です。

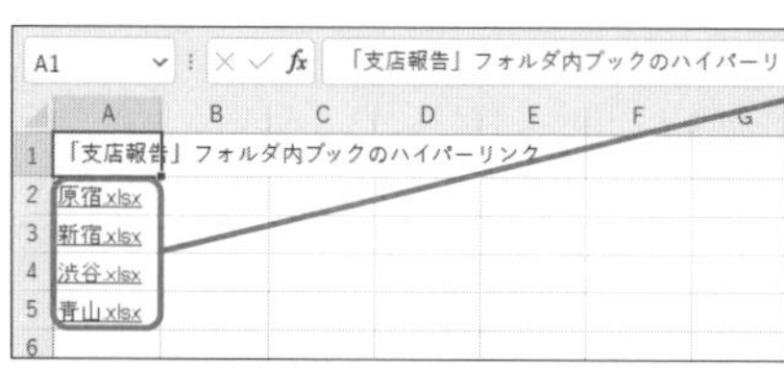

フォルダーに含まれるすべてのファイル名を取得し、ハイパーリンクを作成する

入力例

183.xlsm

```
Sub フォルダー内全ブックのハイパーリンク追加()
    Dim i As Integer, myFSO As New FileSystemObject
    Dim myFiles As Files, myFile As File
    Set myFiles = myFSO.GetFolder(ThisWorkbook.Path & "¥支店報告").Files  ←1
    i = 2
    For Each myFile In myFiles  ←2
        ActiveSheet.Hyperlinks.Add Anchor:=Cells(i, 1), _  ←3
            Address:=myFile.Path, TextToDisplay:=myFile.Name
        i = i + 1
    Next
    Set myFiles = Nothing: Set myFile = Nothing
End Sub
```

1 Filesコレクション型の変数「myFiles」に、コードを実行しているブックと同じ場所内の［支店報告］フォルダーにあるすべてのファイルを代入する　2 変数「myFiles」に代入された［支店報告］フォルダー内の各ファイルを、1つずつ変数「myFile」に代入しながら、以下の処理を実行する（For Eachステートメントの開始）　3 アクティブシートのi行1列目に、変数「myFile」のパスをハイパーリンクのリンク先とし、セルに変数「myFile」のファイル名を表示する

ポイント

- FileSystemObjectオブジェクトを使用するので、参照設定が事前に必要です（ワザ289参照）。

構文 `FileSystemObjectオブジェクト.GetFolder(folderspec)`

- FileSystemObjectオブジェクトのGetFolderメソッドは上のように記述し、引数「folderspec」で指定したフォルダーのFolderオブジェクトを返します。
- FolderオブジェクトのFilesプロパティで、フォルダー内のすべてのファイルを参照できます。

関連ワザ 181 ワークシートへのハイパーリンクを作成する………P.234
関連ワザ 182 ファイルを開くハイパーリンクを作成する………P.235
関連ワザ 298 フォルダー内のすべてのファイルの情報一覧を作成する………P.370

ワザ 184 ハイパーリンクを実行する

難易度 ●●○ | 頻出度 ●○○ | 対応Ver. 365 2021 2019 2016

VBAを利用してハイパーリンクを実行するには、HyperlinkオブジェクトのFollowメソッドを使用します。Hyperlinkオブジェクトは、RangeオブジェクトのHyperlinksプロパティを使って取得します。ここでは、セルA2に設定されているハイパーリンクを実行します。マウスでクリックすることなく、自動でハイパーリンクを実行したいときに利用できます。

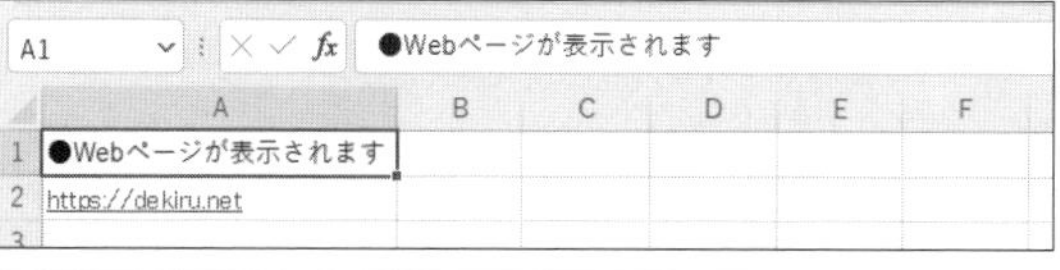

セルA2にURLを入力しておく

セルA2に入力されたハイパーリンクを実行する

入力例　184.xlsm

```
Sub ハイパーリンクの実行()
    On Error GoTo errHandler
    Range("A2").Hyperlinks(1).Follow ←1
    Exit Sub
errHandler:
    MsgBox Err.Description
End Sub
```

1 セルA2にある1つ目のハイパーリンクを実行する

ポイント

構文 `Rangeオブジェクト.Hyperlinks(Index)`

- Hyperlinkオブジェクトは、RangeオブジェクトのHyperlinksプロパティを使って取得します。セル範囲には複数のHyperlinkオブジェクトを含められるので、引数「Index」でハイパーリンク番号を指定します。ハイパーリンクが1つだけ設定されている場合は、「Hyperlinks(1)」のように記述します(取得のみ)。

構文 `Hyperlinkオブジェクト.Follow(NewWindow)`

- ハイパーリンクを実行するには、HyperlinkオブジェクトのFollowメソッドを使って上のように記述します。引数「NewWindow」を「True」にすると新しいウィンドウで開きます。省略すると「False」が指定されます。
- インターネットに接続されていない場合はエラーが発生するため、エラー処理コードを記述して、エラー発生時も正常に処理を終了するようにしておきます。

ワザ 185 ハイパーリンクを使わずに直接Webページを開く

難易度 ●●○ | 頻出度 ●○○ | 対応Ver. 365 2021 2019 2016

ハイパーリンクを使わずに直接Webページを開くには、WorkbookオブジェクトのFollowHyperlinkメソッドを使用します。ここでは、インプットボックスに入力された文字列をURL（アドレス）としてWebページを開く例を紹介します。セルにハイパーリンクが設定されていない場合に、VBAでWebページや指定したファイルなどを開きたいときに活用できます。

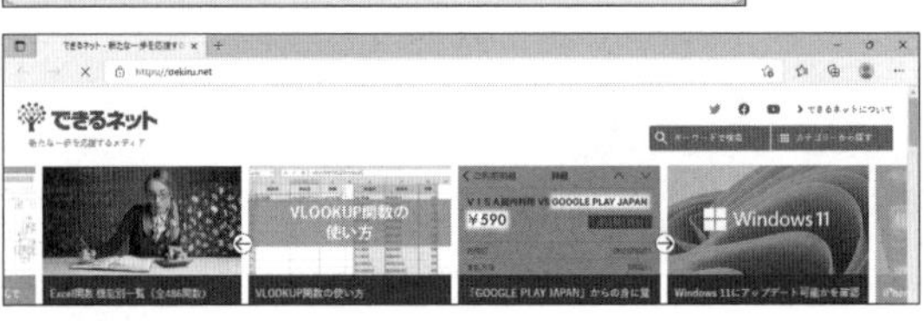

インプットボックスに入力されたURL（アドレス）でWebページやファイルを開く

入力例

185.xlsm

```
Sub Webページを開く()
    On Error GoTo errHandler
    Dim myAddress As String
    myAddress = InputBox("ジャンプ先を入力してください", , "https://dekiru.net")  ←1
    ActiveWorkbook.FollowHyperlink Address:=myAddress  ←2
    Exit Sub
errHandler:
    MsgBox Err.Description
End Sub
```

1変数「myAddress」にインプットボックスに入力されたアドレスを代入する　2変数「myAddress」の値をリンク先としてハイパーリンクを実行する

ポイント

構文 `Workbookオブジェクト.FollowHyperlink(Address, NewWindow)`

- WorkbookオブジェクトのFollowHyperlinkメソッドは、上のように記述してハイパーリンクを実行します。引数「Address」でジャンプ先のURLやファイル名などを指定します。引数「NewWindow」を「True」にすると新規ウィンドウで開きます。既定値は「False」で省略可能です。
- インプットボックスに入力されたアドレスが正しくなかったり、インターネットに接続されていなかったりするとエラーになるため、エラー処理コードを追加しておきます。

関連ワザ 070 文字入力が行えるメッセージボックスを表示する………P.114
関連ワザ 184 ハイパーリンクを実行する………P.237

ワザ 186 セルのハイパーリンクを文字ごと削除する

難易度 ●●○ | 頻出度 ●○○ | 対応Ver. 365 2021 2019 2016

セルに設定されているハイパーリンクを文字列ごと削除するには、HyperlinkオブジェクトのParentプロパティでハイパーリンクが設定されているセルを取得し、Clearメソッドで削除します。ここでは、アクティブシートに設定されているハイパーリンクを、文字列ごと削除します。ハイパーリンクを解除するだけでなく、文字列が不要な場合に利用するといいでしょう。

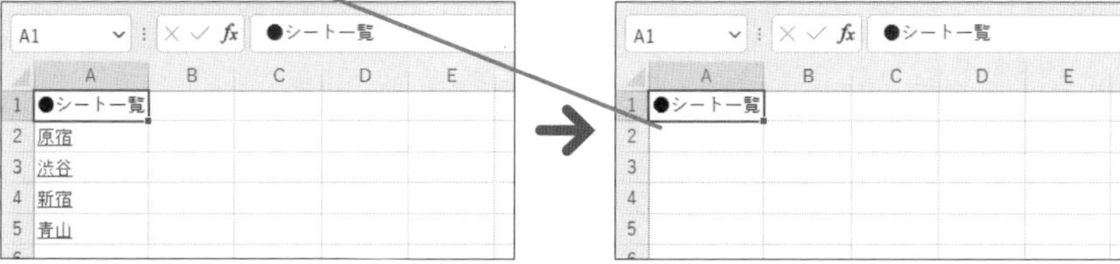

入力例　186.xlsm

```
Sub ハイパーリンク削除()
    Dim myHyperlink As Hyperlink
    For Each myHyperlink In ActiveSheet.Hyperlinks ←1
        myHyperlink.Parent.Clear ←2
    Next
End Sub
```

1アクティブシートにあるすべてのHyperLinksコレクションの中から、Hyperlinkオブジェクトを1つずつ変数「myHyperlink」に代入して、次の処理を実行する　2変数「myHyperlink」に代入されたHyperlinkオブジェクトが設定されているセルをクリアする。

ポイント

- ワークシートの中でハイパーリンクが設定されているセルだけを対象にするには、HyperlinkオブジェクトのParentプロパティを使って、ハイパーリンクが設定されているセルを参照します。Clearメソッドでセルの内容を削除することで、ハイパーリンクの解除と文字列の削除を同時に行えます。
- ハイパーリンクをまとめて解除するには、HyperlinksコレクションのDeleteメソッドを使って「オブジェクト.Hyperlinks.Delete」のように記述します。この場合、ハイパーリンクと文字書式が解除され、文字列はそのまま残ります。オブジェクトにWorksheetオブジェクトを指定すると、ワークシート内のすべてのハイパーリンクが対象となります。また、Rangeオブジェクトを指定すると、指定したセル範囲にあるすべてのハイパーリンクが対象になります。

関連ワザ 092 アクティブセルのあるワークシートを調べる………P.141
関連ワザ 129 セルの書式やデータを削除する………P.179

ワザ 187 条件付き書式で、セルの値が100%よりも大きいときに書式を設定する

難易度 ●●○　頻出度 ●●○　対応Ver. 365 2021 2019 2016

セルに入力された値が100%よりも大きいときに書式を設定するには、FormatConditionsコレクションのAddメソッドを使って条件付き書式を作成し、「100%より大きい」という条件と書式を指定します。ここでは、セルE2～E6での値が100%よりも大きいときに、セルの色を変更して太字を設定します。条件分岐や繰り返しのコードを記述することなく、短いコードで書式の変更が可能です。

A1　NO

	A	B	C	D	E	F
1	NO	氏名	目標得点	合計得点	達成率	
2	1	磯崎　信吾	320	406	126.9%	
3	2	遠藤　恭子	400	396	99.0%	
4	3	太田　新造	350	382	109.1%	
5	4	木下　未来	450	393	87.3%	
6	5	小谷田　美由紀	350	355	101.4%	
7						

A1　NO

	A	B	C	D	E	F
1	NO	氏名	目標得点	合計得点	達成率	
2	1	磯崎　信吾	320	406	**126.9%**	
3	2	遠藤　恭子	400	396	99.0%	
4	3	太田　新造	350	382	**109.1%**	
5	4	木下　未来	450	393	87.3%	
6	5	小谷田　美由紀	350	355	**101.4%**	
7						

セルの値によって条件付き書式を変更する

入力例　187.xlsm

```
Sub セルの値によって色を付ける条件付き書式を設定()
    Range("E2:E6").FormatConditions.Delete ←1
    With Range("E2:E6").FormatConditions.Add _ ←2
        (Type:=xlCellValue, Operator:=xlGreater, Formula1:=1)
        .Font.Bold = True
        .Interior.Color = rgbLightBlue
    End With
End Sub
```

1 セルE2～E6の条件付き書式を削除する　2 セルE2～E6に「セルの値が1より大きい場合」という条件付き書式を作成し、その条件付き書式に対し、文字を［太字］、セルの色を［rgbLightBlue］（明るい青）に設定する

ポイント

構文 `Rangeオブジェクト.FormatConditions`

- セル範囲に条件付き書式を設定するには、RangeオブジェクトのFormatConditionsプロパティを使って、条件付き書式の集まりであるFormatConditionsコレクションを参照し、これをオブジェクトとして扱います(取得のみ)。

構文 `FormatConditionsコレクション.Add(Type, Operator, Formula1, Formula2)`

- FormatConditionsコレクションのAddメソッドを使って上のように記述して、セル範囲に条件付き書式を追加します。
- 条件付き書式は、同じセル範囲に複数設定できます。条件付き書式を設定するプロシージャーを実行すると、実行するたびに同じ条件付き書式が追加されます。そのため、Deleteメソッドでいったん条件付き書式を削除してからAddメソッドで追加する処理を行います。
- Addメソッドにより、FormatConditionオブジェクトが返ります。作成されたFormatConditionオブジェクトに対してFontプロパティ、Interiorプロパティなどのプロパティを使って、設定する書式を指定します。

●Addメソッドの引数

引数	内容
Type	条件付き書式の種類を指定
Operator	条件付き書式の演算子を指定。引数TypeがxlExpressionの場合は無効（省略可）
Formula1	条件となる値を指定する。数値、文字列、セル参照、数式を利用できる（省略可）
Formula2	引数OperatorがxlBetweenまたは、xlNotBetweenのときに2つ目の条件となる値を指定する（省略可）

●引数Typeの主な設定値(XlFormatConditionType列挙型の定数)

定数	内容
xlCellValue	セルの値
xlExpression	演算
xlColorScale	カラースケール
xlDatabar	データバー

●引数Operatorの設定値(XlFormatConditionOperator列挙型の定数)

定数	内容
xlBetween	範囲内
xlNotBetween	範囲外
xlEqual	等しい
xlNotEqual	等しくない
xlGreater	次の値より大きい
xlLess	次の値より小さい
xlGreaterEqual	以上
xlLessEqual	以下

関連ワザ 189 条件付き書式で、指定した文字列を含む場合に書式を設定する………P.243
関連ワザ 190 条件付き書式で、指定した期間の場合に書式を設定する………P.244

ワザ 188 優先順位を1位にして条件付き書式を追加する

難易度 ●○○ | 頻出度 ●●○ | 対応Ver. 365 2021 2019 2016

通常、VBAでセル範囲に条件付き書式を複数追加するときは、先に設定した方が優先順位が高くなります。後から追加する条件付き書式の優先順位を高くするには、FormatConditionオブジェクトのSetFirstPriorityメソッドを使用します。ここでは、条件付き書式が設定されているセルE2～E6に、後から条件付き書式を追加して、追加したものの優先順位を1位にしています。

	A	B	C	D	E	F
1	NO	氏名	目標得点	合計得点	達成率	
2	1	磯崎　信吾	320	406	126.9%	
3	2	遠藤　恭子	400	396	99.0%	
4	3	太田　新造	396	382	96.5%	
5	4	木下　未来	450	393	87.3%	
6	5	小谷田　美由紀	350	355	101.4%	
7						

「値が100%以上のときにセルの文字を太字、セルの色を明るい青色に設定する」という条件付き書式を優先順位を1位にして追加する

入力例　188.xlsm

```
Sub 優先順位を1位にして条件付き書式を追加()
    With Range("E2:E6").FormatConditions.Add _  ←1
        (Type:=xlCellValue, Operator:=xlGreater, Formula1:=1)
        .Font.Bold = True  ←2
        .Interior.Color = rgbLightBlue
        .SetFirstPriority  ←3
    End With
End Sub
```

1セルE2～E6に「セルの値が1より大きい場合」という条件付き書式を追加し、その条件付き書式に対し、以下の設定を行う　2条件付き書式の文字を［太字］、セルの色を［rgbLightBlue］（明るい青）に設定する　3条件付き書式の優先順位を［1］にする

ポイント

構文　`FormatConditionオブジェクト.SetFirstPriority`

- 後から追加する条件付き書式の優先順位を1位にするには、FormatConditionオブジェクトのSetFirstPriorityメソッドを、上のように記述します。
- 条件付き書式の優先順位を最下位にするには、SetLastPriorityメソッドを使います。

関連ワザ 187 条件付き書式で、セルの値が100%よりも大きいときに書式を設定する………P.240
関連ワザ 191 条件付き書式で、上位3位までに書式を設定する………P.245

ワザ 189 条件付き書式で、指定した文字列を含む場合に書式を設定する

難易度 ●●○ ｜ 頻出度 ●●○ ｜ 対応Ver. 365 2021 2019 2016

条件付き書式で指定した文字列を含む場合に書式を設定するには、FormatConditionsコレクションのAddメソッドで、引数「Type」を「xlTextString」に指定します。ここでは、セルB2～B6の中で「田」を含むセルの色を変更する条件付き書式を設定します。条件付き書式の設定によって、データの変更に合わせて自動的に書式が変わるようになります。

	A	B	C	D	E	F
1	NO	氏名	目標得点	合計得点	達成率	
2	1	磯崎　信吾	320	406	126.9%	
3	2	遠藤　恭子	400	396	99.0%	
4	3	太田　新造	396	382	96.5%	
5	4	木下　未来	450	393	87.3%	
6	5	小谷田　美由紀	350	355	101.4%	

「田」の文字列を含むセルの書式を自動的に変更する

入力例

189.xlsm

```
Sub 指定した文字を含む条件付き書式の設定()
    Range("B2:B6").FormatConditions.Delete
    With Range("B2:B6").FormatConditions.Add _  ←1
        (Type:=xlTextString, String:="田", TextOperator:=xlContains)
        .Interior.Color = rgbLightSalmon  ←2
    End With
End Sub
```

1セルB2～B6に「文字列に『田』が含まれている場合」という条件付き書式を追加し、その条件付き書式に対し、以下の設定を行う　2条件付き書式のセルの色をxlRgbColor列挙型の定数で薄いサーモンピンク色に設定する

ポイント

構文　`FormatConditionsコレクション.Add(Type, String, TextOperator)`

- 指定した文字を含む場合の条件付き書式を追加する場合は、FormatConditionsコレクションのAddメソッドで、上のように記述します。引数「Type」に「xlTextString」を指定し、引数「String」で検索する文字列を指定して、引数「TextOperator」で条件の判断方法を指定します。
- 引数「TextOperator」では、引数「String」で指定した文字列に対する判断方法を定数で指定します。

●引数TextOperatorの主な設定値（XlContainsOperator列挙型の定数）

定数	内容
xlContains	を含む
xlDoesNotContain	を含まない
xlBeginsWith	で始まる
xlEndsWith	で終わる

関連ワザ 187 条件付き書式で、セルの値が100%よりも大きいときに書式を設定する………P.240
関連ワザ 191 条件付き書式で、上位3位までに書式を設定する………P.245

ワザ 190 条件付き書式で、指定した期間の場合に書式を設定する

難易度 ●●○ | 頻出度 ●●○ | 対応Ver. 365 2021 2019 2016

条件付き書式で、指定した期間の場合に書式を設定するには、FormatConditionsコレクションのAddメソッドで、引数「Type」を「xlTimePeriod」に指定します。ここではセルA2～A15で、期間が今日（サンプルでは2021/11/4）という条件で、来週のセルに色を付ける条件付き書式を設定しています。データの更新に合わせて、指定した期間に書式を設定できます。

3	11月2日	火		
4	11月3日	水		
5	11月4日	木	打ち合わせ10:00～　第一会議室	
6	11月5日	金		
7	11月6日	土	A社訪問	
8	11月7日	日		
9	11月8日	月	企画会議　15:00～	
10	11月9日	火		
11	11月10日	水		

今日（2021/11/4）を基準にして、来週のセルに書式を設定する

入力例

190.xlsm

```
Sub 指定した日付を持つ場合に条件付き書式を設定()
    Range("A2:A15").FormatConditions.Delete
    With Range("A2:A15").FormatConditions.Add _  ←1
            (Type:=xlTimePeriod, DateOperator:=xlNextWeek)
        .Interior.ThemeColor = xlThemeColorAccent2  ←2
        .Interior.TintAndShade = 0.6  ←3
    End With
End Sub
```

1 セルA2～A15に「来週」という条件付き書式を追加し、その条件付き書式に対し、以下の設定を行う　2 セルの色をテーマの色［オレンジ、アクセント2］に設定する　3 セルの明るさを［0.6］に設定する

ポイント

構文　`FormatConditionsコレクション.Add(Type, DateOperator)`

- 現在の日付を基準として、指定した期間のセルに条件付き書式を追加するには、FormatConditionsコレクションのAddメソッドで、上のように記述します。引数「Type」に「xlTimePeriod」を指定し、引数「DateOperator」で期間を下の表の定数で指定します。

●引数DateOperatorの設定値（XlTimePeriods列挙型の定数）

定数	内容
xlYesterday	昨日
xlToday	今日
xlTomorrow	明日
xlLast7Days	過去7日間
xlLastWeek	先週

定数	内容
xlThisWeek	今週
xlNextWeek	来週
xlLastMonth	先月
xlThisMonth	今月
xlNextMonth	来月

ワザ 191 条件付き書式で、上位3位までに書式を設定する

難易度 ●●○ | 頻出度 ●●○ | 対応Ver. 365 2021 2019 2016

条件付き書式で、数値の上位3位に書式を設定するには、FormatConditionsコレクションのAddTop10メソッドを使用します。ここでは、セルD2～D6の中で、上位（大きい順で）3位までの値を持つセルの背景色を変更します。売上表や成績表などで、ランクや%によって上位や下位の値に対して書式を設定したいときに、シンプルなコードで記述できます。

	A	B	C	D	E	F
1	NO	氏名	目標得点	合計得点	達成率	
2	1	磯崎　信吾	320	406	126.9%	
3	2	遠藤　恭子	400	396	99.0%	
4	3	太田　新造	396	382	96.5%	
5	4	木下　未来	450	393	87.3%	
6	5	小谷田　美由紀	350	355	101.4%	
7						

セル範囲の上位3位までに書式を設定する

入力例　191.xlsm

```
Sub 上位3位までに書式を設定()
    Range("D2:D6").FormatConditions.Delete
    With Range("D2:D6").FormatConditions.AddTop10 ←1
        .TopBottom = xlTop10Top ←2
        .Rank = 3 ←3
        .Interior.Color = rgbLavender ←4
    End With
End Sub
```

1セルD2～D6に上位ルールと下位ルールを指定する条件付き書式を追加し、その条件付き書式に対し、以下の設定を行う　2ルールを上位からにする　3ランク数を3に設定する　4セルの色をxlRgbColor列挙型の定数でラベンダー色に設定する

ポイント

構文 `FormatConditionsコレクション.AddTop10`

- セル範囲の中で上位、下位の何位、何%までといった条件を満たすデータが入力されている場合に、書式を設定する条件付き書式を追加するには、FormatConditionsコレクションのAddTop10メソッドを使用します。AddTop10メソッドは、条件付き書式ルールの1つであるTop10オブジェクトを返します。
- 次のようなTop10オブジェクトのプロパティを使って条件付き書式の条件を設定します。

●Top10オブジェクトの主なプロパティ

プロパティ	設定値
TopBottom	xlTo10Bottom：下位からの順位、xlTop10Top：上位からの順位
Rank	ランクの数または%を長整数型の数値で指定
Percent	Rankの値を%の値にするかどうかを指定。Trueのとき%にし、Falseまたは省略時はランクの数になる

ワザ 192 条件付き書式で、上位50%に書式を設定する

難易度 ●●○ | 頻出度 ●●○ | 対応Ver. 365 2021 2019 2016

条件付き書式で上位50%までのセルに書式を設定するには、条件付き書式ルールの1つであるTop10オブジェクトのPercentプロパティを「True」にし、Rankプロパティで%を指定します。ここでは、セルD2～D7の中で、上位（大きい順で）50%までの値を持つセルの背景色を変更します。%の計算をすることなく、上位、下位から指定した%に含まれるセルに自動で書式を設定できます。

上位50%のデータのセルを塗りつぶす

A1 NO

	A	B	C	D	E	F
1	NO	氏名	目標得点	合計得点	達成率	
2	1	磯崎　信吾	320	406	126.9%	
3	2	遠藤　恭子	400	396	99.0%	
4	3	太田　新造	396	382	96.5%	
5	4	木下　未来	450	393	87.3%	
6	5	小谷田　美由紀	350	355	101.4%	
7	6	鈴木　稔	300	325	108.3%	
8						
9						

入力例

192.xlsm

```
Sub 上位50パーセントに書式を設定()
    Range("D2:D7").FormatConditions.Delete
    With Range("D2:D7").FormatConditions.AddTop10 ←1
        .TopBottom = xlTop10Top ←2
        .Rank = 50 ←3
        .Percent = True ←4
        .Interior.Color = RGB(255, 204, 255) ←5
    End With
End Sub
```

1 セルD2～D7に上位ルールと下位ルールを指定する条件付き書式を追加し、その条件付き書式に対し、以下の設定を行う　2 ルールを上位からにする　3 ランクを［50］に設定する　4 ランクを%の値に設定する　5 セルの色をRGBの値（255, 204, 255）に設定する

ポイント

● 指定したセル範囲値が上位、下位から指定した%に含まれる場合の条件付き書式を設定するには、FormatConditionsコレクションのAddTop10メソッドでTop10オブジェクトを作成し、Rankプロパティで%を値で指定し、Percentプロパティで「True」を指定します（ワザ191参照）。

関連ワザ 191 条件付き書式で、上位3位までに書式を設定する………P.245
関連ワザ 193 条件付き書式で、平均値以上の場合に書式を設定する………P.247

ワザ 193 条件付き書式で、平均値以上の場合に書式を設定する

難易度 ●●○ | 頻出度 ●●○ | 対応Ver. 365 2021 2019 2016

条件付き書式で、セル範囲の中で平均値以上の値を持つセルに書式を設定するには、FormatConditionsコレクションのAddAboveAverageメソッドを使用します。ここでは、セルD2～D7の中で、平均点より大きい値を持つセルの背景色を変更します。平均値以上だけでなく、「平均以下」や「標準偏差より上・下」といった設定もできるので、成績管理や業績管理の表などにも利用できます。

	A	B	C	D	E	F
1	NO	氏名	目標得点	合計得点	達成率	
2	1	磯崎　信吾	320	406	126.9%	
3	2	遠藤　恭子	400	396	99.0%	
4	3	太田　新造	396	382	96.5%	
5	4	木下　未来	450	393	87.3%	
6	5	小谷田　美由紀	350	355	101.4%	
7	6	鈴木　稔	300	325	108.3%	

セル範囲の平均値を基準にして書式を設定する

入力例　193.xlsm

```
Sub 平均点以上の場合に書式を設定()
    Range("D2:D7").FormatConditions.Delete
    With Range("D2:D7").FormatConditions.AddAboveAverage ←1
        .AboveBelow = xlAboveAverage ←2
        .Interior.Color = rgbLightPink ←3
    End With
End Sub
```

1 セルD2～D6に平均以上／以下のルールを指定する条件付き書式を追加し、その条件付き書式に対し、以下の設定を行う　2 ルールを平均より上に設定する　3 セルの色をxlRgbColor列挙型の定数で薄いピンク色に設定する

ポイント

構文　FormatConditionsコレクション.AddAboveAverage

- 指定したセル範囲の中で平均より上、下といった条件を満たす値が入力されているセルに書式を設定する条件付き書式を作成するには、FormatConditionsコレクションのAddAboveAverageメソッドを使用します。AddAboveAverageメソッドは、条件付き書式ルールの1つであるAboveAverageオブジェクトを返します。
- AboveAverageオブジェクトのAboveBelowプロパティを使ってルールを設定します。ルールは次の表の定数を使って指定します。

●AboveBelowプロパティの設定値（XlAboveBelow列挙型の定数）

定数	内容
xlBelowAverage	平均より下
xlAboveAverage	平均より上
xlAboveStdDev	標準偏差より上
xlBelowStdDev	標準偏差より下

ワザ 194 データバーを表示する条件付き書式を設定する

難易度 ●●○ | 頻出度 ●●○ | 対応Ver. 365 2021 2019 2016

データバーを表示する条件付き書式を設定するには、FormatConditionsコレクションのAddDatabarメソッドを使用します。データバーでは、セル範囲の中の値を元に、データの大きさによって長さの異なるデータバーを表示できます。ここではセルE2～E7の値を元にデータバーを表示します。表の中で、値の大きさを視覚的に確認したいときに利用しましょう。

A1　NO

	A	B	C	D	E	F
1	NO	氏名	目標得点	合計得点	達成率	
2	1	磯崎　信吾	320	406	126.9%	
3	2	遠藤　恭子	400	396	99.0%	
4	3	太田　新造	396	382	96.5%	
5	4	木下　未来	450	393	87.3%	
6	5	小谷田　美由紀	350	355	101.4%	
7	6	鈴木　稔	300	325	108.3%	
8						

セル範囲の値を元にデータバーを表示する

入力例

194.xlsm

```
Sub データバーを表示する条件付き書式の設定()
    Range("E2:E7").FormatConditions.Delete
    With Range("E2:E7").FormatConditions.AddDatabar ←1
        .BarColor.ColorIndex = 44 ←2
    End With
End Sub
```

1セルE2～E7にデータバーを表示する条件付き書式を追加し、その条件付き書式に対し、以下の設定を行う　2データバーの色をゴールド（44）に設定する

ポイント

構文　`FormatConditionsオブジェクト.AddDatabar`

- 指定したセル範囲の中の値を元に、データの大きさによって異なる長さのデータバーを表示する条件付き書式を作成するには、FormatConditionsコレクションのAddDatabarメソッドを使います。AddDatabarメソッドは、条件付き書式ルールの1つであるDataBarオブジェクトを返します。

構文　`DataBarオブジェクト.BarColor.Color=RGB値`

構文　`DataBarオブジェクト.BarColor.ColorIndex=インデックス番号`

- データバーの色を設定するには、DataBarオブジェクトのBarColorプロパティを使って上のように記述します。
- RGB値は、RGB関数または、xlRgbColor列挙型の定数を使って指定できます（ワザ159、ワザ160）。

関連ワザ 195　2色のカラースケールを表示する条件付き書式を設定する………P.249
関連ワザ 197　セルの値によって表の行に色を付ける条件付き書式を設定する………P.252

ワザ 195 2色のカラースケールを表示する条件付き書式を設定する

難易度 ●●○ | 頻出度 ●●○ | 対応Ver. 365 2021 2019 2016

2色のカラースケールを表示する条件付き書式を設定するには、FormatConditionsコレクションのAddColorScaleメソッドを使用します。ここでは、セルE2～E7でピンクと白の2色でカラースケールを表示する条件付き書式を設定しています。数の大きいものから小さいものへ向かって、異なる色へと色合いを変えることで、視覚的に数字の大小を確認できます。

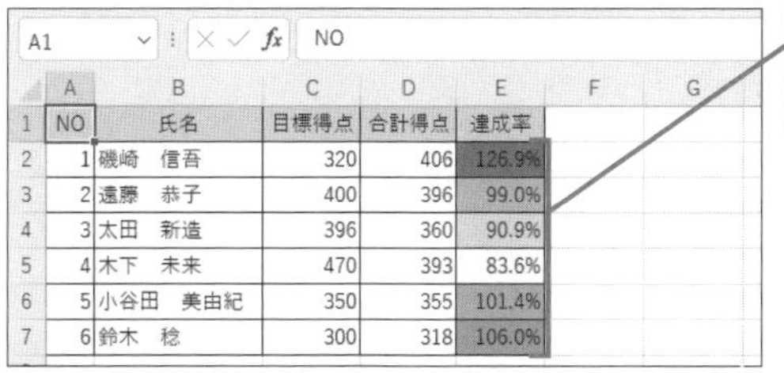

NO	氏名	目標得点	合計得点	達成率
1	磯崎　信吾	320	406	126.9%
2	遠藤　恭子	400	396	99.0%
3	太田　新造	396	360	90.9%
4	木下　未来	470	393	83.6%
5	小谷田　美由紀	350	355	101.4%
6	鈴木　稔	300	318	106.0%

セル範囲の数値の大小に応じてカラースケールの書式を設定する

入力例　195.xlsm

```
Sub カラースケール2色()
    Dim myCS As ColorScale
    Range("E2:E7").FormatConditions.Delete
    Set myCS = Range("E2:E7").FormatConditions.AddColorScale(2)  ←1
    With myCS.ColorScaleCriteria(1)  ←2
        .Type = xlConditionValueLowestValue
        .FormatColor.Color = RGB(255, 255, 255)
    End With
    With myCS.ColorScaleCriteria(2)  ←3
        .Type = xlConditionValueHighestValue
        .FormatColor.Color = RGB(255, 0, 255)
    End With
    Set myCS = Nothing
End Sub
```

1セルE2～E7に2色のカラースケールを表示する条件付き書式を追加し、作成されたColorScaleオブジェクトを変数「myCS」に代入する　2ColorScaleオブジェクトの1つ目のしきい値の条件について、ルールの種類を最小値の値に設定し、カラースケールの色（白）をRGBの値（255,255,255）に設定する　3ColorScaleオブジェクトの2つ目のしきい値の条件について、ルールの種類を最大値の値に設定し、カラースケールの色（ピンク）をRGBの値（255,0,255）に設定する

ポイント

構文　FormatConditionsコレクション.AddColorScale(ColorScaleType)

- 指定したセル範囲の中の値を元に、データの大きさによって表示する色合いを2色の間で変更する条件付き書式を作成するには、FormatConditionsコレクションのAddColorScaleメソッドを使用します。AddColorScaleメソッドは、条件付き書式ルールの1つであるColorScaleオブジェクトを返します。引数「ColorScaleType」でカラースケールの色数を数値で指定します。
- 作成されたColorScaleオブジェクトに対して、プロパティを使ってしきい値や色などの設定を行います。しきい値を設定するにはTypeプロパティを使い、色を設定するにはFormatColorプロパティを使います。

ワザ 196 アイコンセットを表示する条件付き書式を設定する

難易度 ●●○　頻出度 ●●○　対応Ver. 365 2021 2019 2016

「アイコンセット」を表示する条件付き書式を設定するには、FormatConditonsコレクションのAddIconSetConditionメソッドを使用します。ここでは、セルE2～E7に3つの矢印(灰色)のアイコンセットを表示します。アイコンを変更するしきい値を指定できるので、数値の範囲によってアイコンの種類を変えられます。アイコンによって視覚的な数値の大小を表現できます。

	A	B	C	D	E
1	NO	氏名	目標得点	合計得点	達成率
2	1	磯崎　信吾	320	406	126.9%
3	2	遠藤　恭子	400	396	99.0%
4	3	太田　新造	396	360	90.9%
5	4	木下　未来	470	393	83.6%
6	5	小谷田　美由紀	350	355	101.4%
7	6	鈴木　稔	300	318	106.0%

	A	B	C	D	E
1	NO	氏名	目標得点	合計得点	達成率
2	1	磯崎　信吾	320	406	↑ 126.9%
3	2	遠藤　恭子	400	396	→ 99.0%
4	3	太田　新造	396	360	↓ 90.9%
5	4	木下　未来	470	393	↓ 83.6%
6	5	小谷田　美由紀	350	355	↑ 101.4%
7	6	鈴木　稔	300	318	↑ 106.0%

セル範囲の数値の大小に応じてアイコンセットを表示する

入力例　196.xlsm

```
Sub アイコンセット表示()
    Dim myISC As IconSetCondition
    Range("E2:E7").FormatConditions.Delete
    Set myISC = Range("E2:E7").FormatConditions.AddIconSetCondition ←1
    With myISC ←2
        .IconSet = ActiveWorkbook.IconSets(xl3ArrowsGray) ←3
        .IconCriteria(2).Type = xlConditionValueNumber ←4
        .IconCriteria(2).Value = 0.95
        .IconCriteria(2).Operator = xlGreaterEqual
        .IconCriteria(3).Type = xlConditionValueNumber ←5
        .IconCriteria(3).Value = 1
        .IconCriteria(3).Operator = xlGreaterEqual
    End With
    Set myISC = Nothing
End Sub
```

1 セルE2～E7にアイコンセットを表示する条件付き書式を追加し、作成されたIconSetConditionオブジェクトを変数「myISC」に代入する　2 IconSetConditionオブジェクトについて以下の処理を実行する　3 アイコンの種類を「3つの矢印（灰色）」に設定する　4 2つ目のアイコンのしきい値の種類を数値に設定し、しきい値を「0.95」にして、演算子を［以上］に設定する　5 3つ目のアイコンのしきい値の種類を数値に設定し、しきい値を「1」にして、演算子を［以上］に設定する

ポイント

構文 **FormatConditionsコレクション.AddIconsetCondition**

- 指定したセル範囲の中の値を基に、そのデータの大きさによって異なるアイコンを表示する条件付き書式を作成するには、FormatConditionsコレクションのAddIconsetConditionメソッドを使用します。AddIconsetConditionメソッドは、条件付き書式ルールの1つであるIconSetConditionオブジェクトを返します。
- 表示するアイコンの種類を指定するには、IconSetConditionオブジェクトのIconSetプロパティで指定します。指定するときは、WorkbookオブジェクトのIconSetsプロパティを使用してアイコンセットを定数で指定します。主なアイコンセットには下表のようなものがあります。

●主なアイコンセットの種類(XlIconSet列挙型の定数)

アイコンセット	定数	内容
	xl3Arrows	3つの矢印（色分け）
	xl3Flags	3つのフラグ
	xl3TrafficLights1	3つの信号（枠なし）
	xl4CRV	4つの評価
	xl3Signs	3つの図形
	xl3Symbols2	3つの記号（丸囲みなし）

- アイコンセットの条件を設定するには、IconCriteriaプロパティを使って指定します。IconCriteriaプロパティは、アイコンセットの条件付き書式ルールの条件セットであるIconCriteriaコレクションを返します。アイコンセットの1つの条件を指定するには、IconCriterionオブジェクトを参照します。例えば、2つ目のアイコンについての条件を指定する場合は、IconCriteria(2)とします。

関連ワザ 195 **2色のカラースケールを表示する条件付き書式を設定する………P.249**
関連ワザ 198 **重複する値を持つセルに色を付ける条件付き書式を設定する………P.253**

ワザ 197 セルの値によって表の行に色を付ける条件付き書式を設定する

難易度 ●●○ ｜ 頻出度 ●●○ ｜ 対応Ver. 365 2021 2019 2016

セルの値によって、そのセルの行に色を付ける条件付き書式を設定するには、数式による条件付き書式を設定します。ここでは、セルA2～E7でE列の達成率の値が100%以上の場合に行の色をプラム、90%以上の場合にパウダーブルーにする条件付き書式を設定します。条件に一致するセルだけに書式を設定するのではなく、そのセルを含む行全体に書式を設定したい場合の指定方法です。

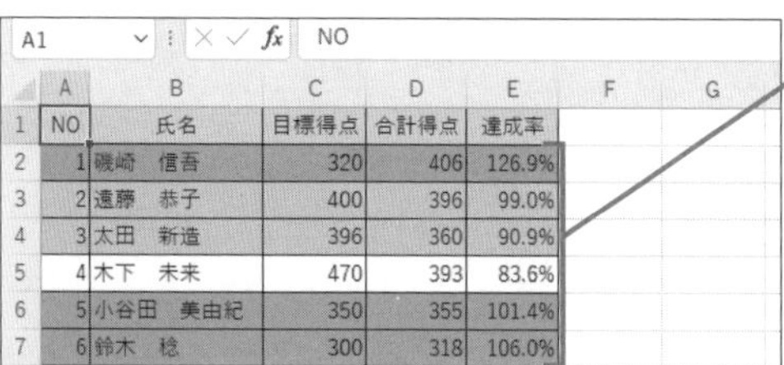

NO	氏名	目標得点	合計得点	達成率
1	磯崎　信吾	320	406	126.9%
2	遠藤　恭子	400	396	99.0%
3	太田　新造	396	360	90.9%
4	木下　未来	470	393	83.6%
5	小谷田　美由紀	350	355	101.4%
6	鈴木　稔	300	318	106.0%

入力例

197.xlsm

```
Sub 達成率によって行に色を付ける条件付き書式()
    With Range("A2:E7").FormatConditions ←1
        .Delete
        .Add(Type:=xlExpression, Formula1:="=$E2>=1").Interior.Color = rgbPlum
        .Add(Type:=xlExpression, Formula1:="=$E2>=0.9").Interior.Color = _
        rgbPowderBlue ←2
    End With
End Sub
```

1セルA2～E7に、セルが「=$E2>=1」を満たすとき、セルの色をプラム（vgbPlum）にする条件付き書式を設定する。達成率の列（E列）は固定なので絶対参照にする　2セルA2～E7に、セルが「=$E2>=0.9」を満たすときセルの色をパウダーブルー（rgbPowderBlue）に設定する条件付き書式を設定する。達成率の列（E列）は固定なので絶対参照にする

ポイント

構文 `FormatConditions.Add(Type:=xlExpression, Formula1:=演算式)`

- 数式による条件付き書式を設定するには、FormatConditionsコレクションのAddメソッドで引数「Type」を「xlExpression」にすると、引数「Formula1」で演算式を指定できます。
- 演算式には、条件式を設定します。例えば、セルA2～E7の範囲でE列の達成率が100%以上という条件式は、「"=$E2>=1"」のように記述します。達成率の列は固定であるため、列番号を絶対参照、行番号を相対参照で指定することにより、常に表のE列の値を条件の判断基準にできます。
- 表の中で指定した列のセルの値が条件を満たすとき、そのセルと同じ行に同じ書式を設定する条件付き書式を設定したいときは、セル範囲全体を対象に数式を使った条件付き書式を設定します。
- 数式を参照して、その数式の条件を満たすときに条件付き書式を設定したい場合は、最初にアクティブセルを条件付き書式の対象となる先頭セルに移動しておきます。これにより、相対参照で行を正しく参照できるようになります。

関連ワザ 187 条件付き書式で、セルの値が100%よりも大きいときに書式を設定する………P.240

ワザ 198 重複する値を持つセルに色を付ける条件付き書式を設定する

難易度 ●●○　頻出度 ●●○　対応Ver. 365 2021 2019 2016

条件付き書式を使って指定したセル範囲の中で、同姓同名などの重複するデータを持ったセルに色を付けることができます。条件付き書式を設定するには、FormatConditionsコレクションのAddUniqueValuesメソッドを使います。ここでは、セルB2～B10の中で同じ値を持つセルの色をライムに設定する条件付き書式を設定します。

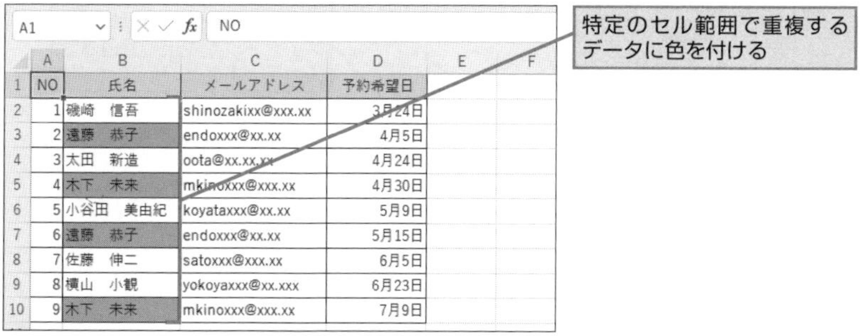

A1　NO

	A	B	C	D	E	F
1	NO	氏名	メールアドレス	予約希望日		
2	1	磯崎　信吾	shinozakixx@xxx.xx	3月24日		
3	2	遠藤　恭子	endoxxx@xx.xx	4月5日		
4	3	太田　新造	oota@xx.xx.xx	4月24日		
5	4	木下　未来	mkinoxxx@xxx.xx	4月30日		
6	5	小谷田　美由紀	koyataxxx@xx.xx	5月9日		
7	6	遠藤　恭子	endoxxx@xx.xx	5月15日		
8	7	佐藤　伸二	satoxxx@xxx.xx	6月5日		
9	8	横山　小観	yokoyaxxx@xx.xxx	6月23日		
10	9	木下　未来	mkinoxxx@xxx.xx	7月9日		

特定のセル範囲で重複するデータに色を付ける

入力例

198.xlsm

```
Sub 重複データに色を付ける条件付き書式()
    Range("B2:B10").FormatConditions.Delete
    With Range("B2:B10").FormatConditions.AddUniqueValues ←1
        .DupeUnique = xlDuplicate ←2
        .Interior.Color = RGB(153, 204, 0) ←3
    End With
End Sub
```

1 セルB2～B10に重複する値を持つセルに、書式を設定する条件付き書式を追加し、作成されたUniqueValuesオブジェクトに対して次の処理を実行する　2 条件付き書式を重複する値に対して設定する　3 設定する色（ライム）をRGBの値（153,204,0）で設定する

ポイント

構文　FormatConditionsコレクション.AddUniqueValues

- 重複する値を持つセルに色を付ける条件付き書式を設定するには、FormatConditionsコレクションのAddUniqueValuesメソッドを使います。AddUniqueValuesメソッドは、条件付き書式ルールの1つであるUniqueValuesオブジェクトを返します。
- セル範囲で同じ値を持つセルに書式を設定する場合は、UniqueValuesオブジェクトのDupeUniqueプロパティに「xlDuplicate」を指定します。同じ値を持たないセルに書式を設定する場合は、「xlUnique」を指定します。

関連ワザ 196 アイコンセットを表示する条件付き書式を設定する………P.250
関連ワザ 197 セルの値によって表の行に色を付ける条件付き書式を設定する………P.252

ワザ 199

セル範囲に入力規則を設定する

難易度 ●○○ | 頻出度 ●●○ | 対応Ver. 365 2021 2019 2016

セルに入力できるデータやオリジナルメッセージの表示など、データの入力規則を設定するには、Range オブジェクトのValidationプロパティで、入力規則を表すValidationオブジェクトを参照します。ここでは、セルD2～D7に入力できる値を1～5までの整数とし、入力時とエラー時のメッセージを設定し、日本語入力モードをオフにしています。定型の入力規則をいろいろな表で設定するときに利用できます。

D2 fx 1

	A	B	C	D
1	NO	氏名	観覧希望日	希望枚数
2	1	磯崎　信吾	3月24日	1
3	2	遠藤　恭子	4月5日	
4	3	太田　新造	4月24日	
5	4	木下　未来	4月30日	
6	5	小谷田　美由紀	5月9日	
7	6	遠藤　恭子	5月15日	

入力時の注意
1～5までの整数を入力します

指定したセルへの入力時にメッセージを表示して日本語入力モードをオフにする

入力例　199.xlsm

```
Sub セルに入力規則を設定する()
    With Range("D2:D7").Validation ←1
        .Delete ←2
        .Add Type:=xlValidateWholeNumber, AlertStyle:=xlValidAlertStop, _ ←3
            Operator:=xlBetween, Formula1:="1", Formula2:="5"
        .InputTitle = "入力時の注意" ←4
        .InputMessage = "1~5までの整数を入力します"
        .ErrorTitle = "枚数制限" ←5
        .ErrorMessage = "おひとり様5枚までです"
        .IMEMode = xlIMEModeOff ←6
    End With
End Sub
```

1セルD2～D7の入力規則について次の処理を実行する　2入力規則を削除する　3入力値の種類を「整数」、エラーメッセージのスタイルを「停止」、入力するデータを「次の値の間」、最小値を［1］、最大値を［5］とする入力規則を設定する　4入力時メッセージのタイトルを「入力時の注意」、メッセージを「1～5までの整数を入力します」に設定する　5エラーメッセージのタイトルを「枚数制限」、メッセージを「おひとり様5枚までです」と設定する　6日本語入力システムをオフに設定する

関連ワザ 200 日本語入力モードを設定する………P.256
関連ワザ 201 入力用の選択肢を設定する………P.257

ポイント

構文 `Rangeオブジェクト.Validation`

● 入力規則を設定するには、RangeオブジェクトのValidationプロパティを使って、入力規則を表すValidationオブジェクトを取得します。Validationオブジェクトのメソッドやプロパティを使って、入力規則の追加や詳細設定を行います(取得のみ)。

構文 `Validationオブジェクト.Add(Type, AlertStyle, Operator, Formula1, Formula2)`

● 入力規則を追加するには、ValidationオブジェクトのAddメソッドを使います。Addメソッドにより追加されたValidationオブジェクトが返ります。引数「Type」では、定数で入力規則の種類を、引数「AlertSytle」はエラーのスタイル、引数「Operator」は演算方法、引数「Formula1」は1つ目の条件式を指定します。引数「Formula2」は2つ目の条件式を指定しますが、引数「Operator」が「xlBetween」または「xlNotBetween」のときのみ有効になります。引数「Type」以外は省略可能です。

●引数Typeの設定値(XlDVType列挙型の定数)

定数	内容
xlValidateInputOnly	すべての値
xlValidateWholeNumber	整数
xlValidateDecimal	小数点数
xlValidateList	リスト
xlValidateDate	日付
xlValidateTime	時刻
xlValidateTextLength	文字列（長さ指定）
xlValidateCustom	ユーザー設定

●引数AlertStyleの設定値(XlDVAlertStyle列挙型の定数)

定数	アイコン	表示されるボタン
xlValidAlertStop（既定値）	停止アイコン	[再試行]［キャンセル]
xlValidAlertWarning	警告アイコン	[はい]［いいえ]［キャンセル]
xlValidAlertInformation	情報アイコン	[OK]［キャンセル]

●引数Operatorの設定値(XlFormatConditionOperator列挙型の定数)

定数	内容
xlBetween	次の値の間
xlNotBetween	次の値以外
xlEqual	次の値に等しい
xlNotEqual	次の値に等しくない
xlGreater	次の値より大きい
xlLess	次の値より小さい
xlGreaterEqual	次の値以上
xlLessEqual	次の値以下

ワザ 200 日本語入力モードを設定する

難易度 ●●○ | 頻出度 ●●○ | 対応Ver. 365 2021 2019 2016

入力規則では、ValidationオブジェクトのIMEModeプロパティを設定して、指定したセル範囲で日本語入力システムのオンとオフを切り替えられます。ここでは、セルB2～B7の入力モードを［ひらがな］、セルC2～C7の入力モードを［オフ］にしています。住所録など入力するデータの種類によって特定のセル範囲の入力モードを切り替えると便利です。

入力例 200.xlsm

```
Sub 日本語入力モードの設定()
    With Range("B2:B7").Validation ←1
        .Delete
        .Add Type:=xlValidateInputOnly
        .IMEMode = xlIMEModeHiragana
    End With
    With Range("C2:C7").Validation ←2
        .Delete
        .Add Type:=xlValidateInputOnly
        .IMEMode = xlIMEModeOff
    End With
End Sub
```

1 セルB2～B7の入力規則に対して日本語入力システムをひらがなに設定する　2 セルC2～C7の入力規則に対して入力規則で日本語入力システムをオフに設定する

ポイント

構文 `Validationオブジェクト.IMEMode`

- 入力規則で、指定したセル範囲の日本語入力システムの入力モードを指定するには、ValidationオブジェクトのIMEModeプロパティを使って、上のように記述します。設定値には下表のような定数を指定します。

●IMEModeプロパティの設定値（XlIMEMode列挙型の定数）

定数	内容
xlIMEModeNoControl	コントロールなし
xlIMEModeOn	オン
xlIMEModeOff	オフ（英語モード）
xlIMEModeDisable	無効
xlIMEModeHiragana	ひらがな

定数	内容
xlIMEModeKatakana	全角カタカナ
xlIMEModeKatakanaHalf	半角カタカナ
xlIMEModeAlphaFull	全角英数字
xlIMEModeAlpha	半角英数字

関連ワザ 199 セル範囲に入力規則を設定する………P.254
関連ワザ 201 入力用の選択肢を設定する………P.257

ワザ 201 入力用の選択肢を設定する

難易度 ●●○ 頻出度 ●●○ 対応Ver. 365 2021 2019 2016

入力規則で、セルに入力用の選択肢を表示するように設定するには、ValidationオブジェクトのAddメソッドで、引数「Type」で「xlValidateList」、引数「Formula1」で選択肢を指定します。ここでは、セルC2～C7にセルG1～I1のセルの値を選択肢として表示するように設定しています。表を作成するときに、入力する値として、別表のセル範囲を選択肢として参照させる方法として覚えておくといいでしょう。

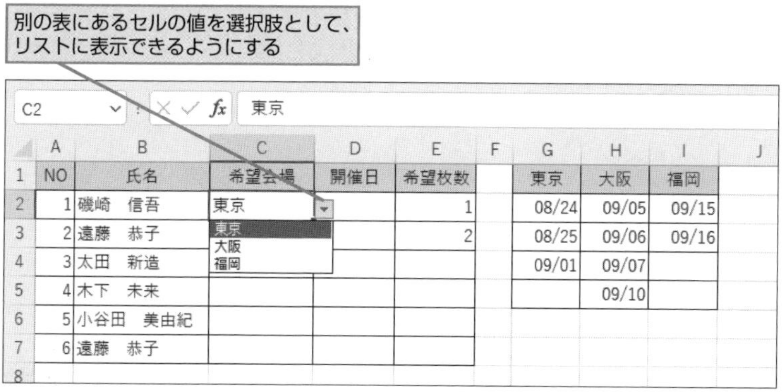

別の表にあるセルの値を選択肢として、リストに表示できるようにする

C2 東京

	A	B	C	D	E	F	G	H	I	J
1	NO	氏名	希望会場	開催日	希望枚数		東京	大阪	福岡	
2	1	磯崎　信吾	東京		1		08/24	09/05	09/15	
3	2	遠藤　恭子	東京 大阪 福岡		2		08/25	09/06	09/16	
4	3	太田　新造					09/01	09/07		
5	4	木下　未来						09/10		
6	5	小谷田　美由紀								
7	6	遠藤　恭子								
8										

入力例 201.xlsm

```
Sub 入力用選択肢を設定する()
    With Range("C2:C7").Validation
        .Delete
        .Add Type:=xlValidateList, Formula1:="=$G$1:$I$1"  ←1
        .IgnoreBlank = True  ←2
        .InCellDropdown = True  ←3
    End With
End Sub
```

1 セルC2～C7の入力規則に対して入力値の種類をリストにし、選択肢のデータをセルG1～I1にして入力規則を設定する 2 セルが空白であることを許可する設定にする 3 ドロップダウンリストを表示する設定にする

ポイント

構文 `Validationオブジェクト.Add Type:=xlValidateList, Formula1:=セル範囲`

- 入力規則で、指定したセル範囲の値を選択肢としてリストに表示できるようにするには、ValidationオブジェクトのAddメソッドで、引数「Type」に「xlValidateList」、引数「Formula1」に参照するセル範囲を指定します。指定するセル範囲は絶対参照にして文字列で指定します。
- リストに表示する選択肢を直接指定するには、値を「,」で区切って指定します。例えば、「Formula1:="東京,大阪,福岡"」のように記述します。

関連ワザ 199 セル範囲に入力規則を設定する………P.254
関連ワザ 202 入力値に応じた選択肢を表示する………P.258

ワザ 202 入力値に応じた選択肢を表示する

難易度 ●●○ ｜ 頻出度 ●●○ ｜ 対応Ver. 365 2021 2019 2016

特定の入力条件に合わせて別の表にある選択肢をリスト表示するには、ValidationオブジェクトのAddメソッドで、引数「Type」を「xlValidateList」にします。次に引数「Formula1」で表示するリストを指定するのに、ワークシート関数INDIRECTを使い、引数に参照先の範囲名を指定します。ここでは、C列の希望会場に応じた開催日がD列にリスト表示されるようにしています。

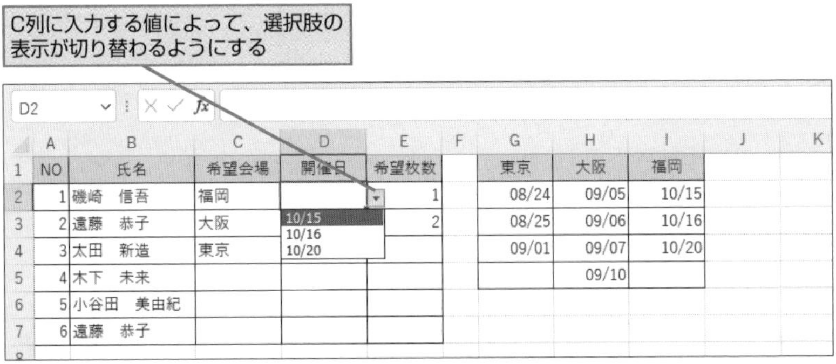

C列に入力する値によって、選択肢の表示が切り替わるようにする

D2

	A	B	C	D	E	F	G	H	I
1	NO	氏名	希望会場	開催日	希望枚数		東京	大阪	福岡
2	1	磯崎　信吾	福岡		1		08/24	09/05	10/15
3	2	遠藤　恭子	大阪	10/15 10/16 10/20	2		08/25	09/06	10/16
4	3	太田　新造	東京				09/01	09/07	10/20
5	4	木下　未来						09/10	
6	5	小谷田　美由紀							
7	6	遠藤　恭子							

入力例

202.xlsm

```
Sub 入力値に応じた選択肢表示()
    Dim i As Integer
    For i = 7 To 9 ←1
     Range(Cells(2, i), Cells(2, i).End(xlDown)).Name = Cells(1, i).Value
    Next
    With Range("D2:D7").Validation
        .Delete ←2
        .Add Type:=xlValidateList, Formula1:="=INDIRECT($C2)" ←3
    End With
End Sub
```

1 G列（7列目）からI列（9列目）で、それぞれの2行目以降のデータが入力されている範囲に対して、1行目のセルの値を名前に設定する　2 セルD2～D7にある既存の入力規則を削除する　3 セルD2～D7にリストを表示する入力規則を設定する。このとき、表示するリストを表のC列に入力された値と同じ名前のセル範囲とする

ポイント

- D列（開催日）に、C列（希望会場）で入力されている値に対応した選択肢を表示するには、リストとして表示したいセル範囲をC列の値と同じ名前にして登録しておき、リストの参照先としてExcelのワークシート関数であるINDIRECT関数を使って、引数にC列の値を指定します。
- C列（希望会場）の値もリストから選択させるように、入力規則を設定しておきます（ワザ201参照）。
- リストの参照先として、あらかじめ1行目に項目名、2行目以降にそのデータが続く表を作成しておき、2行目以降のデータ部分に1行目を名前として登録しておきます。

関連ワザ 199 セル範囲に入力規則を設定する………P.254
関連ワザ 201 入力用の選択肢を設定する………P.257

ワザ 203

折れ線スパークラインを表示する

難易度 ●○○ ｜ 頻出度 ●●○ ｜ 対応Ver. 365 2021 2019 2016

スパークラインを使えば、セルに簡易的なグラフを表示できます。スパークラインを表示するには、SparklineGroupsコレクションのAddメソッドを使いましょう。ここでは、セルB2～D4のデータを基にして、セルF2～F4に、スパークラインを折れ線で表示します。データの増減を簡単なグラフとして表の中に表示したいときに使用するといいでしょう。スパークラインは折れ線グラフだけでなく、棒グラフや勝敗グラフも表示できます。

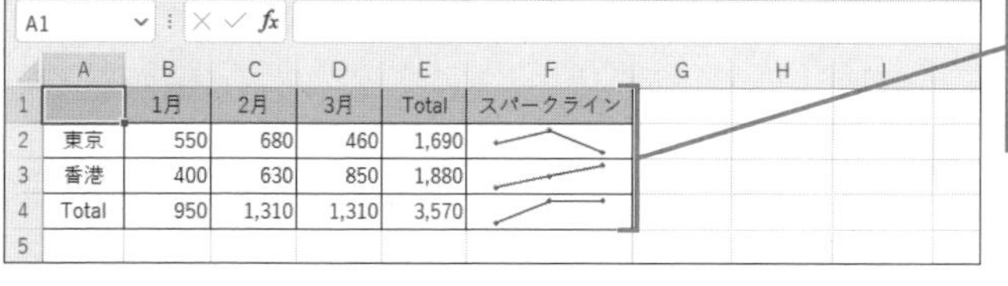

入力例　203.xlsm

```
Sub スパークラインの設定()
    With Range("F2:F4").SparklineGroups.Add( _  ←1
            Type:=xlSparkLine, SourceData:="B2:D4")
        .SeriesColor.ColorIndex = 1  ←2
        .Points.Markers.Visible = True  ←3
    End With
End Sub
```

1 セルB2～D4を元データとし、セルF2～F4に折れ線グラフの形式でスパークラインを作成する。作成したスパークラインについて次の処理を実行する　2 作成したスパークラインの系列の色を「1」（黒）にする　3 作成したスパークラインのマーカーを表示する

ポイント

構文 `Rangeオブジェクト.SparklineGroups`

- セルにスパークラインを設定するには、RangeオブジェクトのSparklineGroupsプロパティを使ってSparklineGroupsコレクションを取得します(取得のみ)。

構文 `SparklineGroupsコレクション.Add(Type, SourceData)`

- 指定したセル範囲にスパークラインを表示するには、SparklineGroupsコレクションのAddメソッドを使用して、上のように記述します。引数「Type」でスパークラインの種類、引数「SourceData」で元データのセル範囲を指定します。Addメソッドにより、新しいスパークライングループが作成され、SparklineGroupオブジェクトが返ります。

●引数Typeの設定値(XlSparkType列挙型の定数)

定数	内容
xlSparkColumn	縦棒グラフのスパークライン
xlSparkColumnStacked100	勝敗グラフのスパークライン
xlSparkLine	折れ線グラフのスパークライン

ワザ 204 負のポイントを表示し、勝敗スパークラインを設定する

難易度 ●●○ | 頻出度 ●●○ | 対応Ver. 365 2021 2019 2016

勝敗スパークラインを設定するには、SparklineGroupsコレクションのAddメソッドで引数「Type」を「xlSparkColumnStacked100」に指定します。スパークラインのメインの色は、SparklineGroupオブジェクトのSeriesColorプロパティでForeColorオブジェクトを取得して指定します。また、負のポイントの色はSparkPointsオブジェクトのNegativeプロパティでSparkColorオブジェクトを取得し、SparkColorオブジェクトのColorプロパティでForeColorオブジェクトを取得して指定します。ここでは、勝敗スパークラインのメインの色を緑、負の色をオレンジレッドに指定しています。

入力例

204.xlsm

```
Sub 色を指定して勝敗スパークラインを設定()
    Dim mySG As SparklineGroup
    Set mySG = Range("F2:F5").SparklineGroups.Add( _ ←1
        Type:=xlSparkColumnStacked100, SourceData:="B2:E5")
    mySG.SeriesColor.Color = rgbGreen ←2
    mySG.Points.Negative.Visible = True ←3
    mySG.Points.Negative.Color.Color = rgbOrangeRed ←4
End Sub
```

1セルB2～E5を元データとし、セルF2～F5に勝敗スパークラインを作成し、作成したスパークラインをSparklineGroup型の変数mySGに代入する　2勝敗スパークラインのメインの色を緑に設定する　3勝敗スパークラインの負のポイントを表示する　4勝敗スパークラインの負のポイントの色をオレンジレッドに設定する

ポイント

構文 SparklineGroupオブジェクト.SeriesColor

- SparklineGroupオブジェクトのSeriesColorプロパティで、スパークライングループのメイン系列の色を表すFormatColorオブジェクトを取得します(取得のみ)。
- FormatColorオブジェクトのColorプロパティ、ColorIndexプロパティ、ThemeColorプロパティを使って色を指定します。

構文 SparklineGroupオブジェクト.Points

- SparklineGroupオブジェクトのPointsプロパティで、SparkPointsオブジェクトを取得します(取得のみ)。
- SparkPointsオブジェクトは、スパークライン上のマーカー、頂点(山/谷)、始点、終点、負のポイントといったポイントに対する設定を行うときに使用します。
- 負のポイントに対する設定は、SparkPointsオブジェクトのNegativeプロパティを使って、負のポイントのマーカーの色と表示を表すSparkColorオブジェクトを取得し、Visibleプロパティで表示／非表示を設定します。

構文 SparkLineGroupオブジェクト.Points.Negative.Color.Color=RGB値

- 負のポイントに色を設定する場合、上のように記述します。Negativeプロパティの次にあるColorプロパティで、負のポイントの色を設定するためのFormatColorオブジェクトを取得し、2つ目のColorプロパティで色を指定します。なお、Colorプロパティの代わりに、ColorIndexプロパティ、ThemeColorプロパティを使って色を指定できます。

第 5 章

ワークシートの操作

この章では、ワークシートの参照、選択、追加、移動、コピーなど、ワークシートの操作方法を説明します。また、ワークシートの順番を自動で並べ替える方法や、指定したセル範囲以外の操作を制御する方法など、知っておくと便利な処理をサンプルとして紹介しています。

ワザ 205 ワークシートを参照する

難易度 ●○○ | 頻出度 ●●● | 対応Ver. 365 2021 2019 2016

ワークシートを参照するには、Worksheetsプロパティを使ってワークシート名を指定するか、ワークシートのインデックス番号を指定して参照します。また、アクティブシートを参照するには、ActiveSheetプロパティを使います。ここでは、左から2番目のワークシートを選択し、アクティブシートの名前をセルA2の値に変更しています。ワークシートの参照はワークシートを操作する場合に必要な基礎知識です。

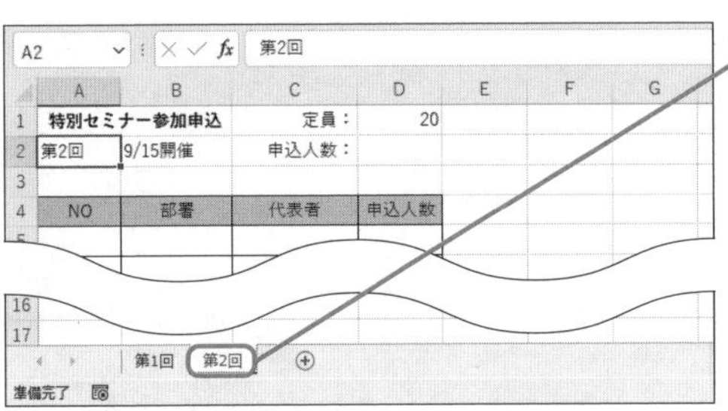

入力例　205.xlsm

```
Sub ワークシートの参照()
    Worksheets(2).Select ←1
    ActiveSheet.Name = Range("A2").Value ←2
End Sub
```

1左から2番目のワークシートを選択する　2アクティブシートの名前をセルA2の値に設定する

ポイント

構文 **オブジェクト.Worksheets(Index)**

- ワークシートを参照するには、Worksheetsプロパティを使って上のように記述し、Worksheetオブジェクトを参照します。オブジェクトには、Applicationオブジェクト、Workbookオブジェクトを指定しますが、Applicationオブジェクトを指定するか省略すると、作業中のブックのワークシートが対象になります。Workbookオブジェクトを指定した場合は、指定したワークブックのワークシートが対象になります。引数「Index」には、ワークシート名または、インデックス番号を指定します。
- ワークシート名でワークシートを参照するには、「Worksheets("第1回")」のように文字列で指定します。
- インデックス番号は、左から「1、2、3、……」の順に番号が振られます。1番目のワークシートであれば、「Worksheets(1)」と記述します。最後のワークシートを参照する場合は、Worksheets.Countでワークシート数を数えて、「Worksheets(Worksheets.Count)」と記述します。

構文 **オブジェクト.ActiveSheet**

- アクティブシートを参照するには、ActiveSheetプロパティを使います。オブジェクトにWorkbookオブジェクトを指定すると、指定したブックにおいて一番手前に表示されているワークシートになります。省略すると、アクティブブックの一番手前に表示されている作業中のワークシートを参照します。

関連ワザ 206 ワークシートを選択する………P.263
関連ワザ 227 ブックを参照する………P.286

ワザ 206 ワークシートを選択する

難易度 ●○○ ｜ 頻出度 ●●● ｜ 対応Ver. 365 2021 2019 2016

ワークシートを選択するには、Selectメソッドまたは Activateメソッドを使用します。ここでは、[第1回] シートを選択し、その選択を解除せずに [第3回] シートを選択します。続けて、[第3回] シートをアクティブにし、最前面に表示します。Selectメソッドと Activateメソッドの違いや、使い分けの方法を理解しておきましょう。

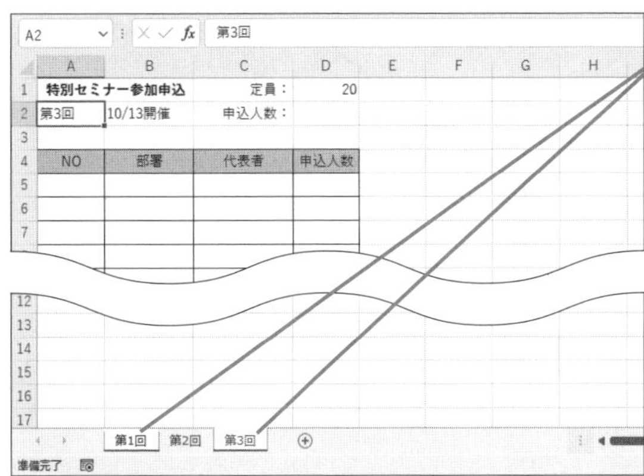

入力例　206.xlsm

```
Sub ワークシートの選択()
    Worksheets("第1回").Select ←1
    Worksheets("第3回").Select Replace:=False ←2
    Worksheets("第3回").Activate ←3
End Sub
```

1 [第1回] シートを選択する　2 [第3回] シートを、[第1回] シートの選択を解除せずに選択する　3 [第3回] シートをアクティブにする

ポイント

構文 オブジェクト.Select(Replace)

- ワークシートを選択するには、Selectメソッドを使用します。オブジェクトには、Worksheetsコレクションまたは Worksheetオブジェクトを指定します。引数「Replace」に「False」を指定すると、現在選択しているワークシートに加えて、指定したワークシートも選択します。「True」に指定、または省略すると、現在選択しているワークシートを解除して、指定したワークシートのみを選択します。

構文 Worksheetオブジェクト.Activate

- ワークシートをアクティブにするには、Worksheetオブジェクトの Activateメソッドを使用します。Activateメソッドによって指定したワークシートをアクティブにし、作業対象にします。

関連ワザ 207 複数のワークシートを選択する………P.264
関連ワザ 209 選択されているワークシートを参照する………P.266

ワザ 207 複数のワークシートを選択する

難易度 ●○○ | 頻出度 ●●○ | 対応Ver. 365 2021 2019 2016

複数のワークシートを同時に選択するには、Array関数を使用して参照するワークシートを配列にして指定し、Selectメソッドで選択します。ここでは、左から1番目と3番目のワークシートを選択しています。複数のワークシートに対して同時に同じ処理を行いたいときに、複数ワークシートを同時に参照する方法としてArray関数の使い方を覚えておきましょう。

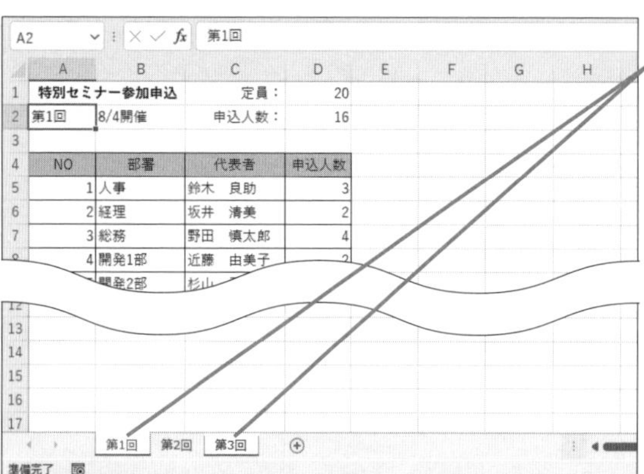

入力例

207.xlsm

```
Sub 複数のワークシートの選択()
    Worksheets(Array(1, 3)).Select ←1
End Sub
```

1左から1つ目のワークシートと3つ目のワークシートを選択する

ポイント

- 複数のワークシートを参照するときは、Worksheetsプロパティの引数に、参照したいワークシート名またはインデックス番号をArray関数を使って指定します。Array関数は、引数で指定した要素を配列にして返す関数です（ワザ037参照）。ワークシート名を使って複数のワークシートを参照する場合は、「Worksheets(Array("第1回","第2回"))」のように記述します。
- ブック内のすべてのワークシートをまとめて参照するときは、Worksheetsコレクションを指定します。すべてのワークシートを選択するのであれば、「Worksheets.Select」のように記述します。
- 複数のワークシートを同時に選択すると、タイトルバーに［グループ］と表示されます。
- インデックス番号は、常にワークシートの左から1、2、3……と振られます。そのため、インデックス番号を使ってワークシートを参照する場合は、ワークシートの数や順番の変更に注意し、正しく参照されているか確認するようにしましょう。

関連ワザ 206 ワークシートを選択する………P.263
関連ワザ 209 選択されているワークシートを参照する………P.266

ワザ 208 前後のワークシートを参照する

難易度 ●○○ | 頻出度 ●○○ | 対応Ver. 365 2021 2019 2016

特定のワークシートの前後のワークシートを参照するには、WorksheetオブジェクトのPreviousプロパティ、Nextプロパティを使用します。ここでは、2番目のワークシートを選択し、アクティブシートの前のワークシート名と後のワークシート名をそれぞれメッセージに表示しています。アクティブシートの後のワークシートや前のワークシートを順番に参照しながら処理を実行するときなどに利用できます。

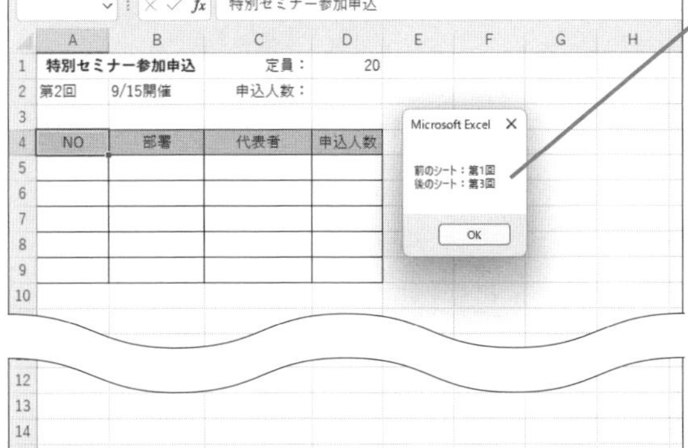

入力例　208.xlsm

```
Sub 前後のシートを参照する()
    Worksheets(2).Select  ←1
    MsgBox "前のシート:" & ActiveSheet.Previous.Name & Chr(10) & _  ←2
           "後のシート:" & ActiveSheet.Next.Name
End Sub
```

1 2番目のワークシートを選択する　2 アクティブシートの前のシート名とアクティブシートの後のシート名をメッセージで表示する

ポイント

構文　`Worksheetオブジェクト.Previous`

構文　`Worksheetオブジェクト.Next`

- WorksheetオブジェクトのPreviousプロパティとNextプロパティは、それぞれ指定したワークシートの前のワークシート、後のワークシートを参照します(取得のみ)。

関連ワザ 205 ワークシートを参照する………P.262
関連ワザ 209 選択されているワークシートを参照する………P.266

ワザ 209 選択されているワークシートを参照する

難易度 ●○○ | 頻出度 ●○○ | 対応Ver. 365 2021 2019 2016

選択されているワークシートを参照するには、WindowオブジェクトのSelectedSheetsプロパティを使用します。ここでは、1番目と2番目のワークシートを選択し、SelectedSheetsプロパティで選択したワークシートを参照して、それらを削除しています。選択したワークシートに対して、コピーや移動などの処理を行うときにも利用できます。

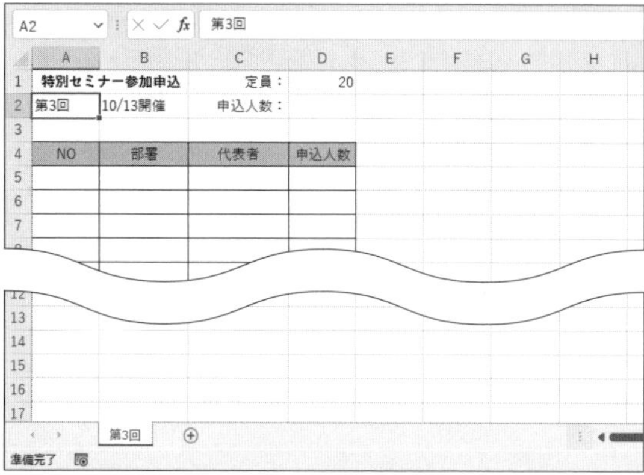

指定したワークシートを選択して、削除する

入力例

209.xlsm

```
Sub 選択ワークシートの参照()
    Worksheets(Array(1, 2)).Select  ←1
    Application.DisplayAlerts = False
    ActiveWindow.SelectedSheets.Delete  ←2
    Application.DisplayAlerts = True
End Sub
```

1 左から1つ目のワークシートと2つ目のワークシートを選択する　2 アクティブウィンドウで選択されているワークシートを削除する

ポイント

構　文 `Windowオブジェクト.SelectedSheets`

- WindowオブジェクトのSelectedSheetsプロパティは、指定したウィンドウで選択されているすべてのSheetsコレクションを返します。複数のワークシートを選択している場合に、それらのワークシートを参照したいときに使用できます。Windowオブジェクトは省略できないので、必ず記述してください。
- SelectedSheetsプロパティは、ウィンドウ内で選択されているすべてのシートを参照するので、ワークシートだけでなく、グラフシートに対しても使用できます。

関連ワザ 205 ワークシートを参照する………P.262
関連ワザ 207 複数のワークシートを選択する………P.264

ワザ 210 ワークシートを末尾に追加する

難易度 ●●●　頻出度 ●○○　対応Ver. 365 2021 2019 2016

ワークシートを追加するには、WorksheetsコレクションのAddメソッドを使います。引数「Before」または「After」を使って追加先、引数「Count」を使って追加数を指定できます。ワークシートを末尾（右端）に追加するには、引数「After」に最後にあるワークシートオブジェクトを指定しましょう。ここでは、ブックの末尾に新しいワークシートを3つ追加しています。

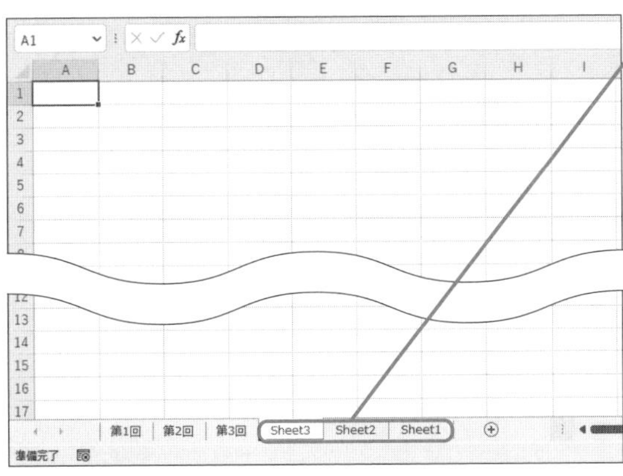

入力例　210.xlsm

```
Sub ワークシートを末尾に追加()
    Worksheets.Add After:=Worksheets(Worksheets.Count), Count:=3 ←1
End Sub
```

1 末尾（右端）のワークシートの後に新規ワークシートを3つ追加する

ポイント

構文 **Worksheetsコレクション.Add(Before, After, Count)**

- 新規ワークシートを追加するには、WorksheetsコレクションのAddメソッドを使用します。引数「Before」で指定したワークシートの前、引数「After」で指定したワークシートの後ろに追加します。また、引数「Count」で枚数を指定します。引数「Before」と「After」は両方同時には指定できません。引数「Count」を省略した場合は「1」と見なされます。すべての引数を省略したときは、アクティブシートの前に新規ワークシートが1つ追加されます。
- Addメソッドにより新規ワークシートが追加され、追加されたWorksheetオブジェクトが返ります。また、追加されたワークシートがアクティブになるため、Activesheetで参照できます。
- 右端のワークシートは、ワークシート数をインデックス番号として「Worksheets(Worksheets.Count)」で参照できます。

関連ワザ 212 ワークシートを削除する………P.269
関連ワザ 213 ワークシートを移動する………P.270

ワザ 211 シート名を指定してワークシートを追加する

難易度 ●○○ | 頻出度 ●●○ | 対応Ver. 365 2021 2019 2016

ワークシートを追加するには、WorkhseetsコレクションのAddメソッドを使用します。Addメソッドは、追加したWorksheetオブジェクトを返します。また、ワークシートの名前はNameプロパティで設定できます。これを併用して、ワークシートの追加と同時にワークシート名を指定できます。ここでは、3つのワークシートを末尾に追加しつつ同時に名前を設定します。

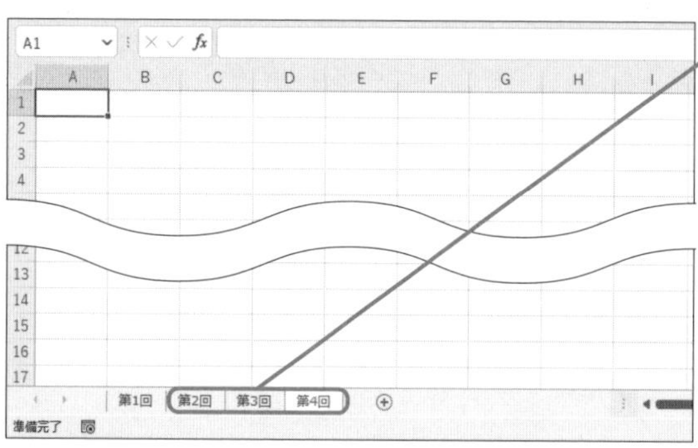

入力例 211.xlsm

```
Sub ワークシート名を指定しながらワークシートを追加()
    Dim i As Integer, cnt As Integer
    For i = 2 To 4 ←1
        cnt = Worksheets.Count ←2
        Worksheets.Add(After:=Worksheets(cnt)).Name = "第" & i & "回" ←3
    Next
End Sub
```

1変数「i」が「2」～「4」になるまで次の処理を繰り返す　2ワークシートの枚数を変数「cnt」に代入する　3新規ワークシートを末尾に1枚追加し、名前を「第i回」に設定する

ポイント

- ワークシートを末尾へ順番に追加するためには、引数「After」に、末尾のWorksheetオブジェクトを指定します。ワークシートの追加処理を行っているので、繰り返し処理の中でWorksheets.Countを使って現在のワークシート数を取得して、末尾のワークシートのインデックス番号を調べます。
- WorksheetsオブジェクトのAddメソッドでワークシートが追加されると、同時に追加したWorksheetオブジェクトが返るので、そのオブジェクトに対してNameプロパティで名前を指定します。このとき、Addメソッドの引数を「()」で囲みます。

構文 `Worksheetオブジェクト.Name`

- ワークシートに名前を付けるには、WorksheetオブジェクトのNameプロパティを使います。設定値には名前を文字列で指定します。

関連ワザ 205 ワークシートを参照する………P.262
関連ワザ 212 ワークシートを削除する………P.269

ワザ 212 ワークシートを削除する

難易度 ●○○ | 頻出度 ●●● | 対応Ver. 365 2021 2019 2016

ワークシートを削除するには、WorksheetオブジェクトのDeleteメソッドを使用します。ワークシートを削除するときは、Excelから削除確認のメッセージが表示されます。このメッセージを表示させることなく削除を実行するためには、ApplicationオブジェクトのDisplayAlertプロパティを使用します。ここでは、先頭のワークシートを削除しています。

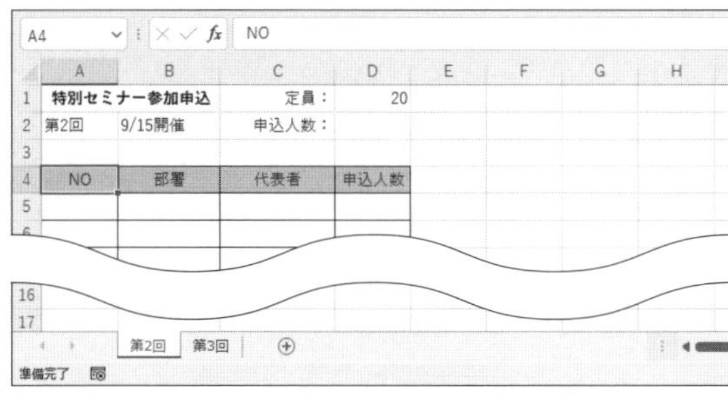

ブックに含まれる1番目のワークシートを削除する

入力例 212.xlsm

```
Sub 先頭のワークシートを削除する()
    On Error GoTo errHandler
    Application.DisplayAlerts = False ←1
    Worksheets(1).Delete ←2
    Application.DisplayAlerts = True ←3
    Exit Sub
errHandler:
    MsgBox Err.Description
End Sub
```

1削除確認のメッセージが表示されない設定にする 2 1番目のワークシートを削除する 3削除確認のメッセージが表示されるように設定する

ポイント

構文 **Worksheetオブジェクト.Delete**

- ワークシートを削除するには、WorksheetオブジェクトのDeleteメソッドを使って上のように記述します。
- 削除確認のメッセージが表示されないようにするには、ApplicationオブジェクトのDisplayAlertsプロパティに「False」を指定します。表示されるようにするには「True」を指定します(ワザ697参照)。
- Worksheetオブジェクトで削除するワークシートを指定します。先頭のワークシートを削除する場合は「Worksheet(1).Delete」と記述し、末尾のワークシートを削除する場合は「Worksheets(Worksheets.Count).Delete」と記述します。ブック内には、少なくとも1つのワークシートが存在しないといけませんが、ワークシートが1つのときに実行するとエラーになります。そのためのエラー処理コードを追加しています。

関連ワザ 206 ワークシートを選択する………P.263
関連ワザ 213 ワークシートを移動する………P.270

ワザ 213 ワークシートを移動する

難易度 ●●○ | 頻出度 ●●○ | 対応Ver. 365 2021 2019 2016

ワークシートを移動するには、WorksheetオブジェクトのMoveメソッドを使います。ここでは、1番目にあるワークシートを、ブック［処理済.xlsx］の末尾に移動します。Moveメソッドは引数でブック名を指定することにより、ほかのブックに移動することもできます。処理が終わったワークシートを別ブックに移動して保管したいときなどに使用するといいでしょう。

1番目のワークシートを［処理済.xlsx］の末尾に移動する

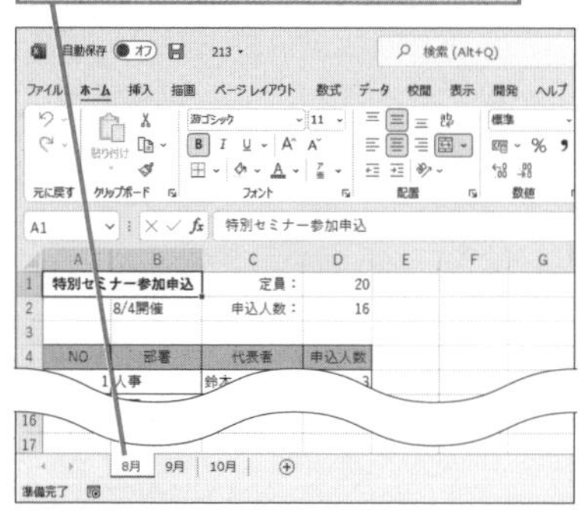

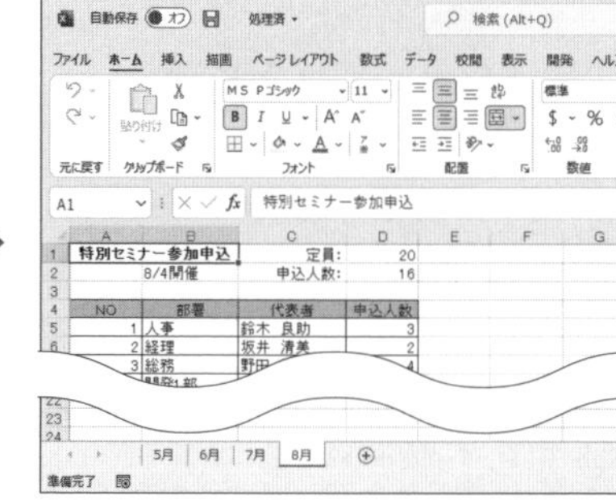

入力例 213.xlsm

```
Sub ワークシートを別ブックに移動する()
    Dim myBook As String, cnt As Integer
    myBook = "処理済.xlsx" ←1
    Workbooks.Open Filename:=ThisWorkbook.Path & "¥" & myBook ←2
    cnt = Workbooks(myBook).Worksheets.Count ←3
    ThisWorkbook.Worksheets(1).Move _
    After:=Workbooks(myBook).Worksheets(cnt) ←4
End Sub
```

1移動先となるブック名「処理済.xlsx」を変数「myBook」に代入しておく 2コードを実行しているブックと同じ場所に保存されている［処理済.xlsx］を開く 3［処理済.xlsx］のワークシート数を変数「cnt」に代入する 4コードを実行しているブックの1番目にあるワークシートを、［処理済.xlsx］の末尾のワークシートの後ろに移動する

ポイント

構文 `Worksheetオブジェクト.Move(Before, After)`

- ワークシートを移動するには、WorksheetオブジェクトのMoveメソッドを使って記述します。引数「Before」は指定ワークシートの前に、引数「After」は指定ワークシートの後に移動します。引数「Before」と引数「After」を同時には指定できません。引数を省略すると新規ブックが作成され、そこに移動します。
- ワークシートを既存の別ブックに移動する場合は、ブックをあらかじめ開いておく必要があります。
- Moveメソッドでワークシートを移動すると、移動したワークシートがアクティブになります。
- Array関数を使って「Worksheets(Array(1,2)).Move」のように指定すると、複数のワークシートを同時に移動できます。

ワザ 214 ワークシートをコピーしてシート名を変更する

難易度 ●●○ ｜ 頻出度 ●●○ ｜ 対応Ver. 365 2021 2019 2016

ワークシートをコピーするには、WorksheetオブジェクトのCopyメソッドを使用します。ここでは、[原本] シートを、[原本] シートの前にコピーしてから名前を変更しています。ワークシートをコピーすると、コピーされたワークシートがアクティブになるので、それを利用して名前を変更できます。表のひな型が作成されているワークシートをコピーして使用したいときなどに利用するといいでしょう。

[原本] シートをコピーして、コピーした順番に「第○回」のような名前を付ける

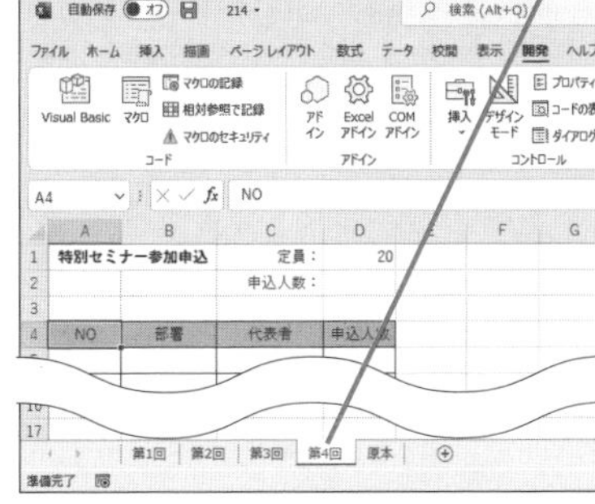

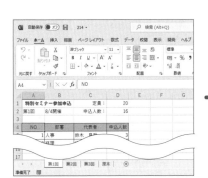

入力例　214.xlsm

```
Sub ワークシートのコピー()
    Worksheets("原本").Copy Before:=Worksheets("原本")  ←1
    ActiveSheet.Name = "第" & Worksheets.Count - 1 & "回"  ←2
End Sub
```

1 [原本] シートを [原本] シートの前を作成先としてコピーする　2 アクティブシートのワークシート名を「第○回」(○はワークシートの数から1を引いた数) となるように設定する

ポイント

構文 `Worksheetオブジェクト.Copy(Before, After)`

- ワークシートをコピーするには、WorksheetオブジェクトのCopyメソッドを使って上のように記述します。引数「Before」で指定したワークシートの前、引数「After」で指定したワークシートの後にそれぞれコピーします。引数「Before」と引数「After」を同時に指定することはできません。両方の引数を省略すると、新規ブックが作成され、そこにコピーされます。
- ワークシートを既存の別ブックにコピーする場合は、ブックをあらかじめ開いておく必要があります。
- Copyメソッドでワークシートをコピーすると、コピーしたワークシートがアクティブになります。
- ワークシートの名前を変更するには、WorksheetオブジェクトのNameプロパティを使って指定します (ワザ211参照)。

関連ワザ 211 シート名を指定してワークシートを追加する………P.268
関連ワザ 215 複数のワークシートをまとめて新規ブックにコピーする………P.272

ワザ 215 複数のワークシートをまとめて新規ブックにコピーする

難易度 ●●○ | 頻出度 ●●○ | 対応Ver. 365 2021 2019 2016

ワークシートを新規ブックにコピーする場合は、Copyメソッドで引数を省略します。複数のワークシートを対象にするには、Worksheetオブジェクトの指定で、Array関数を使用してワークシートの配列を使い、対象となる複数ワークシートを指定します。ここでは、1、2、3番目のワークシートを新規ワークシートにコピーしています。Copyメソッドの代わりにMoveメソッドを使えば、新規ブックへの移動が行えます。

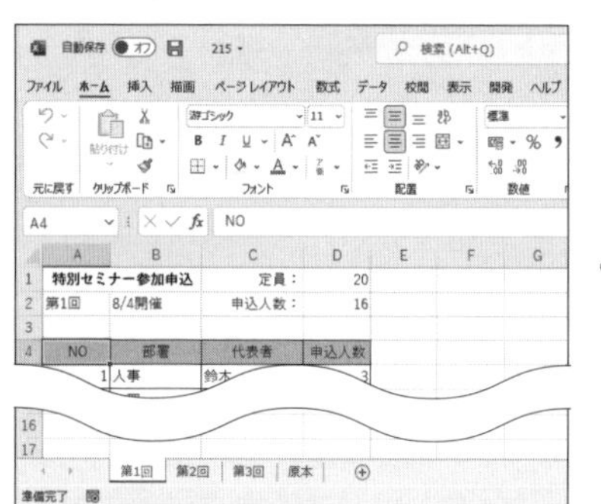

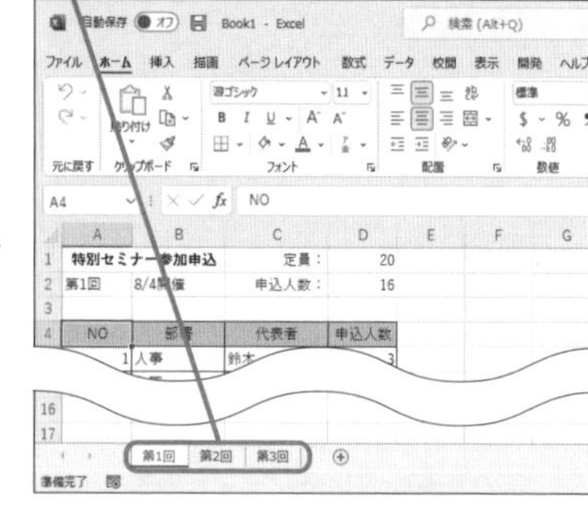

入力例

215.xlsm

```
Sub 複数ワークシートをまとめて新規ブックにコピー()
    Worksheets(Array(1, 2, 3)).Copy ←1
End Sub
```

1 1、2、3番目のワークシートを新規ブックにコピーする

ポイント

- 複数のワークシートをまとめてコピーするには、Array関数を使って複数のワークシートを指定します（ワザ037参照）。1番目と2番目のワークシートであれば、「Worksheets(Array(1,2)).Copy」のように記述でき、[第1回] シートと [第3回] シートであれば、「Worksheets(Array("第1回","第3回").Copy)」のように記述できます。

応用例 `Worksheets(Array(1, 2)).Copy Before:=Workbooks("処理済.xlsx").Worksheets(1)`

- 複数のワークシートを既存の別ブックにコピーしたいときは、あらかじめ既存のブックを開いておき、Copyメソッドの引数「Before」または引数「After」でコピー先のブック名とシート名を指定し、上のように記述します。

関連ワザ 213 ワークシートを移動する………P.270
関連ワザ 214 ワークシートをコピーしてシート名を変更する………P.271

ワザ 216 同じシート名があるかどうかを確認する

難易度 ●●○ | 頻出度 ●●○ | 対応Ver. 365 2021 2019 2016

同じ名前のワークシートの存在を確認するには、For Eachステートメントを使用して各ワークシートの名前を1つずつチェックします。ここでは、変数「myWSName」に代入した文字列と同名のワークシートが存在した場合はメッセージを表示して処理を終了し、存在しなかった場合は［原本］シートをコピーして変数「myWSName」の値を名前に設定します。ワークシートの追加やコピー時に、ワークシート名の事前確認に活用できます。

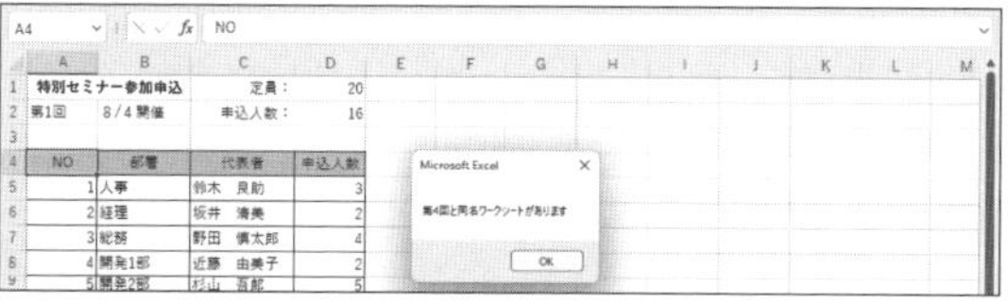

ワークシート名をチェックして、同じ名前のワークシートがなかったら、［原本］シートをコピーする

入力例

216.xlsm

```
Sub 同名ワークシートの確認()
    Dim myWSName As String, myWorksheet As Worksheet
    myWSName = "第4回"
    For Each myWorksheet In Worksheets  ←1
        If myWorksheet.Name = myWSName Then  ←2
            MsgBox myWSName & "と同名ワークシートがあります"
            Exit Sub
        End If
    Next
    Worksheets("原本").Copy Before:=Worksheets("原本")  ←3
    ActiveSheet.Name = myWSName  ←4
End Sub
```

1各ワークシートを変数「myWorksheet」に1つずつ代入しながら、次の処理を実行する　2もし、変数「myWorksheet」に代入されたワークシートの名前が、変数「myWSName」に代入された文字列と同じだったらメッセージを表示し、処理を終了する　3［原本］シートを［原本］シートの前にコピーする　4アクティブシートの名前を変数「myWSName」に設定する

ポイント

- 同じ名前のワークシートがあるかどうかは、For Eachステートメントを使って、Worksheetsコレクションのメンバーである各WorksheetオブジェクトをWorksheet型変数に1つずつ代入しながら、Ifステートメントでチェックします。入力例では、同じ名前のワークシートが見つかった場合にメッセージを表示して処理を終了していますが、別の名前を付けるといったコードを記述したり、同名のワークシートを削除したりするなど、必要に応じた処理を記述することもできます。
- 同じ名前のワークシートが見つからなかった場合は、For Eachステートメントの次の処理（Nextステートメントの次の行以降）に進みます。ここで、ワークシートをコピーしたり追加したりして、ワークシート名を指定したものに設定します。

関連ワザ 211 シート名を指定してワークシートを追加する………P.268
関連ワザ 215 複数のワークシートをまとめて新規ブックにコピーする………P.272

ワザ 217 指定したワークシートだけ残してほかのワークシートを削除する

難易度 ●●○ | 頻出度 ●●○ | 対応Ver. 365 2021 2019 2016

指定したワークシートだけ残してほかのワークシートを削除するには、For Eachステートメントを使って各ワークシートのワークシート名を1つずつチェックし、指定したワークシート名以外のワークシートを削除します。ここでは、［原本］シートだけ残してほかのワークシートを削除します。「集計結果のワークシートだけ残してほかのワークシートを削除する」など、必要なワークシートだけを残したい場合に利用できます。

［原本］シート以外のワークシートをすべて削除する

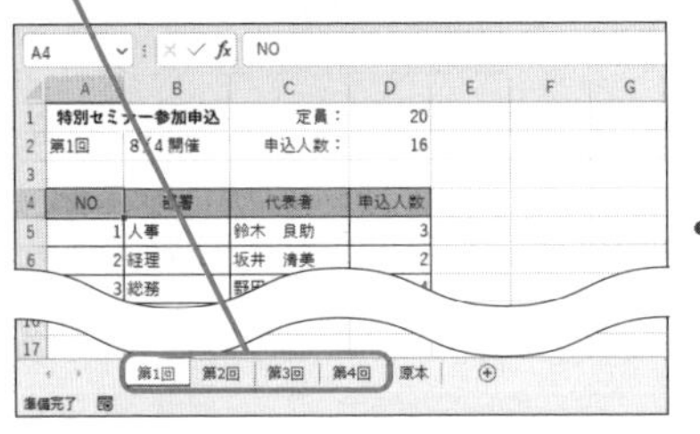

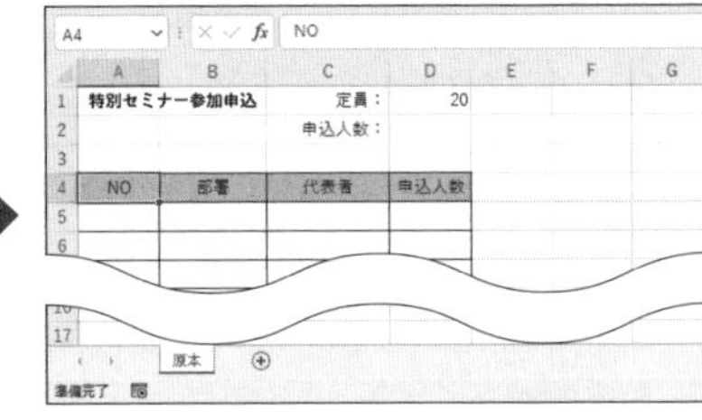

入力例

217.xlsm

```
Sub 原本シートだけ残してワークシート削除()
    Dim myWorksheet As Worksheet
    For Each myWorksheet In Worksheets  ←1
        If myWorksheet.Name <> "原本" Then  ←2
            Application.DisplayAlerts = False
            myWorksheet.Delete
            Application.DisplayAlerts = True
        End If
    Next
End Sub
```

1各ワークシートを変数「myWorksheet」に1つずつ代入しながら、次の処理を実行する　2もし、変数「myWorksheet」に代入されたワークシートの名前が「原本」でなければ、そのワークシートを削除する。このとき削除確認のメッセージは表示しない

ポイント

- 同名のワークシートがあるかないかは、For Eachステートメントを使って、Worksheetsコレクションのメンバである各WorksheetオブジェクトをWorksheet型のオブジェクト変数に1つずつ代入しながら、名前が同じかどうかをIfステートメントでチェックします。
- 指定したワークシートが見つかった場合は、WorksheetオブジェクトのDeleteメソッドでワークシートを削除しますが、このとき削除確認のメッセージが表示されて処理が中断しないように、ApplicationオブジェクトのDisplayAlertsメソッドを使って確認メッセージが表示されないようにします（ワザ212参照）。

関連ワザ 212 ワークシートを削除する………P.269
関連ワザ 216 同じシート名があるかどうかを確認する………P.273

ワザ 218 シート見出しの色を変更する

難易度 ●●○ ｜ 頻出度 ●●○ ｜ 対応Ver. 365 2021 2019 2016

シート見出しの色を変更するには、TabオブジェクトのColorプロパティ、ColorIndexプロパティを使います。ここでは、各ワークシートでセルB2の日付が今日の日付よりも前の場合に、そのシート見出しの色を赤に変更しています。同じ地区のデータがあるワークシートや一定数量に達したデータなど、セルの値に応じてシート見出しの色を変更し、ほかのワークシートと区別するときに利用するといいでしょう。

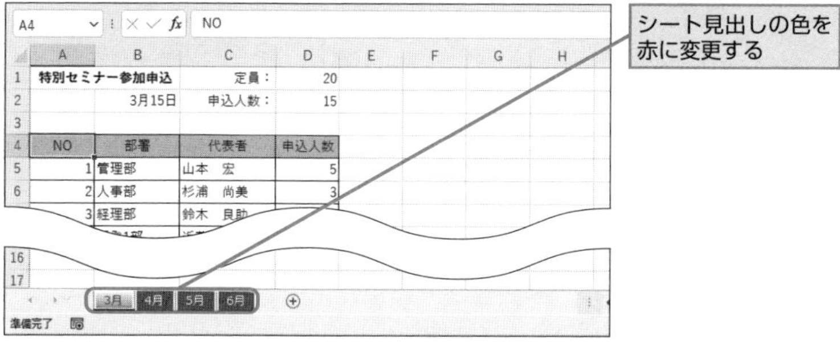

入力例

218.xlsm

```
Sub シート見出しの色を変更する()
    Dim myWS As Worksheet
    For Each myWS In Worksheets  ←1
        If myWS.Range("B2").Value < Date Then  ←2
           myWS.Tab.ColorIndex = 3
        End If
    Next
End Sub
```

1 ブック内のすべてのワークシートを、1つずつ変数「myWS」に代入しながら次の処理を実行する　2 変数「myWS」に代入されたワークシートのセルB2の値が、今日の日付よりも小さい場合、そのワークシートのシート見出しの色を赤に設定する

ポイント

構文 `Worksheetオブジェクト.Tab`

- シート見出しを参照するには、WorksheetオブジェクトのTabプロパティを使ってTabオブジェクトを取得します(取得のみ)。取得したTabオブジェクトについて、ColorプロパティまたはColorIndexプロパティを使ってシート見出しに色を設定します(ワザ161、162参照)。
- For Eachステートメントを使って、Worksheetsコレクションのメンバである各WorksheetオブジェクトをWorksheet型のオブジェクト変数に1つずつ格納しながら、セルB2の値が今日の日付よりも小さいかどうかをIfステートメントでチェックします。
- 今日の日付は、Date関数を使って求められます(ワザ622参照)。

関連ワザ 221 シート見出しの表示と非表示を切り替える………P.279
関連ワザ 622 現在の日付と時刻を表示する………P.784

ワザ 219 ワークシートを並べ替える

難易度 ●●● ｜ 頻出度 ●○○ ｜ 対応Ver. 365 2021 2019 2016

ワークシートを順番に並べ替えるには、いくつかの処理を組み合わせます。まず、並べ替えを行うブックのシート名を書き出して並べ替えます。次に、並べ替えた順番になるようにワークシートを移動します。ここでは、ブック［並べ替え.xlsx］を開き、そのワークシートをワークシート名の昇順に並べ替えます。ワークシート名によってワークシートの順番を整理したいときに活用できます。

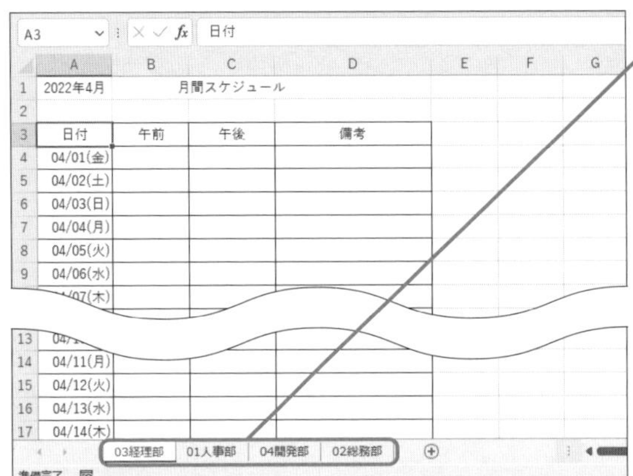

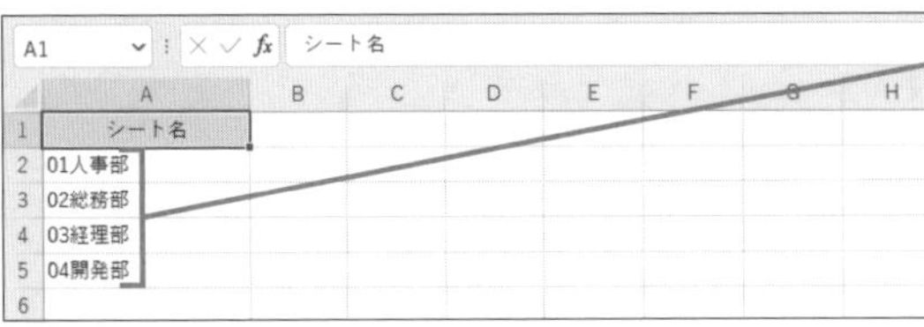

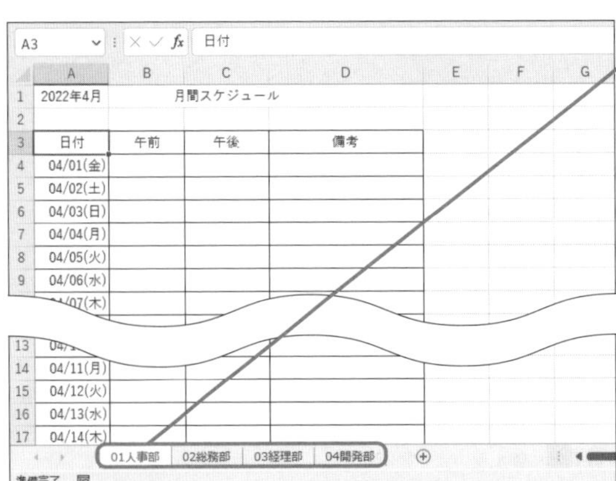

入力例　219.xlsm

```
Sub 別ブックのワークシート並べ替え()
    Dim i As Integer, scount As Integer
    Dim myBook As Workbook, mySheet As String
    Workbooks.Open ThisWorkbook.Path & "¥並べ替え.xlsx" ←1
    Set myBook = ActiveWorkbook ←2
    scount = myBook.Worksheets.Count ←3
    ThisWorkbook.Activate ←4
    For i = 1 To scount ←5
        Worksheets(1).Cells(i + 1, "A").Value = myBook.Worksheets(i).Name
    Next
    Worksheets(1).Range("A1").Sort _ ←6
        key1:=Range("A1"), Order1:=xlAscending, Header:=xlYes
    For i = 1 To scount ←7
        mySheet = ThisWorkbook.Worksheets(1).Cells(i + 1, "A").Value
        myBook.Worksheets(mySheet).Move After:=myBook.Worksheets(scount)
    Next
    myBook.Worksheets(1).Activate
End Sub
```

1コードを実行しているブックと同じ場所に保存されているブック［並べ替え.xlsx］を開く　2開いてアクティブになったブック［並べ替え.xlsx］を変数「myBook」に代入する　3変数「myBook」に代入されたブックのシート数を数え、変数「scount」に代入する　4コードを実行しているブックをアクティブにする（ワークシート名の一覧を作成するため）　5変数「myBook」に代入されたブックのシート名を、アクティブブックのアクティブシートのA列に書き出す　6セルA1を含むセル範囲（シート名の表）を昇順に並べ替える　7並べ替えた順番にワークシートを移動し、ワークシートの並べ替えを実行する。6で並べ替えた表のシート名を上から順番に変数「mySheet」に代入し、そのシート名のワークシートを変数「myBook」の最後のワークシートの後に移動する

ポイント

- 並べ替えを行いたいブックのシート名を書き出して、それを並べ替えることで、ワークシートの順番を決められます。使用例では、Sortメソッドを使って昇順に並べ替えていますが、引数「Order」を「xlDescending」にすると降順に並べ替えられます（ワザ358参照）。
- ワークシートの移動はMoveメソッドを使います。並べ替えの一覧にあるシート名と同じシート名のワークシートを最後尾に順番に移動することで、ワークシートが並び変わります。
- 入力例の4行目のブック名の指定を変更するだけで、任意のブックのワークシートを並べ替えられます。

関連ワザ 208 前後のワークシートを参照する………P.263
関連ワザ 213 ワークシートを移動する………P.270
関連ワザ 358 データを並べ替える………P.448

ワザ 220 ワークシートの表示と非表示を切り替える

| 難易度 ●●○ | 頻出度 ●○○ | 対応Ver. 365 2021 2019 2016 |

ワークシートの表示と非表示は、Visibleプロパティを使って切り替えられます。ワークシートのデータを見られたくないときは、非表示にすることでワークシートを保護しましょう。ここでは、プロシージャーを実行するたびに[データ]シートの表示と非表示を切り替えます。Visibleプロパティが「True」と「False」を値に持つことから、実行のたびに「True」と「False」を入れ替えるためのテクニックを使ってコードを記述します。

[データ] シートを非表示にする

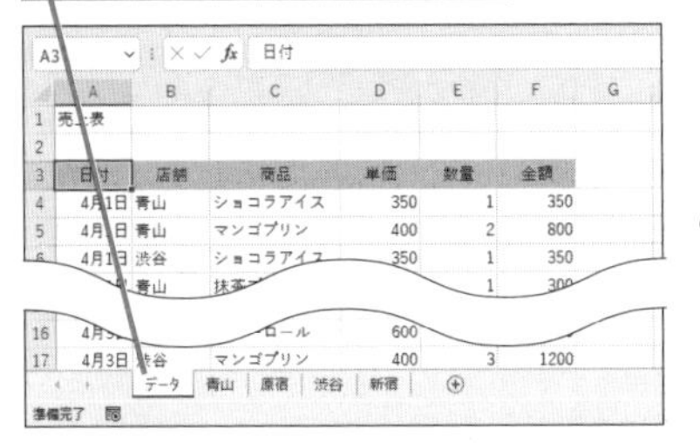

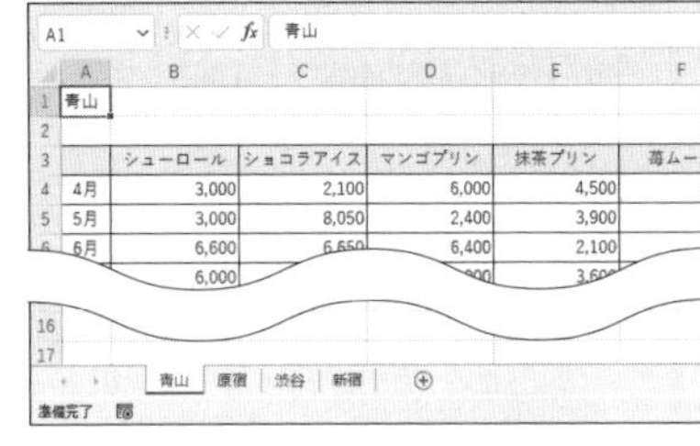

入力例

220.xlsm

```
Sub ワークシートの表示非表示()
    With Worksheets("データ") ←1
        .Visible = Not .Visible ←2
    End With
End Sub
```

1 [データ] シートについて次の処理を実行する　2 Visibleプロパティの値を、現在のVisibleプロパティの値と反対の設定にする

ポイント

構文 `Worksheetオブジェクト.Visible`

- WorksheetオブジェクトのVisibleプロパティは、上のように記述してワークシートの表示と非表示を切り替えます。設定値が「True」のときは表示、「False」のときは非表示になります。また、下の表のような定数を指定して表示の状態を設定することもできます。値は取得と設定ができます。

●Visibleに設定できる定数

定数	内容
xlSheetHidden	ワークシートを非表示にするが、手動で再表示できる
xlSheetVeryHidden	ワークシートを非表示にし、手動で再表示できない
xlSheetVisible	ワークシートを表示する

- Visibleの設定値に「xlSheetVeryHidden」を指定すると、ワークシートを非表示にするのと同時に、Excelのメニューから再表示できなくなります。そのため、再表示するためのコードをVBAで別途記述しておく必要があります。

ワザ 221 シート見出しの表示と非表示を切り替える

難易度 ●○○ | 頻出度 ●○○ | 対応Ver. 365 2021 2019 2016

シート見出しの表示と非表示を切り替えるには、WindowオブジェクトのDisplayWorkbookTabsプロパティを使います。ここでは、アクティブウィンドウのシート見出しの表示と非表示をプロシージャーを実行するごとに切り替えます。シート見出しを非表示にすることで、ワークシートに対する操作を防げます。

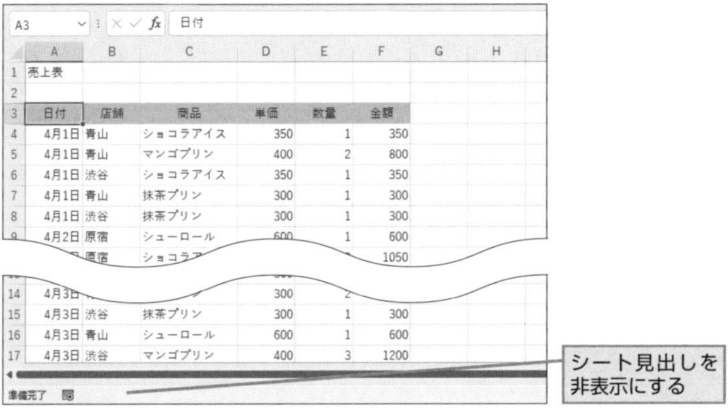

A3 日付

	A	B	C	D	E	F
1	売上表					
2						
3	日付	店舗	商品	単価	数量	金額
4	4月1日	青山	ショコラアイス	350	1	350
5	4月1日	青山	マンゴプリン	400	2	800
6	4月1日	渋谷	ショコラアイス	350	1	350
7	4月1日	青山	抹茶プリン	300	1	300
8	4月1日	渋谷	抹茶プリン	300	1	300
9	4月2日	原宿	シューロール	600	1	600
15	4月3日	渋谷	抹茶プリン	300	1	300
16	4月3日	青山	シューロール	600	1	600
17	4月3日	渋谷	マンゴプリン	400	3	1200

準備完了

シート見出しを非表示にする

入力例 221.xlsm

```
Sub シート見出しの表示非表示()
    With ActiveWindow ←1
        .DisplayWorkbookTabs = Not .DisplayWorkbookTabs ←2
    End With
End Sub
```

1 アクティブウィンドウについて次の処理を実行する 2 DisplayWorkbookTabsの値を、現在のDisplayWorkbookTabsプロパティの値と反対の設定にする

ポイント

構文 `Windowオブジェクト.DisplayWorkbookTabs`

- WindowオブジェクトのDisplayWorkbookTabsプロパティは、上のように記述してシート見出しの表示と非表示を切り替えられます。設定値が「True」のときは表示、「False」の時は非表示になります。値は取得と設定ができます。
- シート見出しが非表示のときにワークシートを切り替えるには、Ctrl＋Page upキーまたはCtrl＋Page downキーを押します。

関連ワザ 218 シート見出しの色を変更する………P.275
関連ワザ 220 ワークシートの表示と非表示を切り替える………P.278

ワザ 222 一部のセルへの入力を可能にしてワークシートを保護する

難易度 ●●○ | 頻出度 ●●○ | 対応Ver. 365 2021 2019 2016

一部のセルを入力可能にしてワークシートを保護するには、まずRangeオブジェクトのLockedプロパティでセルのロックを解除してから、WorksheetオブジェクトのProtectメソッドでワークシートを保護します。ここでは、セルB2～D5だけを入力可能にしてワークシートを保護しています。数式を入力したセルなど、重要なデータを保護し、上書きなどによるデータ紛失を防ぎます。

入力例

222.xlsm

```
Sub 一部のセルを入力可能にしてワークシート保護()
    On Error GoTo errHandler
    Range("B2:D5").Locked = False ←1
    ActiveSheet.Protect Password:="dekiru" ←2
    ActiveSheet.EnableSelection = xlUnlockedCells ←3
    Exit Sub
errHandler:
    MsgBox Err.Description
End Sub
```

1 セルB2～D5のセルのロックを解除する 2 パスワードを「dekiru」に指定して、アクティブシートを保護する 3 アクティブシートの選択可能範囲を、ロックが解除されているセルのみにする

ポイント

構文 `Rangeオブジェクト.Locked`

- セルのロックを解除するには、RangeオブジェクトのLockedプロパティを使用します。設定値が「True（既定値）」のときはロックの状態、「False」のときはロック解除の状態です。ロック解除の状態にすると、ワークシートを保護したときに、そのセルだけ編集可能になります。値は取得と設定ができます。

構文 `Worksheetオブジェクト.Protect(Password)`

- ワークシートを保護するには、WorksheetオブジェクトのProtectメソッドを使います。引数「Password」でパスワードを指定すると、ワークシートの保護を解除するときに、パスワードの入力が必要です。
- WorksheetオブジェクトのEnableSelectionプロパティは、ワークシートを保護しているときにセルの選択を制限する方法を指定できます。設定できる値は下の表の通りです。

●EnableSelectionプロパティの設定値

定数	内容
xlNoSelection	ワークシートのすべてのセルの選択が禁止される
xlUnlockedCells	LockedプロパティのFalseのセルのみ選択が許可される
xlNoRestrictions	どのセルの選択も許可される

- EnableSelectionプロパティを設定しない場合は、すべてのセルが選択でき、ロックされているセルをダブルクリックすると、ワークシートを保護しているという内容のメッセージが表示されます。
- ワークシートが保護されているときに、Protectメソッドを実行するとエラーになるため、エラー処理を追加して正常終了できるようにしておきます。あるいはワークシート保護の前にワークシートが保護されているかどうか事前に確認してからワークシートを保護します（ワザ223参照）。

ワザ 223 ワークシートが保護されているかどうかを確認する

難易度 ●●○ | 頻出度 ●●○ | 対応Ver. 365 2021 2019 2016

ワークシートが保護されているかどうかを確認するには、WorksheetオブジェクトのProtectContentsプロパティを使用します。ここでは、ワークシートが保護されているかどうかを確認し、保護されている場合はメッセージを表示して処理を終了し、保護されていない場合はセルB2～D5のみ入力可能にして、ワークシートにパスワードを付けて保護しています。

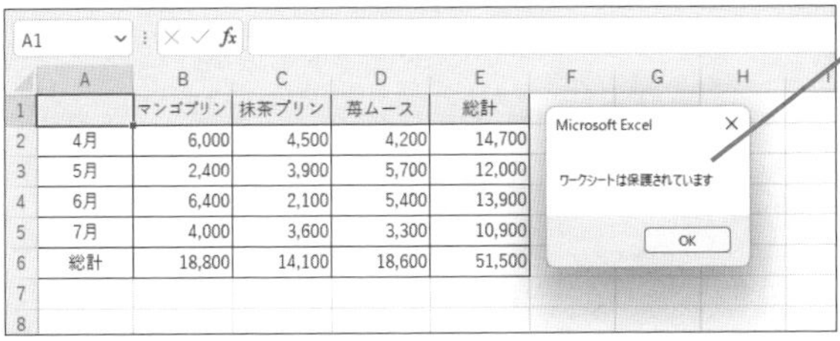

	A	B	C	D	E
1		マンゴプリン	抹茶プリン	苺ムース	総計
2	4月	6,000	4,500	4,200	14,700
3	5月	2,400	3,900	5,700	12,000
4	6月	6,400	2,100	5,400	13,900
5	7月	4,000	3,600	3,300	10,900
6	総計	18,800	14,100	18,600	51,500

Microsoft Excel
ワークシートは保護されています
OK

ワークシートが保護されている場合、メッセージを表示して処理を終了する

入力例

223.xlsm

```
Sub 事前にワークシート保護を確認する()
    If ActiveSheet.ProtectContents Then ←1
        MsgBox "ワークシートは保護されています"
        Exit Sub
    End If
    Range("B2:D5").Locked = False ←2
    ActiveSheet.Protect Password:="dekiru" ←3
End Sub
```

1 アクティブシートが保護されている場合は、「ワークシートは保護されています」とメッセージを表示して処理を終了する　2 セルB2～D5のセルのロックを解除する　3 パスワードを「dekiru」に指定してアクティブシートを保護する

ポイント

構文 `Worksheetオブジェクト.ProtectContents`

- WorksheetオブジェクトのProtectContentsプロパティは、上のように記述してワークシート保護の状態を取得します。取得する値は「True」または「False」で、「True」のときはワークシートが保護の状態、「False」のときはワークシートの保護が解除されている状態です(取得のみ)。
- WorksheetオブジェクトのProtectメソッドは、ワークシートが保護されている状態で実行するとエラーが発生するため、エラー発生を防ぐための処理の1つとして利用できます。

関連ワザ 222 一部のセルへの入力を可能にしてワークシートを保護する………P.280
関連ワザ 224 ワークシートの保護を解除する………P.282
関連ワザ 225 数式を非表示にしてワークシートを保護する………P.283

ワザ 224 ワークシートの保護を解除する

難易度 ●●○ | 頻出度 ●●○ | 対応Ver. 365 2021 2019 2016

ワークシートの保護を解除するには、WorksheetオブジェクトのUnprotectメソッドを使います。ここでは、パスワードを付けて保護されているワークシートの保護を解除する場合に、パスワードの入力画面を表示し、入力されたパスワードを使ってワークシートの保護を解除します。間違ったパスワードを入力するとエラーになるため、エラー処理コードの記述が必要になります。

パスワードを入力して、ワークシートの保護を解除できるようにする

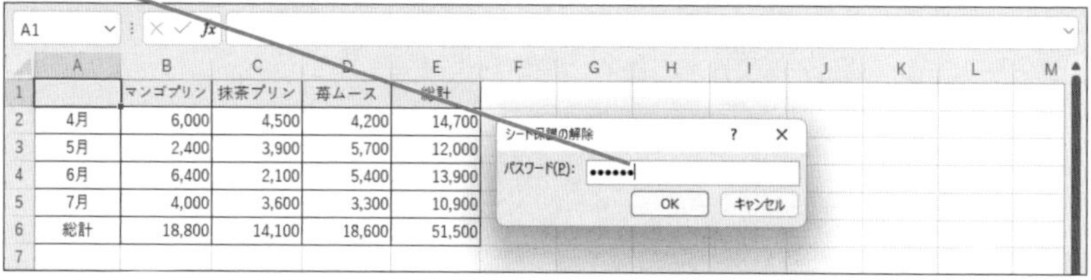

	A	B	C	D	E
1		マンゴプリン	抹茶プリン	苺ムース	総計
2	4月	6,000	4,500	4,200	14,700
3	5月	2,400	3,900	5,700	12,000
4	6月	6,400	2,100	5,400	13,900
5	7月	4,000	3,600	3,300	10,900
6	総計	18,800	14,100	18,600	51,500

シート保護の解除　パスワード(P):　OK　キャンセル

入力例

224.xlsm

```
Sub パスワードを入力してワークシート保護解除()
    On Error GoTo errHandler  ←1
    ActiveSheet.Unprotect  ←2
    Exit Sub
errHandler:
    MsgBox "パスワードが違います"
End Sub
```

1 エラーが発生した場合、行ラベル「errHander」に処理を移動する　2 アクティブシートの保護を解除する

ポイント

構文 `Worksheetオブジェクト.Unprotect(Password)`

- WorksheetオブジェクトのUnprotectメソッドは、上のように記述してワークシート保護を解除します。引数「Password」には、ワークシートを保護するときにパスワードを指定した場合はそのパスワードを指定します。保護時にパスワードを指定しなかった場合や、パスワード入力用のダイアログボックスを表示したい場合は省略します。
- コードの中でパスワードを指定する場合は、「Activesheet.Unprotect Password:="dekiru"」のように記述します。
- 引数「Password」で指定したパスワードが間違っていたり、パスワード入力用のダイアログボックスで入力したパスワードが間違っていたりするとエラーが発生します。エラー発生時でも正常に終了できるようにエラー処理コードを記述しておきます。

関連ワザ 222 一部のセルへの入力を可能にしてワークシートを保護する………P.280
関連ワザ 223 ワークシートが保護されているかどうかを確認する………P.281

ワザ 225 数式を非表示にしてワークシートを保護する

難易度 ●●○ | 頻出度 ●○○ | 対応Ver. 365 2021 2019 2016

数式を非表示にして内容を隠すには、RangeオブジェクトのFormulaHiddenプロパティを「True」にし、ワークシートを保護します。ワークシートを保護すると数式が非表示になり、数式バーには何も表示されなくなります。ここでは、セルA1を含む表の中で数式が入力されているセルの数式を非表示にして、ワークシートを保護します。設定されている数式を見られたくない場合に使用するといいでしょう。

セルA1を含む表で、セルに入力されている数式を非表示にして保護する

D6　=SUM(B6:C6)

	A	B	C	D
1		抹茶プリン	苺ムース	総計
2	4月	4,500	4,200	8,700
3	5月	3,900	5,700	9,600
4	6月	2,100	5,400	7,500
5	7月	3,600	3,300	6,900
6	総計	14,100	18,600	32,700
7				

→

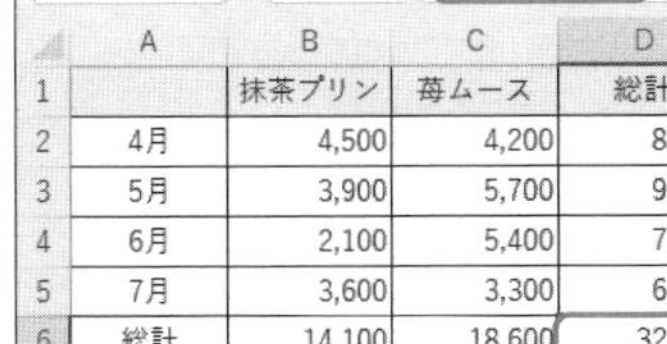

D6

	A	B	C	D
1		抹茶プリン	苺ムース	総計
2	4月	4,500	4,200	8,700
3	5月	3,900	5,700	9,600
4	6月	2,100	5,400	7,500
5	7月	3,600	3,300	6,900
6	総計	14,100	18,600	32,700
7				

入力例

225.xlsm

```
Sub 数式を非表示にしてワークシートを保護()
    Range("A1").CurrentRegion.SpecialCells(xlCellTypeFormulas).Select ←1
    Selection.FormulaHidden = True ←2
    ActiveSheet.Protect ←3
End Sub
```

1 セルA1を含む表全体で数式が入力されているセルを選択する　2 選択範囲の数式を非表示にする設定にする
3 アクティブシートを保護する

ポイント

構文　Rangeオブジェクト.FormulaHidden

- RangeオブジェクトのFormulaHiddenプロパティは、ワークシート保護時に指定したセルの数式の表示、非表示を切り替えます。設定値を「True」にするとワークシートが保護されているときに数式が非表示になり、「False」のときは表示になります。また、指定したセル範囲内でFormulaHiddenプロパティの値について「True」と「False」が混在している場合はNullが返ります。値は取得と設定ができます。
- RangeオブジェクトのSpecialCellsプロパティで引数を「xlCellTypeFormulas」に指定すると、指定した範囲内で数式が入力されているセルを一度に選択できます（ワザ105参照）。

関連ワザ 105 空白のセルに0をまとめて入力する………P.154
関連ワザ 223 ワークシートが保護されているかどうかを確認する………P.281
関連ワザ 224 ワークシートの保護を解除する………P.282

ワザ 226 表以外の部分へのスクロールとセル選択を制限する

難易度 ●○○ ｜ 頻出度 ●●○ ｜ 対応Ver. 365 2021 2019 2016

WorksheetオブジェクトのScrollAreaプロパティは、スクロール可能なセル範囲を設定します。このプロパティにセル範囲を設定すると、領域以外への画面のスクロールやセルの選択ができなくなります。ここでは、アクティブシートのセルA3を含む表の部分だけをスクロール可能領域とし、実行のたびに設定と解除を切り替えます。指定領域以外の編集や画面表示を制限し、ワークシートの保護に役立ちます。

A3

	A	B	C	D	E	F
1	青山					
2						
3		シューロール	抹茶プリン	苺ムース	総計	
4	4月	3,000	4,500	4,200	11,700	
5	5月	3,000	3,900	5,700	12,600	
6	6月	6,600	2,100	5,400	14,100	
7	7月	6,000	3,600	3,300	12,900	
8	総計	18,600	14,100	18,600	51,300	
9						

セルA3を含む表の部分だけをスクロールできるようにする

入力例

226.xlsm

```
Sub スクロール範囲の制限と解除()
    If ActiveSheet.ScrollArea = "" Then ←1
        ActiveSheet.ScrollArea = Range("A3").CurrentRegion.Address ←2
    Else
        ActiveSheet.ScrollArea = ""
    End If
End Sub
```

1もしScrollAreaプロパティにセル範囲が設定されていない場合は、セルA3を含むアクティブセル領域をスクロール可能領域にし、そうでない場合は、スクロール可能領域を解除する　2CurrentRegionプロパティはRangeオブジェクトでセル範囲を返すので、Addressプロパティを使ってセル範囲を文字列で取得する

ポイント

構文　`Worksheetオブジェクト.ScrollArea = "セル範囲"`

- ScrollAreaプロパティに設定するセル範囲は、「"A3:E8"」のように、A1形式の文字列で指定します。また、設定を解除する場合は、空の文字列「""」を指定します。

関連ワザ 336 ウィンドウのコピーを開いてスクロールを同期させる………P.424
関連ワザ 337 アクティブウィンドウとそのほかのウィンドウのスクロールを同期させる………P.425

第6章

Excelファイルの操作

この章では、ブックの参照、選択、開く、閉じる、保存などの操作方法を紹介します。[ファイルを開く] のようなダイアログボックスを使ったブックの操作や、エラー発生を防ぐための処理など、より実務に即したサンプルを利用してワザを紹介しています。

ワザ 227 ブックを参照する

難易度 ●●○ | 頻出度 ●●● | 対応Ver. 365 2021 2019 2016

開いているブックを参照するには、Workbooksプロパティ、ThisWorkbookプロパティ、ActiveWorkbookプロパティを使用します。ここでは、コードを実行しているブックと同じ場所に保存されているブック［青山.xlsx］を開き、アクティブブックの保存場所と最後に開いたブックの名前をメッセージで表示します。いろいろなブックの参照方法を確認し、使い分けられるようにしておきましょう。

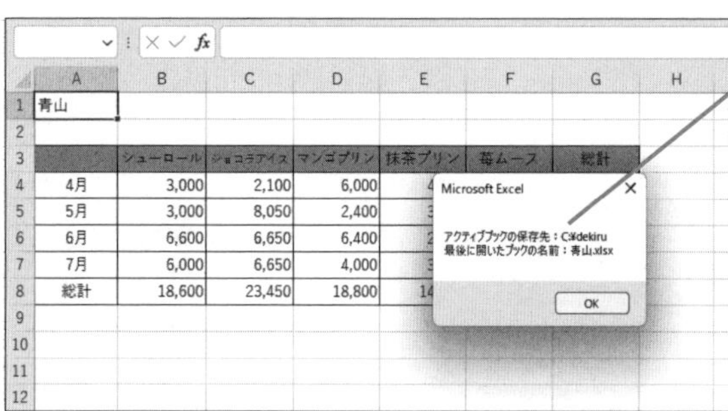

アクティブブックの保存場所と最後に開いたブックの名前をメッセージで表示する

入力例

227.xlsm

```
Sub ブックを開いて参照する()
    Workbooks.Open ThisWorkbook.Path & "¥青山.xlsx" ←1
    MsgBox "アクティブブックの保存先:" & ActiveWorkbook.Path & vbLf & _ ←2
            "最後に開いたブックの名前:" & Workbooks(Workbooks.Count).Name
End Sub
```

1コードを実行しているブックと同じ場所に保存されているブック［青山.xlsx］を開く　2アクティブブックの保存先をPathプロパティで取得する。改行コードを挿入し、最後に開いたブックの名前を取得してメッセージで表示する

ポイント

構文 Workbooks(Index)

- 開いている特定のブックを参照するには、Workbooksプロパティを使ってWorkbookオブジェクトを参照します。引数「Index」には、ブック名を文字列で指定するか、開いた順番をインデックス番号で指定します。例えば、ブック［青山.xlsx］は「Workbooks("青山.xlsx")」、2番目に開いたブックは「Workbooks(2)」のように記述できます。
- コードを実行しているブックは、ThisWorkbookプロパティで参照できます。複数のブックを開いて処理を行う場合、プロシージャーが保存されているブックを正確に取得するときに便利です。
- 現在の作業対象であるブック（アクティブブック）を参照するには、ActiveWorkbookプロパティを使います。ActiveWorkbook上のワークシートを参照する場合は、Workbookオブジェクトの記述を省略できます。

関連ワザ 205 ワークシートを参照する………P.262
関連ワザ 228 指定したブックをアクティブにする………P.287

ワザ 228 指定したブックをアクティブにする

| 難易度 ●○○ | 頻出度 ●●● | 対応Ver. 365 2021 2019 2016 |

指定したブックをアクティブにするには、WorkbookオブジェクトのActivateメソッドを使います。ここでは、ブック［青山.xlsx］をアクティブにします。ブックを開いていないとエラーが発生するので、プロシージャーを実行する前にブック［青山.xlsx］を先に開いておきます。WorkbookオブジェクトはSelectメソッドを持たないので、ブックを選択したいときは、Selectメソッドではなく、Activateメソッドを使います。

青山

	シューロール	ショコラアイス	マンゴプリン	抹茶プリン	苺ムース	総計
4月	3,000	2,100	6,000	4,500	4,200	19,800
5月	3,000	8,050	2,400	3,900	5,700	23,050
6月	8,600	6,650	6,400	2,100	5,400	27,150
7月	6,000	6,650	4,000	3,600	3,300	23,550
総計	18,600	23,450	18,800	14,100	18,600	93,550

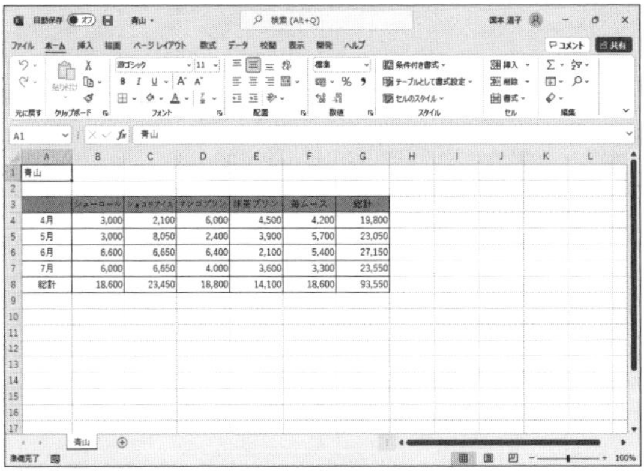

ファイル名を指定してブックをアクティブにする

入力例

228.xlsm

```
Sub ブックをアクティブにする()
    On Error GoTo errHandler  ←1
    Workbooks("青山.xlsx").Activate  ←2
    Exit Sub
errHandler:
    MsgBox "ブックが開いていません"  ←3
End Sub
```

1 エラーが発生したら、行ラベル「errHandler」に処理を移動する　2 ブック［青山.xlsx］をアクティブにする　3 エラーが発生した場合の処理で「ブックが開いていません」とメッセージを表示する

ポイント

構文 `Workbookオブジェクト.Activate`

- 開いている特定のブックをアクティブにするには、WorkbookオブジェクトのActivateメソッドを使います。
- WorkbookオブジェクトはSelectメソッドを持ちません。そのため、「Workbooks(1).Select」と記述するとエラーになります。Workbookオブジェクトを選択するときは、SelectメソッドではなくActivateメソッドを使用してください。

関連ワザ 015 ワークシートがアクティブになったときに処理を実行する………P.51
関連ワザ 227 ブックを参照する………P.286

ワザ 229 5つのワークシートを持つ新規ブックを作成する

難易度 ●●○ | 頻出度 ●●○ | 対応Ver. 365 2021 2019 2016

新規ブック作成時に、5つのワークシートを持つようにするには、ApplicationオブジェクトのSheetsInNewWorkbookプロパティを使用して、ワークシートの既定数を変更してからブックを追加します。既定の数を変更すると、以降に作成する新規ブックすべてに反映されます。一時的に変更する場合は、最初に現在の既定のワークシート数を変数に代入しておき、追加後に変数の値に戻します。

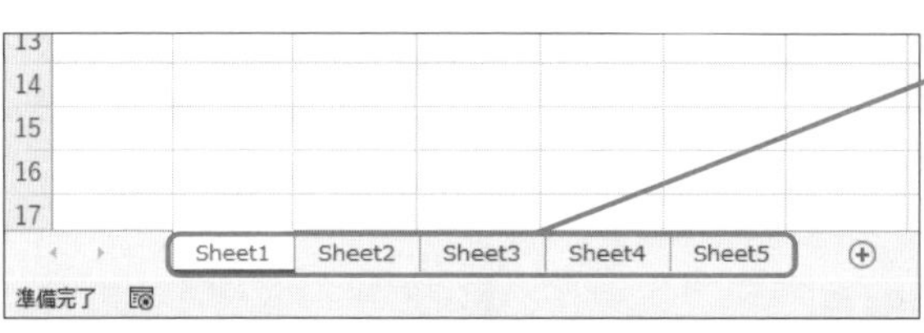

入力例　229.xlsm

```
Sub ワークシートが5つの新規ブックを作成する()
    Dim ns As Integer
    ns = Application.SheetsInNewWorkbook ←1
    Application.SheetsInNewWorkbook = 5 ←2
    Workbooks.Add ←3
    Application.SheetsInNewWorkbook = ns ←4
End Sub
```

1変数「ns」に、現在の新規ブック作成時に用意されるワークシートの設定数を代入する　2新規ブックのワークシート数を5に設定する　3新規ブックを追加する　4新規ブックのワークシート数を変数「ns」に代入されている数に設定し、最初の状態に戻す

ポイント

構文 `Workbooks.Add`

- ワークブックを追加するには、WorkbooksコレクションのAddメソッドを使用します。Addメソッドにより新規ブックが作成され、作成されたWorkbookオブジェクトを返します。
- 追加されたワークブックはアクティブになります。

構文 `Application.SheetsInNewWorkbook`

- 新規ブックには、既定で1つのワークシートが含まれます。既定の数を変更して任意の数に設定するには、ApplicationオブジェクトのSheetsInNewWorkbookプロパティの値を設定します。値の取得と設定ができます。
- SheetsInNewWorkbookプロパティの値を変更すると、以降、新規ブック作成時に含まれるワークシートの既定の数が変更されます。そのため、サンプルでは最初に現在の設定を変数に格納しておき、処理の後で最初の設定に戻しています。このようにExcelの設定を変更する場合は、元に戻す処理を記述するようにしましょう。

関連ワザ 215 複数のワークシートをまとめて新規ブックにコピーする………P.272
関連ワザ 234 新規ブックに名前を付けて保存する………P.294

ワザ 230 カレントフォルダーにあるブックを開く

難易度 ●●○ | 頻出度 ●●● | 対応Ver. 365 2021 2019 2016

ブックを開くには、WorkbooksコレクションのOpenメソッドを使います。カレントフォルダーにあるブックは、保存先などのパスを指定する必要がなく、名前を指定するだけでブックを開けます。ここでは、カレントドライブを「C」、カレントフォルダーを「C:¥dekiru」に変更して、保存されているブック［Data.xlsx］を開きます。

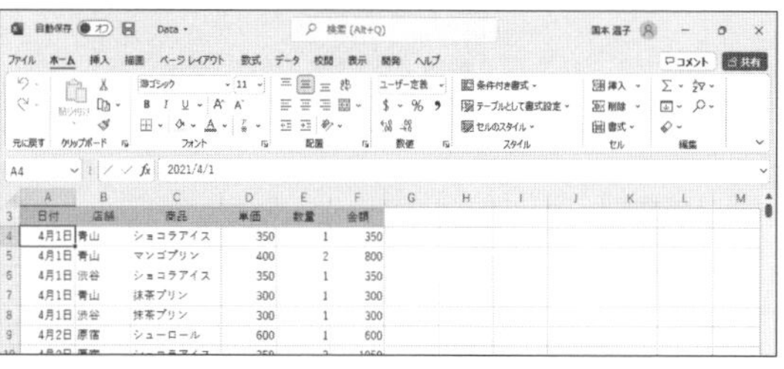

プログラムの実行時にCドライブの［dekiru］フォルダーに［Data.xlsx］を保存しておく

カレントフォルダー（C:¥dekiru）にあるブックを開く

入力例

230.xlsm

```
Sub カレントフォルダーにあるブックを開く()
    ChDrive "C"  ←1
    ChDir "C:¥dekiru"  ←2
    Workbooks.Open "Data.xlsx"  ←3
End Sub
```

1カレントドライブを「C」に変更する　2カレントフォルダーを「C:¥dekiru」に変更する　3カレントフォルダーにあるブック［Data.xlsx］を開く

ポイント

構文 `Workbooks.Open(FileName)`

- ワークブックを開くには、WorkbooksコレクションのOpenメソッドを使います。Openメソッドは多くの引数を持ちますが、ここでは開くブック名を指定する引数「FileName」だけを解説しています。
- 引数「FileName」には開くブック名を文字列で指定します。カレントフォルダーにあるブックを開くときは、保存先のパスを指定する必要はありませんが、カレントフォルダー以外に保存されているブックを開くときは、ドライブ名から指定する必要があります。例えば、「Workbooks.Open "D:¥Data¥Sample.xlsx"」のように記述します。
- カレントドライブを変更するにはChDriveステートメントを使います。
- カレントフォルダーを変更するにはChDirステートメントを使っています（ワザ280参照）。

関連ワザ 231 ［ファイルを開く］ダイアログボックスを表示してブックを開く①………P.290

ワザ231 [ファイルを開く] ダイアログボックスを表示してブックを開く①

難易度 ○○○ | 頻出度 ○○○ | 対応Ver. 365 2021 2019 2016

[ファイルを開く] ダイアログボックスを表示してブックを開くには、ApplicationオブジェクトのFileDialogプロパティで、引数に「msoFileDialogOpen」を指定しましょう。ここでは、[ファイルを開く] ダイアログボックス表示時の設定をいくつか指定してダイアログボックスを開き、ブックを選択して開きます。ユーザーに開くブックを選択させるときに使用します。

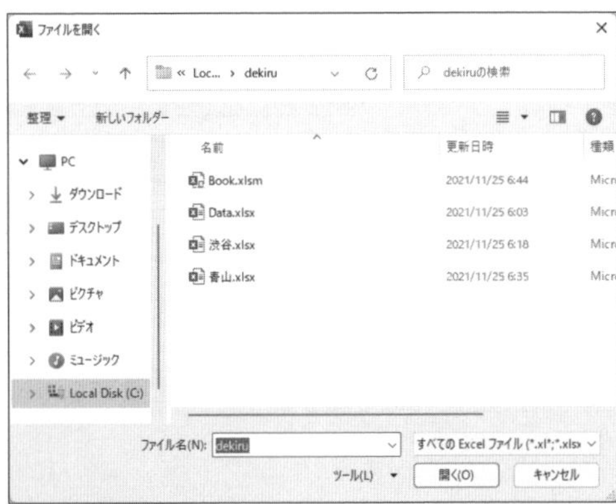

[ファイルを開く] ダイアログボックスで選択したブックを開く

入力例

231.xlsm

```
Sub ファイルを選択して開く()
    With Application.FileDialog(msoFileDialogOpen) ←1
        .AllowMultiSelect = False ←2
        .FilterIndex = 2 ←3
        .InitialFileName = "C:¥dekiru¥" ←4
        If .Show = -1 Then .Execute ←5
    End With
End Sub
```

1 [ファイルを開く] ダイアログボックスを表すFileDialogオブジェクトに対して、以下の処理を実行する　2 ファイルの複数選択を不可にする　3 ファイルの種類を「2」(すべてのExcelファイル) にする　4 既定のパスを「C:¥dekiru¥」にする　5 [ファイルを開く] ダイアログボックスを表示し、[開く] ボタンがクリックされたら、選択されたファイルを開く

ポイント

構文 **Applicationオブジェクト.FileDialog(msoFileDialogOpen)**

- ApplicationオブジェクトのFileDialogプロパティで引数に「msoFileDialogOpen」を指定すると、[ファイルを開く]ダイアログボックスを表すFileDialogオブジェクトを取得します。

● ［ファイルを開く］ダイアログボックスの設定を行うには、FileDialogオブジェクトのプロパティを使います。ここで使用しているプロパティは以下の通りです。

●FileDialogオブジェクトの主なプロパティ

プロパティ	内容
AllowMultiSelect	「True」のときは複数のファイルを選択できる。「False」のときは複数のファイルを選択できない
FilterIndex	既定で表示するファイルの種類を数値で指定。［ファイルの種類］リストの上から順番に「1、2、3、……」となる。既定値は「1」の［すべてのファイル］。「2」は［すべてのExcelファイル］
InitialFileName	既定のパスやファイル名を指定

● ［ファイルを開く］ダイアログボックスを表示し、ダイアログボックスで選択されたファイルを開くにはFileDialogオブジェクトのメソッドを使います。

●FileDialogオブジェクトのメソッド

メソッド	内容
Show	ファイルのダイアログボックスを表示し、アクションボタン（［開く］ボタンや［保存］ボタン）をクリックすると「-1」が返る。［キャンセル］ボタンをクリックすると「0」が返る。Showメソッドによりダイアログボックスが表示されると、ボタンをクリックしてダイアログボックスを閉じるまで処理が中断される
Execute	指定したファイルの表示やファイルの保存などのアクションを実行する

● FileDialogプロパティでは、引数に指定する定数によって、さまざまなダイアログボックスを表すFileDialogオブジェクトを取得することができます。主な定数には次のようなものがあります。

●FileDialogプロパティで指定できる定数

定数	ダイアログボックス
msoFileDialogOpen	［ファイルを開く］ダイアログボックス
msoFileDialogSaveAs	［名前を付けて保存］ダイアログボックス（ワザ240参照）
msoFileDialogFilePicker	［参照］ダイアログボックス（ファイル選択）（ワザ260参照）
msoFileDialogFolderPicker	［参照］ダイアログボックス（フォルダー選択）（ワザ261参照）

関連ワザ 230 カレントフォルダーにあるブックを開く………P.289
関連ワザ 240 ［名前を付けて保存］ダイアログボックスを表示してブックを保存する①………P.301

ワザ 232 [ファイルを開く] ダイアログボックスを表示してブックを開く②

難易度 ●○○ | 頻出度 ●●● | 対応Ver. 365 2021 2019 2016

Applicationオブジェクトの Dialogsプロパティで引数を「xlDialogOpen」に指定すると組み込みの[ファイルを開く]ダイアログボックスを表すDialogオブジェクトを取得します。これを使うことで[ファイルを開く]ダイアログボックスを表示することができます。ワザ231のFileDialogプロパティのようにファイルの種類や既定のパスなどの設定はできませんが、シンプルなコードで記述できるというメリットがあります。

[ファイルを開く] ダイアログボックスで選択したブックを開く

入力例

232.xlsm

```
Sub ファイルを選択して開く2()
    Application.Dialogs(xlDialogOpen).Show ←1
End Sub
```

1 [ファイルを開く] ダイアログボックスを表示する

ポイント

構文 `Application.Dialogs(xlDialogOpen)`

- Applicationオブジェクトの Dialogsプロパティで引数を「xlDialogOpen」に指定すると、組み込みの[ファイルを開く]ダイアログボックスを表すDialogオブジェクトを取得します。
- DialogオブジェクトのShowメソッドでダイアログボックスを表示します。[ファイルを開く]ダイアログボックスで[開く]をクリックすると選択したファイルが開き、戻り値Trueが返ります。[キャンセル]をクリックするとダイアログボックスを閉じ、戻り値Falseが返ります。
- Dialogsプロパティでは、引数にXlBuiltInDialogs列挙型の定数を使ってさまざまな組み込みのダイアログボックスを指定することができます。

●主なダイアログボックスの種類(XlBuiltInDialog列挙型の定数)

定数	ダイアログボックス	定数	ダイアログボックス
xlDialogOpen	ファイルを開く	xlDialogPasteSpecial	形式を選択して貼り付け
xlDialogSaveAs	名前を付けて保存	xlDialogFormulaFind	検索
xlDialogPageSetup	ページ設定 (ページ)	xlDialogNew	新規作成 (標準)
xlDialogPrint	印刷	xlDialogSortSpecial	並べ替え
xlDialogPrinterSetup	プリンターの設定	xlDialogEditColor	色の編集

ワザ 233 開いているすべてのブックを上書き保存する

難易度 ●●○ ｜ 頻出度 ●●● ｜ 対応Ver. 365 2021 2019 2016

ブックを上書き保存するには、WorkbookオブジェクトのSaveメソッドを使います。保存済みのブックは上書き保存されますが、保存していないブックはカレントフォルダーに「Book1.xlsx」のような仮の名前で保存されます。ここでは、開いているすべてのブックについて、セルA2に今日の日付を入力し、上書き保存します。すべてのブックについて、上書き保存など同じ操作を実行するための定型コードです。

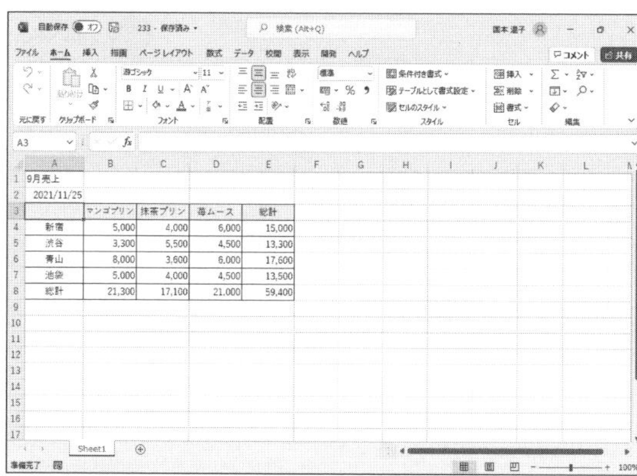

今、開いているすべてのブックを上書き保存する

入力例

233.xlsm

```
Sub 開いている全ブックを上書き保存する()
    Dim myWBook As Workbook
    For Each myWBook In Workbooks ←1
        myWBook.Worksheets(1).Range("A2").Value = Date ←2
        myWBook.Save ←3
    Next
End Sub
```

1 変数「myWBook」に開いているすべてのブックを順番に代入しながら、次の処理を実行する　2 変数「myWBook」に代入されているブックの1番目のワークシートのセルA2に今日の日付を入力する　3 変数「myWBook」に代入されているブックを上書き保存する

ポイント

構文　`Workbookオブジェクト.Save`

- ブックを上書き保存するには、WorkbookオブジェクトのSaveメソッドを使って上のように記述します。
- 開いているすべてのブックを上書きで保存するときは、For Eachステートメントを使って、Workbook型のオブジェクト変数に開いているブックを順番に代入しながら、上書き保存を実行します。

関連ワザ 235 同じ名前のブックが保存済みの場合は上書き保存する………P.295
関連ワザ 236 同名ブックの存在を確認してから保存する………P.296

ワザ 234 新規ブックに名前を付けて保存する

難易度 ○○○ | 頻出度 ○○○ | 対応Ver. 365 2021 2019 2016

ブックに名前を付けて保存するには、WorkbookオブジェクトのSaveAsメソッドを使いましょう。ここでは、新規ブックを作成し、そのブックをCドライブの［dekiru］フォルダーに保存します。保存するファイル名は今日の日付を元に「yymmdd」（例：211125）の形式とします。保存済みのブックを別の名前を付けて保存したり、新規ブックを保存したりするときに使うといいでしょう。

入力例

234.xlsm

```
Sub 新規ブックを名前を付けて保存()
    Dim myPath As String
    myPath = "C:¥dekiru¥"  ←1
    Workbooks.Add.SaveAs myPath & Format(Date, "yymmdd")  ←2
End Sub
```

1変数「myPath」に「C:¥dekiru¥」を代入して、保存先のドライブとフォルダーを指定しておく　2新規ブックを追加し、変数「myPath」に代入された場所に今日の日付を元に「yymmdd」（例：211125）の形式の名前を付けて、［Excelブック］形式で保存する。AddメソッドはWorkbookオブジェクトを返すため、そのまま追加された新規ブックに対してSaveAsメソッドを使って保存している

ポイント

構文 `Workbookオブジェクト.SaveAs(FileName, FileFormat)`

- ブックに名前を付けて保存するには、WorkbookオブジェクトのSaveAsメソッドを使います。多くの引数を持ちますが、ここでは引数「FileName」と引数「FileFormat」のみを掲載しています。

●SaveAsメソッドの主な引数

引数	内容
FileName	ファイル名を指定。パスから記述して保存場所を指定できる。ファイル名だけを指定するとカレントフォルダーに保存される
FileFormat	保存時のファイル形式を指定する。保存済みファイルの場合、前回指定した形式が既定となる。新規ブックの場合、［Excelブック］形式（.xlsx）が既定のファイル形式になる。省略時は、既定のファイル形式で保存される

●引数FileFormatの主な設定値

定数	内容
xlWorkbookDefault	ブックの既定
xlWorkbookNormal	ブックの標準
xlOpenXMLWorkbook	Excelブック（.xlsx）
xlOpenXMLWorkbookMacroEnabled	Excelマクロ有効ブック（.xlsm）
xlExcel8	Excel 97-2003ブック（.xls）

関連ワザ 240 ［名前を付けて保存］ダイアログボックスを表示してブックを保存する①………P.301
関連ワザ 241 ［名前を付けて保存］ダイアログボックスを表示してブックを保存する②………P.302

ワザ 235 同じ名前のブックが保存済みの場合は上書き保存する

難易度 ●○○ ｜ 頻出度 ●●● ｜ 対応Ver. 365 2021 2019 2016

ブックに名前を付けて保存するとき、保存場所に同じ名前のブックがすでに保存されている場合は、確認のメッセージが表示されます。[はい] ボタンをクリックすると上書き保存されて正常に終了しますが、[いいえ] ボタンや [キャンセル] ボタンをクリックするとエラーになってしまいます。メッセージを表示せずにブックを自動的に上書き保存する場合は、DisplayAlertsプロパティに「False」を指定します。

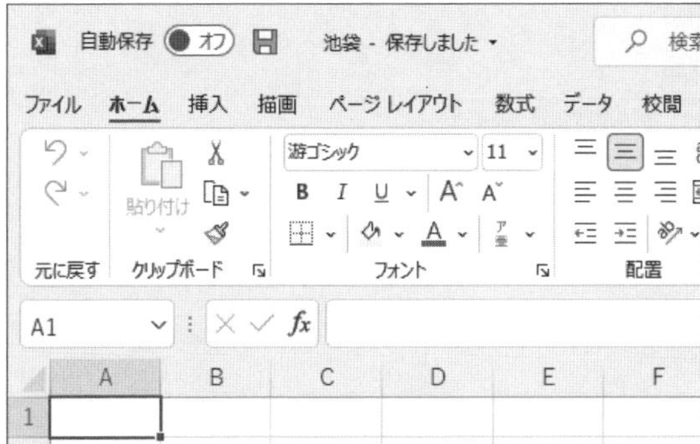

[池袋.xlsx] が保存済みであれば、上書き保存を実行する

入力例　235.xlsm

```
Sub 同名ブックが保存済みの場合は上書き保存()
    Dim myPath As String
    myPath = "C:¥dekiru¥" ←1
    Application.DisplayAlerts = False ←2
    Workbooks.Add.SaveAs myPath & "池袋.xlsx" ←3
    Application.DisplayAlerts = True ←4
End Sub
```

1変数「myPath」に「C:¥dekiru¥」を代入して、保存先のドライブとフォルダーを指定しておく　2確認メッセージを表示しない設定にする　3新規ブックを追加し、変数「myPath」に代入された場所に「池袋.xlsx」という名前の [Excelブック] 形式でブックを保存する。AddメソッドはWorkbookオブジェクトを返すため、そのまま追加された新規ブックに対してSaveAsメソッドで保存を実行する　4確認メッセージを表示する設定にする

ポイント

- SaveAsメソッドでファイル名を付けて保存するとき、保存先に同名ファイルがすでに保存されている場合に表示される、上書き保存を確認するメッセージを非表示にするには、ApplicationオブジェクトのDisplayAlertsプロパティに「False」を指定します。これによって、同じ名前のファイルが存在しても自動的に上書き保存されます。SaveAsメソッドのコードの部分での確認メッセージだけを非表示にするので、次の行でDisplayAlertsプロパティに「True」を指定して確認メッセージが表示される設定に戻しておきます。
- ここでは、ファイルを上書き保存しても問題がない場合にのみ適用できますが、上書き保存を実行したくない場合は、同じ名前のファイルが保存されているかどうかを事前に確認するコードを記述しておくといいでしょう(ワザ236参照)。

ワザ 236 同名ブックの存在を確認してから保存する

難易度 ●●○ ｜ 頻出度 ●●● ｜ 対応Ver. 365 2021 2019 2016

保存場所に同名ブックが存在した場合に保存の処理を中止したいときは、保存処理の前に同名ブックの存在を確認します。同名ブックの存在を確認するには、Dir関数を使います。ここでは、Cドライブの[dekiru]フォルダーにブック［横浜.xlsx］が存在するかどうかを確認し、存在した場合はメッセージを表示して処理を終了し、存在しなかった場合は新規ブックを追加して、ブックに名前を付けて保存します。

ブック名を確認して、［横浜.xlsx］があれば、メッセージを表示する

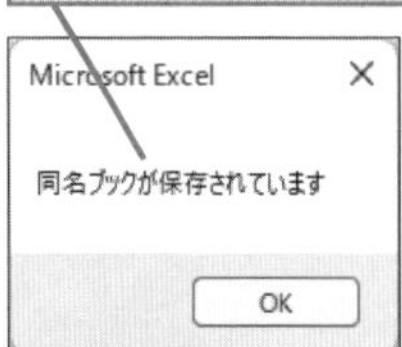

［横浜.xlsx］がなければ、新規ブックを追加して保存する

入力例　236.xlsm

```
Sub 同名ブックの存在を確認してから保存()
    Dim myPath As String, myBName As String
    myPath = "C:¥dekiru¥"  ←1
    myBName = "横浜.xlsx"  ←2
    If Dir(myPath & myBName) <> "" Then  ←3
        MsgBox "同名ブックが保存されています"
    Else
        Workbooks.Add.SaveAs Filename:=myPath & myBName
    End If
End Sub
```

1保存場所を指定するための変数「myPath」に「C:¥dekiru¥」を代入する　2ブック名を指定するための変数「myBName」に「横浜.xlsx」を代入する　3もし、変数「myPath」に代入された場所に、変数「myBName」に代入されたブック名と同名のブックが存在する場合、「同名ブックが保存されています」とメッセージを表示し、存在しなかった場合は新規ブックを追加して、変数「myPath」と変数「myBName」に保存された保存場所とブック名で保存する

ポイント

- ブックを保存する場所に同名ブックがあるかどうか調べるには、Dir関数を使います。Dir関数は、引数で指定したファイル名と一致するファイルを検索して、見つかった場合はそのファイル名を返し、見つからなかった場合は「""」を返します（ワザ281参照）。

関連ワザ 235 同じ名前のブックが保存済みの場合は上書き保存する………P.295
関連ワザ 281 同じ名前のファイルが存在するかどうかを調べてから保存する（Dir関数の場合）………P.350

ワザ 237 マクロの有無を調べてからブックを保存する

難易度 ●●○ | 頻出度 ●●○ | 対応Ver. 365 2021 2019 2016

通常のブックとマクロを含むブックは、異なるファイル形式で保存します。ブックにマクロが含まれているかどうかを確認するには、WorkbookオブジェクトのHasVBProjectプロパティで調べられます。ここでは、マクロの有無を確認し、マクロを含む場合にメッセージを表示して、[はい] ボタンがクリックされたら [マクロ有効ブック] として保存、[いいえ] ボタンがクリックされたらマクロを削除して、[Excelブック] として保存します。マクロを含まない場合は、[Excelブック] として保存します。

	A	B	C	D	E	F
1	売上表					
2						
3	日付	店舗	商品	単価	数量	金額
4	4月1日	青山	ショコラアイス	350	1	350
5	4月1日	青山	マンゴプリン	400	2	800
6	4月1日	渋谷	ショコラアイス	350	1	350
7	4月1日	青山	抹茶プリン	300	1	300
8	4月1日	渋谷	抹茶プリン	300	1	300

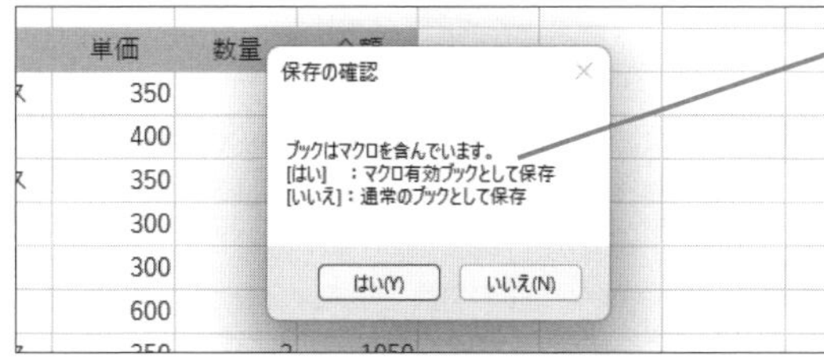

ブックにマクロが含まれているかを確認し、マクロが含まれているときはメッセージを表示する

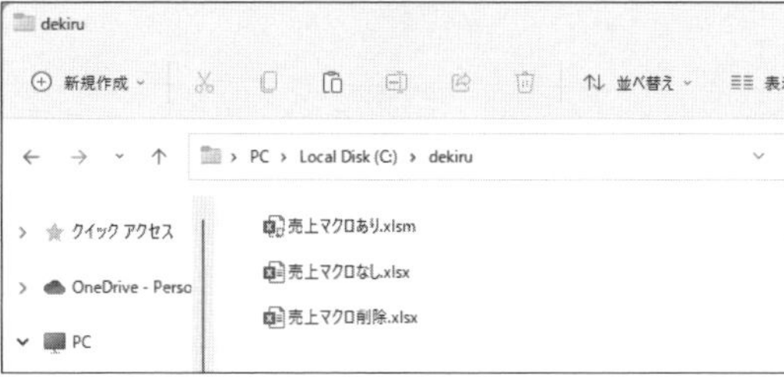

保存の確認と、表示されたメッセージでクリックしたボタンによってファイル形式を切り替えて保存を実行する

次のページに続く▶

入力例　237.xlsm

```
Sub マクロの有無を確認後保存する()
    Dim ans As Integer
    If ActiveWorkbook.HasVBProject Then ←1
        ans = MsgBox("ブックはマクロを含んでいます。" & vbLf & _ ←2
            "[はい] :マクロ有効ブックとして保存" & vbLf & _
            "[いいえ]:通常のブックとして保存", vbYesNo, _
            "保存の確認")
        If ans = vbYes Then ←3
            ActiveWorkbook.SaveAs "C:¥dekiru¥売上マクロあり.xlsm", _
                FileFormat:=xlOpenXMLWorkbookMacroEnabled
        Else ←4
            Application.DisplayAlerts = False
            ActiveWorkbook.SaveAs "C:¥dekiru¥売上マクロ削除.xlsx", _
                FileFormat:=xlOpenXMLWorkbook
            Application.DisplayAlerts = True
        End If
    Else ←5
        ActiveWorkbook.SaveAs "C:¥dekiru¥売上マクロなし.xlsx", _
        FileFormat:=xlOpenXMLWorkbook
    End If
    ActiveWorkbook.Close
End Sub
```

1アクティブブックがマクロを含んでいる場合、次の処理を実行する　2［はい］／［いいえ］ボタンを表示するメッセージを表示し、クリックされたボタンの値を変数「ans」に代入する　3［はい］ボタンがクリックされた場合、「C:¥dekiru¥売上マクロあり.xlsm」という名前で［マクロ有効ブック］として保存する　4［いいえ］ボタンがクリックされた場合、「C:¥dekiru¥売上マクロ削除.xlsx」という名前で［Excelブック］として保存する。このとき、マクロを含むために［Excelブック］として保存できないという確認画面を表示しないように、DisplayAlertsプロパティに「False」を指定している　5アクティブブックがマクロを含んでいない場合は、「C:¥dekiru¥売上マクロなし.xlsx」という名前で通常の［Excelブック］として保存する

ポイント

構文　`Worbookオブジェクト.HasVBProject`

- ブックがマクロを含んでいるかどうかを確認するには、WorkbookオブジェクトのHasVBProjectプロパティで上のように記述して調べます。マクロを含む場合は「True」、含まない場合は「False」を返します（取得のみ）。
- ［マクロ有効ブック］として保存する場合は、SaveAsメソッドの引数「FileFormat」で「xlOpenXMLWorkbookMacroEnabled」を指定し、マクロを含まない［Excelブック］として保存する場合は、「xlOpenXMLWorkbook」を指定します。
- マクロを含むブックをマクロを削除して、通常の［Excelブック］として保存した場合、ブックを閉じたときにマクロが削除されます。

関連ワザ 069　メッセージボックスでクリックしたボタンによって処理を振り分ける………P.112
関連ワザ 236　同名ブックの存在を確認してから保存する………P.296

ワザ 238 ブックが変更されているかどうかを確認する

難易度 ●○○ | 頻出度 ●●○ | 対応Ver. 365 2021 2019 2016

ブックを最後に保存してから変更されているかどうかを調べるには、WorkbookオブジェクトのSavedプロパティを使用します。ここでは、アクティブブックの変更の有無を調べ、変更がある場合は上書き保存の確認メッセージを表示し、［はい］ボタンがクリックされたときに、上書き保存します。ブックの保存前に変更があるかどうかを確認したいときや、変更があった場合だけ保存したいときなどに使えます。

保存確認

変更が保存されていません。
上書き保存します。よろしいですか？

はい(Y)　いいえ(N)

変更の有無を調べてメッセージを表示する

［はい］がクリックされたときにブックの上書き保存を実行できるようにする

入力例　238.xlsm

```
Sub 変更の有無を調べてから保存する()
    Dim ans As Integer
    If ActiveWorkbook.Saved = False Then ←1
        ans = MsgBox("変更が保存されていません。" & vbLf & _
        "上書き保存します。よろしいですか？", vbYesNo, "保存確認")
        If ans = vbYes Then ←2
            ActiveWorkbook.Save
        End If
    End If
End Sub
```

1 アクティブブックが最後の保存の後で変更されている場合、［はい］／［いいえ］ボタンを表示するメッセージを表示し、クリックされたボタンの値を変数「ans」に代入する　2［はい］ボタンがクリックされた場合、アクティブブックを上書き保存する

ポイント

構文　Workbookオブジェクト.Saved

- WorkbookオブジェクトのSavedプロパティは、最後の保存の後に変更がなければ「True」、最後の保存の後で変更があれば「False」の値を返します。Savedプロパティは値の取得と設定ができます。

関連ワザ 239 ブックの変更を保存せずに閉じる………P.300
関連ワザ 243 変更を保存してブックを閉じる………P.304

ワザ 239 ブックの変更を保存せずに閉じる

難易度 ●○○ | 頻出度 ●●○ | 対応Ver. 365 2021 2019 2016

WorkbookオブジェクトのSavedプロパティは、値を取得すると、最後に保存した後の変更の有無が確認できますが、値を設定することで「変更済み」や「変更なし」を任意で指定できます。ここでは、アクティブブックのSavedプロパティに「True」を指定して、変更がなかったことにしてからブックを閉じます。ブックを閉じるとき、変更の有無にかかわらず、保存せずに閉じたいときのテクニックです。

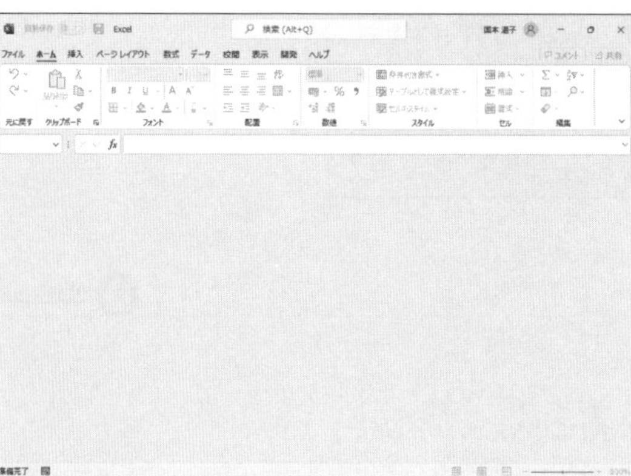

ブックに変更があっても、保存せずに閉じる

入力例

239.xlsm

```
Sub 変更を保存せずに閉じる()
    ActiveWorkbook.Saved = True ←1
    ActiveWorkbook.Close ←2
End Sub
```

1 アクティブブックのSavedプロパティに「True」を設定して「保存済み」とする　2 アクティブブックを閉じる

ポイント

- WorkbookオブジェクトのSavedプロパティでは、値を取得すると、最後の保存の後に変更があるかないかを「True」、または「False」の値で取得できますが、値を設定することで、保存済みかどうかを強制的に設定できます。
- ブックを閉じるときに変更があると、保存の確認メッセージが表示されます。このメッセージを表示させずに、常に保存せずに閉じたい場合に、このテクニックがよく使われます。

関連ワザ 238 ブックが変更されているかどうかを確認する………P.299
関連ワザ 243 変更を保存してブックを閉じる………P.304

ワザ 240 [名前を付けて保存] ダイアログボックスを表示してブックを保存する①

難易度 ●●○ | 頻出度 ●●○ | 対応Ver. 365 2021 2019 2016

[名前を付けて保存] ダイアログボックスを表示し、任意の名前で特定の場所にブックを保存するには、ApplicationオブジェクトのFileDialogプロパティで引数を「msoFileDialogSaveAs」に指定します。ここでは、保存するブックにマクロが含まれていれば、ダイアログボックスのファイルの種類を [Excelマクロ有効ブック] に、含まれていなければ [Excelブック] に切り替えています。

ブックにマクロが含まれているかどうかで [ファイルの種類] を切り替える

入力例　240.xlsm

```
Sub ダイアログボックスを使ってブックを保存()
    With Application.FileDialog(msoFileDialogSaveAs) ←1
        If ActiveWorkbook.HasVBProject Then ←2
            .FilterIndex = 2
        Else
            .FilterIndex = 1
        End If
        If .Show = -1 Then .Execute ←3
    End With
End Sub
```

1 [名前を付けて保存] ダイアログボックスを表すFileDialogオブジェクトに対して、以下の処理を実行する 2 アクティブブックがマクロを含んでいる場合、ファイルの種類を「2」(Excelマクロ有効ブック) にし、含んでいない場合はファイルの種類を「1」(Excelブック) にする 3 [名前を付けて保存] ダイアログボックスを表示し、[保存] ボタンがクリックされたら保存を実行する

ポイント

- [名前を付けて保存] ダイアログボックスで、ユーザーにブックの保存先とブック名を指定して保存を実行するには、ApplicationオブジェクトのFileDialogプロパティで引数を「msoFileDialogSaveAs」に指定します(ワザ231参照)。
- マクロを含むブックを保存する場合は、[マクロ有効ブック] にする必要があるため、マクロを含むかどうかを調べて、ダイアログボックスで表示するファイルの種類を設定するといいでしょう。ファイルの種類はFilterIndexプロパティで指定できます(ワザ231参照)。

関連ワザ 231 [ファイルを開く] ダイアログボックスを表示してブックを開く①………P.290

ワザ 241 ［名前を付けて保存］ダイアログボックスを表示してブックを保存する②

難易度 ●●○ ｜ 頻出度 ●●○ ｜ 対応Ver. 365 2021 2019 2016

ApplicationオブジェクトのGetSaveAsFilenameメソッドを使うと、［名前を付けて保存］ダイアログボックスを表示してユーザーが指定するファイル名を取得できます。ダイアログボックスで［保存］ボタンをクリックすると、「C:¥dekiru¥売上報告.xlsx」のようなファイル名が文字列で返ります。保存はされないため、WorkbookオブジェクトのSaveAsメソッドで保存するコードが必要です。［キャンセル］ボタンをクリックした場合は、Falseが返ります。

入力例

241.xlsm

```
Sub ダイアログボックスを使ってブックを保存()
    Dim myFileName As Variant
    Worksheets(1).Copy ←1
    myFileName = Application.GetSaveAsFilename( _ ←2
    InitialFileName:="c:¥dekiru¥売上報告",FileFilter:="Excelブック(*.xlsx),*.xlsx")
    If myFileName <> False Then ←3
        ActiveWorkbook.SaveAs myFileName
        ActiveWorkbook.Close
    End If
End Sub
```

1 1つ目のワークシートをコピーする　2［名前を付けて保存］ダイアログボックスを表示し、既定のパスを「C:¥dekiru¥」、ファイル名を「売上報告」にして、［ファイルの種類］を［Excelブック］にする　3 変数「myFileName」がFalseでなければ、変数「myFileName」の値をファイル名として保存して閉じる（［キャンセル］ボタンをクリックしたときのGetSaveAsFilenameメソッドの戻り値は「False」）

ポイント

構文 `Application.GetSaveAsFilename(InitialFilename, FileFilter, FilterIndex)`

- ［名前を付けて保存］ダイアログボックスを表示し、ダイアログボックスで指定されたファイル名を文字列で返します。ここでは、使用している引数のみ掲載しています。

●GetSaveAsFilenameメソッドの主な引数

引数	内容
InitialFilename	既定値として表示するファイル名を指定する。省略すると、作業中のブックの名前が使われる
FileFilter	ファイルの種類に表示する選択肢を指定する
FilterIndex	引数［FileFilter］で指定したファイルの種類で、何番目の値を既定値とするかを指定する。上から1，2，3……と指定できる。省略するか、選択肢の数より大きい数値を指定すると、一番上のファイルの種類が既定値となる

- 引数［FileFilter］では、「"Excelブック(*.xlsx),*.xlsx,Excelマクロ有効ブック(*.xlsm),*.xlsm"」のように、「"ファイルの種類1,フィルター文字1ファイルの種類2,フィルター文字2,…"」の形式で指定します。［ファイルの種類］は、ファイルの種類に表示したい文字列を指定します。［フィルター文字］は「*.xlsx」のようにワイルドカードを使って、拡張子を指定することで、ファイルの種類を指定します。また、省略すると「すべてのファイル(*.*)」と表示されます。
- GetSaveAsFilenameメソッドを実行すると、カレントドライブやカレントフォルダーが変更される可能性があります。

ワザ 242 [名前を付けて保存] ダイアログボックスを表示してブックを保存する③

難易度 ●○○ | 頻出度 ●●● | 対応Ver. 365 2021 2019 2016

ApplicationオブジェクトのDialogsプロパティで引数を「xlDialogSaveAs」に指定すると組み込みの［名前を付けて保存］ダイアログボックスを表すDialogオブジェクトを取得します。これを使うことで［名前を付けて保存］ダイアログボックスを表示し、任意の場所と名前でファイルを保存できます。ワザ240のFileDialogプロパティやワザ241のGetSaveAsFilenameメソッドのようにファイルの種類や既定のパスなどの設定はできませんが、シンプルなコードで記述できるというメリットがあります。

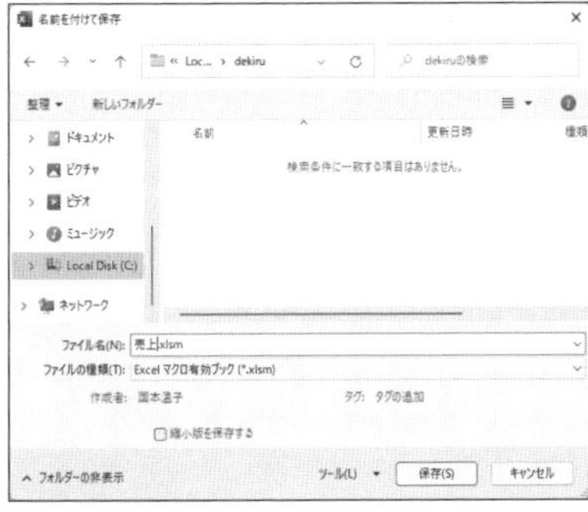

保存場所とファイル名を指定して保存する

入力例

242.xlsm

```
Sub ダイアログボックスを使ってブックを保存2()
    Application.Dialogs(xlDialogSaveAs).Show ←1
End Sub
```

1 [名前を付けて保存] ダイアログボックスを表示する

ポイント

構文 `Application.Dialogs(xlDialogSaveAs)`

- Applicationオブジェクトのdialogsプロパティで引数に「xlDialogSaveAs」を指定すると、組み込みの[名前を付けて保存]ダイアログボックスを表すDialogオブジェクトを取得します。
- DialogオブジェクトのShowメソッドでダイアログボックスを表示します。[名前を付けて保存] ダイアログボックスで [保存] をクリックするとアクティブブックが指定した場所と名前で保存され、戻り値Trueが返ります。[キャンセル]をクリックするとダイアログボックスを閉じ、戻り値Falseが返ります。

関連ワザ 232 ［ファイルを開く］ダイアログボックスを表示してブックを開く②………P.292

ワザ 243 変更を保存してブックを閉じる

難易度 ●○○ ｜ 頻出度 ●●○ ｜ 対応Ver. 365 2021 2019 2016

ブックを閉じるには、WorkbookオブジェクトのCloseメソッドを使います。ここでは、アクティブブックを上書き保存して閉じます。Closeメソッドは、引数の指定の仕方によって、閉じるときに保存するかどうかを設定できます。ブックを閉じるときにどのように動作させるかによって、設定すべき引数の内容が変わります。

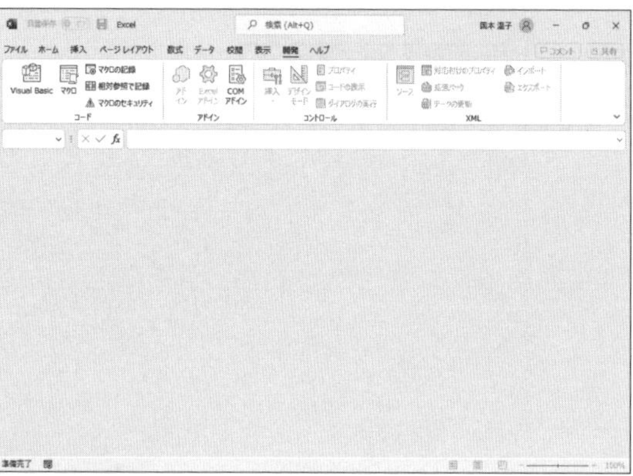

変更を保存してブックを閉じる

入力例　243.xlsm

```
Sub 変更を保存してブックを閉じる()
    ActiveWorkbook.Close SaveChanges:=True ←1
End Sub
```

1 アクティブブックを、変更を上書き保存して閉じる

ポイント

構文 `Workbookオブジェクト.Close(SaveChanges, Filename)`

- ブックを閉じるには、WorkbookオブジェクトのCloseメソッドを使って、上のように記述します。引数「SaveChanges」では、ブックに変更がある場合に変更を保存するかどうかを「True」または「False」で指定します。「True」にすると、変更がブックに保存されます。新規ブックの場合は、引数「SaveChanges」を「True」にしたときに引数「Filename」で指定した名前で保存されますが、引数「Filename」を指定していない場合は、[名前を付けて保存] ダイアログボックスが表示されます。「False」にすると変更を保存しないで閉じます。
- 引数「SaveChanges」、引数「Filename」をともに省略した場合は、ブックを閉じる際に変更がある場合は変更を保存するかどうか、確認のメッセージが表示されます。変更がない場合はそのままブックを閉じます。

関連ワザ 238 ブックが変更されているかどうかを確認する………P.299
関連ワザ 239 ブックの変更を保存せずに閉じる………P.300

ワザ 244 ブックを保存せずにExcelを終了する

難易度 ●○○ | 頻出度 ●●○ | 対応Ver. 365 2021 2019 2016

Excelを終了するには、ApplicationオブジェクトのQuitメソッドを使います。ここでは、開いているすべてのブックを保存せずにExcelを終了します。Excelを終了する際、ブックも自動的に閉じます。ブックに変更があると、保存確認のメッセージが表示されます。保存する必要のないブックについて保存確認のメッセージを非表示にするためには、Savedプロパティを利用しましょう。

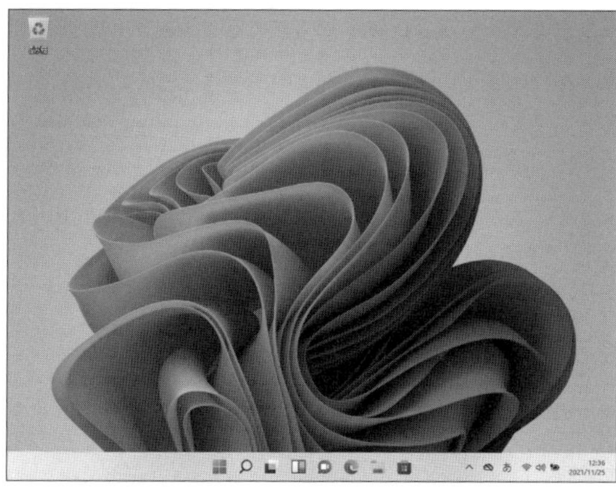

ブックの保存を確認するメッセージを表示せずに、Excelを終了する

入力例　244.xlsm

```
Sub ブックを保存せずに終了()
    Dim myWBook As Workbook
    For Each myWBook In Workbooks  ←1
        myWBook.Saved = True
    Next
    Application.Quit  ←2
End Sub
```

1開いているすべてのブックについて1つずつ変数「myWBook」に代入しながら、ブックを保存済みの設定にする　2Excelを終了する

ポイント

構文 `Application.Quit`

- Excelを終了するには、ApplicationオブジェクトのQuitメソッドを使います。
- QuitメソッドによってExcelを終了する際、ブックが変更後に保存されていない場合は、保存確認のメッセージが表示されます。そこで、WorkbookオブジェクトのSavedプロパティに「True」を設定することで、ブックを保存済みに設定でき、変更を保存せずにExcelを終了できます。

関連ワザ 239 ブックの変更を保存せずに閉じる………P.300
関連ワザ 243 変更を保存してブックを閉じる………P.304

ワザ 245 ブックのバックアップを作成する

難易度 ●○○ | 頻出度 ●●○ | 対応Ver. 365 2021 2019 2016

開いたブックのバックアップを作成するには、WorkbookオブジェクトのSaveCopyAsメソッドを使います。ここでは、コードを実行しているブックと同じ場所にあるブック［売上.xlsx］を開き、バックアップファイルを［C:¥dekiru¥BK］フォルダーに［売上1125.xlsx］のように、ブック名の後ろに今日の日付を付加して保存します。作業開始時や作業途中のブックの状態を残しておきたいときなどに使えます。

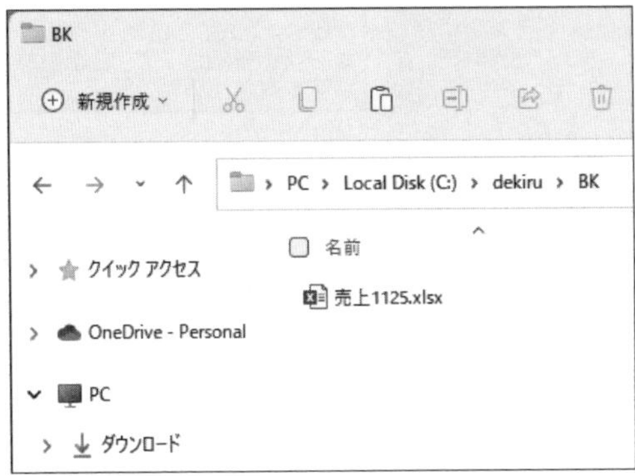

コードを実行しているブックと同じフォルダーにあるブックを開き、ファイル名の後ろに日付を追加して保存する

入力例　245.xlsm

```
Sub ブックのバックアップを作成する()
    Workbooks.Open ThisWorkbook.Path & "¥売上.xlsx" ←2
    ActiveWorkbook.SaveCopyAs _ ←3
        Filename:="C:¥dekiru¥BK¥売上" & Format(Date, "mmdd") & ".xlsx"
End Sub
```

1［C:¥dekiru］に［BK］フォルダーを作成しておく　2コードを実行しているブックと同じ場所に保存されているブック［売上.xlsx］を開く　3開いてアクティブになったブックを［C:¥dekiru¥BK］フォルダーに「売上mmdd.xlsx」の形式（mmddは月2桁日2桁を意味する書式記号）で保存する

ポイント

構文　`Workbookオブジェクト.SaveCopyAs(Filename)`

- 指定したブックのコピーを作成するには、WorkbookオブジェクトのSaveCopyAsメソッドを使用します。引数「Filename」には、保存するブック名を拡張子まで正しく指定しましょう。
- SaveCopyAsメソッドは、指定したブックのコピーを別ファイルとして保存しますが、バックアップ元となるブック自体は保存されません。
- SaveCopyAsメソッドによって保存する際、保存場所にすでに同名ファイルが存在する場合は、自動的に上書き保存されます。

関連ワザ 234 新規ブックに名前を付けて保存する………P.294

ワザ 246 指定したブックが開いているかを調べる

難易度 ●●○ 頻出度 ●●○ 対応Ver. 365 2021 2019 2016

指定したブックが開いているかどうかを調べるには、For EachステートメントとWorkbookオブジェクトのNameプロパティを使用して、ブック名を1つずつチェックします。ここではブック［売上.xlsx］が開いているかどうかを確認し、開いている場合はメッセージを表示して終了し、開いていない場合はブックを開きます。ブックを開いたり保存したりするときに、同じ名前のブックが開いているとエラーとなってしまいます。これを防ぐために、同じ名前のブックが開いているかどうかを確認します。

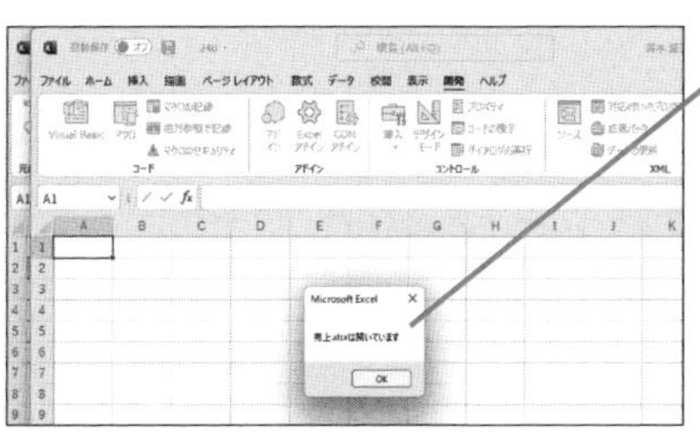

指定した名前のブックが開いているかどうかを確認して、開いていればメッセージを表示する

入力例 246.xlsm

```
Sub 指定したブックが開いているか調べる()
    Dim myBN As String, myWb As Workbook
    myBN = "売上.xlsx"  ←1
    For Each myWb In Workbooks  ←2
        If myWb.Name = myBN Then  ←3
            MsgBox myBN & "は開いています"
            Exit Sub
        End If
    Next
    Workbooks.Open ThisWorkbook.Path & "¥" & myBN  ←4
End Sub
```

1変数「myBN」に開いているかどうかを調べたいブック名を代入する 2変数「myWb」に開いているブックを順番に代入しながら次の処理を行う 3もし、変数「myWB」に代入されたブック名が変数「myBN」と同じであれば、メッセージを表示して処理を終了する 4コードを実行しているブックと同じ場所に保存されている変数「myBN」と同じ名前のブックを開く

ポイント

構文 Workbookオブジェクト.Name

- 開いているブックの名前を調べるには、WorkbookオブジェクトのNameプロパティを使います。Nameプロパティは取得のみで、設定はできません。
- 同名ブックが開いているかどうかを確認するには、For EachステートメントでWorkbook型のオブジェクト変数にWorkbooksコレクションから1つずつブックを代入し、そのブックの名前と調べたいブックが同じ名前かどうかを確認します。

関連ワザ 233 開いているすべてのブックを上書き保存する………P.293
関連ワザ 333 開いているすべてのウィンドウのウィンドウ名一覧を作成する………P.421

ワザ 247 コードを実行しているブック以外のブックを閉じる

難易度 ●●○ | 頻出度 ●●○ | 対応Ver. 365 2021 2019 2016

複数のブックを開いて処理した後に、コードを実行している元のブックだけ残して、作業用に開いたブックをまとめて閉じるには、For Eachステートメントと、コードを実行しているブックを参照するThisWorkbookプロパティ、名前を取得するNameプロパティを使います。ここでは、コードを実行しているブック以外のすべてのブックを上書き保存して閉じています。

コードを実行するブック以外のブックを上書き保存して閉じる

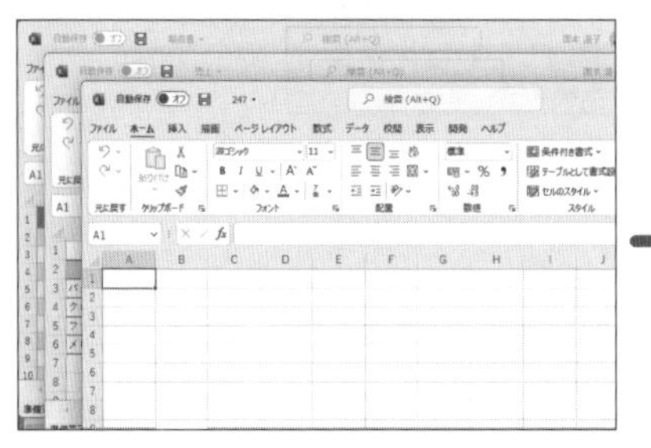

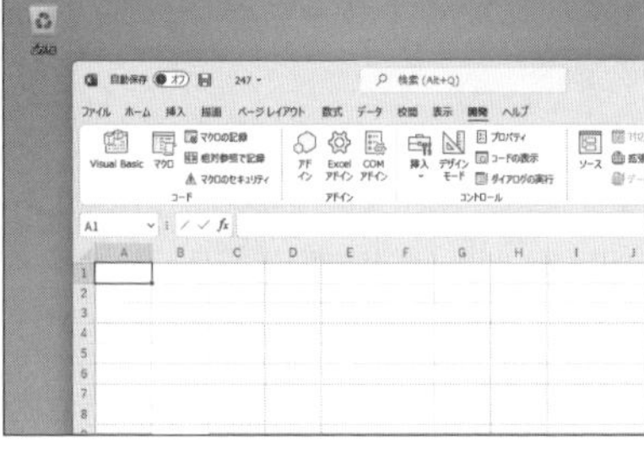

入力例　247.xlsm

```
Sub コードを実行しているブック以外のブックを閉じる()
    Dim myWb As Workbook
    For Each myWb In Workbooks ←1
        If Not myWb.Name = ThisWorkbook.Name Then ←2
            myWb.Close SaveChanges:=True
        End If
    Next
End Sub
```

1 変数「myWb」に開いているブックを順番に代入しながら、次の処理を実行する　2 もし、変数「myWb」に代入されたブックの名前がコードを実行しているブックの名前と異なるのであれば、変数「myWb」に代入されたブックの変更を保存して閉じる

ポイント

- コードを実行しているブック以外のブックを閉じるには、For Eachステートメントで変数「myWb」に代入されたブックの名前が、コードを実行しているブックの名前と異なる場合に閉じるというコードを記述します。コードを実行しているブック名は「ThisWorkbook.Name」と記述できます。
- 名前が等しくないという条件式は「Not myWb.Name = ThisWorkbook.Name」のようにNot演算子を使います。

関連ワザ 239 ブックの変更を保存せずに閉じる………P.300
関連ワザ 243 変更を保存してブックを閉じる………P.304

ワザ 248 ブックの保存場所からブック名までを含めて取得する

難易度 ●○○ | 頻出度 ●●○ | 対応Ver. 365 2021 2019 2016

ブックの名前を取得するには、ワザ246で解説したようにNameプロパティを使いますが、Nameプロパティはブックの名前のみを取得し、保存先までは取得しません。ブックの保存場所からブック名までを含めて調べたい場合は、WorkbookオブジェクトのFullNameプロパティを使います。ここでは、アクティブブックの名前をNameプロパティとFullNameプロパティでそれぞれ取得して、メッセージを表示します。

パス名を含めてブック名を取得し、メッセージを表示する

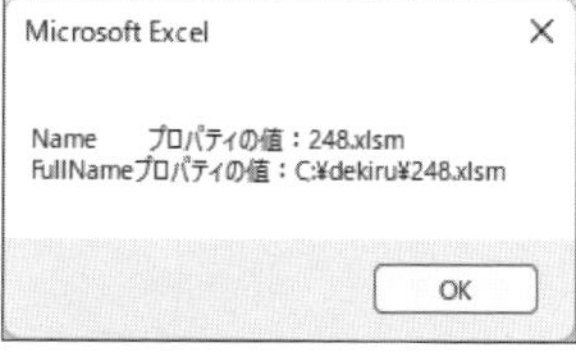

入力例　248.xlsm

```
Sub パスを含めたブック名を取得する()
    MsgBox "Name   プロパティの値:" & ActiveWorkbook.Name & vbLf & _  ←1
           "FullNameプロパティの値:" & ActiveWorkbook.FullName
End Sub
```

1 アクティブブックの名前と保存場所を含めた名前を取得して、メッセージで表示する

ポイント

構文　Workbookオブジェクト.FullName

- ブックの保存場所を含めたブック名を取得するには、WorkbookオブジェクトのFullNameプロパティを使います。FullNameプロパティは指定したブックのパスを含んだブック名を返します。取得のみで、設定はできません。
- まだ保存されていないブックの場合は、「Book1」のようにタイトルバーに表示される仮のブック名が返ります。

関連ワザ 287 特殊フォルダーのパスを取得する………P.356
関連ワザ 6247 ファイルパスからファイル名を取り出す………P.810

ワザ 249 ブックの保存場所を調べて同じ場所にブックを保存する

難易度 ●●○ | 頻出度 ●●○ | 対応Ver. 365 2021 2019 2016

ブックの保存場所を調べ、同じ場所にブックを保存するには、まず、WorkbookオブジェクトのPathプロパティでブックの保存場所を取得します。次にSaveAsメソッドの引数「Filename」で取得した保存場所とブック名を指定して保存を実行します。ここでは、アクティブブックの保存場所を調べ、新規ブックを追加して、アクティブブックと同じ場所に「集計.xlsx」という名前で保存します。

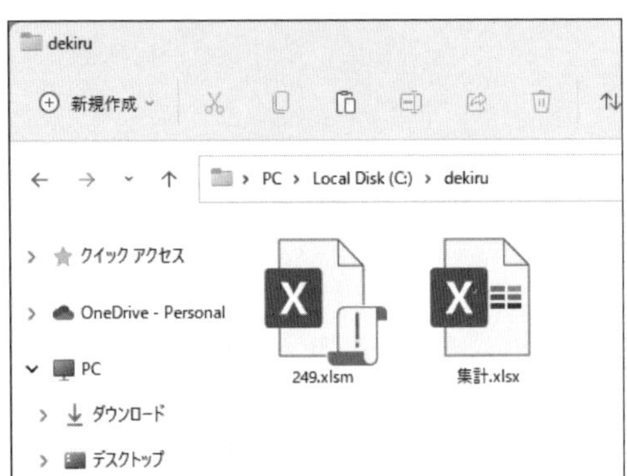

新規ブックをアクティブブックと同じ場所に保存する

入力例　249.xlsm

```
Sub 新規ブックをアクティブブックと同じ場所に保存する()
    Dim myPath As String
    myPath = ActiveWorkbook.Path ←1
    Workbooks.Add.SaveAs Filename:=myPath & "¥集計.xlsx" ←2
End Sub
```

1 アクティブブックの保存先を変数「myPath」に代入する　2 ブックを追加し、変数「myPath」と同じ場所に「集計.xlsx」という名前で保存する

ポイント

構文 **Workbookオブジェクト.Path**

- WorkbookオブジェクトのPathプロパティは、上のように記述してブックの保存場所の絶対パスを文字列で返します。
- Pathプロパティは、「c:¥dekiru」のようにブックの保存場所のドライブやフォルダーを返し、パスの最後の「¥」は含みません。SaveAsメソッドの引数「Filename」で、Pathプロパティで取得したフォルダーを使用する場合は、ブック名の前に必ず「¥」を付加して記述してください。

関連ワザ 235 同じ名前のブックが保存済みの場合は上書き保存する………P.295
関連ワザ 236 同名ブックの存在を確認してから保存する………P.296

ワザ 250 ブックを保護する

難易度 ●●○　頻出度 ●●○　対応Ver. 365 2021 2019 2016

ブックを保護するには、WorkbookオブジェクトのProtectメソッドを使います。ブックを保護すると、ワークシートの移動・コピー・追加・削除などのワークシート構成の変更を禁止したり、ウィンドウのサイズ変更を禁止したりできます。ここでは、アクティブブックのパスワードを「dekiru」に設定して、ワークシート構成とウィンドウを保護します。

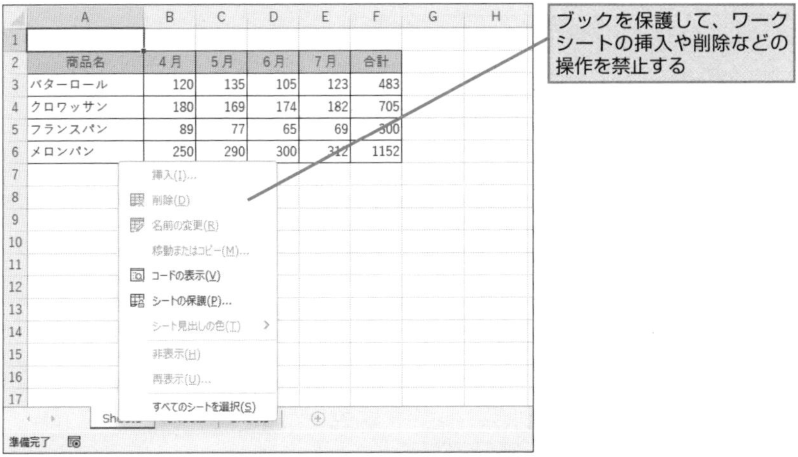

	A	B	C	D	E	F	G	H
1								
2	商品名	4月	5月	6月	7月	合計		
3	バターロール	120	135	105	123	483		
4	クロワッサン	180	169	174	182	705		
5	フランスパン	89	77	65	69	300		
6	メロンパン	250	290	300	312	1152		

挿入(I)...
削除(D)
名前の変更(R)
移動またはコピー(M)...
コードの表示(V)
シートの保護(P)...
シート見出しの色(T)
非表示(H)
再表示(U)...
すべてのシートを選択(S)

準備完了

ブックを保護して、ワークシートの挿入や削除などの操作を禁止する

入力例

250.xlsm

```
Sub ブックを保護する()
    ActiveWorkbook.Protect Password:="dekiru", Structure:=True, _
                            Windows:=True ←1
End Sub
```

1 パスワードを「dekiru」、ワークシート構成とウィンドウ構成を保護する設定で、アクティブブックを保護する

ポイント

構文 `Workbookオブジェクト.Protect(Password, Structure, Window)`

- WorkbookオブジェクトのProtectメソッドは、上のように記述してブックを保護します。
- 引数「Password」では、ブックの保護を解除するために必要となるパスワードを指定します。省略した場合はパスワードなしでブック保護を解除できます。引数「Structure」に「True」を指定すると、ワークシートの移動、削除などのワークシートの操作を保護します(既定値は「True」、省略可)。引数「Window」に「True」を指定すると、ウィンドウサイズや位置などのウィンドウ操作を保護します(既定値は「False」、省略可)。
- Protectメソッドで引数をすべて省略してブックを保護した場合は、ワークシート構成のみ保護した状態でブックが保護されます。再度実行すると、ブックの保護が解除されます。

関連ワザ 223 ワークシートが保護されているかどうかを確認する………P.281
関連ワザ 251 ブックの保護を解除する………P.312

ワザ 251 ブックの保護を解除する

難易度 ●●○　頻出度 ●●○　対応Ver. 365 2021 2019 2016

保護されたブックを解除するには、WorkbookオブジェクトのUnprotectメソッドを使います。ブックを保護したときにパスワードを指定しているときは、引数にパスワードを指定します。引数のパスワードを省略したり間違ったりするとエラーになります。ここでは、ブックが保護されているかどうかを確認し、保護されている場合は、インプットボックスに入力されたパスワードでブックの保護を解除します。

ブックが保護されていない場合は、メッセージを表示し、ブックが保護されている場合は、インプットボックスを表示して、パスワードの入力を促す

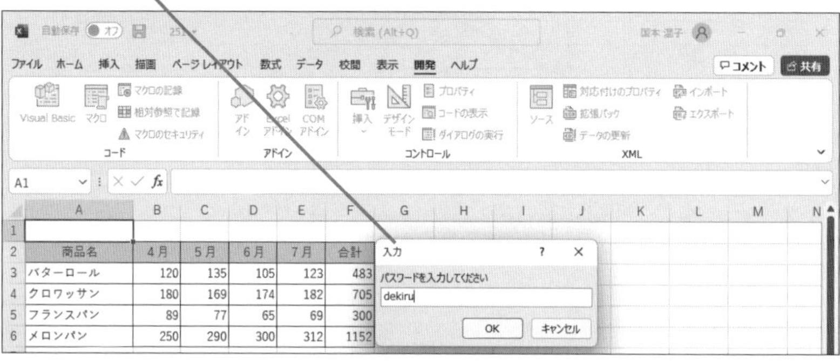

正しいパスワードが入力されたらブックの保護が解除され、ワークシート構成の変更が可能になる

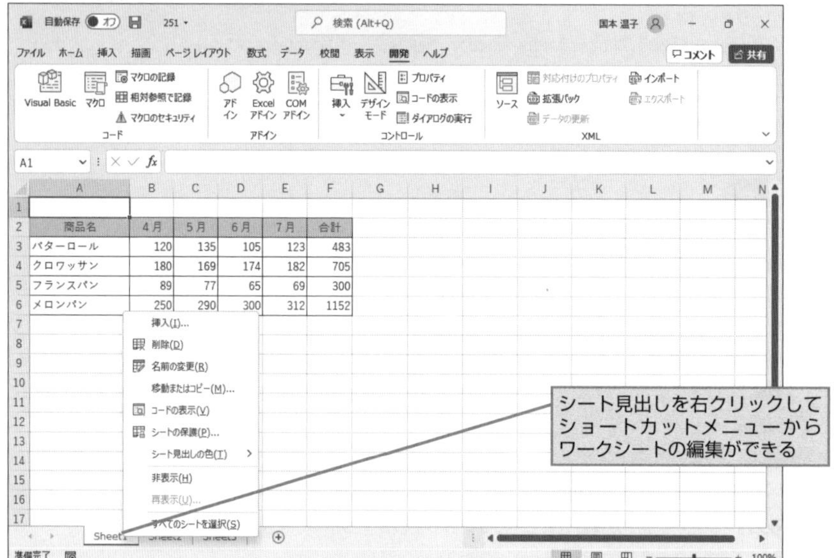

入力例　　251.xlsm

```
Sub ブック保護の解除()
    On Error GoTo errHandler
    Dim myPassword As Variant
    If ActiveWorkbook.ProtectStructure = False Then ←1
        MsgBox "ブックは保護されていません"
        Exit Sub
    End If
Restart: ←2
    myPassword = Application.InputBox("パスワードを入力してください") ←3
    If myPassword = False Then Exit Sub ←4
    ActiveWorkbook.Unprotect Password:=myPassword ←5
    Exit Sub
errHandler: ←6
        MsgBox "パスワードが間違っています。"
        Resume Restart
End Sub
```

1アクティブブックのワークシート構成が保護されていない場合は、「ブックは保護されていません」とメッセージを表示し処理を終了する　2行ラベル「Restart」を指定。エラー処理の後、この行ラベルから処理を再開させるために設定する　3インプットボックスを表示し、入力された値を変数「myPassword」に代入する　4もし変数「myPassword」の値が「False」だったら処理を終了する。インプットボックスで[キャンセル]ボタンがクリックされると「False」が返されるため、それを利用して処理を終了する　5変数「myPassword」に代入された値をパスワードとして、アクティブブックの保護を解除する。ここでパスワードが間違っているとエラーになるため、エラー処理の行ラベル「errHandler」に移動する　6パスワードが間違っていた場合のエラー処理。「パスワードが間違っています。」とメッセージを表示し、行ラベル「Restart」に処理を戻す

ポイント

構文 **Workbookオブジェクト.Unprotect(Password)**

- ブックの保護を解除するには、WorkbookオブジェクトのUnprotectメソッドを使って上のように記述します。引数「Password」には、ブックを保護したときに指定したパスワードを指定します。引数「Password」の値が間違っていたり、省略した場合はエラーが発生します。ブックを保護するときにパスワードが設定されていない場合は、引数「Password」は無視されます。

構文 **Workbookオブジェクト.ProtectStructure**

構文 **Workbookオブジェクト.ProtectWindows**

- WorkbookオブジェクトのProtectStructureプロパティでワークシート構成の保護の確認、ProtectWindowsプロパティでウィンドウ構成の保護の確認ができます。それぞれ「True」のときは保護されており、「False」のときは保護されていません(取得のみ)。

関連ワザ 077 エラーの処理後にエラーが発生した行に戻って処理を再開する………P.121
関連ワザ 224 ワークシートの保護を解除する………P.282
関連ワザ 250 ブックを保護する………P.311

ワザ 252 ブックのプロパティを取得・設定する

難易度 ●●○ | 頻出度 ●○○ | 対応Ver. 365 2021 2019 2016

ブックの作成者や印刷日時など、ブックのプロパティの値を取得、設定するには、WorkbookオブジェクトのBuiltinDocumentPropertiesプロパティを使用します。ここでは、アクティブブックの作成者に「できるもん」を設定し、作成者、更新日時、印刷日時を取得してメッセージで表示します。設定されていない値がある場合は、取得しようとするとエラーになるため、エラー処理コードを追加しておきます。

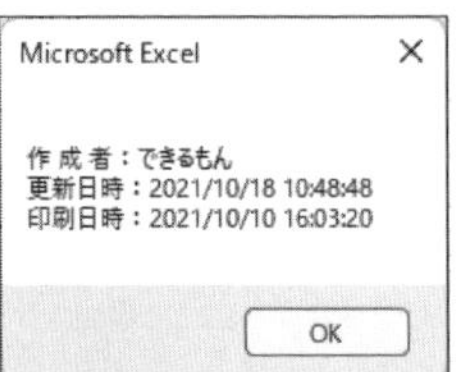

ブックの作成者や更新日時、印刷日時をメッセージで表示する

入力例

252.xlsm

```
Sub ブックのプロパティを取得設定する()
    Dim myAuthor, myLSTime, myLPDate
    On Error Resume Next ←1
    ActiveWorkbook.BuiltinDocumentProperties("Author") = "できるもん" ←2
    myAuthor = ActiveWorkbook.BuiltinDocumentProperties("Author") ←3
    myLSTime = ActiveWorkbook.BuiltinDocumentProperties("Last Save Time") ←4
    myLPDate = ActiveWorkbook.BuiltinDocumentProperties("Last Print Date") ←5
    MsgBox "作 成 者:" & myAuthor & vbLf & "更新日時:" & myLSTime & vbLf & _
            "印刷日時:" & myLPDate
End Sub
```

1エラーが発生した場合、エラーを無視して次の行のコードを実行する 2アクティブブックの作成者に「できるもん」を設定する 3変数「myAuthor」にアクティブブックの作成者を代入する 4変数「myLSTime」にアクティブブックの更新日時を代入する 5変数「myLPDate」に印刷日時を代入する

ポイント

構文 `Workbookオブジェクト.BuiltinDocumentProperties(Index)`

- ブックのプロパティの値を取得するには、WorkbookオブジェクトのBuiltinDocumentPropertiesプロパティを使用します。引数「Index」には、インデックス番号またはプロパティ名を指定します。値が設定されていないプロパティを取得しようとすると、エラーになります。

●引数Indexに指定できる主なプロパティ名

プロパティ名	内容	プロパティ名	内容
Title	タイトル	Author	作成者
Subject	サブタイトル	Last Author	最終更新者
Keywords	キーワード	Creation Date	作成日時
Comments	コメント	Last Save Time	更新日時
Application Name	アプリケーション名	Last Print Date	最終印刷日

ワザ 253 ブックの編集履歴を非表示にする

難易度 ●○○ | 頻出度 ●○○ | 対応Ver. 365 2021 2019 2016

Excelの既定の設定では開いたブックの履歴が一覧で表示されます。ブックの編集履歴を非表示にするには、ApplicationオブジェクトのDipsplayRecentFilesを「False」に指定します。ここでは、コードを実行するごとにブックの編集履歴の表示と非表示を切り替えます。ブックの編集履歴が表示されないようにしたいときに使います。

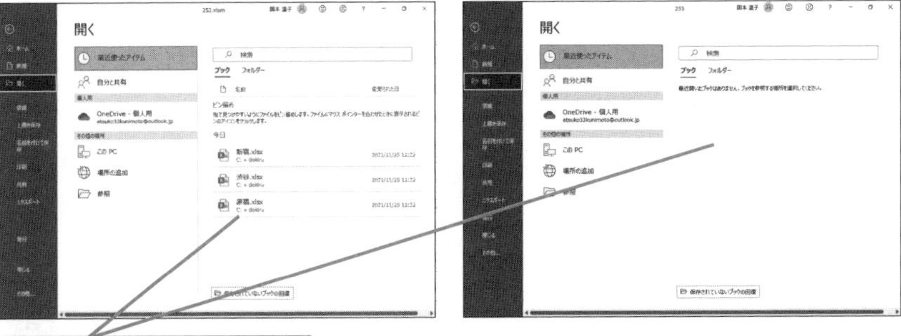

[最近使ったアイテム] の表示と非表示を切り替える

入力例 253.xlsm

```
Sub 編集履歴非表示()
    Application.DisplayRecentFiles = Not Application.DisplayRecentFiles ←1
End Sub
```

1 ブックの編集履歴が非表示の設定であれば表示の設定にし、表示の設定であれば非表示の設定にする

ポイント

構文 `Application.DisplayRecentFiles`

- ApplicationオブジェクトのDisplayRecentFilesは、上のように記述してブックの編集履歴の表示と非表示の状態を「True」または「False」で取得、設定します。設定値を「False」にすると、今までの編集履歴が削除されて、以降開くブックの履歴も表示されなくなります。「True」にすると、開いたブックの履歴が表示されるようになります。

関連ワザ 254 指定したブックを編集履歴の一覧から削除する………P.316
関連ワザ 255 編集履歴の一覧をまとめて削除する………P.317

ワザ 254 指定したブックを編集履歴の一覧から削除する

難易度 ●●○ | 頻出度 ●●○ | 対応Ver. 365 2021 2019 2016

編集履歴を残したくないブックだけ個別に編集履歴の一覧から削除するには、RecentFileオブジェクトのDeleteメソッドを使います。ここではインプットボックスを表示し、編集履歴の一覧から削除したいブックの一覧に対して、上からの順番を数字で入力させ、入力された番号に対応するブックを編集履歴から削除します。重要度の高いブックなど、使用履歴を残したくない場合に利用するといいでしょう。

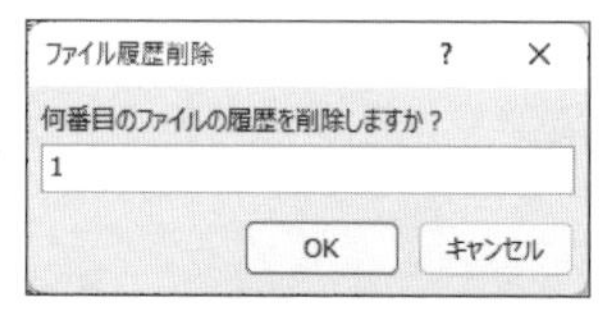

インプットボックスで指定した番号に相当する編集履歴を一覧から削除する

入力例

254.xlsm

```
Sub 指定したブックの編集履歴削除()
    Dim r As Variant, ans As Integer
    r = Application.InputBox(Prompt:="何番目のファイルの履歴を削除しますか？", _  ←1
                         Title:="ファイル履歴削除", Type:=1)
    If TypeName(r) = "Boolean" Then Exit Sub  ←2
    If r > Application.RecentFiles.Count Then  ←3
        MsgBox "正しい数字を入力してください"
        Exit Sub
    End If
    ans = MsgBox(Application.RecentFiles(r).Name & "を一覧から削除していいですか?", _  ←4
                vbYesNo)
    If ans = vbYes Then Application.RecentFiles(r).Delete  ←5
End Sub
```

1インプットボックスを表示し、履歴から削除したいブックを一覧の上からの順番で数字入力させ、その値を変数「r」に代入する　2変数「r」の値がBoolean型だった場合は処理を終了する。インプットボックスで［キャンセル］ボタンをクリックすると「False」が返るため、キャンセルしたときの処理をここで記述している　3変数「r」の値が一覧に表示されているブックの数よりも多い場合は、メッセージを表示して処理を終了する　4削除確認のために、［はい］／［いいえ］ボタンのあるメッセージを表示し、戻り値を変数「ans」に代入する　5変数「ans」の戻り値が「vbYes」だった場合、一覧から指定したブックを削除する

ポイント

構文 `Application.RecentFiles(Index)`

- ApplicationオブジェクトのRecentFilesプロパティは、最近使用したファイルの一覧を表すRecentFilesコレクションを返します。一覧に表示されている各ファイルを取得するには、上のように記述して、RecentFileオブジェクトを取得します。引数「Index」には、一覧の上からの順番を数値で指定します。
- 指定したファイルを一覧から削除するには、Deleteメソッドを使います。例えば、1番目のファイルを削除するには、「Application.RecentFiles(1).Delete」と記述します。

ワザ 255 編集履歴の一覧をまとめて削除する

難易度 ●●○ | 頻出度 ●●○ | 対応Ver. 365 2021 2019 2016

編集履歴のブックを一覧から1つずつ削除するのではなく、まとめて削除したい場合は、For Nextステートメントを使って一覧から1つずつ順番にすべての履歴を削除するといいでしょう。ここでは、RecentFilesコレクションのCountプロパティで一覧に表示されているファイルの数を数えて、一覧の下から順番に削除しています。編集履歴を非表示にせずに、一覧だけをまとめて削除したいときに使用します。

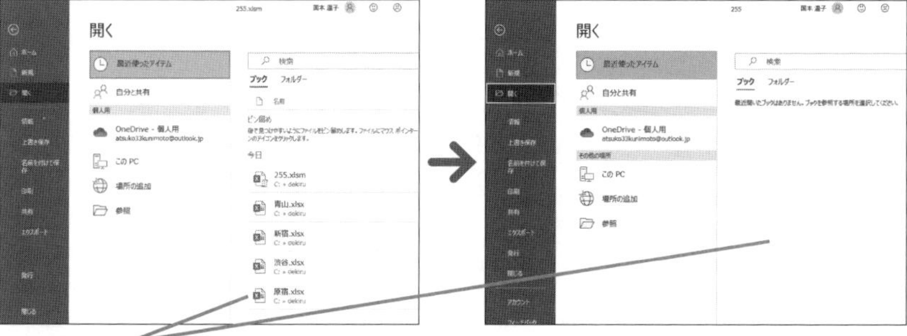

編集履歴の一覧をまとめて削除する

入力例

255.xlsm

```
Sub 編集履歴をまとめて削除()
    Dim r As Integer
    For r = Application.RecentFiles.Count To 1 Step -1  ←1
        Application.RecentFiles(r).Delete  ←2
    Next
End Sub
```

1変数「r」が最近使用したファイルの一覧に表示されている数から、1ずつ減算して1になるまで次の処理を繰り返す 2一覧の上からr番目のファイルを一覧から削除する

ポイント

- RecentFileオブジェクトを指定するインデックス番号は、最近使用したファイルの一覧の上から順番に番号が振られます。履歴を削除すると、インデックス番号が振り直されます。そのため、RecentFiles.Countで一覧の数を数えて、一覧の一番下から順番に削除します。For Nextステートメントで1ずつ減算しながら下から履歴を削除しています。
- この方法は、履歴をまとめて削除するだけで、編集履歴を非表示に設定していないので、一覧から履歴を削除した後で開いたブックは、[最近使ったアイテム]の一覧に表示されます。

関連ワザ 253 ブックの編集履歴を非表示にする………P.315
関連ワザ 254 指定したブックを編集履歴の一覧から削除する………P.316

ワザ 256 ブックをメールに添付して送る

難易度 ●●○ | 頻出度 ●○○ | 対応Ver. 365 2021 2019 2016

指定したブックをメールに添付するには、ApplicationオブジェクトのDialogプロパティを使用して、引数に「xlDialogSendMail」を指定する方法があります。ここでは、あて先を「dekiru@xxx.xx」、件名を「報告書：(今日の日付)」、開封確認の要求を［なし］にして、ブック［報告書.xlsx］を添付し、メールの作成画面を表示します。「開いているブックをすぐにメールで送りたい」というときに利用するといいでしょう。

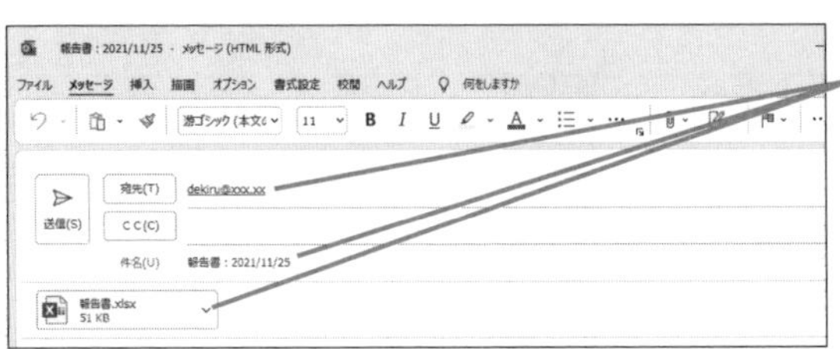

入力例 256.xlsm

```
Sub ブックをメール添付して送付()
    Workbooks.Open ThisWorkbook.Path & "¥報告書.xlsx"  ←1
    Application.Dialogs(xlDialogSendMail).Show arg1:="dekiru@xxx.xx", _  ←2
                                          arg2:="報告書:" & Date, arg3:=False
    ActiveWorkbook.Close
End Sub
```

1 添付して送信するブックを開く。ここでは、コードを実行しているブックと同じ場所に保存されている［報告書.xlsx］を開いている　2 アクティブブックに対して、あて先を「dekiru@xxx.xx」、件名を「報告書：(今日の日付)」、開封確認の要求を［なし］に設定して、新規メール作成画面を開く

ポイント

構文 `Application.Dialogs(xlDailogSendMail)`

- Applicationオブジェクトの Dialogsプロパティで、引数を「xlDialogSendMail」に指定してメール送信のダイアログボックスを表すDialogオブジェクトが取得できます。Dialogオブジェクトは、アクティブブックをメールに添付して送るときに使用できます。

構文 `Dialogsオブジェクト.Show(arg1, arg2, arg3)`

- 取得したDialogオブジェクトは、Showメソッドを使って、上のように記述してメール作成画面を設定します。引数「arg1」で宛先、引数「arg2」で件名、引数「arg3」で開封確認の要求の有無を指定します。
- 添付されるブックはアクティブブックです。そのため、あらかじめ送信したいブックを開きアクティブにしておく必要があります。
- Dialogオブジェクトを使う方法では、メール送信の画面を表示しますが、送信までは自動的に実行しません。送信時に自動的にメールを送信したり、CCや本文を指定するには、Outlookと連携する方法があります。詳細については、ワザ606～611を参照してください。

関連ワザ 607 ワークシート上のアドレス一覧を使用してメールを一括送信する………P.755

ワザ 257 ブックを最終版にする

難易度 ●●○ | 頻出度 ●○○ | 対応Ver. 365 2021 2019 2016

ブックを最終版にするには、WorkbookオブジェクトのFinalプロパティを「True」に設定します。ここでは、コードを実行しているブックと同じ場所にあるブック［集計.xlsx］を開いて、最終版にしています。ブックを最終版にすると、ブックが読み取り専用として保存され、編集できなくなります。ブックを最終版にすると、編集が完了した状態であることを示し、意図しないデータの変更を防げます。

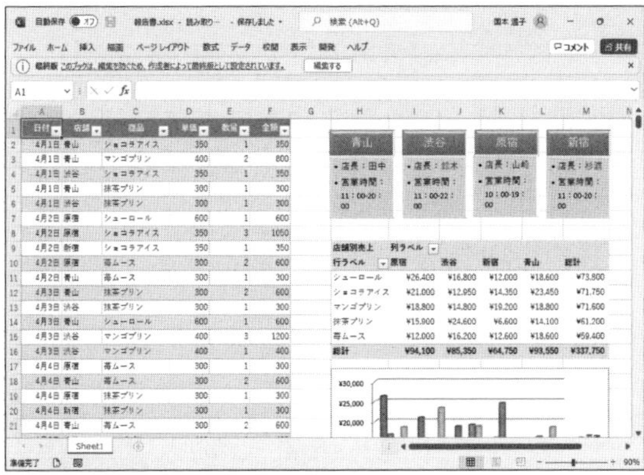

ブックを読み取り専用（最終版）にして編集を完了した状態にする

入力例　257.xlsm

```
Sub ブックを最終版にする()
    Workbooks.Open Filename:=ThisWorkbook.Path & "¥報告書.xlsx" ←1
    Application.DisplayAlerts = False
    ActiveWorkbook.Final = True ←2
    Application.DisplayAlerts = True
End Sub
```

1コードを実行しているブックと同じ場所に保存されているブック［報告書.xlsx］を開く　2アクティブブックを最終版にする

ポイント

構文　Workbookオブジェクト.Final

- WorkbookオブジェクトのFinalプロパティは上のように記述して、ブックを最終版にするかどうか設定できます。設定値を「True」にすると、ブックを最終版にし、読み取り専用にして保存します。「False」にすると最終版を解除します。また、指定したブックが最終版かどうかを取得することもできます。
- 最終版にするときに、確認のメッセージが表示されることがあります。DisplayAlertsプロパティに「False」を指定すれば、確認のメッセージを表示しないようにできます。

関連ワザ 258 ブックをWeb形式で保存する………P.320
関連ワザ 259 ブックをPDF形式で保存する………P.322

ワザ 258 ブックをWeb形式で保存する

難易度 ●●○ | 頻出度 ●●○ | 対応Ver. 365 2021 2019 2016

ブックやワークシート、セル範囲などExcel上の要素をWebページ（HTML形式のファイル）として保存するには、PublishObjectsコレクションのAddメソッドを使って、PublishObjectを作成します。そして、そのPublishObjectのPublishメソッドを使ってHTML形式のファイルとして保存します。ここでは、セルA1～I15を「Schedule.html」という名前で、HTML形式のファイルとして保存します。Excelで作成した資料をWeb上で使用したいときに役立ちます。

2021年10月

月	火	水	木	金	土	日
				1	2	3
						休業
4	5	6	7	8	9	10
			休業			休業
11	12	13	14	15	16	17
			休業			休業
18	19	20	21	22	23	24
			休業			休業
25	26	27	28	29	30	31
			休業			

セルA1～I15をHTML形式で保存する

保存したHTML形式のファイルを開くとWebブラウザーが起動し、選択したセル範囲が表示される

入力例　258.xlsm

```
Sub Web形式で保存()
    With ActiveWorkbook.PublishObjects.Add( _ ←1
        SourceType:=xlSourceRange, _ ←2
        Filename:=ThisWorkbook.Path & "¥Schedule.html", _ ←3
        Sheet:="日程", _ ←4
        Source:="A1:I15", _ ←5
        Title:="今月のスケジュール") ←6
        .Publish True ←7
        .AutoRepublish = True ←8
    End With
End Sub
```

1次の設定で、Webページとして保存されたブック内の要素であるPubliskObjectオブジェクトを追加する　2保存対象をセル範囲とする　3保存先をコードを実行しているブックと同じ場所で「Schedule.html」という名前にする　4対象ワークシートを［日程］シートとする　5Webページの出力範囲をセルA1～I15に設定する　6タイトルを「今月のスケジュール」とする　7以上の設定で作成したPublishObjectオブジェクトを、HTML形式として保存を実行する　8ブックを保存する度に自動再発行する設定にする

ポイント

構 文 `Workbookオブジェクト.PublishObjects.Add(SourceType, Filename, Sheet, Source, Title)`

- ブックやワークシート、セル範囲などをWebページとして保存するには、Webページとして保存されたブックのアイテムを表すPublishObjectオブジェクトを使用します。PublishObjectオブジェクトを追加するには、WorkbookオブジェクトのPublishObjectsコレクションのAddメソッドを使って、上のように記述します。Addメソッドは、作成したPublishObjectオブジェクトを返します。各引数については下の表を参照してください。

●Addメソッドの主な引数

引数	内容
SourceType	HTML形式のファイルとして保存する要素をXlSourceType型の定数で指定
Filename	保存先となるURLまたはパスとファイル名を指定
Sheet	HTML形式のファイルとして保存するワークシートの名前
Source	出力する要素を識別するために使用する一意の名前。SourceTypeがxlSourceRangeの場合はセル範囲を指定
Title	HTML形式のファイルのタイトルを指定

●引数「SourceType」の設定値

定数	内容
xlSourceAutoFilter	オートフィルターの範囲
xlSourcePivotTable	ピボットテーブルレポート
xlSourcePrintArea	印刷範囲に指定したセル範囲
xlSourceSheet	ワークシート全体
xlSourceChart	グラフ
xlSourceQuery	クエリテーブル
xlSourceRange	セル範囲
xlSourceWorkbook	ブック

構 文 `PublishObjects.Publish(Create)`

- 作成したPublishObjectオブジェクトをWebページとして保存を実行するには、Publishメソッドを使って上のように記述します。引数「Create」を「True」にすると、既存のファイルは新しいファイルで置換されます。省略するか「False」にすると、既存のファイルの末尾に新たな保存内容が追加されます。

構 文 `PublishObjects.AutoRepublish`

- AutoRepublishプロパティは、ブックを保存する度にWebページを自動再発行する場合は「True」、再発行しない場合は省略するか「False」に設定します。取得と設定ができます。

関連ワザ 257 ブックを最終版にする………P.319
関連ワザ 259 ブックをPDF形式で保存する………P.322

ワザ 259 ブックをPDF形式で保存する

難易度 ●●○ 頻出度 ●●○ 対応Ver. 365 2021 2019 2016

ブックをPDF形式で保存するには、RangeオブジェクトのExportAsFixedFormatメソッドで、引数「Type」を「xlTypePDF」に設定します。指定するオブジェクトによって、保存する対象を変更できます。ここでは、セルA1～C35をPDF形式で保存しています。Excelのデータを印刷したイメージで保存し、Webからダウンロードしたり、表示したりするためのファイルとして利用できます。

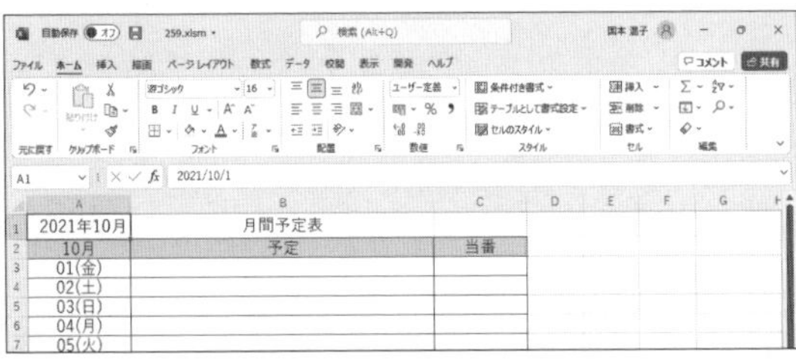

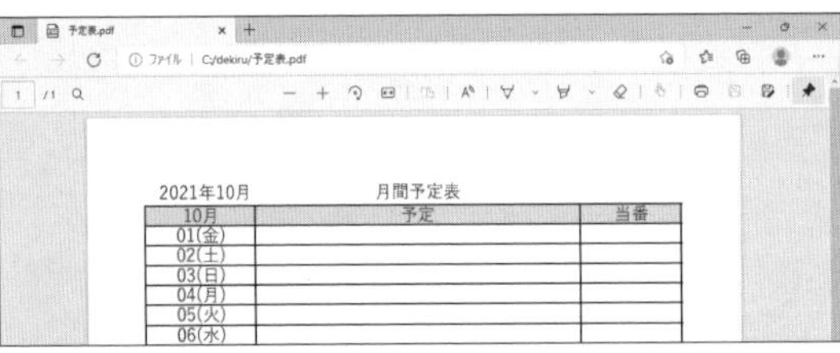

ブックをPDF形式のファイルで保存する

入力例

259.xlsm

```
Sub PDFファイルとして保存()
    Range("A1:C35").ExportAsFixedFormat Type:=xlTypePDF, _  ←1
        Filename:=ThisWorkbook.Path & "¥予定表.pdf", _
        OpenAfterPublish:=True
End Sub
```

1 セルA1～C35に対して、ファイルの種類をPDF形式にし、保存先をコードを実行しているブックと同じ場所に「予定表.pdf」という名前にして、保存後に作成したファイルを開く設定で保存を実行する

ポイント

構文 オブジェクト.ExportAsFixedFormat(Type, Filename, OpenAfterPublish)

- セル範囲など指定したオブジェクトをPDF形式で保存するには、ExportAsFixedFormatメソッドを使って上のように記述します。オブジェクトには、Workbookオブジェクト、Worksheetオブジェクト、Rangeオブジェクトなどを指定できます。ここでは、入力例で使用している引数についてのみ解説しています。
- 引数「Type」を「xlTypePDF」にするとPDF形式で保存でき、「xlTypeXPS」にするとXPS形式で保存できます。引数「Filename」では保存する際のファイル名を指定します。保存時に同じ名前のファイルがある場合は、上書き保存されます。引数「OpenAfterPublish」を「True」にすると、保存後にファイルを開いて表示し、「False」にすると開きません。

ワザ 260 ファイルを選択するダイアログボックスを表示する

難易度 ●●○ | 頻出度 ●○○ | 対応Ver. 365 2021 2019 2016

ファイルを選択するためのダイアログボックスを表示するには、ApplicationオブジェクトのFileDialogプロパティで引数に「msoFileDialogFilePicker」を指定します。ここでは、ファイルを複数選択できる状態で、「ファイル選択」というタイトルのダイアログボックスを表示し、選択したファイルを[C:¥dekiru¥BK]フォルダーにコピーします。ユーザーに任意のファイルを選択させるときに利用できます。

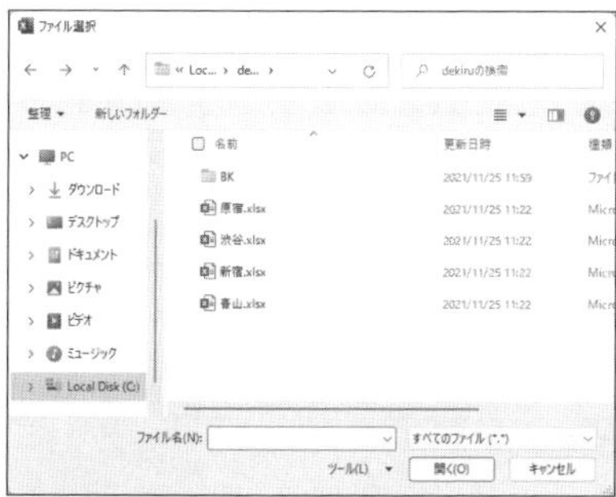

ファイルを選択するためのダイアログボックスを表示する

複数のファイルを選択するときは、1つ目のファイルをクリックした後、2つ目のファイルを[Ctrl]キーを押しながらクリックする

入力例 260.xlsm

```
Sub ダイアログボックスで選択したファイルをコピー()
    Dim myFile As Variant
    With Application.FileDialog(msoFileDialogFilePicker)  ←1
        .AllowMultiSelect = True  ←2
        .Title = "ファイル選択"  ←3
        If .Show = 0 Then Exit Sub  ←4
        For Each myFile In .SelectedItems  ←5
            FileCopy Source:=myFile, _
                      Destination:="C:¥dekiru¥BK¥" & Dir(myFile)  ←5
        Next
    End With
End Sub
```

1ファイルを選択するためのダイアログボックスを表すFileDialogオブジェクトに対して、以下の処理を実行する 2複数選択可能にする 3ダイアログボックスのタイトルを「ファイル選択」とする 4[キャンセル]ボタンをクリックしたら処理を終了する 5選択されたファイルに対して1つずつ変数「myFile」に代入し、代入されたファイルを同じファイル名で「C:¥dekiru¥BK」にコピーする

ポイント

構文 `Application.FileDialog(msoFileDialogFilePicker)`

- ApplicationオブジェクトのFileDialogプロパティで引数に「msoFileDialogFilePicker」を指定すると、ファイルを選択するダイアログボックスを表すFileDialogオブジェクトを取得します。
- ダイアログボックスで[開く]ボタンをクリックすると、選択されたファイルがSelectedItemsコレクションにメンバとして代入されます。そこでFor Eachステートメントを使って、選択されたファイルを1つずつ変数に代入しながら目的の処理を実行します。

ワザ 261 フォルダーを選択するダイアログボックスを表示する

難易度 ●●○ ｜ 頻出度 ●●○ ｜ 対応Ver. 365 2021 2019 2016

フォルダーを選択するためのダイアログボックスを表示するには、ApplicationオブジェクトのFileDialogプロパティで引数に「msoFileDialogFolderPicker」を指定します。ここでは、フォルダーを選択するためのダイアログボックスを、複数選択を不可にし、タイトルを「フォルダー選択」として、選択したフォルダー内にあるExcelファイル名をワークシートに書き出します。

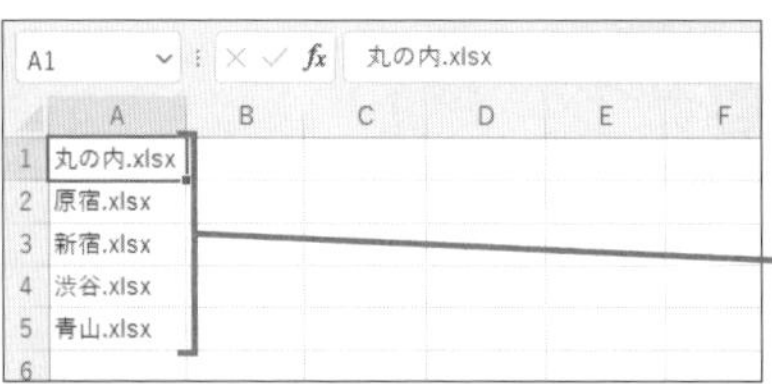

マクロを実行するとフォルダーを選択できるダイアログボックスが表示される

任意のフォルダーを選択して［OK］をクリックすると、選択したフォルダー内にあるExcelファイルの一覧が作成される

入力例

 261.xlsm

```
Sub ダイアログボックスで選択したフォルダー内のファイル一覧作成()
    Dim myFile As Variant, i As Integer
    With Application.FileDialog(msoFileDialogFolderPicker) ←1
        .AllowMultiSelect = False ←2
        .Title = "フォルダー選択" ←3
        If .Show = 0 Then Exit Sub ←4
        myFile = Dir(.SelectedItems(1) & "¥*.xls*") ←5
        i = 1
        Do While myFile <> "" ←6
            Cells(i, 1).Value = myFile
            myFile = Dir()
            i = i + 1
        Loop
    End With
End Sub
```

1 フォルダーを選択するためのダイアログボックスを表すFileDialogオブジェクトに対して、以下の処理を実行する　2 複数選択を不可にする　3 ダイアログボックスのタイトルを「フォルダー選択」とする　4［キャンセル］ボタンをクリックしたら処理を終了する　5 選択したフォルダー内にある、拡張子が「xls」で始まるファイル名を変数「myFile」に代入する　6 変数「myFile」の値が空でない間、変数「myFile」の値をセルi行1列目に入力し、Dir関数で同じ条件で次のExcelのファイルを代入して、変数「i」に1を加算して処理を繰り返す。

ポイント

構文 `Application.FileDialog(msoFileDialogFolderPicker)`

- ApplicationオブジェクトのFileDialogプロパティで引数に「msoFileDialogFolderPicker」を指定すると、フォルダーを選択するダイアログボックスを表すFileDialogオブジェクトを取得します。
- ダイアログボックスの［OK］ボタンをクリックすると、選択されたフォルダーがSelectedItemsコレクションのメンバとして代入されます。代入されているメンバを取得するには、SelectedItems(1)のようにインデックス番号を使って指定します。フォルダーの複数選択を不可にした場合は、選択したフォルダーはSelectedItems(1)で取得できます。

ワザ 262 フォルダー内の各ブックのシートを1つのブックにコピーする

難易度 ●●○ ｜ 頻出度 ●●● ｜ 対応Ver. 365 2021 2019 2016

フォルダー内の各ブックのシートを1つのブックにコピーするには、Dir関数と繰り返し処理を使って、フォルダー内にあるブックを順番に開いて、シートをコピーします。ここでは［支店別売上］フォルダー内の各ブックの1つ目のワークシートをコードを実行しているブックにコピーしています。各部署から提出されたブックのシートを1つのブックにまとめたいといったニーズに対応できます。

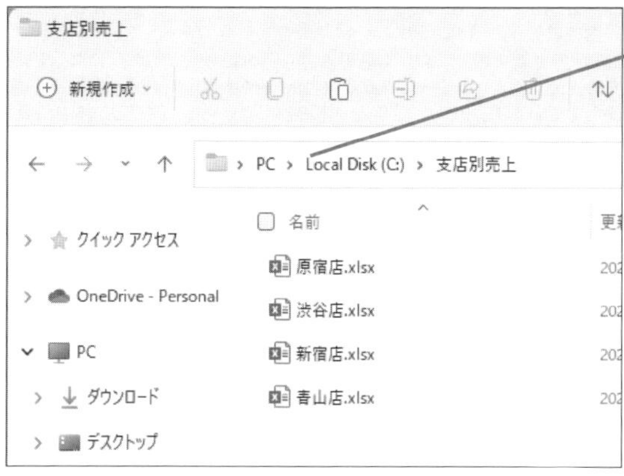

Cドライブの「支店別売上」フォルダー内のブックを開く

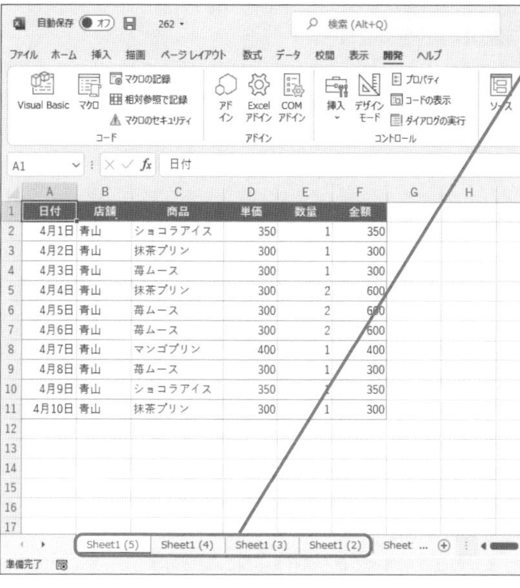

日付	店舗	商品	単価	数量	金額
4月1日	青山	ショコラアイス	350	1	350
4月2日	青山	抹茶プリン	300	1	300
4月3日	青山	苺ムース	300	1	300
4月4日	青山	抹茶プリン	300	2	600
4月5日	青山	苺ムース	300	2	600
4月6日	青山	苺ムース	300	2	600
4月7日	青山	マンゴプリン	400	1	400
4月8日	青山	苺ムース	300	1	300
4月9日	青山	ショコラアイス	350	1	350
4月10日	青山	抹茶プリン	300	1	300

コードを実行しているブックの1枚目のシートの前に、各ブックのシートをコピーする

次のページに続く▶

入力例　262.xlsm

```
Sub フォルダー内シートコピー()
    Dim myFileName As String, mySheet As Worksheet
    myFileName = Dir("C:¥支店別売上¥*.xlsx") ←1
    Application.ScreenUpdating = False ←2
    Do Until myFileName = "" ←3
        Workbooks.Open "C:¥支店別売上¥" & myFileName ←4
        Workbooks(myFileName).Sheets(1).Copy Before:=ThisWorkbook.Worksheets(1)
        Workbooks(myFileName).Close
        myFileName = Dir() ←5
    Loop
    Application.ScreenUpdating = True ←6
End Sub
```

1 Cドライブの［支店別売上］フォルダー内で拡張子が「xlsx」のファイルを検索し、見つかったファイル名を変数「myFileName」に代入する　2 画面表示の更新をオフにする　3 変数「myFileName」が「""」になるまで次の処理を繰り返す　4 Cドライブの［支店別売上］フォルダーにある変数「myFileName」に代入されたファイルを開き、1つ目のシートを、コードを実行しているブックの1つ目のシートの前にコピーし、閉じる　5 2つ目以降のファイルを検索し、見つかったファイルを変数「myFileName」に代入する　6 画面表示の更新をオンにする

ポイント

- フォルダー内のブックを検索するにはDir関数を使って「Dir("C:¥支店別売上¥*.xlsx")」のように記述します。拡張子が「xlsx」のファイルを見つけるとそのファイル名が返るのでそれを変数に代入して利用します。見つからない場合は、「""」を返します。
- 「Dir()」のように引数を省略すると、最初に指定した条件で検索し、見つかったファイル名を返します。これを利用することでフォルダー内の各ブックについて同じ処理を繰り返すことができます。Dir関数はファイル名のみ返し、パスまで含めないので、ブックを開くときは、「Workbooks.Open "C:¥支店別売上¥" & myFileName」のようにパスから指定することを忘れないようにしてください。
- ブックを開いたり、閉じたりする処理により画面がちらつくことを防ぐために関連する処理の前でScreenUpdatingプロパティを使って画面表示の更新を止めています。
- コードの7行目で「Sheets(1)」としていますが、「Worksheets(1)」としても同じです。ここではブックがワークシートのみで構成されていることを前提としています。グラフシートが含まれる場合は、Worksheetsプロパティを使ってください。

関連ワザ 060 条件を満たさないときに処理を繰り返す………P.103
関連ワザ 214 ワークシートをコピーしてシート名を変更する………P.271
関連ワザ 243 変更を保存してブックを閉じる………P.304
関連ワザ 281 同じ名前のファイルが存在するかどうかを調べてから保存する（Dir関数の場合）………P.350
関連ワザ 696 画面表示の更新を抑止して処理速度を上げる………P.872

ワザ 263 フォルダー内の各ブックの表を1つの表にまとめる

難易度 ●●○ | 頻出度 ●●● | 対応Ver. 365 2021 2019 2016

フォルダー内の各ブックの表を1つの表にまとめるには、ワザ262と同様にDir関数と繰り返し処理を使って、各ブックを順番に処理します。表のデータ部分を1つの表にコピーする処理で、コピー元のデータ部分と貼り付け先の先頭セルをどのように取得しているかを確認してください。ここでは、[支店別売上]フォルダー内にあるブックの表を、コードを実行しているブックの表にコピーしています。

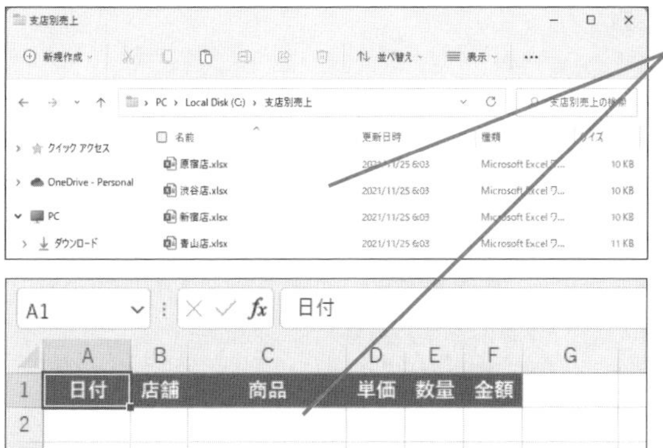

Cドライブの「支店別売上」フォルダー内にある各ブックの表を、コードを実行しているブックのシートにまとめる

	A	B	C	D	E	F
1	日付	店舗	商品	単価	数量	金額
2	4月1日	渋谷	ショコラアイス	350	1	350
3	4月1日	青山	ショコラアイス	350	1	350
4	4月2日	原宿	シューロール	600	1	600
5	4月2日	原宿	ショコラアイス	350	3	1050
6	4月2日	新宿	ショコラアイス	350	1	350
11	4月3日	渋谷	抹茶プリン	300	1	300
12	4月3日	青山	苺ムース	300	1	300
13	4月4日	原宿	苺ムース	300	1	300
14	4月4日	新宿	シューロール	600	2	1200
15	4月4日	渋谷	マンゴプリン	400	3	1200
16	4月4日	青山	抹茶プリン	300	2	600
17	4月5日	原宿	抹茶プリン	300	1	300

Sheet1　準備完了

コードを実行すると、各支店の表が1つにまとめられる

次のページに続く▶

入力例　263.xlsm

```
Sub フォルダー内データまとめ()
    Dim myFileName As String, i As Long, myRange As Range
    myFileName = Dir("C:¥支店別売上¥*.xlsx")  ←1
    Application.ScreenUpdating = False
    i = 2  ←2
    Do Until myFileName = ""  ←3
        Workbooks.Open "C:¥支店別売上¥" & myFileName  ←4
        Set myRange = _
        Workbooks(myFileName).Sheets(1).Range("A1").CurrentRegion
        Set myRange = myRange.Offset(1).Resize(myRange.Rows.Count - 1)  ←5
        myRange.Copy Destination:=ThisWorkbook.Sheets(1).Cells(i, "A")  ←6
        Workbooks(myFileName).Close
        myFileName = Dir()  ←7
        i = ThisWorkbook.Sheets(1).Range("A1").End(xlDown).Row + 1  ←8
    Loop
    Application.ScreenUpdating = True
    Range("A1").Sort Key1:=Range("A1"), Order1:=xlAscending, Header:=xlYes  ←9
End Sub
```

1 Cドライブの［支店別売上］フォルダー内で拡張子が「xlsx」のファイルを検索し、見つかったファイル名を変数「myFileName」に代入する　2 貼り付け先の先頭セルの行番号を代入するための変数「i」に最初の行番号として「2」を代入する　3 変数「myFileName」が「""」になるまで次の処理を繰り返す　4 変数「myFileName」のファイルを開き、開いたファイルの1つ目のシートのセルA1を含む表全体のセル範囲を変数「myRange」に代入する　5 変数「myRange」のセル範囲を1行下に移動し、表のデータ部分の行数に表のサイズを変更して変数「myRange」に代入し直す　6 変数「myRange」のセル範囲をコピーし、コードを実行しているファイルの1つ目のシートのA列i行目を先頭セルとして貼り付け、変数「myFileName」のファイルを閉じる　7 2つ目以降のファイルを検索し、見つかったファイルを変数「myFileName」に代入する　8 コードを実行しているブックの1つ目のシートのセルA1を基準とする下端のセルの行番号に1を加算して次の貼り付け先セルの行番号を取得し、変数「i」に代入する　9 セルA1を含む表でセルA1の列（［日付］列）を昇順、1行目を見出し行として並べ替えを実行する

ポイント

- フォルダー内のブックを検索するには、Dir関数と繰り返し処理を組み合わせます。処理の詳細については、ワザ262を参照してください。
- コピー元となる各ブックの表は1行目が見出し行で2行目以降にデータが入力されている同じ構成のものとし、貼り付け先の表は1行目に見出し行のみ用意しています。
- 各ブックのデータ部分のみをコピーするため、表全体から見出し行を除いたセル範囲を取得します。
- 8行目で最初に変数「myRange」にCurrentRegionプロパティでセルA1を含む表全体のセル範囲を格納したのち、10行目で変数「myRange」のセル範囲をOffsetプロパティで1行下に移動し、Resizeプロパティで見出し行を除いた行数に変更することでデータ部分のセル範囲を取得して変数「myRange」に格納し直しています。
- データ部分の行数は表全体の行数から1を引いた数で取得できるため「myRange.Rows.Count-1」と記述しています。
- 変数「i」には貼り付け先の先頭セルの行番号を代入します。先頭セルはA列i行目なので、「Cells(i, "A")」と指定できます。最初の先頭セルはセルA2なので変数「i」には「2」を代入します。2回目以降は表の下端のセルの1つ下のセルが貼り付け先となるため、Endプロパティを使ってセルA1を基準とした下端のセルの行番号に1を加算した数字を変数「i」に代入します。
- コード内で1つ目のシートを「Sheets(1)」としていますが、「Worksheets(1)」としても同じです。ここではブックがワークシートのみで構成されていることを前提としています。

関連ワザ 219 ワークシートを並べ替える………P.276

第7章

高度なファイル操作

この章では、Excel VBAを使用してファイルやフォルダーを操作するワザを紹介します。たくさんのファイルを効率的に処理したり、CSV形式のテキストファイルを活用したりするときに役立つでしょう。なお、操作対象のファイルやフォルダーの名前や保存場所を変更するとエラーが発生する場合があるので十分に注意してください。

ワザ 264 新しいブックでテキストファイルを開いて列単位でデータ形式を変換する

難易度 ●●○ ｜ 頻出度 ●●○ ｜ 対応Ver. 365 2021 2019 2016

新しいブックでテキストファイルを開くには、OpenTextメソッドを使用します。タブや「,」などの「区切り文字」でデータが区切られている場合、列ごとにデータの形式を変換したり、読み込まない列を指定したりできます。ここでは、「,」で区切られたテキストファイル（得意先.txt）を開いて［No］列（1列目）のデータを文字列に変換し、［FAX］列（5列目）のデータを読み込まないようにします。

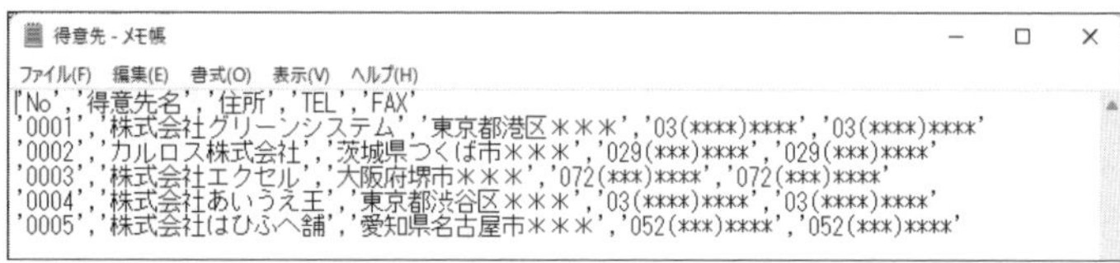
得意先 - メモ帳
ファイル(F)　編集(E)　書式(O)　表示(V)　ヘルプ(H)

```
'No','得意先名','住所','TEL','FAX'
'0001','株式会社グリーンシステム','東京都港区＊＊＊','03(****)****','03(****)****'
'0002','カルロス株式会社','茨城県つくば市＊＊＊','029(***)****','029(***)****'
'0003','株式会社エクセル','大阪府堺市＊＊＊','072(***)****','072(***)****'
'0004','株式会社あいうえ王','東京都渋谷区＊＊＊','03(****)****','03(****)****'
'0005','株式会社はひふへ舗','愛知県名古屋市＊＊＊','052(***)****','052(***)****'
```

A1　No

	A	B	C	D	E	F
1	No	得意先名	住所	TEL		
2	0001	株式会社ク	東京都港区	03(****)****		
3	0002	カルロス株	茨城県つく	029(***)****		
4	0003	株式会社エ	大阪府堺市	072(***)****		
5	0004	株式会社あ	東京都渋谷	03(****)****		
6	0005	株式会社は	愛知県名古	052(***)****		
7						

［得意先.txt］を開いて、［No］列のデータを文字列に変換し、［FAX］列のデータを読み込まない

入力例

264.xlsm

```
Sub データ形式を変換()
    Workbooks.OpenText Filename:="C:¥データ¥得意先.txt", _   ←1
        DataType:=xlDelimited, _   ←2
        TextQualifier:=xlTextQualifierSingleQuote, _   ←3
        Comma:=True, FieldInfo:=Array(Array(1, 2), _   ←4
        Array(2, 1), Array(3, 1), Array(4, 1), Array(5, 9))
End Sub
```

1 開きたいテキストファイルを引数「Filename」に指定する　2 テキストファイルのデータが区切り文字で区切られているため、引数「DataType」に「xlDelimited」を指定する　3 テキストファイルの各データが「'」で囲まれているため、引数「TextQualifier」に「xlTextQualifierSingleQuote」を指定する　4 区切り文字は「,」なので、引数「Comma」に「True」を指定し、引数「FieldInfo」にArray関数を使用して各列のデータ形式を指定する

ポイント

構文　Workbooksコレクション.OpenText(Filename,[StartRow], DataType, TextQualifier, ConsecutiveDelimiter, 区切り文字の指定, Other, OtherChar, FieldInfo)

- OpenTextメソッドは、引数「Filename」に指定されたテキストファイルを新しいブックで開きます。テキストファイルのファイル形式を引数「DataType」に指定し、データの引用符を引数「TextQualifier」に指定します。固定長フィールド形式のテキストファイルを開くときの記述方法は、ワザ265を参照してください。

●引数「DataType」の設定値(XlTextParsingType列挙型の定数)

定数	説明
xlDelimited	タブや「,」などの区切り文字でデータが区切られているファイル形式
xlFixedWidth	固定された各列の文字数によって区切り位置を判断する固定長フィールド形式

●引数「TextQualifier」の設定値(XlTextQualifier列挙型の定数)

定数	説明
xlTextQualifierDoubleQuote	引用符が「"」
xlTextQualifierSingleQuote	引用符が「'」
xlTextQualifierNone	引用符なし

- 区切り文字を指定する場合は、下表の区切り文字を表す引数に「True」を指定します。指定したい区切り文字が下表にない場合は、引数「Other」に「True」を指定して、引数「OtherChar」に区切り文字を指定してください。連続した区切り文字を1文字として扱う場合は、引数「ConsecutiveDelimiter」に「True」を指定してください。

●区切り文字を表す引数

区切り文字	引数
タブ	Tab
セミコロン	Semicolon
カンマ	Comma
スペース	Space

- データを読み込むときに変換するデータ形式を引数「FieldInfo」に指定します。各列のデータ形式は、Array関数を使用して「Array(列番号,変換する形式)」という形で記述し、これらのArray関数を要素とするArray関数を記述します。従って、引数「FieldInfo」に記述するArray関数は、「Array(Array(1,1列目を変換する形式),Array(2,2列目を変換する形式),……」という形になります。変換する形式は次の数値を使用して指定します。

●変換する形式を指定する主な数値

変換する形式	数値
標準	1
文字列	2
YMD(年月日)形式の日付	5
スキップ列	9

- 開いたテキストファイルの内容は、1枚のワークシートを含む新しいブックに読み込まれます。
- 読み込みを開始する行位置を指定したい場合は、引数「StartRow」にその行位置を指定しますが、省略することも可能です。
- 読み込むテキストファイルのレイアウト(項目の内容や順番)が変更されると、マクロが想定していた通りに動かなかったり、エラーが発生したりする場合があります。テキストファイルのレイアウト変更の有無に十分注意しましょう。

関連ワザ 037 **Array関数で配列変数に値を代入する………P.78**
関連ワザ 265 **固定長フィールド形式のテキストファイルを開く………P.332**
関連ワザ 266 **カンマとタブで区切られたテキストファイルを開く………P.333**
関連ワザ 267 **新しいブックを作成せずにテキストファイルの内容を読み込む………P.334**

ワザ 265 固定長フィールド形式のテキストファイルを開く

難易度 ●●○ 頻出度 ●●○ 対応Ver. 365 2021 2019 2016

「固定長フィールド形式」とは、データの文字数を固定して、各列の開始位置を判別するファイル形式です。固定長フィールド形式のテキストファイルを新しいブックで開くには、OpenTextメソッドを使用します。ここでは、固定長フィールド形式のテキストファイル（仕入先.txt）を、1列目を文字列形式、2～3列目を標準形式に変換して、新しいブックで開いています。

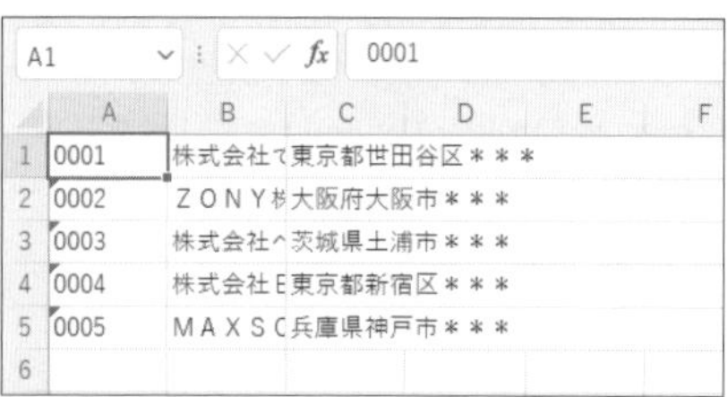

固定長フィールド形式のテキストファイル（仕入先.txt）を、1列目を文字列形式、2～3列目を標準形式に変換して開く

入力例

265.xlsm

```
Sub 固定長フィールド形式()
    Workbooks.OpenText Filename:="C:¥データ¥仕入先.txt", _  ←1
        DataType:=xlFixedWidth, _  ←2
        FieldInfo:=Array(Array(0, 2), Array(4, 1), Array(34, 1))  ←3
End Sub
```

1開きたいテキストファイルを引数「Filename」に指定する　2固定長フィールド形式のテキストファイルを開くため、引数「DataType」に「xlFixedWidth」を指定する　3各列のデータの開始位置と変換するデータ形式を、引数「FieldInfo」にArray関数を使用して指定する。1列目が4文字、2列目が30文字、3列目が40文字で固定されているため、1列目は0文字目、2列目は4文字目、3列目は34文字目から読み込んでいる

ポイント

- テキストファイルを新しいブックで開くには、OpenTextメソッドを使用します。OpenTextメソッドの構文解説や、変換するデータ形式の記述方法については、ワザ264を参照してください。
- 固定長フィールド形式のファイルを開く場合、引数「DataType」に「xlFixedWidth」を指定します。
- 引数「FieldInfo」に、各列のデータの開始位置と変換するデータ形式を指定します。各列について「Array(各列の開始位置,変換するデータ形式)」という形で記述し、これらのArray関数を要素とするArray関数を記述します。従って、引数「FieldInfo」に記述するArray関数は、「Array(Array(1列目のデータの開始位置, 1列目のデータを変換する形式),Array(2列目のデータの開始位置, 2列目のデータを変換する形式),……」という形になります。
- 1列目の開始位置は0文字目と指定し、2バイトデータは2文字分で計算します。
- 読み込むテキストファイルのレイアウト（項目の内容や順番）が変更されると、マクロが想定していた通りに動かなかったり、エラーが発生したりする場合があります。テキストファイルのレイアウト変更の有無に十分注意しましょう。

関連ワザ 037 Array関数で配列変数に値を代入する………P.78
関連ワザ 303 FSOを使用して固定長フィールド形式のテキストファイルを読み込む………P.398

ワザ266 カンマとタブで区切られたテキストファイルを開く

難易度 ●●○ ｜ 頻出度 ●○○ ｜ 対応Ver. 365 2021 2019 2016

テキストファイルのデータが、「,」やタブなどの複数の種類の区切り文字で区切られている場合、「ある文字は区切り文字として認識されたが、ある文字は区切り文字として認識されずにデータとして読み込まれてしまった」ということがないように、複数の区切り文字が組み合わされて1つの区切り文字になっていることを指定します。ここでは、「,」とタブを1つの区切り文字として扱うように指定して、テキストファイルを新しいブックとして開きます。

A1 : No

	A	B	C	D	E	F
1	No	氏名	住所	Tel		
2	1	鈴木次郎	東京都港区	03(****)****		
3	2	佐藤由美子	埼玉県さい	048(***)****		
4	3	小林卓郎	茨城県つく	029(***)****		
5	4	山田美帆	栃木県宇都	028(***)****		
6	5	和田武史	千葉県西船	047(***)****		
7						

「,」とタブを区切り文字として扱ってテキストファイルを開く

入力例

266.xlsm

```
Sub カンマとタブで区切られたファイルを開く()
    Workbooks.OpenText Filename:="C:¥データ¥住所録マスタ.txt", _ ←1
        DataType:=xlDelimited, _ ←2
        ConsecutiveDelimiter:=True, _ ←3
        Tab:=True, Comma:=True ←4
End Sub
```

1開きたいテキストファイルを引数「Filename」に指定する　2テキストファイルのデータが区切り文字で区切られているため、引数「DataType」に「xlDelimited」を指定する　3データが複数の区切り文字で区切られているため、引数「ConsecutiveDelimiter」に「True」を指定する　4区切り文字は「,」とタブなので、引数「Comma」と引数「Tab」に「True」を指定する

ポイント

- テキストファイルを新しいブックで開くには、OpenTextメソッドを使用します。OpenTextメソッドの構文や基本的な記述方法については、ワザ264を参照してください。
- 複数の区切り文字でデータが区切られている場合は、引数「ConsecutiveDelimiter」に「True」を指定します。この設定により、複数の区切り文字が1つの区切り文字として扱われるようになります。
- 使用されている区切り文字ごとに、区切り文字を表す引数に「True」を指定します。区切り文字を表す引数については、ワザ264を参照してください。
- 読み込むテキストファイルの区切り文字が変更されると、マクロが想定していた通りに動かなかったり、エラーが発生したりする場合があります。テキストファイルの区切り文字の変更の有無に十分注意しましょう。

関連ワザ 264 新しいブックでテキストファイルを開いて列単位でデータ形式を変換する………P.330
関連ワザ 267 新しいブックを作成せずにテキストファイルの内容を読み込む………P.334

ワザ 267 新しいブックを作成せずにテキストファイルの内容を読み込む

難易度 ○○○ | 頻出度 ○○○ | 対応Ver. 365 2021 2019 2016

新しいブックを作成せずにテキストファイルを開くには、Openステートメントを使用してパソコン内部で開きます。開いたテキストファイルの内容を「,」で区切られた単位で読み込むには、Input #ステートメントを使用します。ここでは、テキストファイル（商品マスタ.txt）をパソコン内部で開き、読み込んだデータを［商品マスタ］シートに表示します。

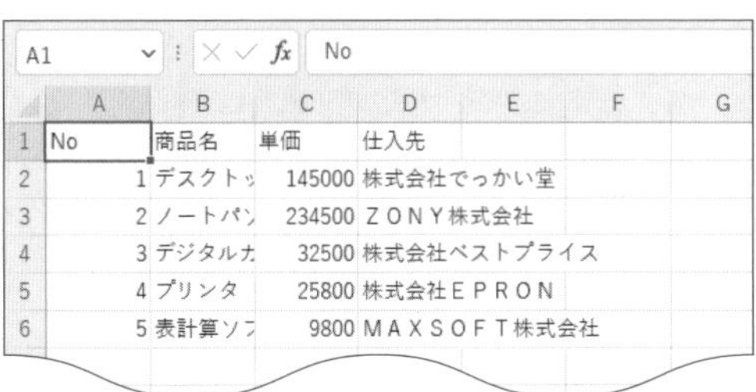

	A	B	C	D
1	No	商品名	単価	仕入先
2	1	デスクトッ	145000	株式会社でっかい堂
3	2	ノートパソ	234500	ＺＯＮＹ株式会社
4	3	デジタルカ	32500	株式会社ベストプライス
5	4	プリンタ	25800	株式会社ＥＰＲＯＮ
6	5	表計算ソフ	9800	ＭＡＸＳＯＦＴ株式会社

［商品マスタ.txt］の内容を［商品マスタ］シートに表示する

入力例

267.xlsm

```
Sub カンマ区切りで読み込み()
    Dim myFileNo As Integer, myInputWord(3) As String
    Dim i As Integer, j As Integer
    myFileNo = FreeFile ←1
    Open "C:¥データ¥商品マスタ.txt" For Input As #myFileNo ←2
    i = 1
    Do Until EOF(myFileNo) ←3
        Input #myFileNo, myInputWord(0), myInputWord(1), _ ←4
                  myInputWord(2), myInputWord(3)
        For j = 0 To 3
            Cells(i, j + 1).Value = myInputWord(j) ←5
        Next j
        i = i + 1
    Loop
    Close #myFileNo ←6
End Sub
```

1使用できるファイル番号を取得して変数「myFileNo」に代入する　2テキストファイル（商品マスタ.txt）をシーケンシャル入力モードでパソコン内部に開く　3ファイルの末尾に達するまで処理を繰り返す　4開いたファイルのデータを「,」で区切られた単位で読み込んで、配列変数「myInputWord(0)～(3)」に代入する　5i行j+1列目のセルに、配列変数「myInputWord」のj番目の要素を表示する　6開いたファイルを閉じる

ポイント

構文 `Open Pathname For Mode As #Filenumber`

- Openステートメントは、テキストファイルをパソコン内部で開きます。
- 開きたいファイル名は、引数「Pathname」に「"」で囲んで指定します。パスを含めずにファイル名だけを指定した場合は、カレントフォルダーのファイルが対象となります。
- ファイルを読み込む場合、引数「Mode」にシーケンシャル入力モードを表す「Input」を指定します。シーケンシャル入力モードとは、ファイルの内容を先頭から順番に読み込むモードです。
- 引数「Filenumber」に開いたファイルに割り当てる番号を指定します。通常は「1」～「511」の番号を指定しますが、すでに使用している番号を指定するとエラーになるため、使用できる番号をFreeFile関数で取得して指定します。

構文 `FreeFile(RangeNumber)`

- FreeFile関数は、まだ使用されていないファイル番号を返します。
- 引数「RangeNumber」に「0」を指定すると「1」～「255」、「1」を指定すると「256」～「511」のファイル番号を返します。
- 引数「RangeNumber」を省略した場合は、「0」が指定されたものと見なされます。
- 引数「RangeNumber」を省略するときは、引数のかっこの記述も省略してください。

構文 `Input #Filenumber, Varlist, ……`

- Input #ステートメントは、Openステートメントによってシーケンシャル入力モード（Input）で開かれたテキストファイルの内容を読み込むステートメントです。引数「Filenumber」に指定された番号で開いているファイルから、「,」で区切られた単位でデータを読み込んで、引数「Varlist」に指定した変数に代入します。引数「Varlist」の個数と順番は、テキストファイルのデータと一致させる必要があります。
- データ内の「"」は無視されるため、読み込まれません。
- ファイルの末尾に達したらファイルの読み込みを終了させます。ファイルの末尾に達したかどうかを確認するには、EOF関数を使用します。

構文 `EOF(FileNumber)`

- EOF関数は、ランダムアクセスモード(Random)またはシーケンシャル入力モード(Input)で開いたファイルの読み込み位置がファイルの末尾に達している場合に「True」を返します。
- 引数「FileNumber」に、現在開いているファイルのファイル番号を指定します。
- Input #ステートメントで読み込んだデータをテキストファイルに書き込むときは、Write #ステートメントを使用してください。Write #ステートメントについては、ワザ270を参照してください。

構文 `Close #Filenumber`

- Closeステートメントは、引数「Filenumber」に指定した番号のファイルを閉じます。このとき、ファイルに割り当てられていた番号は解放されます。
- 読み込むテキストファイルのレイアウト（項目の内容や順番）が変更されると、マクロが想定していた通りに動かなかったり、エラーが発生したりする場合があります。テキストファイルのレイアウト変更の有無に十分注意しましょう。

関連ワザ 036 配列変数を使用する………P.77
関連ワザ 060 条件を満たさないときに処理を繰り返す………P.103
関連ワザ 264 新しいブックでテキストファイルを開いて列単位でデータ形式を変換する………P.330
関連ワザ 270 ワークシートの内容をカンマで連結してテキストファイルに書き込む………P.339

ワザ 268 行単位でテキストファイルを読み込む

難易度 ●●○ 頻出度 ●○○ 対応Ver. 365 2021 2019 2016

Openステートメントを使用してテキストファイルをパソコン内部で開き、ファイルの内容を行単位で読み込むには、Line Input #ステートメントを使用します。文章データや改行で区切られたデータを読み込むときに便利です。ここでは、テキストファイル（Excel講習予定.txt）をパソコン内部で開き、読み込んだデータを［Excel講習］シートに表示します。

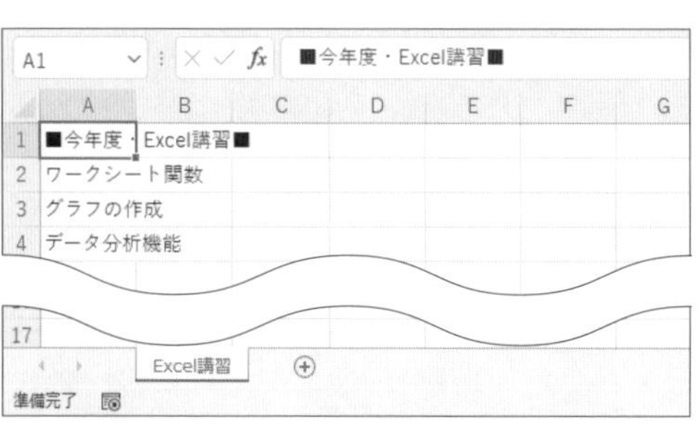

［Excel講習予定.txt］を行単位で読み込んで［Excel講習］シートに表示する

入力例

268.xlsm

```
Sub 行単位で読み込み()
    Dim myFileNo As Integer, myLineText As String, i As Integer
    myFileNo = FreeFile
    Open "C:¥データ¥Excel講習予定.txt" For Input As #myFileNo ←1
    i = 1
    Do Until EOF(myFileNo) ←2
        Line Input #myFileNo, myLineText ←3
        Cells(i, 1).Value = myLineText ←4
        i = i + 1
    Loop
    Close #myFileNo ←5
End Sub
```

1テキストファイル（Excel講習予定.txt）をシーケンシャル入力モードでパソコン内部に開く　2ファイルの末尾に達するまで処理を繰り返す　3開いたファイルのデータを行単位で読み込んで、変数「myLineText」に代入する　4i行1列目のセルに変数「myLineText」に代入したデータを表示する　5開いたファイルを閉じる

ポイント

構文 `Line Input #Filenumber, Varname`

- Line Input #ステートメントは、Openステートメントによってシーケンシャル入力モード（Input）で開かれたテキストファイルの内容を読み込むステートメントです。引数「Filenumber」に指定された番号で開いているファイルから行単位でデータを読み込んで、引数「Varname」に指定した変数に代入します。
- 行単位とは、行の終わりを示すキャリッジリターン（Chr(13)）、または改行コード（Chr(13)+Chr(10)）で区切られた単位です。キャリッジリターンと改行コードは読み込まれません。
- Line Input #ステートメントで読み込んだデータをテキストファイルに書き込むときは、Print #ステートメントを使用してください。

関連ワザ 267 新しいブックを作成せずにテキストファイルの内容を読み込む………P.334

ワザ 269 テキストファイルのすべての内容を高速に読み込む(Getステートメントの場合)

難易度 ●●●　頻出度 ●○○　対応Ver. 365 2021 2019 2016

数万行ものテキストファイルの内容を、Input #ステートメントやLine Input #ステートメントを使用して読み込むと、処理に時間がかかります。Getステートメントを使用してテキストファイルの内容を一括で読み込み、データを2次元配列に代入してからセルに貼り付ければ高速に読み込めます。

```
売上データ - メモ帳
ファイル(F)　編集(E)　書式(O)　表示(V)　ヘルプ(H)
売上No,売上先,商品名,金額
001,株式会社グリーンシステム,デスクトップパソコン,128900
002,株式会社エクセル,ノートパソコン,234500
003,株式会社グリーンシステム,プリンタ,35800
004,カルロス株式会社,デスクトップパソコン,128900
005,株式会社あいうえ王,スキャナ,25800
```

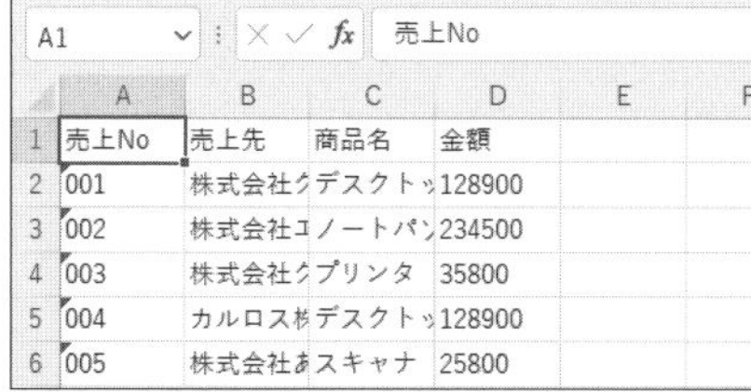

A1　売上No

	A	B	C	D	E	F
1	売上No	売上先	商品名	金額		
2	001	株式会社ク	デスクトッ	128900		
3	002	株式会社エ	ノートパソ	234500		
4	003	株式会社ク	プリンタ	35800		
5	004	カルロス株	デスクトッ	128900		
6	005	株式会社あ	スキャナ	25800		

テキストファイルの内容を一括で読み込み、データを2次元配列に格納してからセルに貼り付ける

入力例　269.xlsm

```
Sub Getステートメントによるテキストファイル高速読み込み()
    Dim myFilePath As String, myTextData As String, myFileNo As Integer
    Dim myRowData As Variant, myColumnsData As Variant
    Dim myRowCount As Long, myData() As String, i As Long, j As Integer
    myFilePath = "C:¥データ¥売上データ.txt"
    myTextData = Space(FileLen(myFilePath)) ←1
    myFileNo = FreeFile ←2
    Open myFilePath For Binary As #myFileNo ←3
    Get #myFileNo, , myTextData ←4
    Close #myFileNo ←5
    myRowData = Split(myTextData, vbLf) ←6
    myRowCount = UBound(myRowData) ←7
    ReDim myData(myRowCount - 1, 3) ←8
    For i = 0 To myRowCount - 1
        myColumnsData = Split(myRowData(i), ",") ←9
        For j = 0 To 3
            myData(i, j) = myColumnsData(j) ←10
        Next j
    Next i
    Range("A1").Resize(myRowCount, 4) = myData ←11
End Sub
```

次のページに続く▶

1変数「myFilePath」に代入したファイルパスに保存されているテキストファイル（売上データ.txt）のファイルの長さ（バイト単位）と同じ長さの空白文字を変数「myTextData」に代入する　2使用できるファイル番号を取得して変数「myFileNo」に代入する　3テキストファイル（売上データ.txt）をバイナリモードで開く　4ファイルの内容を変数「myTextData」に一括で読み込む　5開いたファイルを閉じる　6変数「myTextData」に代入した内容を改行文字（vbLf）の位置で分割し、得られた行単位のデータの配列をバリアント型の変数「myRowData」に代入する　7変数「myRowData」に代入した配列の要素の上限値（読み込んだデータの行数）を調べて、変数「myRowCount」に代入する　8動的配列「myData」の行数の上限値と列数の上限値を設定して2次元配列とする。添え字は「0」から始まるため、変数「myRowCount」から「1」を差し引く　9配列「myRowData」のi番目の要素を「,」の位置で分割し、得られた列単位のデータの配列をバリアント型の変数「myColumnsData」に代入する　10変数「myData」のi行j列目の要素として、変数「myColumnsData」のj番目の要素を代入する　11セルA1から、変数「myRowCount」に代入されている行数と4列分だけ拡張したセル範囲に、2次元配列「myData」の内容を表示する

ポイント

構文 `Get #Filenumber, Recnumber, Varname`

- Getステートメントは、Openステートメントによりバイナリモード（Binary）で開いたテキストファイルの内容を一括で読み込んで変数に代入するステートメントです。引数「Filenumber」に指定された番号で開いているファイルから、すべてのデータを一括で読み込んで、引数「Varname」に指定した変数に代入します。
- 引数「Recnumber」には、読み込み開始位置を指定します。ファイルをバイナリモードで開いているときはバイト位置、ランダムアクセスモードで開いているときはレコード番号で指定します（省略可）。
- 引数「Varname」に指定する変数には、あらかじめ、読み込むテキストファイルのデータの長さと同じ長さの空白文字を代入しておきます。テキストファイルのデータの長さを調べるにはFileLen関数、特定の長さの空白文字を変数に代入するにはSpace関数を使用します。
- Getステートメントで読み込んだデータは、行単位のデータが改行文字（vbLf）で連結されているため、データが1つのまとまりになっています。そのままの状態でセルに表示すると、1つのセルにすべてのデータが表示されます。
- Split関数を使用すれば、データを改行文字の位置や区切り文字の位置で分割できます。Split関数は分割したデータを配列で返すため、これをバリアント型の変数に格納します。
- ここでは、Split関数を使用して、Getステートメントで読み込んだデータを改行文字（vbLf）の位置で行単位に分割し、各行のデータを「,」の位置で列単位に分割しています。
- 分割したデータを2次元配列に代入してセル範囲に貼り付けることで、データを高速に表示できます。
- 2次元配列をセル範囲に貼り付けるには、2次元配列と同じ行数と列数のセル範囲に貼り付けます。セル範囲を指定するには、Resizeプロパティを使用して、左上端のセルからセル範囲を拡張するといいでしょう。
- 読み込むテキストファイルのレイアウト（項目の内容や順番）が変更されると、マクロが想定していた通りに動かなかったり、エラーが発生したりする場合があります。テキストファイルのレイアウト変更の有無に十分注意しましょう。

関連ワザ 040 **動的配列を使う………P.81**
関連ワザ 041 **配列の下限値と上限値を調べる………P.82**
関連ワザ 044 **セル範囲の値を2次元配列に代入する………P.86**
関連ワザ 096 **データを入力するセル範囲を選択する………P.145**
関連ワザ 267 **新しいブックを作成せずにテキストファイルの内容を読み込む………P.334**
関連ワザ 283 **ファイルサイズを調べる………P.352**
関連ワザ 304 **テキストファイルのすべての内容を高速に読み込む（ReadAllメソッドの場合）………P.380**
関連ワザ 644 **固定長フィールド形式のファイルを作成する………P.807**
関連ワザ 662 **文字列を区切り文字の位置で分割する………P.826**

ワザ 270 ワークシートの内容をカンマで連結してテキストファイルに書き込む

難易度 ●●○ | 頻出度 ●●○ | 対応Ver. 365 2021 2019 2016

ワークシート上の各セルに入力されたデータを、「,」で連結してテキストファイルに書き込むには、Write #ステートメントを使用します。ここでは、［得意先］シートの各セルに入力されているデータを「,」で連結して、テキストファイル（得意先バックアップ.txt）に書き込みます。テキストファイルは、Openステートメントを使用してシーケンシャル出力モードで開くので、内容が上書きされます。

入力例　270.xlsm

```
Sub カンマ区切りで書き込み()
    Dim myFileNo As Integer, myLastRow As Long, i As Long
    myLastRow = Range("A1").CurrentRegion.Rows.Count ←1
    myFileNo = FreeFile ←2
    Open "C:¥データ¥得意先バックアップ.txt" For Output As #myFileNo ←3
    For i = 1 To myLastRow
        Write #myFileNo, Cells(i, 1).Value, Cells(i, 2).Value, _ ←4
            Cells(i, 3).Value, Cells(i, 4).Value, Cells(i, 5).Value
    Next i
    Close #myFileNo ←5
End Sub
```

1ファイルへ書き込むセル範囲の行数として、セルA1を含むアクティブセル領域の行数を取得する　2使用できるファイル番号を取得して変数「myFileNo」に代入する　3テキストファイル（得意先バックアップ.txt）をシーケンシャル出力モードでパソコン内部に開く　4ファイルにi行1列目～i行5列目のセルのデータをカンマで連結して書き込む　5開いたファイルを閉じる

ポイント

- ファイルにデータを書き込む場合、Openステートメントの引数「Mode」にシーケンシャル出力モードを表す「Output」、または追加モードを表す「Append」を指定します。引数「Pathname」に指定したファイルが存在しない場合、指定したファイル名でテキストファイルが新規作成されます。（ワザ267参照）
- シーケンシャル出力モードとは、テキストファイルの先頭から順番にデータを書き込むモードです。データが上書きされるため、テキストファイルに保存されていた内容は消去されます。
- 追加モードとは、テキストファイルの末尾からデータを書き込むモードです。テキストファイル末尾にデータが追記されるため、テキストファイルに保存されていた内容は消去されません。

構文　`Write #Filenumber, Outputlist, ……`

- Write #ステートメントは、Openステートメントによってシーケンシャル出力モード（Output）または追加モード（Append）で開かれたテキストファイルに、データと改行文字を書き込むステートメントです。引数「Filenumber」に指定された番号で開いているファイルに、引数「Outputlist」で指定されたデータを書き込みます。書き込むデータを複数指定する場合は、データを「,」で区切って記述します。
- 書き込まれたデータは「"」で囲まれ、データは「,」で連結されます。そして、引数「Outputlist」に指定した最後のデータが書き込まれた後に改行文字が挿入されます。
- Write #ステートメントで書き込んだデータを読み込むときは、Input #ステートメントを使用してください。

関連ワザ 267 新しいブックを作成せずにテキストファイルの内容を読み込む………P.334
関連ワザ 271 ワークシートの内容を行単位でテキストファイルに書き込む………P.340

ワザ 271 ワークシートの内容を行単位でテキストファイルに書き込む

難易度 ●●○ | 頻出度 ●○○ | 対応Ver. 365 2021 2019 2016

ワークシート上の各セルに入力されたデータを行単位でテキストファイルに書き込むには、Print #ステートメントを使用してデータを書き込みます。ここでは、[Excel講習] シートの各セルに入力されたデータをテキストファイル（パソコン講習履歴.txt）に書き込みます。テキストファイルは、Openステートメントを使用して追加モードで開くので、書き込む内容はファイルの末尾に追記されます。

パソコン講習履歴 - メモ帳
ファイル(F) 編集(E) 書式(O) 表示(V) ヘルプ(H)
■今年度・Word講習■
データの入力・編集
表の作成
セクションと段組み
■今年度・Excel講習■
ワークシート関数
グラフの作成
データ分析機能

[Excel講習] シートの各セルに入力されているデータをテキストファイル(パソコン講習履歴.txt)の末尾に追記する

入力例

271.xlsm

```
Sub 行単位で書き込み()
    Dim myFileNo As Integer, myLastRow As Long, i As Long
    myLastRow = Range("A1").CurrentRegion.Rows.Count ←1
    myFileNo = FreeFile
    Open "C:¥データ¥パソコン講習履歴.txt" For Append As #myFileNo ←2
    For i = 1 To myLastRow
        Print #myFileNo, Cells(i, 1).Value ←3
    Next i
    Close #myFileNo ←4
End Sub
```

1 ファイルへ書き込むセル範囲の行数として、セルA1を含むアクティブセル領域の行数を取得する 2 テキストファイル（パソコン講習履歴.txt）を追記モードでパソコン内部に開く 3 テキストファイルにi行1列目のセルのデータを書き込む 4 開いたファイルを閉じる

ポイント

構　文 `Print #Filenumber, Outputlist`

- Print #ステートメントは、Openステートメントによってシーケンシャル出力モード（Output）または追加モード（Append）で開かれたテキストファイルに、データと改行文字を書き込むステートメントです。引数「Filenumber」に指定された番号で開いているファイルに、引数「Outputlist」に指定されたデータを書き込みます。書き込むデータを複数指定する場合は、データを「;」で区切って記述します。
- 書き込んだデータに区切り文字や「"」は挿入されません。
- Print #ステートメントで書き込んだデータを読み込むときは、Line Input #ステートメントまたはInput #ステートメントを使用してください。

関連ワザ 269 テキストファイルのすべての内容を高速に読み込む（Getステートメントの場合）………P.337
関連ワザ 270 ワークシートの内容をカンマで連結してテキストファイルに書き込む………P.339

ワザ 272 ファイル名を変更して別のフォルダーにコピーする

難易度 ●○○ | 頻出度 ●●○ | 対応Ver. 365 2021 2019 2016

ファイルをコピーするには、FileCopyステートメントを使用します。コピー後のファイル名や保存先を指定できるので、バックアップ用途に利用するいいでしょう。ここでは、Cドライブの［データ］フォルダーにあるファイル（住所録マスタ.xlsx）を「住所録コピー.xlsx」というファイル名で、Cドライブの［バックアップ］フォルダーにコピーします。

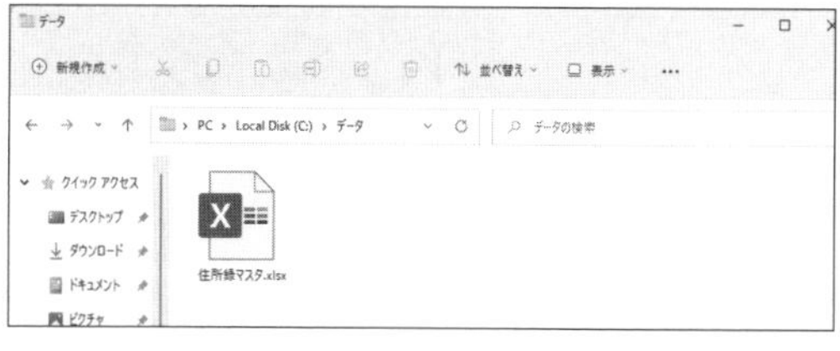

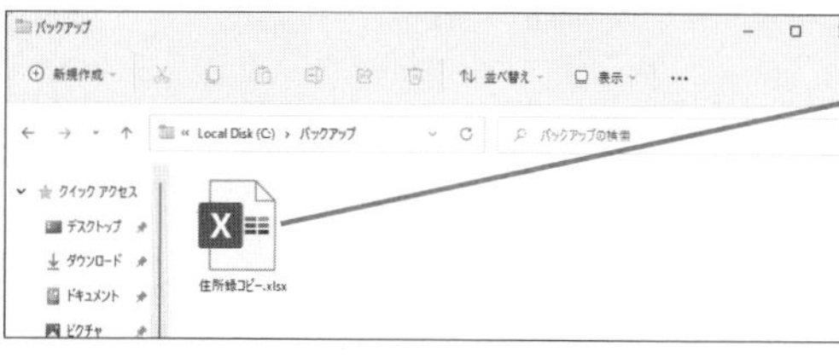

［住所録マスタ.xlsx］を「住所録コピー.xlsx」というファイル名で、Cドライブの［バックアップ］フォルダーにコピーする

入力例

272.xlsm

```
Sub ファイルコピー()
    FileCopy Source:="C:¥データ¥住所録マスタ.xlsx", _  ←1
        Destination:="C:¥バックアップ¥住所録コピー.xlsx"
End Sub
```

1 Cドライブの［データ］フォルダーにある［住所録マスタ.xlsx］を、「住所録コピー.xlsx」というファイル名で、Cドライブの［バックアップ］フォルダーにコピーする

ポイント

構文 `FileCopy Source, Destination`

- FileCopyステートメントは、引数「Source」に指定したファイルを、引数「Destination」に指定したファイル名でコピーします。
- 引数「Source」と引数「Destination」には、ファイルパスを含めて指定できます。異なるファイルパスを指定すれば、別のフォルダーにファイルをコピーできます。ファイル名のみ指定した場合は、カレントフォルダーのファイルが操作の対象となります。
- 開いているファイルに対してFileCopyステートメントを実行するとエラーが発生します。コピーするファイルが開いていないことを確認してください。

関連ワザ 273 フォルダー内のファイルをまとめて削除する………P.342
関連ワザ 274 ファイル名を変更して別ドライブのフォルダーへ移動する………P.343

ワザ 273 フォルダー内のファイルをまとめて削除する

難易度 ●○○ | 頻出度 ●●○ | 対応Ver. 365 2021 2019 2016

ファイルを削除するには、Killステートメントを使用します。ここでは、Cドライブの［バックアップ］フォルダーにある［在庫データ_0430.xlsx］［在庫データ_0531.xlsx］［在庫データ_0630.xlsx］［在庫データ_0731.xlsx］［在庫データ_0831.xlsx］の5つのファイルをまとめて削除します。削除するファイル名は、任意の文字列を表すワイルドカード（*）を用いて、「在庫データ_*.xlsx」と指定しています。

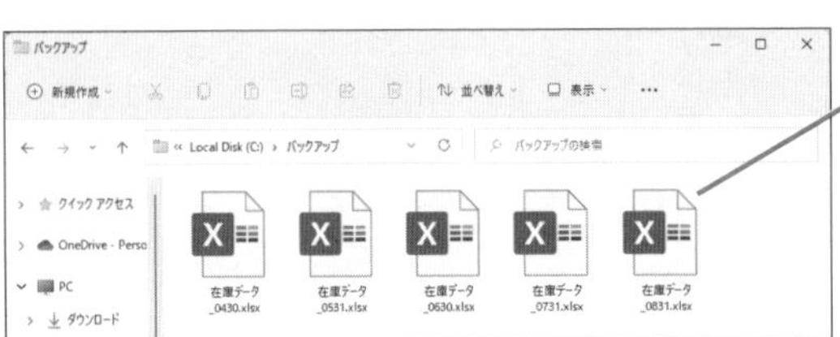

［バックアップ］フォルダーにある「在庫データ_」と名前が付いたファイルをまとめて削除する

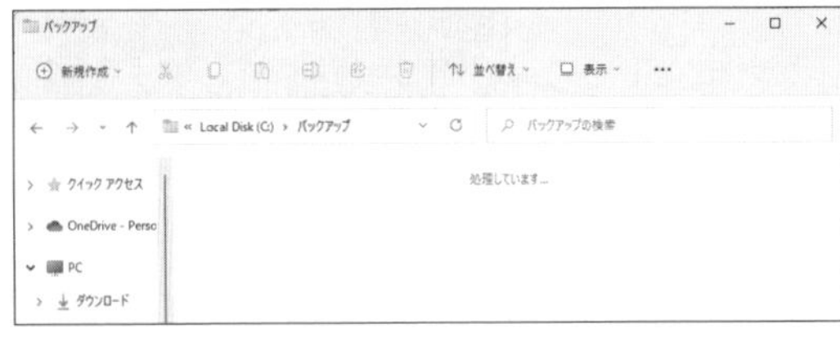

入力例

273.xlsm

```
Sub ファイル削除()
    Kill PathName:="C:¥バックアップ¥在庫データ_*.xlsx" ←1
End Sub
```

1 Cドライブの［バックアップ］フォルダー内にある「在庫データ_」と名前が付いたファイルをすべて削除する

ポイント

構文 `Kill PathName`

- Killステートメントは、引数「PathName」に指定されたファイルを削除します。削除したファイルは、ディスクから完全に消去されます。
- 引数「PathName」には、ファイルパスを含めて指定できます。ファイル名のみ指定した場合は、カレントフォルダーのファイルが削除の対象となります。ファイル名には、ワイルドカード（「*」や「?」）を使用できます。
- 開いているファイルをKillステートメントで削除しようとするとエラーが発生します。削除するファイルが開いていないことを確認してください。

関連ワザ 050 あいまいな条件で比較する………P.92
関連ワザ 272 ファイル名を変更して別のフォルダーにコピーする………P.341
関連ワザ 274 ファイル名を変更して別ドライブのフォルダーへ移動する………P.343

ワザ 274 ファイル名を変更して別のフォルダーへ移動する

難易度 ●○○ ｜ 頻出度 ●●○ ｜ 対応Ver. 365 2021 2019 2016

ファイル名を変更するには、Nameステートメントを使用します。ここでは、Cドライブの[準備データ]フォルダーにある[レクリエーション日程（案）.xlsx]の名前を「レクリエーション日程.xlsx」という名前に変更し、[配布データ]フォルダーへ移動します。

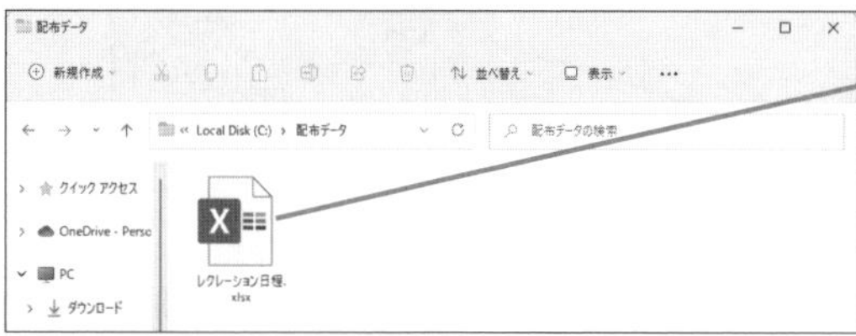

[準備データ] フォルダーにある[レクリエーション日程（案）.xlsx]を「レクリエーション日程.xlsx」という名前に変更し、[配布データ]フォルダーへ移動する

入力例

274.xlsm

```
Sub ファイル名を変更して移動()
    Name "C:¥準備データ¥レクリエーション日程(案).xlsx" _  ←1
        As "C:¥配布データ¥レクリエーション日程.xlsx"
End Sub
```

1 Cドライブの[準備データ]フォルダーにある[レクリエーション日程（案）.xlsx]を、「レクリエーション日程.xlsx」という名前に変更して、[配布データ]フォルダーに移動する

ポイント

構文 `Name Oldpathname As Newpathname`

- Nameステートメントは、引数「Oldpathname」に指定したファイル名を引数「Newpathname」に指定したファイル名に変更します。ファイル名にワイルドカード文字は指定できません。
- 引数「Oldpathname」と引数「Newpathname」にはファイルパスを含めることができます。ファイル名だけを指定した場合は、カレントフォルダー内のファイルが操作されます。
- 引数「Newpathname」に引数「Oldpathname」と異なるフォルダー名を含むファイルパスを指定すると、別フォルダーにファイルを移動できます。
- 開いているファイルに対してNameステートメントを実行するとエラーが発生します。名前を変更したいファイルが開いていないことを確認してください。
- すでに存在しているファイルの名前を引数「Newpathname」に指定するとエラーが発生します。ワザ281を参考にして、あらかじめ指定したファイルパスに同名ファイルが存在するかを確認しましょう。

ワザ 275 フォルダー名を変更する

難易度 ●○○ | 頻出度 ●●○ | 対応Ver. 365 2021 2019 2016

ファイル名を変更するステートメントとしてワザ274でNameステートメントを紹介していますが、フォルダー名を変更するときにも使用できます。ここでは、Cドライブの[データ]フォルダー内の[未処理データ]フォルダーの名前を「処理済データ」という名前に変更します。

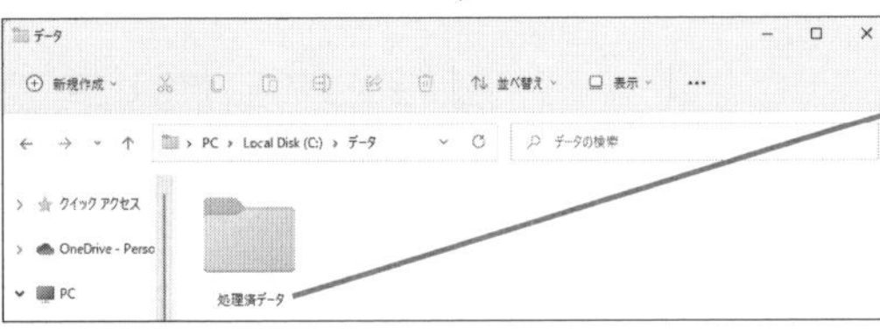

[データ] フォルダー内の[未処理データ] フォルダーの名前を「処理済データ」という名前に変更する

入力例　275.xlsm

```
Sub フォルダー名変更()
    Name "C:¥データ¥未処理データ¥" As "C:¥データ¥処理済データ¥"  ←1
End Sub
```

1 Cドライブの[データ]フォルダーにある[未処理データ]フォルダーの名前を「処理済データ」に変更する

ポイント

構文 `Name Oldpathname As Newpathname`

- Nameステートメントは、引数「Oldpathname」に指定したフォルダー名を引数「Newpathname」に指定したフォルダー名に変更します。フォルダー名にワイルドカードは指定できません。
- 引数「Oldpathname」と引数「Newpathname」にフォルダーパスを含めることができます。フォルダー名だけを指定した場合は、カレントフォルダー内のフォルダーが操作されます。
- 引数「Newpathname」に引数「Oldpathname」と異なるフォルダー名を含めてフォルダーパスを指定すると、別フォルダーにフォルダーを移動できます。
- フォルダーを操作することを明示するために、引数「Oldpathname」と引数「Newpathname」に指定したフォルダーパスの末尾に「¥」を付けるといいでしょう。
- 開いているフォルダーに対してNameステートメントを実行するとエラーが発生します。名前を変更したいフォルダーが開いていないことを確認してください。
- すでに存在しているフォルダーの名前を引数「Newpathname」に指定すると、エラーが発生します。ワザ281を参考にして、あらかじめ存在するかどうかを確認してからフォルダー名を指定しましょう。

関連ワザ 274 ファイル名を変更して別ドライブのフォルダーへ移動する………P.343

ワザ 276 ファイルの属性を設定する

難易度 ●○○ | 頻出度 ●○○ | 対応Ver. 365 2021 2019 2016

ファイルの属性を設定するには、SetAttrステートメントを使用します。複数のファイルに対して属性をまとめて設定する場合などに便利なステートメントです。ここでは、[データ] フォルダーにある [住所録マスタ.xlsx] の属性を読み取り専用に設定します。

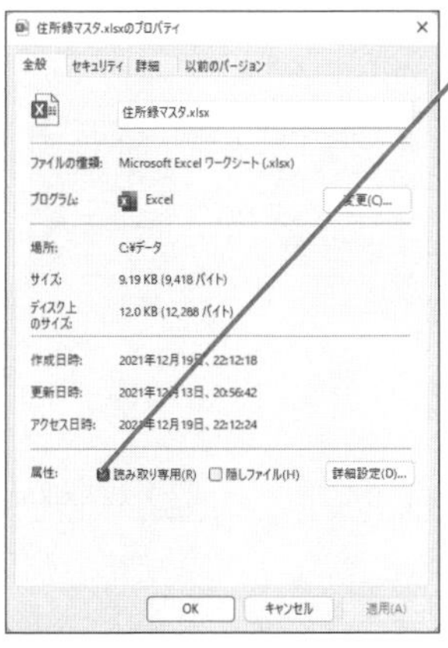

[データ] フォルダーにある [住所録マスタ.xlsx] の属性を読み取り専用に設定する

入力例　276.xlsm

```
Sub ファイル属性の変更()
    SetAttr PathName:="C:¥データ¥住所録マスタ.xlsx", Attributes:=vbReadOnly  ←1
End Sub
```

1 Cドライブの [データ] フォルダーにある [住所録マスタ.xlsx] の属性を読み取り専用に設定する

ポイント

構文 `SetAttr PathName, Attributes`

- SetAttrステートメントは、引数「PathName」に指定したファイルの属性を、引数「Attributes」に指定した属性に設定します。
- 引数「Attributes」に複数の属性を設定できます。その場合は、設定したい定数を「+」で連結して記述するか、下の表を参考に定数の値の合計値を記述します。例えば、読み取り専用ファイルと隠しファイルの属性を設定したい場合は「vbReadOnly + vbHidden」、もしくは「3」と記述します。

●引数「Attributes」の設定値（VbFileAttribute列挙型の定数）

定数	属性の種類	値
vbNormal	通常ファイル	0
vbReadOnly	読み取り専用ファイル	1
vbHidden	隠しファイル	2
vbSystem	システムファイル	4
vbDirectory	フォルダー	16
vbArchive	アーカイブ属性	32

関連ワザ 285 ファイルの属性を調べる………P.354

ワザ 277 Cドライブに新規フォルダーを作成する

難易度 ●○○ | 頻出度 ●●○ | 対応Ver. 365 2021 2019 2016

新規フォルダーを作成するには、MkDirステートメントを使用します。複数のフォルダーをまとめて作成するときに利用すると便利です。ここでは、Cドライブの［データ］フォルダー内に「写真ライブラリ1」「写真ライブラリ2」「写真ライブラリ3」「写真ライブラリ4」「写真ライブラリ5」という名前の5つのフォルダーをまとめて作成します。フォルダー名の連番は、For～Nextステートメントのループカウンターを使用して設定しています。

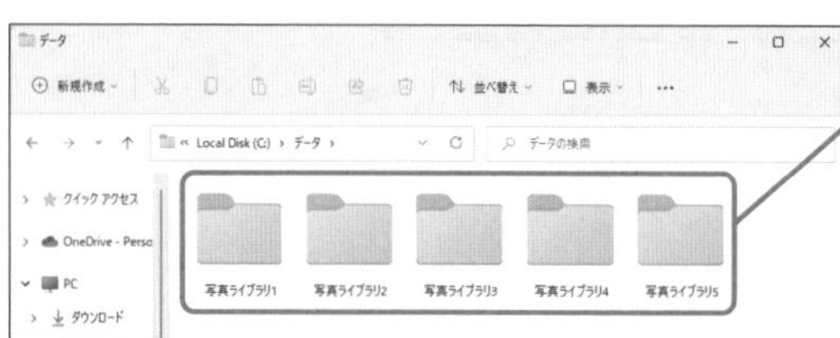

［データ］フォルダー内に「写真ライブラリ」という名前に連番を付けた5つのフォルダーをまとめて作成する

入力例

277.xlsm

```
Sub 新規フォルダー作成()
    Dim i As Integer
    For i = 1 To 5  ←1
        MkDir Path:="C:¥データ¥写真ライブラリ" & i  ←2
    Next i
End Sub
```

1新規フォルダーを作成する処理を5回繰り返す　2「写真ライブラリ」という文字列にループカウンター（変数「i」）の数値を連結したフォルダー名で、Cドライブの［データ］フォルダー内に新規フォルダーを作成する

ポイント

構文 `MkDir Path`

- MkDirステートメントは、引数「Path」に指定されたフォルダーを新しく作成します。ドライブ名を省略すると、カレントドライブに新規フォルダーが作成されます。
- フォルダー名に、「?」「/」「:」「*」「?」「"」「<」「>」「|」の文字は使用できません。
- すでに存在しているフォルダー名を指定するとエラーが発生します。ワザ281を参考にして、同じ名前のフォルダーが存在するかどうかを確認してください。

関連ワザ 275 フォルダー名を変更する………P.344
関連ワザ 278 ファイルが保存されているフォルダーを削除する………P.347
関連ワザ 281 同じ名前のファイルが存在するかどうかを調べてから保存する（Dir関数の場合）………P.350

ワザ 278 ファイルが保存されているフォルダーを削除する

難易度 ●○○ | 頻出度 ●●○ | 対応Ver. 365 2021 2019 2016

フォルダーを削除するには、RmDirステートメントを使用します。ここでは、Cドライブの［データ］フォルダーにある［写真データ］フォルダーを削除します。［写真データ］フォルダーにファイルが保存されているため、Killステートメントですべてのファイルを削除してからフォルダーを削除します。すべてのファイルを指定するには、ワイルドカード文字を使用して「*.*」と記述します。

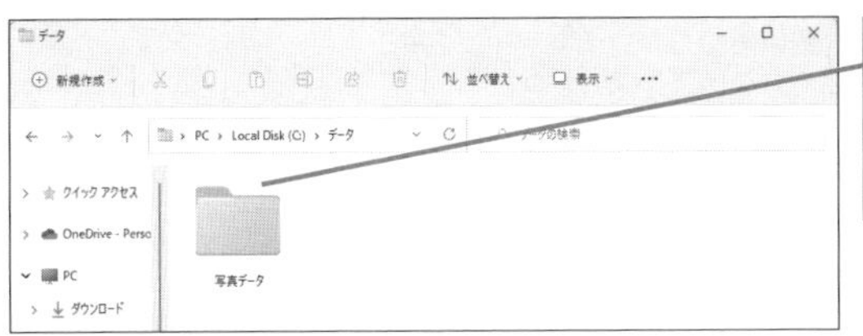

Cドライブの［データ］フォルダーにある［写真データ］フォルダーに保存されているファイルを削除してから、［写真データ］フォルダーを削除する

入力例 278.xlsm

```
Sub フォルダー削除()
    Kill PathName:="C:¥データ¥写真データ¥*.*"  ←1
    RmDir Path:="C:¥データ¥写真データ"  ←2
End Sub
```

1Cドライブの［データ］フォルダーにある［写真データ］フォルダー内のすべてのファイルを削除する 2Cドライブの［データ］フォルダーにある［写真データ］フォルダーを削除する

ポイント

構文 `RmDir Path`

- RmDirステートメントは、引数「Path」に指定されたフォルダーを削除します。ドライブ名を省略すると、カレントドライブ内のフォルダーが削除されます。
- RmDirステートメントで削除したいフォルダー内にファイルが保存されていると、エラーが発生します。ファイルが保存されているフォルダーを削除する場合は、Killステートメントを使用してフォルダー内のすべてのファイルを削除してから、RmDirステートメントを実行してください。

関連ワザ 273 フォルダー内のファイルをまとめて削除する………P.342
関連ワザ 274 ファイル名を変更して別ドライブのフォルダーへ移動する………P.343
関連ワザ 279 カレントドライブを変更する………P.348

ワザ 279 カレントドライブを変更する

難易度 ●○○ | 頻出度 ●○○ | 対応Ver. 365 2021 2019 2016

「カレントドライブ」とは、現在、作業対象になっているドライブのことです。カレントドライブを変更するには、ChDriveステートメントを使用します。ここでは、カレントドライブをDドライブに変更します。カレントドライブを、作業中のファイルが保存されているドライブに変更しておけば、その都度ドライブを切り替える必要がなくなるので、ファイルを開くときの作業効率が上がります。

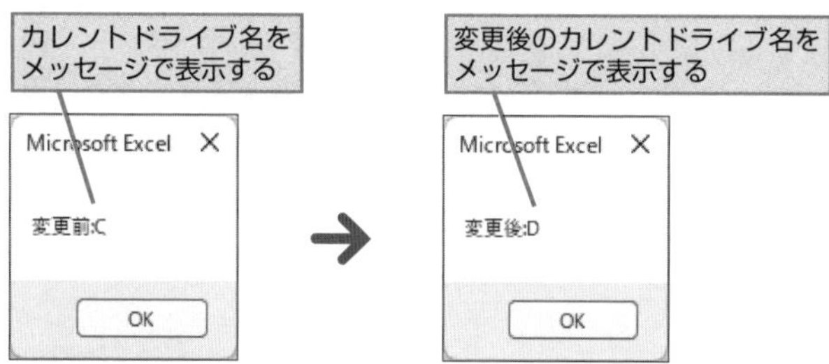
カレントドライブ名をメッセージで表示する
Microsoft Excel
変更前:C
OK
変更後のカレントドライブ名をメッセージで表示する
Microsoft Excel
変更後:D
OK

入力例　279.xlsm

```
Sub カレントドライブ変更()
    MsgBox "変更前:" & Left(CurDir(), 1)  ←1
    ChDrive Drive:="D"  ←2
    MsgBox "変更後:" & Left(CurDir(), 1)  ←3
End Sub
```

1変更前のカレントドライブ名をメッセージで表示する。カレントドライブ名は、カレントフォルダーのパスの左端から1文字分取り出して取得する　2カレントドライブをDドライブに変更する　3変更後のカレントドライブ名をメッセージで表示する

ポイント

構文 `ChDrive Drive`

- ChDriveステートメントは、カレントドライブを引数「Drive」に指定したドライブに変更します。
- 引数「Drive」に「""」を指定した場合、カレントドライブは変更されません。2文字以上の文字列を指定した場合は、最初の1文字だけがカレントドライブ名として認識されます。
- 装備されていないドライブを指定するとエラーが発生します。指定したいドライブが存在するかどうかを確認しておいてください。
- CD/DVDドライブやメモリーカードなどを指定する場合、ドライブにメディアがセットされていないとエラーが発生します。メディアをセットしてからプロシージャーを実行してください。

関連ワザ 230 カレントフォルダーにあるブックを開く………P.289
関連ワザ 280 カレントフォルダーを変更する………P.349
関連ワザ 286 Cドライブのカレントフォルダーを調べる………P.355

ワザ 280 カレントフォルダーを変更する

難易度 ●○○ | 頻出度 ●●○ | 対応Ver. 365 2021 2019 2016

「カレントフォルダー」とは、現在作業対象になっているフォルダーのことで、[ファイルを開く] ダイアログボックスや [名前を付けて保存] ダイアログボックスを開いたときに表示されます。カレントフォルダーを変更するには、ChDirステートメントを使用します。ここでは、カレントフォルダーをCドライブの [データ] フォルダーに変更します。

入力例　280.xlsm

```
Sub カレントフォルダー変更()
    MsgBox "変更前:" & CurDir()  ←1
    ChDir Path:="C:¥データ"  ←2
    MsgBox "変更後:" & CurDir()  ←3
End Sub
```

1 変更前のカレントフォルダー名をメッセージで表示する　2 カレントフォルダーをCドライブの [データ] フォルダーに変更する　3 変更後のカレントフォルダー名をメッセージで表示する

ポイント

構文 `ChDir Path`

- ChDirステートメントは、カレントフォルダーを引数「Path」に指定したフォルダーに変更します。
- 引数「Path」には、ドライブ名を含むフォルダー名を指定できます。ドライブ名を省略した場合は、カレントドライブ内のフォルダーが設定の対象となります。
- 存在しないフォルダーをカレントフィルダーに指定するとエラーが発生します。ワザ281を参考にして、指定したいフォルダーが存在するかどうかを確認しておいてください。
- カレントドライブとは違うドライブ内のフォルダーを指定したい場合は、ワザ279を参考にして、カレントドライブを変更してからカレントフォルダーを変更してください。

関連ワザ 230 カレントフォルダーにあるブックを開く………P.289
関連ワザ 279 カレントドライブを変更する………P.348
関連ワザ 286 Cドライブのカレントフォルダーを調べる………P.355

ワザ 281 同じ名前のファイルが存在するかどうかを調べてから保存する（Dir関数の場合）

難易度 ●●○ | 頻出度 ●●● | 対応Ver. 365 2021 2019 2016

ファイル名の入力画面を表示し、入力されたファイル名で、ブックをCドライブの［データ］フォルダーに保存します。このとき、保存先に同じファイル名のブックが存在するかを、Dir関数を使用して調べます。同じファイル名が存在した場合は、ブックを保存せずにファイル名の入力画面を再表示し、同じファイル名が存在しない場合は、ブックにそのファイル名を付けて保存します。

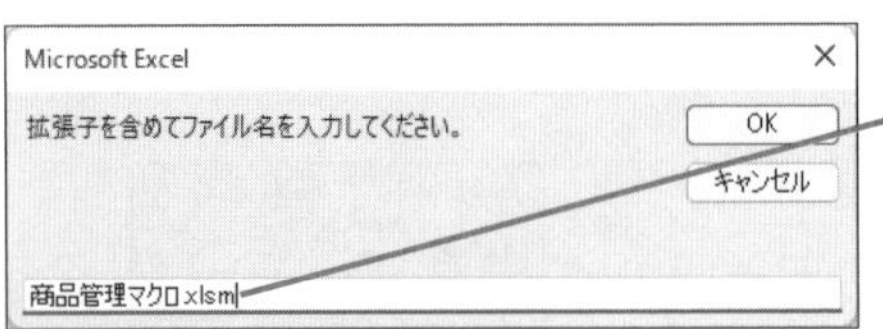

ファイル名を入力する画面を表示し、保存先に同じ名前のファイルがあるかを調べてからファイルを保存する

入力例

281.xlsm

```
Sub Dir関数による同名ファイル確認()
    Dim myFileName As String
    Do ←2
        myFileName = InputBox("拡張子を含めてファイル名を入力してください。") ←1
        If myFileName = "" Then ←3
            MsgBox "保存処理を中断します。"
            Exit Do
        End If
        If Dir("C:¥データ¥" & myFileName) <> "" Then ←4
            MsgBox "同じ名前のファイルが存在します。違うファイル名を入力して下さい。"
        Else ←5
            ActiveWorkbook.SaveAs Filename:="C:¥データ¥" & myFileName
            Exit Do
        End If
    Loop
End Sub
```

1 InputBox関数で入力画面を表示して、ファイル名を取得する　2 保存先に存在しないファイル名が入力されるまで、Do ～ Loopステートメントを使用して入力画面を表示する　3 InputBox関数の戻り値が「""」（長さ0の文字列）だった（キャンセルボタンがクリックされた）場合、「保存処理を中断します」というメッセージを表示して、Do ～ Loopステートメントのループ処理から強制的に抜ける　4 Dir関数の戻り値が「""」（長さ0の文字列）でなかった場合、同じファイル名のブックが存在すると判断できるため、メッセージを表示してループ処理を続ける　5 その他の場合（Dir関数の戻り値が「""」（長さ0の文字列）だった場合）、同じファイル名のブックが存在しないと判断できるため、アクティブブックに名前を付けてCドライブの［データ］フォルダーに保存し、Do ～ Loopステートメントのループ処理から強制的に抜ける

ポイント

構文 `Dir(PathName, Attributes)`

- Dir関数は、引数「PathName」に指定されたファイル名と一致するファイルを検索して、見つかった場合に、そのファイル名を文字列で返します。ファイルが見つからなかった場合は、「""」（長さ0の文字列）を返します。引数「Attributes」に「vbDirectory」を指定するとフォルダーを検索できます。省略した場合はファイルを検索します。

ワザ 282 フォルダー内のファイル名一覧を作成する

難易度 ●●○ | 頻出度 ●●● | 対応Ver. 365 2021 2019 2016

検索結果としてファイル名を返すDir関数を活用して、フォルダーに保存されているファイル名の一覧を作成します。ここでは、Cドライブの［在庫データ］フォルダー内のファイル名の一覧をワークシート上に作成します。このワザは、複数のファイルからファイル名だけを取り出す定番テクニックです。

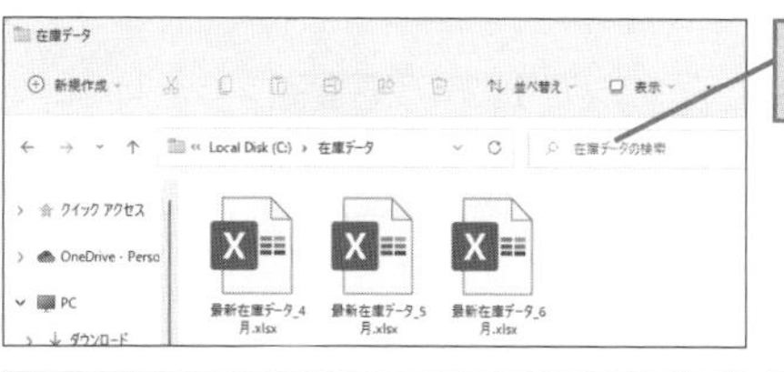

［在庫データ］フォルダーにファイルが保存されている

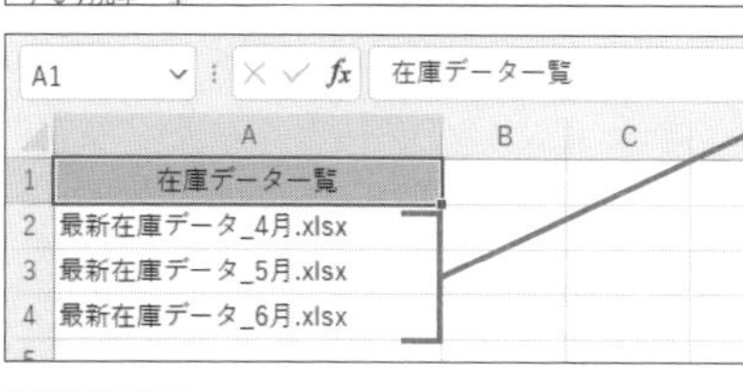

［在庫データ］フォルダーに保存されているファイルのファイル名一覧を作成する

入力例 282.xlsm

```
Sub ファイル一覧作成()
    Dim myFileName As String, i As Integer
    myFileName = Dir("C:¥在庫データ¥*.xlsx") ←1
    i = 2 ←2
    Do Until myFileName = "" ←3
        Cells(i, 1).Value = myFileName ←4
        myFileName = Dir() ←5
        i = i + 1
    Loop
End Sub
```

1Cドライブの［在庫データ］フォルダー内で、拡張子が「xlsx」のファイルを検索し、見つかったファイルの名前を変数「myFileName」に代入する 2シートの2行目から一覧を作成するので、ファイル名を表示するセルの行位置の初期値として「2」を代入する 3Dir関数が「""」（長さ0の文字列）を返す（検索するファイルが見つからなくなる）まで、処理を繰り返し実行する 4i行1列目のセルにファイル名を表示する 52つ目以降のファイルを検索する

ポイント

- Dir関数は、引数「PathName」に指定されたファイル名と一致するファイルを検索して、見つかった場合に、そのファイル名を文字列で返します。このファイル名を使用してファイル名一覧を作成します。
- Dir関数の引数を省略すると、Dir関数は、「""」（長さ0の文字列）を返す（検索するファイルが見つからなくなる）まで、最初の引数「PathName」の指定で検索を実行します。この性質を利用して、2つ目以降のファイルを検索します。

関連ワザ 287 特殊フォルダーのパスを取得する………P.356
関連ワザ 298 フォルダー内のすべてのファイルの情報一覧を作成する………P.370

ワザ 283 ファイルサイズを調べる

難易度 ●○○ | 頻出度 ●○○ | 対応Ver. 365 2021 2019 2016

ファイルサイズを調べるには、FileLen関数を使用します。バイト単位でファイルサイズを取得できるので、正確なファイルサイズを調べるのに向いています。ここでは、Cドライブの［データ］フォルダーにある「住所録マスタ.xlsx」のファイルサイズを調べてセルA2に表示します。変数を使用してファイルサイズを取得する場合は、長整数型（Long）の変数を使用してください。

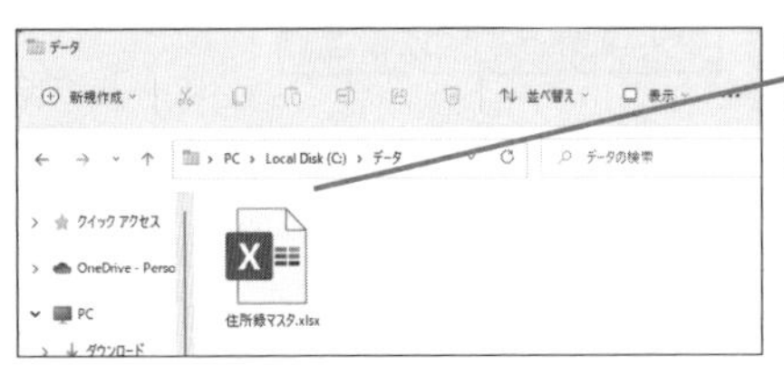

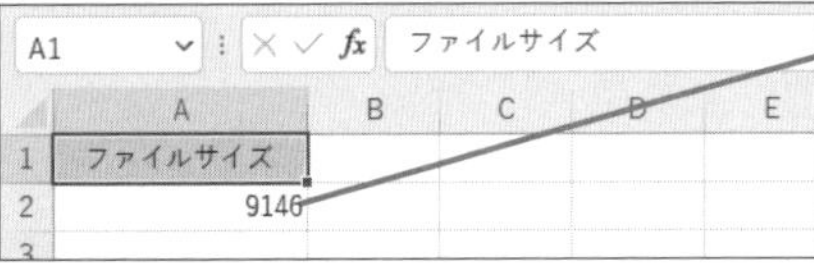

入力例　283.xlsm

```
Sub ファイルサイズ取得()
    Dim myFileSize As Long
    myFileSize = FileLen("C:¥データ¥住所録マスタ.xlsx") ←1
    Range("A2").Value = myFileSize ←2
End Sub
```

1 Cドライブの［データ］フォルダーにある［住所録マスタ.xlsx］のファイルサイズを取得して、変数「myFileSize」に代入する　2 変数「myFileSize」に代入したファイルサイズをセルA2に表示する

ポイント

構文　FileLen(PathName)

- FileLen関数は、引数「PathName」に指定されたファイルのファイルサイズをバイト単位で返します。長整数型の値で返すので、FileLen関数の戻り値を代入する変数は長整数型（Long）で宣言してください。
- すでに開いているファイルのサイズを調べた場合、FileLen関数はファイルが開かれる前のファイルサイズを返します。

関連ワザ 284 ファイルの更新日時を調べる………P.353
関連ワザ 285 ファイルの属性を調べる………P.354

ワザ 284 ファイルの更新日時を調べる

難易度 ●○○ ｜ 頻出度 ●○○ ｜ 対応Ver. 365 2021 2019 2016

ファイルの更新日時を調べるには、FileDateTime関数を使用します。ファイルが更新された最近の日時を調べたり、複数のファイルの更新日時を調べて比較したりするときに便利な関数です。ここでは、[ファイルを開く] ダイアログボックスを表示し、選択されたファイルの更新日時をセルA2に表示します。このとき、セルA2の表示形式として [yyyy/m/d h:mm] が自動的に設定されます。

[ファイルを開く] ダイアログボックスを表示し、ファイルを選択する

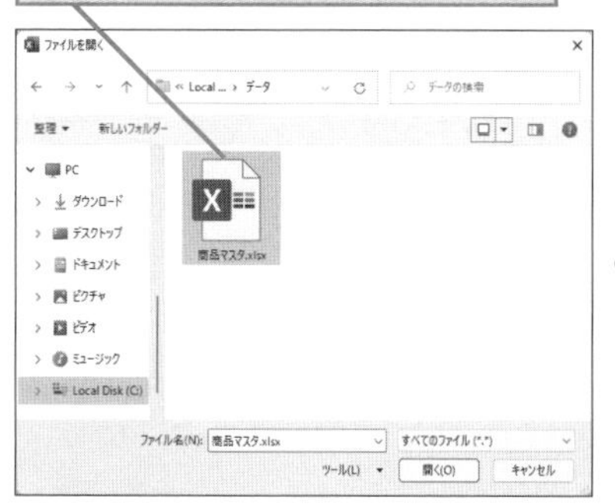

選択されたファイルの更新日時をセルA2に表示する

入力例

284.xlsm

```
Sub ファイルの更新日時()
    Dim myFilePath As String
    myFilePath = Application.GetOpenFilename()  ←1
    Range("A2").Value = FileDateTime(myFilePath)  ←2
End Sub
```

1 [ファイルを開く] ダイアログボックスを表示し、選択されたファイルのファイルパスを変数「myFilePath」に代入する　2 変数「myFilePath」に代入したファイルパスに保存されているファイルの更新日時を取得して、セルA2に表示する

ポイント

構文 `FileDateTime(PathName)`

- FileDateTime関数は、引数「PathName」に指定されたファイルの更新日時を日付型の値で返します。
- 引数「PathName」には、ファイルパスを指定できます。ファイル名のみを指定した場合は、カレントフォルダーに保存されているファイルを参照します。
- 引数「PathName」に存在しないファイルを指定するとエラーが発生します。ワザ281を参考にして、指定したいファイルが存在するかどうかを確認してから実行しましょう。
- 引数「PathName」にフォルダーを指定すれば、フォルダーの更新日時を調べられます。

ワザ 285 ファイルの属性を調べる

難易度 ●○○ | 頻出度 ●○○ | 対応Ver. 365 2021 2019 2016

読み取り専用ファイルや隠しファイルといったファイルの属性を調べるには、GetAttr関数を使用します。ここでは、［ファイルを開く］ダイアログボックスを表示し、選択されたファイルの属性をセルA2に表示します。表示されるのは、ファイルの属性を表す整数値です。ファイルに複数の属性が設定されている場合は、その合計値が表示されます。

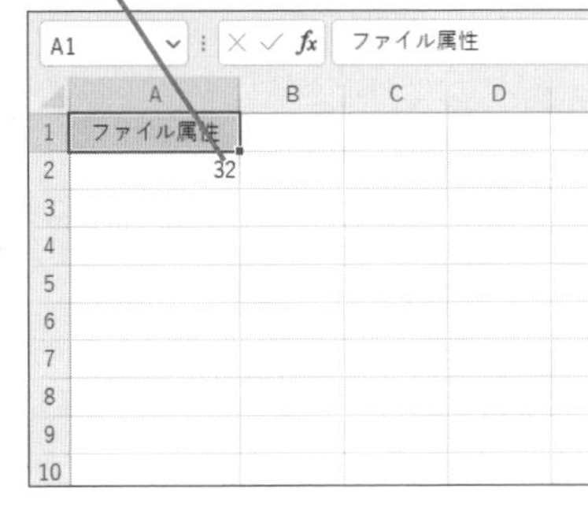

入力例 285.xlsm

```
Sub ファイル属性()
    Dim myFilePath As String
    myFilePath = Application.GetOpenFilename()  ←1
    Range("A2").Value = GetAttr(myFilePath)  ←2
End Sub
```

1［ファイルを開く］ダイアログボックスを表示し、選択されたファイルのファイルパスを変数「myFilePath」に代入する　2変数「myFilePath」に代入したファイルパスに保存されているファイルの属性を取得して、セルA2に表示する

ポイント

構文 `GetAttr(PathName)`

- GetAttr関数は、引数「PathName」に指定されたファイルの属性を、VbFileAttribute列挙型の定数（整数型の値）で返します。VbFileAttribute列挙型の定数については、ワザ276を参照してください。
- ファイルが複数の属性を持っている場合は、その合計値を返します。例えば、合計値が「7」の場合、VbFileAttribute列挙型の定数で合計が「7」になる組み合わせは「1+2+4」だけです。したがって、設定されているファイルの属性は、「読み取り専用ファイル」「隠しファイル」「システムファイル」の3つであることが分かります。このように、VbFileAttribute列挙型の定数は、組み合わせた合計値が重複することはありません。

ワザ 286 Cドライブのカレントフォルダーを調べる

難易度 ●○○ | 頻出度 ●○○ | 対応Ver. 365 2021 2019 2016

「カレントフォルダー」とは、現在、作業対象になっているフォルダーのことです。特定のドライブのカレントフォルダーを調べるには、CurDir関数を使用します。ここでは、Cドライブのカレントフォルダーを調べて、セルA2に表示します。カレントフォルダーを変更したい場合は、ワザ280のChDirステートメントを使用してください。

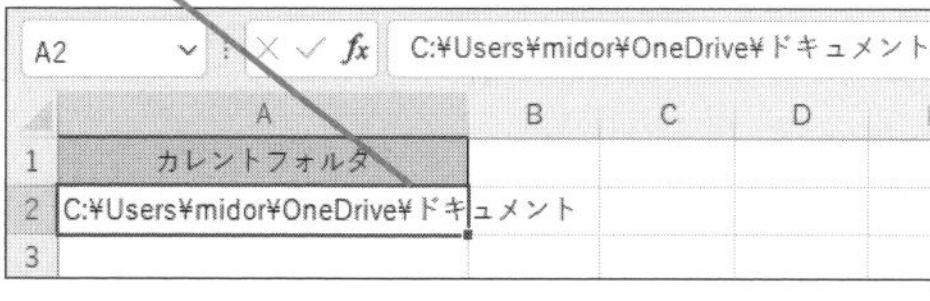

入力例　286.xlsm

```
Sub カレントパス取得()
    Range("A2").Value = CurDir("C")  ←1
End Sub
```

1 CドライブのカレントフォルダーをセルA2に表示する

ポイント

構文 **CurDir(Drive)**

- CurDir関数は、引数「Drive」に指定されたドライブのカレントフォルダーのフォルダーパスを文字列型の値で返します。引数「Drive」の記述を省略して実行すると、カレントドライブのカレントフォルダーのフォルダーパスを返します。

関連ワザ 230 カレントフォルダーにあるブックを開く………P.289
関連ワザ 279 カレントドライブを変更する………P.348
関連ワザ 280 カレントフォルダーを変更する………P.349

ワザ 287 特殊フォルダーのパスを取得する

難易度 ●●○ | 頻出度 ●○○ | 対応Ver. 365 2021 2019 2016

Windowsには、システムが使用するためにあらかじめ用意されている特殊フォルダーがあります。[デスクトップ] や [ドキュメント] と日本語で表示されているフォルダーもあれば、システム用のフォルダーとして内部に隠されているフォルダーもあります。特殊フォルダーのパスの中には、ログインユーザー名を含むパスがあるため、ログインしているユーザーによってパスが異なります。Excelのブックを特殊フォルダーに保存したい場合は、事前に特殊フォルダーのパスを調べておきましょう。WshShellオブジェクトのSpecialFoldersプロパティでログインユーザー名を含んだパスを取得できます。

A1 デスクトップ

	A	B
1	デスクトップ	C:¥Users¥midor¥OneDrive¥デスクトップ
2	ドキュメント	C:¥Users¥midor¥OneDrive¥ドキュメント
3	テンプレート	C:¥Users¥midor¥AppData¥Roaming¥Microsoft¥Windows¥Templates
4		
5		
6		

特殊フォルダーのパスを取得してセルに表示する

入力例 287.xls

```
Sub 特殊フォルダー取得()
    Dim myWSH As New WshShell ←1
    Range("B1").Value = myWSH.SpecialFolders("Desktop") ←2
    Range("B2").Value = myWSH.SpecialFolders("MyDocuments") ←3
    Range("B3").Value = myWSH.SpecialFolders("Templates") ←4
End Sub
```

1 WshShell型の変数「myWSH」を宣言して、WshShellオブジェクトのインスタンスを生成する 2 デスクトップのパスを取得して、セルB1に表示する 3 ドキュメントのパスを取得して、セルB1に表示する 4 テンプレートのパスを取得して、セルB1に表示する

構文 `Dim 変数名 As New WshShell`

- Windowsで簡単なプログラムを作成できるスクリプト言語「Windows Script Host」をExcel VBAで使用するには、WshShellオブジェクトのインスタンスを生成します。
- Excel VBAからWshShellオブジェクトを使用するには、[Windows Script Host Object Model] への参照設定を行う必要があります。

構文 `WshShellオブジェクト.SpecialFolders(objWshSpecialFolders)`

- 特殊フォルダーのパスを取得するには、WshShellオブジェクトのSpecialFoldersプロパティを使用します。
- 引数「objWshSpecialFolders」に、パスを取得したい特殊フォルダーの名前を指定します。

●引数「objWshSpecialFolders」の指定値と特殊フォルダー名

指定値	特殊フォルダー名
Desktop	デスクトップ
MyDocuments	ドキュメント
Templates	テンプレート
Favorites	お気に入り
Recent	最近使った項目
AppData	アプリ用データ
PrintHood	プリンター用ショートカット
SendTo	送る
NetHood	ネットワーク用ショートカット
Programs	プログラム
StartMenu	スタートメニュー
Startup	スタートアップ
Fonts	フォント
AllUsersDesktop	パブリックのデスクトップ
AllUsersPrograms	パブリックのプログラムメニュー
AllUsersStartMenu	パブリックの [スタート] メニュー
AllUsersStartup	パブリックの [スタート] アップ

関連ワザ 288 ファイルシステムオブジェクトとは………P.358
関連ワザ 289 外部ライブラリファイルへの参照設定を行う………P.360
関連ワザ 290 参照設定を行わずに外部オブジェクトを使用する………P.361

ワザ 288 ファイルシステムオブジェクトとは

難易度 ●●○ | 頻出度 ●●○ | 対応Ver. 365 2021 2019 2016

ファイルシステムオブジェクト（FileSystemObject：以下FSO）は、ドライブやフォルダー、ファイルを操作するためのオブジェクトです。FSOを使用すると、ファイルやフォルダーを処理するプログラムを「オブジェクト.メソッド」「オブジェクト.プロパティ」といったVBAの基本構文で記述できます。FileCopyステートメントやDir関数などと比べて記述しやすく、分かりやすいコードを記述できます。

ファイルシステムオブジェクトの構成

FSOは、下図のようなコレクションとオブジェクトから構成されています。最上位のオブジェクトはFileSystemObjectオブジェクトです。そのほかのオブジェクトは、すべてFileSystemObjectオブジェクトの下位オブジェクトとして扱い、複数のオブジェクトはコレクションとして扱います。

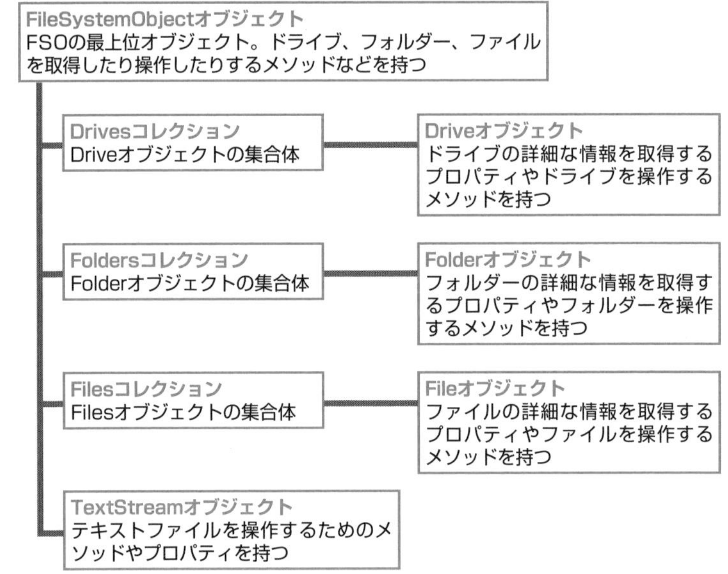

ファイルシステムオブジェクトを使用する準備

FSOを使用するには、その準備として、［Microsoft Scripting Runtime］への参照設定を行う必要があります。［Microsoft Scripting Runtime］は、FSOを構成するオブジェクトが定義されている外部ライブラリファイル（scrrun.dll）です。具体的な操作手順については、ワザ289を参照してください。なお、参照設定は、FSOを使用するブックごとに設定する必要があります。

FileSystemObject オブジェクトの使用方法

ファイルやフォルダーなどの基本操作（作成やコピーなど）を実行するには、FSOの最上位オブジェクト「FileSystemObjectオブジェクト」を使用します。FileSystemObjectオブジェクトを使用するには、そのひな形であるFileSystemObjectクラスからインスタンスを生成して、FileSystemObjectオブジェクトのプロパティやメソッドを「オブジェクト.メソッド」「オブジェクト.プロパティ」といったVBAの基本構文で記述します。FileSystemObjectオブジェクトを使用してファイルやフォルダーを操作する場合、操作対象をオブジェクトとして取得する手間が省けますが、操作するたびにファイルパスやフォルダーパスを指定する必要があります。

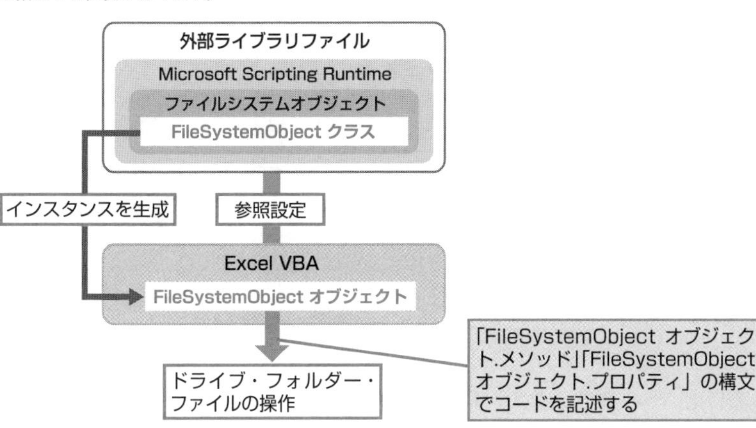

下位オブジェクトの使用方法

FileSystemObjectオブジェクトの下位オブジェクト（FileオブジェクトやFolderオブジェクトなど）のプロパティやメソッドを使用すると、FileSystemObjectオブジェクトより詳細な操作をファイルやフォルダーなどに対して実行できます。下位オブジェクトのプロパティやメソッドを実行するには、FileSystemObjectオブジェクトのGetFileメソッドやGetFolderメソッドなどを使用して下位オブジェクトを取得し、「オブジェクト.メソッド」「オブジェクト.プロパティ」といったVBAの基本構文でコードを記述します。操作対象のファイルやフォルダをFileオブジェクトやFolderオブジェクトとして取得してから操作するため、操作対象のファイルパスやフォルダーパスは、オブジェクトを取得する時だけ記述すればよいので便利です。

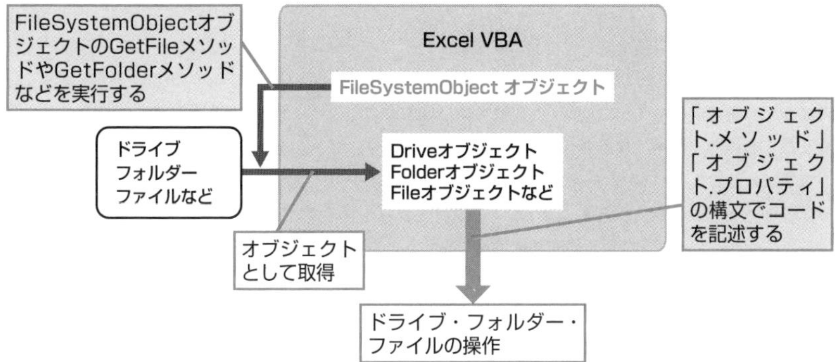

ワザ 289

外部ライブラリファイルへの参照設定を行う

難易度 ●○○ | 頻出度 ●●○ | 対応Ver. 365 2021 2019 2016

参照設定は、外部ライブラリファイルを参照できるように設定する操作です。参照設定を行うことで、ライブラリファイルで定義されている外部オブジェクトを効率的に使用できるようになります。参照設定は、外部ライブラリファイルを参照したいブックごとに設定する必要があります。

1 ［参照設定］ダイアログボックスを表示する

ワザ001を参考にVBEの画面を表示しておく

［参照設定］ダイアログボックスを表示する

1 ［ツール］をクリック

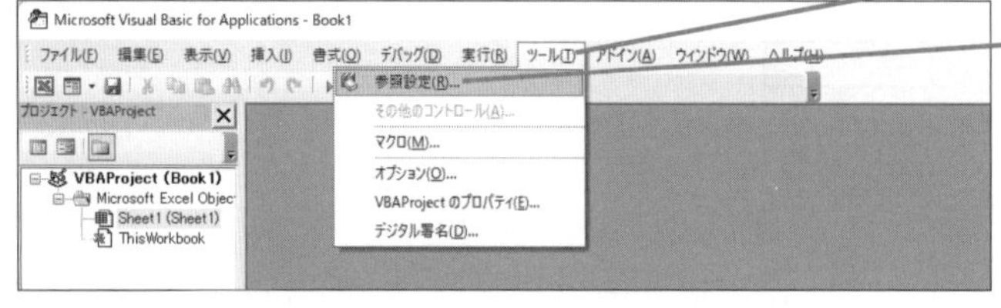

2 ［参照設定］をクリック

2 参照したいライブラリファイルを指定する

［参照設定］ダイアログボックスが表示された

ここでは、FSOを使用するための外部ライブラリファイルを指定する

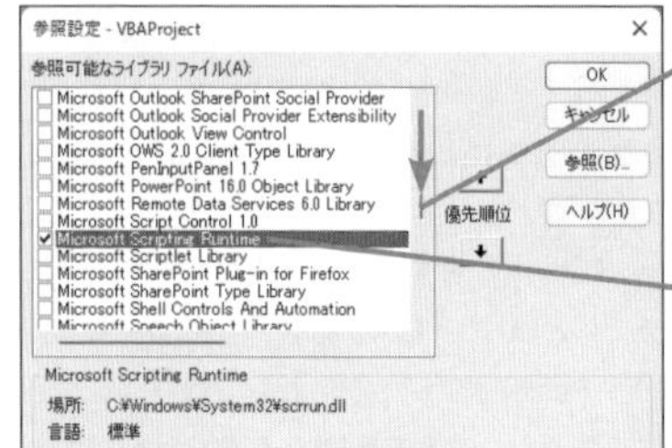

1 ここを下にドラッグしてスクロール

2 ［Microsoft Scripting Runtime］をクリックしてチェックマークを付ける

3 ［OK］をクリック

ポイント

- 参照設定を行うと、外部オブジェクトに関するステートメントのチェックがプログラムの実行前に行われるため、参照設定を行わずに外部オブジェクトを使用するときと比べて、マクロの実行速度が速くなるほか、外部オブジェクトについても自動メンバ表示や自動クイックヒント表示など、プログラミングを支援する機能が使用できるようになるため、効率的にプログラムを作成できます。

構文 `Dim 変数名 As New 外部オブジェクトのクラス名`

- 参照設定を行った場合、外部オブジェクトのクラスからインスタンスを生成するには、Dimステートメントで Newキーワードを使用して変数を宣言します。インスタンスは、宣言した変数が最初に参照されたときに自動生成されて変数に代入されます。

関連ワザ 288 ファイルシステムオブジェクトとは………P.358

ワザ 290 参照設定を行わずに外部オブジェクトを使用する

難易度 ●●○ | 頻出度 ●○○ | 対応Ver. 365 2021 2019 2016

参照設定を行わずに外部オブジェクトを使用するには、CreateObject関数を使用して外部オブジェクトのインスタンスを生成します。ここでは、FileSystemObjectオブジェクトのインスタンスを生成し、Cドライブの［データ］フォルダー内にテキストファイル（商品マスタ.txt）が存在するかどうかを調べてメッセージを表示します。

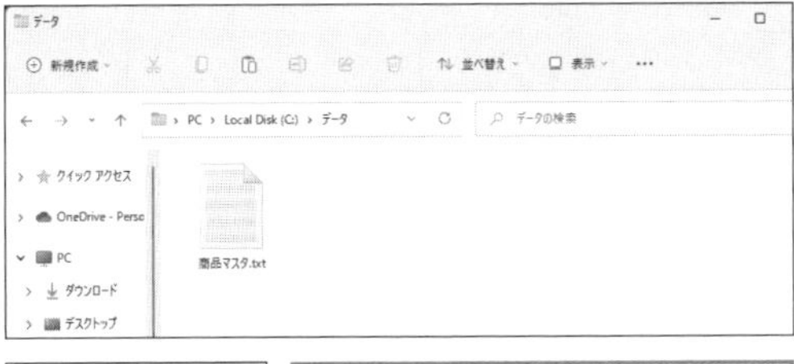

［データ］フォルダー内に［商品マスタ.txt］が存在するかどうかを調べてメッセージを表示する

入力例 290.xlsm

```
Sub 参照設定なし()
    Dim myFSO As Object ←1
    Dim myResult As Boolean
    Set myFSO = CreateObject("Scripting.FileSystemObject") ←2
    myResult = myFSO.FileExists("C:¥データ¥商品マスタ.txt") ←3
    If myResult = True Then ←4
        MsgBox "存在します。"
    Else
        MsgBox "存在しません。"
    End If
End Sub
```

1 CreateObject関数で生成するインスタンスを代入する変数「myFSO」を宣言する　2 外部ライブラリ「Scripting」のFileSystemObjectオブジェクトのインスタンスを生成して、変数「myFSO」に代入する　3 Cドライブの［データ］フォルダー内にファイル（商品マスタ.txt）があるかどうかを調べて、その結果を変数「myResult」に代入する　4 変数「myResult」が「True」の場合は「存在します」、その他（「False」）の場合は「存在しません」というメッセージを表示する

次のページに続く▶

ポイント

構 文 `CreateObject(Class)`

- CreateObject関数は、引数「Class」に指定されたクラス（ひな型）から、外部オブジェクトのインスタンス（オブジェクトの複製）を生成します。
- 引数「Class」は、「アプリケーション名（または外部ライブラリ名）.クラス名」という形式で記述します。Excel VBAで操作できるオブジェクトの主なクラスの記述方法は次の通りです。

●主なクラスの記述方法

操作したいオブジェクト	クラスの記述方法
FSOのFileSystemObjectオブジェクト	Scripting.FileSystemObject
ADOのConnectionオブジェクト	ADODB.Connection
ADOのRecordsetオブジェクト	ADODB.Recordset
ADOのCommandオブジェクト	ADODB.Command
Excel	Excel.Application
Word	Word.Application
PowerPoint	PowerPoint.Application
Outlook	Outlook.Application
Internet Explorer	InternetExplorer.Application
Shell32ライブラリ	Shell.Application

- CreateObject関数で外部オブジェクトのインスタンスを生成する場合、生成したインスタンスを代入する変数はObject型で宣言します。
- CreateObject関数を使用して外部オブジェクトを操作する場合、ブックごとに参照設定を行う必要がないため、プロシージャーを手軽に作成できます。
- CreateObject関数を使用した場合、外部オブジェクトに関するステートメントのチェックがプログラム実行時に行われるため、参照設定を行って外部オブジェクトを使用するときと比べて、マクロの実行速度が遅くなるほか、外部オブジェクトについて、自動メンバ表示や自動クイックヒント表示などのプログラミングの支援機能が使用できないため、作業効率が下がります。

関連ワザ 289 外部ライブラリファイルへの参照設定を行う………P.360
関連ワザ 291 FileSystemObjectオブジェクトを使用してファイルをコピーする………P.363
関連ワザ 300 同じ名前のファイルが存在するかどうかを調べてから保存する（FSOの場合）………P.374

ワザ 291 FileSystemObjectオブジェクトを使用してファイルをコピーする

難易度 ○○○ | 頻出度 ○○○ | 対応Ver. 365 2021 2019 2016

FSOでファイルをコピーする場合、FileSystemObjectオブジェクトのCopyFileメソッドを使用すると、手軽にプロシージャーを作成できます。ここでは、Cドライブの［会議資料］フォルダー内にある［補足資料.xlsx］を、［会議資料］フォルダー内の［バックアップ］フォルダーに別名でコピーします。なお、ファイルをFileオブジェクトとして取得してコピーする場合は、ワザ292を参照してください。

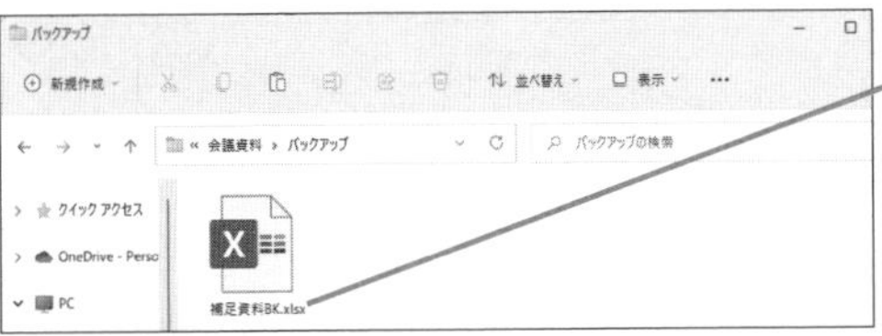

［会議資料］フォルダー内にある［補足資料.xlsx］をコピーして、［バックアップ］フォルダーに「補足資料BK.xlsx」という名前で保存する

入力例

291.xlsm

```
Sub FSOオブジェクトを使用してファイルを別名で別フォルダーにコピー()
    Dim myFSO As New FileSystemObject
    myFSO.CopyFile Source:="C:¥会議資料¥補足資料.xlsx", _  ←1
        Destination:="C:¥会議資料¥バックアップ¥補足資料BK.xlsx"
End Sub
```

1 Cドライブの［会議資料］フォルダー内にある［補足資料.xlsx］を、［会議資料］フォルダー内の［バックアップ］フォルダーに「補足資料BK.xlsx」というファイル名でコピーする

ポイント

構文 `FileSystemObjectオブジェクト.CopyFile(Source, Destination, [OverWriteFiles])`

- FileSystemObjectオブジェクトのCopyFileメソッドは、引数「Source」に指定したファイルパスに保存されているファイルを、引数「Destination」に指定したファイルパスにコピーします。ファイル名を変更してコピーしたいときは、変更したファイル名を含むファイルパスを引数「Destination」に指定します。
- 引数「Source」や引数「Destination」にファイル名だけを指定した場合は、カレントフォルダーのファイルが操作の対象となります。
- 引数「Source」のファイルパスの最終要素でのみ、ワイルドカードを使用できます。
- 引数「Destination」にコピー先のフォルダーのみを指定する場合、パスの末尾に「¥」を付けてください。
- 引数「OverWriteFiles」を省略、または「True」を指定すると、コピー先に同名のファイルが存在した場合に上書きします。
- 引数「OverWriteFiles」に「False」を指定すると、コピー先に同名のファイルが存在した場合にエラーが発生します。同名のファイルを上書きしたくない場合は、この機能を利用して、エラー処理によって上書きを回避してください。
- Newキーワードを使用してFileSystemObjectオブジェクトのインスタンスを生成する場合、［Microsoft Scripting Runtime］への参照設定が必要です（ワザ289参照）。

関連ワザ 292 Fileオブジェクトを使用してファイルをコピーする………P.364
関連ワザ 293 FileSystemObjectオブジェクトを使用してファイルを移動する………P.365
関連ワザ 295 FileSystemObjectオブジェクトを使用してファイルを削除する………P.367

ワザ 292 Fileオブジェクトを使用してファイルをコピーする

難易度 ●●○ ｜ 頻出度 ●●○ ｜ 対応Ver. 365 2021 2019 2016

FileSystemObjectオブジェクトのGetFileメソッドを使用すると、ファイルをFSOのFileオブジェクトとして取得できます。Fileオブジェクトを使用してファイルをコピーするには、FileオブジェクトのCopyメソッドを使用します。ここでは、Cドライブの［データ］フォルダー内にある［商品マスタ.xlsx］を［バックアップ］フォルダーに別名でコピーします。

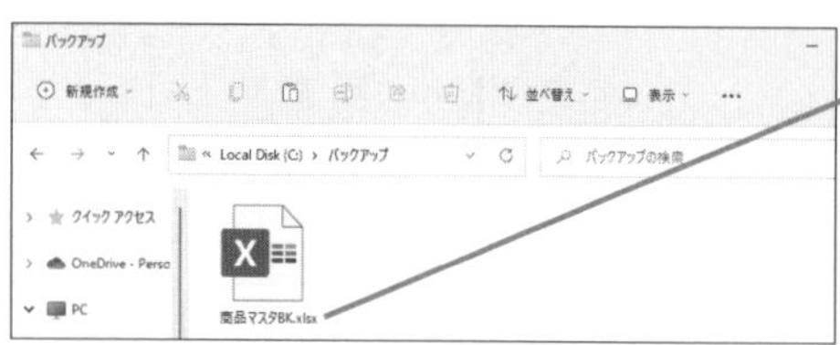

［データ］フォルダー内にある［商品マスタ.xlsx］をコピーして、［バックアップ］フォルダーに「商品マスタBK.xlsx」という名前で保存する

入力例

292.xlsm

```
Sub Fileオブジェクトを使用してファイルを別名で別フォルダーにコピー()
    Dim myFSO As New FileSystemObject
    Dim myFile As File ←1
    Set myFile = myFSO.GetFile("C:¥データ¥商品マスタ.xlsx") ←2
    myFile.Copy Destination:="C:¥バックアップ¥商品マスタBK.xlsx" ←3
End Sub
```

1コピーしたいファイル（Fileオブジェクト）を代入する変数「myFile」を宣言する　2Cドライブの［データ］フォルダーにある［商品マスタ.xlsx］を取得して、変数「myFile」に代入する　3変数「myFile」に代入したファイルを、Cドライブの［バックアップ］フォルダーに「商品マスタBK.xlsx」というファイル名でコピーする

ポイント

構文 `FileSystemObjectオブジェクト.GetFile(FilePath)`

- FileSystemObjectオブジェクトのGetFileメソッドは、引数「FilePath」に指定されたファイルパスに保存されているファイルを、FSOのFileオブジェクトとして返します。

構文 `Fileオブジェクト.Copy(Destination, [OverWriteFiles])`

- FileオブジェクトのCopyメソッドは、Fileオブジェクトとして取得したファイルを、引数「Destination」に指定されたファイルパスへコピーします。ファイル名を変更してコピーしたいときは、引数「Destination」に変更したファイル名を含むファイルパスを指定します。
- 引数「Destination」にコピー先のフォルダーのみを指定する場合、パスの末尾に「¥」を付けてください。
- 引数「OverWriteFiles」を省略、または「True」を指定すると、コピー先に同名のファイルが存在した場合に上書きします。「False」を指定すると、コピー先に同名ファイルが存在する場合にエラーが発生します。同名のファイルを上書きしたくない場合は、この機能を利用して、エラー処理によって上書きを回避してください。
- Newキーワードを使用してFileSystemObjectオブジェクトのインスタンスを生成する場合、［Microsoft Scripting Runtime］への参照設定が必要です（ワザ289参照）。

関連ワザ 294 Fileオブジェクトを使用してファイルを移動する………P.366
関連ワザ 296 Fileオブジェクトを使用してファイルを削除する………P.368

ワザ 293 FileSystemObjectオブジェクトを使用してファイルを移動する

難易度 ●○○ | 頻出度 ●●○ | 対応Ver. 365 2021 2019 2016

FSOでファイルを移動する場合、FileSystemObjectオブジェクトのMoveFileメソッドを使用すると、手軽にプロシージャーを作成できます。ここでは、Cドライブの［見積データ］フォルダー内にある［御見積書_0910.xlsx］を、［見積データ］フォルダー内の［提出済］フォルダーに移動します。なお、ファイルをFileオブジェクトとして取得して移動する場合は、ワザ294を参照してください。

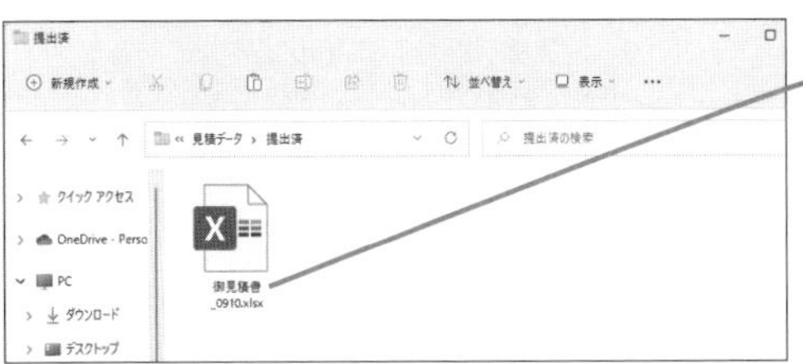

［見積データ］フォルダー内にある［御見積書_0910.xlsx］を［提出済］フォルダーに移動する

入力例

293.xlsm

```
Sub FSOオブジェクトを使用してファイルを移動()
    Dim myFSO As New FileSystemObject
    myFSO.MoveFile Source:="C:¥見積データ¥御見積書_0910.xlsx", _  ←1
        Destination:="C:¥見積データ¥提出済¥"
End Sub
```

1 Cドライブの［見積データ］フォルダー内にある［御見積書_0910.xlsx］を、［見積データ］フォルダー内の［提出済］フォルダーに移動する

ポイント

構文 `FileSystemObjectオブジェクト.MoveFile(Source, Destination)`

- FileSystemObjectオブジェクトのMoveFileメソッドは、引数「Source」に指定したファイルパスに保存されているファイルを、引数「Destination」に指定したファイルパスに移動します。ファイル名を変更して移動したいときは、変更したファイル名を含むファイルパスを引数「Destination」に指定します。
- 引数「Source」や引数「Destination」にファイル名だけを指定した場合は、カレントフォルダーのファイルが操作の対象となります。
- 引数「Source」では、ファイルパスの最終要素でのみ、ワイルドカードを使用できます。
- 引数「Destination」にコピー先のフォルダーのみを指定する場合、パスの末尾に「¥」を付けてください。
- Newキーワードを使用してFileSystemObjectオブジェクトのインスタンスを生成する場合、［Microsoft Scripting Runtime］への参照設定が必要です（ワザ289参照）。

関連ワザ 291 FileSystemObjectオブジェクトを使用してファイルをコピーする………P.363
関連ワザ 295 FileSystemObjectオブジェクトを使用してファイルを削除する………P.367

ワザ 294 Fileオブジェクトを使用してファイルを移動する

難易度 ●○○ | 頻出度 ●○○ | 対応Ver. 365 2021 2019 2016

FileSystemObjectオブジェクトのGetFileメソッドを使用すると、ファイルをFSOのFileオブジェクトとして取得できます。Fileオブジェクトを使用してファイルを移動するには、FileオブジェクトのMoveメソッドを使用します。ここでは、Cドライブの［見積データ］フォルダー内にある［御見積書_0910.xlsx］を、［見積データ］フォルダー内の［提出済］フォルダーに移動します。

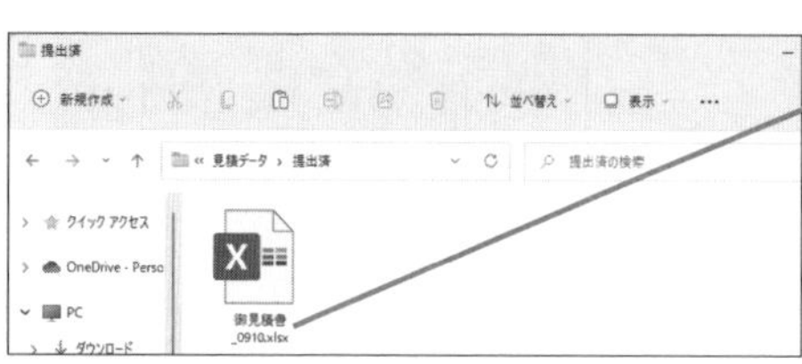

入力例

294.xlsm

```
Sub Fileオブジェクトを使用してファイルを移動()
    Dim myFSO As New FileSystemObject
    Dim myFile As File  ←1
    Set myFile = myFSO.GetFile("C:¥見積データ¥御見積書_0910.xlsx")  ←2
    myFile.Move Destination:="C:¥見積データ¥提出済¥"  ←3
End Sub
```

1移動したいファイル(Fileオブジェクト)を代入する変数「myFile」を宣言する　2Cドライブの［見積データ］フォルダーにある［御見積書_0910.xlsx］を取得して、変数「myFile」に代入する　3変数「myFile」に代入したファイルを、Cドライブの［見積データ］フォルダー内の［提出済］フォルダーに移動する

ポイント

- FileSystemObjectオブジェクトのGetFileメソッドについては、ワザ292を参照してください。

構文 `Fileオブジェクト.Move(Destination)`

- FileオブジェクトのMoveメソッドは、Fileオブジェクトとして取得したファイルを、引数「Destination」に指定されたファイルパスへ移動します。ファイル名を変更して移動したいときは、変更したファイル名を含むファイルパスを、引数「Destination」に指定します。
- 引数「Destination」に移動先のフォルダーのみを指定する場合、パスの末尾に「¥」を付けてください。
- Newキーワードを使用してFileSystemObjectオブジェクトのインスタンスを生成する場合、［Microsoft Scripting Runtime］への参照設定が必要です(ワザ289参照)。

関連ワザ 292 Fileオブジェクトを使用してファイルをコピーする………P.364
関連ワザ 296 Fileオブジェクトを使用してファイルを削除する………P.368

ワザ 295 FileSystemObjectオブジェクトを使用してファイルを削除する

難易度 ●○○ | 頻出度 ●●○ | 対応Ver. 365 2021 2019 2016

FSOでファイルを削除する場合、FileSystemObjectオブジェクトのDeleteFileメソッドを使用すると、手軽にプロシージャーを作成できます。ここでは、Cドライブの［在庫データ］フォルダー内にある［最新在庫データ_5月.xlsx］を削除します。なお、ファイルをFileオブジェクトとして取得して削除する場合は、ワザ296を参照してください。

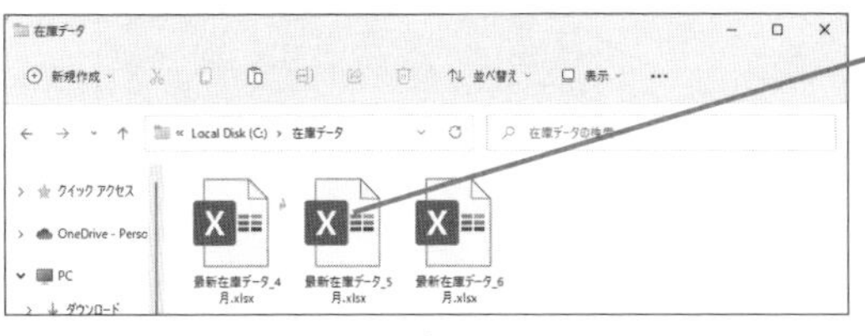

入力例　295.xlsm

```
Sub FSOオブジェクトを使用してファイルを削除()
    Dim myFSO As New FileSystemObject
    myFSO.DeleteFile FileSpec:="C:¥在庫データ¥最新在庫データ_5月.xlsx" ←1
End Sub
```

1Cドライブの［在庫データ］フォルダー内にある［最新在庫データ_5月.xlsx］を削除する

ポイント

構文 `FileSystemObjectオブジェクト.DeleteFile(FileSpec, Force)`

- FileSystemObjectオブジェクトのDeleteFileメソッドは、引数「FileSpec」に指定したファイルパスに保存されているファイルを削除します。ファイル名だけを指定した場合は、カレントフォルダーのファイルが削除の対象となります。
- 引数「FileSpec」のファイルパスの最終要素でのみ、ワイルドカードを使用できます。
- 引数「Force」に「True」を指定すると、読み取り専用ファイルも削除します。省略した場合は「False」が指定されます。
- Newキーワードを使用してFileSystemObjectオブジェクトのインスタンスを生成する場合、［Microsoft Scripting Runtime］への参照設定が必要です（ワザ289参照）。

関連ワザ 291 FileSystemObjectオブジェクトを使用してファイルをコピーする………P.363
関連ワザ 293 FileSystemObjectオブジェクトを使用してファイルを移動する………P.365

ワザ 296 Fileオブジェクトを使用してファイルを削除する

難易度 ●○○ | 頻出度 ●●○ | 対応Ver. 365 2021 2019 2016

FileSystemObjectオブジェクトのGetFileメソッドを使用すると、ファイルをFSOのFileオブジェクトとして取得できます。Fileオブジェクトを使用してファイルを削除するには、FileオブジェクトのDeleteメソッドを使用します。ここでは、Cドライブの［在庫データ］フォルダー内にある［最新在庫データ_5月.xlsx］を削除します。

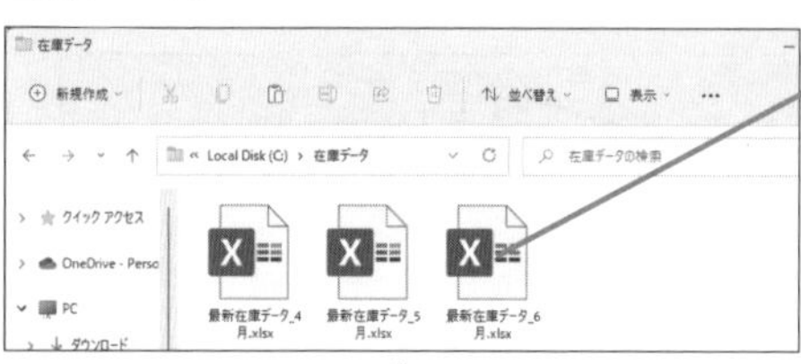

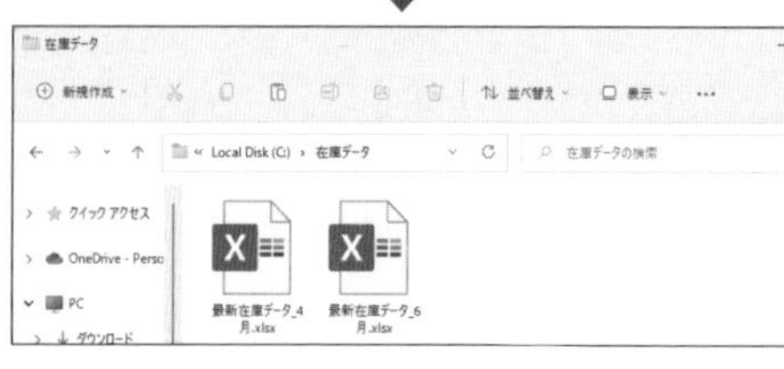

入力例

296.xlsm

```
Sub Fileオブジェクトを使用してファイルを削除()
    Dim myFSO As New FileSystemObject
    Dim myFile As File ←1
    Set myFile = myFSO.GetFile("C:¥在庫データ¥最新在庫データ_5月.xlsx")
    myFile.Delete ←2
End Sub
```

1削除したいファイル(Fileオブジェクト)を代入する変数「myFile」を宣言する　2Cドライブの［在庫データ］フォルダーにある［最新在庫データ_5月.xlsx］を取得して、変数「myFile」に代入する　3変数「myFile」に代入したファイルを削除する

ポイント

- FileSystemObjectオブジェクトのGetFileメソッドについては、ワザ292を参照してください。

構　文　**Fileオブジェクト.Delete(Force)**

- FileオブジェクトのDeleteメソッドは、Fileオブジェクトとして取得したファイルを削除します。
- 引数「Force」に「True」を指定すると、読み取り専用ファイルも削除します。省略した場合は「False」が指定されます。
- Newキーワードを使用してFileSystemObjectオブジェクトのインスタンスを生成する場合、［Microsoft Scripting Runtime］への参照設定が必要です（ワザ289参照）。

関連ワザ 292 Fileオブジェクトを使用してファイルをコピーする………P.364
関連ワザ 294 Fileオブジェクトを使用してファイルを移動する………P.366

ワザ 297 ファイルの属性を調べる

難易度 ●●○　頻出度 ●○○　対応Ver. 365 2021 2019 2016

FSOでファイルの属性を調べるには、FileオブジェクトのAttributesプロパティを使用します。ここでは、Cドライブの［データ］フォルダーにある［商品マスタ.xlsx］の属性を調べて、その値をセルB3に表示します。［商品マスタ.xlsx］には、「読み取り専用ファイル（属性値：1）」「アーカイブ属性（属性値：32）」の2つの属性が設定されているので、これらの属性値の合計値である「33」がセルB3に表示されます。

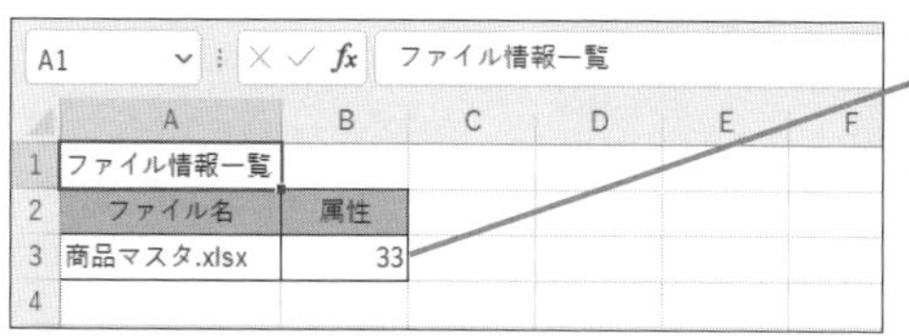

［データ］フォルダーにある［商品マスタ.xlsx］の属性を調べて、その値をセルB3に表示する

入力例　297.xlsm

```
Sub ファイル属性の取得()
    Dim myFSO As New FileSystemObject
    Dim myFile As File ←1
    Set myFile = myFSO.GetFile("C:¥データ¥商品マスタ.xlsx") ←2
    Range("A3").Value = myFile.Name ←3
    Range("B3").Value = myFile.Attributes ←4
End Sub
```

1 属性を調べたいファイル(Fileオブジェクト）を代入する変数「myFile」を宣言する　2 Cドライブの［データ］フォルダーにある［商品マスタ.xlsx］を取得して、変数「myFile」に代入する　3 変数「myFile」に代入したファイルの名前を取得して、セルA3に表示する　4 変数「myFile」に代入したファイルの属性を取得して、セルB3に表示する

ポイント

- FileSystemObjectオブジェクトのGetFileメソッドについては、ワザ292を参照してください。

構文　`Fileオブジェクト.Attributes`

- FileオブジェクトのAttributesプロパティは、ファイルの属性をFileAttribute列挙型の定数の値で返します。ファイルに複数の属性が設定されている場合は、その合計値を返します。

●FileAttribute列挙型の主な定数

属性の種類	定数	値
通常ファイル	Normal	0
読み取り専用ファイル	ReadOnly	1
隠しファイル	Hidden	2
システムファイル	System	4
フォルダー	Directory	16
アーカイブ属性	Archive	32

- AttributesプロパティにFileAttribute列挙型の定数を設定することで、ファイルの属性を設定できます。複数の属性を設定したい場合は、定数を「+」で連結するか、値の合計値を記述してください。
- Newキーワードを使用してFileSystemObjectオブジェクトのインスタンスを生成する場合、［Microsoft Scripting Runtime］への参照設定が必要です（ワザ289参照）。

ワザ 298 フォルダー内のすべてのファイルの情報一覧を作成する

難易度 ●●○ | 頻出度 ●●○ | 対応Ver. 365 2021 2019 2016

フォルダーに保存されているすべてのファイルについて調べるには、まず、FileSystemObjectオブジェクトのFilesプロパティを使用して、フォルダー内のすべてのファイルを取得します。その後、各ファイルを1つ1つ参照して、ファイルの情報を調べます。ここでは、Cドライブの［売上実績］フォルダーに保存されているすべてのファイルについて、ファイル名と更新日時、ファイルサイズを調べてファイルの情報一覧を作成します。

売上実績(4月).xlsx　売上実績(5月).xlsx　売上実績(6月).xlsx

	A	B	C	D
1	売上実績ファイル一覧			
2	ファイル名	更新日時	ファイルサイズ	
3	売上実績(4月).xlsx	2021/12/13 20:56	11187	
4	売上実績(5月).xlsx	2021/12/13 20:56	10537	
5	売上実績(6月).xlsx	2021/12/13 20:56	11830	
6				

［売上実績］フォルダーに保存されているすべてのファイルを調べて、ファイルの情報一覧を作成する

入力例　298.xlsm

```
Sub 全ファイル情報一覧()
    Dim myFSO As New FileSystemObject, myFolder As Folder
    Dim myFiles As Files, myFile As File, i As Integer
    Set myFolder = myFSO.GetFolder("C:¥売上実績") ←1
    Set myFiles = myFolder.Files ←2
    i = 3 ←3
    For Each myFile In myFiles ←4
        Cells(i, 1).Value = myFile.Name ←5
        Cells(i, 2).Value = myFile.DateLastModified ←6
        Cells(i, 3).Value = myFile.Size ←7
        i = i + 1
    Next
End Sub
```

1 Cドライブの［売上実績］フォルダーを取得して、変数「myFolder」に代入する　2 変数「myFolder」に代入したFolderオブジェクトに保存されているすべてのファイル（Filesコレクション）を取得して、変数「myFiles」に代入する　3 ファイルの情報一覧のデータは3行目から表示するため、カウンタ変数「i」を「3」で初期化する　4 変数「myFiles」に代入したFilesコレクション内のすべてのFileオブジェクトを1つ1つ参照する　5 ファイルの名前を取得して、i行1列目のセルに表示する　6 ファイルの更新日時を取得して、i行2列目のセルに表示する　7 ファイルの容量を取得して、i行3列目のセルに表示する

ポイント

- FileSystemObjectオブジェクトのGetFolderメソッドについては、ワザ311を参照してください。

構文 **Folderオブジェクト.Files**

- FolderオブジェクトのFilesプロパティは、Folderオブジェクトが表すフォルダーに保存されているすべてのファイルをFilesコレクションとして返します。For Each ～ Nextステートメントなどを使用して、取得したFilesコレクションに含まれているすべてのFileオブジェクトを1つ1つ参照できます。
- ファイルが保存されているフォルダー（Folderオブジェクト）を取得するには、FileSystemObjectオブジェクトのGetFolderメソッドを使用し、取得したFolderオブジェクトを対象にしてFilesプロパティを使用してください。FileSystemObjectオブジェクトのGetFolderメソッドについては、ワザ311を参照してください。

構文 **Fileオブジェクト.Name**

- FileオブジェクトのNameプロパティは､Fileオブジェクトが表すファイルのファイル名を返します。ファイル名を設定することもできます。

構文 **Fileオブジェクト.DateLastModified**

- FileオブジェクトのDateLastModifiedプロパティは、Fileオブジェクトが表すファイルの最後の更新日時を返します(取得のみ)。

構文 **Fileオブジェクト.Size**

- FileオブジェクトのSizeプロパティは､Fileオブジェクトが表すファイルのファイルサイズを返します(取得のみ)。
- その他の情報を調べられるFileオブジェクトの主なプロパティは下表の通りです。すべて取得のみ可能なプロパティです。

●Fileオブジェクトの主なプロパティ

プロパティ	調べる内容
DateCreated	ファイルの作成日時
DateLastAccessed	最後にアクセスされた日時
Drive	ファイルが保存されているドライブ ※Driveオブジェクトを返す
ParentFolder	ファイルが保存されているフォルダー ※Folderオブジェクトを返す
Path	ファイルパス
Type	ファイルの種類

構文 **FileSystemObjectオブジェクト.GetExtensionName(Path)**

- ファイルの拡張子を調べたい場合は、FileSystemObjectオブジェクトのGetExtensionNameプロパティを使用してください。引数｢Path｣に、拡張子を調べたいファイルパスを指定します。
- Fileオブジェクトとして取得したファイルの拡張子を調べるときに便利なプロパティです。
- 引数｢Path｣に指定するファイルパスは、FileオブジェクトのPathプロパティを使用して調べるといいでしょう。
- Newキーワードを使用してFileSystemObjectオブジェクトのインスタンスを生成する場合、[Microsoft Scripting Runtime]への参照設定が必要です(ワザ289参照)。

関連ワザ 282 フォルダー内のファイル名一覧を作成する………P.351
関連ワザ 287 特殊フォルダーのパスを取得する………P.356
関連ワザ 289 外部ライブラリファイルへの参照設定を行う………P.360
関連ワザ 311 Folderオブジェクトを使用してフォルダーをコピーする………P.388

ワザ 299 すべてのフォルダー階層をたどってすべてのファイルの情報一覧を作成する

難易度 ●●●　頻出度 ●●○　対応Ver. 365 2021 2019 2016

フォルダー内のすべてのファイルを参照するとき、フォルダーの中がさらにフォルダー分けされている場合にも対応できるように、すべてのフォルダー階層をたどってファイルを参照します。ここでは、FSOを使用してすべてのファイルを参照し、ファイル名、作成日時、ファイルパスを取得して、ワークシート上にファイルの情報一覧を作成します。

［データ］フォルダー内のすべてのフォルダー階層をたどってすべてのファイル情報を調べ、ファイルの情報一覧を作成する

	A	B	C	D
1	ファイル情報一覧			
2	ファイル名	作成日時	ファイルパス	
3	ファイル11.txt	2021/12/19 23:59	C:¥データ¥フォルダ1¥ファイル11.txt	
4	ファイル12.txt	2021/12/19 23:59	C:¥データ¥フォルダ1¥ファイル12.txt	
5	ファイル211.txt	2021/12/19 23:59	C:¥データ¥フォルダ2¥フォルダ21¥ファイル211.txt	
6	ファイル212.txt	2021/12/19 23:59	C:¥データ¥フォルダ2¥フォルダ21¥ファイル212.txt	
7	ファイル2211.txt	2021/12/19 23:59	C:¥データ¥フォルダ2¥フォルダ22¥フォルダ221¥ファイル2211.txt	
8	ファイル2212.txt	2021/12/19 23:59	C:¥データ¥フォルダ2¥フォルダ22¥フォルダ221¥ファイル2212.txt	
9	ファイル221.txt	2021/12/19 23:59	C:¥データ¥フォルダ2¥フォルダ22¥ファイル221.txt	
10	ファイル21.txt	2021/12/19 23:59	C:¥データ¥フォルダ2¥ファイル21.txt	
11	ファイル1.txt	2021/12/19 23:59	C:¥データ¥ファイル1.txt	
12				
13				

●サンプルで想定している階層

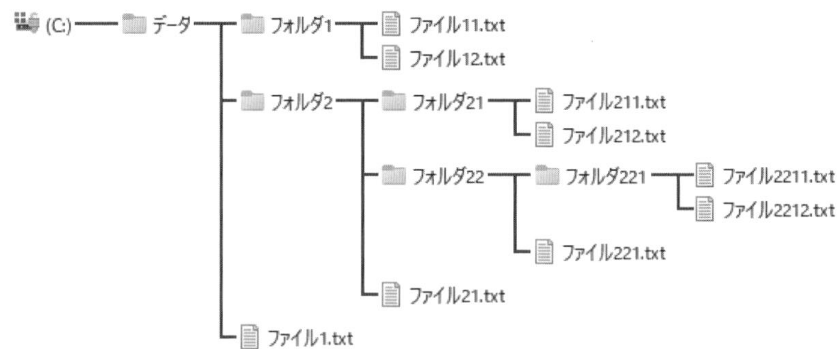

関連ワザ 282 フォルダー内のファイル名一覧を作成する………P.351
関連ワザ 287 特殊フォルダーのパスを取得する………P.356
関連ワザ 298 フォルダー内のすべてのファイルの情報一覧を作成する………P.370
関連ワザ 311 Folderオブジェクトを使用してフォルダーをコピーする………P.388
関連ワザ 317 ドライブ直下のフォルダーの一覧を作成する………P.394

入力例　299.xlsm

```
Sub ファイルパス一覧作成()
    Dim myFSO As New FileSystemObject, myRootFolder As Folder
    Range("A3").Select ←1
    Set myRootFolder = myFSO.GetFolder("C:¥データ") ←2
    ファイルパス書出 myRootFolder ←3
End Sub

Sub ファイルパス書出(ByRef myParentFolder As Folder)
    Dim myFolders As Folders, myFolder As Folder
    Dim myFiles As Files, myFile As File
    Set myFolders = myParentFolder.SubFolders ←4
    If myFolders.Count <> 0 Then
        For Each myFolder In myFolders
            ファイルパス書出 myFolder
        Next myFolder
    End If
    Set myFiles = myParentFolder.Files ←7
    If myFiles.Count <> 0 Then
        For Each myFile In myFiles
            With ActiveCell
                .Value = myFile.Name ←9
                .Offset(, 1) = myFile.DateCreated ←10
                .Offset(, 2) = myFile.Path ←11
                .Offset(1).Select ←12
            End With
        Next myFile
    End If
End Sub
```

1 ファイルの情報を表示する最初のセルを選択する　2 一番上の階層のフォルダーとなるCドライブの［データ］フォルダーを取得して、変数「myRootFolder」に代入する　3「ファイルパス書出」プロシージャーを呼び出す。このとき、変数「myRootFolder」を引数「myParentFolder」に渡す　4 引数「myParentFolder」に渡されたフォルダー内のすべてのフォルダー（Foldersコレクション）を取得して、変数「myFolders」に代入する　5 変数「myFolders」に代入したFoldersコレクション内にフォルダーがある（フォルダーの数が「0」でない）場合、1つ1つのフォルダーについて、自分自身である「ファイルパス書出」プロシージャーを再帰的に呼び出し、引数「myParentFolder」にそのフォルダーを渡す　6 変数「myFolders」に代入したFoldersコレクション内にフォルダーがない場合、フォルダー内のファイル情報を調べる　7 引数「myParentFolder」に渡されたフォルダー内のすべてのファイル（Filesコレクション）を取得して、変数「myFiles」に代入する　8 変数「myFiles」に代入したFilesコレクション内にファイルがある（ファイルの数が「0」でない）場合、1つ1つのファイルについて情報を取得してセルに表示する　9 ファイル名をNameプロパティで取得してアクティブセルに表示する　10 作成日時をDateCreatedプロパティで取得してアクティブセルの1列右のセルに表示する　11 ファイルパスをPathプロパティで取得してアクティブセルの2列右のセルに表示する　12 アクティブセルの1行下を選択する（選択したセルが次のアクティブセルとなる）

ポイント

- 「ファイルパス一覧作成」プロシージャー、「ファイルパス書出」プロシージャーという2つのプロシージャーを作成します。実行するプロシージャーは「ファイルパス一覧作成」プロシージャーです。
- フォルダー内にフォルダーが格納されていた場合、自分自身である「ファイルパス書出」プロシージャーを再帰的に呼び出し、下階層のフォルダーに格納されたすべてのファイルの情報をセルに表示します。
- 再帰的呼び出しの実行が終了して上の階層のフォルダーに戻ってきたとき、フォルダー内にファイルが保存されている場合は、そのまま7以降のステートメントが実行されます。
- Newキーワードを使用してFileSystemObjectオブジェクトのインスタンスを生成する場合、［Microsoft Scripting Runtime］への参照設定が必要です（ワザ289参照）。

ワザ 300 同じ名前のファイルが存在するかどうかを調べてから保存する（FSOの場合）

難易度 ●●○ ｜ 頻出度 ●●○ ｜ 対応Ver. 365 2021 2019 2016

ファイル名を入力する画面を表示し、入力されたファイル名をブックに付けて、Cドライブの［データ］フォルダーに保存します。このとき、保存先に同じファイル名のブックが存在するかどうか、FileSystemObjectオブジェクトのFileExistsメソッドを使用して調べます。同じファイル名が存在した場合はブックを保存せずにファイル名の入力画面を再表示し、同じファイル名が存在しない場合は、ブックにそのファイル名を付けて保存します。

入力例

 300.xlsm

```
Sub FSOによる同名ファイル確認()
    Dim myFSO As New FileSystemObject
    Dim myFileName As String
    Do ←2
        myFileName = InputBox("拡張子を含めてファイル名を入力してください。") ←1
        If myFileName = "" Then ←3
            MsgBox "保存処理を中断します。"
            Exit Do
        End If
        If myFSO.FileExists("C:¥データ¥" & myFileName) = True Then ←4
            MsgBox "同じ名前のファイルが存在します。違うファイル名を入力して下さい。"
        Else ←5
            ActiveWorkbook.SaveAs Filename:="C:¥データ¥" & myFileName
            Exit Do
        End If
    Loop
End Sub
```

1 InputBox関数で入力画面を表示して、ファイル名を取得する　2 保存先に存在しないファイル名が入力されるまで、Do ～ Loopステートメントを使用して入力画面を表示する　3 InputBox関数の戻り値が「""」（長さ0の文字列）だった（［キャンセル］ボタンがクリックされた）場合、「保存処理を中断します」というメッセージを表示して、Do ～ Loopステートメントのループ処理から強制的に抜ける　4 FileExistsメソッドの戻り値が「True」だった場合、同じファイル名のブックが存在すると判断できるため、メッセージを表示してループ処理を続ける　5 それ以外の場合（FileExistsメソッドの戻り値が「False」だった場合）、同じファイル名のブックが存在しないと判断できるため、ブックに名前を付けてCドライブの［データ］フォルダーに保存し、Do ～ Loopステートメントのループ処理から強制的に抜ける

ポイント

構文 `FileSystemObjectオブジェクト.FileExists(FileSpec)`

- FileSystemObjectオブジェクトのFileExistsメソッドは、引数「FileSpec」に指定されたファイルパスに保存されているファイルが存在するかどうかを調べるメソッドです。ファイルが存在する場合は「True」を、存在しない場合は「False」を返します。
- 引数「FileSpec」にファイル名だけを指定した場合は、カレントフォルダー内のファイルが対象となります。
- Newキーワードを使用してFileSystemObjectオブジェクトのインスタンスを生成する場合、［Microsoft Scripting Runtime］への参照設定が必要です（ワザ289参照）。

関連ワザ 236 同名ブックの存在を確認してから保存する………P.296
関連ワザ 281 同じ名前のファイルが存在するかどうかを調べてから保存する（Dir関数の場合）………P.350

ワザ 301 CSV形式のテキストファイルを読み込む（TextStreamオブジェクトの場合）

難易度 ●●●　頻出度 ●●○　対応Ver. 365 2021 2019 2016

テキストファイルをFSOで読み込む方法のうち、TextStreamオブジェクトとして開く方法を解説します。テキストファイルの内容はReadLineメソッドを使用して行単位で読み込み、Split関数を使用して区切り文字位置で分割します。ここでは、Cドライブの［売上データ］フォルダーにある［売上データ.csv］を［売上データ］シートに行単位で読み込んで、「,」の位置で分割したデータをセルに表示します。

売上データ.csv - メモ帳
ファイル(F)　編集(E)　書式(O)　表示(V)　ヘルプ(H)

```
売上No,商品名,金額
S00001,デスクトップパソコン,128900
S00002,ノートパソコン,234500
S00003,プリンタ,35800
```

A1　売上データ

	A	B	C	D
1	売上データ			
2	売上No	商品名	金額	
3	S00001	デスクトップパソコン	128900	
4	S00002	ノートパソコン	234500	
5	S00003	プリンタ	35800	

［売上データ］フォルダーにある［売上データ.csv］を行単位で読み込み、「,」の位置で分割したデータを［売上データ］シートに表示する

入力例　301.xlsm

```
Sub TextStreamオブジェクト読み込み()
    Dim myFSO As New FileSystemObject, myTextFile As TextStream
    Dim mySalesData As Variant, i As Integer
    Set myTextFile = myFSO.OpenTextFile("C:¥データ¥売上データ.csv", ForReading) ←1
    i = 3 ←2
    With myTextFile
        .SkipLine ←3
        Do Until .AtEndOfStream = True ←4
            mySalesData = Split(.ReadLine, ",") ←5
            Cells(i, 1).Value = mySalesData(0)
            Cells(i, 2).Value = mySalesData(1) ←6
            Cells(i, 3).Value = mySalesData(2)
            i = i + 1
        Loop
        .Close ←7
    End With
End Sub
```

1 Cドライブの［データ］フォルダーにある［売上データ.csv］をシーケンシャル入力モードでTextStreamオブジェクトとして開き、変数「myTextFile」に代入する　2 読み込んだデータは［売上データ］シートの3行目から表示するため、カウンタ変数「i」を「3」で初期化する　3 テキストファイルの1行目に入力されている項目名は読み込まないため、読み込み位置を1行下の行頭に移動する　4 読み込み位置がファイルの末尾に達するまで、処理を繰り返し実行する　5 ファイルの内容を1行分読み込み、その内容を「,」の位置で分割し、得られた配列をバリアント型の変数「mySalesData」に代入する　6 配列の0番目～2番目の要素を、i行1列目～i行3列目のセルに表示する　7 開いたテキストファイル（TextStreamオブジェクト）を閉じる

次のページに続く▶

ポイント

構文 `FileSystemObjectオブジェクト.OpenTextFile(FileName, IOMode, Create)`

- FileSystemObjectオブジェクトのOpenTextFileメソッドは、引数「FileName」に指定されたファイルパスに保存されているテキストファイルを、引数「IOMode」に指定された入力モードで開いて、開いたテキストファイルをTextStreamオブジェクトとして返します。

●引数「IOMode」の設定値(IOMode列挙型の定数)

定数	値	内容
ForReading	1	読み取り専用でファイルを開く(シーケンシャル入力モード)
ForWriting	2	書き込み専用でファイルを開く。書き込んだ内容は上書きされる(シーケンシャル出力モード)
ForAppending	8	書き込み専用でファイルを開く。書き込んだ内容はファイルの末尾に追記される(追加モード)

- 引数「FileName」にファイル名だけを指定した場合は、カレントフォルダー内のファイルが対象となります。
- 引数「Create」に「True」を指定すると、開きたいファイルが存在しない場合には新しいテキストファイルを作成して、TextStreamオブジェクトを返します。

構文 `TextStreamオブジェクト.SkipLine`

- TextStreamオブジェクトのSkipLineメソッドは、テキストファイルの内容を読み込まずに、読み込み位置を1行下の行頭に移動するメソッドです。

構文 `TextStreamオブジェクト.ReadLine`

- TextStreamオブジェクトのReadLineメソッドは、テキストファイルの内容を行単位で読み込むメソッドです。現在の読み込み位置の行全体を読み込んで、読み込んだ内容を返し、読み込み位置を次の行の先頭に移動します。行末の改行文字は読み込まれません。
- 読み込んだ1行分のデータを「,」の位置で分割するには、Split関数を使用します。Split関数は分割したデータを配列で返すため、これをバリアント型の変数に格納して使用します。
- 読み込み位置がファイルの末尾に達したら、ファイルの読み込みを終了させる必要があります。ファイルの末尾かどうかを調べるには、TextStreamオブジェクトのAtEndOfStreamプロパティを使用します。

構文 `TextStreamオブジェクト.AtEndOfStream`

- TextStreamオブジェクトのAtEndOfStreamプロパティは、読み込み位置、または書き込み位置がファイルの末尾(EOF=EndOfFile)かどうかを調べるプロパティです。読み込み位置がファイルの末尾にある場合、「True」を返します(取得のみ)。

構文 `TextStreamオブジェクト.Close`

- 開いたテキストファイルを閉じるには、TextStreamオブジェクトのCloseメソッドを使用します。
- Newキーワードを使用してFileSystemObjectオブジェクトのインスタンスを生成する場合、[Microsoft Scripting Runtime]への参照設定が必要です(ワザ289参照)。
- 読み込むテキストファイルのレイアウト(項目の内容や順番)が変更されると、マクロが想定していた通りに動かなかったり、エラーが発生したりする場合があります。テキストファイルのレイアウト変更の有無に十分注意しましょう。

関連ワザ 266 カンマとタブで区切られたテキストファイルを開く………P.333
関連ワザ 269 テキストファイルのすべての内容を高速に読み込む(Getステートメントの場合)………P.337
関連ワザ 302 CSV形式のテキストファイルを読み込む(Fileオブジェクトの場合)………P.377

ワザ 302 CSV形式のテキストファイルを読み込む（Fileオブジェクトの場合）

難易度 ●●○ | 頻出度 ●○○ | 対応Ver. 365 2021 2019 2016

FSOでテキストファイルを読み込む方法のうち、Fileオブジェクトとして取得したテキストファイルをTextStreamオブジェクトとして開く方法を解説します。複数のテキストファイルを読み込むときなどに便利な方法です。ここでは、Cドライブの［売上データ］フォルダーにある［売上データ.csv］を、［売上データ］シートに行単位で読み込んで、「,」の位置で分割したデータをセルに表示します。

入力例

302.xlsm

```
Sub Fileオブジェクト読み込み()
    Dim myFSO As New FileSystemObject
    Dim myFile As File, myTextFile As TextStream
    Dim mySalesData As Variant, i As Integer
    Set myFile = myFSO.GetFile("C:¥データ¥売上データ.csv") ←1
    Set myTextFile = myFile.OpenAsTextStream(IOMode:=ForReading) ←2
    Worksheets("売上データ").Activate
    i = 3 ←3
    With myTextFile
        .SkipLine
        Do Until .AtEndOfStream = True
            mySalesData = Split(.ReadLine, ",")
            Cells(i, 1).Value = mySalesData(0)
            Cells(i, 2).Value = mySalesData(1)
            Cells(i, 3).Value = mySalesData(2)
            i = i + 1
        Loop
        .Close
    End With
End Sub
```

1 Cドライブの［データ］フォルダーにある［売上データ.csv］ファイルをFileオブジェクトとして取得して、変数「myFile」に代入する　2 変数「myFile」に代入したFileオブジェクトをシーケンシャル入力モードでTextStreamオブジェクトとして開き、変数「myTextFile」に代入する　3 この行以降のステートメントについてはワザ301を参照する

ポイント

構文 **Fileオブジェクト.OpenAsTextStream(IOMode)**

- FileオブジェクトのOpenAsTextStreamメソッドは、引数「IOMode」に指定された入出力モードで、Fileオブジェクトを TextStreamオブジェクトとして開くメソッドです。Fileオブジェクトとして取得したテキストファイルを、TextStreamオブジェクトとして処理したいときに使用するメソッドです。
- 引数「IOMode」は、入出力モードを表すIOMode列挙型の定数で指定します。省略した場合、「ForReading」が指定されます。IOMode列挙型の定数については、ワザ301を参照してください。
- Newキーワードを使用してFileSystemObjectオブジェクトのインスタンスを生成する場合、［Microsoft Scripting Runtime］への参照設定が必要です（ワザ289参照）。
- 読み込むテキストファイルのレイアウト（項目の内容や順番）が変更されると、マクロが想定していた通りに動かなかったり、エラーが発生したりする場合があります。テキストファイルのレイアウト変更の有無に十分注意しましょう。

ワザ 303 FSOを使用して固定長フィールド形式のテキストファイルを読み込む

難易度 ●●○ | 頻出度 ●○○ | 対応Ver. 365 2021 2019 2016

FSOを使用して固定長フィールド形式のテキストファイルを読み込む場合は、テキストファイルをTextStreamオブジェクトとして開き、TextStreamオブジェクトのReadメソッドを使用してデータを読み込みます。ここでは、Cドライブの［データ］フォルダーにある［売上データ.txt］の内容を［売上データ］シートに読み込みます。なお、3列目の22文字目から36文字目までの15文字分を読み込まないようにしています。

3列目の22文字目から36文字目までの15文字を読み込まないようにする

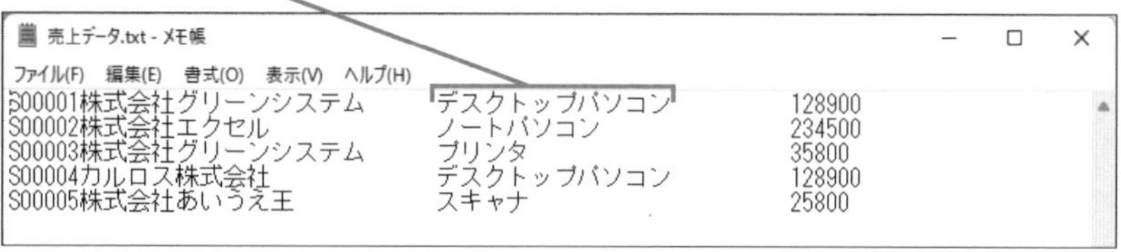

売上データ.txt - メモ帳

ファイル(F) 編集(E) 書式(O) 表示(V) ヘルプ(H)

```
S00001株式会社グリーンシステム      デスクトップパソコン      128900
S00002株式会社エクセル              ノートパソコン            234500
S00003株式会社グリーンシステム      プリンタ                  35800
S00004カルロス株式会社              デスクトップパソコン      128900
S00005株式会社あいうえ王            スキャナ                  25800
```

［データ］フォルダーにある［売上データ.txt］の内容を［売上データ］シートに読み込む

A1 売上データ

	A	B	C	D	E	F
1	売上データ					
2	売上No	売上先	金額			
3	S00001	株式会社グリーンシステム	128900			
4	S00002	株式会社エクセル	234500			
5	S00003	株式会社グリーンシステム	35800			
6	S00004	カルロス株式会社	128900			
7	S00005	株式会社あいうえ王	25800			

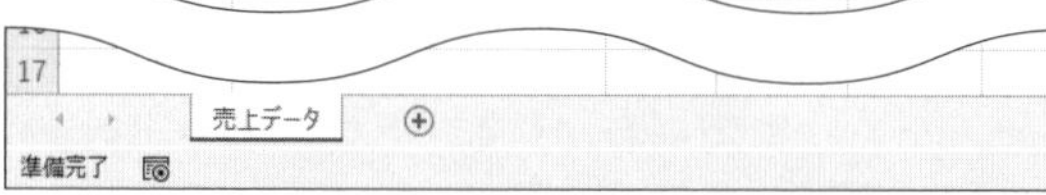

入力例 303.xlsm

```
Sub 固定長フィールド形式読み込み()
    Dim myFSO As New FileSystemObject, myTextFile As TextStream, i As Integer
    Set myTextFile = myFSO.OpenTextFile("C:¥データ¥売上データ.txt", ForReading) ←1
    i = 3 ←2
    With myTextFile
        Do Until .AtEndOfStream = True ←3
            Cells(i, 1).Value = Trim(.Read(6)) ←4
            Cells(i, 2).Value = Trim(.Read(15)) ←5
            .Skip Characters:=15 ←6
            Cells(i, 3).Value = Trim(.Read(8))
            .SkipLine ←7
            i = i + 1
        Loop
        .Close
     End With
End Sub
```

1Cドライブの［データ］フォルダーにある［売上データ.txt］をシーケンシャル入力モードでTextStreamオブジェクトとして開き、変数「myTextFile」に代入する 2読み込んだデータは［売上データ］シートの3行目から表示するため、カウンタ変数「i」を「3」で初期化する 3読み込み位置がファイルの末尾に達するまで、処理を繰り返し実行する 4読み込み位置から6文字分のデータを読み込み、読み込んだデータから余計な空白文字を削除して、i行1列目のセルに表示する 57文字目から15文字分のデータを読み込み、読み込んだデータから余計な空白文字を削除して、i行2列目のセルに表示する 615文字分だけ読み込まずに読み込み位置を移動する 7読み込み位置を次の行の行頭へ移動する

ポイント

構文 **TextStreamオブジェクト.Read(Characters)**

- TextStreamオブジェクトのReadメソッドは、現在の読み込み位置から引数「Characters」に指定された文字数分だけ読み込んで、読み込んだ内容を文字列型のデータで返します。
- Readメソッドには、TextStreamオブジェクトのReadLineメソッドのように、読み込み位置を次の行の先頭に移動する機能がありません。行の最後のデータを読み込んだら、SkipLineメソッドで次の行の行頭へ読み込み位置を移動する処理を記述する必要があります。
- 読み込み位置がファイルの末尾に達したら、ファイルの読み込みを終了させる必要があります。ファイルの末尾かどうかを調べるには、TextStreamオブジェクトのAtEndOfStreamプロパティを使用します。
- 固定長フィールド形式の場合、各列の文字数が固定されているため、その文字数に満たないデータには空白文字が付加されます。読み込んだデータをセルに表示するときは、この余計な空白文字をTrim関数などを使用して削除しておくといいでしょう。

構文 **TextStreamオブジェクト.Skip(Characters)**

- TextStreamオブジェクトのSkipメソッドは、引数「Characters」に指定された文字数分だけ読み込まずに、読み込み位置を移動します。固定長フィールド形式のテキストファイルを読み込むとき、読み込みが不要な列がある場合に使用できるメソッドです。
- Newキーワードを使用してFileSystemObjectオブジェクトのインスタンスを生成する場合、［Microsoft Scripting Runtime］への参照設定が必要です（ワザ289参照）。
- 読み込むテキストファイルのレイアウト（項目の内容や順番）が変更されると、マクロが想定していた通りに動かなかったり、エラーが発生したりする場合があります。テキストファイルのレイアウト変更の有無に十分注意しましょう。

関連ワザ 265 **固定長フィールド形式のテキストファイルを開く………P.332**
関連ワザ 301 **CSV形式のテキストファイルを読み込む（TextStreamオブジェクトの場合）………P.375**
関連ワザ 641 **文字列の先頭と末尾にある空白文字を削除する………P.804**

ワザ 304 テキストファイルのすべての内容を高速に読み込む（ReadAllメソッドの場合）

難易度 ●●● ｜ 頻出度 ●○○ ｜ 対応Ver. 365 2021 2019 2016

数万行におよぶテキストファイルの内容を読み込むとき、TextStreamオブジェクトのReadLineメソッドなどを使用して、データを1行ずつ読み込んでいると、処理に時間がかかってしまいます。TextStreamオブジェクトのReadAllメソッドを使用してテキストファイルの内容を一括で読み込み、データを配列に格納してからセルに貼り付ければ、高速にテキストファイルを読み込めます。なお、読み込むテキストファイルのレイアウト（項目の内容や順番）が変更されると、マクロが想定していた通りに動かなかったり、エラーが発生したりする場合があります。テキストファイルのレイアウト変更の有無に十分注意しましょう。

売上データ.csv - メモ帳

ファイル(F)　編集(E)　書式(O)　表示(V)　ヘルプ(H)

```
売上No,売上先,商品名,金額
S00001,株式会社グリーンシステム,デスクトップパソコン,128900
S00002,株式会社エクセル,ノートパソコン,234500
S00003,株式会社グリーンシステム,プリンタ,35800
S00004,カルロス株式会社,デスクトップパソコン,128900
S00005,株式会社あいうえ王,スキャナ,25800
```

テキストファイルの内容を一括で読み込み、データを2次元配列に格納してからセルに貼り付ける

A1　fx　売上No

	A	B	C	D	E	F	G	H
1	売上No	売上先	商品名	金額				
2	S00001	株式会社グ	デスクトッ	128900				
3	S00002	株式会社エ	ノートパソ	234500				
4	S00003	株式会社グ	プリンタ	35800				
5	S00004	カルロス株	デスクトッ	128900				
6	S00005	株式会社あ	スキャナ	25800				
7								

関連ワザ 040 動的配列を使う………P.81
関連ワザ 041 配列の下限値と上限値を調べる………P.82
関連ワザ 044 セル範囲の値を2次元配列に代入する………P.86
関連ワザ 098 データを入力するセル範囲を選択する………P.147
関連ワザ 269 テキストファイルのすべての内容を高速に読み込む（Getステートメントの場合）………P.337
関連ワザ 662 文字列を区切り文字の位置で分割する………P.826

入力例

304.xlsm

```
Sub ReadAllメソッドによるテキストファイル高速読み込み()
    Dim myFSO As New FileSystemObject, myTextFile As TextStream
    Dim myTextValue As String, myRowData As Variant, myColumnsData As Variant
    Dim myData() As String, myRowCount As Long, i As Long, j As Integer
    Set myTextFile = myFSO.OpenTextFile("C:¥データ¥売上データ.csv", ForReading) ←1
    myTextValue = myTextFile.ReadAll ←2
    myTextFile.Close
    myRowData = Split(myTextValue, vbLf) ←3
    myRowCount = UBound(myRowData) ←4
    ReDim myData(myRowCount - 1, 3) ←5
    For i = 0 To myRowCount - 1
        myColumnsData = Split(myRowData(i), ",") ←6
        For j = 0 To 3
            myData(i, j) = myColumnsData(j) ←7
        Next j
    Next i
    Range("A1").Resize(myRowCount, 4) = myData ←8
End Sub
```

1 Cドライブの［データ］フォルダーにある［売上データ.csv］をシーケンシャル入力モードでTextStreamオブジェクトとして開き、変数「myTextFile」に代入する 2 変数「myTextFile」に代入したテキストファイルのすべての内容を一括して読み込み、変数「myTextValue」に代入する 3 変数「myTextValue」に代入した内容を改行文字（vbLf）の位置で分割し、得られた行単位のデータの配列をバリアント型の変数「myRowData」に代入する 4 変数「myRowData」に代入した配列の要素の上限値（読み込んだデータの行数）を調べて、変数「myRowCount」に代入する 5 動的配列「myData」の行数の上限値と列数の上限値を設定して2次元配列とする。添え字は「0」から始まるため、変数「myRowCount」から「1」を差し引く 6 配列「myRowData」のi番目の要素を「,」の位置で分割し、得られた列単位のデータの配列をバリアント型の変数「myColumnsData」に代入する 7 変数「myData」のi行j列目の要素として、変数「myColumnsData」のj番目の要素を代入する 8 セルA1から、変数「myRowCount」に代入されている行数と4列分だけ拡張したセル範囲に、2次元配列「myData」の内容を表示する

ポイント

構文 TextStreamオブジェクト.ReadAll

- TextStreamオブジェクトのReadAllメソッドは、テキストファイル（TextStreamオブジェクト）のすべての内容（現在の読み込み位置からテキストファイルの末尾までの内容）を読み込んで、その内容を返します。読み込んだ後、読み込み位置はテキストファイルの末尾に移動します。
- ReadAllメソッドで読み込んだデータは、行単位のデータが改行文字（vbLf）で連結されているため、1つのデータのまとまりになっています。そのままの状態でセルに表示すると、1つのセルにデータのまとまりが表示されます。
- Split関数を使用すれば、データを改行文字の位置や区切り文字の位置で分割できます。Split関数は分割したデータを配列で返すため、これをバリアント型の変数に代入します。
- ここでは、Split関数を使用して、ReadAllメソッドで読み込んだデータを改行文字（vbLf）の位置で行単位に分割し、各行のデータを「,」の位置で列単位に分割しています。
- 分割したデータを2次元配列に代入してセル範囲に貼り付けることで、データを高速に表示できます。
- 2次元配列をセル範囲に貼り付けるには、2次元配列と同じ行数と列数のセル範囲に貼り付けます。セル範囲を設定するには、左上端のセルから、Resizeプロパティを使用してセル範囲を拡張するといいでしょう。
- Newキーワードを使用してFileSystemObjectオブジェクトのインスタンスを生成する場合、［Microsoft Scripting Runtime］への参照設定が必要です（ワザ289参照）。

ワザ 305 FileSystemObjectオブジェクトを使用してテキストファイルを作成する

難易度 ●●○ | 頻出度 ●○○ | 対応Ver. 365 2021 2019 2016

FSOを使用してテキストファイルを作成するには、FileSystemObjectオブジェクトのCreateTextFileメソッドを使用します。ここでは、入力画面から入力されたファイル名（拡張子を含む）で、Cドライブの［会議資料］フォルダーにテキストファイルを作成します。［会議資料］フォルダーに同じ名前のテキストファイルが存在する場合は、メッセージを表示して処理を中断します。

インプットボックスに入力したファイル名で［会議資料］フォルダーにテキストファイルを作成する

入力例 305.xlsm

```
Sub テキストファイル作成()
    Dim myFSO As New FileSystemObject
    Dim myFileName As String
    Dim myFilePath As String
    myFileName = InputBox("拡張子を含めてファイル名を入力してください。") ←1
    If myFileName = "" Then ←2
        Exit Sub
    End If
    myFilePath = "C:¥会議資料¥" & myFileName
    If myFSO.FileExists(myFilePath) = True Then ←3
        MsgBox "同じ名前のファイルが存在します。"
        Exit Sub
    End If
    myFSO.CreateTextFile FileName:=myFilePath ←4
End Sub
```

1ファイル名の入力画面を表示して、入力されたファイル名を変数「myFileName」に代入する　2入力画面で［キャンセル］ボタンがクリックされた場合、処理を中断する　3Cドライブの［会議資料］フォルダーに同じ名前のファイルが存在するかどうかを調べて、存在する場合は、メッセージを表示して処理を中断する　4変数「myFilePath」に代入されているファイルパスとファイル名で、テキストファイルを作成する

ポイント

構文 `FileSystemObjectオブジェクト.CreateTextFile(FileName)`

- FileSystemObjectオブジェクトのCreateTextFileメソッドは、引数「FileName」に指定されたファイル名を含むファイルパスにテキストファイルを作成し、作成したファイルをTextStreamオブジェクトとして返します。ファイル名だけを指定した場合は、カレントフォルダーにファイルを作成します。
- 拡張子を含めてファイル名を指定してください。
- 作成先のフォルダーに同じ名前のテキストファイルが存在した場合、新しく作成したテキストファイルで上書きされます。
- Newキーワードを使用してFileSystemObjectオブジェクトのインスタンスを生成する場合、［Microsoft Scripting Runtime］への参照設定が必要です（ワザ289参照）。

ワザ 306 CSV形式のテキストファイルにデータを書き込む

難易度 ●●○ ｜ 頻出度 ●○○ ｜ 対応Ver. 365 2021 2019 2016

FSOを使用してテキストファイルにデータを書き込むには、TextStreamオブジェクトのWriteLineメソッドを使用します。ここでは、Cドライブの［データ］フォルダーに［仕入データ.csv］を作成して、［仕入データ］シートの各セルに入力されているデータを書き込みます。各列のデータを配列に代入し、配列の要素をJoin関数で結合して1行分の書き込みデータを作成します。

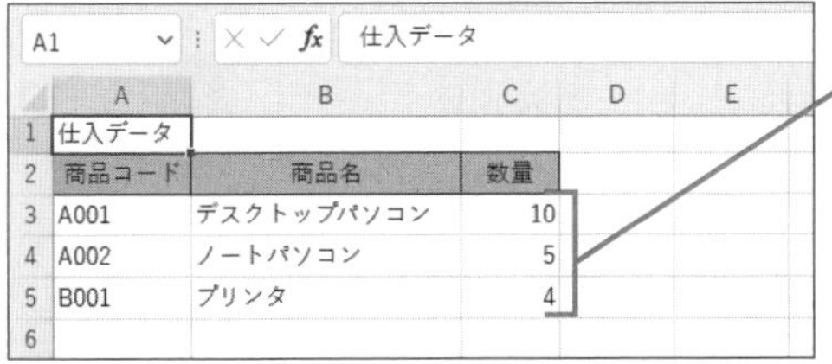

［データ］フォルダーに［仕入データ.csv］を作成して、［仕入データ］シートの各セルに入力されているデータを書き込む

入力例

306.xlsm

```
Sub CSVファイル書き込み()
    Dim myFSO As New FileSystemObject, myTextFile As TextStream
    Dim myStockData(3) As String, i As Integer
    Set myTextFile = myFSO.CreateTextFile("C:¥データ¥仕入データ.csv")  ←1
    i = 2
    Do Until Cells(i, 1).Value = ""  ←2
        myStockData(0) = Cells(i, 1).Value ┐
        myStockData(1) = Cells(i, 2).Value ├3
        myStockData(2) = Cells(i, 3).Value ┘
        myTextFile.WriteLine Text:=Join(myStockData, ",")  ←4
        i = i + 1
    Loop
    myTextFile.Close
End Sub
```

1 Cドライブの［データ］フォルダーに［仕入データ.csv］を作成して、作成したテキストファイル（TextStreamオブジェクト）を変数「myTextFile」に代入する　2 i行1列目のセルのデータが「""」（長さ0の文字列）になるまで、処理を繰り返し実行する　3 配列変数「myStockData」の「0」～「2」番目の要素として、i行1列目からi行3列目のセルのデータを代入する　4 Join関数を使用して配列変数「myStockData」のすべての要素を「,」で結合し、結合したデータと改行文字（vbLf）をテキストファイルに書き込む

ポイント

構文　`TextStreamオブジェクト.WriteLine(Text)`

- TextStreamオブジェクトのWriteLineメソッドは、引数「Text」に指定された文字列と改行文字（vbLf）をテキストファイルに書き込みます。書き込み位置は、書き込んだ文字数と改行文字の分だけ移動します。
- 引数「Text」を省略した場合は、改行文字だけが書き込まれます。
- Newキーワードを使用してFileSystemObjectオブジェクトのインスタンスを生成する場合、［Microsoft Scripting Runtime］への参照設定が必要です（ワザ289参照）。

ワザ 307 テキストファイルに文字列と改行文字を書き込む

難易度 ●●○ ｜ 頻出度 ●○○ ｜ 対応Ver. 365 2021 2019 2016

テキストファイルに文字列だけを書き込むにはTextStreamオブジェクトのWriteメソッドを、改行文字だけを書き込むにはTextStreamオブジェクトのWriteBlankLinesメソッドを使用します。TextStreamオブジェクトのWriteLineメソッドのように行単位でまとめて書き込まずに、1つずつデータを書き込むときに便利です。ここでは、[出庫データ] シートに入力されているデータを、Cドライブの [データ] フォルダーにある [出庫データ.txt] の末尾に追記します。

入力例

307.xlsm

```
Sub 文字列と改行文字の書き込み()
    Dim myFSO As New FileSystemObject, myFile As TextStream
    Dim i As Integer, j As Integer
    Set myFile = myFSO.OpenTextFile("C:¥データ¥出庫データ.txt", ForAppending) ←1
    i = 3 ←2
    Do Until Cells(i, 1).Value = "" ←3
        For j = 1 To 4
            myFile.Write Text:=Cells(i, j).Value ←4
            If j <> 4 Then ←5
                myFile.Write Text:=","
            End If
        Next j
        myFile.WriteBlankLines Lines:=1 ←6
        i = i + 1
    Loop
    myFile.Close
End Sub
```

1 Cドライブの [データ] フォルダーにある [出庫データ.txt] を追記モードでTextStreamオブジェクトとして開き、変数「myFile」に代入する 2 [出庫データ] シートの3行目のデータから書き込みたいので、カウンタ変数「i」を「3」で初期化する 3 i行1列目のセルのデータが「""」（長さ0の文字列）になるまで、処理を繰り返し実行する 4 i行j列目のセルのデータをテキストファイルに書き込む 5 カウンタ変数「j」が「4」でない場合、最後の列のデータではないので、区切り文字として「,」をテキストファイルに書き込む 6 テキストファイルに改行文字を1つ書き込む

ポイント

構文 `TextStreamオブジェクト.Write(Text)`

- TextStreamオブジェクトのWriteメソッドは、引数「Text」に指定された文字列をテキストファイルに書き込みます。改行文字は書き込みません。
- 書き込み位置は、書き込んだ文字数分だけ移動します。

構文 `TextStreamオブジェクト.WriteBlankLines(Lines)`

- TextStreamオブジェクトのWriteBlankLinesメソッドは、引数「Lines」に指定された行数分だけ改行文字をテキストファイルに書き込みます。
- 書き込み位置は、書き込んだ改行文字分だけ移動します。
- Newキーワードを使用してFileSystemObjectオブジェクトのインスタンスを生成する場合、[Microsoft Scripting Runtime] への参照設定が必要です（ワザ289参照）。

ワザ 308 ブックの修正履歴（ログファイル）を作成する

難易度 ●●● | 頻出度 ●○○ | 対応Ver. 365 2021 2019 2016

ブックのワークシートに加えた修正内容を、その都度テキストファイルに書き込んで、修正履歴（ログファイル）を作成します。書き込む内容は、修正日時、修正したワークシート名とセル番号、修正結果の4つです。データを削除した場合は、修正結果に「データ削除」と書き込みます。ワークシートが修正されたタイミングで、[履歴] フォルダーに [修正履歴.txt] が自動生成もしくは開かれて、修正内容が書き込まれます。

入力例 308.xlsm

```
Private Sub Workbook_SheetChange(ByVal Sh As Object, ByVal Target As Range) ←1
    Dim myFSO As New FileSystemObject
    Dim myTextFile As TextStream, myCell As Range
    Set myTextFile = myFSO.OpenTextFile _ ←2
        ("C:¥履歴¥修正履歴.txt", ForAppending, True)
    For Each myCell In Target ←3
        myTextFile.WriteLine Text:=Now & "," & Sh.Name & "," & _
            myCell.Address(False, False) & "," & _ ←5
            IIf(myCell = "", "データ削除", myCell.Value) ←6
    Next myCell
    myTextFile.Close
End Sub
```
（7〜9行目 ←4）

1 ブックのワークシートが修正されたタイミングでプロシージャーが実行される 2 Cドライブの [履歴] フォルダーにある [修正履歴.txt] を追記モードで開き、[修正履歴.txt] が存在しない場合は新しくテキストファイルを作成する。開いたテキストファイル（TextStreamオブジェクト）は変数「myTextFile」に代入する 3 修正された各セルについて処理を実行する 4 修正日時、修正したワークシート名とセル番号、修正結果をテキストファイルに書き込む 5 Addressプロパティの引数「RowAbsolute」と引数「ColumnAbsolute」に「False」を指定して、絶対参照ではない形式でセル番号を取得する 6 修正したセルのデータが「""」（長さ0の文字列）の場合、修正結果として「データ削除」の文字列を書き込む

ポイント

- ブックの各ワークシートが変更されたタイミングで自動的に実行されるWorkbook_SheetChangeイベントプロシージャーを使用して、コードを記述します。修正されたワークシートは引数「Sh」を、修正されたセルは引数「Target」を使用して参照します。
- 複数のセルが一度に修正される場合に備えて、For Each ～ Nextステートメントを使用して、修正されたすべてのセルを参照します。

構文 `IIf(Expression, TruePart, FalsePart)`

- IIF関数は、引数「Expression」に指定された条件式を評価して、条件を満たす場合に引数「TruePart」に指定した値が、条件を満たさない場合に引数「FalsePart」に指定した値を返す関数です。
- Newキーワードを使用してFileSystemObjectオブジェクトのインスタンスを生成する場合、[Microsoft Scripting Runtime]への参照設定が必要です（ワザ289参照）。

関連ワザ 301 CSV形式のテキストファイルを読み込む（TextStreamオブジェクトの場合）………P.375
関連ワザ 306 CSV形式のテキストファイルにデータを書き込む………P.383
関連ワザ 622 現在の日付と時刻を表示する………P.784

ワザ 309 FileSystemObjectオブジェクトを使用してフォルダーを作成する

難易度 ●●○ ｜ 頻出度 ●●○ ｜ 対応Ver. 365 2021 2019 2016

FSOを使用してフォルダーを作成するには、FileSystemObjectオブジェクトのCreateFolderメソッドを使用します。ここでは、入力画面から入力されたフォルダー名で、Cドライブの［会議資料］フォルダーの中にフォルダーを作成します。［会議資料］フォルダーに同じ名前のフォルダーが存在する場合は、メッセージを表示して処理を中断します。

入力例

309.xlsm

```
Sub フォルダー作成()
    Dim FSO As New FileSystemObject
    Dim myFolderName As String, myFolderPath As String
    myFolderName = InputBox("作成するフォルダー名を入力してください。") ←1
    If myFolderName = "" Then ←2
        Exit Sub
    End If
    myFolderPath = "C:¥会議資料¥" & myFolderName
    If FSO.FolderExists(myFolderPath) = True Then ←3
        MsgBox "同じ名前のフォルダーが存在します。"
        Exit Sub
    End If
    FSO.CreateFolder Path:=myFolderPath ←4
End Sub
```

1フォルダー名の入力画面を表示して、入力されたフォルダー名を変数「myFolderName」に代入する　2入力画面で［キャンセル］ボタンがクリックされた場合、処理を中断する　3Cドライブの［会議資料］フォルダーに同じ名前のフォルダーが存在するかどうかを調べて、存在する場合は、メッセージを表示して処理を中断する　4変数「myFolderPath」に代入されているフォルダーパスとフォルダー名でフォルダーを作成する

ポイント

構文 `FileSystemObjectオブジェクト.FolderExists(FolderSpec)`

- FileSystemObjectオブジェクトのFolderExistsメソッドは、引数「FolderSpec」に指定されたフォルダーが存在するかどうかを調べるメソッドです。フォルダーが存在する場合は「True」、存在しない場合は「False」を返します。引数「FolderSpec」にフォルダー名だけを指定した場合は、カレントフォルダー内のフォルダーが対象となります。

構文 `FileSystemObjectオブジェクト.CreateFolder(Path)`

- FileSystemObjectオブジェクトのCreateFolderメソッドは、引数「Path」に指定されたフォルダー名を含むフォルダーパスにフォルダーを作成し、作成したフォルダーをFolderオブジェクトとして返します。フォルダー名だけを指定した場合は、カレントフォルダーにフォルダーを作成します。
- Newキーワードを使用してFileSystemObjectオブジェクトのインスタンスを生成する場合、［Microsoft Scripting Runtime］への参照設定が必要です（ワザ289参照）。

関連ワザ 310 FileSystemObjectオブジェクトを使用してフォルダーをコピーする………P.387
関連ワザ 311 Folderオブジェクトを使用してフォルダーをコピーする………P.388

ワザ 310 FileSystemObjectオブジェクトを使用してフォルダーをコピーする

難易度 ●○○ | 頻出度 ●●○ | 対応Ver. 365 2021 2019 2016

FSOでフォルダーをコピーする場合、FileSystemObjectオブジェクトのCopyFolderメソッドを使用すると、手軽にプロシージャーを作成できます。ここでは、Cドライブの［会議資料］フォルダーにある［補足資料］フォルダーを、［会議資料］フォルダー内の［バックアップ］フォルダーに別名でコピーします。なお、フォルダーをFolderオブジェクトとして取得してコピーする場合は、ワザ311を参照してください。

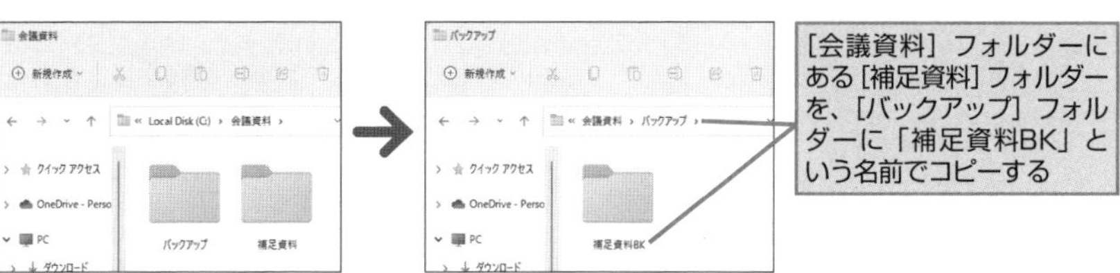

入力例 310.xlsm

```
Sub FSOオブジェクトを使用してフォルダーを別名で別フォルダーにコピー()
    Dim myFSO As New FileSystemObject
    myFSO.CopyFolder Source:="C:¥会議資料¥補足資料", _  ←1
        Destination:="C:¥会議資料¥バックアップ¥補足資料BK"
End Sub
```

1 Cドライブの［会議資料］フォルダーにある［補足資料］フォルダーを、［会議資料］フォルダー内の［バックアップ］フォルダーに「補足資料BK」というフォルダー名でコピーする

ポイント

構文 `FileSystemObjectオブジェクト.CopyFolder(Source, Destination)`

- FileSystemObjectオブジェクトのCopyFolderメソッドは、引数「Source」に指定したフォルダーパスに保存されているフォルダーを、引数「Destination」に指定したフォルダーパスにコピーします。
- 引数「Source」のフォルダーパスの最終要素でのみ、ワイルドカードを使用できます。
- フォルダー名を変更してコピーしたいときは、変更したフォルダー名を含むフォルダーパスを引数「Destination」に指定します。フォルダー名を変更せずにフォルダーをコピーするときは、引数「Destination」にコピー先のフォルダーパスだけを指定します。このとき、フォルダーパスの末尾に「¥」を記述してください。
- 引数「Source」や引数「Destination」にフォルダー名だけを指定した場合は、カレントフォルダー内のフォルダーが操作の対象となります。
- コピー先に同じ名前のフォルダーが存在した場合は上書きされます。
- Newキーワードを使用してFileSystemObjectオブジェクトのインスタンスを生成する場合、［Microsoft Scripting Runtime］への参照設定が必要です（ワザ289参照）。

関連ワザ 312 FileSystemObjectオブジェクトを使用してフォルダーを移動する………P.389
関連ワザ 314 FileSystemObjectオブジェクトを使用してフォルダーを削除する………P.391

ワザ 311 Folderオブジェクトを使用してフォルダーをコピーする

難易度 ●○○ | 頻出度 ●●○ | 対応Ver. 365 2021 2019 2016

FileSystemObjectオブジェクトのGetFolderメソッドを使用すると、フォルダーをFSOのFolderオブジェクトとして取得できます。Folderオブジェクトを使用してフォルダーをコピーするには、FolderオブジェクトのCopyメソッドを使用します。ここでは、Cドライブの［データ］フォルダーにある［商品管理］フォルダーを［バックアップ］フォルダーに別名でコピーします。

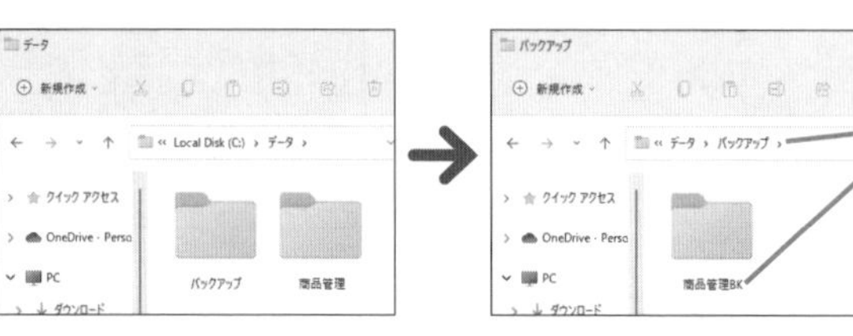

入力例

311.xlsm

```
Sub Folderオブジェクトを使用してフォルダーを別名で別フォルダーにコピー()
    Dim myFSO As New FileSystemObject
    Dim myFolder As Folder ←1
    Set myFolder = myFSO.GetFolder("C:¥データ¥商品管理") ←2
    myFolder.Copy Destination:="C:¥データ¥バックアップ¥商品管理BK" ←3
End Sub
```

1コピーしたいフォルダー（Folderオブジェクト）を代入する変数「myFolder」を宣言する　2Cドライブの［データ］フォルダーにある［商品管理］フォルダーを取得して、変数「myFolder」に代入する　3変数「myFolder」に代入したフォルダーを、Cドライブの［データ］フォルダーにある［バックアップ］フォルダーに「商品管理BK」というフォルダー名でコピーする

ポイント

構文 `FileSystemObjectオブジェクト.GetFolder(FolderPath)`

- FileSystemObjectオブジェクトのGetFolderメソッドは、引数「FolderPath」に指定されたフォルダーを、FSOのFolderオブジェクトとして返します。

構文 `Folderオブジェクト.Copy(Destination)`

- FolderオブジェクトのCopyメソッドは、Folderオブジェクトとして取得したフォルダーを、引数「Destination」に指定されたフォルダーパスへコピーします。
- フォルダー名を変更してコピーしたいときは、変更したフォルダー名を含むフォルダーパスを引数「Destination」に指定します。フォルダー名を変更せずにフォルダーをコピーするときは、引数「Destination」にコピー先のフォルダーパスだけを指定します。このとき、フォルダーパスの末尾に「¥」を記述してください。
- コピー先に同じ名前のフォルダーが存在した場合は上書きされます。
- Newキーワードを使用してFileSystemObjectオブジェクトのインスタンスを生成する場合、［Microsoft Scripting Runtime］への参照設定が必要です（ワザ289参照）。

関連ワザ 313 Folderオブジェクトを使用してフォルダーを移動する………P.390

ワザ 312 FileSystemObjectオブジェクトを使用してフォルダーを移動する

難易度 ●○○ ｜ 頻出度 ●●○ ｜ 対応Ver. 365 2021 2019 2016

FSOでフォルダーを移動する場合、FileSystemObjectオブジェクトのMoveFolderメソッドを使用すると、手軽にプロシージャーを作成できます。ここでは、Cドライブの［見積データ］フォルダーにある［御見積書（9月分）］フォルダーを、［見積データ］フォルダー内の［提出済］フォルダーに移動します。なお、フォルダーをFolderオブジェクトとして取得して移動する場合は、ワザ313を参照してください。

入力例 312.xlsm

```
Sub FSOオブジェクトを使用してフォルダーを移動()
    Dim myFSO As New FileSystemObject
    myFSO.MoveFolder Source:="C:¥見積データ¥御見積書(9月分)", _
        Destination:="C:¥見積データ¥提出済¥"
End Sub
```

1 Cドライブの［見積データ］フォルダーにある［御見積書（9月分）］フォルダーを、［見積データ］フォルダー内の［提出済］フォルダーに移動する

ポイント

構文 `FileSystemObjectオブジェクト.MoveFolder(Source, Destination)`

- FileSystemObjectオブジェクトのMoveFolderメソッドは、引数「Source」に指定したフォルダーパスに保存されているフォルダーを、引数「Destination」に指定したフォルダーパスに移動します。
- フォルダー名を変更して移動したいときは、変更したフォルダー名を含むフォルダーパスを引数「Destination」に指定します。フォルダー名を変更せずにフォルダーを移動するときは、引数「Destination」に移動先のフォルダーパスだけを指定します。このとき、フォルダーパスの末尾に「¥」を記述してください。
- 引数「Source」や引数「Destination」にフォルダー名だけを指定した場合は、カレントフォルダーのフォルダーが操作の対象となります。
- 引数「Source」では、フォルダーパスの最終要素でのみ、ワイルドカードを使用できます。
- Newキーワードを使用してFileSystemObjectオブジェクトのインスタンスを生成する場合、［Microsoft Scripting Runtime］への参照設定が必要です（ワザ289参照）。

ワザ 313 Folderオブジェクトを使用してフォルダーを移動する

難易度 ●○○ | 頻出度 ●●○ | 対応Ver. 365 2021 2019 2016

FileSystemObjectオブジェクトのGetFolderメソッドを使用すると、フォルダーをFSOのFolderオブジェクトとして取得できます。Folderオブジェクトを使用してフォルダーを移動するには、FolderオブジェクトのMoveメソッドを使用します。ここでは、Cドライブの［見積データ］フォルダーにある［御見積書（9月分）］フォルダーを［見積データ］フォルダー内の［提出済］フォルダーに移動します。

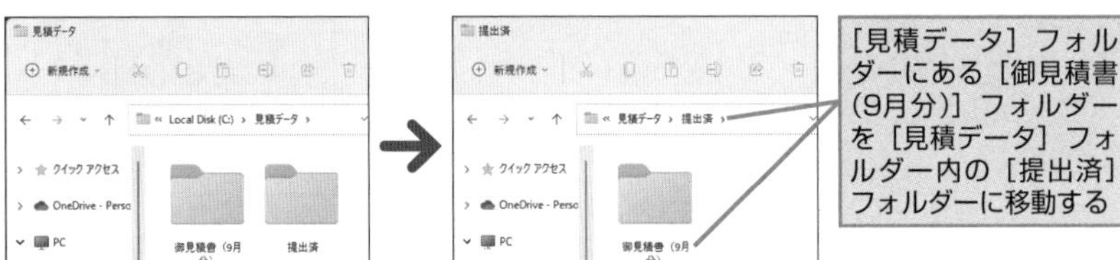

入力例

313.xlsm

```
Sub Folderオブジェクトを使用してファイルを移動()
    Dim myFSO As New FileSystemObject
    Dim myFolder As Folder ←1
    Set myFolder = myFSO.GetFolder("C:¥見積データ¥御見積書(9月分)") ←2
    myFolder.Move Destination:="C:¥見積データ¥提出済¥" ←3
End Sub
```

1移動したいフォルダー(Folderオブジェクト)を代入する変数「myFolder」を宣言する　2Cドライブの［見積データ］フォルダーにある［御見積書(9月分)］フォルダーを取得して、変数「myFolder」に代入する　3変数「myFolder」に代入したフォルダーを、Cドライブの［見積データ］フォルダー内の［提出済］フォルダーに移動する

ポイント

- FileSystemObjectオブジェクトのGetFolderメソッドについては、ワザ311を参照してください。

構文　**Folderオブジェクト.Move(Destination)**

- FolderオブジェクトのMoveメソッドは、Folderオブジェクトとして取得したフォルダーを、引数「Destination」に指定されたフォルダーパスへ移動します。
- フォルダー名を変更して移動したいときは、変更したフォルダー名を含むフォルダーパスを引数「Destination」に指定します。フォルダー名を変更せずにフォルダーを移動するときは、引数「Destination」に移動先のフォルダーパスだけを指定します。このとき、フォルダーパスの末尾に「¥」を記述してください。
- Newキーワードを使用してFileSystemObjectオブジェクトのインスタンスを生成する場合、［Microsoft Scripting Runtime］への参照設定が必要です（ワザ289参照）。

ワザ 314 FileSystemObjectオブジェクトを使用してフォルダーを削除する

難易度 ●○○ | 頻出度 ●●○ | 対応Ver. 365 2021 2019 2016

FSOでフォルダーを削除する場合、FileSystemObjectオブジェクトのDeleteFolderメソッドを使用すると、手軽にプロシージャーを作成できます。ここでは、Cドライブの［在庫データ］フォルダーにある［在庫推移（9月）］フォルダーを削除します。なお、フォルダーをFolderオブジェクトとして取得して削除する場合は、ワザ315を参照してください。

［在庫データ］フォルダーにある［在庫推移(9月)］フォルダーを削除する

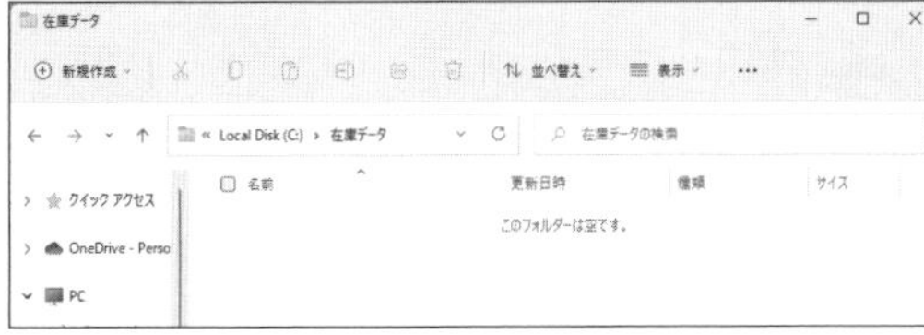

入力例　314.xlsm

```
Sub FSOオブジェクトを使用してフォルダーを削除()
    Dim myFSO As New FileSystemObject
    myFSO.DeleteFolder FolderSpec:="C:¥在庫データ¥在庫推移(9月)"  ←1
End Sub
```

1 Cドライブの［在庫データ］フォルダーにある［在庫推移（9月）］フォルダーを削除する

ポイント

構文　`FileSystemObjectオブジェクト.DeleteFolder(FolderSpec, Force)`

- FileSystemObjectオブジェクトのDeleteFolderメソッドは、引数「FolderSpec」に指定したパスに保存されているフォルダーを削除します。フォルダー名だけを指定した場合は、カレントフォルダー内のフォルダーが削除の対象となります。
- 引数「FolderSpec」のフォルダーパスの最終要素でのみ、ワイルドカードを使用できます。
- 引数「Force」に「True」を指定すると、読み取り専用フォルダーも削除します。省略した場合は「False」が指定されます。
- Newキーワードを使用してFileSystemObjectオブジェクトのインスタンスを生成する場合、［Microsoft Scripting Runtime］への参照設定が必要です（ワザ289参照）。

関連ワザ 310 FileSystemObjectオブジェクトを使用してフォルダーをコピーする………P.387
関連ワザ 312 FileSystemObjectオブジェクトを使用してフォルダーを移動する………P.389

ワザ 315 Folderオブジェクトを使用してフォルダーを削除する

難易度 ●○○ | 頻出度 ●●○ | 対応Ver. 365 2021 2019 2016

FileSystemObjectオブジェクトのGetFolderメソッドを使用すると、フォルダーをFSOのFolderオブジェクトとして取得できます。Folderオブジェクトを使用してフォルダーを削除するには、FolderオブジェクトのDeleteメソッドを使用します。ここでは、Cドライブの［在庫データ］フォルダーにある［在庫推移（9月）］フォルダーを削除します。

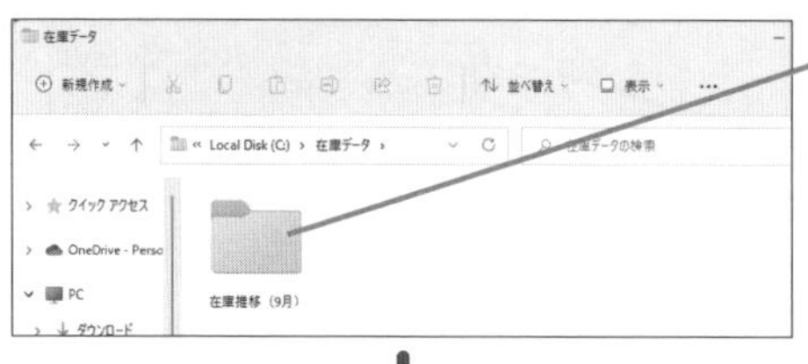

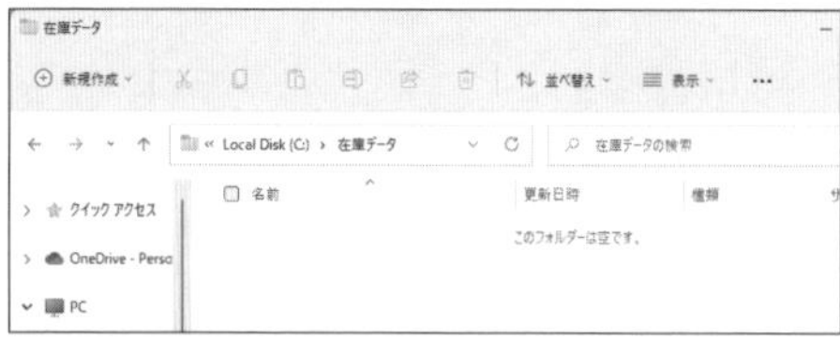

入力例 315.xlsm

```
Sub Folderオブジェクトを使用してフォルダーを削除()
    Dim myFSO As New FileSystemObject
    Dim myFolder As Folder  ←1
    Set myFolder = myFSO.GetFolder("C:¥在庫データ¥在庫推移(9月)")  ←2
    myFolder.Delete  ←3
End Sub
```

1削除したいフォルダー（Folderオブジェクト）を代入する変数「myFolder」を宣言する　2Cドライブの［在庫データ］フォルダーにある［在庫推移（9月）］フォルダーを取得して、変数「myFolder」に代入する　3変数「myFolder」に代入したフォルダーを削除する

ポイント

- FileSystemObjectオブジェクトのGetFolderメソッドについては、ワザ311を参照してください。

構文 **Folderオブジェクト.Delete(Force)**

- FolderオブジェクトのDeleteメソッドは、Folderオブジェクトとして取得したフォルダーを削除します。
- 引数「Force」に「True」を指定すると、読み取り専用フォルダーも削除します。省略した場合は「False」が指定されます。
- Newキーワードを使用してFileSystemObjectオブジェクトのインスタンスを生成する場合、［Microsoft Scripting Runtime］への参照設定が必要です（ワザ289参照）。

関連ワザ 311 Folderオブジェクトを使用してフォルダーをコピーする………P.388
関連ワザ 313 Folderオブジェクトを使用してフォルダーを移動する………P.390

ワザ 316 フォルダーの属性を調べる

難易度 ●○○ | 頻出度 ●○○ | 対応Ver. 365 2021 2019 2016

FSOでフォルダーの属性を調べるには、FolderオブジェクトのAttributesプロパティを使用します。ここでは、Cドライブの［データ］フォルダーにある［重要文書］フォルダーの属性を調べて、調べた値をセルB3に表示します。［重要文書］フォルダーには、「フォルダーとしての属性（属性値：16）」と「アーカイブ属性（属性値：32）」が設定されているため、これらの属性値の合計値である「48」がセルB3に表示されます。

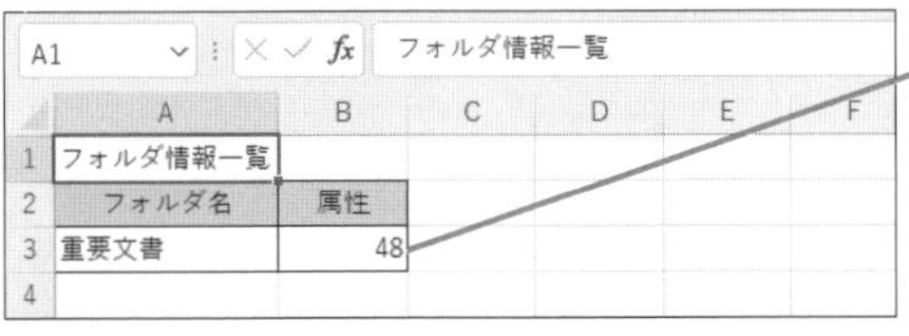

［データ］フォルダーにある［重要文書］フォルダーの属性を調べて、調べた値をセルB3に表示する

入力例　316.xlsm

```
Sub フォルダー属性の取得()
    Dim myFSO As New FileSystemObject
    Dim myFolder As Folder ←1
    Set myFolder = myFSO.GetFolder("C:¥データ¥重要文書") ←2
    Range("A3").Value = myFolder.Name ←3
    Range("B3").Value = myFolder.Attributes ←4
End Sub
```

1属性を調べたいフォルダー（Folderオブジェクト）を代入する変数「myFolder」を宣言する　2Cドライブの［データ］フォルダーにある［重要文書］フォルダーを取得して、変数「myFolder」に代入する　3変数「myFolder」に代入したフォルダーの名前を取得して、セルA3に表示する　4変数「myFolder」に代入したフォルダーの属性を取得して、セルB3に表示する

ポイント

- FileSystemObjectオブジェクトのGetFolderメソッドについては、ワザ311を参照してください。

構文 `Folderオブジェクト.Attributes`

- FolderオブジェクトのAttributesプロパティは、フォルダーの属性を表すFileAttribute列挙型の定数の値を返します。フォルダーに複数の属性が設定されている場合は、その合計値を返します。FileAttribute列挙型の定数については、ワザ297を参照してください。
- AttributesプロパティにFileAttribute列挙型の定数を設定することで、フォルダーの属性を設定できます。複数の属性を設定したい場合は、定数を「+」で連結するか、値の合計値を記述してください。
- Newキーワードを使用してFileSystemObjectオブジェクトのインスタンスを生成する場合、［Microsoft Scripting Runtime］への参照設定が必要です（ワザ289参照）。

関連ワザ 276 ファイルの属性を設定する………P.345
関連ワザ 297 ファイルの属性を調べる………P.369

ワザ317 ドライブ直下のフォルダーの一覧を作成する

難易度 ●●○ | 頻出度 ●●○ | 対応Ver. 365 2021 2019 2016

特定のフォルダーに保存されているフォルダーを取得するには、FolderオブジェクトのSubFolderプロパティを使用します。ここでは、Cドライブ直下に保存されているすべてのフォルダーを取得して、フォルダーの情報一覧を作成します。ドライブ直下のフォルダーを取得する場合は、ドライブのルートフォルダーに対して処理を実行します。

A1 Cドライブフォルダ一覧

	A	B	C	D
1	Cドライブフォルダ一覧			
2	フォルダ名	作成日時		
3	$RECYCLE.BIN	2021/9/23 2:18		
4	$WinREAgent	2021/12/16 16:26		
5	Documents and Settings	2021/12/16 10:16		
6	Intel	2021/9/23 2:15		

Cドライブ直下に格納されているすべてのフォルダー情報の一覧を作成する

入力例

317.xlsm

```
Sub フォルダー一覧作成()
    Dim myFSO As New FileSystemObject
    Dim myFolders As Folders, myFolder As Folder, i As Integer
    Set myFolders = myFSO.GetFolder("C:¥").SubFolders ←1
    i = 3 ←2
    For Each myFolder In myFolders ←3
        Cells(i, 1).Value = myFolder.Name ←4
        Cells(i, 2).Value = myFolder.DateCreated ←5
        i = i + 1
    Next
End Sub
```

1 Cドライブのルートフォルダー（Folderオブジェクト）を取得し、このFolderオブジェクトに保存されているフォルダーをFoldersコレクションとして取得して、変数「myFolders」に代入する　2 フォルダーの情報はワークシートの3行目から表示するため、カウンタ変数「i」を「3」で初期化する　3 変数「myFolders」に代入したFoldersコレクション内のFolderオブジェクトを1つ1つ参照する　4 フォルダー名をNameプロパティを使用して取得して、i行1列目のセルに表示する　5 フォルダーの作成日時をDateCreatedプロパティで取得して、i行2列目のセルに表示する

ポイント

構文 `Folderオブジェクト.SubFolders`

- FolderオブジェクトのSubFoldersプロパティは、フォルダーに保存されているすべてのフォルダーをFoldersコレクションとして返します（取得のみ）。
- SubFoldersプロパティで取得したFoldersコレクションには、画面に表示されていないフォルダーも含まれています。
- ドライブの直下に保存されているフォルダーを取得するには、ドライブのルートフォルダーをFileSystemObjectオブジェクトのGetFolderメソッドを使用して取得してからSubFoldersプロパティで取得します。
- Newキーワードを使用してFileSystemObjectオブジェクトのインスタンスを生成する場合、［Microsoft Scripting Runtime］への参照設定が必要です（ワザ289参照）。

ワザ 318 ドライブの総容量と空き容量を調べて使用容量を計算する

難易度 ●○○ | 頻出度 ●○○ | 対応Ver. 365 2021 2019 2016

FileSystemObjectオブジェクトのGetDriveメソッドを使用してドライブをDriveオブジェクトとして取得すれば、Driveオブジェクトのプロパティを使用して、ドライブに関するさまざまな情報を調べられます。ここでは、CドライブをDriveオブジェクトとして取得し、ドライブの総容量と空き容量を調べて、現在の使用容量を計算します。

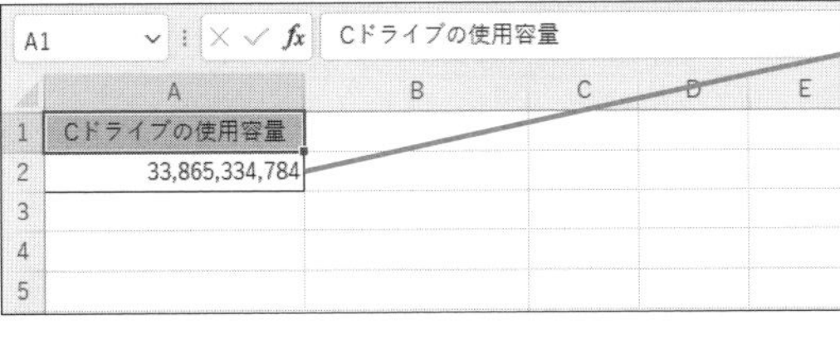

ドライブの総容量と空き容量から現在の使用容量を計算する

入力例

318.xlsm

```
Sub ドライブ使用容量()
    Dim myFSO As New FileSystemObject, myDrive As Drive
    Set myDrive = myFSO.GetDrive("C")  ←1
    Range("A2").Value = myDrive.TotalSize - myDrive.FreeSpace  ←2
End Sub
```

1 CドライブをDriveオブジェクトとして取得して変数「myDrive」に代入する　2 ドライブの総容量から空き容量を差し引いて使用容量を計算し、セルA2に表示する

ポイント

構文 **FileSystemObjectオブジェクト.GetDrive(DriveSpec)**

- FileSystemObjectオブジェクトのGetDriveメソッドは、引数「DriveSpec」に指定された名前のドライブを取得して、Driveオブジェクトとして返します。

構文 **Driveオブジェクト.TotalSize**

- DriveオブジェクトのTotalSizeプロパティは、ドライブの総容量をバイト単位で返します(取得のみ)。

構文 **Driveオブジェクト.FreeSpace**

- DriveオブジェクトのFreeSpaceプロパティは、ドライブの空き容量をバイト単位で返します（取得のみ)。
- ドライブの使用容量は、DriveオブジェクトのTotalSizeプロパティで調べた総容量から、DriveオブジェクトのFreeSpaceプロパティで調べた空き容量を差し引いて計算します。
- Newキーワードを使用してFileSystemObjectオブジェクトのインスタンスを生成する場合、[Microsoft Scripting Runtime]への参照設定が必要です(ワザ289参照)。

関連ワザ 319 すべてのドライブの種類を調べる………P.396
関連ワザ 322 ドライブのファイルシステムの種類を調べる………P.400

ワザ 319 すべてのドライブの種類を調べる

| 難易度 ●○○ | 頻出度 ●○○ | 対応Ver. 365 2021 2019 2016 |

パソコンに接続されているすべてのドライブの種類を調べます。FileSystemObjectオブジェクトのDrivesプロパティを使用してすべてのドライブを取得し、ドライブ名とその種類をセルに表示します。新しく接続したドライブなどが正しく認識されているかどうかを確認するときなどに便利です。

パソコンに接続されているドライブやメディアの名前と種類をセルに表示する

入力例　　319.xlsm

```
Sub 全ドライブ種類()
    Dim myFSO As New FileSystemObject, myDrives As Drives
    Dim myDrive As Drive, myDriveType As String, i As Integer
    Set myDrives = myFSO.Drives ←1
    i = 2 ←2
    For Each myDrive In myDrives ←3
        Select Case myDrive.DriveType
            Case 0: myDriveType = "不明"
            Case 1: myDriveType = "リムーバブルディスク"
            Case 2: myDriveType = "ハードディスク"
            Case 3: myDriveType = "ネットワークドライブ"
            Case 4: myDriveType = "CD-ROM"
            Case 5: myDriveType = "RAMディスク"
        End Select                                      ←4（Select Case～End Select）
        Cells(i, 1).Value = myDrive.DriveLetter ←5
        Cells(i, 2).Value = myDriveType ←6
        i = i + 1
    Next
End Sub
```

1パソコンで利用できるすべてのドライブ（Drivesコレクション）を取得して変数「myDrives」に代入する　2ドライブの情報はワークシートの2行目から表示するため、カウンタ変数「i」を「2」で初期化する　3変数「myDrives」に代入したDrivesコレクション内のDriveオブジェクトを1つ1つ参照する　4DriveTypeプロパティの戻り値に応じて、変数「myDriveType」にドライブの種類を表す文字列を代入する　5i行1列目のセルにドライブの名前を表示する　6i行2列目のセルにドライブの種類を表示する

ポイント

構 文 `FileSystemObjectオブジェクト.Drives`

- FileSystemObjectオブジェクトのDrivesプロパティは、パソコンで利用できるすべてのドライブをDrivesコレクションとして返します(取得のみ)。

構 文 `Driveオブジェクト.DriveType`

- DriveオブジェクトのDriveTypeプロパティは、ドライブの種類をDriveTypeConst列挙型の定数の値で返します(取得のみ)。

●DriveTypeConst列挙型の定数

定数	値	ドライブの種類
UnknownType	0	不明
Removable	1	リムーバブルディスク
Fixed	2	ハードディスク
Remote	3	ネットワークドライブ
CDRom	4	CD-ROM
RamDisk	5	RAMディスク

構 文 `Driveオブジェクト.DriveLetter`

- DriveオブジェクトのDriveLetterプロパティは、各ドライブに割り当てられている「C」や「D」といったドライブの名前を返します(取得のみ)。
- Newキーワードを使用してFileSystemObjectオブジェクトのインスタンスを生成する場合、[Microsoft Scripting Runtime]への参照設定が必要です(ワザ289参照)。

関連ワザ 318 ドライブの総容量と空き容量を調べて使用容量を計算する………P.395
関連ワザ 322 ドライブのファイルシステムの種類を調べる………P.400

ワザ 320 接続されているドライブの数を調べる

難易度 ●○○ | 頻出度 ●○○ | 対応Ver. 365 2021 2019 2016

パソコンに接続されているドライブの数を調べるには、DrivesコレクションのCountプロパティを使用します。For ～ Nextステートメントなどでドライブの数だけ処理を繰り返したい場合など、ドライブの数がプロシージャーの中で必要になるときに使用します。ここでは、取得したドライブの数をメッセージで表示しています。

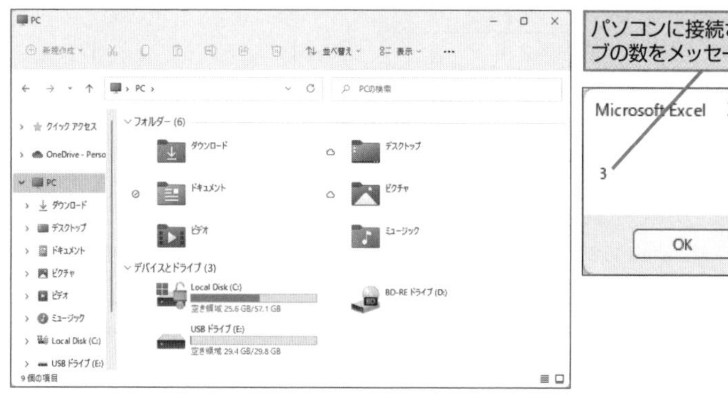

パソコンに接続されているドライブの数をメッセージで表示する

入力例 320.xlsm

```
Sub ドライブの数()
    Dim myFSO As New FileSystemObject
    Dim myDrives As Drives
    Set myDrives = myFSO.Drives  ←1
    MsgBox myDrives.Count  ←2
End Sub
```

1 パソコンに接続されているすべてのドライブをDrivesコレクションとして取得して変数「myDrives」に代入する
2 変数「myDrives」に代入したドライブの数をメッセージで表示する

ポイント

構文 Drivesコレクション.Count

- DrivesコレクションのCountプロパティは、すべてのドライブの数を長整数型(Long)の値で返します(取得のみ)。
- Newキーワードを使用してFileSystemObjectオブジェクトのインスタンスを生成する場合、[Microsoft Scripting Runtime]への参照設定が必要です(ワザ289参照)。

関連ワザ 321 ドライブの準備状態を調べる………P.399
関連ワザ 322 ドライブのファイルシステムの種類を調べる………P.400

ワザ 321 ドライブの準備状態を調べる

難易度 ●○○ | 頻出度 ●○○ | 対応Ver. 365 2021 2019 2016

FSOを使用して、パソコンに接続されているドライブの準備状態を調べるには、DriveオブジェクトのIsReadyプロパティを使用します。ここでは、パソコンに接続されているCD/DVDドライブ（Dドライブ）について、ドライブにメディアが挿入されているかどうか、といったドライブの準備状態を調べて、状況に応じたメッセージを表示します。

CD/DVDドライブ（ここではDドライブ）の状態を調べて、状況に応じたメッセージを表示する

入力例 321.xlsm

```
Sub ドライブ準備状態()
    Dim myFSO As New FileSystemObject
    Dim myDrive As Drive
    Set myDrive = myFSO.GetDrive("D")  ←1
    If myDrive.IsReady = True Then  ←2
        MsgBox "ドライブの準備が完了しています。"
    Else  ←3
        MsgBox "ドライブの準備ができていません。"
    End If
End Sub
```

1 DドライブをDriveオブジェクトとして取得して、変数「myDrive」に代入する 2 IsReadyプロパティの値が「True」の場合、「準備が完了しました。」とメッセージを表示する 3 IsReadyプロパティの値がその他（「False」）の場合、「ドライブの準備ができていません。」とメッセージを表示する

ポイント

- 準備状態を調べるドライブを取得するには、FileSystemObjectオブジェクトのGetDriveメソッドを使用します。詳しくは、ワザ318を参照してください。

構文 Driveオブジェクト.IsReady

- DriveオブジェクトのIsReadyプロパティは、ドライブの準備ができている場合に「True」、できていない場合に「False」を返します（取得のみ）。
- フォーマットされていない空のディスクが挿入されている場合は「False」を返します。ディスクをフォーマットするには、［エクスプローラー］上で、ディスクを挿入したドライブのアイコンを右クリック - ［フォーマット］をクリックしてください。フォーマットしたあとは、ディスクが空であってもIsReadyプロパティは「True」を返します。
- Newキーワードを使用してFileSystemObjectオブジェクトのインスタンスを生成する場合、［Microsoft Scripting Runtime］への参照設定が必要です（ワザ289参照）。

ワザ 322 ドライブのファイルシステムの種類を調べる

難易度 ●○○ | 頻出度 ●○○ | 対応Ver. 365 2021 2019 2016

ディスクのファイルシステムとは、ハードディスクなどの記憶装置に保存されているデータを管理する仕組みのことで、NTFSやFAT32などがあります。このファイルシステムをFSOで調べるには、DriveオブジェクトのFileSystemプロパティを使用します。ここでは、Cドライブのファイルシステムを調べてセルA2に表示します。

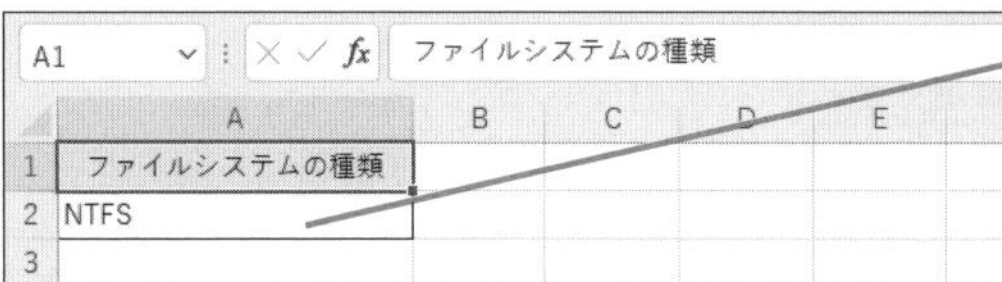

入力例

322.xlsm

```
Sub ファイルシステム()
    Dim myFSO As New FileSystemObject
    Dim myDrive As Drive
    Set myDrive = myFSO.GetDrive("C")  ←1
    Range("A2").Value = myDrive.FileSystem  ←2
End Sub
```

1 CドライブをDriveオブジェクトとして取得して変数「myDrive」に代入する　2 変数「myDrive」に代入したドライブのファイルシステムを調べて、セルA2に表示する

ポイント

- ファイルシステムを調べるドライブを取得するには、FileSystemObjectオブジェクトのGetDriveメソッドを使用します。詳しくは、ワザ318を参照してください。

構文 `Driveオブジェクト.FileSystem`

- DriveオブジェクトのFileSystemプロパティは、Driveオブジェクトのファイルシステムの種類を文字列の値で返します(取得のみ)。
- Newキーワードを使用してFileSystemObjectオブジェクトのインスタンスを生成する場合、[Microsoft Scripting Runtime]への参照設定が必要です(ワザ289参照)。

関連ワザ 320 接続されているドライブの数を調べる………P.398
関連ワザ 321 ドライブの準備状態を調べる………P.399

ワザ 323 XMLデータの書き方

| 難易度 ●●○ | 頻出度 ●○○ | 対応Ver. 365 2021 2019 2016 |

XML（Extensible Markup Language）とは、データの意味や階層構造を記述するマークアップ言語です。データにタグと呼ばれる情報を付加することでデータの意味を記述し、データを入れ子構造で構成して、データの階層構造を表します。データの階層構造は、主にXMLスキーマを使用して設計し、その階層構造に従ってXMLデータを作成します。XMLデータの拡張子は「.xml」です。ここでは、ワザ324で紹介するXMLスキーマに従ったXMLデータを例として、簡単なXMLデータの書き方を紹介します。

入力例　inputData.xml

```
<?xml version="1.0" encoding="UTF-8" standalone="yes"?>  ←1
<order>
    <customer>エクセル株式会社</customer>
    <goods>
        <no>1</no>
        <name>デジタルカメラ</name>
        <amount>5</amount>
    </goods>
    <goods>
        <no>2</no>
        <name>フラッシュメモリ</name>
        <amount>10</amount>
    </goods>
    <goods>
        <no>3</no>
        <name>プリンタ</name>
        <amount>1</amount>
    </goods>
</order>
```

1XML形式のデータであることを表すXML宣言を記述する　2要素「order」は子要素として「customer」「goods」の2つの要素を持っている　3要素「order」の中で、子要素「goods」は複数出現する　4要素「goods」は子要素として「no」「name」「amount」の3つの要素を持っている

ポイント

- XMLは「要素」と呼ばれる単位で構成され、「タグ」と呼ばれる文字列によってデータの意味を記述し、各データを入れ子構造で記述することによってデータの階層構造を記述します。大文字と小文字が区別されるので注意してください。

- XML宣言の書き方
  XMLデータの1行目のXML宣言は、XMLデータであることを表す記述です。XMLデータの先頭に記述します。encoding属性に設定する文字コードは、OSやアプリケーションなどの環境に合わせて記述します。

```
<?xml version="1.0" encoding="UTF-8" standalone="yes"?>
```

次のページに続く▶

● 要素の書き方

要素は、データを「<要素名>」（開始タグ）と「</要素名>」（終了タグ）で挟んで記述します。

<要素名>データ</要素名>

● 属性の書き方

各要素には、その補足情報を「属性」として記述できます。開始タグの要素名の後に、空白文字（半角空白・改行・タブのいずれか）に続けて記述します。設定する属性値は、「属性名=」に続けて「"」で囲んで記述します。複数の属性を記述する場合は、空白文字で区切ります。

<要素名　属性名1="属性値1"　属性名2="属性値2"･･･>データ</要素名>

● 子要素を持つ要素の書き方

要素内に入れ子構造で記述する要素を「子要素」と呼びます。子要素は、開始タグと終了タグで挟んで次のように記述します。インデントを入れて記述すると、階層構造が分かりやすくなります。

<要素名>

**　　<子要素の要素名>データ</子要素の要素名>**

</要素名>

● データや子要素を持たない要素の書き方

データや子要素を持たない要素は、「<要素名></要素名>」という記述を省略して、次のように記述します。

<要素名/>

データや子要素を持たない要素の属性は、次のように記述してください。

<要素名　属性名1="属性値1"　属性名2="属性値2"…　/>

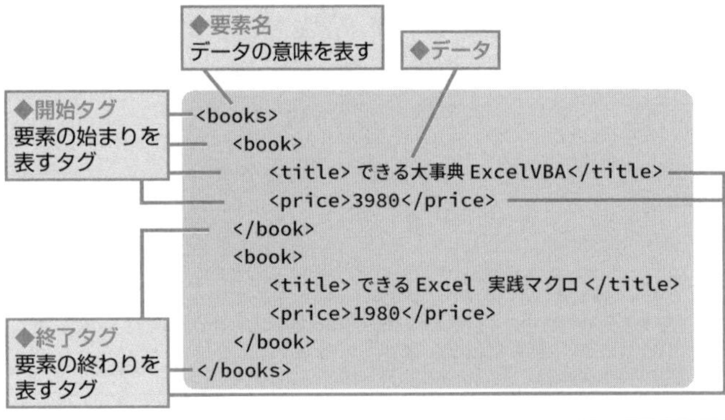

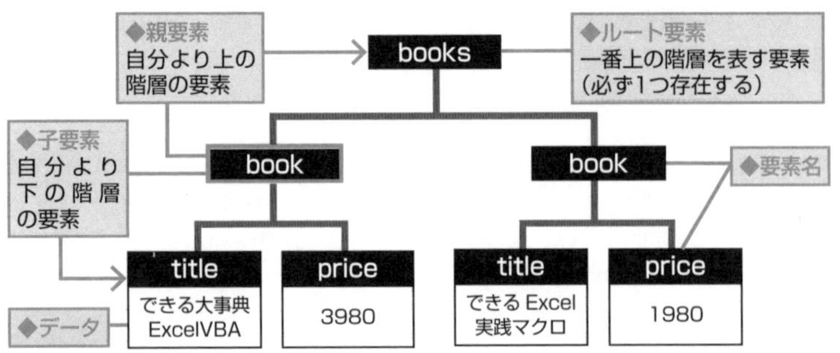

ワザ 324 XMLスキーマの書き方

難易度 ●●●　頻出度 ●○○　対応Ver. 365 2021 2019 2016

XMLスキーマは、XMLデータの階層構造や、出現する要素とそのデータ型などを定義するXML形式のファイルです。XMLスキーマを読めば、作成するXMLデータの要素とその階層構造を確認できます。また、「XMLデータがXMLスキーマで定義された要素や階層構造で作成されているか」といったチェックを行うときもXMLスキーマが参照されます。ここでは、ワザ325で使用しているXMLスキーマ「order.xsd」を参考しながら、簡単なXMLスキーマの書き方を紹介します。XMLスキーマの拡張子は「xsd」です。

入力例　order.xsd

```
<?xml version="1.0" encoding="UTF-8" ?> ←1
<xsd:schema xmlns:xsd="http://www.w3.org/2001/XMLSchema"> ←2
  <xsd:element name="order">
    <xsd:complexType>
      <xsd:sequence>
        <xsd:element name="customer" type="xsd:string" /> ←4
        <xsd:element name="goods" minOccurs="1" maxOccurs="unbounded"> ←7
          <xsd:complexType>
            <xsd:sequence>
              <xsd:element name="no" type="xsd:string" />
              <xsd:element name="name" type="xsd:string" />
              <xsd:element name="amount" type="xsd:int" />
            </xsd:sequence>
          </xsd:complexType>
        </xsd:element>
      </xsd:sequence>
    </xsd:complexType>
  </xsd:element>
</xsd:schema>
```

1 XML形式のデータであることを表すXML宣言を記述する　2 XMLスキーマのルート要素であるschema要素を記述する　3 出現順番が決められた要素を子要素に持つorder要素を定義する。order要素の子要素は、customer要素、goods要素で、この順番で出現する　4 customer要素は、子要素を持たない要素として定義する　5 goods要素は、出現順番が決められた要素を子要素に持つ要素として定義する　6 goods要素は、no要素、name要素、amount要素を子要素として持ち、この順番で出現する。no要素、name要素、amount要素は、いずれも子要素を持たない要素として定義する　7 goods要素は、最低1回、無制限で何度も出現する

ポイント

- XML宣言の記述

XMLスキーマもXML形式のデータなので、1行目にXML宣言を記述します。

```
<?xml version="1.0" encoding="UTF-8" ?>
```

関連ワザ 323 XMLデータの書き方………P.401
関連ワザ 325 セルやテーブルの列にXMLデータの要素を対応付ける………P.405

次のページに続く▶

● 名前空間接頭辞の宣言

2行目以降からXMLスキーマの内容になります。まず、XMLスキーマのルート要素であるschema要素を記述します。ここでは、「xsd」がXMLスキーマの名前空間接頭辞であることを宣言しています。名前空間接頭辞とは、タグの要素名の前に記述される文字列です。名前空間接頭辞を記述することで、どこで決められたタグなのかを識別できます。例えば、開始タグを<xsd:タグ名>の形で記述することで、このタグがXMLスキーマのタグであることを表します。

```
<xsd:schema xmlns:xsd="http://www.w3.org/2001/XMLSchema">
    XMLスキーマの記述
</xsd:schema>
```

● 子要素を持たない要素の定義

XMLデータに出現する要素を定義するにはelement要素を記述します。要素名をname属性で定義し、要素のデータ型をtype属性で定義します。「xsd:string」は文字列型、「xsd:int」は4バイトの整数型です。

```
<xsd:element name=要素名 type=要素のデータ型 />
```

● 出現順番が決められた要素を子要素に持つ要素の定義

子要素はcomplexType要素でまとめて、element要素の子要素として記述します。子要素の出現順番を定義する場合はsequence要素でまとめて、complexType要素の子要素として出現する順番に記述します。したがって、出現順番が決められた要素を子要素に持つ要素を定義するときは、次のように記述します。

```
<xsd:element>
    <xsd:complexType>
        <xsd:sequence>
            子要素を出現する順番に記述
        </xsd:sequence>
    </xsd:complexType>
</xsd:element>
```

● 何度も出現する要素の定義

何度も出現する要素には、要素の最低出現回数をminOccurs属性で定義し、最高出現回数をmaxOccurs属性で定義します。無制限で出現させるときは、maxOccurs属性に「unbounded」を指定します。

```
<xsd:element name=要素名 minOccurs=最低出現回数 maxOccurs=最高出現回数>
```

●order.xsdで定義している要素とその階層構造

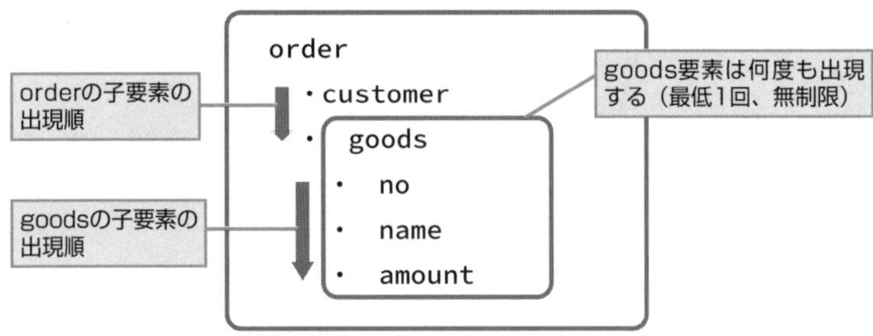

ワザ 325 セルやテーブルの列にXMLデータの要素を対応付ける

難易度 ●●●　頻出度 ●○○　対応Ver. 365 2021 2019 2016

Excelを使用してXMLデータを入出力するには、XMLデータの文書構造などを定義したXMLスキーマをブックに追加し、セルやテーブルの列にXMLデータの要素を対応付ける必要があります。ここでは、XMLスキーマファイル「order.xsd」で定義されているXMLデータの各要素をアクティブシートのセルやテーブルの列に対応付けます。セルB3に要素「date」、セルB4に要素「customer」、[注文データ] テーブルの1列目に要素「no」、2列目に要素「name」、3列目に要素「amount」を対応付けて、このXMLスキーマとブックの対応付けに「orderDataXmlMap」という名前を設定します。

入力例　325.xlsm

```
Sub XMLスキーマ対応付け()
    Dim myXMLMap As XmlMap
    Set myXMLMap = ActiveWorkbook.XmlMaps.Add(Schema:="C:¥スキーマ¥order.xsd")  ←1
    Range("B3").XPath.SetValue Map:=myXMLMap, _  ←2
            XPath:="/order/date", Repeating:=False
    With ActiveSheet.ListObjects("注文データ")  ←3
        .ListColumns(1).XPath.SetValue Map:=myXMLMap, _  ←4
                XPath:="/order/goods/no", Repeating:=True
        .ListColumns(2).XPath.SetValue Map:=myXMLMap, _  ←5
                XPath:="/order/goods/name", Repeating:=True
        .ListColumns(3).XPath.SetValue Map:=myXMLMap, _  ←6
                XPath:="/order/goods/amount", Repeating:=True
    End With
    myXMLMap.Name = "orderDataXmlMap"  ←7
End Sub
```

1 Cドライブの［スキーマ］フォルダーにあるXMLスキーマファイル「order.xsd」をアクティブブックに追加して、XMLスキーマファイル「order.xsd」とブックの対応付けを表すXmlMapオブジェクトを変数「myXMLMap」に代入する　2 セルB3のロケーションパスに階層「/order/date」を設定して、セルB3と要素「date」を対応付ける　3 アクティブシートのテーブル「注文データ」について処理を行う　4 1列目のロケーションパスに階層「/order/goods/no」を設定して、1列目と要素「no」を対応付ける　5 2列目のロケーションパスに階層「/order/goods/name」を設定して、2列目と要素「name」を対応付ける　6 3列目のロケーションパスに階層「/order/goods/amount」を設定して、3列目と要素「amount」を対応付ける　7 変数「myXMLMap」に代入されているXMLスキーマファイルの対応付けの名前として「orderDataXmlMap」を設定する

ポイント

- 追加するXMLスキーマが正しく記述されていない場合にXML解析エラーが発生します。

構文 `XmlMapsコレクション.Add(Schema, RootElementName)`

- ブックにXMLスキーマを追加するには、XmlMapsコレクションのAddメソッドを使用します。
- Addメソッドは、引数「Schema」に指定されたXMLスキーマを開いてブックに追加し、開いたXMLスキーマとブックの対応付けを表すXmlMapオブジェクトを返します。
- XMLスキーマで、複数のルート要素が定義されている場合に、ブックに対応付けたいルート要素を引数「RootElementName」に指定します。定義されているルート要素が1つだけの場合は省略します。

次のページに続く▶

構　文　**オブジェクト.XPathオブジェクト.SetValue(Map,XPath, Repeating)**

- セルやテーブルの列にXMLデータの要素を対応付けるには、XPathオブジェクトのSetValueメソッドを使用します。
- セルに対応付ける場合、オブジェクトにRangeオブジェクトを指定してください。
- テーブルの列に対応付ける場合、オブジェクトにListColumnオブジェクトを指定して参照してください。
- 対応付けたい要素が定義されているXMLスキーマを指定するには、そのXMLスキーマとブックの対応付けを表すXmlMapオブジェクトを引数「Map」に指定します。
- 対応付けたい要素を指定するには、XMLスキーマ内における要素の階層位置（ロケーションパス）を引数「XPath」に記述します。
- ロケーションパスは、仮想的なルート要素を表す「/」に続けて、対応付けたい要素までの階層をたどる要素名を「/」で区切って記述します。
- 引数「Repeating」には、テーブルの列に対応付ける場合に「True」、単一のセルに要素を対応付ける場合に「False」を指定します。

構　文　**XmlMapオブジェクト.Name**

- XMLスキーマとブックの対応付けに名前を設定するには、XmlMapオブジェクトのNameプロパティに、設定したい文字列を指定します。
- サンプルで紹介した「XMLスキーマ対応付け」プロシージャーを実行した後、XMLデータの要素がセルやテーブルの列に対応付けられたかどうかを確認するには、[XMLソース]ウィンドウを表示します。[開発]タブの[XML]グループにある[ソース]ボタンをクリックしてください。

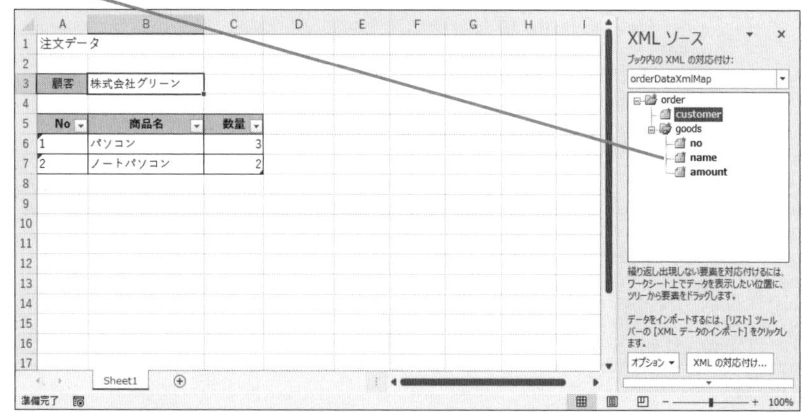

関連ワザ 324 XMLスキーマの書き方………P.403
関連ワザ 326 XML形式でデータを出力する………P.407
関連ワザ 327 XML形式のファイルを読み込む………P.409

ワザ 326 XML形式でデータを出力する

難易度 ●●● | 頻出度 ●○○ | 対応Ver. 365 2021 2019 2016

「orderDataXmlMap」という名前で設定したXMLスキーマとブックの対応付けを使用して、ワークシートに入力されているデータを［orderData.xml］というファイル名でXML形式で出力します。出力先は、Cドライブ内の［XMLデータ］フォルダーです。正常に出力された場合は「正常に出力されました。」というメッセージを表示します。なお、サンプルのブック［326.xlsm］は、事前にワザ325で紹介した「XMLスキーマ対応付け」プロシージャーを実行して、XMLスキーマとブックの対応付けを済ませています。

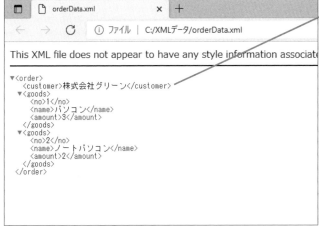

ワークシートに入力されているデータを「orderData.xml」というファイル名でXML形式で出力する

正常に出力された場合は「正常に出力されました。」というメッセージを表示する

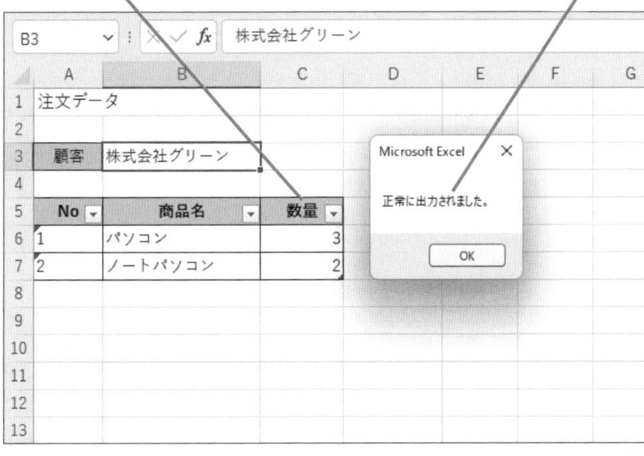

orderData.xml

ファイル | C:/XMLデータ/orderData.xml

This XML file does not appear to have any style information associate

```
▼<order>
   <customer>株式会社グリーン</customer>
  ▼<goods>
     <no>1</no>
     <name>パソコン</name>
     <amount>3</amount>
   </goods>
  ▼<goods>
     <no>2</no>
     <name>ノートパソコン</name>
     <amount>2</amount>
   </goods>
 </order>
```

XMLファイルの内容は、Webブラウザーで表示できる

次のページに続く▶

入力例 326.xlsm

```
Sub XML形式で出力()
    Dim myResult As XlXmlExportResult
    myResult = ActiveWorkbook.XmlMaps("orderDataXmlMap").Export _   ←1
        (URL:="C:¥XMLデータ¥orderData.xml", Overwrite:=True)
    If myResult = xlXmlExportSuccess Then
        MsgBox "正常に出力されました。"
    ElseIf myResult = xlXmlExportValidationFailed Then                 ─2
        MsgBox "データの内容がXMLスキーマの定義と一致していません。"
    End If
End Sub
```

1XMLスキーマとブックの対応付けを表す「orderDataXmlMap」を使用して、アクティブブックに入力されているデータを、Cドライブの［XMLデータ］フォルダーに「orderData.xml」というファイル名でXML形式で出力し、その結果を変数「myResult」に代入する 2もし変数「myResult」に代入された結果が「xlXmlExportSuccess」の場合、「正常に出力されました。」というメッセージを表示し、「xlXmlExportValidationFailed」の場合は、「データの内容がXMLスキーマの定義と一致していません。」というメッセージを表示する

ポイント

構文 XmlMapオブジェクト.Export(Url, Overwrite)

- XML形式でデータを出力するには、XmlMapオブジェクトのExportメソッドを使用します。
- XML形式に変換されたデータは、引数「Url」に指定されたファイルに出力され、Exportメソッドは、その出力結果をXlXmlExportResult列挙型の定数で返します。

●XlXmlExportResult列挙型の定数

定数	値	内容
xlXmlExportSuccess	0	XML形式で正常に出力された
xlXmlExportValidationFailed	1	データの内容が、指定されたXMLスキーマの定義と一致していない

- 引数「Overwrite」には、出力先に同じ名前のファイルが存在したときに上書きする場合は「True」、上書きしない場合は「False」を指定します。省略した場合は「False」が指定されます。「False」を指定、または省略した場合、出力先に同じ名前のファイルが存在しているとエラーが発生します。

関連ワザ 325 セルやテーブルの列にXMLデータの要素を対応付ける………P.405
関連ワザ 327 XML形式のファイルを読み込む………P.409

ワザ 327 XML形式のファイルを読み込む

難易度 ●●● 頻出度 ●○○ 対応Ver. 365 2021 2019 2016

「orderDataXmlMap」という名前で設定したXMLスキーマとブックの対応付けを使用して、Cドライブの[XMLデータ]フォルダーに保存されているXMLファイル[inputData.xml]を読み込みます。正常に読み込まれた場合は「XMLファイルが正常に読み込まれました。」というメッセージを表示します。サンプルのブック[327.xlsm]は、事前にワザ325で紹介した「XMLスキーマ対応付け」プロシージャーを実行して、XMLスキーマとブックの対応付けを済ませています。

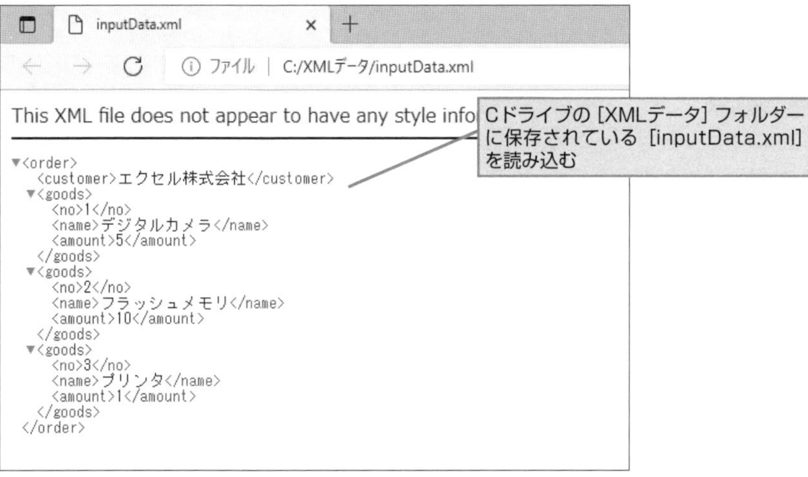

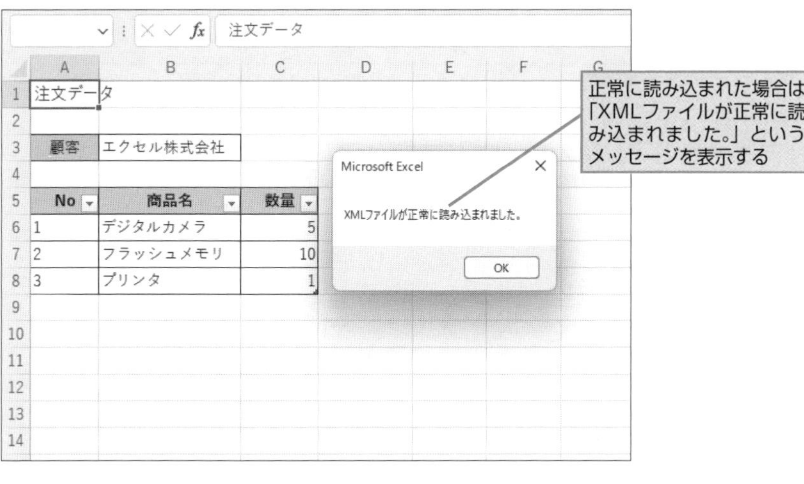

次のページに続く▶

入力例　327.xlsm

```
Sub XML形式のファイル読み込み()
    Dim myResult As XlXmlImportResult
    myResult = ActiveWorkbook.XmlMaps("orderDataXmlMap").Import _   ←1
        (Url:="C:¥XMLデータ¥inputData.xml", Overwrite:=True)
    If myResult = xlXmlImportSuccess Then
        MsgBox "XMLファイルが正常に読み込まれました。"
    ElseIf myResult = xlXmlImportValidationFailed Then
        MsgBox "XMLファイルが大きすぎたため、あふれたデータを切り捨てました。"   ←2
    ElseIf myResult = xlXmlImportElementsTruncated Then
        MsgBox "XMLデータの内容がXMLスキーマの定義と一致していません。"
    End If
End Sub
```

1 XMLスキーマとブックの対応付けを表す「orderDataXmlMap」を使用して、Cドライブの[XMLデータ] フォルダーに保存されているXML形式のファイル [inputData.xml] の内容をアクティブブックに読み込み、その結果を変数「myResult」に代入する　2 変数「myResult」に代入された結果によって、メッセージを表示する

ポイント

- 読み込みたいXMLファイルの内容が正しく記述されていない場合にXML解析エラーが発生します。
- XmlMapオブジェクトは、XMLスキーマとブックの対応付けを表すオブジェクトです。詳しくは、ワザ325を参照してください。

構文 `XmlMapオブジェクト.Import(Url, Overwrite)`

- XML形式のファイルをブックに読み込むには、XmlMapオブジェクトのImportメソッドを使用します。
- Importメソッドを実行すると、引数「Url」に指定されたXMLファイルが開いて、入力されている各要素のデータが、対応付けられているセルやテーブルの列に読み込まれ、Importメソッドは、その読み込み結果をXlXmlImportResult列挙型の定数で返します。

●XlXmlImportResult列挙型の定数

定数	値	内容
xlXmlImportSuccess	0	XMLファイルが正常に読み込まれた
xlXmlImportElementsTruncated	1	ワークシートに対してXMLファイルが大きすぎたため、あふれたデータは切り捨てられた
xlXmlImportValidationFailed	2	XMLファイルの内容が指定されたXMLスキーマの定義と一致していない

- 引数「Overwrite」には、ワークシート上に入力されている既存のデータを上書きする場合に「True」、上書きしない場合に「False」を指定します。省略した場合は「False」が指定されます。

関連ワザ 325 セルやテーブルの列にXMLデータの要素を対応付ける………P.405
関連ワザ 326 XML形式でデータを出力する………P.407

ワザ 328 XMLデータの要素を対応付けしないでXMLデータを読み込む

難易度 ●●● | 頻出度 ●○○ | 対応Ver. 365 2021 2019 2016

XMLスキーマを使用してXMLデータの要素をセルやテーブルの列に対応付けないでXMLデータをワークシートに読み込むには、DOMDocument60オブジェクトのLoadメソッドを使用します。XMLスキーマの内容が確認できないXMLデータを読み込みたいときに便利なワザです。

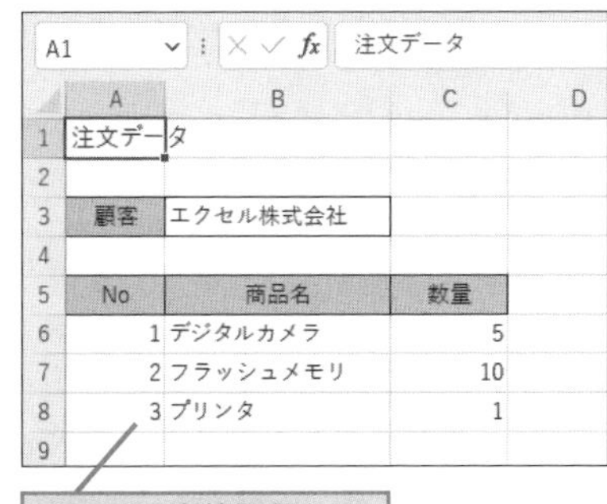

入力例　328.xlsm

```
Sub 対応付けせずにXMLデータ読み込み()
    Dim myDom As New MSXML2.DOMDocument60 ←1
    Dim myNodeList As IXMLDOMNodeList
    Dim myNode As IXMLDOMNode
    Dim myChildNode As IXMLDOMNode
    Dim i As Integer
    myDom.Load xmlSource:="C:¥XMLデータ¥inputData.xml" ←2
    Set myNode = myDom.SelectSingleNode("/order/customer") ←3
    Range("B3").Value = myNode.Text ←4
    Set myNodeList = myDom.SelectNodes("//goods") ←5
    i = 6
    For Each myNode In myNodeList ←6
        Cells(i, 1).Value = myNode.ChildNodes(0).Text ┐
        Cells(i, 2).Value = myNode.ChildNodes(1).Text ├7
        Cells(i, 3).Value = myNode.ChildNodes(2).Text ┘
        i = i + 1
    Next
End Sub
```

次のページに続く▶

[1]MSXML2ライブラリのDOMDocument60型の変数「myDom」を宣言して、DOMDocument60オブジェクトのインスタンスを生成する　[2]Cドライブの［XMLデータ］フォルダーに保存されているXML形式のファイル［inputData.xml］の内容を読み込む　[3]読み込んだXMLデータ内で1回だけ出現する要素「customer」を取得して、IXMLDOMNodeオブジェクト型の変数「myNode」に代入する　[4]変数「myNode」に代入した要素のデータをセルB3に表示する　[5]読み込んだXMLデータ内で複数回出現する要素「goods」を取得して、IXMLDOMNodeListコレクション型の変数「myNodeList」に代入する　[6]変数「myNodeList」に代入したIXMLDOMNodeListコレクション内のIXMLDOMNodeオブジェクトを1つずつ変数「myNode」に代入して、次の処理を実行する　[7]変数「myNode」に代入した要素の0番目～2番目の子要素のデータを、i行1列目～i行3列目のセルに表示する

ポイント

構文　**DOMDocument60オブジェクト.load(xmlSource)**

- Excel VBAからXMLデータを操作するには、MSXML2ライブラリのDOMDocument60オブジェクトのLoadメソッドを使用してXMLデータを読み込みます。引数「xmlSource」に、読み込みたいXMLデータのファイルパスを指定してください。
- Newキーワードを使用してDOMDocument60オブジェクトのインスタンスを生成する場合、［Microsoft XML, v6.0］への参照設定が必要です。

構文　**DOMDocument60オブジェクト.SelectSingleNode(queryString)**

- 1回だけ出現するXMLの要素（IXMLDOMNodeオブジェクト）を取得するには、DOMDocument60オブジェクトのSelectSingleNodeメソッドを使用します。引数「queryString」に、取得したいXMLの要素をXPath式を使用して指定します。
- XPath式は、XMLデータの要素などを指定するための記述言語です。XMLデータの要素の階層構造を親要素から子要素へたどるように上の要素名から「/」で区切って記述します。ルート要素から記述するときは先頭に「/」を記述します。ルート要素から途中までの要素名を省略して記述する場合は先頭に「//」を記述してください。

構文　**IXMLDOMNodeオブジェクト.Textプロパティ**

- XMLの要素のデータ（XMLタグで挟まれているデータ）を取得するには、IXMLDOMNodeオブジェクトのTextプロパティを使用します。

構文　**DOMDocument60オブジェクト.SelectNodes(queryString)**

- 複数回出現するXMLの要素（IXMLDOMNodeListコレクション）を取得するには、DOMDocument60オブジェクトのSelectNodesメソッドを使用します。引数「queryString」に、取得したいXMLの要素をXPath式を使用して指定します。

構文　**IXMLDOMNodeオブジェクト.ChildNodes(Index)**

- XMLの要素の子要素（IXMLDOMNodeListコレクション）を取得するには、IXMLDOMNodeオブジェクトのChildNodesプロパティを使用します。複数の子要素を取得した場合、引数「Index」を指定して特定の要素（IXMLDOMNodeオブジェクト）を参照できます。引数「Index」に指定する値は、子要素の出現順に「0」から振られた番号です。

ワザ 329 特定のタグのXMLデータを読み込む

難易度 ●●● | 頻出度 ●○○ | 対応Ver. 365 2021 2019 2016

XMLスキーマを使用してXMLデータの要素をセルやテーブルの列に対応付けないでXMLデータをワークシートに読み込んだとき、タグ名を指定してXMLデータの要素を取得するには、DOMDocument60オブジェクトのgetElementsByTagNameメソッドを使用します。XMLデータの階層構造に関係なく、特定のタグ名のデータを参照したいときに便利なメソッドです。

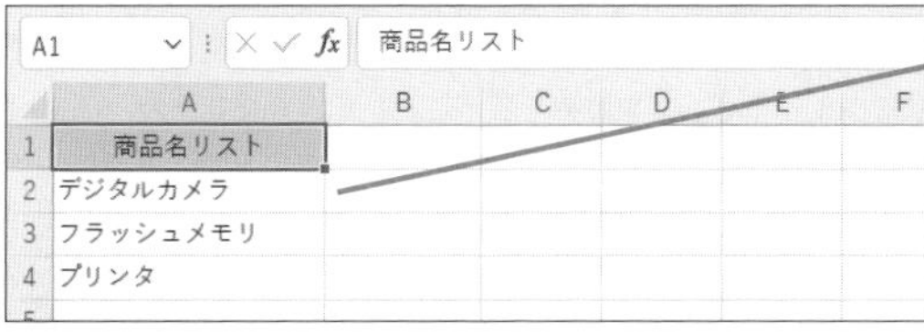

nameタグの商品名だけを読み込めた

入力例 329.xlsm

```
Sub 特定のタグのXMLデータ読み込み()
    Dim myDom As New MSXML2.DOMDocument60 ←1
    Dim myNodeList As IXMLDOMNodeList
    Dim myNode As IXMLDOMNode
    Dim i As Integer
    myDom.Load xmlSource:="C:¥XMLデータ¥inputData.xml" ←2
    Set myNodeList = myDom.getElementsByTagName("name") ←3
    i = 2
    For Each myNode In myNodeList ←4
        Cells(i, 1).Value = myNode.Text ←5
        i = i + 1
    Next
End Sub
```

1 MSXML2ライブラリのDOMDocument60型の変数「myDom」を宣言して、DOMDocument60オブジェクトのインスタンスを生成する 2 Cドライブの［XMLデータ］フォルダーに保存されているXML形式のファイル［inputData.xml］の内容を読み込む 3 読み込んだXMLデータ内で、タグ名が「name」である要素を取得して、IXMLDOMNodeListコレクション型の変数「myNodeList」に代入する 4 変数「myNodeList」に代入したIXMLDOMNodeListコレクション内のIXMLDOMNodeオブジェクトを1つずつ変数「myNode」に代入して、次の処理を実行する 5 変数「myNode」に代入した要素のデータを、i行1列目のセルに表示する

ポイント

構文 `DOMDocument60オブジェクト.getElementsByTagName(tagName)`

- MSXML2ライブラリのDOMDocument60オブジェクトのLoadメソッドを使用して読み込んだXMLデータで、タグ名を指定してXMLの要素を取得するには、DOMDocument60オブジェクトのgetElementsByTagNameメソッドを使用します。引数「tagName」に、取得したいXML要素のタグ名を指定してください。
- 指定したタグ名の要素が複数存在する場合があるため、getElementsByTagNameメソッドは、複数のXMLの要素を表すIXMLDOMNodeListコレクション（IXMLDOMNodeオブジェクトの集合）を返します。
- Newキーワードを使用してDOMDocument60オブジェクトのインスタンスを生成する場合、［Microsoft XML, v6.0］への参照設定が必要です。

ワザ 330 JSON形式とは

難易度 ○○○ | 頻出度 ○○○ | 対応Ver. 365 2021 2019 2016

JSON（JavaScript Object Notation）は、JavaScriptというスクリプト言語におけるオブジェクトの記述方法を元にしたデータ記述形式です。オブジェクト（項目名とデータのペアの集合）という単位でデータを記述します。ファイルの拡張子は「json」です。最近のWebサービス開発においてJavaScriptがほぼ必須となっていることもあり、Webサービスを中心としたデータのやり取りにおいて使用頻度が高い記述形式といえます。なお、JSON形式のデータは、通信でやり取りされるときは文字列型ですが、Excel VBAのプログラム内で処理されるときはObject型に変換して処理します。項目名が変数名となってペアのデータが変数に格納され、複数の変数をObject型としてまとめて扱うことができます。また、Object型のJSONデータをオブジェクト変数に格納することで、JSONデータの各項目のデータを「オブジェクト変数名.項目名」の形式で取得できるようになります。複数のオブジェクトの集合はObject型の配列となり、For Eachステートメントなどでまとめて処理できます。このように、JSON形式のデータをObject型に変換することで、VBAの基本構文やステートメントと親和性の高いソースコードが記述できます。

オブジェクトの書き方

構文 {"項目名1":データ1, "項目名2":データ2, ……}

- 項目名(キー)とデータのペアを「:(コロン)」で区切って記述する
- 複数のペアを記述するときは「,(カンマ)」で区切る
- 1つのオブジェクト全体を「{ }」で囲む
- 項目名（キー）は必ず「"（ダブルクォーテーション）」で囲む
- データは、数値はそのまま記述し、文字列は「"（ダブルクォーテーション）」で囲む

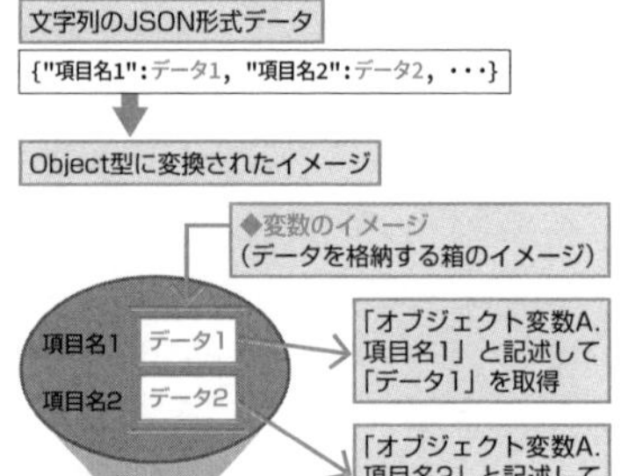

複数のオブジェクトの集合の書き方

構文 [オブジェクト1, オブジェクト2,……]

- 複数のオブジェクトを「,(カンマ)」で区切って記述する
- 複数のオブジェクトの集合の全体を「[ ]」で囲む

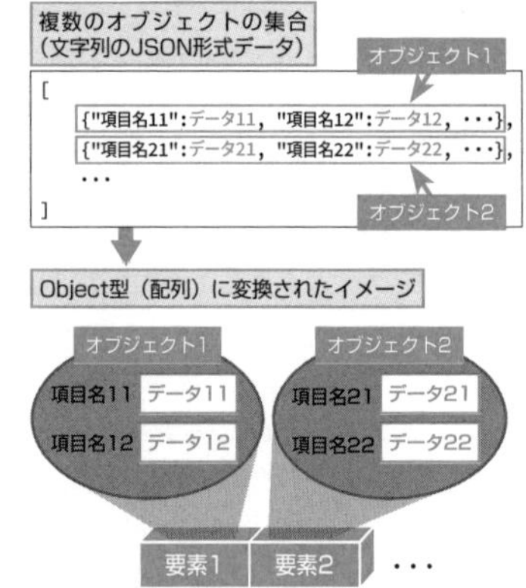

ワザ 331 JSON形式のファイルを読み込む

難易度 ●●●　頻出度 ●○○　対応Ver. 365 2021 2019 2016

Cドライブの［JSONデータ］フォルダーに保存されているJSON形式のファイル「inputData.json」をワークシートに読み込みます。入力例1では、Jscriptを使用してJavaScriptのeval関数を実行し、JSON形式のデータをObject型に変換しています。なお、入力例1のコードは64ビット版のExcelで動作しません。64ビット版のExcelでJSON形式のファイルを読み込む場合は、VBA-JSONというツールを導入して入力例2のコードを実行してください。VBA-JSONの詳しい導入方法については、本書のダウンロード特典として配布している「VBA-JSONツールの導入方法.pdf」を参照してください。

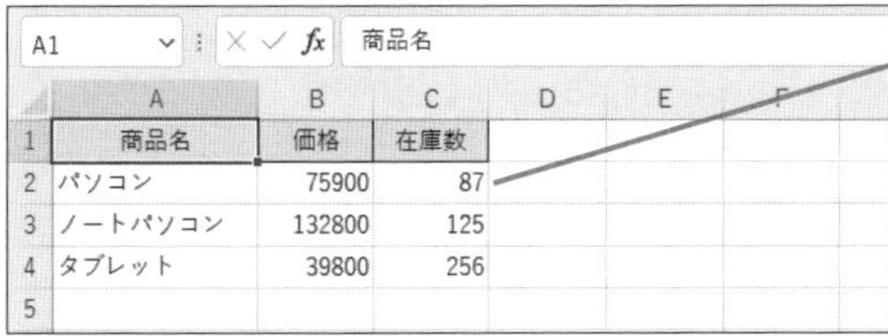

	A	B	C
1	商品名	価格	在庫数
2	パソコン	75900	87
3	ノートパソコン	132800	125
4	タブレット	39800	256
5			

入力例1　32ビット版のExcelでJscriptを使用する場合　331.xlsm

```
Sub JSON形式のファイル読み込み()
    Dim mySC As New ScriptControl, myStrm As New ADODB.Stream ←1
    Dim i As Integer, myJsonStr As String
    Dim myJsonArray As Object, myJsonObj As Object
    With myStrm
        .Type = adTypeText
        .Charset = "UTF-8"    ←2
        .Open
        .LoadFromFile "C:¥JSONデータ¥inputData.json" ←3
        myJsonStr = .ReadText ←4
        .Close ←5
    End With
    With mySC
        .Language = "JScript" ←6
        .AddCode "function getArrJSON(str){return eval(str);}" ←7
        Set myJsonArray = .CodeObject.getArrJSON(myJsonStr) ←8
    End With
    i = 2
    For Each myJsonObj In myJsonArray ←9
        Cells(i, 1).Value = myJsonObj.商品名 ←10
        Cells(i, 2).Value = myJsonObj.価格
        Cells(i, 3).Value = myJsonObj.在庫数
        i = i + 1
    Next
End Sub
```

次のページに続く▶

1 ScriptControl型の変数「mySC」を宣言してScriptControlオブジェクトのインスタンスを生成し、ADODBライブラリのStream型の変数「myStrm」を宣言して、Streamオブジェクトのインスタンスを生成する 2 文字コードがUTF-8のテキストデータを読み込むように設定してStreamオブジェクトを開く 3 Cドライブの［JSONデータ］フォルダに保存されている［inputData.json］をStreamオブジェクトに読み込む 4 Streamオブジェクトに読み込んだデータを文字列型（String）で取得して、変数「myJsonStr」に代入する 5 Streamオブジェクトを閉じる 6 実行するスクリプト言語として［JScript］を設定する 7 引数で受け取った文字列「str」をJSONオブジェクトの配列に変換して返すJScriptのgetArrJSON関数を定義してScriptControlオブジェクトに追加する 8 JSONデータが代入されている変数「myJsonStr」を引数に渡してgetArrJSON関数を実行し、変換されたJSONオブジェクトの配列を変数「myJsonArray」に代入する 9 変数「myJsonArray」に代入した配列内のJSONオブジェクトを1つずつ変数「myJsonObj」に代入して、次の処理を実行する 10 i行1列目のセルに、変数「myJsonObj」の［商品名］のデータを表示する

ポイント

- Windowsの既定の文字コードがANSI（Shift-JIS）であるのに対し、JSON形式のファイルの文字コードはUTF-8です。文字コードをUTF-8からANSIに変換してファイルを読み込むには、ADODBライブラリのStreamオブジェクトを使用します。

構文 `Dim 変数名 As New ADODB.Stream`

- Newキーワードを使用してADODBライブラリのStreamオブジェクトを生成するには、ADOのライブラリファイルへの参照設定が行われている必要があります。
- 文字コードがUTF-8のファイルからデータを読み込むために、Streamオブジェクトの下表のプロパティの値をあらかじめ設定し、OpenメソッドでStreamオブジェクトを開いておく必要があります。

●Streamオブジェクトの主なプロパティ

プロパティ	設定値	内容
Type	adTypeText	読み込むデータの種類を設定。テキストデータを読み込むため、adTypeTextを指定する
Charset	"UTF-8"	読み込むデータの文字コードを文字列型（String）で設定。UTF-8を指定する

構文 `Streamオブジェクト.LoadFromFile(FileName)`

- 引数「FileName」に、読み込みたいJSON形式のファイルのファイルパスを指定します。読み込んだデータはStreamオブジェクトに格納されます。
- Streamオブジェクトに格納したデータを文字列型（String）で取得するには、StreamオブジェクトのReadTextメソッドを実行してください。
- JSON形式のファイルを読み込んだあとは、StreamオブジェクトのCloseメソッドを実行してStreamオブジェクトを閉じておきます。
- 文字列型（String）で取得したJSON形式のデータは、Object型に変換して使用します。
- JSON形式のデータをObject型に変換するには、JavaScriptと互換性があるマイクロソフト社のスクリプト言語「JScript」のeval関数を使用します。
- eval関数を実行するには、eval関数を実行するための関数をJScriptで定義し、外部ライブラリであるScriptControlオブジェクトを使用して定義した関数を実行します。そのとき、定義した関数は、AddCodeメソッドを使用してScriptControlオブジェクトに追加し、CodeObjectプロパティを使用して関数を呼び出します。
- 定義した関数の結果として取得したObject型のデータは、1件分のJSONオブジェクトが複数格納されているオブジェクト配列形式になっているため、For Eachステートメントを使用して1件ずつJSONオブジェクトを取り出して処理できます。
- 入力例1では、JSON形式の文字列データをeval関数でObject型に変換して返すgetArrJSON関数を定義しています。

- Newキーワードを使用してScriptControlのオブジェクトを生成するには、[Microsoft Script Control 1.0]への参照設定が必要です。

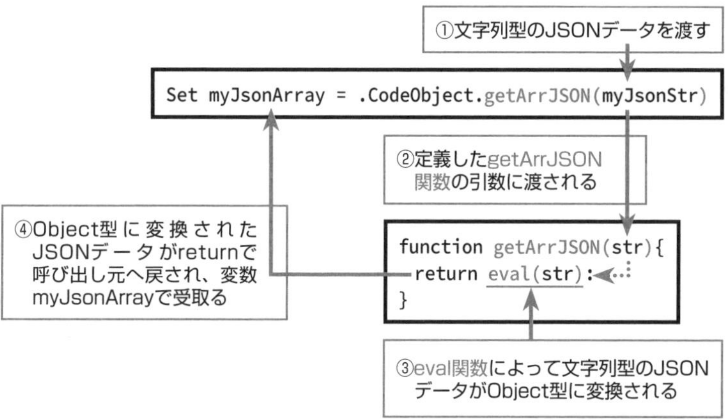

- JScriptを実行するときに使用する外部ライブラリのScriptControlは、64ビット版の環境で提供されていません。したがって、サンプルファイル「331.xlsm」の「JSON形式のファイル読み込み」マクロは64ビット版のExcelで動作しません。
- 64ビット版のExcelでJSON形式のファイルを読み込む場合は、VBA-JSONというツールを導入して入力例2のコードを実行してください。VBA-JSONの詳しい導入方法については、本書のダウンロード特典として配布している「VBA-JSONツールの導入方法.pdf」を参照してください。

入力例2 64ビット版のExcelでVBA-JSONツールを使用する場合  331_64bit.xlsm

```
Sub JSON形式のファイル読み込み_VBA_JSON()
    Dim myStrm As New ADODB.Stream←1
    Dim i As Integer, myJsonStr As String
    Dim myJsonArray As Object, myJsonObj As Object
    With myStrm
        .Type = adTypeText
        .Charset = "UTF-8"   ─2
        .Open
        .LoadFromFile "C:¥JSONデータ¥inputData.json"←3
        myJsonStr = .ReadText←4
        .Close←5
    End With
    Set myJsonArray = JsonConverter.ParseJson(myJsonStr)←6
    i = 2
    For Each myJsonObj In myJsonArray←7
        Cells(i, 1).Value = myJsonObj("商品名")←8
        Cells(i, 2).Value = myJsonObj("価格")
        Cells(i, 3).Value = myJsonObj("在庫数")
        i = i + 1
    Next
End Sub
```


次のページに続く▶

1ADODBライブラリのStream型の変数「myStrm」を宣言して、Streamオブジェクトのインスタンスを生成する 2文字コードがUTF-8のテキストデータを読み込むように設定してStreamオブジェクトを開く 3Cドライブの[JSONデータ]フォルダに保存されている[inputData.json]をStreamオブジェクトに読み込む 4Streamオブジェクトに読み込んだデータを文字列型(String)で取得して、変数「myJsonStr」に代入する 5Streamオブジェクトを閉じる 6JSONデータが代入されている変数「myJsonStr」を引数に渡してJsonConverterモジュールのParseJsonメソッドを実行し、変換されたJSONオブジェクトの配列を変数「myJsonArray」に代入する 7変数「myJsonArray」に代入した配列内のJSONオブジェクトを1つずつ変数「myJsonObj」に代入して、次の処理を実行する 8i行1列目のセルに、変数「myJsonObj」の[商品名]のデータを表示する

ポイント

- 入力例2は、64ビット版のExcelでJSON形式のファイルを操作する場合のコードです。実行するには「VBA-JSON」というツールを導入する必要があります。VBA-JSONの導入方法については、本書のダウンロード特典として配布している「VBA-JSONツールの導入方法.pdf」を参照してください。
- VBA-JSONでは、ScriptingライブラリのDictionaryクラスを使用しているため、[Microsoft Scripting Runtime]への参照設定が必要です。
- VBA-JSONツールを使用してJSON形式のデータを読み込むには、Streamオブジェクトのメソッドを使用してUTF-8のファイルを読み込んだあと、VBA-JSONのメソッドを使用してJSON形式のデータをObject型に変換します。

構文 `JsonConverterモジュール.ParseJson(JsonString)`

- VBA-JSONを使用してJSON形式のデータをObject型に変換するには、JsonConverterモジュールのParseJsonメソッドを使用します。引数「JsonString」にJSON形式のデータを文字列型(String)で指定してください。
- ParseJsonメソッドは、引数「JsonString」で受け取ったJSON形式のデータをJSONオブジェクト(Dictionaryクラスのオブジェクト)に変換して返します。複数のオブジェクトに変換された場合は、JSONオブジェクトの配列(コレクション)を返します。

構文 `JSONオブジェクト(Key)`

- JsonConverterモジュールのParseJsonメソッドで変換されたJSONオブジェクトの実体はDictionaryオブジェクトです。Dictionaryオブジェクトにはキーとデータをペアで格納でき、ParseJsonメソッド内の処理によって、JSONデータの項目名がキーに格納されています。
- JSONデータの項目名を引数「Key」に指定すると、JSONオブジェクトから指定した項目名のデータを取得できます。

第8章

ウィンドウの操作

Excel VBAでウィンドウを操作するワザを紹介します。ウィンドウのサイズや表示位置を調整したり、ウィンドウを並べて表示したりすることで、Excelの画面をより見やすくする方法を学びましょう。複数のウィンドウや大きなワークシートを表示している場合などに便利です。なお、ウィンドウのタイトルバーに表示されるウィンドウ名の形式が、Excel 2021/Microsoft 365のExcelとExcel 2019/2016で違いがあるので注意してください。

ワザ 332 指定したウィンドウを最前面に表示する

難易度 ●○○ ｜ 頻出度 ●●● ｜ 対応Ver. 365 2021 2019 2016

開いている複数のウィンドウの中から、特定のウィンドウを最前面に表示するには、WindowオブジェクトのActivateメソッドを使用します。ここでは、開いている3つのウィンドウの中から、[10月売上実績.xlsx]のウィンドウを最前面に表示します。拡張子を表示する設定になっているため、ウィンドウ名には「.xlsx」を含めて指定しています。

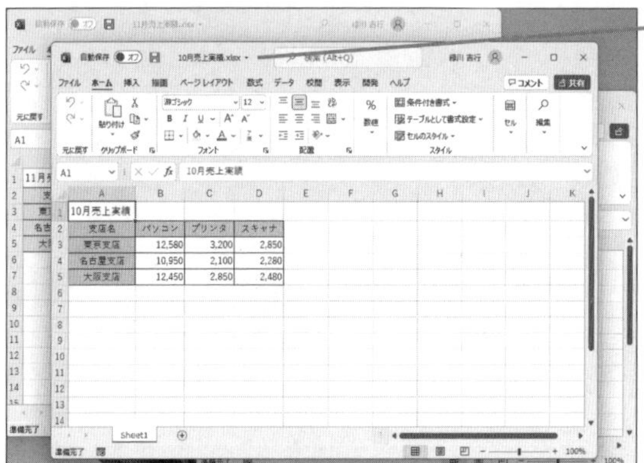

入力例

332.xlsm

```
Sub ウィンドウアクティブ()
    Windows("10月売上実績.xlsx").Activate ←1
End Sub
```

1 [10月売上実績.xlsx] という名前のウィンドウをアクティブにする

ポイント

構文 `Applicationオブジェクト.Windows(Index)`

- ApplicationオブジェクトのWindowsプロパティは、引数「Index」に指定されたウィンドウ名、またはウィンドウのインデックス番号のウィンドウ(Windowオブジェクト)を返します(取得のみ)。
- 引数「Index」に指定するウィンドウ名とは、ウィンドウのタイトルバーに表示されている文字列のことです。通常は、ファイル名(ブック名)が表示されていますが、Captionプロパティを使用して別の名前に変更されている場合もあります。拡張子の有無にも注意してください。また、新しいウィンドウ(ウィンドウのコピー)として開いたウィンドウを参照するとき、Excel 2019/2016の場合とExcel 2021/Microsoft 365のExcelの場合で、ウィンドウ名の形式が違うので注意が必要です(ワザ334参照)。
- Applicationオブジェクトの記述は省略できます。

構文 `Windowオブジェクト.Activate`

- WindowオブジェクトのActivateメソッドは、ウィンドウをアクティブにします。
- ウィンドウを選択するときもActivateメソッドを使用します。Selectメソッドは使用できません。

関連ワザ 334 最前面に表示されているウィンドウの名前を調べる……P.422

ワザ 333 開いているすべてのウィンドウのウィンドウ名一覧を作成する

難易度 ●●○ | 頻出度 ●●○ | 対応Ver. 365 2021 2019 2016

開いているすべてのウィンドウを参照するには、ApplicationオブジェクトのWindowsプロパティで、引数「Index」の指定を省略します。すべてのウィンドウに対して同じ処理を繰り返し実行したいときに便利な使用方法です。ここでは、すべてのウィンドウの名前を取得して、ウィンドウ名の一覧を作成します。

A1 ウィンドウ名一覧

	A	B	C	D
1	ウィンドウ名一覧			
2	333.xlsm			
3	11月売上実績.xlsx			
4	10月売上実績.xlsx			
5	9月売上実績.xlsx			
6				

現在開いているすべてのウィンドウの名前を取得して、一覧で表示する

入力例

333.xlsm

```
Sub ウィンドウ名一覧作成()
    Dim myWindow As Window ←1
    Dim i As Long
    i = 2 ←2
    For Each myWindow In Application.Windows ←3
        Cells(i, 1).Value = myWindow.Caption ←4
        i = i + 1
    Next myWindow
End Sub
```

1参照したいWindowオブジェクトを代入する変数「myWindow」を宣言する　2ウィンドウ名一覧のデータは2行目から表示するため、カウンター変数「i」に「2」を代入する　3開いているすべてのウィンドウを1つ1つ参照して、処理を実行する　4ウィンドウ名をi行1列目のセルに表示する

ポイント

応用例 **Applicationオブジェクト.Windows**

- ApplicationオブジェクトのWindowsプロパティで引数「Index」の指定を省略すると、開いているすべてのウィンドウ（Windowsコレクション）を参照できます。For Eachステートメントなどを使用して、Windowオブジェクトを1つ1つ参照することで、すべてのウィンドウ（Windowコレクション）に対して処理を実行できます。

関連ワザ 332 指定したウィンドウを最前面に表示する………P.420
関連ワザ 334 最前面に表示されているウィンドウの名前を調べる………P.422
関連ワザ 345 ブックウィンドウのタイトルを設定する………P.433

ワザ 334 最前面に表示されているウィンドウの名前を調べる

難易度 ●○○ | 頻出度 ●●○ | 対応Ver. 365 2021 2019 2016

最前面に表示されているウィンドウ（アクティブウィンドウ）を参照するには、ApplicationオブジェクトのActiveWindowプロパティを使用します。複数のウィンドウを使用したプロシージャーを作成しているとき、どのウィンドウが最前面に表示されているかどうかを調べられます。ここでは、アクティブウィンドウの名前をメッセージで表示します。

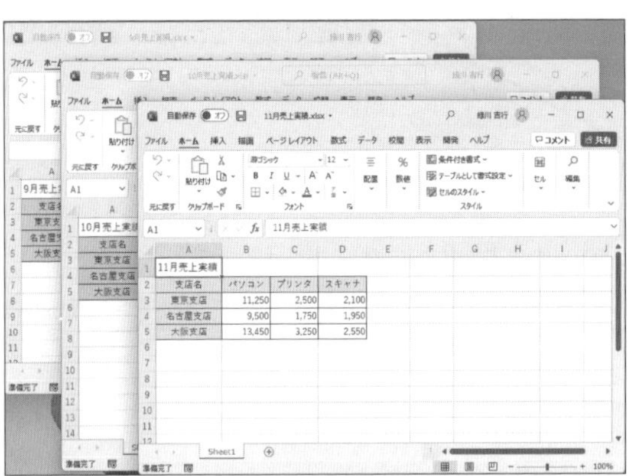

アクティブウィンドウの名前をメッセージで表示する

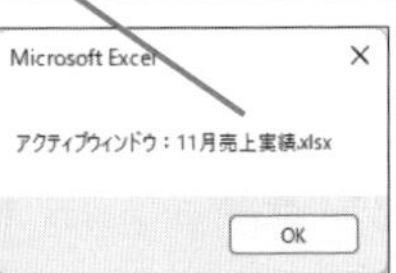

入力例 334.xlsm

```
Sub アクティブウィンドウ参照()
    MsgBox "アクティブウィンドウ:" & Application.ActiveWindow.Caption ←1
End Sub
```

1 アクティブウィンドウの名前をメッセージで表示する

ポイント

構文 `Applicationオブジェクト.ActiveWindow`

- ApplicationオブジェクトのActiveWindowプロパティは、アクティブウィンドウ（最前面に表示されているWindowオブジェクト）を参照します（取得のみ）。
- 開いているウィンドウがないときは「Nothing」を返します。
- 新しいウィンドウ（ウィンドウのコピー）として開いたウィンドウのウィンドウ名は、Excel 2021/Microsoft 365のExcelの場合、「ブック名 - 連番 - Excel」という形式になります。連番の左側の「-」の前後は全角空白ではなく、2つ分の半角空白、連番の右側の「-」の前後は1つ分の半角空白です。一方、Excel 2019/2016の場合は「ブック名:連番 - Excel」という形式になり、「-」の前後は1つ分の半角空白です。

関連ワザ 332 指定したウィンドウを最前面に表示する………P.420
関連ワザ 345 ブックウィンドウのタイトルを設定する………P.433

ワザ 335 複数のウィンドウを並べて表示する

難易度 ●○○ | 頻出度 ●●○ | 対応Ver. 365 2021 2019 2016

複数のウィンドウを並べて表示するには、WindowsコレクションのArrangeメソッドを使用します。ここでは、複数のウィンドウを左右に並べて表示します。Applicationオブジェクトを対象としてWindowsコレクションを参照し、Arrangeメソッドの引数「ActiveWorkbook」を省略しているので、アクティブウィンドウのコピー以外のウィンドウも整列の対象になります（アクティブウィンドウのコピーについてはワザ336を参照）。

現在開いているすべてのウィンドウを左右に並べて表示する

入力例 335.xlsm

```
Sub ウィンドウ整列()
    Application.Windows.Arrange ArrangeStyle:=xlArrangeStyleVertical  ←1
End Sub
```

1 現在開いているすべてのウィンドウを左右に並べて表示する

ポイント

構文 `Windowsコレクション.Arrange(ArrangeStyle)`

- WindowsコレクションのArrangeメソッドは、Windowsコレクションに含まれているウィンドウ（Windowオブジェクト）を整列します。整列する方法は、引数「ArrangeStyle」に指定します。

●引数「ArrangeStyle」の設定値（XlArrangeStyle列挙型の定数）

定数	内容	定数	内容
xlArrangeStyleTiled	並べて表示（既定値）	xlArrangeStyleVertical	左右に並べて表示
xlArrangeStyleHorizontal	上下に並べて表示	xlArrangeStyleCascade	重ねて表示

- デスクトップ上のExcelのウィンドウが整列の対象となり、デスクトップの画面内で整列されます。
- 表示を最小化しているウィンドウは整列されません。整列させたいウィンドウは、通常表示にしておくか表示を最大化しておきましょう。

関連ワザ 336 ウィンドウのコピーを開いてスクロールを同期させる………P.424

ワザ336 ウィンドウのコピーを開いてスクロールを同期させる

難易度 ●○○ | 頻出度 ●○○ | 対応Ver. 365 2021 2019 2016

ウィンドウのコピーを開くには、WindowオブジェクトのNewWindowメソッドを使用します。ここでは、アクティブウィンドウのコピーを開いて左右に並べて表示し、縦方向のスクロールを同期させます。列数が多いワークシートをチェックするときなどに便利なテクニックです。

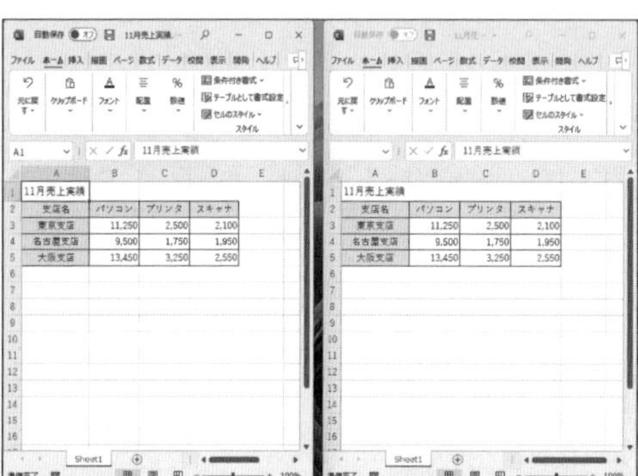

アクティブウィンドウのコピーを開いて並べて表示し、スクロールを同期させる

入力例

336.xlsm

```
Sub ウィンドウコピー()
    ActiveWindow.NewWindow ←1
    Windows.Arrange ArrangeStyle:=xlArrangeStyleVertical, _ ←2
        ActiveWorkbook:=True, SyncVertical:=True
End Sub
```

1アクティブウィンドウのコピーを開く　2開いているすべてのウィンドウ（アクティブウィンドウとそのコピー）を左右に並べて表示し、縦方向のスクロールを同期させる

ポイント

構文　`Windowオブジェクト.NewWindow`

- Windowオブジェクトのメソッドは、ウィンドウ（Windowオブジェクト）のコピーを開きます。

構文　`Windowsコレクション.Arrange(ArrangeStyle, ActiveWorkbook, SyncHorizontal, SyncVertical)`

- アクティブウィンドウとそのウィンドウのコピーを整列して画面のスクロールを同期させる場合は、Arrangeメソッドの引数「ActiveWorkbook」に「True」を指定します。
- 横スクロールを同期させたい場合は引数「SyncHorizontal」に「True」を、縦スクロールを同期させたい場合は引数「SyncVertical」に「True」を指定します。これらの設定は、アクティブウィンドウとそのウィンドウのコピーのための設定なので、引数「ActiveWorkbook」に「True」を指定した場合のみ有効です。
- 引数「ArrangeStyle」の指定方法など、Arrangeメソッドに関するその他のポイントについては、ワザ335を参照してください。

関連ワザ 334 最前面に表示されているウィンドウの名前を調べる………P.422
関連ワザ 337 アクティブウィンドウとそのほかのウィンドウのスクロールを同期させる………P.425

ワザ 337 アクティブウィンドウとそのほかのウィンドウのスクロールを同期させる

難易度 ●○○ ｜ 頻出度 ●○○ ｜ 対応Ver. 365 2021 2019 2016

アクティブウィンドウと、そのほかのウィンドウのスクロールを同期させるには、WindowsコレクションのCompareSideBySideWithメソッドを使用します。ここでは、アクティブウィンドウ（337.xlsm）と［10月売上実績.xlsx］のウィンドウのスクロールを同期させます。2つのウィンドウのどちらかが最大化、または最小化されていると並べて表示されないため、WindowsコレクションのResetPositionsSideBySideメソッドを使用して、2つのウィンドウの表示位置をリセットして並べて表示します。［337.xlsm］のウィンドウをアクティブにしてからマクロを実行してください。

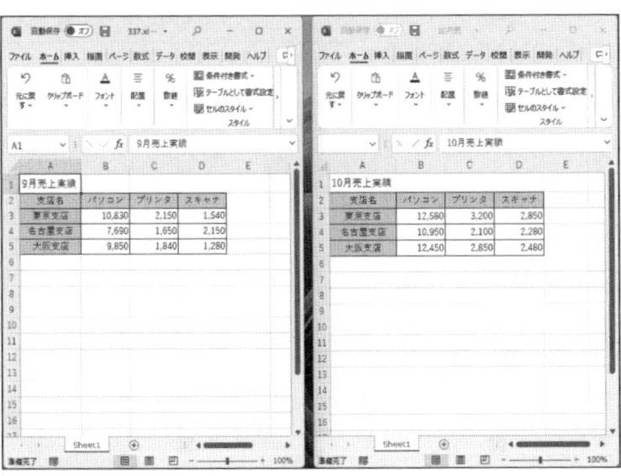

ウィンドウを並べて表示し、2つのウィンドウのスクロールを同期させる

入力例　337.xlsm

```
Sub ウィンドウ並べて比較()
    With Windows
        .CompareSideBySideWith "10月売上実績.xlsx"  ←1
        .ResetPositionsSideBySide  ←2
        .Arrange ArrangeStyle:=xlArrangeStyleVertical  ←3
    End With
End Sub
```

1 アクティブウィンドウと［10月売上実績.xlsx］のウィンドウを、上下に並べて表示してスクロールを同期させる　2 並べて比較しているウィンドウの表示位置をリセットして、2つのウィンドウを並べて表示する　3 現在開いているすべてのウィンドウを左右に並べて表示する

ポイント

- デスクトップ上のExcelのウィンドウが整列の対象となり、デスクトップの画面内で整列されます。

構文　`Windowsコレクション.CompareSideBySideWith(WindowName)`

- WindowsコレクションのCompareSideBySideWithメソッドは、引数「WindowName」に指定されたウィンドウとアクティブウィンドウを並べて表示して、縦と横のスクロールを同期させます。
- ウィンドウの整列方法は［上下に並べて表示］になります。それ以外の整列方法で表示したい場合は、WindowsコレクションのArrangeメソッドを使用してウィンドウを整列させてください。

構文　`Windowsコレクション.ResetPositionsSideBySide`

- WindowsコレクションのResetPositionsSideBySideメソッドを実行すると、2つのウィンドウの表示位置が並べて比較する状態にリセットされます。

ワザ 338 ウィンドウ枠を固定する

難易度 ●○○ | 頻出度 ●●● | 対応Ver. 365 2021 2019 2016

ウィンドウ枠を固定するには、WindowオブジェクトのFreezePanesプロパティを使用します。画面に表示しきれない大きさのワークシートの内容を閲覧するときなどに便利なテクニックです。ここでは、セルD3の左上の位置でウィンドウ枠を固定します。すでにウィンドウ枠が固定されていると正しく設定できないため、あらかじめ設定を解除してからウィンドウ枠を固定しています。

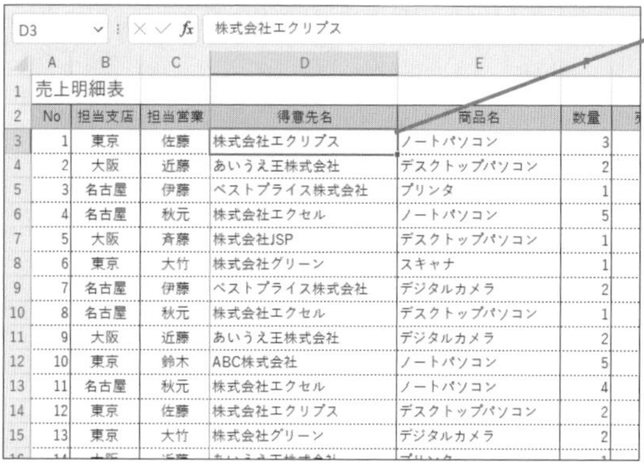

D3　fx 株式会社エクリプス

	A	B	C	D	E	F
1	売上明細表					
2	No	担当支店	担当営業	得意先名	商品名	数量
3	1	東京	佐藤	株式会社エクリプス	ノートパソコン	3
4	2	大阪	近藤	あいうえ王株式会社	デスクトップパソコン	2
5	3	名古屋	伊藤	ベストプライス株式会社	プリンタ	1
6	4	名古屋	秋元	株式会社エクセル	ノートパソコン	5
7	5	大阪	斉藤	株式会社JSP	デスクトップパソコン	1
8	6	東京	大竹	株式会社グリーン	スキャナ	1
9	7	名古屋	伊藤	ベストプライス株式会社	デジタルカメラ	2
10	8	名古屋	秋元	株式会社エクセル	デスクトップパソコン	1
11	9	大阪	近藤	あいうえ王株式会社	デジタルカメラ	2
12	10	東京	鈴木	ABC株式会社	ノートパソコン	5
13	11	名古屋	秋元	株式会社エクセル	ノートパソコン	4
14	12	東京	佐藤	株式会社エクリプス	デスクトップパソコン	2
15	13	東京	大竹	株式会社グリーン	デジタルカメラ	2

ウィンドウ枠が固定されている場合は設定を解除し、セルD3を基準にウィンドウ枠を固定する

入力例

338.xlsm

```
Sub ウィンドウ枠の固定()
    If ActiveWindow.FreezePanes = True Then ←1
        ActiveWindow.FreezePanes = False
    End If
    Range("D3").Select ←2
    ActiveWindow.FreezePanes = True ←3
End Sub
```

1 もしアクティブウィンドウのウィンドウ枠が固定されている場合は、設定を解除する　2 ウィンドウ枠の固定位置としてセルD3を選択する　3 アクティブウィンドウのウィンドウ枠を固定する

ポイント

構文 Windowオブジェクト.FreezePanes

- WindowオブジェクトのFreezePanesプロパティに「True」を設定すると、選択されているセルの左上の位置でウィンドウ枠を固定します。ウィンドウ枠の設定を解除するには「False」を設定します。
- FreezePanesプロパティを使用すれば、ウィンドウ枠が固定されているかどうかを調べられます。固定されている場合に「True」、固定されていない場合に「False」を返します。
- ウィンドウ枠が固定されている行位置を調べるにはSplitRowプロパティ、列位置を調べるにはSplitColumnプロパティを使用します。詳しくは、ワザ339を参照してください。

関連ワザ 339 行数と列数を指定してウィンドウを分割する………P.427

ワザ 339 行数と列数を指定してウィンドウを分割する

難易度 ●○○ ｜ 頻出度 ●●● ｜ 対応Ver. 365 2021 2019 2016

ウィンドウを分割するには、WindowオブジェクトのSplitRowプロパティとSplitColumnプロパティを使用します。分割した左上のエリアに表示したい行数をSplitRowプロパティ、列数をSplitColumnプロパティに指定します。ここでは、左上のエリアに2行3列分だけ表示されるようにウィンドウを分割しています。

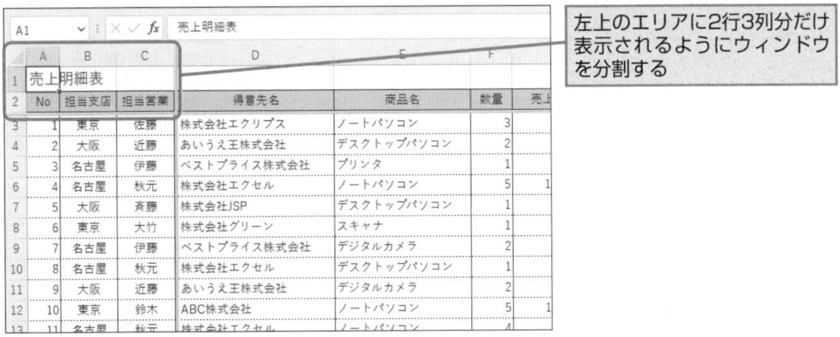

A1 売上明細表

	A	B	C	D	E	F
1	売上明細表					
2	No	担当支店	担当営業	得意先名	商品名	数量
3	1	東京	佐藤	株式会社エクリプス	ノートパソコン	3
4	2	大阪	近藤	あいうえ王株式会社	デスクトップパソコン	2
5	3	名古屋	伊藤	ベストプライス株式会社	プリンタ	1
6	4	名古屋	秋元	株式会社エクセル	ノートパソコン	5
7	5	大阪	斉藤	株式会社JSP	デスクトップパソコン	1
8	6	東京	大竹	株式会社グリーン	スキャナ	1
9	7	名古屋	伊藤	ベストプライス株式会社	デジタルカメラ	2
10	8	名古屋	秋元	株式会社エクセル	デスクトップパソコン	1
11	9	大阪	近藤	あいうえ王株式会社	デジタルカメラ	2
12	10	東京	鈴木	ABC株式会社	ノートパソコン	5

左上のエリアに2行3列分だけ表示されるようにウィンドウを分割する

入力例 339.xlsm

```
Sub ウィンドウ分割()
    ActiveWindow.SplitRow = 2  ←1
    ActiveWindow.SplitColumn = 3  ←2
End Sub
```

1 上側に2行分表示する位置でアクティブウィンドウを上下に分割する　2 左側に3列分表示する位置でアクティブウィンドウを左右に分割する

ポイント

構文 **Windowオブジェクト.SplitRow**

- WindowオブジェクトのSplitRowプロパティは、ウィンドウを上下に分割します。SplitRowプロパティには、分割したウィンドウの上側のエリアに表示する行数を設定して下さい。
- SplitRowプロパティを使用して、上下の分割位置を調べることもできます。分割されていない場合は「0」を返します。

構文 **Windowオブジェクト.SplitColumn**

- WindowオブジェクトのSplitColumnプロパティは、ウィンドウを左右に分割します。SplitColumnプロパティには、分割したウィンドウの左側のエリアに表示する列数を設定して下さい。
- SplitColumnプロパティを使用して、左右の分割位置を調べることもできます。分割されていない場合は「0」を返します。
- ウィンドウが分割された状態で、WindowオブジェクトのFreezePanesプロパティに「True」を設定すると、分割された位置でウィンドウ枠が固定されます。WindowオブジェクトのFreezePanesプロパティについては、ワザ338を参照してください。

関連ワザ 338 ウィンドウ枠を固定する………P.426

ワザ 340 表示位置の上端行と左端列を設定する

難易度 ●○○ | 頻出度 ●●○ | 対応Ver. 365 2021 2019 2016

表示画面の上端行と左端列を設定すると、表示したいセル範囲へ瞬時に移動できます。いちいち画面をスクロールする必要がなくなるので大変便利です。表示位置の上端行と左端列を設定するには、WindowオブジェクトのScrollRowプロパティとScrollColumnプロパティを使用します。ここでは、上端行が10行目、左端列が2列目（B列）を表示するように設定します。

上から10行目、左から2列目（B列）を表示位置に設定する

	B	C	D	E	F	G
10		第2四半期・商品別売上集計表				
11		商品名	7月	8月	9月	合計
12		パソコン	28,370	35,980	34,200	98,550
13		プリンタ	5,640	8,150	7,500	21,290
14		デジタルカメラ	4,970	7,610	6,600	19,180
15		合計	38,980	51,740	48,300	139,020
16						

入力例

340.xlsm

```
Sub 表示位置の設定()
    ActiveWindow.ScrollRow = 10  ←1
    ActiveWindow.ScrollColumn = 2  ←2
End Sub
```

1画面に表示する上端行を10行目に設定する　2画面に表示する左端列を2列目（B列）に設定する

ポイント

構文 **Windowオブジェクト.ScrollRow**

- WindowオブジェクトのScrollRowプロパティを使用して、画面に表示する上端行を設定します。
- ScrollRowプロパティで、現在画面に表示されている上端の行番号を調べられます。

取得 **Windowオブジェクト.ScrollColumn**

- WindowオブジェクトのScrollColumnプロパティを使用して、画面に表示する左端列を設定します。列番号は、A列を「1」とした数値で設定します。
- ScrollColumnプロパティで、現在画面に表示されている左端の列位置を表す数値を調べられます。
- ウィンドウ枠が固定されている場合、ScrollRowプロパティは固定された行の下側、ScrollColumnプロパティは固定された列の右側のエリアが操作対象となります。ウィンドウが分割されている場合は、左上のウィンドウ枠が操作の対象となります。

関連ワザ 342 ウィンドウの表示位置を設定する………P.430
関連ワザ 507 入力されたデータの表示位置を設定する………P.614

ワザ 341 アクティブウィンドウの表示を最小化する

難易度 ●○○　頻出度 ●●○　対応Ver. 365 2021 2019 2016

ウィンドウを最小化したり最大化したりするには、WindowStateプロパティを使用します。WindowStateプロパティを使用して、現在設定されている表示方法を調べることも可能です。ここでは、アクティブウィンドウの表示方法を調べて、最大化されている場合だけウィンドウを最小化しています。

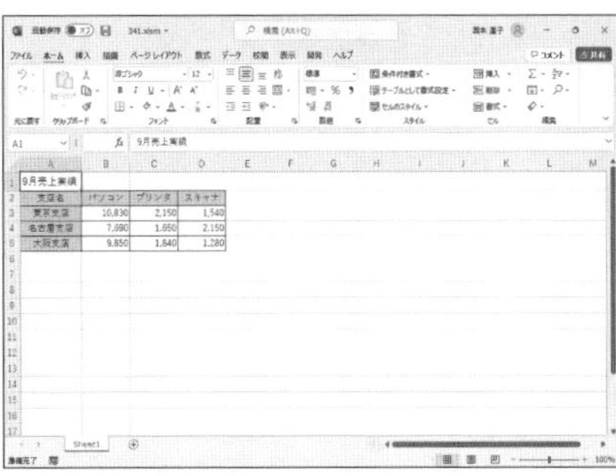

ウィンドウの表示方法を調べて、最大化されているウィンドウを最小化する

入力例

341.xlsm

```
Sub ウィンドウ最小化()
    With ActiveWindow
        If .WindowState = xlMaximized Then ←1
            .WindowState = xlMinimized ←2
        End If
    End With
End Sub
```

1アクティブウィンドウが最大化されているときだけ処理を実行する　2アクティブウィンドウを最小化する

ポイント

構文　**オブジェクト.WindowState**

- WindowStateプロパティは、ウィンドウの表示方法を設定します。
- WindowStateプロパティの設定値を取得して、特定のウィンドウの表示方法を調べることも可能です。
- オブジェクトには、表示方法を設定したいウィンドウを表すWindowオブジェクトを指定します。Applicationオブジェクトを指定した場合は、アクティブなウィンドウの表示方法の設定となります。

●WindowStateプロパティの設定値(XlWindowState列挙型の定数)

定数	内容
xlMaximized	最大化
xlMinimized	最小化
xlNormal	標準サイズ

ワザ 342 ウィンドウの表示位置を設定する

難易度 ●○○ | 頻出度 ●●○ | 対応Ver. 365 2021 2019 2016

ウィンドウの表示位置を設定するには、TopプロパティとLeftプロパティを使用します。これらのプロパティは、デスクトップの表示領域内におけるExcelのウィンドウの表示位置を設定します。ここでは、アクティブウィンドウを通常表示にした後、表示位置を上から50ポイント、左から100ポイントに設定します。

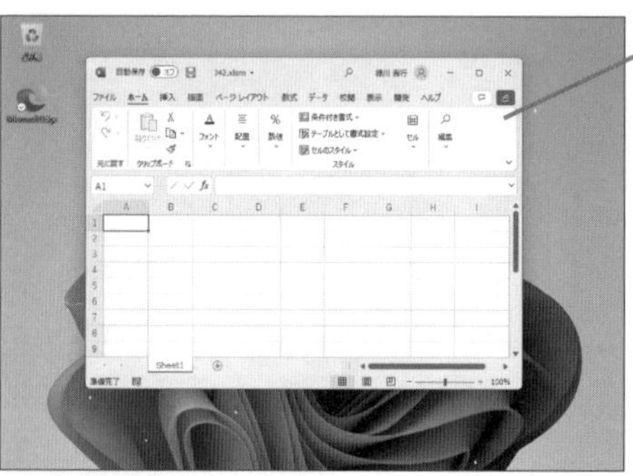

指定した位置にウィンドウを表示する

入力例

342.xlsm

```
Sub ウィンドウ表示位置()
    With ActiveWindow
        .WindowState = xlNormal ←1
        .Top = 50 ←2
        .Left = 100 ←3
    End With
End Sub
```

1ウィンドウの表示方法を標準サイズに設定する　2ブックウィンドウの上端の表示位置を50ポイントに設定する　3ブックウィンドウの左端の表示位置を100ポイントに設定する

ポイント

構文 **オブジェクト.Top**

- Topプロパティは、デスクトップの上端から、Excelのウィンドウの上端までの距離を表す数値を設定します。

構文 **オブジェクト.Left**

- Leftプロパティは、デスクトップの左端から、Excelのウィンドウの左端までの距離を表す数値を設定します。
- Topプロパティ、Leftプロパティともに、設定する数値の単位はポイントです。
- ウィンドウの表示を最大化している状態で、TopプロパティまたはLeftプロパティの値を設定した場合にエラーが発生します。
- Topプロパティ、Leftプロパティを使用して、現在設定されているそれぞれの距離を調べることも可能です。
- オブジェクトには、表示位置を設定したいウィンドウを表すWindowオブジェクトを指定します。Applicationオブジェクトを指定した場合は、アクティブなウィンドウの表示位置の設定となります。

ワザ 343 ウィンドウのサイズを設定する

難易度 ●○○ | 頻出度 ●●○ | 対応Ver. 365 2021 2019 2016

ウィンドウのサイズを設定するには、WindowオブジェクトのWidthプロパティとHeightプロパティを使用します。ここでは、アクティブウィンドウを通常表示にした後、ブックウィンドウの幅を550ポイントに、高さを400ポイントに設定します。

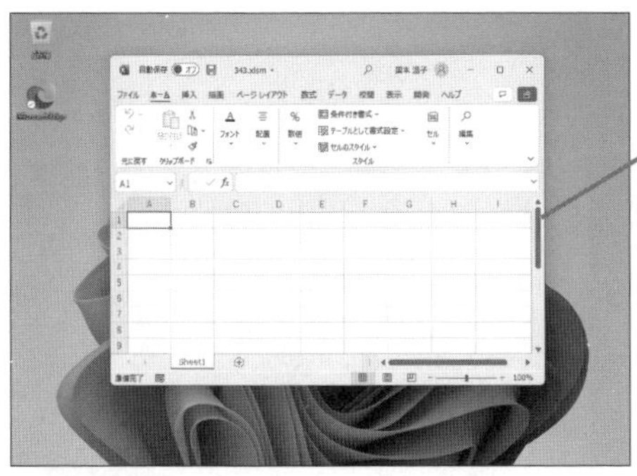

ブックウィンドウのサイズを指定した値に設定する

ここではウィンドウの幅を550ポイント、高さを400ポイントに設定する

入力例　343.xlsm

```
Sub ウィンドウサイズ設定()
    With ActiveWindow
        .WindowState = xlNormal ←1
        .Width = 550 ←2
        .Height = 400 ←3
    End With
End Sub
```

1ウィンドウの表示方法を標準サイズに設定する　2ブックウィンドウの幅を550ポイントに設定する　3ブックウィンドウの高さを400ポイントに設定する

ポイント

構文 **オブジェクト.Width**

- Widthプロパティは、ウィンドウの幅を設定します。

構文 **オブジェクト.Height**

- Heightプロパティは、ウィンドウの高さを設定します。
- Widthプロパティ、Heightプロパティともに、設定する数値の単位はポイントです。
- オブジェクトには、サイズを設定したいウィンドウを表すWindowオブジェクトを指定します。Applicationオブジェクトを指定した場合は、アクティブなウィンドウのサイズの設定となります。
- ウィンドウを最大化または最小化して表示している状態で、WidthプロパティまたはHeightプロパティの値を設定した場合にエラーが発生します。

関連ワザ 341 アクティブウィンドウの表示を最小化する………P.429

ワザ 344 ウィンドウの表示と非表示を切り替える

難易度 ●○○ | 頻出度 ●●○ | 対応Ver. 365 2021 2019 2016

ウィンドウの表示と非表示を切り替えるには、WindowオブジェクトのVisibleプロパティを使用します。ここでは、[9月売上実績.xlsx] のウィンドウの表示と非表示を切り替えます。Visibleプロパティに現在とは逆の値を設定しているので、ウィンドウが表示されていたら非表示になり、非表示になっていたらウィンドウが表示されます。

コードを実行するごとにウィンドウの表示・非表示を切り替える

入力例 344.xlsm

```
Sub ウィンドウ表示切り替え()
    With Windows("9月売上実績.xlsx")
        .Visible = Not .Visible ←1
    End With
End Sub
```

1 Not演算子を使用して、現在のVisibleプロパティとは逆の設定値を取得し、Visibleプロパティに設定する。現在の値が「True」であれば「False」、「False」であれば「True」が設定される

ポイント

構文 `Windowオブジェクト.Visible`

- WindowオブジェクトのVisibleプロパティに、「True」を設定するとウィンドウ(Windowオブジェクト)が表示され、「False」を設定するとウィンドウが非表示になります。
- 現在のVisibleプロパティの設定値を取得することも可能です。取得した値が「True」なら表示、「False」なら非表示であることを表しています。

構文 `Applicationオブジェクト.Visible`

- ApplicationオブジェクトのVisibleプロパティに、「True」を設定すると開いているすべてのウィンドウが表示され、「False」を設定すると開いているすべてのウィンドウが非表示になります。

関連ワザ 220 ワークシートの表示と非表示を切り替える………P.278
関連ワザ 334 最前面に表示されているウィンドウの名前を調べる………P.422
関連ワザ 351 ワークシートを構成しているすべての要素を非表示に設定する………P.439

ワザ 345 ウィンドウのタイトルを設定する

難易度 ●○○ ｜ 頻出度 ●○○ ｜ 対応Ver. 365 2021 2019 2016

ウィンドウのタイトルを設定するには、WindowオブジェクトのCaptionプロパティを使用します。ここでは、セルA1の文字列をタイトルバーに設定します。Excel 2019/2016の場合は、タイトルバーに表示されている文字列のうち、「-」の左側の文字列が設定されます。

セルA1の文字列をタイトルバーに設定する

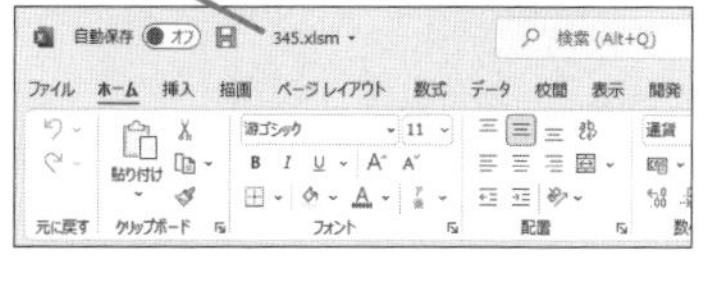

設定した文字列がタイトルバーに表示される

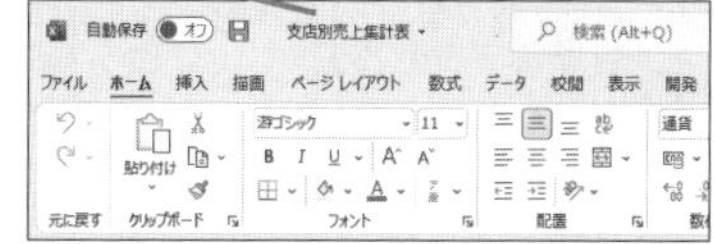

入力例

```
Sub ウィンドウタイトル設定()
    ActiveWindow.Caption = Worksheets("売上集計表").Range("A1").Value ←1
End Sub
```

1 アクティブウィンドウのタイトルに、[売上集計表] シートのセルA1に入力されている文字列を設定する

ポイント

構　文 **Windowオブジェクト.Caption**

- WindowオブジェクトのCaptionプロパティは、タイトルバーに表示されているタイトルを設定します。Excel 2021/Microsoft 365のExcelの場合、タイトルの既定値としてブック名が表示されています。ブック名に続けて「 - 保存しました」というメッセージが表示されますが、設定できるのはブック名部分だけです。Excel 2019/2016の場合は「ブック名 - Excel」が表示されており、ブック名部分だけが設定されます。
- Captionプロパティは一時的にタイトルの表示を変更しているだけです。Captionプロパティの設定がブックに保存されたり、ブック名が変更されたりすることはありません。
- WindowオブジェクトのCaptionプロパティを使用して、現在設定されているウィンドウのタイトルを取得できます。取得できるのはブック名部分のみです。
- 通常、Captionプロパティが返す文字列には拡張子が含まれていますが、新規作成したブックを一度も保存していない場合や、Captionプロパティに拡張子を含んでいない文字列を設定した場合などは、拡張子を含んでいない文字列を返します。
- 新しいウィンドウ（ウィンドウのコピー）のタイトルを取得した場合、Excel 2021/Microsoft 365のExcelでは「タイトル - 連番」という形式の文字列が返されます。「-」の前後は全角空白ではなく、2つ分の半角空白なので注意が必要です。一方、Excel 2019/2016では「タイトル:連番」という形式の文字列が返されます。
- Captionプロパティを使用してウィンドウのタイトルを変更したあとに新しいウィンドウ（ウィンドウのコピー）を開いた場合、元のウィンドウのタイトルは変更されますが、新しいウィンドウのタイトルは変更前のブック名になります。

ワザ 346 タイトルバーのアプリケーション名を変更する

難易度 ●○○ | 頻出度 ●○○ | 対応Ver. 365 2021 2019 2016

タイトルバーに表示されているアプリケーション名を変更するには、ApplicationオブジェクトのCaptionプロパティを使用します。Excel 2019/2016のタイトルバーに表示されている「ブック名 - Excel」の「Excel」の部分を変更します。Excel 2021/Microsoft 365のExcelのタイトルバーはブック名だけが表示されていますが、新しいウィンドウ（ウィンドウのコピー）やタスクビューで表示されるタイトルバーでアプリケーション名を確認できます。

タイトルバーのアプリケーション名を「私のエクセル」に変更する

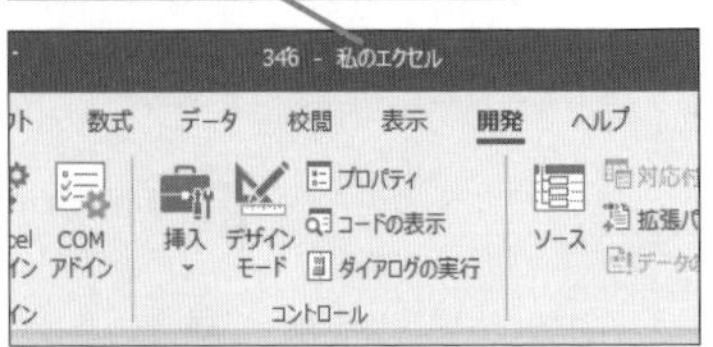

Excel 2021とMicrosoft 365のExcelは、新しいウィンドウのタイトルバーで設定内容を確認できる

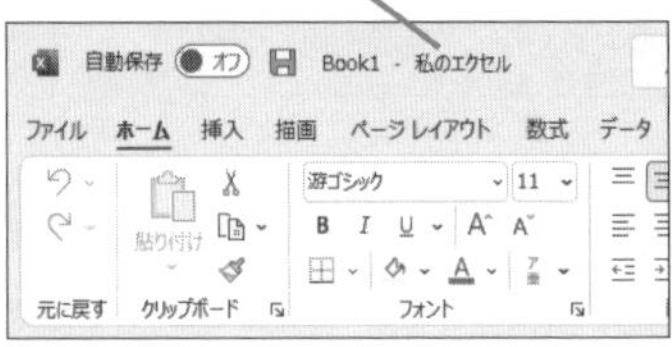

入力例

346.xlsm

```
Sub アプリケーション名変更()
    Application.Caption = "私のエクセル"  ←1
End Sub
```

1 タイトルバーのアプリケーション名を「私のエクセル」に変更する

ポイント

構文 `Applicationオブジェクト.Caption`

- ApplicationオブジェクトのCaptionプロパティは、タイトルバーに表示されるアプリケーション名を設定します。アプリケーション名の既定値として「Excel」が設定されています。設定したアプリケーション名は保存されません。
- ApplicationオブジェクトのCaptionプロパティを使用して、アプリケーション名を含めたタイトルバーのタイトルを取得できます。
- 新しいウィンドウ（ウィンドウのコピー）のタイトルを取得した場合、Excel 2021/Microsoft 365のExcelでは「ブック名 - 連番の最後の番号 - アプリケーション名」という形式の文字列が返されます。連番の左側の「-」の前後は全角空白ではなく、2つ分の半角空白、連番の右側の「-」の前後は1つ分の半角空白なので注意が必要です。一方、Excel 2019/2016では「ブック名:連番の最後の番号 - アプリケーション名」という形式になり、「-」の前後は1つ分の半角空白です。
- WindowオブジェクトのCaptionプロパティを使用してタイトルのブック名を変更したあとに新しいウィンドウ（ウィンドウのコピー）を開いた場合、ApplicationオブジェクトのCaptionプロパティが返すタイトルのブック名は変更前のブック名になり、新しいウィンドウの連番部分はウィンドウごとに採番された番号、元のウィンドウの連番部分は連番の最後の番号になります。

関連ワザ 345 ブックウィンドウのタイトルを設定する………P.433

ワザ 347 枠線の表示と非表示を切り替える

難易度 ●○○ ｜ 頻出度 ●●● ｜ 対応Ver. 365 2021 2019 2016

枠線の表示と非表示を切り替えるには、WindowオブジェクトのDisplayGridlinesプロパティを使用します。ここでは、アクティブウィンドウの枠線の表示と非表示を切り替えます。DisplayGridlinesプロパティには、現在とは逆の値を設定しているので、枠線が表示されていたら非表示になり、非表示であれば表示されます。

コードを実行するごとに枠線の
表示・非表示を切り替える

A1 ｜ 第2四半期・支店別売上集計表

	A	B	C	D	E	F
1	第2四半期・支店別売上集計表					
2	支店名	7月	8月	9月	合計	
3	東京支店	14,520	18,630	15,850	49,000	
4	名古屋支店	11,490	15,330	13,200	40,020	
5	大阪支店	12,970	17,780	19,250	50,000	
6	合計	38,980	51,740	48,300	139,020	
7						
8	第2四半期・商品別売上集計表					
9	商品名	7月	8月	9月	合計	
10	パソコン	28,370	35,980	34,200	98,550	
11	プリンタ	5,640	8,150	7,500	21,290	
12	デジタルカメラ	4,970	7,610	6,600	19,180	
13	合計	38,980	51,740	48,300	139,020	
14						

A1 ｜ 第2四半期・支店別売上集計表

	A	B	C	D	E	F
1	第2四半期・支店別売上集計表					
2	支店名	7月	8月	9月	合計	
3	東京支店	14,520	18,630	15,850	49,000	
4	名古屋支店	11,490	15,330	13,200	40,020	
5	大阪支店	12,970	17,780	19,250	50,000	
6	合計	38,980	51,740	48,300	139,020	
7						
8	第2四半期・商品別売上集計表					
9	商品名	7月	8月	9月	合計	
10	パソコン	28,370	35,980	34,200	98,550	
11	プリンタ	5,640	8,150	7,500	21,290	
12	デジタルカメラ	4,970	7,610	6,600	19,180	
13	合計	38,980	51,740	48,300	139,020	
14						

入力例

347.xlsm

```
Sub 枠線表示の切り替え()
    With ActiveWindow
        .DisplayGridlines = Not .DisplayGridlines ←1
    End With
End Sub
```

1 Not演算子を使用して、現在のDisplayGridlinesプロパティとは逆の設定値を取得し、DisplayGridlinesプロパティに設定する。現在の値が「True」であれば「False」、「False」であれば「True」が設定される

ポイント

構文 `Windowオブジェクト.DisplayGridlines`

- WindowオブジェクトのDisplayGridlinesプロパティに「True」を設定すると枠線が表示され、「False」を設定すると枠線は非表示になります。
- 現在のDisplayGridlinesプロパティの設定値を取得することも可能です。取得した値が「True」なら枠線が表示、「False」なら枠線が非表示であることを表しています。

関連ワザ 142 行列の表示と非表示を切り替える………P.192
関連ワザ 221 シート見出しの表示と非表示を切り替える………P.279

ワザ 348 選択範囲に合わせて拡大表示する

難易度 ●○○ ｜ 頻出度 ●●○ ｜ 対応Ver. 365 2021 2019 2016

WindowオブジェクトのZoomプロパティに「True」を設定すると、選択されているセル範囲をズームして、画面いっぱいに拡大表示できます。また、Zoomプロパティでは、ウィンドウの表示倍率をパーセント単位で設定することもできます。小さくて見づらい個所などを見やすく拡大表示するときなどに利用するといいでしょう。ここでは、セルA1 ～ E7を画面いっぱいに拡大表示します。

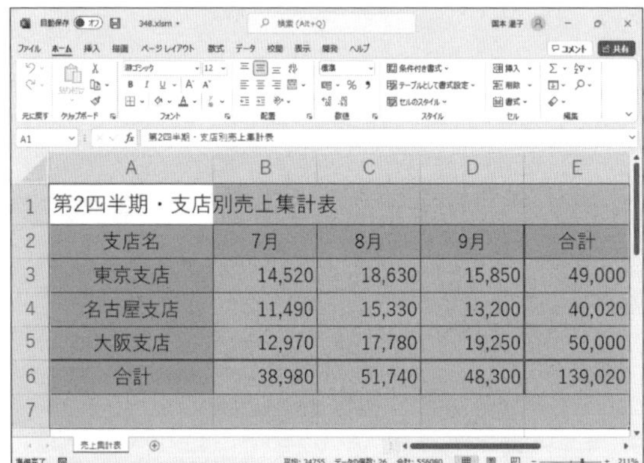

特定のセル範囲を画面いっぱいに拡大表示する

入力例

348.xlsm

```
Sub 選択範囲の拡大表示()
    Worksheets("売上集計表").Activate ←1
    Range("A1:E7").Select ←2
    ActiveWindow.Zoom = True ←3
End Sub
```

1 拡大表示したい［売上集計表］シートをアクティブにする　2 ズームするセルA1 ～ E7を選択する　3 選択されているセル範囲を画面いっぱいに拡大表示する

ポイント

構文　Windowオブジェクト.Zoom

- WindowオブジェクトのZoomプロパティに「True」を設定すると、選択されているセル範囲が画面いっぱいに拡大表示されます。
- 「False」を設定すると、100%の表示倍率に戻ります。
- Zoomプロパティに%単位の数値を指定して、ウィンドウの表示倍率を設定することも可能です。
- Zoomプロパティを使用して表示倍率を設定できるのはアクティブシートのみです。ほかのワークシートの表示倍率を設定したい場合は、あらかじめ操作対象のワークシートをアクティブにしておく必要があります。
- WindowオブジェクトのZoomプロパティを使用して、現在のウィンドウの表示倍率を調べることも可能です。

ワザ 349 改ページプレビューに切り替える

難易度 ●○○ ｜ 頻出度 ●●● ｜ 対応Ver. 365 2021 2019 2016

ウィンドウの表示モードを切り替えるには、WindowオブジェクトのViewプロパティを使用します。Viewプロパティを使用することで、プロシージャーの処理内容に合わせて、自動的にウィンドウの表示モードを設定できます。ここでは、アクティブウィンドウの表示モードを改ページプレビューに切り替えます。

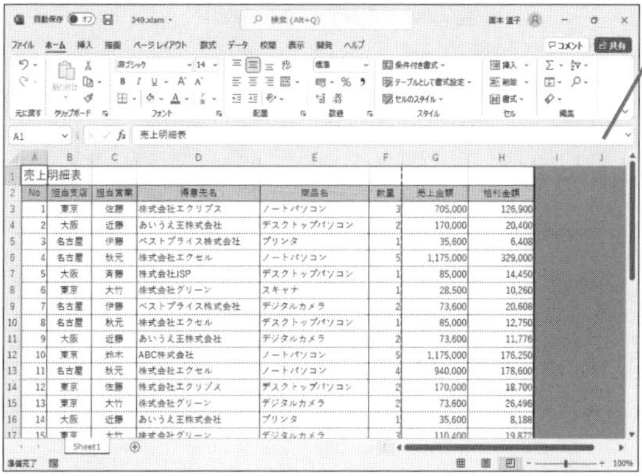

アクティブウィンドウの表示モードを改ページプレビューに切り替える

入力例　349.xlsm

```
Sub プレビュー切り替え()
    ActiveWindow.View = xlPageBreakPreview ←1
End Sub
```

1アクティブウィンドウの表示モードを改ページプレビューに切り替える

ポイント

構　文　**Windowオブジェクト.View**

- WindowオブジェクトのViewプロパティは、ウィンドウの表示モードを設定します。
- Viewプロパティを使用して、ウィンドウの現在の表示モードを調べることも可能です。

●Viewプロパティの設定値(XlWindowView列挙型の定数)

定数	値	表示モードの種類
xlNormalView	1	標準
xlPageBreakPreview	2	改ページプレビュー
xlPageLayoutView	3	ページレイアウトビュー

関連ワザ 393 印刷プレビューを表示する………P.485

ワザ 350 数式バーの高さを設定する

難易度 ●○○ | 頻出度 ●○○ | 対応Ver. 365 2021 2019 2016

数式バーの高さを設定するには、ApplicationオブジェクトのFormulaBarHeightプロパティを使用します。セル内改行などによって複数行入力されているセルのデータを数式バーで確認するとき、数式バーの高さを調整しておくと入力データをひと目で確認できるので便利です。

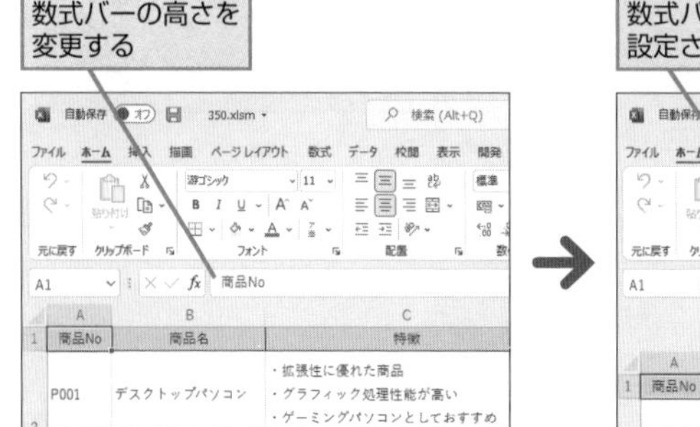

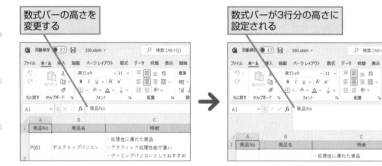

入力例

350.xlsm

```
Sub 数式バー高さ設定()
    Application.FormulaBarHeight = 3 ←1
End Sub
```

1 数式バーの高さを3行分の高さに設定する

ポイント

構　文　`Applicationオブジェクト.FormulaBarHeight`

- ApplicationオブジェクトのFormulaBarHeightプロパティは、数式バーの高さを設定します。
- 数式バーの高さとして設定したい行数は長整数型(Long)の数値で指定してください。
- FormulaBarHeightプロパティに0以下の数値を設定するとエラーが発生します。
- FormulaBarHeightプロパティの設定はExcel本体に設定されます。そのため、Excelを再起動したあとも数式バーの高さは変更されたままになります。Workbook_BeforeCloseイベントプロシージャーなどを使用して、数式バーの設定を元に戻しておくとよいでしょう。

関連ワザ 351 ワークシートを構成しているすべての要素を非表示に設定する………P.439

ワザ351 ワークシートを構成しているすべての要素を非表示に設定する

難易度 ●●○ ｜ 頻出度 ●●○ ｜ 対応Ver. 365 2021 2019 2016

ワークシートは、行列番号や枠線、数式バーやステータスバーといったさまざまな要素から構成されています。これらの各要素をそれぞれ非表示に設定すれば、ワークシート上に作成した内容だけを表示できます。ワークシートをVBAプログラムの操作画面として利用するときにお薦めです。

ワークシートのすべての要素を非表示にする

入力例　351.xlsm

```
Sub ワークシート全要素非表示()
    With ActiveWindow
        .DisplayGridlines = False ←1
        .DisplayHeadings = False ←2
        .DisplayWorkbookTabs = False ←3
        .DisplayHorizontalScrollBar = False ←4
        .DisplayVerticalScrollBar = False ←5
    End With
    With Application
        .DisplayFormulaBar = False ←6
        .DisplayStatusBar = False ←7
    End With
End Sub
```

1 枠線を非表示に設定する　2 行列番号を非表示に設定する　3 シート見出しを非表示に設定する　4 水平スクロールバーを非表示に設定する　5 垂直スクロールバーを非表示に設定する　6 数式バーを非表示に設定する　7 ステータスバーを非表示に設定する

次のページに続く▶

ポイント

● ワークシートを構成する要素のうち、Windowオブジェクトのプロパティで非表示に設定できる要素は下表の通りです。各プロパティに「False」を設定すると、それぞれに対応したワークシートの要素が非表示に設定されます。「True」を設定すると、非表示に設定された要素が再表示されます。

●Windowオブジェクトのプロパティで非表示にする要素

要素名	プロパティ
枠線	DisplayGridlines
行列番号	DisplayHeadings
シート見出し	DisplayWorkbookTabs
水平スクロールバー	DisplayHorizontalScrollBar
垂直スクロールバー	DisplayVerticalScrollBar

● ワークシートを構成する要素のうち、Applicationオブジェクトのプロパティで非表示に設定できる要素は下表の通りです。各プロパティに「False」を設定すると、それぞれに対応したワークシートの要素が非表示に設定されます。「True」を設定すると、非表示に設定された要素が表示されます。

●Applicationオブジェクトのプロパティで非表示にする要素

要素名	プロパティ
数式バー	DisplayFormulaBar
ステータスバー	DisplayStatusBar

● WorkbookオブジェクトのOpenイベントプロシージャーに、非表示に設定するステートメントを記述すると、ブックを開いたときにワークシートの各要素を非表示に設定できます。
● WorkbookオブジェクトのBeforeCloseイベントプロシージャーに、非表示に設定したプロパティに「True」を設定するステートメントを記述すると、ブックを閉じる直前にワークシートの各要素を再表示できます。サンプルファイル(351.xlsm)のThisWorkbookモジュール内のBeforeCloseイベントプロシージャーを参考にしてください。

関連ワザ 346 アプリケーションウィンドウのタイトルを変更する………P.434
関連ワザ 675 コマンドバーの表示と非表示を切り替える………P.846

第9章

リストのデータ操作

この章では、データの検索、置換、並べ替え、抽出、集計など、データ操作の方法を説明します。売上表や顧客リストから必要なデータだけを取り出す場合や、集計表を作成するときなど、データ分析に役立つワザをさまざまなサンプルを使って紹介しています。

ワザ 352 データを検索する

難易度 ●●○ | 頻出度 ●●○ | 対応Ver. 365 2021 2019 2016

データを検索するには、RangeオブジェクトのFindメソッドを使います。Findメソッドは、セル範囲の中から指定した値を検索し、その値が最初に見つかったRangeオブジェクトを返し、見つからなかったら「Nothing」を返します。ここでは、セルC1 ～ C7の中からセルE2の値を含むものを検索し、見つかったらセルE5に表示します。引数の指定によって、いろいろな条件で検索ができます。

入力例 352.xlsm

```
Sub データ検索()
    Dim myRange As Range
    Set myRange = Range("C1:C7").Find(What:=Range("E2").Value, _
                                 LookIn:=xlValues,LookAt:=xlPart)  ←1
    If Not myRange Is Nothing Then  ←2
        Range("E5").Value = myRange.Offset(, -1).Value
    Else
        MsgBox "該当者がいません"
    End If
End Sub
```

1 セルC1 ～ C7で、セルE2の値と部分的に一致する値を持つセルを検索し、最初に見つかったセルを変数「myRange」に代入する　2 変数「myRange」が「Nothing」でない場合（見つかった場合）は、見つかったセルの1つ左のセルの値をセルE5に表示する。見つからない場合は「該当者がいません」というメッセージを表示する

ポイント

構文 `Rangeオブジェクト.Find(What, After, LookIn, LookAt)`

- RangeオブジェクトのFindメソッドは、上のように記述してセル範囲の中から指定した値を検索し、最初に見つかったRangeオブジェクトを返し、見つからなかった場合は「Nothing」を返します。引数「What」以外は省略可能です。ここでは主な引数のみ解説します。

●Findメソッドの主な引数

引数	内容
What	検索する値をバリアント型のデータで指定
After	検索範囲内の１つのセルを指定。指定したセルの後ろから検索を開始するため、このセル自体は最後に検索される。省略した場合は、検索範囲の先頭セル（左上端セル）の後から検索が開始される
LookIn	検索対象指定。「xlFormulas」は数式、「xlValues」は値、「xlComments」はメモ（※）
LookAt	完全一致の場合は「xlWhole」、部分一致は「xlPart」

※Excel 2019/2016では「コメント」

- 引数「LookIn」「LookAt」の設定値は保存されます。省略した場合は、現在の設定状態で検索が実行されます。
- 入力例では、引数「After」を省略しているため、セルＣ１～Ｃ７の中で先頭セルＣ１の次のセルＣ２から検索が開始されます。注意したいのは、先頭セルは最後に検索されることです。セルＣ１を含めて検索範囲とすることで、実際のデータの１件目となるセルＣ２から検索が開始されるように調整しています。

ワザ 353 同じ検索条件で続けて検索する

難易度 ●●○　頻出度 ●●○　対応Ver. 365 2021 2019 2016

Findメソッドで検索を実行した後、同じ検索条件で続けて検索を行うには、FindNextメソッドを使います。FindNextメソッドは、設定されている検索条件で引き続き検索を実行します。ここでは、セルE2の値を含むセルを表のセルC1～C7の中で検索して、最初に見つかったセルに該当する名前をセルE5に表示し、同じ条件で検索を続けて見つかったセルに該当する名前をセルE5の下に順番に表示します。

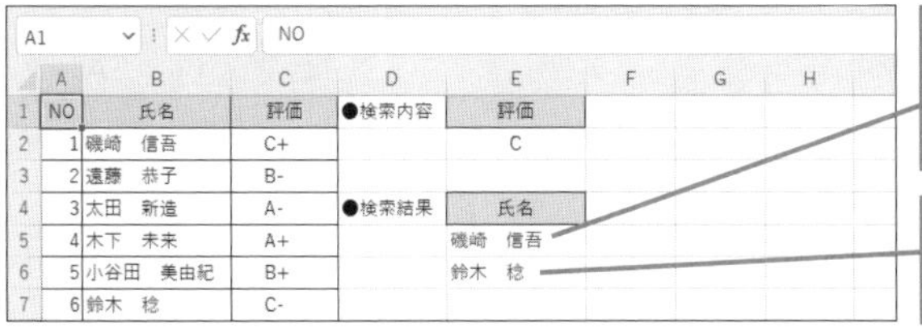

	A	B	C	D	E
1	NO	氏名	評価	●検索内容	評価
2	1	磯崎　信吾	C+		C
3	2	遠藤　恭子	B-		
4	3	太田　新造	A-	●検索結果	氏名
5	4	木下　未来	A+		磯崎　信吾
6	5	小谷田　美由紀	B+		鈴木　稔
7	6	鈴木　稔	C-		

入力例

353.xlsm

```
Sub 同じ条件でデータ検索()
    Dim myRange As Range, srcRange As Range, myAddress As String, i As Integer
    Set srcRange = Range("C1:C7")
    Set myRange = srcRange.Find(What:=Range("E2").Value, LookIn:=xlValues, _
                            LookAt:=xlPart)
    If Not myRange Is Nothing Then ←1
        myAddress = myRange.Address
        i = 5
        Do ←2
            Cells(i, "E").Value = myRange.Offset(, -1).Value
            Set myRange = srcRange.FindNext(After:=myRange)
            i = i + 1
        Loop Until myRange.Address = myAddress
    Else
        MsgBox "該当者がいません"
    End If
End Sub
```

1変数「myRange」の値が「Nothing」でない場合（見つかった場合）は、変数「myAddress」に変数「myRange」のセルのアドレスを代入する　2変数「myRange」のセルより1つ左のセルの値をセルi行E列に表示して、続けて同じ条件で変数「myRange」の次のセルから検索を実行し、見つかったセルを変数「myRange」に代入する。変数「i」に「1」を加算する。これを変数「myRange」のアドレスと、最初に見つかったセルである変数「myAddress」が同じになるまで繰り返す

ポイント

構　文　`Rangeオブジェクト.FindNext(After)`

- RangeオブジェクトのFindNextメソッドは、上のように記述してFindメソッドで設定した検索条件で引き続き検索を実行し、見つかったRangeオブジェクトを返します。引数「After」で指定したセルの次のセルから検索を再開し、指定したセルは最後に検索されます。省略した場合は、検索範囲の左上端から検索が開始されます。

ワザ 354 セル内の特定の文字列を別の文字列に置換する

難易度 ●●○ ｜ 頻出度 ●●○ ｜ 対応Ver. 365 2021 2019 2016

セル内の特定の文字列を別の文字列に置換するには、RangeオブジェクトのReplaceメソッドを使います。ここでは、セルC2～C7に入力されている「A」を「優」、「B」を「良」、「C」を「可」に置き換えています。「A+」や「A-」のような値に対しても対応できるように、検索方法を「完全一致」ではなく、「部分一致」にして置き換えを実行します。

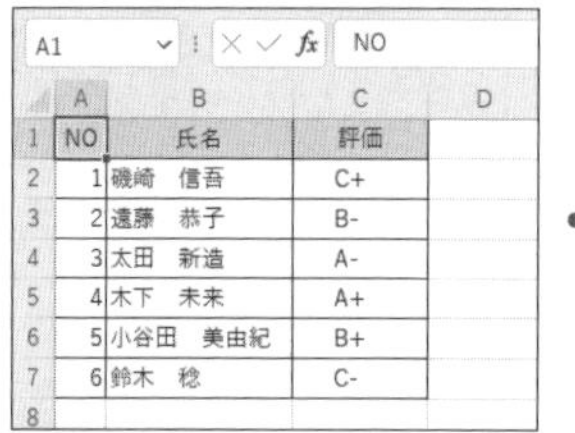

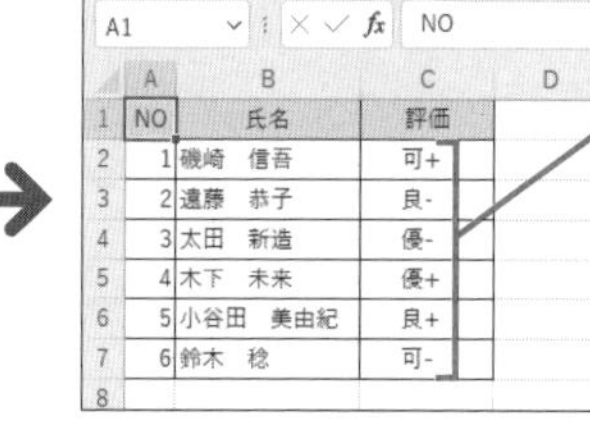

セルC2～C7に入力されている「A」を「優」、「B」を「良」、「C」を「可」に置換する

入力例

354.xlsm

```
Sub データを置換する()
    With Range("C2:C7")
        .Replace What:="A", Replacement:="優", LookAt:=xlPart ←1
        .Replace What:="B", Replacement:="良" ←2
        .Replace What:="C", Replacement:="可" ←3
    End With
End Sub
```

1セルC2～C7に対して、部分一致で「A」を含むものの中で、「A」を「優」に置換する　2同様に「B」を「良」に置換する　3同様に「C」を「可」に置換する

ポイント

構文 Rangeオブジェクト.Replace(What, Replacement, LookAt)

- RangeオブジェクトのReplaceメソッドは、指定したセル範囲の中から指定した内容を別の内容に置換します。ここでは入力例で使用している引数のみ解説します。引数「LookAt」は省略可能です。
- 引数「What」では、ワイルドカードを使うこともできます。例えば、「"A*"」とすると、Aで始まる文字「A-」「A+」が「優」に置換されます。

●Replaceメソッドの引数

引数	内容
What	検索する文字列
Replacement	置換する文字列
LookAt	完全一致は「xlWhole」、部分一致は「xlPart」

- 引数「LookAt」の設定は、Replaceメソッドを実行するたびに保存されます。そのため、2回目以降は同じ内容であれば省略できます。

関連ワザ 356 セル内の空白文字を改行に置換する………P.446

ワザ 355 あいまいな条件で文字列を置換する

難易度 ●●○　頻出度 ●●○　対応Ver. 365 2021 2019 2016

文字列を置換するのに、For Eachステートメントを使う方法もあります。For Eachステートメントで、1つ1つのセルの値を比較し、文字を置き換えます。ここでは、Like演算子を使ってパターンマッチングで比較して、セルC2～C7の中で「A」を含むセルの文字を「優」、「B」を含むセルの文字を「良」、「C」を含むセルの文字を「可」に置き換えています。

	A	B	C
1	NO	氏名	評価
2	1	磯崎　信吾	C+
3	2	遠藤　恭子	B-
4	3	太田　新造	A-
5	4	木下　未来	A+
6	5	小谷田　美由紀	B+
7	6	鈴木　稔	C-

→

セルC2～C7の中で「A」を含むセルの文字を「優」、「B」を含む文字を「良」、「C」を含むセルの文字を「可」に置換する

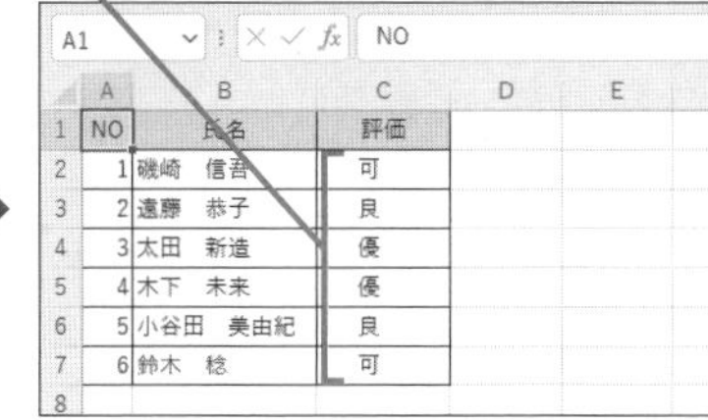

	A	B	C
1	NO	氏名	評価
2	1	磯崎　信吾	可
3	2	遠藤　恭子	良
4	3	太田　新造	優
5	4	木下　未来	優
6	5	小谷田　美由紀	良
7	6	鈴木　稔	可

入力例　355.xlsm

```
Sub あいまいな文字列を別の文字列に置換する()
    Dim myRange As Range
    For Each myRange In Range("C2:C7")  ←1
        If myRange.Value Like "A*" Then
            myRange.Value = "優"  ←2
        ElseIf myRange.Value Like "B*" Then  ←3
            myRange.Value = "良"
        ElseIf myRange.Value Like "C*" Then  ←4
            myRange.Value = "可"
        End If
    Next
End Sub
```

1 セルC2～C7のセルを変数「myRange」に1つずつ格納しながら次の処理を繰り返す　2 もし変数「myRange」のセルの値が「A」で始まる文字列の場合、変数「myRange」のセル値を「優」にする　3 変数「myRange」のセルの値が「B」で始まる文字列の場合は、変数「myRange」のセルの値を「良」にする　4 変数「myRange」のセルの値が「C」で始まる文字列の場合は、変数「myRange」のセルの値を「可」にする

ポイント

- あいまいな文字列を別の文字列に置換したいときは、For Eachステートメントを使って、指定したセル範囲の中のセルを1つずつ変数に格納しながら、Like演算子を使ったパターンマッチングでセルの値が一致するかどうかを調べ、一致した場合にセルのValueプロパティに置換後の文字列を設定することもできます。
- Like演算子を使ったパターンマッチングについては、ワザ050を参照してください。

関連ワザ 356 セル内の空白文字を改行に置換する………P.446

ワザ 356 セル内の空白文字を改行に置換する

難易度 ●●○ | 頻出度 ●●○ | 対応Ver. 365 2021 2019 2016

セルに含まれる空白文字を改行に置換するには、RangeオブジェクトのReplaceメソッドで、引数「What」に「" "」、引数「Replacement」に改行文字（vbLf）を指定します。ここでは、セルC2～C6のセルにある空白文字を改行文字（vbLf）に置換して、複数行で表示されるようにしています。改行文字（vbLf）は制御記号と呼ばれますが、置換の対象として扱うことができます。

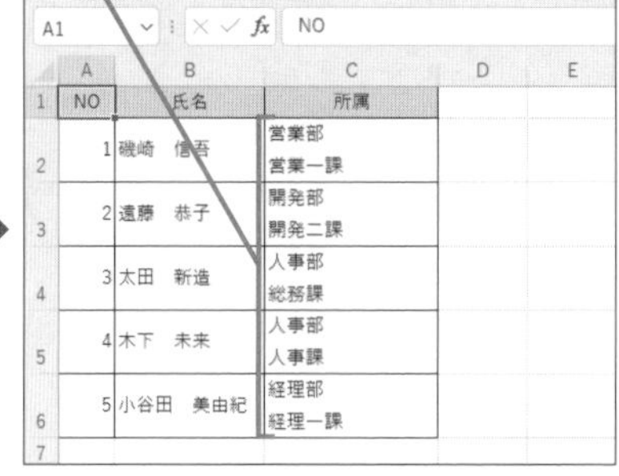

入力例　356.xlsm

```
Sub セル内のスペースを改行に置換()
    With Range("C2:C6")
        .Replace What:=" ", Replacement:=vbLf, MatchByte:=False ←1
        .Rows.AutoFit ←2
    End With
End Sub
```

1セルC2～C6にある空白文字を半角全角を問わず、改行文字（vbLf）に置き換える　2セルC2～C6の行の高さを自動調整する

ポイント

- Replaceメソッドでは、文字列だけでなく、改行文字(vbLf)のような制御記号を置換の対象にできます。
- 空白文字を改行に置換するには、引数「What」に「" "」、引数「Replacement」に制御記号「vbLf」を指定します。空白文字の全角と半角の区別をしないようにするには、引数「MatchByte」に「False」を指定します。
- セル内の余分な空白文字を削除したい場合は、引数「What」に「" "」、引数「Replacement」に「""」（空の文字列）を指定します。
- セル内の改行をスペースに置換するには、引数「What」に制御記号「vbLf」、引数「Replacement」に「"　"」を指定します。

関連ワザ 354 セル内の特定の文字列を別の文字列に置換する………P.444
関連ワザ 355 あいまいな条件で文字列を置換する………P.445

ワザ 357 複数の表を統合する

難易度 ●●○ ｜ 頻出度 ●●○ ｜ 対応Ver. 365 2021 2019 2016

Excelの複数の表をまとめる機能に「統合」があります。これをVBAで実行するには、RangeオブジェクトのConsolidateメソッドを使用します。ここでは、同じワークシートにあるセルA13を先頭として、渋谷店と青山店の売上表を行見出しと列見出しを基準にして統合します。同じ形式の複数の表を自動で1つにまとめたい場合に使用するといいでしょう。

入力例

357.xlsm

```
Sub 複数表の統合()
    Dim r1 As String, r2 As String
    r1 = Range("A3").CurrentRegion.Address(ReferenceStyle:=xlR1C1, External:=True)  ─1
    r2 = Range("G3").CurrentRegion.Address(ReferenceStyle:=xlR1C1, External:=True)
    Range("A13").Consolidate Sources:=Array(r1, r2), _  ←2
        Function:=xlSum, TopRow:=True, LeftColumn:=True, CreateLinks:=False
    Range("A3").CurrentRegion.Copy  ←3
    Range("A13").PasteSpecial xlPasteFormats
    Application.CutCopyMode = False
End Sub
```

1渋谷店の表（セルA3を含む表全体）と青山店の表（セルG3を含む表全体）のアドレスをR1C1形式で外部参照によって取得し、それぞれ変数「r1」と変数「r2」に代入する　2セルA13を左上端とし、変数「r1」と変数「r2」の表を、それぞれの表の上端行と左端列を統合の基準にして、リンクせずに値を合計し、統合した表を作成する　3セルA3を含む表全体をコピーし、セルA13を左上端として書式を貼り付けて、統合する表に渋谷の表と同じ書式をコピーする

ポイント

構文　`Rangeオブジェクト.Consolidate(Sources, Function, TopRow, LeftColumn, CreateLinks)`

- 複数の表を統合して1つの表にまとめるには、Excelの統合の機能を実行するRangeオブジェクトのConsolicateメソッドを使います。引数については下の表を参照してください。

●Consolidateメソッドの引数

引数	内容
Sources	統合元の範囲をR1C1形式によって外部参照し、アドレスを文字列で指定
Function	統合する際の計算方法をXlConsolidationFunction列挙型の定数で指定。合計の場合は「xlSum」
TopRow	統合元の表の上端行にある列見出しに基づいて統合する場合は「True」、データの位置に基づいて統合する場合は「False」または省略
LeftColumn	統合元の表の左端列にある行見出しに基づいて統合する場合は「True」、データの位置に基づいて統合する場合は「False」または省略
CreateLinks	リンクして統合する場合は「True」、データをコピーして統合する場合は「False」または省略

- 引数「Sources」で統合する表のセル範囲を指定する場合は、必ず外部参照形式、R1C1形式でセル範囲を指定し、文字列にします。同じブック内の表を統合する場合は、ワークシートのパスを含めて指定します。例えば、入力例で渋谷店の場合は「"統合!R3C1:R9C5"」と記述します。
- 統合により作成した表はデータのみで書式が設定されないので、必要な書式は別途設定をします。

ワザ 358
データを並べ替える

難易度 ●●○ | 頻出度 ●●○ | 対応Ver. 365 2021 2019 2016

データを大きな順（降順）あるいは小さな順（昇順）に並べ替えるには、RangeオブジェクトのSortメソッドを使用する方法があります。ここでは、セルA1を含む表で［性別］列を昇順、［点数］列を降順にして並べ替えを行います。Sortメソッドを使えば、一度に3つの列を基準にして並べ替えができます。表のデータを指定した列を基準にして、並べ替えを自動で行いたいときに使います。

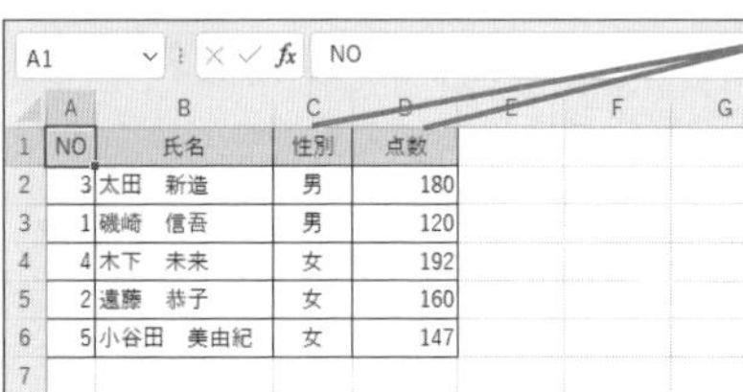

入力例 358.xlsm

```
Sub データ並べ替え()
    Range("A1").Sort Key1:=Range("C2"), Order1:=xlAscending, _   ←1
        Key2:=Range("D2"), Order2:=xlDescending, Header:=xlYes
End Sub
```

1 セルA1を含む表について、セルC2の列（［性別］列）を昇順で最優先、セルD2の列（［点数］列）を降順で2番目に優先させる並べ替えの設定にして、1行目は見出し行として並べ替えを実行する

ポイント

構文 Rangeオブジェクト.Sort(Key1, Order1, Key2, Order2, Key3, Order3, Header, OrderCustom)

- Rangeオブジェクトのsortメソッドは上のように記述して、指定した列の値を元に、昇順または降順に並べ替えを実行します。Rangeオブジェクトでは、並べ替えるセル範囲を指定しますが、単一のセルを指定した場合は、そのセルを含むアクティブセル領域が並べ替えの対象となります。ここでは、主な引数のみを挙げています。なお、引数については下の表を参照してください。

●Sortメソッドの主な引数

引数	内容
Key1	最優先で並べ替える列をRangeオブジェクト、フィールド名、セル範囲で指定
Order1	引数「Key1」で指定した列の並べ替え順。昇順は「xlAscendking（既定値）」、降順は「xlDescending」
Key2	2番目に優先して並べ替える列をRangeオブジェクト、フィールド名、セル範囲で指定
Order2	引数「Key2」で指定した列の並べ替え順（値は引数「Order1」参照）
Key3	3番目に優先して並べ替える列をRangeオブジェクト、フィールド名、セル範囲で指定
Order3	引数「Key3」で指定した列の並び替え順（値は引数「Order1」参照）
Header	1行目を見出し行とする場合は「xlYes」、見出し行とせずに1行目も並べ替える場合は「xlNo（既定値）」、見出し行かどうかをExcelに判断させるには「xlGuess」を指定
OrderCustom	ユーザー設定リスト内の順番を整数で指定

ワザ 359 データを並べ替える(Sortオブジェクト)

難易度 ●●○　頻出度 ●●○　対応Ver. 365 2021 2019 2016

Sortオブジェクトを使って並べ替えをすることもできます。Sortオブジェクトを使った並べ替えでは、値だけでなく色や条件付き書式のアイコンなどを基準にできます。ここでは、セルA1を含む表の［性別］列を昇順、［点数］列を降順にして、Sortオブジェクトを使った方法で記述しています。Sortオブジェクトを使ったコードの記述方法の基本を確認してください。

入力例　359.xlsm

```
Sub データ並べ替え2()
    With ActiveSheet.Sort ←1
        .SortFields.Clear ←2
        .SortFields.Add Key:=Range("C2"), SortOn:=xlSortOnValues, Order:=xlAscending ←3
        .SortFields.Add Key:=Range("D2"), SortOn:=xlSortOnValues, Order:=xlDescending ←4
        .SetRange Range("A1").CurrentRegion ←5
        .Header = xlYes ←6
        .Apply ←7
    End With
End Sub
```

1アクティブシートの並べ替えを表すSortオブジェクトについて、以下の処理を実行する　2保存されている並べ替えの設定を削除する　3セルC2を含む列(［性別］列)について、値を基準に昇順で並べ替えの設定を行ったSortFieldオブジェクトを追加　4セルD2を含む列（［点数］列）について、値を基準に降順で並べ替えの設定を行ったSortFieldオブジェクトを追加　5並べ替える範囲をセルA1を含む表全体とする　61行目を見出し行と見なし、並べ替えに含めない　7並べ替えを実行する

ポイント

構文 `Worksheetオブジェクト.Sort`

- 並べ替えを表すSortオブジェクトは、Sortプロパティを使って取得できます。通常のワークシート上の表を並べ替えるときは、オブジェクトにWorksheetオブジェクトを指定します(取得のみ)。

構文 `Sortオブジェクト.SortFields.Add(Key, SortOn, Order, CustomOrder)`

- 並べ替える列については、SortオブジェクトのSortFieldsプロパティで並べ替えフィールドの集まりを表すSortFieldsコレクションを取得し、Addメソッドで1つの並べ替えフィールド、並べ替え方法などの情報を持つSortFieldオブジェクトを追加します。SortFieldオブジェクトは、追加した順に並べ替えの優先順位が高くなります。引数「Key」以外は省略可能です。
- Addメソッドは、引数「Key」で並べ替えの基準とする列のセルをRangeオブジェクトで指定し、引数「SortOn」で並べ替えの方法を指定します。セルの値を基準にする場合は、「xlSortOnValues」にします。引数「Order」では「xlAscending」にすると昇順、「xlDescending」にすると降順の並べ替えになります。
- SortオブジェクトのSetRangeメソッドで並べ替え対象のセル範囲を設定し、Applyメソッドで並べ替えを実行します。また、Headerプロパティを「xlYes」にすると最初の行を見出し行と見なします。

関連ワザ 219 ワークシートを並べ替える………P.276
関連ワザ 358 データを並べ替える………P.448

ワザ 360 セルの色で並べ替える

| 難易度 ●○○ | 頻出度 ●●○ | 対応Ver. 365 2021 2019 2016 |

Sortオブジェクトを使った並べ替えでは、セルの色や文字の色を並べ替えの対象にできます。ここでは、E列（[評価] 列）のセルの色で「赤」「黄」の順に並べ替えを実行します。同じ色の書式が設定されているセルで、まとめて並べ替えを行いたいときに利用するといいでしょう。

[評価] 列のセルの色で「赤」「黄」の順に並べ替える

	A	B	C	D	E	F
1	NO	氏名	性別	点数	評価	
2	3	太田　新造	男	180	A	
3	4	木下　未来	女	192	A	
4	2	遠藤　恭子	女	160	B	
5	5	小谷田　美由紀	女	147	B	
6	1	磯崎　信吾	男	120	C	

入力例　360.xlsm

```
Sub セル色で並べ替え()
    With ActiveSheet.Sort ←1
        .SortFields.Clear ←2
        .SortFields.Add(Key:=Range("E2"), SortOn:=xlSortOnCellColor, _ ←3
            Order:=xlAscending).SortOnValue.Color = RGB(255, 0, 0)
        .SortFields.Add(Key:=Range("E2"), SortOn:=xlSortOnCellColor, _ ←4
            Order:=xlAscending).SortOnValue.Color = RGB(255, 255, 0)
        .SetRange Range("A1").CurrentRegion ←5
        .Header = xlYes ←6
        .Apply ←7
    End With
End Sub
```

1アクティブシートの並べ替えを表すSortオブジェクトについて、以下の処理を実行する　2保存されている並べ替えの設定を削除する　3セルE2を含む列について、セルの色を基準に昇順の並べ替えを設定し、並べ替えの色を「赤、RGB（255,0,0）」にする　4セルE2を含む列について、セルの色を基準に昇順の並べ替えを設定し、並べ替えの色を「黄、RGB（255,255,0）」にする　5並べ替える範囲をセルA1を含む表全体とする　61行目を見出し行と見なす　7並べ替えを実行する

ポイント

- セルの色を基準に並べ替えを行うときは、SortFieldsコレクションのAddメソッドの引数「SortOn」を「xlSortOnCellColor」に指定します。なお、文字色を基準にする場合は「xlSortOnFontColor」にします。
- 並べ替えの基準となる色は、SortFieldオブジェクトのSortOnValueプロパティで、SortOnValueオブジェクトを取得し、そのColorプロパティでRGB値を使って指定します。

関連ワザ 359 データを並べ替える（Sortオブジェクト）………P.449
関連ワザ 361 アイコンで並べ替える………P.451

ワザ 361 アイコンで並べ替える

難易度 ●●○ | 頻出度 ●○○ | 対応Ver. 365 2021 2019 2016

Sortオブジェクトを使った並べ替えでは、条件付き書式のアイコンも並べ替えの対象にできます。ここでは、D列（[点数] 列）に表示されているアイコンを「緑のチェックマーク」「黄色の感嘆符」の順に並べ替えを実行します。同じアイコンが設定されたセルで並べ替えたいときに使うといいでしょう。

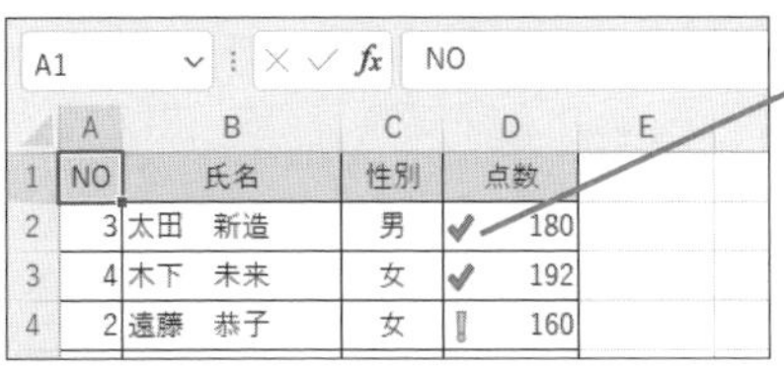

[点数] 列に表示されているアイコンで「緑のチェックマーク」「黄色の感嘆符」の順に並べ替える

入力例　361.xlsm

```
Sub アイコンで並べ替え()
    With ActiveSheet.Sort ←1
        .SortFields.Clear ←2
        .SortFields.Add(Key:=Range("D2"), _ ←3
                        SortOn:=xlSortOnIcon, Order:=xlAscending) _
            .SetIcon Icon:=ActiveWorkbook.IconSets(xl3Symbols2).Item(3)
        .SortFields.Add(Key:=Range("D2"), _ ←4
                        SortOn:=xlSortOnIcon, Order:=xlAscending) _
            .SetIcon Icon:=ActiveWorkbook.IconSets(xl3Symbols2).Item(2)
        .SetRange Range("A1").CurrentRegion ←5
        .Header = xlYes ←6
        .Apply ←7
    End With
End Sub
```

1アクティブシートの並べ替えを表すSortオブジェクトについて、以下の処理を実行する　2保存されている並べ替えの設定を削除する　3セルD2を含む列について、アイコンを基準に昇順の並べ替えを設定し、並べ替えるアイコンをアイコン［3つの記号（丸囲みなし）］の3つ目のアイテム（緑のチェックマーク）にする　4セルD2を含む列について、アイコンを基準に昇順の並べ替えを設定し、並べ替えるアイコンをアイコン［3つの記号（丸囲みなし）］の2つ目のアイテム（黄色の感嘆符）にする　5並べ替える範囲をセルA1を含む表全体とする　61行目を見出し行と見なし、並べ替えに含めない　7並べ替えを実行する

ポイント

- アイコンを基準に並べ替えを行うときは、SortFieldsコレクションのAddメソッドで、引数「SortOn」を「xlSortOnIcon」に指定します。

構文 `SortFieldオブジェクト.SetIcon(Icon)`

- 並べ替えの基準となるアイコンは、SortFieldオブジェクトのSetIconメソッドで上のように指定します。引数「Icon」にはアイコンの種類を指定します。

構文 `ActiveWorkbook.IconSets(アイコンセットの定数).Item(右からの順番)`

- 引数「Icon」で指定するアイコンの種類は、上のように記述します。主なアイコンセットの定数や、順番はワザ196の表を参照してください。

関連ワザ 360 セルの色で並べ替える………P.450

ワザ 362 オリジナルの順番で並べ替える①

難易度 ●●○ | 頻出度 ●○○ | 対応Ver. 365 2021 2019 2016

Sortオブジェクトを使って並べ替えの順番を昇順や降順ではなく、オリジナルの順番で並べ替えるには、Addメソッドの引数「CustomOrder」で、並べ替えの順番を「,」で区切って文字列で指定します。ここでは、A列（[分類] 列）を「ケーキ」「アイス」「クッキー」の順に並べ替えます。昇順と降順に当てはまらない順番で並べ替えたいときに使用します。

[分類] 列で「ケーキ」「アイス」「クッキー」の順に並べ替える

A1　分類

	A	B	C	D	E	F	G
1	分類	原宿	渋谷	新宿	青山	合計	
2	ケーキ	2,500	2,800	2,200	3,000	10,500	
3	アイス	3,300	3,500	3,200	3,500	13,500	
4	クッキー	3,000	3,100	3,600	3,200	12,900	
5							

入力例　362.xlsm

```
Sub ユーザー定義の並べ替え()
    With ActiveSheet.Sort ←1
        .SortFields.Clear ←2
        .SortFields.Add Key:=Range("A1"), CustomOrder:="ケーキ,アイス,クッキー" ←3
        .SetRange Range("A1").CurrentRegion ←4
        .Header = xlYes ←5
        .Apply ←6
    End With
End Sub
```

1アクティブシートの並べ替えを表すSortオブジェクトについて、以下の処理を実行する　2保存されている並べ替えの設定を削除する　3セルA1を含む列（[分類] 列）について、「ケーキ」「アイス」「クッキー」の順の並べ替えの設定を行ったSortFieldオブジェクトを追加する　4並べ替える範囲をセルA1を含む表全体とする　51行目を見出し行と見なし、並べ替えに含めない　6並べ替えを実行する

ポイント

- 昇順、降順の順番でなくオリジナルの順番で並べ替えを実行する場合は、SortFieldsコレクションのAddメソッドの引数「CustomOrder」で並べ替えの順番を「"ケーキ,アイス,クッキー "」のように、「,」で区切って、並べ替えたい順番を指定します。

関連ワザ 359 データを並べ替える（Sortオブジェクト）………P.449
関連ワザ 363 オリジナルの順番で並べ替える②………P.453

ワザ 363 オリジナルの順番で並べ替える②

難易度 ●●○ | 頻出度 ●○○ | 対応Ver. 365 2021 2019 2016

Sortメソッドを使ってオリジナルの順番で並べ替えを実行するには、ユーザー設定リストにあるリストを使って並べ替えを行います。先に並べ替え用の順番を［ユーザー設定リスト］に追加しておき、次にその順番で並べ替えを実行します。ここでは、A列（［分類］列）で「ケーキ」「アイス」「クッキー」の順に並べ替えます。

入力例　363.xlsm

```
Sub ユーザー定義の並べ替え()
    Dim myList As Variant, myListNo As Long
    myList = Array("ケーキ","アイス","クッキー") ←1
    With Application
        .AddCustomList ListArray:=myList ←2
        myListNo = .GetCustomListNum(myList) ←3
        Range("A1").CurrentRegion.Sort Key1:=Range("A1"), _ ←4
          Order1:=xlAscending, OrderCustom:=myListNo + 1, Header:=xlYes
        .DeleteCustomList (myListNo) ←5
    End With
End Sub
```

1オリジナルの並べ替え順をArray関数で配列で作成し、Variant型の変数「myList」に代入する　2ユーザー設定リストに変数「myList」の順番を追加する　3追加した順番のユーザー設定リストの番号を取得し、変数「myListNo」に代入する。この値は並べ替え実行時、リスト削除時に必要となる　4セルA1を含む表について、セルA1の列を基準に昇順にして、ユーザー設定リストの「myListNo+1」の順番で1行目を見出しと見なし、並べ替えを実行する5ユーザー設定リストから追加した並べ替え順を削除する

ポイント

構文　**Applicationオブジェクト.AddCustomList(ListArray, ByRow)**

- ユーザー設定リストに並べ替えの順番を追加するには、ApplicationオブジェクトのAddCustomListメソッドを使用して記述します。引数「ListArray」には、リストに追加する順番を配列またはRangeオブジェクトで指定します。引数「ByRow」は、引数「ListArray」でRangeオブジェクトを指定した場合に指定します。「True」の場合はセル範囲内の各行から作成され、「False」の場合は各列から作成されます。ここで指定したリストがすでに追加済みの場合は、無効になります。

構文　**Applicationオブジェクト.GetCustomListNum(ListArray)**

- ユーザー設定リストの順番で並べ替えを実行する場合は、ユーザー設定リストのリスト番号を使います。ユーザー設定リストのリスト番号を取得するには、ApplicationオブジェクトのGetCustomListNumメソッドを使って記述します。引数「ListArray」には、リストの順番をVariant型の配列で指定します。
- Sortメソッドでユーザー設定リストに追加した順番で並べ替えるには、引数「OrderCustom」に並べ替えを行うリスト番号に1を加えた数値を指定します。

構文　**Applicationオブジェクト.DeleteCustomList(ListNum)**

- 並べ替え実行後、追加したユーザー設定リストを削除するには、ApplicationオブジェクトのDeleteCustomListメソッドを使います。引数「ListNum」には、削除するリスト番号を指定します。

関連ワザ 362 オリジナルの順番で並べ替える①………P.452

ワザ 364 氏名をスペースの位置で姓と名に分割する

難易度 ●●○ | 頻出度 ●●○ | 対応Ver. 365 2021 2019 2016

氏名の姓と名の間に空白文字（スペース）が挿入されている場合、RangeオブジェクトのTextToColumnsメソッドを使えば、空白文字の位置で姓と名の部分を分割して別々のセルに表示できます。ここでは、セルB2～B6の「氏名」を分割し、C列に「姓」、D列に「名」を表示します。空白文字（スペース）、カンマ（,）、タブなどの記号で区切られたデータを、分割して別々のセルに表示したいときに使えます。

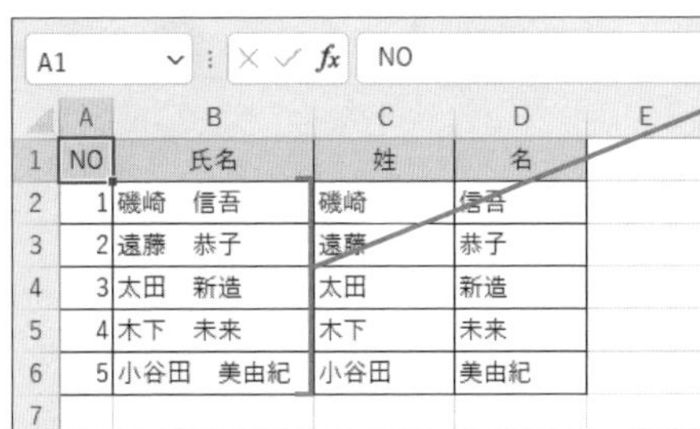
A1
NO
セルB2～B6に入力されている「氏名」を空白文字（スペース）で分割し、C列に「姓」、D列に「名」を表示する

	A	B	C	D	E
1	NO	氏名	姓	名	
2	1	磯崎　信吾	磯崎	信吾	
3	2	遠藤　恭子	遠藤	恭子	
4	3	太田　新造	太田	新造	
5	4	木下　未来	木下	未来	
6	5	小谷田　美由紀	小谷田	美由紀	
7					

入力例

364.xlsm

```
Sub セルデータをスペースの位置で分割する()
    Application.DisplayAlerts = False ←1
    Range("B2:B6").TextToColumns Destination:=Range("C2"), _ ←2
                                 DataType:=xlDelimited, Space:=True
    Application.DisplayAlerts = True
End Sub
```

1 データ分割時に表示される確認メッセージが表示されない設定にする　2 セルB2～B6の値をスペースの位置で分割し、実行後のデータの入力先をセルC2を左上端とした範囲に指定して分割を実行する

ポイント

構文 `Rangeオブジェクト.TextToColumns(Destination, DataType, Tab, Commna, Space)`

- RangeオブジェクトのTextToColumnsメソッドは、1つのセル内で、空白文字（スペース）、カンマ（,）、タブなどで区切られているデータを複数のセルに分割できます。ここでは、主な引数を説明しています。
- 引数「Destination」で分割したデータを入力するセルを指定します。指定したセルを先頭に右側の列に分割されたデータが置換されて入力されます。省略時は、元のセルが分割したデータに置換されます。複数のセルに入力する場合は、左上のセルを指定します。
- 引数「DataType」では、データ形式を指定します。区切り文字形式にするには「xlDelimited（既定値）」、固定長にするには「xlFixedWidth」にします。
- 区切り文字の種類を指定するには、タブの場合は引数「Tab」を「True」、カンマの場合は引数「Comma」を「True」、空白文字（スペース）の場合は引数「Space」を「True」に指定します。
- 空白文字（スペース）は、半角、全角の区別なく分割されます。半角2つと全角1つの空白文字は、見た目では区別できませんが、分割するとずれてしまいますので、どちらかに統一するようにしましょう。

関連ワザ 662 文字列を区切り文字の位置で分割する………P.826

ワザ 365 オートフィルターで抽出する

難易度 ●●○ ｜ 頻出度 ●●○ ｜ 対応Ver. 365 2021 2019 2016

オートフィルターの機能を使用してデータを絞り込むには、RangeオブジェクトのAutoFilterメソッドを使います。引数の設定方法でいろいろな抽出が可能です。ここでは、セルA1を含む表の［評価］列（5列目）の値が「A」のデータだけを表示しています。表を折り畳んで、必要な情報だけを表示したいときに使用すると便利です。

A1　NO

	A	B	C	D	E	F
1	NO	氏名	性別	点数	評価	
4	3	太田　新造	男	180	A	
5	4	木下　未来	女	192	A	
9	8	横山　小観	男	191	A	
11						

［評価］列の値が「A」のデータだけを表示する

入力例　365.xlsm

```
Sub オートフィルターで抽出する()
    Range("A1").AutoFilter Field:=5, Criteria1:="A"  ←1
End Sub
```

1表の［評価］列（5列目）を抽出対象とし、抽出条件を「A」としてオートフィルターを実行する

ポイント

構文　`Rangeオブジェクト.AutoFilter(Field, Criteria1, Operator, Criteria2, VisibleDropDown)`

- オートフィルターを実行するには、RangeオブジェクトのAutoFilterメソッドを使用して上のように記述します。Rangeオブジェクトは抽出元となるセル範囲を指定します。単一セルを指定した場合は、そのセルを含むアクティブセル領域が対象になります。
- 引数「Field」では抽出条件となる列の番号を、表の左から数えた整数で指定します。引数「Criteria1」では1つ目の抽出条件となる文字列を指定し、引数「Operator」は、フィルターの種類を指定します。引数「Criteria2」では2つ目の抽出条件となる文字列を指定します。引数「VisibleDropDown」を「False」にすると列のドロップダウンボタンが非表示になり、「True」または省略時はドロップダウンボタンは表示されます。
- 引数「Operator」で指定する設定値については、ワザ367、369、371を参照してください。
- 引数「Criteria1」、引数「Criteria2」で抽出条件を設定する場合、比較演算子やワイルドカードを使用できます。例えば、「Aを含む文字列」であれば「"=*A*"」「10以下」であれば「"<=10"」のように記述します。
- すべての引数を省略した場合、オートフィルターが設定されているときは、オートフィルターが解除され、オートフィルターが設定されていないときは、フィルターのアイコンが表示されます。

関連ワザ 367 オートフィルターで同じ列に対して複数の条件を設定して抽出する………P.457
関連ワザ 369 平均値より上のデータを抽出する………P.459
関連ワザ 371 セルの色が黄色のデータを抽出する………P.461
関連ワザ 375 フィルターモードを解除してすべてのデータを表示する………P.465
関連ワザ 579 CommandオブジェクトでSELECT文を実行してテーブルからデータを抽出する………P.703

ワザ 366 オートフィルターで抽出したデータ件数を数える

難易度 ●●○　頻出度 ●●○　対応Ver. 365 2021 2019 2016

オートフィルターで抽出したデータの件数を数える場合は、表示されているセルだけを対象として、その行数を数え、件数を取得します。表示されているセル（可視セル）を取得するには、RangeオブジェクトのSpecialCells(xlCellTypeVisible)を使い、Countプロパティで数えます。ここでは、[評価] 列の値が「A」という条件でオートフィルターを実行し、その件数を数えてメッセージを表示します。

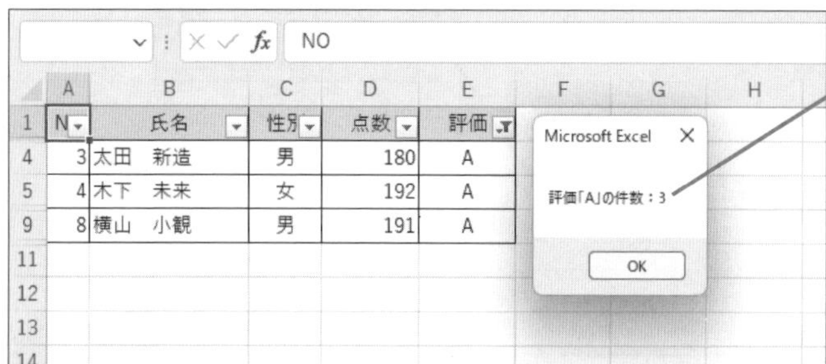

評価の値が「A」のデータの件数を数えて、メッセージを表示する

入力例

366.xlsm

```
Sub オートフィルターで抽出したデータ件数を数える()
    Dim cnt As Integer
    Range("A1").AutoFilter Field:=5, Criteria1:="A" ←1
    cnt = Range("A1").CurrentRegion.Columns(1) _
        .SpecialCells(xlCellTypeVisible).Count ←2
    MsgBox "評価「A」の件数:" & cnt - 1 ←3
    Range("A1").AutoFilter ←4
End Sub
```

1 セルA1を含むアクティブセル領域に対し、5列目［評価］列の抽出条件を「A」としてオートフィルターを実行する　2 セルA1を含むアクティブセル領域の1列目の可視セルの数を数えて変数「cnt」に格納する　3 データ件数は変数「cnt」の数から見出し行分の「1」を引いて、「cnt-1」となる。その数をメッセージで表示する　4 オートフィルターを解除する

ポイント

- オートフィルターが実行されているときは、表が折り畳まれています。折り畳まれて非表示になっているセルを除き、表示されているセルだけを対象とするには、RangeオブジェクトのSpecialCellsメソッドで引数を「xlCellTypeVisible」に指定して、可視セルを参照します（ワザ105参照）。
- データの件数を求める場合は、1つの列を対象にして、その列の可視セルを数えます。列の1行目が見出しとなる場合は、1を引いた数がデータ件数になります。

関連ワザ 105 空白のセルに0をまとめて入力する………P.154
関連ワザ 365 オートフィルターで抽出する………P.455

ワザ 367 オートフィルターで同じ列に対して複数の条件を設定して抽出する

難易度 ●●○ ｜ 頻出度 ●●○ ｜ 対応Ver. 365 2021 2019 2016

オートフィルターで同じ列に対して複数条件を設定するには、AutoFilterメソッドの引数「Criteria1」と引数「Criteria2」で条件を指定し、引数「Operator」で「xlAnd」または「xlOr」を使用して2つの条件の関係を指定します。ここでは、セルA1を含むアクティブセル領域で「4列目の点数の値が130点以上、かつ150点以下のデータ」を抽出します。同じ列に対して2つの条件の組み合わせ方を確認しましょう。

A1　NO

	A	B	C	D	E	F
1	N	氏名	性別	点数	評価	
6	5	小谷田　美由紀	女	147	B	
7	6	鈴木　稔	男	130	C	
10	9	山本　歩美	女	130	C	
11						

セルA1を含むアクティブセル領域で「4列目の点数の値が130点以上、かつ150点以下のデータ」を抽出する

入力例

367.xlsm

```
Sub 同じ列で複数条件()
    Range("A1").AutoFilter Field:=4, Criteria1:=">=130", _  ←1
                           Operator:=xlAnd, Criteria2:="<=150"
End Sub
```

1 セルA1を含むアクティブセル領域で「4列目の値が130以上、かつ150以下」を抽出条件としてオートフィルターを実行する

ポイント

- 1つの列に対して2つの条件を組み合わせる場合は、AutoFilterメソッドの引数「Criteria1」で1つ目の条件、引数「Criteria2」で2つ目の条件を設定します。2つの条件の関係を引数「Operator」で指定します。
- 引数「Operator」で「xlAnd」は「かつ」を意味し、2つの条件をともに満たすデータを抽出します。例えば、「130以上、150以下」のように、数値の範囲を指定する場合によく使用します。
- 引数「Operator」で「xlOr」は「または」を意味し、2つの条件のうち少なくとも一方を満たすデータを抽出します。例えば、評価が「AまたはB」といった場合によく使用します。
- Array関数を使ってOr条件の設定が可能です。例えば、「AまたはB」は「Criteria1:=Array("A","B")」と記述できます。Array関数を使用すれば、3つ以上の条件も設定できます。例えば、「Range("A1").AutoFilter Field:=5, Criteria1:=Array("A","B","C"), Operator:=xlFilterValues」のように記述できます。

関連ワザ 365 オートフィルターで抽出する………P.455
関連ワザ 368 オートフィルターで異なる列に対して複数の条件を設定して抽出する………P.458

ワザ368 オートフィルターで異なる列に対して複数の条件を設定して抽出する

難易度 ●●○　頻出度 ●●○　対応Ver. 365 2021 2019 2016

オートフィルターで異なる列に対して複数条件を設定する場合は、AutoFilterメソッドを別々に実行します。ここでは、「3列目の［性別］が「男」で、4列目の［点数］が180点以上」のデータを抽出します。オートフィルターが実行され、データが抽出されている状態で別のオートフィルターを実行すると、現在の抽出状態に対して抽出が実行されるので、And条件での抽出になります。

A1　NO

	A	B	C	D	E	F
1	NO	氏名	性別	点数	評価	
4	3	太田　新造	男	180	A	
9	8	横山　小観	男	191	A	
11						

オートフィルターを設定して［性別］が「男」で、［得点］が180点以上のデータを抽出する

入力例　368.xlsm

```
Sub 異なる列で複数条件設定()
    Range("A1").AutoFilter Field:=3, Criteria1:="男" ←1
    Range("A1").AutoFilter Field:=4, Criteria1:=">=180" ←2
End Sub
```

1セルA1を含むアクティブセル領域で、［性別］列（3列目）が「男」のデータを抽出条件としてオートフィルターを実行する　2セルA1を含むアクティブセル領域で、［点数］列（4列目）が180以上のデータを抽出条件としてオートフィルターを実行する

ポイント

- 異なる列で複数の条件を設定したい場合は、AutoFilterメソッドを別々に指定します。この場合は、先にオートフィルターで抽出されている状態に対し、AutoFilterメソッドでさらに抽出することになります。そのため、それぞれで実行する条件をすべて満たすものが抽出されることになり、And条件となります。
- 異なる列でOr条件を指定したい場合は、AutoFilterメソッドではなくAdvancedFilterメソッドを使う方法があります（ワザ372参照）。

関連ワザ 365 オートフィルターで抽出する………P.455
関連ワザ 372 ワークシート上の抽出条件を使用してデータを抽出する………P.462

ワザ 369 平均値より上のデータを抽出する

難易度 ●●○　頻出度 ●●○　対応Ver. 365 2021 2019 2016

オートフィルターの機能で平均値より上のデータを抽出するには、AutoFilterメソッドの引数「Criteria1」を「xlFilterAboveAverage」、引数「Operator」を「xlFilterDynamic」に指定します。ここでは、セルA1を含む表で点数が平均値より上のデータを抽出しています。この方法を使うと平均値を求める必要はなく、平均値に変更があっても常に平均値より上のデータを抽出できます。

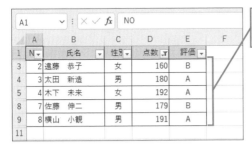

A1　NO

	A	B	C	D	E
1	NO	氏名	性別	点数	評価
3	2	遠藤　恭子	女	160	B
4	3	太田　新造	男	180	A
5	4	木下　未来	女	192	A
8	7	佐藤　伸二	男	179	B
9	8	横山　小観	男	191	A
11					

オートフィルターの機能で「[点数]列の値が平均値より上」のデータを抽出する

入力例　369.xlsm

```
Sub 平均値より上のデータを抽出する()
    Range("A1").AutoFilter Field:=4, Criteria1:=xlFilterAboveAverage, _   ←1
        Operator:=xlFilterDynamic
End Sub
```

1 セルA1を含むアクティブセル領域で、4列目の値が平均値以上であることを抽出条件として、オートフィルターを実行する

ポイント

- 指定した列の値の平均値より上のデータを抽出する場合に、AutoFilterメソッドで引数「Criteria1」を「xlFilterAboveAverage」に、引数「Operator」を「xlFilterDynamic」に指定します。

関連ワザ 365 オートフィルターで抽出する………P.455
関連ワザ 370 上位○位のデータを抽出する………P.460

ワザ 370 上位○位のデータを抽出する

難易度 ●●○ | 頻出度 ●●○ | 対応Ver. 365 2021 2019 2016

オートフィルター機能で上位○位のデータを抽出するには、AutoFilterメソッドの引数「Operator」を「xlTop10Items」に指定し、引数「Criteria1」で「"3"」のように、何位までを抽出するのか数字を文字列で指定します。ここでは、セルA1を含む表で点数が上位3位のデータを抽出しています。

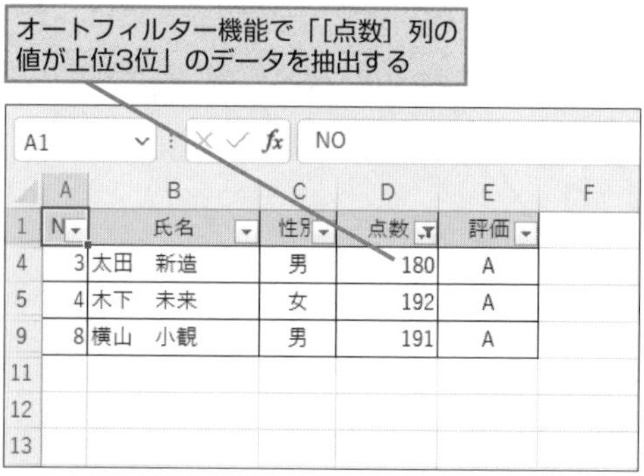

オートフィルター機能で「[点数] 列の値が上位3位」のデータを抽出する

A1 NO

	A	B	C	D	E	F
1	NO	氏名	性別	点数	評価	
4	3	太田　新造	男	180	A	
5	4	木下　未来	女	192	A	
9	8	横山　小観	男	191	A	
11						
12						
13						

入力例　370.xlsm

```
Sub 上位3位のデータを抽出する()
    Range("A1").AutoFilter Field:=4, Criteria1:="3", _  ←1
        Operator:=xlTop10Items
End Sub
```

1 セルA1を含むアクティブセル領域で、4列目の値が上位3位までを抽出条件として、オートフィルターを実行する。

ポイント

- 指定した列の値が上位3位以上のデータを抽出する場合は、AutoFilterメソッドで引数「Criteria1」に「"3"」のように何位まで表示するか文字列で数字を指定し、引数「Operator」を「xlTop10Items」に指定します。
- 下位3位以下のように、下位のデータを抽出するには、引数「Operator」を「xlBottom10Items」に指定します。

関連ワザ 365 オートフィルターで抽出する………P.455
関連ワザ 369 平均値より上のデータを抽出する………P.459

ワザ 371 セルの色が黄色のデータを抽出する

難易度 ●●○　頻出度 ●●○　対応Ver. 365 2021 2019 2016

オートフィルターの機能でセルの色によってデータを抽出するには、AutoFilterメソッドで引数「Criteria1」で色を指定し、引数「Operator」に「xlFilterCellColor」を指定します。ここでは、セルA1を含む表で［点数］列のセルの背景色が黄色のデータの抽出と、塗りつぶしなしのデータの抽出をしています。セルが色分けされている場合に、色を基準にデータを絞り込んで表示したいときに役立ちます。

［点数］列のセルの背景色が黄色のデータを抽出する

A1　NO

	A	B	C	D	E
1	NO	氏名	性別	点数	
2	1	磯崎　信吾	男	120	
3	6	鈴木　稔	男	130	
4	9	山本　歩美	女	130	
11					

［点数］列のセルの背景色がないデータを抽出する

A1　NO

	A	B	C	D	E
1	NO	氏名	性別	点数	
4	3	太田　新造	男	180	
5	4	木下　未来	女	192	
9	8	横山　小観	男	191	
11					

入力例　371.xlsm

```
Sub セルの色が黄色のデータを抽出する()
    Range("A1").AutoFilter Field:=4, Criteria1:=RGB(255, 255, 0), _   ←1
        Operator:=xlFilterCellColor
End Sub
```

1 セルA1を含むアクティブセル領域で、［点数］列（4列目）についてセルが黄色であることを条件としてオートフィルターを実行する

入力例  371.xlsm

```
Sub 塗りつぶしなしのデータを抽出する()
    Range("A1").AutoFilter Field:=4, Operator:=xlFilterNoFill   ←1
End Sub
```

1 セルA1を含むアクティブセル領域で［点数］列（4列目）についてセルが塗りつぶしなしであることを条件としてオートフィルターを実行する

ポイント

- AutoFilterメソッドで色を基準に並べ替えたい場合は、引数「Criteria1」で色をRGB値で指定し、引数「Operator」で「xlFilterCellColor」として対象をセルの色に指定します。
- 対象をセルの色ではなく文字の色にしたい場合は、引数「Operator」で「xlFilterFontColor」に指定します。
- 塗りつぶしなしのデータを抽出したい場合は、引数「Criteria1」は省略し、引数「Operator」で「xlFilterNoFill」を指定します。

関連ワザ 365 オートフィルターで抽出する………P.455
関連ワザ 389 テーブルに抽出、並べ替え、集計を設定する………P.479

ワザ372 ワークシート上の抽出条件を使用してデータを抽出する

難易度 ●●○　頻出度 ●●○　対応Ver. 365 2021 2019 2016

ワークシート上の抽出条件を使用してデータを抽出するには、Excelのフィルターオプションの機能を使います。VBAでフィルターオプションの機能を使用するには、RangeオブジェクトのAdvancedFilterメソッドを使います。ここでは、セルA5を含む表を「抽出元範囲」、セルA1を含む表を「条件範囲」、抽出先を「抽出元範囲内」としてフィルターオプションの設定を使用し、抽出を実行します。

A1　NO

	A	B	C	D	E	F
1	NO	氏名	性別	点数	評価	
2			女			
3				>=180		
4						
5	NO	氏名	性別	点数	評価	
7	2	遠藤　恭子	女	160	B	
8	3	太田　新造	男	180	A	
9	4	木下　未来	女	192	A	

セルA1を含む表を「条件範囲」として[性別]が「女」か[合計点]が「180点以上」という条件を設定する

セルA5を含む表を「抽出元範囲」、抽出先を「抽出元範囲内」としてデータを抽出する

入力例

372.xlsm

```
Sub フィルターオプションの設定で抽出()
    Range("A5").CurrentRegion.AdvancedFilter Action:=xlFilterInPlace, _  ←1
        CriteriaRange:=Range("A1").CurrentRegion
End Sub
```

1「抽出元範囲」をセルA5を含むアクティブセル領域、「条件範囲」をセルA1を含むアクティブセル領域、抽出先を「抽出元範囲内」として抽出を実行する

ポイント

構文 `Rangeオブジェクト.AdvancedFilter(Action,CriteriaRange,CopyToRange,Unique)`

- フィルターオプションの設定を実行するには、RangeオブジェクトのAdvancedFilterメソッドを使用して、記述します。Rangeオブジェクトには抽出元範囲を指定します。単一セルを指定した場合は、そのセルを含むアクティブセル領域が対象となります。
- 引数「Action」で抽出先を指定します。「xlFilterInPlace」にすると抽出元範囲の表を折り畳んで表示し、「xlFilterCopyToRange」にすると引数「CopyToRange」で指定したセル範囲にコピーします。
- 引数「CriteriaRange」ではワークシート上に作成した抽出条件範囲を指定します。
- 引数「Unique」を「True」にすると重複データは抽出されず、「False」または省略すると重複データも抽出されます(ワザ374参照)。
- ワークシート上に抽出条件を作成する場合、抽出元範囲と同じ項目名を使い、And条件のときは同一行、Or条件のときは異なる行に条件式を設定します。抽出条件を指定するときに空白行を含めてしまうと、すべてのデータが表示されてしまいます。

関連ワザ 365 オートフィルターで抽出する………P.455
関連ワザ 597 Word上のキーワードでExcelからデータを抽出してWordに貼り付ける………P.733

ワザ 373 抽出した結果を別のワークシートに書き出す

難易度 ●●○　頻出度 ●●○　対応Ver. 365 2021 2019 2016

フィルターオプションの設定で、抽出した結果を別のワークシートに書き出すには、AdvancedFilterメソッドの引数「Action」を「xlFilterCopy」にし、引数「CopyToRange」にコピー先となるセル範囲を指定しましょう。ここでは、[データ] シートのセルA4を含む表を抽出元とし、条件範囲のセルC2に「女」「男」を順番に指定して抽出を実行し、結果を [女] シート、[男] シートにそれぞれコピーします。

セルA4を含む表を「抽出元範囲」、セルA1を含む表を「条件範囲」、抽出先を「指定した範囲」としてデータを抽出する

A4　NO

	A	B	C	D	E	F
1	NO	氏名	性別	点数	評価	
2						
3						
4	NO	氏名	性別	点数	評価	
5	1	磯崎　信吾	男	120	C	
6	2	遠藤　恭子	女	160	B	
7	3	太田　新造	男	180	A	
8	4	木下　未来	女	192	A	
9	5	小谷田　美由紀	女	147	B	
10	6	鈴木　稔	男	130	C	
11	7	佐藤　伸二	男	179	B	
12	8	横山　小親	男	191	A	
13	9	山本　歩美	女	130	C	
14						

→

セルC2に「女」「男」の条件を順に指定し、フィルターオプションの設定の機能を使って、抽出結果をそれぞれワークシートにコピーする

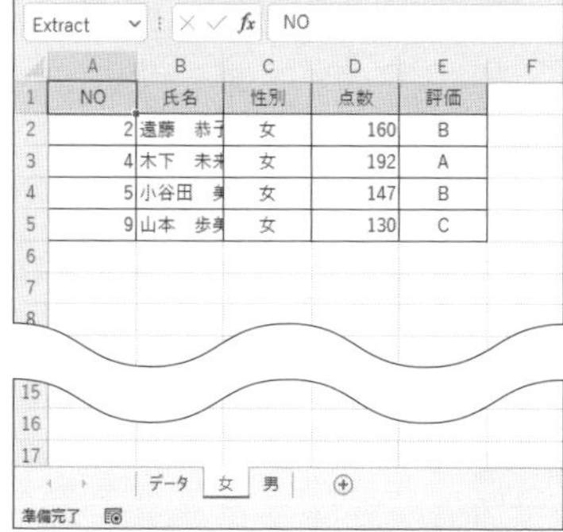

入力例　373.xlsm

```
Sub 男女別に抽出した結果を別シートに書き出す()
    Dim myCriteria As Variant, c As Variant
    Worksheets("データ").Activate
    myCriteria = Array("女", "男")  ←1
    For Each c In myCriteria  ←2
        Range("C2").Value = c  ←3
        Range("A4").CurrentRegion.AdvancedFilter Action:=xlFilterCopy, _  ←4
            CriteriaRange:=Range("A1").CurrentRegion, _
            CopyToRange:=Worksheets(c).Range("A1")
    Next
End Sub
```

1変数「myCriteria」に「女」「男」を要素に持つ配列を格納する　2変数「myCriteria」に格納された配列の要素を1つずつ変数「c」に格納しながら次の処理を実行する　3セルC2に変数「c」の値を入力する。これが抽出条件となる　4セルA4を含むアクティブセル領域を抽出範囲とし、セルA1を含むアクティブセル領域を条件範囲として抽出した結果を、変数「c」と同じ名前のシートのセルA1を左上端にしてコピーする

ポイント

- フィルターオプションの設定で、抽出した結果を別の場所にコピーしたい場合は、RangeオブジェクトのAdvancedFilterメソッドで、引数「Action」に「xlFilterCopy」にし、引数「CopyToRange」に貼り付け先のセル範囲を指定します。単一セルを指定した場合は、そのセルを左上端にしてコピーされます。

ワザ 374 重複行を非表示にする

難易度 ●●○ | 頻出度 ●●○ | 対応Ver. 365 2021 2019 2016

表の中で重複行を一時的に非表示にするには、AdvancedFilterメソッドで引数「Unique」を「True」に設定します。ここでは、セルA1を含む表の中で［氏名］と［メールアドレス］が同じ値を持つ行を重複行とし、非表示にします。多くデータの中から、重複する商品名や顧客名などを除いた数を調べたいときなどに使うといいでしょう。

［氏名］と［メールアドレス］が同じ行を重複行として、非表示にする

	A	B	C	D	E
1	NO	氏名	メールアドレス	予約希望日	
2	1	磯崎　信吾	shinozakixx@xxx.xx	8月24日	
3	2	遠藤　恭子	endoxxx@xx.xx	9月5日	
4	3	太田　新造	oota@xx.xx.xx	9月24日	
5	4	木下　未来	mkinoxxx@xxx.xx	9月30日	
6	5	小谷田　美由紀	koyataxxx@xx.xx	10月9日	
7	6	遠藤　恭子	endoxxx@xx.xx	10月15日	
8	7	佐藤　伸二	satoxxx@xxx.xx	11月5日	
9	8	横山　小観	yokoyaxxx@xx.xxx	11月23日	
10	9	木下　未来	mkinoxxx@xxx.xx	12月9日	
11					

→

	A	B	C	D	E
1	NO	氏名	メールアドレス	予約希望日	
2	1	磯崎　信吾	shinozakixx@xxx.xx	8月24日	
3	2	遠藤　恭子	endoxxx@xx.xx	9月5日	
4	3	太田　新造	oota@xx.xx.xx	9月24日	
5	4	木下　未来	mkinoxxx@xxx.xx	9月30日	
6	5	小谷田　美由紀	koyataxxx@xx.xx	10月9日	
8	7	佐藤　伸二	satoxxx@xxx.xx	11月5日	
9	8	横山　小観	yokoyaxxx@xx.xxx	11月23日	
11					
12					
13					

入力例

374.xlsm

```
Sub 重複データの非表示()
    Range("A1").CurrentRegion.Columns("B:C").AdvancedFilter _   ←1
        Action:=xlFilterInPlace, Unique:=True
End Sub
```

1 セルA1を含むアクティブセル領域のB ～ C列を抽出元範囲とし、重複行を非表示にして、抽出元範囲である表を折り畳んで抽出を実行する

ポイント

- 重複行を非表示にするには、AdvancedFilterメソッドを使い、引数「Unique」を「True」にします。
- 重複行を非表示にする場合は、抽出元範囲となるRangeオブジェクトに、重複データと見なす列の部分を指定します。すべての列の値が同じ場合に重複と見なすのであれば、列の指定は不要です。また、検索条件範囲を指定する引数「CriteriaRange」を指定する必要はありません。

関連ワザ 142 行列の表示と非表示を切り替える………P.192
関連ワザ 220 ワークシートの表示と非表示を切り替える………P.278

ワザ 375 フィルターモードを解除してすべてのデータを表示する

難易度 ●●○ | 頻出度 ●●○ | 対応Ver. 365 2021 2019 2016

抽出が実行されている状態（フィルターモード）を解除してすべてのデータを表示するには、Worksheetオブジェクトの ShowAllDataメソッドを使います。ここでは、アクティブシートで抽出が実行されているときに、フィルターモードを解除します。AdvancedFilterメソッドやAutoFilterメソッドによって抽出が実行され、表が折り畳まれて非表示になっているデータを再表示する場合に使います。

A1 NO

	A	B	C	D	E	F
1	NO	氏名	性別	点数	評価	
2			女	>=150		
3						
4						
5	NO	氏名	性別	点数	評価	
7	2	遠藤　恭子	女	160	B	
9	4	木下　未来	女	192	A	
15						
16						
17						

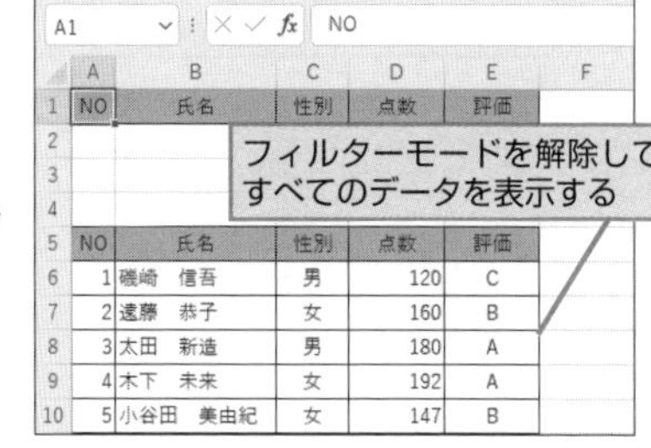

	A	B	C	D	E	F
1	NO	氏名	性別	点数	評価	
2						
3						
4						
5	NO	氏名	性別	点数	評価	
6	1	磯崎　信吾	男	120	C	
7	2	遠藤　恭子	女	160	B	
8	3	太田　新造	男	180	A	
9	4	木下　未来	女	192	A	
10	5	小谷田　美由紀	女	147	B	

入力例

375.xlsm

```
Sub フィルター解除()
    If ActiveSheet.FilterMode Then  ←1
        ActiveSheet.ShowAllData  ←2
    End If
End Sub
```

1アクティブシートが抽出を実行している状態であれば次を実行する　2アクティブシートでフィルターモードを解除し、非表示となっているデータをすべて表示する

ポイント

構文 **Worksheetオブジェクト.FilterMode**

- オートフィルターまたはフィルターオプションの設定により、抽出が実行されたフィルターモードの状態かどうかを確認するには、WorksheetオブジェクトのFilterModeプロパティを使います。値が「True」のときはフィルターモード、「False」のときはフィルターモードが解除されている状態になります。

構文 **Worksheetオブジェクト.ShowAllData**

- フィルターモードで表が折り畳まれているときに、フィルターモードを解除してすべてのデータを表示するには、WorksheetオブジェクトのShowAllDataメソッドを使います。
- ShowAllDataメソッドは、フィルターモードが解除されているときに実行するとエラーになるため、入力例では、Ifステートメントを使ってフィルターモードのときだけ実行されるようにしています。
- ShowAllDataメソッドは、オートフィルターの場合はすべてのデータが表示されるのみで、フィールド名に表示される下向き矢印のボタンは非表示にはなりません。オートフィルターを解除して下向き矢印のボタンを非表示にするには、引数なしでAutoFilterメソッドを実行します。

関連ワザ 372 ワークシート上の抽出条件を使用してデータを抽出する………P.462

ワザ 376 アウトラインを作成しグループ化する

難易度 ●●○　頻出度 ●○○　対応Ver. 365 2021 2019 2016

表にアウトラインを作成してグループ化するには、RangeオブジェクトのGroupメソッドを使います。ここでは、ワークシートの2～4行目、6～8行目、10～12行目とB～E列にアウトラインを作成しています。ユーザーが自分で表の展開や折り畳みができるようにしておきたい場合に、アウトラインを作成するといいでしょう。

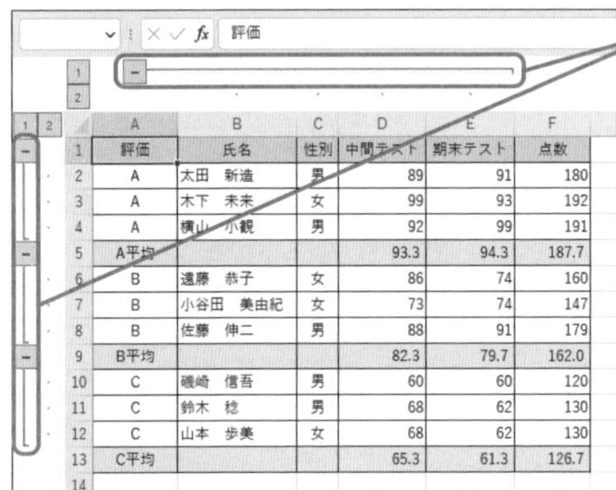

	A	B	C	D	E	F
1	評価	氏名	性別	中間テスト	期末テスト	点数
2	A	太田　新造	男	89	91	180
3	A	木下　未来	女	99	93	192
4	A	横山　小観	男	92	99	191
5	A平均			93.3	94.3	187.7
6	B	遠藤　恭子	女	86	74	160
7	B	小谷田　美由紀	女	73	74	147
8	B	佐藤　伸二	男	88	91	179
9	B平均			82.3	79.7	162.0
10	C	磯崎　信吾	男	60	60	120
11	C	鈴木　稔	男	68	62	130
12	C	山本　歩美	女	68	62	130
13	C平均			65.3	61.3	126.7
14						

2～4行目、6～8行目、10～12行目とB～E列にアウトラインを作成する

入力例

376.xlsm

```
Sub アウトラインの設定()
    Rows("2:4").Group
    Rows("6:8").Group       ─1
    Rows("10:12").Group
    Columns("B:E").Group  ←2
End Sub
```

1 2～4行目、6～8行目、10～12行目にそれぞれアウトラインを作成する。ここではRowsプロパティを使用して行範囲を指定する　2 B～E列にアウトラインを作成する。Columnsプロパティを使用して列範囲を指定する

ポイント

構文　Rangeオブジェクト.Group

- ワークシートの任意の範囲にアウトラインを作成するには、RangeオブジェクトのGroupメソッドを使用します。アウトラインは行単位や列単位で作成するので、RangeオブジェクトにはRowsプロパティ、Columnsプロパティを使って行や列を参照します。
- グループを解除する場合は、RangeオブジェクトのUngroupメソッドを使用します。例えば、B～E列のアウトラインを削除する場合は、「Columns("B:E").Ungroup」のように記述します。ただし、Ungroupメソッドは、指定した範囲にアウトラインが作成されていない場合はエラーになります。

関連ワザ 377 アウトラインの折り畳みと展開を行う………P.467
関連ワザ 378 アウトラインを自動作成する………P.468

ワザ 377 アウトラインの折り畳みと展開を行う

難易度 ●●○ ｜ 頻出度 ●○○ ｜ 対応Ver. 365 2021 2019 2016

アウトラインを作成すると、ワークシートにOutlineオブジェクトが作成されます。アウトラインの折り畳みや展開は、OutlineオブジェクトのShowLevelsメソッドを使用します。ここでは、アクティブシートの［行レベル］を「2」、［列レベル］を「1」にしています。レベルが小さい方が折り畳み、大きい方が展開になります。

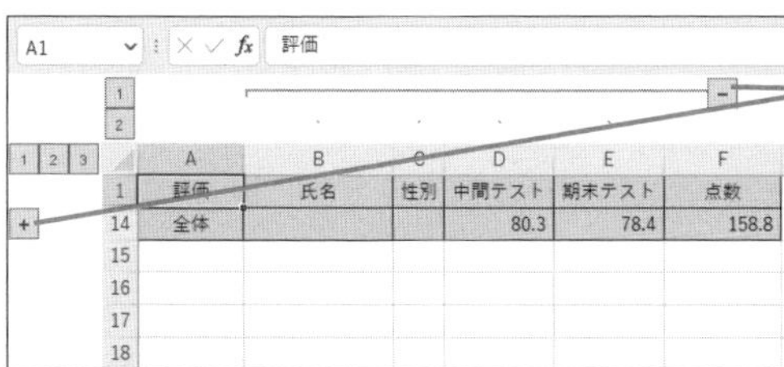

［行レベル］と［列レベル］を指定してアウトラインの折り畳みと展開を行う

ここでは［行レベル］を「2」に設定して展開し、［列レベル］を「1」に設定して折り畳む

入力例

377.xlsm

```
Sub アウトラインの折り畳みと展開()
    ActiveSheet.Outline.ShowLevels RowLevels:=2, ColumnLevels:=1 ←1
End Sub
```

1 アクティブシートのアウトライン、［行レベル］を「2」、［列レベル］を「1」にする

ポイント

構文　`Worksheetオブジェクト.Outline.Showlevels(RowLevels, ColumnLevels)`

- アクティブシートにあるアウトラインの表示レベルを変更するには、OutLineオブジェクトのShowLevelsメソッドを使って上のように記述します。引数「RowLevels」には［行レベル］、引数「ColumnLevels」には［列レベル］を数値で指定します。
- 引数「RowLevels」と引数「ColumnLevels」は、どちらか一方は必ず指定します。どちらかの引数を省略または「0」にすると、その行または列に関して変化はありません。また、実際にアウトラインが設定されているレベル数よりも指定した数が大きい場合はすべて展開され、エラーにはなりません。

関連ワザ 376 アウトラインを作成しグループ化する………P.466
関連ワザ 378 アウトラインを自動作成する………P.468

ワザ 378 アウトラインを自動作成する

| 難易度 ●●○ | 頻出度 ●●○ | 対応Ver. 365 2021 2019 2016 |

表の内容に合わせてワークシートにアウトラインを自動作成するには、RangeオブジェクトのAutoOutlineメソッドを使用します。ここでは、アクティブシートに対してアウトラインを自動作成しています。合計などの数式が設定されている表で、数式の列や行を基準にして自動的にアウトラインを作成したい場合に便利です。

アクティブシートに対してアウトラインを自動作成する

A1　評価

	A	B	C	D	E	F
1	評価	氏名	性別	中間テスト	期末テスト	点数
2	A	太田　新造	男	89	91	180
3	A	木下　未来	女	99	93	192
4	A	横山　小観	男	92	99	191
5	A平均			93.3	94.3	187.7
6	B	遠藤　恭子	女	86	74	160
7	B	小谷田　美由紀	女	73	74	147
8	B	佐藤　伸二	男	88	91	179
9	B平均			82.3	79.7	162.0
10	C	磯崎　信吾	男	60	60	120
11	C	鈴木　稔	男	68	62	130
12	C	山本　歩美	女	68	62	130
13	C平均			65.3	61.3	126.7
14						

入力例

378.xlsm

```
Sub アウトラインの自動作成()
    Range("A1").AutoOutline ←1
End Sub
```

1 アクティブシートにアウトラインを自動作成する

ポイント

構文　`Rangeオブジェクト.AutoOutline`

- アクティブシートにアウトラインを自動作成するには、RangeオブジェクトのAutoOutlineメソッドを使います。Rangeオブジェクトに単一のセルを指定した場合は、ワークシート全体を対象にアウトラインを作成します。
- 合計や平均のような数式が設定された行や列が存在しない場合はエラーになります。
- アウトラインは、折り畳んだときに数式が設定された列や行が表示されるように作成されます。

構文　`Rangeオブジェクト.ClearOutline`

- アウトラインを自動で解除する場合は、RangeオブジェクトのClearOutlineメソッドを使います。

関連ワザ 376 アウトラインを作成しグループ化する………P.466
関連ワザ 377 アウトラインの折り畳みと展開を行う………P.467

ワザ 379 表をグループ化して集計を実行する

| 難易度 ●●○ | 頻出度 ●○○ | 対応Ver. 365 2021 2019 2016 |

表をグループ化して集計を実行するには、Subtotalメソッドを使用します。Subtotalメソッドを実行する前に、グループ化してまとめたい列であらかじめ並べ替えを実行しておきましょう。ここでは、C列（[性別]列）を昇順で並べ替えた後で、[中間テスト] [期末テスト] [点数] のそれぞれの平均で集計しています。集計行の挿入や数式の設定が自動で行われるので、集計を求めたいときに便利です。

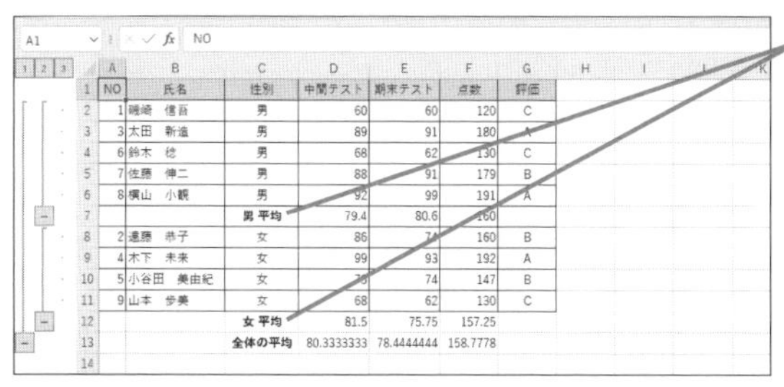

[性別] 列を並べ替えて、[中間テスト] [期末テスト] [点数] の平均値を男女別で集計する

入力例

379.xlsm

```
Sub 男女別に集計を実行する()
    Range("A1").Sort Key1:=Range("C1"), Order1:=xlAscending, Header:=xlYes  ←1
    Range("A1").Subtotal GroupBy:=3, Function:=xlAverage, _  ←2
        TotalList:=Array(4, 5, 6), Replace:=True, PageBreaks:=False
End Sub
```

1 セルA1を含むアクティブセル領域について、C列（[性別] 列）を昇順で並べ替える　2 セルA1を含むアクティブセル領域について、3列目（[性別] 列）をグループの基準とし、集計方法を「平均値」にして4、5、6列目のデータを集計し、既存の集計があったら置き換える設定にして集計を実行する

ポイント

構文
```
Rangeオブジェクト.Subtotal(GroupBy, Function,
TotalList, Replace, PageBreaks, SummaryBelowData)
```

- 表をグループ化して集計を実行するには、RangeオブジェクトのSubtotalメソッドを使って上のように記述します。引数「GroupBy」「Function」「TotalList」以外は省略可能です。
- 引数「GroupBy」で、グループ化の基準となる列を整数で指定します。引数「Function」で、集計方法をXlConsolidationFunction列挙型の定数で指定します。例えば、合計は「xlSum」、平均値は「xlAverage」、最大値は「xlMax」となります。
- 引数「TotalList」では、集計結果を表示する列を配列で指定します。そのため、Array関数を使って、集計する列番号を数字で指定します。
- 引数「Replace」は、既存の集計と置き換える場合は「True」（既定値）、置き換えない場合は「False」を指定します。引数「PageBreaks」は、グループごとに改ページする場合は「True」、改ページしない場合は「False」（既定値）を指定します。
- 引数「SummaryBelowData」で「xlSummaryAbove」にすると集計行を詳細行の上位置に表示し、「xlSummaryBelow」にすると下位置に表示します。
- Subtotalメソッドの前に必ずグループ化の基準となる列で並べ替えを実行してください。

ワザ 380 集計を解除する

難易度 ●●○ ｜ 頻出度 ●○○ ｜ 対応Ver. 365 2021 2019 2016

Subtotalメソッドによって作成された集計表を解除し、元の表に戻すには、RangeオブジェクトのRemoveSubtotalメソッドを使用します。RemoveSubtotalメソッドは、挿入した集計行やアウトラインを削除するだけなので、並べ順を元に戻すには、[NO] 列などを基準に並べ替えます。ここでは、集計が実行されている表で集計を解除して、[NO] 列を昇順に並べ替えて最初の状態に戻しています。

集計を解除し、1行目を見出し行として[NO] 列を昇順に並べ替える

A1　NO

	A	B	C	D
1	NO	氏名	性別	中間テスト
2	1	磯崎　信吾	男	60
3	3	太田　新造	男	89
4	6	鈴木　稔	男	68
5	7	佐藤　伸二	男	88
6	8	横山　小観	男	92
7			男 平均	79.4
8	2	遠藤　恭子	女	86
9	4	木下　未来	女	99
10	5	小谷田　美由紀	女	73
11	9	山本　歩美	女	68
12			女 平均	81.5
13			全体の平均	80.33333333
14				

→

A1　NO

	A	B	C	D
1	NO	氏名	性別	中間テスト
2	1	磯崎　信吾	男	60
3	2	遠藤　恭子	女	86
4	3	太田　新造	男	89
5	4	木下　未来	女	99
6	5	小谷田　美由紀	女	73
7	6	鈴木　稔	男	68
8	7	佐藤　伸二	男	88
9	8	横山　小観	男	92
10	9	山本　歩美	女	68
11				
12				
13				
14				

入力例

380.xlsm

```
Sub 集計の解除()
    Range("A1").RemoveSubtotal ←1
    Range("A1").Sort Key1:=Range("A1"), Order1:=xlAscending, Header:=xlYes ←2
End Sub
```

1 セルA1を含むアクティブセル領域にある集計を解除する　2 セルA1を含むアクティブセル領域で、1行目を見出し行としてセルA1の列を基準に昇順で並べ替える

ポイント

構文　Rangeオブジェクト.RemoveSubtotal

- 集計を解除するには、RangeオブジェクトのRemoveSubtotalメソッドを使用して上のように記述します。
- 並び順を最初の状態に戻すには、[NO] 列のように基準となる列で並べ替えを行います。並べ替えを行うには、Sortメソッド以外にSortオブジェクトを使うこともできます(ワザ359参照)。

関連ワザ 359 データを並べ替える（Sortオブジェクト）………P.449
関連ワザ 379 表をグループ化して集計を実行する………P.469

ワザ 381 ピボットテーブルを作成する

難易度 ●●○ | 頻出度 ●○○ | 対応Ver. 365 2021 2019 2016

ピボットテーブルは、ピボットテーブルのキャッシュメモリ（PivotCacheオブジェクト）を作成し、キャッシュメモリからピボットテーブルを作成して、ピボットテーブルにフィールドを配置するという流れで作成します。ここでは、セルA1を含むアクティブセル領域のデータから、同じワークシートのセルH1を開始位置とし、行を［商品］、列を［店舗］、値を［金額］とするピボットテーブルを作成します。

入力例　381.xlsm

```
Sub ピボットテーブルの作成()
    Dim pvCache As PivotCache, pvTable As PivotTable
    Set pvCache = ActiveWorkbook.PivotCaches.Create _  ←1
            (SourceType:=xlDatabase, SourceData:=Range("A1").CurrentRegion)
    Set pvTable = pvCache.CreatePivotTable _  ←2
            (TableDestination:=Range("H1"), TableName:="Pivot01")
    With pvTable  ←3
        .PivotFields("商品").Orientation = xlRowField
        .PivotFields("店舗").Orientation = xlColumnField
        .AddDataField Field:=pvTable.PivotFields("金額"), _
                      Caption:="合計金額", Function:=xlSum
        .PivotFields("合計金額").NumberFormat = "#,##0"
    End With
End Sub
```

1セルA1を含むアクティブセル領域を元データとするピボットキャッシュを作成し、変数「pvCache」に代入する　2変数「pvCache」に代入されたピボットキャッシュを元に、セルH1を開始位置とした「Pivot01」という名前のピボットテーブルを作成し、変数「pvTable」に代入する　3ピボットテーブル［pvTable］に対して、［商品］フィールドを行、［店舗］フィールドを列、［金額］フィールドを値に設定し、タイトルを「合計金額」、演算方法を［合計］とし、表示形式を［#,##0］に設定する

ポイント

構文　`Workbookオブジェクト.PivotCaches.Create(SourceType, SourceData)`

- PivotCacheオブジェクトは、PivotCachesコレクションのCreateメソッドを使って記述します。
- 引数「SourceType」で「xlDatabase」にするとExcelの表（リスト）を対象にし、引数「SourceData」では作成元となるセル範囲をRangeオブジェクトで指定します。

構文　`PivotCacheオブジェクト.CreatePivotTable(TableDestination, TableName)`

- CreatePivotTableメソッドは、PivotCacheオブジェクトを元にピボットテーブルを作成します。引数「TableDestination」はピボットテーブルの開始位置（左上端のセル）、引数「TableName」はピボットテーブルの名前を指定します。引数「TableName」は省略可能です。
- ピボットテーブルにフィールドを追加するには、PivotFieldオブジェクトのOrientationプロパティに値を設定します。行フィールドは「xlRowField」、列フィールドは「xlColumnField」を指定します。PivotFieldオブジェクトの取得方法は、ワザ383を参照してください。

構文　`PivotTableオブジェクト.AddDataField(Field, Caption, Function)`

- 集計用のデータフィールドを追加する場合は、PivotTableオブジェクトのAddDataFieldメソッドを使って追加します。引数「Field」でデータフィールドに設定するフィールドを指定し、引数「Caption」でタイトル、引数「Function」で集計方法を指定します。合計ならば「xlSum」にします。

ワザ 382 ピボットテーブルが作成済みの場合はテーブルを更新する

難易度 ●●● | 頻出度 ●○○ | 対応Ver. 365 2021 2019 2016

ピボットテーブルが作成されている状態で、ワザ381のピボットテーブル作成のマクロを実行するとエラーになってしまいます。ここでは、エラーを回避するためにピボットテーブルを作成する処理の前に、アクティブシートにピボットテーブルが1つ作成されている場合は、ピボットテーブルを更新し処理を終了させるコードを追加しています。ピボットテーブルを更新するには、PivotCacheオブジェクトのRefreshメソッドを使います。

入力例

 382.xlsm

```
Sub ピボットテーブルの作成2()
    Dim pvCache As PivotCache, pvTable As PivotTable
    If ActiveSheet.PivotTables.Count = 1 Then ←1
        ActiveSheet.PivotTables(1).PivotCache.Refresh ←2
        Exit Sub
    End If
    Set pvCache = ActiveWorkbook.PivotCaches.Create _ ←3
            (SourceType:=xlDatabase, SourceData:=Range("A1").CurrentRegion)
    Set pvTable = pvCache.CreatePivotTable _
            (TableDestination:=Range("H1"), TableName:="Pivot01")
    With pvTable
        .PivotFields("商品").Orientation = xlRowField
        .PivotFields("店舗").Orientation = xlColumnField
        With .PivotFields("金額") ←4
            .Orientation = xlDataField
            .Function = xlSum
            .Caption = "合計金額"
            .NumberFormat = "#,##0"
        End With
    End With
End Sub
```

1 アクティブシートのピボットテーブルの数が1つの場合は、次の処理を実行する 2 アクティブシートの1つ目のピボットテーブルを更新する 3 セルA1を含むアクティブセル領域を元データとするピボットテーブルキャッシュを作成し、セルH1を開始位置、「Pivot01」という名前でピボットテーブルを作成して、[商品] フィールドを行フィールド、[店舗] フィールドを列フィールドに追加する 4 [金額] フィールドに対して、値フィールドに追加し、集計方法を合計、フィールド名を「合計金額」、表示形式を「#,##0」の形式に設定する

ポイント

構文 `PivotCacheオブジェクト.Refresh`

- ピボットテーブルを更新するには、PivotCacheオブジェクトのRefreshメソッドを使います。
- Refreshメソッドは、ピボットテーブルが作成されていない場合に実行するとエラーになるため、事前にピボットテーブルが作成されているかどうかを確認する必要があります。
- ワークシート上にピボットテーブルが作成されているかどうかは、PivotTablesコレクションのCountプロパティでピボットテーブルの数を調べることで判定できます。
- ワザ381では、[金額] フィールドを値フィールドとして追加するのに、AddDataFieldメソッドを使用しましたが、ここでは他のフィールドと同様にPivotFieldオブジェクトを使って追加しています。

ワザ 383 ピボットテーブルのフィールドを変更する

難易度 ●●○　頻出度 ●○○　対応Ver. 365 2021 2019 2016

ピボットテーブルのフィールドを変更するには、PivotFieldオブジェクトのOrientationプロパティを使用します。ここでは、既存のピボットテーブル［Pivot01］の［商品］フィールドを削除し、［日付］フィールドを行フィールドに追加します。行や列にフィールドを追加したり削除したりすることで、別の角度からデータを分析できます。

ここでは、［商品］フィールドを削除して［日付］フィールドを追加する

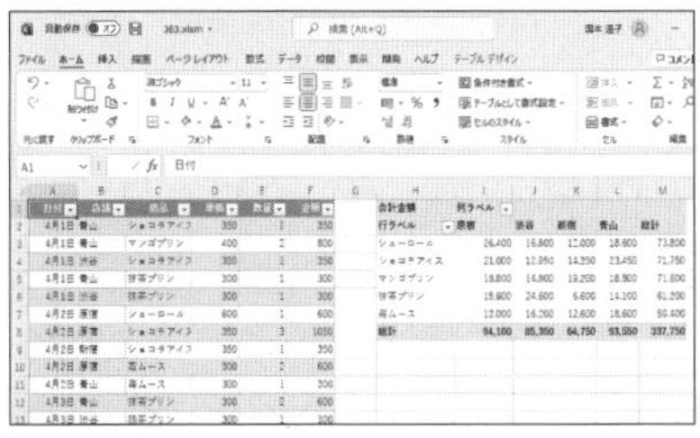

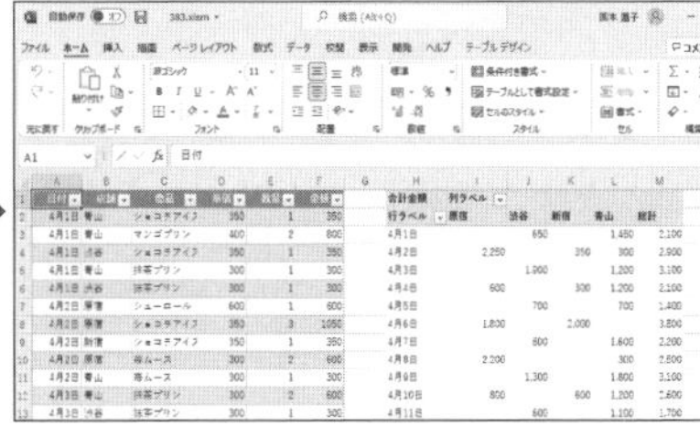

入力例　383.xlsm

```
Sub ピボットテーブルのフィールドの変更()
    With ActiveSheet.PivotTables("Pivot01")
        .PivotFields("商品").Orientation = xlHidden   ←1
        .PivotFields("日付").Orientation = xlRowField ←2
    End With
End Sub
```

1アクティブシートのピボットテーブル「Pivot01」の［商品］フィールドを削除する　2アクティブシートのピボットテーブル「Pivot01」に［日付］フィールドを行に設定する

ポイント

構文 PivotTableオブジェクト.PivotFields(Index)

- ピボットテーブルのフィールドは、PivotFieldオブジェクトを使って参照します。PivotFieldオブジェクトはPivotTableオブジェクトのPivotFieldsメソッドを使って取得します。引数「Index」では、フィールド名またはフィールドのインデックス番号を指定します。

構文 PivotFieldオブジェクト.Orientation

- ピボットテーブルのフィールドを変更するには、PivotFieldオブジェクトのOrientationプロパティを使い、フィールドを配置する場所、削除などを指定します。Orientationプロパティは、値の取得と設定ができます。
- Orientationプロパティの設定値は、「xlHidden」は非表示、「xlRowField」は行フィールド、「xlColumnField」は列フィールド、「xlPageField」はページフィールド、「xlDataField」はデータフィールドです。

関連ワザ 381 ピボットテーブルを作成する………P.471

ワザ 384 ピボットテーブルを月単位でグループ化する

難易度 ●●○ ｜ 頻出度 ●○○ ｜ 対応Ver. 365 2021 2019 2016

ピボットテーブルを月単位でグループ化するには、RangeオブジェクトのGroupメソッドを使用します。ここでは、行フィールドに配置した日付データを月単位でグループ化しています。ピボットテーブルに対してGroupメソッドを使用すると、ピボットテーブル内の行フィールドまたは列フィールドの値が数値の場合は数値の範囲でまとめられ、日付の場合は、月以外に四半期や年単位などでまとめられます。

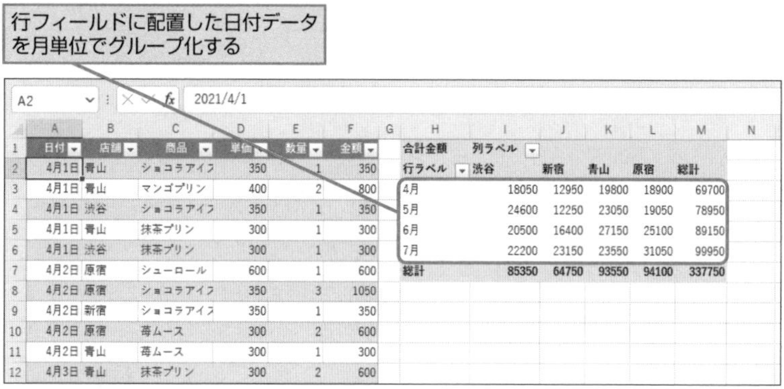

行フィールドに配置した日付データを月単位でグループ化する

A2　2021/4/1

	A	B	C	D	E	F
1	日付	店舗	商品	単価	数量	金額
2	4月1日	青山	ショコラアイス	350	1	350
3	4月1日	青山	マンゴプリン	400	2	800
4	4月1日	渋谷	ショコラアイス	350	1	350
5	4月1日	青山	抹茶プリン	300	1	300
6	4月1日	渋谷	抹茶プリン	300	1	300
7	4月2日	原宿	シューロール	600	1	600
8	4月2日	原宿	ショコラアイス	350	3	1050
9	4月2日	新宿	ショコラアイス	350	1	350
10	4月2日	原宿	苺ムース	300	2	600
11	4月2日	青山	苺ムース	300	1	300
12	4月3日	青山	抹茶プリン	300	2	600

H	I	J	K	L	M
合計金額	列ラベル				
行ラベル	渋谷	新宿	青山	原宿	総計
4月	18050	12950	19800	18900	69700
5月	24600	12250	23050	19050	78950
6月	20500	16400	27150	25100	89150
7月	22200	23150	23550	31050	99950
総計	85350	64750	93550	94100	337750

入力例

384.xlsm

```
Sub ピボットテーブルを月単位でグループ化する()
    Range("H3").Group _
        Periods:=Array(False, False, False, False, True, False, False) ←1
End Sub
```

1 セルH3を含むフィールドを月単位でグループ化する。引数「Periods」でArray関数を使い、5つ目の引数を「True」とすることで月単位でのグループ化を指定する

ポイント

構文 `Rangeオブジェクト.Group(Period)`

- ピボットテーブルのフィールドを月単位でグループ化するには、RangeオブジェクトのGroupメソッドを使用して記述します。Rangeオブジェクトには、グループ化するフィールド内にある単一セルを指定します。

構文 `Array(秒, 分, 時, 日, 月, 四半期, 年)`

- 引数「Period」では、フィールドの値が日付のとき、グループ化する期間をArray関数によって配列として指定します。それぞれの引数において「True」にすると対応する期間でグループ化され、「False」にするとグループが解除されます。
- グループ化を解除するには、解除したいフィールド内の単一セルに対してUngroupメソッドを使います。例えば「Range("H3").Ungroup」のように記述できます。

関連ワザ 381 ピボットテーブルを作成する………P.471
関連ワザ 383 ピボットテーブルのフィールドを変更する………P.473

ワザ 385 ピボットテーブルで自動的に日付をグループ化する

難易度 ●○○ ｜ 頻出度 ●●○ ｜ 対応Ver. 365 2021 2019 2016

PivotFieldオブジェクトのAutoGroupメソッドを使えば、日付を自動でグループ化できます。簡単なコードでグループ化できるのがメリットです。ただし、年、四半期、月単位でグループ化されるため、年単位のみ、月単位のみとグループ化する単位を限定したい場合は、ワザ384のGroupメソッドを使用してください。

合計金額	列ラベル				
行ラベル	渋谷	新宿	青山	原宿	総計
4月1日	650		1450		2100
4月2日		350	300	2250	2900
4月3日	1900		1200		3100
4月4日		300	1200	600	2100
4月5日	700		700		1400
4月6日		2000		1800	3800
4月7日	600		1600		2200
4月8日			300	2200	2500
4月9日	1300		1800		3100
4月10日		600	1200	800	2600
4月11日	600		1100		1700
4月12日		1400		2000	3400

→

自動で年、四半期、月単位でグループ化される

合計金額	列ラベル				
行ラベル	渋谷	新宿	青山	原宿	総計
⊟2021年	85350	64750	93550	94100	337750
⊟第2四半期	63150	41600	70000	63050	237800
4月	18050	12950	19800	18900	69700
5月	24600	12250	23050	19050	78950
6月	20500	16400	27150	25100	89150
⊞第3四半期	22200	23150	23550	31050	99950
総計	85350	64750	93550	94100	337750

入力例

385.xlsm

```
Sub 自動グループ化()
    ActiveSheet.PivotTables("Pivot01").PivotFields("日付").AutoGroup ←1
End Sub
```

1 アクティブシートにあるピボットテーブル「Pivot01」の［日付］フィールドを自動でグループ化する

ポイント

構文 **PivotFieldオブジェクト.AutoGroup**

- ピボットテーブル内のフィールドを自動でグループ化するには、PivotFieldオブジェクトのAutoGroupメソッドを使います。
- 行フィールドまたは列フィールドに追加されているフィールドに対して実行します。
- グループ化できないフィールドに対してAuroGroupメソッドを使った場合は、何も実行されず、エラーにもなりません。

ワザ 386 ピボットグラフを作成する

難易度 ●●○　頻出度 ●○○　対応Ver. 365 2021 2019 2016

ピボットグラフは、ピボットテーブルを元にして埋め込みグラフとして作成します。通常の埋め込みグラフを作成する方法と同様にChartObjectsコレクションのAddメソッドを使い、データ範囲にピボットテーブルのセル範囲を指定します。これは、PivotTableオブジェクトのTableRange1プロパティで取得できます。ここでは、ピボットテーブル［Pivot01］のピボットグラフを［集合横棒グラフ］で作成します。

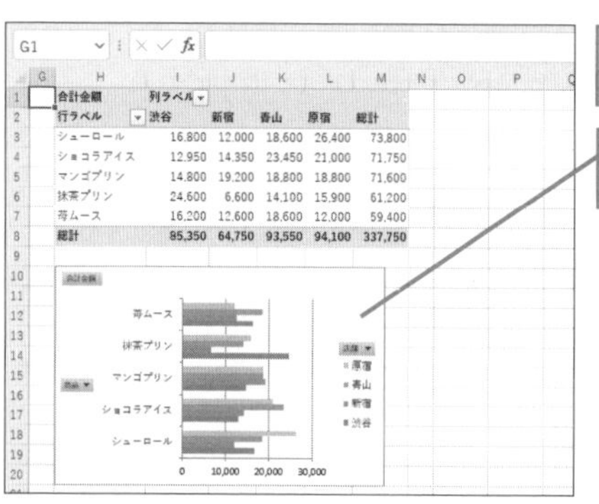

ピボットテーブル［Pivot01］のピボットグラフを［集合横棒グラフ］で作成する

ここではグラフの位置と大きさを指定してグラフを作成する

入力例

386.xlsm

```
Sub ピボットグラフの作成()
    Dim r As Range
    Set r = Range("O1:T11") ←1
    With ActiveSheet.ChartObjects.Add _ ←2
        (r.Left, r.Top, r.Width, r.Height)
        .Chart.SetSourceData Source:=ActiveSheet _ ←3
        .PivotTables(1).TableRange1
        .Chart.ChartType = xlBarClustered ←4
    End With
End Sub
```

1 セルO1～T11をRange型のオブジェクト変数「r」に代入する　2 アクティブシートに埋め込みグラフをセルO1～T11に作成し、作成したグラフの枠について以下の処理を行う　3 埋め込みグラフのデータ範囲をアクティブシートの1つ目のピボットテーブルのセル範囲に設定する　4 埋め込みグラフの種類を集合横棒グラフに設定する

ポイント

- 埋め込みグラフの作成方法は、ChartObjectsコレクションのAddメソッドを使用して作成します。Addメソッドは埋め込みグラフであるChartObjectオブジェクトを作成し、作成したChartObjectオブジェクトを返します。詳細は、ワザ455を参照してください。
- ピボットグラフのデータ範囲は、PivotTableオブジェクトのTableRange1で取得します。これをSetSourceDataメソッドの引数「Source」に設定します。なお、アクティブセルがピボットテーブル内にある場合、グラフ範囲が自動認識されるため、SetSourceDataメソッドの行は省略できます。
- 作成されるピボットグラフは、Excelのバージョンによって、形やラベルの表示が多少異なります。

関連ワザ 455 グラフのデータ範囲を指定する………P.554

ワザ 387 テーブルを作成する

難易度 ●●○ | 頻出度 ●●○ | 対応Ver. 365 2021 2019 2016

ワークシートにある表からテーブルを作成するには、ListObjectsコレクションのAddメソッドを使用します。ここでは、セルA1を含むアクティブセル領域について、1行目を見出しとしてテーブルを作成します。テーブルを作成すると、集計行を表示して各列のデータ件数や合計、平均などの値を簡単に表示できるため、データ集計に便利です。

セルA1を含むアクティブセル領域について、1行目を見出しとしてテーブルを作成する

A1　NO

	A	B	C	D	E	F
1	NO	氏名	性別	点数	評価	
2	1	磯崎　信吾	男	120	C	
3	2	遠藤　恭子	女	160	B	
4	3	太田　新造	男	180	A	
5	4	木下　未来	女	192	A	
6	5	小谷田　美由紀	女	147	B	
7	6	鈴木　稔	男	130	C	

A1　NO

	A	B	C	D	E	F
1	NO	氏名	性別	点数	評価	
2	1	磯崎　信吾	男	120	C	
3	2	遠藤　恭子	女	160	B	
4	3	太田　新造	男	180	A	
5	4	木下　未来	女	192	A	
6	5	小谷田　美由紀	女	147	B	
7	6	鈴木　稔	男	130	C	

入力例

387.xlsm

```
Sub テーブル作成()
    On Error GoTo errHandler
    ActiveSheet.ListObjects.Add(SourceType:=xlSrcRange, _  ←1
        Source:=Range("A1").CurrentRegion, _
        XlListObjectHasHeaders:=xlYes).Name = "Table01"
Exit Sub
errHandler:
    MsgBox "テーブル「Table01」は作成済みです"
End Sub
```

1 アクティブシートにセルA1を含むアクティブセル領域を、1行目を見出しとしてテーブルに変換し、作成したテーブルの名前を「Table01」に設定する

ポイント

構文　`Worksheetオブジェクト.ListObjects.Add(SourceType, Source, XlListObjectHasHeaders)`

- ワークシートにテーブルを作成するには、ListObjectsコレクションのAddメソッドを使用して上のように記述します。AddメソッドによりListObjectオブジェクトが作成され、作成されたListObjectオブジェクトが返ります。ここでは主な引数のみ紹介します。
- ワークシート上の表をテーブルにする場合は、引数「SourceType」を「xlSrcRange」（既定値）にし、引数「Source」で対象となるセル範囲をRangeオブジェクトで指定します。
- 引数「XlListObjectHasHeaders」で「xlYes」とすると1行目を見出し行とし、「xlNo」とすると1行目を見出し行としません。
- Excelでは、テーブルを作成すると同時に自動的にテーブルスタイルが設定されます。

関連ワザ 388 テーブルを通常の範囲に戻す………P.478

ワザ 388 テーブルを通常の範囲に戻す

難易度 ●●○　頻出度 ●●○　対応Ver. 365 2021 2019 2016

テーブルを範囲に戻すには、ListObjectオブジェクトのUnlistメソッドを使用します。Unlistメソッドではテーブルスタイルは解除されません。テーブルスタイルの解除が必要な場合は､別途コードを記述します。ここでは、アクティブシートのテーブル「Table01」のテーブルスタイルを解除してからそのテーブルを範囲に戻します。

アクティブシートにあるテーブル「Table01」のテーブルスタイルを解除し、「Table01」を範囲に変換する

A1　NO

	A	B	C	D	E
1	NO	氏名	性別	点数	評価
2	1	磯崎　信吾	男	120	C
3	2	遠藤　恭子	女	160	B
4	3	太田　新造	男	180	A
5	4	木下　未来	女	192	A
6	5	小谷田　美由紀	女	147	B
7	6	鈴木　稔	男	130	C
8	7	佐藤　伸二	男	179	B
9	8	横山　小観	男	191	A
10	9	山本　歩美	女	130	C
11					

A1　NO

	A	B	C	D	E
1	NO	氏名	性別	点数	評価
2	1	磯崎　信吾	男	120	C
3	2	遠藤　恭子	女	160	B
4	3	太田　新造	男	180	A
5	4	木下　未来	女	192	A
6	5	小谷田　美由紀	女	147	B
7	6	鈴木　稔	男	130	C
8	7	佐藤　伸二	男	179	B
9	8	横山　小観	男	191	A
10	9	山本　歩美	女	130	C
11					

入力例

388.xlsm

```
Sub 範囲に変換()
    On Error Resume Next
    ActiveSheet.ListObjects("Table01").TableStyle = ""  ←1
    ActiveSheet.ListObjects("Table01").Unlist  ←2
End Sub
```

1 アクティブシートにあるテーブル「Table01」のテーブルスタイルを解除する　2 アクティブシートのテーブル「Table01」を範囲に戻す

ポイント

構文 **WorksheetオブジェクトListObjects(Index)**

- ワークシートにあるテーブルを参照するには、WorksheetオブジェクトのListObjectsプロパティを使用して記述します。引数「Index」には、テーブル名またはインデックス番号を指定します。ワークシート内のテーブルが1つだけの場合は、「ListObjects(1)」のように指定できます。

構文 **ListObjectオブジェクト.Unlist**

- テーブルを範囲に戻すには、ListObjectオブジェクトのUnlistメソッドを使用します。
- テーブルを作成したときに自動的に設定されるテーブルスタイルは、Unlistメソッドでテーブルを範囲に戻しても解除されません。テーブルスタイルも解除したい場合は、入力例のようにテーブルを解除する前に、ListObjectsオブジェクトのTableStyleプロパティに「""」（長さ0の文字列）を設定します。

関連ワザ 387 テーブルを作成する………P.477
関連ワザ 389 テーブルに抽出、並べ替え、集計を設定する………P.479

ワザ 389 テーブルに抽出、並べ替え、集計を設定する

難易度 ●●○ | 頻出度 ●●○ | 対応Ver. 365 2021 2019 2016

テーブルで抽出、並べ替えの設定を行うには、テーブルのセル範囲に対して、AutoFilterメソッドやSortメソッドを使用します。また、集計行を表示するにはShowTotalsプロパティを使います。ここでは、テーブル［Table01］の中から、［性別］が「男」のデータを抽出し、［点数］を降順に並べ替えて、さらに平均点を［集計］行に表示します。

A1 NO

	A	B	C	D	E	F
1	NO	氏名	性別	点数	評価	
2	8	横山　小観	男	191	A	
4	3	太田　新造	男	180	A	
7	7	佐藤　伸二	男	179	B	
8	6	鈴木　稔	男	130	C	
9	1	磯崎　信吾	男	120	C	
11	集計			160	5	
12						

テーブル［Table01］の中から、［性別］が「男」のデータを抽出し、抽出したデータを［点数］の降順に並べ替えて、平均点を［集計］行に表示する

入力例 389.xlsm

```
Sub 抽出と並べ替えと集計を設定()
    With ActiveSheet.ListObjects(1) ←1
        .Range.AutoFilter Field:=3, Criteria1:="男" ←2
        .Range.Sort Key1:=Range("D2"), Order1:=xlDescending ←3
        .ShowTotals = True ←4
        .ListColumns("点数").TotalsCalculation = xlTotalsCalculationAverage ←5
    End With
End Sub
```

1アクティブシートのテーブルについて次の処理を実行する（Withステートメントの開始）　2テーブルの［性別］列（3列目）で抽出条件を「男」として、オートフィルターを実行する　3テーブルのセルD2の列（［点数］列）を降順で並べ替える　4集計行を表示する　5［点数］列の集計方法を平均に設定する

ポイント

- テーブルで抽出、並べ替えを行う場合、ListObjectオブジェクトのRangeプロパティを使用してテーブルのセル範囲となるRangeオブジェクトを取得し、そのRangeオブジェクトに対して、AutoFilterメソッドで抽出、Sortメソッドで並べ替えを実行します。

構文 **ListObjectオブジェクト.ShowTotals**

- テーブルに集計行を表示するには、ListObjectオブジェクトのShowTotalsプロパティを使用します。ShowTotalsプロパティは設定値が「True」のときに集計行を表示し、「False」のときに非表示にします。
- ShowTotalsプロパティをTrueにして集計行を表示すると、既定で右端の列の集計結果が表示されます。集計方法は列に含まれるデータの種類によって自動で設定されます。

構文 **ListColumnオブジェクト.TotalsCalculation**

- 集計行の集計方法を設定するには、ListColumnオブジェクトのTotalsCalculationプロパティを使って指定します。設定値は、例えば「xlTotalsCalculationSum」にすると合計、「xlTotalsCalculationAverage」にすると平均、「xlTotalsCalculationCount」にするとデータの個数、「xlTotalCalculationNone」にすると計算なしになります。値は取得と設定ができます。

ワザ

390 テーブルスタイルを変更する

難易度 ●●○ | 頻出度 ●●○ | 対応Ver. 365 2021 2019 2016

テーブルを作成すると、同時にテーブルスタイルが適用され、テーブルの表全体に書式が設定されます。テーブルスタイルを変更するには、ListObjectオブジェクトのTableStyleプロパティで、設定したいテーブルスタイルを指定します。ここでは、テーブル［Table01］のテーブルスタイルを［テーブルスタイル（淡色）2］に変更します。

テーブル［Table01］のテーブルスタイルを［テーブルスタイル（淡色）2］に変更する

A1 NO

	A	B	C	D	E	F
1	NO	氏名	性別	点数	評価	
2	1	磯崎　信吾	男	120	C	
3	2	遠藤　恭子	女	160	B	
4	3	太田　新造	男	180	A	
5	4	木下　未来	女	192	A	
6	5	小谷田　美由紀	女	147	B	
7	6	鈴木　稔	男	130	C	
8	7	佐藤　伸二	男	179	B	
9	8	横山　小観	男	191	A	
10	9	山本　歩美	女	130	C	
11						

A1 NO

	A	B	C	D	E	F
1	NO	氏名	性別	点数	評価	
2	1	磯崎　信吾	男	120	C	
3	2	遠藤　恭子	女	160	B	
4	3	太田　新造	男	180	A	
5	4	木下　未来	女	192	A	
6	5	小谷田　美由紀	女	147	B	
7	6	鈴木　稔	男	130	C	
8	7	佐藤　伸二	男	179	B	
9	8	横山　小観	男	191	A	
10	9	山本　歩美	女	130	C	
11						

入力例

390.xlsm

```
Sub テーブルスタイル変更()
    ActiveSheet.ListObjects("Table01").TableStyle = "TableStyleLight2"  ←1
End Sub
```

1アクティブシートのテーブル［Table01］のテーブルスタイルを［テーブルスタイル（淡色）2］に変更する

ポイント

構文 `ListObjectオブジェクト.TableStyle`

- テーブルに設定されるテーブルスタイルは、ListObjectオブジェクトのTableStyleプロパティで参照できます。設定値にはテーブルスタイル名を指定します。値は取得と設定ができます。
- TableStyleプロパティでは、テーブルスタイル名を文字列で指定します。テーブルスタイルは、淡色は「TableStyleLight1」～「TableStyleLight21」、中間色は「TableStyleMedium1」～「TableStyleMedium28」、濃色は「TableStyleDark1」～「TableStyleDark11」の範囲で指定します。それぞれの数値は、［デザイン］タブの［テーブルスタイル］で表示されるスタイル一覧にマウスポインターを合わせたときに表示されるスタイルの番号に対応しています。
- TableStyleプロパティに「""」（長さ0の文字列）を指定すると、テーブルスタイルを解除できます。

関連ワザ 177 セルにスタイルを設定して書式を一度に設定する………P.230
関連ワザ 441 図形にスタイルを設定する………P.540
関連ワザ 467 グラフにスタイルを設定する………P.566

第10章

印刷

Excel VBAを使用してワークシートを印刷するワザを紹介します。印刷部数や用紙サイズ、ヘッダー・フッター、余白などを自由自在に設定できます。なお、印刷処理を自動化する上で、出力先のプリンター指定や印刷枚数などに注意が必要です。印刷時にプリンターを切り替えたり、印刷枚数を計算したりするワザを紹介しているので参考にしてください。

ワザ 391 ページを指定してブックの内容を2部ずつ印刷する

難易度 ●○○ ｜ 頻出度 ●●● ｜ 対応Ver. 365 2021 2019 2016

印刷を実行するには、PrintOutメソッドを使用します。PrintOutメソッドの引数は［印刷］ダイアログボックスの設定項目にほぼ対応しているので、Excelで実行できるさまざまな設定で印刷できます。ここでは、印刷を開始するページを2ページ目、印刷を終了するページを3ページ目に指定して、2部ずつ部単位で印刷します。

印刷を開始するページを2ページ目、印刷を終了するページを3ページ目に指定して、2部ずつ部単位で印刷する

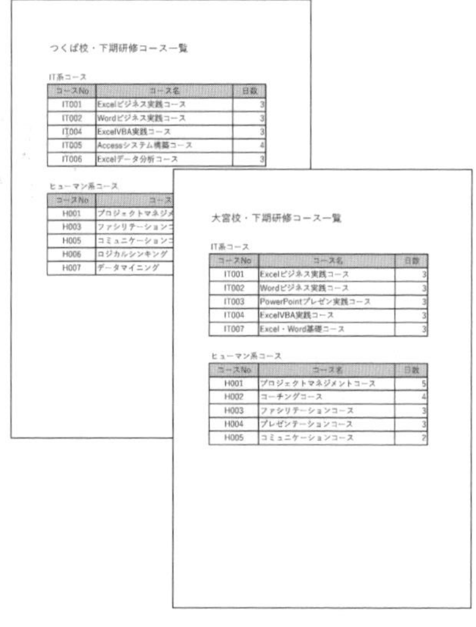

入力例　391.xlsm

```
Sub ページ指定2部印刷()
    ActiveWorkbook.PrintOut From:=2, To:=3, Copies:=2, Collate:=True  ←1
End Sub
```

1 アクティブブックの2ページ目から3ページ目を、2部ずつ部単位で印刷する

関連ワザ 024 印刷を行う前に処理を実行する………P.60
関連ワザ 025 ワークシート上のボタンをクリックしたときだけ印刷を実行する………P.61
関連ワザ 392 複数のセル範囲を部単位で印刷する………P.484
関連ワザ 393 印刷プレビューを表示する………P.485

ポイント

構 文 オブジェクト.PrintOut(From, To, Copies, Preview, ActivePrinter, Collate)

- PrintOutメソッドは、下表の引数に指定された設定で、オブジェクトの印刷を実行します。

●PrintOutメソッドの主な引数の設定内容

引数	設定内容	省略した場合の設定内容
From	印刷を開始するページ番号	最初のページ番号
To	印刷を終了するページ番号	最後のページ番号
Copies	印刷部数	1部
Preview	印刷前に印刷プレビューを表示するかどうか (True：表示、False：非表示)	False
ActivePrinter	使用するプリンターの名前	現在使用しているプリンターの名前（※）
Collate	部単位で印刷するかどうか (True：部単位で印刷、False：部単位で印刷しない)	False

※「現在使用しているプリンター」とは、[ファイル] タブ - [印刷] をクリックして表示される画面の [プリンター] に表示されているプリンターのことです。

- 引数「From」や引数「To」には、実際に印刷されるページ番号を指定します。
- 引数「Preview」に「True」を指定したときに表示された印刷プレビュー画面で、[印刷プレビュー] タブの [印刷] グループ内にある [印刷] ボタンがクリックされた場合、印刷プレビューが閉じられて印刷が実行されます。[プレビュー] グループ内にある [印刷プレビューを閉じる] ボタンがクリックされた場合、印刷は実行されません。[印刷プレビューを閉じる] ボタンがクリックされた後に印刷を実行したい場合は、引数「Preview」を使用せずにPrintPreviewメソッドを使用して印刷プレビューを表示してください（ワザ393参照）。
- 引数「ActivePrinter」には、OSが認識できるプリンターの名前を指定します。OSが認識できるプリンターの名前を調べるには、名前を調べたいプリンターを現在使用しているプリンターとして設定し、VBEのイミディエイトウィンドウに「?Application.ActivePrinter」と入力して Enter キーを押してください。すると、その下に現在使用しているプリンターの名前が表示されます。ポート名を含んだプリンター名が表示されるので、ApplicationオブジェクトのActivePrinterプロパティに設定するプリンター名を調べるときにも役立つテクニックです。
- ワークシートに何も入力されていない場合は、白紙が出力されます。
- ActiveWorkbookプロパティやActiveSheetプロパティなどを使用して印刷対象のオブジェクトを参照すると、実行時にアクティブになっているブックやワークシートを印刷できるので、汎用性が高いプログラムを作成できます。
- WorkbooksプロパティやWorksheetsプロパティなどでブック名やワークシート名を指定して印刷対象のオブジェクトを参照すると、汎用性はなくなりますが、指定したブックやワークシートを確実に印刷できるプログラムになります。
- ActiveWorkbookプロパティやActiveSheetプロパティなどを使用したプログラムに、WorkbooksプロパティやWorksheetsプロパティなどを使用したステートメントが追記されると、アクティブになっている前提のオブジェクトが操作されずに特定のオブジェクトが不意に操作されてしまう可能性があります。行数が多いプログラムでは、この不具合に気付きにくくなるため、WorkbooksプロパティやWorksheetsプロパティを使用して印刷対象のオブジェクトを参照すると安心です。
- オブジェクトに指定できるのは、Workbookオブジェクト、Sheetsコレクション、Worksheetオブジェクト、Worksheetsコレクション、Chartオブジェクト、Chartsコレクション、Rangeオブジェクト、Windowオブジェクトです。

ワザ 392 複数のセル範囲を部単位で印刷する

難易度 ●○○ ｜ 頻出度 ●●○ ｜ 対応Ver. 365 2021 2019 2016

セル範囲を指定して印刷を実行するには、RangeオブジェクトのPrintOutメソッドを使用します。プロシージャーの処理結果に合わせて、セル単位で印刷範囲を指定するときなどに便利です。ここでは、セルA1～H8とセルA10～H17の内容を、部単位で2部ずつ印刷します。複数のセル範囲を指定しているので、セルA1～H8とセルA10～H17の内容は別々の用紙に印刷されます。

セルA1～H8とセルA10～H17の内容を、部単位で2部ずつ印刷する

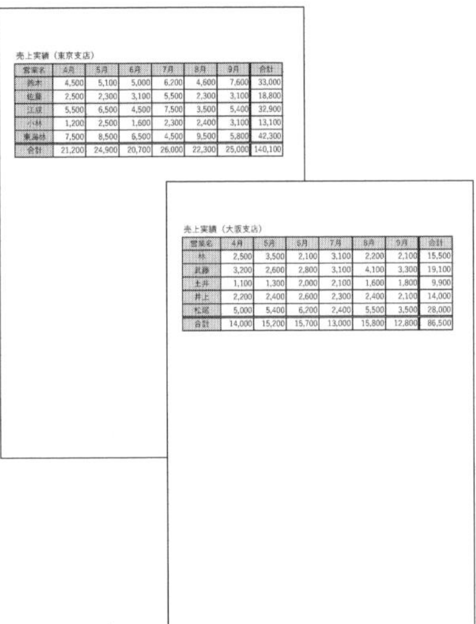

売上実績（東京支店）

営業名	4月	5月	6月	7月	8月	9月	合計
鈴木	4,500	5,100	5,000	6,200	4,600	7,600	33,000
佐藤	2,500	2,300	3,100	5,500	2,300	3,100	18,800
江成	5,500	6,500	4,500	7,500	3,500	5,400	32,900
小林	1,200	2,500	1,600	2,300	2,400	3,100	13,100
東海林	7,500	8,500	6,500	4,500	9,500	5,800	42,300
合計	21,200	24,900	20,700	26,000	22,300	25,000	140,100

売上実績（大阪支店）

営業名	4月	5月	6月	7月	8月	9月	合計
林	2,500	3,500	2,100	3,100	2,200	2,100	15,500
武藤	3,200	2,600	2,800	3,100	4,100	3,300	19,100
土井	1,100	1,300	2,000	2,100	1,600	1,800	9,900
井上	2,200	2,400	2,600	2,300	2,400	2,100	14,000
松尾	5,000	5,400	6,200	2,400	5,500	3,500	28,000
合計	14,000	15,200	15,700	13,000	15,800	12,800	86,500

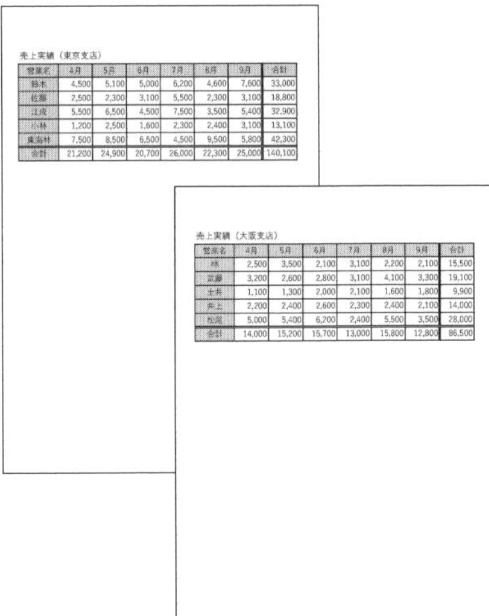

売上実績（東京支店）

営業名	4月	5月	6月	7月	8月	9月	合計
鈴木	4,500	5,100	5,000	6,200	4,600	7,600	33,000
佐藤	2,500	2,300	3,100	5,500	2,300	3,100	18,800
江成	5,500	6,500	4,500	7,500	3,500	5,400	32,900
小林	1,200	2,500	1,600	2,300	2,400	3,100	13,100
東海林	7,500	8,500	6,500	4,500	9,500	5,800	42,300
合計	21,200	24,900	20,700	26,000	22,300	25,000	140,100

売上実績（大阪支店）

営業名	4月	5月	6月	7月	8月	9月	合計
林	2,500	3,500	2,100	3,100	2,200	2,100	15,500
武藤	3,200	2,600	2,800	3,100	4,100	3,300	19,100
土井	1,100	1,300	2,000	2,100	1,600	1,800	9,900
井上	2,200	2,400	2,600	2,300	2,400	2,100	14,000
松尾	5,000	5,400	6,200	2,400	5,500	3,500	28,000
合計	14,000	15,200	15,700	13,000	15,800	12,800	86,500

入力例

392.xlsm

```
Sub 複数セル範囲印刷()
    Worksheets("売上実績").Range("A1:H8,A10:H17") _  ←1
        .PrintOut Copies:=2, Collate:=True
End Sub
```

1 ［売上実績］シートのセルA1～H8とセルA10～H17を部単位で2部ずつ印刷する

ポイント

- RangeオブジェクトのPrintOutメソッドを使用するとき、印刷するセル範囲が複数指定されている場合は、それぞれのセル範囲ごとに別ページに印刷されます。
- PrintOutメソッドの詳しい解説については、ワザ391を参照してください。

関連ワザ 391 ページを指定してブックの内容を2部ずつ印刷する………P.482
関連ワザ 395 支店名ごとに改ページを設定して印刷する………P.487

ワザ 393 印刷プレビューを表示する

難易度 ●○○ | 頻出度 ●●● | 対応Ver. 365 2021 2019 2016

印刷プレビュー専用のタブを表示するには、PrintPreviewメソッドを使用します。印刷プレビューが表示されている間、プロシージャーの実行は中断されるので、印刷を実行する直前にページ設定を確認できて便利です。ここでは、アクティブシートの印刷プレビューを表示します。

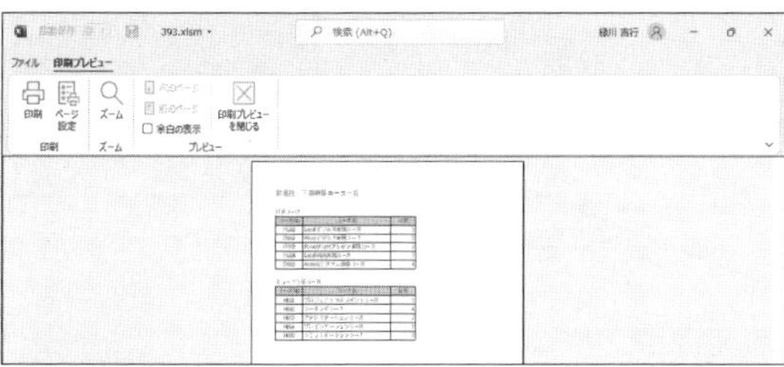

アクティブシートの印刷プレビューを表示する

印刷プレビュー専用のタブを表示できる

入力例 393.xlsm

```
Sub 印刷プレビュー表示()
    ActiveSheet.PrintPreview ←1
End Sub
```

1アクティブシートの印刷プレビューを表示する

ポイント

構文 **オブジェクト.PrintPreview(EnableChanges)**

- PrintPreviewメソッドは、指定されたオブジェクトの内容を印刷プレビューで表示します。
- 印刷プレビューが表示されている間、プロシージャーの実行は中断されます。したがって、PrintPreviewメソッドの後に続くステートメントは、印刷プレビューが閉じられるまで実行されません。PrintPreviewメソッドのあとにPrintOutメソッドを実行するステートメントを記述すれば、[印刷プレビュー]タブの[プレビュー]グループ内にある[印刷プレビューを閉じる]ボタンがクリックしたあとに印刷を実行できます。[印刷]グループ内にある[ページ設定]ボタンがクリックすれば、印刷のページ設定を変更できます。
- 引数「EnableChanges」に「False」を指定すると、印刷プレビュー画面から[ページ設定]ダイアログボックスを表示したり、印刷プレビュー画面に余白を表示したりすることができなくなります。印刷プレビュー画面からページ設定を変更させたくないときに便利です。省略した場合は「True」が設定されて、[ページ設定]ダイアログボックスや余白を表示できるようになります。
- ワークシートに何も入力されていない状態でPrintPreviewメソッドを実行すると、印刷プレビュー画面は表示されず、ワークシートに改ページが設定されます。
- オブジェクトに指定できるのは、Workbookオブジェクト、Sheetsコレクション、Worksheetオブジェクト、Worksheetsコレクション、Chartオブジェクト、Chartsコレクション、Rangeオブジェクト、Windowオブジェクトです。

関連ワザ 349 改ページプレビューに切り替える………P.437
関連ワザ 391 ページを指定してブックの内容を2部ずつ印刷する………P.482

ワザ394 水平方向と垂直方向に改ページを設定する

難易度 ●○○ ｜ 頻出度 ●●○ ｜ 対応Ver. 365 2021 2019 2016

水平方向の改ページは、HPageBreaksコレクションのAddメソッド、垂直方向の改ページは、VPageBreaksコレクションのAddメソッドを使用して設定します。ここでは、アクティブシートの8行目と9行目の間に水平方向の改ページを設定し、D列とE列の間に垂直方向の改ページを設定します。

	A	B	C	D	E	F	G
1	IT系初級コース				IT系上級コース		
2	コースNo	コース名	日数		コースNo	コース名	日数
3	IT011	Excel基本コース	2		IT021	Excelビジネス実践コース	5
4	IT012	Word基本コース	2		IT022	Wordビジネス実践コース	4
5	IT013	Excel応用コース	3		IT023	ExcelVBA実践コース	5
6	IT014	Word応用コース	3		IT024	Accessシステム構築コース	5
7	IT015	Access基本コース	3		IT025	Excelデータ分析コース	4
8							
9	ヒューマン系初級コース				ヒューマン系上級コース		
10	コースNo	コース名	日数		コースNo	コース名	日数
11	H011	コーチングの基本	3		H001	実践プロジェクトマネジメント	10
12	H012	コミュニケーションの基本	2		H003	実践ファシリテーション	5
13	H013	ロジカルシンキングの基本	4		H005	実践コミュニケーション	4
14					H007	実践ロジカルシンキング	4
15							

入力例

394.xlsm

```
Sub 水平垂直改ページ()
    ActiveSheet.HPageBreaks.Add Before:=Range("A9")  ←1
    ActiveSheet.VPageBreaks.Add Before:=Range("E1")  ←2
End Sub
```

1 セルA9の上側に水平方向の改ページを追加する　2 セルE1の左側に垂直方向の改ページを追加する

ポイント

構文 `Worksheetオブジェクト.HPageBreaksコレクション.Add(Before)`

- HPageBreaksコレクションのAddメソッドは、引数「Before」に指定されたセルの上側に水平な改ページを設定します。
- 引数「Before」に1行目のセルや最終行を超えたセルを指定するとエラーが発生します。

構文 `Worksheetオブジェクト.VPageBreaksコレクション.Add(Before)`

- VPageBreaksコレクションのAddメソッドは、引数「Before」に指定されたセルの左側に垂直な改ページを設定します。
- 引数「Before」に1列目のセルや最終列を超えたセルを指定するとエラーが発生します。

関連ワザ 392 複数のセル範囲を部単位で印刷する………P.484
関連ワザ 395 支店名ごとに改ページを設定して印刷する………P.487

ワザ 395 支店名ごとに改ページを設定して印刷する

難易度 ●●● | 頻出度 ●●○ | 対応Ver. 365 2021 2019 2016

［売上実績］シートに入力されている売上実績データを［支店名］列の昇順で並べ替えて、支店名ごとに改ページを設定して印刷します。印刷が終了したらすべての改ページを削除し、［No］列の昇順で並べ替えて元の状態に戻します。入力されているデータの行数をEndプロパティとRowプロパティを使用して取得しているため、データの行数にかかわらず処理を実行できます。なお、サンプルファイル（395.xlsm）の［売上実績］シートには、あらかじめ印刷のタイトル行（1行目から2行目まで）が設定されています。

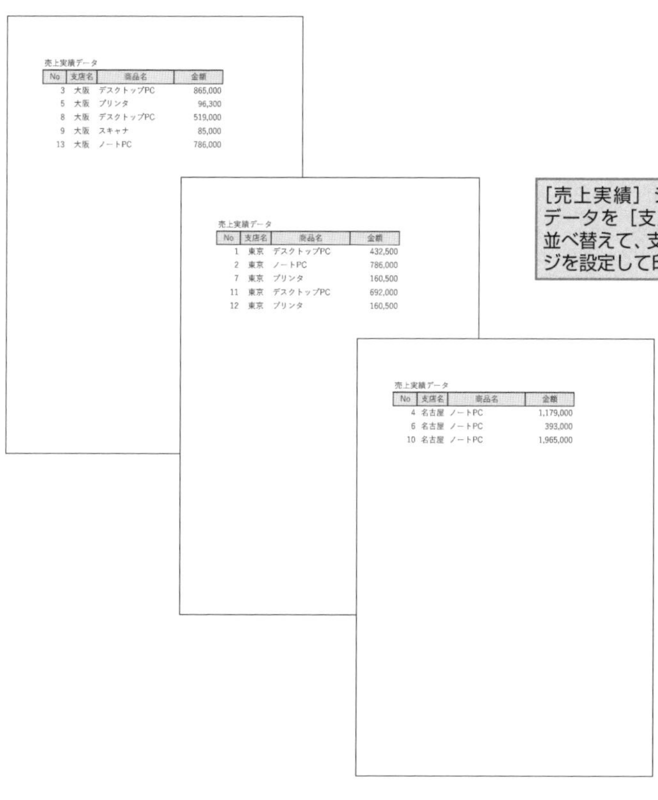

［売上実績］シートの売上実績データを［支店名］列の昇順で並べ替えて、支店名ごとに改ページを設定して印刷する

次のページに続く▶

入力例　395.xlsm

```
Sub 支店名ごとに改ページ印刷()
    Dim myLastRow As Long
    Dim i As Long
    myLastRow = Range("A1").End(xlDown).Row  ←1
    Range(Range("A2"), Cells(myLastRow, 4)).Sort _  ←2
        Key1:=Range("B3"), Order1:=xlAscending, Header:=xlYes
    For i = 4 To myLastRow  ←3
        If Cells(i, 2).Value <> Cells(i - 1, 2).Value Then  ←4
            ActiveSheet.HPageBreaks.Add before:=Cells(i, 2)
        End If
    Next i
    With ActiveSheet
        .PrintOut  ←5
        .ResetAllPageBreaks  ←6
    End With
    Range(Range("A2"), Cells(myLastRow, 4)).Sort _  ←7
        Key1:=Range("A3"), Order1:=xlAscending, Header:=xlYes
End Sub
```

1入力されているデータの行数として、セルA1を基準にした終端セルの行番号を変数「myLastRow」に代入する　2セルA2から『変数「myLastRow」に代入されている行の4列目（[金額] 列）のセル』までのセル範囲を、行見出しを区別して［支店名］列の昇順に並べ替える　3変数「i」が「4」から変数「myLastRow」に代入されている値になるまで処理を繰り返す　4i行2列目のセルの値とi-1行2列目のセルの値が違う場合、i行2列目の上側に水平方向の改ページを追加する　5印刷を実行する　6設定したすべての改ページを解除する　7セルA2から『変数「myLastRow」に代入されている行の4列目（[金額] 列）のセル』までのセル範囲を、行見出しを区別して、[No] 列の昇順に並べ替える

ポイント

構文　Worksheetオブジェクト.ResetAllPageBreaks

- ResetAllPageBreaksメソッドは、ワークシートに設定されているすべての改ページを解除します。
- 終端セルを参照するEndプロパティについてはワザ097、セルの行番号を取得するRowプロパティについてワザ108、セル範囲を並べ替えるSortメソッドについてはワザ219、水平方向の改ページを設定するHPageBreaksコレクションのAddメソッドについてはワザ394を参照してください。
- 印刷のタイトル行は、PrintTitleRowsプロパティを使用して設定できますが、サンプルファイル（395.xlsm）では、あらかじめブックに設定しています。その理由は、このサンプルファイルの場合、タイトル行の行位置を変更する必要がないためです。
- いつ実行しても同じ処理が実行される「静的な操作」は、VBAのコードで操作しなくてもExcelの一般機能で設定できます。一方、実行するたびに処理内容が変わる「動的な操作」は、VBAのコードを使用して実行時の状況に合わせた処理を自動実行する必要があります。やみくもにすべてVBAのコードで操作しようとせずに、自動化すべき操作を見極めてマクロを作成すると、余計なコードが含まれないため、管理の手間やエラー発生のリスクを抑えたマクロを作成できます。

関連ワザ 097　新規入力行を選択する………P.146
関連ワザ 108　セルの行番号と列番号を調べる………P.157
関連ワザ 219　ワークシートを並べ替える………P.276
関連ワザ 394　水平方向と垂直方向に改ページを設定する………P.486
関連ワザ 411　選択した行をタイトル行に設定する………P.508

ワザ 396 用紙サイズによって使用するプリンターを一時的に切り替える

難易度 ●●○ | 頻出度 ●○○ | 対応Ver. 365 2021 2019 2016

Excelで使用するプリンターを切り替えるには、ApplicationオブジェクトのActivePrinterプロパティを使用します。プリンターは切り替えたままになるため、一時的にプリンターを切り替えたい場合は、現在使用しているプリンター名を調べておき、切り替え後に、調べておいたプリンター名を使用して設定を元に戻します。ここでは、ページ設定の用紙サイズがB5の場合に、使用するプリンターを一時的に「Canon MG3500 series Printer」に切り替えます。

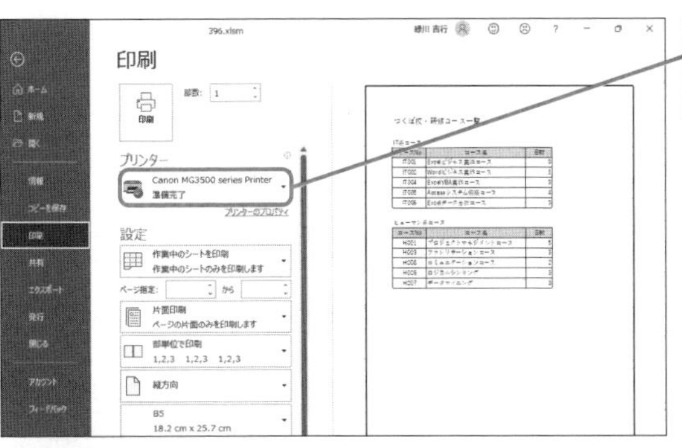

用紙サイズがB5に設定されている場合、利用するプリンターを一時的に切り替える

入力例　396.xlsm

```
Sub 用紙サイズによってアクティブプリンター切り替え()
    Dim myPrinterName As String
    If ActiveSheet.PageSetup.PaperSize = xlPaperB5 Then ←1
        myPrinterName = Application.ActivePrinter ←2
        Application.ActivePrinter = "Canon MG3500 series Printer on Ne03:" ←3
        ActiveSheet.PrintOut ←4
        Application.ActivePrinter = myPrinterName ←5
    End If
End Sub
```

1 アクティブシートの用紙サイズがB5の場合だけ処理を実行する　2 現在使用しているプリンター名を取得して、変数「myPrinterName」に代入する　3 使用するプリンターを「Canon MG6700 series Printer」に切り替える　4 アクティブシートの印刷を実行する　5 使用するプリンターを変数「myPrinterName」に代入されているプリンター名のプリンターに切り替える

ポイント

構文　Applicationオブジェクト.ActivePrinter

- ApplicationオブジェクトのActivePrinterプロパティは、現在使用しているプリンターを指定した名前のプリンターに切り替えます。ActivePrinterプロパティに指定するプリンター名は、ポート名を含めて「(プリンター名) on (ポート名) :」の形式で記述します。末尾の「:」を忘れずに記述してください。指定するプリンター名を調べる方法についてはワザ391を参照してください。
- 別バージョンのExcelで作成したブックを使用したとき、PaperSizeプロパティの値が正しく取得できず、用紙サイズがB5であるかどうかが正しく判別できない場合があります。使用しているバージョンのExcelでブックやシートを作成し直してください。

ワザ 397 プリンターを選択するダイアログボックスを表示する

難易度 ●●○　頻出度 ●○○　対応Ver. 365 2021 2019 2016

このワザでは、印刷を実行する直前にダイアログボックスを表示し、印刷に使用するプリンターを選択できるようにします。表示されるダイアログボックスで［OK］ボタンがクリックされた場合だけ、印刷を実行します。プリンターを選択して印刷を実行する手順が簡単になる便利なテクニックです。なお、[設定]ボタンをクリックすると、プリンターの設定画面が表示されます。

印刷の実行前に、印刷に使用するプリンターを選択できるダイアログボックスを表示する

入力例

397.xlsm

```
Sub プリンター選択ダイアログ表示()
    Dim myResult As Boolean
    myResult = Application.Dialogs(xlDialogPrinterSetup).Show ←1
    If myResult = True Then ←2
        ActiveSheet.PrintOut
    End If
End Sub
```

1 プリンターを選択するダイアログボックスを表示して、クリックされた結果を変数「myResult」に代入する　2 変数「myResult」が「True」だった場合だけ、アクティブシートの印刷を実行する

ポイント

構文 **Applicationオブジェクト.Dialogs(組み込みダイアログボックスの種類)**

- Excelの組み込みダイアログボックスを参照するには、ApplicationオブジェクトのDialogsプロパティを使用します。引数に組み込みダイアログボックスの種類を、XlBuiltInDialog列挙型の定数を使用して指定します。
- ［プリンターの設定］ダイアログボックスを表すXlBuiltInDialog列挙型の定数は「xlDialogPrinterSetup」です。

構文 **Dialogオブジェクト.Show**

- 組み込みダイアログボックス(Dialogオブジェクト)を表示するには、DialogオブジェクトのShowメソッドを使用します。
- ［プリンターの設定］ダイアログボックスの場合、Showメソッドは、[OK]ボタンがクリックされた場合に「True」、［キャンセル］ボタンがクリックされた場合に「False」を返します。

関連ワザ 396 用紙サイズによって使用するプリンターを一時的に切り替える………P.489

ワザ 398 印刷する直前に必要なデータが入力されているかどうかを確認する

難易度 ●●○ | 頻出度 ●●○ | 対応Ver. 365 2021 2019 2016

印刷する直前に処理を実行するには、WorkbookオブジェクトのBeforePrintイベントプロシージャーを使用します。ここでは、[御見積書] シートの内容を印刷する前に、セルA4にあて名が入力されているかどうかを確認します。あて名が入力されていない場合は、メッセージを表示して、印刷処理をキャンセルします。

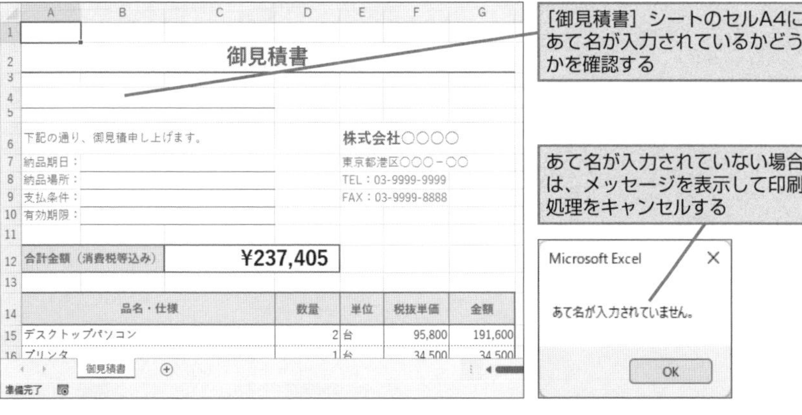

入力例

398.xlsm

```
Private Sub Workbook_BeforePrint(Cancel As Boolean) ←1
    If Range("A4").Value = "" Then ←2
        MsgBox "あて名が入力されていません。"
        Cancel = True ←3
    End If
End Sub
```

1 印刷が実行される直前に処理を実行する　2 セルA4の値が「""」（長さ0の文字列）だった場合に処理を実行する　3 印刷処理をキャンセルする

ポイント

- 印刷する直前に処理を実行するには、WorkbookオブジェクトのBeforePrintイベントプロシージャーを使用します。
- 印刷処理をキャンセルするには、BeforePrintイベントプロシージャーの引数「Cancel」に「False」を設定します。

関連ワザ 024 印刷を行う前に処理を実行する………P.60
関連ワザ 025 ワークシート上のボタンをクリックしたときだけ印刷を実行する………P.61

ワザ 399 印刷の向きや用紙サイズ、倍率をまとめて設定する

難易度 ●○○ ｜ 頻出度 ●●● ｜ 対応Ver. 365 2021 2019 2016

［印刷の向き］［用紙サイズ］［倍率］は、設定する機会が多い項目です。これらの項目は、設定する頻度が高い組み合わせでまとめて設定できるようにしておくといいでしょう。ここでは、アクティブシートの［印刷の向き］を［横］、［用紙サイズ］を［A4］、［倍率］を［150］（％）にまとめて設定して、印刷プレビューを表示します。

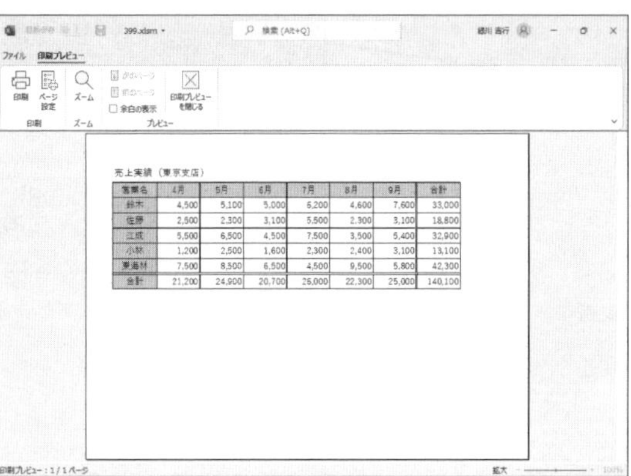

アクティブシートの［印刷の向き］を［横］、［用紙サイズ］を［A4］、［倍率］を［150］（％）に設定して、印刷プレビューを表示する

入力例

399.xlsm

```
Sub 印刷の向きと用紙サイズと倍率を設定()
    With ActiveSheet.PageSetup
        .Orientation = xlLandscape ←1
        .PaperSize = xlPaperA4 ←2
        .Zoom = 150 ←3
    End With
    ActiveSheet.PrintPreview ←4
End Sub
```

1［印刷の向き］を［横］に設定する　2印刷の［用紙サイズ］を［A4］に設定する　3印刷の［倍率］を［150］（％）に設定する　4アクティブシートの印刷プレビューを表示する

ポイント

構文　オブジェクト.PageSetup.Orientation

- PageSetupオブジェクトのOrientationプロパティは、指定したオブジェクトの印刷の向きを設定します。

●Orientationプロパティの設定値（XlPageOrientation列挙型の定数）

定数	値	内容
xlPortrait	1	［印刷の向き］を［縦］に設定する
xlLandscape	2	［印刷の向き］を［横］に設定する

- Orientationプロパティの値を取得して、現在の印刷の向きを調べることもできます。
- オブジェクトに指定できるのは、WorksheetオブジェクトとChartオブジェクトです。

構文 **オブジェクト.PageSetup.PaperSize**

- PageSetupオブジェクトのPaperSizeプロパティは、オブジェクトの印刷の用紙サイズを設定します。

●PaperSizeプロパティの主な設定値（XlPaperSize列挙型の主な定数）

定数	値	内容
xlPaperA3	8	A3（297mm×420mm）
xlPaperA4	9	A4（210mm×297mm）
xlPaperB4	12	B4（250mm×354mm）
xlPaperB5	13	B5（182mm×257mm）
xlPaperEnvelope9	19	封筒 9号（3-7/8×8-7/2 インチ）
xlPaperEnvelope10	20	封筒 10号（4-1/8×9-1/2 インチ）
xlPaperEnvelope11	21	封筒 11号（4-1/2×10-3/8 インチ）
xlPaperEnvelope12	22	封筒 12号（4-1/2×11 インチ）
xlPaperEnvelope14	23	封筒 14号（5×11-1/2 インチ）
xlPaperEnvelopeB4	33	封筒 B4（250mm×353mm）
xlPaperEnvelopeB5	34	封筒 B5（176mm×250mm）
xlPaperEnvelopeB6	35	封筒 B6（176mm×125mm）
xlPaperEnvelopeC3	29	封筒 C3（32 mm×458mm）
xlPaperEnvelopeC4	30	封筒 C4（229mm×324mm）
xlPaperEnvelopeC5	28	封筒 C5（162mm×229mm）
xlPaperEnvelopeC6	31	封筒 C6（114mm×162mm）
xlPaperEnvelopeC65	32	封筒 C65（114mm×229mm）
xlPaperEnvelopeDL	27	封筒 DL（110mm×220mm）
xlPaperEnvelopeItaly	36	封筒（110mm×230mm）
xlPaperEnvelopeMonarch	37	封筒モナーク（3-7/8×7-1/2 インチ）
xlPaperEnvelopePersonal	38	封筒（3-5/8×6-1/2 インチ）
xlPaperFanfoldUS	39	米国標準複写紙（14-7/8×11インチ）
xlPaperNote	18	ノート（8-1/2×11インチ）
xlPaperUser	256	ユーザー定義

- PaperSizeプロパティで「xlPaperUser」を指定する場合は、購入したプリンターの基本設定などの画面でユーザー定義の出力用紙サイズを設定してください。
- PaperSizeプロパティの値を取得して、現在の印刷の用紙サイズを調べることもできます。
- 別バージョンのExcelで作成したブックを使用したとき、PaperSizeプロパティの値が正しく取得できない場合があります。使用しているバージョンのExcelでブックやシートを作成し直してください。
- オブジェクトに指定できるのは、WorksheetオブジェクトとChartオブジェクトです。

構文 **オブジェクト.PageSetup.Zoom**

- PageSetupオブジェクトのZoomプロパティは、指定したオブジェクトの印刷倍率を設定します。
- 印刷倍率は、10～400（%）の範囲で設定します。
- 「False」を設定すると、FitToPagesWideプロパティまたはFitToPagesTallプロパティの設定に従って印刷倍率が設定されます。
- Zoomプロパティの値を取得して、現在の印刷倍率を調べることもできます。
- オブジェクトに指定できるのは、WorksheetオブジェクトとChartオブジェクトです。
- 用紙サイズや印刷倍率は、プリンターの機種によって設定できる値が異なる場合があります。プリンターの機種を変更すると、これまで動いていた設定でエラーが発生する場合もあるので注意が必要です。

ワザ 400 フッターの先頭ページ番号を設定する

難易度 ●○○ | 頻出度 ●●○ | 対応Ver. 365 2021 2019 2016

フッターなどにページ番号を印刷すると、通常はページ番号が「1」から設定されますが、FirstPageNumberプロパティを使用すると、任意の数字を先頭ページ番号として設定できます。ここでは、アクティブシートの先頭ページ番号を「11」に設定して、フッターの中央にページ番号を設定し、印刷プレビューを表示します。なお、サンプルファイル（400.xlsm）の［10月研修一覧］シートには、あらかじめ印刷のタイトル行（1行目から2行目まで）が設定されています（ワザ395参照）。

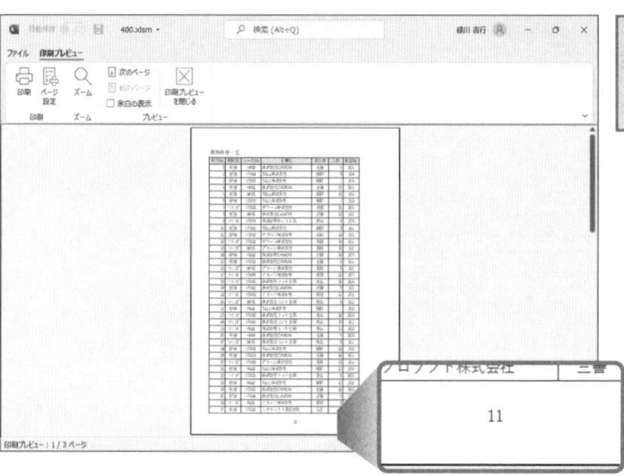

アクティブシートの先頭ページ番号を「11」に設定して、フッターの中央にページ番号を設定し、印刷プレビューを表示する

入力例

400.xlsm

```
Sub 先頭ページ番号()
    With ActiveSheet.PageSetup
        .FirstPageNumber = 11  ←1
        .CenterFooter = "&P"  ←2
    End With
    ActiveSheet.PrintPreview
End Sub
```

1先頭ページ番号を「11」に設定する　2中央のフッターにページ番号を表示する

ポイント

構文 オブジェクト.PageSetup.FirstPageNumber

- PageSetupオブジェクトのFirstPageNumberプロパティは、指定したオブジェクトの先頭ページ番号を設定します。
- 定数「xlAutomatic」を設定すると、自動的に先頭ページが設定されます。
- FirstPageNumberプロパティの値を取得して、現在の先頭ページ番号を調べることもできます。
- 設定したページ番号を印刷するには、ヘッダーやフッターにVBAコード「&P」を設定します。
- オブジェクトに指定できるのは、WorksheetオブジェクトとChartオブジェクトです。

関連ワザ 401 指定ページ数に収めて印刷する………P.495
関連ワザ 406 ヘッダーおよびフッターで使用するVBAコードと書式コードの種類と記述ルール………P.500

ワザ 401 指定ページ数に収めて印刷する

難易度 ●○○ | 頻出度 ●●● | 対応Ver. 365 2021 2019 2016

ワークシートを印刷したときに、作成した内容が用紙からわずかにはみ出てしまう場合、印刷するページ数を指定して、指定したページ数に収まるように印刷倍率を自動的に設定できると便利です。ここでは、アクティブシートの内容を横1ページに収めて、印刷プレビューを表示します。なお、印刷ページ数を指定する場合は、Zoomプロパティに「False」を設定する必要があります。

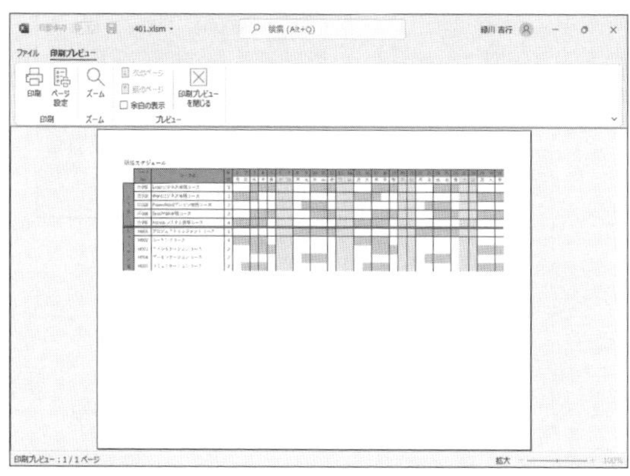

ワークシートの内容を横1ページに収めて、印刷プレビューを表示する

入力例　401.xlsm

```
Sub 指定ページ数印刷()
    With ActiveSheet.PageSetup
        .Zoom = False ←1
        .FitToPagesWide = 1 ←2
    End With
    ActiveSheet.PrintPreview
End Sub
```

1 Zoomプロパティの設定を無効にする（「False」を設定する）　2 横方向の印刷ページ数を「1」に設定する

ポイント

構文 `Worksheetオブジェクト.PageSetup.FitToPagesWide`

- 横方向の印刷ページ数を取得、設定するには、FitToPagesWideプロパティを使用します。

構文 `Worksheetオブジェクト.PageSetup.FitToPagesTall`

- 縦方向の印刷ページ数を取得、設定するには、FitToPagesTallプロパティを使用します。
- FitToPagesWideプロパティおよびFitToPagesTallプロパティに印刷ページ数を設定するときは、Zoomプロパティに「False」を設定して、Zoomプロパティの設定を無効にします。
- Zoomプロパティに印刷倍率が設定されている場合、FitToPagesWideプロパティおよびFitToPagesTallプロパティの設定は無効になります。

関連ワザ 399 印刷の向きや用紙サイズ、倍率をまとめて設定する………P.492
関連ワザ 404 印刷位置をページの中央に設定する………P.498

ワザ402 ページの余白をセンチメートルやインチの単位で設定する

難易度 ●○○ | 頻出度 ●●○ | 対応Ver. 365 2021 2019 2016

VBAを使用してページの余白を設定する場合、ポイント単位の数値で設定しますが、センチメートル単位やインチ単位の数値で設定できると便利です。このワザでは、センチメートル単位やインチ単位の数値をポイント単位の数値に変換して余白を設定する方法を紹介します。なお、ここでは、アクティブシートの上余白を2センチメートル、左余白を1インチに設定します。

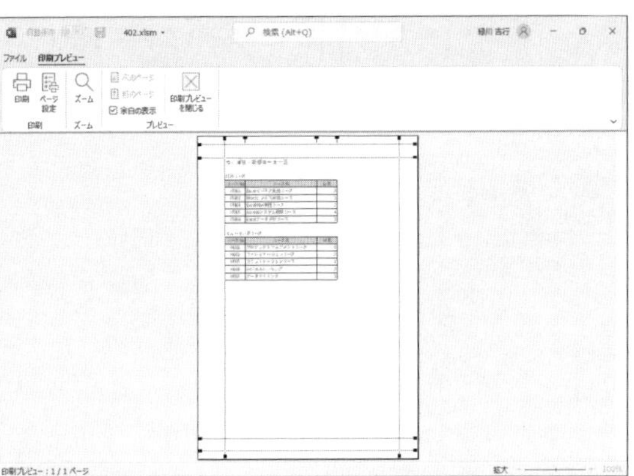

上余白を2センチメートル、左余白を1インチに設定して印刷プレビューを表示する

[余白の表示] をクリックしてチェックマークを付けておく

入力例　402.xlsm

```
Sub 余白設定()
    With ActiveSheet.PageSetup
        .TopMargin = Application.CentimetersToPoints(2)  ←1
        .LeftMargin = Application.InchesToPoints(1)  ←2
    End With
    ActiveSheet.PrintPreview
End Sub
```

1上余白を2センチメートルに設定する　2左余白を1インチに設定する

ポイント

- 余白を設定するプロパティについては、ワザ403を参照してください。

構文　`Applicationオブジェクト.CentimetersToPoints(Centimeters)`

- ApplicationオブジェクトのCentimetersToPointsメソッドは、引数「Centimeters」に指定されたセンチメートル単位の数値を、ポイント単位の数値に変換します。

構文　`Applicationオブジェクト.InchesToPoints(Inches)`

- ApplicationオブジェクトのInchesToPointsメソッドは、引数「Inches」に指定されたインチ単位の数値を、ポイント単位の数値に変換します。

関連ワザ 403 余白の大きさを調べてセンチメートルやインチの単位に換算する………P.497

ワザ 403 余白の大きさを調べてセンチメートルやインチの単位に換算する

難易度 ●●○ ｜ 頻出度 ●○○ ｜ 対応Ver. 365 2021 2019 2016

VBAを使用してページの余白の大きさを取得すると、「ポイント単位」の数値が返されます。1ポイントは、約0.03528センチメートルであり、約1/72インチであることから、ポイント単位の数値をセンチメートル単位やインチ単位の数値に換算できます。ここでは、上余白の大きさを調べて、センチメートル単位とインチ単位に換算してメッセージで表示します。

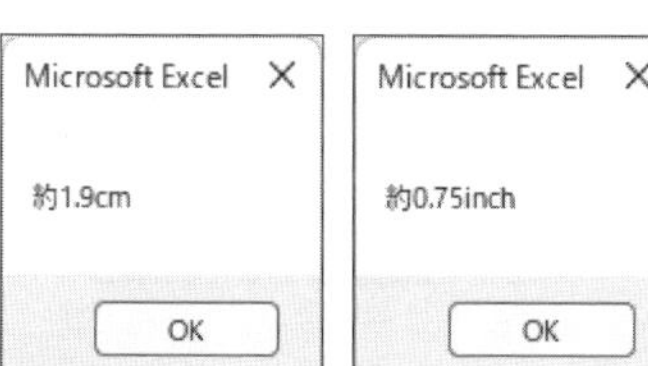

上余白をセンチメートル単位とインチ単位に換算してメッセージで表示する

入力例

403.xlsm

```
Sub 余白の数値換算()
    Dim myTop As Double
    myTop = ActiveSheet.PageSetup.TopMargin ←1
    MsgBox "約" & WorksheetFunction.Round(myTop * 0.03528, 1) & "cm" ←2
    MsgBox "約" & WorksheetFunction.Round(myTop / 72, 2) & "inch" ←3
End Sub
```

1上余白の大きさを取得して、変数「myTop」に代入する　2変数「myTop」に代入した上余白の大きさをセンチメートル単位に換算し、小数第1位で四捨五入してメッセージで表示する　3変数「myTop」に代入した上余白の大きさをインチ単位に換算し、小数第2位で四捨五入してメッセージで表示する

ポイント

構文　オブジェクト.PageSetup.余白を取得・設定するプロパティ

- 余白を取得・設定するプロパティは次の通りです。

●余白を取得・設定するプロパティ

場所	プロパティ	場所	プロパティ
上余白	TopMargin	右余白	RightMargin
下余白	BottomMargin	ヘッダー余白	HeaderMargin
左余白	LeftMargin	フッター余白	FooterMargin

- それぞれのプロパティは、余白の大きさを表すポイント単位の値を倍精度浮動小数点数型（Double）の値で返します。
- 余白を設定する場合はポイント単位の値を設定します。
- ポイント単位の数値をセンチメートル単位に換算するには、ポイント単位の数値に「0.03528」を掛けます。
- ポイント単位の数値をインチ単位に換算するには、ポイント単位の数値を「72」で割ります。
- オブジェクトに指定できるのは、WorksheetオブジェクトとChartオブジェクトです。

ワザ 404 印刷位置をページの中央に設定する

難易度 ●○○　頻出度 ●●○　対応Ver. 365 2021 2019 2016

印刷位置をページの中央に設定するには、水平方向と垂直方向の印刷位置をともに［ページ中央］に設定する必要があります。水平方向の印刷位置はCenterHorizontallyプロパティ、垂直方向の印刷位置はCenterVerticallyプロパティを使用して設定します。ここでは、アクティブシートの印刷位置を［ページ中央］に設定しています。

ワークシートの印刷位置を水平方向・垂直方向ともに［ページ中央］に設定して印刷プレビューを表示する

入力例

404.xlsm

```
Sub ページ中央印刷()
    With ActiveSheet.PageSetup
        .Orientation = xlLandscape ←1
        .Zoom = 180 ←2
        .CenterHorizontally = True ←3
        .CenterVertically = True ←4
    End With
    ActiveSheet.PrintPreview
End Sub
```

1印刷の向きを［横］に設定する　2印刷倍率を［180］（%）に設定する　3水平方向の印刷位置を［ページ中央］に設定する　4垂直方向の印刷位置を［ページ中央］に設定する

ポイント

構文　**Worksheetオブジェクト.PageSetup.CenterHorizontally**

- PageSetupオブジェクトのCenterHorizontallyプロパティに「True」を設定すると、ワークシートの水平方向の印刷位置を［ページ中央］に設定できます。

構文　**Worksheetオブジェクト.PageSetup.CenterVertically**

- PageSetupオブジェクトのCenterVerticallyプロパティに「True」を設定すると、ワークシートの垂直方向の印刷位置を［ページ中央］に設定できます。
- CenterHorizontallyプロパティ、CenterVerticallyプロパティともに、設定されている値を取得することも可能です。

関連ワザ 401 指定ページ数に収めて印刷する………P.495

ワザ 405 ヘッダーおよびフッターを設定する

難易度 ●●○ | 頻出度 ●●● | 対応Ver. 365 2021 2019 2016

VBAを使用してヘッダーとフッターを設定します。プロシージャーの処理内容に応じて、動的にヘッダーとフッターを設定できるので大変便利です。ここでは、アクティブシートのヘッダーの右側に［作成日時:(現在の日付)-(現在の日時)］、フッターの中央に［(ページ番号)/(総ページ数)］を設定します。ヘッダーのフォントは、［MS明朝］に設定し、［(現在の日付)-(現在の日時)］部分に下線を表示します。設定した結果は、印刷プレビューを表示して確認します。なお、サンプルファイルの［10月研修一覧］シートには、あらかじめ印刷のタイトル行（1行目から2行目まで）が設定されています（ワザ395参照）。

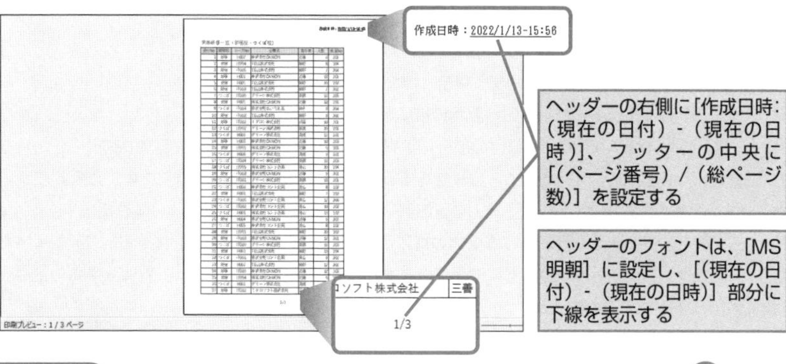

入力例　405.xlsm

```
Sub ヘッダーフッター設定()
    With ActiveSheet.PageSetup
        .RightHeader = "&""MS 明朝""作成日時:&U&D-&T"  ←1
        .CenterFooter = "&P/&N"  ←2
    End With
    ActiveSheet.PrintPreview
End Sub
```

1右側のヘッダーに［MS明朝］のフォントで［作成日時：(現在の日付)-(現在の日時)］を設定し、現在の日付以降に下線を表示する　2中央のフッターに［(ページ番号)/(総ページ数)］を設定する

ポイント

構文　オブジェクト.PageSetup.ヘッダーやフッターを取得・設定するプロパティ

●ヘッダーやフッターを取得・設定するプロパティ

プロパティ	場所	プロパティ	場所
LeftHeader	左側のヘッダー	LeftFooter	左側のフッター
CenterHeader	中央部のヘッダー	CenterFooter	中央部のフッター
RightHeader	右側のヘッダー	RightFooter	右側のフッター

- ヘッダーやフッターに設定するVBAコードや書式コードについてはワザ406を参照してください。
- それぞれのプロパティの値を取得して、現在のヘッダーやフッターの設定内容を調べることもできます。
- オブジェクトに指定できるのは、WorksheetオブジェクトとChartオブジェクトです。

ワザ 406 ヘッダーおよびフッターで使用するVBAコードと書式コードの種類と記述ルール

難易度 ●●○ | 頻出度 ●●● | 対応Ver. 365 2021 2019 2016

ヘッダーやフッターに、作成日時やファイル名、ページ番号などを設定するときは、所定のVBAコードを記述します。一方、文字のサイズやスタイルなど、ヘッダーやフッターの書式については、所定の書式コードを記述します。VBAコードと書式コードおよび、その記述ルールは以下の通りです。

ヘッダーおよびフッターで使用する VBA コードと書式コードの記述ルール

・半角英数字で記述し、設定内容の全体を「"」で囲む
・任意の文字列とVBAコードは続けて記述する
　例：「作成日：(現在の日付)」を印刷する場合　→　"作成日：&D"
・書式コードは、書式を反映したい先頭の要素の前に記述する
　例：「作成日時：(現在の日付)」の日付の部分に下線を引く場合　→　"作成日時：&U&D"
・数値から始まる文字列にフォントサイズの設定をするときは、数値の前に半角の空白を入力する
　例：フォントサイズを14ポイントとして「2年2組」と印刷する場合　→　"&14 2年2組"
・フォントを設定するときは、設定内容の全体の前に「"&""（フォント名）"」と記述する。フォント名を指定するときは、フォントの一覧などに表示されるフォント名を正確に記述する。特に、半角の空白や全角と半角の違いなどに注意する。
　例：「作成日：(現在の日付)」のフォントを「MS明朝」にする場合　→　"&""MS 明朝""作成日：&D"

●ヘッダーおよびフッターで使用するVBAコード

VBAコード	ヘッダーおよびフッターに設定される内容
&D	現在の日付
&T	現在の時刻
&A	ワークシートの見出し
&F	ファイルの名前
&Z	ファイルパス
&N	ファイルの総ページ数
&P	ページ番号
&P+<数値>	ページ番号に指定した<数値>を加えた値
&P-<数値>	ページ番号から指定した<数値>を引いた値
&G	Graphicオブジェクトに設定した画像イメージ
&&	&（アンパサンド）

●ヘッダーおよびフッターで使用する書式コード

書式コード	ヘッダーおよびフッターに設定される書式
&"フォント名"	フォントの種類
&nn	フォントサイズ（「nn」には、ポイント数を表す2けたの数値を指定）
&color	文字の色（「color」には、16進数の色の値を、「K」に続けて「K000000」のように指定）
&L	文字配置を左詰めに設定
&C	文字配置を中央揃えに設定
&R	文字配置を右詰めに設定
&I	文字スタイルを斜体に設定
&B	文字スタイルを太字に設定
&U	文字に下線を設定
&E	文字に二重下線を設定
&S	文字に取り消し線を設定
&X	文字を上付き文字に設定
&Y	文字を下付き文字に設定

ワザ 407 偶数ページに別のヘッダーとフッターを設定する

難易度 ●●○ ｜ 頻出度 ●●○ ｜ 対応Ver. 365 2021 2019 2016

ヘッダーの設定で、奇数ページは右側、偶数ページは左側にそれぞれ違う内容を設定します。フッターの設定は、奇数ページ、偶数ページに関係なく、中央にページ番号を設定します。通常のヘッダーとフッターの設定は奇数ページの設定となり、偶数ページの設定だけ特別な形で記述します。フッターはすべてのページに設定するので、通常の設定と偶数ページの設定の両方に記述してください。設定した結果は、印刷プレビューを表示して確認します。なお、サンプルファイルの［10月研修一覧］シートには、あらかじめ印刷のタイトル行（1行目から2行目まで）が設定されています（ワザ395参照）。

ヘッダーは奇数ページと偶数ページで違う内容を設定する

作成日:2022/1/10

社外秘資料

作成日:2022/1/10

実施研修一覧（新宿校・つくば校）

受付No	開催校	コースNo	企業名	責任者	人数	教室No
1	新宿	H002	株式会社CAMON	近藤	6	201
2	新宿	IT004	TELL株式会社	細野	8	304
3	新宿	IT005	TELL株式会社	細野	7	304
4	新宿	H001	株式会社CAMON	近藤	13	201
5	新宿	H005	TELL株式会社	細野	10	202
6	新宿	IT003	TELL株式会社	細野	7	302
7	つくば	IT006	グリーン株式会社	高橋	11	205
8	新宿	H005	株式会社CAMON	近藤	12	201
9	つくば	IT004	株式会社あいうえ王	鈴木	8	204
10	新宿	IT002	TELL株式会社	細野	8	302
11	新宿	IT002	エプロン株式会社	武田	10	301
12	つくば	IT002	グリーン株式会社	高橋	10	201
13	つくば	H005	グリーン株式会社	高橋	13	101
14	新宿	H003	株式会社CAMON	近藤	10	203
15	新宿	IT001	株式会社CAMON	近藤	6	301
16	つくば	H006	グリーン株式会社	高橋	9	101
17	つくば	IT004	グリーン株式会社	高橋	11	203
18	つくば	IT005	株式会社コント企画	青山	10	204
19	新宿	IT002	株式会社CAMON	近藤	9	301
20	つくば	IT001	グリーン株式会社	高橋	13	201
21	つくば	H006	株式会社コント企画	青山	8	102
22	新宿	H001	TELL株式会社	細野	7	202
23	つくば	IT006	株式会社コント企画	青山	12	206
24	つくば	IT002	株式会社コント企画	青山	10	202
25	つくば	H001	株式会社コント企画	青山	13	102
26	新宿	H004	株式会社CAMON	近藤	9	203
27	つくば	H005	株式会社コント企画	青山	8	102
28	新宿	IT001	TELL株式会社	細野	10	302
29	新宿	IT003	株式会社CAMON	近藤	12	301
30	つくば	IT005	グリーン株式会社	高橋	11	203
31	新宿	H003	TELL株式会社	細野	13	204
32	つくば	IT001	株式会社コント企画	青山	8	202
33	新宿	H002	TELL株式会社	細野	12	202
34	新宿	IT005	株式会社CAMON	近藤	12	303
35	新宿	IT004	株式会社CAMON	近藤	6	303
36	つくば	H001	グリーン株式会社	高橋	6	101
37	新宿	IT002	ミクロソフト株式会社	三番	7	302

1ページ

社外秘資料

実施研修一覧（新宿校・つくば校）

受付No	開催校	コースNo	企業名	責任者	人数	教室No
38	つくば	H006	株式会社エクセル企画	武満	11	101
39	つくば	IT006	株式会社あいうえ王	鈴木	8	206
40	新宿	H005	ミクロソフト株式会社	三番	8	202
41	つくば	IT004	株式会社コント企画	青山	9	204
42	新宿	H004	TELL株式会社	細野	10	204
43	つくば	IT001	株式会社あいうえ王	鈴木	10	202
44	つくば	IT002	株式会社あいうえ王	鈴木	12	202
45	新宿	IT001	エプロン株式会社	武田	12	301
46	つくば	IT001	株式会社エクセル企画	武満	10	201
47	新宿	IT005	エプロン株式会社	武田	13	303
48	新宿	IT001	ZONY株式会社	斉藤	6	302
49	新宿	IT001	ミクロソフト株式会社	三番	6	302
50	新宿	IT004	エプロン株式会社	武田	8	303
51	つくば	IT006	株式会社エクセル企画	武満	12	205
52	新宿	H003	エプロン株式会社	武田	8	203
53	新宿	IT004	ZONY株式会社	斉藤	8	303
54	新宿	IT004	ミクロソフト株式会社	三番	9	304
55	つくば	H007	グリーン株式会社	高橋	13	103
56	新宿	H002	ミクロソフト株式会社	三番	7	202
57	つくば	H006	株式会社あいうえ王	鈴木	6	102
58	新宿	IT004	ZONY株式会社	斉藤	10	304
59	つくば	IT004	株式会社ベストプライス	佐藤	6	203
60	つくば	H001	株式会社あいうえ王	鈴木	6	102
61	つくば	H003	株式会社コント企画	青山	6	102
62	つくば	IT004	株式会社エクセル企画	武満	7	203
63	新宿	H002	エプロン株式会社	武田	7	201
64	新宿	IT005	ミクロソフト株式会社	三番	13	304
65	つくば	IT005	株式会社エクセル企画	武満	6	203
66	新宿	H005	エプロン株式会社	武田	10	201
67	つくば	H007	株式会社コント企画	青山	8	104
68	つくば	IT002	株式会社エクセル企画	武満	10	201
69	つくば	H005	株式会社エクセル企画	武満	7	101
70	新宿	IT001	ZONY株式会社	斉藤	6	301
71	つくば	H003	グリーン株式会社	高橋	8	101
72	つくば	IT004	株式会社ベストプライス	佐藤	8	204
73	新宿	H004	エプロン株式会社	武田	8	203
74	新宿	IT003	エプロン株式会社	武田	7	301

2ページ

1ページ

2ページ

フッターはすべてのページに同じ内容を設定する

次のページに続く▶

入力例 407.xlsm

```
Sub 偶数ページ別ヘッダーフッター()
    With ActiveSheet.PageSetup
        .RightHeader = "作成日:&B&D" ←1
        .CenterFooter = "&Pページ" ←2
        .OddAndEvenPagesHeaderFooter = True ←3
        .EvenPage.LeftHeader.Text = "&E社外秘資料" ←4
        .EvenPage.CenterFooter.Text = "&Pページ" ←5
    End With
    ActiveSheet.PrintPreview
End Sub
```

1右側のヘッダーに［作成日：(現在の日付)］を設定し、現在の日付部分を太字に設定する。結果的にこの設定が奇数ページの設定となる 2中央のフッターにページ番号を設定する。結果的に、この設定が奇数ページの設定となる 3偶数ページに別のヘッダーおよびフッターを設定できるようにする 4偶数ページの左側のヘッダーに「社外秘資料」という文字列を設定し、［二重下線］を設定する 5偶数ページの中央のフッターにページ番号を設定する

ポイント

構文 **オブジェクト.PageSetup.OddAndEvenPagesHeaderFooter**

- OddAndEvenPagesHeaderFooterプロパティに「True」を設定すると、偶数ページに別のヘッダーおよびフッターを設定できるようになります。設定されている値を取得することも可能です。
- オブジェクトに指定できるのは、WorksheetオブジェクトとChartオブジェクトです。

構文 **オブジェクト.PageSetup.EvenPage.ヘッダーやフッターを参照するプロパティ.Text**

- 偶数ページのヘッダーやフッターを設定するには、EvenPageオブジェクトの各プロパティでヘッダーやフッターを参照し、Textプロパティにヘッダーやフッターの内容を設定します。設定されている値を取得することも可能です。

●ヘッダーやフッターを参照するプロパティ

場所	プロパティ
左側のヘッダー	LeftHeader
中央部のヘッダー	CenterHeader
右側のヘッダー	RightHeader
左側のフッター	LeftFooter
中央部のフッター	CenterFooter
右側のフッター	RightFooter

- ヘッダーやフッターに設定するVBAコードや書式コードとその記述方法については、ワザ406を参照してください。
- オブジェクトに指定できるのは、WorksheetオブジェクトとChartオブジェクトです。

関連ワザ 405 ヘッダーおよびフッターを設定する………P.499
関連ワザ 406 ヘッダーおよびフッターで使用するVBAコードと書式コードの種類と記述ルール………P.500
関連ワザ 408 先頭ページだけ別のヘッダーを設定する………P.503
関連ワザ 411 選択した行をタイトル行に設定する………P.508

ワザ 408 先頭ページだけ別のヘッダーを設定する

難易度 ●●○ | 頻出度 ●●○ | 対応Ver. 365 2021 2019 2016

ヘッダーの設定で、先頭ページの左側のヘッダーだけ違う内容を設定します。フッターの設定は、すべてのページの中央にページ番号を設定します。通常のヘッダーとフッターの設定は2ページ目以降の設定となり、先頭ページの設定だけ特別な形で記述します。フッターはすべてのページに設定するので、通常の設定と先頭ページの設定の両方に記述してください。設定した結果は、印刷プレビューを表示して確認します。なお、サンプルファイル（408.xlsm）の［10月研修一覧］シートには、あらかじめ印刷のタイトル行（1行目から2行目まで）が設定されています（ワザ395参照）。

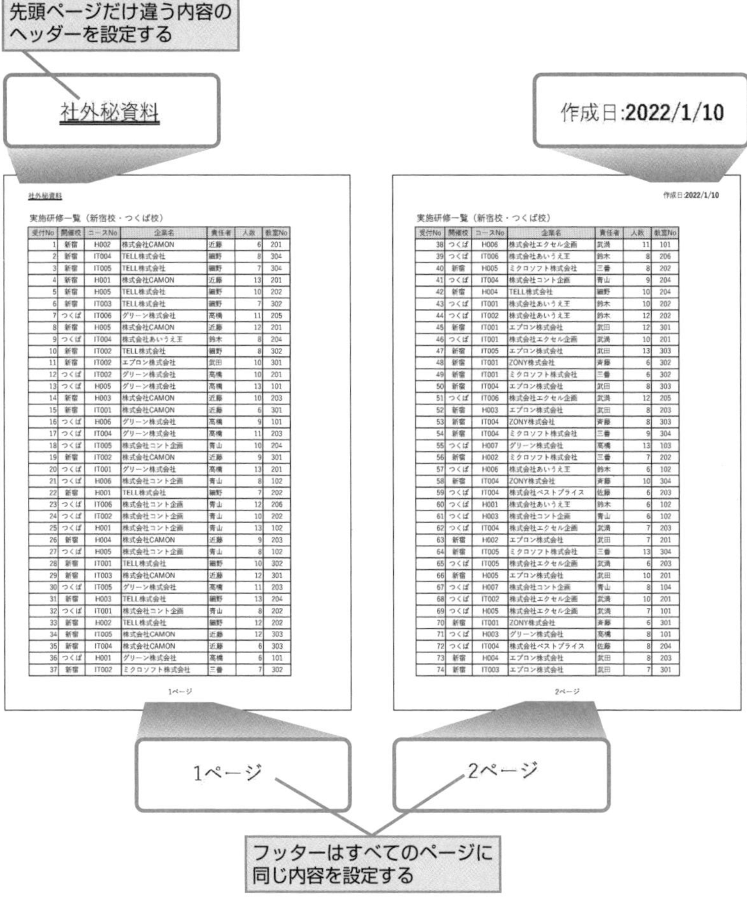

社外秘資料

実施研修一覧（新宿校・つくば校）

受付No	開催校	コースNo	企業名	責任者	人数	教室No
1	新宿	H002	株式会社CAMON	近藤	6	201
2	新宿	IT004	TELL株式会社	細野	8	304
3	新宿	IT005	TELL株式会社	細野	7	304
4	新宿	H001	株式会社CAMON	近藤	13	201
5	新宿	H005	TELL株式会社	細野	10	202
6	新宿	IT003	TELL株式会社	細野	7	302
7	つくば	IT006	グリーン株式会社	高橋	11	205
8	新宿	H005	株式会社CAMON	近藤	12	201
9	つくば	IT004	株式会社あいうえ王	鈴木	8	204
10	新宿	IT002	TELL株式会社	細野	8	302
11	新宿	IT002	エプロン株式会社	武田	10	301
12	つくば	IT002	グリーン株式会社	高橋	10	201
13	つくば	H005	グリーン株式会社	高橋	13	101
14	新宿	H003	株式会社CAMON	近藤	10	203
15	新宿	IT001	株式会社CAMON	近藤	6	301
16	つくば	H006	グリーン株式会社	高橋	9	101
17	つくば	IT004	グリーン株式会社	高橋	11	203
18	つくば	IT005	株式会社コント企画	青山	10	204
19	新宿	IT002	株式会社CAMON	近藤	9	301
20	つくば	IT001	グリーン株式会社	高橋	13	201
21	つくば	H006	株式会社コント企画	青山	8	102
22	新宿	H001	TELL株式会社	細野	7	202
23	つくば	IT006	株式会社コント企画	青山	12	206
24	つくば	IT002	株式会社コント企画	青山	10	202
25	つくば	H001	株式会社コント企画	青山	13	102
26	新宿	H004	株式会社CAMON	近藤	9	203
27	つくば	H005	株式会社コント企画	青山	8	102
28	新宿	IT001	TELL株式会社	細野	10	302
29	新宿	IT003	株式会社CAMON	近藤	12	301
30	つくば	IT005	グリーン株式会社	高橋	11	203
31	新宿	H003	TELL株式会社	細野	13	204
32	つくば	IT001	株式会社コント企画	青山	8	202
33	新宿	H002	TELL株式会社	細野	12	202
34	新宿	IT005	株式会社CAMON	近藤	12	303
35	新宿	IT004	株式会社CAMON	近藤	6	303
36	つくば	H001	グリーン株式会社	高橋	6	101
37	新宿	IT002	ミクロソフト株式会社	三番	7	302

1ページ

作成日:2022/1/10

実施研修一覧（新宿校・つくば校）

受付No	開催校	コースNo	企業名	責任者	人数	教室No
38	つくば	H006	株式会社エクセル企画	武満	11	101
39	つくば	IT006	株式会社あいうえ王	鈴木	8	206
40	新宿	H005	ミクロソフト株式会社	三番	8	202
41	つくば	IT004	株式会社コント企画	青山	9	204
42	新宿	H004	TELL株式会社	細野	10	204
43	つくば	IT001	株式会社あいうえ王	鈴木	10	202
44	つくば	IT002	株式会社あいうえ王	鈴木	12	202
45	新宿	IT001	エプロン株式会社	武田	12	301
46	つくば	IT001	株式会社エクセル企画	武満	10	201
47	新宿	IT005	エプロン株式会社	武田	13	303
48	新宿	IT001	ZONY株式会社	斉藤	6	302
49	新宿	IT001	ミクロソフト株式会社	三番	6	302
50	新宿	IT004	エプロン株式会社	武田	8	303
51	つくば	IT006	株式会社エクセル企画	武満	12	205
52	新宿	H003	エプロン株式会社	武田	8	203
53	新宿	IT004	ZONY株式会社	斉藤	8	303
54	新宿	IT004	ミクロソフト株式会社	三番	9	304
55	つくば	H007	グリーン株式会社	高橋	13	103
56	新宿	H002	ミクロソフト株式会社	三番	7	202
57	つくば	H006	株式会社あいうえ王	鈴木	6	102
58	新宿	IT004	ZONY株式会社	斉藤	10	304
59	つくば	IT004	株式会社ベストプライス	佐藤	6	203
60	つくば	H001	株式会社あいうえ王	鈴木	6	102
61	つくば	H003	株式会社コント企画	青山	6	102
62	つくば	IT004	株式会社エクセル企画	武満	7	203
63	新宿	H002	エプロン株式会社	武田	7	201
64	新宿	IT005	ミクロソフト株式会社	三番	13	304
65	つくば	IT005	株式会社エクセル企画	武満	6	203
66	新宿	H005	エプロン株式会社	武田	10	201
67	つくば	H007	株式会社コント企画	青山	8	104
68	つくば	IT002	株式会社エクセル企画	武満	10	201
69	つくば	H005	株式会社エクセル企画	武満	7	101
70	新宿	IT001	ZONY株式会社	斉藤	6	301
71	つくば	H003	グリーン株式会社	高橋	8	101
72	つくば	IT004	株式会社ベストプライス	佐藤	8	204
73	新宿	H004	エプロン株式会社	武田	8	203
74	新宿	IT003	エプロン株式会社	武田	7	301

2ページ

次のページに続く▶

入力例

408.xlsm

```
Sub 先頭ページ別ヘッダーフッター()
    With ActiveSheet.PageSetup
        .RightHeader = "作成日:&B&D" ←1
        .CenterFooter = "&Pページ"
        .DifferentFirstPageHeaderFooter = True ←2
        .FirstPage.LeftHeader.Text = "&E社外秘資料" ←3
        .FirstPage.CenterFooter.Text = "&Pページ" ←4
    End With
    ActiveSheet.PrintPreview
End Sub
```

1右側のヘッダーに[作成日:(現在の日付)]を設定し、現在の日付部分を太字に設定する。結果的に、この設定が2ページ目以降の設定となる 2先頭ページに別のヘッダーおよびフッターを設定できるようにする 3先頭ページの左側のヘッダーに「社外秘資料」という文字列を設定し、[二重下線]を設定する 4先頭ページの中央のフッターにページ番号を設定する

ポイント

構文 オブジェクト.PageSetup.DifferentFirstPageHeaderFooter

- DifferentFirstPageHeaderFooterプロパティに「True」を設定すると、先頭ページに別のヘッダーおよびフッターを設定できるようになります。設定されている値を取得することも可能です。
- オブジェクトに指定できるのは、WorksheetオブジェクトとChartオブジェクトです。

構文 オブジェクト.PageSetup.FirstPage.ヘッダーやフッターを参照するプロパティ.Text

- 先頭ページのヘッダーやフッターを設定するには、FirstPageオブジェクトの各プロパティでヘッダーやフッターを参照し、Textプロパティにヘッダーやフッターの内容を設定します。設定されている値を取得することも可能です。

●ヘッダーやフッターを参照するプロパティ

場所	プロパティ
左側のヘッダー	LeftHeader
中央部のヘッダー	CenterHeader
右側のヘッダー	RightHeader
左側のフッター	LeftFooter
中央部のフッター	CenterFooter
右側のフッター	RightFooter

- ヘッダーやフッターに設定するVBAコードと書式コードとその記述方法については、ワザ406を参照してください。
- オブジェクトに指定できるのは、WorksheetオブジェクトとChartオブジェクトです。

関連ワザ 405 ヘッダーおよびフッターを設定する………P.499
関連ワザ 406 ヘッダーおよびフッターで使用するVBAコードと書式コードの種類と記述ルール………P.500
関連ワザ 407 偶数ページに別のヘッダーとフッターを設定する………P.501
関連ワザ 411 選択した行をタイトル行に設定する………P.508

ワザ 409 ヘッダーに画像を設定する

難易度 ●●○ ｜ 頻出度 ●○○ ｜ 対応Ver. 365 2021 2019 2016

アクティブシートの右側のヘッダーに画像を設定します。印刷範囲に画像がはみ出てしまわないように、ヘッダーの余白に画像の高さを加えた高さをページの上余白に設定しています。このワザでは、アクティブシートだけに画像を設定していますが、複数のワークシートに対して同じ画像を設定する場合などに活用すると便利です。

アクティブシートの右側のヘッダーに画像を設定して、印刷プレビューを表示する

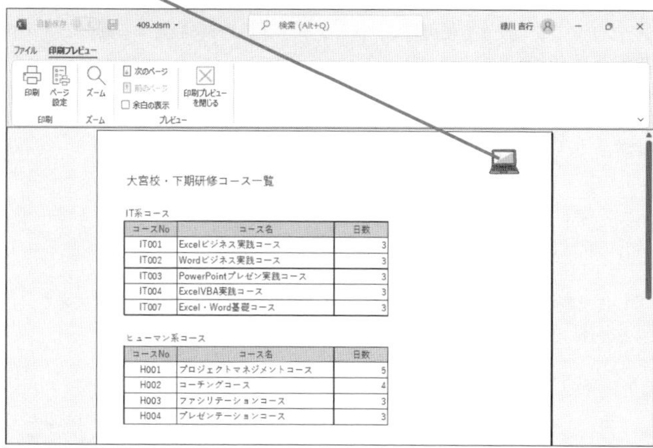

入力例　409.xlsm

```
Sub ヘッダー画像設定()
    With ActiveSheet.PageSetup
        .RightHeaderPicture.Filename = "C:¥データ¥パソコンイラスト.bmp" ←1
        .RightHeaderPicture.Height = 50 ←2
        .RightHeaderPicture.Width = 50 ←3
        .TopMargin = .HeaderMargin + 50 ←4
        .RightHeader = "&G" ←5
    End With
    ActiveSheet.PrintPreview
End Sub
```

1 右側のヘッダーの画像として、Cドライブの［データ］フォルダーにある［パソコンイラスト.bmp］を設定する　2 右側のヘッダーの画像の高さを50ポイントに設定する　3 右側のヘッダーの画像の幅を50ポイントに設定する　4 ヘッダー余白に50ポイント（画像の高さ）を加えた高さをページの上余白に設定する　5 右側のヘッダーに画像を表示する

関連ワザ 405 ヘッダーおよびフッターを設定する………P.499
関連ワザ 406 ヘッダーおよびフッターで使用するVBAコードと書式コードの種類と記述ルール………P.500

次のページに続く▶

ポイント

構　文　**オブジェクト.PageSetup.ヘッダーやフッターに画像を設定するプロパティ.Graphicオブジェクトのプロパティ**

- ヘッダーやフッターに画像を設定するプロパティは、次の通りです。これらのプロパティは、ヘッダーやフッターに設定する画像を表すGraphicオブジェクトを返します(取得のみ)。

●ヘッダーやフッターに画像を設定するプロパティ

プロパティ	場所
LeftHeaderPicture	左側のヘッダー
CenterHeaderPicture	中央部のヘッダー
RightHeaderPicture	右側のヘッダー
LeftFooterPicture	左側のフッター
CenterFooterPicture	中央部のフッター
RightFooterPicture	右側のフッター

- 取得したGraphicオブジェクトのプロパティを使用して、ヘッダーやフッターに設定する画像のファイルパスや大きさなどを取得・設定します。

●Graphicオブジェクトの主なプロパティ

プロパティ	取得・設定内容
Filename	画像ファイルのファイルパス
Height	画像ファイルの高さ（ポイント単位）
Width	画像ファイルの幅（ポイント単位）

- 設定した画像を表示するには、表示したいヘッダーやフッターにVBAコード「&G」を設定してください。
- オブジェクトに指定できるのは、Worksheetオブジェクトと Chartオブジェクトです。

ワザ 410 選択したセル範囲を印刷範囲に設定する

難易度 ●○○ | 頻出度 ●●● | 対応Ver. 365 2021 2019 2016

選択したセル範囲を印刷範囲に設定して、印刷プレビューを表示します。その後、設定した印刷範囲を解除します。サンプルコードのPrintPreviewメソッドをPrintOutメソッドに書き換えることで、実際に印刷を実行できます。なお、プロシージャーは、印刷範囲に設定したいセル範囲を選択してから実行してください。

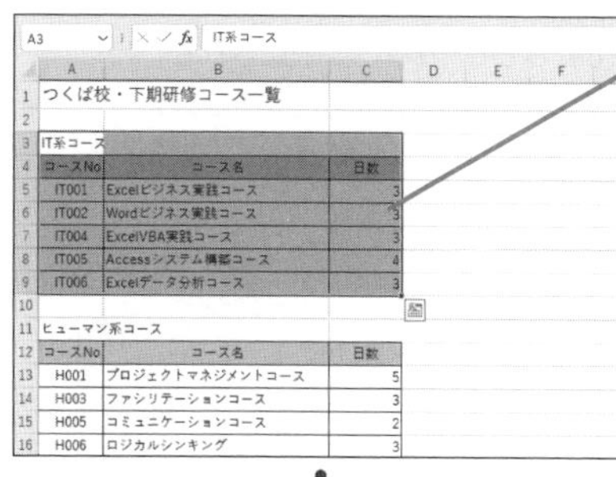

印刷範囲に設定したいセル範囲を選択して、プロシージャーを実行する

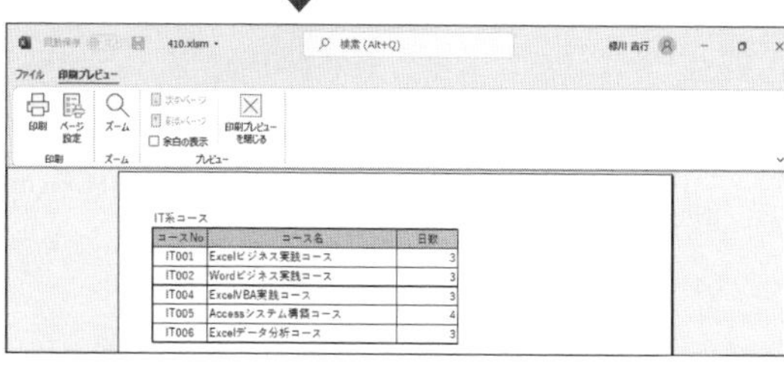

選択したセル範囲が印刷範囲に設定され、印刷プレビューが表示される

入力例　410.xlsm

```
Sub 印刷範囲設定()
    With ActiveSheet
        .PageSetup.PrintArea = Selection.Address ←1
        .PrintPreview
        .PageSetup.PrintArea = False ←2
    End With
End Sub
```

1印刷範囲として、選択されているセル範囲のセル番号を設定する　2印刷範囲の設定を解除する

ポイント

構文 Worksheetオブジェクト.PageSetup.PrintArea

- 印刷範囲を取得・設定するには、PageSetupオブジェクトのPrintAreaプロパティを使用します。
- 印刷範囲は、A1形式で記述したセル番号を使用して設定します。ここでは、Addressプロパティを使用してA1形式のセル番号を設定しています。
- 印刷範囲を解除するには、「False」または「""」（長さ0の文字列）を設定します。

ワザ 411 選択した行をタイトル行に設定する

難易度 ●○○ | 頻出度 ●●● | 対応Ver. 365 2021 2019 2016

選択したセル範囲をタイトル行に設定して、印刷プレビューを表示します。その後、設定したタイトル行を解除します。セル単位でタイトル行の範囲を選択しても、行全体がタイトル行に設定されます。サンプルコードのPrintPreviewメソッドをPrintOutメソッドに書き換えることで、実際に印刷を実行できます。なお、プロシージャーは、タイトル行に設定したい行を選択してから実行してください。

タイトル行に設定したい行を選択してプロシージャーを実行する

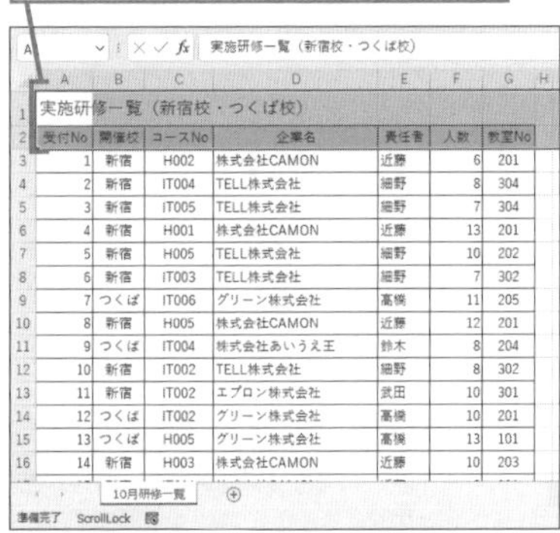

選択した行がタイトル行に設定されて印刷プレビューが表示される

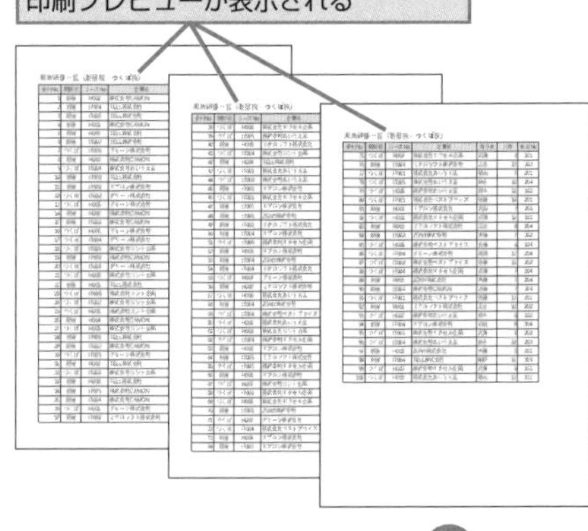

入力例 411.xlsm

```
Sub タイトル行設定()
    With ActiveSheet
        .PageSetup.PrintTitleRows = Selection.Address ←1
        .PrintPreview
        .PageSetup.PrintTitleRows = False ←2
    End With
End Sub
```

1選択されているセル範囲の行番号をタイトル行として設定する　2タイトル行の設定を解除する

ポイント

構文 Worksheetオブジェクト.PageSetup.PrintTitleRows

- タイトル行（すべてのページの上端に印刷したい行）を取得・設定するには、PageSetupオブジェクトのPrintTitleRowsプロパティを使用します。
- タイトル行は、A1形式で記述した行番号を使用して設定します。ここでは、Addressプロパティを使用してA1形式の行番号を設定しています。
- タイトル行に設定したい行内の単一セルを指定して、その行全体をタイトル行に設定することもできます。
- タイトル行を解除するには、「False」または「""」（長さ0の文字列）を設定します。
- タイトル列（すべてのページの左端に印刷したい列）を取得・設定するには、PageSetupオブジェクトのPrintTitleColumnsプロパティを使用します。設定方法や使用方法は、PrintTitleRowsプロパティと同様です。

ワザ 412 行列番号とセルの枠線を印刷する

難易度 ●○○ | 頻出度 ●○○ | 対応Ver. 365 2021 2019 2016

行列番号を印刷すると、ワークシートのセル番号がひと目で分かるようになり、枠線を印刷すると、セルの区切りが明確になるため、ワークシートの内容をチェックしやすくなります。ここでは、行列番号とセルの枠線、入力した数式を印刷して、ワークシートに入力した数式の内容をチェックしやすくします。なお、印刷が終了したら、それぞれの設定を元に戻して、その後の作業に影響がないように配慮しています。

	A	B	C	D	E
1	12月売上実績デー				
2	営業名	今期実績	前期実績	前年比	構成比
3	鈴木	1265	1540	=B3/C3	=B3/$B$8
4	佐藤	2650	1985	=B4/C4	=B4/$B$8
5	江川	1895	2120	=B5/C5	=B5/$B$8
6	斉藤	2245	1654	=B6/C6	=B6/$B$8
7	木村	2150	1730	=B7/C7	=B7/$B$8
8	合計	=SUM(B3:B7)	=SUM(C3:C7)	=B8/C8	=B8/$B$8

行列番号とセルの枠線、入力した数式を印刷するように設定して、印刷プレビューを表示する

入力例

412.xlsm

```
Sub 行列番号と枠線を印刷()
    ActiveWindow.DisplayFormulas = True ←1
    With ActiveSheet
        .PageSetup.PrintHeadings = True ←2
        .PageSetup.PrintGridlines = True ←3
        .PrintPreview
        .PageSetup.PrintHeadings = False ←4
        .PageSetup.PrintGridlines = False ←5
    End With
    ActiveWindow.DisplayFormulas = False ←6
End Sub
```

1 入力されている数式を画面に表示する　2 行列番号を印刷する設定にする　3 枠線を印刷する設定にする　4 行列番号を印刷しない設定にする　5 枠線を印刷しない設定にする　6 入力されている数式を画面に表示しない設定にする

ポイント

構文　**Worksheetオブジェクト.PageSetup.PrintHeadings**

- 行列番号を印刷するには、PageSetupオブジェクトのPrintHeadingsプロパティに「True」を設定します。「False」を設定すると、行列番号を印刷しない設定になります。

構文　**Worksheetオブジェクト.PageSetup.PrintGridlines**

- 枠線を印刷するには、PageSetupオブジェクトのPrintGridlinesプロパティに「True」を設定します。「False」を設定すると、枠線を印刷しない設定になります。

構文　**Windowオブジェクト.DisplayFormulas**

- WindowオブジェクトのDisplayFormulasプロパティに「True」を設定すると、セルに入力されている数式を表示できます。「False」を設定すると、数式を表示しない元の状態に戻ります。
- PrintHeadingsプロパティ、PrintGridlinesプロパティ、DisplayFormulasプロパティともに、設定されている値を取得することも可能です。

ワザ 413 メモを最終ページにまとめて印刷する

難易度 ●○○ ｜ 頻出度 ●○○ ｜ 対応Ver. 365 2021 2019 2016

セルに設定されているメモ（Excel 2019/2016では「コメント」）の印刷方法を設定するには、PageSetupオブジェクトのPrintCommentsプロパティを使用します。メモの印刷方法の設定のうち、メモを最終ページにまとめて印刷するように設定すると、メモが設定されているセル番号とメモの内容をまとめて確認できるので便利です。ここでは、印刷プレビューを表示したあと、メモを印刷しない設定に戻して、その後の作業に影響がないように配慮しています。

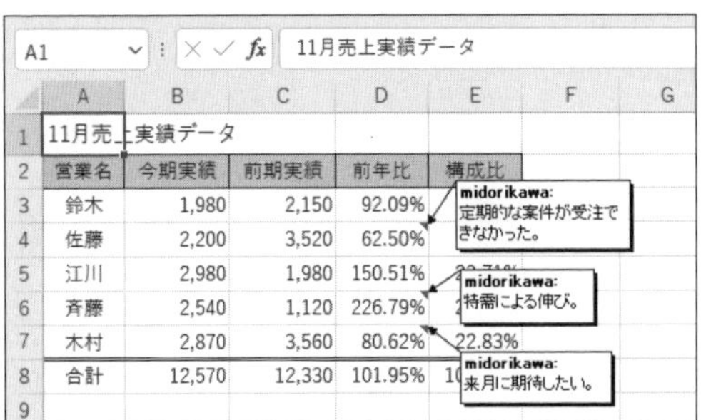

メモを最終ページにまとめて印刷するように設定して印刷プレビューを表示する

セル: D4
メモ: midorikawa:
定期的な案件が受注できなかった。

セル: D6
メモ: midorikawa:
特需による伸び。

セル: D7
メモ: midorikawa:
来月に期待したい。

入力例

413.xlsm

```
Sub メモ印刷()
    With ActiveSheet
        .PageSetup.PrintComments = xlPrintSheetEnd ←1
        .PrintPreview
        .PageSetup.PrintComments = xlPrintNoComments ←2
    End With
End Sub
```

1 メモを最終ページにまとめて印刷する設定にする　2 メモを印刷しない設定にする

ポイント

構文　`Worksheetオブジェクト.PageSetup.PrintComments`

- ワークシートに入力されているメモの印刷方法を取得・設定するには、PageSetupオブジェクトのPrintCommentsプロパティを使用します。

●PrintCommentsプロパティの設定値（XlPrintLocation列挙型の定数）

定数	値	内容
xlPrintSheetEnd	1	メモの内容を最終ページにまとめて印刷
xlPrintInPlace	16	表示されているメモを画面の表示通りに印刷
xlPrintNoComments	-4142	メモの内容を印刷しない

関連ワザ 139 セルにメモを挿入する………P.189
関連ワザ 141 セルに設定されているメモの一覧表を作成する………P.191

ワザ 414 セルのエラー値を「－」（ダッシュ）に置き換えて印刷する

難易度 ●○○ ｜ 頻出度 ●●○ ｜ 対応Ver. 365 2021 2019 2016

「数値を『0』で割る」といった計算を行うと、セルに「エラー値」が表示されます。このようなセルのエラー値を印刷したくない場合は、エラー値を「－」（ダッシュ）や空白などに置き換えて印刷します。入力したデータによって、どうしてもエラー値が表示されてしまう場合に便利です。ここでは、エラー値「#DIV/0!」を「－」に置き換えて印刷を実行します。印刷の実行が終了したら、エラー値の印刷設定を元の状態に戻して、その後の作業に影響がないように配慮しています。

	A	B	C	D	E
1	10月売上実績データ				
2	営業名	今期実績	前期実績	前年比	構成比
3	鈴木	3,980	3,560	111.80%	33.36%
4	佐藤	2,498	2,589	96.49%	20.94%
5	江川	2,245	1,980	113.38%	18.82%
6	斉藤	1,150	0	#DIV/0!	9.64%
7	木村	2,056	1,658	124.00%	17.24%
8	合計	11,929	9,787	121.89%	100.00%

エラー値「#DIV/0!」を「－」に置き換えて印刷するように設定して、印刷プレビューを表示する

10月売上実績データ

営業名	今期実績	前期実績	前年比	構成比
鈴木	3,980	3,560	111.80%	33.36%
佐藤	2,498	2,589	96.49%	20.94%
江川	2,245	1,980	113.38%	18.82%
斉藤	1,150	0	－	9.64%
木村	2,056	1,658	124.00%	17.24%
合計	11,929	9,787	121.89%	100.00%

入力例

414.xlsm

```
Sub エラー値置き換え印刷()
    With ActiveSheet
        .PageSetup.PrintErrors = xlPrintErrorsDash ←1
        .PrintPreview
        .PageSetup.PrintErrors = xlPrintErrorsDisplayed ←2
    End With
End Sub
```

1エラー値を「－」に置き換えて印刷する設定にする　2エラー値を置き換えずに印刷するように設定する

ポイント

構文　Worksheetオブジェクト.PageSetup.PrintErrors

- エラー値を特定の文字に置き換えて印刷するには、PageSetupオブジェクトのPrintErrorsプロパティに、置き換えたい文字を指定します。

●PrintErrorsプロパティの設定値（XlPrintErrors列挙型の定数）

定数	値	内容
xlPrintErrorsDisplayed	0	エラー値を置き換えずに印刷する
xlPrintErrorsBlank	1	エラー値を空白に置き換えて印刷する
xlPrintErrorsDash	2	エラー値を「－」に置き換えて印刷する
xlPrintErrorsNA	3	エラー値を「#N/A」に置き換えて印刷する

- PrintErrorsプロパティの値を取得して、エラー値がどの文字に置き換えられるのかを調べることも可能です。

ワザ 415 印刷される総ページ数を調べる

難易度 ●○○ ｜ 頻出度 ●●○ ｜ 対応Ver. 365 2021 2019 2016

印刷を実行する前に、印刷される総ページ数を調べてメッセージで表示します。印刷する前に総ページ数が把握できるので、「印刷したら用紙が足りなかった」といったトラブルを避けられます。ここでは、PagesコレクションのCountプロパティを使用して、印刷される総ページ数を調べています。なお、サンプルファイル（415.xlsm）の［10月研修一覧］シートには、あらかじめ印刷のタイトル行（1行目から2行目まで）が設定されています（ワザ395参照）。

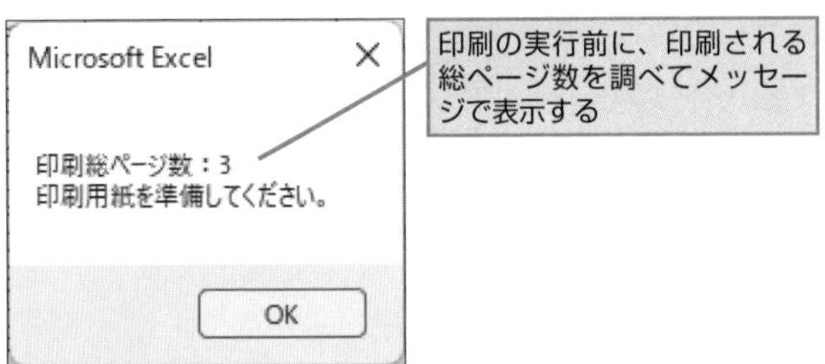

入力例

415.xlsm

```
Sub 印刷総ページ数()
    MsgBox "印刷総ページ数:" & _  ←1
       ActiveSheet.PageSetup.Pages.Count & vbCrLf & "印刷用紙を準備してください。"
    ActiveSheet.PrintOut
End Sub
```

1 印刷される総ページ数を取得してメッセージで表示する

ポイント

構文 `オブジェクト.PageSetup.Pages.Count`

- PageSetupオブジェクトのPagesプロパティを使用して、印刷するすべてのページを表すPagesコレクションを参照します。
- PagesコレクションのCountプロパティを使用して、印刷する枚数を取得します。
- オブジェクトに指定できるのは、WorksheetオブジェクトとChartオブジェクトです。

関連ワザ 391 ページを指定してブックの内容を2部ずつ印刷する………P.482
関連ワザ 401 指定ページ数に収めて印刷する………P.495

第11章

図形の操作

この章では、図形の作成や削除、効果の付け方など、Excel VBAで図形を扱うためのさまざまな方法を説明します。また、表を元にグラフを作成し、作成したグラフを編集する方法も説明しています。図形やグラフに関する基本的なワザから応用的なワザまで幅広く紹介しています。

ワザ416 ワークシート上のすべての図形や画像を削除する

難易度 ○○○ ｜ 頻出度 ○○○ ｜ 対応Ver. 365 2021 2019 2016

ワークシート上のすべての図形や画像は、Shapesコレクションで参照できます。Shapesコレクションは、Deleteメソッドを持ちません。そのため、図形や画像をすべて削除するには、ShapesコレクションのSelectAllメソッドを使って選択してから、Selectionプロパティで選択されているものを参照し、その中で図形範囲をShapeRangeプロパティで取得してDeleteメソッドで削除します。

アクティブシートに含まれるすべての図形や画像を削除する

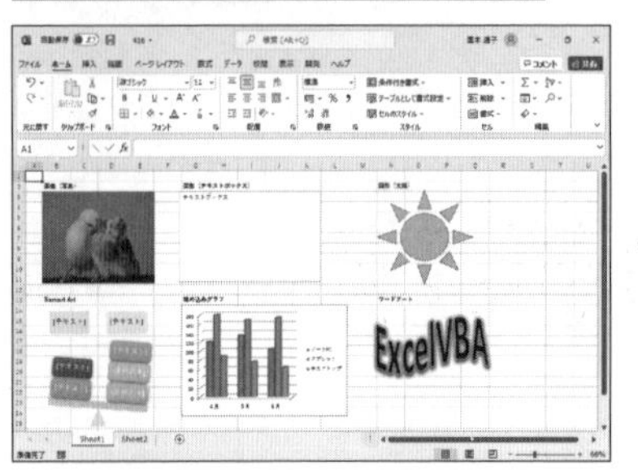

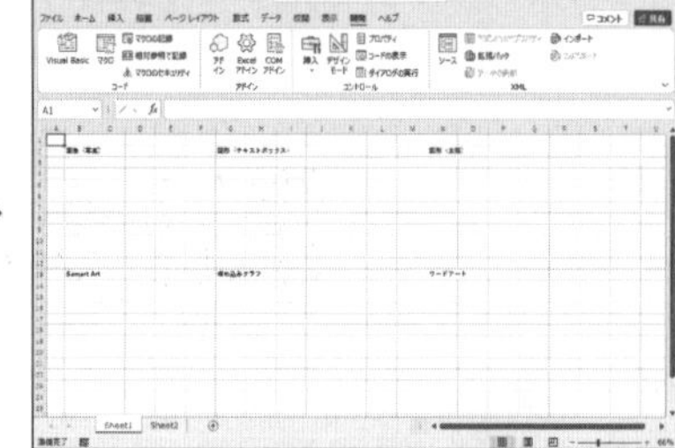

入力例　416.xlsm

```
Sub すべての図形を削除する()
    ActiveSheet.Shapes.SelectAll  ←1
    Selection.ShapeRange.Delete  ←2
End Sub
```

1アクティブシートのすべての図形や画像を選択する　2選択されている図形や画像を削除する

ポイント

構文　Worksheetオブジェクト.Shapes

- ワークシート上のすべての図形や画像は、WorksheetオブジェクトのShapesプロパティを使用してShapesコレクションで参照します(取得のみ)。
- 入力例のようにShapesコレクションのSelectAllメソッドですべての図形や画像を選択し、SelectionオブジェクトのShapesRangeプロパティを使用して、選択されているすべての図形や画像を参照します(ワザ418参照)。

関連ワザ 417 特定の図形を参照する………P.515
関連ワザ 418 複数の図形を参照する………P.516
関連ワザ 449 図形を削除する………P.548

ワザ 417 特定の図形を参照する

難易度 ●●○　頻出度 ●●○　対応Ver. 365 2021 2019 2016

ワークシート上の特定の図形は、WorksheetオブジェクトのShapesプロパティを使って、引数に図形のインデックス番号、または名前を指定して参照します。ここでは、アクティブシートにある図形をインデックス番号で参照し、インデックス番号を図形に表示して、[円柱3] の図形を選択します。特定の図形を対象に実行するときは、このワザを参考にして構文を記述しましょう。

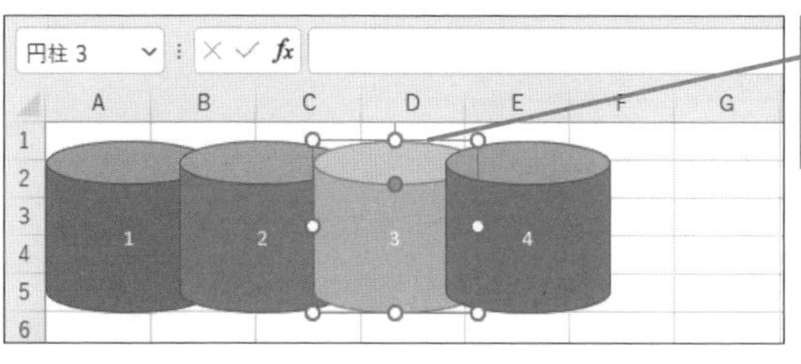

アクティブシートの図形をインデックス番号で参照し、インデックス番号を図形に表示して、[円柱3] の図形を選択する

入力例　417.xlsm

```
Sub 図形の参照と選択()
    Dim i As Integer
    For i = 1 To ActiveSheet.Shapes.Count ←1
        ActiveSheet.Shapes(i).TextFrame.Characters.Text = i ←2
    Next
    ActiveSheet.Shapes("円柱 3").Select ←3
End Sub
```

1変数「i」に「1」からアクティブシート上の図形の数まで順番に代入しながら、次の処理を実行する。ここでは、ShapesコレクションのCountプロパティで図形の数を取得している　2インデックス番号iの図形に文字列「i」を表示する　3アクティブシート上にある［円柱3］の図形を選択する

ポイント

構文　Worksheetオブジェクト.Shapes(Index)

- 特定の図形を参照するには、Shapeオブジェクトを使用します。Shapeオブジェクトは、WorksheetオブジェクトのShapesプロパティを使って上のように記述します。引数「Index」には、図形のインデックス番号または名前を指定します(取得のみ)。
- 図形のインデックス番号は、図形の重なり順で下から順番に「1、2、3、……」と設定されます。図形の重なり順を変更すると、インデックス番号も変更されるので注意してください。
- 名前を使って図形を指定する場合は、名前ボックスに表示されている名前をそのまま指定するか、Nameプロパティで取得した名前を指定します（ワザ420参照）。複数の図形を参照する場合は、ShapesコレクションのRangeプロパティを使います(ワザ418参照)。

関連ワザ 418 複数の図形を参照する………P.516
関連ワザ 420 図形に名前を設定する………P.518

ワザ 418 複数の図形を参照する

難易度 ●●○ | 頻出度 ●●○ | 対応Ver. 365 2021 2019 2016

ワークシート上にある1つまたは複数の図形を参照するには、図形範囲を表すShapeRangeオブジェクトを使用します。ShapeRangeオブジェクトは、ShapesコレクションのRangeプロパティまたはSelectionオブジェクトのShapeRangeプロパティで取得します。ここでは、アクティブシートのすべての図形を選択し、前景色を［白］に変更して、［太陽3］の図形と［涙形4］の図形を参照して削除します。

アクティブシートのすべての図形を選択し、前景色を［白］に変更して、［太陽3］の図形と［涙形4］の図形を参照して削除する

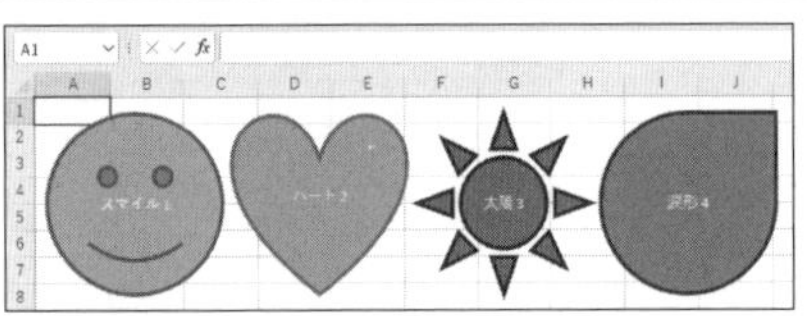

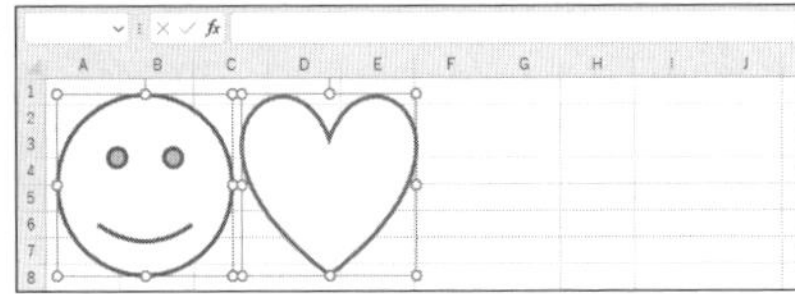

入力例

418.xlsm

```
Sub 複数の図形処理()
    ActiveSheet.Shapes.SelectAll ←1
    Selection.ShapeRange.Fill.ForeColor.RGB = rgbWhite ←2
    ActiveSheet.Shapes.Range(Array(3, 4)).Delete ←3
End Sub
```

1アクティブシートにあるすべての図形を選択する 2選択したすべての図形の前景色を［白］に設定する 33つ目と4つ目の図形（［太陽3］と［涙形4］）を削除する

ポイント

構文 Shapesコレクション.Range(Index)

構文 Selectionオブジェクト.ShapeRange

- ワークシート上の複数の図形に対して同時に削除や書式などを設定するには、図形範囲を表すShapeRangeオブジェクトに対して操作を行います。ShapeRangeオブジェクトは、ShapesコレクションのRangeプロパティまたはSelectionオブジェクトのShapeRangeプロパティを使用して取得します。
- Rangeプロパティの引数「Index」で、参照する図形のインデックス番号または名前を指定します。複数の図形を指定するには、Array関数を使って配列を作成して指定します。例えば、アクティブシートで［太陽3］と［涙形4］の図形を参照するには「ActiveSheet.Shapes.Range(Array("太陽3", "涙形4"))」のように記述します。
- ワークシート上のすべての図形に対して同時に削除や編集などの処理を行う場合は、Rangeプロパティではなく、ShapeRangeプロパティを使用してすべての図形を参照します。ShapesコレクションはShapeRangeプロパティを持たないため、Shapesコレクションに対してSelectAllメソッドですべての図形を選択した上でSelection.ShapeRangeと記述し、ShapeRangeオブジェクトを作成した後に処理を記述します。

関連ワザ 416 ワークシート上のすべての図形や画像を削除する………P.514
関連ワザ 417 特定の図形を参照する………P.515

ワザ 419 図形の重なる順序を変更する

難易度 ●●○ | 頻出度 ●●○ | 対応Ver. 365 2021 2019 2016

図形が重なる順番は、図形のインデックス番号と対応しており、ShapeオブジェクトのZOrderPositionプロパティで取得できます。図形の重なる順序を変更するには、ShapeオブジェクトのZOrderメソッドを使用します。ここでは、図形［弦2］の重なり順（インデックス番号）を調べ、そのインデックス番号を使用して図形を一番下に移動します。図形のインデックス番号を調べたり、順番を入れ替えたりするときに使えます。

図形［弦2］の重なり順（インデックス番号）を調べる

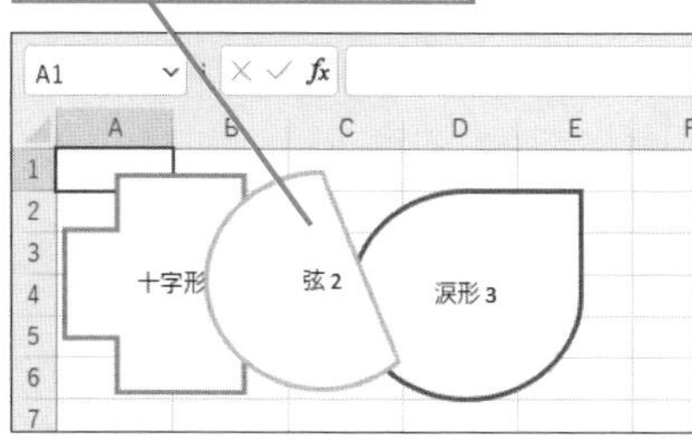

調べたインデックス番号を使って図形を参照して最背面に移動する

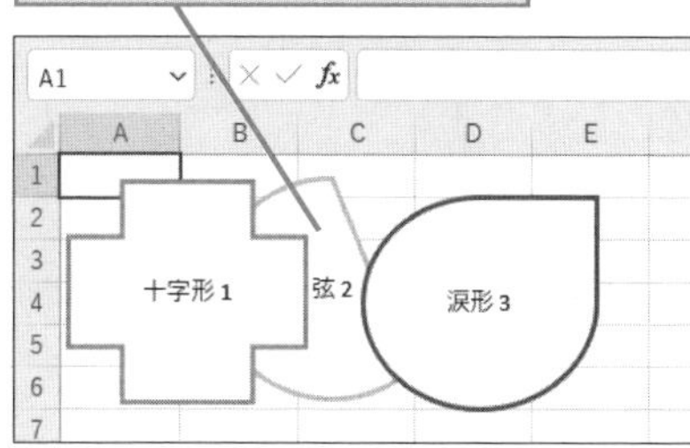

入力例　419.xlsm

```
Sub 図形の重なる順序を変更する()
    Dim myIndex As Integer
    myIndex = ActiveSheet.Shapes("弦 2").ZOrderPosition  ←1
    ActiveSheet.Shapes(myIndex).ZOrder msoSendToBack  ←2
End Sub
```

1図形［弦2］のインデックス番号を取得して変数「myIndex」に代入する　2変数「myIndex」の値を使って図形を参照し、最背面に移動する

ポイント

構文　**Shapeオブジェクト.ZOrderPosition**

- 図形の重なり順は、WorksheetオブジェクトのZOrderPositionプロパティで取得します。最背面にある図形から順番に「1、2、3、……」となります。この番号が図形のインデックス番号に対応しているため、図形のインデックス番号を調べることができます。

構文　**Shapeオブジェクト.ZOrder(ZOrderCmd)**

- 図形の重なり順を変更するには、ShapeオブジェクトのZOrderメソッドを使用して移動します。引数「ZOrderCmd」で移動先を次のように指定します。「msoBringForword」で1つ前面に移動、「msoBringToFront」で最前面に移動、「msoSendBackward」で1つ背面に移動、「msoSendToBack」で最背面に移動できます。

関連ワザ 418 複数の図形を参照する………P.516
関連ワザ 420 図形に名前を設定する………P.518

ワザ 420 図形に名前を設定する

難易度 ●●○ | 頻出度 ●●○ | 対応Ver. 365 2021 2019 2016

図形に名前を設定するには、ShapeオブジェクトのNameプロパティを使います。ここでは、アクティブシートにあるすべての図形について、名前を「Shape1」「Shape2」のように「Shape」とインデックス番号の組み合わせに変更します。図形についての操作を行うには、図形のインデックス番号や名前を使用します。正確に図形を参照するために、名前の取得と設定方法を覚えておきましょう。

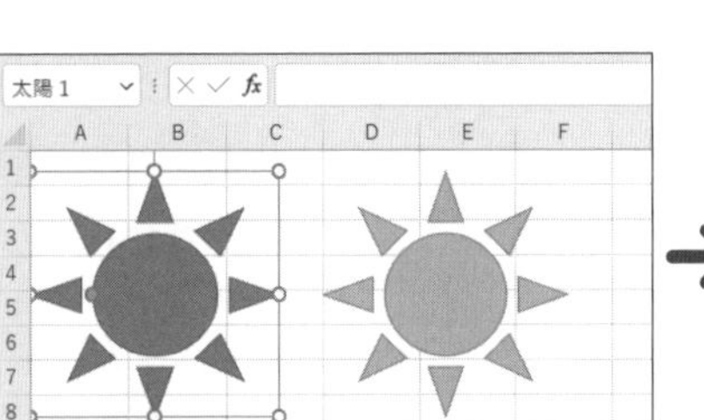

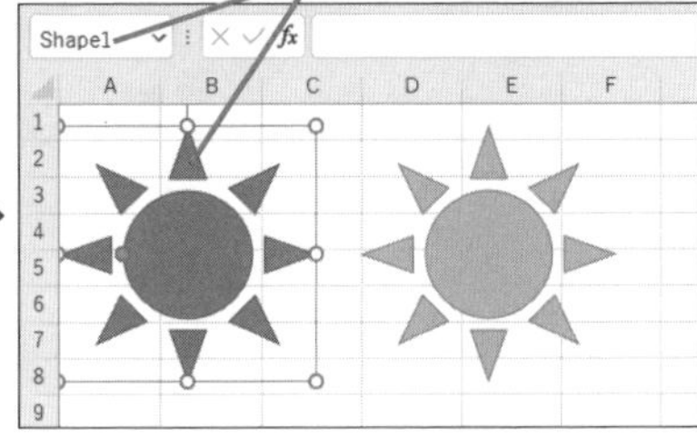

入力例 420.xlsm

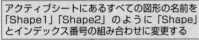

```
Sub 図形の名前を設定する()
    Dim i As Integer
    For i = 1 To ActiveSheet.Shapes.Count  ←1
        ActiveSheet.Shapes(i).Name = "Shape" & i  ←2
    Next
End Sub
```

1 変数「i」に、「1」からアクティブシートの図形の数まで、順番に数字を代入しながら、次の処理を実行する
2 インデックス番号iの図形の名前を、「Shape」にiを加えた名前に設定する

ポイント

構文 Shapeオブジェクト.Name

- 図形の名前を参照するには、ShapeオブジェクトのNameプロパティを使います。設定値には名前を文字列で指定します。値は取得と設定ができます。
- 作成されている図形に対して処理を行う場合、図形を参照します。名前を使って図形を参照する場合、名前ボックスに表示されている名前を正確に指定する必要があります。VBAで名前を使って図形を扱う場合は、標準で設定される名前を使うよりも、指定しやすい名前に変更した方がいいでしょう。

関連ワザ 417 特定の図形を参照する………P.515
関連ワザ 419 図形の重なる順序を変更する………P.517

ワザ 421

直線を引く

難易度 ○○○ | 頻出度 ○○○ | 対応Ver. 365 2021 2019 2016

ワークシート上に図形の直線を引くには、ShapesコレクションのAddLineメソッドを使用します。AddLineメソッドは直線を作成し、作成した直線を表すShapeオブジェクトを返します。ここでは、表のセルB2～D4に斜めの直線を引いています。罫線では引けない斜線を引く場合など、自由な角度と長さで直線を作成したいときには、図形の直線を使用します。

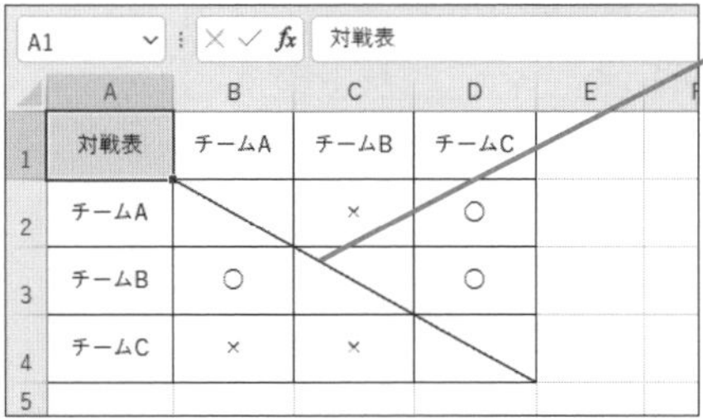

入力例　421.xlsm

```
Sub 直線を引く()
    With ActiveSheet.Shapes.AddLine(64.5, 33, 249, 132) ←1
        .Line.ForeColor.RGB = rgbBlack ←2
        .Name = "Line01" ←3
    End With
End Sub
```

1アクティブシートに始点が左から64.5ポイント、上から33ポイント、終点が左から249ポイント、上から132ポイントの直線を作成し、その直線について以下の処理を実行する　2直線の色を黒（rgbBlack）に設定する　3直線の名前を「Line01」に設定する

ポイント

構文　`Shapesコレクション.AddLine(BeginX, BeginY, EndX, EndY)`

- ワークシートに直線を追加するには、ShapesコレクションのAddLineメソッドを使用して、上のように記述します。引数「BeginX」は始点の左位置、引数「BeginY」は始点の上位置、引数「EndX」は終点の左位置、引数「EndY」は終点の上位置をそれぞれポイント単位で指定します。
- AddLineメソッドは、直線を作成するとともに、作成した直線を表すShapeオブジェクトを返します。そのため、Withステートメントを使用して、Lineプロパティによる直線の書式設定、Nameプロパティによる名前の設定など、図形の作成と各種設定を同時に行えます。

関連ワザ 422 セルやセル範囲に合わせて直線を引く………P.520
関連ワザ 423 コネクタを作成する………P.521

ワザ 422 セルやセル範囲に合わせて直線を引く

難易度 ●●○ | 頻出度 ●●○ | 対応Ver. 365 2021 2019 2016

セルやセル範囲に合わせて直線を引くには、AddLineメソッドの引数「BeginX」「BeginY」「EndX」「EndY」に、セルやセル範囲の左位置、上位置、幅、高さの値をそれぞれ設定します。ここでは、ワザ421と同じ処理になりますが、セルB2～D4に対して、左上端から右下端に右下がりの斜線を引きます。直線をセルやセル範囲に合わせて作成するための基本的な設定方法として覚えておきましょう。

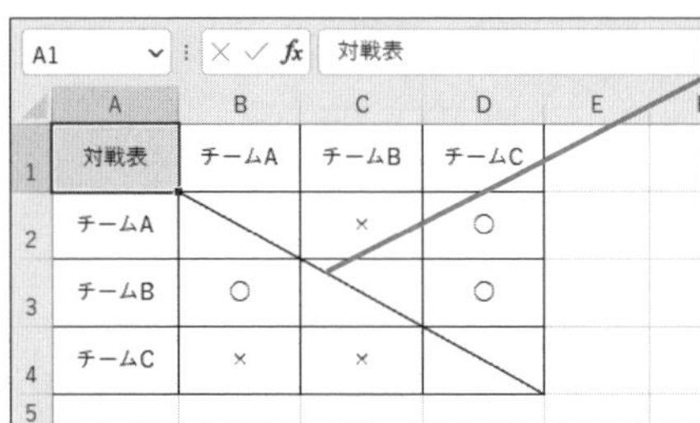

入力例　422.xlsm

```
Sub 指定範囲に直線を引く()
    Dim myRange As Range
    Set myRange = Range("B2:D4")  ←1
    With ActiveSheet.Shapes.AddLine(myRange.Left, myRange.Top, _  ←2
        myRange.Left + myRange.Width, myRange.Top + myRange.Height)
        .Line.ForeColor.RGB = rgbBlack  ←3
        .Name = "Line01"
    End With
End Sub
```

1Range型の変数「myRange」にセルB2～D4を代入する　2始点を変数「myRange」の左上端、終点を変数「myRange」の右下端として直線を作成し、その直線に以下の処理を実行する　3直線の色を黒、名前を「Line01」に設定する

ポイント

- 直線を作成するときは、始点、終点をポイント単位で設定しますが、数値を直接指定するよりも、セルやセル範囲に合わせて指定した方が正確です。入力例のようにセルB2～D4の左上端を始点、右下端を終点として直線を作成するには、セルB2～D4のLeft、Top、Width、Heightプロパティを組み合わせて設定します。

関連ワザ 421 直線を引く………P.519
関連ワザ 423 コネクタを作成する………P.521

ワザ 423 コネクタを作成する

難易度 ●●○ | 頻出度 ●○○ | 対応Ver. 365 2021 2019 2016

図形同士を結ぶコネクタを作成するには、ShapesコレクションのAddConnectorメソッドを使用します。コネクタは、始点や終点をほかの図形の結合点に接続できます。結合点に接続することで、ほかの図形を移動しても接続状態は保たれます。ここでは、図形［Shape1］と図形［Shape2］の両方の結合点に接続するカギ線のコネクタを作成します。移動する可能性のある図形との接続状態を維持したいときに使用しましょう。

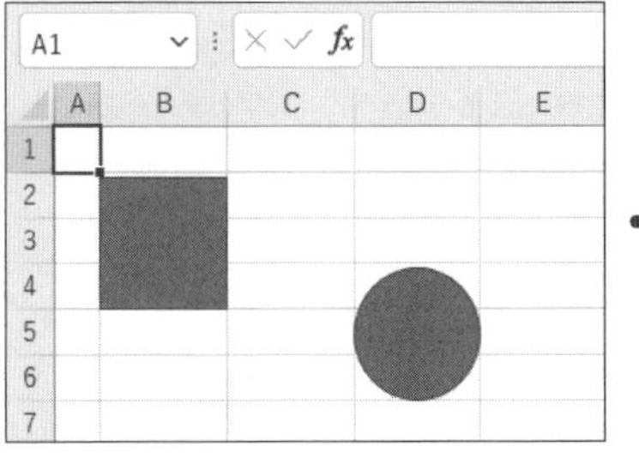

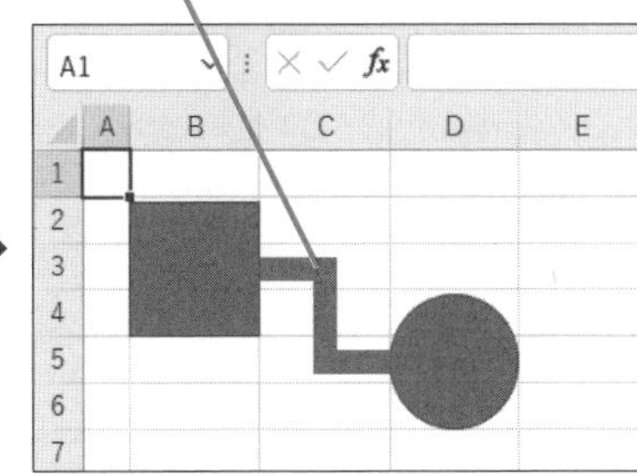

入力例　423.xlsm

```
Sub コネクタを作成する()
    With ActiveSheet.Shapes.AddConnector(msoConnectorElbow, 50, 50, 100, 100) ←1
        .ConnectorFormat.BeginConnect ActiveSheet.Shapes("Shape1"), 4 ←2
        .ConnectorFormat.EndConnect ActiveSheet.Shapes("Shape2"), 3 ←3
        .Line.Weight = 10 ←4
    End With
End Sub
```

1アクティブシートにカギ線のコネクタを、始点の左端位置50ポイント、上端位置50ポイント、終点の左端位置100ポイント、上端位置100ポイントで作成し、作成したコネクタについて次の処理を実行する　2コネクタの始点を図形［Shape1］の4番目の結合点に接続する　3コネクタの終点を図形［Shape2］の3番目の結合点に接続する　4コネクタの太さを10ポイントに設定する

次のページに続く▶

ポイント

構　文　`Shapesコレクション.AddConnector(Type, BeginX, BeginY, EndX, EndY)`

● コネクタを作成するには、ShapesコレクションのAddConnectorメソッドを使用して上のように記述します。引数「Type」には、コネクタの種類を指定します。引数「BeginX」は始点の左位置、引数「BeginY」は始点の上位置、引数「EndX」は終点の左位置、引数「EndY」は終点の上位置を、それぞれポイント単位で指定します。

●引数「Type」の主な設定値

設定値	内容
msoConnectorStraight	直線
msoConnectorElbow	カギ線コネクタ
msoConnectorCurve	曲線コネクタ

構　文　`ConnectorFormatオブジェクト.BeginConnect(ConnectedShape, ConnectionSite)`

構　文　`ConnectorFormatオブジェクト.EndConnect(ConnectedShape, ConnectionSite)`

● ほかの図形の結合点に接続する場合は、ConnectorFormatオブジェクトのBeginConnectメソッドで始点を、EndConnectメソッドで終点を、それぞれ指定した図形の結合点に接続します。引数「ConnectedShape」では、コネクタの始点または終点を接続する図形を指定し、引数「ConnectionSite」では、接続する図形の結合点を指定します。結合点に始点や終点を接続すると、AddConnectorメソッドで指定した引数「BeginX」「BeginY」「EndX」「EndY」は無効になります。

● 引数「ConnectionSite」では、図形の結合点が上から左回りに順番に1、2、3と割り振られています。

●四角形の結合点

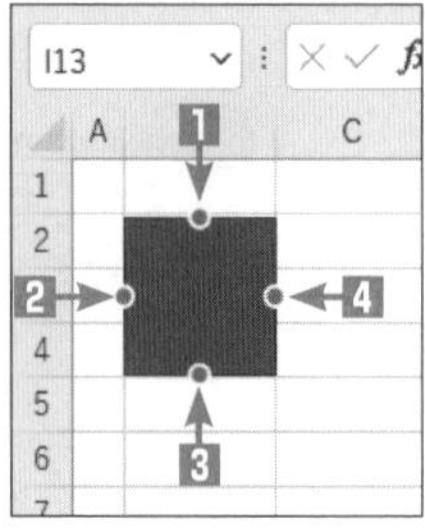

図形の結合点は上から左回りに1、2、3、4と割り振られる

構　文　`Shapeオブジェクト.RerouteConnections`

● コネクタで接続された2つの図形間で、コネクタの経路が最短距離になるように自動的に再接続させるには、ShapeオブジェクトのRerouteConnectionsメソッドを使います。

関連ワザ 421　直線を引く………P.519
関連ワザ 422　セルやセル範囲に合わせて直線を引く………P.520

ワザ 424 指定範囲にテキストボックスを作成する

難易度 ●●○ 頻出度 ●●○ 対応Ver. 365 2021 2019 2016

テキストボックスを作成するには、ShapesコレクションのAddTextBoxメソッドを使用します。指定したセル範囲に合わせるには、セル範囲の左位置、上位置、幅、高さに合わせて作成します。ここでは、セルB2～D4に合わせて横書きのテキストボックスを作成し、その中に文字列を入力します。テキストボックスだけでなく、ほかの図形を指定したセル範囲に合わせて作成する場合にも活用できます。

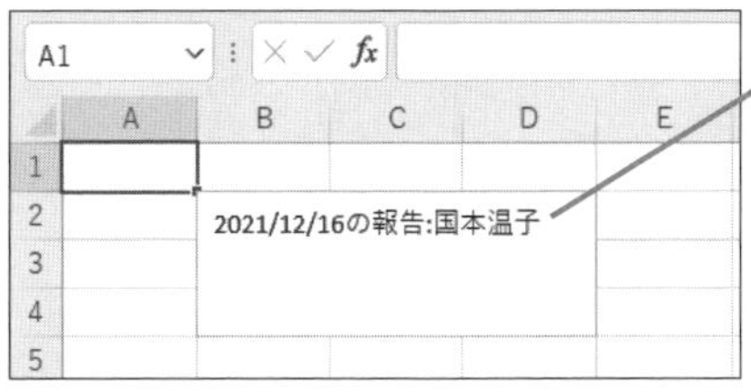

セルB2～D4に合わせて横書きのテキストボックスを作成し、その中に文字列を入力する

入力例　424.xlsm

```
Sub 指定範囲にテキストボックスを作成する()
    Dim myRange As Range
    Set myRange = Range("B2:D4")  ←1
    With ActiveSheet.Shapes.AddTextbox(msoTextOrientationHorizontal, _  ←2
            myRange.Left, myRange.Top, myRange.Width, myRange.Height)
        .Name = "TextBox01"  ←3
        .TextFrame.Characters.Text = Date & "の報告:" & Application.UserName  ←4
    End With
    Set myRange = Nothing
End Sub
```

1 Range型の変数「myRange」にセルB2～D4を代入する　2 セルB2～D4に合わせて、横書きテキストボックスを作成し、作成したテキストボックスについて以下の処理を実行する　3 テキストボックスの名前を「TextBox01」にする　4 テキストボックスに、今日の日付とユーザー名を入力する（ワザ425参照）

ポイント

構文 `Shapesコレクション.AddTextBox(Orientation, Left, Top, Width, Height)`

- ShapesコレクションのAddTextBoxメソッドは、ワークシート上にテキストボックスを作成し、作成したShapeオブジェクトを返します。引数「Orientation」で文字列の向きを指定し、引数「Left」で左位置、引数「Top」で上位置、引数「Width」で幅、引数「Height」で高さをそれぞれポイント単位で指定します。
- 引数「Orientation」で「msoTextOrientationHorizontal」にすると横書き、「msoTextOrientaionVertical」にすると縦書きになります。
- 図形を作成するときにセル範囲に合わせるには、引数「Left」「Top」「Width」「Height」にそれぞれセル範囲の左位置、上位置、幅、高さを指定します。例えば、セル範囲B2～D4の左位置は「Range("B2:D4").Left」、上位置は「Range("B2:D4").Top」、幅は「Range("B2:D4").Width」、高さは「Range("B2:D4").Height」となります。

関連ワザ 425 図形に文字列を表示する………P.524

ワザ
425 図形に文字列を表示する

難易度 ●●○ | 頻出度 ●●○ | 対応Ver. 365 2021 2019 2016

図形に文字列を表示するには、ShapeオブジェクトのレイアウトCを表すTextFrameオブジェクトを使用する方法と、選択された図形をSelectionプロパティで取得してTextプロパティで設定する方法があります。ここでは、アクティブシートにある図形にそれぞれの名前を表示し、インデックス番号2の図形を選択して、その図形に文字列を設定します。図形に文字を表示する2つの方法を確認してください。

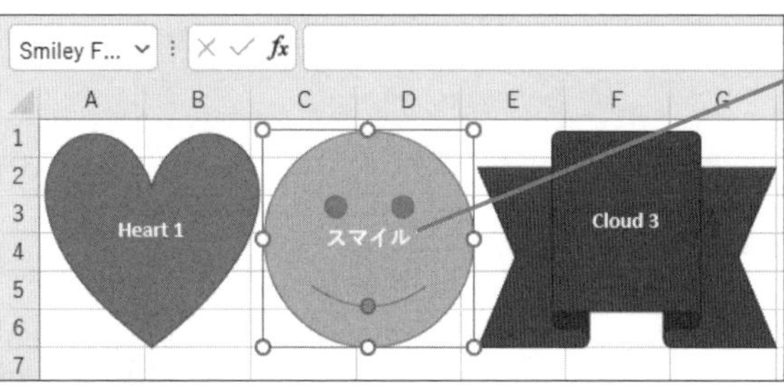

アクティブシートにある図形の名前を表示し、インデックス番号2の図形を選択して文字列を設定する

入力例

425.xlsm

```
Sub 図形に文字列を表示する()
    Dim i As Integer
    For i = 1 To ActiveSheet.Shapes.Count ←1
        ActiveSheet.Shapes(i).TextFrame.Characters.Text = _
            ActiveSheet.Shapes(i).Name
    Next
    ActiveSheet.Shapes(2).Select ←2
    Selection.Text = "スマイル" ←3
End Sub
```

1変数「i」に「1」から図形の数を順番に代入しながら、変数「i」のインデックス番号の図形の名前を、その図形に表示する　2インデックス番号2の図形を選択する　3選択された図形に文字列「スマイル」と表示する

ポイント

構文 Shapeオブジェクト.TextFrame.Characters.Text="文字列"

- 図形に文字を表示するには、ShapeオブジェクトのTextFrameプロパティを使用してレイアウト枠を表すTextFrameオブジェクトを参照し、TextFrameオブジェクトのCharactersメソッドを使用して文字列を表すCharactersオブジェクトを参照して、Textプロパティで文字列を指定します。

構文 Selection.Text="文字列"

- 文字列を表示したい図形を選択し、その図形をSelectionプロパティで参照することによって、Textプロパティで表示したい文字列を設定することもできます。

関連ワザ 417 特定の図形を参照する………P.515
関連ワザ 420 図形に名前を設定する………P.518

ワザ

426 いろいろな図形を作成する

難易度 ●●○ | 頻出度 ●●○ | 対応Ver. 365 2021 2019 2016

ワークシートにいろいろな図形を作成するには、ShapesコレクションのAddShapeメソッドを使用します。ここでは、セルA3のサイズに合わせて楕円を作成し、同時に楕円の名前や背景と枠線の設定を変更しています。AddShapeメソッドの引数「Type」で図形の種類を指定することで、いろいろな図形を作成できます。

	A	B	C	D	E	F	G	H
1		原宿	渋谷	新宿	合計	順位		
2	シューロール	16,400	13,000	12,000	41,400	4		
3	ショコラアイス	21,000	12,950	14,350	48,300	2		
4	マンゴプリン	18,800	14,800	25,600	59,200	1		
5	抹茶プリン	15,900	24,600	6,600	47,100	3		

セルA3のサイズに合わせて楕円を作成し、同時に楕円の名前や塗りつぶしや枠線の設定を変更する

入力例　426.xlsm

```
Sub 指定範囲に図形を作成する()
    Dim myRange As Range
    Set myRange = Range("A3")  ←1
        With ActiveSheet.Shapes.AddShape(msoShapeOval, _  ←2
            myRange.Left, myRange.Top, myRange.Width, myRange.Height)
            .Name = "Shape01"
            .Fill.Visible = False
            .Line.Weight = 2.25
            .Line.ForeColor.RGB = rgbGreen
        End With
    Set myRange = Nothing
End Sub
```

1 Range型の変数「myRange」にセルA3を代入する　2 セルA3に合わせて楕円を作成し、名前を「Shape01」として塗りつぶしを［なし］にして、線の太さを2.25pt、色を緑に設定する

ポイント

構文　`Shapesコレクション.AddShape(Type, Left, Top, Width, Height)`

- 図形を作成するには、ShapesコレクションのAddShapeメソッドを使用して上のように記述します。引数「Type」で図形の種類を指定し、引数「Left」で左位置、引数「Top」で上位置、引数「Width」で幅、引数「Height」で高さをそれぞれポイント単位で指定します。

●引数Typeの主な設定値

図形	定数	内容	図形	定数	内容
▭	msoShapeRectangle	正方形／長方形	☺	msoShapeSmileyFace	スマイル
⬭	msoShapeOval	円／楕円	⇨	msoShapeRightArrow	右矢印
△	msoShapeIsoscelesTriangle	二等辺三角形	☁	msoShapeCloud	雲

関連ワザ 424 指定範囲にテキストボックスを作成する………P.523
関連ワザ 427 最小値のセルに図形を作成する………P.526

ワザ 427 最小値のセルに図形を作成する

難易度 ●●○ ｜ 頻出度 ●●○ ｜ 対応Ver. 365 2021 2019 2016

指定したセル範囲の中で最小値の値を持つセルに図形を作成するには、WorksheetFunctionオブジェクトのMinメソッドを使用して最小値を求め、最小値のデータが入力されたセルに対して図形を作成します。ここでは、セルF2～F5の中でセルF4に楕円を作成しています。売上金額の一番多いセルに対して、図形を自動で作成するには、Maxメソッドで最大値を求めるといいでしょう。

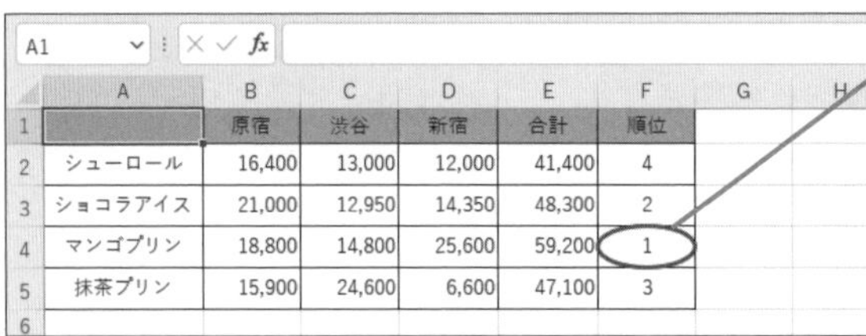

	A	B	C	D	E	F
1		原宿	渋谷	新宿	合計	順位
2	シューロール	16,400	13,000	12,000	41,400	4
3	ショコラアイス	21,000	12,950	14,350	48,300	2
4	マンゴプリン	18,800	14,800	25,600	59,200	1
5	抹茶プリン	15,900	24,600	6,600	47,100	3

セルF2～F5の中で最小値のデータが入力されたセルに楕円を作成する

入力例　427.xlsm

```
Sub 最小値のセルに図形を作成する()
    Dim myRange As Range, i As Integer
    For i = 2 To 5 ←1
        If Cells(i, "F").Value = WorksheetFunction.Min(Range("F2:F5")) Then ←2
            Set myRange = Cells(i, "F") ←3
            With ActiveSheet.Shapes.AddShape(msoShapeOval, _ ←4
                myRange.Left, myRange.Top, myRange.Width, myRange.Height)
                .Fill.Visible = False
                .Line.Weight = 2.25
                .Line.ForeColor.RGB = rgbGreen
            End With
        End If
    Next
    Set myRange = Nothing
End Sub
```

1 変数「i」に「2」から「5」まで順番に代入しながら次の処理を実行する　2 i行目F列の値がセルF2～F5の中の最小値だった場合は次の処理を実行する　3 Range型の変数「myRange」にi行F列のセルを代入する　4 変数「myRange」に代入されたセルの位置に合わせて楕円を作成し、塗りつぶしを［なし］にして、線の太さを2.25pt、色を緑に設定する

ポイント

- 最小値のセルに図形を作成するためには、まず最小値を求め、最小値と同じ値を持つセルを探します。最小値を求めるにはWorksheetFunctionオブジェクトのMinメソッドを使います（ワザ052参照）。
- 最小値と同じ値を持つセルを見つけるために、ここでは、For Nextメソッドを使用して1行ずつセルを移動しながら、Ifステートメントで同じ値を持つかどうかを判断し、同じ値の場合にはそのセルにAddShapeメソッドを使って図形を作成します。

関連ワザ 052 ワークシート関数のSUM関数、MIN関数、MAX関数をVBAの中で使う………P.94
関連ワザ 426 いろいろな図形を作成する………P.525

ワザ 428 図形の種類を変更する

難易度 ●●○　頻出度 ●●○　対応Ver. 365 2021 2019 2016

図形の種類を変更するには、ShapeオブジェクトのAutoShapeTypeプロパティを使用して、変更する図形の種類を指定します。ここでは、図形が円の場合はハートに変更し、ハートの場合は円に変更します。作成済みの図形を別の図形に変更したいときに使います。例えば、セルの値によって図形を変更するとか、処理が終了したときに図形の形を変更することで終了の合図を示すといった使い方が考えられます。

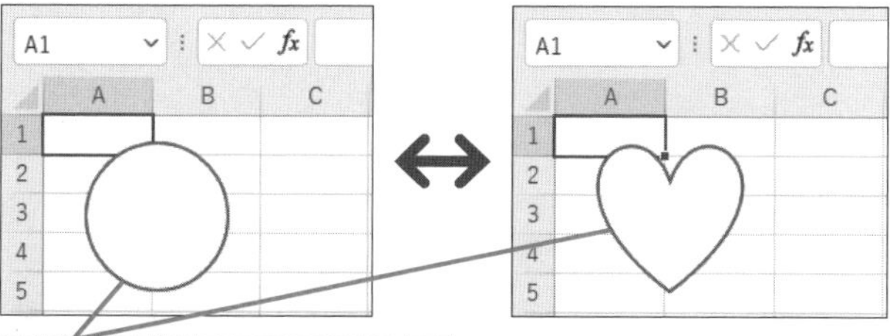

入力例　428.xlsm

```
Sub 図形の種類を変更する()
    With ActiveSheet.Shapes(1)  ←1
        If .AutoShapeType = msoShapeOval Then
            .AutoShapeType = msoShapeHeart
        Else
            .AutoShapeType = msoShapeOval
        End If
    End With
End Sub
```

1アクティブシートのインデックス番号1の図形について、その図形が円の場合はハートに変更し、そうでない場合は円に変更する

ポイント

構文　オブジェクト.AutoShapeType

- ワークシートに作成されている図形の種類を変更するには、ShapeオブジェクトまたはShapeRangeオブジェクトのAutoShapeTypeプロパティを使用します。設定値には、図形の種類を表す定数を指定します（ワザ426参照）。値は取得と設定ができます。

関連ワザ 426 いろいろな図形を作成する………P.525
関連ワザ 450 図形の種類を調べる………P.549

ワザ 429

ワードアートを作成する

難易度 ●●○ ｜ 頻出度 ●○○ ｜ 対応Ver. 365 2021 2019 2016

ワードアートを作成するには、ShapesコレクションのAddTextEffectメソッドを使用します。ワードアートのスタイルは、引数「PresetTextEffect」で「msoTextEffect1」～「msoTextEffect50」の50種類の中から選択できます。ここでは、F列の中で最小値のセルの商品名を取得して、「売上No.1は○○！」という文字列でワードアートを作成します。インパクトの強い文字列を配置したいときに使用できます。

入力例

429.xlsm

```
Sub ワードアートの作成()
  Dim myText As String, myRange As Range
  Dim i As Integer
  For i = 2 To 5  ←1
    If Cells(i, "F").Value = WorksheetFunction.Min(Range("F2:F5")) Then  ←2
        myText = "売上No.1は、" & Cells(i, "A").Value & "！"  ←3
        ActiveSheet.Shapes.AddTextEffect PresetTextEffect:=msoTextEffect12, _  ←4
        Text:=myText, FontName:="ＭＳ Ｐゴシック", FontSize:=28, FontBold:=False, _
        FontItalic:=False, Left:=Range("A6").Left, Top:=Range("A6").Top
    End If
  Next
End Sub
```

1 変数「i」が「2」～「5」になるまで次の処理を繰り返す　2 i行F列のセルの値が、セルF2～F5の中の最小値と同じ場合は次を実行する　3 変数「myText」に「売上No.1は、」とセルi行A列の値を組み合わせた文字列を代入する　4 アクティブシートにセルA6の位置を左上端として、変数「myText」の文字列を、スタイルを「msoTextEffect12」、フォントを［MSPゴシック］、サイズを28ポイントにしてワードアートを作成する

ポイント

構文 `Shapesコレクション.AddTextEffect(PresetTextEffect, Text, FontName, FontSize, FontBold, FontItalic, Left, Top)`

- ワークシートにワードアートを作成するには、ShapesコレクションのAddTextEffectメソッドを使用して上のように記述します。AddTextEffectメソッドはワードアートを作成し、作成したワードアートを表すShapeオブジェクトを返します。
- AddTextEffectメソッドでは引数を省略できません。引数「PresetTextEffect」にはワードアートのスタイルを「msoTextEffect1」～「msoTextEffect50」で、引数「Text」には表示する文字列を指定します。
- 引数「FontName」でフォント名、引数「FontSize」でフォントサイズ、引数「FontBold」と引数「FontItalic」で、太字と斜体の有無を「True/False」で指定します。
- 引数「Left」で左端位置、引数「Top」で上端位置をそれぞれポイント単位で指定します。

ワザ 430 枠線の書式を設定する

難易度 ●●○　頻出度 ●●○　対応Ver. 365 2021 2019 2016

枠線の書式を設定するには、ShapeオブジェクトまたはShapeRangeオブジェクトのLineプロパティを使用してLineFormatオブジェクトを取得し、そのLineFormatオブジェクトに対して設定を行います。ここでは、ワークシート上にある図形の枠線の書式について、点線の種類を［破線］、色を［赤］、太さを2.25ポイントに設定します。枠線の書式を設定するためのプロパティを確認しましょう。

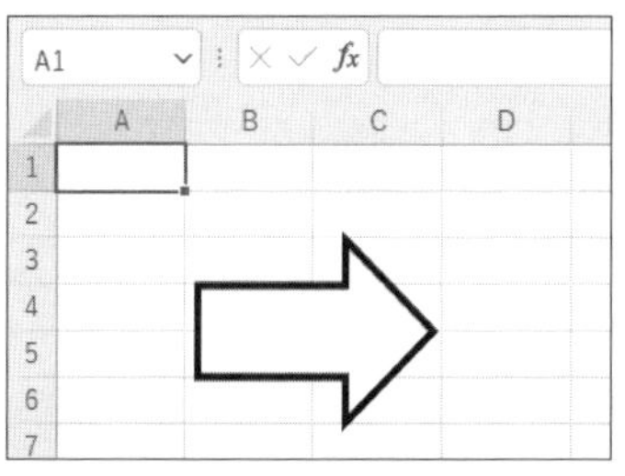
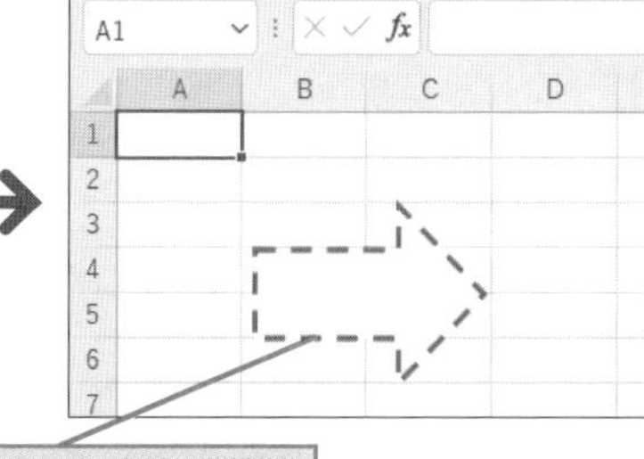

ワークシート上にある図形の枠線の書式について、点線の種類を［破線］、色を［赤］、太さを2.25ポイントに設定する

入力例　430.xlsm

```
Sub 枠線の書式を設定する()
    With ActiveSheet.Shapes(1).Line ←1
        .DashStyle = msoLineDash ←2
        .ForeColor.SchemeColor = 10 ←3
        .Weight = 2.25 ←4
    End With
End Sub
```

1アクティブシートのインデックス番号1の図形の枠線について次の処理を実行する　2点線の種類を［破線］に設定する　3線の色を［赤］に設定する　4線の太さを2.25ポイントに設定する

ポイント

構文　オブジェクト.Line

- ワークシート上の直線や図形の枠線の書式を設定するには、ShapeオブジェクトまたはShapeRangeオブジェクトのLineプロパティを使用してLineFormatオブジェクトを取得します（取得のみ）。
- LineFormatオブジェクトのプロパティを使用して書式を指定します。

●LineFormatオブジェクトの主なプロパティ

プロパティ	内容
Style	線のスタイル。MsoLineStyle列挙型の定数で指定
Weight	線の太さ。ポイント単位で設定
DashStyle	点線のスタイル。MsoLineDashStyle列挙型の定数で指定
ForeColor	ColorFormatオブジェクトの取得。RGBプロパティ、SchemeColorプロパティなどで色を指定

ワザ 431 矢印付きの直線を作成する

難易度 ●●○ | 頻出度 ●●○ | 対応Ver. 365 2021 2019 2016

矢印が付いた直線を作成するには、AddLineメソッドで直線を作成してから、その直線に対して矢印を設定します。矢印は、枠線の書式を表すLineFormatオブジェクトのBeginArrowheadStypeプロパティ、EndArrowheadStyleプロパティで指定します。ここでは、セル範囲を指定するインプットボックスを表示し、指定されたセル範囲に水平、双方向で太さが6ポイントの矢印を作成します。

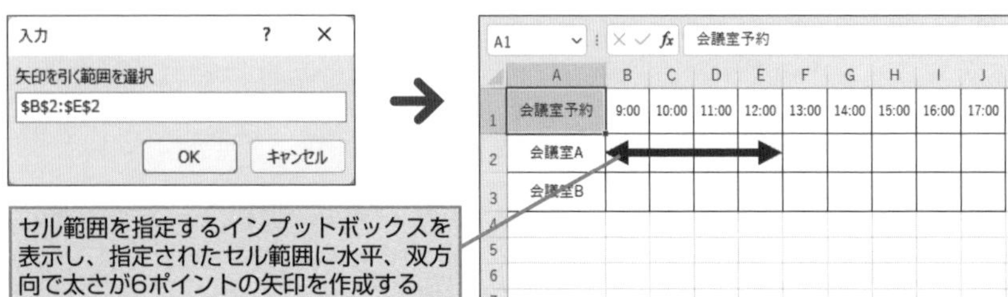

入力例　431.xlsm

```
Sub 指定した範囲に矢印を作成する()
    Dim r As Range
    Set r = Application.InputBox("矢印を引く範囲を選択", Type:=8)  ←1
    With ActiveSheet.Shapes.AddLine(r.Left, r.Top + r.Height / 2, _  ←2
            r.Left + r.Width, r.Top + r.Height / 2).Line
        .BeginArrowheadStyle = msoArrowheadTriangle  ←3
        .EndArrowheadStyle = msoArrowheadTriangle
        .Weight = 6  ←4
        .ForeColor.RGB = rgbBlue
    End With
End Sub
```

1範囲を指定するためのダイアログボックスを表示し、ドラッグで指定されたセル範囲をRange型の変数「r」に代入する　2アクティブシートに対して、変数「r」に代入されたセル範囲に直線を水平に引き、その直線の書式について次の処理を実行する　3矢印の始点と終点の形を三角矢印に設定する　4太さを6ポイント、線の色を青に設定する

ポイント

- 指定した範囲に直線を作成するには、ワザ422のようにAddLineメソッドの引数「BeginX」「BeginY」「EndX」「EndY」に、直線を引きたいセル範囲の「Left」「Top」「Width」「Height」の値を使用します。
- 枠線の書式を表すLineFormatオブジェクトのBeginArrowheadStyleプロパティ、EndArrowheadStyleプロパティに下の表のような定数を指定すると、直線の始点または終点に矢印を付けられます。

●矢印の形状を指定する定数

定数	内容	定数	内容
msoArrowheadDiamond	ひし型	msoArrowheadStealth	鋭い矢印
msoArrowheadOpen	開いた矢印	msoArrowheadTriangle	三角矢印
msoArrowheadOval	円形矢印	msoArrowheadNone	矢印なし

ワザ 432 図形に塗りつぶしの色を設定する

難易度 ●●○ | 頻出度 ●●○ | 対応Ver. 365 2021 2019 2016

図形の塗りつぶしの色を設定するには、ShapeオブジェクトまたはShapeRangeオブジェクトのFillプロパティを使用し、図形の塗りつぶしの書式を表すFillFormatオブジェクトを使います。ここでは、アクティブシートのインデックス番号1の図形の色を緑に設定します。直線やコネクタではない図形に対する塗りつぶし部分の設定方法として覚えておきましょう。

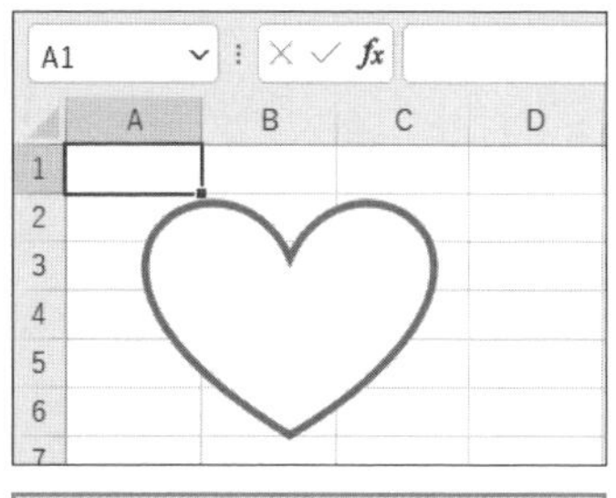

アクティブシートのインデックス番号1の図形の色を［緑］に設定する

入力例

432.xlsm

```
Sub 塗りつぶしの色を設定()
    ActiveSheet.Shapes(1).Fill.ForeColor.SchemeColor = 11 ←1
End Sub
```

1 アクティブシートのインデックス番号1の図形の塗りつぶしの色を［緑］に設定する

ポイント

構文 オブジェクト.Fill

- ワークシート上にある図形の塗りつぶし部分の書式を設定するには、ShapeオブジェクトまたはShapeRangeオブジェクトのFillプロパティで取得するFillFormatオブジェクトを使用します。
- 図形の塗りつぶし部分の書式設定を表すFillFormatオブジェクトで塗りつぶしの色を設定するには、ForeColorプロパティを使用して、前景色を表すColorFormatオブジェクトを取得し、RGBプロパティやSchemeColorプロパティを使って色を指定します。

●SchemeColorプロパティの主な設定値

値	色	値	色	値	色
8	黒	11	緑	14	ピンク
9	白	12	青	15	水色
10	赤	13	黄	16	茶

関連ワザ 433 図形をグラデーションで塗りつぶす………P.532
関連ワザ 436 図形をテクスチャで塗りつぶす………P.535

ワザ 433 図形をグラデーションで塗りつぶす

| 難易度 ●●○ | 頻出度 ●●○ | 対応Ver. 365 2021 2019 2016 |

図形をグラデーションで塗りつぶすには、FillFormatオブジェクトのOneColorGradientメソッドまたはTwoColorGradientメソッドを使用します。ここでは、アクティブシートにある図形［Shape01］を1色のグラデーションで塗りつぶします。図形に任意の色を指定してグラデーションの効果を出したいときに役立ちます。

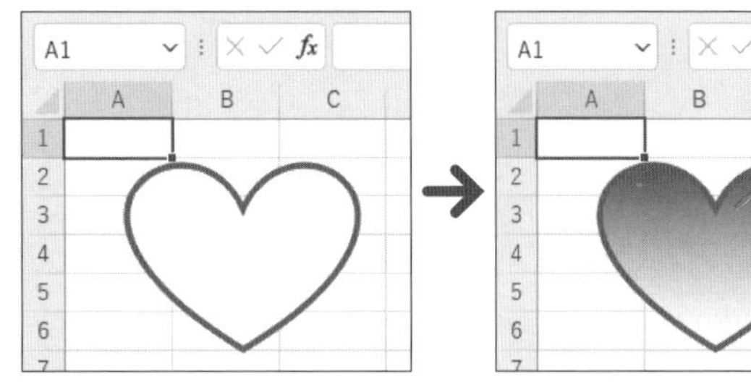

入力例　433.xlsm

```
Sub グラデーションで塗りつぶす()
    With ActiveSheet.Shapes("Shape01").Fill ←1
        .OneColorGradient msoGradientHorizontal, 1, 1 ←2
        .ForeColor.RGB = RGB(255, 0, 0) ←3
    End With
End Sub
```

1アクティブシートにある図形[Shape01]の塗りつぶしの書式について次の処理を実行する　2下方向のグラデーションを、明度を明るくして1色で設定する　3グラデーションの色をRGB値（255,0,0）の色（赤）に設定する

ポイント

構文 `FillFormatオブジェクト.OneColorGradient(GradientStyle, Variant, Degree)`

- FillFormatオブジェクトのOneColorGradientメソッドは、1色のグラデーションで塗りつぶします。引数「GradientStyle」にはグラデーションの種類を定数で指定し、引数「Variant」ではグラデーションのバリエーションを「1」～「4」までの整数で指定します。引数「Degree」では、グラデーションの明度を「0.0」（暗い）～「1.0」（明るい）の間の単精度浮動小数点型の数値で指定します。グラデーションの色は、ForeColorプロパティで別途設定します。

構文 `FillFormatオブジェクト.TwoColorGradient(GradientStyle, Variant)`

- 2色のグラデーションを設定する場合は、TwoColorGradientメソッドを使用します。2色の色は、ForeColreプロパティとBackColorプロパティで指定します。
- 引数「GradientStyle」の主な設定値には次のようなものがあります。「msoGradientHorizontal」で下方向、「msoGradientVertical」で横方向、「msoGradientDigonalDown」で斜め下方向、「msoGradientDiagonalUp」で斜め上方向になります。

関連ワザ 432 図形に塗りつぶしの色を設定する………P.531
関連ワザ 434 図形に既定のグラデーションを設定する………P.533

ワザ 434 図形に既定のグラデーションを設定する

難易度 ●●○ | 頻出度 ●●○ | 対応Ver. 365 2021 2019 2016

Excelにはいくつかのグラデーションのパターンが既定で用意されています。それらをVBAで使用するには、FillFormatオブジェクトのPresetGradientメソッドを使います。ここでは、［直方体1］の図形に既定のグラデーションの［くじゃく］を設定しています。あらかじめ用意されているパターンを使用し、図形にいろいろなグラデーションを手軽に設定できます。

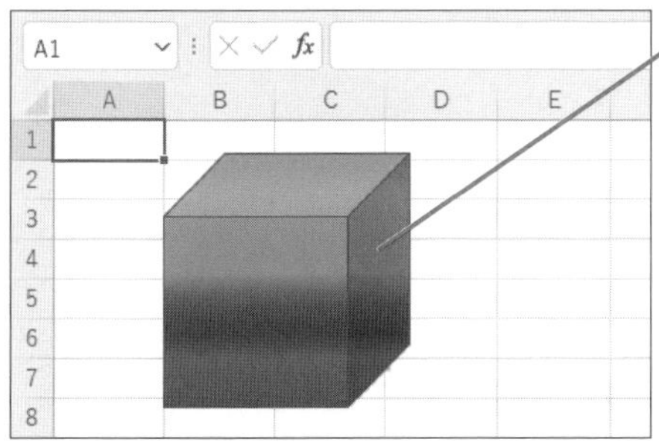

［直方体1］に［くじゃく］のグラデーションを設定する

入力例

434.xlsm

```
Sub 既定のグラデーションを設定()
    ActiveSheet.Shapes("直方体 1").Fill.PresetGradient _  ←1
        msoGradientHorizontal, 1, msoGradientPeacock
End Sub
```

1アクティブシートの［直方体1］の図形に、既定のグラデーションの［くじゃく］を設定する

ポイント

構文 `FillFormatオブジェクト.PresetGradient(Style, Variant, PresetGradientType)`

- 既定のグラデーションを設定するには、FillFormatオブジェクトのPresetGradientメソッドを使用して上のように記述します。引数「Style」では、グラデーションのスタイルをMsoGradientStyle列挙型の定数で指定します。引数「Variant」ではグラデーションのバリエーションを「1」～「4」の整数で指定し、引数「PresetGradientType」では既定のグラデーションをMsoPresetGradientType列挙型の定数で指定します。

関連ワザ 433 図形をグラデーションで塗りつぶす………P.532
関連ワザ 435 図形を徐々に透明にする………P.534

ワザ 435 図形を徐々に透明にする

難易度 ●●○ 頻出度 ●○○ 対応Ver. 365 2021 2019 2016

図形を透明にするには、FillFormatオブジェクトのTransparencyプロパティを使用します。ここでは、図形［直方体1］を徐々に透明にします。徐々に透明にするために、ApplicationオブジェクトのWaitメソッドとTimeValue関数を組み合わせ、プログラムを1秒ずつ待機させて透明度を変更しながら実行します。重なり合って、下に隠れている図形を見えるようにしています。

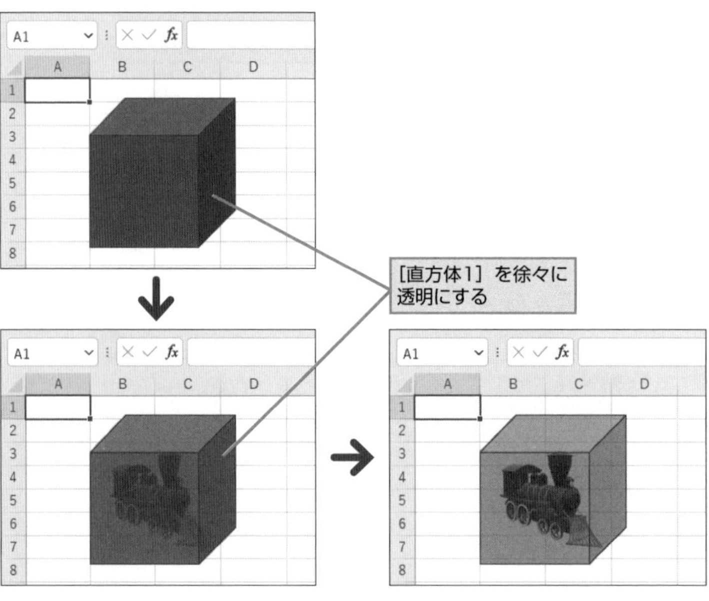

入力例　435.xlsm

```
Sub 図形に透明度を設定する()
    Dim i As Integer
    For i = 0 To 5 ←1
        ActiveSheet.Shapes("直方体 1").Fill.Transparency = i / 10 ←2
        Application.Wait Now + TimeValue("00:00:01") ←3
    Next i
End Sub
```

1変数「i」に「0」から「5」まで順番に代入しながら次の処理を実行する　2アクティブシートの図形［直方体1］の透明度を「10分の変数『i』」の値に設定する　3プログラムの実行を1秒停止する

ポイント

構文　FillFormatオブジェクト.Transparency

- 図形に透明度を設定するには、FillFormatオブジェクトのTransparencyプロパティに値を設定します。設定値は「0.0」（不透明）～「1.0」（透明）の範囲で、倍精度浮動小数点型の数値で指定します。

ワザ 436 図形をテクスチャで塗りつぶす

難易度 ●●○ | 頻出度 ●○○ | 対応Ver. 365 2021 2019 2016

図形をテクスチャで塗りつぶすには、FillFormatオブジェクトのPresetTexturedメソッドを使用します。ここでは、アクティブシートのインデックス番号1の図形に［デニム］のテクスチャ効果を設定します。テクスチャは、図形に素材のイメージを設定したい場合に利用するといいでしょう。図形だけでなくグラフにも同様に塗りつぶしを設定できます。

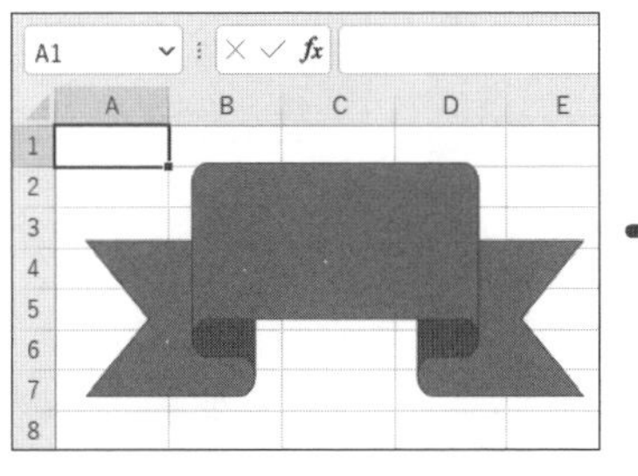

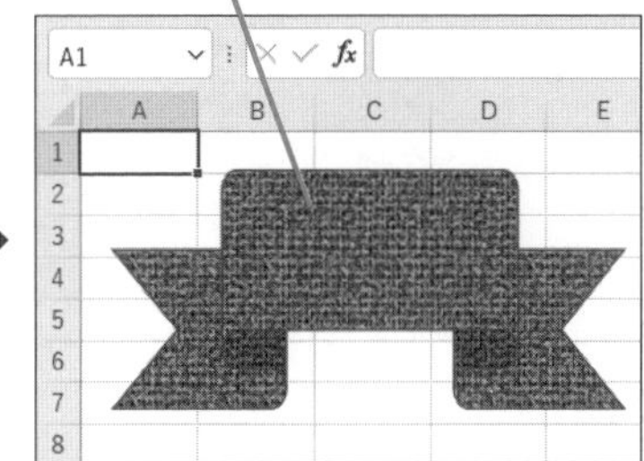

入力例　436.xlsm

```
Sub テクスチャで塗りつぶす()
    ActiveSheet.Shapes(1).Fill.PresetTextured msoTextureDenim ←1
End Sub
```

1 アクティブシートのインデックス番号1の図形に［デニム］のテクスチャ効果を設定する

ポイント

構文 `FillFormat.PresetTextured(PresetTexture)`

- 図形に組み込みのテクスチャ効果を設定するには、FillFormatオブジェクトのPresetTexturedメソッドを使用して上のように記述します。引数「PresetTexture」には、テクスチャの種類をMsoPresetTexture列挙型の定数で指定します。

●引数「PresetTexture」の主な設定値（MsoPresentTexture列挙型の定数）

定数	スタイル
msoTexturePapyrus	紙
msoTextureCanvas	キャンバス
msoTextureDenim	デニム
msoTextureWovenMat	麻
msoTextureWaterDroplets	しずく

定数	スタイル
msoTextureBrownMarble	大理石(茶)
msoTextureGranite	みかげ石
msoTextureNewsprint	新聞紙
msoTextureRecycledPaper	再生紙
msoTextureParchment	セーム皮

関連ワザ 433 図形をグラデーションで塗りつぶす………P.532
関連ワザ 438 図形を画像で塗りつぶす………P.537

ワザ 437 図形に網かけを設定する

難易度 ●●○　頻出度 ●●○　対応Ver. 365 2021 2019 2016

図形に網かけを設定するには、FillFormatオブジェクトのPatternedメソッドを使用します。ここでは、アクティブシート上のインデックス番号1の図形に［編み込み］の網かけを設定し、前景色を［赤］、背景色を［ピンク］に設定します。あらかじめ用意されている模様を設定して、図形に効果を付ける場合に利用できます。網かけの模様の色は前景色で設定します。

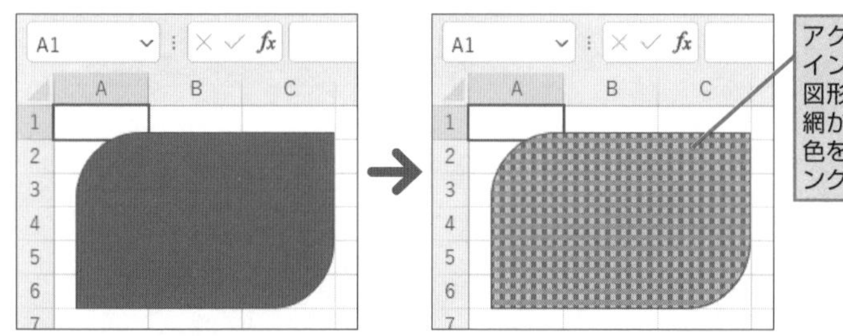

入力例

437.xlsm

```
Sub 網かけで塗りつぶす()
    With ActiveSheet.Shapes(1).Fill
        .Patterned msoPatternPlaid  ←1
        .ForeColor.RGB = rgbRed  ←2
        .BackColor.RGB = rgbPink  ←3
    End With
End Sub
```

1アクティブシートのインデックス番号1の図形に網かけ［編み込み］を設定する　2図形の前景色を赤（rgbRed）に設定する　3図形の背景色をピンク（rgbPink）に設定する

ポイント

構文　FillFormatオブジェクト. Patterned(Pattern)

- 図形に網かけを設定するには、FillFormatオブジェクトのPatternedメソッドを使用して上のように記述します。引数「Pattern」には、網かけの種類をMsoPatternType列挙型の定数で指定します。
- 網かけの色はForeColorプロパティで設定します。

●引数「Pattern」の主な設定値（MsoPatternType列挙型の定数）

定数	網かけ
msoPattern5Percent	5%
msoPattern10Percent	10%
msoPattern20Percent	20%
msoPatternDarkHorizontal	横線（太）

定数	網かけ
msoPatternDarkVertical	縦線（太）
msoPatternDarkDownwardDiagonal	右下がり対角線（反転）
msoPatternPlaid	編み込み

関連ワザ 436 図形をテクスチャで塗りつぶす………P.535
関連ワザ 439 図形に画像を並べて塗りつぶす………P.538

ワザ 438 図形を画像で塗りつぶす

難易度 ●●○ | 頻出度 ●●○ | 対応Ver. 365 2021 2019 2016

図形を画像で塗りつぶすには、FillFormatオブジェクトのUserPictureメソッドを使用します。ここでは、アクティブシートのインデックス番号1の図形に対する塗りつぶしとして、Cドライブの［dekiru］フォルダーにある画像ファイル［tulip.png］を設定します。デジタルカメラの画像やイラストなどの画像ファイルを図形に取り込みたいときに使用します。

アクティブシートのインデックス番号1の図形に対する塗りつぶしとして、［dekiru］フォルダーにある画像ファイル［tulip.png］を設定する

入力例　438.xlsm

```
Sub 画像で塗りつぶし()
    ActiveSheet.Shapes(1).Fill.UserPicture "c:¥dekiru¥tulip.png"  ←1
End Sub
```

1アクティブシート上にあるインデックス番号1の図形の塗りつぶしに、Cドライブの［dekiru］フォルダーにある画像ファイル［tulip.png］を設定する

ポイント

構文 FillFormatオブジェクト.UserPicture(PictureFile)

- 図形を画像で塗りつぶすには、FillFormatオブジェクトのUserPictureメソッドを使用して上のように記述します。引数「PictureFile」には、取り込む画像のファイル名を指定します。
- 画像は、図形の大きさに合わせて自動的にサイズが調整された状態で表示されます。

関連ワザ 432 図形に塗りつぶしの色を設定する………P.531
関連ワザ 439 図形に画像を並べて塗りつぶす………P.538

ワザ 439 図形に画像を並べて塗りつぶす

難易度 ●●○ | 頻出度 ●○○ | 対応Ver. 365 2021 2019 2016

図形に画像を並べて塗りつぶすには、FillFormatオブジェクトのUserTexturedメソッドを使用します。ここでは､アクティブシートのインデックス番号1の図形にCドライブの［dekiru］フォルダーにある画像ファイル［Draw01.bmp］を並べて塗りつぶします。小さい画像やイラストを図形いっぱいに並べて表示したいときに使用します。

アクティブシートのインデックス番号1の図形に、［dekiru］フォルダーにある画像ファイル［Draw01.bmp］を並べて塗りつぶす

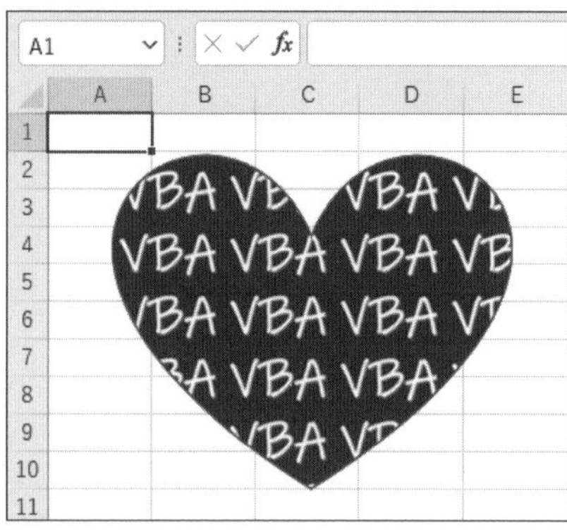

入力例　439.xlsm

```
Sub 並べて塗りつぶし()
    ActiveSheet.Shapes(1).Fill.UserTextured ("c:¥dekiru¥Draw01.bmp") ←1
End Sub
```

1アクティブシート上にあるインデックス番号1の図形に、Cドライブの［dekiru］フォルダーにある画像ファイル［Draw01.bmp］を並べて塗りつぶす

ポイント

構文 **FillFormatオブジェクト. UserTextured(TextureFile)**

- 図形に画像を並べて塗りつぶすには、FillFormatオブジェクトのUserTexturedメソッドを使用します。引数｢TextureFile｣には、画像ファイルを指定します。
- 引数「TextureFile」で指定した図形をタイル状に並べて塗りつぶします。元の画像サイズのまま図形を並べるので、あらかじめ小さいサイズの画像を用意しておきましょう。

関連ワザ 432 図形に塗りつぶしの色を設定する………P.531
関連ワザ 438 図形を画像で塗りつぶす………P.537

ワザ 440 画像の色合い、明るさ、コントラストを調整する

難易度 ●●○ | 頻出度 ●●○ | 対応Ver. 365 2021 2019 2016

図形に取り込んだ画像の色合いや明るさ、コントラストなどを調整するには、画像の書式を表すPictureFormatオブジェクトのColorTypeプロパティ、Contrastプロパティ、Brightnessプロパティを使用します。ここでは、アクティブシート上の図形の塗りつぶしに画像を利用して、その画像をグレースケールにし、コントラストを「0.8」、明度を「0.7」に調整します。

アクティブシートの図形に画像を読み込んで塗りつぶす

読み込んだ画像をグレースケールにして、コントラストを「0.8」、明度を「0.7」に調整する

入力例　440.xlsm

```
Sub 画像の調整()
    With ActiveSheet.Shapes(1).PictureFormat ←1
        .ColorType = msoPictureGrayscale ←2
        .Contrast = 0.8 ←3
        .Brightness = 0.7 ←4
    End With
End Sub
```

1アクティブシート上にあるインデックス番号1の図形に取り込まれた画像について、以下の処理を実行する　2グレースケールに設定する　3コントラストを「0.8」に設定する　4明度を「0.7」に設定する

ポイント

構文 **オブジェクト.PictureFormat**

- 図形に取り込んだ画像に対して調整するには、ShapeオブジェクトまたはShapeRangeオブジェクトのPictureFormatプロパティでPictureFormatオブジェクトを取得し、そのPictureFormatオブジェクトのプロパティを使って各種設定を行います(取得のみ)。

構文 **オブジェクト.ColorType**

構文 **オブジェクト.Contrust**

構文 **オブジェクト.Brightness**

- PictureFormatオブジェクトのColorTypeプロパティではイメージコントロールの種類を設定します。設定値を「msoPictureGrayscale」にするとグレースケール、「msoPictureBlackAndWhite」にすると白黒、「msoPictureWatermark」にすると透かしの設定になります。また、Contrustプロパティではコントラストの設定ができ、0.0～1.0の範囲で設定します。Brightnessプロパティは明るさの設定ができ、0.0（暗い）～1.0（明るい）の範囲で設定します。

ワザ 441 図形にスタイルを設定する

難易度 ●●○ | 頻出度 ●●○ | 対応Ver. 365 2021 2019 2016

塗りつぶしや線の色、影、3Dなどの効果がセットになっている「スタイル」を図形に設定するには、ShapeオブジェクトのShapeStyleプロパティを使います。ここでは、1つ目と2つ目の図形にスタイル［パステル-緑,アクセント6］を設定し、3つ目に［光沢（線）-アクセント6］を設定します。用意されているスタイルで図形にいろいろな効果を簡単に設定できます。

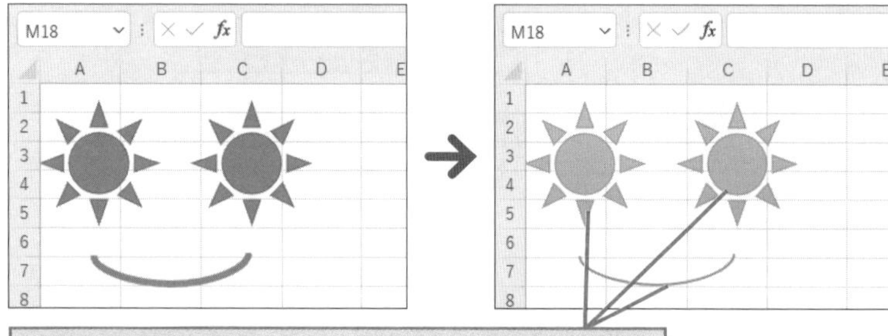

1つ目と2つ目の図形にスタイル［パステル-緑,アクセント6］を設定し、3つ目に［光沢（線）-アクセント6］を設定する

入力例

441.xlsm

```
Sub 図のスタイルを設定する()
  ActiveSheet.Shapes.Range(Array(1, 2)).ShapeStyle = msoShapeStylePreset28  ←1
  ActiveSheet.Shapes(3).ShapeStyle = msoLineStylePreset21  ←2
End Sub
```

1インデックス番号1と2の図形に、図のスタイル［パステル-緑,アクセント6］を設定する　2インデックス番号3の図形に、図のスタイル［光沢（線）-アクセント6］を設定する

ポイント

構文 オブジェクト.ShapeStyle

- Shapeオブジェクトまたは、ShapeRangeオブジェクトのShapeStyleプロパティを使うと、組み込み済みのスタイルを図形に設定できます。設定値には、MsoShapeStyleIndex列挙型の定数を指定します。なお、設定される色は現在のブックに適用されているテーマによって異なります。

●ShapeStyleプロパティの主な設定値（MsoSharpStyleIndex列挙型の定数）

定数	スタイル
msoShapeStylePreset1	枠線のみ　黒、濃色1
msoShapeStylePreset9	塗りつぶし　青、アクセント1
msoShapeStylePreset17	枠線-淡色1　塗りつぶし-赤、アクセント2
msoLineStylePreset2	パステル（線）-アクセント1
msoLineStylePreset10	グラデーション（線）-アクセント2
msoLineStylePreset18	光沢（線）-アクセント3

関連ワザ 467 グラフにスタイルを設定する………P.566

ワザ 442 図形の書式をコピーする

難易度 ●●○　頻出度 ●○○　対応Ver. 365 2021 2019 2016

図形に設定されている書式をコピーするにはShapeオブジェクトのPickUpメソッドを使用し、コピーした書式を別の図形に適用するにはApplyメソッドを使用します。ここでは、1つ目の図形に設定されている書式をコピーし、2つ目の図形に書式を貼り付けます。すでに設定されている図形と同じ書式を別の図形でも適用したい場合に使います。

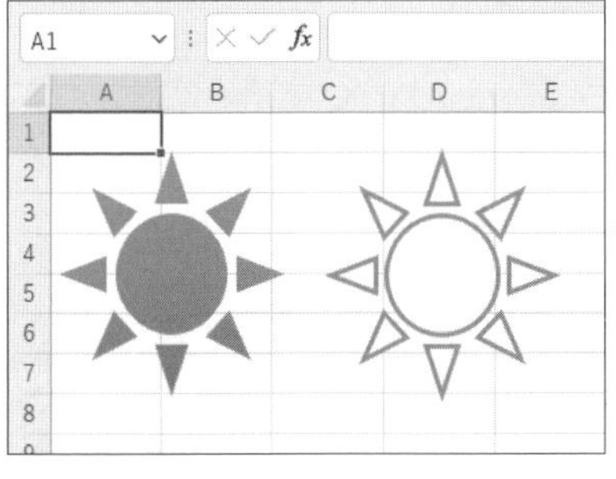

1つ目の図形に設定されている書式をコピーして、2つ目の図形に書式を貼り付ける

入力例

442.xlsm

```
Sub 図の書式をコピーする()
    ActiveSheet.Shapes(1).PickUp  ←1
    ActiveSheet.Shapes(2).Apply  ←2
End Sub
```

1 アクティブシートのインデックス番号1の図形の書式をコピーする　2 アクティブシートのインデックス番号2の図形に書式を貼り付ける

ポイント

構文 **Shapeオブジェクト.PickUp**

- 図形に設定されている書式をコピーするには、ShapeオブジェクトのPickUpメソッドを使用して上のように記述します。

構文 **Shapeオブジェクト.Apply**

- コピーされた図形の書式を貼り付けるには、ShapeオブジェクトのApplyメソッドを使って上のように記述します。Shapeオブジェクトには貼り付け先の図形を指定します。

関連ワザ 430 枠線の書式を設定する………P.529
関連ワザ 453 図形を複製する………P.552

ワザ 443 セルに合わせて図形を移動する

難易度 ●●○ ｜ 頻出度 ●●○ ｜ 対応Ver. 365 2021 2019 2016

図形をセルに合わせて移動するには、図形の左端位置と上端位置を、移動先としたいセルの左端位置と上端位置に指定します。図形の左端位置はLeftプロパティ、上端位置はTopプロパティで設定できます。ここでは、アクティブシートにある図形をセルC2に合わせて移動します。セルの位置を目安として、図形をきれいに移動する場合の定番テクニックです。

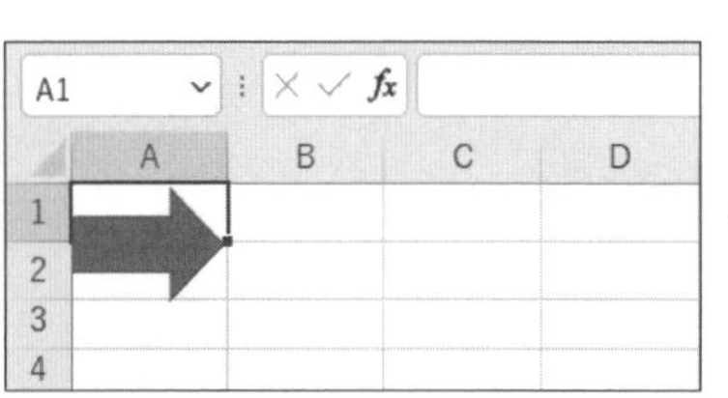

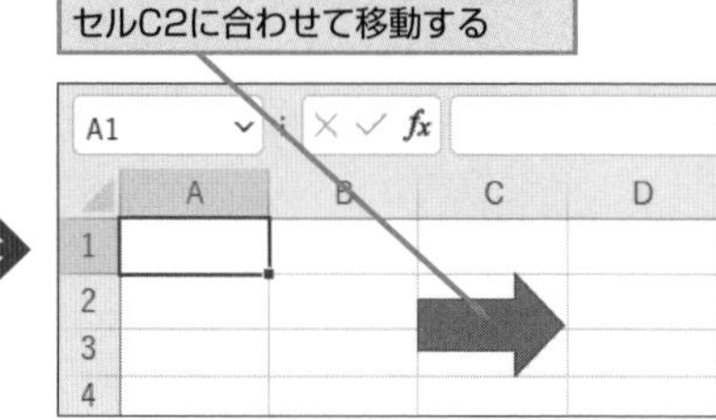

入力例

443.xlsm

```
Sub 図形の移動()
    With ActiveSheet.Shapes(1)
        .Left = Range("C2").Left  ←1
        .Top = Range("C2").Top  ←2
    End With
End Sub
```

1インデックス番号1の図形の左端位置を、セルC2の左端位置に設定する　2インデックス番号1の図形の上端位置をセルC2の上端位置に設定する

ポイント

構文 **Shapeオブジェクト.Left**

- 図形の左端位置は、ShapeオブジェクトのLeftプロパティで取得、設定できます。

構文 **Shapeオブジェクト.Top**

- 図形の上端位置は、ShapeオブジェクトのTopプロパティで取得、設定できます。
- Leftプロパティ、Topプロパティはともにポイント単位で設定します。
- セルの中央に合わせたい場合は、セルの幅をWidthプロパティ、セルの高さをHeightプロパティで取得し、左端位置は、「Leftプロパティ＋Widthプロパティの2分の1」、上端位置は、「Topプロパティ＋Heightプロパティの2分の1」で設定できます。

関連ワザ 444 現在の位置を基準にして図形を移動する………P.543
関連ワザ 445 図形を回転する………P.544

ワザ 444 現在の位置を基準にして図形を移動する

難易度 ●●○　頻出度 ●●○　対応Ver. 365 2021 2019 2016

図形を現在の位置を基準に移動するには、ShapeオブジェクトのIncrementLeftメソッド、IncrementTopメソッドを使用します。ここでは、アクティブシートにある図形をセルA1の2倍の幅だけ右、セルA1～A2の高さだけ下に移動します。現在の位置を基準にして図形を移動させたい場合に、これらのメソッドを利用します。

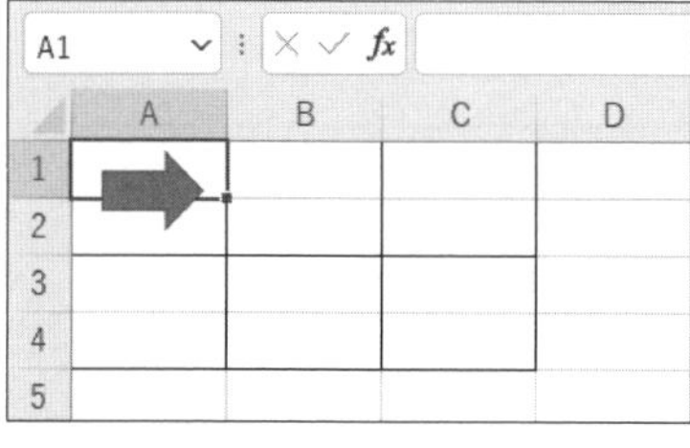

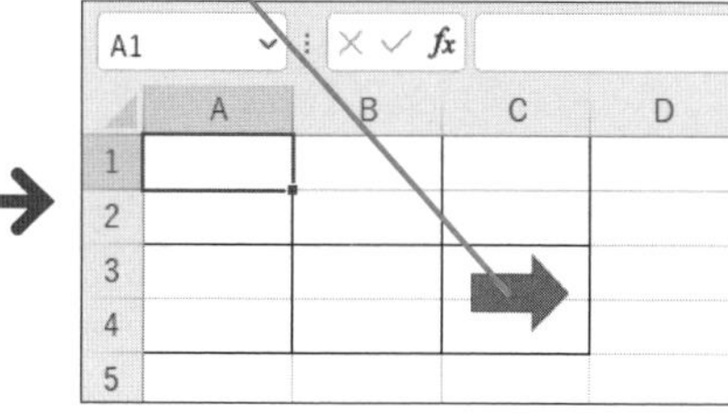

アクティブシートにある図形をセルA1の2倍の幅だけ右、セルA1～A2の高さだけ下に移動する

入力例　444.xlsm

```
Sub 図形を相対的に移動()
    With ActiveSheet.Shapes(1)
        .IncrementLeft Range("A1").Width * 2  ←1
        .IncrementTop Range("A1:A2").Height  ←2
    End With
End Sub
```

1インデックス番号1の図形を現在の位置を基準に、セルA1の幅の2倍分の位置だけ左に移動する　2インデックス番号1の図形を現在の位置を基準に、セル範囲A1～A2の高さ分だけ下に移動する

ポイント

構文 `Shapeオブジェクト.IncrementLeft(Increment)`

- 現在の位置を基準に指定した分だけ図形を水平方向に移動するには、ShapeオブジェクトのIncrementLeftメソッドを使用します。引数「Increment」には、移動分をポイント単位で指定しましょう。正の値を設定すると右方向、負の値を設定すると左方向への移動になります。

構文 `Shapeオブジェクト.IncrementTop(Increment)`

- 図形を現在の位置を基準に指定した分だけ垂直方向に移動するには、ShapeオブジェクトのIncrementTopメソッドを使用します。引数「Increment」には、移動分をポイント単位で指定します。正の値を設定すると下方向、負の値を設定すると上方向への移動になります。

関連ワザ 443 セルに合わせて図形を移動する………P.542
関連ワザ 445 図形を回転する………P.544

ワザ 445 図形を回転する

難易度 ●●○ | 頻出度 ●●○ | 対応Ver. 365 2021 2019 2016

図形を回転させるにはShapeオブジェクトのRotationプロパティを使用し、回転させたい角度を指定します。ここでは、1つ目の図形を45度、2つ目の図形を90度、3つ目の図形を135度、4つ目の図形を180度、それぞれ時計回りに回転させます。図形を右回りや左回りで回転させて、図形の角度を変更したいときに使います。

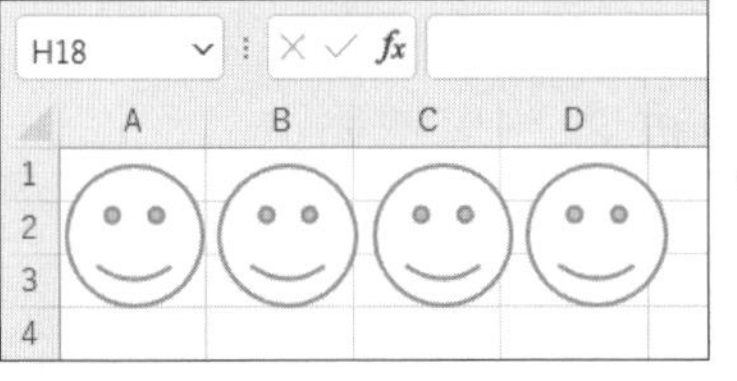

1つ目の図形を45度、2つ目の図形を90度、3つ目の図形を135度、5つ目の図形を180度、それぞれ時計回りに回転させる

入力例

445.xlsm

```
Sub 図形を回転する()
    ActiveSheet.Shapes(1).Rotation = 45  ←1
    ActiveSheet.Shapes(2).Rotation = 90  ←2
    ActiveSheet.Shapes(3).Rotation = 135  ←3
    ActiveSheet.Shapes(4).Rotation = 180  ←4
End Sub
```

1 インデックス番号1の図形を時計回りに45度回転する　2 インデックス番号2の図形を時計回りに90度回転する 3 インデックス番号3の図形を時計回りに135度回転する　4 インデックス番号4の図形を時計回りに180度回転する

ポイント

構文　Shapeオブジェクト.Rotation

- 図形を回転させるには、ShapeオブジェクトのRotationプロパティを使用して設定します。設定値には、小数点を使った数値(単精度浮動小数点型の値)を指定できます。
- 設定値に正の数を指定すると時計回り、負の数を指定すると反時計回りに回転します。

関連ワザ 443 セルに合わせて図形を移動する………P.542
関連ワザ 446 図形の大きさを変更する………P.545

ワザ 446 図形の大きさを変更する

難易度 ●●○ | 頻出度 ●●○ | 対応Ver. 365 2021 2019 2016

図形の大きさを変更するには、ShapeオブジェクトのHeightプロパティ、Widthプロパティを使用します。Heightプロパティで図形の高さ、Widthプロパティで図形の幅を設定します。ここでは、2つ目の図形の幅（矢印の長さ）を1つ目の図形の幅の2倍、3つ目の図形の高さ（矢印の太さ）を1つ目の図形の高さの2倍に設定します。別の図形と同じ大きさにできるほか、セルやセル範囲とサイズをそろえられます。

	A	B	C	D	E	F	G
1							
2			1月	2月	3月	4月	
3		第一段階					
4		第二段階					
5		第三段階					
6		第四段階					
7							
8							

2つ目の図形の幅を1つ目の図形の幅の2倍に設定する

3つ目の図形の高さを1つ目の図形の高さの2倍に設定する

入力例

446.xlsm

```
Sub 図形のサイズ変更()
    ActiveSheet.Shapes(2).Width = ActiveSheet.Shapes(1).Width * 2  ←1
    ActiveSheet.Shapes(3).Height = ActiveSheet.Shapes(1).Height * 2  ←2
End Sub
```

1 アクティブシートのインデックス番号1の図形の幅に、インデックス番号1の図形の幅の2倍の値を設定する
2 アクティブシートのインデックス番号3の図形の高さに、インデックス番号1の図形の高さの2倍の値を設定する

ポイント

構文 **Shapeオブジェクト.Width**

- 図形の高さを取得、設定するには、ShapeオブジェクトのWidthプロパティを使用します。設定する単位はポイントです。

構文 **Shapeオブジェクト.Height**

- 図形の幅を取得、設定するには、ShapeオブジェクトのHeightプロパティを使用します。設定する単位はポイントです。

関連ワザ 443 セルに合わせて図形を移動する………P.542
関連ワザ 444 現在の位置を基準にして図形を移動する………P.543

ワザ 447 図形を現在の大きさを基準に変更する

難易度 ●●○　頻出度 ●●○　対応Ver. 365 2021 2019 2016

図形のサイズを現在の大きさを基準に変更するには、ShapeオブジェクトのScaleHeightメソッドとScaleWidthメソッドを使用します。ここでは、2つ目の図形を現在の3倍の幅、3つ目の図形を現在の2倍の高さに変更します。サイズを変更する図形を基準にして、「2分の1」や「3倍」というように、大きさを変えたいときにこのワザを利用するといいでしょう。

2つ目の図形を現在の3倍の幅、3つ目の図形を現在の2倍の高さに変更する

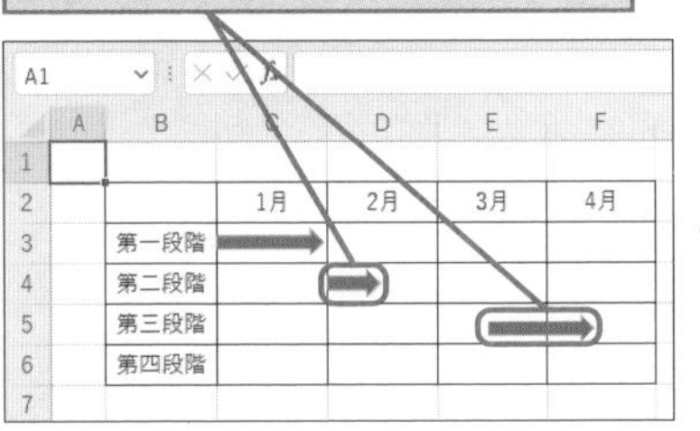

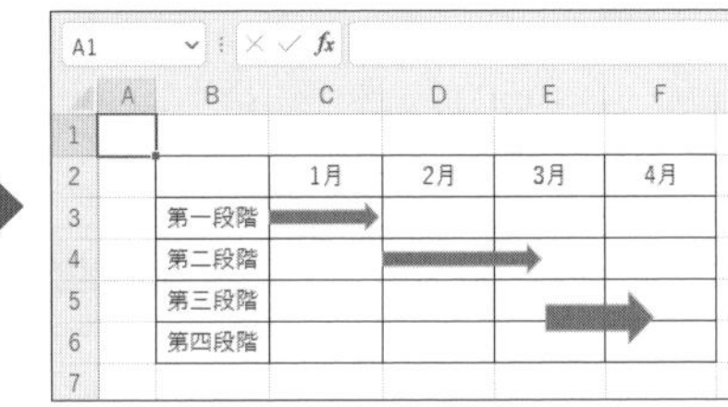

入力例

447.xlsm

```
Sub 図形のサイズを相対的に変更する()
    ActiveSheet.Shapes(2).ScaleWidth 3, msoFalse ←1
    ActiveSheet.Shapes(3).ScaleHeight 2, msoFalse ←2
End Sub
```

1アクティブシートのインデックス番号2の図形の幅を、現在のサイズの3倍に変更する　2アクティブシートのインデックス番号3の図形の高さを、現在のサイズの2倍に変更する

ポイント

構文 `Shapeオブジェクト.ScaleWidth(Factor, RelativeToOriginalSize, Scale)`

- 図形の幅を、その図形の幅を基準にして変更するには、ShapeオブジェクトのScaleWidthメソッドを使って上のように記述します。引数「Factor」は比率を指定し、引数「RelativeToOriginalSize」は、「msoFalse」の場合には現在のサイズを基準にし、「msoTrue」の場合にはオリジナルの図形のサイズを基準にします。引数「Scale」は図形を拡大・縮小するときに固定する部分を指定します。引数「Scale」は省略可能です。
- 引数「Scale」では、MsoScaleFrom列挙型の定数を使用して拡大・縮小時に固定する図形の部分を指定します。「msoScaleFromBottomRight」は図形の右下隅の位置を固定、「msoScaleFromMiddle」は図形の中心の位置を固定、「msoScaleFromTopLeft」(既定値)は図形の左上隅の位置を固定します。

構文 `Shapeオブジェクト.ScaleHeight(Factor, RelativeToOriginalSize, Scale)`

- 図形の高さを、その図形の高さを基準にして変更するには、ShapeオブジェクトのScaleHeightメソッドを使って上のように記述します。引数はScaleWidthメソッドと同じです。

関連ワザ 445 図形を回転する………P.544
関連ワザ 446 図形の大きさを変更する………P.545

ワザ 448 図形のグループ化とグループ解除を行う

難易度 ●●○　頻出度 ●●○　対応Ver. 365 2021 2019 2016

複数の図形をまとめて、移動やサイズを変更するときは、グループ化が便利です。複数の図形をグループ化するには、ShapeRangeオブジェクトのGroupメソッドを使用し、グループを解除するには、ShapeオブジェクトまたはShapeRangeオブジェクトのUngroupメソッドを使用します。ここでは、図形[Shape1]と図形［Shape2］をグループ化して名前を「Group1」とし、グループ化された図形［Group2］のグループ化を解除します。

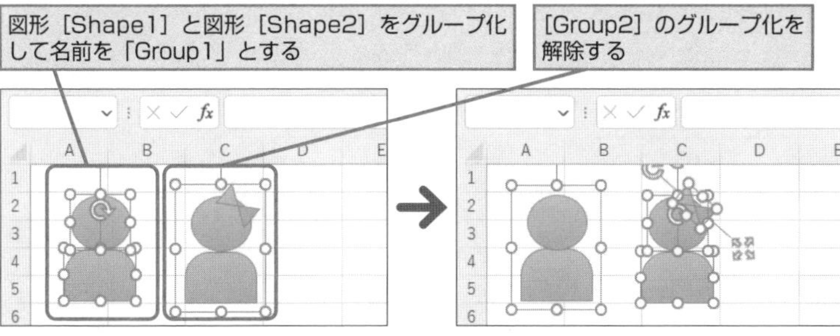

入力例

448.xlsm

```
Sub 図形のグループ化
  ActiveSheet.Shapes.Range(Array("Shape1", "Shape2")).Group.Name = "Group1"  ←1
  ActiveSheet.Shapes("Group2").Ungroup  ←2
End Sub
```

1アクティブシートの図形［Shape1］と図形［Shape2］をグループ化し、グループ化した図形の名前を「Group1」に設定する　2アクティブシートのグループ化された図形［Group2］のグループを解除する

ポイント

構文 **ShapeRangeオブジェクト.Group**

- ワークシート上の複数の図形をグループ化するには、ShapeRangeオブジェクトのGroupメソッドを使用します。Groupメソッドは、指定した複数の図形をグループ化し、Shapeオブジェクトを返します。Groupメソッドは、少なくとも2つの図形が参照されていないとエラーになります。
- Groupメソッドは、グループ化した図形をひとまとめにしたShapeオブジェクトを返すため、そのままNameプロパティを使ってオリジナルのグループ名を設定できます。グループ名を設定しておけば、後でグループ化した図形を操作するときに便利です。

構文 **オブジェクト.Ungroup**

- グループ化された図形のグループを解除するには、ShapeオブジェクトまたはShapeRangeオブジェクトのUngroupメソッドを使用します。Ungoupメソッドはグループ化を解除し、グループ化が解除された複数の図形範囲であるShapeRangeオブジェクトを返します。
- グループ化やグループ化の解除を行うと、図形のインデックス番号が振り直されます。

関連ワザ 376 アウトラインを作成しグループ化する………P.466
関連ワザ 449 図形を削除する………P.548

ワザ 449 図形を削除する

難易度 ●●○ | 頻出度 ●●○ | 対応Ver. 365 2021 2019 2016

図形を削除するには、ShapeオブジェクトまたはShapeRangeオブジェクトのDeleteメソッドを使います。ここでは、グループ化された図形［Group1］と、図形［Shape5］を削除します。1つの図形を削除するときはShapeオブジェクトを指定します。複数の図形を削除するときはShapeRangeオブジェクトで複数の図形を指定しましょう。

グループ化された図形［Group1］と図形［Shape5］を削除する

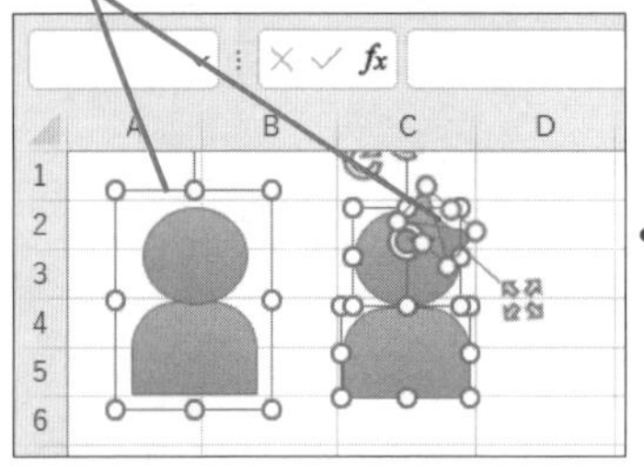

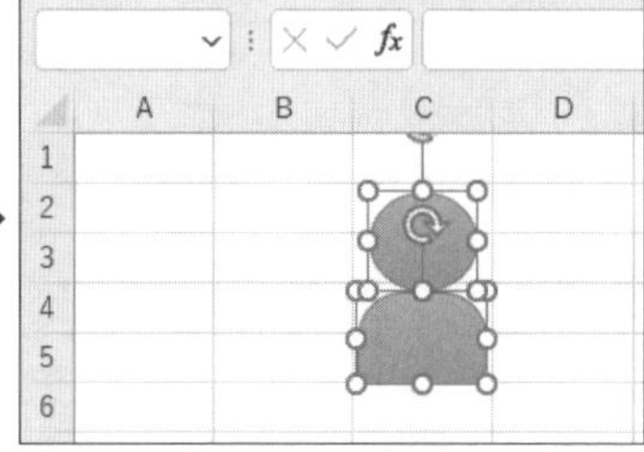

入力例

449.xlsm

```
Sub 図形の削除()
    ActiveSheet.Shapes.Range(Array("Group1", "Shape5")).Delete  ←1
End Sub
```

1 グループ化された図形［Group1］と図形［Shape5］を削除する

ポイント

構文 オブジェクト.Delete

- 図形を削除するには、ShapeオブジェクトまたはShapeRangeオブジェクトのDeleteメソッドを使います。
- 複数の図形をまとめて削除する場合は、入力例のようにShapesコレクションのRangeプロパティの引数に、Array関数で図形の名前を配列にして指定します。なお、すべての図形を削除する方法はワザ416を参照してください。

関連ワザ 416 ワークシート上のすべての図形や画像を削除する………P.514
関連ワザ 448 図形のグループ化とグループ解除を行う………P.547

ワザ 450 図形の種類を調べる

| 難易度 ●●○ | 頻出度 ●●○ | 対応Ver. 365 2021 2019 2016 |

図形として扱えるオブジェクトには、オートシェイプ、画像、グラフなどがあります。図形の種類を調べるには、ShapeオブジェクトまたはShapeRangeオブジェクトのTypeプロパティを使います。ここでは、埋め込みグラフだけを削除します。ワークシート上で図形の種類を調べて、特定の種類の図形に対して処理を実行したいときは、Typeプロパティで図形の種類を調べるといいでしょう。

アクティブシートに含まれる図形のうち、グラフだけを削除する

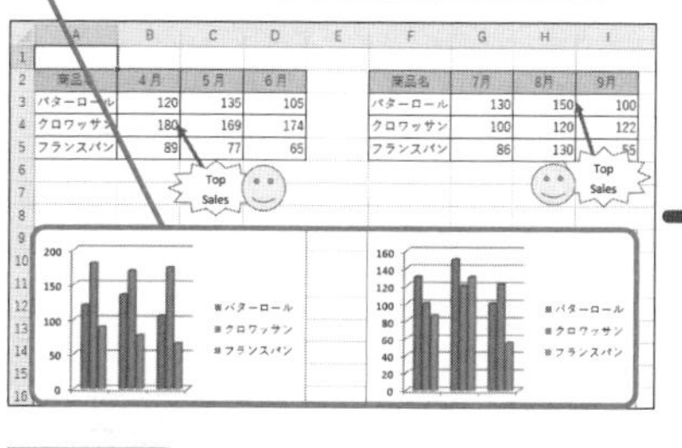

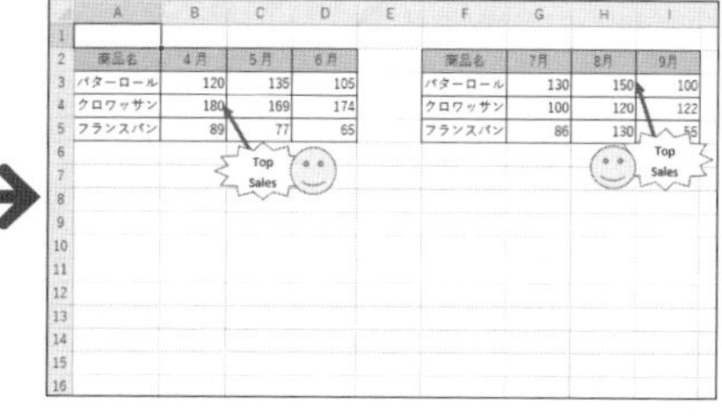

入力例　450.xlsm

```
Sub 図形の種類を調べる()
    Dim myShape As Shape
    For Each myShape In ActiveSheet.Shapes  ←1
        If myShape.Type = msoChart Then  ←2
            myShape.Delete
        End If
    Next
End Sub
```

1 アクティブシート上にあるすべての図形の中から、図形を1つずつShape型の変数「myShape」に代入しながら次の処理を繰り返す　2 変数「myShape」に代入された図形の種類がグラフの場合、その図形を削除する

ポイント

構文　**オブジェクト.Type**

- 図形の種類を調べるには、ShapeオブジェクトまたはShapeRangeオブジェクトのTypeプロパティを使用します。Typeプロパティによって、MsoShapeType列挙型の定数が返ります。Typeプロパティは値の取得と設定ができます。

●Typeプロパティの設定値（MsoShapeType列挙型の定数）

定数	内容	定数	内容
msoAutoShape	オートシェイプ	msoCallout	引き出し線
msoChart	グラフ	msoLine	直線
msoPicture	画像	msoTextBox	テキスト ボックス

関連ワザ 428 図形の種類を変更する………P.527
関連ワザ 449 図形を削除する………P.548

ワザ 451 特定のオートシェイプを調べる

難易度 ●●○ | 頻出度 ●●○ | 対応Ver. 365 2021 2019 2016

オートシェイプには、[正方形][円][右矢印][スマイル]など、多くの種類があります。ワークシート上にある特定のオートシェイプに対して処理を実行するには、まずオートシェイプの種類を調べましょう。オートシェイプの種類を調べるには、AutoShapeTypeプロパティを使います。ここでは、アクティブシートにあるオートシェイプ[スマイル]だけを削除します。

アクティブシートにあるオートシェイプのうち、[スマイル]だけを削除する

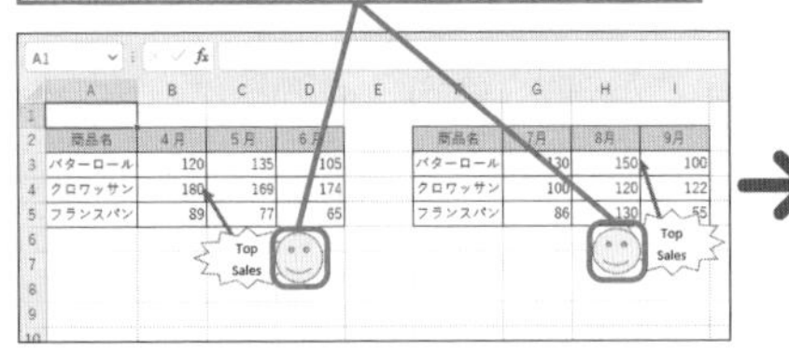

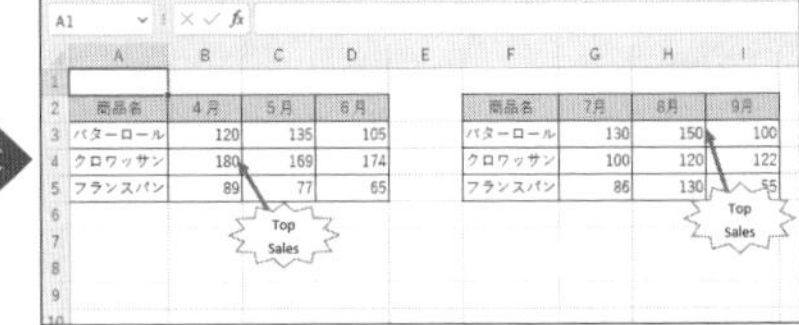

入力例 451.xlsm

```
Sub 特定の種類のオートシェイプ削除()
    Dim myShape As Shape
    For Each myShape In ActiveSheet.Shapes ←1
        If myShape.AutoShapeType = msoShapeSmileyFace Then ←2
            myShape.Delete
        End If
    Next
End Sub
```

1アクティブシート上にあるすべての図形を1つずつShape型の変数「myShape」に代入しながら、次の処理を繰り返す 2変数「myShape」に代入された図形のオートシェイプの種類が[スマイル]の場合、その図形を削除する

ポイント

構文 オブジェクト.AutoShapeType

- 図形のオートシェイプの種類を調べるには、ShapeオブジェクトまたはShapeRangeオブジェクトのAutoShapeTypeプロパティを使います。値の取得と設定ができます。設定するとオートシェイプの種類を変更できます。設定には、MsoAutoShapeType列挙型の定数を使います。

●AutoShapeTypeプロパティの設定値(MsoAutoShapeType列挙型の定数)

定数	内容	定数	内容
msoShapeRectangle	四角形	msoShapeIsoscelesTriangle	二等辺三角形
msoShapeOval	楕円	msoShapeHeart	ハート
msoShapeRightArrow	右向きブロック矢印	msoShape16pointStar	星 16

関連ワザ 450 図形の種類を調べる………P.549
関連ワザ 452 図形の表示、非表示を切り替える………P.551

ワザ
452 図形の表示、非表示を切り替える

難易度 ●●○ | 頻出度 ●●○ | 対応Ver. 365 2021 2019 2016

図形の表示と非表示を切り替えるには、ShapeオブジェクトまたはShapeRangeオブジェクトのVisibleプロパティを使います。ここでは、オートシェイプ［スマイル］の表示と非表示の切り替えを1秒ごとに6回繰り返します。Visibleプロパティは、図形を削除するのではなく、一時的に非表示にしておき、必要な時に再表示させたい場合に使用します。

図形の表示と非表示を1秒ごとに6回繰り返す

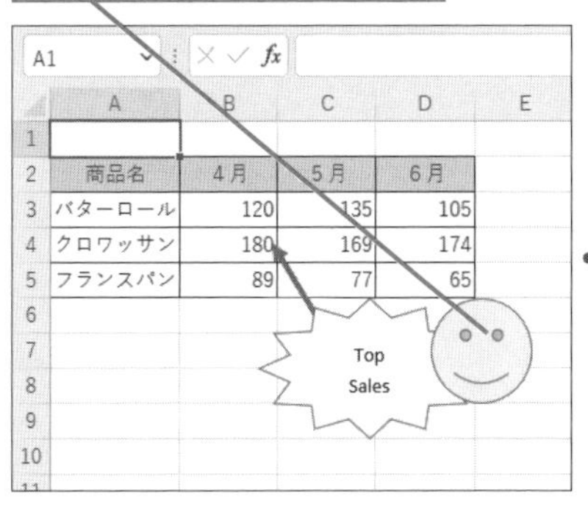

入力例 452.xlsm

```
Sub 図形の表示非表示()
    Dim i As Integer
    For i = 1 To 6  ←1
        With ActiveSheet.Shapes("Smile1")  ←2
            .Visible = Not .Visible
        End With
        Application.Wait Now + TimeValue("00:00:01")  ←3
    Next
End Sub
```

1変数「i」が「1」から「6」になるまで次の処理を繰り返す　2図形［Smile1］のVisibleの値を「True」「False」と交互に設定する　3プログラムの実行を1秒待機する

ポイント

構文 オブジェクト.Visible

- 図形の表示と非表示を切り替えるには、ShapeオブジェクトまたはShapeRangeオブジェクトのVisibleプロパティを使用して上のように記述します。設定値が「msoTrue」の場合は表示、「msoFalse」の場合は非表示になります。
- 設定値には「msoTrue」や「msoFalse」の代わりに、「True」や「False」を使っても問題なく動作します。

関連ワザ 449 図形を削除する………P.548
関連ワザ 451 特定のオートシェイプを調べる………P.550

ワザ 453 図形を複製する

難易度 ●●○ | 頻出度 ●○○ | 対応Ver. 365 2021 2019 2016

図形を複製するには、ShapeオブジェクトのDuplicateメソッドを使います。ここでは、右矢印の図形［Arrow］を複製し、水平方向にきれいに並ぶように、図形［Arrow］の幅と位置を利用して複製した図形を配置します。これを1秒ごとに5回複製し、右に並べます。全く同じ図形を複数使用する場合は、Duplicateメソッドを使う方法が便利です。

右矢印の図形［Arrow］を複製し、水平方向にきれいに並ぶように、幅と位置を指定して図形を配置する

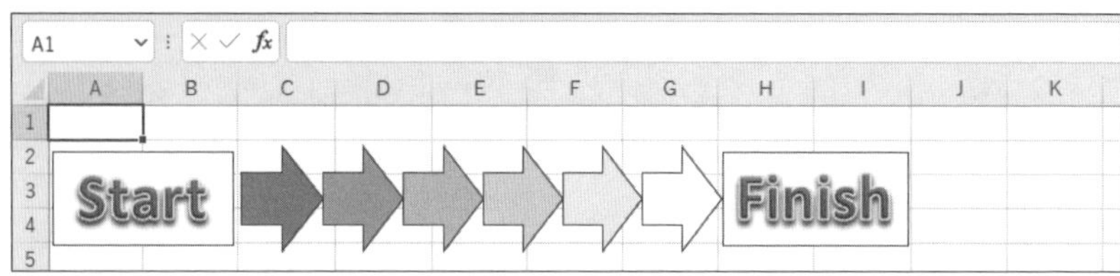

入力例

453.xlsm

```
Sub 図形の複製と移動()
  Dim myShape As Shape, i As Integer
  For i = 1 To 5  ←1
    With ActiveSheet.Shapes("Arrow")  ←2
      Set myShape = .Duplicate  ←3
      myShape.Left = .Left + (.Width * i)  ←4
      myShape.Top = .Top  ←5
      myShape.Fill.ForeColor.TintAndShade = .Fill.ForeColor.TintAndShade + i * 0.2  ←6
      myShape.Name = "s" & i  ←7
    End With
    Application.Wait Now + TimeValue("00:00:01")  ←8
  Next
End Sub
```

1変数「i」が「1」から「5」になるまで次の処理を繰り返す　2アクティブシートの図形［Arrow］について以下の処理を実行する。以降「.」から始まるコードは、図形［Arrow］についての処理となる　3Shape型の変数「myShape」に、図形［Arrow］を複製して作成されたShapeオブジェクトを代入する　4変数「myShape」の左端位置を、図形［Arrow］の「左端位置+幅×i」の位置に設定する　5変数「myShape」の上端位置を、図形［Arrow］の上端位置に設定する　6図形［Arrow］の現在の塗りつぶしの色の濃淡の値に「i×0.2」の値を加算し、変数「myShape」の塗りつぶしの色の濃淡の明度を徐々に高くする　7変数「myShape」の名前を、「s」に変数「i」の値を連結した名前に設定する　8プログラムの実行を1秒停止する

ポイント

構文　**オブジェクト.Duplicate**

- 図形を複製するには、ShapeオブジェクトまたはShapeRangeオブジェクトのDuplicateメソッドを使用します。Duplicateメソッドは、指定した図形を複製し、複製した図形のShapeオブジェクトまたはShapeRangeオブジェクトを返します。

関連ワザ 442 図形の書式をコピーする………P.541

ワザ 454 グラフシートにグラフを作成する

難易度 ●●○ ｜ 頻出度 ●●○ ｜ 対応Ver. 365 2021 2019 2016

グラフシートを挿入してグラフを作成するには、ChartsコレクションのAddメソッドを使用します。ここではグラフシートを挿入し、[売上表] シートのセルA1 ～ E4をグラフのデータ範囲として、標準のグラフを作成します。グラフシートはグラフ専用のシートです。グラフを大きく表示して見やすくしたい場合にグラフシートを利用するといいでしょう。

A1 ｜ fx 商品名

	A	B	C	D	E	F	G	H
1	商品名	原宿	渋谷	新宿	青山	合計		
2	シューロール	26,400	16,800	12,000	18,600	73,800		
3	ショコラアイス	21,000	12,950	14,350	23,450	71,750		
4	マンゴプリン	18,800	14,800	19,200	18,800	71,600		

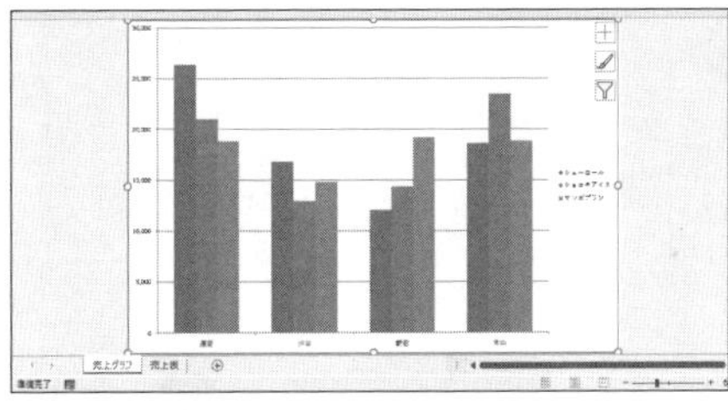

[売上表] シートのセルA1 ～ E4のグラフをデータ範囲として、標準のグラフをグラフシートに作成する

入力例

454.xlsm

```
Sub グラフシートの追加()
    With Charts.Add(before:=ActiveSheet)  ←1
        .Name = "売上グラフ"  ←2
        .SetSourceData Sheets("売上表").Range("A1:E4")  ←3
    End With
End Sub
```

1 グラフシートをアクティブシートの前に挿入し、挿入したグラフシートについて次の処理を実行する　2 グラフシートの名前を「売上グラフ」にする　3 グラフシートのグラフの作成元データに [売上表] シートのセルA1 ～ E4を指定する

ポイント

構文 `Charts.Add(Before, After, Count)`

- グラフシートを追加するには、ChartsコレクションのAddメソッドを使用して上のように記述します。Addメソッドにより新しいグラフシートを表すChartオブジェクトを作成し、作成したChartオブジェクトを返します。引数「Before」で指定シートの前に、引数「After」で指定シートの後にグラフシートを挿入します。引数「Count」で挿入するグラフシートの数を指定します。既定値は「1」で省略可能です。
- 引数「Before」と引数「After」の両方は指定できません。どちらか一方を指定します。また、どちらも省略した場合は、アクティブシートの前にグラフシートが挿入されます。
- Chartsコレクションはブック内のすべてのグラフシートの集まりで、1つ1つのグラフシートのグラフがChartオブジェクトになります。

ワザ 455 グラフのデータ範囲を指定する

難易度 ●●○ | 頻出度 ●●○ | 対応Ver. 365 2021 2019 2016

グラフのデータ範囲を指定するには、ChartオブジェクトのSetSourceDataメソッドを使用します。ここでは、グラフシート［売上グラフ］のデータ範囲を［売上表］シートのセルA1 ～ D4にし、データ系列を列方向に変更します。SetSourceDataメソッドでは、グラフのデータ範囲とデータ系列を同時に指定できます。

グラフシート［売上グラフ］のデータ範囲を［売上表］シートのセルA1 ～ D4にし、データ系列を列方向に変更する

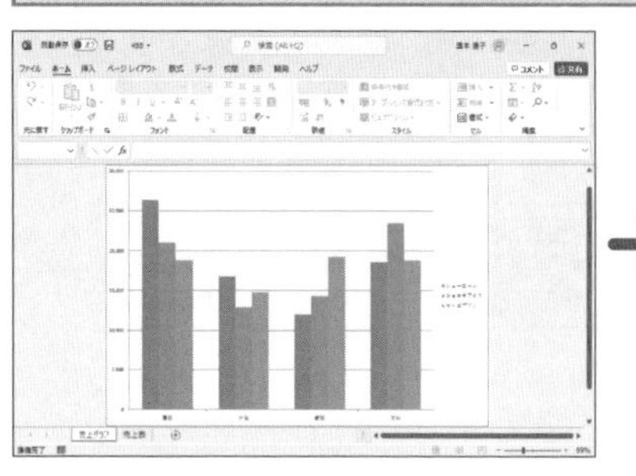

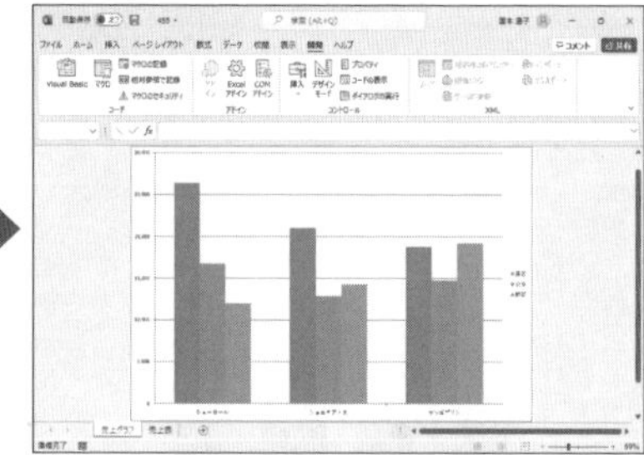

入力例　455.xlsm

```
Sub グラフのデータ範囲の指定()
    Charts("売上グラフ").SetSourceData _  ←1
        Worksheets("売上表").Range("A1:D4"), xlColumns
End Sub
```

1［売上グラフ］シートのグラフのデータ範囲を［売上表］シートのセルA1 ～ D4にし、データ系列を列方向に設定する

ポイント

構　文　`Chartオブジェクト.SetSourceData(Source, PlotBy)`

- ChartオブジェクトのSetSourceDataメソッドは、グラフのデータ範囲とデータ系列を指定します。引数「Source」でデータ範囲を指定し、引数「PlotBy」でグラフに表示するデータ系列を指定します。「xlColumns」で列方向、「xlRows」で行方向になります。省略した場合は、データ範囲の行数が項目の列数より多い場合は列方向となり、同じまたは少ない場合は行方向となります。

関連ワザ 456 セル範囲に合わせて埋め込みグラフを作成する①………P.555
関連ワザ 458 グラフの種類を変更する………P.557

ワザ 456 セル範囲に合わせて埋め込みグラフを作成する①

難易度 ●●○　頻出度 ●●○　対応Ver. 365 2021 2019 2016

埋め込みグラフは、ChartObjectsコレクションのAddメソッドを使用して作成します。セル範囲に合わせるには、Addメソッドの引数で左端位置や上端位置、幅、高さを指定します。ここでは、アクティブシートのセルA6～F15に埋め込みグラフを作成し、データ範囲をセルA1～E4、グラフの種類を［3D縦棒グラフ］にします。

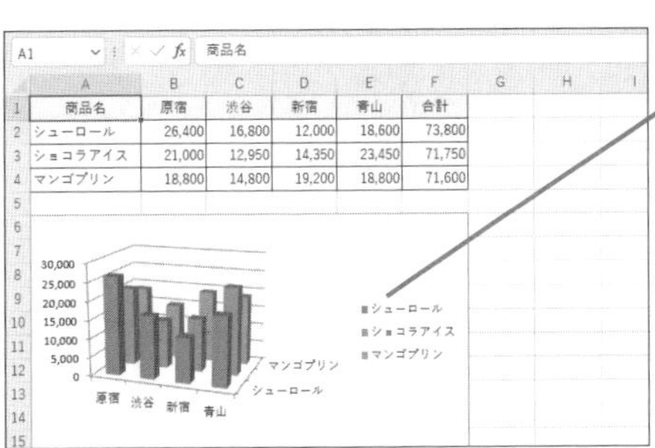

入力例　456.xlsm

```
Sub 埋め込みグラフの追加()
    Dim myRange As Range
    Set myRange = Range("A6:F15") ←1
    With ActiveSheet.ChartObjects.Add( _ ←2
        myRange.Left, myRange.Top, myRange.Width, myRange.Height)
        .Name = "売上G" ←3
        .Chart.SetSourceData Range("A1:E4") ←4
        .Chart.ChartType = xl3DColumn ←5
    End With
End Sub
```

1 Range型の変数「myRange」にセルA6～F15を代入する　2 アクティブシートのセルA6～F15に埋め込みグラフを作成して以下の処理を実行する　3 埋め込みグラフの名前を「売上G」に設定する　4 グラフのデータ範囲をセルA1～E4に設定する　5 グラフの種類を［3D縦棒グラフ］に設定する

ポイント

構文 `ChartObjects.Add(Left, Top, Width, Height)`

- 埋め込みグラフを作成するには、ChartObjectsコレクションのAddメソッドを使用して上のように記述します。引数「Left」で左端位置、引数「Top」で上端位置、引数「Width」で幅、引数「Height」で高さを、それぞれポイント単位で指定します。
- Addメソッドにより、ChartObjectオブジェクトが返ります。これは、埋め込みグラフの外観や大きさといったグラフの枠の部分を表し、グラフを表すChartオブジェクトの入れ物(コンテナ)になります。
- 埋め込みグラフ内のグラフを操作するには、ChartObjectオブジェクトのChartプロパティを使用してChartオブジェクトを取得し、グラフのデータ範囲やグラフの種類などを指定します。
- 特定の埋め込みグラフを指定するには、ChartObjects(Index)と記述し、引数「Index」には埋め込みグラフのインデックス番号、またはグラフ名を指定します。

ワザ 457 セル範囲に合わせて埋め込みグラフを作成する②

難易度 ●●○ | 頻出度 ●●○ | 対応Ver. 365 2021 2019 2016

ShapesコレクションのAddChart2メソッドを使用しても埋め込みグラフを作成できます。AddChart2メソッドの引数でグラフの種類やスタイル、左端位置、上端位置、幅、高さを指定できます。ここでは、アクティブシートのセルA6～F15に積み上げ棒グラフを既定のスタイルで作成し、データ範囲をセルＡ１～Ｅ４、グラフのタイトルをなしに設定します。

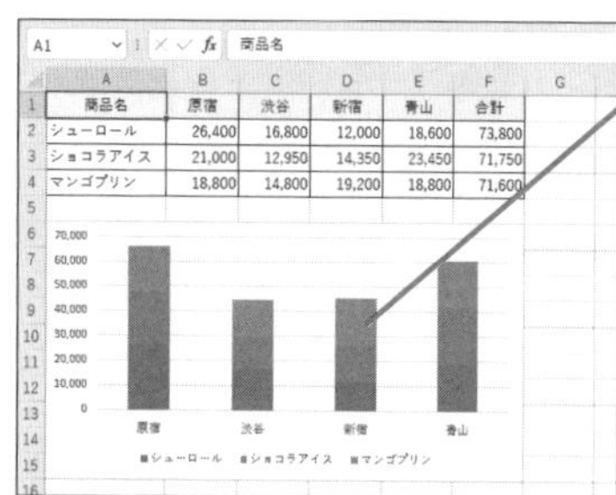

アクティブシートのセルA6～F15にグラフを作成し、セルA1～E4をデータ範囲にして積み上げ縦棒グラフに設定する

入力例

457.xlsm

```
Sub 埋め込みグラフ作成2()
    Dim myRange As Range
    Set myRange = Range("A6:F15")  ←1
    With ActiveSheet.Shapes.AddChart2 _  ←2
        (Style:=-1, XlChartType:=xlColumnStacked, Left:=myRange.Left, _
         Top:=myRange.Top, Width:=myRange.Width, Height:=myRange.Height)
        .Name = "商品別売上G"
        .Chart.SetSourceData Range("A1:E4")  ←3
        .Chart.HasTitle = False
    End With
End Sub
```

1 Range型の変数「myRange」にセルA6～F15を代入する　2 アクティブシートのセルA6～F15に、グラフの種類が積み上げ棒グラフ、既定のスタイルで埋め込みグラフを作成して以下の処理を実行する　3 グラフのデータ範囲をセルA1～E4、グラフタイトルをなしに設定する

ポイント

構文 `Shapes.AddChart2 (Style, XlChartType, Left, Top, Width, Height, NewLayout)`

- ShapesコレクションのAddChart2メソッドを使用して埋め込みグラフを作成するには、上のように記述します。引数「XlChartType」では、XlChartType列挙型の定数でグラフの種類を指定します。省略時は既定のグラフ（通常は集合縦棒グラフ）が作成されます。
- 引数「Style」では、グラフのスタイルを指定します。「-1」にすると、引数XlChartTypeで指定したグラフの規定のスタイル（スタイル1）が設定されます。
- 引数「Left」、「Top」、「Width」、「Height」でグラフの位置とサイズをポイント単位で指定します。引数「NewLayout」をTrueまたは省略すると、タイトルが表示され、複数の系列がある場合は凡例が表示されて作成されます。

ワザ 458 グラフの種類を変更する

難易度 ○○○ | 頻出度 ○○○ | 対応Ver. 365 2021 2019 2016

グラフの種類を変更するには、ChartオブジェクトのChartTypeプロパティを使用します。ここでは、埋め込みグラフの種類をデータマーカー付きの折れ線グラフに変更します。グラフを作成した後でグラフの種類を変更したいときに利用するといいでしょう。また、ChartTypeプロパティの設定値は、グラフ作成時にグラフの種類を指定するときにも使えます。

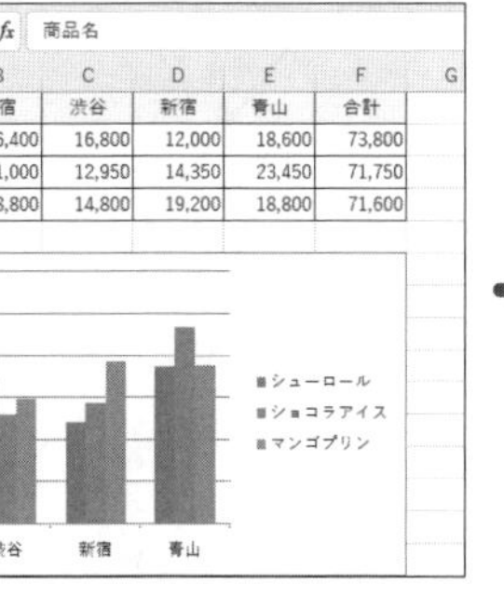

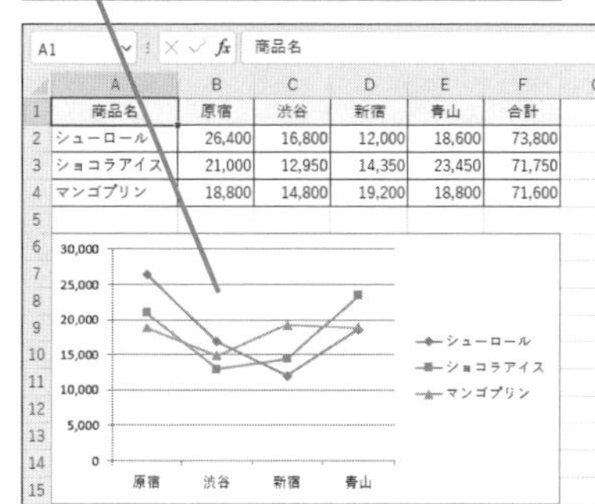

入力例　458.xlsm

```
Sub グラフの種類を変更する()
    ActiveSheet.ChartObjects(1).Chart.ChartType = xlLineMarkers ←1
End Sub
```

1 アクティブシートのインデックス番号1の埋め込みグラフの種類を、データマーカー付き折れ線グラフに設定する

ポイント

構文 Chartオブジェクト.ChartType

- グラフの種類を変更するには、ChartオブジェクトのChartTypeプロパティを使用して上のように記述します。設定値は、下表のようにXlChartType列挙型の定数を使って指定します。

●ChartTypeプロパティの設定値(XlChartType列挙型の定数)

定数	内容	定数	内容
xlArea	面	xlLine	折れ線
xlPie	円	xlBarClustered	集合横棒
xlColumnClustered	集合縦棒	xlColumnStacked	積み上げ縦棒
xl3DColumnClustered	3-D 集合縦棒	xlLineMarkers	マーカー付き折れ線

関連ワザ 456 セル範囲に合わせて埋め込みグラフを作成する①………P.555
関連ワザ 459 特定のデータ系列だけ折れ線グラフに変更する………P.558

VBAの基礎知識
プログラミングの基礎
セルの操作
セルの書式
ワークシートの操作
Excelファイルの操作
高度なファイル操作
ウィンドウの操作
リストのデータ操作
印刷
図形の操作
コントロールの使用
外部アプリケーション
VBA関数
そのほかの操作

ワザ 459 特定のデータ系列だけ折れ線グラフに変更する

難易度 ●○○ ｜ 頻出度 ●●● ｜ 対応Ver. 365 2021 2019 2016

特定のデータ系列だけを折れ線グラフに変更するには、ChartオブジェクトのSeriesCollectionメソッドを使用してデータ系列を表すSeriesオブジェクトを取得し、そのChartTypeプロパティを折れ線グラフに指定します。ここでは、埋め込みグラフ［売上G］のデータ系列［来客数］を折れ線グラフに変更し、数値軸を第2軸に設定します。単位の異なる数値を異なる種類のグラフとして1枚のグラフにまとめた複合グラフの基本的な作成方法です。

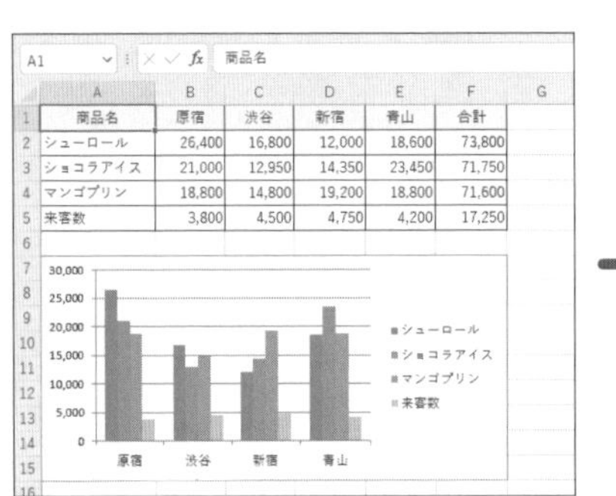

商品名	原宿	渋谷	新宿	青山	合計
シューロール	26,400	16,800	12,000	18,600	73,800
ショコラアイス	21,000	12,950	14,350	23,450	71,750
マンゴプリン	18,800	14,800	19,200	18,800	71,600
来客数	3,800	4,500	4,750	4,200	17,250

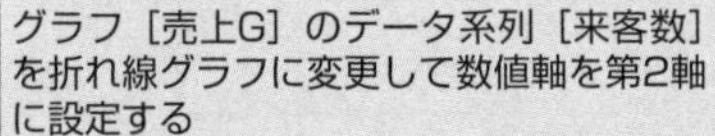

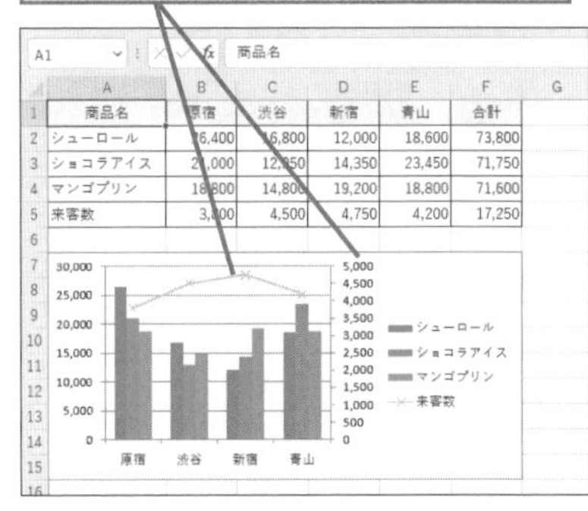

商品名	原宿	渋谷	新宿	青山	合計
シューロール	26,400	16,800	12,000	18,600	73,800
ショコラアイス	21,000	12,950	14,350	23,450	71,750
マンゴプリン	18,800	14,800	19,200	18,800	71,600
来客数	3,800	4,500	4,750	4,200	17,250

入力例

459.xlsm

```
Sub 複合グラフを作成する()
    With ActiveSheet.ChartObjects("売上G").Chart.SeriesCollection("来客数") ←1
        .ChartType = xlLineMarkers ←2
        .AxisGroup = xlSecondary ←3
    End With
End Sub
```

1アクティブシートの埋め込みグラフ［売上G］のデータ系列［来客数］について以下の処理を実行する　2グラフの種類をデータマーカー付き折れ線グラフに設定する　3数値軸を第2軸に設定する

ポイント

構文 `Chartオブジェクト.SeriesCollection(Index)`

- 1つのグラフの中の特定の系列だけを別のグラフに変更するには、ChartオブジェクトのSeriesCollectionメソッドを使用してデータ系列を表すSeriesオブジェクトを取得し、そのSeriesオブジェクトに対してグラフの変更の処理を行います。引数「Index」には、データ系列の名前またはインデックス番号を指定します。

構文 `Seriesオブジェクト.AxisGroup=xlSecondary`

- 複合グラフは、数量と金額といった、単位の異なる数値を比較するのに適しています。グラフの種類を変更し、単位が異なるデータ系列の数値軸を第2軸に設定します。第2軸に設定するには、SeriesオブジェクトのAxisGroupプロパティに「xlSecondary」を指定します。

ワザ 460 グラフの行列を入れ替える

難易度 ●●○　頻出度 ●○○　対応Ver. 365 2021 2019 2016

グラフの行列を入れ替えるには、ChartオブジェクトのPlotByプロパティを使用します。グラフのデータ系列として使用する方向を列にする場合は「xlColumns」、行にする場合は「xlRows」に指定します。ここでは、埋め込みグラフ［売上G］の現在のデータ系列を調べ、行の場合は列に、列の場合は行に入れ替えます。

商品名	原宿	渋谷	新宿	青山	合計
シューロール	26,400	16,800	12,000	18,600	73,800
ショコラアイス	21,000	12,950	14,350	23,450	71,750
マンゴプリン	18,800	14,800	19,200	18,800	71,600

→

グラフ［売上G］の現在のデータ系列を調べて、行の場合は列に、列の場合は行に入れ替える

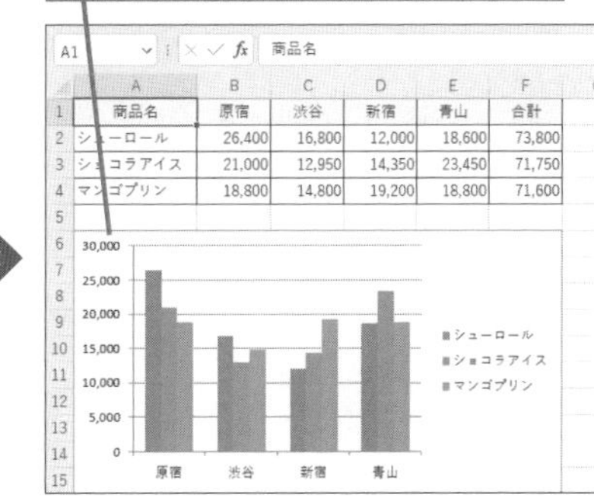

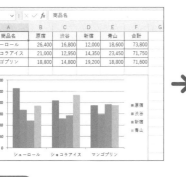

入力例　460.xlsm

```
Sub グラフの行列を入れ替える()
    With ActiveSheet.ChartObjects("売上G").Chart  ←1
    Select Case .PlotBy  ←2
        Case xlRows
            .PlotBy = xlColumns
        Case xlColumns
            .PlotBy = xlRows
        End Select
    End With
End Sub
```

1アクティブシートの埋め込みグラフ［売上G］のグラフについて次の処理を実行する　2グラフのデータ系列が行の場合は列に、列の場合は行に設定する

ポイント

構文　Chartオブジェクト.PlotBy

- グラフのデータ系列は、ChartオブジェクトのPlotByプロパティを使用して上のように設定します。設定値は、「xlRows」の場合はデータ系列が行方向、「xlColumns」の場合はデータ系列が列方向になります。

関連ワザ 455 グラフのデータ範囲を指定する………P.554
関連ワザ 458 グラフの種類を変更する………P.557
関連ワザ 459 特定のデータ系列だけ折れ線グラフに変更する………P.558

ワザ 461 グラフにデータテーブルを表示する

難易度 ●●○　頻出度 ●○○　対応Ver. 365 2021 2019 2016

グラフにデータテーブルを表示するには、ChartオブジェクトのHasDataTableプロパティを使用します。データテーブルはDataTableオブジェクトとして扱い、ChartオブジェクトのDataTableプロパティで取得できます。ここでは、アクティブシートの埋め込みグラフにデータテーブルを表示し、データテーブルの凡例マーカーを非表示にします。データテーブルは、グラフと数値を比較するのに便利です。

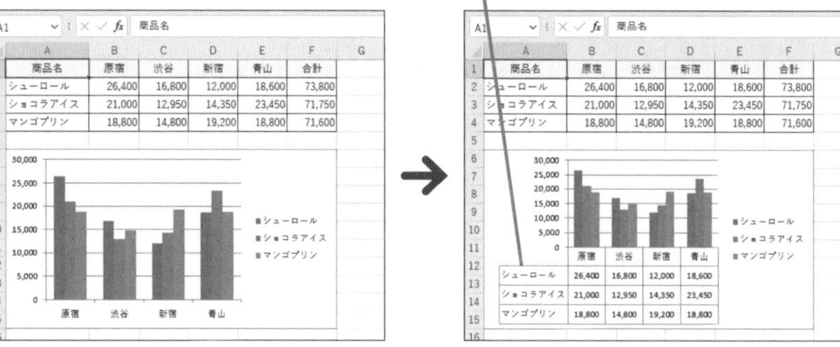

入力例

461.xlsm

```
Sub グラフにデータテーブルを表示する()
    With ActiveSheet.ChartObjects(1).Chart ←1
        .HasDataTable = True ←2
        .DataTable.ShowLegendKey = False ←3
    End With
End Sub
```

1アクティブシートのインデックス番号1の埋め込みグラフについて以下の処理を実行する　2グラフのデータテーブルを表示する　3データテーブルの凡例マーカーを非表示にする

ポイント

構文　Chartオブジェクト.HasDataTable

- グラフにデータテーブルを表示するには、ChartオブジェクトのHasDataTableプロパティを使います。「True」で表示、「False」で非表示になります。
- データテーブルについて操作するには、ChartオブジェクトのDataTableプロパティでデータテーブルを表すDataTableオブジェクトを取得し、そのプロパティやメソッドを使用します。例えば、データテーブルの凡例マーカーの表示・非表示は、ShowLegendKeyプロパティで設定します。

関連ワザ 462 グラフにタイトルを追加する………P.561
関連ワザ 463 グラフの軸ラベルを追加する………P.562
関連ワザ 466 グラフに凡例を表示する………P.565

ワザ 462 グラフにタイトルを追加する

難易度 ●●○ | 頻出度 ●●○ | 対応Ver. 365 2021 2019 2016

グラフにタイトルを追加するには、まずChartオブジェクトのHasTitleプロパティを「True」にし、タイトルを表すChartTitleオブジェクトを操作してタイトルの文字列やフォントスタイルなどを指定します。ここでは、埋め込みグラフ［売上G］のタイトルを表示し、文字列を「商品別売上グラフ」、フォントサイズを16ポイントに設定します。

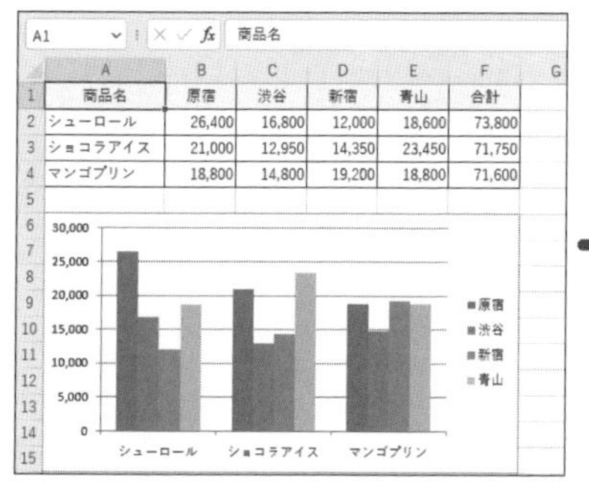

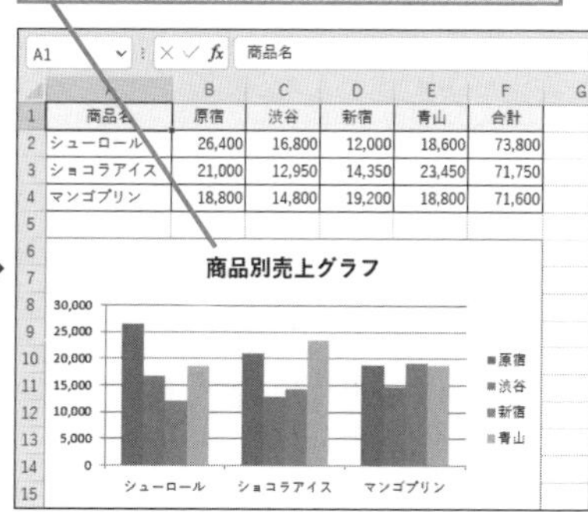

入力例　462.xlsm

```
Sub グラフタイトルの追加()
    With ActiveSheet.ChartObjects("売上G").Chart ←1
        .HasTitle = True ←2
        .ChartTitle.Text = "商品別売上グラフ" ←3
        .ChartTitle.Font.Size = 16 ←4
    End With
End Sub
```

1アクティブシートの埋め込みグラフ［売上G］について以下の処理を実行する　2グラフのタイトルを表示する　3グラフタイトルの文字列を「商品別売上グラフ」に設定する　4グラフタイトルの文字サイズを16ポイントに設定する

ポイント

構文 **Chartオブジェクト.HasTitle**

- グラフのタイトルを表示するには、ChartオブジェクトのHasTitleプロパティを使用します。「True」で表示、「False」で非表示に設定されます。

構文 **Chartオブジェクト.ChartTitle**

- グラフのタイトルについて操作するには、ChartオブジェクトのChartTitleプロパティを使用して、グラフのタイトルを表すChartTitleオブジェクトを取得し、TextプロパティやFontプロパティを使って文字列などの設定を行います。

関連ワザ 466 グラフに凡例を表示する………P.565

ワザ 463 グラフの軸ラベルを追加する

難易度 ●●○　頻出度 ●○○　対応Ver. 365 2021 2019 2016

グラフの軸ラベルを追加するには、まずグラフの軸であるAxisオブジェクトを取得し、そのAxisオブジェクトのHasTitleプロパティで軸ラベルを表示し、軸ラベルを表すAxisTitleオブジェクトで軸ラベルの設定を行います。ここでは、数値軸に軸ラベルを追加し、「金額」という文字列を表示します。このワザで軸ラベルの基本的な設定方法を確認してください。

数値軸に「金額」の軸ラベルを追加する

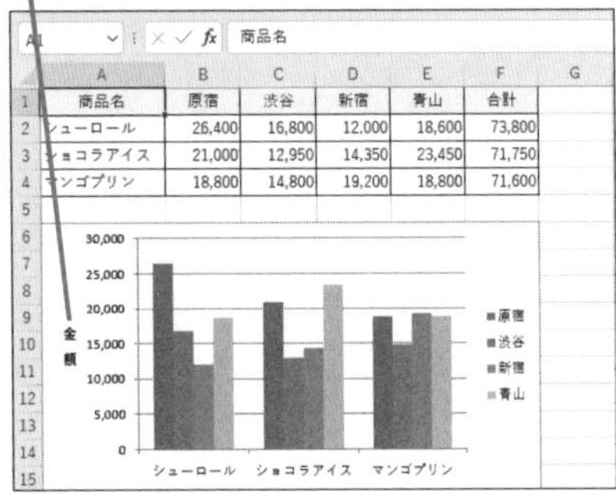

入力例　463.xlsm

```
Sub 軸ラベルの追加()
    With ActiveSheet.ChartObjects("売上G").Chart.Axes(xlValue)  ←1
        .HasTitle = True  ←2
        .AxisTitle.Text = "金額"  ←3
        .AxisTitle.Orientation = xlVertical
    End With
End Sub
```

1アクティブシートの埋め込みグラフ［売上G］の数値軸について以下の処理を実行する　2軸タイトルを表示する　3軸タイトルの文字列を「金額」、文字方向を縦書きにする

ポイント

構文　`Chartオブジェクト.Axes(Type, AxisGroup)`

- グラフの軸を表すAxisオブジェクトは、ChartオブジェクトのAxesメソッドを使用して取得します。引数「Type」では軸の種類を指定します。「xlCategory」は項目軸、「xlValue」は数値軸です。引数「AxisGroup」では軸のグループを指定します。「xlPrimary」は第1軸（既定値）、「xlSecondary」は第2軸です。

構文　`Axisオブジェクト.HasTitle`

- 軸ラベルを表示するには、AxisオブジェクトのHasTitleプロパティを使用します。「True」は表示、「False」は非表示です。
- 軸ラベルについて操作するには、AxisオブジェクトのAxisTitleプロパティを使用して、軸ラベルを表すAxisTitleオブジェクトを取得し、文字列などの設定を行います。

ワザ 464 グラフの数値軸の目盛を設定する

難易度 ●●○ ｜ 頻出度 ●○○ ｜ 対応Ver. 365 2021 2019 2016

グラフの数値軸の目盛を設定するには、数値軸を表すAxisオブジェクトのMajorUnitプロパティで目盛間隔、MaximumScaleプロパティで最大値、MinimumScaleプロパティで最小値を指定します。ここでは、埋め込みグラフの数値軸の最大値をデータ範囲の中の最大値に設定し、最小値を「5000」、目盛間隔を「2000」に設定します。目盛を自分で設定する場合の基本的な設定方法を覚えましょう。

グラフの数値軸の最大値をデータ範囲の中の最大値に設定し、最小値を「5000」、目盛間隔を「2000」に設定する

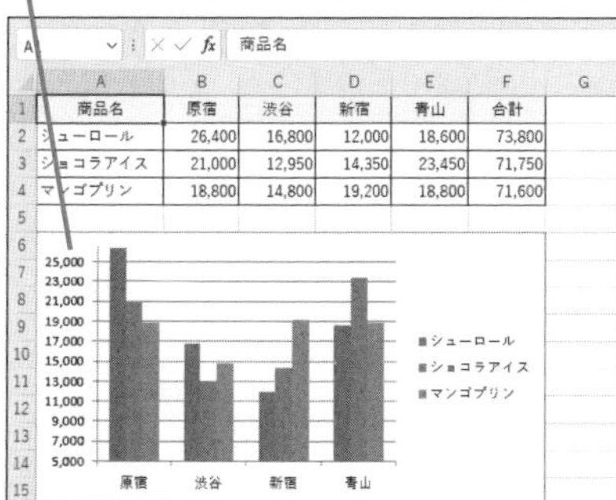

	A	B	C	D	E	F
1	商品名	原宿	渋谷	新宿	青山	合計
2	シューロール	26,400	16,800	12,000	18,600	73,800
3	ショコラアイス	21,000	12,950	14,350	23,450	71,750
4	マンゴプリン	18,800	14,800	19,200	18,800	71,600

入力例　464.xlsm

```
Sub 数値軸の最大値最小値目盛間隔を設定する()
    With ActiveSheet.ChartObjects(1).Chart.Axes(xlValue)  ←1
        .MaximumScale = WorksheetFunction.Max(Range("B2:E4"))  ←2
        .MinimumScale = 5000  ←3
        .MajorUnit = 2000  ←4
    End With
End Sub
```

1アクティブシートのインデックス番号1の埋め込みグラフの数値軸について、以下の処理を実行する　2数値軸の最大値をセルB2～E4の最大値に設定する　3数値軸の最小値を「5000」に設定する　4目盛間隔を「2000」に設定する

ポイント

構文 `Axisオブジェクト.MajorUnit`

- 軸の目盛間隔は、AxisオブジェクトのMajorUnitプロパティで設定します。設定値には、倍精度浮動小数点型の数値を指定します。

構文 `Axisオブジェクト. MaximumScale`

構文 `Axisオブジェクト. MinimumScale`

- 軸の目盛の最大値はAxisオブジェクトのMaximumScaleプロパティで、最小値はMinimumScaleプロパティで設定します。どちらも設定値には倍精度浮動小数点型の数値を指定します。
- 数値軸の目盛を自動に戻すには、AxisオブジェクトのMajorUnitIsAutoプロパティ、MaximumScaleIsAutoプロパティ、MinimumScaleIsAutoプロパティをそれぞれ「True」に設定します。

ワザ 465 目盛軸ラベルを設定する

難易度 ●●○ 頻出度 ●○○ 対応Ver. 365 2021 2019 2016

目盛軸ラベルを設定するには、AxisオブジェクトのTickLabelsプロパティを使用します。ここでは、埋め込みグラフの数値軸のラベルの数値の表示形式を「#,##0,千円」、項目軸のラベルの文字サイズを8ポイントに設定します。表示形式や文字書式の設定は、Rangeオブジェクトの文字書式に関連するプロパティとほぼ同じように設定できます。

グラフの数値軸のラベルの数値の表示形式を「#,##0,千円」、項目軸のラベルの文字サイズを8ポイントに設定する

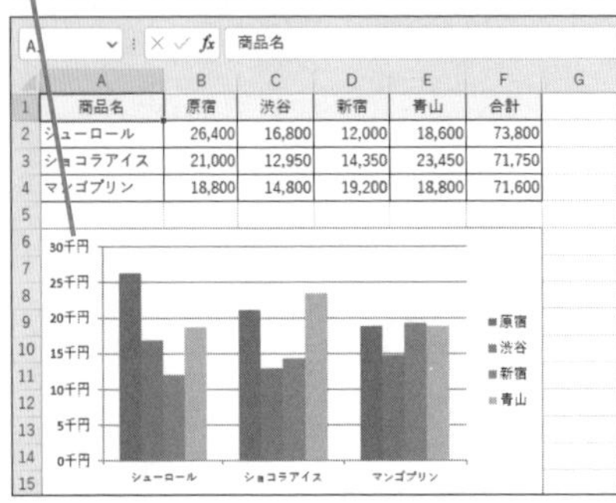

入力例 465.xlsm

```
Sub 軸目盛の設定()
    With ActiveSheet.ChartObjects(1).Chart  ←1
        .Axes(xlValue).TickLabels.NumberFormat = "#,##0,千円"  ←2
        .Axes(xlCategory).TickLabels.Font.Size = 8  ←3
    End With
End Sub
```

1アクティブシートのインデックス番号1の埋め込みグラフについて、以下の処理を実行する 2数値軸ラベルの数値の表示形式を「#,##0,千円」に設定し、千円単位にする。 3項目軸ラベルの文字サイズを8ポイントに設定する

ポイント

構文 `Axisオブジェクト.TickLabels`

- 軸ラベルは、AxisオブジェクトのTickLabelsプロパティを使用して軸ラベルを表すTickLabelsオブジェクトを取得し、TickLabelsオブジェクトについて設定を行います(取得のみ)。

関連ワザ 463 グラフの軸ラベルを追加する………P.562
関連ワザ 464 グラフの数値軸の目盛を設定する………P.563

ワザ 466 グラフに凡例を表示する

難易度 ●●○ ｜ 頻出度 ●●○ ｜ 対応Ver. 365 2021 2019 2016

グラフに凡例を表示するには、AxisオブジェクトのHasLegendプロパティを「True」に設定し、Legendプロパティで凡例を表すLegendオブジェクトを取得し、Legendオブジェクトに対して凡例についてのさまざまな設定を行います。ここでは、埋め込みグラフの凡例を表示し、凡例の位置をグラフの右側に設定します。

埋め込みグラフの凡例を表示し、凡例の位置をグラフの右側に設定する

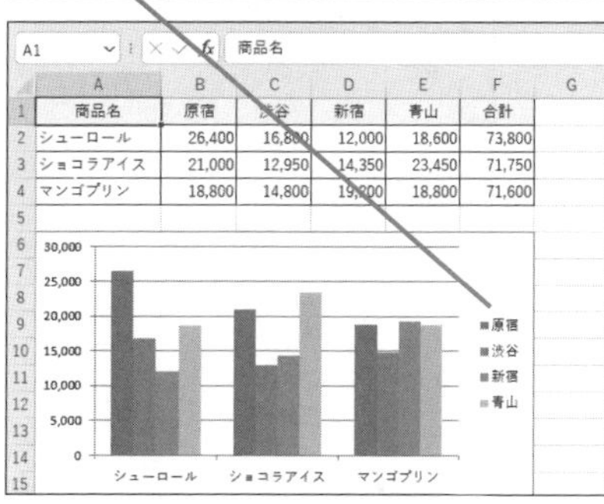

入力例　466.xlsm

```
Sub 凡例の設定()
    With ActiveSheet.ChartObjects(1).Chart ←1
        .HasLegend = True ←2
        .Legend.Position = xlLegendPositionRight ←3
    End With
End Sub
```

1アクティブシートのインデックス番号1の埋め込みグラフについて以下の処理を実行する　2グラフの凡例を表示する　3グラフの凡例の位置をグラフの右側に設定する

ポイント

構文 **Chartオブジェクト.HasLegend**

- グラフに凡例を表示するには、ChartオブジェクトのHasLegendプロパティを使用します。値が「True」のときは表示、「False」のときは非表示です。

構文 **Chartオブジェクト.Legend**

- 凡例についての設定を行うには、ChartオブジェクトのLegendプロパティを使用してLegendオブジェクトを取得します（取得のみ）。

構文 **Legendオブジェクト.Position**

- 凡例の配置は、LegendオブジェクトのPositionプロパティで指定します。設定値が「xlLegendPositionTop」でグラフの上、「xlLegendPositionBottom」でグラフの下、「xlLegendPositionRight」でグラフの右、「xlLegendPositionLeft」でグラフの左となります。

ワザ 467 グラフにスタイルを設定する

難易度 ●●○ | 頻出度 ●●○ | 対応Ver. 365 2021 2019 2016

グラフにスタイルを設定するには、ChartオブジェクトのChartStyleプロパティを使用します。ChartStyleプロパティは、あらかじめ用意されているグラフ全体の配色や効果の組み合わせです。ここでは、埋め込みの集合縦棒グラフ［売上G］のスタイルを［スタイル2］に変更します。ブックのテーマに合わせて、グラフ全体の見栄えを一気に整えたいときに利用しましょう。

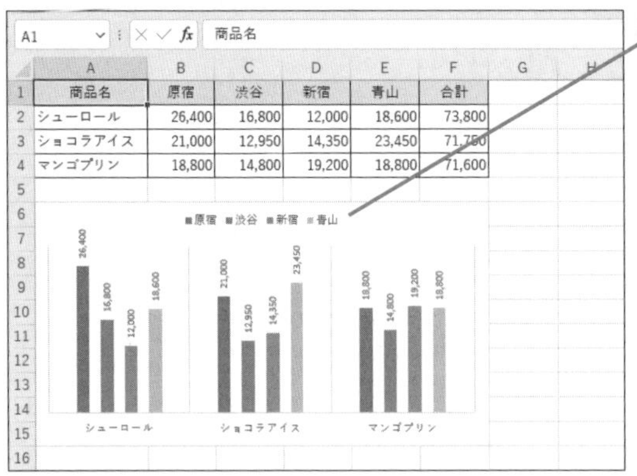

入力例

467.xlsm

```
Sub グラフのスタイル設定()
    ActiveSheet.ChartObjects("売上G").Chart.ChartStyle = 202 ←1
End Sub
```

1 アクティブシートの埋め込みの集合縦棒グラフ［売上G］のスタイルを［スタイル2］（202）に設定する

ポイント

構文　Chartオブジェクト.ChartStyle

- グラフに組み込みのグラフスタイルを設定するには、ChartオブジェクトのChartStyleプロパティを使います。スタイルは、［グラフのデザイン］タブの［グラフスタイル］にある一覧に対応していますが、グラフの種類によって割り当てられている数値が異なります。適用したいスタイルの数値は、「マクロの記録」機能を使って確認してください。
- 1～48の数値を指定すると、グラフの種類に関係なくスタイルを設定できます。
- ChartStyleプロパティは、ブックのテーマに対応しています。そのため、ブックのテーマを変更するとそれに合わせてスタイルの配色も自動的に変更されます

●集合縦棒の数値

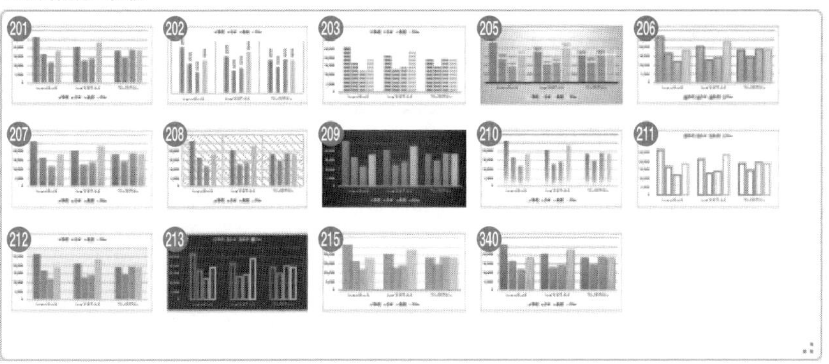

●円グラフの数値

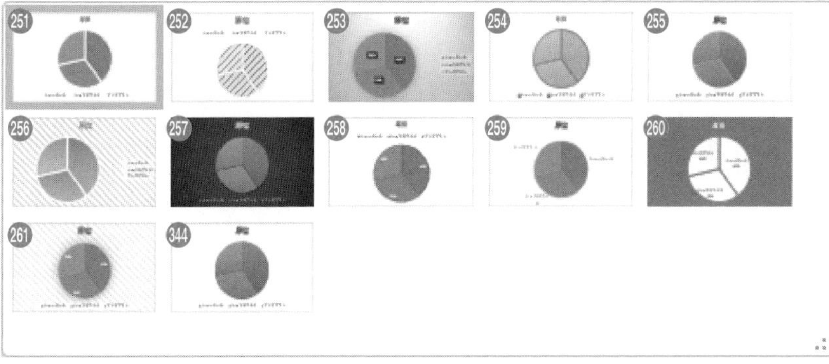

関連ワザ 177 セルにスタイルを設定して書式を一度に設定する………P.230

関連ワザ 390 テーブルスタイルを変更する………P.480

関連ワザ 441 図形にスタイルを設定する………P.540

関連ワザ 473 グラフのスタイルをテンプレートとして保存、適用する………P.573

ワザ 468 グラフに色を設定する

難易度 ●●○ | 頻出度 ●●○ | 対応Ver. 365 2021 2019 2016

グラフに色を設定するには、グラフのデータ系列を表すSeriesオブジェクトのInteriorプロパティで塗りつぶし、Borderプロパティで枠線を取得し、それぞれについて色を指定することで設定できます。ここでは、埋め込みグラフ［売上G］のデータ系列［原宿］の塗りつぶしの色を［薄い灰色］、［枠線］を黒に設定します。

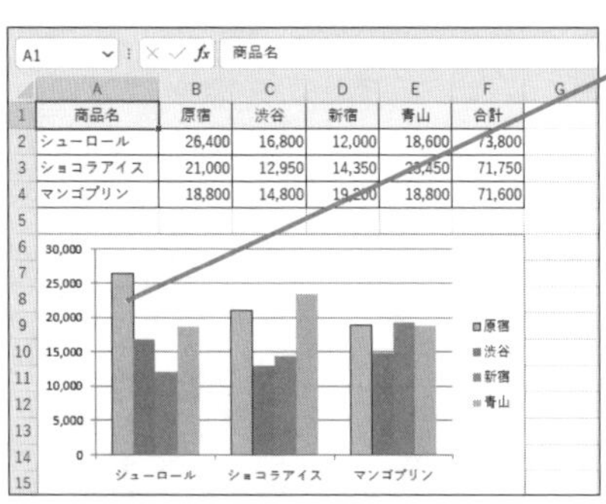

グラフ［売上G］のデータ系列［原宿］の塗りつぶしの色を［薄い灰色］、枠線を［黒］に設定する

入力例 468.xlsm

```
Sub データ系列に色設定()
    With ActiveSheet.ChartObjects("売上G").Chart.SeriesCollection("原宿")  ←1
        .Interior.Color = rgbLightGray  ←2
        .Border.Color = rgbBlack  ←3
    End With
End Sub
```

1アクティブシートの埋め込みグラフ［売上G］のデータ系列［原宿］について以下の処理を実行する　2塗りつぶしの色を薄い灰色に設定する　3枠線の色を黒に設定する

ポイント

構文 Chartオブジェクト.SeriesCollection(Index)

- グラフに色を設定するには、色を設定したいデータ系列を表すSeriesオブジェクトを使います。Seriesオブジェクトは、ChartオブジェクトのSeriesCollectionメソッドを使用して取得します。引数「Index」でデータ系列のインデックス番号または名前を指定します（取得のみ）。

構文 Seriesオブジェクト.Interior.Color=RGB値

構文 Seriesオブジェクト.Border.Color=RGB値

- SereisオブジェクトのInteriorプロパティで塗りつぶし部分を表すInteriorオブジェクトを取得し、Colorプロパティでグラフの塗りつぶしの部分の色をRGB値で指定します。また、SeriesオブジェクトのBorderプロパティで枠線を表すBorderオブジェクトを取得し、Colorプロパティでグラフの枠線の色をRGB値で指定します。Colorプロパティの代わりにColorIndexプロパティを使ってインデックス番号で色を指定することも可能です。

関連ワザ 427 最小値のセルに図形を作成する………P.526
関連ワザ 469 最大値のグラフのデータ要素に色を設定する………P.569

ワザ 469 最大値のグラフのデータ要素に色を設定する

難易度 ●●○　頻出度 ●●○　対応Ver. 365 2021 2019 2016

最大値のグラフのデータ要素に色を設定するには、グラフ元データ範囲の最大値と同じ値を持つデータ系列の中のデータ要素を探し、該当するデータ要素に対して色を設定します。データ要素は、Pointオブジェクトで表され、SeriesオブジェクトのPointsメソッドで取得できます。ここでは、埋め込みグラフの中で最大値となるデータ要素の色を変更します。特定のデータ要素だけ強調したいときに利用できます。

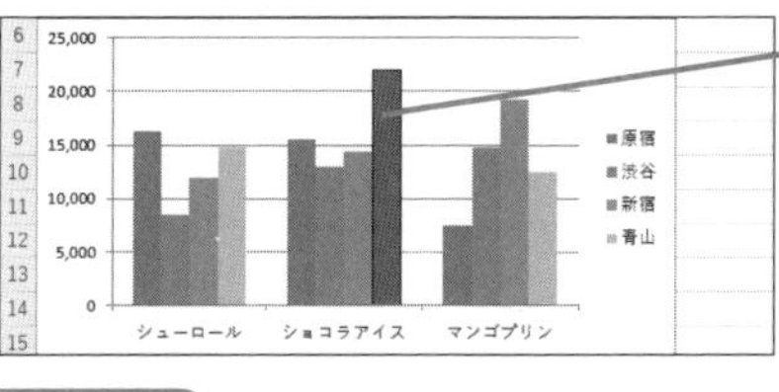

グラフの中で最大値となるデータ要素の色を変更する

入力例

469.xlsm

```
Sub 最大値のグラフの棒に色を設定する()
    Dim maxData As Long
    Dim mySeries As Series, mypoint As Point
    maxData = WorksheetFunction.Max(Range("B2:E4")) ←1
    For Each mySeries In ActiveSheet.ChartObjects(1).Chart.SeriesCollection ←2
        For Each mypoint In mySeries.Points ←3
            mypoint.HasDataLabel = True ←4
            If mypoint.DataLabel.Text = maxData Then ←5
                mypoint.Interior.Color = rgbRed
                mypoint.Border.Color = rgbBlack
            End If
            mypoint.HasDataLabel = False
        Next
    Next
End Sub
```

1変数「maxData」に、グラフのデータ範囲であるセルB2～E4内の最大値を代入する　2SeriesCollectionコレクションのメンバであるSeriesオブジェクトを、Series型の変数「mySeries」に1つずつ代入しながら以下の処理を実行する　3変数「mySeries」に代入されたデータ系列の中のデータ要素を表すPointオブジェクトを、Point型の変数「myPoint」に1つずつ代入しながら以下の処理を実行する　4変数「myPoint」に代入されたデータ要素のデータラベルを表示する　5もし、変数「myPoint」に代入されたデータ要素のデータラベルの値が変数「maxData」と同じであれば、データ要素の塗りつぶしの色を赤、枠線の色を黒に設定する

ポイント

構文　**Seriesオブジェクト.Points(Index)**

- データ系列の中の各データ要素はPointオブジェクトとして扱います。Pointオブジェクトは、SeriesオブジェクトのPointsメソッドを使用して取得します。引数「Index」には、データ要素の名前またはインデックス番号を指定します。引数を省略した場合は、すべてのデータ要素であるPointsコレクションが返ります（取得のみ）。
- 特定のデータ系列の中の特定のデータ要素を取得したいとき、例えば、アクティブシートのグラフ［売上G］のデータ系列［原宿］の中の3つ目のデータ要素を取得する場合には、「ActiveSheet.ChartObjects("売上G").Chart.SeriesCollection("原宿").Points(3)」のように記述します。

ワザ 470 グラフのレイアウトを変更する

難易度 ●●○ | 頻出度 ●●○ | 対応Ver. 365 2021 2019 2016

グラフのタイトル、凡例、データラベル、データテーブルなどの要素をセットにした「レイアウト」をグラフに適用すると、各要素の表示や配置を素早く設定できます。グラフのレイアウトは、ChartオブジェクトのApplyLayoutメソッドを使用します。ここでは、グラフのレイアウトに［レイアウト9］を適用し、グラフのタイトルと軸ラベルを設定します。

グラフのレイアウトに［レイアウト9］を適用し、グラフのタイトルと軸ラベルを設定する

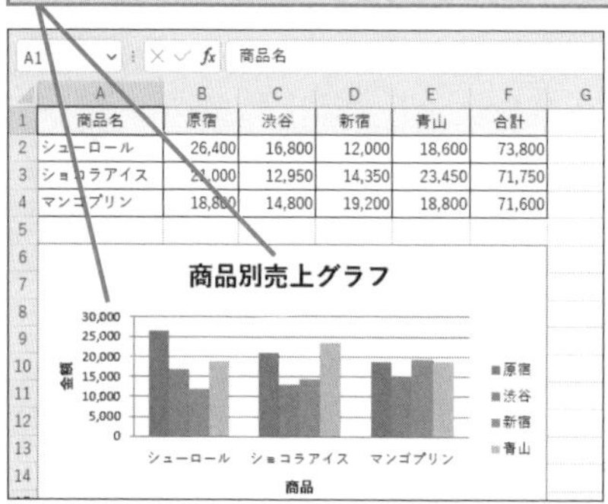

数値軸の軸ラベルを「金額」、項目軸の軸ラベルを「商品」とする

入力例

470.xlsm

```
Sub グラフのレイアウト設定()
    With ActiveSheet.ChartObjects("売上G").Chart
        .ApplyLayout 9 ←1
        .ChartTitle.Text = "商品別売上グラフ" ←2
        .Axes(xlValue).AxisTitle.Text = "金額" ←3
        .Axes(xlCategory).AxisTitle.Text = "商品" ←4
    End With
End Sub
```

1アクティブシートの埋め込みグラフ［売上G］にグラフのレイアウト［レイアウト9］を設定する 2グラフタイトルの文字列を「商品別売上グラフ」に指定する 3グラフの数値軸の軸ラベルを「金額」に指定する 4グラフの項目軸の軸ラベルを「商品」に指定する

ポイント

構文 `Chartオブジェクト.ApplyLayout(Layout)`

- グラフにレイアウトを設定するには、ChartオブジェクトのApplyLayoutメソッドを使用します。引数「Layout」でレイアウトを数値で指定します。レイアウトの数字は、グラフを選択し、［グラフのデザイン］タブの［グラフのレイアウト］の［クイックレイアウト］ボタンをクリックしたときに表示される一覧に対応しています。
- レイアウトにグラフタイトルや軸ラベルが用意されている場合、仮の文字列が表示されます。そのため、レイアウト適用後は、グラフタイトルや軸ラベルの文字列を別途設定する必要があります。

関連ワザ 458 グラフの種類を変更する………P.557

ワザ 471 グラフを移動する

難易度 ●●○ | 頻出度 ●●○ | 対応Ver. 365 2021 2019 2016

ChartオブジェクトのLocationメソッドを使うと、埋め込みグラフをグラフシートに移動したり、別のワークシートに埋め込みグラフとして移動したりできます。また、グラフシートのグラフを別のワークシートに埋め込みグラフとして移動することもできます。ここでは、アクティブシートの埋め込みグラフを新規グラフシート［グラフ］に移動します。

アクティブシートの埋め込みグラフを新規グラフシート［グラフ］に移動する

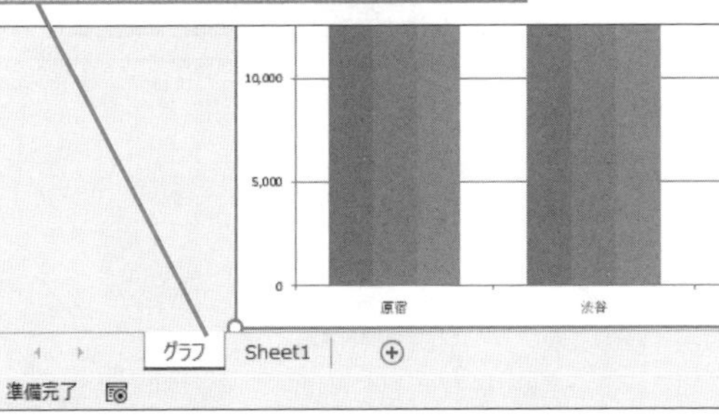

入力例　471.xlsm

```
Sub グラフの移動()
    Worksheets("Sheet1").ChartObjects("売上G").Chart. _  ←1
        Location xlLocationAsNewSheet, "グラフ"
End Sub
```

1 ［Sheet1］シートの埋め込みグラフ［売上G］を、新規グラフシート［グラフ］に移動する

ポイント

構文 `Chartオブジェクト.Location(Where, Name)`

- 既存のグラフをグラフシートまたは別のワークシートに移動するには、ChartオブジェクトのLocationメソッドを使用します。引数「Where」で移動先、引数「Name」で移動先となるシート名を指定します。

●引数Whereの設定値（XlChartLocation列挙型の定数）

定数	内容
xlLocationAsNewSheet	新しいグラフシートに移動
xlLocationAsObject	既存のシートに埋め込みグラフとして移動
xlLocationAutomatic	Excelがグラフの場所を制御

- 既存のワークシートに移動させるとき、位置までは指定できません。Locationメソッド実行後、移動したグラフが選択されているので、SelectionオブジェクトのLeftプロパティ、Topプロパティを使用して、移動位置を指定するといいでしょう。

関連ワザ 413 メモを最終ページにまとめて印刷する………P.510

ワザ 472 グラフを画像ファイルとして保存する

| 難易度 ●○○ | 頻出度 ●●○ | 対応Ver. 365 2021 2019 2016 |

グラフを画像ファイルとして保存するには、ChartオブジェクトのExportメソッドを使用します。ここでは、埋め込みグラフを、プロシージャーを実行しているブックの保存先に「グラフ.jpg」という名前で保存します。グラフを画像として扱うことができるようになるため、Excel以外のアプリケーションで幅広くグラフの画像を利用できます。

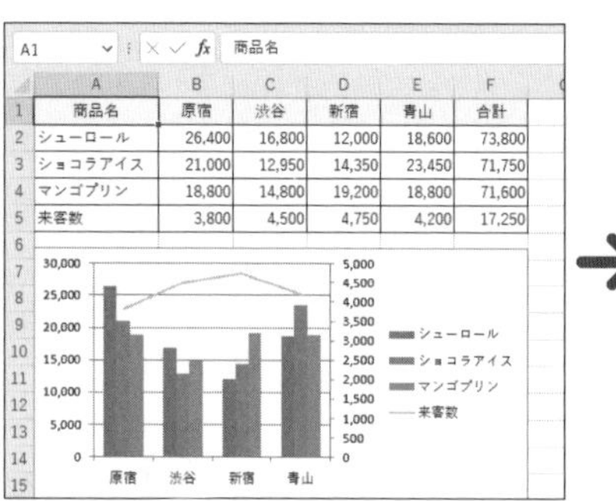

商品名	原宿	渋谷	新宿	青山	合計
シューロール	26,400	16,800	12,000	18,600	73,800
ショコラアイス	21,000	12,950	14,350	23,450	71,750
マンゴプリン	18,800	14,800	19,200	18,800	71,600
来客数	3,800	4,500	4,750	4,200	17,250

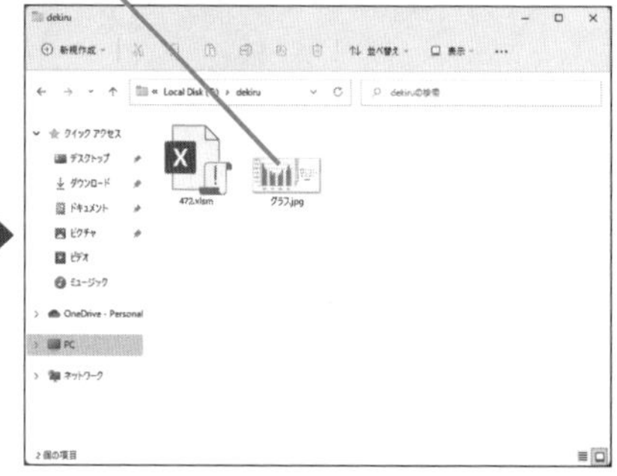

入力例

472.xlsm

```
Sub グラフの画像保存()
    ActiveSheet.ChartObjects(1).Chart.Export _    ←1
        Filename:=ThisWorkbook.Path & "¥グラフ.jpg"
End Sub
```

1アクティブシートのインデックス番号1のグラフを、プログラムを実行しているブックの保存場所に「グラフ.jpg」という名前で画像として保存する

ポイント

構文 Chartオブジェクト.Export(Filename)

- 指定したグラフを画像ファイルとして保存するには、ChartオブジェクトのExportメソッドを使用します。引数「Filename」には、保存する画像ファイル名を画像の拡張子を付けて指定します。
- 保存先に同名ファイルが存在する場合は、上書きされます。上書きしたくない場合は、あらかじめ同名ファイルがあるかどうかを確認するなどのコードを記述しておく必要があります。

関連ワザ 281 同じ名前のファイルが存在するかどうかを調べてから保存する（Dir関数の場合）………P.350
関連ワザ 386 ピボットグラフを作成する………P.476
関連ワザ 602 スライドにExcelのグラフを貼り付ける………P.744

ワザ 473 グラフのスタイルをテンプレートとして保存、適用する

難易度 ●●○ | 頻出度 ●●○ | 対応Ver. 365 2021 2019 2016

グラフをテンプレートとして保存、適用するには、ChartオブジェクトのSaveChartTemplateメソッドでグラフのスタイルをテンプレートとして保存しておき、ApplyChartTemplateメソッドでテンプレートを使用したいグラフに適用します。ここでは、グラフ［売上G］のグラフスタイルをテンプレートとして保存し、グラフ［売上2G］に適用します。同ブック内だけでなく、別ブックにも同じスタイルの適用が可能です。

グラフ［売上G］のグラフスタイルをテンプレートとして保存する

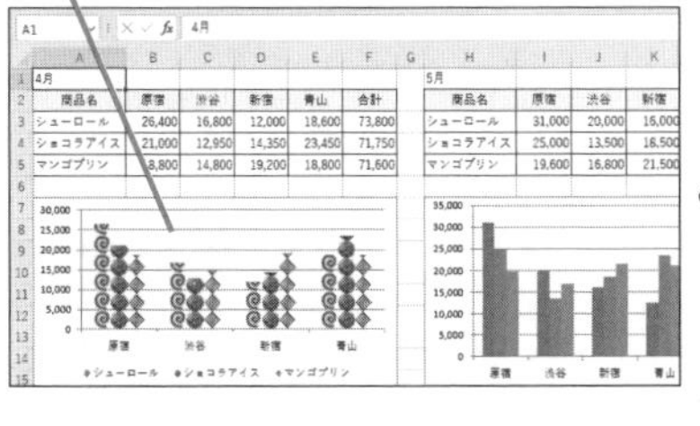

テンプレートとして保存した［絵グラフ］のグラフスタイルを［売上2G］のグラフに反映する

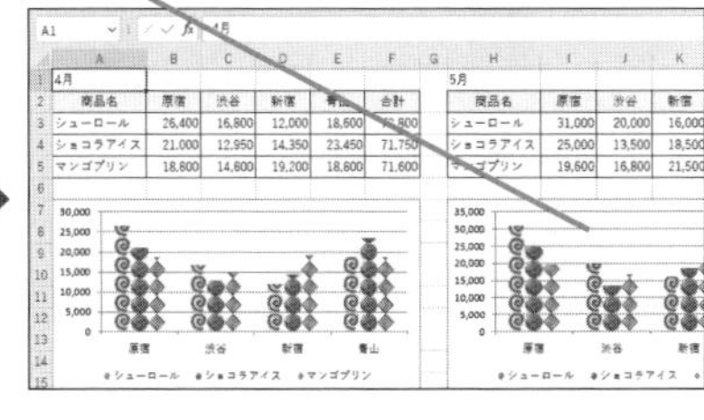

入力例

473.xlsm

```
Sub グラフテンプレート保存と適用()
    ActiveSheet.ChartObjects("売上G").Chart.SaveChartTemplate _ ←1
        (ThisWorkbook.Path & "¥絵グラフ.crtx")
    ActiveSheet.ChartObjects("売上2G").Chart.ApplyChartTemplate _ ←2
        (ThisWorkbook.Path & "¥絵グラフ.crtx")
End Sub
```

1 アクティブシートの埋め込みグラフ［売上G］を、コードを実行しているブックの保存場所に「絵グラフ.crtx」と名前を付けてユーザー定義のグラフテンプレートとして保存する 2 アクティブシートの埋め込みグラフ［売上2G］に、コードを実行しているブックの保存場所にあるグラフテンプレート［絵グラフ.crtx］を適用する

ポイント

構文 `Chartオブジェクト.SaveChartTemplate(Filename)`

- ユーザーが行ったグラフの書式変更やレイアウト変更をほかのグラフに同様に設定するには、グラフのスタイルをユーザー設定のテンプレートとして保存します。テンプレートとして保存するには、ChartオブジェクトのSaveChartTemplateメソッドを使用してグラフのテンプレートファイルとして保存します。引数「Filename」でテンプレート名に拡張子「.crtx」を付加して指定します。

構文 `Chartオブジェクト.ApplyChartTemplate(Filename)`

- 保存したテンプレートファイルをグラフに適用するには、ChartオブジェクトのApplyChartTemplateメソッドを使います。引数「Filename」には、適用するテンプレートファイルを指定します。

関連ワザ 467 グラフにスタイルを設定する………P.566
関連ワザ 472 グラフを画像ファイルとして保存する………P.572

ワザ 474 クリックしたグラフの値を表示する

難易度 ●●○ ｜ 頻出度 ●●○ ｜ 対応Ver. 365 2021 2019 2016

クリックした棒グラフの値を表示するには、「クリック」のイベントに対応するイベントプロシージャーを作成します。ここでは、グラフシートにある棒グラフを対象にして、グラフをクリックしたときに、そのグラフの値を表示します。「Chart_MouseUp」イベントプロシージャーを作成し、クリックされたグラフ要素を調べるためにGetChartElementメソッドを使います。

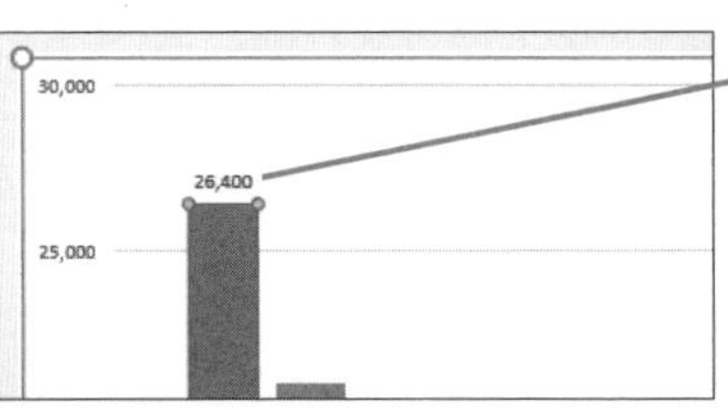

グラフをクリックするたびに、棒グラフの値の表示・非表示が切り替わる

入力例

474.xlsm

```
Private Sub Chart_MouseUp(ByVal Button As Long, _
    ByVal Shift As Long, ByVal x As Long, ByVal y As Long)
    Dim ElementID As Long, Arg1 As Long, Arg2 As Long
    ActiveChart.GetChartElement x, y, ElementID, Arg1, Arg2  ←1
    If ElementID= xlSeries Then  ←2
        With ActiveChart.SeriesCollection(Arg1).Points(Arg2)  ←3
            .HasDataLabel = Not .HasDataLabel  ←4
        End With
    End If
End Sub
```

1グラフをクリックしたときのグラフ要素、マウスポインターのx座標、y座標の情報を取得して、変数「ElementID」「Arg1」「Arg2」に格納する　2変数「ElementID」の値がxlSeries（系列）の場合、以下の処理を実行する　3アクティブグラフの系列（引数「Arg1」）の中の要素（引数「Arg2」）について以下の処理を実行する　4要素の値が表示されていなければ表示し、表示されていたら非表示にする。Not演算子によって、イベントプロシージャーが実行されるたびにTrueとFalseが入れ替わり、値の表示・非表示が切り替わる

ポイント

- グラフシートのグラフに対するイベントプロシージャーを作成する場合は、プロジェクトエクスプローラーでグラフシート（サンプルファイルでは［Graph1（売上グラフ）］）をダブルクリックしてグラフシートのコードウィンドウを表示します。クリック時に処理を実行するために、グラフ上のマウスボタンを離すと発生するMouseUpイベントを使用した「Chart_MouseUp」イベントプロシージャーを作成します。

構文 `Application.GetChartElement(x, y, ElementID, Arg1, Arg2)`

- GetChartElementメソッドは、クリックされたx座標、y座標のグラフ要素についての情報を返します。引数「x」「y」を指定するだけで、引数「ElementID」「Arg1」「Arg2」の値を取得します。引数「x」「y」は、Chart_MousUpイベントプロシージャーの引数「x」「y」の値を利用して座標を指定します。
- 引数「ElementID」にはクリックされたグラフ要素が格納されます。ElementIDの値がxSeries（系列）の場合は、Arg1（系列のインデックス番号）、Arg2（要素のインデックス番号）が格納されます。
- HasDataLabelプロパティをTrueにして、クリックされた要素の値を表示します。

第12章

コントロールの使用

Excel VBAでは、ユーザーフォームを使用して、オリジナルのダイアログボックスを作成できます。この章では、ユーザーフォームに配置するさまざまなコントロールごとに、それぞれの特性を生かした便利なダイアログボックスを作成するためのワザを紹介します。ダイアログボックスを作成するときは、使いやすさや想定外の操作を意識することが重要です。

ワザ
475 ユーザーフォームを作成する

難易度 ●○○ | 頻出度 ●●● | 対応Ver. 365 2021 2019 2016

Excel VBAでオリジナルのダイアログボックスを作成するには、まず、その土台となるユーザーフォームを作成しましょう。新しいユーザーフォームを作成するには、VBEで操作します。作成したユーザーフォームは、標準モジュールと同じようにプロジェクトの要素として追加されます。開いたり、削除したりするときは、プロジェクトエクスプローラーを通じて操作してください。このワザでは、新しいユーザーフォームを1つ追加します。

ワザ001を参考にVBEの画面に切り替えておく

1 ユーザーフォームを追加するプロジェクトを選択

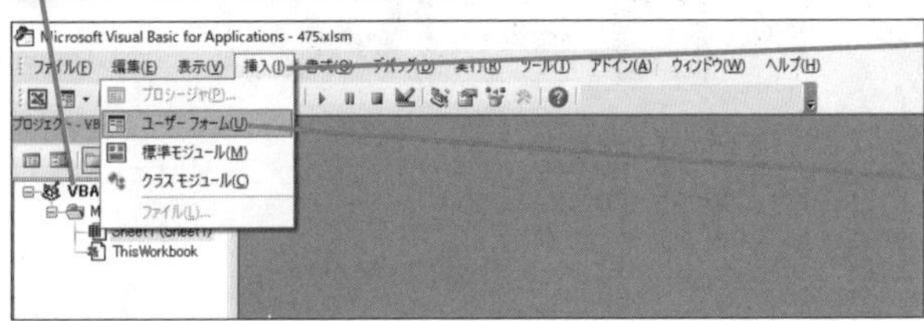

2 ［挿入］をクリック

3 ［ユーザーフォーム］をクリック

ユーザーフォームが追加された

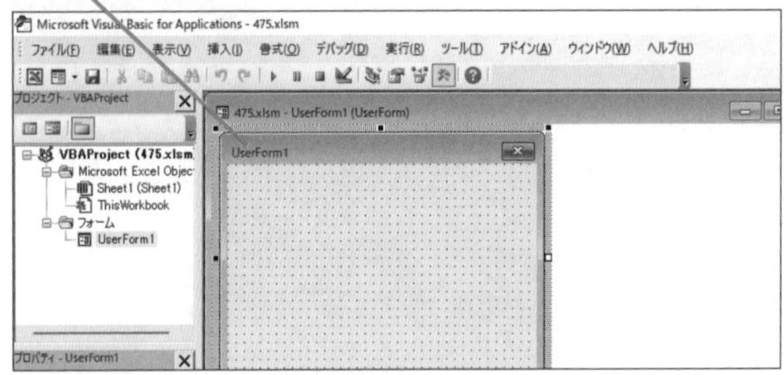

ポイント

- ツールバーでユーザーフォームを作成するには、［標準］ツールバーの左から2番目の［ユーザーフォームの挿入］ボタン（）をクリックしてください。ボタンの絵柄が違う場合は、をクリックして表示される一覧から［ユーザーフォーム］を選択してください。
- 1つのプロジェクトに複数のユーザーフォームを作成することも可能です。その場合、メインとなるユーザーフォームを明確にすること、複数のユーザーフォームの画面の移り変わり（画面遷移）を図などにまとめることを意識しましょう。メンテナンス時や引き継ぎ時に有効な情報になります。

関連ワザ 483 ユーザーフォームを実行する………P.588
関連ワザ 489 ユーザーフォームを表示する………P.594

ワザ 476 コントロールを配置する

難易度 ●○○ | 頻出度 ●●● | 対応Ver. 365 2021 2019 2016

作成したユーザーフォームには、コントロールと呼ばれる部品を配置します。コントロールには、ユーザーからの入力を受け取るテキストボックスやコマンドボタン、ユーザーフォームに文字列を表示するラベルなど、使用目的に応じてさまざまな種類があります。コントロールは、[ツールボックス] から配置します。ここでは、作成済みのユーザーフォーム（UserForm1）にラベル（Label1）を配置します。

1 [ツールボックス]を表示して[ラベル]を選択する

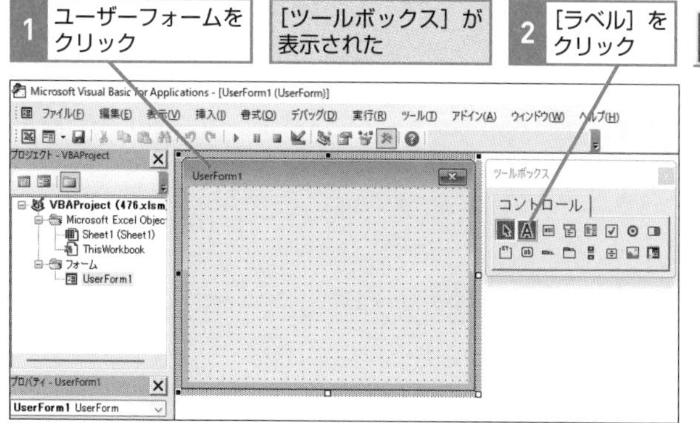

2 ラベルを配置する

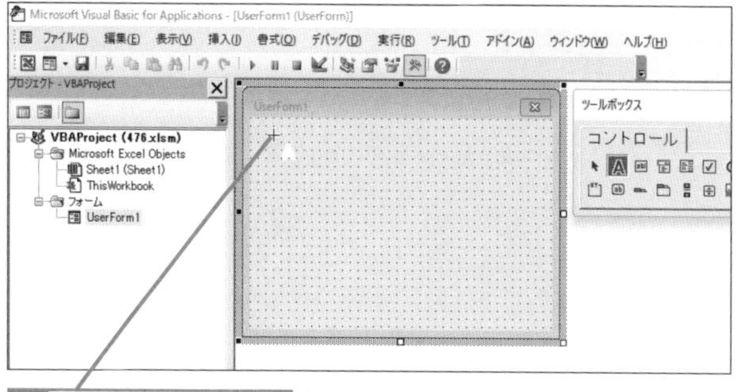

次のページに続く▶

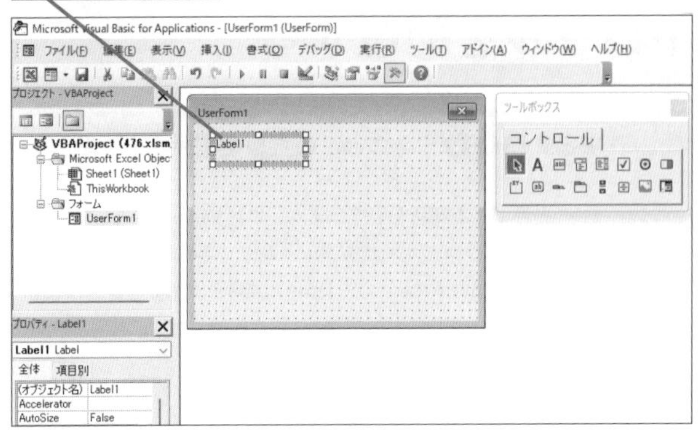

ポイント

- ユーザーフォームをクリックしても[ツールボックス]が表示されない場合は、[標準]ツールバーの[ツールボックス]ボタン( )をクリックするか、メニューの[表示] - [ツールボックス]をクリックしてください。
- ユーザーフォームに配置できる主なコントロールは下表の通りです。

●[ツールボックス]の主なコントロール

コントロール名	ボタン	機能
ラベル		文字列の表示
テキストボックス		文字列の入力および表示
コンボボックス		文字列の入力、一覧から項目を選択
リストボックス		一覧から項目を選択
チェックボックス		複数の項目から複数の項目を選択
オプションボタン		複数の項目から1つの項目を選択
トグルボタン		オンまたはオフの切り替え
フレーム		コントロールのグループ化

コントロール名	ボタン	機能
コマンドボタン		ボタンクリックによるコマンド実行
タブストリップ		タブによるページ切り替え
マルチページ		タブによるページ切り替え（各ページに異なるコントロールを配置できる）
スクロールバー		スクロール操作による値の増減
スピンボタン		ボタンのクリック操作による値の増減
イメージ		画像の表示
RefEdit		セル範囲の選択

- ユーザーフォームにコントロールを配置するときは、左上から右下へ処理が流れるように配置すると良いでしょう。この配置は、人の視線の動きの傾向に合わせた配置であるため、使いやすいユーザーフォームを作成できます。

関連ワザ 477 コントロールを操作する………P.579
関連ワザ 482 コントロールから実行したい処理を記述する………P.587

ワザ 477 コントロールを操作する

難易度 ●○○ | 頻出度 ●●● | 対応Ver. 365 2021 2019 2016

ユーザーフォームに配置したコントロールは、削除やコピーが可能です。不要なコントロールを削除したり、似たようなコントロールをコピーしたりして、効率的にコントロールを配置しましょう。また、配置したコントロールの位置や大きさを調整することで、使いやすいユーザーフォームを作成できます。左上から右下へ向かって操作する順番にコントロールを配置するといいでしょう。

コントロールを選択する

[ツールボックス]の[オブジェクトの選択]ボタン()をクリックすると、マウスポインターが白い矢印()に変わります。この状態でコントロールをクリックすると、コントロールを選択できます。ここでは、ユーザーフォームに配置されている複数のテキストボックスのうち、下側のテキストボックスを選択します。

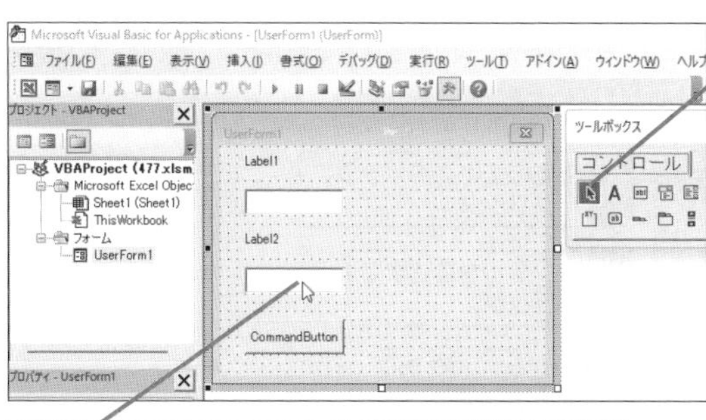
1 [オブジェクトの選択]をクリック
マウスポインターの形が変わった
2 下側のテキストボックスをクリック
テキストボックスが選択される

コントロールを削除する

コントロールを削除するには、削除したいコントロールを選択して Delete キーを押してください。ここでは、ユーザーフォームに配置されたテキストボックスのうち、下側のテキストボックスを削除します。

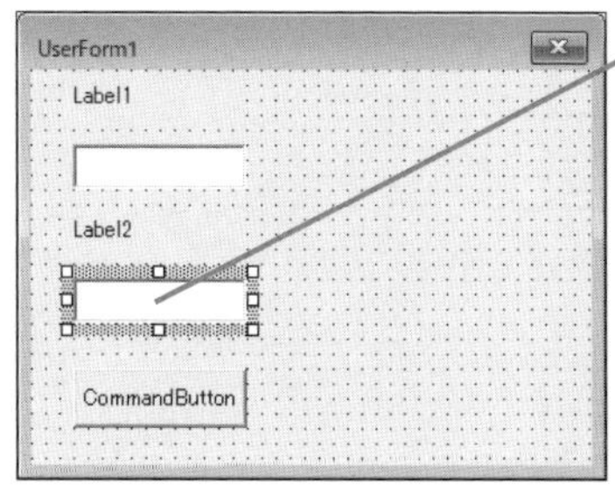
UserForm1
Label1
Label2
CommandButton
1 下側のテキストボックスをクリックして選択
2 Delete キーを押す
選択したテキストボックスが削除される

次のページに続く▶

コントロールをコピーする

コントロールをコピーするには、コピーしたいコントロールを[Ctrl]キーを押しながらドラッグしてください。ここでは、ユーザーフォームに配置されているテキストボックスを、その下側の位置にコピーします。

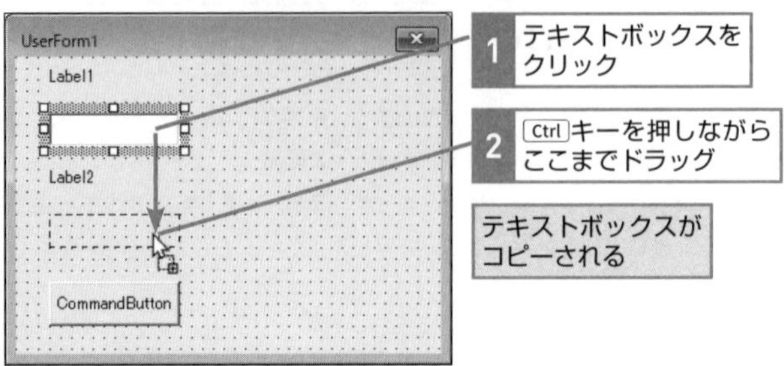
UserForm1
Label1
Label2
CommandButton
1 テキストボックスをクリック
2 Ctrl キーを押しながらここまでドラッグ
テキストボックスがコピーされる

コントロールの大きさを変更する

コントロールの大きさは、選択したときに表示されるハンドルをドラッグして変更します。ドラッグ中は変更後の大きさを表す枠線が表示されるので、枠線を目安に大きさを調整できます。ここでは、ユーザーフォームに配置されている上側のテキストボックスの大きさを変更します。

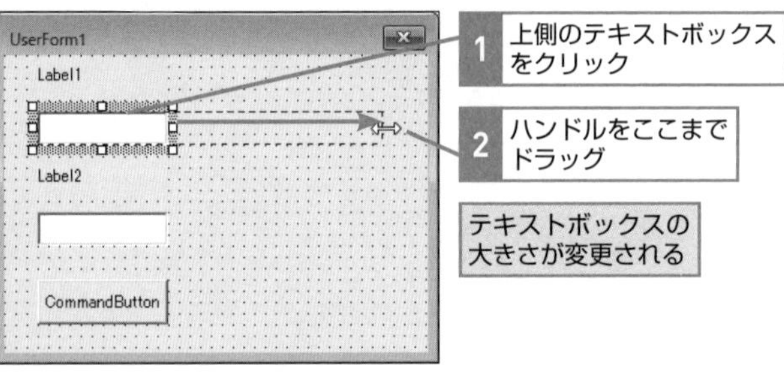
UserForm1
Label1
Label2
CommandButton
1 上側のテキストボックスをクリック
2 ハンドルをここまでドラッグ
テキストボックスの大きさが変更される

コントロールを移動する

コントロールは、ドラッグして移動できます。ドラッグすると、移動後の位置を表す枠線が表示されるので、枠線を目安に移動できます。ここでは、ユーザーフォームに配置されているコマンドボタンを右方向へ移動します。なお、複数のコントロールを選択したい場合は、[Ctrl]キーを押しながらコントロールをクリックするか、選択したいコントロールを囲むようにドラッグしてください。

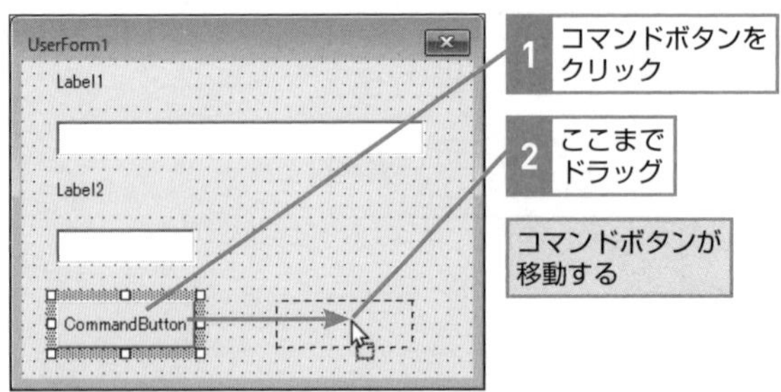
UserForm1
Label1
Label2
CommandButton
1 コマンドボタンをクリック
2 ここまでドラッグ
コマンドボタンが移動する

ワザ 478 複数のコントロールの大きさや表示位置をそろえる

難易度 ●○○ | 頻出度 ●●● | 対応Ver. 365 2021 2019 2016

複数のコントロールの大きさをそろえるには、コントロールをまとめて選択して、メニューの［書式］-［同じサイズに揃える］をクリックし、表示された一覧からそろえたい大きさの項目を選択しましょう。複数のコントロールの表示位置をそろえるには、コントロールをまとめて選択して、メニューの［書式］-［整列］をクリックし、表示された一覧からそろえたい位置を選択します。ここでは、3つのテキストボックスのうち、一番上のテキストボックスの幅に合わせて、左側の位置で配置をそろえます。

1 複数のテキストボックスを選択して基準を決める

1 4つのテキストボックスを囲むようにドラッグして選択

2 一番上のテキストボックスをクリック

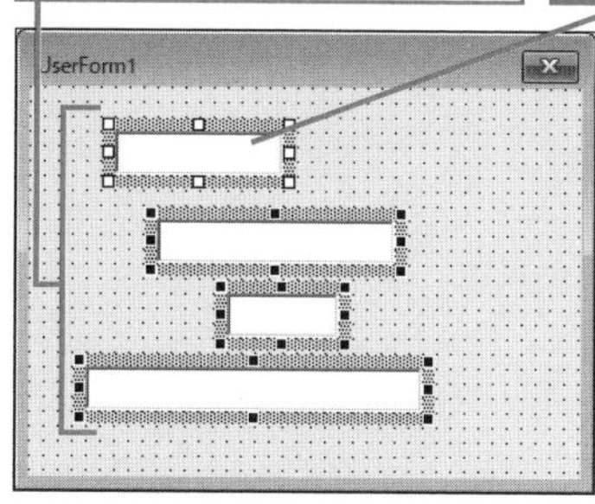

基準となるテキストボックスのハンドルが白くなった

2 テキストボックスの幅をそろえる

1 ［書式］をクリック

2 ［同じサイズに揃える］にマウスポインターを合わせる

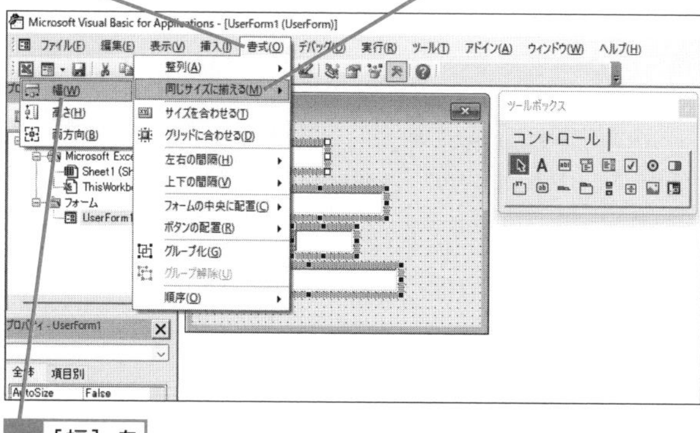

3 ［幅］をクリック

次のページに続く▶

3 テキストボックスの配置を左側でそろえる

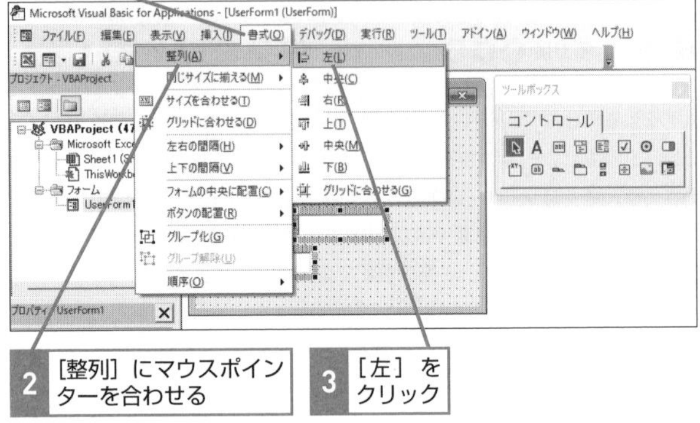

4 テキストボックスの幅と配置がそろった

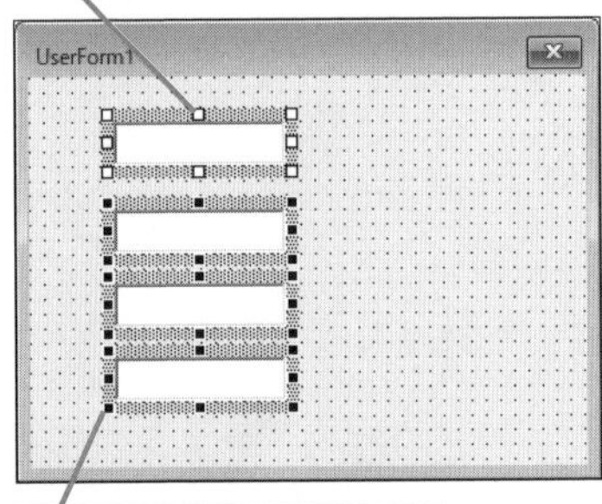

ポイント

- 基準となるコントロールは、白いハンドルが表示されているコントロールです。
- 基準となるコントロールを変更するには、複数のコントロールが選択されている状態で、基準にしたいコントロールをクリックしてください。

関連ワザ 475 ユーザーフォームを作成する………P.576
関連ワザ 479 グリッドの幅や高さを変更する………P.583

ワザ 479 グリッドの幅や高さを変更する

難易度 ●○○ | 頻出度 ●●● | 対応Ver. 365 2021 2019 2016

ユーザーフォームに配置したコントロールの大きさや表示位置は、ユーザーフォームに表示されている「グリッド」に合わせて調整されます。コントロールの配置をおおまかに調整したい場合は、このグリッドの幅や高さを大きい数値に変更しておくと、調整しやすくなります。小さいサイズのコントロールを配置したり、コントロールの配置を微調整したりするときは、小さい数値に変更しておくといいでしょう。

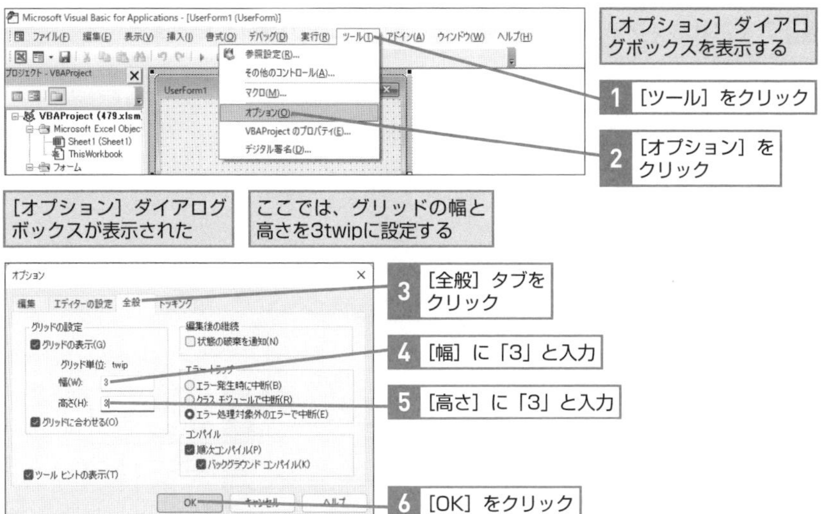
[オプション] ダイアログボックスを表示する
1 [ツール] をクリック
2 [オプション] をクリック
[オプション] ダイアログボックスが表示された
ここでは、グリッドの幅と高さを3twipに設定する
3 [全般] タブをクリック
4 [幅] に「3」と入力
5 [高さ] に「3」と入力
6 [OK] をクリック

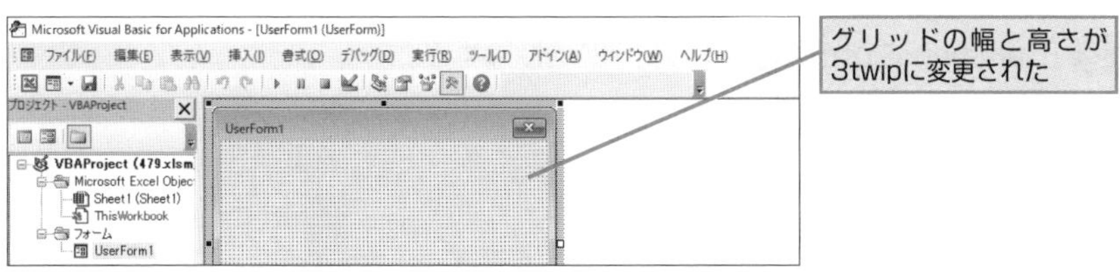
グリッドの幅と高さが3twipに変更された

ポイント

- [オプション]ダイアログボックスの[全般]タブで、[グリッドの設定]の[グリッドの表示]のチェックマークをはずすと、グリッドが非表示になります。
- [オプション]ダイアログボックスの[全般]タブで、[グリッドの設定]の[グリッドに合わせる]のチェックマークをはずすと、グリッドの幅や高さに関係なく、大きさや表示位置を自由に変更できます。
- 「twip」は、ユーザーフォームの設計で使用される長さの単位です。1twipは1/20ポイント（1/1440インチ）に相当します。

関連ワザ 475 ユーザーフォームを作成する………P.576
関連ワザ 478 複数のコントロールの大きさや表示位置をそろえる………P.581

ワザ 480 プロパティを設定する

難易度 ○○○ | 頻出度 ○○○ | 対応Ver. 365 2021 2019 2016

VBAで使用するオブジェクトと同じように、コントロールにもサイズや色、表示する文字列などを設定するプロパティがあります。プロパティを設定するには、プロパティウィンドウに表示されているプロパティ一覧に直接入力したり、パレットを使用したりして設定します。ここでは、コマンドボタンに「登録」と表示されるように、コマンドボタンのCaptionプロパティを設定してみましょう。

1 コマンドボタンに表示する文字列をCaptionプロパティに設定する

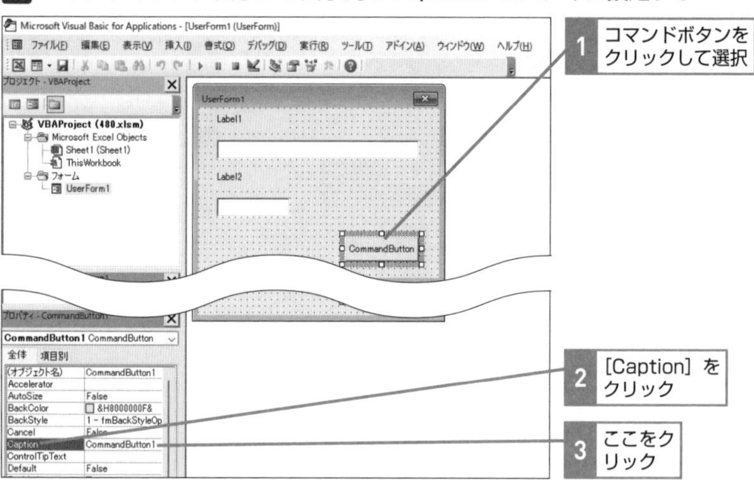

1 コマンドボタンをクリックして選択
2 [Caption] をクリック
3 ここをクリック

2 [CommandButton1]という文字列を削除する

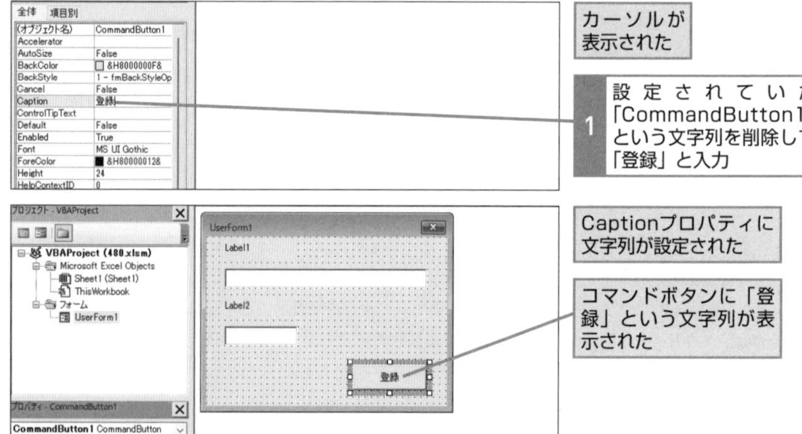

カーソルが表示された
1 設定されていた「CommandButton1」という文字列を削除して「登録」と入力
Captionプロパティに文字列が設定された
コマンドボタンに「登録」という文字列が表示された

ポイント

- プロパティウィンドウのプロパティ一覧には、プロパティがアルファベット順に並んでいますが、プロパティウィンドウの［項目別］タブをクリックすると、プロパティが項目別に分類されて表示されます。設定したい内容からプロパティを探せるので、目的のプロパティを見つけやすくなります。
- パレットやコンボボックスから値を設定するプロパティでは、一覧のプロパティ名をクリックして表示される▼からパレットやコンボボックスを表示し、プロパティの内容を選択できます。
- ラベルやコマンドボタンなどに表示する文字列は、ユーザーフォーム上でコントロールを直接操作して設定できます。コントロールを選択してからもう一度コントロールをクリックすると、太い斜線状の枠が表示され、表示されている文字列を編集できる状態になります。
- プロパティウィンドウの［(オブジェクト名)］で設定する値は、プロシージャー内でコントロールを参照するときに使用するオブジェクト名(Nameプロパティの値)です。オブジェクト名で使用できる文字は、英数字や「_」、漢字、ひらがな、カタカナです。先頭で数字や「_」は使用できません。なお、コントロールをユーザーフォーム上に配置した直後、オブジェクト名には、コントロール名に連番が付いた文字列(CommandButton1など)が自動設定されています。
- プロシージャー内でコントロールのプロパティの値を設定するには、プロパティを操作する基本構文と同じように、「オブジェクト名.プロパティ = 値」の形式で記述します。なお、オブジェクト名とは、Nameプロパティの値のことです。
- プロパティウィンドウのプロパティ一覧では、変更されたプロパティと既定の設定から変更していないプロパティを判別することができません。メンテナンス時や引き継ぎ時を想定して、変更したプロパティ名と変更後の設定値がひと目で確認できる一覧表などを作成しておくと良いでしょう。

●コントロールの主なプロパティの設定

プロパティ	内容
Accelerator	コントロールのアクセスキーを設定する
BackColor	コントロールの背景色を設定する
BackStyle	コントロールの背景のスタイルを設定する
BorderColor	コントロールの境界線の色を設定する
BorderStyle	コントロールの境界線のスタイルを設定する
Caption	コントロールに表示する文字列を設定する
Enabled	コントロールを有効にするか無効にするかを設定する
ForeColor	コントロールの前景色を設定する
Height	コントロールの高さを設定する
Left	コントロールの左端位置を設定する
Name	コントロールの名前（オブジェクト名）を設定する
TabIndex	タブオーダーにおける順番を設定する
TabStop	Tab キーでフォーカスを移動するとき、フォーカスを取得できるかどうかを設定する
Text	テキストボックスでは文字列を設定し、コンボボックスやリストボックスでは、選択されている行を変更する
TextAlign	文字の配置を設定する
Top	コントロールの上端位置を設定する
Value	コントロールの状態や内容を設定する
Visible	コントロールを表示するかどうかを設定する
Width	コントロールの幅を設定する

ワザ 481 タブオーダーを設定する

難易度 ●○○ | 頻出度 ●●● | 対応Ver. 365 2021 2019 2016

コントロールがキーボードからの入力を受け付けられる状態を「フォーカス」と言います。フォーカスは Tab キーを押すと移動します。このとき、コントロールを移動する順番を「タブオーダー」と言います。初期設定のタブオーダーはコントロールを配置した順番になっているので、コントロールの表示位置や大きさが決まったら、操作の順番を考えてタブオーダーを修正しましょう。人の視線の動きの傾向に合わせて、左上から右下へ処理が流れるように修正すると良いでしょう。タブオーダーは、[タブオーダー] ダイアログボックスで指定します。

1 [タブオーダー]ダイアログボックスを表示する

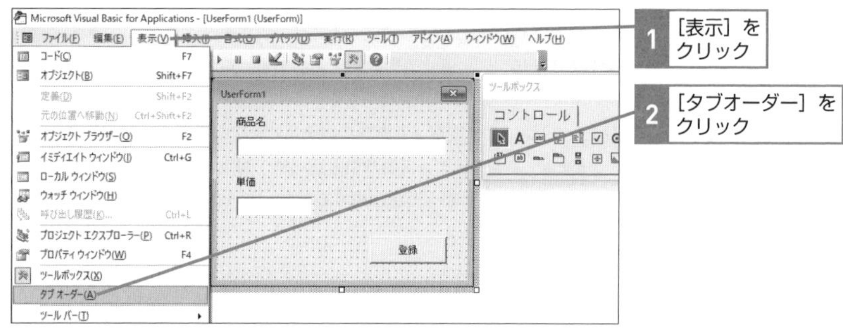
1 [表示] をクリック
2 [タブオーダー] をクリック

2 タブオーダーを設定する

[タブオーダー] ダイアログボックスが表示された

ここでは、[TextBox2] のタブオーダーを [TextBox1] の次に設定する

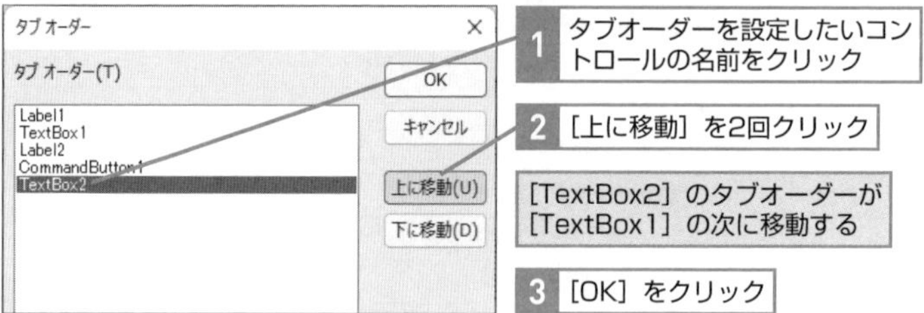
1 タブオーダーを設定したいコントロールの名前をクリック
2 [上に移動] を2回クリック
[TextBox2] のタブオーダーが [TextBox1] の次に移動する
3 [OK] をクリック

ポイント

- タブオーダーの順番を設定するプロパティはTabIndexプロパティです。このプロパティには、タブオーダーの順番に沿って、「0」から順に数値が設定されています。プロパティウィンドウでTabIndexプロパティの確認や設定ができます。
- Tab キーで特定のコントロールにフォーカスを移動したくない場合は、フォーカスを移動したくないコントロールのTabStopプロパティに「False」を設定します。

関連ワザ 493 コントロールのタブオーダーを自動的に設定する………P.598

ワザ 482 コントロールから実行したい処理を記述する

難易度 ●○○ ｜ 頻出度 ●●● ｜ 対応Ver. 365 2021 2019 2016

コントロールから実行したいコードは、処理を実行させるきっかけを表すイベントに対応したイベントプロシージャーに記述します。イベントプロシージャーを作成するには、実行のきっかけとなるコントロールをダブルクリックして、画面をユーザーフォームのコードウィンドウに切り替えてからコードを記述しましょう。ここでは、コマンドボタンをクリックしたときに実行されるClickイベントプロシージャーを作成します。

入力例　　482.xlsm

```
Private Sub CommandButton1_Click()  ←1
    With Range("A1").End(xlDown).Offset(1, 0)  ←2
        .Value = TextBox1.Value  ←3
        .Offset(0, 1).Value = TextBox2.Value  ←4
    End With
End Sub
```

1 コマンドボタン（CommandButton1）がクリックされたときに実行される　2 セルA1の下方向の終端セルの1行下のセルについて、処理を実行する　3 セルにテキストボックス（TextBox1）の内容を表示する　4 その1列右のセルにテキストボックス（TextBox2）の内容を表示する

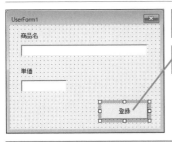

UserForm1　商品名　単価　登録

コマンドボタンをクリックしたときのイベントプロシージャーを作成する

1 コマンドボタンをダブルクリック

ユーザーフォームのコードウィンドウが開いて、コマンドボタンのClickイベントプロシージャーが自動的に作成された

ここに、イベント発生時に実行する処理を記述する

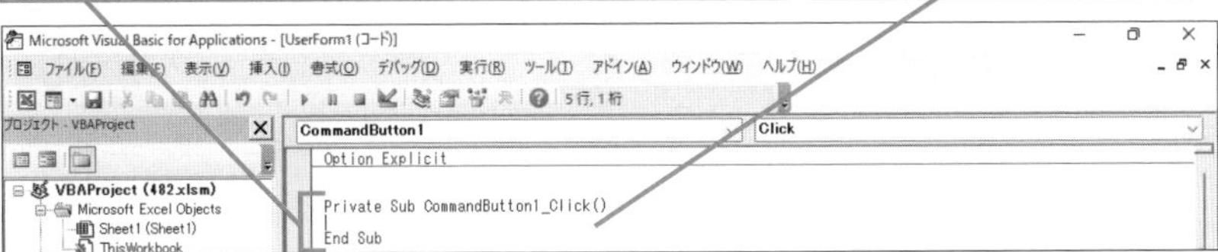

ポイント

- ユーザーフォーム上に配置したコントロールをダブルクリックしたとき、そのコントロールのイベントプロシージャーが記述されていない場合は、そのコントロールの既定のイベントプロシージャーが自動的に作成されます。
- プロジェクトウィンドウの上部に表示されている[コードの表示]ボタン（ ）をクリックすると、コードウィンドウに切り替わります。その右側に表示されている［オブジェクトの表示］ボタン（ ）をクリックすると、ユーザーフォームの画面に切り替わります。

ワザ 483 ユーザーフォームを実行する

難易度 ●○○ | 頻出度 ●●● | 対応Ver. 365 2021 2019 2016

ユーザーフォームを実行するには、ユーザーフォームの画面、またはユーザーフォームのコードウィンドウを開いた状態で、VBEの［Sub/ユーザーフォームの実行］ボタンをクリックします。ここでは、作成済みのユーザーフォーム（UserForm1）を実行します。［商品名］と［単価］にデータを入力して［登録］ボタンをクリックすると、ワークシートに作成されている一覧表の末尾にデータが追記されます。

1 コードウィンドウからユーザーフォームを実行する

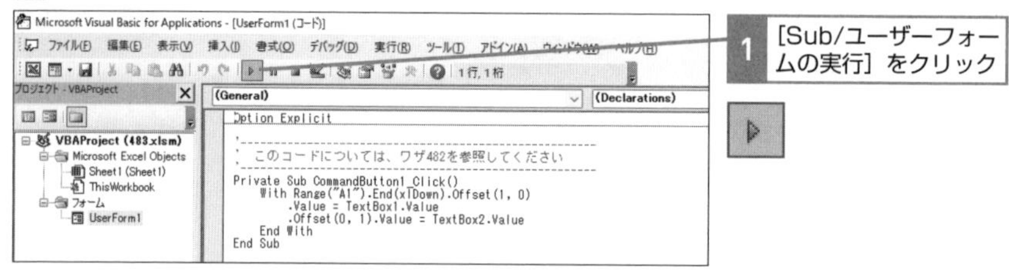

2 ユーザーフォームからデータを入力する

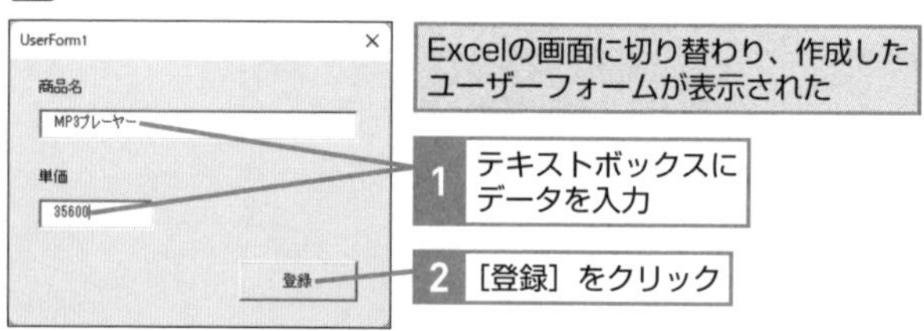

3 データの追記を確認する

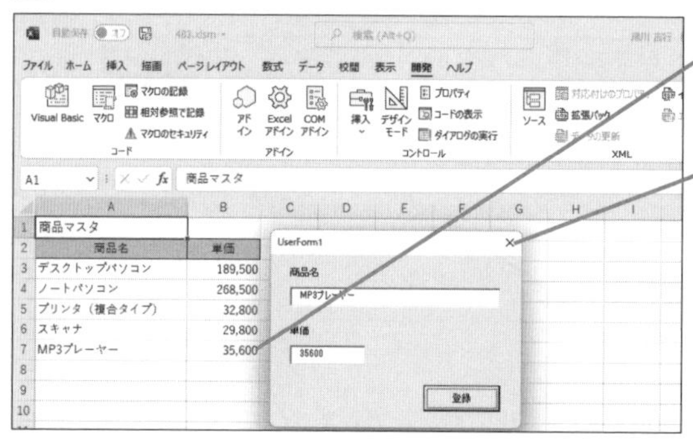

テキストボックスに入力したデータが一覧表の末尾に追記された

［閉じる］をクリックすれば、ユーザーフォームが閉じてVBEの画面が表示される

ポイント

- ユーザーフォームは F5 キーを押して実行することもできます。
- メニューの［実行］-［Sub/ユーザーフォームの実行］をクリックしてユーザーフォームを実行することもできます。

ワザ 484 ユーザーフォームを削除する

難易度 ●○○ | 頻出度 ●●○ | 対応Ver. 365 2021 2019 2016

使用しないユーザーフォームがプロジェクトエクスプローラーに残っている状況は、あまり好ましくありません。新たに作成したユーザーフォームがある一方で、作成し直す前の古いユーザーフォームが残っていると、古いユーザーフォームを使用してしまう危険性があるからです。メンテナンス時や引き継ぎ時に混乱を招く可能性もあります。古いユーザーフォームは削除しておきましょう。もし､削除するユーザーフォームをほかのブックで使用したい場合は、ユーザーフォームをエクスポートしておきましょう。

1 ユーザーフォーム(UserForm1)を削除する

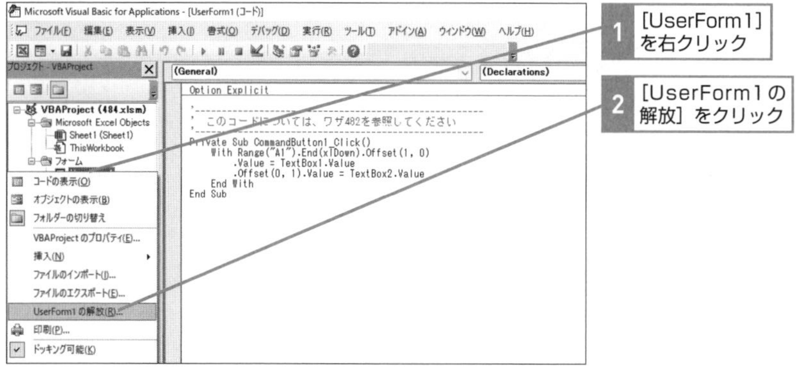

2 エクスポートするかどうかを確認する

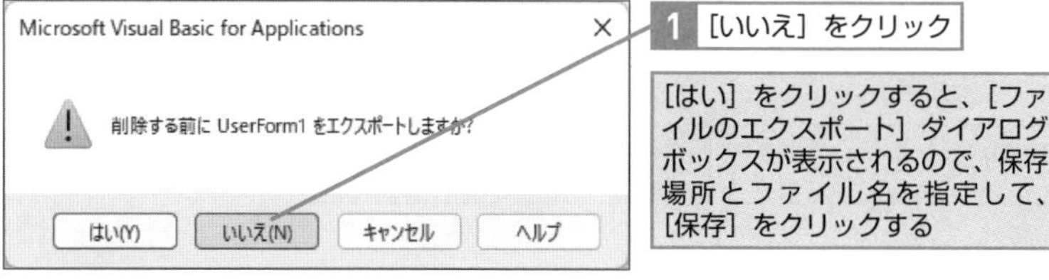

[はい] をクリックすると、[ファイルのエクスポート] ダイアログボックスが表示されるので、保存場所とファイル名を指定して、[保存] をクリックする

ポイント

- エクスポートするかどうかを確認するメッセージ画面で[キャンセル]ボタンをクリックすると、ユーザーフォームの削除やエクスポートは実行されずにメッセージが閉じられます。
- ユーザーフォームをエクスポートすると、2つのファイルが保存されます。それぞれの拡張子は「frm」と「frx」です。
- ユーザーフォームをインポートするには、プロジェクトエクスプローラーでインポート先のプロジェクトを右クリックして [ファイルのインポート] をクリックし、表示された [ファイルのインポート] ダイアログボックスで、拡張子「frm」のファイルを選択して[開く]ボタンをクリックしてください。

関連ワザ 475 ユーザーフォームを作成する………P.576
関連ワザ 483 ユーザーフォームを実行する………P.588

ワザ 485 ユーザーフォームのタイトルを設定する

難易度 ●○○ ｜ 頻出度 ●●● ｜ 対応Ver. 365 2021 2019 2016

ユーザーフォームの「タイトル」とは、ユーザーフォームのタイトルバーに表示される文字列のことです。タイトルは、ユーザーフォームがどのような機能を持った画面なのかを表す重要な要素と言えるでしょう。タイトルを設定するには、［プロパティ］ウィンドウのCaptionプロパティの項目に文字列を設定します。ここでは、ユーザーフォーム（UserForm1）のタイトルを「商品マスタ登録」という文字列に設定します。

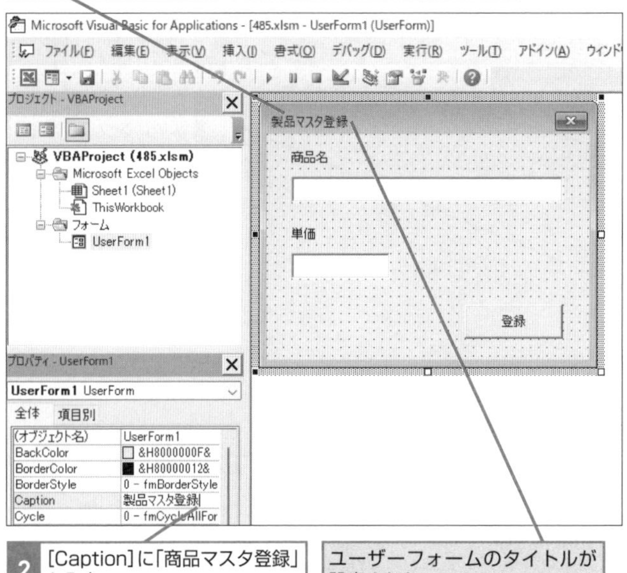

ポイント

- ユーザーフォームの幅に対して、タイトルバーに設定した文字列が長い場合、文字列の一部が表示されないので注意しましょう。この場合、文字列の末尾に「...」が表示されます。
- ラベルやコマンドボタンのCaptionプロパティは、ユーザーフォーム上から直接操作して設定できますが、ユーザーフォームのCaptionプロパティは、ユーザーフォーム上から直接変更できません。

構文 **ユーザーフォームのオブジェクト名.Caption**

- プロシージャーのコードを使用して、動的にユーザーフォームのタイトルを設定することも可能です。ユーザーフォームに設定したい文字列をCaptionプロパティに設定してください。
- 複数のユーザーフォームを作成している場合は、操作内容が端的に伝わる適切なタイトルを設定しましょう。画面の移り変わりを図解した画面遷移図などを作成して管理している場合は、設定したタイトルと画面遷移図に記した画面名との整合性を保つことが重要です。

ワザ 486 ユーザーフォームの背景色を設定する

難易度 ●○○ | 頻出度 ●●○ | 対応Ver. 365 2021 2019 2016

ユーザーフォームの背景色を設定するには、プロパティウィンドウのBackColorプロパティの項目で色を設定します。ユーザーフォームを複数作成した場合などに、ユーザーフォームの背景色を設定して色分けしておくと、ユーザーフォームの種類がひと目で判別できるので便利です。ここでは、ユーザーフォーム（UserForm1）の背景色を［薄い緑色］に設定します。

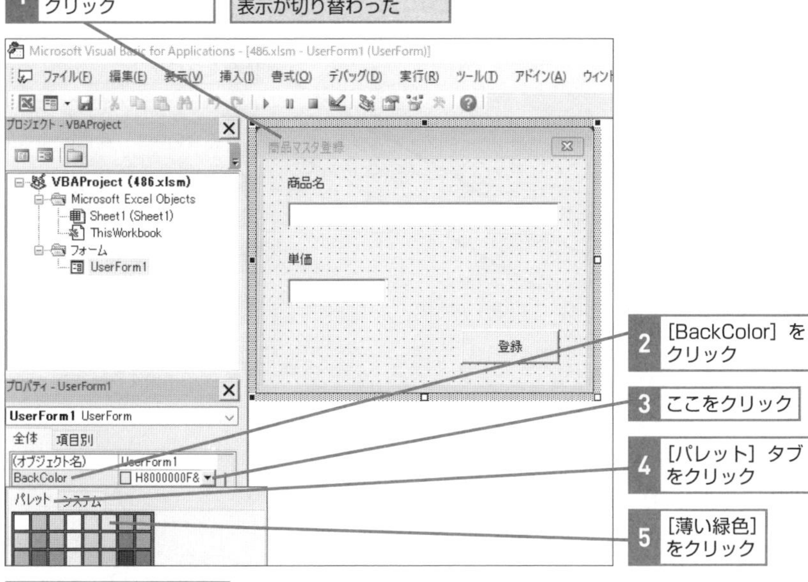

コントロールの背景色も同様の操作で変更できる

ポイント

- ユーザーフォームの背景色に設定できる色は、［パレット］タブと［システム］タブに分類されています。これらの色の中から背景色に設定したい色を選択してください。

構文 **ユーザーフォームのオブジェクト名.BackColor**

- プロシージャーのコードを使用して、動的にユーザーフォームの背景色を設定することも可能です。ユーザーフォームに設定したい色をBackColorプロパティに設定してください。
- RGB関数を使用して色を指定すれば、［パレット］タブと［システム］タブに分類されている色に関係なく、自由に色を指定できます。

関連ワザ 159 文字の色をRGB値で設定する………P.212
関連ワザ 475 ユーザーフォームを作成する………P.576
関連ワザ 485 ユーザーフォームのタイトルを設定する………P.590

ワザ 487 ユーザーフォームを画面の中央に表示する

難易度 ●○○ | 頻出度 ●●○ | 対応Ver. 365 2021 2019 2016

ユーザーフォームの表示位置を設定したいときは、プロパティウィンドウのStartUpPositionプロパティの値を設定します。複数のユーザーフォームによって画面表示が切り替わるときなどは、ユーザーフォームの表示位置をそろえておくと、視点の移動を減らせます。このワザでは、ユーザーフォーム(UserForm1)の表示位置をディスプレイの中央に設定します。

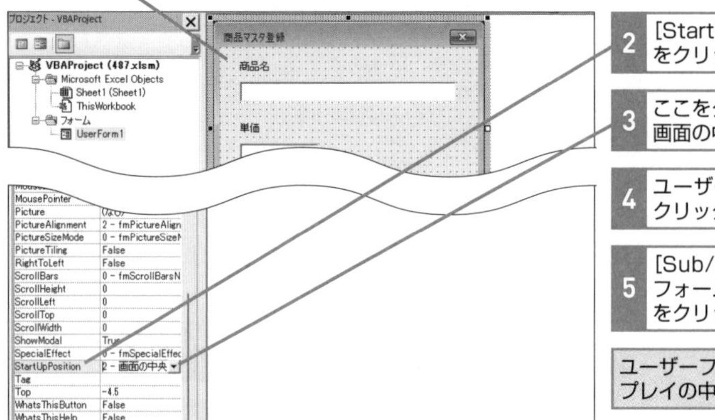

ポイント

- StartUpPositionプロパティには、下表の表示位置を表す値を設定します。

●StartUpPositionプロパティに設定できる値

値	内容
0	手動
1（既定値）	オーナーフォーム（Excelのアプリケーションウィンドウ）の中央
2	画面（ディスプレイ）の中央
3	画面（ディスプレイ）の左上端

- 任意の表示位置を指定したい場合は、StartUpPositionプロパティに「0」を設定し、UserFormオブジェクトのLeftプロパティやTopプロパティを使用して表示位置を設定します。Leftプロパティはユーザーフォームの左端の位置、Topプロパティはユーザーフォームの上端の位置を設定します。

構文 **ユーザーフォームのオブジェクト名.StartUpPosition**

- プロシージャーのコードを使用して、動的にユーザーフォームの表示位置を設定することも可能です。上の表で示した表示位置を表す値をStartUpPositionプロパティに設定してください。

関連ワザ 475 ユーザーフォームを作成する………P.576
関連ワザ 489 ユーザーフォームを表示する………P.594

ワザ 488 ユーザーフォームが表示されていてもワークシートを操作できるようにする

難易度 ●○○ | 頻出度 ●●○ | 対応Ver. 365 2021 2019 2016

ユーザーフォームには「モーダル」と「モードレス」という2つの表示状態があります。ユーザーフォームが表示されているとき、背後のワークシートを操作できない状態がモーダル、操作できる状態がモードレスです。ここでは、モーダルに設定されているユーザーフォーム（UserForm1）をモードレスに設定して、ユーザーフォームが表示されていても背後のワークシートを操作できるようにします。

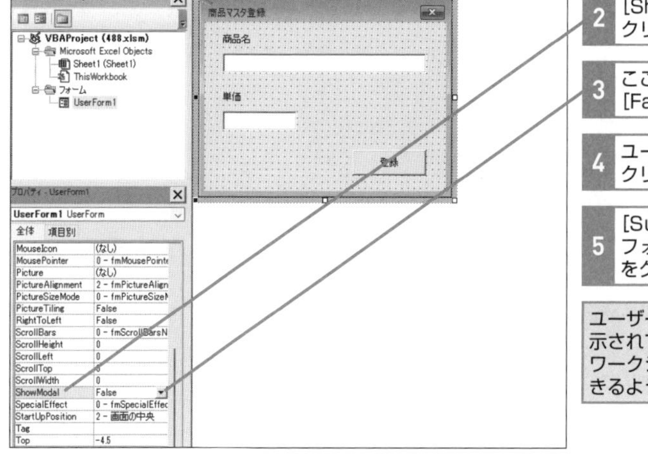

ポイント

- モーダルとは、ダイアログボックスが表示されているとき、ダイアログボックス以外の操作ができない状態のことです。ユーザーに、ユーザーフォーム以外の操作をさせたくないときに設定します。
- モードレスとは、ダイアログボックスが表示されているとき、ダイアログボックス以外の操作もできる状態のことです。ユーザーフォーム内の操作とExcelの機能を連携させながら操作させたいときに設定します。
- ShowModalプロパティは、プロパティウィンドウでのみ設定可能なプロパティです。
- VBAのコードからユーザーフォームを表示するときに、モーダルまたはモードレスを設定することもできます。詳しくは、ワザ489を参照してください。
- モーダルのユーザーフォームを表示しているときに、モードレスのユーザーフォームを表示しようとすると、エラーが発生します。
- RefEditが配置されているユーザーフォームをモードレスで表示した場合、ユーザーフォームを閉じられなくなります。

関連ワザ 475 ユーザーフォームを作成する………P.576
関連ワザ 489 ユーザーフォームを表示する………P.594

ワザ 489 ユーザーフォームを表示する

難易度 ●○○ | 頻出度 ●●● | 対応Ver. 365 2021 2019 2016

ユーザーフォームを表示するには、Showメソッドを使用します。Showメソッドを使用すれば、コントロールのイベントプロシージャーやSubプロシージャーのコードからユーザーフォームを表示できます。ここでは、ユーザーフォーム（UserForm1）をモードレスで表示するマクロを標準モジュールに作成します。

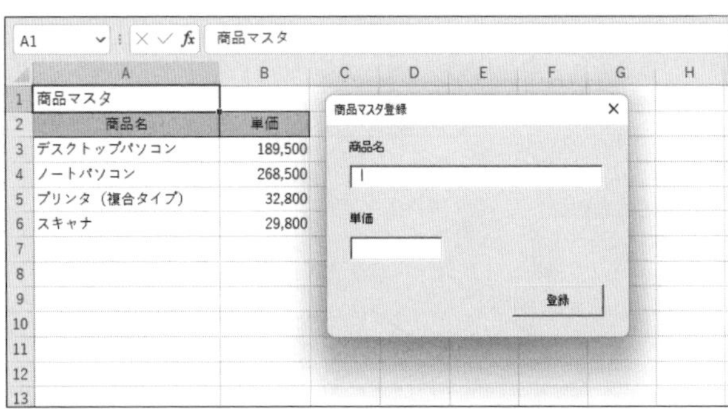

ユーザーフォーム(UserForm1)をモードレスで表示する

ユーザーフォーム以外の操作もできる

入力例

489.xlsm

```
Sub ユーザーフォーム表示()
    UserForm1.Show vbModeless ←1
End Sub
```

1ユーザーフォーム（UserForm1）をモードレスで表示する

ポイント

構文 **ユーザーフォームのオブジェクト名.Show Modal**

- Showメソッドを実行すると、ユーザーフォームがメモリーに読み込まれてから表示されます。
- 引数「Modal」に、ユーザーフォームの表示状態を名前付き引数ではない形式で指定します。省略した場合は、プロパティウィンドウのShowModalプロパティの設定に準じます。

●引数「Modal」の設定値（FormShowConstants列挙型の定数）

定数	値	内容
vbModeless	0	モードレスで表示
vbModal	1	モーダルで表示

- RefEditが配置されているユーザーフォームをモードレスで表示した場合、ユーザーフォームを閉じられなくなります。
- 複数のユーザーフォームを作成している場合、メインとなるユーザーフォームをShowメソッドで表示しているプロシージャーを明確にしておくと良いでしょう。処理の流れをどのプロシージャーから追えばよいか明確になるため、メンテナンス時や引き継ぎ時に有効です。

関連ワザ 487 ユーザーフォームを画面の中央に表示する………P.592
関連ワザ 490 ユーザーフォームを閉じる………P.595

ワザ 490 ユーザーフォームを閉じる

難易度 ●○○ | 頻出度 ●●● | 対応Ver. 365 2021 2019 2016

ユーザーフォームを閉じるには、Unloadステートメントを使用します。ユーザーフォームを閉じると、ユーザーフォームはメモリーから削除されます。ここでは、ユーザーフォーム（UserForm1）上の［終了］ボタン（CommandButton2）をクリックしたときに「登録を終了しますか？」というメッセージを表示して、［OK］ボタンがクリックされた場合にユーザーフォームを閉じます。

［終了］（CommandButton2）をクリックしたときに「登録を終了しますか？」というメッセージを表示する

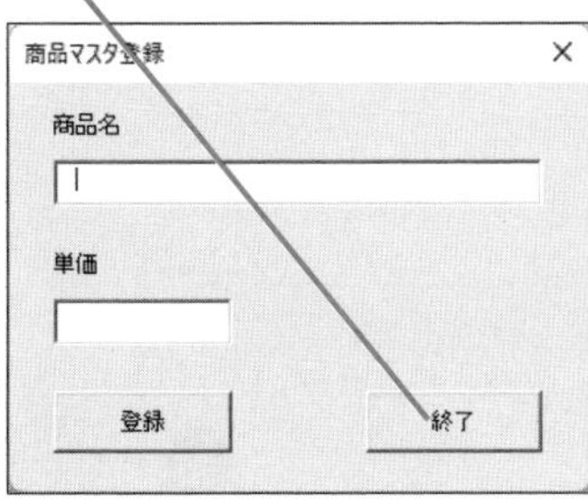

［OK］がクリックされた場合、ユーザーフォームを閉じる

入力例　490.xlsm

```
Private Sub CommandButton2_Click() ←1
    Dim myBtn As Integer
    myBtn = MsgBox("登録を終了しますか?", vbQuestion + vbOKCancel) ←2
    If myBtn = vbOK Then ←3
        Unload Me
    End If
End Sub
```

1コマンドボタン(CommandButton2)がクリックされたときに実行される　2「登録を終了しますか？」というメッセージを表示して、クリックされたボタンの種類を表す値（MsgBox関数の戻り値）を変数「myBtn」に代入する　3変数「myBtn」に代入された値が「vbOK」だった場合は、ユーザーフォーム（UserForm1）を閉じる

ポイント

構文 **Unload ユーザーフォームのオブジェクト名**

- Unloadステートメントを実行すると、指定したユーザーフォームを閉じてメモリーから削除します。
- Meキーワードは、オブジェクトが自分自身を参照するキーワードです。例えば、ユーザーフォーム（UserForm1）のコードウィンドウ内でMeキーワードを記述すると、MeキーワードはUserForm1を参照します。
- コマンドボタンのClickイベントプロシージャーの作成方法については、ワザ498を参照してください。

関連ワザ 069 メッセージボックスでクリックしたボタンによって処理を振り分ける………P.112
関連ワザ 498 コマンドボタンをクリックしたときにプロシージャーを実行する………P.603

ワザ 491 ユーザーフォームを表示する直前に初期状態に設定する

難易度 ●●○ | 頻出度 ●●● | 対応Ver. 365 2021 2019 2016

ユーザーフォームが表示される直前に、ユーザーフォームやコントロールの初期状態を設定するには、ユーザーフォームのInitializeイベントプロシージャーに初期化処理のコードを記述します。ここでは、ユーザーフォーム（UserForm1）を表示する直前に、2つのテキストボックス（TextBox1、TextBox2）に初期値として「""」（長さ0の文字列）を設定し、何も入力されていない初期状態に設定します。

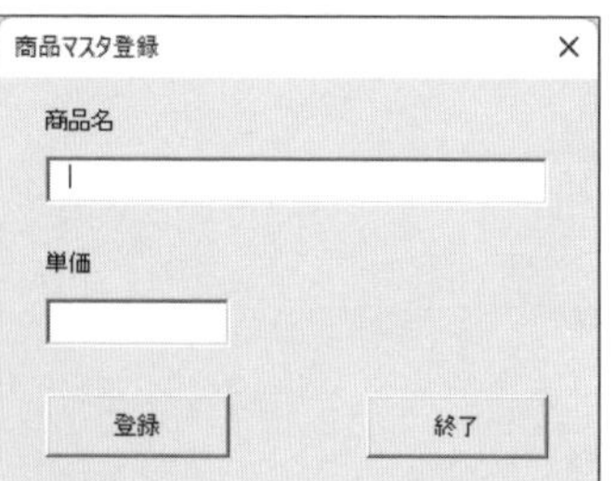

ユーザーフォームを表示する直前に、2つのテキストボックスを何も入力されていない初期状態に設定する

入力例

491.xlsm

```
Private Sub UserForm_Initialize() ←1
    TextBox1.Value = "" ←2
    TextBox2.Value = ""
End Sub
```

1ユーザーフォームが表示される直前に実行される　2テキストボックス（TextBox1、TextBox2）に「""」（長さ0の文字列）を設定する

ポイント

- Initializeイベントは、ユーザーフォームがメモリーに読み込まれた後、画面に表示される直前に発生するイベントです。

構文
```
Private Sub ユーザーフォームのオブジェクト名_Initialize()
        ユーザーフォームが表示される直前に実行する処理
End Sub
```

- Initializeイベントが発生したときに実行されるInitializeイベントプロシージャーを使用すると、ユーザーフォームやユーザーフォームに配置されたコントロールなどの初期状態を設定できます。
- ユーザーフォームのInitializeイベントプロシージャーを作成するには、コードウィンドウの［オブジェクト］ボックスでユーザーフォームのオブジェクト名を選択して、［プロシージャー］ボックスで［Initialize］を選択してください。

関連ワザ 487 ユーザーフォームを画面の中央に表示する………P.592
関連ワザ 489 ユーザーフォームを表示する………P.594
関連ワザ 511 特定の条件でセルのデータを検索してテキストボックスに表示する………P.615

ワザ 492 [閉じる] ボタンでユーザーフォームを閉じられないようにする

| 難易度 ●●○ | 頻出度 ●●○ | 対応Ver. 365 2021 2019 2016 |

ウィンドウ右上の [閉じる] ボタン (×) をクリックしてユーザーフォームを閉じようとしたときに、メッセージを表示して閉じられないようにします。QueryCloseイベントプロシージャーを使用して、[閉じる] ボタンがクリックされたときだけ閉じる処理をキャンセルします。不意なタイミングでユーザーフォームが閉じられる、といった想定外の操作の対策として有効なワザです。

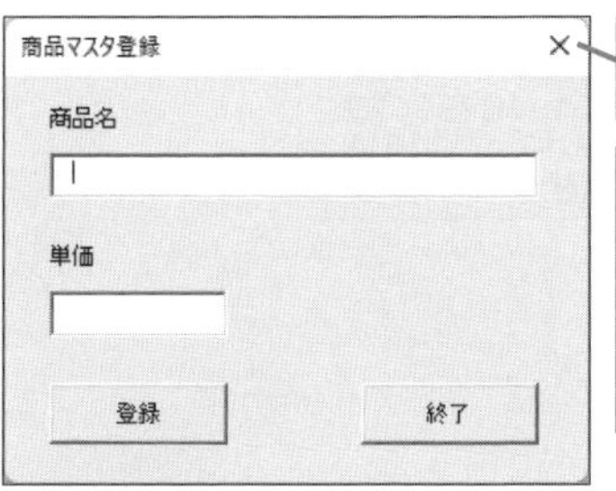

ウィンドウ右上の [閉じる] をクリックしたときに、メッセージを表示する

Microsoft Excel

[×] ボタンでは閉じられません。

OK

入力例　492.xlsm

```
Private Sub UserForm_QueryClose(Cancel As Integer, CloseMode As Integer) ←1
    If CloseMode = vbFormControlMenu Then ←2
        MsgBox "[×]ボタンでは閉じられません。"
        Cancel = True ←3
    End If
End Sub
```

1 ユーザーフォームが閉じられる直前に実行される　2 引数「CloseMode」に「vbFormControlMenu」が代入されていた場合に処理を実行する　3 ユーザーフォームを閉じる処理をキャンセルする

ポイント

- QueryCloseイベントは、ユーザーフォームが閉じられる直前に発生するイベントです。
- QueryCloseイベントが発生したときに実行されるQueryCloseイベントプロシージャーを使用すると、ユーザーフォームを閉じる直前の動作を設定できます。
- 引数「CloseMode」には、どのようにユーザーフォームを閉じようとしたかを表すVbQueryClose列挙型の定数が代入されています。

●VbQueryClose列挙型の主な定数

定数	値	内容
vbFormControlMenu	0	[閉じる] ボタン (×) をクリックしてユーザーフォームを閉じようとした
vbFormCode	1	コードを使用してユーザーフォームを閉じようとした

- 引数「Cancel」に「True」を代入すると、ユーザーフォームを閉じる処理がキャンセルされます。
- ユーザーフォームのQueryCloseイベントプロシージャーを作成するには、コードウィンドウの [オブジェクト] ボックスでユーザーフォームのオブジェクト名を選択して、[プロシージャー] ボックスで [QueryClose] を選択してください。

ワザ 493 コントロールのタブオーダーを自動的に設定する

難易度 ●○○ | 頻出度 ●●○ | 対応Ver. 365 2021 2019 2016

ユーザーフォーム上にたくさんのコントロールが配置されている場合、プロパティウィンドウで1つ1つタブオーダーを設定するのは面倒です。SetDefaultTabOrderメソッドを使用すると、タブオーダーを左上のコントロールから右下のコントロールへ向かう順番で自動設定できます。ユーザーフォームが表示される直前に実行される、ユーザーフォームのInitializeイベントプロシージャーを使用して実行するといいでしょう。

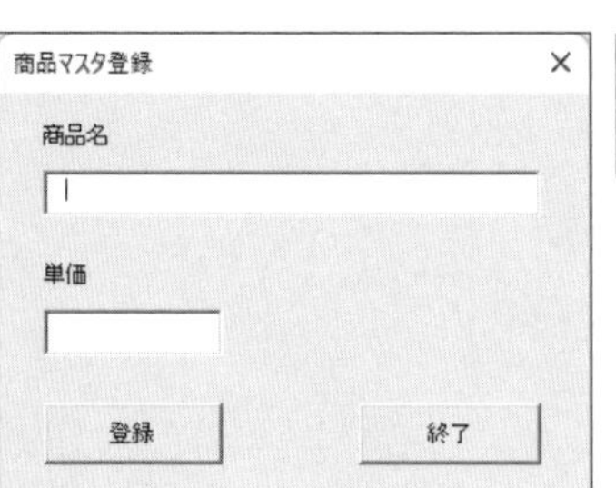

左上のコントロールから右下のコントロールにフォーカスが移動するようにタブオーダーを自動設定する

入力例

493.xlsm

```
Private Sub UserForm_Initialize() ←1
    TextBox1.Value = ""  ┐
    TextBox2.Value = ""  ┘2
    Me.SetDefaultTabOrder ←3
End Sub
```

1ユーザーフォームが表示される直前に実行される　2テキストボックス（TextBox1、TextBox2）に「""」（長さ0の文字列）を代入して初期化する　3ユーザーフォーム（UserForm1）のタブオーダーを、左上から右下の順番に自動設定する

ポイント

構文　**ユーザーフォームのオブジェクト名.SetDefaultTabOrder**

- SetDefaultTabOrderメソッドを実行すると、ユーザーフォーム上に配置されているコントロールのタブオーダーが、左上から右下の順番に自動設定されます。
- Meキーワードは、オブジェクトが自分自身を参照するキーワードです。例えば、ユーザーフォーム（UserForm1）のコードウィンドウ内でMeキーワードを記述すると、MeキーワードはUserForm1を参照します。
- ユーザーフォームのInitializeイベントプロシージャーを作成する方法については、ワザ491を参照してください。

関連ワザ 481 タブオーダーを設定する………P.586
関連ワザ 491 ユーザーフォームを表示する直前に初期状態に設定する………P.596
関連ワザ 494 フォーカスがなくても Enter キーでクリックできるボタンを作成する………P.599
関連ワザ 511 特定の条件でセルのデータを検索してテキストボックスに表示する………P.615

ワザ 494 フォーカスがなくても Enter キーでクリックできるボタンを作成する

難易度 ●○○ | 頻出度 ●●● | 対応Ver. 365 2021 2019 2016

コマンドボタンにフォーカスがある場合、Enter キーを押すとクリックできます。しかし、クリックしたいボタンにフォーカスを移動するのは面倒です。そんなときは、フォーカスがなくても Enter キーを押すことでクリックできる「既定のボタン」を作成しましょう。既定のボタンを作成するには、Defaultプロパティに「True」を設定します。

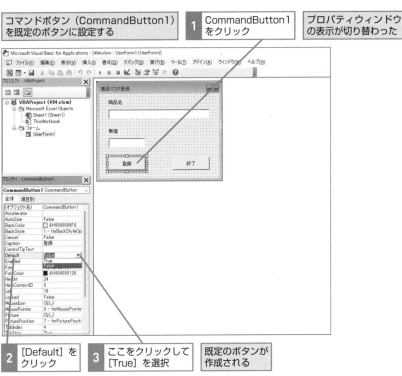

コマンドボタン（CommandButton1）を既定のボタンに設定する

1 CommandButton1をクリック

プロパティウィンドウの表示が切り替わった

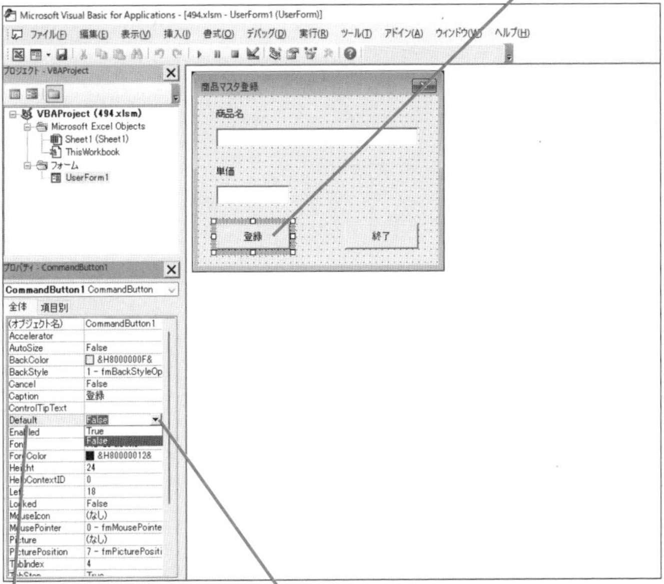

2 [Default] をクリック

3 ここをクリックして [True] を選択

既定のボタンが作成される

ポイント

- フォーカスがなくても Enter キーを押すことでクリックできるボタンを「既定のボタン」と呼びます。
- ユーザーフォーム内に設定できる既定のボタンの数は1つだけです。
- コマンドボタンが複数配置されているユーザーフォームにおいて、あるコマンドボタンのDefaultプロパティに「True」を設定すると、そのほかのコマンドボタンのDefaultプロパティには自動的に「False」が設定されます。

関連ワザ 481 タブオーダーを設定する………P.586
関連ワザ 493 コントロールのタブオーダーを自動的に設定する………P.598

ワザ 495 Escキーでクリックできるキャンセルボタンを作成する

難易度 ●○○ | 頻出度 ●●● | 対応Ver. 365 2021 2019 2016

Escキーを押すことでクリックできる「キャンセルボタン」を作成します。ダイアログボックスを閉じるコマンドボタンなどをキャンセルボタンとして作成しておけば、Escキーを押すことでダイアログボックスを閉じられるので便利です。キャンセルボタンを作成するには、Cancelプロパティに「True」を設定します。

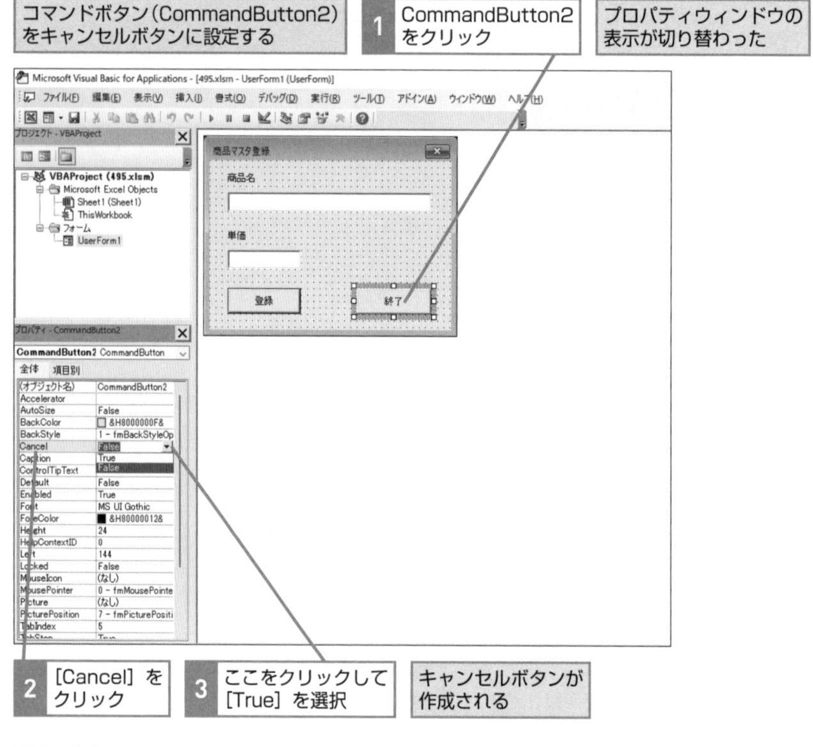

ポイント

- フォーカスがなくてもEscキーを押すことでクリックできるボタンを「キャンセルボタン」と呼びます。
- ユーザーフォーム内に設定できるキャンセルボタンの数は1つだけです。
- コマンドボタンが複数配置されているユーザーフォームにおいて、あるコマンドボタンのCancelプロパティに「True」を設定すると、ほかのコマンドボタンのCancelプロパティには「False」が自動的に設定されます。

関連ワザ 494 フォーカスがなくてもEnterキーでクリックできるボタンを作成する………P.599
関連ワザ 496 Altキーとほかのキーを押してボタンをクリックできるように設定する………P.601

ワザ 496 Altキーとほかのキーを押してボタンをクリックできるように設定する

難易度 ●○○ | 頻出度 ●●● | 対応Ver. 365 2021 2019 2016

Altキーと特定のキーを押すことでボタンをクリックできる「アクセスキー」を設定します。ボタン操作のショートカットキーとも言える機能です。アクセスキーを設定するには、Acceleratorプロパティを使用します。ボタンにアクセスキーが表示されるように、Captionプロパティに設定されている文字列にも修正を加えます。

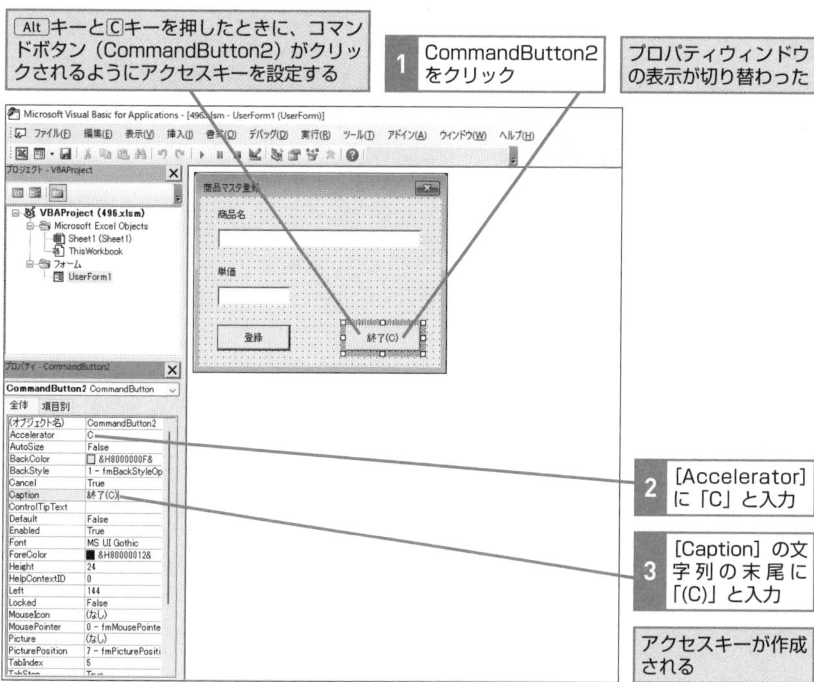
Altキーと C キーを押したときに、コマンドボタン（CommandButton2）がクリックされるようにアクセスキーを設定する
1 CommandButton2をクリック
プロパティウィンドウの表示が切り替わった
2 [Accelerator]に「C」と入力
3 [Caption]の文字列の末尾に「(C)」と入力
アクセスキーが作成される
商品マスタ登録
商品名
単価
登録
終了(C)

ポイント

- アクセスキーは、Altキーと一緒に押すことでボタンをクリックできるキーです。
- 通常、アクセスキーは、ボタンに表示されている文字列の末尾に「()」で囲んで表示します。
- Acceleratorプロパティに設定したキーを、Captionプロパティに設定した文字列の末尾に「()」で囲んで記述すると、キーの部分に下線が自動的に付加されます。

関連ワザ 494 フォーカスがなくてもEnterキーでクリックできるボタンを作成する………P.599
関連ワザ 495 Escキーでクリックできるキャンセルボタンを作成する………P.600

ワザ 497 コマンドボタンをクリックしたときにフォーカスを取得しないように設定する

難易度 ●○○ ｜ 頻出度 ●○○ ｜ 対応Ver. 365 2021 2019 2016

コマンドボタンをクリックしたときにフォーカスを取得しないように設定しておくと、コマンドボタンをクリックしたあと、操作していたテキストボックスにフォーカスを残したまま、処理を継続できます。ここでは、コマンドボタン（CommandButton1）をクリックしても、テキストボックス（TextBox1）にフォーカスが残るように設定します。

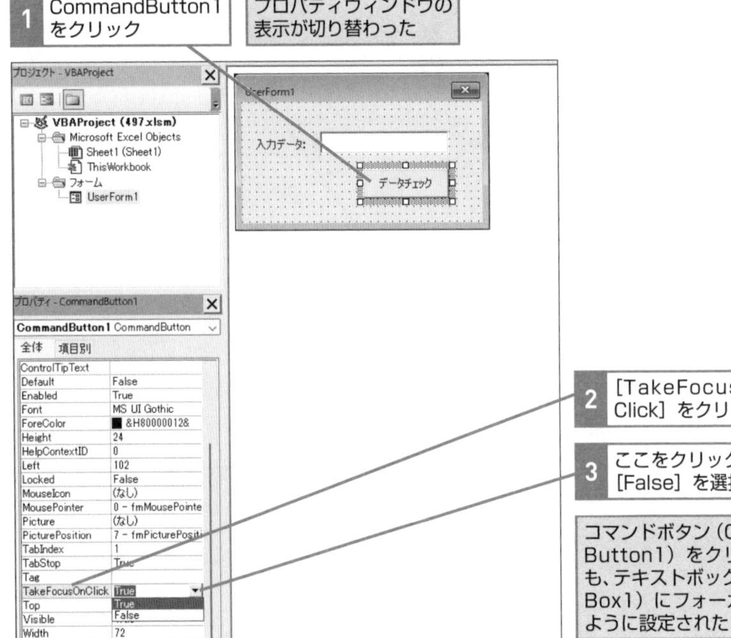

ポイント

- クリックされたコントロールがフォーカスを取得するかどうかを設定するには、TakeFocusOnClickプロパティを使用します。
- TakeFocusOnClickプロパティに「True」を指定すると、コントロールはクリックされたときにフォーカスを取得します（既定値）。
- TakeFocusOnClickプロパティに「False」を指定すると、コントロールはクリックされたときにフォーカスを取得しません。
- テキストボックスにデータを入力したあと、入力データのチェック処理などを実行するためにコマンドボタンをクリックしたとき、テキストボックスにフォーカスを残しておくと、すぐにテキストボックスのデータを操作できるので便利です。

ワザ 498 コマンドボタンをクリックしたときにプロシージャーを実行する

難易度 ●○○ ｜ 頻出度 ●●● ｜ 対応Ver. 365 2021 2019 2016

コマンドボタンをクリックしたときにプロシージャーを実行するには、コマンドボタンのClickイベントプロシージャーに実行したいコードを記述します。ここでは、[ボタン1]ボタン(CommandButton1)がクリックされたときに、コマンドボタンに表示されている文字列（Captionプロパティの値）をメッセージで表示します。

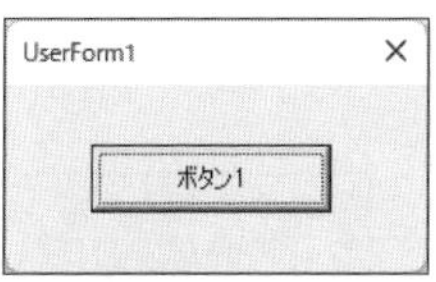

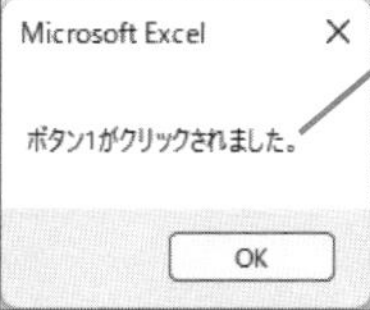

コマンドボタンがクリックされたときに、コマンドボタンに表示されている文字列に「がクリックされました。」という文字列を追加してメッセージで表示する

入力例　498.xlsm

```
Private Sub CommandButton1_Click()  ←1
    MsgBox CommandButton1.Caption & "がクリックされました。"
End Sub
```

1 コマンドボタン（CommandButton1）がクリックされたときに実行される

ポイント

構文
```
Private Sub コマンドボタンのオブジェクト名_Click()
        コマンドボタンがクリックされたときに実行する処理
End Sub
```

- Clickイベントプロシージャーは、コマンドボタンの既定のイベントプロシージャーです。したがって、ユーザーフォームに配置されているコマンドボタンをダブルクリックすることで、自動的にClickイベントプロシージャーを作成できます。このとき、Clickイベントプロシージャーのプロシージャー名には「コマンドボタンのオブジェクト名_Click」が設定されます。コマンドボタンのオブジェクト名は、コマンドボタンのNameプロパティの値です。
- コードウィンドウの［オブジェクト］ボックスでコマンドボタンのオブジェクト名を選択し、［プロシージャー］ボックスで［Click］を選択して、コマンドボタンのClickイベントプロシージャーを作成することもできます。

関連ワザ 014 イベントプロシージャーを作成する………P.49
関連ワザ 480 プロパティを設定する………P.584
関連ワザ 482 コントロールから実行したい処理を記述する………P.587
関連ワザ 494 フォーカスがなくても Enter キーでクリックできるボタンを作成する………P.599

ワザ 499 コマンドボタンの有効と無効を切り替える

難易度 ●○○ ｜ 頻出度 ●●● ｜ 対応Ver. 365 2021 2019 2016

2つのテキストボックス（TextBox1、TextBox2）にデータが入力された場合だけ、［登録］ボタン（CommandButton1）を有効にします。テキストボックスの値が変更されたときにその内容を確認し、2つのテキストボックスに値が入力されている場合は有効、そうでない場合は無効に設定しています。「入力が必須のテキストボックスにデータが入力されていない場合は、コマンドボタンをクリックできないようにする」といった想定外の処理に備えた制御をしたいときに活用できるテクニックです。

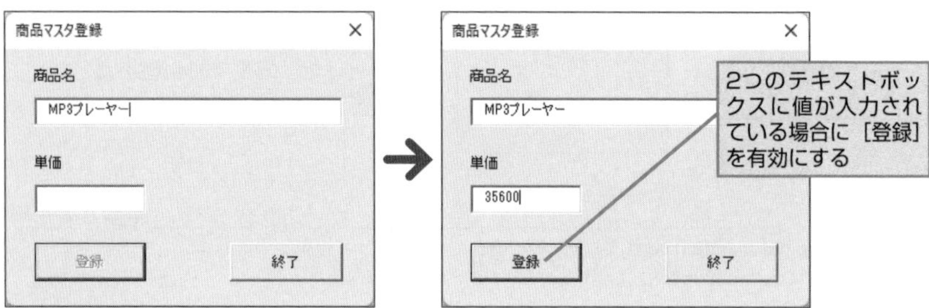

入力例

499.xlsm

```
Private Sub TextBox1_Change()  ←1
    If TextBox1.Value <> "" And TextBox2.Value <> "" Then  ←2
        CommandButton1.Enabled = True
    Else  ←3
        CommandButton1.Enabled = False
    End If
End Sub
```

1テキストボックス（TextBox1）の値が変更されたときに実行される　2TextBox1とTextBox2の両方に値が入力されている場合、コマンドボタン（CommandButton1）を有効に設定する　3それ以外（TextBox1とTextBox2の値がともに「""」（長さ0の文字列））の場合、コマンドボタン（CommandButton1）を無効に設定する

ポイント

構文 **コマンドボタンのオブジェクト名.Enabled**

- コマンドボタンの有効・無効を設定するにはEnabledプロパティを使用します。有効にするときは「True」、無効にするときに「False」を設定します。
- テキストボックスの値が変更されたときの処理は、Changeイベントプロシージャーに記述します。
- テキストボックスのChangeイベントプロシージャーを作成するには、コードウィンドウの［オブジェクト］ボックスでテキストボックスのオブジェクト名を選択して、［プロシージャー］ボックスで［Change］を選択してください。
- ここでは、1つ目のテキストボックス（TextBox1）のChangeイベントプロシージャーだけを掲載していますが、2つ目のテキストボックス（TextBox2）の値が変更されたときにも、同じ処理を実行する必要があります。TextBox2のChangeイベントプロシージャーを作成して、同じコードを記述してください。
- ユーザーフォームのInitializeイベントプロシージャーを使用し、ユーザーフォームの初期状態としてコマンドボタン（CommandButton1）を無効に設定しています。

ワザ 500 コマンドボタンの表示と非表示を切り替える

難易度 ●○○ | 頻出度 ●●● | 対応Ver. 365 2021 2019 2016

2つのテキストボックス（TextBox1、TextBox2）にデータが入力された場合だけ、[登録] ボタン（CommandButton1）をユーザーフォーム上に表示にします。テキストボックスの値が変更されたときにその内容を確認して、2つのテキストボックスに値が入力されている場合は表示、そうでない場合は非表示に設定します。データ未入力時にボタンがクリックされる想定外の操作に備えるワザです。

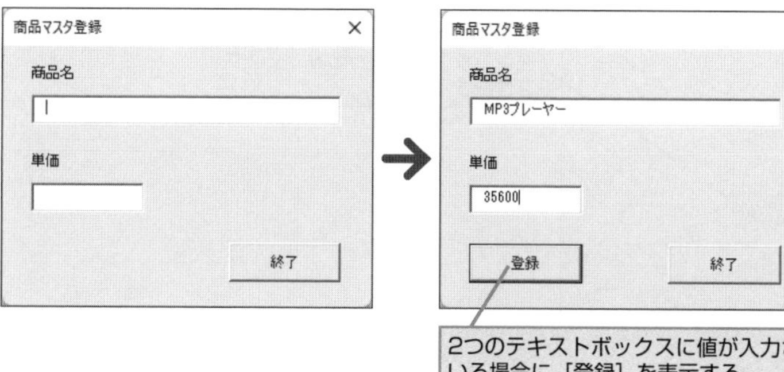

入力例

500.xlsm

```
Private Sub TextBox1_Change() ←1
    If TextBox1.Value <> "" And TextBox2.Value <> "" Then ←2
        CommandButton1.Visible = True
    Else ←3
        CommandButton1.Visible = False
    End If
End Sub
```

1テキストボックス（TextBox1）の値が変更されたときに実行される　2TextBox1とTextBox2の両方に値が入力されている場合、コマンドボタン（CommandButton1）を表示するように設定する　3それ以外（TextBox1とTextBox2の値がともに「""」（長さ0の文字列））の場合、コマンドボタン（CommandButton1）を非表示に設定する

ポイント

構文　**コマンドボタンのオブジェクト名.Visible**

- コマンドボタンの表示・非表示を設定するにはVisibleプロパティを使用します。表示するときは「True」、非表示にするときに「False」を設定します。
- テキストボックスの値が変更されたときの処理は、Changeイベントプロシージャーに記述します。詳しくはワザ499を参照してください。
- ここでは、1つ目のテキストボックス（TextBox1）のChangeイベントプロシージャーだけを掲載していますが、2つ目のテキストボックス（TextBox2）の値が変更されたときにも、同じ処理を実行する必要があります。TextBox2のChangeイベントプロシージャーを作成して、同じコードを記述してください。
- ユーザーフォームのInitializeイベントプロシージャーを使用し、ユーザーフォームの初期状態としてコマンドボタン（CommandButton1）を非表示に設定しています。

ワザ 501 Shift キーを押しながらクリックしたときだけ処理を実行する

難易度 ●●○ | 頻出度 ●○○ | 対応Ver. 365 2021 2019 2016

Shift キーを押しながらクリックされたときだけ処理が実行されるコマンドボタンを作成します。クリックしただけで簡単に実行させたくない特別な処理などを作成するときに使用できる便利なテクニックです。ここでは、Shift キーを押しながら［登録］ボタンをクリックしたときだけ、入力されたデータが商品マスタに登録されるようにします。

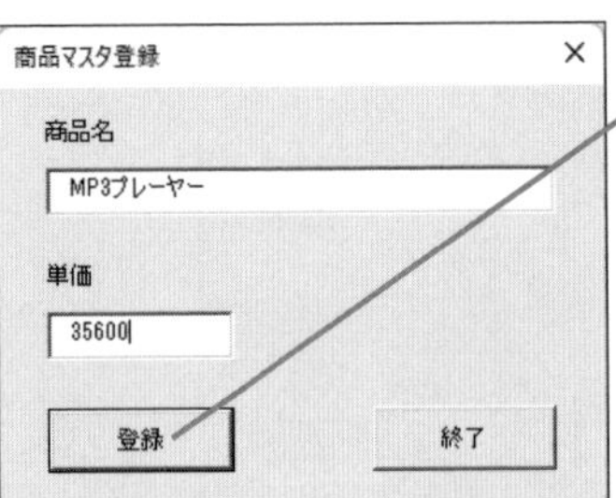

Shift キーを押しながら［登録］をクリックしたときのみ、データを登録する

入力例

501.xlsm

```
Private Sub CommandButton1_MouseUp(ByVal Button As Integer, _ ←1
    ByVal Shift As Integer, ByVal X As Single, ByVal Y As Single)
    If Shift = 1 Then ←2
        With Range("A1").End(xlDown).Offset(1, 0) ←3
            .Value = TextBox1.Value ←4
            .Offset(0, 1).Value = TextBox2.Value ←5
        End With
    End If
End Sub
```

1 クリックしたマウスボタンを離したときに処理が実行される　2 Shift キーが押されている場合だけ処理を実行する 3 セルA1の終端セルの1行下のセルについて処理を実行する　4 セルにテキストボックス（TextBox1）の内容を表示する　5 その1列右のセルにテキストボックス（TextBox2）の内容を表示する

ポイント

構文
```
Private Sub コマンドボタンのオブジェクト名_MouseUp(ByVal Button As Integer, _
    ByVal Shift As Integer, ByVal X As Single, ByVal Y As Single)
    コマンドボタン上でマウスボタンをクリックして離したときに実行する処理
End Sub
```

- コマンドボタン上でクリックしたマウスボタンを離したときに処理を実行するには、MouseUpイベントプロシージャーを作成します。
- 引数「Shift」には、マウスボタンをクリックするときに押されていたキーを表す整数値が代入されています。整数値が表すキーは次の表の通りです。複数のキーが押されていた場合は、その合計値を返します。例えば、Shiftキーと Ctrlキーを押していた場合、その合計値の「3」が代入されます。

●引数「Shift」に代入されている主な整数値が表すキー

整数値	キー
1	Shiftキー
2	Ctrlキー
4	Altキー

- 引数「Button」には、クリックされたマウスのボタンの種類を表す整数値が代入されています。整数値が表すボタンの種類は次の表の通りです。クリックされたボタンの種類によって、違う処理を実行したいときなどに使用できます。

●引数「Button」に代入されている主な整数値が表すボタンの種類

整数値	キー
1	左ボタン
2	右ボタン
4	ホイール

- 接続されているキーボードやマウスによって、引数「Shift」に代入されている値が違う場合があります。
- コマンドボタンのMouseUpイベントプロシージャーを作成するには、コードウィンドウの［オブジェクト］ボックスでコマンドボタンのオブジェクト名を選択して、［プロシージャー］ボックスで［MouseUp］を選択してください。

関連ワザ 014 イベントプロシージャーを作成する………P.49
関連ワザ 096 指定したセルから相対的に移動したセルを参照する………P.145
関連ワザ 097 新規入力行を選択する………P.146
関連ワザ 506 テキストボックスとセルを連動させる………P.613

ワザ 502 コマンドボタン上でマウスポインターの形を変更する

難易度 ●●○ | 頻出度 ●○○ | 対応Ver. 365 2021 2019 2016

2つのテキストボックス（TextBox1、TextBox2）の両方にデータが入力されていない場合に、[登録]ボタン（CommandButton1）上で表示させるマウスポインターの形を禁止（⃠）に設定します。テキストボックスの値が変更されたときにその内容を確認して、マウスポインターの形を設定しています。

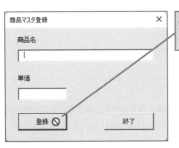

商品マスタ登録
商品名
単価
登録
終了

2つのテキストボックスの両方にデータが入力されていない場合、ボタン上でのマウスポインターの形を禁止に設定する

入力例

502.xlsm

```
Private Sub TextBox1_Change() ←1
    If TextBox1.Value <> "" And TextBox2.Value <> "" Then ←2
        CommandButton1.MousePointer = fmMousePointerDefault
    Else ←3
        CommandButton1.MousePointer = fmMousePointerNoDrop
    End If
End Sub
```

1 テキストボックス（TextBox1）の値が変更されたときに実行される 2 TextBox1とTextBox2の両方に値が入力されている場合、コマンドボタン（CommandButton1）上で通常のマウスポインターを表示するように設定する 3 それ以外（TextBox1とTextBox2の値がともに「""」（長さ0の文字列））の場合、コマンドボタン（CommandButton1）上で禁止記号のマウスポインターを表示するように設定する

ポイント

構文 **コマンドボタンのオブジェクト名.MousePointer**

- コマンドボタン上で表示させるマウスポインターの形状を設定するには、MousePointerプロパティを使用します。マウスポインターの形状は、fmMousePointer列挙型の定数で指定します。

●MousePointerプロパティの主な設定値（fmMousePointer列挙型の主な定数）

定数	値	内容
fmMousePointerDefault	0	標準の形
fmMousePointerArrow	1	矢印
fmMousePointerHourglass	11	砂時計
fmMousePointerNoDrop	12	禁止記号

- ここでは、1つ目のテキストボックス（TextBox1）のChangeイベントプロシージャーだけを掲載していますが、2つ目のテキストボックス（TextBox2）の値が変更されたときにも、同じ処理を実行する必要があります。TextBox2のChangeイベントプロシージャーを作成して、同じコードを記述してください。
- テキストボックスのChangeイベントプロシージャーを作成する方法については、ワザ499を参照してください。

ワザ 503 入力可能な文字数と日本語入力モードを設定する

難易度 ●○○ ｜ 頻出度 ●●● ｜ 対応Ver. 365 2021 2019 2016

外部データベースなどに保存するデータをテキストボックスから入力する場合、データの文字数やデータ型に合わせて、テキストボックスの入力文字数や入力モードを設定しておくといいでしょう。入力モードを日本語に設定しておくと、テキストボックスにフォーカスが移ったときに、入力モードが自動で切り替わるので便利です。ここでは、テキストボックス（TextBox1）の文字数を15文字、入力モードを［ひらがな］に設定します。

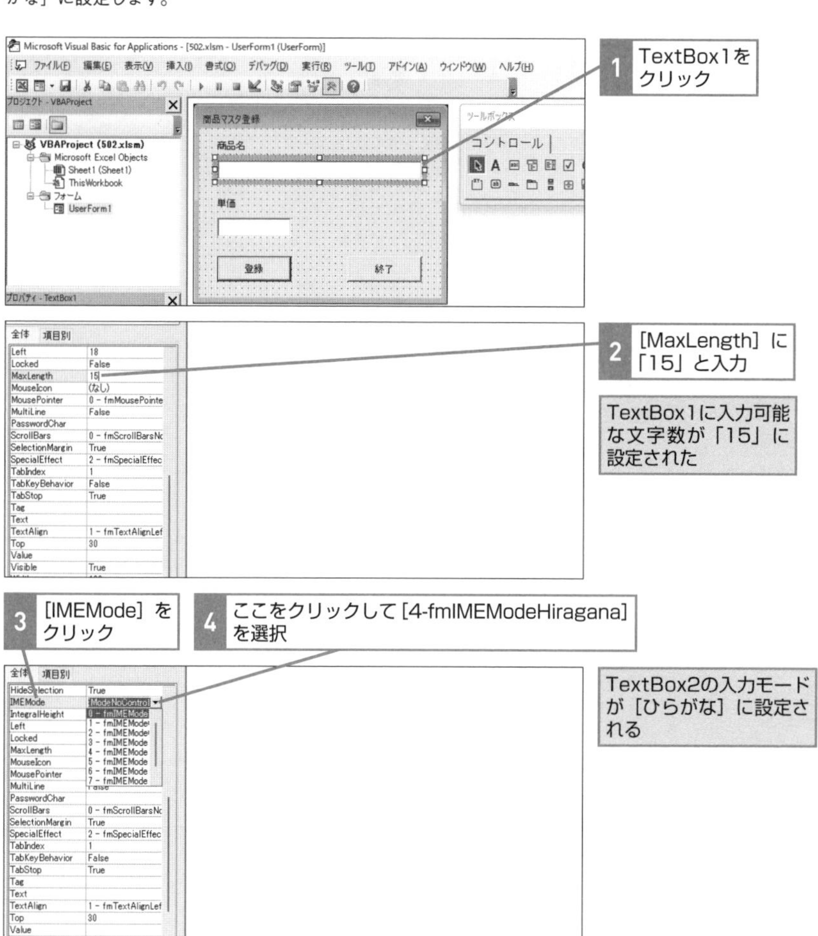
1 TextBox1をクリック
2 [MaxLength] に「15」と入力
TextBox1に入力可能な文字数が「15」に設定された
3 [IMEMode] をクリック
4 ここをクリックして[4-fmIMEModeHiragana]を選択
TextBox2の入力モードが［ひらがな］に設定される

次のページに続く▶

ポイント

構　文 テキストボックスのオブジェクト名.MaxLength

- プロシージャーのコードを使用して、テキストボックスに入力可能な文字数を動的に設定することも可能です。入力を可能にする文字数をMaxLengthプロパティに設定してください。

構　文 テキストボックスのオブジェクト名.IMEMode

- プロシージャーのコードを使用して、テキストボックスの入力モードを動的に設定することも可能です。テキストボックスの入力モードを表すFmIMEMode列挙型の定数をIMEModeプロパティに設定してください。

●IMEModeプロパティの設定値（FmIMEMode列挙型の定数）

定数	値	内容
fmIMEModeNoControl	0	入力モードを変更しない（既定値）
fmIMEModeOn	1	IMEをオンにする
fmIMEModeOff	2	IMEをオフ（英語モード）にする
fmIMEModeDisable	3	IMEを無効にする。キーボードやIMEツールバーからの操作を禁止
fmIMEModeHiragana	4	ひらがなモードにする
fmIMEModeKatakana	5	全角カタカナモードにする
fmIMEModeKatakanaHalf	6	半角カタカナモードにする
fmIMEModeAlphaFull	7	全角英数モードにする
fmIMEModeAlpha	8	半角英数モードにする

ワザ 504 パスワードを入力するテキストボックスを作成する

難易度 ●○○ | 頻出度 ●○○ | 対応Ver. 365 2021 2019 2016

パスワードを入力するときなど、入力した文字を隠して別な文字を表示させたいときがあります。このような文字を「プレースホルダ文字」と呼びます。テキストボックスでプレースホルダ文字を設定するには、PasswordCharプロパティを使用してください。ここでは、パスワードを入力するテキストボックス(TextBox1)にプレースホルダ文字として「*」を設定します。

1 TextBox1をクリック

[PasswordChar]にプレースホルダ文字を設定する

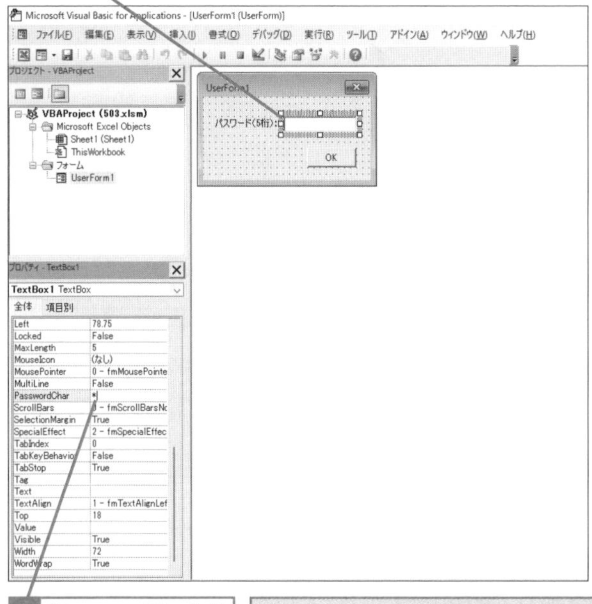

2 [PasswordChar]に「*」と入力

テキストボックスに文字を入力すると、プレースホルダ文字として「*」が表示される

ポイント

- PasswordCharプロパティを設定したテキストボックスに入力できるのは半角文字だけです。

構文 テキストボックスのオブジェクト名.PasswordChar

- プロシージャーのコードを使用して、動的にテキストボックスのプレースホルダ文字を設定することも可能です。設定したいプレースホルダ文字をPasswordCharプロパティに設定してください。
- PasswordCharプロパティの設定を解除するには、「""」(長さ0の文字列)を設定してください。

関連ワザ 503 入力可能な文字数と日本語入力モードを設定する………P.609
関連ワザ 505 複数行を入力できるテキストボックスを作成する………P.612

ワザ 505 複数行を入力できるテキストボックスを作成する

難易度 ●○○ ｜ 頻出度 ●●● ｜ 対応Ver. 365 2021 2019 2016

既定の設定だと、テキストボックスに入力した文字列は、その文字数にかかわらず1行で表示されます。テキストボックスに文章のような長い文字列を入力したい場合は、複数行入力できるテキストボックスを作成し、テキストボックス内で Enter キーを押して改行できるように設定します。

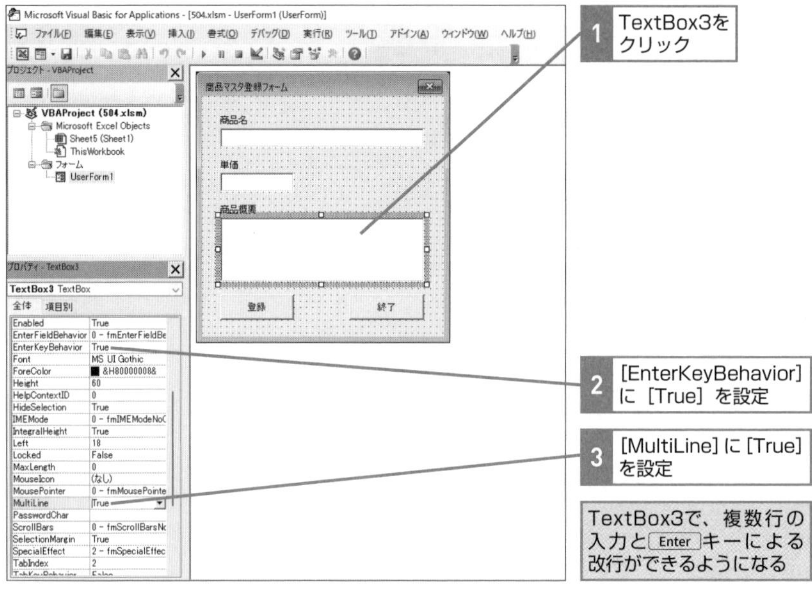
1 TextBox3をクリック
2 [EnterKeyBehavior]に［True］を設定
3 [MultiLine]に[True]を設定
TextBox3で、複数行の入力と Enter キーによる改行ができるようになる
商品マスタ登録フォーム
商品名
単価
商品概要
登録
終了

ポイント

- EnterKeyBehaviorプロパティに「True」を設定して Enter キーで改行できるようにするには、MultiLineプロパティも「True」に設定されている必要があります。
- EnterKeyBehaviorプロパティが「False」の場合、Enter キーを押すと、次のタブオーダーのオブジェクトにフォーカスが移ります。

構文 テキストボックスのオブジェクト名.MultiLine

- プロシージャーのコードを使用して、複数行の文字列を入力するよう動的に設定することも可能です。複数行の文字列を入力できるようにするには「True」、入力できないようにするには「False」をMultiLineプロパティに設定してください。

構文 テキストボックスのオブジェクト名.EnterKeyBehavior

- プロシージャーのコードを使用して、Enter キーで改行できるよう動的に設定することも可能です。Enter キーで改行できるようにするには「True」、改行できないようにするには「False」をEnterKeyBehaviorプロパティに設定してください。

ワザ 506 テキストボックスとセルを連動させる

難易度 ●○○ ｜ 頻出度 ●●○ ｜ 対応Ver. 365 2021 2019 2016

テキストボックスとセルを連動させるには、ControlSourceプロパティを使用します。ここでは、テキストボックス（TextBox4）とセルC1を連動させます。ユーザーフォーム（UserForm1）はモードレスに設定されているので、ユーザーフォームが表示された状態でセルのデータを変更すると、テキストボックスとセルが連動するのを確認できます。

テキストボックスの［ControlSource］プロパティに連動したいセル番号を入力する

1 TextBox4をクリック

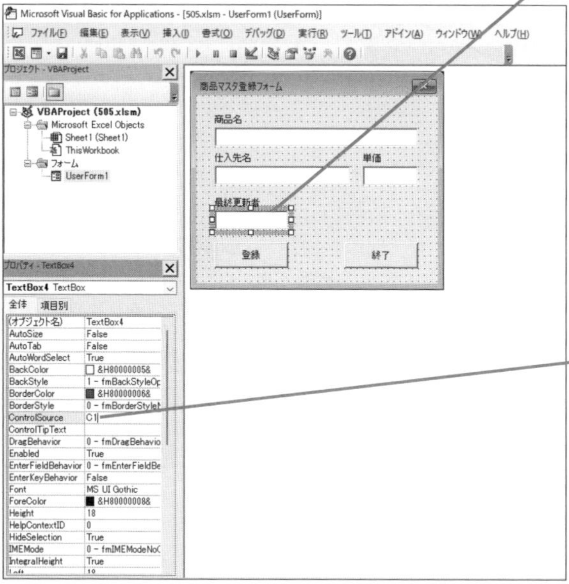

2 ［ControlSource］に「C1」と入力

テキストボックスに入力したデータがセルC1に表示される

セルC1のデータを変更すると、テキストボックスのデータも変更される

ポイント

- テキストボックスに入力したデータをセルに表示するには、テキストボックスから別のコントロールにフォーカスを移動する必要があります。
- 連動させたセルのデータを変更すると、テキストボックスの値も自動的に変更されます。
- ControlSourceプロパティに入力したセル番号を削除すると、セルとの連動が解除されます。
- セルにデータが入力された状態で連動を解除すると、テキストボックスにデータが残ってしまいます。この場合、フォームウィンドウからテキストボックスのデータを削除してください。

構文 **テキストボックスのオブジェクト名.ControlSource**

- プロシージャーのコードを使用して、テキストボックスと連動するセルを動的に設定することも可能です。連動させたいセル番号を「"A2"」のように「"」で囲んでControlSourceプロパティに設定してください。
- シート名を含めてセル範囲を指定したい場合は「シート名!セル範囲」の形式で記述してください。

ワザ 507 入力されたデータの表示位置を設定する

難易度 ●○○ | 頻出度 ●●○ | 対応Ver. 365 2021 2019 2016

テキストボックス内に入力したデータは、文字列なら左端、数字なら右端に寄せて表示すると見やすくなります。テキストボックスに入力されたデータの表示位置は、TextAlignプロパティを使用して設定します。ここでは、数字を入力するテキストボックス（TextBox2）のデータの表示位置を右端に設定しています。

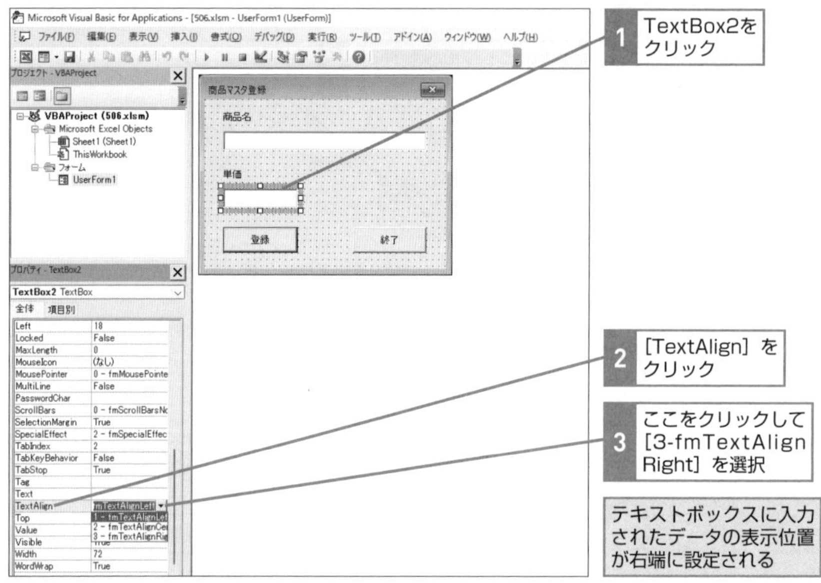
1 TextBox2をクリック
2 [TextAlign] をクリック
3 ここをクリックして [3-fmTextAlignRight] を選択
テキストボックスに入力されたデータの表示位置が右端に設定される

ポイント

構文　テキストボックスのオブジェクト名.TextAlign

- プロシージャーのコードを使用して、テキストボックス内の文字列の表示位置を動的に設定することも可能です。表示位置を表すfmTextAlign列挙型の定数をTextAlignプロパティに設定してください。

●TextAlignプロパティの設定値(fmTextAlign列挙型の定数)

定数	値	内容
fmTextAlignLeft	1	文字列をコントロール内の左端に表示
fmTextAlignCenter	2	文字列をコントロール内の中央に表示
fmTextAlignRight	3	文字列をコントロール内の右端に表示

関連ワザ 508 テキストボックスにスクロールバーを表示する………P.615

ワザ 508 テキストボックスにスクロールバーを表示する

難易度 ●○○ | 頻出度 ●●○ | 対応Ver. 365 2021 2019 2016

複数行を入力できるテキストボックスを作成したとき、表示できる行数が限られている場合が多いため、入力した前後の数行がテキストボックスに表示されない場合があります。そのような場合は、テキストボックスに垂直方向のスクロールバーを表示して、前後の数行も表示できるようにしておくと便利です。ここでは、複数行を入力できるテキストボックス（TextBox3）に垂直方向のスクロールバーを設定します。

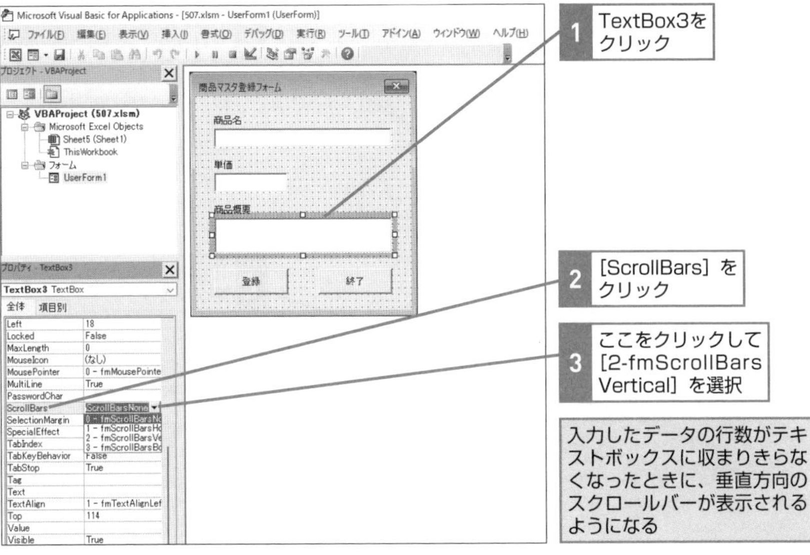

ポイント

- スクロールバーは、入力したデータがテキストボックス内に収まりきらなくなった時点で表示されます。

構文 テキストボックスのオブジェクト名.ScrollBars

- プロシージャーのコードを使用して、スクロールバーの表示を動的に設定することも可能です。表示するスクロールバーを表すfmScrollBars列挙型の定数をScrollBarsプロパティに設定してください。

●ScrollBarsプロパティの設定値（fmScrollBars列挙型の定数）

定数	値	内容
fmScrollBarsNone	0	スクロールバーを非表示（既定値）
fmScrollBarsHorizontal	1	水平スクロールバーを表示
fmScrollBarsVertical	2	垂直スクロールバーを表示
fmScrollBarsBoth	3	水平スクロールバーと垂直スクロールバーを表示

関連ワザ 507 入力されたデータの表示位置を設定する………P.614

ワザ 509 Tabキーでテキストボックスにフォーカスを移動したときにカーソル位置を復活させる

難易度 ●○○ | 頻出度 ●○○ | 対応Ver. 365 2021 2019 2016

Tabキーでテキストボックスにフォーカスを移動したときに、テキストボックス内のカーソルを、フォーカスが移動する直前の位置に復活させます。フォーカスが移動したときに、直前のカーソル位置から作業を再開できるので便利です。ここでは、2つのテキストボックス（TextBox1、TextBox2）のうち、TextBox2にフォーカスが移動したときにカーソルの位置を復活させます。

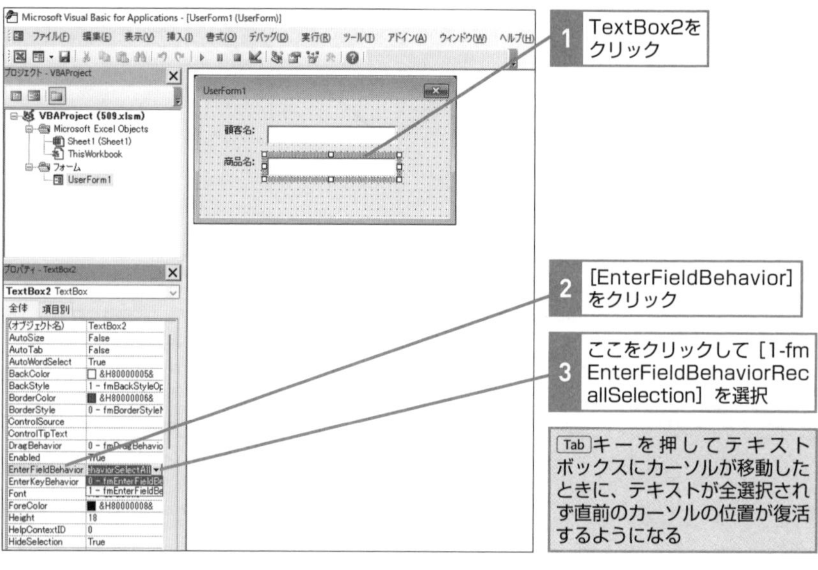

ポイント

- テキストボックスにフォーカスが移動したときのデータの選択状態を設定するには、EnterFieldBehaviorプロパティを使用します。

●EnterFieldBehaviorプロパティの設定値（fmEnterFieldBehavior列挙型の定数）

定数	値	内容
fmEnterFieldBehaviorSelectAll（既定値）	0	テキストボックスにフォーカスが移動したとき、入力されているデータ全体を選択する
fmEnterFieldBehaviorRecallSelection	1	テキストボックスにフォーカスが移動したとき、直前にアクティブだったときのカーソル位置を復活させる

- EnterFieldBehaviorプロパティがテキストボックス内を制御できるのは、Tabキーでフォーカスが移動したときだけです。
- SetFocusメソッドを使用してテキストボックスにフォーカスを移動した場合は、直前にアクティブだったときのカーソル位置が復活します。

ワザ 510 左側の余白がないテキストボックスを作成する

難易度 ●○○ | 頻出度 ●○○ | 対応Ver. 365 2021 2019 2016

既定の設定だと、テキストボックス内の左側に余白が設定されますが、入力したデータを左詰めで表示したいときや横幅が短いテキストボックスを作成したいときなど、左側の余白が不要に感じる場合があります。ここでは、2つのテキストボックス（TextBox1、TextBox2）のうち、TextBox2の左側の余白が設定されないようにします。

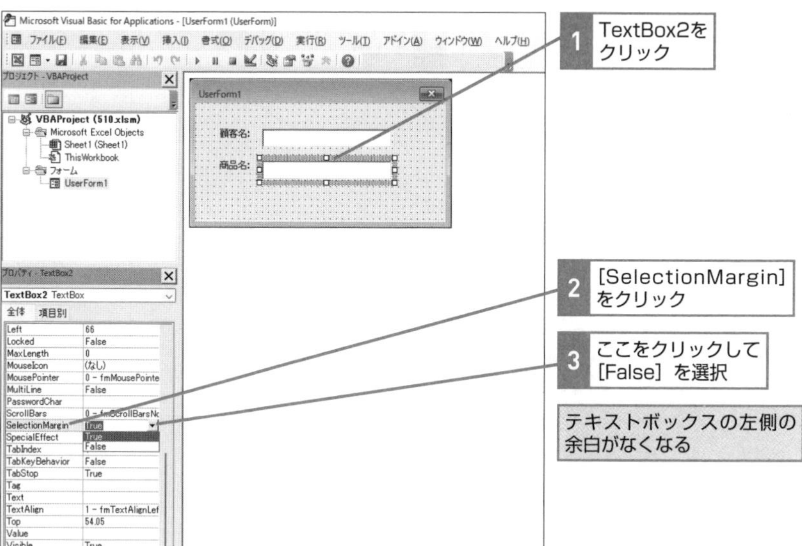
1 TextBox2をクリック
2 [SelectionMargin]をクリック
3 ここをクリックして[False]を選択
テキストボックスの左側の余白がなくなる

ポイント

- テキストボックスの左側の余白の有無を設定するには、SelectionMarginプロパティを使用します。
- SelectionMarginプロパティに「True」を指定すると、テキストボックス内の左側に余白が設定されます（既定値）。余白部分をクリックすると、テキストボックスに入力したデータ全体を選択できます。
- SelectionMarginプロパティに「False」を指定すると、テキストボックス内の左側の余白は設定されず、テキストボックス内の左端からデータを入力できます。

ワザ 511 特定の条件でセルのデータを検索してテキストボックスに表示する

難易度 ●●○　頻出度 ●●●　対応Ver. 365 2021 2019 2016

テキストボックスの値は、ValueプロパティやTextプロパティを使用して取得・設定します。ここでは、TextBox1に入力された［No］を取得して、商品マスタの［No］を検索し、見つかった［No］の商品名をTextBox2、単価をTextBox3に表示します。［No］が見つからなかった場合は、「該当する商品がありません」というメッセージを表示します。

テキストボックスに入力された［No］で商品マスタを検索する

1 検索したい［No］を入力

2 ［検索］をクリック

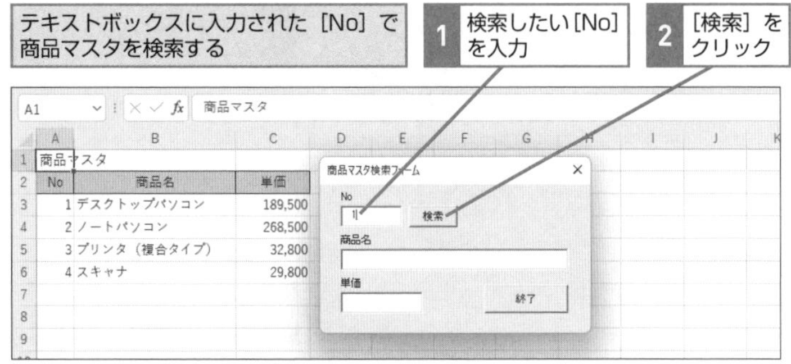

見つかった［No］の商品名と単価が［商品名］と［単価］のテキストボックスに表示された

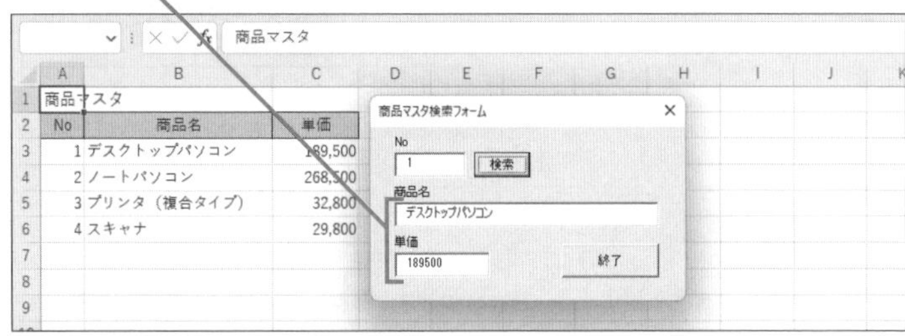

［No］が見つからなかった場合は、「該当する商品がありません」というメッセージを表示する

入力例 511.xlsm

```
Private Sub CommandButton1_Click() ←1
    Dim myNo As Integer
    Dim myLastRange As Range, myKekka As Range
    If TextBox1.Value = "" Then ←2
        MsgBox "Noを入力してください。"
        TextBox1.SetFocus
        Exit Sub
    Else ←3
        myNo = TextBox1.Value
    End If
    Set myLastRange = Range("A1").End(xlDown) ←4
    Set myKekka = Range(Range("A3"), myLastRange). _ ←5
        Find(What:=myNo, LookAt:=xlWhole)
    If myKekka Is Nothing Then ←6
        MsgBox "該当する商品がありません"
        TextBox1.Value = ""
        TextBox2.Value = ""
        TextBox3.Value = ""
        TextBox1.SetFocus
    Else ←7
        TextBox2.Value = Cells(myKekka.Row, 2).Value
        TextBox3.Value = Cells(myKekka.Row, 3).Value
    End If
End Sub
```

1コマンドボタン（CommandButton1）がクリックされたときに実行される 2TextBox1に値が入力されていない場合は、メッセージを表示してTextBox1にフォーカスを移動し、強制的にプロシージャーの実行を終了する 3それ以外の（TextBox1に値が入力されている）場合、TextBox1に入力された値を取得して、変数「myNo」に代入する 4セルA1の下方向の終端セルを変数「myLastRange」に代入する 5セルA3～変数「myLastRange」に代入されたセルのセル範囲で、変数「myNo」に代入した値と完全に同一な値が入力されているセルを検索して、結果を変数「myKekka」に代入する 6変数「myKekka」に何も代入されていない（検索できなかった）場合は、「該当する商品がありません」というメッセージを表示し、TextBox1～TextBox3に「""」（長さ0の文字列）を設定して、TextBox1にフォーカスを移動する 7それ以外の（データが検索できた）場合は、変数「myKekka」に代入されているセルの行番号の2列目のセルの値をTextBox2に、3列目のセルの値をTextBox3に設定する

ポイント

構文 テキストボックスのオブジェクト名.Value

構文 テキストボックスのオブジェクト名.Text

- テキストボックスの値を取得・設定するには、Valueプロパティ、またはTextプロパティを使用します。
- ValueプロパティやTextプロパティに設定した値は、テキストボックス内に表示されます。
- ValueプロパティとTextプロパティのどちらかに値を設定すると、もう一方にも同じ値が設定されます。
- テキストボックスのValueプロパティとTextプロパティは、ほぼ同じプロパティと考えて問題ありませんが、値を取得するとき、Valueプロパティがバリアント型（Variant）、Textプロパティが文字列型（String）の値を返す点に違いがあります。
- コマンドボタンのClickイベントプロシージャーの作成方法については、ワザ498を参照してください。

関連ワザ 097 新規入力行を選択する………P.146
関連ワザ 352 データを検索する………P.442
関連ワザ 498 コマンドボタンをクリックしたときにプロシージャーを実行する………P.603
関連ワザ 512 テキストボックスを選択できないように設定する………P.620

ワザ 512 テキストボックスを選択できないように設定する

難易度 ●○○ | 頻出度 ●●○ | 対応Ver. 365 2021 2019 2016

テキストボックスを選択できないように設定すると、テキストボックス内に表示していたデータがグレー表示になり、キーボードやマウスで内容を変更できない状態になります。「データは表示させたいが、変更できない状態にしたい」といったときに便利です。ここでは、ユーザーフォームを表示するときに、商品名を表示するテキストボックス（TextBox2）を選択できないように設定して、商品の単価だけを変更できるようにします。

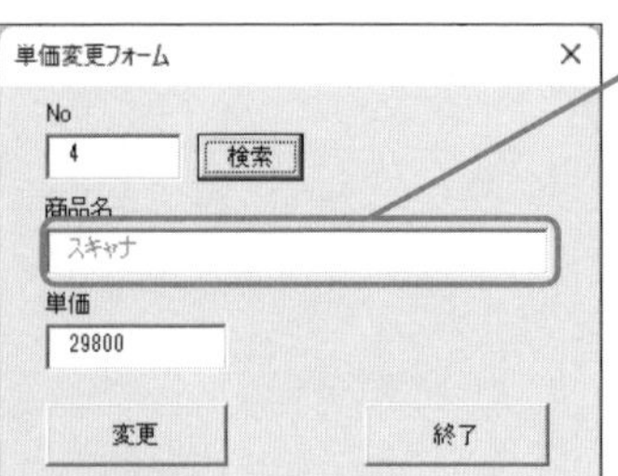

商品名を表示するテキストボックスを選択できないように設定する

入力例

512.xlsm

```
Private Sub UserForm_Initialize()   ←1
    TextBox1.Value = ""  ┐
    TextBox2.Value = ""  ├2
    TextBox3.Value = ""  ┘
    TextBox1.SetFocus   ←3
    TextBox2.Enabled = False   ←4
End Sub
```

1ユーザーフォームが表示される直前に実行される　2テキストボックス（TextBox1 ～ TextBox3）に「""」（長さ0の文字列）を代入して初期化する　3TextBox1にフォーカスを移動する　4TextBox2を選択できないように設定する

ポイント

構文 テキストボックスのオブジェクト名.Enabled

- Enabledプロパティに「False」を設定すると、テキストボックス内がグレー表示になり、選択できない状態になります。「True」を設定すると、選択できる状態に戻ります。
- テキストボックスが選択できない状態になっても、プロシージャーのコードからテキストボックスのValueプロパティの値を操作すれば、テキストボックスの値を変更できます。

構文 テキストボックスのオブジェクト名.SetFocus

- テキストボックスにフォーカスを移動してカーソルを表示するには、SetFocusメソッドを使用します。
- ユーザーフォームのInitializeイベントプロシージャーを作成する方法については、ワザ491を参照してください。

関連ワザ 491 ユーザーフォームを表示する直前に初期状態に設定する………P.596
関連ワザ 514 数字キーだけが入力可能なテキストボックスを作成する………P.622

ワザ 513 テキストボックスに表示する数字にけた区切りの書式を設定する

難易度 ●○○ | 頻出度 ●●● | 対応Ver. 365 2021 2019 2016

テキストボックスには、表示するデータの書式を設定するプロパティがありません。そこで、Format関数を使用してデータの書式を設定してから、テキストボックスに表示するようにします。ここでは、[桁区切り表示] ボタン（CommandButton1）をクリックしてセルA2の数値データをテキストボックス（TextBox1）に表示するときに、けた区切りの書式を設定しています。

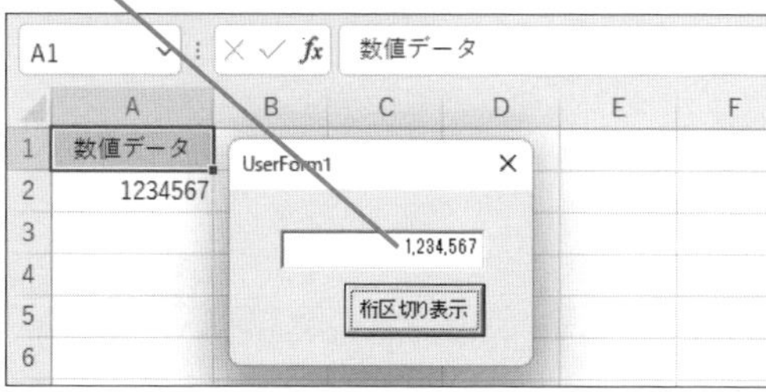

入力例　513.xlsm

```
Private Sub CommandButton1_Click()  ←1
    TextBox1.Value = Format(Range("A2").Value, "#,##0")  ←2
End Sub
```

1コマンドボタン（CommandButton1）がクリックされたときに実行される　2セルA2に入力されているデータにけた区切りの書式を設定して、テキストボックス（TextBox1）の値に設定する

ポイント

- 数字にけた区切りの書式を設定するには、Format関数の引数「format」に「"#,##0"」を指定してください。Format関数の詳細については、ワザ639を参照してください。
- コマンドボタンのClickイベントプロシージャーの作成方法については、ワザ498を参照してください。

関連ワザ 498 コマンドボタンをクリックしたときにプロシージャーを実行する………P.603
関連ワザ 507 入力されたデータの表示位置を設定する………P.614
関連ワザ 511 特定の条件でセルのデータを検索してテキストボックスに表示する………P.618
関連ワザ 514 数字キーだけが入力可能なテキストボックスを作成する………P.622
関連ワザ 639 データの表示書式を変換する………P.801

ワザ 514 数字キーだけが入力可能なテキストボックスを作成する

難易度 ●●○　頻出度 ●●○　対応Ver. 365 2021 2019 2016

テキストボックス内で数字キー以外のキーが押された場合にキー操作を無効にすれば、数字キーだけが入力可能なテキストボックスを作成できます。ここでは、[No] を入力するテキストボックス（TextBox1）に数字キーだけが入力できるようにします。なお、TextBox1の日本語入力モードは、あらかじめIMEを無効に設定しています。

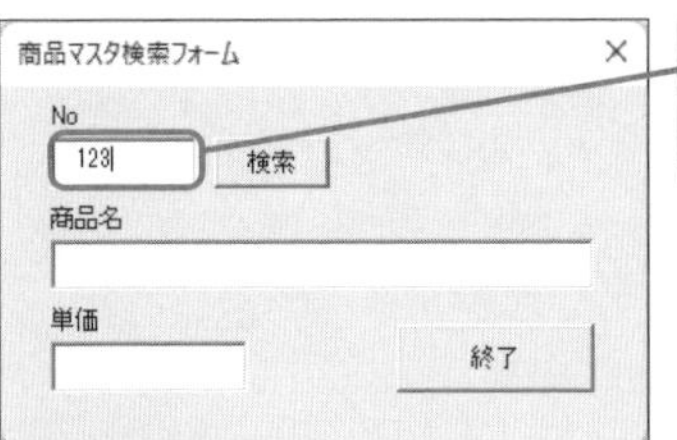

[No] のテキストボックスでは、数字キー以外のキー操作を無効にする

入力例　514.xlsm

```
Private Sub TextBox1_KeyPress(ByVal KeyAscii As MSForms.ReturnInteger) ←1
    If KeyAscii < Asc(0) Or KeyAscii > Asc(9) Then ←2
        KeyAscii = 0
    End If
End Sub
```

1テキストボックス（TextBox1）内で、ANSIコードまたはシフトJISコードに対応する文字キーが押されたときに実行される　2押されたキーが「0」～「9」でなかった場合、入力を無効にする

ポイント

- KeyPressイベントプロシージャーは、ANSIコードまたはシフトJISコードに対応する文字キーが押されたときに実行されます。
- 引数「KeyAscii」には、押されたキーの種類を表す文字コードが代入されています。
- [0] ～ [9] キーの文字コードは、Asc関数を使用して調べます。Asc関数については、ワザ637を参照してください。
- 押されたキーの文字コードが、[0]キーの文字コードより小さく、[9]キーの文字コードより大きい場合、押されたキーは数字キーではないと判別できます。
- 引数「KeyAscii」に0を代入すると、キー入力を無効にできます。
- KeyPressイベントプロシージャーを発生させるには、テキストボックスの日本語入力モードでIMEを無効、またはオフにするか、半角英数モードに設定しておく必要があります。
- テキストボックスのKeyPressイベントプロシージャーを作成するには、コードウィンドウの［オブジェクト］ボックスでテキストボックスのオブジェクト名を選択して、［プロシージャー］ボックスで[KeyPress]を選択してください。

関連ワザ 503 入力可能な文字数と日本語入力モードを設定する………P.609
関連ワザ 637 文字のASCIIコードを調べる………P.799

ワザ 515 ラベルの文字の表示位置を設定する

難易度 ●○○ | 頻出度 ●●● | 対応Ver. 365 2021 2019 2016

ラベルに表示する文字の表示位置は、既定で左端に設定されています。文字の頭がそろうので、通常はこの設定でいいのですが、用途によって右端や中央などに表示位置を設定した方が読みやすい場合があります。ここでは、ユーザーフォーム（UserForm1）に作成したラベル（Label1）の文字の表示位置を右端に設定します。

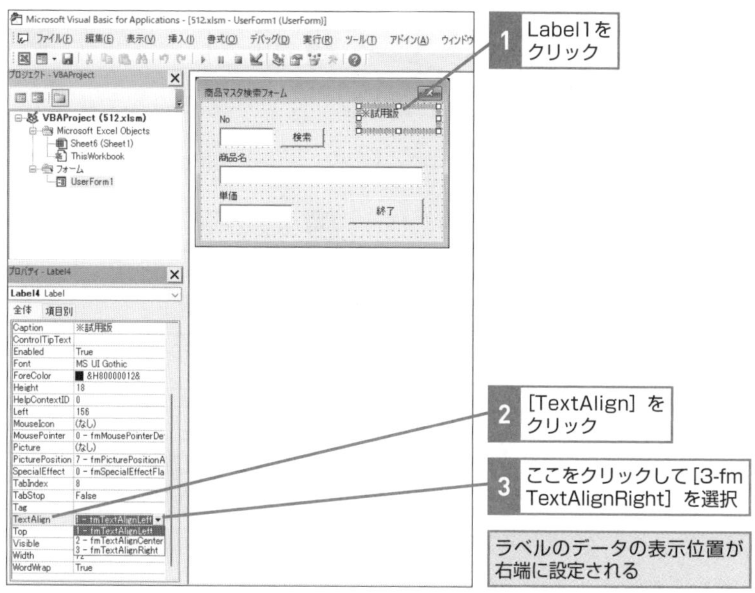
1 Label1をクリック
2 [TextAlign] をクリック
3 ここをクリックして [3-fmTextAlignRight] を選択
ラベルのデータの表示位置が右端に設定される

ポイント

- ラベルに表示する文字の文字位置を設定するには、TextAlignプロパティを使用します。

●TextAlignプロパティの設定値(fmTextAlign列挙型の定数)

定数	値	内容
fmTextAlignLeft	1	文字列をコントロール内の左端に表示
fmTextAlignCenter	2	文字列をコントロール内の中央に表示
fmTextAlignRight	3	文字列をコントロール内の右端に表示

構文 `ラベルのオブジェクト名.TextAlign`

- プロシージャーのコードを使用して、ラベル内の文字列の表示位置を動的に設定することも可能です。文字位置を表すfmTextAlign列挙型の定数をTextAlignプロパティに設定してください。

関連ワザ 507 入力されたデータの表示位置を設定する………P.614
関連ワザ 519 ラベルに表示する文字列を設定する………P.627

ワザ 516 ラベルの背景色を設定する

難易度 ●○○ | 頻出度 ●●○ | 対応Ver. 365 2021 2019 2016

ラベルを配置したユーザーフォームの背景色を設定したとき、ラベルの背景色も同じ色に設定すると見栄えが良くなります。ラベルの背景色を設定するには、プロパティウィンドウのBackColorプロパティの項目で色を設定します。ここでは、ユーザーフォーム（UserForm1）の背景色に合わせて、ラベル（Label1）の背景色を薄い緑色に設定します。

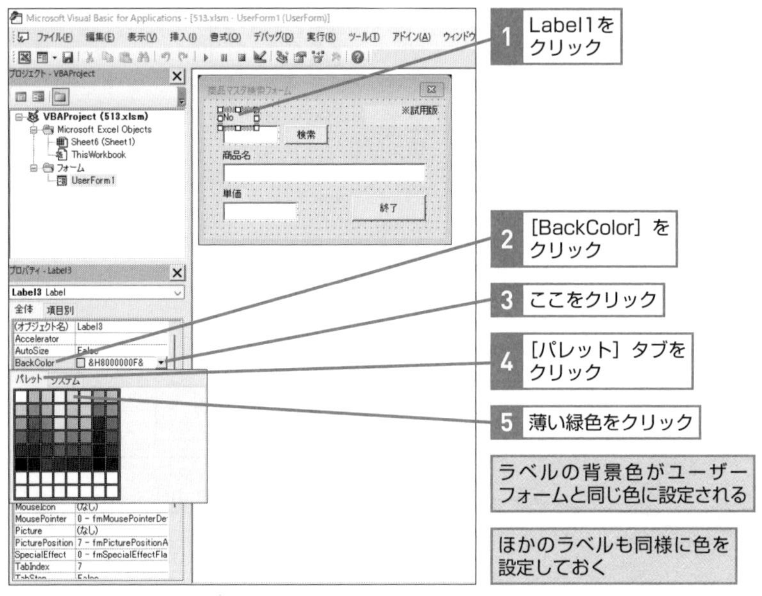
1 Label1をクリック
2 [BackColor] をクリック
3 ここをクリック
4 [パレット] タブをクリック
5 薄い緑色をクリック
ラベルの背景色がユーザーフォームと同じ色に設定される
ほかのラベルも同様に色を設定しておく

ポイント

- ラベルの背景色に設定できる色は、[パレット]タブと[システム]タブに分類されています。これらの色の中から背景色に設定したい色を選択してください。

構文 **ラベルのオブジェクト名.BackColor**

- プロシージャーのコードを使用して、ラベルの背景色を動的に設定することも可能です。ユーザーフォームに設定したい色をBackColorプロパティに設定してください。
- RGB関数を使用して色を指定すれば、[パレット]タブと[システム]タブに分類されている色に関係なく、自由に色を指定できます。

関連ワザ 486 ユーザーフォームの背景色を設定する………P.591
関連ワザ 517 ラベルの表示スタイルを設定する………P.625

ワザ 517 ラベルの表示スタイルを設定する

難易度 ●○○ | 頻出度 ●●○ | 対応Ver. 365 2021 2019 2016

ラベルに表示スタイルを設定すると、ラベルの存在感が増すため、ユーザーの注目を集められます。ただし、むやみに設定するとユーザーフォームが見にくくなるので、効果的に設定するようにしましょう。ここでは、ラベル（Label4）に、外枠が沈んだように見える表示スタイルを設定します。なお、ラベルに境界線を設定していた場合、表示スタイルの設定により境界線が非表示になります。

ラベルの外枠が沈んだように見える表示スタイルに設定する

ラベル（Label4）の表示スタイルを設定する

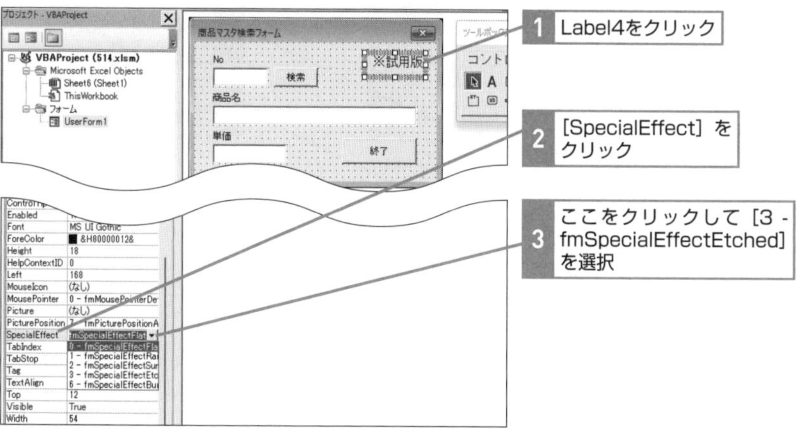
1 Label4をクリック
2 [SpecialEffect] をクリック
3 ここをクリックして [3 - fmSpecialEffectEtched] を選択

ポイント

- ラベルの表示スタイルを設定するには、SpecialEffectプロパティを使用します。

●SpecialEffectプロパティの設定値（fmSpecialEffect列挙型の定数）

定数	値	内容	設定イメージ
fmSpecialEffectFlat	0	平面的に表示（既定値）	※試用版
fmSpecialEffectRaised	1	コマンドボタンのように盛り上がったイメージ（上辺と左辺を強調表示して下辺と右辺に影を表示）	※試用版
fmSpecialEffectSunken	2	くぼんだイメージ（上辺と左辺に影を表示して下辺と右辺を強調表示）	※試用版
fmSpecialEffectEtched	3	外枠が沈んでいるようなイメージ	※試用版
fmSpecialEffectBump	6	外枠が額縁のように盛り上がっているイメージ	※試用版

構文 ラベルのオブジェクト名.SpecialEffect

- プロシージャーのコードを使用して、ラベルの外観を動的に設定することも可能です。表示スタイルを表すfmSpecialEffect列挙型の定数をSpecialEffectプロパティに設定してください。

関連ワザ 516 ラベルの背景色を設定する………P.624

ワザ 518 ラベルを使用してテキストボックスにアクセスキー機能を追加する

難易度 ●○○ | 頻出度 ●●○ | 対応Ver. 365 2021 2019 2016

アクセスキーとは、Altキーと特定のキーによるキー操作でコントロールのフォーカスを移動できる便利な機能です。通常、テキストボックスにはアクセスキー機能を設定できませんが、ラベルのアクセスキー機能を利用すれば擬似的に設定できます。ここでは、商品名を入力するテキストボックス(TextBox2)にアクセスキーとしてNキーを設定します。

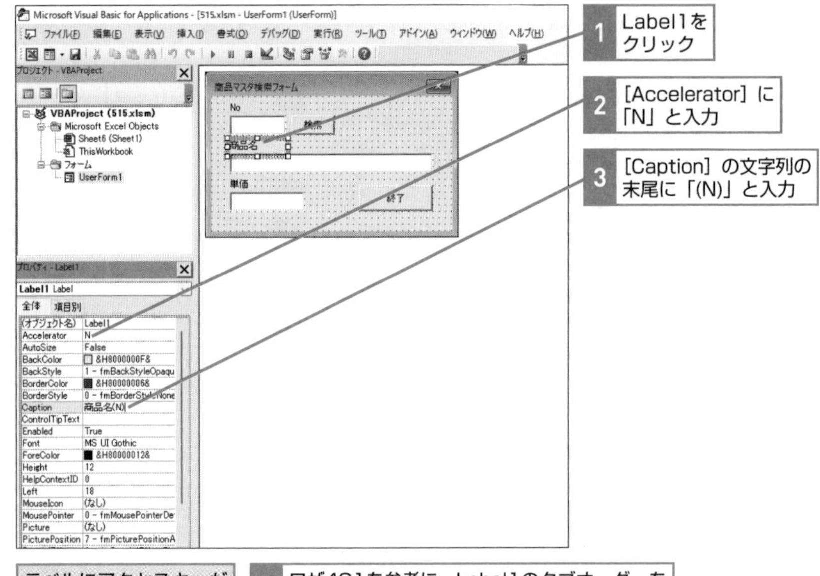
1 Label1をクリック
2 [Accelerator]に「N」と入力
3 [Caption]の文字列の末尾に「(N)」と入力
商品マスタ検索フォーム
商品名
Accelerator N
Caption 商品名(N)

ラベルにアクセスキーが設定された

4 ワザ481を参考に、Label1のタブオーダーをTextBox2の直前に設定

ポイント

- テキストボックスはAcceleratorプロパティとCaptionプロパティを持っていないため、アクセスキー機能を設定できません。そこで、テキストボックスと対となるラベルにアクセスキーを設定して、ラベルのタブオーダーをテキストボックスの直前に設定します。このように設定すると、アクセスキーを押したときにラベルはフォーカスを受け付けないため、次のタブオーダーに設定されているテキストボックスにフォーカスが移動し、テキストボックスのアクセスキー機能を擬似的に実現できます。
- ラベルにアクセスキーを設定するには、Acceleratorプロパティにアクセスキーに設定したいアルファベットを設定し、Captionプロパティの文字列の末尾に、アクセスキーに設定したいアルファベットを「()」で囲んで入力します。アルファベットと「()」は、半角文字を使用して入力してください。

関連ワザ 481 タブオーダーを設定する………P.586
関連ワザ 496 Altキーとほかのキーを押してボタンをクリックできるように設定する………P.601
関連ワザ 519 ラベルに表示する文字列を設定する………P.627

ワザ 519 ラベルに表示する文字列を設定する

難易度 ●○○ ｜ 頻出度 ●●● ｜ 対応Ver. 365 2021 2019 2016

コマンドボタン（CommandButton1、CommandButton2）をクリックして、ラベル（Label1）に表示する文字列を設定します。[朝のあいさつ] ボタン（CommandButton1）をクリックしたときは「おはようございます」、[夜のあいさつ] ボタン（CommandButton2）をクリックしたときは「こんばんは」という文字列を表示するように設定します。

[朝のあいさつ]をクリックしたときは「おはようございます」、[夜のあいさつ] をクリックしたときは「こんばんは」という文字列を表示する

入力例

519.xlsm

```
Private Sub CommandButton1_Click()  ←1
    Label1.Caption = "おはようございます"  ←2
End Sub

Private Sub CommandButton2_Click()  ←3
    Label1.Caption = "こんばんは"  ←4
End Sub
```

1コマンドボタン（CommandButton1）がクリックされたときに実行される　2ラベル（Label1）に「おはようございます」という文字列を設定する　3コマンドボタン（CommandButton2）がクリックされたときに実行される　4ラベル（Label1）に「こんばんは」という文字列を設定する

ポイント

構文　ラベルのコントロール名.Caption

- ラベルに表示する文字列を設定するには、Captionプロパティを使用します。
- ラベルに表示する文字列は、プロパティウィンドウを使用して事前に設定できますが、このサンプルのように、VBAのコードを使用して動的に設定することも可能です。
- コマンドボタンのClickイベントプロシージャーの作成方法については、ワザ498を参照してください。

関連ワザ 498 コマンドボタンをクリックしたときにプロシージャーを実行する………P.603
関連ワザ 515 ラベルの文字の表示位置を設定する………P.623

ワザ 520 ラベルのフォントの書式を設定する

難易度 ●○○ ｜ 頻出度 ●●○ ｜ 対応Ver. 365 2021 2019 2016

ラベルのフォントの書式はVBEのプロパティウィンドウを使用して事前に設定できますが、VBAのコードを使用して動的に設定することも可能です。ここでは、［書式を設定］ボタン（CommandButton1）をクリックしたときに、ラベル（Label1）に表示されている文字の太さやサイズ、フォントの種類、斜体、フォントの色が設定されるプロシージャーを作成します。

［書式を設定］をクリックして、ラベルの書式を設定できるようにする

入力例　520.xlsm

```
Private Sub CommandButton1_Click()
    With Label1.Font
        .Bold = True ←1
        .Size = 18 ←2
        .Name = "HGP創英角ﾎﾟｯﾌﾟ体" ←3
        .Italic = True ←4
    End With
    Label1.ForeColor = RGB(40, 180, 80) ←5
End Sub
```

1フォントを太字に設定する　2フォントのサイズを18ポイントに設定する　3フォントの種類を［HGP創英角ポップ体］に設定する　4フォントを斜体に設定する　5フォントの文字色をくすんだ緑色に設定する

ポイント

構文　ラベルのコントロール名.Font.書式を設定するプロパティ

● ラベルのフォントの書式を設定するには、Fontオブジェクトのプロパティを使用します。

●ラベルのフォントの書式を設定する主なプロパティ

プロパティ名	設定内容	設定方法
Bold	フォントの太字	True：太字に設定、False：設定を解除
Size	フォントのサイズ	サイズを表すポイント単位の数値を設定
Name	フォントの種類	フォント名を設定
Italic	フォントの斜体	True：斜体に設定、False：設定を解除

● Nameプロパティを使用してフォントの種類を設定するとき、フォント名は半角文字や空白なども正確に記述してください。VBEのプロパティウィンドウの［Font］をクリックし、表示された…をクリックして表示される［フォント］ダイアログボックスの［フォント名］をコピーするといいでしょう。

構文　ラベルのコントロール名.ForeColor

● ラベルのフォントの文字色を設定するには、ForeColorプロパティを使用します。

ワザ 521 ラベルを利用して処理の進行状況を表示する

難易度 ●●● | 頻出度 ●○○ | 対応Ver. 365 2021 2019 2016

ラベルを利用して、処理の進行状況を表示する「プログレスバー」を作成します。フォームにラベルを重ねて2つ配置し、そのうちの1つ（Label1）は、処理の進行に合わせて右方向へ伸びていくプログレスバー本体、もう一方（Label2）は、プログレスバーの外枠と数値による%表示に使用します。［開始］ボタン（CommandButton1）をクリックすると処理が実行され、処理状況が100%に達すると「処理終了」というメッセージが表示されます。

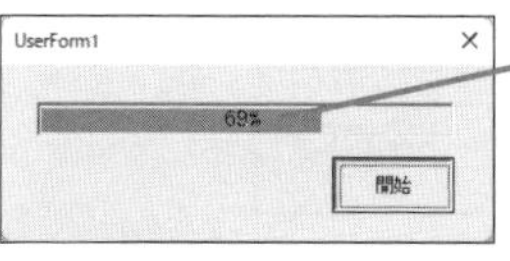

処理の進行状況を表示する「プログレスバー」を作成する

入力例　521.xlsm

```
Dim myAddWidth As Long  ←1

Private Sub UserForm_Initialize()  ←2
    myAddWidth = Label1.Width / 100  ←3
    Label1.Width = 0  ←4
End Sub

Private Sub CommandButton1_Click()
    Dim i As Long, j As Long
    For i = 1 To 100
        For j = 1 To 9500000: Next j  ←5
        Label1.Width = Label1.Width + myAddWidth  ←6
        Label2.Caption = i & "%"  ←7
        DoEvents  ←8
    Next i
    MsgBox "処理終了"
    Unload Me  ←9
End Sub
```

1モジュールレベル変数「myAddWidth」を宣言する　2ユーザーフォーム（UserForm1）が表示される直前に実行される　3プログレスバーの1%の幅サイズを、モジュールレベル変数「myAddWidth」に代入する　4プログレスバーの幅を0%の状態に設定する　5時間がかかる処理を想定したダミー処理（ループ処理）を実行する　6プログレスバーの幅を1%分加算する　7プログレスバーの数値表示として、変数「i」に「%」を連結して表示する　8OSに制御を移して、プログレスバーの変化を画面上に反映させる　9UserForm1を閉じる

ポイント

- 1%刻みで100回ループするFor～Nextステートメントを記述し、その中で1%分のダミー処理を実行したらプログレスバーの幅を1%分加算して数値表示を書き換えています。

構文 DoEvents

- DoEvents関数は、CPUの制御を一時的にOSに移す関数です。DoEvetns関数によって、CPUの制御をExcel VBAの処理からOSに移すことで、処理した内容を画面上に反映させることができます。
- ラベル（Label1、Label2）の各プロパティの設定値については、ワザ522を参照してください。

ワザ 522 処理を中断できるプログレスバーを作成する

難易度 ●●●　頻出度 ●○○　対応Ver. 365 2021 2019 2016

ラベルを使用して、処理を中断できる「プログレスバー」を作成します。[開始]ボタン(CommandButton1)をクリックすると処理が開始します。[中断] ボタン (CommandButton2) をクリックすると「処理を中断しますか？」というメッセージが表示され、[はい] ボタンをクリックすると処理が中断します。[いいえ] ボタンをクリックすると処理が継続されます。

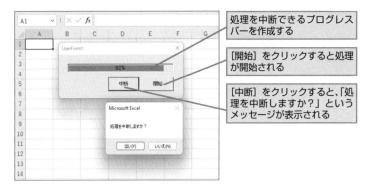

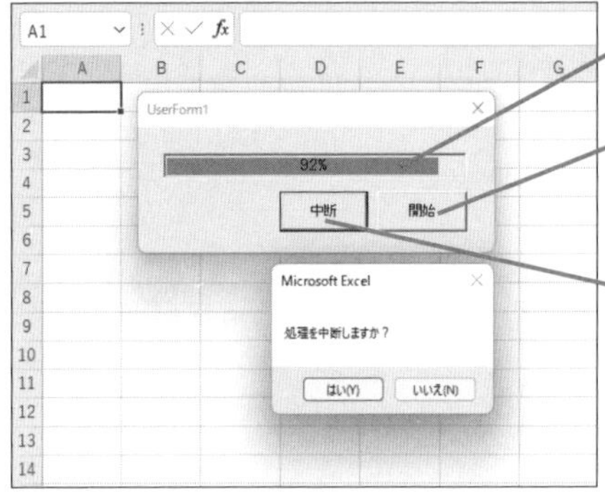

入力例　522.xlsm

```
Dim myAddWidth As Long
Dim myExitFlg As Boolean ←1

Private Sub UserForm_Initialize()
    myAddWidth = Label1.Width / 100
    Label1.Width = 0
    myExitFlg = False ←2
End Sub

Private Sub CommandButton1_Click() ←3
    Dim i As Long, j As Long
    For i = 1 To 100
        For j = 1 To 9500000: Next j
        Label1.Width = Label1.Width + myAddWidth
        Label2.Caption = i & "%"
        DoEvents
        If myExitFlg = True Then ←4
            If MsgBox("処理を中断しますか？", vbYesNo) = vbYes Then ←5
                Label1.Width = 0
                Label2.Caption = ""
                myExitFlg = False ←6
                Exit Sub ←7
            Else ←8
                myExitFlg = False
```

```
            End If
        End If
    Next i
    MsgBox "処理終了"
    Unload Me
End Sub

Private Sub CommandButton2_Click() ←9
    myExitFlg = True
End Sub
```

1［中断］ボタンがクリックされたかどうかの状態を代入するモジュールレベル変数「myExitFlg」を宣言する 2ユーザーフォームを表示するとき、［中断］ボタンがクリックされていないことを表す「False」を、モジュールレベル変数「myExitFlg」に代入する 3コマンドボタン（CommandButton1）がクリックされたときに実行される 4モジュールレベル変数「myExitFlg」の値を確認し、「True」が代入されていた（［中断］ボタンがクリックされた）場合に処理を実行する 5「処理を中断しますか？」というメッセージを表示して、［はい］ボタンがクリックされたかどうかを判定する 6モジュールレベル変数「myExitFlg」に、［中断］ボタンがクリックされていないことを表す「False」を代入する 7プロシージャーの実行を強制終了する 8それ以外の（［いいえ］ボタンがクリックされた）場合、モジュールレベル変数「myExitFlg」に、［中断］ボタンがクリックされていないことを表す「False」を代入する 9［中断］ボタン（CommandButton2）がクリックされたときに、モジュールレベル変数「myExitFlg」に「True」を代入する

※そのほかの補足説明については、ワザ521を参照してください。

ポイント

- 繰り返し処理が実行されている間に、DoEvents関数によってCPUの制御をOSに移し、モジュールレベル変数の「myExitFlg」を参照して、［中断］ボタンがクリックされたかどうかを確認しています。
- DoEvents関数については、ワザ521を参照してください。

構文 ラベルのオブジェクト名.Width

- ラベルの幅を取得、設定するには、Widthプロパティを使用します。
- Widthプロパティで取得、設定する値は、ポイント単位の数値です。
- ラベル（Label1、Label2）の各プロパティに設定されている内容は下表の通りです。

●Label1のプロパティの設定

プロパティ	設定値
BackColor	&H0000C000&
Caption	設定値を削除

●Label2のプロパティの設定

プロパティ	設定値
SpecialEffect	fmSpecialEffectSunken
BackStyle	fmBackStyleTransparent
TextAlign	fmTextAlignCenter
Caption	設定値を削除

- Label2を右クリックしてショートカットメニュー［前面へ移動］をクリックし、Label2がLabel1の前面に表示されるように設定します。
- ユーザーフォームのInitializeイベントプロシージャーを作成する方法については、ワザ491を参照してください。
- コマンドボタンのClickイベントプロシージャーの作成方法については、ワザ498を参照してください。

関連ワザ 490 ユーザーフォームを閉じる………P.595
関連ワザ 491 ユーザーフォームを表示する直前に初期状態に設定する………P.596
関連ワザ 498 コマンドボタンをクリックしたときにプロシージャーを実行する………P.603
関連ワザ 519 ラベルに表示する文字列を設定する………P.627
関連ワザ 521 ラベルを利用して処理の進行状況を表示する………P.629

ワザ 523 イメージの大きさに合わせて縦横の比率を変更せずに画像を表示する

難易度 ●○○ ｜ 頻出度 ●●○ ｜ 対応Ver. 365 2021 2019 2016

既定の設定でイメージに画像を表示すると、画像が元の大きさのまま表示されるため、画像のサイズが大きい場合は一部分しか表示されません。画像のサイズが小さい場合は余白が多くなって見ためのバランスが悪くなります。PictureSizeModeプロパティを「fmPictureSizeModeZoom」に設定すれば、イメージの大きさいっぱいに縦横の比率を保ったまま画像を表示できるので、元画像の大きさを気にする必要がなくなります。

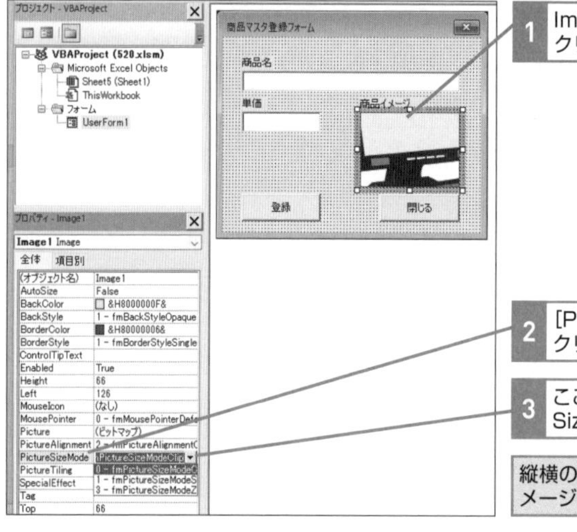

1 Image1をクリック

2 [PictureSizeMode] をクリック

3 ここをクリックして[3-fmPictureSizeModeZoom] を選択

縦横の比率が保たれたまま、画像がイメージの大きさいっぱいに表示される

ポイント

- イメージに画像の表示方法を設定するには、PictureSizeModeプロパティを使用します。

●PictureSizeModeプロパティの設定値(fmPictureSizeMode列挙型の定数)

定数	値	内容	表示イメージ
fmPictureSizeModeClip（既定値）	0	元の大きさのまま表示する。表示しきれない部分は表示されない	
fmPictureSizeModeStretch	1	コントロールの大きさに合わせて縦横の比率を変更し、画像を表示する	
fmPictureSizeModeZoom	3	コントロールの大きさに合わせて縦横の比率を変更せずに画像を表示する	

関連ワザ 524 イメージコントロールの外枠を非表示にする………P.633
関連ワザ 525 [ファイルを開く] ダイアログボックスで指定された画像ファイルをイメージに表示する………P.634

ワザ 524 イメージコントロールの外枠を非表示にする

難易度 ●○○ ｜ 頻出度 ●●○ ｜ 対応Ver. 365 2021 2019 2016

イメージの外枠は、既定の設定で表示されます。ユーザーフォーム上でイメージの領域が明確に区切られるのでこのままでも問題ありませんが、表示する画像に外枠が設定されていると外枠が二重に表示されてしまいます。このような場合は、外枠を非表示に設定しましょう。ここでは、イメージ（Image1）の外枠を非表示に設定します。

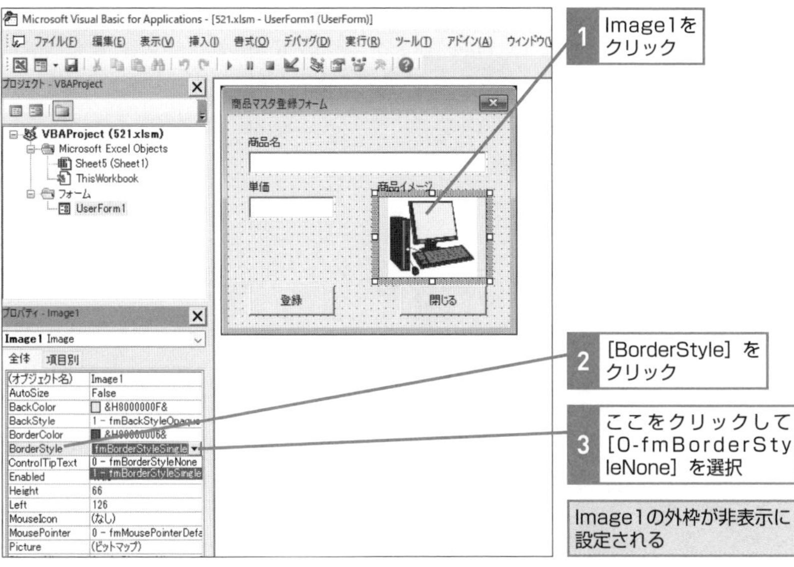

ポイント

● イメージの外枠の表示状態を設定するには、BorderStyleプロパティを使用します。

●BorderStyleプロパティの設定値（fmBorderStyle列挙型の定数）

定数	値	内容
fmBorderStyleNone	0	外枠を表示しない
fmBorderStyleSingle（既定値）	1	外枠を表示する

関連ワザ 523 イメージの大きさに合わせて縦横の比率を変更せずに画像を表示する………P.632
関連ワザ 526 表示されているファイルを別名で保存する………P.635

ワザ 525 [ファイルを開く]ダイアログボックスで指定された画像ファイルをイメージに表示する

難易度 ●●○ | 頻出度 ●●○ | 対応Ver. 365 2021 2019 2016

イメージに表示する画像ファイルを設定するには、Pictureプロパティを使用します。このとき、LoadPicture関数を使用して設定する点がポイントです。ここでは、[画像ファイル指定] ボタンをクリックしたときに [ファイルを開く] ダイアログボックスを表示して、選択された画像ファイルをイメージに設定します。

[画像ファイル指定] のクリックで、[ファイルを開く] ダイアログボックスを表示し、イメージに表示する画像ファイルを設定する

入力例　525.xlsm

```
Private Sub CommandButton1_Click() ←1
    Dim myFilePath As String ←2
    myFilePath = Application.GetOpenFilename() ←3
    If myFilePath = "False" Then ←4
        Image1.Picture = LoadPicture()
        Exit Sub
    Else ←5
        Image1.Picture = LoadPicture(myFilePath)
    End If
End Sub
```

1コマンドボタン（CommandButton1）がクリックされたときに実行される　2選択された画像ファイルのファイルパスを代入する変数「myFilePath」を宣言する　3［ファイルを開く］ダイアログボックスを開いて、選択された画像ファイルのファイルパスを変数「myFilePath」に代入する　4変数「myFilePath」に文字列「False」が代入された（[ファイルを開く] ダイアログボックスで[キャンセル] ボタンがクリックされた）場合、イメージ(Image1)の画像表示を解除して、プロシージャーの実行を強制終了する　5そうでない場合、変数「myFilePath」に代入されたファイルパスの画像をイメージ（Image1）に設定する

ポイント

構文　`イメージのオブジェクト名.Picture = LoadPicture(pathname)`

- イメージに画像を設定するにはPictureプロパティを使用します。Pictureプロパティには、LoadPicture関数の戻り値を設定します。引数「pathname」に画像ファイルのファイルパスを指定します。表示を解除するには、引数に何も指定しないLoadPicture関数の戻り値をPictureプロパティに設定します。

構文　`Application.GetOpenFilename()`

- ［ファイルを開く］ダイアログボックスは、ApplicationオブジェクトのGetOpenFilename関数を使用して表示します。戻り値として、選択されたファイルのファイルパスを返します。［キャンセル］ボタンがクリックされると、文字列「False」を返します。
- コマンドボタンのClickイベントプロシージャーを作成する方法については、ワザ498を参照してください。

ワザ 526 表示されているファイルを別名で保存する

難易度 ●●○　頻出度 ●○○　対応Ver. 365 2021 2019 2016

イメージに表示した画像のファイルは、別のファイル名を付けて特定のフォルダーに保存できます。画像ファイルのリネーム処理などに活用できるテクニックです。ここでは、イメージ（Image1）に表示されている画像ファイルを、テキストボックス（TextBox1）に入力されたファイル名で保存します。保存先はCドライブ内の［画像保存］フォルダーとし、BMP形式で保存します。

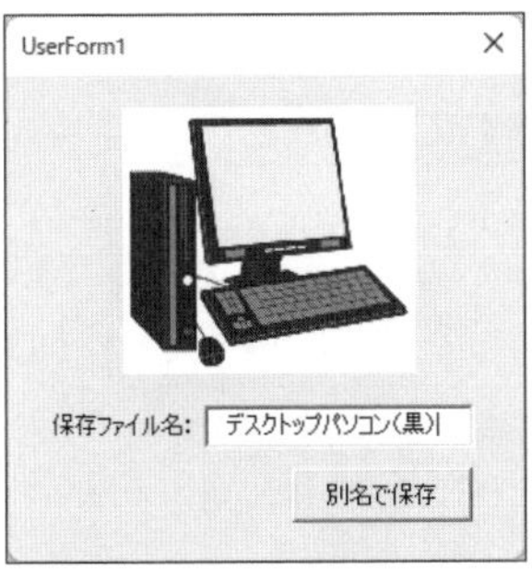

イメージに表示されている画像ファイルを、テキストボックスに入力されたファイル名で保存する

入力例　526.xlsm

```
Private Sub CommandButton1_Click() ←1
    Dim mySavePath As String
    mySavePath = "C:¥画像保存¥" & TextBox1.Value & ".bmp" ←2
    SavePicture Image1.Picture, mySavePath ←3
    MsgBox "別名で画像ファイルを保存しました"
End Sub
```

1コマンドボタン（CommandButton1）がクリックされたときに実行される　2保存ファイル名（テキストボックス（TextBox1）の値）を使用し、保存するファイルパスを作成して変数「mySavePath」に代入する　3イメージ（Image1）に表示されている画像を変数「mySavePath」に代入されているファイルパスのファイル名で保存する

ポイント

構文　`SavePicture(Picture, filename)`

- イメージに表示されている画像ファイルを保存するには、SavePicture関数を使用します。引数「Picture」にイメージのPictureプロパティの値、引数「filename」に保存するファイルパスを指定してください。
- SavePicture関数を使用すると、イメージのPictureプロパティに設定されている画像ファイルはBMP形式で保存されます。
- コマンドボタンのClickイベントプロシージャーの作成方法については、ワザ498を参照してください。

関連ワザ 498 コマンドボタンをクリックしたときにプロシージャーを実行する………P.603
関連ワザ 511 特定の条件でセルのデータを検索してテキストボックスに表示する………P.618
関連ワザ 523 イメージの大きさに合わせて縦横の比率を変更せずに画像を表示する………P.632
関連ワザ 525 ［ファイルを開く］ダイアログボックスで指定された画像ファイルをイメージに表示する………P.634

ワザ 527 チェックボックスの状態を取得する

難易度 ○○○ | 頻出度 ●●● | 対応Ver. 365 2021 2019 2016

チェックボックスの状態を取得するには、Valueプロパティを使用します。ここでは、[入力] ボタン（CommandButton1）をクリックしたときに、テキストボックス（TextBox1）の値と3つのチェックボックス（CheckBox1 ～ 3）の状態を取得して、「デジタルカメラ機能一覧」の最新行に入力します。チェックマークが付いている項目に「TRUE」、チェックが付いていない項目に「FALSE」が入力されます。

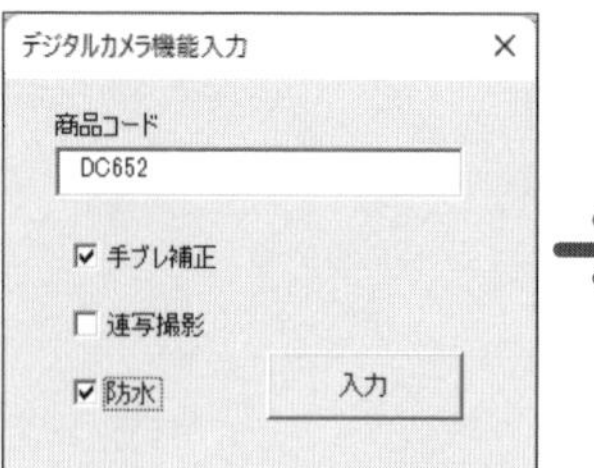

	A	B	C	D
1	デジタルカメラ機能一覧			
2	商品コード	手ブレ補正	連写撮影	防水
3	DC125	TRUE	FALSE	TRUE
4	DC243	TRUE	TRUE	FALSE
5	DC522	TRUE	FALSE	FALSE
6	DC652	TRUE	FALSE	TRUE
7				

[入力] をクリックしたときに、テキストボックスの値と3つのチェックボックスの状態に応じたデータを表の最新行に入力する

入力例

527.xlsm

```
Private Sub CommandButton1_Click() ←1
    With Range("A1").End(xlDown).Offset(1, 0) ←2
        .Value = TextBox1.Value ←3
        .Offset(0, 1).Value = CheckBox1.Value ┐
        .Offset(0, 2).Value = CheckBox2.Value ├4
        .Offset(0, 3).Value = CheckBox3.Value ┘
    End With
End Sub
```

1 コマンドボタン（CommandButton1）がクリックされたときに実行される　2 セルA1の下方向の終端セルの1行下のセルについて処理を実行する　3 セルにテキストボックス（TextBox1）の内容を表示する　4 セルの1 ～ 3列右のセルに各チェックボックス（CheckBox1 ～ 3）の状態をそれぞれ表示する

ポイント

構文 **チェックボックスのオブジェクト名.Value**

- チェックボックスの状態を取得、設定するには、Valueプロパティを使用します。取得した値が「True」の場合はチェックマークが付いている状態、「False」の場合はチェックマークがはずれている状態を表しています。
- チェックマークが付いている状態に設定するには「True」、チェックマークがはずれている状態に設定するには「False」を設定します。
- コマンドボタンのClickイベントプロシージャーの作成方法については、ワザ498を参照してください。

関連ワザ 498 コマンドボタンをクリックしたときにプロシージャーを実行する………P.603
関連ワザ 528 チェックボックスの状態に応じて表示と非表示を切り替える………P.637

ワザ 528 チェックボックスの状態に応じてコントロールの表示と非表示を切り替える

難易度 ●○○ | 頻出度 ●●● | 対応Ver. 365 2021 2019 2016

チェックボックスの状態が変化したときに処理を実行するには、Changeイベントプロシージャーを使用します。ここでは、ユーザーフォーム（UserForm1）上のラベル（Label2、Label3）とテキストボックス（TextBox2、TextBox3）のうち、チェックボックス（CheckBox1）にチェックマークが付いているときだけLabel3とTextBox3を表示して、TextBox3にフォーカスを移動します。

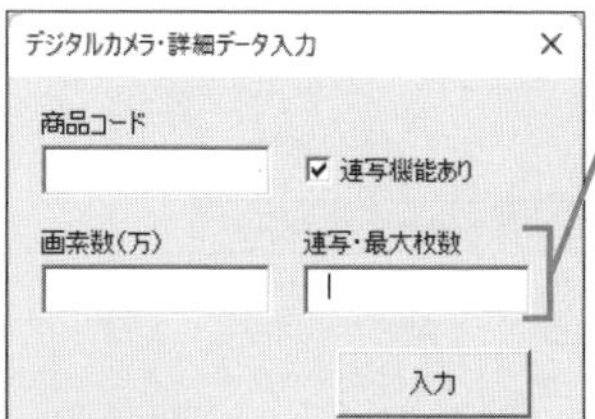

［連写機能あり］にチェックマークを付けたときだけ、［連写・最大枚数］のラベルとテキストボックスを表示して、テキストボックスにフォーカスを移動する

入力例　528.xlsm

```
Private Sub CheckBox1_Change() ←1
    Label3.Visible = CheckBox1.Value ←2
    TextBox3.Visible = CheckBox1.Value ←3
    If CheckBox1.Value = True Then ←4
        TextBox3.SetFocus
    End If
End Sub
```

1チェックボックス(CheckBox1)の状態が変化したときに実行される　2CheckBox1の状態に応じて、ラベル(Label3)の表示または非表示を設定する　3CheckBox1の状態に応じて、テキストボックス（TextBox3）の表示または非表示を設定する　4CheckBox1にチェックマークが付いている場合、TextBox3にフォーカスを移動する

ポイント

- Changeイベントは、Valueプロパティの値が変更されたときに発生するイベントです。
- Changeイベントが発生したときに実行されるChangeイベントプロシージャーを使用すると、チェックボックスをクリックして状態が変更されたとき、つまりValueプロパティの値が変更されたときに、その状態に応じた処理を実行できます。
- チェックボックスのValueプロパティの値をそのままラベルやテキストボックスのVisibleプロパティに設定して、ラベルやテキストボックスの表示、非表示を切り替えます。チェックボックスにチェックマークが付いている場合、Valueプロパティは「True」を返すため、Visibleプロパティに「True」が設定されてラベルやテキストボックスが表示されます。同様に、チェックマークが付いていない場合、Visibleプロパティに「False」が設定されてラベルやテキストボックスが非表示になります。
- チェックボックスのChangeイベントプロシージャーを作成するには、コードウィンドウの［オブジェクト］ボックスでチェックボックスのオブジェクト名を選択して、［プロシージャー］ボックスで［Change］を選択してください。

ワザ 529 トグルボタンの状態を取得する

難易度 ●○○ | 頻出度 ●○○ | 対応Ver. 365 2021 2019 2016

トグルボタンの状態を取得するには、Valueプロパティを使用します。ここでは、[入力] ボタン(CommandButton1) をクリックしたときに、テキストボックス (TextBox1) の値と3つのトグルボタン(ToggleButton1 ～ ToggleButton3) の状態を取得して、「プリンタ機能一覧」の最新行に入力します。トグルボタンが押されている項目に「TRUE」、トグルボタンが押されていない項目に「FALSE」が入力されます。

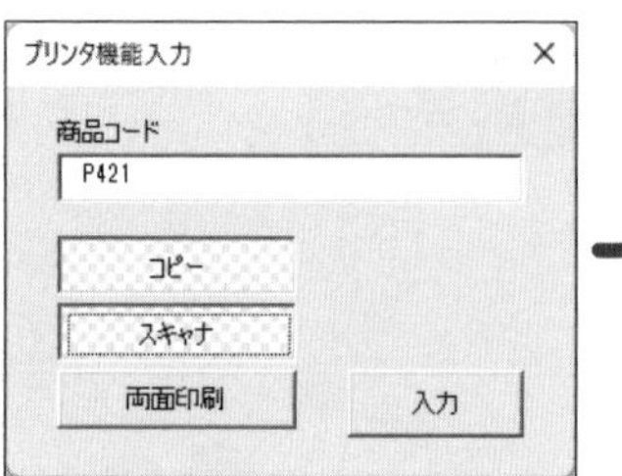

	A	B	C	D
1	プリンタ機能一覧			
2	商品コード	コピー	スキャナ	両面印刷
3	P122	TRUE	FALSE	TRUE
4	P246	TRUE	TRUE	TRUE
5	P344	FALSE	TRUE	FALSE
6	P421	TRUE	TRUE	FALSE
7				

[入力] をクリックしたとき、[コピー] [スキャナ] [両面印刷] のトグルボタンの状態によって、表の最新行にデータを入力する

入力例

529.xlsm

```
Private Sub CommandButton1_Click() ←1
    With Range("A1").End(xlDown).Offset(1, 0) ←2
        .Value = TextBox1.Value ←3
        .Offset(0, 1).Value = ToggleButton1.Value ┐
        .Offset(0, 2).Value = ToggleButton2.Value ├4
        .Offset(0, 3).Value = ToggleButton3.Value ┘
    End With
End Sub
```

1コマンドボタン (CommandButton1) がクリックされたときに実行される　2セルA1の下方向の終端セルの1行下のセルについて処理を実行する　3セルにテキストボックス (TextBox1) の内容を表示する　4セルの1～3列右のセルに各トグルボタン (ToggleButton1 ～ 3) の状態をそれぞれ表示する

ポイント

構文　**トグルボタンのオブジェクト名.Value**

- トグルボタンの状態を取得または設定するには、Valueプロパティを使用します。取得した値が「True」の場合はトグルボタンが押されている状態、「False」の場合はトグルボタンが押されていない状態を表しています。
- トグルボタンが押されている状態に設定するには「True」、トグルボタンが押されていない状態に設定するには「False」を設定します。
- コマンドボタンのClickイベントプロシージャーの作成方法については、ワザ498を参照してください。

関連ワザ 530　トグルボタンをロックする………P.639

ワザ 530 トグルボタンをロックする

難易度 ●○○ ｜ 頻出度 ●○○ ｜ 対応Ver. 365 2021 2019 2016

2つのトグルボタンの状態が交互に切り替わるインターフェースを作成します。ここでは、ユーザーフォーム（UserForm1）に2つのトグルボタン（ToggleButton1、ToggleButton2）を配置し、一方のトグルボタンがクリックされた状態（押された状態）のとき、もう一方を押されていない状態に設定します。このとき、押された方のトグルボタンをロックして、再度クリックしても元の状態（押されていない状態）に戻せないように設定します。

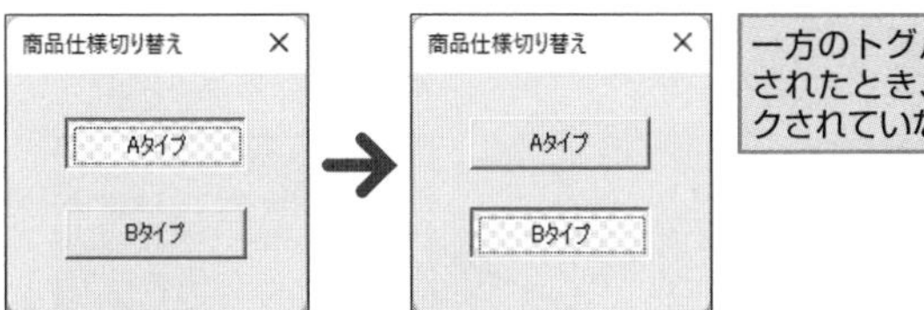

一方のトグルボタンがクリックされたとき、もう一方をクリックされていない状態に設定する

入力例　530.xlsm

```
Private Sub ToggleButton1_Click() ←1
    With ToggleButton1
        .Locked = .Value ←2
        ToggleButton2.Value = Not .Value ←3
    End With
End Sub

Private Sub ToggleButton2_Click() ←4
    With ToggleButton2
        .Locked = .Value
        ToggleButton1.Value = Not .Value
    End With
End Sub
```

1 トグルボタン（ToggleButton1）がクリックされたときに実行される　2 ToggleButton1の状態をLockedプロパティに設定する。ToggleButton1が押された状態であれば、ToggleButton1はロックされ、ToggleButton1が押されていない場合であれば、ToggleButton1はロックされない　3 ToggleButton2の状態をToggleButton1の逆の状態に設定する。ToggleButton1が押されていた場合は、ToggleButton2は押されていない状態に、ToggleButton1が押されていない場合は、ToggleButton2は押された状態に設定する　4 ToggleButton2についてもToggleButton1と同様の処理を実行する

ポイント

構文　**トグルボタンのオブジェクト名.Locked**

- トグルボタンをロックするには、Lockedプロパティを使用します。ロックする場合に「True」、ロックしない場合に「False」を設定します。
- 押されたトグルボタンをロックして、両方のトグルボタンが押されていない状態になることを防ぎます。
- トグルボタンのClickイベントプロシージャーを作成するには、コードウィンドウの［オブジェクト］ボックスでトグルボタンのオブジェクト名を選択して、［プロシージャー］ボックスで［Click］を選択してください。

関連ワザ 529 トグルボタンの状態を取得する………P.638

VBAの基礎知識
プログラミングの基礎
セルの操作
セルの書式
ワークシートの操作
Excelファイルの操作
高度なファイル操作
ウィンドウの操作
リストのデータ操作
印刷
図形の操作
コントロールの使用
外部アプリケーション
VBA関数
そのほかの操作

ワザ 531 オプションボタンの状態を取得する

難易度 ●○○ | 頻出度 ●●● | 対応Ver. 365 2021 2019 2016

オプションボタンが選択されているかどうかを確認するには、Valueプロパティを調べます。ここでは、フレームによってグループ化された2つのオプションボタン（OptionButton1、OptionButton2）をユーザーフォーム（UserForm1）に配置し、［入力］ボタン（CommandButton1）をクリックしたときに選択されているオプションボタンを判別して、そのオプションボタンの文字列（Captionプロパティの値）を「パソコン仕様一覧」の最新行に入力します。

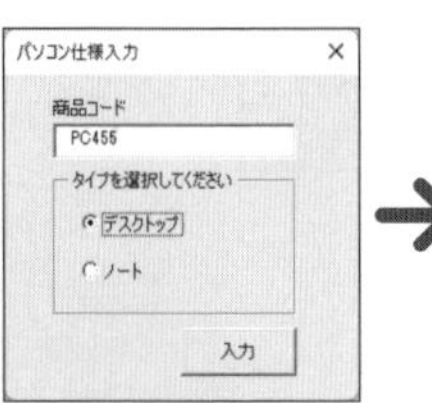

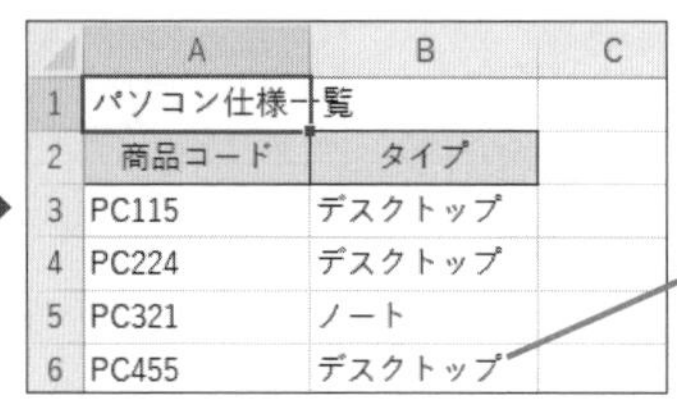

［入力］をクリックしたときに選択されているオプションボタンの状態によって、表の最新行にデータを入力する

入力例　531.xlsm

```
Private Sub CommandButton1_Click() ←1
    With Range("A1").End(xlDown).Offset(1, 0) ←2
        If OptionButton1.Value = True Then ←3
            .Offset(0, 1).Value = OptionButton1.Caption
        ElseIf OptionButton2.Value = True Then
            .Offset(0, 1).Value = OptionButton2.Caption
        Else ←4
            MsgBox "タイプを選択してください"
            Exit Sub
        End If
        .Value = TextBox1.Value
    End With
End Sub
```

1コマンドボタン（CommandButton1）がクリックされたときに実行される　2セルA1の下方向の終端セルの1行下のセルについて処理を実行する　3オプションボタン（OptionButton1）が選択されていた場合、1列右のセルにOptionButton1の状態を表示する　4それ以外の（いずれのオプションボタンも選択されていない）場合、「タイプを選択してください」というメッセージを表示して、プロシージャーの実行を強制終了する

ポイント

構文　**オプションボタンのオブジェクト名.Value**

- オプションボタンの状態を取得、設定するには、Valueプロパティを使用します。「True」はオプションボタンが選択されている状態、「False」は選択されていない状態を表しています。
- オプションボタンは、複数の選択肢から1つだけ選択できるコントロールです。複数の選択肢から複数選択させたい場合は、チェックボックスを使用してください。
- オプションボタンのグループが複数ある場合、それぞれを識別するためのグループ名をGroupNameプロパティに設定します。フレームコントロールを使用してグループ化した場合、グループ名の設定は必要ありません。

ワザ 532 オプションボタンをフレームでまとめる

難易度 ●○○ | 頻出度 ●●● | 対応Ver. 365 2021 2019 2016

ユーザーフォームにフレームを配置して、その中に複数のオプションボタンを配置すると、オプションボタンが1つのグループとして認識されます。フレーム内で1つのオプションボタンだけを選択させたいときに便利です。ここでは、ユーザーフォーム（UserForm1）上にフレームを1つ配置し、その中にオプションボタンを3つ配置します。

1 ユーザーフォーム上にフレームを配置する

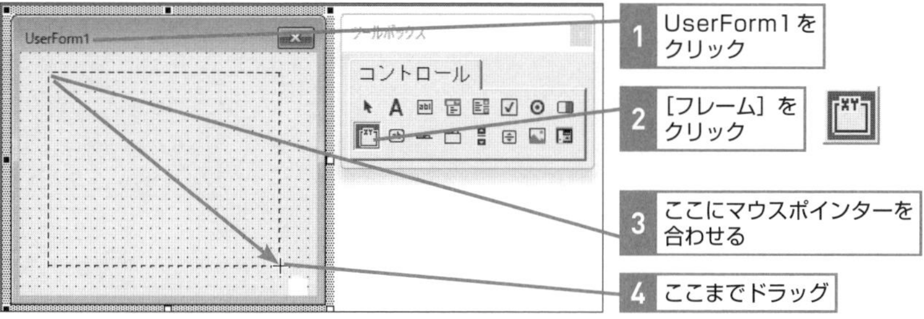

UserForm1
ツールボックス
コントロール
1 UserForm1をクリック
2 ［フレーム］をクリック
3 ここにマウスポインターを合わせる
4 ここまでドラッグ

2 フレーム内にオプションボタンを配置する

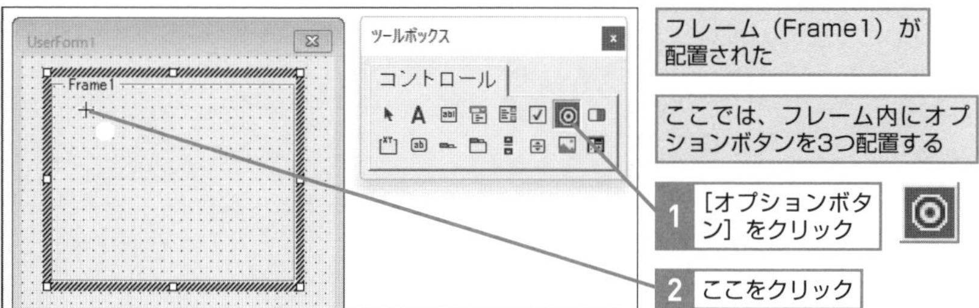

UserForm1
Frame1
ツールボックス
コントロール
フレーム（Frame1）が配置された
ここでは、フレーム内にオプションボタンを3つ配置する
1 ［オプションボタン］をクリック
2 ここをクリック

3 オプションボタンの配置を確認する

UserForm1
Frame1
OptionButton1
ツールボックス
コントロール
フレーム（Frame1）内にオプションボタン（OptionButton1）が配置された
同様の手順でオプションボタンを2つ配置する

ポイント

- フレーム内にオプションボタンを配置するときは、フレームをユーザーフォーム上に配置してから、その中にオプションボタンを配置してください。

ワザ 533 フレーム内で選択されたオプションボタンを取得する

難易度 ●●○ | 頻出度 ●●● | 対応Ver. 365 2021 2019 2016

フレーム内で選択されたオプションボタンを調べるには、フレーム内に配置されたすべてのオプションボタンを1つ1つ参照して調べる必要があります。ここでは、ユーザーフォーム（UserForm1）上のフレーム（Frame1）内に配置されたオプションボタン（OptionButton1 ～ OptionButton3）のうち、選択されているオプションボタンを調べて、その文字列（Captionプロパティの値）を「デジタルカメラ仕様一覧」の最新行に入力します。

入力例

533.xlsm

```
Private Sub CommandButton1_Click() ←1
    Dim myOPButton As Control ←2
    With Range("A1").End(xlDown).Offset(1, 0) ←3
        For Each myOPButton In Frame1.Controls ←4
            If myOPButton.Value = True Then ←5
                .Value = TextBox1.Value
                .Offset(0, 1).Value = myOPButton.Caption
                Exit Sub
            End If
        Next myOPButton
        MsgBox "仕様を選択してください" ←6
    End With
End Sub
```

1コマンドボタン（CommandButton1）がクリックされたときに実行される　2各オプションボタンを参照するための変数「myOPButton」を宣言する　3セルA1の下方向の終端セルの1行下のセルについて処理を実行する　4フレーム（Frame1）に配置されているすべてのコントロール（オプションボタン）を変数「myOPButton」に1つ1つ代入しながら参照する　5変数「myOPButton」に代入されているオプションボタンが選択されている場合、テキストボックス（TextBox1）の値をセルに表示し、1列右のセルにオプションボタンの文字列（Captionプロパティの値）を表示して、プロシージャーの実行を強制終了する　6For Each ～ Nextステートメントが最後まで実行された場合、オプションボタンは1つも選択されていないことになるので、「仕様を選択してください」というメッセージを表示する

ポイント

構文　フレームのオブジェクト名.Controls

- フレーム内のすべてのコントロール（Controlsコレクション）はControlsプロパティを使用して参照します（取得のみ）。
- For Each ～ Nextステートメントを使用してControlsコレクションの各コントロールを1つずつ参照することで、フレーム内のすべてのコントロールを参照します。

ワザ 534 リストボックスに表示するリストのセル範囲を設定する

難易度 ●○○ ｜ 頻出度 ●●● ｜ 対応Ver. 365 2021 2019 2016

セルに入力されているデータをリストボックスに表示するには、データが入力されているセル範囲を［プロパティ］ウィンドウのRowSourceプロパティに設定します。この設定によってリストボックスとセルが連動するため、リストボックスに表示するデータをワークシート上で管理できるようになります。ここでは、セルA2～A6に入力されているデータをリストボックス（ListBox1）に表示します。

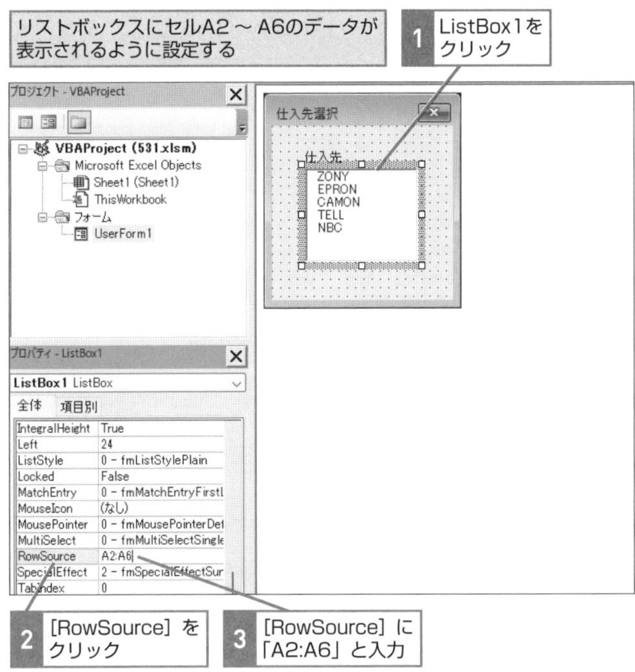

ポイント

- RowSourceプロパティに設定するセル範囲は、「:」を使用して「A2:A6」のように記述します。
- セル範囲に設定されているセル範囲名を使用して設定することも可能です。
- シート名を含めてセル範囲を指定したい場合は「シート名!セル範囲」の形式で記述してください。
- RowSourceプロパティの設定によってリストボックスとセルが連動するため、設定したセル範囲のデータを修正すると、リストボックスに表示されるデータにも修正が反映されます。
- リストボックスからデータを削除するときは、削除したいデータが入力されているセルを削除してください。セルを削除せずにデータをクリアしただけの場合、残った空白セルが空白行としてリスト内に表示されます。

関連ワザ 535 リストボックスに表示するリストのセル範囲をコードで設定する………P.644
関連ワザ 536 リストボックスに行単位でデータを追加する………P.645

ワザ 535 リストボックスに表示するリストのセル範囲をコードで設定する

難易度 ●●○ ｜ 頻出度 ●●○ ｜ 対応Ver. 365 2021 2019 2016

リストボックスに表示するリストのセル範囲をコードで設定します。ここでは、ユーザーフォームが表示される直前に、A列に入力されているデータをリストボックスに設定します。ここでは、リストのデータが増えることを想定して、セルA1を含むアクティブセル領域を設定しているので、データが増えた場合、自動的にリストボックスに反映されます。

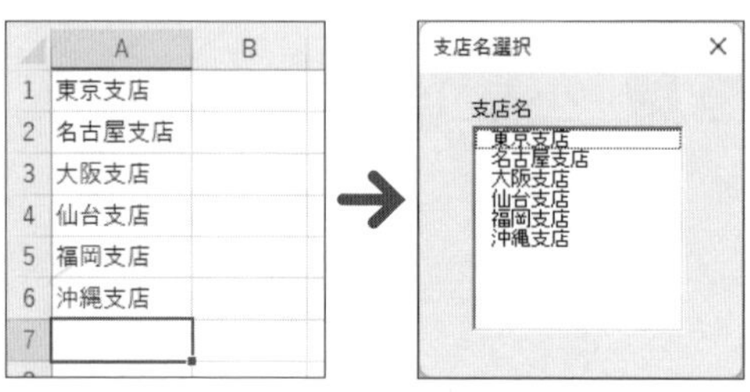

A列に入力されているデータをリストボックスに設定する

入力例1 フォームモジュール（UserForm1）に記述  535.xlsm

```
Private Sub UserForm_Initialize() ←1
    ListBox1.RowSource = Range("A1").CurrentRegion.Address ←2
End Sub
```

1ユーザーフォーム（UserForm1）が表示される直前に実行される　2リストボックス（ListBox1）に表示するリストのセル範囲として、セルA1を含むアクティブセル領域のセル番号を設定する

入力例2 シートモジュール（Sheet1）に記述  535.xlsm

```
Private Sub Worksheet_Change(ByVal Target As Range) ←1
    If Target.Column = 1 Then ←2
        UserForm1.ListBox1.RowSource = Target.CurrentRegion.Address
    End If
End Sub
```

1ワークシート上のセルの内容を変更されたときに実行される　2変更されたセルの列番号が「1」（A列）の場合、変更されたセルを含むアクティブセル領域のセル番号を、ListBox1に表示するセル範囲として設定する

ポイント

構文　リストボックスのオブジェクト名.RowSource

- セルに入力されているデータをリストボックスに表示するには、データが入力されているセル番号をRowSourceプロパティに設定します。
- データの増加をリストボックスに自動で反映させるには、Worksheet_Changeイベントプロシージャーを使用しましょう。変更されたセルは引数「Target」で参照できます。引数「Target」のセルを含むアクティブセル領域をCurrentRegionプロパティで参照すると、データが増えたセル範囲全体を参照できます。
- 入力例2では、シートモジュールからフォームモジュール内のオブジェクトを参照するため、ListBox1の前に「UserForm1.」を記述する必要があります。

関連ワザ 016 ワークシート内のセルの内容を変更したときに処理を実行する………P.52
関連ワザ 491 ユーザーフォームを表示する直前に初期状態に設定する………P.596

ワザ 536 リストボックスに行単位でデータを追加する

難易度 ●○○ ｜ 頻出度 ●●● ｜ 対応Ver. 365 2021 2019 2016

リストボックスに行単位でデータを追加するには、AddItemメソッドを使用します。AddItemメソッドは追加するデータを行単位で制御できるため、さまざまなタイミングでリストボックスのデータを追加したいときに便利です。ここでは、ユーザーフォーム（UserForm1）を表示するときに、リストボックス（ListBox1）に「東京」「名古屋」「大阪」の3つのデータを追加します。

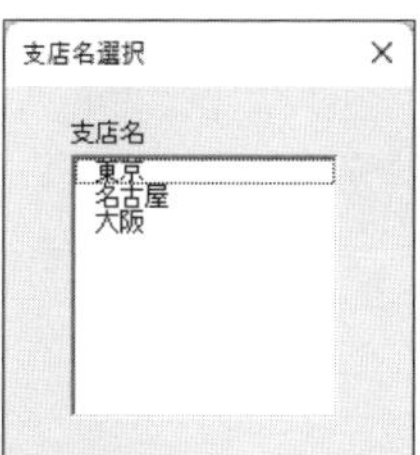

ユーザーフォームのリストボックスに「東京」「名古屋」「大阪」の3つのデータを追加する

入力例

536.xlsm

```
Private Sub UserForm_Initialize() ←1
    With ListBox1
        .AddItem "東京", 0   ┐
        .AddItem "名古屋", 1 ├2
        .AddItem "大阪", 2   ┘
    End With
End Sub
```

1 ユーザーフォーム（UserForm1）が表示される直前に実行される　2 リストボックス（ListBox1）の1行目に「東京」、2行目に「名古屋」、3行目に「大阪」というデータを追加する

ポイント

構文　**リストボックスのオブジェクト名.AddItem(pvargItem, pvargIndex)**

- リストボックスに項目を行単位で追加するにはAddItemメソッドを使用します。引数「pvargItem」に追加する項目を、引数「pvargIndex」に項目を追加する行位置を指定します。
- 行位置は、リストの先頭行を「0」として上から数えた数値で指定します。
- RowSourceプロパティを使用してリストボックスとセル範囲を連動させている場合は、AddItemメソッドを使用できません。
- ユーザーフォームのInitializeイベントプロシージャーを作成する方法については、ワザ491を参照してください。

関連ワザ 491 ユーザーフォームを表示する直前に初期状態に設定する………P.596
関連ワザ 535 リストボックスに表示するリストのセル範囲をコードで設定する………P.644
関連ワザ 537 リストボックスで選択されているデータを削除する………P.646
関連ワザ 538 リストボックスのすべてのデータを削除する………P.647

ワザ 537 リストボックスで選択されているデータを削除する

難易度 ●○○ | 頻出度 ●●○ | 対応Ver. 365 2021 2019 2016

リストボックスに表示されているデータを削除するには、RemoveItemメソッドを使用します。データは一時的に削除されますが、ユーザーフォームのInitializeイベントプロシージャーなどでデータを設定している場合などは、ユーザーフォームを再表示すれば元に戻せます。ここでは、[削除] ボタン（CommandButton1）をクリックしたときに、リストボックス（ListBox1）で選択されているデータを削除します。

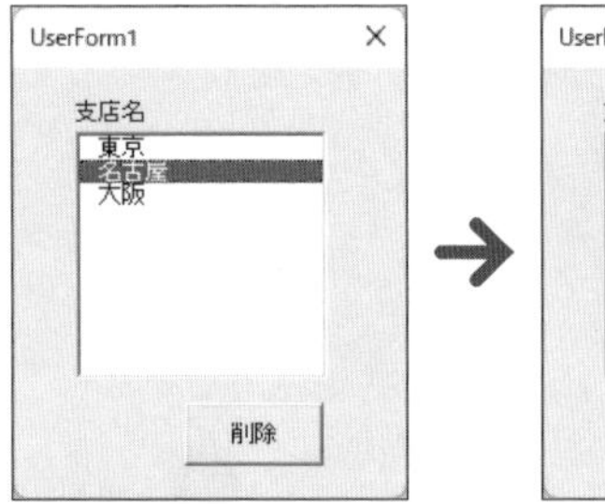

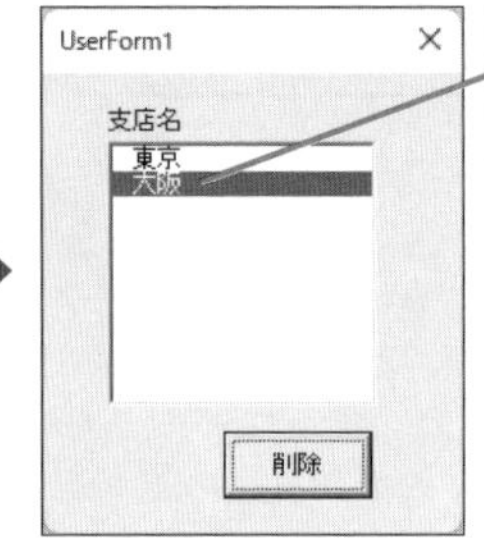

[削除] をクリックしたときに、リストボックスで選択されているデータを削除する

入力例

537.xlsm

```
Private Sub CommandButton1_Click()  ←1
    With ListBox1  ←2
        .RemoveItem .ListIndex
    End With
End Sub
```

1コマンドボタン（CommandButton1）がクリックされたときに実行される　2リストボックス（ListBox1）で選択されている行位置のデータを削除する

ポイント

構文　リストボックスのオブジェクト名.RemoveItem(pvargIndex)

- リストボックスに表示されているデータを削除するには、RemoveItemメソッドを使用します。引数「pvargIndex」で、削除するデータの行位置を指定します。
- 行位置は、リストの先頭行を「0」として上から数えた数値で指定します。
- RowSourceプロパティを使用してリストボックスとセル範囲を連動させている場合は、RemoveItemメソッドを使用できません。
- リストボックスで選択されている行位置は、ListIndexプロパティで取得できます。取得した行位置をRemoveItemメソッドの引数「pvargIndex」に指定して、選択されている行位置のデータを削除できます。ListIndexプロパティについては、ワザ540を参照してください。
- コマンドボタンのClickイベントプロシージャーを作成する方法は、ワザ498を参照してください。

関連ワザ 498　コマンドボタンをクリックしたときにプロシージャーを実行する………P.603
関連ワザ 536　リストボックスに行単位でデータを追加する………P.645
関連ワザ 540　リストボックスで選択されているデータをセルに入力する………P.650

ワザ 538 リストボックスのすべてのデータを削除する

難易度 ●○○ | 頻出度 ●○○ | 対応Ver. 365 2021 2019 2016

リストボックスに表示されているすべてのデータを削除するには、Clearメソッドを使用します。データは一時的に削除されますが、ユーザーフォームのInitializeイベントプロシージャーなどでデータを設定している場合などは、ユーザーフォームを再表示すれば元に戻せます。ここでは、[すべて削除] ボタン（CommandButton1）をクリックしたときに、リストボックス（ListBox1）のすべてのデータを削除します。

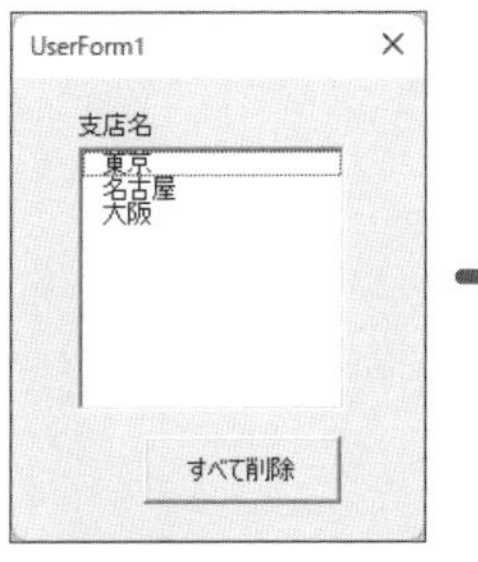

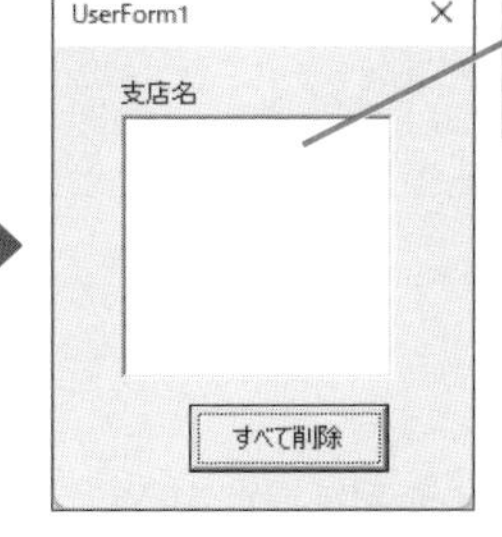

入力例

538.xlsm

```
Private Sub CommandButton1_Click()  ←1
    ListBox1.Clear  ←2
End Sub
```

1コマンドボタン（CommandButton1）がクリックされたときに実行される　2リストボックス（ListBox1）のすべてのデータを削除する

ポイント

構文　リストボックスのオブジェクト名.Clear

- リストボックスに表示されているすべてのデータを削除するには、Clearメソッドを使用します。
- RowSourceプロパティを使用してリストボックスとセル範囲を連動させている場合、Clearメソッドは使用できません。
- コマンドボタンのClickイベントプロシージャーの作成方法については、ワザ498を参照してください。

関連ワザ 498 コマンドボタンをクリックしたときにプロシージャーを実行する………P.603
関連ワザ 536 リストボックスに行単位でデータを追加する………P.645
関連ワザ 537 リストボックスで選択されているデータを削除する………P.646

ワザ 539 1つのリストボックスに複数の列を表示して列見出しを設定する

難易度 ●○○ | 頻出度 ●●● | 対応Ver. 365 2021 2019 2016

リストボックスに複数の列を表示するには、表示する列数をColumnCountプロパティに設定します。このとき、ColumnWidthsプロパティを使用して各列の幅を設定すると見ためがよくなります。さらに、列見出しを表示して列の内容を明示しておくといいでしょう。ここでは、リストボックス（ListBox1）に列見出しを表示して、セルA3 ～ C7に入力されているデータを、それぞれ40ポイント、70ポイント、60ポイントの列幅で表示します。

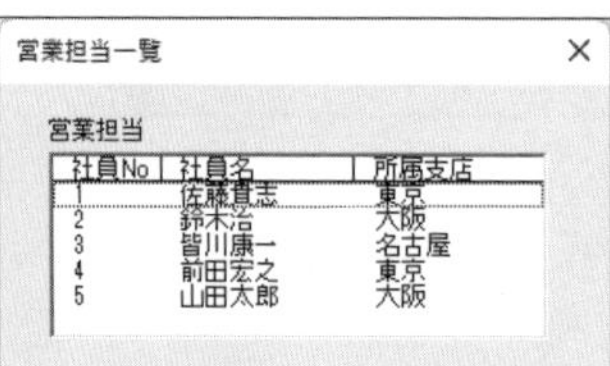

リストボックス（ListBox1）に3列のデータを表示して、列見出しを設定する

1 リストボックスに表示するセル範囲を指定する

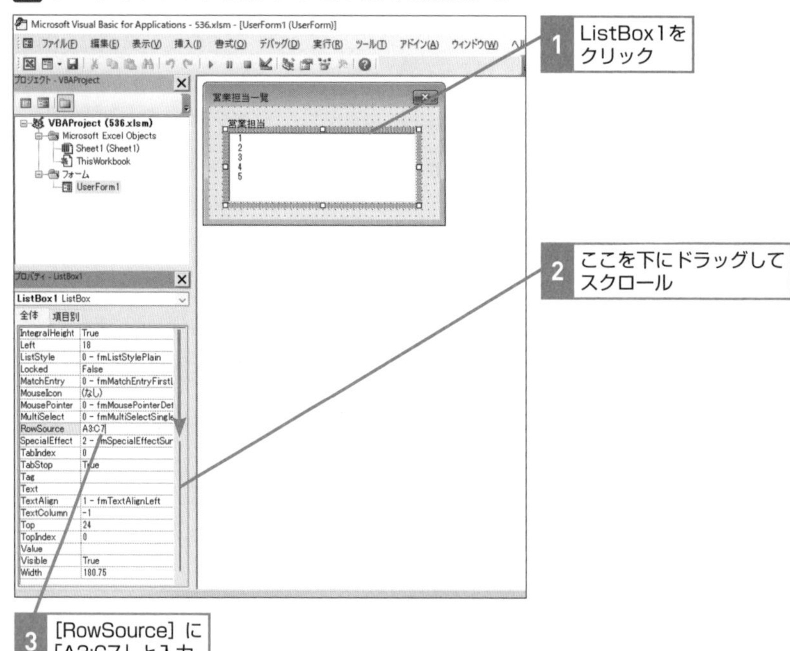

2 リストボックスに表示する列数を変更する

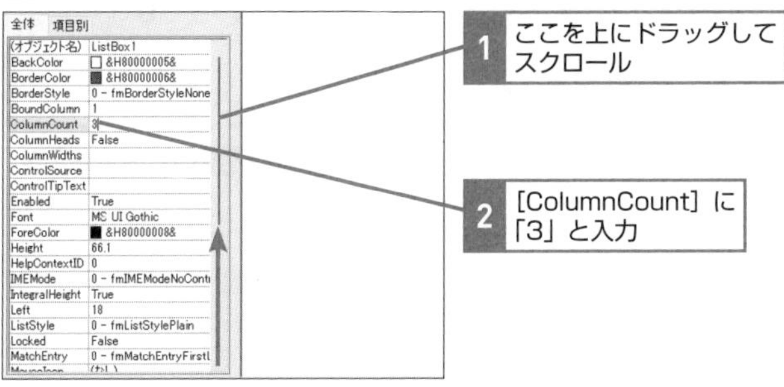

3 リストボックス内の列幅を設定する

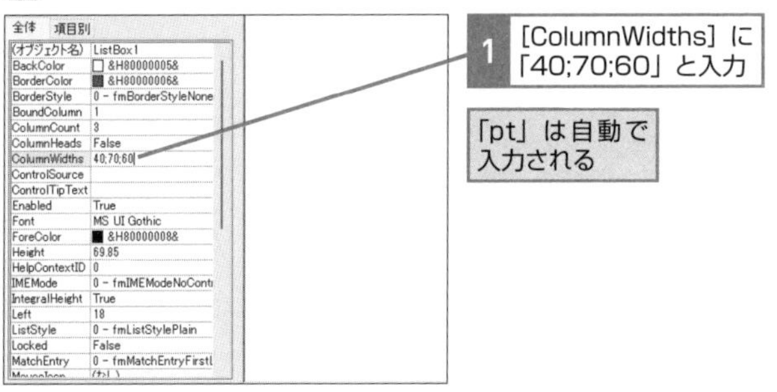

4 列見出しを表示する

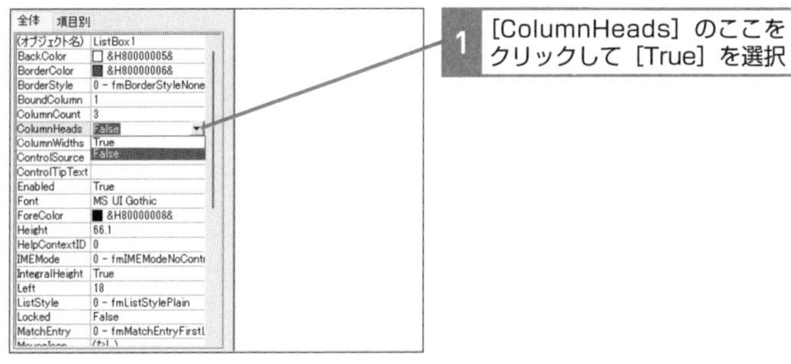

ポイント

- リストボックスに複数列のデータを表示するには、RowSourceプロパティに複数列分のセル範囲を設定した後、ColumnCountプロパティに表示する列数を設定します。
- シート名を含めたセル範囲をRowSourceプロパティに指定したい場合は「シート名!セル範囲」の形式で記述してください。
- 各列の表示幅を設定するには、ColumnWidthsプロパティを使用します。幅はポイント単位で指定し、各列の幅を「;」で区切って記述します。
- リストボックスに列見出しを表示するには、ColumnHeadsプロパティに「True」を設定します。
- 列見出しとして表示される内容は、RowSourceプロパティに設定したセル範囲の1行上のデータです。

関連ワザ 540 **リストボックスで選択されているデータをセルに入力する………P.650**
関連ワザ 542 **リストボックス内のデータの選択状態を解除する………P.653**

ワザ 540 リストボックスで選択されているデータをセルに入力する

難易度 ●●○ | 頻出度 ●●● | 対応Ver. 365 2021 2019 2016

リストボックスで選択されているデータをセルに表示したいことがあります。「入力候補となるデータをリストボックスに読み込んで表示し、選択されたデータを特定のセルに入力する」といった処理で使用する定番テクニックです。ここでは、[選択] ボタンをクリックしたときに、リストボックスで選択されている行の2列目のデータをセルE3に表示し、リストボックスで何も選択されていない場合は、選択を促すメッセージを表示します。

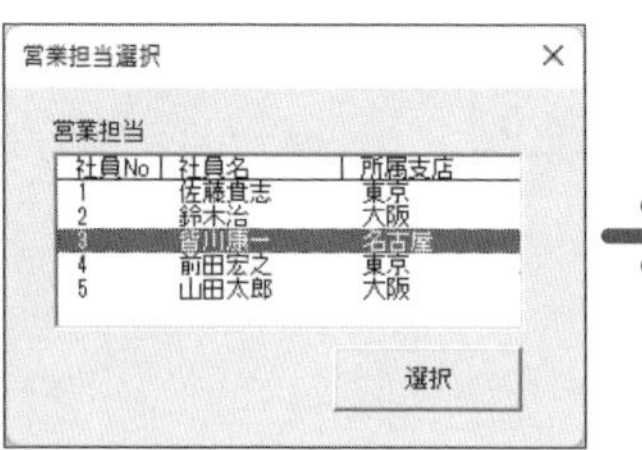

→

	A	B	C	D	E
1	営業担当一覧				
2	社員No	社員名	所属支店	→	選択した社員名
3	1	佐藤貴志	東京		皆川康一
4	2	鈴木治	大阪		
5	3	皆川康一	名古屋		
6	4	前田宏之	東京		
7	5	山田太郎	大阪		

[選択] をクリックしたときに、リストボックスで選択されている行の2列目のデータをセルE3に表示する

入力例　540.xlsm

```
Private Sub CommandButton1_Click()  ←1
    With ListBox1
        If .ListIndex = -1 Then  ←2
            MsgBox "社員を選択してください"
        Else  ←3
            Range("E3").Value = .List(.ListIndex, 1)
        End If
    End With
End Sub
```

1コマンドボタン(CommandButton1) がクリックされたときに実行される　2ListIndexプロパティが「-1」の場合、リストボックス (ListBox1) で何も選択されていないので、「社員を選択してください」というメッセージを表示する　3それ以外の場合 (社員が選択されている場合)、選択されている行の2列目のデータをセルE3に表示する

ポイント

構文 **リストボックスのオブジェクト名.ListIndex**

- リストボックスで選択されている行位置を取得するには、ListIndexプロパティを使用します。ListIndexプロパティが返す値は、リストの先頭行を「0」として上から数えた行位置を表す数値です。
- ListIndexプロパティは、リストボックスで何も選択されていない場合に「-1」を返します。この性質を利用して、リストボックス上でデータが選択されているかどうかを調べられます。
- ListIndexプロパティに行位置の数値を設定して、特定の行が選択された状態でリストボックスを表示することも可能です。何も選択されていない状態に設定するには、ListIndexプロパティに「-1」を設定してください。

構文 **リストボックスのオブジェクト名.List(pvargIndex, pvargColumn)**

- リストボックスのデータから行位置、列位置を指定してデータを取得するには、Listプロパティを使用します。引数「pvargIndex」に行位置、引数「pvargColumn」に列位置を指定してください。
- 引数「pvargIndex」に指定する値は、リストの先頭行を「0」として上から数えた行位置を表す数値です。従って、1行目は「0」、2行目は「1」といったように、行位置から「1」を引いた数値を指定します。
- 引数「pvargIndex」に、選択されている行位置を返すListIndexプロパティを指定すれば、リストボックスで現在選択されている行位置からデータを取得できます。
- 引数「pvargColumn」に指定する値は、リストの左端列を「0」として左から数えた列位置を表す数値です。従って、1列目は「0」、2列目は「1」といったように、列位置から「1」を引いた数値を指定します。
- Listプロパティに値を設定して、リストボックス内の指定した行位置、列位置にデータを設定することも可能です。
- コマンドボタンのClickイベントプロシージャーの作成方法については、ワザ498を参照してください。

関連ワザ 498 コマンドボタンをクリックしたときにプロシージャーを実行する………P.603
関連ワザ 539 1つのリストボックスに複数の列を表示して列見出しを設定する………P.648
関連ワザ 541 複数列のリストボックスに行単位でデータを追加する………P.652

ワザ 541 複数列のリストボックスに行単位でデータを追加する

難易度 ●●○ ｜ 頻出度 ●○○ ｜ 対応Ver. 365 2021 2019 2016

複数列のリストボックスに行単位でデータを追加する場合、左端列のデータをAddItemメソッド、2列目以降のデータをListプロパティを使用して追加します。ここでは、テキストボックス（TextBox1 ～ TextBox3）に入力されたデータを、複数列のリストボックス（ListBox1）に追加します。

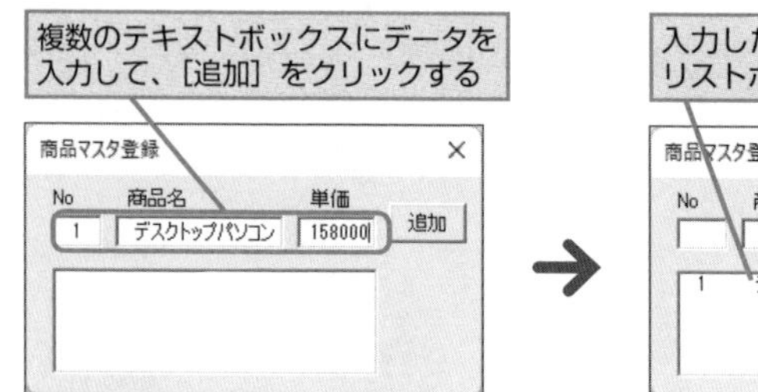

入力例

541.xlsm

```
Private Sub CommandButton1_Click()  ←1
    With ListBox1
        .AddItem TextBox1.Value, .ListCount  ←2
        .List(.ListCount - 1, 1) = TextBox2.Value  ←3
        .List(.ListCount - 1, 2) = TextBox3.Value  ←4
    End With
    TextBox1.Value = ""  ┐
    TextBox2.Value = ""  ├5
    TextBox3.Value = ""  ┘
End Sub
```

1コマンドボタン（CommandButton1）がクリックされたときに実行される　2テキストボックス（TextBox1）に入力されているデータを、リストボックス（ListBox1）の最新の行位置に追加する　3TextBox2に入力されているデータを、ListBox1の下端行の2列目に設定する　4TextBox3に入力されているデータを、ListBox1の下端行の3列目に設定する　5テキストボックス（TextBox1 ～ TextBox3）を、「""」（長さ0の文字列）で初期化する

ポイント

構　文　リストボックスのオブジェクト名.ListCount

- ListCountプロパティは、リストボックスに設定されているデータの行数（「1」から始まる数値）を返します（取得のみ）。
- リストボックスに複数列のデータを追加するときは、まずAddItemメソッドを使用して、左端列のデータを最新の行位置に追加します。最新の行位置は、ListCountプロパティの戻り値を使用して指定します。
- 2列目以降のデータを追加するときは、Listプロパティを使用して、下端の行位置の各列にデータを追加します。Listプロパティで行位置を指定するときは先頭行を「0」とするため、下端の行位置は、ListCountプロパティの戻り値から「1」を引いた数値を使用して指定します。
- コマンドボタンのClickイベントプロシージャーの作成方法については、ワザ498を参照してください。

関連ワザ 511 特定の条件でセルのデータを検索してテキストボックスに表示する………P.618

ワザ 542 リストボックス内のデータの選択状態を解除する

難易度 ●○○ | 頻出度 ●●● | 対応Ver. 365 2021 2019 2016

リストボックス内のデータを一度でも選択すると、マウスやキーボードではリストボックス内の選択状態を解除できません。選択状態を解除するには、コードからListIndexプロパティの値を操作する必要があります。ここでは、[選択解除] ボタン（CommandButton2）がクリックされたときに、リストボックス（ListBox1）の選択状態を解除します。

[選択解除] がクリックされたときに、リストボックスの選択状態を解除する

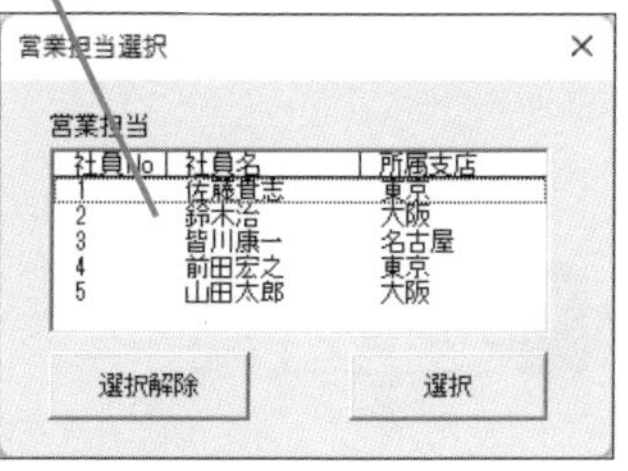

入力例　542.xlsm

```
Private Sub CommandButton2_Click()  ←1
    ListBox1.ListIndex = -1  ←2
End Sub
```

1コマンドボタン(CommandButton2)がクリックされたときに実行される　2リストボックス(ListBox1)の選択を解除する

ポイント

- リストボックス上の選択状態を解除するには、ListIndexプロパティに「-1」を設定してください。ListIndexプロパティの詳細については、ワザ540を参照してください。
- コマンドボタンのClickイベントプロシージャーの作成方法については、ワザ498を参照してください。

関連ワザ 498 コマンドボタンをクリックしたときにプロシージャーを実行する………P.603
関連ワザ 540 リストボックスで選択されているデータをセルに入力する………P.650
関連ワザ 543 リストボックスで複数行を選択できるようにする………P.654
関連ワザ 544 リストボックスで選択された複数行の値を取得する………P.655

ワザ 543 リストボックスで複数行を選択できるようにする

難易度 ●○○ | 頻出度 ●●● | 対応Ver. 365 2021 2019 2016

既定の設定では、リストボックスで選択できるデータは1行だけですが、リストボックスの選択方法を指定するMultiSelectプロパティの設定を変更すれば、複数行を選択できるようになります。ここでは、リストボックス（ListBox1）の選択方法を、Ctrlキーを押しながら連続していない行を複数選択できるように設定します。

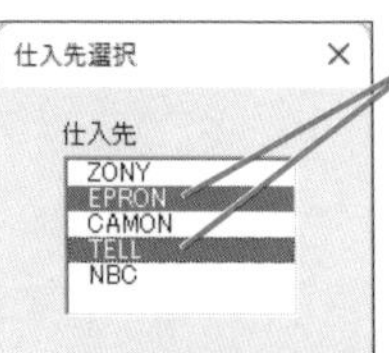

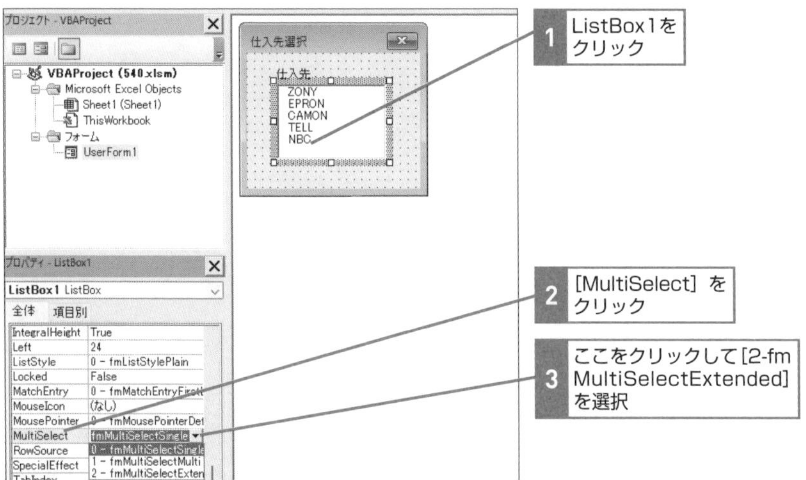

ポイント

- リストボックスの選択方法を設定するには、MultiSelectプロパティを使用します。

●MultiSelectプロパティの設定値(fmMultiSelect列挙型の定数)

定数	値	内容
fmMultiSelectSingle	0	1行だけ選択できる（既定値）
fmMultiSelectMulti	1	複数行を選択できる。Ctrlキーを押さずに連続していない行を複数選択できる。選択状態を解除するには、選択されている行を再度クリックする
fmMultiSelectExtended	2	複数行を選択できる。Ctrlキーを押して連続していない行を複数選択する。Ctrlキーを押しながらクリックすると、現在選択されている行からクリックした行までを連続して選択できる

ワザ 544 リストボックスで選択された複数行の値を取得する

難易度 ○○○　頻出度 ○○○　対応Ver. 365 2021 2019 2016

リストボックスで選択された複数のデータを、連結してメッセージで表示します。リストボックスに表示されているデータを上から1つずつ参照して、選択されているかどうかを確認していく点がポイントです。ここでは、[表示] ボタン（CommandButton1）がクリックされたときに、リストボックス（ListBox1）のデータを1つ1つ調べ、選択されているデータだけを連結してメッセージで表示します。

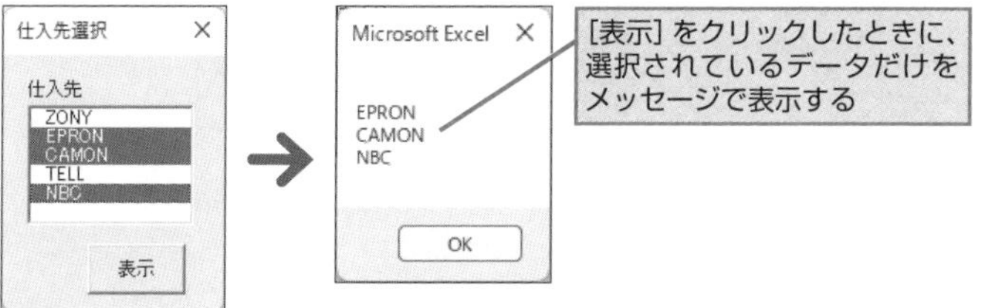

入力例

544.xlsm

```
Private Sub CommandButton1_Click()  ←1
    Dim myListValue As String, i As Integer
    With ListBox1
        For i = 0 To .ListCount - 1  ←2
            If .Selected(i) = True Then  ←3
                myListValue = myListValue & .List(i) & vbCrLf
            End If
        Next i
    End With
    MsgBox myListValue
End Sub
```

1コマンドボタン（CommandButton1）がクリックされたときに実行される　2リストボックスの行位置は「0」から参照するため、For ～ Nextステートメントのループカウンターは「0」から開始し、終了値はリストボックスの行数から「1」を引いた数値を指定する　3i番目のデータが選択されていた場合、リストボックスで選択されているデータと改行文字を変数「myListValue」に代入されている文字列に連結し、変数「myListValue」に代入する

ポイント

構文　リストボックスのオブジェクト名.Selected(pvargIndex)

- 複数行を選択できるリストボックスで選択状態を調べるには、Selectedプロパティを使用します。引数「pvargIndex」に選択されているかどうかを調べたい行番号を指定し、その行が選択されている場合は「True」、選択されていない場合は「False」を返します。
- 引数「pvargIndex」に指定する値は、リストの先頭行を「0」として上から数えた行位置を表す数値です。
- Selectedプロパティは、複数行を選択できるリストボックスで使用できるプロパティです。単一行だけ選択できるリストボックスで選択状態を調べたい場合は、ListIndexプロパティを使用してください。

関連ワザ 498 コマンドボタンをクリックしたときにプロシージャーを実行する………P.603
関連ワザ 545 リストボックス内で複数行が選択されている状態をまとめて解除する………P.656

ワザ 545 リストボックス内で複数行が選択されている状態をまとめて解除する

難易度 ●●○ ｜ 頻出度 ●●● ｜ 対応Ver. 365 2021 2019 2016

リストボックスで、複数行が選択されている状態をまとめて解除するには、リストボックスに表示されているデータを上から1つずつ参照して選択されているかどうかを確認し、選択されているデータの選択状態を解除していきます。ここでは、[選択解除] ボタン（CommandButton1）がクリックされたときに、リストボックス（ListBox1）の選択状態をすべて解除します。

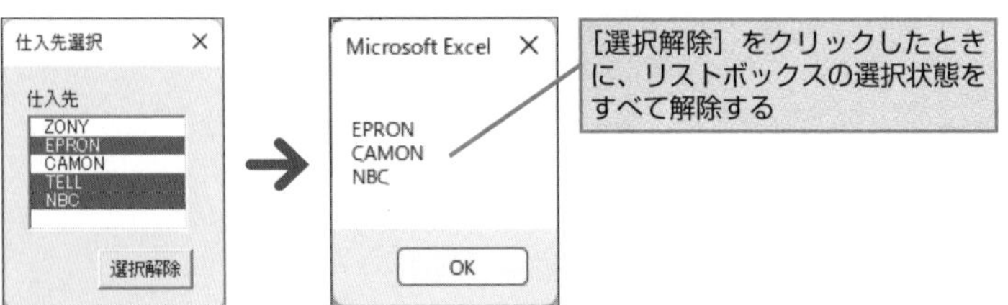

入力例

545.xlsm

```
Private Sub CommandButton1_Click()  ←1
    Dim i As Integer
    With ListBox1
        For i = 0 To .ListCount - 1  ←2
            If .Selected(i) = True Then  ←3
                .Selected(i) = False
            End If
        Next i
    End With
End Sub
```

1コマンドボタン（CommandButton1）がクリックされたときに実行される　2リストボックスの行位置は0から参照するため、For ～ Nextステートメントのループカウンターは「0」から開始し、終了値はリストボックスの行数から「1」を引いた数値を指定している　3i番目のデータが選択されていた場合、選択状態を解除する

ポイント

- 複数行を選択できるリストボックスの選択状態を解除するには、選択されているデータのSelectedプロパティに「False」を設定してください。
- 選択されているデータのSelectedプロパティは「True」に設定されています。したがって、Selectedプロパティに「True」が設定されている行位置のデータについて、Selectedプロパティに「False」を設定します。Selectedプロパティの詳細については、ワザ544を参照してください。
- コマンドボタンのClickイベントプロシージャーの作成方法については、ワザ498を参照してください。

関連ワザ 498 コマンドボタンをクリックしたときにプロシージャーを実行する………P.603
関連ワザ 543 リストボックスで複数行を選択できるようにする………P.654
関連ワザ 544 リストボックスで選択された複数行の値を取得する………P.655

ワザ 546 リストボックスに表示するデータの先頭行を設定する

難易度 ●●○ ｜ 頻出度 ●●○ ｜ 対応Ver. 365 2021 2019 2016

リストボックスに表示しきれない行数のデータを表示すると、自動的にスクロールバーが表示されます。しかし、データ数の多いリストボックスではスクロールするのが面倒です。このようなときは、リストボックスに表示するデータの先頭行を指定して、数件単位でデータ表示を切り替えるといいでしょう。ここでは、CommandButton1をクリックしたときに次の5件、CommandButton2をクリックしたときに前の5件を表示するようにしています。

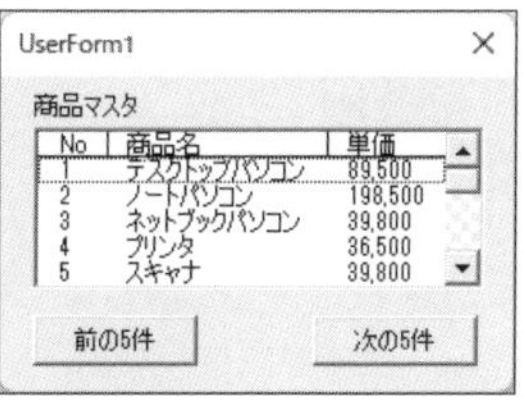

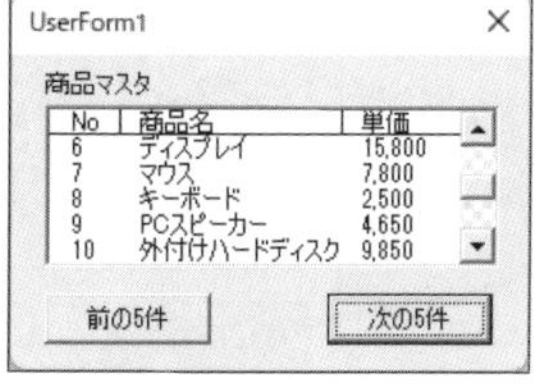

[次の5件]をクリックしたときに次の5件のデータ、[前の5件]をクリックしたときに前の5件のデータを表示する

入力例　546.xlsm

```
Private Sub CommandButton1_Click()  ←1
    ListBox1.TopIndex = ListBox1.TopIndex + 5  ←2
End Sub

Private Sub CommandButton2_Click()  ←3
    If ListBox1.TopIndex = 0 Then  ←4
        Exit Sub
    Else  ←5
        ListBox1.TopIndex = ListBox1.TopIndex - 5
    End If
End Sub
```

1コマンドボタン（CommandButton1）がクリックされたときに実行される　2リストボックス（ListBox1）に表示する先頭行を5行先の行位置に設定する　3コマンドボタン（CommandButton2）がクリックされたときに実行される　4ListBox1の先頭行が上端行だった場合は、プロシージャーの実行を強制終了する　5そうでない場合は、ListBox1に表示する先頭行を5行前の行位置に設定する

ポイント

構文　**リストボックスのオブジェクト名.TopIndex**

- リストボックスに表示する先頭行の行位置を設定するには、TopIndexプロパティを使用します。先頭行に設定したい行位置を表す数値を設定してください。
- リストボックスに何も表示されていない場合、TopIndexプロパティは「-1」を返します。
- TopIndexプロパティに「-1」より小さい数値を設定するとエラーが発生します。TopIndexプロパティが「0」、つまりリストボックスに上端行のデータが表示されているときに、TopIndexプロパティの値を減算しないように処理しましょう。

関連ワザ 498 コマンドボタンをクリックしたときにプロシージャーを実行する………P.603
関連ワザ 541 複数列のリストボックスに行単位でデータを追加する………P.652

ワザ 547 2つのリストボックス間でデータをやりとりする

難易度 ●●●　頻出度 ●●○　対応Ver. 365 2021 2019 2016

2つのリストボックス間でデータをやりとりできるインターフェースを作成します。一方のリストボックスに「候補となるリスト」、もう一方のリストボックスが「候補から選択したリスト」といったインターフェースを作成したいときに使用できる便利なテクニックです。ここでは、2つのリストボックス（ListBox1、ListBox2）の間で、双方向にデータをやりとりできるインターフェースを作成します。

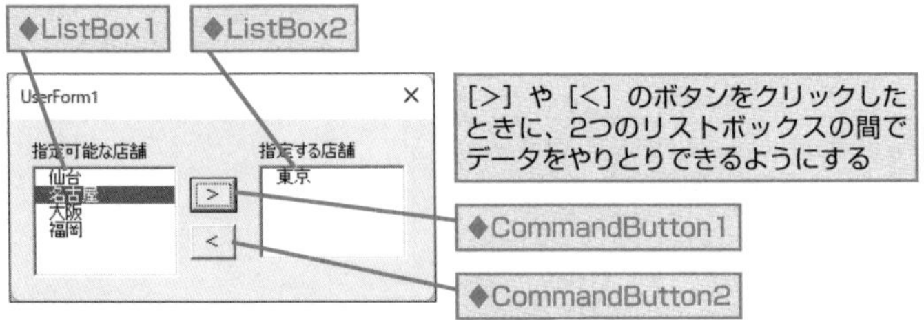

入力例  547.xlsm

```
Private Sub CommandButton1_Click()  ←1
    If ListBox1.ListIndex = -1 Then  ←2
        Exit Sub
    Else
        ListBox2.AddItem ListBox1.List(ListBox1.ListIndex, 0)  ←3
        ListBox1.RemoveItem ListBox1.ListIndex  ←4
    End If
End Sub

Private Sub CommandButton2_Click()  ←5
    If ListBox2.ListIndex = -1 Then  ←6
        Exit Sub
    Else
        ListBox1.AddItem ListBox2.List(ListBox2.ListIndex, 0)  ←7
        ListBox2.RemoveItem ListBox2.ListIndex  ←8
    End If
End Sub

Private Sub ListBox1_Enter()  ←9
    ListBox2.ListIndex = -1  ←10
End Sub

Private Sub ListBox2_Enter()  ←11
    ListBox1.ListIndex = -1  ←12
End Sub
```

[1]コマンドボタン(CommandButton1)がクリックされたときに実行される [2]送り側のリストボックス(ListBox1)で何も選択されていない場合は、プロシージャーの実行を強制終了する [3]受け側のリストボックス(ListBox2)に、送り側のListBox1で選択されていたデータを追加する [4]送り側のListBox1で、選択されていたデータを削除する [5]コマンドボタン(CommandButton2)がクリックされたときに実行される [6]送り側のリストボックス(ListBox2)で何も選択されていない場合は強制終了する [7]受け側のリストボックス(ListBox1)に、送り側のListBox2で選択されていたデータを追加する [8]送り側のListBox2で、選択されていたデータを削除する [9]ListBox1がフォーカスを受け取ったときに実行される [10]ListBox2の選択状態を解除する [11]ListBox2がフォーカスを受け取ったときに実行される [12]ListBox1の選択状態を解除する

ポイント

- [>]ボタン(CommandButton1)がクリックされた場合、ListBox1が送り側のリストボックス、ListBox2が受け側のリストボックスとなります。一方、[<]ボタン(CommandButton2)がクリックされた場合、ListBox2が送り側のリストボックス、ListBox1が受け側のリストボックスとなります。
- 送り側のリストボックスで選択されているデータを参照するには、Listプロパティの引数「pvargIndex」にListIndexプロパティを指定します。(ワザ540参照)
- 受け側のリストボックスへデータを追加するには、AddItemメソッドを使用します。(ワザ536参照)
- 送り側のリストボックスで選択されていたデータを削除するには、RemoveItemメソッドを使用します。(ワザ537参照)
- 送り側のリストボックスで何も選択されていないときにコマンドボタンをクリックすると、エラーが発生します。何も選択されていない場合はListIndexプロパティが「-1」を返すので、この場合にはプロシージャーの実行を強制終了してエラーの発生を防ぎます。ユーザー側では、何も実行されていないように見えます。
- RowSourceプロパティを使用してリストボックスとセル範囲を連動させている場合、AddItemメソッドやRemoveItemメソッドが使用できないため、掲載したコードを実行できません。リストボックスに表示するデータは、AddItemメソッドを使用して、ユーザーフォームのInitializeイベントプロシージャーなどで設定してください。(ワザ536参照)
- コントロールがフォーカスを受け取る直前に発生するEnterイベントプロシージャーを使用して、ListBox1がフォーカスを受け取ったときに、ListBox2の選択状態を解除しています。この処理は、2つあるリストボックスのうち、どちらか一方だけにフォーカスが存在するように制御するためのコードです。ListBox2のEnterイベントプロシージャーにも、同じようにコードを記述しておきます。
- リストボックスのEnterイベントプロシージャーを作成するには、コードウィンドウの［オブジェクト］ボックスでリストボックスのオブジェクト名を選択して、［プロシージャー］ボックスで[Enter]を選択してください。
- コマンドボタンのClickイベントプロシージャーの作成方法については、ワザ498を参照してください。

関連ワザ 066 処理の途中で繰り返し処理やプロシージャーを終了する………P.109
関連ワザ 498 コマンドボタンをクリックしたときにプロシージャーを実行する………P.603
関連ワザ 536 リストボックスに行単位でデータを追加する………P.645
関連ワザ 537 リストボックスで選択されているデータを削除する………P.646
関連ワザ 540 リストボックスで選択されているデータをセルに入力する………P.650
関連ワザ 545 リストボックス内で複数行が選択されている状態をまとめて解除する………P.656
関連ワザ 546 リストボックスに表示するデータの先頭行を設定する………P.657

ワザ 548 コンボボックスへの入力を禁止する

難易度 ●○○ | 頻出度 ●●○ | 対応Ver. 365 2021 2019 2016

コンボボックスは、「ドロップダウンリストから値を選択する操作」と「コンボボックスに値を直接入力する操作」が可能ですが、前者の操作だけを可能にして、ドロップダウンリストに表示されているデータだけを入力させたい場合もあります。そのような場合は、コンボボックスに値を直接入力できないように設定しておきます。コンボボックスの入力方法を設定するには、Styleプロパティを使用しましょう。

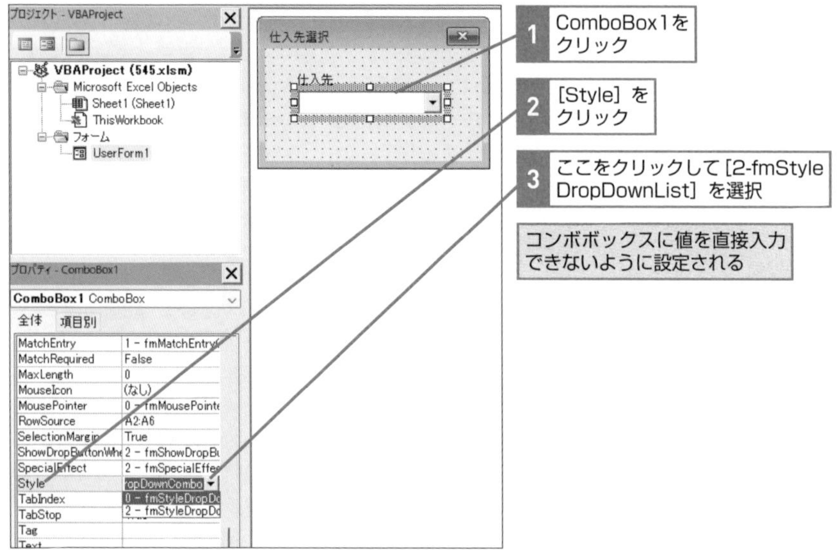
1 ComboBox1をクリック
2 [Style] をクリック
3 ここをクリックして [2-fmStyle DropDownList] を選択
コンボボックスに値を直接入力できないように設定される
仕入先選択
仕入先

ポイント

● コンボボックスの入力方法を設定するにはStyleプロパティを使用します。

●Styleプロパティの設定値（fmStyle列挙型の定数）

定数	値	内容
fmStyleDropDownCombo（既定値）	0	ドロップダウンリストから値を選択する入力方法とコンボボックスに値を直接入力する入力方法を可能にする
fmStyleDropDownList	2	ドロップダウンリストから値を選択する入力方法のみ可能にする

● セルに入力されているデータをコンボボックスのドロップダウンリストに表示するには、データが入力されているセル範囲をプロパティウィンドウのRowSourceプロパティに設定します。このサンプルでは、RowSourceプロパティに「A2:A6」が設定されています。

関連ワザ 512 テキストボックスを選択できないように設定する………P.620
関連ワザ 530 トグルボタンをロックする………P.639

ワザ 549 コンボボックスでオートコンプリート機能を利用する

難易度 ●○○ | 頻出度 ●●● | 対応Ver. 365 2021 2019 2016

コンボボックスに値を直接入力するとき、オートコンプリート機能によってドロップダウンリストにあるデータ候補が表示されると、入力の手間がなくなるので便利です。MatchEntryプロパティを使用すると、コンボボックスにオートコンプリート機能を設定できます。ここでは、コンボボックス（ComboBox1）に、入力した1文字目に一致するデータ候補が表示されるオートコンプリート機能を設定します。

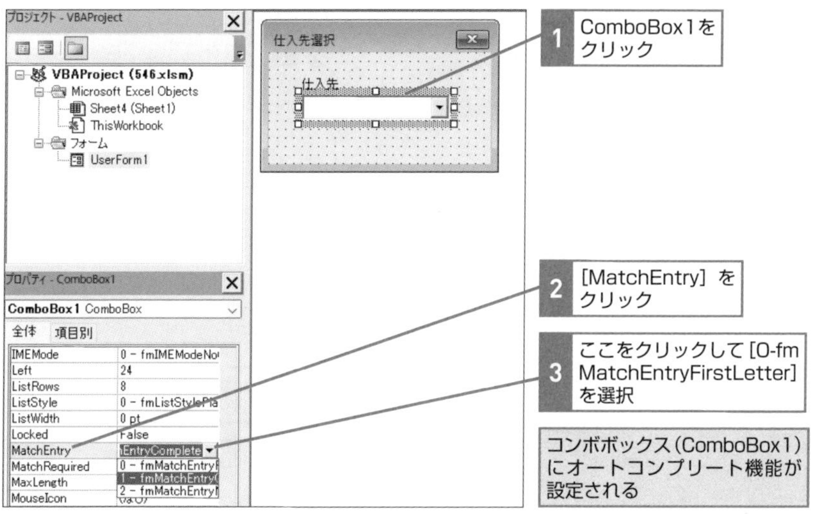

ポイント

- コンボボックスでオートコンプリート機能を設定するには、MatchEntryプロパティを使用します。

●MatchEntryプロパティの設定値（fmMatchEntry列挙型の定数）

定数	値	内容
fmMatchEntryFirstLetter	0	入力した文字と1文字目一致する候補を検索
fmMatchEntryComplete（既定値）	1	入力した文字とすべて一致する項目を検索
fmMatchEntryNone	2	マッチングを行わない

- セルに入力されているデータをコンボボックスのドロップダウンリストに表示するには、データが入力されているセル範囲をプロパティウィンドウのRowSourceプロパティに設定します。このサンプルでは、RowSourceプロパティに「A2:A6」が設定されています。

関連ワザ 548 コンボボックスへの入力を禁止する………P.660
関連ワザ 550 コンボボックスのドロップダウンリストに表示する最大行数を設定する………P.662

ワザ 550 コンボボックスのドロップダウンリストに表示する最大行数を設定する

難易度 ●○○ ｜ 頻出度 ●●○ ｜ 対応Ver. 365 2021 2019 2016

コンボボックスのドロップダウンリストに表示するデータの最大行数は、自由に変更できます。表示したいデータの行数が多い場合に最大行数を多く設定できるほか、ユーザーフォームの大きさなどの制約から、ドロップダウンリストに表示する最大行数を少なくできます。ここでは、コンボボックス(ComboBox1)のドロップダウンリストの最大行数を3行に設定します。

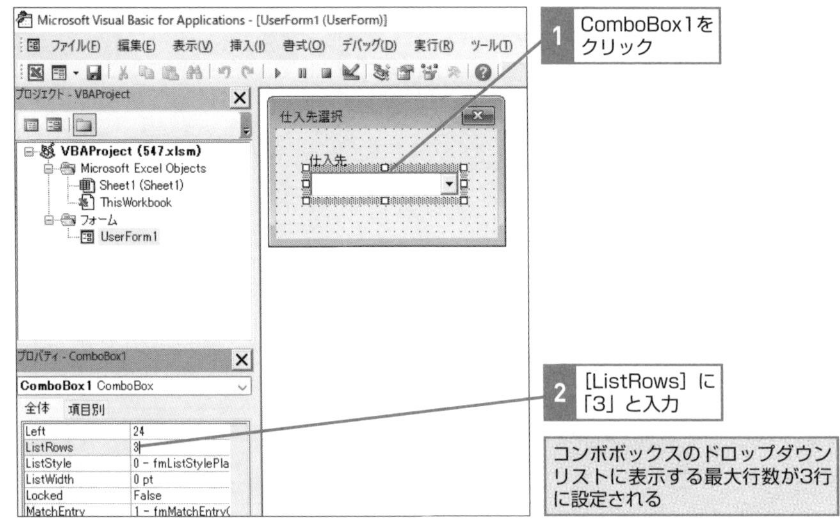

ポイント

- コンボボックスのドロップダウンリストに表示する最大行数は、ListRowsプロパティに設定します。最大行数を表す整数値を設定してください。ListRowsプロパティの既定値は「8」です。

構文　**コンボボックスのオブジェクト名.ListRows**

- プロシージャーのコードを使用して、ドロップダウンリストに表示する最大行数を動的に設定することも可能です。ListRowsプロパティに、最大行数を表す整数値を設定してください。
- セルに入力されているデータをコンボボックスのドロップダウンリストに表示するには、データが入力されているセル範囲を[プロパティ]ウィンドウのRowSourceプロパティに設定します。このサンプルでは、RowSourceプロパティに「A2:A6」が設定されています。

関連ワザ 548 コンボボックスへの入力を禁止する………P.660
関連ワザ 549 コンボボックスでオートコンプリート機能を利用する………P.661

ワザ 551 コンボボックスの既定値を設定する

難易度 ●○○ | 頻出度 ●●● | 対応Ver. 365 2021 2019 2016

ユーザーフォームが表示されたときに、コンボボックスの既定値を設定しておけば、コンボボックスに特定のデータをあらかじめ表示できます。選択される頻度が高いデータを既定値に設定しておけば、コンボボックスを操作する手間を省けます。ここでは、ユーザーフォーム（UserForm1）を表示したときに、コンボボックス（ComboBox1）の既定値として、リストの3行目のデータを設定します。

コンボボックスの既定値をリストの3行目のデータ（CAMON）に設定する

入力例　551.xlsm

```
Private Sub UserForm_Initialize() ←1
    ComboBox1.ListIndex = 2 ←2
End Sub
```

1ユーザーフォームが表示される直前に実行される　2コンボボックス（ComboBox1）の既定値として、3行目のデータを設定する

ポイント

構文　コンボボックスのオブジェクト名.ListIndex

- コンボボックスの既定値を設定するには、表示したい項目の行位置をListIndexプロパティに設定します。
- ListIndexプロパティに設定する値は、1行目の行位置を「0」とした数値です。したがって、1行目は「0」、2行目は「1」といったように、指定したい行位置から「1」を引いた数値を指定します。
- VBEのプロパティウィンドウから、ListIndexプロパティの値をあらかじめ設定しておくことも可能です。
- ユーザーフォームのInitializeイベントプロシージャーを作成する方法については、ワザ491を参照してください。

関連ワザ 491 ユーザーフォームを表示する直前に初期状態に設定する………P.596
関連ワザ 548 コンボボックスへの入力を禁止する………P.660
関連ワザ 549 コンボボックスでオートコンプリート機能を利用する………P.661
関連ワザ 550 コンボボックスのドロップダウンリストに表示する最大行数を設定する………P.662

ワザ 552 ドロップダウンリストに存在する値だけを入力できるようにする

難易度 ●●○ | 頻出度 ●●○ | 対応Ver. 365 2021 2019 2016

ドロップダウンリストに存在する値だけをコンボボックスに入力できるようにします。コンボボックスに値が直接入力されたときに、入力された値がドロップダウンリストに存在するかどうかを調べて、存在しない場合にはメッセージを表示します。その後、再入力しやすくなるように、コンボボックスの内容を消去して、フォーカスをコンボボックスへ移動させます。

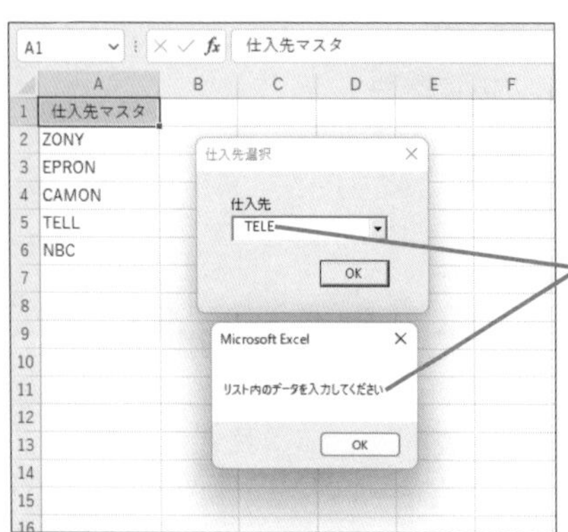

ドロップダウンリストにないデータをコンボボックスに入力したときに、メッセージを表示する

入力例

552.xlsm

```
Private Sub CommandButton1_Click() ←1
    With ComboBox1
        If .MatchFound = False Then ←2
            MsgBox "リスト内のデータを入力してください"
            .Value = "" ←3
            .SetFocus ←4
        End If
    End With
End Sub
```

1コマンドボタン（CommandButton1）がクリックされたときに実行される 2コンボボックス（ComboBox1）に入力された値がドロップダウンリストに存在しない場合に次の処理を実行する 3ComboBox1の内容を消去（「""」（長さ0の文字列）を設定）する 4ComboBox1へフォーカスを移動する

ポイント

構文 コンボボックスのオブジェクト名.MatchFound

- コンボボックスに入力された値がドロップダウンリストに存在するかどうかを調べるには、MatchFoundプロパティを使用します（取得のみ）。
- MatchFoundプロパティが「True」を返した場合は、コンボボックスへの入力値がドロップダウンリストに存在し、「False」を返した場合はコンボボックスへの入力値はドロップダウンリストに存在しません。
- コマンドボタンのClickイベントプロシージャーの作成方法については、ワザ498を参照してください。

関連ワザ 498 コマンドボタンをクリックしたときにプロシージャーを実行する………P.603

ワザ 553 タブストリップやマルチページにタブを追加する

難易度 ●○○ ｜ 頻出度 ●●● ｜ 対応Ver. 365 2021 2019 2016

「タブストリップ」と「マルチページ」は、タブによって画面表示を切り替えるコントロールです。1つのユーザーフォームで画面を切り替えたいときになどに利用します。ユーザーフォームにタブストリップやマルチページを追加すると、初期設定でタブが2つ作成されます。タブを追加したり、タブに表示されている文字列を変更したりする操作は、ユーザーフォーム上で行います。ここでは、タブストリップ（TabStrip1）の［東京］タブと［名古屋］タブの右側に、［大阪］タブを追加します。

1 タブストリップに新しいタブを追加する

1 TabStrip1を2回クリック　枠線が濃い模様で表示された

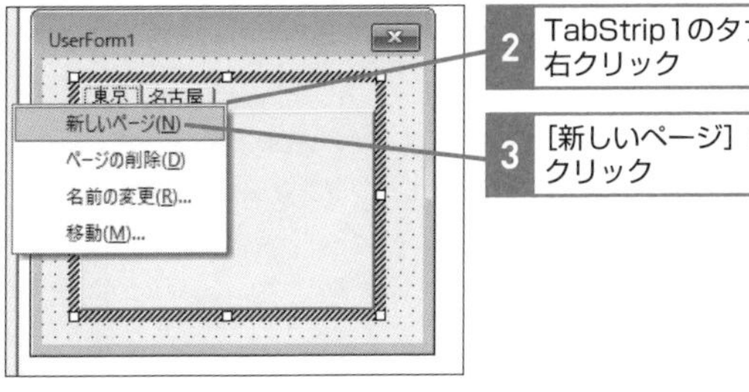

2 ［名前の変更］ダイアログボックスを表示する

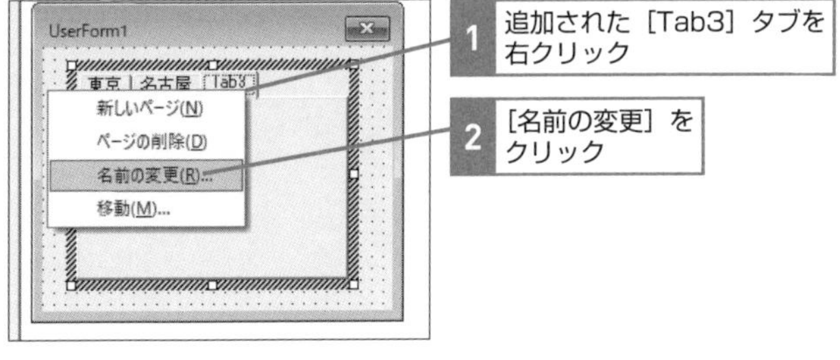

3 タブの名前を変更する

［名前の変更］ダイアログボックスが表示された

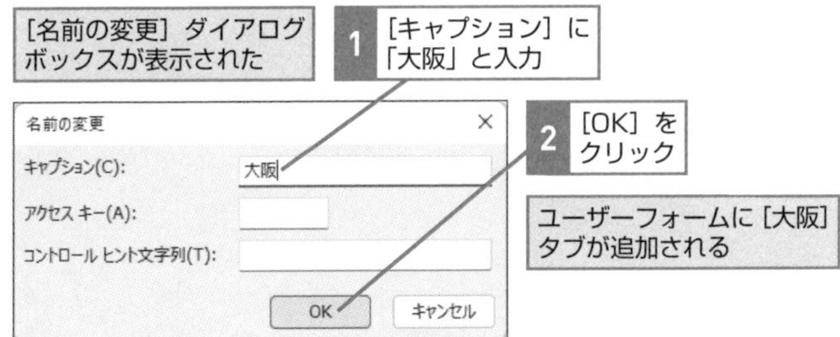

ユーザーフォームに［大阪］タブが追加される

次のページに続く▶

ポイント

- タブストリップの上を1回クリックしただけの場合、枠線は薄い模様になり、タブストリップ全体に関する設定ができるようになります。
- タブストリップの上を2回クリックしたときに、クリックの間隔が短いと、コードウィンドウが表示されてしまいます。

構文 **タブストリップのオブジェクト名.Tabs(varg).Caption**

- プロシージャーのコードを使用して、タブストリップのタブに表示する文字列を動的に設定することも可能です。Tabsプロパティの引数「varg」に、文字列を設定したいタブのインデックス番号を、左端を「0」として左から順番に数えた数値で指定し、タブに表示したい文字列をCaptionプロパティに設定してください。
- マルチページの場合、マルチページの上を1回クリックするだけで、枠線が濃い模様になってページを追加できるようになります。続けて枠線部分をクリックすると、枠線が薄い模様になり、マルチページ全体に関する設定ができるようになります。

構文 **マルチページのオブジェクト名.Pages(varg).Caption**

- プロシージャーのコードを使用して、マルチページのタブに表示する文字列を動的に設定することも可能です。Pagesプロパティの引数「varg」に、文字列を設定したいタブのインデックス番号を、左端を「0」として左から順番に数えた数値で指定し、タブに表示したい文字列をCaptionプロパティに設定してください。
- タブストリップ、マルチページともに、タブのインデックス番号は、タブの追加や削除のタイミングで振り直されます。したがって、コードからインデックス番号を使用してタブを参照している場合は、注意が必要です。

関連ワザ 554 タブを切り替えるごとに表示する値を変える………P.667

ワザ 554 タブを切り替えるごとに表示する値を変える

難易度 ●●○ | 頻出度 ●●○ | 対応Ver. 365 2021 2019 2016

タブストリップ（TabStrip1）のタブを切り替えるたびに、テキストボックス（TextBox1、TextBox2）に表示するデータを変更します。ここでは、タブのインデックス番号に「3」を加えることで、表示したいデータが入力されたセルの行番号と一致させて、該当するセルの値を表示するように設定しています。なお、ユーザーフォームを表示した直後は、「東京支店」のデータが表示されるように初期化します。

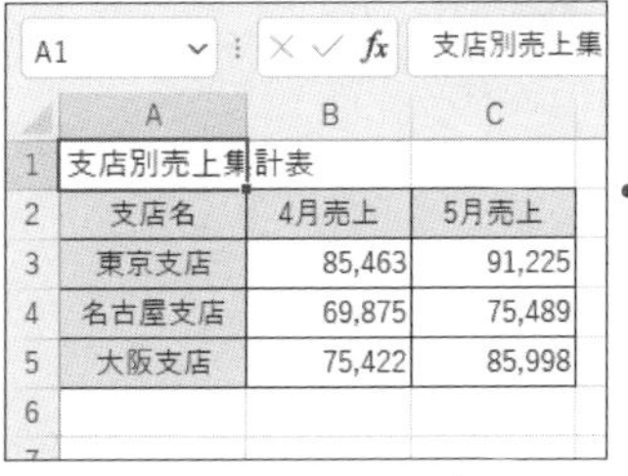

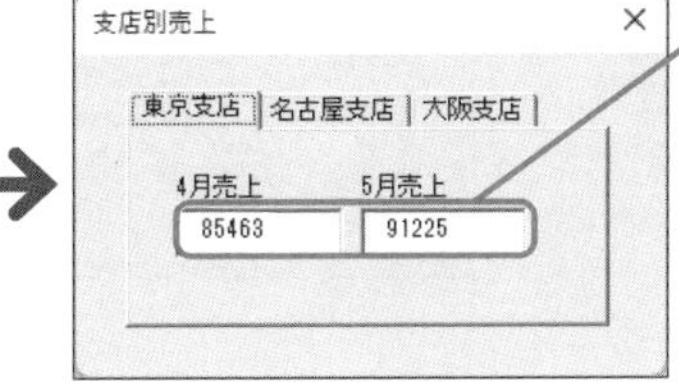

タブの切り替えによって、テキストボックスに表示するセルの値を変更する

入力例

554.xlsm

```
Private Sub UserForm_Initialize() ←1
    TabStrip1.Value = 0 ←2
    TextBox1.Value = Range("B3").Value ←3
    TextBox2.Value = Range("C3").Value
End Sub

Private Sub TabStrip1_Change() ←4
    Dim myTabIndex As Long
    myTabIndex = TabStrip1.Value + 3 ←5
    TextBox1.Value = Cells(myTabIndex, 2).Value ←6
    TextBox2.Value = Cells(myTabIndex, 3).Value
End Sub
```

1 ユーザーフォームが表示される直前に実行される　2 タブストリップ（TabStrip1）の左端のタブを選択する　3 セルB3のデータをテキストボックス（TextBox1）に表示する　4 TabStrip1のタブが切り替わったときに実行される　5 TabStrip1で選択されているタブのインデックス番号に「3」を足した値を、変数「myTabIndex」に代入する　6 変数「myTabIndex」に代入されている数値の行の2列目のセルの値をTextBox1に表示する

ポイント

構文　タブストリップのオブジェクト名.Value

- タブストリップのValueプロパティにインデックス番号を設定して、コードからタブを選択できます。設定する値は、左端を「0」とするタブのインデックス番号です。
- タブストリップでタブを切り替えると、その直後にChangeイベントが発生します。Changeイベントが発生したときに実行されるChangeイベントプロシージャーを使用すると、タブを切り替えたときの処理を実行できます。
- タブストリップのChangeイベントプロシージャーを作成するには、コードウィンドウの［オブジェクト］ボックスでタブストリップのオブジェクト名を選択して、［プロシージャー］ボックスで［Change］を選択してください。

ワザ 555 スクロールバーの最大値と最小値を設定する

難易度 ●○○ ｜ 頻出度 ●●○ ｜ 対応Ver. 365 2021 2019 2016

スクロールバーは、スクロールボックスを操作して値を増減させるコントロールです。値の増減範囲が比較的広い場合に利用するといいでしょう。ここでは、横向きのスクロールバー（ScrollBar1）を作成し、スクロールバーの最大値を「1500」、最小値を「300」に設定します。

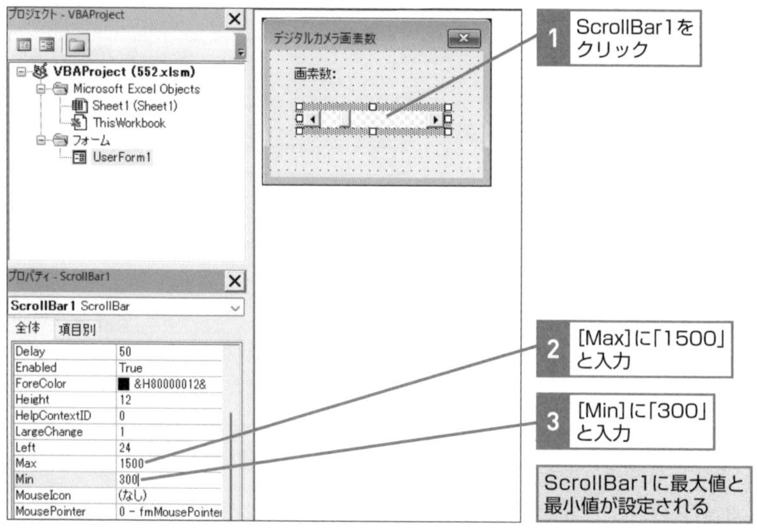

1 ScrollBar1をクリック
2 [Max]に「1500」と入力
3 [Min]に「300」と入力
ScrollBar1に最大値と最小値が設定される

ポイント

- スクロールバーの最大値と最小値を設定するには、MaxプロパティとMinプロパティを使用します。
- MaxプロパティとMinプロパティに設定できる値の範囲は「-2,147,483,648」～「2,147,483,647」です。
- スクロールバーの向きが縦向きの場合、Minプロパティは上端、Maxプロパティは下端の値を設定します。
- スクロールバーの向きが横向きの場合、Minプロパティは左端、Maxプロパティは右端の値を設定します。
- スクロールバーの向きを設定するには、Orientationプロパティを使用します。
- 設定した最大値と最小値は、スクロールバーの値とラベルの表示を連動させることで確認できます。詳しくは、ワザ556を参照してください。

●Orientationプロパティの設定値（fmOrientation列挙型の定数）

定数	値	内容
fmOrientationAuto（既定値）	-1	コントロールの幅や高さによって向きを自動的に設定
fmOrientationVertical	0	縦向きに設定
fmOrientationHorizontal	1	横向きに設定

関連ワザ 556 スクロールバーの値とラベルの表示を連動させる………P.669
関連ワザ 557 スクロールボックスのスクロール幅を設定する………P.670

ワザ 556 スクロールバーの値とラベルの表示を連動させる

難易度 ●●○ ｜ 頻出度 ●●○ ｜ 対応Ver. 365 2021 2019 2016

スクロールバーの値をユーザーフォーム上に表示するには、スクロールバーの値をラベルなどのコントロールに表示させる必要があります。ここでは、スクロールバー（ScrollBar1）のスクロールボックスが移動される操作に合わせて、スクロールバーの値をラベル（Label2）に表示します。なお、ユーザーフォーム（UserForm1）が表示されるときに、ScrollBar1の初期値をLabel2に表示させています。

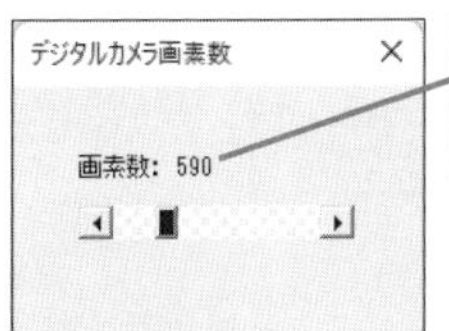

スクロールボックスの移動に合わせてラベルに値を表示する

入力例

556.xlsm

```
Private Sub ScrollBar1_Change()  ←1
    Label2.Caption = ScrollBar1.Value  ←2
End Sub

Private Sub UserForm_Initialize()  ←3
    Label2.Caption = ScrollBar1.Value  ←2
End Sub
```

1 スクロールバー（ScrollBar1）のスクロールボックスが移動したときに実行される　2 ラベル（Label2）にScrollBar1の値を表示する　3 ユーザーフォームが表示される直前に実行される

ポイント

構文　**スクロールバーのオブジェクト名.Value**

- スクロールバーのスクロールボックスの位置を表す数値を取得するには、Valueプロパティを使用します。スクロールボックスが移動することで、Valueプロパティの値が変更されます。
- スクロールボックスが移動してスクロールバーのValueプロパティの値が変わると、Changeイベントが発生します。Changeイベントが発生したときに実行されるChangeイベントプロシージャーを使用すると、「スクロールボックスが移動したときに、スクロールバーの値を表示しているラベルの表示を変更する」といった処理を実行できます。
- スクロールバーのChangeイベントプロシージャーを作成するには、コードウィンドウの[オブジェクト]ボックスでスクロールバーのオブジェクト名を選択して、[プロシージャー] ボックスで [Change] を選択してください。
- ユーザーフォームのInitializeイベントプロシージャーを作成する方法については、ワザ491を参照してください。
- サンプルのスクロールバー（ScrollBar1）には、あらかじめ最大値「1500」と最小値「300」が設定されています。スクロールバーに最大値や最小値を設定する方法については、ワザ555を参照してください。

関連ワザ 519 ラベルに表示する文字列を設定する………P.627
関連ワザ 555 スクロールバーの最大値と最小値を設定する………P.668

ワザ 557 スクロールボックスのスクロール幅を設定する

難易度 ●○○ | 頻出度 ●●○ | 対応Ver. 365 2021 2019 2016

スクロールバーのスクロールボックスをスクロールさせるには、スクロールボックス以外の部分をクリックしておおまかにスクロールさせる方法と、スクロールバーの両端にある矢印ボタンをクリックして小刻みにスクロールさせる方法があります。これらのスクロール幅は個別に設定できます。ここでは、スクロールボックス以外の部分をクリックしたときのスクロール幅を「150」、矢印ボタンによるスクロール幅を「10」に設定します。

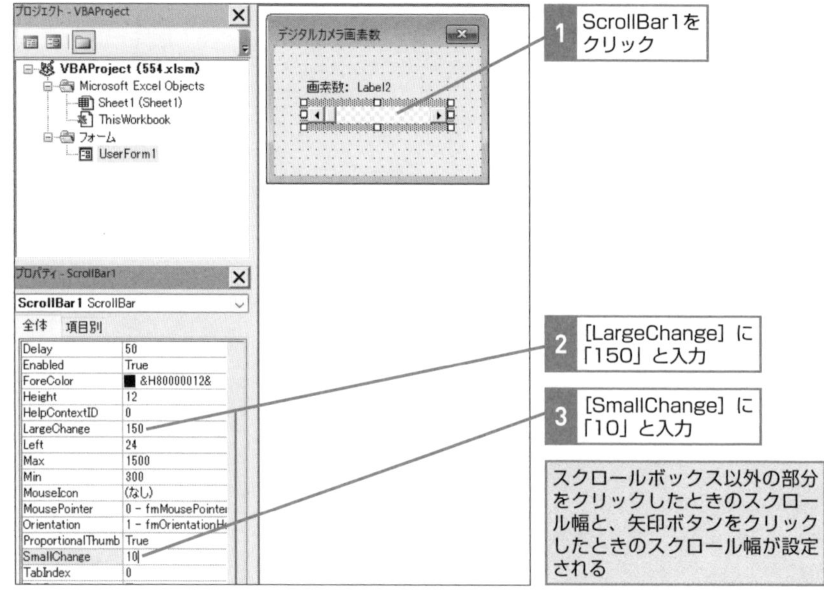

ポイント

構文 **スクロールバーのオブジェクト名.LargeChange**

- スクロールバー内のスクロールボックス以外の部分をクリックしたときのスクロール幅を設定するには、LargeChangeプロパティを使用します。

構文 **スクロールバーのオブジェクト名.SmallChange**

- スクロールバーの両端の矢印ボタン（◀▶）をクリックしたときのスクロール幅を設定するには、SmallChangeプロパティを使用します。
- プロシージャーのコードを使用して、スクロールバーのスクロール幅を動的に設定することも可能です。LargeChangeプロパティ、SmallChangeプロパティともに、長整数型（Long）の値を使用して設定してください。

関連ワザ 555 スクロールバーの最大値と最小値を設定する………P.668
関連ワザ 556 スクロールバーの値とラベルの表示を連動させる………P.669

ワザ 558 スピンボタンとテキストボックスを連動させる

難易度 ●●○ | 頻出度 ●●○ | 対応Ver. 365 2021 2019 2016

スピンボタンは、両端の矢印ボタンをクリックすることで値を増減させるコントロールです。小刻みに値を増減できることから、比較的狭い範囲で値を増減させたい場合に使用します。スピンボタンの値をユーザーフォーム上に表示するには、スピンボタンの値をテキストボックスなどのコントロールに表示させるといいでしょう。ここでは、スピンボタン（SpinButton1）のクリック操作に合わせて、スピンボタンの値をテキストボックス（TextBox1）に表示しています。

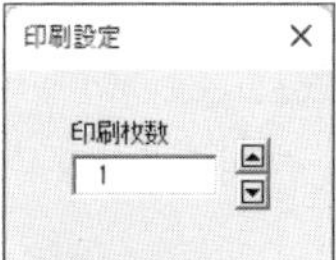

スピンボタンをクリックするごとに、スピンボタンの値をテキストボックスに表示する

入力例

558.xlsm

```
Private Sub SpinButton1_Change()  ←1
    TextBox1.Value = SpinButton1.Value  ←2
End Sub
```

1 スピンボタン（SpinButton1）がクリックされて値が変更されたときに実行される　2 テキストボックス（TextBox1）にSpinButton1の値を表示する

ポイント

構文 スピンボタンのオブジェクト名.Value

- スピンボタンの現在の値を取得するには、Valueプロパティを使用します。
- ▲がクリックされると、SmallChangeプロパティに設定されている値分だけ、Valueプロパティの値が増加します。
- ▼がクリックされると、SmallChangeプロパティに設定されている値分だけ、Valueプロパティの値が減少します。
- スピンボタンがクリックされてValueプロパティの値が変わると、Changeイベントが発生します。Changeイベントが発生したときに実行されるChangeイベントプロシージャーを使用すると、「スピンボタンがクリックされたときにスピンボタンの値を表示しているテキストボックスの表示を変更する」といった処理を実行できます。
- スピンボタンのChangeイベントプロシージャーを作成するには、コードウィンドウの［オブジェクト］ボックスでスピンボタンのオブジェクト名を選択して、［プロシージャー］ボックスで［Change］を選択してください。

関連ワザ 511 特定の条件でセルのデータを検索してテキストボックスに表示する………P.618
関連ワザ 559 スピンボタンをクリックしたときに指定した範囲内のデータのみを表示する………P.672

ワザ 559 スピンボタンをクリックしたときに指定した範囲内のデータのみを表示する

難易度 ●○○ | 頻出度 ●○○ | 対応Ver. 365 2021 2019 2016

スピンボタンの値を増減させるとき、増減できる「最小値」や「最大値」、増減する「値の幅」を設定できます。特定の範囲内の数値をカウントさせたり、偶数や奇数のみをカウントさせたりするときに活用できるテクニックです。ここでは、偶数月だけをカウントさせるために、スピンボタン（SpinButton1）の最小値を「2」、最大値を「12」、増減する値の幅を「2」に設定しています。なお、SpinButton1はテキストボックス（TextBox1）と連動させています。

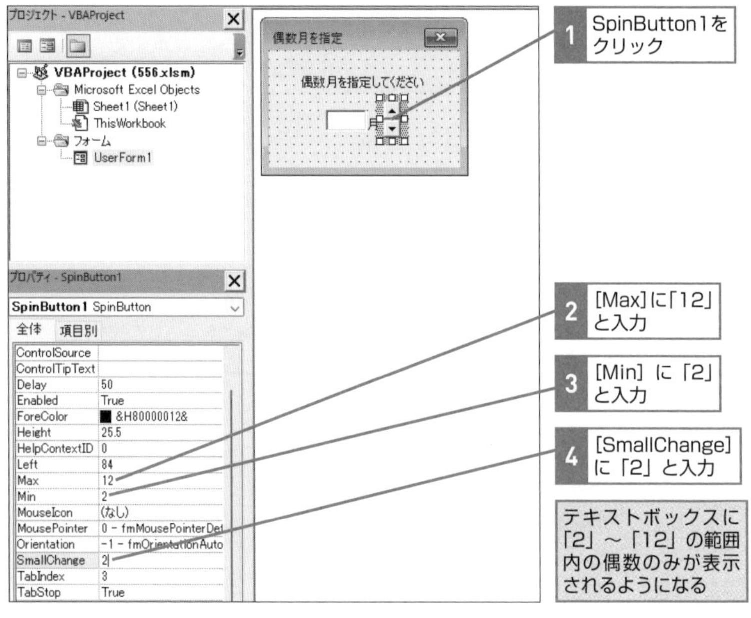

ポイント

- スピンボタンの最大値および最小値を設定するには、MaxプロパティおよびMinプロパティを使用します。
- スピンボタンの矢印ボタンをクリックしたときに増減させる値の幅を設定するには、SmallChangeプロパティを使用します。
- このサンプルでは、ユーザーフォームのInitializeイベントプロシージャを使用して、スピンボタン（SpinButton1）の初期値を設定しています。詳しくは、サンプルコードのコメントをご覧ください。
- スピンボタンとテキストボックスを連動させる方法については、ワザ558を参照してください。

関連ワザ 558 スピンボタンとテキストボックスを連動させる………P.671

ワザ 560 RefEditで取得したセル範囲の書式を変更する

難易度 ●●○ ｜ 頻出度 ●●○ ｜ 対応Ver. 365 2021 2019 2016

「RefEdit」は、選択されたセル範囲のセル番号を簡単に取得できるインターフェースです。RefEditの右側のボタンをクリックすると、ユーザーフォームが折り畳まれ、ワークシート上でセルを選択すると、そのセル範囲のセル番号がRefEditに入力されます。ここでは、［書式変更］ボタン（CommandButton1）がクリックされたときに、RefEdit1で取得したセル番号のセルの書式を変更します。

［書式変更］をクリックしたときに、RefEdit1で取得したセル範囲の書式を変更する

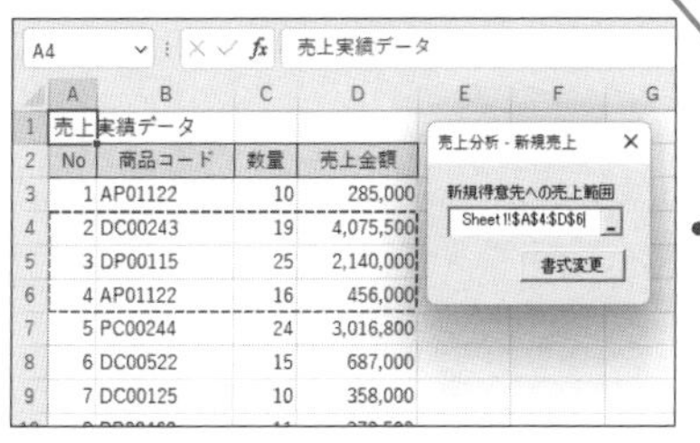

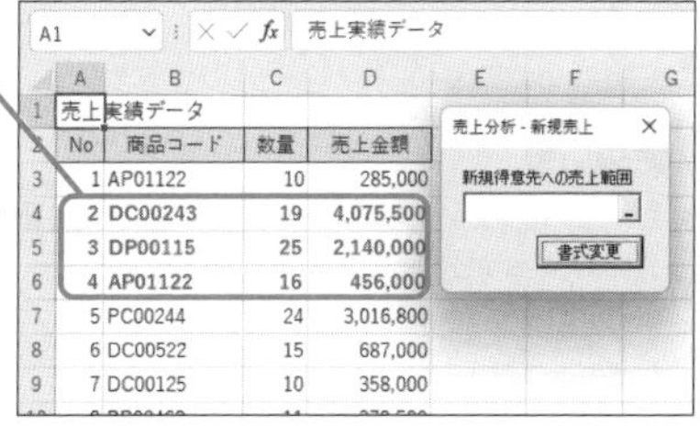

入力例

560.xlsm

```
Private Sub CommandButton1_Click()  ←1
    With Range(RefEdit1.Value).Font  ←2
        .Bold = True  ←3
        .Color = RGB(255, 0, 0)  ←4
    End With
    RefEdit1.Value = ""  ←5
End Sub
```

1コマンドボタン（CommandButton1）がクリックされたときに実行される　2RefEdit1で取得したセル番号のセルのフォントについて、処理を実行する　3フォントを［太字］に設定する　4フォントの色を［赤］に設定する　5RefEdit1を空白にして初期状態に戻す

ポイント

構文　**RefEditのオブジェクト名.Value**

- RefEditに入力されたセル番号を取得するには、Valueプロパティを使用します。
- RefEditの表示を空に設定するには、Valueプロパティに「""」（長さ0の文字列）を設定してください。
- コマンドボタンのClickイベントプロシージャーの作成方法については、ワザ498を参照してください。
- RefEditが配置されているユーザーフォームをモードレスで表示した場合、ユーザーフォームを閉じられなくなります。

関連ワザ 102 複数のセル範囲にまとめて罫線を設定する………P.151
関連ワザ 107 データや書式が設定されたセル範囲を選択する………P.156
関連ワザ 146 セル範囲の高さと幅を取得する………P.196
関連ワザ 498 コマンドボタンをクリックしたときにプロシージャーを実行する………P.603

ワザ 561 ProgressBarコントロールを使用して処理の進行状況を表示する

難易度 ●●○ | 頻出度 ●●● | 対応Ver. 365 2021 2019 2016

処理の進行状況を表示したい場合は、ProgressBarコントロールを使用すると便利です。ここでは、[開始] ボタン (CommandButton1) をクリックするとダミー処理が実行され、ProgressBarコントロール (ProgressBar1) のプログレスバーが右方向に伸びていきます。

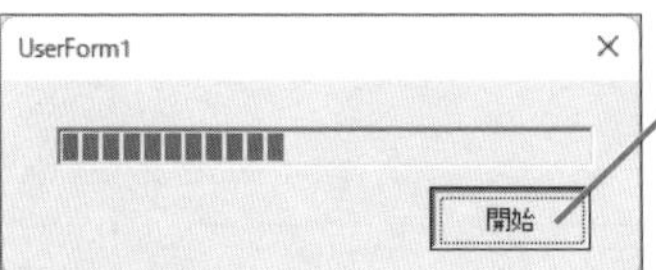

入力例　561.xlsm

```
Private Sub UserForm_Initialize()  ←1
    ProgressBar1.Min = 0    ┐
    ProgressBar1.Max = 65   ┘2
End Sub

Private Sub CommandButton1_Click()
    Dim i As Long, j As Long
    For i = ProgressBar1.Min To ProgressBar1.Max  ←3
        For j = 1 To 9500000: Next j  ←4
        ProgressBar1.Value = i  ←5
    Next i
    MsgBox "処理終了"
    Unload Me  ←6
End Sub
```

1ユーザーフォーム(UserForm1) が表示される直前に実行される　2ProgressBarコントロール(ProgressBar1) の最小値と最大値を設定する　3ProgressBar1に設定した最小値から最大値まで繰り返し処理を実行する　41回分の処理を表すダミー処理を実行する　5ProgressBar1の最小値から最大値まで増えていくループカウンター (変数「i」) をProgressBar1の値に設定して、プログレスバーの幅を広げていく　6UserForm1を閉じる

ポイント

- ProgressBarコントロールを [ツールボックス] に表示するには、メニューの [ツール] - [その他のコントロール] をクリックして表示される [コントロールの追加] ダイアログボックスで、[Microsoft ProgressBar Control, version 6.0]にチェックマークを付けてください。

構文 **ProgressBarコントロールのオブジェクト名.Min**

構文 **ProgressBarコントロールのオブジェクト名.Max**

- ProgressBarコントロールの最小値を設定するにはMinプロパティ、最大値を設定するにはMaxプロパティを使用します。Minプロパティの初期値は「0」、Maxプロパティの初期値は「100」です。

構文 **ProgressBarコントロールのオブジェクト名.Value**

- ProgressBarコントロールのプログレスバーの長さを設定するには、Valueプロパティを使用します。Valueプロパティに設定する値を大きくしていくと、プログレスバーが右方向に伸びていきます。

ワザ 562 ツリー形式でフォルダー階層を表示する

難易度 ●●●　頻出度 ●●○　対応Ver. 365 2021 2019 2016

TreeViewコントロールを使用して、フォルダー内の階層構造をツリー形式で表示します。クリックされた要素がファイルであった場合だけ、そのファイルパスをメッセージで表示します。なお、ここでは、親ノードの罫線を表示し、子ノードのインデントの幅を設定して、ノード名を編集不可に設定しています。

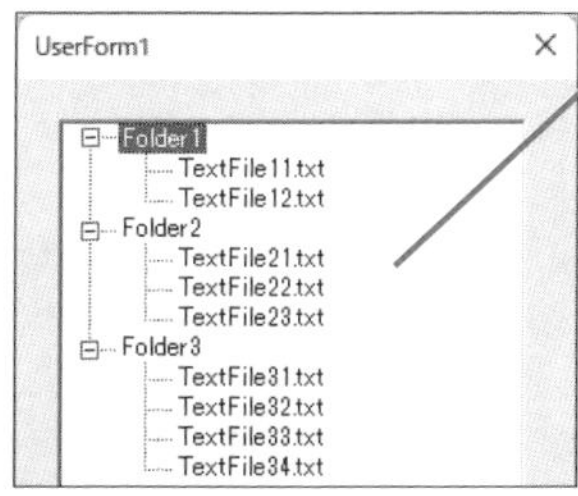

フォルダー内の階層構造をツリー形式で表示する

入力例　562.xlsm

```
Private Sub UserForm_Initialize() ←1
    Dim myFSO As New FileSystemObject
    Dim myFolders As Folders, myFolder As Folder
    Dim myFiles As Files, myFile As File
    Dim myPNode As Node, myCNode As Node
    Set myFolders = myFSO.GetFolder("C:¥SampleFile").SubFolders ←2
    With TreeView1 ←3
        For Each myFolder In myFolders ←4
            Set myPNode = .Nodes.Add(Key:=myFolder.Name,Text:=myFolder.Name)←5
            myPNode.Expanded = True ←6
            Set myFiles = myFolder.Files ←7
            For Each myFile In myFiles ←8
                Set myCNode = .Nodes.Add(Relative:=myFolder.Name, _ ←9
                    Relationship:=tvwChild, Key:=myFile.Name,Text:=myFile.Name)
                myCNode.Tag = myFile.Path ←10
            Next myFile
        Next myFolder
    End With
End Sub

Private Sub TreeView1_NodeClick(ByVal Node As MSComctlLib.Node) ←11
    If Node.Children = 0 Then ←12
        MsgBox "ファイルパス:" & Node.Tag
    End If
End Sub
```

1ユーザーフォーム（UserForm1）が表示される直前に実行される　2Cドライブ内の［SampleFile］フォルダー内にあるすべてのフォルダーを取得して、変数「myFolders」に代入する　3TreeViewコントロール（TreeView1）に対して処理を実行する　4変数「myFolders」に代入したFoldersコレクション内のFolderオブジェクトを1つ1つ参照する　5TreeView1に親ノードを追加する。親ノードのキーと表示文字列には、参照しているフォルダー

次のページに続く▶

の名前を設定する ⑥親ノードが持つ子ノードの階層を展開した形で表示する ⑦フォルダー内のすべてのファイルを取得して、変数「myFiles」に代入する ⑧変数「myFiles」に代入したFilesコレクション内のFileオブジェクトを1つ1つ参照する ⑨親ノードに子ノードを追加する。子ノードのキーと表示文字列には、参照しているファイルの名前を設定する ⑩子ノードの情報として、参照しているファイルのパスを設定する ⑪TreeView1の各ノードがクリックされたときに実行される ⑫子ノードを持っていない、つまり親ノードではない場合、クリックされた要素はファイルであると判断できるため、ノードに設定されている情報をメッセージで表示する

ポイント

- TreeViewコントロールをツールボックスに表示するには、メニューの［ツール］-［その他のコントロール］をクリックして表示される［コントロールの追加］ダイアログボックスで、［Microsoft TreeView Control, version 6.0］にチェックマークを付けてください。
- ブックを開いたときやVBEを起動したときに注意メッセージが表示された場合は、［OK］ボタンをクリックしてください。
- ツリー形式の各要素を「ノード」と言い、上位の要素を「親ノード」、親ノードに属する下位の要素を「子ノード」と言います。

構文 `TreeViewコントロールのオブジェクト名.Nodes.Add(Relative, Relationship ,Key, Text)`

- TreeViewコントロールに親ノードを追加するには、NodesコレクションのAddメソッドを使用します。引数「Key」に一意に識別できるキー、引数「Text」にノードの名前として表示する文字列を設定します。
- 親ノードに子ノードを追加するときも、NodesコレクションのAddメソッドを使用します。この場合、引数「Relative」に親ノードの引数「Key」の値を指定し、引数「Relationship」に子ノードであることを示す「tvwChild」を指定します。そのほか、親ノードと同様に引数「Key」と引数「Text」を指定してください。

構文 `Nodeオブジェクト.Expanded`

- 親ノードを子ノードの階層を展開した形で表示するには、NodeオブジェクトのExpandedプロパティに「True」を設定してください。
- 「False」を設定すると、子ノードの階層は折り畳まれて、親ノードの表示文字列のみが表示されます。

構文 `Nodeオブジェクト.Tag`

- TreeViewコントロールのノードに情報を設定するには、NodeオブジェクトのTagプロパティを使用します。

構文
```
Private Sub TreeViewコントロールのオブジェクト名_NodeClick(ByVal Node As
MSComctlLib.Node)
        ノードがクリックされたときの処理
End Sub
```

- TreeViewコントロールの各ノードをクリックしたときの処理は、NodeClickクリックイベントプロシージャーに記述します。
- クリックされたノードを参照したい場合は、引数「Node」を使用してください。
- TreeViewコントロールのNodeClickイベントプロシージャーを作成するには、コードウィンドウの［オブジェクト］ボックスでTreeViewコントロールのオブジェクト名を選択して、［プロシージャー］ボックスで［NodeClick］を選択してください。

構文 `Nodeオブジェクト.Children`

- NodeオブジェクトのChildrenプロパティは、ノードが持っている子ノードの数を返します。
- Childrenプロパティが0の場合、ノードは子ノードを持っていないので、クリックされたノードが子ノードであると判断できます。
- 親ノードの罫線表示、子ノードのインデント幅、ノード名の編集可否については、VBEのプロパティウィンドウから設定してください。
- 親ノードの罫線を表示するには、LineStyleプロパティを［1-tvwRootLines］に設定してください。
- 子ノードのインデントの幅は、Indentationプロパティで指定します。ここでは、「20」に設定しています。
- ノード名を編集を禁止するには、LabelEditプロパティを［1-tvwManual］に設定してください。

ワザ 563 ListViewコントロールを使用してデータを表形式で表示する

難易度 ●●●　頻出度 ●●○　対応Ver. 365 2021 2019 2016

ListViewコントロールを使用すると、特定のデータをユーザーフォーム上にワークシートのような表形式で表示できます。ここでは、ワークシート上のデータを取得してListViewコントロールに表示していますが、ADOでデータベースから取得したデータを表形式で表示するときなどに活用するといいでしょう。

入力例　563.xlsm

```
Private Sub UserForm_Initialize() ←1
    With ListView1 ←2
        .View = lvwReport ←3
        .AllowColumnReorder = True ←4
        .FullRowSelect = True ←5
        .Gridlines = True ←6
        .ColumnHeaders.Add Text:="商品名", Width:=90 ←7
        .ColumnHeaders.Add Text:="仕入先名", Width:=100
        .ColumnHeaders.Add Text:="単価", Width:=50
    End With
End Sub

Private Sub CommandButton1_Click() ←8
    Dim i As Integer
    Dim myItem As ListItem
    ListView1.ListItems.Clear ←9
    For i = 3 To Range("A1").End(xlDown).Row ←10
        Set myItem = ListView1.ListItems.Add ←11
        With myItem
            .Text = Cells(i, 1).Value ←12
            .SubItems(1) = Cells(i, 2).Value ←13
            .SubItems(2) = Cells(i, 3).Value
        End With
    Next i
End Sub

Private Sub ListView1_ItemClick(ByVal Item As MSComctlLib.ListItem) ←14
    MsgBox "商品名:" & Item.Text & vbCrLf & _ ←15
           "仕入先名:" & Item.SubItems(1) & vbCrLf & _
           "単価:" & Item.SubItems(2)
End Sub
```

次のページに続く▶

1ユーザーフォーム(UserForm1)が表示される直前に実行される 2ListViewコントロール(ListView1)について処理を実行する 3表示形式を表形式に設定する 4列幅を変更できるように設定する 5ListView1内を選択したときに行全体が選択されるように設定する 6枠線を表示する 7表見出しを設定する 8コマンドボタン(CommandButton1)がクリックされたときに実行される 9ListView1の全リストの内容を消去する 10ワークシートの3行目からセルA1の下方向の終端セルの行番号までのセルについて、繰り返し処理を実行する 11ListView1にリストを追加する 12追加したリストの1列目にi行1列目のデータを表示する 13追加したリストの2列目にi行2列目のデータを表示する 14ListView1のリストをクリックしたときに実行される 15クリックされたリストの各列のデータをメッセージで表示する

ポイント

- ListViewコントロールを[ツールボックス]に表示するには、メニューの[ツール]-[その他のコントロール]をクリックして[コントロールの追加]ダイアログボックスを表示します。[Microsoft ListView Control 6.0(SP6)]にチェックマークを付けて、[OK]ボタンをクリックしてください。
- ListViewコントロールの表示形式を「表形式」に設定するには、Viewプロパティに「lvwReport」を指定してください。
- リストの列幅を変更できるように設定するにはAllowColumnReorderプロパティに「True」、リスト内を選択したときに行全体が選択されるようにするにはFullRowSelectプロパティに「True」、リストに枠線を表示するにはGridlinesプロパティに「True」を設定してください。

構文 **ListViewコントロールのオブジェクト名.ColumnHeaders.Add(Text, Width)**

- ListViewコントロールに列見出しを設定するには、ColumnHeadersコレクションのAddメソッドを使用します。引数「Text」に見出しとして表示したい文字列、引数「Width」に列幅を指定してください。

構文 **ListViewコントロールのオブジェクト名.ListItems.Clear**

- ListViewコントロールの表示内容を初期化するには、ListItemsコレクションのClearメソッドを実行してください。

構文 **ListViewコントロールのオブジェクト名.ListItems.Add**

- ListViewコントロールにリストを追加するには、ListItemsコレクションのAddメソッドを使用します。Addメソッドは、新しく追加したリストを表すListItemオブジェクトを返します。

構文 **ListItemオブジェクト.Text**

- 追加したリストの1列目に表示したいデータは、新しく追加したリスト(ListItemオブジェクト)のTextプロパティに設定します。

構文 **ListItemオブジェクト.SubItems(Index)**

- 追加したリストの2列目以降に表示したいデータは、新しく追加したリスト(ListItemオブジェクト)のSubItemsプロパティに設定します。引数「Index」には列位置を示す数値を指定してください。2列目を指定する場合に「1」、3列目を指定する場合に「2」と、列位置から「1」を引いた数値を指定します。

構文
```
Private Sub ListViewコントロールのオブジェクト名_
ItemClick(ByVal Item As MSComctlLib.ListItem)
    ListViewコントロールのリストがクリックされたときに実行する処理
End Sub
```

- ListViewコントロールのリストがクリックされたときに実行する処理は、ItemClickイベントプロシージャーに記述します。クリックされたリストは引数「Item」を使用して参照します。
- ListViewコントロールのItemClickイベントプロシージャーを作成するには、コードウィンドウの[オブジェクト]ボックスでListViewコントロールのオブジェクト名を選択して、[プロシージャー]ボックスで[ItemClick]を選択してください。
- 1列目のデータはTextプロパティ、2列目以降のデータはSubItemsプロパティを使用して取得します。SubItemsプロパティの引数「Index」には、列位置から「1」を引いた数値を指定してください。

ワザ 564 手書き入力した画像をクリップボードにコピーしてアクティブシートに貼り付ける

難易度 ●○○ | 頻出度 ●○○ | 対応Ver. 365 2021 2019 2016

InkPictureコントロールは、手書きで入力できるインターフェースを提供します。Windowsタブレットなどのデバイスを使用して、ペンや指、マウスなどによる手書き入力が可能になります。入力された内容は画像データとして出力でき、ワークシート上に貼り付けることも可能です。手書きによる筆跡が必要な場合などに活用すると便利です。

InkPicture コントロールをツールボックスに追加する

既定の設定で、InkPictureコントロールはツールボックスに表示されていません。VBEの［コントロールの追加］ダイアログボックスで、ツールボックスにInkPictureコントロールを追加します。

ツールボックスにInkPictureコントロールを追加する

InkPictureコントロールを配置するユーザーフォーム（UserForm1）を選択しておく

1 ［ツール］をクリック

2 ［その他のコントロール］をクリック

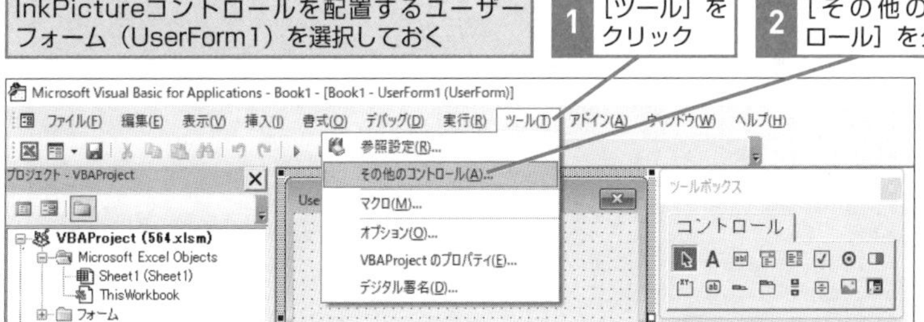

3 ここを下にドラッグしてスクロール

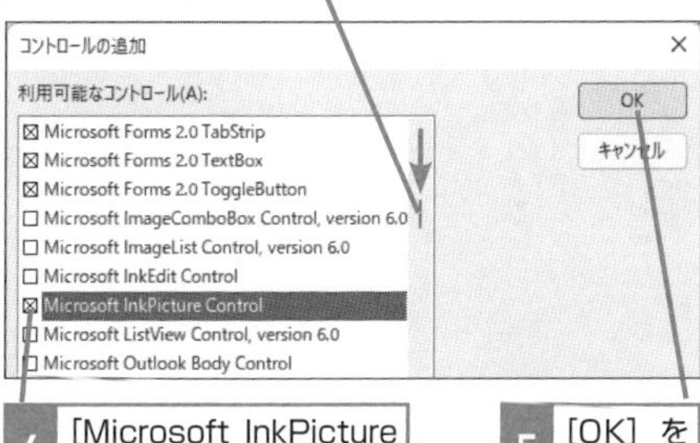

4 ［Microsoft InkPicture Control］をクリック

5 ［OK］をクリック

ツールボックスにInkPictureコントロールが追加された

次のページに続く▶

手書きで入力した画像をアクティブシートに貼り付ける

コマンドボタン（CommandButton1）をクリックしたときに、InkPictureコントロール（InkPicture1）に手書きで入力された内容を画像データとしてクリップボードにコピーして、アクティブシートの選択セルA2に貼り付けます。コマンドボタン(CommandButton2）をクリックすると、入力した内容がクリアされます。

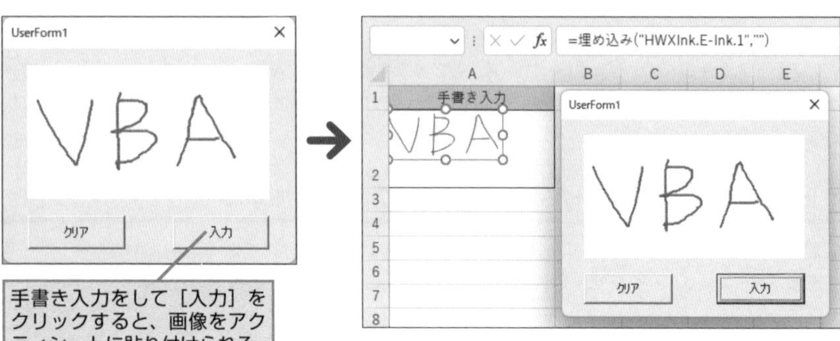

入力例　564.xlsm

```
Private Sub UserForm_Initialize() ←1
    With InkPicture1.DefaultDrawingAttributes
        .Width = 50
        .Color = RGB(255, 0, 0)
    End With                                    ←2
End Sub

Private Sub CommandButton1_Click() ←3
    Range("A2").Select ←4
    InkPicture1.Ink.ClipboardCopy ←5
    ActiveSheet.PasteSpecial ←6
    With Selection
        .Border.LineStyle = xlLineStyleNone
        .Interior.ColorIndex = xlColorIndexNone ←7
        .Name = "手書き"
    End With
End Sub

Private Sub CommandButton2_Click() ←8
    InkPicture1.Ink.DeleteStrokes ←9
    UserForm1.Repaint ←10
    ActiveSheet.Shapes.Range(Array("手書き")).Delete ←11
End Sub
```

1ユーザーフォームが表示される直前に実行される　2InkPicture1のインクの太さを50HIMETRIC、インクの色を赤色に設定する　3コマンドボタン（CommandButton1）がクリックされたときに実行される　4手書き入力した画像を貼り付けるセルA2を選択しておく　5InkPicture1に手書き入力された内容をクリップボードにコピーする　6アクティブシートにコピーした内容を貼り付ける　7貼り付けたあとに選択されている画像データの線を「線なし」、塗りつぶしの色を「塗りつぶしなし」、名前を「手書き」に設定する　8コマンドボタン（CommandButton2）がクリックされたときに実行される　9InkPicture1に手書き入力された内容を削除する　10ユーザーフォームの表示を再描画してInkPicture1の表示を更新する　11アクティブシート上の「手書き」という名前の図形を削除する

ポイント

構文 `InkPictureのオブジェクト名.DefaultDrawingAttributes.初期状態を設定するプロパティ`

- InkPictureコントロールの初期状態は、InkDrawingAttributesオブジェクトの各プロパティに設定します。InkDrawingAttributesオブジェクトはInkPictureコントロールのDefaultDrawingAttributesプロパティを使用して参照してください。主なプロパティは下の表の通りです。

●InkDrawingAttributesオブジェクトの主なプロパティ

プロパティ名	設定内容
Width	インクの太さをHIMETRIC 単位で設定する。既定値は53。(1HIMETRIC= 約0.01mm)
Color	インクの色をRGB 値で設定する
Transparency	インクの透明度を0（完全に不透明）～ 255（完全に透明）の数値で設定する

構文 `InkPictureのオブジェクト名.Ink.ClipboardCopy`

- InkPictureコントロールに手書き入力した内容を画像データとしてWindowsのクリップボードにコピーするには、InkDispオブジェクトのClipboardCopyメソッドを使用します。
- InkDispオブジェクトは、InkPictureコントロールのInkプロパティを使用して参照します。
- クリップボードにコピーした画像データは、WorksheetオブジェクトのPasteSpecialメソッドを使用してワークシート上にOLEObject型のオブジェクトとして貼り付けることができます。
- OLEObject型のオブジェクトの枠線は、OLEObjectオブジェクトのBorderプロパティを使用してBorderオブジェクトを参照し、BorderオブジェクトのLineStyleプロパティを使用して設定します。XlLineStyle列挙型の定数を指定できますが、xlDoubleとxlSlantDashDotは設定できません。「線なし」に設定する場合は、xlLineStyleNoneを指定してください。
- OLEObject型のオブジェクトの塗りつぶしは、Interiorプロパティを使用してInteriorオブジェクトを参照し、InteriorオブジェクトのColorIndexプロパティを使用して設定します。色のインデックス番号1 ～ 56、またはXlColorIndex列挙型の定数を指定できます。「塗りつぶしなし」に設定する場合は、xlColorIndexNoneを指定してください。
- 貼り付けた画像データに名前を設定したい場合は、OLEObjectオブジェクトのNameプロパティを使用してください。名前を設定しておくと、操作対象の画像を名前で指定できるので便利です。
- ブックを開いたときやVBEを起動したときに注意メッセージが表示された場合は、[OK]ボタンをクリックしてください。

構文 `InkPictureのオブジェクト名.Ink.DeleteStrokes`

- InkPictureコントロールに手書き入力された内容を削除するには、InkDispオブジェクトのDeleteStrokesメソッドを使用します。
- InkDispオブジェクトは、InkPictureコントロールのInkプロパティを使用して参照します。
- DeleteStrokesメソッドを実行しただけでは、ユーザーフォーム上のInkPictureコントロールの表示が更新されないため、手書き入力した内容は表示されたままです。ユーザーフォームのRepaintメソッドを実行してユーザーフォームの表示を再描画し、InkPictureコントロールの表示を更新してください。
- ワークシート上に貼り付けた画像データを削除したい場合は、画像データをワークシート上の図形（ShapeRangeオブジェクト）として参照し、ShapeRangeオブジェクトのDeleteメソッドを使用して削除します。
- 削除する図形は、ワークシート上に貼り付けたときに設定した名前（Nameプロパティの値）を使用して特定します。ワークシート上の図形を表すShapesコレクション内で削除するShapeRangeオブジェクトを特定するには、削除する図形の名前をArray関数で特定して、ShapesコレクションのRangeプロパティに指定してください。

ワザ 565 ワークシートにコントロールを配置する

難易度 ●○○ ｜ 頻出度 ●●○ ｜ 対応Ver. 365 2021 2019 2016

コントロールは、ワークシートに配置して使用することもできるので、ワークシートをユーザーフォームのようなインターフェースとして利用できます。ここでは、[ActiveXコントロール] をワークシートに配置します。人の視線の動きの傾向に合わせて、左上から右下へ処理が流れるように配置すると良いでしょう。

コントロールを配置したいワークシートを表示しておく
1 [開発] タブをクリック
2 [挿入] をクリック
3 配置したいコントロールをクリック
フォーム コントロール
ActiveX コントロール
商品マスタ登録
商品名：
単価：

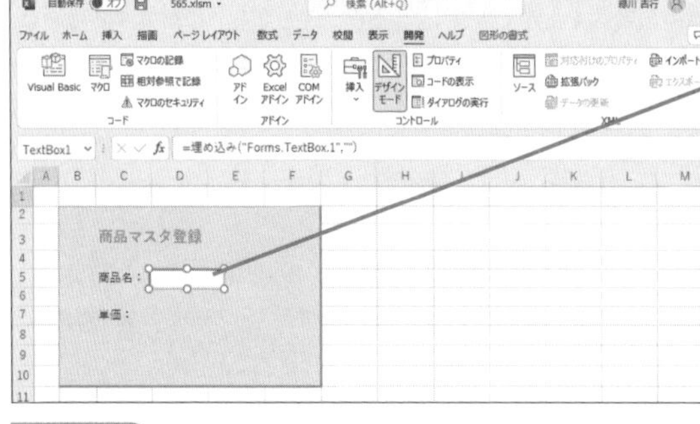
デザインモードに切り替わった
4 コントロールを配置する場所をクリック
コントロールが配置された
=埋め込み("Forms.TextBox.1","")
商品マスタ登録
商品名：
単価：

ポイント

- 「デザインモード」は、ワークシートに配置したコントロールのプロパティを設定したり、イベントプロシージャーを記述したりするときのモードです。
- [ActiveXコントロール] の一覧から配置したいコントロールをクリックすると、その直後から自動的にデザインモードに切り替わります。
- 配置したコントロールの位置や大きさを調整するには、オートシェイプと同じように操作します。
- [ActiveXコントロール]のほかに[フォームコントロール]がありますが、こちらは、プロパティやイベントといった概念を持たない古いタイプのコントロールです。作成したマクロを登録できますが、イベントプロシージャーを作成できないため、本書では扱っていません。

関連ワザ 566 コントロールのプロパティを設定する………P.683
関連ワザ 567 ワークシートに配置したコントロールのイベントプロシージャーを作成する………P.684

ワザ 566 コントロールのプロパティを設定する

難易度 ●○○ | 頻出度 ●●○ | 対応Ver. 365 2021 2019 2016

ワークシートに配置したコントロールのプロパティを設定するには、ユーザーフォームの操作と同様に、プロパティウィンドウで設定します。ユーザーフォーム上で設定できるすべてのプロパティを、ワークシート上のコントロールで設定できるわけではありませんが、主要なプロパティは設定できます。

ワークシートに配置したコントロールのプロパティウィンドウを表示する

1 ［開発］タブをクリック

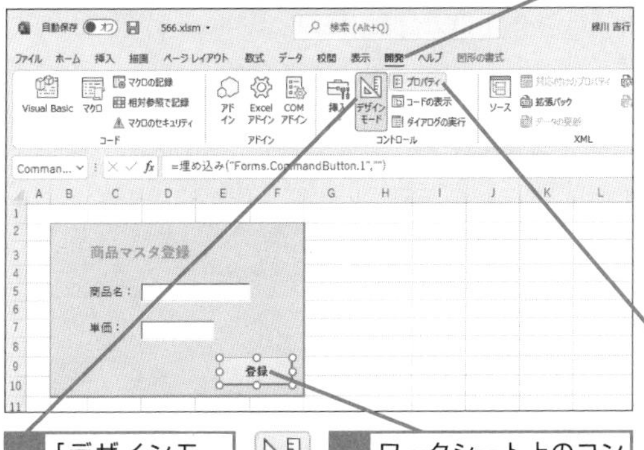

2 ［デザインモード］をクリック

3 ワークシート上のコントロールをクリック

4 ［プロパティ］をクリック

プロパティウィンドウが表示された

コントロールの主なプロパティを設定できる

ポイント

- ワークシート上にプロパティウィンドウを表示すると、VBE上のプロパティウィンドウは非表示になります。VBE上でプロパティウィンドウを再表示するには、メニューの［表示］-［プロパティウィンドウ］をクリックするか、F4キーを押してください。

関連ワザ 498 プロパティを設定する………P.603
関連ワザ 565 ワークシートにコントロールを配置する………P.682
関連ワザ 567 ワークシートに配置したコントロールのイベントプロシージャーを作成する………P.684

ワザ 567 ワークシートに配置したコントロールのイベントプロシージャーを作成する

難易度 ●○○ ｜ 頻出度 ●●○ ｜ 対応Ver. 365 2021 2019 2016

ワークシートに配置したコントロールのイベントプロシージャーを作成するには、ワークシート上からVBEのコードウィンドウを表示する必要があります。コードウィンドウに入力するプロシージャーは、ユーザーフォーム上で作成したプロシージャーと同じように作成します。

ここでは、[登録] のクリック時にデータを登録するイベントプロシージャーを作成する

商品マスタ登録
商品名：MP3プレーヤー
単価：56900
登録

データが登録された

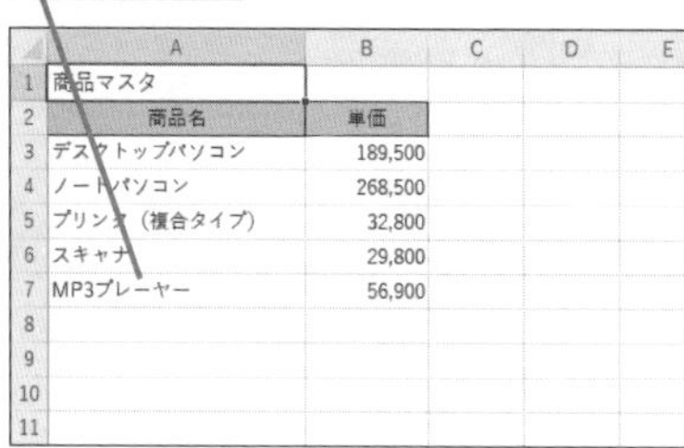

	A	B
1	商品マスタ	
2	商品名	単価
3	デスクトップパソコン	189,500
4	ノートパソコン	268,500
5	プリンタ（複合タイプ）	32,800
6	スキャナ	29,800
7	MP3プレーヤー	56,900

1 コードウィンドウを表示する

デザインモードに切り替えてコードウィンドウを表示する

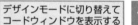

1 [開発] タブをクリック

2 [デザインモード] をクリック

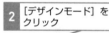

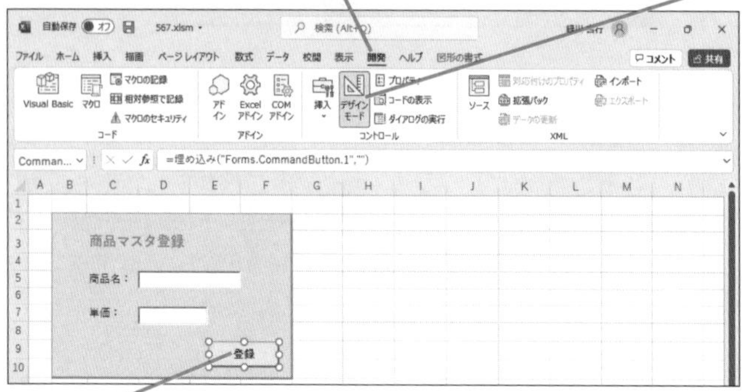

3 ワークシート上のコントロールをダブルクリック

2 イベントプロシージャーを作成する

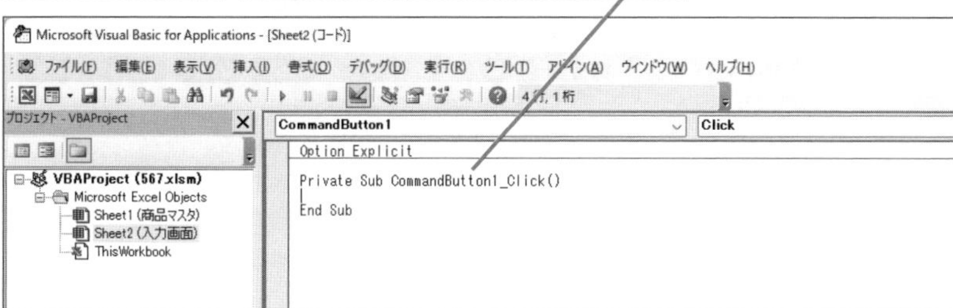

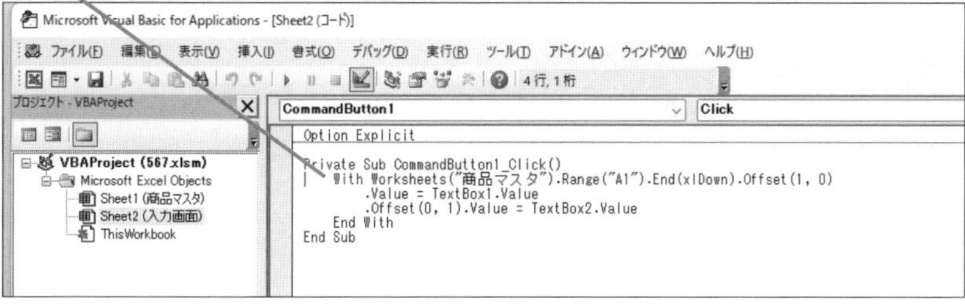

入力例　　567.xlsm

```
Private Sub CommandButton1_Click() ←1
    With Worksheets("商品マスタ").Range("A1").End(xlDown).Offset(1, 0) ←2
        .Value = TextBox1.Value ←3
        .Offset(0, 1).Value = TextBox2.Value ←4
    End With
End Sub
```

1コマンドボタン（CommandButton1）がクリックされたときに実行される　2［商品マスタ］シートのセルA1の下方向の終端セルの1行下のセルについて処理を実行する　3セルにテキストボックス（TextBox1）の内容を表示する　4その1列右のセルにテキストボックス（TextBox2）の内容を表示する

ポイント

- 作成したイベントプロシージャーは、コントロールが配置されているワークシートのオブジェクトモジュールに保存されます。
- ワークシートのオブジェクトモジュールのコードからワークシート上に配置したコントロールを参照する場合は、コントロールのオブジェクト名を記述してください。

関連ワザ 565 ワークシートにコントロールを配置する………P.682
関連ワザ 566 コントロールのプロパティを設定する………P.683

ワザ 568 ワークシートに配置されたコントロールのイベントプロシージャーを実行する

難易度 ●○○ | 頻出度 ●●○ | 対応Ver. 365 2021 2019 2016

ワークシートにコントロールを配置したり、プロパティを設定したりしているとき、ワークシートは「デザインモード」に設定されています。デザインモードでコントロールをクリックしても、イベントは発生しません。コントロールに作成したイベントプロシージャーを実行するには、ワークシートのデザインモードを解除する必要があります。ここでは、[商品名] と [単価] のコントロールにデータを入力して [登録] ボタンをクリックすると、[商品マスタ] シートの最新行に入力したデータが登録されます。

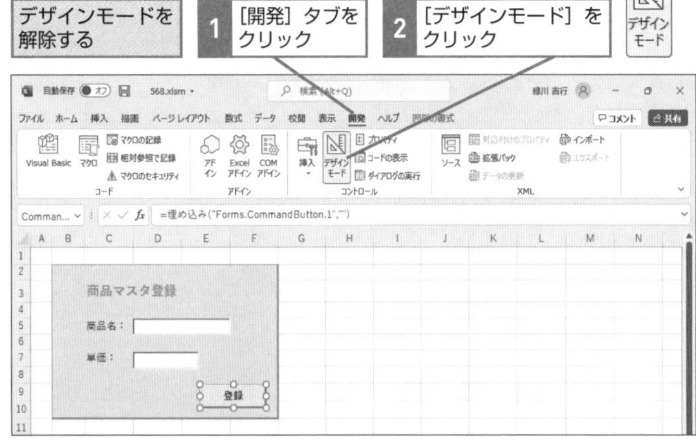

デザインモードを解除する
1 [開発] タブをクリック
2 [デザインモード] をクリック
デザインモード
商品マスタ登録
商品名：
単価：
登録

コントロールに表示されていたハンドルが消えて、デザインモードが終了する

[登録] をクリックするとイベントプロシージャーが実行される

ポイント

- ワークシートがデザインモードに設定されていると、[デザインモード] ボタンに色が付いて、[デザインモード] ボタンがクリックされた状態になります。デザインモードを解除するには、色が付いた状態の[デザインモード]ボタンをクリックしてください。
- ユーザーフォーム上で作成したイベントプロシージャーはフォームモジュールに保存されていますが、ワークシート上で作成したイベントプロシージャーは、コントロールが配置されているワークシートのオブジェクトモジュールに保存されています。作成したコードを確認するときに注意してください。

関連ワザ 565 ワークシートにコントロールを配置する………P.682
関連ワザ 566 コントロールのプロパティを設定する………P.683
関連ワザ 567 ワークシートに配置したコントロールのイベントプロシージャーを作成する………P.684

第13章

外部アプリケーション

この章では、Excel VBAを使用して、外部アプリケーションを操作するワザを紹介します。WordやPowerPoint、Access、Outlookといったofficeアプリケーションとの連携、SQLを使用したデータベース操作、Webスクレイピングなどのテクニックを解説しています。なお、外部アプリケーションのバージョンが古い場合など、実行環境が変わるとエラーが発生する可能性があるので注意してください。

ワザ 569 ADOを使用して外部データベースを操作する

難易度 ●●● | 頻出度 ●●○ | 対応Ver. 365 2021 2019 2016

ActiveX Data Objects（以下、ADO）は、外部データベースを操作するためのオブジェクトです。ADOを使用すると、Officeアプリケーションと外部データベースを接続したり、外部データベースから取得したレコードを操作したりすることができます。ADOを使用すると、ほぼ同じコードでAccessやSQLサーバー、Oracleなどさまざまな種類の外部データベースを操作できます。

ADOの構成

ADOは、下図のようなコレクションとオブジェクトから構成されています。本書では、外部データベースとの接続を担当するConnectionオブジェクト、外部データベースから取得したレコードの操作を担当するRecordsetオブジェクト、SQLやクエリの実行を担当するCommandオブジェクトを主に使用します。

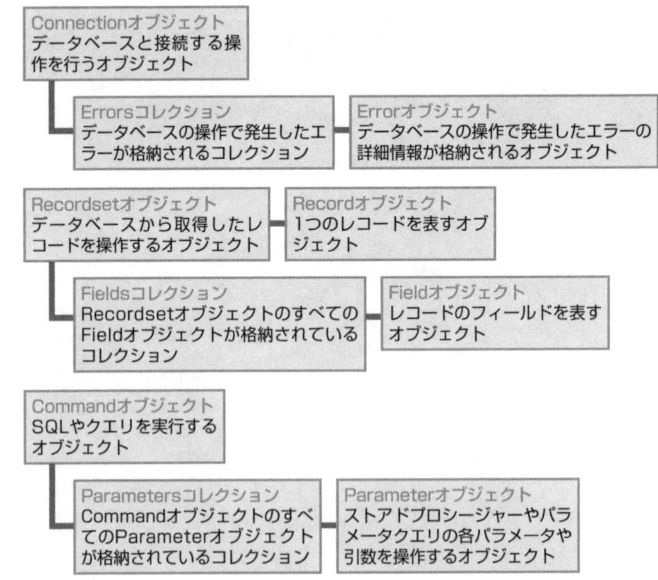

ADOを使用する準備

Excel VBAでADOを使用するには、その準備として、ライブラリファイルへの参照設定を行う必要があります。ADOのライブラリファイルにはいくつかのバージョンがあり、バージョン番号は、ライブラリファイル名に［Microsoft ActiveX Data Objects バージョン番号 Library］の形で記載されています。参照設定を行うときは、最新のバージョンを選択してください。Excel 2021/2019/2016、Microsoft 365のExcelに対応したADOの最新バージョン番号は「6.0」です。なお、参照設定の詳しい操作方法については、ワザ289を参照してください。

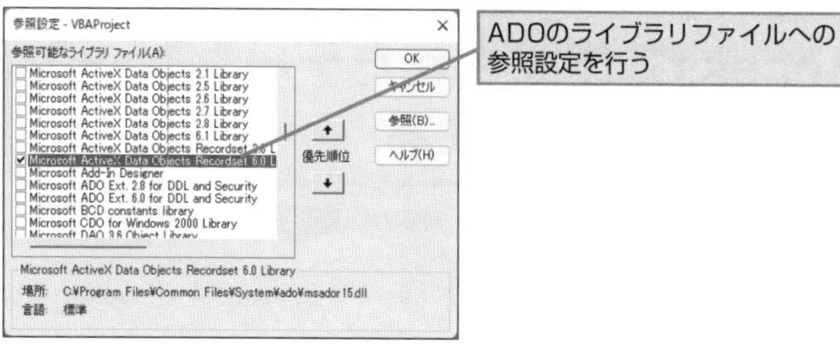

ADOの使用方法

ADOを使用するには、使用したいオブジェクトのインスタンスを生成する必要があります。インスタンスを生成するには、DimステートメントでNewキーワードを使用して変数を宣言します。インスタンスは、宣言した変数が最初に参照されたときに自動生成されて、変数に代入されます。各オブジェクトのプロパティやメソッドを使用するには、「オブジェクト.メソッド」「オブジェクト.プロパティ」といったVBAの基本構文で記述してください。

▶Connectionオブジェクトのインスタンスを生成する

```
Dim 変数名 As New ADODB.Connection
```

▶Recordsetオブジェクトのインスタンスを生成する

```
Dim 変数名 As New ADODB.Recordset
```

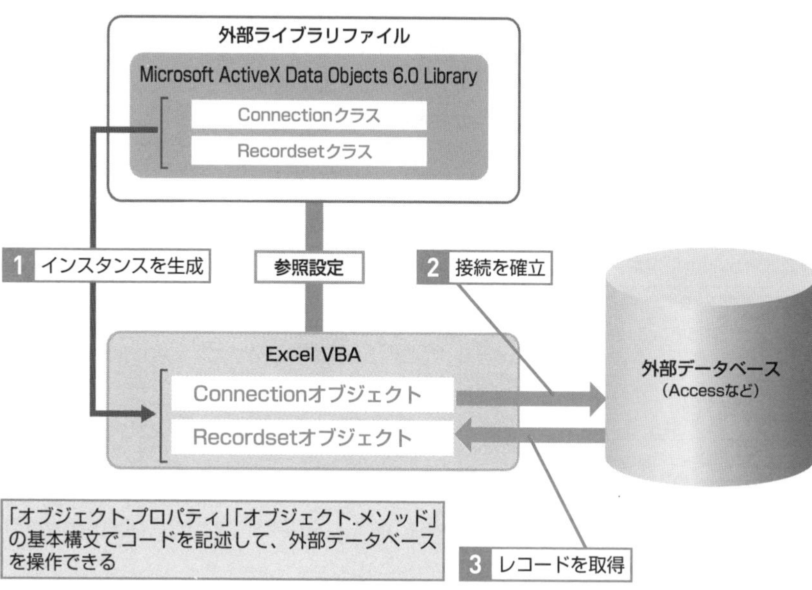

ワザ 570 Accessで作成されたデータベースファイルに接続する

難易度 ●●● ｜ 頻出度 ●●○ ｜ 対応Ver. 365 2021 2019 2016

ADOを使用して外部データベースを操作するには、まず、データベースとの接続を確立する必要があります。このとき、データベースの種類や保存場所を指定します。ここでは、Accessで作成したデータベースファイル［人事データ.accdb］と接続して、メッセージを確認後、Closeメソッドで接続を切断します。

入力例

 570.xlsm

```
Sub データベースファイルに接続()
    Dim myConn As New ADODB.Connection  ←1
    myConn.Open ConnectionString:="Provider=Microsoft.ACE.OLEDB.12.0;" & _  ←2
        "Data Source=C:¥データ¥人事データ.accdb;"
    MsgBox "接続を確立しました"
    myConn.Close: Set myConn = Nothing  ←3
End Sub
```

1 ADODBライブラリのConnection型の変数「myConn」を宣言して、Connectionオブジェクトのインスタンスを生成する　2 Cドライブの［データ］フォルダーに保存されている［人事データ.accdb］に接続して、変数「myConn」の接続を確立する　3 変数「myConn」の接続を切断して参照を解放する

ポイント

構文　`Connectionオブジェクト.Open(ConnectionString, UserID, Password)`

- ADOを使用してデータベースに接続するにはConnectionオブジェクトのOpenメソッドを使用します。
- 引数「ConnectionString」にデータベースの種類（プロバイダー名）や保存場所（ファイルパス）などを指定します。それぞれ「"」で囲んで「変数名 = 設定値;」の形式で記述し、「&」でつなげて指定してください。

●引数「ConnectionString」で使用する主な変数名

変数名	変数に設定する内容
Provider	接続する外部データベースの種類（プロバイダー名）を指定
Data Source	接続する外部データベースの保存場所（ファイルパス）を指定

●変数Providerに指定する主な外部データベースのプロバイダー名

外部データベース	プロバイダー名
Microsoft 365のAccess、Access 2021/2019/2016	Microsoft.ACE.OLEDB.16.0
Access 2013	Microsoft.ACE.OLEDB.15.0
Microsoft 365のAccess、Access 2021/2019/2016/2013/2010/2007	Microsoft.ACE.OLEDB.12.0

外部データベース	プロバイダー名
Access 2003/2002	Microsoft.Jet.OLEDB.4.0
SQLServer	SQLOLEDB
Oracle	OraOLEDB
DB2	IBMDADB2
ODBC接続	MSDASQL

- 外部データベース側でユーザー名とパスワードが設定されている場合は、それぞれ引数「UserID」と引数「Password」に指定してください。
- 1つのConnectionオブジェクトで確立できる接続は1つです。別の接続を確立したい場合は、別のConnectionオブジェクトのインスタンスを生成してOpenメソッドを実行してください。

構文　`Connectionオブジェクト.Close`

- 外部データベースとの接続を切断するには、ConnectionオブジェクトのCloseメソッドを使用します。

ワザ 571 AccessのテーブルのすべてのレコードをExcelのワークシートに読み込む

難易度 ●●● | 頻出度 ●●○ | 対応Ver. 365 2021 2019 2016

Accessで作成したデータベースファイル「人事データ.accdb」にADOを使用して接続し、[社員マスタ]テーブルのすべてのレコードをExcelのワークシートに読み込みます。読み込んだレコードは、セルA2を左上端とするセル範囲に表示します。データベースファイルは、Cドライブの［データ］フォルダーに保存しておきます。

A1 社員No

	A	B	C	D	E	F	G
1	社員No	氏名	所属支店	年齢			
2	1	秋山拓郎	東京	45			
3	2	斉藤重明	大阪	52			
4	3	橋本浩二	名古屋	48			
5	4	前田信明	東京	38			
6	5	皆川康一	大阪	40			
7	6	本田冴子	名古屋	32			
8	7	和泉貴志	東京	27			
9	8	上野正行	大阪	28			
10	9	田辺智子	名古屋	24			
11	10	樋口明子	東京	26			
12							

[社員マスタ] テーブルのすべてのレコードをExcelのワークシートに読み込む

入力例 571.xlsm

```
Sub Accessテーブル読み込み()
    Dim myConn As New ADODB.Connection ←1
    Dim myRS As New ADODB.Recordset ←2
    myConn.Open ConnectionString:="Provider=Microsoft.ACE.OLEDB.12.0;" & _ ←3
        "Data Source=C:¥データ¥人事データ.accdb"
    myRS.Open Source:="社員マスタ", ActiveConnection:=myConn ←4
    Range("A2").CopyFromRecordset Data:=myRS ←5
    myRS.Close: Set myRS = Nothing ←6
    myConn.Close: Set myConn = Nothing ←7
End Sub
```

1ADODBライブラリのConnection型の変数「myConn」を宣言して、Connectionオブジェクトのインスタンスを生成する 2ADODBライブラリのRecordset型の変数「myRS」を宣言して、Recordsetオブジェクトのインスタンスを生成する 3Cドライブの［データ］フォルダーに保存されている［人事データ.accdb］に接続して、変数「myConn」の接続を確立する 4変数「myConn」の接続を使用して、[社員マスタ] テーブルのすべてのレコードを変数「myRS」に格納して、変数「myRS」を開く 5セルA2を左上端とするセル範囲に、変数「myRS」に代入されているすべてのレコードをコピーする 6変数「myRS」を閉じて、変数「myRS」の参照を解放する 7変数「myConn」の接続を切断して、変数「myConn」の参照を解放する

ポイント

構文 `Recordsetオブジェクト.Open(Source, ActiveConnection, CursorType, LockType)`

- ADOを使用して外部データベースのレコードを参照するには、RecordsetオブジェクトのOpenメソッドを使用して、Recordsetオブジェクトを開きます。
- 引数「Source」には、外部データベース内の参照したいテーブル名を指定します。この場合、テーブルのすべてのレコードが格納されたRecordsetオブジェクトが開きます。

次のページに続く▶

- 引数「Source」に選択クエリ名やSQLのSELECT文を指定することもできます。この場合、条件を満たすレコードだけが格納されたRecordsetオブジェクトが開きます。
- Recordsetオブジェクトが開くと、Recordsetオブジェクト内のカーソルがあるレコード（カレントコード）を参照できるようになります。Recordsetオブジェクトを開いた直後、カーソルは先頭のレコードの位置にあります。
- 引数「ActiveConnection」には、接続が確立されているConnectionオブジェクトを指定します。
- 引数「CursorType」には、レコードの操作目的に合わせたカーソルの種類を指定します。

●引数「CursorType」の設定値（CursorTypeEnum列挙型の定数）

定数	値	内容
adOpenStatic	3	静的カーソル。ほかのユーザーによるレコードの追加・変更・削除は表示されない。データを検索したり、レポートを作成したりするときに指定
adOpenDynamic	2	動的カーソル。ほかのユーザーによるレコードの追加・変更・削除を確認できる。すべての動作が許可される
adOpenKeyset	1	キーセットカーソル。ほかのユーザーによって追加されたレコードは表示されず、ほかのユーザーによって削除されたレコードにアクセスできない点以外は、動的カーソルと同じ
adOpenForwardOnly	0	前方専用カーソル。レコードを参照する方向がレコードセットの前方（末尾方向）のみである点以外は、静的カーソルと同じ
adOpenUnspecified（既定値）	-1	カーソルの種類を指定しない

- 複数のユーザーによってデータベースが操作される場合は、引数「LockType」にロックの種類を指定します。

●引数「LockType」の設定値（LockTypeEnum列挙型の定数）

定数	値	内容
adLockReadOnly	1	読み取り専用。データの更新はできない
adLockPessimistic	2	レコード単位の排他的ロック。編集直後のレコードをロックする
adLockOptimistic	3	レコード単位の共有的ロック。RecordsetオブジェクトのUpdateメソッドを呼び出したときだけレコードをロックする
adLockBatchOptimistic	4	共有的バッチ更新。バッチ更新モード時のみ指定可能
adLockUnspecified（既定値）	-1	ロックの種類を指定しない

構文 **Rangeオブジェクト.CopyFromRecordset(Data)**

- Recordsetオブジェクトに格納されているすべてのレコードをワークシートにコピーするには、RangeオブジェクトのCopyFromRecordsetメソッドを使用します。レコードは、引数「Data」に指定したセルを左上端としたセル範囲にコピーされます。

構文 **Recordsetオブジェクト.Close**

- Recordsetオブジェクトを閉じるには、RecordsetオブジェクトのCloseメソッドを使用します。
- Recordsetオブジェクトを閉じた後は、使用していたRecordset型の変数に「Nothing」を代入してメモリー領域を開放します。
- これらの処理は、Connectionオブジェクトを閉じる前に実行してください。

関連ワザ 569 ADOを使用して外部データベースを操作する………P.688
関連ワザ 570 Accessで作成されたデータベースファイルに接続する………P.690

ワザ 572 Recordsetオブジェクト内を検索する

難易度 ○○○ | 頻出度 ○○○ | 対応Ver. 365 2021 2019 2016

Recordsetオブジェクト内では、カーソルを移動することでレコード位置（行位置）を指定し、Fieldsプロパティを使用してフィールド位置（列位置）を指定して、特定のデータを参照します。ここでは、［社員マスタ］テーブルを開いたRecordsetオブジェクト内で、［所属支店］を条件に検索して、条件を満たすレコードの位置にカーソルを移動します。その後、［氏名］フィールドと［年齢］フィールドのデータを取得してワークシートに表示します。なお、検索する支店名はInputBox関数を使用して取得します。

社員マスタ

社員No	氏名	所属支店	年齢
1	秋山拓郎	東京	45
2	斉藤重明	大阪	52
3	橋本浩二	名古屋	48
4	前田信明	東京	38
5	皆川康一	大阪	40
6	本田冴子	名古屋	32
7	和泉貴志	東京	27
8	上野正行	大阪	28
9	田辺智子	名古屋	24
10	樋口明子	東京	26
(新規)			0

→

	A	B	C	D
1	氏名	年齢		
2	秋山拓郎	45		
3	前田信明	38		
4	和泉貴志	27		
5	樋口明子	26		

［社員マスタ］テーブルを開いたRecordsetオブジェクト内で［所属支店］を条件に検索し、［氏名］と［年齢］のデータを取得してワークシートに表示する

入力例　　572.xlsm

```
Sub Recordset内検索()
    Dim myConn As New ADODB.Connection
    Dim myRS As New ADODB.Recordset
    Dim i As Long, myFindStr As String
    myConn.Open ConnectionString:="Provider=Microsoft.ACE.OLEDB.12.0;" & _   ←1
        "Data Source=C:¥データ¥人事データ.accdb"
    myFindStr = InputBox("検索する支店名を入力してください。")  ←2
    If myFindStr = "" Then  ←3
        Exit Sub
    End If
    i = 2  ←4
    With myRS
        .Open "社員マスタ", myConn, adOpenStatic, adLockReadOnly  ←5
        .MoveFirst  ←6
        .Find "所属支店='" & myFindStr & "'", , adSearchForward  ←7
        Do Until .EOF = True  ←8
            Cells(i, 1).Value = .Fields("氏名").Value  ┐
            Cells(i, 2).Value = .Fields("年齢").Value  ┘←9
            i = i + 1
            .MoveNext  ←10
            .Find "所属支店='" & myFindStr & "'", , adSearchForward  ←11
        Loop
    End With
    myRS.Close: Set myRS = Nothing
    myConn.Close: Set myConn = Nothing
End Sub
```

次のページに続く▶

[1]Cドライブの［データ］フォルダーに保存されている［人事データ.accdb］に接続して、変数「myConn」の接続を確立する [2]データ入力用のダイアログボックスを表示して、入力された支店名を変数「myFindStr」に代入する [3]データ入力用のダイアログボックスで［キャンセル］ボタンがクリックされた場合（変数「myFindStr」が「""」（長さ0の文字列）の場合）、プロシージャーの実行を強制終了する [4]ワークシートの2行目から検索結果を表示するため、カウンタ変数「i」を「2」で初期化する [5]変数「myConn」の接続を使用し、静的カーソル、読み取り専用で［社員マスタ］テーブルを開く [6]Recordsetオブジェクト内のカーソルを先頭のレコードの位置に移動する [7]『［所属支店］のフィールドが変数「myFindStr」に代入された文字列である』という条件で、1つ目のレコードを前方（末尾）方向へ検索する [8]カーソルが最後のレコードの位置に達するまで処理を繰り返す [9]［氏名］フィールドと［年齢］フィールドのデータを取得して、i行の1列目と2列目のセルに表示する [10]次のレコードの位置にカーソルを移動する [11]『［所属支店］のフィールドが変数「myFindStr」に代入された文字列である』という条件で、2つ目以降のレコードを前方（末尾）方向へ検索する

ポイント

構文 `Recordsetオブジェクト.Find(Criteria, SearchDirection)`

- Recordsetオブジェクト内で1つのフィールドを条件として検索するには、Findメソッドを使用します。
- 引数「Criteria」には、検索条件を指定します。フィールド名はそのまま記述し、文字列は「'」で囲んで記述します。検索条件全体は「"」で囲んでください。
- 引数「SearchDirection」には、Recordsetオブジェクト内での検索方向を指定します。

●引数「SearchDirection」の設定値（SearchDirectionEnum列挙型の定数）

定数	値	内容
adSearchForward（既定値）	1	前方（末尾方向）に向かって検索
adSearchBackward	-1	後方（先頭方向）に向かって検索

- 条件を満たすレコードが見つかった場合、Recordsetオブジェクト内のカーソルが、見つかったレコードの位置に移動します。条件を満たすレコードが見つからなかった場合、引数「SearchDirection」に「adSearchForward」が指定されている場合はEOF（末尾のレコードより後の位置）、「adSearchBackward」が指定されている場合はBOF（先頭のレコードより前の位置）にカーソルが移動します。

構文 `Recordsetオブジェクト.Fields(Index)`

- Recordsetオブジェクト内でカーソルが指すカレントレコードの各フィールド（Fieldオブジェクト）を参照するには、Fieldsプロパティを使用して、引数「Index」に参照したいフィールド名を指定します。引数「Index」の指定を省略すると、すべてのフィールドを表すFieldsコレクションを参照できます（取得のみ）。

構文 `Fieldオブジェクト.Value`

- 参照したフィールドのデータを取得・設定するには、Valueプロパティを使用します。
- Valueプロパティにデータを設定して、カレントレコードのフィールドの内容を変更できます。変更内容をテーブルに反映するには、Updateメソッドを実行してください（ワザ574参照）。

構文 `Recordsetオブジェクト.カーソルを移動するメソッド`

- 2つ目以降のレコードを検索するとき、カーソルはすでに条件を満たすレコード位置に移動しているので、同じ条件で検索を実行してもカーソルは移動しません。2つ目以降のレコードを検索するには、下表のメソッドでカーソルをほかの位置へ移動してから実行してください。

●カーソルを移動するメソッド

メソッド名	移動する位置	メソッド名	移動する位置
MoveNext	次のレコード	MoveFirst	先頭のレコード
MovePrevious	前のレコード	MoveLast	最後のレコード

構文 `Recordsetオブジェクト.EOF`

- Recordsetオブジェクト内のカーソルが末尾に達すると、EOFプロパティは「True」を返します。カーソルがRecordsetオブジェクトの末尾に達したかどうかを調べるときに使用できます（取得のみ）。

ワザ 573 テーブルのフィールド名を取得する

難易度 ●●●　頻出度 ●●○　対応Ver. 365 2021 2019 2016

テーブルのフィールドを表すFieldオブジェクトを参照してテーブルのフィールド名を取得し、ワークシートに転記します。この方法なら、ワークシートにテーブルのフィールド名を事前に入力する必要がありません。また、テーブルのフィールドを直接参照するので、間違いのないフィールド名をワークシートに表示できます。

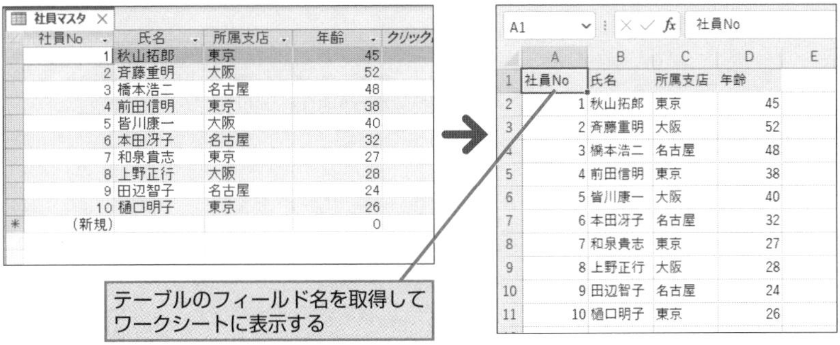

社員マスタ

社員No	氏名	所属支店	年齢	クリック
1	秋山拓郎	東京	45	
2	斉藤重明	大阪	52	
3	橋本浩二	名古屋	48	
4	前田信明	東京	38	
5	皆川康一	大阪	40	
6	本田冴子	名古屋	32	
7	和泉貴志	東京	27	
8	上野正行	大阪	28	
9	田辺智子	名古屋	24	
10	樋口明子	東京	26	
(新規)			0	

テーブルのフィールド名を取得してワークシートに表示する

A1　社員No

	A	B	C	D	E
1	社員No	氏名	所属支店	年齢	
2	1	秋山拓郎	東京	45	
3	2	斉藤重明	大阪	52	
4	3	橋本浩二	名古屋	48	
5	4	前田信明	東京	38	
6	5	皆川康一	大阪	40	
7	6	本田冴子	名古屋	32	
8	7	和泉貴志	東京	27	
9	8	上野正行	大阪	28	
10	9	田辺智子	名古屋	24	
11	10	樋口明子	東京	26	

入力例

573.xlsm

```
Sub フィールド名取得()
    Dim myConn As New ADODB.Connection
    Dim myRS As New ADODB.Recordset
    Dim myField As ADODB.Field, i As Integer
    myConn.Open ConnectionString:="Provider=Microsoft.ACE.OLEDB.12.0;" & _   ←1
        "Data Source=C:¥データ¥人事データ.accdb"
    myRS.Open Source:="社員マスタ", ActiveConnection:=myConn
    i = 1
    For Each myField In myRS.Fields  ←2
        Cells(1, i).Value = myField.Name  ←3
        i = i + 1
    Next myField
    Range(Cells(1, 1), Cells(1, i - 1)).Interior.ColorIndex = 35
    Range("A2").CopyFromRecordset Data:=myRS
    myRS.Close: Set myRS = Nothing
    myConn.Close: Set myConn = Nothing
End Sub
```

1 Cドライブの［データ］フォルダーに保存されている［人事データ.accdb］に接続して、変数「myConn」の接続を確立する　2 テーブル内のすべてのフィールドを表すFieldsコレクションを参照し、Fieldsコレクション内のすべてのFieldオブジェクトを1つ1つ参照する　3 1行i列目のセルにフィールドの名前を表示する

ポイント

構文　**Fieldオブジェクト.Name**

- フィールドのフィールド名を取得するには、FieldオブジェクトのNameプロパティを使用します（取得のみ)。

ワザ 574 Accessのテーブルにレコードの変更内容を反映する

難易度 ●●● | 頻出度 ●●○ | 対応Ver. 365 2021 2019 2016

FieldオブジェクトのValueプロパティを使用してフィールドのデータを設定しても、その変更内容はAccessのテーブルに反映されません。RecordsetオブジェクトのUpdateメソッドを使用して、変更内容をテーブルに反映する必要があります。ここでは、セルA3に入力された条件を満たすレコードの［所属支店］と［年齢］の内容を変更して、その変更内容をAccessのテーブルに反映します。

	A	B	C	D	E
1	条件	変更内容			
2	氏名	所属支店	年齢		
3	皆川康一	東京	41		
4					
5					
6					
7					

条件となる［氏名］をセルA3、変更内容となる［所属支店］と［年齢］をセルB3とセルC3に入力してプロシージャーを実行する

◆元の状態

社員マスタ

社員No	氏名	所属支店	年齢	クリッ
1	秋山拓郎	東京	45	
2	斉藤重明	大阪	52	
3	橋本浩二	名古屋	48	
4	前田信明	東京	38	
5	皆川康一	大阪	40	
6	本田冴子	名古屋	32	
7	和泉貴志	東京	27	
8	上野正行	大阪	28	
9	田辺智子	名古屋	24	
10	樋口明子	東京	26	
(新規)			0	

◆反映後の状態

社員マスタ

社員No	氏名	所属支店	年齢	クリッ
1	秋山拓郎	東京	45	
2	斉藤重明	大阪	52	
3	橋本浩二	名古屋	48	
4	前田信明	東京	38	
5	皆川康一	東京	41	
6	本田冴子	名古屋	32	
7	和泉貴志	東京	27	
8	上野正行	大阪	28	
9	田辺智子	名古屋	24	
10	樋口明子	東京	26	
(新規)			0	

Accessの［社員マスタ］テーブルに変更が反映される

入力例 574.xlsm

```
Sub Accessデータ更新()
    Dim myConn As New ADODB.Connection
    Dim myRS As New ADODB.Recordset
    myConn.Open ConnectionString:="Provider=Microsoft.ACE.OLEDB.12.0;" & _  ←1
        "Data Source=C:¥データ¥人事データ.accdb"
    myRS.Open Source:="社員マスタ", ActiveConnection:=myConn, _
        CursorType:=adOpenKeyset, LockType:=adLockPessimistic
    With myRS
        .MoveFirst  ←2
        .Find "氏名 = '" & Range("A3").Value & "'", , adSearchForward  ←3
        If .EOF = True Then  ←4
            MsgBox "該当するデータは存在しません"
            Exit Sub
        End If
        .Fields("所属支店").Value = Range("B3").Value  ←5
        .Fields("年齢").Value = Range("C3").Value  ←6
        .Update  ←7
    End With
    myRS.Close: Set myRS = Nothing
    myConn.Close: Set myConn = Nothing
End Sub
```

1Cドライブの［データ］フォルダーに保存されている［人事データ.accdb］に接続して、変数「myConn」の接続を確立する　2カーソルを先頭のレコード位置へ移動する　3『[氏名］のフィールドが、セルA3に入力されている文字列である』という条件で、Recordsetオブジェクト内を前方（末尾）方向に向かって検索する　4もし、カーソルの位置がRecordsetオブジェクトの末尾に達していたら、「該当するデータは存在しません」というメッセージを表示して、プロシージャーの実行を強制終了する　5セルB3に入力されているデータを［所属支店］のフィールドに設定する　6セルC3に入力されているデータを［年齢］のフィールドに設定する7各フィールドに設定した変更をテーブルに反映する

ポイント

構文 **Recordsetオブジェクト.Update**

- Recordsetオブジェクト内で、Fieldsコレクションに加えられた変更内容をテーブルに反映するには、RecordsetオブジェクトのUpdateメソッドを使用します。Updateメソッドが実行されても、カーソルの位置は変わりません。
- 条件式やSQL文で、セルに入力されているデータを使用するときは、次のように記述を工夫します。

"氏名 = ' 皆川康一'"

セルに入力されているデータを文字リテラルとして使用したい

文字リテラルをRangeプロパティの記述に置き換える

"氏名 = '" & Range("A3").Value & "'"

その前後部分を分けて「"」（ダブルクォーテーション）で囲み、「&」でつなげる。分けて記述するとき、「'」（シングルクォーテーション）などの記述を忘れないようにする

関連ワザ 572 Recordsetオブジェクト内を検索する………P.693
関連ワザ 575 Accessのテーブルに新しいレコードを追加する………P.698

ワザ 575 Accessのテーブルに新しいレコードを追加する

難易度 ●●● | 頻出度 ●●○ | 対応Ver. 365 2021 2019 2016

Accessで作成したデータベースファイル「人事データ.accdb」にADOを使用して接続し、[社員マスタ]テーブルに新しいレコードを追加します。各フィールドに入力するデータは、Excelのワークシートに入力されたデータを使用します。追加したレコードに設定した内容はUpdateメソッドを使用してテーブルに反映する必要があります。

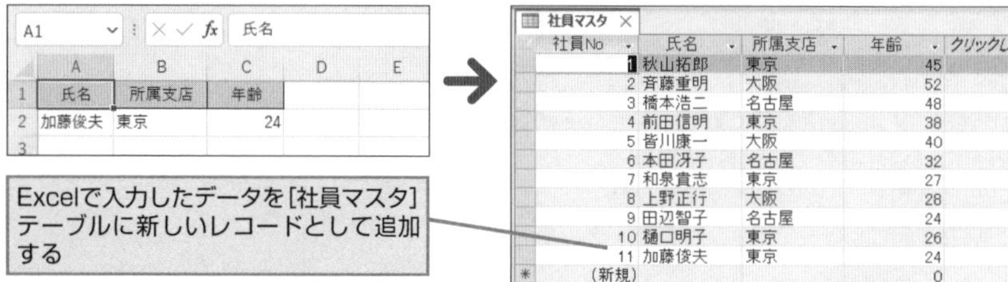

入力例

575.xlsm

```
Sub Accessデータ追加()
    Dim myConn As New ADODB.Connection
    Dim myRS As New ADODB.Recordset
    myConn.Open ConnectionString:="Provider=Microsoft.ACE.OLEDB.12.0;" & _   ←1
        "Data Source=C:¥データ¥人事データ.accdb"
    myRS.Open Source:="社員マスタ", ActiveConnection:=myConn, _
        CursorType:=adOpenKeyset, LockType:=adLockPessimistic
    With myRS
        .AddNew  ←2
        .Fields("氏名").Value = Range("A2").Value
        .Fields("所属支店").Value = Range("B2").Value   ←3
        .Fields("年齢").Value = Range("C2").Value
        .Update  ←4
    End With
    myRS.Close: Set myRS = Nothing
    myConn.Close: Set myConn = Nothing
End Sub
```

1 Cドライブの［データ］フォルダーに保存されている［人事データ.accdb］に接続して、変数「myConn」の接続を確立する 2 新しいレコードを追加する 3 新しく追加したレコードの［氏名］フィールドにセルA2、［所属支店］フィールドにセルB2、［年齢］フィールドにセルC2の各データを設定する 4 新しく追加したレコードに設定した内容をテーブルに反映する

ポイント

構文 Recordsetオブジェクト.AddNew

- Recordsetオブジェクトに更新可能な空白の新しいレコードを追加するには、AddNewメソッドを使用します。カーソルの位置は、新しく追加したレコードの位置に移動します。

関連ワザ 574 Accessのテーブルにレコードの変更内容を反映する………P.696

ワザ 576 Accessのテーブルから特定のレコードを削除する

難易度 ●●●　頻出度 ●●○　対応Ver. 365 2021 2019 2016

Accessで作成したデータベースファイル［人事データ.accdb］にADOを使用して接続し、［社員マスタ］テーブル上の特定のレコードを削除します。ここでは、セルA2に入力されている［社員No］のレコードを検索して、レコードが存在した場合に削除します。レコードが存在しない場合は、「該当するデータは存在しません」というメッセージを表示します。

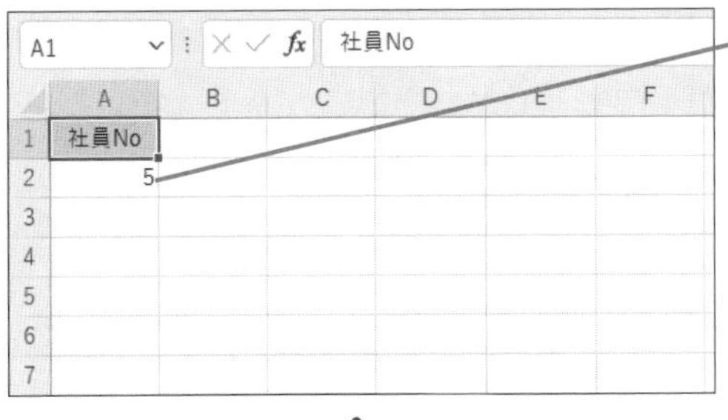

レコードを削除する［社員No］を指定してプロシージャーを実行する

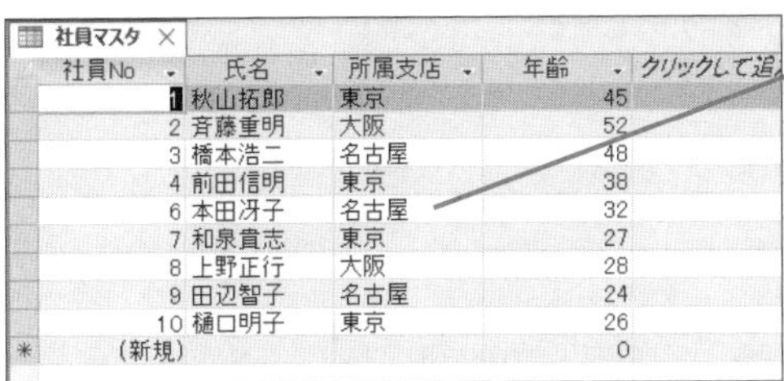

ExcelのセルA2に入力されている［社員No］で、Accessの［社員マスタ］テーブルの［社員No］のレコードを検索して、レコードが存在した場合に削除する

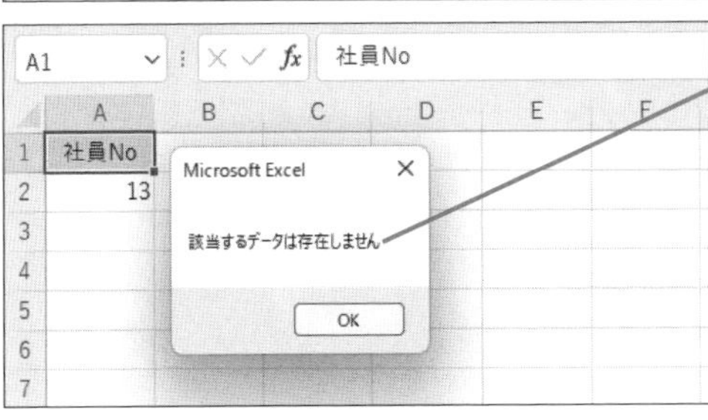

レコードが存在しない場合は、「該当するデータは存在しません」というメッセージを表示する

次のページに続く▶

入力例 576.xlsm

```
Sub Accessデータ削除()
    Dim myConn As New ADODB.Connection
    Dim myRS As New ADODB.Recordset
    myConn.Open ConnectionString:="Provider=Microsoft.ACE.OLEDB.12.0;" & _ ←1
        "Data Source=C:¥データ¥人事データ.accdb"
    myRS.Open Source:="社員マスタ", ActiveConnection:=myConn, _
        CursorType:=adOpenKeyset, LockType:=adLockPessimistic
    With myRS
        .MoveFirst
        .Find "社員No = " & Range("A2").Value, , adSearchForward ←2
        If .EOF = True Then ←3
            MsgBox "該当するデータは存在しません"
            Exit Sub
        End If
        .Delete ←4
        .MoveNext ←5
    End With
    myRS.Close: Set myRS = Nothing
    myConn.Close: Set myConn = Nothing
End Sub
```

1Cドライブの［データ］フォルダーに保存されている［人事データ.accdb］に接続して、変数「myConn」の接続を確立する　2『［社員No］のフィールドが、セルA2に入力されている文字列である』という条件で、Recordsetオブジェクト内を前方（末尾）方向に向かって検索する。データが検索できた場合、カーソルが検索されたレコードの位置へ移動する　3もし、カーソルの位置がRecordsetオブジェクトの末尾に達していたら、「該当するデータは存在しません」というメッセージを表示して、プロシージャーの実行を強制終了する4カーソル位置のレコードを削除する　5次のレコード位置へカーソルを移動する

ポイント

構文 **Recordsetオブジェクト.Delete**

- Recordsetオブジェクト内で、カーソル位置のレコード（カレントレコード）を削除するには、Recordsetオブジェクトの Deleteメソッドを使用します。
- レコードは、削除後も「削除されたレコード」として存在し、カレントレコードのままです。カーソルを移動しないままカレントレコードに対して処理を続けるとエラーが発生するので、MoveNextメソッドなどを使用してカーソルを移動しておきます。

関連ワザ 574 Accessのテーブルにレコードの変更内容を反映する………P.696
関連ワザ 575 Accessのテーブルに新しいレコードを追加する………P.698

ワザ 577 Accessの選択クエリを実行する

難易度 ●●● | 頻出度 ●●○ | 対応Ver. 365 2021 2019 2016

Accessで作成されたデータベースファイル［販売管理データ.accdb］にADOを使用して接続し、すでに作成されている選択クエリ「東京30歳以上」を実行します。実行後、［社員マスタ］テーブルから『［所属支店］が「東京」かつ「年齢」が30歳以上』のレコードが検索され、［氏名］フィールドのデータだけが抽出されます。

	A	B	C	D	E
1	社員名				
2	秋山拓郎				
3	前田信明				
4					
5					

［販売管理データ.accdb］にADOを使用して接続し、選択クエリ「東京30歳以上」を実行する

［社員マスタ］テーブルから『［所属支店］が「東京」かつ「年齢」が30歳以上』のレコードが検索されて［氏名］フィールドのデータが抽出される

入力例 577.xlsm

```
Sub 選択クエリ実行()
    Dim myConn As New ADODB.Connection
    Dim myRS As New ADODB.Recordset
    myConn.Open ConnectionString:="Provider=Microsoft.ACE.OLEDB.12.0;" & _   ←1
        "Data Source=C:¥データ¥人事データ.accdb"
    myRS.Open Source:="東京30歳以上", ActiveConnection:=myConn   ←2
    Range("A2").CopyFromRecordset Data:=myRS   ←3
    myRS.Close: Set myRS = Nothing
    myConn.Close: Set myConn = Nothing
End Sub
```

1 Cドライブの［データ］フォルダーに保存されている［人事データ.accdb］に接続して、変数「myConn」の接続を確立する　2 変数「myConn」の接続を使用して変数「myRS」を開き、選択クエリ「東京30歳以上」を実行して、その結果を変数「myRS」に格納する　3 セルA2を左上端とするセル範囲に、変数「myRS」に格納されているデータをコピーする

ポイント

- Accessの選択クエリを実行するには、RecordsetオブジェクトのOpenメソッドの引数「Source」に選択クエリ名を指定します。
- このサンプルでは、選択クエリの実行結果は変数「myRS」に代入されているので、RangeオブジェクトのCopyFromRecordsetメソッドを使用して、実行結果をワークシート上に読み出しています。

関連ワザ 570 Accessで作成されたデータベースファイルに接続する………P.690
関連ワザ 578 Accessの更新クエリを実行する………P.702

ワザ 578 Accessの更新クエリを実行する

難易度 ●●●｜頻出度 ●●○｜対応Ver. 365 2021 2019 2016

Excel VBAでAccessの更新クエリを実行するには、ADOのCommandオブジェクトを使用します。ここでは、Accessで作成したデータベースファイル［販売管理データ.accdb］にADOを使用して接続し、すでに作成されている更新クエリ「単価2割引き」を実行します。実行後、［商品マスタ］テーブルの［単価］フィールドのデータが2割引きの値に更新されます。

［販売管理データ.accdb］にADOを使用して接続し、単価2割引きの更新クエリを実行する

商品マスタ

商品コード	商品名	単価
DP001	デスクトップパ	¥135,800
MP005	MP3プレーヤ	¥15,900
NP002	ノートパソコン	¥214,800
PR003	プリンタ	¥35,800
SC004	スキャナ	¥32,400

→

［商品マスタ］テーブルの［単価］フィールドのデータが2割引きの値に更新される

商品マスタ

商品コード	商品名	単価
DP001	デスクトップパ	¥108,640
MP005	MP3プレーヤ	¥12,720
NP002	ノートパソコン	¥171,840
PR003	プリンタ	¥28,640
SC004	スキャナ	¥25,920

入力例　578.xlsm

```
Sub 更新クエリ実行()
    Dim myConn As New ADODB.Connection
    Dim myCmd As New ADODB.Command  ←1
    myConn.Open ConnectionString:="Provider=Microsoft.ACE.OLEDB.12.0;" & _  ←2
        "Data Source=C:¥データ¥販売管理データ.accdb"
    With myCmd  ←3
        .ActiveConnection = myConn  ←4
        .CommandText = "単価2割引き"  ←5
        .Execute  ←6
    End With
    MsgBox "更新クエリを実行しました"
    myConn.Close: Set myConn = Nothing
End Sub
```

1 ADODBライブラリのCommand型の変数「myCmd」を宣言して、Commandオブジェクトのインスタンスを生成する　2 Cドライブの［データ］フォルダーに保存されている［販売管理データ.accdb］に接続して、変数「myConn」の接続を確立する　4 変数「myConn」の接続をCommandオブジェクトに設定する　5 実行する更新クエリ「単価2割引き」をCommandオブジェクトに設定する　6 設定した更新クエリを実行する

ポイント

- Accessの更新クエリをADOを使用して実行するには、Commandオブジェクトを使用します。
- CommandオブジェクトのActiveConnectionプロパティに、データベースとの接続が確立されているConnectionオブジェクトを設定します。
- CommandオブジェクトのCommandTextプロパティに、実行したい更新クエリの名前を設定します。
- CommandオブジェクトのExecuteメソッドを実行すると、CommandTextプロパティに設定した更新クエリが実行されます。

ワザ 579 CommandオブジェクトでSELECT文を実行してテーブルからデータを抽出する

難易度 ●●●｜頻出度 ●●○｜対応Ver. 365 2021 2019 2016

Commandオブジェクトを使用してSQLのSELECT文を実行し、テーブルからデータを抽出します。選択クエリを作成したり、Recordsetオブジェクトのカーソルを操作したりすることなく、シンプルで分かりやすいSELECT文を記述するだけで、特定のデータを簡単に抽出できます。ここでは、Accessの［社員マスタ］テーブルから「東京支店」の社員の［氏名］と［年齢］のデータを抽出して、Excelのワークシートにコピーしています。

［社員マスタ］テーブルの［所属支店］フィールドに「東京」と入力されているデータを絞り込む

社員マスタ

社員No	氏名	所属支店	年齢	クリックして追加
1	秋山拓郎	東京	45	
2	斉藤重明	大阪	52	
3	橋本浩二	名古屋	48	
4	前田信明	東京	38	
5	皆川康一	大阪	40	
6	本田冴子	名古屋	32	
7	和泉貴志	東京	27	
8	上野正行	大阪	28	
9	田辺智子	名古屋	24	
10	樋口明子	東京	26	
（新規）			0	

絞り込んだレコードから［氏名］と［年齢］フィールドのデータを抽出し、Excelのワークシートにコピーする

A1　氏名

	A	B	C	D	E	F	G
1	氏名	年齢					
2	秋山拓郎	45					
3	前田信明	38					
4	和泉貴志	27					
5	樋口明子	26					
6							

関連ワザ 580 RecordsetオブジェクトでSELECT文を実行してテーブルからデータを抽出する………P.705
関連ワザ 582 SELECT文によるさまざまな検索方法………P.707
関連ワザ 583 SELECT文によるさまざまなデータ操作………P.710
次のページに続く▶

入力例　579.xlsm

```
Sub CommandオブジェクトでSELECT文実行()
    Dim myConn As New ADODB.Connection
    Dim myRS As New ADODB.Recordset
    Dim myCmd As New ADODB.Command ←1
    myConn.Open ConnectionString:="Provider=Microsoft.ACE.OLEDB.12.0;" & _ ←2
        "Data Source=C:¥データ¥人事データ.accdb"
    With myCmd ←3
        .ActiveConnection = myConn ←4
        .CommandText = "SELECT 氏名, 年齢 FROM 社員マスタ WHERE 所属支店='東京';" ←5
        Set myRS = .Execute ←6
    End With
    Range("A2").CopyFromRecordset Data:=myRS ←7
    myRS.Close: Set myRS = Nothing
    myConn.Close: Set myConn = Nothing
End Sub
```

1 ADODBライブラリのCommand型の変数「myCmd」を宣言して、Commandオブジェクトのインスタンスを生成する　2 Cドライブの［データ］フォルダーに保存されている［人事データ.accdb］に接続して、変数「myConn」の接続を確立する　3 Commandオブジェクトが代入された変数「myCmd」に対して、処理を実行する　4 変数「myCmd」が使用する接続として、変数「myConn」の接続を設定する　5 実行するSELECT文を設定する。ここでは、［社員マスタ］テーブルから「所属支店が『東京』」という条件でレコードを絞り込み、絞り込んだレコードから［氏名］フィールドと［年齢］フィールドのデータを抽出する　6 SELECT文を実行して、その結果を変数「myRS」に格納する　7 セルA2を左上端とするセル範囲に、変数「myRS」に代入されているすべてのレコードをコピーする

ポイント

- CommandオブジェクトのActiveConnectionプロパティに、接続が確立されているConnectionオブジェクトを指定します。
- 実行したいSQL文は、CommandオブジェクトのCommandTextプロパティに指定します。
- SQL文を実行するには、CommandオブジェクトExecuteメソッドを実行します。SELECT文を実行した場合、抽出結果が格納されているRecordsetオブジェクトが返されます。

構文　**SELECT 抽出するフィールド名1, 抽出するフィールド名2, …… FROM テーブル名 WHERE 条件式;**

- SQLを使用してテーブルから特定の条件式を満たすレコードのフィールドのデータを抽出するには、SELECT文を記述します。
- 操作対象のテーブル名をFROM句に指定します。
- レコードを絞り込む条件式をWHERE句に指定します。
- 絞り込んだレコードからデータを抽出したいフィールド名を、SELECT句に指定します。複数のフィールドを指定したい場合は、「,」で区切ってフィールド名を記述してください。すべてのフィールドのデータを抽出したい場合は、「*」を記述してください。

▶SQLの記述ルール

- SQL文を構成する句や指定したいテーブル名などを記述するときは、これらのキーワードを半角の空白（スペース）で区切って記述してください。
- 外部データベースがAccess、MySQL、PostgreSQLの場合は、SQLの末尾に「;」を記述してください。SQLの末尾の「;」の要否は、外部データベースの種類やSQLを実行するツールによって違いがあり、ルールに反すると実行時にエラーが発生します。
- 文字リテラル（やり取りする具体的な文字列）を指定する場合は、その文字列を「'」で囲んでください。
- 数値リテラル（やり取りする具体的な数値）を指定する場合は、「'」で囲まずに直接記述してください。

ワザ 580 RecordsetオブジェクトでSELECT文を実行してテーブルからデータを抽出する

難易度 ●●●　頻出度 ●●○　対応Ver. 365 2021 2019 2016

Recordsetオブジェクトを使用してSQLのSELECT文を実行し、テーブルからデータを抽出します。ここでは、Accessの［社員マスタ］テーブルから「大阪支店」の社員の［氏名］と［年齢］のデータを抽出して、Excelのワークシートにコピーしています。

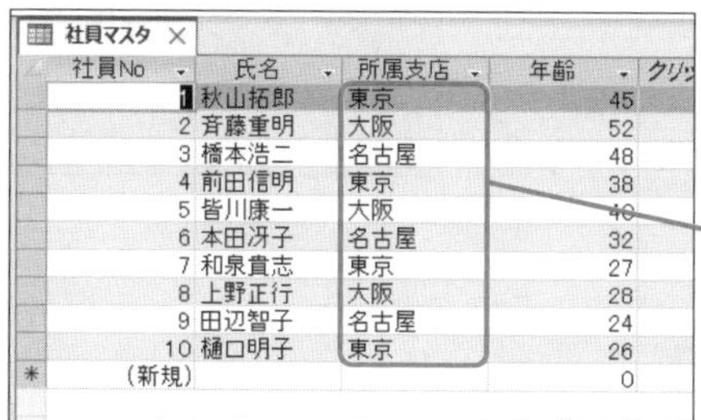

社員マスタ

社員No	氏名	所属支店	年齢	クリッ
1	秋山拓郎	東京	45	
2	斉藤重明	大阪	52	
3	橋本浩二	名古屋	48	
4	前田信明	東京	38	
5	皆川康一	大阪	40	
6	本田冴子	名古屋	32	
7	和泉貴志	東京	27	
8	上野正行	大阪	28	
9	田辺智子	名古屋	24	
10	樋口明子	東京	26	
（新規）			0	

A1　氏名

	A	B	C	D	E	F
1	氏名	年齢				
2	斉藤重明	52				
3	皆川康一	40				
4	上野正行	28				

［所属支店］フィールドに「大阪」と入力されているレコードから［氏名］と［年齢］フィールドのデータを抽出して、Excelのワークシートにコピーする

入力例

580.xlsm

```
Sub RecordsetオブジェクトでSELECT文実行()
    Dim myConn As New ADODB.Connection
    Dim myRS As New ADODB.Recordset
    myConn.Open ConnectionString:="Provider=Microsoft.ACE.OLEDB.12.0;" & _   ←1
        "Data Source=C:¥データ¥人事データ.accdb"
    myRS.Open _   ←2
        Source:="SELECT 氏名, 年齢 FROM 社員マスタ WHERE 所属支店='大阪';", _
        ActiveConnection:=myConn
    Range("A2").CopyFromRecordset Data:=myRS   ←3
    myRS.Close: Set myRS = Nothing
    myConn.Close: Set myConn = Nothing
End Sub
```

1 Cドライブの［データ］フォルダーに保存されている［人事データ.accdb］に接続して、変数「myConn」の接続を確立する　2 変数「myConn」の接続を使用して、SELECT文を実行する。ここでは、［社員マスタ］テーブルから「所属支店が『大阪』」という条件でレコードを絞り込み、絞り込んだレコードから［氏名］フィールドと［年齢］フィールドのデータを抽出する　3 セルA2を左上端とするセル範囲に、変数「myRS」に代入されているすべてのレコードをコピーする

ポイント

- RecordsetオブジェクトのOpenメソッドを使用してSQLのSELECT文を実行するには、Openメソッドの引数「Source」に実行したいSELECT文を指定します。
- 引数「ActiveConnection」には、外部データベースとの接続が確立されているConnectionオブジェクトを指定します。
- Openメソッドを実行すると、SELECT文によって抽出されたデータが格納されたRecordsetオブジェクトが開きます。
- SQLの記述ルールについては、ワザ579を参照してください。

ワザ 581 取得したRecordsetオブジェクト内のレコード数をメッセージで表示する

難易度 ●●● | 頻出度 ●●○ | 対応Ver. 365 2021 2019 2016

SQLのSELECT文で抽出したレコード数をメッセージで表示します。ここでは、データベースファイル［人事データ.accdb］にADOを使用して接続し、［社員マスタ］テーブルから「名古屋支店」の社員データを抽出して、その件数をメッセージで表示します。SQLの記述ルールについてはワザ579を参照してください。

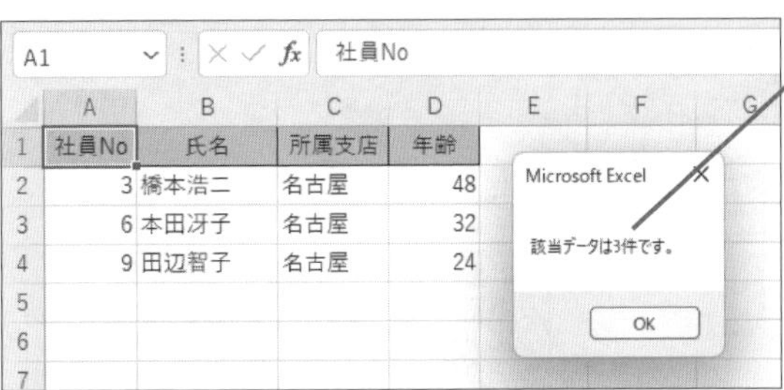

入力例 581.xlsm

```
Sub レコード数表示()
    Dim myConn As New ADODB.Connection
    Dim myRS As New ADODB.Recordset
    myConn.Open ConnectionString:="Provider=Microsoft.ACE.OLEDB.12.0;" & _   ←1
        "Data Source=C:¥データ¥人事データ.accdb"
    myRS.Open Source:="SELECT * FROM 社員マスタ WHERE 所属支店='名古屋';", _   ←2
        ActiveConnection:=myConn, CursorType:=adOpenStatic
    Range("A2").CopyFromRecordset Data:=myRS   ←3
    MsgBox "該当データは" & myRS.RecordCount & "件です。"   ←4
    myRS.Close: Set myRS = Nothing
    myConn.Close: Set myConn = Nothing
End Sub
```

1Cドライブの［データ］フォルダーに保存されている［人事データ.accdb］に接続して、変数「myConn」の接続を確立する　2変数「myConn」の接続を使用し、カーソルタイプに静的カーソルを指定してSELECT文を実行する。ここでは、［社員マスタ］テーブルから「所属支店が『名古屋』」という条件でレコードを絞り込み、絞り込んだレコードからすべてのフィールドのデータを抽出する　3セルA2を左上端とするセル範囲に、変数「myRS」に代入されているすべてのデータをコピーする　4条件によって絞り込まれたデータの件数をメッセージで表示する

ポイント

構文 **Recordsetオブジェクト.RecordCount**

- SELECT文で抽出したレコード数を取得するには、RecordsetオブジェクトのRecordCountプロパティを使用します（取得のみ）。
- RecordCountプロパティを使用してレコード数を取得する場合、Recordsetオブジェクトのカーソルの種類が静的カーソル、またはキーセットカーソルである必要があります。
- CommandオブジェクトのExecuteメソッドを使用してSELECT文を実行した場合、Recordsetオブジェクトのカーソルが前方専用のカーソルになるため、RecordCountプロパティは「-1」を返します。

ワザ 582 SELECT文による さまざまな検索方法

難易度 ●●● 頻出度 ●●○ 対応Ver. 365 2021 2019 2016

SELECT文のWHERE句では、さまざまな検索方法を記述するためのキーワードが用意されています。さまざまな条件式の記述方法を知っておくことで、テーブルから自由にデータを取り出せるようになります。このワザで紹介する例では、下図のテーブルを対象にしてSELECT文を実行しています。サンプル（582.xlsm）を実行するときは、コードの6行目のSELECT文を記述例として紹介しているSELECT文に書き換えてから実行してください。サンプルのコードについては、ワザ579を参照してください。SQLの記述ルールについてはワザ579を参照してください。

社員マスタ

社員No	氏名	所属支店	年齢	クリックして追加
1	秋山拓郎	東京	45	
2	斉藤重明	大阪	52	
3	橋本浩二	名古屋	48	
4	前田信明	東京	38	
5	皆川康一	大阪	40	
6	本田冴子	名古屋	32	
7	和泉貴志	東京	27	
8	上野正行	大阪	28	
9	田辺智子	名古屋	24	
10	樋口明子	東京	26	
(新規)			0	

SQLの記述例の対象となっているテーブル

※このワザで紹介している検索方法のほかに、WHERE句の条件式で別なSELECT文の結果を使用できるサブクエリ（副問い合わせ）、グループ化された列や集計関数を使用して条件式を記述するHAVING句などがあります。

すべてのレコードを検索する

SELECT文でテーブルのすべてのレコードを検索するには、WHERE句を省略します。記述例では、［社員マスタ］テーブルから［氏名］フィールドと［年齢］フィールドのすべてのデータを取り出しています。

構文 SELECT 抽出するフィールド名1, 抽出するフィールド名2, …… FROM テーブル名;

記述例 SELECT 氏名, 年齢 FROM 社員マスタ;

A1 氏名

	A	B	C	D
1	氏名	年齢		
2	秋山拓郎	45		
3	斉藤重明	52		
4	橋本浩二	48		
5	前田信明	38		
6	皆川康一	40		
7	本田冴子	32		
8	和泉貴志	27		
9	上野正行	28		
10	田辺智子	24		
11	樋口明子	26		
12				

記述例のSQLの実行結果

次のページに続く▶

条件式にデータ範囲を指定して検索する

SELECT文のWHERE句の条件式でデータ範囲を指定するには、比較演算子（>、<、>=、<=、など）と論理演算子（AND、OR、など）を使用して条件式を記述します。記述例では、［社員マスタ］テーブルから［年齢］フィールドが「40」より大きく「60」以下のレコードに絞り込み、［氏名］フィールドと［年齢］フィールドのデータを取り出しています。

構　文
```
SELECT 抽出するフィールド名1, 抽出するフィールド名2, ……
FROM テーブル名 WHERE [NOT] 比較演算子や論理演算子を使用した条件式;
```

記述例
```
SELECT 氏名, 年齢 FROM 社員マスタ WHERE 年齢>40 AND 年齢<=60;
```

A1　氏名

	A	B	C	D
1	氏名	年齢		
2	秋山拓郎	45		
3	斉藤重明	52		
4	橋本浩二	48		
5				

記述例のSQLの実行結果

ポイント

- 条件式にNOT演算子を付加することで、指定した条件を満たさないレコードに絞り込めます。
- BETWEEN演算子を使用してもデータ範囲を記述できますが、比較演算子と論理演算子を使用した方がさまざまな条件を柔軟に記述できます。

条件式に複数のデータをまとめて指定して検索する

SELECT文のWHERE句の条件式で複数のデータをまとめて指定するには、IN句を使用します。記述例では、「社員マスタ」テーブルから［所属支店］フィールドが［東京］、または［大阪］のレコードに絞り込み、［氏名］フィールドと［年齢］フィールドのデータを取り出しています。

構　文
```
SELECT 抽出するフィールド名1, 抽出するフィールド名2, …
FROM テーブル名 WHERE 検索するフィールド名 [NOT] IN(検索するデータ1, 検索するデータ2, …);
```

記述例
```
SELECT 氏名, 年齢 FROM 社員マスタ WHERE 所属支店 IN ('東京', '大阪');
```

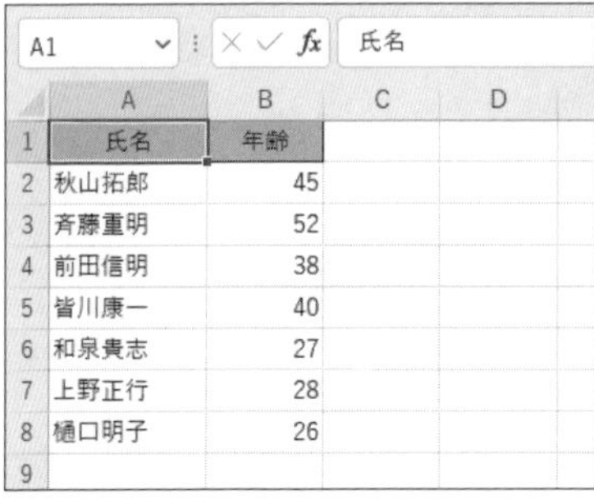

A1　氏名

	A	B	C	D
1	氏名	年齢		
2	秋山拓郎	45		
3	斉藤重明	52		
4	前田信明	38		
5	皆川康一	40		
6	和泉貴志	27		
7	上野正行	28		
8	樋口明子	26		
9				

記述例のSQLの実行結果

ポイント

- IN句の前に「NOT」と記述すると、フィールドのデータがIN句で指定したデータではない条件で検索を実行できます。

あいまいな条件で検索する

SELECT文であいまいな条件で検索するには、WHERE句の条件式でLIKE句を使用します。記述例では、[社員マスタ] テーブルから、[氏名] フィールドが「子」で終わるレコードに絞り込み、[氏名] フィールドと [年齢] フィールドのデータを取り出しています。

構文
```
SELECT 抽出するフィールド名1, 抽出するフィールド名2, …
FROM テーブル名 WHERE 検索するフィールド名 LIKE 検索文字列;
```

記述例
```
SELECT 氏名, 年齢 FROM 社員マスタ WHERE 氏名 LIKE '%子';
```

	A	B	C	D
1	氏名	年齢		
2	本田冴子	32		
3	田辺智子	24		
4	樋口明子	26		
5				

記述例のSQLの実行結果

ポイント

- 任意の文字列を指定するには、ワイルドカードの「%」を使用してください。
- 任意の1文字を指定したい場合は、ワイルドカードの「_」を使用します。
- 検索文字列はワイルドカードも含めて「'」で囲んでください。

NULL値を条件として検索する

SELECT文のWHERE句でNULL値かどうかを条件として記述する場合、比較演算子はIS演算子を使用します。記述例では、[社員マスタ] テーブルから [氏名] フィールドがNULLではないレコードに絞り込んで、[氏名] フィールドと [年齢] フィールドのデータを取り出しています。

構文
```
SELECT 抽出するフィールド名1, 抽出するフィールド名2, …
FROM テーブル名 WHERE 検索するフィールド名 IS [NOT] NULL
```

記述例
```
SELECT 氏名, 年齢 FROM 社員マスタ WHERE 氏名 IS NOT NULL;
```

	A	B	C	D
1	氏名	年齢		
2	秋山拓郎	45		
3	斉藤重明	52		
4	橋本浩二	48		
5	前田信明	38		
6	皆川康一	40		
7	本田冴子	32		
8	和泉貴志	27		
9	上野正行	28		
10	田辺智子	24		
11	樋口明子	26		
12				

記述例のSQLの実行結果

ポイント

- 「NULLではない」という条件を記述するには、NULLの前に「NOT」と記述してください。

ワザ 583 SELECT文による さまざまなデータ操作

難易度 ●●● | 頻出度 ●●○ | 対応Ver. 365 2021 2019 2016

SELECT文では、データをグループ化して集計したり、並べ替えたりすることもできます。データを取り出すだけでなく、目的に応じてデータを加工できます。このワザで紹介しているサンプルは、下図のテーブルを対象にしてSELECT文を実行しています。サンプル（583.xlsm）を実行するときは、コードの7行目のSELECT文を、記述例として紹介しているSELECT文に書き換えてから実行してください。サンプルのコードについては、ワザ573と579を参照してください。SQLの記述ルールについてはワザ579を参照してください。

売上

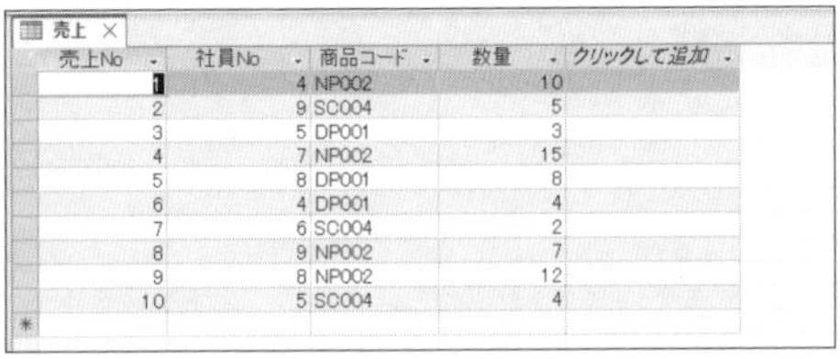

売上No	社員No	商品コード	数量	クリックして追加
1	4	NP002	10	
2	9	SC004	5	
3	5	DP001	3	
4	7	NP002	15	
5	8	DP001	8	
6	4	DP001	4	
7	6	SC004	2	
8	9	NP002	7	
9	8	NP002	12	
10	5	SC004	4	

SQLの記述例の対象となっているテーブル

特定のフィールドでグループ化してデータを集計する

SELECT文でGROUP BY句を使用すると、特定のフィールドのデータごとにグループ化してレコードをまとめられます。まとめられたレコードごとに特定のフィールドの合計や平均などを算出するには、SQLの集合関数を使用しましょう。記述例では、［売上］テーブルの［商品コード］フィールドでグループ化して［数量］フィールドの合計を算出し、［商品コード］フィールドと、計算結果を別名［数量合計］で取り出しています。

構文
```
SELECT 抽出するフィールド名1, 抽出するフィールド名2, ……
FROM テーブル名 GROUP BY グループ化するフィールド名;
```

記述例
```
SELECT 商品コード, SUM(数量) AS 数量合計 FROM 売上 GROUP BY 商品コード;
```

A1 商品コード

	A	B
1	商品コード	数量合計
2	DP001	15
3	NP002	44
4	SC004	11

記述例のSQLの実行結果

ポイント

- GROUP BY句によって複数のレコードをまとめられるため、特定のフィールドを対象にしてSQLの集合関数を使用できます。
- SQLの集合関数は、取り出した結果となるSELECT句で記述します。集合関数の引数に、計算の対象となるフィールド名を指定してください。

●SQLの主な集合関数

関数名	計算内容
SUM	合計
AVG	平均

関数名	計算内容
COUNT	レコードの行数
MAX	最大値

関数名	計算内容
MAX	最大値

- GROUP BY句を使用した場合、SELECT句で指定できるのは、GROUP BY句で指定したフィールド名と集合関数を使用した記述だけです。
- SELECT句のフィールド名にAS句を指定すると、フィールド名を別名で取得できます。

特定のフィールドで並べ替えてデータを取り出す

SELECT文でORDER BY句を使用すると、特定のフィールドについて、昇順または、降順に並べ替えてデータを取り出せます。記述例では、[売上] テーブルから [商品コード] が「NP002」であるレコードに絞り込んで [数量] の降順で並べ替え、[社員No] と [数量] フィールドのデータを取り出しています。

構文
```
SELECT 抽出するフィールド名1, 抽出するフィールド名2, ……
FROM テーブル名 WHERE 条件式 ORDER BY 並べ替え対象のフィールド名 並べ替え方法;
```

記述例
```
SELECT 社員No, 数量 FROM 売上 WHERE 商品コード='NP002' ORDER BY 数量 DESC;
```

A1 社員No

	A	B
1	社員No	数量
2	7	15
3	8	12
4	4	10
5	9	7

記述例のSQLの実行結果

- 並べ替え方法は、ORDER BY句の並べ替え対象のフィールド名の後に、半角の空白（スペース）に続けて指定します。昇順に並べ替える場合は「ASC」、降順に並べ替える場合は「DESC」を指定します。

抽出結果から重複データを削除する

SELECT文で取り出したデータから重複データを削除するには、DISTINCT句を使用します。フィールドに入力されているデータの種類などを調べるときに便利です。ここでは、[売上] テーブルから、[商品コード] フィールドのデータを取り出して重複データを削除し、「売上があった商品コード」という別名で取り出しています。

構文
```
SELECT DISTINCT(抽出するフィールド名) , … FROM テーブル名 WHERE 条件式;
```

記述例
```
SELECT DISTINCT(商品コード) AS 売上があった商品コード FROM 売上;
```

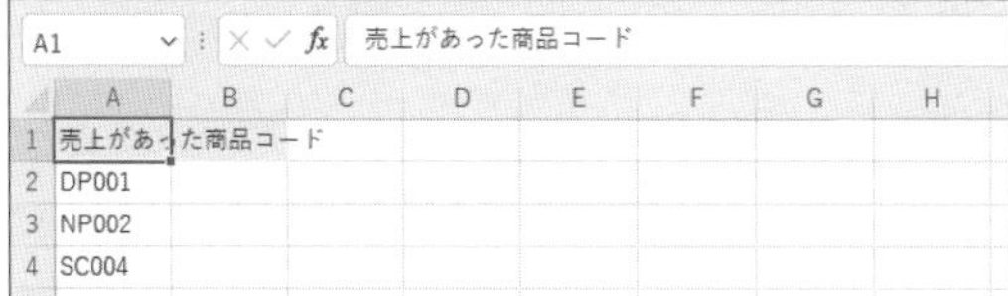

A1 売上があった商品コード

	A
1	売上があった商品コード
2	DP001
3	NP002
4	SC004

記述例のSQLの実行結果

ポイント

- DISTINCT句は、取り出した結果となるSELECT句に記述します。DISTINCT句のかっこ内に、重複データを削除したいフィールド名を指定してください。

ワザ 584 SELECT文で複数のテーブルを結合する

難易度 ●●●　頻出度 ●●○　対応Ver. 365 2021 2019 2016

サンプルのデータベースファイル［販売管理データ.accdb］では、［商品マスタ］テーブルの主キーである［商品コード］を、［売上］テーブルの［商品コード］から外部キーとして参照しています。このように、テーブルの主キーをほかのテーブルが外部キーとして参照している場合、複数のテーブルを1つのテーブルとして結合できます。テーブルの結合には、SELECT文のINNER JOIN句などを使用します。このワザのサンプル（584.xlsm）では、下図の3つのテーブルを対象にしてSELECT文を実行します。サンプルは、コードの7行目のSELECT文を、記述例として紹介しているSELECT文に書き換えてから実行してください。サンプルのコードについては、ワザ573と579を参照してください。SQLの記述ルールについてはワザ579を参照してください。

●SQLの記述例の対象となっているテーブル

売上

売上No	商品コード	数量	クリックして追加
1	NP002	10	
2	SC004	5	
3	DP001	3	
4	NP002	15	
5	DP001	8	
6	DP001	4	
7	SC004	2	
8	NP002	7	
9	NP002	12	
10	SC004	4	

［社員マスタ］テーブルの主キーである［社員No］は、［売上］テーブルの［社員No］が外部キーとして参照している

商品マスタ

商品コード	商品名	単価	クリックして追加
DP001	デスクトップパ	¥135,800	
MP005	MP3プレーヤ	¥15,900	
NP002	ノートパソコン	¥214,800	
PR003	プリンタ	¥35,800	
SC004	スキャナ	¥32,400	

社員マスタ

社員No	氏名	所属支店	年齢	クリ
1	秋山拓郎	東京	45	
2	斉藤重明	大阪	52	
3	橋本浩二	名古屋	48	
4	前田信明	東京	38	
5	皆川康一	大阪	40	
6	本田冴子	名古屋	32	
7	和泉貴志	東京	27	
8	上野正行	大阪	28	
9	田辺智子	名古屋	24	
10	樋口明子	東京	26	
(新規)				

2つのテーブルを内部結合する

「内部結合」では、主キーと外部キーが一致しているレコードだけを取り出してテーブルを結合します。結合するテーブル名は、FROM句の中でINNER JOIN句を使用して指定し、これに続けて、テーブルを結合する結合条件をON句に記述します。記述例では、［売上］テーブルと［商品マスタ］テーブルを内部結合して、［売上No］［商品コード］［商品名］［単価］［数量］のフィールドを取り出しています。結合条件は、「それぞれのテーブルの［商品コード］フィールドのデータが等しい」という条件です。

構文
```
SELECT 抽出するフィールド名1, 抽出するフィールド名2, ……
FROM テーブル名1 INNER JOIN テーブル名2 ON 結合条件;
```

記述例
```
SELECT 売上No, 売上.商品コード, 商品名, 単価, 数量
FROM 売上 INNER JOIN 商品マスタ ON 売上.商品コード=商品マスタ.商品コード;
```

	A	B	C	D	E	F
1	売上No	商品コー	商品名	単価	数量	
2	1	NP002	ノートパ	214800	10	
3	2	SC004	スキャナ	32400	5	
4	3	DP001	デスクト	135800	3	
5	4	NP002	ノートパ	214800	15	
6	5	DP001	デスクト	135800	8	
7	6	DP001	デスクト	135800	4	
8	7	SC004	スキャナ	32400	2	
9	8	NP002	ノートパ	214800	7	
10	9	NP002	ノートパ	214800	12	
11	10	SC004	スキャナ	32400	4	
12						

記述例のSQLの実行結果

ポイント

- SELECT句やON句にフィールド名を記述するとき、結合する複数のテーブルに同じ名前で存在しているフィールド名を指定する場合は、どちらのテーブルのフィールドを指定しているのかを明確にするために、「テーブル名.フィールド名」という形でフィールド名を記述します。

3つのテーブルを内部結合する

3つ以上のテーブルを内部結合する場合、記述例2のように、INNER JOIN句とON句を入れ子の形で記述します。しかしAccessでは、記述例1のようにFROM句に複数のテーブル名を「,」で区切って記述できるため、INNER JOIN句を使用せずに内部結合が実行できます。この場合、結合条件は、ON句ではなくWHERE句に記述します。記述例では、[売上][商品マスタ][社員マスタ]の3つのテーブルを内部結合して、[売上No][商品コード][商品名][所属支店]のフィールドを取り出し、[所属支店]フィールドを「担当支店」、「氏名」を「担当社員」という別名で取り出しています。テーブルを結合する条件は、「[売上]テーブルと[商品マスタ]テーブルの[商品コード]フィールドのデータが等しい」かつ「[売上]テーブルと[社員マスタ]テーブルの[社員No]フィールドのデータが等しい」という条件です。

構文
```
SELECT 抽出するフィールド名1, 抽出するフィールド名2, …
FROM テーブル名1, テーブル名2, … WHERE 結合条件;
```

記述例1
```
SELECT 売上No, 売上.商品コード, 商品名, 所属支店 AS 担当支店, 氏名 AS 担当社員
FROM 売上, 商品マスタ, 社員マスタ
WHERE 売上.商品コード=商品マスタ.商品コード AND 売上.社員No=社員マスタ.社員No;
```

記述例2
```
SELECT 売上No, 売上.商品コード, 商品名, 所属支店 AS 担当支店, 氏名 AS 担当社員
FROM (売上 INNER JOIN 商品マスタ ON 売上.商品コード=商品マスタ.商品コード)
INNER JOIN 社員マスタ ON 売上.社員No=社員マスタ.社員No;
```

	A	B	C	D	E	F
1	売上No	商品コー	商品名	担当支店	担当社員	
2	1	NP002	ノートパ	東京	前田信明	
3	2	SC004	スキャナ	名古屋	田辺智子	
4	3	DP001	デスクト	大阪	皆川康一	
5	4	NP002	ノートパ	東京	和泉貴志	
6	5	DP001	デスクト	大阪	上野正行	
7	6	DP001	デスクト	東京	前田信明	
8	7	SC004	スキャナ	名古屋	本田冴子	
9	8	NP002	ノートパ	名古屋	田辺智子	
10	9	NP002	ノートパ	大阪	上野正行	
11	10	SC004	スキャナ	大阪	皆川康一	

記述例のSQLの実行結果

ポイント

- 「,」を使用して3つ以上のテーブルを内部結合する場合、WHERE句に指定する結合条件は複数になります。複数の条件はAND演算子でつなげて記述してください。

次のページに続く▶

2つのテーブルを外部結合する

「外部結合」では、一方のテーブルのすべてのレコードを表示し、これに加えて、もう一方のテーブルから主キーと外部キーが一致しているレコードを取り出して表示します。主キーと外部キーが一致していないレコードのフィールドにはNULL値が格納されます。結合するテーブル名は、FROM句の中でOUTER JOIN句を使用して指定し、これに続けて、テーブルを結合する結合条件をON句に記述します。すべてのレコードを表示するテーブルは、OUTER JOIN句の前にLEFT、またはRIGHTと記述して指定します。記述例では、[商品マスタ] テーブルと [売上] テーブルを左外部結合して、[商品コード] [商品名] [数量] [売上No] のフィールドを取り出しています。テーブルを結合する条件は、「それぞれのテーブルの [商品コード] フィールドのデータが等しい」という条件です。

構文
```
SELECT 抽出するフィールド名1, 抽出するフィールド名2, …
FROM テーブル名1 [LEFT または RIGHT] OUTER JOIN テーブル名2 ON 結合条件;
```

記述例
```
SELECT 商品マスタ.商品コード, 商品名, 数量, 売上No
FROM 商品マスタ LEFT OUTER JOIN 売上 ON 売上.商品コード=商品マスタ.商品コード;
```

ポイント

- OUTER JOIN句の前にLEFTと記述すると、左側に記述したテーブルのすべてのレコードが表示され、右側に記述したテーブルから主キーと外部キーが一致しているレコードが取り出されます。これを「左外部結合」と言います。
- RIGHTと記述すると、右側に記述したテーブルのすべてのレコードが表示され、左側に記述したテーブルから主キーと外部キーが一致しているレコードが取り出されます。これを「右外部結合」と言います。
- FROM句に、「FROM 商品マスタ LEFT OUTER JOIN 売上」と記述した場合と、「FROM 売上 RIGHT OUTER JOIN 商品マスタ」と記述した場合、同じ結果が得られます。

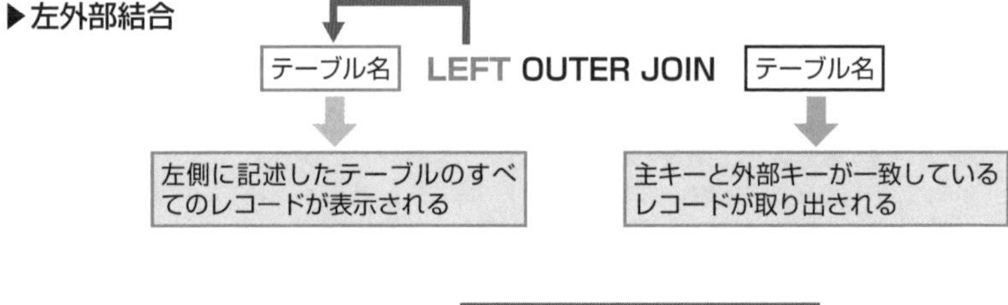

- 左右のテーブルからすべてのレコードを取り出して結合する「完全外部結合」を実行するには、OUTER JOIN句の前にFULLと記述します。Accessでは完全外部結合が実行できないため、下のように左外部結合の結果と右外部結合の結果をUNION句でつなげてください。

記述例
```
SELECT 商品マスタ.商品コード, 商品名, 数量, 売上No
FROM 商品マスタ LEFT OUTER JOIN 売上 ON 売上.商品コード=商品マスタ.商品コード
UNION
SELECT 商品マスタ.商品コード, 商品名, 数量, 売上No
FROM 商品マスタ RIGHT OUTER JOIN 売上 ON 売上.商品コード=商品マスタ.商品コード;
```

ワザ 585 INSERT文を使用して テーブルにレコードを追加する

難易度 ●●● | 頻出度 ●●○ | 対応Ver. 365 2021 2019 2016

Commandオブジェクトを使用してSQLのINSERT文を実行し、テーブルに新しいレコードを追加します。追加クエリを作成したり、RecordsetオブジェクトのAddNewメソッドとUpdateメソッドを使用したりする方法と比べて、INSERT文を実行する方法なら、新しいレコードを簡単に追加できます。ここでは、[社員マスタ] テーブルに新しい社員のレコードを追加します。

入力例

585.xlsm

```
Sub INSERT文によるレコード追加()
    Dim myConn As New ADODB.Connection
    Dim myCmd As New ADODB.Command ←1
    myConn.Open ConnectionString:="Provider=Microsoft.ACE.OLEDB.12.0;" & _ ←2
        "Data Source=C:¥データ¥人事データ.accdb"
    With myCmd ←3
        .ActiveConnection = myConn ←4
        .CommandText = "INSERT INTO 社員マスタ VALUES(11, '石川俊介', '大阪', 25);" ←5
        .Execute ←6
    End With
    Set myCmd = Nothing
    myConn.Close: Set myConn = Nothing
End Sub
```

1 ADODBライブラリのCommand型の変数「myCmd」を宣言して、Commandオブジェクトのインスタンスを生成する 2 Cドライブの［データ］フォルダーに保存されている［人事データ.accdb］に接続して、変数「myConn」の接続を確立する 3 Commandオブジェクトが代入された変数「myCmd」に対して処理を実行する 4 変数「myCmd」が使用する接続として、変数「myConn」の接続を設定する 5 実行するINSERT文を設定する。ここでは、［社員マスタ］テーブルに［社員No］が「11」、［氏名］が「石川俊介」、［所属支店］が「大阪」、［年齢］が「25」であるレコードを追加する 6 INSERT文を実行する

ポイント

- CommandオブジェクトのActiveConnectionプロパティに、接続が確立されているConnectionオブジェクトを指定します。
- 実行したいINSERT文は、CommandオブジェクトのCommandTextプロパティに指定します。
- INSERT文を実行するには、CommandオブジェクトのExecuteメソッドを実行します。

構文 `INSERT INTO テーブル名(フィールド名1, フィールド名2, ……) VALUES(データ1, データ2, …);`

- レコードを追加するテーブル名をINTO句に指定します。テーブル名の後にデータを入力するフィールド名を「()」で囲んで指定します。すべてのフィールドにデータを入力する場合は、フィールド名の指定を省略できます。
- 各フィールドに入力するデータをVALUES句に「()」で囲んで指定します。
- VALUES句に指定するデータの順番とデータ型は、INTO句のテーブル名の後に指定したフィールドの順番とデータ型に対応させてください。
- データ入力を指定しなかったフィールドにはNULLが代入されます。
- SQLの記述ルールについては、ワザ579を参照してください。

ワザ 586 UPDATE文を使用してレコードの内容を変更する

難易度 ●●● ｜ 頻出度 ●●○ ｜ 対応Ver. 365 2021 2019 2016

Commandオブジェクトを使用してSQLのUPDATE文を実行し、レコードの内容を変更します。更新クエリを作成したり、RecordsetオブジェクトのUpdateメソッドを使用したりする方法と比べて、UPDATE文を実行する方法なら、レコードの内容を簡単に変更できます。ここでは、[社員マスタ] テーブルで、[社員No] が「5」であるレコードの [所属支店] を「東京」に変更します。

入力例

586.xlsm

```
Sub UPDATE文によるレコード変更()
    Dim myConn As New ADODB.Connection
    Dim myCmd As New ADODB.Command ←1
    myConn.Open ConnectionString:="Provider=Microsoft.ACE.OLEDB.12.0;" & _ ←2
        "Data Source=C:¥データ¥人事データ.accdb"
    With myCmd ←3
        .ActiveConnection = myConn ←4
        .CommandText = "UPDATE 社員マスタ SET 所属支店='東京' WHERE 社員No=5;" ←5
        .Execute ←6
    End With
    Set myCmd = Nothing
    myConn.Close: Set myConn = Nothing
End Sub
```

1 ADODBライブラリのCommand型の変数「myCmd」を宣言して、Commandオブジェクトのインスタンスを生成する　2 Cドライブの［データ］フォルダーに保存されている［人事データ.accdb］に接続して、変数「myConn」の接続を確立する　3 Commandオブジェクトが代入された変数「myCmd」に対して処理を実行する　4 変数「myCmd」が使用する接続として、変数「myConn」の接続を設定する　5 実行するUPDATE文を設定する。ここでは、［社員マスタ］テーブルで、［社員No］が「5」であるレコードの［所属支店］を「東京」に変更する　6 UPDATE文を実行する

ポイント

- CommandオブジェクトのActiveConnectionプロパティに、接続が確立されているConnectionオブジェクトを指定します。
- 実行したいUPDATE文は、CommandオブジェクトのCommandTextプロパティに指定します。
- UPDATE文を実行するには、CommandオブジェクトのExecuteメソッドを実行します。

構文　**UPDATE テーブル名 SET フィールド名1=データ1, フィールド名2=データ2, …… WHERE 条件式;**

- レコードを変更したいテーブル名をUPDATE句に指定します。
- 変更するフィールド名と変更するデータを、「フィールド名 = データ」という形式でSET句に指定します。変更するフィールドと変更するデータのデータ型を一致させてください。
- 変更するレコードを検索する条件式をWHERE句に指定します。WHERE句を省略すると、すべてのレコードを対象にデータが変更されます。
- SQLの記述ルールについては、ワザ579を参照してください。

関連ワザ 579 CommandオブジェクトでSELECT文を実行してテーブルからデータを抽出する………P.703

ワザ587 DELETE文を使用してレコードを削除する

難易度 ●●●　頻出度 ●●○　対応Ver. 365 2021 2019 2016

Commandオブジェクトを使用してSQLのDELETE文を実行し、レコードを削除します。削除クエリを作成したり、RecordsetオブジェクトのDeleteメソッドを使用したりする方法と比べて、DELETE文を実行する方法なら、レコードを簡単に削除できます。ここでは、[社員マスタ] テーブルで、[社員No] が「6」であるレコードを削除します。

入力例　587.xlsm

```
Sub DELETE文によるレコード削除()
    Dim myConn As New ADODB.Connection
    Dim myCmd As New ADODB.Command ←1
    myConn.Open ConnectionString:="Provider=Microsoft.ACE.OLEDB.12.0;" & _ ←2
        "Data Source=C:¥データ¥人事データ.accdb"
    With myCmd ←3
        .ActiveConnection = myConn ←4
        .CommandText = "DELETE FROM 社員マスタ WHERE 社員No=6;" ←5
        .Execute ←6
    End With
    Set myCmd = Nothing
    myConn.Close: Set myConn = Nothing
End Sub
```

1ADODBライブラリのCommand型の変数「myCmd」を宣言して、Commandオブジェクトのインスタンスを生成する　2Cドライブの [データ] フォルダーに保存されている [人事データ.accdb] に接続して、変数「myConn」の接続を確立する　3Commandオブジェクトが代入された変数「myCmd」に対して処理を実行する　4変数「myCmd」が使用する接続として、変数「myConn」の接続を設定する　5実行するDELETE文を設定する。ここでは、[社員マスタ] テーブルで、[社員No] が「6」であるレコードを削除する　6DELETE文を実行する

ポイント

- CommandオブジェクトのActiveConnectionプロパティに、接続が確立されているConnectionオブジェクトを指定します。
- 実行したいDELETE文は、CommandオブジェクトのCommandTextプロパティに指定します。
- DELETE文を実行するには、CommandオブジェクトのExecuteメソッドを実行します。

構文　`DELETE FROM テーブル名 WHERE 条件式;`

- レコードを削除したいテーブル名をDELETE FROM句に指定します。
- 削除するレコードを検索する条件式をWHERE句に指定します。WHERE句を省略すると、すべてのレコードが削除されます。
- SQLの記述ルールについては、ワザ579を参照してください。

関連ワザ 576 Accessのテーブルから特定のレコードを削除する………P.699
関連ワザ 579 CommandオブジェクトでSELECT文を実行してテーブルからデータを抽出する………P.703

ワザ 588 新しいテーブルを作成して SELECT文の抽出結果を追加する

難易度 ●●● | 頻出度 ●○○ | 対応Ver. 365 2021 2019 2016

「新しいテーブルを作成して、SELECT文の抽出結果を追加する」といった処理を1つのSELECT文で実行します。SELECT文の抽出結果を配列などに代入しておくといった手間をかけずに処理できるので便利です。ここでは、[社員マスタ] テーブルから抽出したレコードを、新しく作成した [担当一覧] テーブルに追加します。

社員マスタ

社員No	氏名	所属支店	年齢	クリックして追加
1	秋山拓郎	東京	45	
2	斉藤重明	大阪	52	
3	橋本浩二	名古屋	48	
4	前田信明	東京	38	
5	皆川康一	大阪	40	
6	本田冴子	名古屋	32	
7	和泉貴志	東京	27	
8	上野正行	大阪	28	
9	田辺智子	名古屋	24	
10	樋口明子	東京	26	
(新規)			0	

社員マスタ　担当一覧

社員No	氏名	所属支店	年齢
1	秋山拓郎	東京	45
4	前田信明	東京	38
7	和泉貴志	東京	27
10	樋口明子	東京	26
(新規)			

[社員マスタ] テーブルから抽出したレコードを、新規作成した [担当一覧] テーブルに追加する

入力例

588.xlsm

```
Sub SELECT文の抽出結果を新しいテーブルに追加()
    Dim myConn As New ADODB.Connection
    Dim myCmd As New ADODB.Command  ←1
    myConn.Open ConnectionString:="Provider=Microsoft.ACE.OLEDB.12.0;" & _  ←2
        "Data Source=C:¥データ¥人事データ.accdb"
    With myCmd  ←3
        .ActiveConnection = myConn  ←4
        .CommandText = _
              "SELECT * INTO 担当一覧 FROM 社員マスタ WHERE 所属支店='東京';"  ←5
        .Execute  ←6
    End With
    Set myCmd = Nothing
    myConn.Close: Set myConn = Nothing
End Sub
```

1ADODBライブラリのCommand型の変数「myCmd」を宣言して、Commandオブジェクトのインスタンスを生成する　2Cドライブの [データ] フォルダーに保存されている [人事データ.accdb] に接続して、変数「myConn」の接続を確立する　3Commandオブジェクトが代入された変数「myCmd」に対して処理を実行する　4変数「myCmd」が使用する接続として、変数「myConn」の接続を設定する　5実行するSELECT文を設定する。ここでは、[社員マスタ] テーブルから「所属支店」が「東京」であるレコードのすべてのフィールドを抽出し、その結果を、新しく作成した [担当一覧] テーブルに追加する　6SELECT文を実行する

ポイント

構文 SELECT 抽出するフィールド名1, 抽出するフィールド名2, …… INTOテーブル名 WHERE 条件式;

- SELECT文でFROM句の前にINTO句を付加すると、INTO句に指定した名前で新しいテーブルが作成され、このテーブルへSELECT文で抽出した結果を追加できます。
- SELECT句でフィールド名を指定した場合、新しく作成されるテーブルのフィールドになります。
- SQLの記述ルールについては、ワザ579を参照してください。

ワザ 589 SELECT文の抽出結果を既存のテーブルに追加する

難易度 ●●●　頻出度 ●○○　対応Ver. 365 2021 2019 2016

「SELECT文の抽出結果を既存のテーブルに追加する」といった処理を1つのINSERT文で実行します。SELECT文の抽出結果を配列などに代入しておく手間をかけずにまとめて処理できるので便利です。ここでは、[社員マスタ] テーブルから抽出したレコードを、既存の [担当一覧] テーブルに追加します。

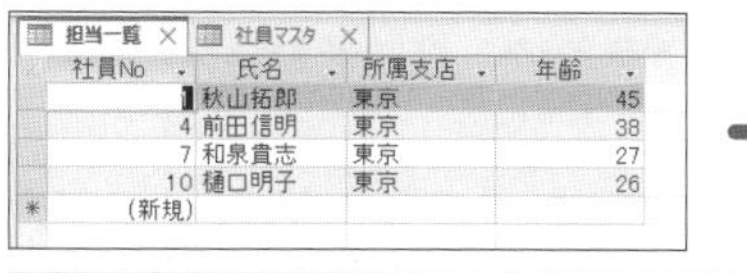

社員No	氏名	所属支店	年齢
1	秋山拓郎	東京	45
4	前田信明	東京	38
7	和泉貴志	東京	27
10	樋口明子	東京	26
(新規)			

→

社員No	氏名	所属支店	年齢
1	秋山拓郎	東京	45
4	前田信明	東京	38
7	和泉貴志	東京	27
10	樋口明子	東京	26
3	橋本浩二	名古屋	48
6	本田冴子	名古屋	32
9	田辺智子	名古屋	24
(新規)			

[社員マスタ] テーブルから抽出したレコードを既存の [担当一覧] テーブルに追加する

入力例

589.xlsm

```
Sub SELECT文の抽出結果を既存のテーブルに追加()
    Dim myConn As New ADODB.Connection
    Dim myCmd As New ADODB.Command  ←1
    myConn.Open ConnectionString:="Provider=Microsoft.ACE.OLEDB.12.0;" & _  ←2
        "Data Source=C:¥データ¥人事データ.accdb"
    With myCmd  ←3
        .ActiveConnection = myConn  ←4
        .CommandText = _  ←5
                "INSERT INTO 担当一覧 SELECT * FROM 社員マスタ WHERE 所属支店='名古屋';"
        .Execute  ←6
    End With
    Set myCmd = Nothing
    myConn.Close: Set myConn = Nothing
End Sub
```

1 ADODBライブラリのCommand型の変数「myCmd」を宣言して、Commandオブジェクトのインスタンスを生成する　2 Cドライブの [データ] フォルダーに保存されている [人事データ.accdb] に接続して、変数「myConn」の接続を確立する　3 Commandオブジェクトが代入された変数「myCmd」に対して処理を実行する　4 変数「myCmd」が使用する接続として、変数「myConn」の接続を設定する　5 実行するINSERT文を設定する。ここでは、[社員マスタ] テーブルから、[所属支店] フィールドが「名古屋」であるレコードを抽出して、その結果を既存の [担当一覧] テーブルに追加する　6 INSERT文を実行する

ポイント

構文　`INSERT INTO レコードを追加するテーブル名 SELECT 抽出するフィールド名1, 抽出するフィールド名2, …… FROM レコードを抽出するテーブル名 WHERE 条件式;`

- INSERT文のVALUES句の代わりにSELECT文を記述すると、SELECT文で抽出した結果をINTO句に指定した既存のテーブルに追加できます。
- レコードを追加するテーブルのフィールド名と、SELECT句に指定するフィールド名を同じにする必要があります。
- SQLの記述ルールについては、ワザ579を参照してください。

ワザ 590 主キーのデータが重複するかどうかをチェックしてからデータを登録する

難易度 ●●●　頻出度 ●●○　対応Ver. 365 2021 2019 2016

主キーのフィールドには、重複するデータを保存できません。したがって、テーブルに新しいレコードを登録するとき、主キーのフィールドに同じデータが存在していると実行時エラーが発生します。エラーを避けるためには、事前に主キーのフィールドのデータを抽出して、重複するデータがあるかどうかをチェックするといいでしょう。ここでは、登録先の［商品マスタ］テーブルの［商品コード］フィールドに主キーが設定されているため、［商品コード］フィールドについて、重複データがないかどうかをチェックしてから、レコードを登録します。

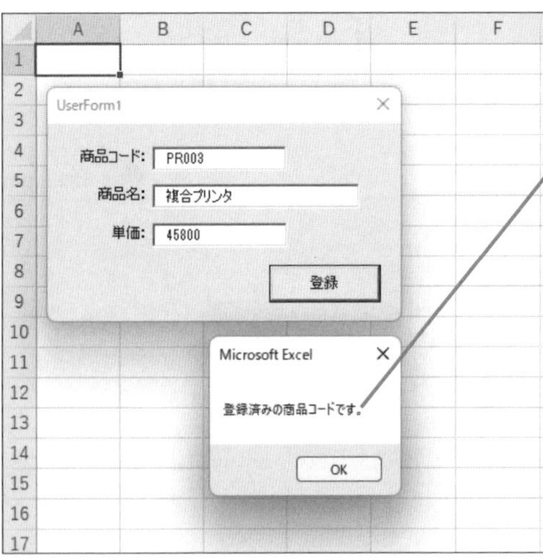

［商品マスタ］テーブルの［商品コード］フィールドについて、重複データがないかどうかをチェックする

主キーのフィールドに同じデータがあるときは、メッセージを表示してプロシージャーを強制終了する

UserForm1
商品コード: PR004
商品名: 複合プリンタ
単価: 45800
登録
Microsoft Excel
商品データを登録しました。
OK

［商品コード］フィールドに重複データがない場合は、［商品マスタ］テーブルにレコードを登録する

入力例

590.xlsm

```
Private Sub CommandButton1_Click()
    Dim myConn As New ADODB.Connection
    Dim myCmd As New ADODB.Command
    Dim myRS As New ADODB.Recordset
    Dim strSQL As String
    myConn.Open ConnectionString:="Provider=Microsoft.ACE.OLEDB.12.0;" & _   ←1
        "Data Source=C:¥データ¥販売管理データ.accdb"
    strSQL = "SELECT 商品コード FROM 商品マスタ WHERE 商品コード='" _   ←2
         & TextBox1.Value & "';"
    With myCmd
        .ActiveConnection = myConn
        .CommandText = strSQL                 ─3
        Set myRS = .Execute
    End With
    If myRS.EOF = False Then   ←4
        MsgBox "登録済みの商品コードです。"
        Exit Sub
    Else
        strSQL = "INSERT INTO 商品マスタ(商品コード, 商品名, 単価) VALUES('" & _   ←5
            TextBox1.Value & "', '" & TextBox2.Value & "', " & TextBox3.Value & ");"
        With myCmd
            .ActiveConnection = myConn
            .CommandText = strSQL             ─6
            .Execute
        End With
    End If
    MsgBox "商品データを登録しました。"
    myConn.Close: Set myConn = Nothing
End Sub
```

1 Cドライブの［データ］フォルダーに保存されている［販売管理データ.accdb］に接続して、変数「myConn」の接続を確立する 2 主キーが設定されているフィールドのデータを抽出するSELECT文を変数「strSQL」に代入する 3 変数「strSQL」に代入したSELECT文を実行する 4 変数「myRS」のカーソルが末尾にない場合、重複するデータが存在することを意味しているので「登録済みの商品コードです。」というメッセージを表示して、実行中のプロシージャーを強制終了する 5 そうでない場合、重複するデータは存在しないので、テキストボックス（TextBox1 ～ TextBox3）に入力されているデータを使用してINSERT文を作成し、変数「strSQL」に代入する 6 変数「strSQL」に代入したINSERT文を実行する

ポイント

- 主キーのフィールドに重複するデータが存在するかどうかを確認するために、SELECT文を使用して、主キーのフィールドから登録しようとしているデータを実際に取り出します。
- SELECT文の抽出結果が格納されているRecordsetオブジェクトのEOFプロパティが「False」の場合、Recordsetオブジェクト内のカーソルが末尾にないことを表しているので、主キーのフィールドに重複するデータが存在していることを意味しています。したがって、EOFプロパティが「True」の場合、つまり、主キーのフィールドに重複データが存在しない場合だけ、レコードの登録を実行します。
- SQLの記述ルールについては、ワザ579を参照してください。

関連ワザ 579 CommandオブジェクトでSELECT文を実行してテーブルからデータを抽出する………P.703

ワザ 591 ADOでトランザクション処理を作成する

難易度 ●●●　頻出度 ●●○　対応Ver. 365 2021 2019 2016

売り上げの実績を管理している［売上］テーブルから、指定した［売上No］のレコードを削除します。この処理によって売り上げの［数量］の実績が削除されますが、同時に［商品マスタ］テーブルで管理している［在庫数］のデータも変更しておく必要があります。このように複数の処理からなる作業を「トランザクション」と呼びます。ADOを使用してトランザクションを処理するには、ConnectionオブジェクトのBeginTransメソッド、CommitTransメソッド、RollbackTransメソッドを使用します。

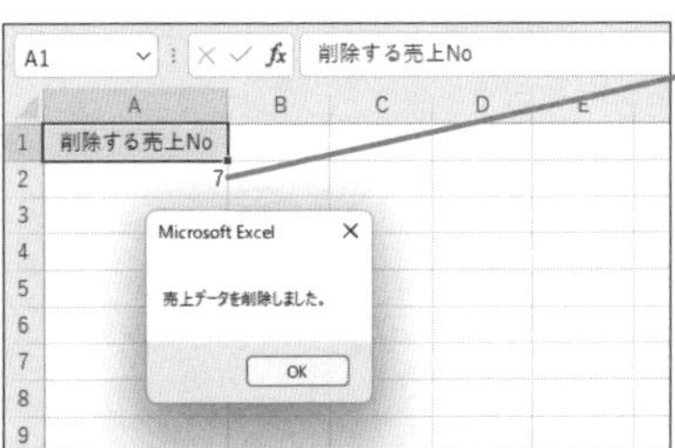

セルA2に指定した［売上No］のレコードを［売上］テーブルから削除する

［売上］テーブルと［商品マスタ］テーブルを対象に複数の操作を実行するため、トランザクション処理が必要となる

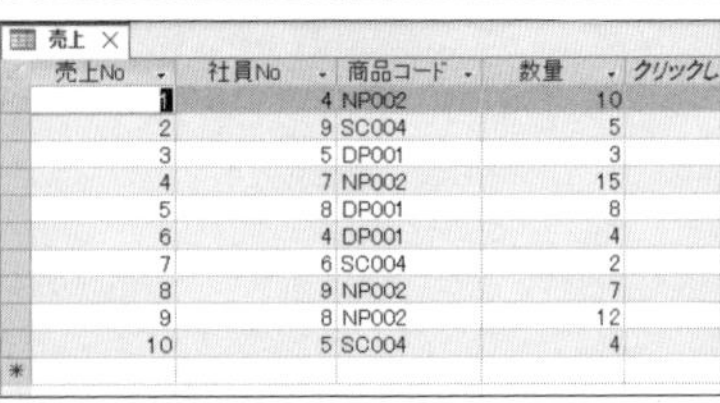

売上

売上No	社員No	商品コード	数量
1	4	NP002	10
2	9	SC004	5
3	5	DP001	3
4	7	NP002	15
5	8	DP001	8
6	4	DP001	4
7	6	SC004	2
8	9	NP002	7
9	8	NP002	12
10	5	SC004	4

商品マスタ

商品コード	商品名	単価	在庫数
DP001	デスクトップパ	¥135,800	189
MP005	MP3プレーヤ	¥15,900	95
NP002	ノートパソコン	¥214,800	156
PR003	プリンタ	¥35,800	65
SC004	スキャナ	¥32,400	56

入力例

591.xlsm

```
Sub ADOによるトランザクション処理()
    Dim myConn As New ADODB.Connection
    Dim myCmd As New ADODB.Command
    Dim myRS As New ADODB.Recordset
    Dim myItemNo As String, mySalesValue As Long, myStockValue As Long
    myConn.Open ConnectionString:="Provider=Microsoft.ACE.OLEDB.12.0;" & _   ←1
        "Data Source=C:¥データ¥販売管理データ.accdb"
    With myCmd
        .ActiveConnection = myConn
        .CommandText = "SELECT 商品コード, 数量 FROM 売上 " & _
            "WHERE 売上No=" & Range("A2").Value & ";"   ←2
        Set myRS = .Execute
        myItemNo = myRS.Fields("商品コード").Value   ←3
        mySalesValue = myRS.Fields("数量").Value   ←4
        .CommandText = "SELECT 在庫数 FROM 商品マスタ WHERE 商品コード='" _
            & myItemNo & "';"   ←5
        Set myRS = .Execute
        myStockValue = myRS.Fields("在庫数").Value
On Error GoTo errHandler   ←6
        myConn.BeginTrans   ←7
```

```
        .CommandText = "DELETE FROM 売上 WHERE 売上No=" & Range("A2").Value & ";"  ─8
        .Execute
        .CommandText = "UPDATE 商品マスタ SET 在庫数=" & _
            mySalesValue + myStockValue & " WHERE 商品コード='" & myItemNo & "';"  ─9
        .Execute
        myConn.CommitTrans  ←10
On Error GoTo 0  ←11
    End With
    MsgBox "売上データを削除しました。"
    myConn.Close: Set myConn = Nothing
    Exit Sub
errHandler:
    myConn.RollbackTrans  ←12
    MsgBox "エラーが発生しました。"
End Sub
```

1Cドライブの［データ］フォルダーに保存されている［販売管理データ.accdb］に接続して、変数「myConn」の接続を確立する　2削除する［売上No］（セルA2の値）のレコードの［商品コード］と［数量］のデータを［売上］テーブルから取り出すSELECT文を実行する　3SELECT文で取り出した［商品コード］のデータを変数「myItemNo」に代入する　4SELECT文で取り出した［数量］のデータを変数「mySalesValue」に代入する　5変数「myItemNo」に代入した［商品コード］の［在庫数］を［商品マスタ］テーブルから取り出すSELECT文を実行して、取り出した［在庫数］のデータを変数「myStockValue」に代入する　6エラーが発生したら、行ラベル「errHandler」に移動する（エラー処理の開始）　7トランザクション処理を開始する　8セルA2で指定した［売上No］のレコードを［売上］テーブルから削除するDELETE文を実行する　9［商品マスタ］テーブルで［商品コード］が変数「myItemNo」であるレコードの［在庫数］を、変数「mySalesValue」と変数「myStockValue」を足した数量に変更するUPDATE文を実行する　10未確定の処理を確定（コミット）する　11エラー処理を終了する　12エラーが発生した場合、ロールバック処理を実行する

ポイント

- トランザクションとは、複数の処理からなる作業単位のことです。複数の処理がすべて成功しないと1つの作業が完了したことにならないため、特別な処理が必要になります。
- トランザクションを処理するには、その複数の処理を未確定の状態にしておき、すべての処理が成功したときにすべての処理を確定（コミット）し、複数の処理のうち、1つでも失敗した場合は、すべての処理を元に戻します(ロールバック)。

構文　**Connectionオブジェクト.BeginTrans**

- トランザクションを開始するには、ConnectionオブジェクトのBeginTransメソッドを使用します。
- BeginTransメソッドを実行すると、その後に実行した更新系SQL（INSERT文、UPDATE文、DELETE文など)の処理は、未確定の状態になります。

構文　**Connectionオブジェクト.CommitTrans**

- トランザクションの開始により未確定の状態になった処理を確定（コミット）するには、ConnectionオブジェクトのCommitTransメソッドを使用します。更新系SQLの実行が問題なく実行された時点でCommitTransメソッドを実行し、テーブルに加えた更新処理を確定させます。

構文　**Connectionオブジェクト.RollbackTrans**

- トランザクションの開始により未確定の状態になった処理を元に戻す(ロールバック)には、ConnectionオブジェクトのRollbackTransメソッドを使用します。更新系SQLの実行中にエラーが発生したら、エラー処理内などでRollbackTransメソッドを実行し、テーブルに加えた更新処理を元に戻します。
- サンプルプロシージャーの12行目で、セルA2に入力した［売上No］のレコードを取り出すSELECT文を実行しています。ここでは、レコードが存在しなかった場合の処理を省略していますが、ワザ590を参考にして、プロシージャーを強制終了するコードを記述してもいいでしょう。
- SQLの記述ルールについては、ワザ579を参照してください。

ワザ 592 ExcelのブックにADOで接続してSELECT文を実行してデータを取り出す

難易度 ●●● 頻出度 ●○○ 対応Ver. 365 2021 2019 2016

ADOを使用してExcelのブックに接続すると、ワークシートに作成した表をデータベースのテーブルのように扱えます。Excelのブックをパソコン内部で開き、SQLを使用してリストのデータを操作できるので便利です。ここでは、Cドライブの［データ］フォルダーに保存されている［人事データ.xlsx］から、SELECT文を使用してデータを取り出しています。

入力例 592.xlsm

```
Sub ExcelブックへADO接続()
    Dim myConn As New ADODB.Connection
    Dim myRS As New ADODB.Recordset
    myConn.Open ConnectionString:="Provider=Microsoft.ACE.OLEDB.12.0;" & _  ←1
        "Data Source=C:¥データ¥人事データ.xlsx;" & "Extended Properties=Excel 12.0;"
    myRS.Open Source:= _  ←2
        "SELECT 氏名, 年齢 FROM 社員マスタ WHERE 所属支店='大阪';", _
        ActiveConnection:=myConn
    Range("A2").CopyFromRecordset Data:=myRS  ←3
    myRS.Close: Set myRS = Nothing
    myConn.Close: Set myConn = Nothing
End Sub
```

1Cドライブの［データ］フォルダーに保存されている［人事データ.xlsx］に接続して、変数「myConn」の接続を確立する 2ここでは、セル範囲［社員マスタ］から、「所属支店が『大阪』」という条件でレコードを絞り込み、絞り込んだレコードから［氏名］と［年齢］のデータを抽出するSELECT文を実行する。 3セルA2を左上端とするセル範囲に、変数「myRS」に代入されているすべてのレコードをコピーする

ポイント

- Excel 2016/2013/2010/2007ブックにADOで接続するには、ConnectionオブジェクトのOpenメソッドで指定する引数「ConnectionString」の接続文字列で、変数「Provider」に「Microsoft.ACE.OLEDB.12.0」を指定し、変数「Data Source」の後に、接続先のデータベースが、Excel 2016/2013/2010/2007ブックであることを表す「Extended Properties=Excel12.0;」を記述します。Excel 2003/2002ブックの場合は、変数「Provider」に「Microsoft.Jet.OLEDB.4.0」を指定し、変数「Data Source」の後に、接続先のデータベースがExcel 2003/2002ブックであることを表す「Extended Properties=Excel 8.0;」を記述します。
- ADOを使用してExcelブックに接続した場合、アクティブシートのリスト範囲がテーブル、行がレコード、列がフィールドに対応します。
- セル範囲名を設定するとき、［数式］タブの［名前の管理］ボタンをクリックし、［新規作成］ボタンをクリックして表示される［新しい名前］ダイアログボックスにおいて、［範囲］で［ブック］を指定し、［参照範囲］では、表の見出しを含めたセル範囲を指定してください。

ワザ 593 オープンソースのデータベースに接続する

難易度 ●●● | 頻出度 ●○○ | 対応Ver. 365 2021 2019 2016

オープンソースのデータベースとして広く利用されている「MySQL」にADOを使用して接続します。ここでは、SELECT文を実行して抽出したデータをExcelのワークシートにコピーしています。なお、MySQLに接続するには、ODBC接続用ドライバーをMySQLのサイトからダウンロードしてインストールする必要があります。

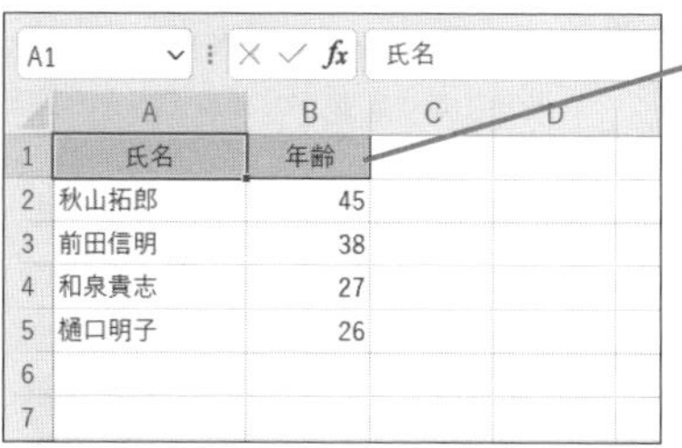

ADOを使用してMySQLに接続し、SELECT文を実行して［社員マスタ］テーブルから抽出したデータをExcelのワークシートにコピーする

入力例 593.xlsm

```
Sub CommandオブジェクトでSELECT文実行_MySQL()
    Dim myConn As New ADODB.Connection
    Dim myRS As New ADODB.Recordset
    Dim myCmd As New ADODB.Command  ←1
    myConn.Open ConnectionString:= _  ←2
        "Driver={MySQL ODBC 8.0 Unicode Driver};" & _
        "Server=localhost;Port=3306;" & _
        "Database=testdb;UID=test_user;PWD=pass;"
    With myCmd  ←3
        .ActiveConnection = myConn  ←4
        .CommandText = _  ←5
            "SELECT 氏名, 年齢 FROM 社員マスタ WHERE 所属支店='東京';"
        Set myRS = .Execute  ←6
    End With
    Range("A2").CopyFromRecordset Data:=myRS  ←7
    myRS.Close: Set myRS = Nothing
    myConn.Close: Set myConn = Nothing
End Sub
```

1ADODBライブラリのCommand型の変数「myCmd」を宣言して、Commandオブジェクトのインスタンスを生成する　2自分のコンピューター内でポート番号「3306」で稼働しているMySQL内のデータベース「testdb」に、ユーザー名が「test_user」、パスワードが「pass」であるユーザーで接続する　3Commandオブジェクトが代入された変数「myCmd」に対して、処理を実行する　4変数「myCmd」が使用する接続として、変数「myConn」の接続を設定する　5実行するSELECT文を設定する。ここでは、［社員マスタ］テーブルから「所属支店が『東京』」という条件でレコードを絞り込み、絞り込んだレコードから［氏名］フィールドと［年齢］フィールドのデータを抽出する　6SELECT文を実行して、その結果を変数「myRS」に格納する　7セルA2を左上端とするセル範囲に、変数「myRS」に代入されているすべてのレコードをコピーする

次のページに続く▶

ポイント

- MySQL側の準備として、接続対象のデータベースをCREATE DATABASE文で作成し、CREATE TABLE文で作成したテーブルにINSERT文でレコードを追加しておきます。また、作成したデータベースへのアクセス権限を持つユーザーを作成しておきます。CREATE USER文でユーザーを作成するときにユーザー名とパスワードを設定し、GRANT文でアクセス権限を設定してください。
- Excel VBA側の準備として、MySQL接続用のODBCドライバーをインストールしておきます。ODBCドライバーが公開されているページ（https://www.mysql.com/jp/products/connector/）にアクセスし、「ODBC Driver for MySQL (Connector/ODBC)」の「ダウンロード」をクリックします。続いて表示されたWebページの「Select Operating System:」で「Microsoft Windows」を選択し、「Select OS Version:」で「Windows (x86, 32-bit)」または「Windows (x86, 64-bit)」を選択して「MSI Installer」の「Download」ボタンをクリックします。続いて表示されたWebページで「No thanks, just start my download.」をクリックしてダウンロードを開始します。ダウンロードされた「mysql-connector-odbc-X.X.XX-win32.msi（X.X.XXはバージョン番号）」をダブルクリックするとインストールが始まります。「Setup Type」の画面では「Complete」を選択してください。
- 32bitのMySQL接続用ドライバーをインストールする場合、「Microsoft Visual C++」のランタイムコンポーネントが必要になる場合があります。その場合は、ランタイムコンポーネントが公開されているページ（https://visualstudio.microsoft.com/ja/downloads/）にアクセスしてページ下部の「その他のTools、Frameworks、そして Redistributables」をクリックし、「Microsoft Visual C++ Redistributable for Visual Studio 2022」の「x86」を選択して「ダウンロード」ボタンをクリックしてください。ダウンロードされた「VC_redist.x86.exe」をダブルクリックするとランタイムコンポーネントがインストールされて、32bitのMySQL接続用ドライバーがインストールできるようになります。
- ConnectionオブジェクトのOpenメソッドの引数「ConnectionString」には、変数「Driver」にODBCドライバー名、変数「Server」に接続するコンピューターのサーバー名（自分のコンピューターの場合はlocalhost）またはIPアドレス、変数「Port」にMySQLのポート番号（MySQLの既定のポート番号は3306）、変数「Database」に接続対象のデータベース名、変数「UID」に接続するMySQLのユーザー名、変数「PWD」に接続するMySQLのユーザーのパスワードを指定します。それぞれの情報を「"（ダブルクォーテーション）」で囲んで「"変数名=設定値;"」の形式で記述し、「&」でつなげて指定してください。また、サンプルのコードのように「"（ダブルクォーテーション）」で囲んだ中へ複数の変数の設定を記述することもできます。
- 変数「Driver」に指定するODBCドライバー名は「{MySQL ODBC X.X Unicode Driver}」の形式で記述し、「X.X」にはODBCドライバーのバージョン番号が入ります。バージョン番号を確認するには、32bit版のODBCドライバーをインストールした場合は[ODBC データ ソース アドミニストレーター (32 ビット)]ダイアログボックス、64bit版のODBCドライバーをインストールした場合は[ODBC データ ソース アドミニストレーター (64 ビット)]を表示し、[ドライバー]タブの[名前]の項目から[MySQL ODBC X.X Unicode Driver]の名称を探して「X.X」部分のバージョン番号を確認してください。
- ODBCドライバーのバージョン番号を確認するダイアログボックスを表示するには、Windows 10の場合は[スタート] - [Windows 管理ツール] - [ODBC Data Sources(32-bit)]または[ODBC データ ソース(64 ビット)]をクリック、Windows 11の場合は、[スタート] - [すべてのアプリ] - [Windows ツール]をクリックして[ODBC Data Sources(32-bit)]または[ODBC データ ソース(64 ビット)]をダブルクリックしてください。

ワザ 594 Excel VBAでWordを操作する

難易度 ●●● | 頻出度 ●○○ | 対応Ver. 365 2021 2019 2016

VBAはWordにも搭載されています。Word VBAを使用すれば、Wordの操作を自動化できるVBAプログラムを作成できますが、Word VBAのライブラリファイルとの参照設定を行うことで、Excel VBAのコードの中にWord VBAのコードを記述できるようになります。つまり、Excel VBAからWordを操作できるわけです。ここでは、Excel VBAからWordを操作するプログラムの作成方法を紹介します。

Word の主なオブジェクトの階層構造

Word VBAでは、Wordを構成する「文書」や「段落」などの要素を、DocumentオブジェクトやParagraphオブジェクトといった「オブジェクト」として扱います。これらのオブジェクトには、下図のような階層構造があります。各オブジェクトを参照するには、このオブジェクトの階層構造を上から順番にたどって参照してください。

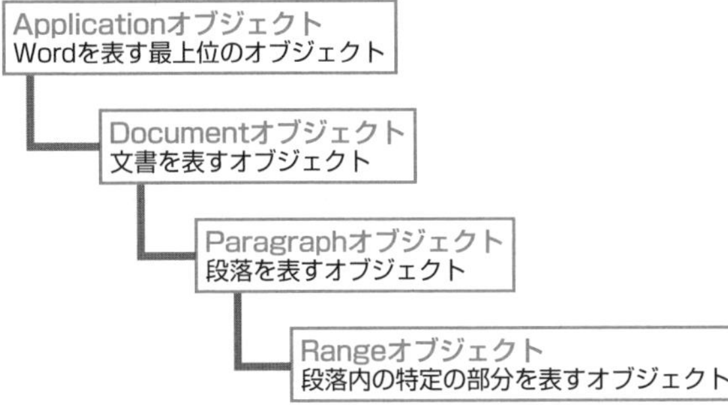

Word を操作する準備

Excel VBAでWordを操作するには、その準備として、Word VBAのライブラリファイルへの参照設定を行う必要があります。ライブラリファイルにはバージョン番号があり、ライブラリファイル名に[Microsoft Word バージョン番号 Object Library]の形で記載されています。操作するWordのバージョンに対応したライブラリファイルを選択してください。参照設定の詳しい操作方法については、ワザ289を参照してください。なお、参照設定は、Wordを操作するブックごとに設定する必要があります。

●Wordのバージョンとライブラリファイルの対応

バージョン	ライブラリファイル
Word 2021/2019/2016、Microsoft 365のWord	Microsoft Word 16.0 Object Library
Word 2013	Microsoft Word 15.0 Object Library
Word 2010	Microsoft Word 14.0 Object Library
Word 2007	Microsoft Word 12.0 Object Library

次のページに続く▶

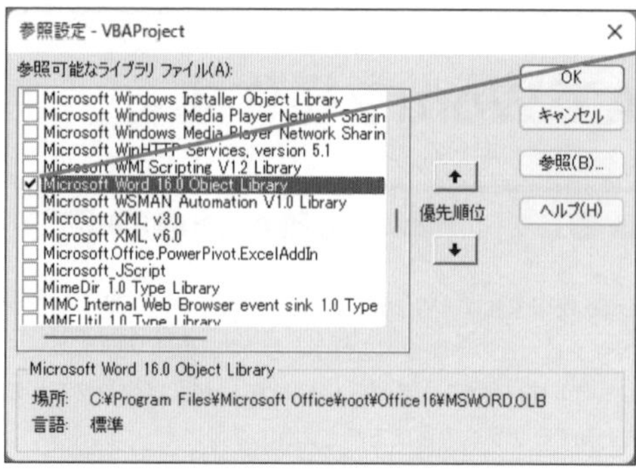

Wordの操作方法

Wordを操作するには、使用したいオブジェクトのインスタンスを生成する必要があります。インスタンスを生成するには、DimステートメントでNewキーワードを使用して変数を宣言します。インスタンスは、宣言した変数が最初に参照されたときに自動生成されて、変数に代入されます。各オブジェクトのプロパティやメソッドを使用するには、「オブジェクト.メソッド」「オブジェクト.プロパティ」といったVBAの基本構文で記述してください。

▶Wordを表すApplicationオブジェクトのインスタンスを生成する

```
Dim 変数名 As New Word.Application
```

▶Wordの文書を表すDocumentオブジェクトのインスタンスを生成する

```
Dim 変数名 As New Word.Document
```

▶Rangeオブジェクトを参照する

```
Documentオブジェクト.Paragraphs（インデックス番号）.Range
```

DocumentオブジェクトのParagraphsプロパティで段落を参照する

ParagraphオブジェクトのRangeプロパティで段落を参照する

ポイント

- Wordを操作するには、Wordを表すApplicationオブジェクトのインスタンスを生成し、Wordの文書を表すDocument型の変数などを宣言します。
- 宣言したApplicationオブジェクトの変数が最初に参照されてWordのインスタンスが自動生成されると、Wordがパソコン内部で起動します。
- Word文書を表すDocumentオブジェクトを参照するには、ApplicationオブジェクトのDocumentsプロパティを使用します(取得のみ)。
- DocumentオブジェクトからWord文書内の各要素を参照して、Word文書の基本的な操作を実行します。
- Word文書内の各要素を参照するとき、オブジェクトの階層構造を順番にたどる必要があります。例えば、Word文書の段落内の特定の部分を表すRangeオブジェクトをDocumentオブジェクトから参照するには、Documentオブジェクト→Paragraphオブジェクト→Rangeオブジェクトと階層をたどって参照します。

ワザ 595 ExcelのデータをWord文書に挿入する

難易度 ●●●　頻出度 ●●○　対応Ver. 365 2021 2019 2016

Excel VBAからWordを操作して、ワークシートに入力されているデータをWord文書内に挿入します。ここでは、Cドライブの［データ］フォルダーに保存されているWord文書［書類送付案内.docx］を開いて、ワークシートに入力されているデータを文書内に挿入し、別名を付けて保存します。ワークシート上のデータは複数行あるので、その数だけWord文書が作成されます。

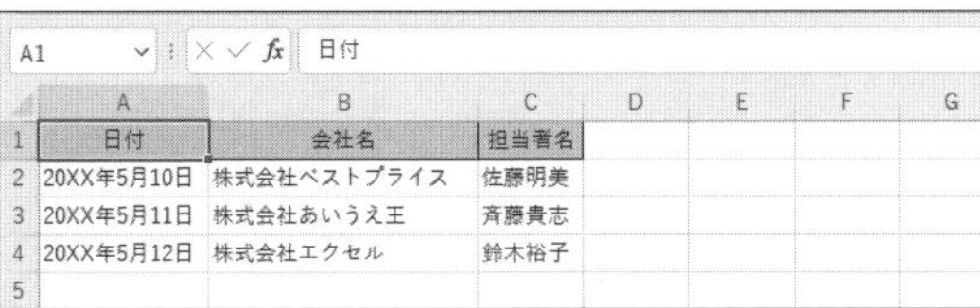

	A	B	C
1	日付	会社名	担当者名
2	20XX年5月10日	株式会社ベストプライス	佐藤明美
3	20XX年5月11日	株式会社あいうえ王	斉藤貴志
4	20XX年5月12日	株式会社エクセル	鈴木裕子
5			

ワークシートにある日付やあて先の会社名、担当者名をWordの文書に挿入する

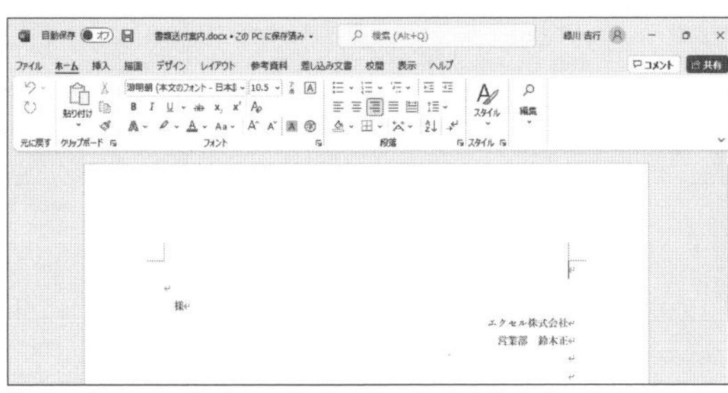

Cドライブの［データ］フォルダーに保存されている［書類送付案内.docx］を利用する

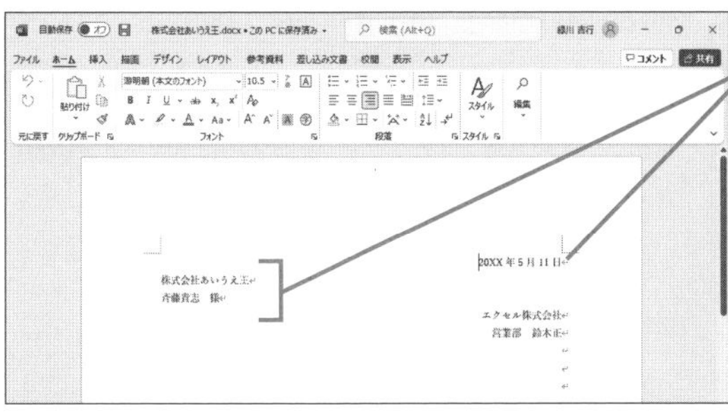

［書類送付案内.docx］を開いてワークシート上のデータを挿入し、別名で保存する

ワークシート上のデータの行数分だけWord文書が作成される

次のページに続く▶

入力例　595.xlsm

```
Sub Word文書へデータ入力()
    Dim myWordApp As New Word.Application ←1
    Dim myWordDoc As Word.Document ←2
    Dim i As Integer, j As Integer
    For i = 2 To Range("A1").End(xlDown).Row
        Set myWordDoc = myWordApp.Documents.Open _ ←3
                ("C:¥データ¥書類送付案内.docx")
        With myWordDoc ←4
            For j = 1 To 3
                .Paragraphs(j).Range.InsertBefore Cells(i, j).Value ←5
            Next j
            .SaveAs "C:¥データ¥" & Cells(i, 2).Value & ".docx" ←6
            .Close ←7
        End With
    Next i
    Set myWordDoc = Nothing ←8
    myWordApp.Quit: Set myWordApp = Nothing ←9
End Sub
```

1 Wordを表すApplication型の変数「myWordApp」を宣言して、Applicationオブジェクトのインスタンスを生成する　2 Word文書を表すDocument型の変数「myWordDoc」を宣言する　3 Cドライブの［データ］フォルダーに保存されている［書類送付案内.docx］を開いて、変数「myWordDoc」に代入する　4 変数「myWordDoc」に代入されたWord文書について処理を行う　5 j段落目の先頭位置に、i行j列目のセルのデータを挿入する　6 Cドライブの［データ］フォルダーに、i行2列目のセルの値をファイル名に付けて保存する　7 Word文書を閉じる　8 変数「myWordDoc」の参照を解放する　9 Wordを終了して、変数「myWordApp」の参照を解放する

ポイント

構文 **Wordを表すApplicationオブジェクト.Documents.Open(FileName)**

- 作成済みのWord文書を開くには、DocumentsコレクションのOpenメソッドを使用します。
- 引数「FileName」に、開きたいWord文書のファイルパスを指定してください。
- Openメソッドは、開いたWord文書を表すDocumentオブジェクトを戻り値として返します。

構文 **Documentオブジェクト.Paragraphs(Index).Range.InsertBefore(Text)**

- 引数「Index」で指定された段落（Paragraphオブジェクト）の先頭位置に文字列を挿入するには、RangeオブジェクトのInsertBeforeメソッドを使用します。
- 挿入する文字列は引数「Text」に指定します。文字列が挿入されると、段落はその文字数分だけ範囲が拡張されます。

構文 **Documentオブジェクト.SaveAs(FileName)**

- Word文書に名前を付けて保存するには、DocumentオブジェクトのSaveAsメソッドを使用します。
- 引数「FileName」に、ファイル名を含む保存先のファイルパスを指定します。

構文 **Documentオブジェクト.Close**

- Word文書を閉じるには、DocumentオブジェクトのCloseメソッドを使用します。

構文 **Wordを表すApplicationオブジェクト.Quit**

- Wordを終了するには、Wordを表すApplicationオブジェクトのQuitメソッドを使用します。

関連ワザ 596 新しいWord文書を作成してExcelの表とグラフを貼り付ける………P.731
関連ワザ 597 Word上のキーワードでExcelからデータを抽出してWordに貼り付ける………P.733

ワザ 596 新しいWord文書を作成してExcelの表とグラフを貼り付ける

難易度 ●●● | 頻出度 ●○○ | 対応Ver. 365 2021 2019 2016

Excel VBAからWordを操作し、Wordの新規文書を作成して、Excelの表とグラフを貼り付けます。ここでは、セルA1に入力されているデータを文書のタイトルとし、これに続けて、「下半期売上実績表」の表とそのグラフをWord文書に貼り付けます。文書が完成したら、Cドライブ内の［データ］フォルダーに名前を付けて保存します。

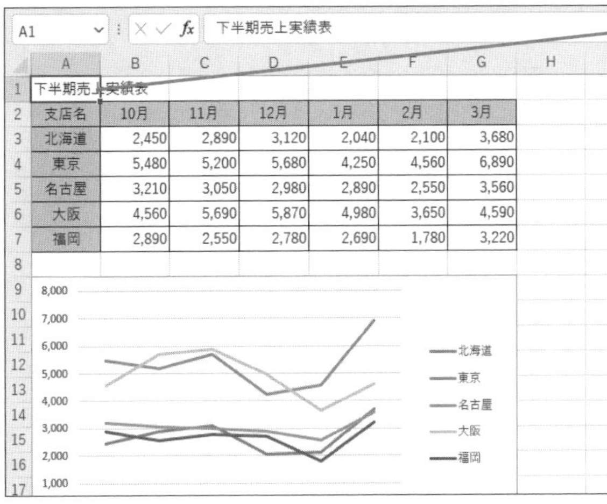

下半期売上実績表

支店名	10月	11月	12月	1月	2月	3月
北海道	2,450	2,890	3,120	2,040	2,100	3,680
東京	5,480	5,200	5,680	4,250	4,560	6,890
名古屋	3,210	3,050	2,980	2,890	2,550	3,560
大阪	4,560	5,690	5,870	4,980	3,650	4,590
福岡	2,890	2,550	2,780	2,690	1,780	3,220

セルA1に入力されているデータをWord文書の1段落目に挿入する

Excelの表とグラフをコピーして、グラフは画像としてWordの文書に貼り付ける

作成したWord文書をCドライブの［データ］フォルダーに名前を付けて保存する

次のページに続く▶

入力例 596.xlsm

```
Sub Word表グラフ貼り付け()
    Dim myWordApp As New Word.Application ←1
    Dim myWordDoc As Word.Document ←2
    Set myWordDoc = myWordApp.Documents.Add ←3
    With myWordDoc ←4
        .Range.InsertBefore Text:=Range("A1").Value ←5
        .Range.InsertParagraphAfter ←6
        Worksheets("売上実績").Range("A2:G7").Copy ←7
        .Range(Start:=.Range.End - 1).Paste ←8
        Worksheets("売上実績").ChartObjects(1).CopyPicture ←9
        .Range(Start:=.Range.End - 1).Paste ←10
        .SaveAs Filename:="C:¥データ¥" & Range("A1").Value & ".docx" ←11
        .Close ←12
    End With
    Set myWordDoc = Nothing ←13
    myWordApp.Quit: Set myWordApp = Nothing ←14
End Sub
```

1 Wordを表すApplication型の変数「myWordApp」を宣言して、Applicationオブジェクトのインスタンスを生成する 2 Word文書を表すDocument型の変数「myWordDoc」を宣言する 3 Wordの新規文書を開いて、開いた新規文書を表すDocumentオブジェクトを変数「myWordDoc」に代入する 4 開いた新規文書（変数「myWordDoc」に代入したDocumentオブジェクト）に対して処理を実行する 5 段落の先頭位置に、セルA1に入力されているデータを挿入する 6 段落記号を挿入して改行する 7［売上実績］シートのセルA2～G7の内容をクリップボードにコピーする 8 文書の末尾の1文字前に、クリップボードに保存した内容を貼り付ける 9［売上実績］シートの1つ目のグラフを画像としてコピーする 10 文書の末尾の1文字前に、クリップボードに保存した画像を貼り付ける 11 Cドライブの［データ］フォルダーに、セルA1の値をファイル名に付けて保存する 12 Word文書を閉じる 13 変数「myWordDoc」の参照を解放する 14 Wordを終了して、変数「myWordApp」の参照を解放する

ポイント

構文 **Wordを表すApplicationオブジェクト.Documents.Add**

- Wordの新規文書を開くには、DocumentsコレクションのAddメソッドを使用します。

構文 **Documentオブジェクト.Range.InsertParagraphAfter**

- 段落記号を挿入して改行するには、RangeオブジェクトのInsertParagraphAfterメソッドを使用します。

構文 **Documentオブジェクト.Range(Start).Paste**

- クリップボードに保存した内容を文書に貼り付けるには、RangeオブジェクトのPasteメソッドを使用します。貼り付ける文字位置は、Rangeプロパティの引数「Start」に指定します。

構文 **Rangeオブジェクト.End**

- 文書の末尾の文字位置を参照するには、RangeオブジェクトのEndプロパティを使用します。
- ワークシート上のグラフを参照するには、WorksheetオブジェクトのChartObjectsプロパティを使用し、参照したグラフを画像としてクリップボードにコピーするには、ChartObjectオブジェクトのCopyPictureメソッドを使用します。

関連ワザ 597 Word上のキーワードでExcelからデータを抽出してWordに貼り付ける………P.733
関連ワザ 598 Wordの表データをExcelのワークシートに取り込む………P.735

ワザ 597 Word上のキーワードでExcelからデータを抽出してWordに貼り付ける

難易度 ●●● | 頻出度 ●○○ | 対応Ver. 365 2021 2019 2016

Word文書に入力されているキーワードを条件としてワークシート上の表からデータを抽出し、抽出した結果を条件に使用したキーワードの下側に貼り付けます。ここでは、Word文書［コース別研修一覧.docx］に入力されている「コースNo」をキーワードとして、ワークシートからデータを抽出します。文書内には、「コースNo」が「【】」で囲まれて入力されているため、Word文書で「【】」を検索して、条件に使用する文字列を取得しています。

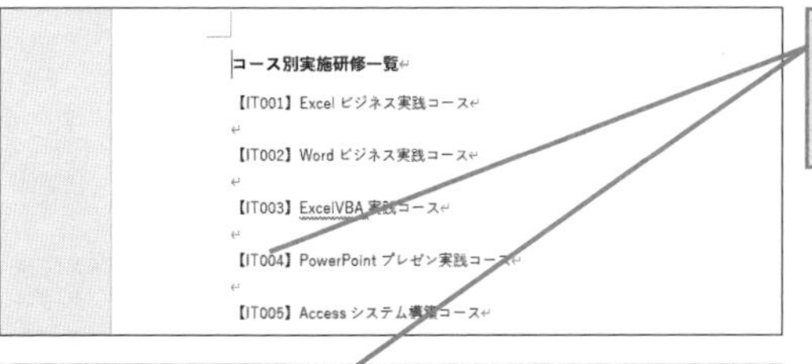

コース別実施研修一覧

【IT001】Excel ビジネス実践コース

【IT002】Word ビジネス実践コース

【IT003】ExcelVBA 実践コース

【IT004】PowerPoint プレゼン実践コース

【IT005】Access システム構築コース

Word文書に入力されている［コースNo］をキーワードとしてワークシートからデータを抽出する

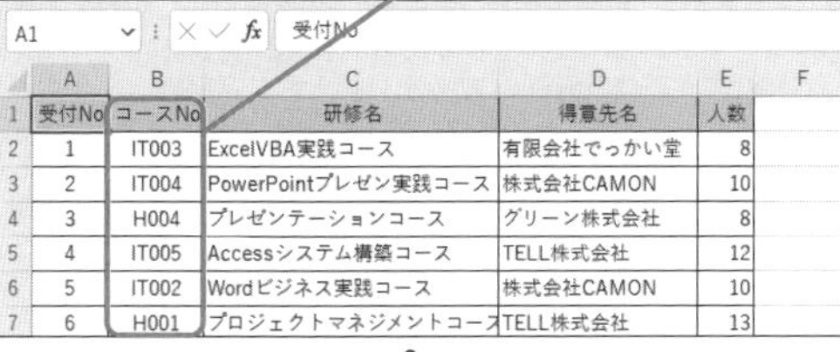

A1 受付No

	A	B	C	D	E	F
1	受付No	コースNo	研修名	得意先名	人数	
2	1	IT003	ExcelVBA実践コース	有限会社でっかい堂	8	
3	2	IT004	PowerPointプレゼン実践コース	株式会社CAMON	10	
4	3	H004	プレゼンテーションコース	グリーン株式会社	8	
5	4	IT005	Accessシステム構築コース	TELL株式会社	12	
6	5	IT002	Wordビジネス実践コース	株式会社CAMON	10	
7	6	H001	プロジェクトマネジメントコース	TELL株式会社	13	

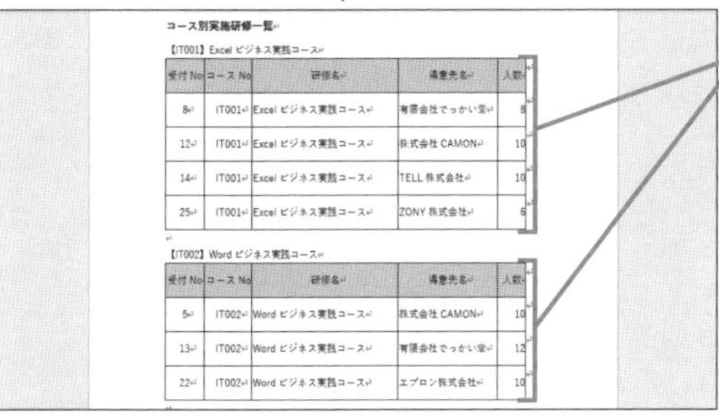

コース別実施研修一覧

【IT001】Excel ビジネス実践コース

受付No	コースNo	研修名	得意先名	人数
8	IT001	Excel ビジネス実践コース	有限会社でっかい堂	8
12	IT001	Excel ビジネス実践コース	株式会社 CAMON	10
14	IT001	Excel ビジネス実践コース	TELL 株式会社	10
25	IT001	Excel ビジネス実践コース	ZONY 株式会社	8

【IT002】Word ビジネス実践コース

受付No	コースNo	研修名	得意先名	人数
5	IT002	Word ビジネス実践コース	株式会社 CAMON	10
13	IT002	Word ビジネス実践コース	有限会社でっかい堂	12
22	IT002	Word ビジネス実践コース	エプロン株式会社	10

ワークシートから抽出したデータをWord文書に貼り付ける

入力例 597.xlsm

```
Sub 抽出データWord貼り付け()
    Dim myWordApp As New Word.Application  ←1
    Dim myWordDoc As Word.Document  ←2
    Dim myFilterWord As String
    Set myWordDoc = myWordApp.Documents.Open _  ←3
        ("C:¥データ¥コース別研修一覧.docx")
```

次のページに続く▶

```
    With myWordApp.Selection.Find
        .ClearFormatting
        .MatchFuzzy = False
        .MatchWildcards = True             ← 4
        .Text = "【*】"
        Do Until .Execute = False  ← 5
            myFilterWord = Mid(myWordApp.Selection, 2, 5)  ← 6
            myWordApp.Selection.MoveDown Unit:=wdParagraph, Count:=1  ← 7
            With Range("A1").CurrentRegion
                .AutoFilter Field:=2, Criteria1:=myFilterWord   ← 8
                .Copy
            End With
            myWordApp.Selection.Paste  ← 9
        Loop
    End With
    Range("A1").CurrentRegion.AutoFilter  ← 10
    myWordDoc.Save  ← 11
    myWordDoc.Close: Set myWordDoc = Nothing
    myWordApp.Quit: Set myWordApp = Nothing
End Sub
```

1 Wordを表すApplication型の変数「myWordApp」を宣言して、Applicationオブジェクトのインスタンスを生成する　2 Word文書を表すDocument型の変数「myWordDoc」を宣言する　3 Cドライブの［データ］フォルダーに保存されている［コース別研修一覧.docx］を開く　4 Wordの検索オプションを初期状態に設定し、［あいまい検索（日）］をオフ、［ワイルドカードを使用する］をオン、検索条件にワイルドカードを使用した「【*】」を設定する　5 Word文書の検索を実行し、何も検索されなくなるまで処理を繰り返す　6 検索された文字列の2文字目から5文字分（【】を除いたコースNo）を取り出して、変数「myFilterWord」に代入する　7 Word文書内の選択位置を1段落下に移動する　8 変数「myFilterWord」に代入した文字列を条件として、セルA1のアクティブセル領域でオートフィルターを実行し、その抽出結果をクリップボードにコピーする　9 クリップボードにコピーした内容をWord文書の選択位置に貼り付ける　10 オートフィルターを解除する　11 Word文書を上書き保存して閉じる

ポイント

構文　**Wordを表すApplicationオブジェクト.Selection.Find.プロパティ／メソッド**

- Word文書上で検索の設定や実行を行うには、Findオブジェクトのプロパティ／メソッドを使用します。

●Findオブジェクトの主なプロパティ／メソッド

プロパティ／メソッド	設定内容
ClearFormattingメソッド	検索オプションを初期状態に設定する
MatchFuzzyプロパティ	［あいまい検索（日）］の設定（True：オン、False：オフ）
MatchWildcardsプロパティ	［ワイルドカードを使用する］の設定（True：オン、False：オフ）
Textプロパティ	検索条件を設定する
Executeメソッド	検索を実行する

構文　**Wordを表すApplicationオブジェクト.Selection.MoveDown(Unit, Count)**

- Word文書上で、選択位置を文書の末尾方向に移動するにはMoveDownメソッドを使用します。
- 引数「Unit」には移動する単位、引数「Count」には移動する量を指定します。

●引数「Unit」に指定できる主な単位（WdUnits列挙型の主な定数）

定数	値	内容
wdParagraph	4	段落
wdLine	5	行

ワザ 598 Wordの表データをExcelのワークシートに取り込む

難易度 ●●● | 頻出度 ●○○ | 対応Ver. 365 2021 2019 2016

Word文書内に作成されている表からデータを取り出して、ワークシート上のセルに入力します。ここでは、Cドライブの［データ］フォルダーに保存されているWord文書［上半期売上実績表.docx］を開いて、文書内の表に入力されているデータをExcelのワークシートに取り込みます。

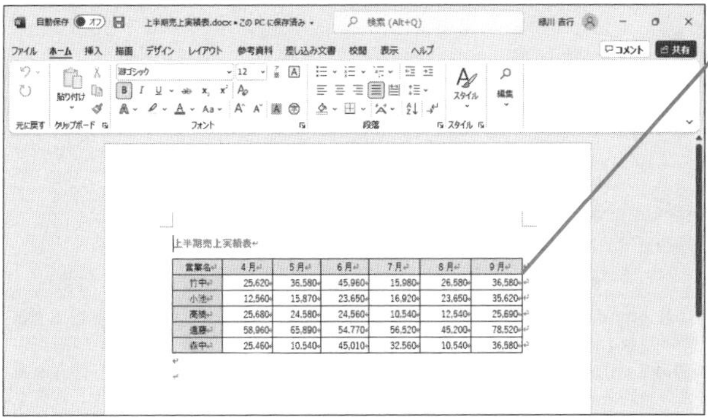

上半期売上実績表

営業名	4月	5月	6月	7月	8月	9月
竹中	25,620	36,580	45,960	15,980	26,580	36,580
小池	12,560	15,870	23,650	16,920	23,650	35,620
高橋	25,680	24,580	24,560	10,540	12,540	25,690
遠藤	58,960	65,890	54,770	56,520	45,200	78,520
森中	25,460	10,540	45,010	32,560	10,540	36,580

Word文書に作成されている表のデータをワークシートのセルに入力する

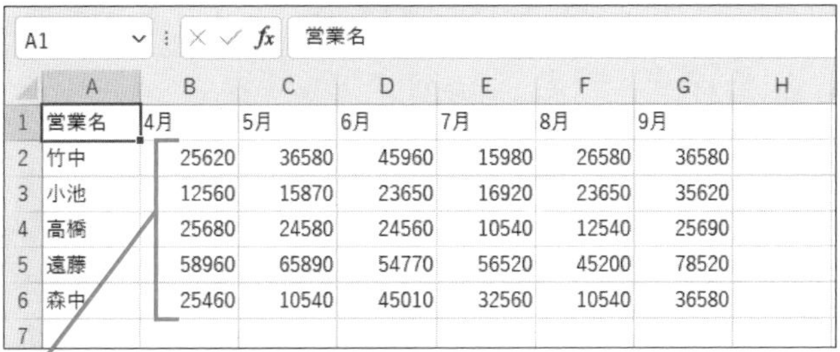

↓

A1 営業名

	A	B	C	D	E	F	G	H
1	営業名	4月	5月	6月	7月	8月	9月	
2	竹中	25620	36580	45960	15980	26580	36580	
3	小池	12560	15870	23650	16920	23650	35620	
4	高橋	25680	24580	24560	10540	12540	25690	
5	遠藤	58960	65890	54770	56520	45200	78520	
6	森中	25460	10540	45010	32560	10540	36580	
7								

元データが数値と判断できるときは、長整数型のデータに変換してセルに入力する

次のページに続く▶

入力例 598.xlsm

```
Sub Word表取り込み()
    Dim myWord As New Word.Application ←1
    Dim myWordDoc As Word.Document ←2
    Dim myData As String, i As Integer, j As Integer
    Set myWordDoc = myWord.Documents.Open("C:¥データ¥上半期売上実績表.docx") ←3
    With myWordDoc.Tables(1) ←4
        For i = 1 To .Rows.Count ←5
            For j = 1 To .Columns.Count ←6
                myData = Replace(.Cell(i, j).Range.Text, Chr(7), "") ←7
                If IsNumeric(myData) = True Then ←8
                    Cells(i, j).Value = CLng(myData)
                Else ←9
                    Cells(i, j).Value = myData
                End If
            Next j
        Next i
    End With
    myWordDoc.Close: Set myWordDoc = Nothing ←10
    myWord.Quit: Set myWord = Nothing
End Sub
```

1Wordを表すApplication型の変数「myWord」を宣言して、Applicationオブジェクトのインスタンスを生成する 2Word文書を表すDocument型の変数「myWordDoc」を宣言する 3Cドライブの[データ]フォルダーに保存されている[上半期売上実績表.docx]を開く 4Word文書内に作成されている1つ目の表について処理を実行する 5Wordの表の行数分だけ処理を繰り返し実行する 6Wordの表の列数分だけ処理を繰り返し実行する 7Wordの表のi行j列目のセルのデータを、末尾にあるASCII文字(コード7)を削除してから変数「myData」に代入する 8変数「myData」に代入したデータが数値であると判断できる場合は、長整数型(Long)のデータに変換してから、ワークシート上のi行j列目のセルにデータを入力する 9そうでない場合は、変数「myData」に代入したデータを変換せずに、ワークシート上のi行j列目のセルにデータを入力する 10Word文書を閉じて、変数「myWordDoc」の参照を解放する

ポイント

構文 **Documentオブジェクト.Tables(Index).Rows.Count**

- 引数「Index」で指定された表(Tableオブジェクト)の行数を取得するには、Rowsプロパティですべての行を表すRowsコレクションを参照し、Countプロパティで行数を取得します(取得のみ)。

構文 **Documentオブジェクト.Tables(Index).Columns.Count**

- 引数「Index」で指定された表(Tableオブジェクト)の列数を取得するには、Columnsプロパティですべての列を表すColumnsコレクションを参照し、Countプロパティで列数を取得します(取得のみ)。

構文 **Documentオブジェクト.Tables(Index).Cell(Row, Column).Range.Text**

- 引数「Index」で指定された表(Tableオブジェクト)のセルを参照するには、Cellメソッドを使用します。引数「Row」に行番号、引数「Column」に列番号を指定します。セルに入力されているデータは、Cellオブジェクトのrangeプロパティでセル内を参照し、RangeオブジェクトのTextプロパティを使用して取得します。
- Wordの表のセル内のデータの末尾にはASCII文字(コード7)があるので、Replace関数を使用して削除します。

関連ワザ 596 新しいWord文書を作成してExcelの表とグラフを貼り付ける………P.731
関連ワザ 597 Word上のキーワードでExcelからデータを抽出してWordに貼り付ける………P.733

ワザ 599 フォルダー内のすべてのWord文書のみを印刷する

難易度 ●●●｜頻出度 ●●○｜対応Ver. 365 2021 2019 2016

Excel VBAからWordを操作して、Cドライブの［印刷］フォルダーにあるWord文書だけを選んで印刷します。「複数のファイルの中からWord文書を選んで開いて印刷を実行する」手間がなくなるので便利です。Wordはパソコン内部で起動するため、画面には表示されません。ここではFileSystemObjectオブジェクトを使用して、すべてのファイルを参照し、拡張子からファイルの種類を判別しています。

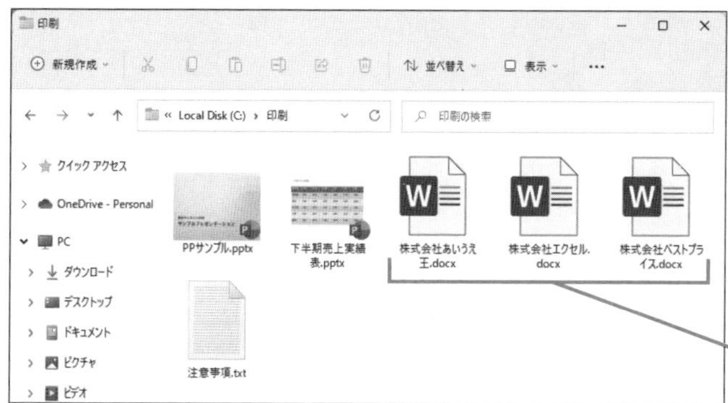

［印刷］フォルダーにあるファイルから、すべてのWord文書を印刷する

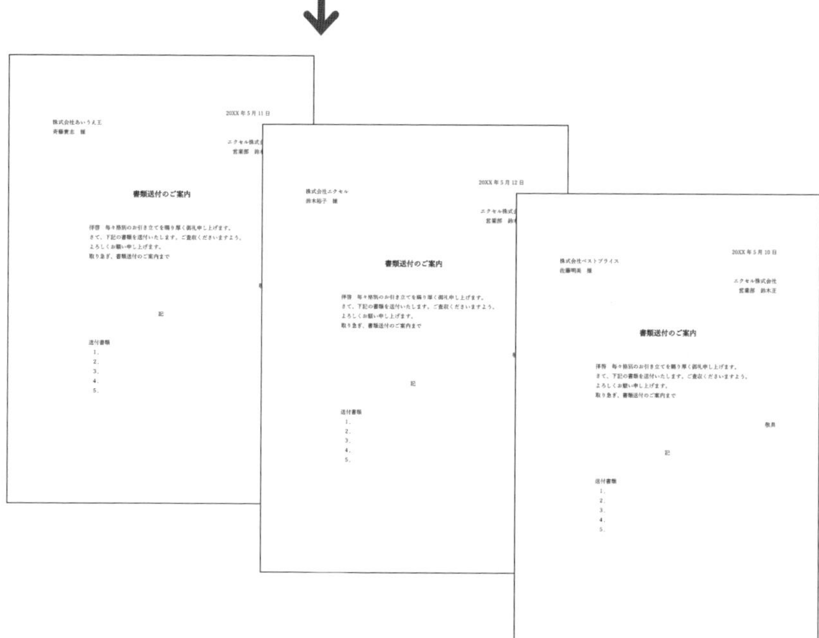

次のページに続く▶

入力例

599.xlsm

```
Sub Word文書印刷()
    Dim myFSO As New FileSystemObject
    Dim myFiles As Files
    Dim myFile As File
    Dim myFilePath As String
    Dim myWordApp As New Word.Application ←1
    Dim myDoc As Word.Document ←2
    Set myFiles = myFSO.GetFolder("C:¥印刷").Files ←3
    For Each myFile In myFiles ←4
        myFilePath = myFile.Path ←5
        If myFSO.GetExtensionName(myFilePath) = "docx" Then ←6
            With myWordApp
                Set myDoc = .Documents.Open(myFilePath) ←7
                .PrintOut ←8
                myDoc.Close ←9
            End With
        End If
    Next
    myWordApp.Quit: Set myWordApp = Nothing ←10
End Sub
```

1Wordを表すApplication型の変数「myWordApp」を宣言して、Applicationオブジェクトのインスタンスを生成する 2Word文書を表すDocument型の変数「myDoc」を宣言する 3Cドライブの［印刷］フォルダーに保存されているすべてのファイル（Filesコレクション）を取得して、変数「myFiles」に代入する 4変数「myFiles」に代入したFilesコレクション内のFileオブジェクトを1つ1つ参照する 5ファイルパスを取得して、変数「myFilePath」に代入する 6ファイルの拡張子が「.docx」の場合に処理を実行する 7変数「myFilePath」に代入したファイルパスに保存されているWord文書を開いて、変数「myDoc」に代入する 8Wordの印刷機能を実行する 9変数「myDoc」に代入したWord文書を閉じる 10Wordを終了して、変数「myWordApp」の参照を解放する

ポイント

- FileSystemObjectオブジェクトのGetFolderメソッドを使用して特定のフォルダー（Folderオブジェクト）を取得し、FolderオブジェクトのFilesプロパティを使用して、取得したフォルダー内のすべてのファイル（Filesコレクション）を取得します。
- 1つ1つのファイル（Fileオブジェクト）は、For Each ～ Nextステートメントを使用して参照します。
- ファイルパスは、FileオブジェクトのPathプロパティを使用して取得します。
- ファイルの拡張子は、FileSystemObjectオブジェクトのGetExtensionNameプロパティを使用して取得します。
- Word文書を開くにはDocumentsコレクションのOpenメソッドを使用します（ワザ595参照）。

構文 **Wordを表すApplicationオブジェクト.PrintOut**

- Wordの印刷機能は、Wordを表すApplicationオブジェクトのPrintOutメソッドを使用して実行します。

関連ワザ 298 フォルダー内のすべてのファイルの情報一覧を作成する………P.370
関連ワザ 595 ExcelのデータをWord文書に挿入する………P.729

ワザ 600 Excel VBAでPowerPointを操作する

難易度 ●●●　頻出度 ●○○　対応Ver. 365 2021 2019 2016

VBAはPowerPointにも搭載されています。PowerPoint VBAを使用すれば、PowerPointの操作を自動化できるVBAプログラムを作成できますが、PowerPoint VBAのライブラリファイルとの参照設定を行うことで、Excel VBAのコードの中にPowerPoint VBAのコードを記述できるようになります。つまり、Excel VBAからPowerPointを操作できるわけです。ここでは、Excel VBAでPowerPointを操作するプログラムの作成方法を紹介します。

PowerPoint の主なオブジェクトの階層構造

PowerPoint VBAでは、PowerPointのプレゼンテーションファイルやスライドなどの要素を、Presentationオブジェクトや Slideオブジェクトといったオブジェクトとして扱います。これらのオブジェクトには下図のような階層構造があります。各オブジェクトを参照するには、このオブジェクトの階層構造を上から順番にたどって参照してください。

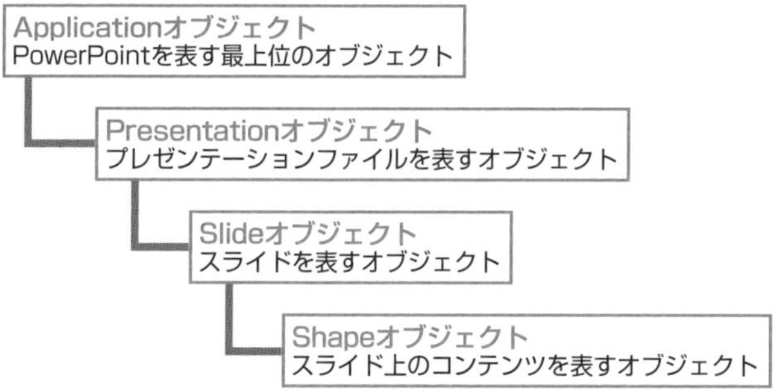

- Applicationオブジェクト
  PowerPointを表す最上位のオブジェクト
  - Presentationオブジェクト
    プレゼンテーションファイルを表すオブジェクト
    - Slideオブジェクト
      スライドを表すオブジェクト
      - Shapeオブジェクト
        スライド上のコンテンツを表すオブジェクト

PowerPoint を操作する準備

Excel VBAでPowerPointを操作するには、その準備として、PowerPoint VBAのライブラリファイルへの参照設定を行う必要があります。ライブラリファイルにはバージョン番号があり、ライブラリファイル名に［Microsoft PowerPoint バージョン番号 Object Library］の形で記載されています。操作するPowerPointのバージョンに対応したライブラリファイルを選択してください。参照設定の詳しい操作方法については、ワザ289を参照してください。なお、参照設定は、PowerPointを操作するブックごとに設定する必要があります。

●PowerPointのバージョンとライブラリファイルの対応

バージョン	ライブラリファイル
PowerPoint 2021/2019/2016、Microsoft 365のPowerPoint	Microsoft PowerPoint 16.0 Object Library
PowerPoint 2013	Microsoft PowerPoint 15.0 Object Library
PowerPoint 2010	Microsoft PowerPoint 14.0 Object Library
PowerPoint 2007	Microsoft PowerPoint 12.0 Object Library

次のページに続く▶

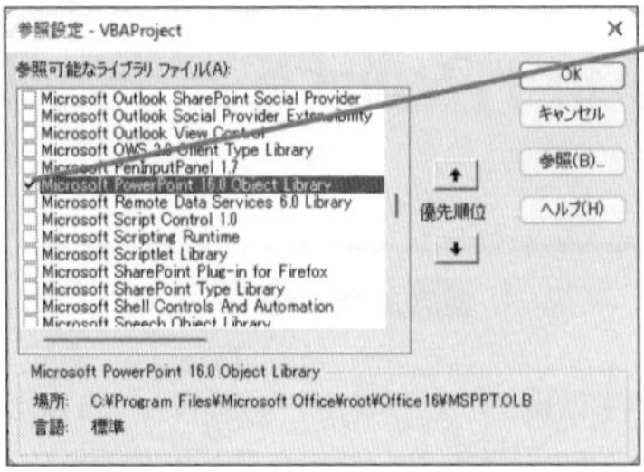

［参照設定］ダイアログボックスでPowerPointのライブラリファイルへの参照設定を行う

PowerPoint の操作方法

PowerPointを操作するには、使用したいオブジェクトのインスタンスを生成する必要があります。インスタンスを生成するには、DimステートメントでNewキーワードを使用して変数を宣言します。インスタンスは、宣言した変数が最初に参照されたときに自動生成されて、変数に代入されます。各オブジェクトのプロパティやメソッドを使用するには、「オブジェクト.メソッド」「オブジェクト.プロパティ」といったVBAの基本構文で記述してください。

▶PowerPointを表すApplicationオブジェクトのインスタンスを生成する

```
Dim 変数名 As New PowerPoint.Application
```

▶Presentationオブジェクトを格納する変数を宣言する

```
Dim 変数名 As PowerPoint.Presentation
```

▶Slideオブジェクトを格納する変数を宣言する

```
Dim 変数名 As PowerPoint.Slide
```

ポイント

- PowerPointを操作するには、PowerPointを表すApplicationオブジェクトのインスタンスを生成し、PowerPointのプレゼンテーションファイルを表すPresentation型の変数などを宣言します。
- 宣言したApplicationオブジェクトの変数が最初に参照されてPowerPointのインスタンスが自動生成されると、PowerPointがパソコン内部で起動します。
- VBAを使用してプレゼンテーションファイルにスライドを追加すると、追加したスライドを表すSlideオブジェクトを取得できます。このSlideオブジェクトを使用して、追加したスライドを操作します。
- スライドにコンテンツを追加すると、追加したコンテンツを表すShapeオブジェクトなどが取得できます。このShapeオブジェクトなどを使用して、追加したコンテンツを操作します。

関連ワザ 601 PowerPointのスライドに表を作成してワークシート上の表データを入力する………P.741
関連ワザ 602 スライドにExcelのグラフを貼り付ける………P.744
関連ワザ 603 PowerPointのスライドの簡易サムネイルをワークシート上に作成する………P.746
関連ワザ 604 フォルダー内のすべてのプレゼンテーションファイルをノート形式で印刷する………P.748
関連ワザ 605 各スライドのプレゼンテーションにかかった秒数をワークシートに記録する………P.750

ワザ 601 PowerPointのスライドに表を作成してワークシート上の表データを入力する

難易度 ●●● | 頻出度 ●○○ | 対応Ver. 365 2021 2019 2016

Excel VBAでPowerPointを操作して、新規プレゼンテーションファイルを作成します。ここでは、白紙のスライドにテキストボックスと表を追加して、表タイトルと表データを入力します。表データはワークシート上に作成されている表データを1つ1つ取り出して入力しています。取り出したデータを加工して別表を作成することもできるので、活用範囲が広いテクニックです。

入力例 601.xlsm

```
Sub 新規プレゼンデータ貼付()
    Dim myPP As New PowerPoint.Application ←1
    Dim myPresen As PowerPoint.Presentation ←2
    Dim myLayout As PowerPoint.CustomLayout ←3
    Dim mySlide As PowerPoint.Slide ←4
    Dim myTable As PowerPoint.Shape ←5
    Dim myRange As Range
    Dim myRowCount As Long, myColumnCount As Long
    Dim i As Long, j As Long
    Set myRange = Range("A2:G7")                  ┐
    myRowCount = myRange.Rows.Count               ├6
    myColumnCount = myRange.Columns.Count         ┘
    Set myPresen = myPP.Presentations.Add ←7
    Set myLayout = myPresen.SlideMaster.CustomLayouts(7) ┐
    Set mySlide = myPresen.Slides.AddSlide(1, myLayout)  ┘8
    With mySlide ←9
        .Shapes.AddTextbox(msoTextOrientationHorizontal, _                  ┐
            60, 50, 200, 50).TextFrame.TextRange.Text = Range("A1").Value  ┘10
        Set myTable = _ ←11
            .Shapes.AddTable(myRowCount, myColumnCount, 60, 110, 600, 300)
        With myTable ←12
            For i = 1 To myRowCount
                For j = 1 To myColumnCount
                    .Table.Cell(i, j).Shape.TextFrame.TextRange.Text = _ ┐
                        myRange.Cells(i, j).Value                        ┘13
                Next j
            Next i
        End With
    End With
    myPresen.SaveAs "C:¥データ¥" & Range("A1").Value & ".pptx" ←14
    myPresen.Close ←15
    Set myLayout = Nothing ←16
    Set myRange = Nothing: Set myPresen = Nothing: Set mySlide = Nothing
    myPP.Quit: Set myPP = Nothing ←17
End Sub
```

次のページに続く▶

1 PowerPointを表すApplication型の変数「myPP」を宣言して、Applicationオブジェクトのインスタンスを生成する　2 PowerPointのプレゼンテーションファイルを表すPresentation型の変数「myPresen」を宣言する　3 スライドのレイアウトを表すCustomLayout型の変数「myLayout」を宣言する　4 スライドを表すSlide型の変数「mySlide」を宣言する　5 表などの図形を表すPowerPointのShape型の変数「myTable」を宣言する　6 スライドに入力したい表のセル範囲を変数「myRange」に代入して、そのセル範囲の行数と列数を取得する　7 新規プレゼンテーションファイルを作成する　8 白紙のレイアウトのスライドを追加する　9 追加したスライドについて処理を実行する　10 テキストの向きが水平方向、幅200ポイント、高さ50ポイントのテキストボックスを、スライドの左端から60ポイント、上端から50ポイントの位置に追加し、セルA1に入力されているデータを入力する　11 変数「myRowCount」に代入されている行数、変数「myColumnCount」に代入されている列数を持ち、幅600ポイント、高さ300ポイントの表を、スライドの左端から60ポイント、上端から110ポイントの位置に追加する　12 追加した表について処理を実行する　13 追加した表内のi行j列目のセルに、ワークシート上のi行j列目のデータを入力する　14 Cドライブの［データ］フォルダーに、セルA1のデータをファイル名に付けて、プレゼンテーションファイルを保存する　15 プレゼンテーションファイルを閉じる　16 変数「myLayout」の参照を解放する　17 PowerPointを終了して、変数「myPP」の参照を解放する

ポイント

構文 **PowerPointを表すApplicationオブジェクト.Presentations.Add**

- 新規のプレゼンテーションファイルを作成するには、PresentationsコレクションのAddメソッドを使用します。
- Addメソッドは、作成したプレゼンテーションファイルを表すPresentationオブジェクトを返します。

構文 **Presentationオブジェクト.Slides.AddSlide(Index, pCustomLayout)**

- プレゼンテーションファイルにスライドを追加するには、SlidesコレクションのAddSlideメソッドを使用します。
- 引数「Index」にスライドを追加する位置を指定し、引数「pCustomLayout」にスライドのレイアウトを表すCustomLayoutオブジェクトを指定します。
- AddSlideメソッドは、追加したスライドを表すSlideオブジェクトを返します。

構文 **Presentationオブジェクト.SlideMaster.CustomLayouts(Index)**

- スライドのレイアウトを表すCustomLayoutオブジェクトを取得するには、MasterオブジェクトのCustomLayoutsプロパティを使用します（取得のみ）。
- CustomLayoutsプロパティの引数「Index」には、レイアウトの種類を表す定数を指定します。白紙のレイアウトの場合は「7」を指定してください。

構文 **Slideオブジェクト.Shapes.AddTextbox(Orientation, Left, Top, Width, Height).TextFrame.TextRange.Text = テキストボックスに入力するデータ**

- スライドにテキストボックスを追加するには、ShapesコレクションのAddTextboxメソッドを使用します。設定する引数については次ページの表の通りです。

●AddTextboxメソッドの引数

引数	設定内容	設定値
Orientation	テキストの向き	MsoTextOrientation列挙型の定数
Left	スライドの左端からの距離	ポイント単位の数値
Top	スライドの上端からの距離	ポイント単位の数値
Width	テキストボックスの幅	ポイント単位の数値
Height	テキストボックスの高さ	ポイント単位の数値

●MsoTextOrientation列挙型の主な定数

定数	値	内容
msoTextOrientationHorizontal	1	横向き
msoTextOrientationUpward	2	右上がり
msoTextOrientationDownward	3	右下がり
msoTextOrientationVertical	5	縦向き

- テキストボックスに入力するデータは、TextRangeオブジェクトのTextプロパティに設定します。

構文 `Slideオブジェクト.Shapes.AddTable(NumRows, NumColumns, Left, Top, Width, Height)`

- スライドに表を追加するには、ShapesコレクションのAddTableメソッドを使用します。設定する引数については次の表の通りです。

●AddTableメソッドの引数

引数	設定内容	設定値
NumRows	表の行数	行数を表す数値
NumColumns	表の列数	列数を表す数値
Left	スライドの左端からの距離	ポイント単位の数値
Top	スライドの上端からの距離	ポイント単位の数値
Width	表の幅	ポイント単位の数値
Height	表の高さ	ポイント単位の数値

- AddTableメソッドは、追加した表などの図形を表すPowerPointのShapeオブジェクトを返します。

構文 `表を表すPowerPointのShapeオブジェクト.Table.Cell(Row, Column).Shape.TextFrame.TextRange.Text = 表のセルに入力するデータ`

- PowerPointの表のセルを参照するには、TableオブジェクトのCellメソッドを使用します。引数「Row」に行位置を表す数値、引数「Column」に列位置を表す数値を指定します。
- PowerPointの表のセルに入力するデータは、TextRangeオブジェクトのTextプロパティに設定します。

構文 `Presentationオブジェクト.SaveAs(FileName)`

- 作成したプレゼンテーションファイルに名前を付けて保存するには、PresentationオブジェクトのSaveAsメソッドを使用します。引数「FileName」に、ファイル名を含む保存先のファイルパスを指定してください。

構文 `Presentationオブジェクト.Close`

- プレゼンテーションファイルを閉じるには、PresentationオブジェクトのCloseメソッドを使用します。

構文 `PowerPointを表すApplicationオブジェクト.Quit`

- PowerPointを終了するには、PowerPointを表すApplicationオブジェクトのQuitメソッドを使用します。

関連ワザ 600 Excel VBAでPowerPointを操作する………P.739
関連ワザ 602 スライドにExcelのグラフを貼り付ける………P.744

ワザ 602 スライドにExcelのグラフを貼り付ける

難易度 ●●● | 頻出度 ●○○ | 対応Ver. 365 2021 2019 2016

このワザでは、Excel VBAでPowerPointを操作して既存のプレゼンテーションファイルを開き、［タイトルとコンテンツ］レイアウトのスライドをファイルの末尾に追加して、ワークシート上のグラフを画像として貼り付けます。処理が終了したら、プレゼンテーションファイルを上書き保存して閉じます。

入力例

602.xlsm

```
Sub スライドにグラフ貼付()
    Dim myPP As New PowerPoint.Application ←1
    Dim myPresen As PowerPoint.Presentation ←2
    Dim myLayout As PowerPoint.CustomLayout ←3
    Dim mySlide As PowerPoint.Slide ←4
    Dim myShape As PowerPoint.ShapeRange ←5
    Set myPresen = myPP.Presentations.Open(Filename:= _
        "C:¥データ¥下半期売上実績表.pptx", WithWindow:=msoFalse)  ←6
    Set myLayout = myPresen.SlideMaster.CustomLayouts(6)
    Set mySlide = myPresen.Slides.AddSlide _
                  (myPresen.Slides.Count + 1, myLayout)  ←7
    With mySlide ←8
        .Shapes(1).TextFrame.TextRange.Text = "下半期売上実績グラフ" ←9
        Worksheets("売上実績").ChartObjects(1).CopyPicture ←10
        Set myShape = .Shapes.Paste
        With myShape
            .Left = 80
            .Top = 130
            .Width = 650
            .Height = 350
        End With  ←11
    End With
    myPresen.Save ←12
    myPresen.Close ←13
    Set myLayout = Nothing ←14
    Set myShape = Nothing: Set myPresen = Nothing: Set mySlide = Nothing
    myPP.Quit: Set myPP = Nothing ←15
End Sub
```

1 PowerPointを表すApplication型の変数「myPP」を宣言して、Applicationオブジェクトのインスタンスを生成する　2 PowerPointのプレゼンテーションファイルを表すPresentation型の変数「myPresen」を宣言する　3 スライドのレイアウトを表すCustomLayoutオブジェクト型の変数「myLayout」を宣言する　4 スライドを表すSlide型の変数「mySlide」を宣言する　5 スライドに貼り付けたグラフなどを表すPowerPointのShapeRange型の変数「myShape」を宣言する　6 Cドライブの［データ］フォルダーに保存されているファイル［下半期売上実績表.pptx］を、PowerPointのウィンドウを非表示の状態で開く　7 プレゼンテーションファイルの末尾に［タイトルとコンテンツ］レイアウトのスライドを追加する　8 追加したスライドについて処理を実行する　9 タイトルに「下半期売上実績グラフ」と入力する　10「売上実績」ワークシートの1つ目のグラフをクリップボードにコピーする　11 クリップボードにコピーしたグラフをスライドに貼り付けて、貼り付けたグラフの位置とサイズを設定する　12 プレゼンテーションファイルを上書き保存する　13 プレゼンテーションファイルを閉じる　14 変数「myLayout」の参照を解放する　15 PowerPointを終了して、変数「myPP」の参照を解放する

ポイント

構文 PowerPointを表すApplicationオブジェクト.Presentations.Open(Filename, WithWindow)

- 既存のプレゼンテーションファイルを開くには、PresentationsコレクションのOpenメソッドを使用します。
- 引数「Filename」に開きたいプレゼンテーションファイルのファイルパスを指定し、引数「WithWindow」でPowerPointのウィンドウを表示するかどうかを指定します。

●引数「WithWindow」の設定値(MsoTriState列挙型の定数)

定数	値	内容
msoFalse	0	起動したPowerPointを表示しない
msoTrue	-1	起動したPowerPointを表示する

構文 Presentationオブジェクト.Slides.Count

- プレゼンテーションファイルのスライドの枚数を取得するには、SlidesコレクションのCountプロパティを使用します(取得のみ)。
- プレゼンテーションファイルの末尾にスライドを追加するには、Countプロパティで取得したスライドの枚数に「1」を加えた数値を、スライドの追加位置に指定します。
- スライドの追加位置は、AddSlideメソッドの引数「Index」に指定します。
- 追加するスライドのレイアウトを[タイトルとコンテンツ]に指定する場合、CustomLayoutsプロパティの引数「Index」に定数「6」を指定します。

構文 Slideオブジェクト.Shapes(Index).TextFrame.TextRange.Text = タイトルに入力するデータ

- [タイトルとコンテンツ] レイアウトのタイトルにデータを入力するには、タイトルのテキストボックスをShapesプロパティで参照し(取得のみ)、TextRangeオブジェクトのTextプロパティを使用して、入力したいデータを指定します。Shapesプロパティの引数「Index」には、参照したいShapesオブジェクトのインデックス番号を指定してください。

構文 Slideオブジェクト.Shapes.Paste

- クリップボードにコピーしたグラフをスライド上に貼り付けるには、ShapesコレクションのPasteメソッドを使用します。Pasteメソッドは、スライドに貼り付けたグラフを表すPowerPointのShapeRangeオブジェクトを返します。
- 貼り付けたグラフの貼り付け位置やサイズは、次の表のShapeRangeオブジェクトのプロパティを使用して指定します。いずれのプロパティも、ポイント単位の数値を設定してください。

●貼り付け位置やサイズを指定するShapeRangeオブジェクトのプロパティ

プロパティ	内容
Left	スライドの左端から位置
Top	スライドの上端から位置
Width	グラフの幅
Height	グラフの高さ

関連ワザ 601 PowerPointのスライドに表を作成してワークシート上の表データを入力する………P.741

ワザ 603 PowerPointのスライドの簡易サムネイルをワークシート上に作成する

難易度 ●●● | 頻出度 ●○○ | 対応Ver. 365 2021 2019 2016

Excel VBAからPowerPointを操作して、Cドライブの［データ］フォルダーにあるプレゼンテーションファイルをJPEG形式で［PP_JPG］フォルダーに保存し、保存された各スライドのJPEGファイルをワークシート上に貼り付けて、簡易サムネイルを作成します。特定のスライドを選んでサムネイル化できるので、さまざまな資料作成に柔軟に対応できます。

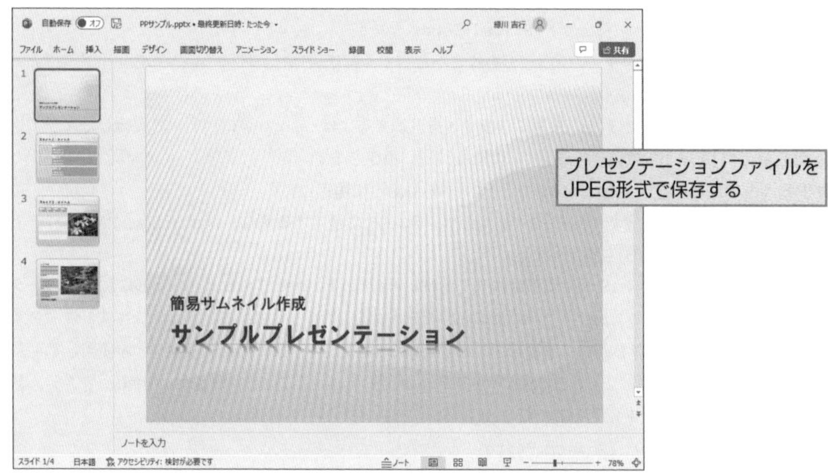

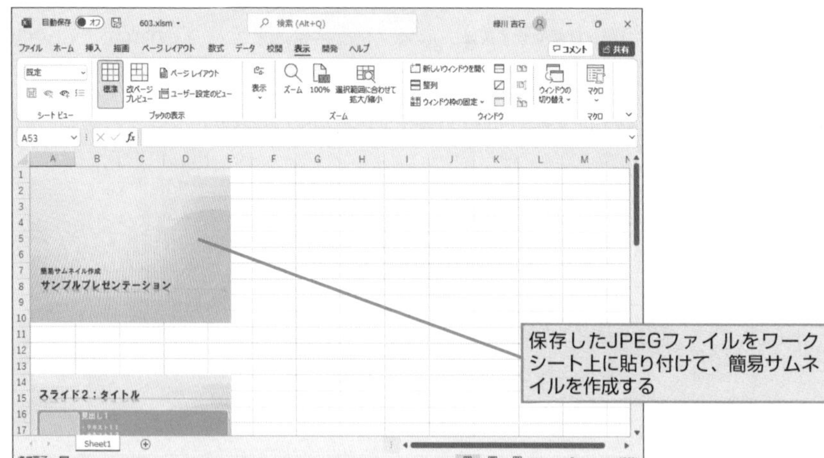

入力例 603.xlsm

```
Sub スライド画像取り込み()
    Dim myPP As New PowerPoint.Application
    Dim myPresen As PowerPoint.Presentation
    Dim mySavePath As String, myFilePath As String, i As Integer
    Dim myPicture As Picture
    mySavePath = "C:¥データ¥PP_JPG"
    myPP.Visible = msoTrue
    Set myPresen = myPP.Presentations.Open("C:¥データ¥PPサンプル.pptx") ←1
    myPresen.SaveAs Filename:=mySavePath, FileFormat:=ppSaveAsJPG ←2
    For i = 1 To myPresen.Slides.Count ←3                               ┐
        myFilePath = mySavePath & "¥スライド" & i & ".JPG"                ┘←4
        Set myPicture = ActiveSheet.Pictures.Insert(myFilePath)
        With myPicture.ShapeRange ←5
            .LockAspectRatio = msoTrue ←6
            .Top = ActiveCell.Top ←7
            .Left = ActiveCell.Left ←8
            .Height = .Height * 0.4 ←9
            Kill myFilePath ←10
            ActiveCell.Offset(13).Select ←11
        End With
    Next i
    myPresen.Close: Set myPresen = Nothing ←12
    myPP.Quit: Set myPP = Nothing ←13
End Sub
```

[1] Cドライブの［データ］フォルダーに保存されているプレゼンテーションファイル［PPサンプル.pptx］を開く [2] 開いたプレゼンテーションファイルを［PP_JPG］フォルダー（変数「mySavePath」に代入したフォルダーパスを参照）にJPEG形式で保存する [3] 開いたプレゼンテーションファイルのスライドの枚数分だけ処理を繰り返す [4]［PP_JPG］フォルダーに保存した［スライド通し番号.JPG］をアクティブシートに挿入する [5] 挿入されたJPEGファイルの図形範囲について処理を実行する [6] JPEGファイルの縦横比を保つように設定する [7] JPEGファイルの図形範囲の上端をアクティブセルの上端位置に設定する [8] JPEGファイルの図形範囲の左端をアクティブセルの左端位置に設定する [9] JPEGファイルの高さを元画像の高さの40%に設定する [10]［PP_JPG］フォルダーに保存したJPEGファイルをKillステートメントを使用して削除する [11] アクティブセルの13行下のセルを選択する [12] プレゼンテーションファイルを閉じて、変数「myPresen」の参照を解放する [13] PowerPointを終了して、変数「myPP」の参照を解放する

ポイント

構文 **PowerPointを表すApplicationオブジェクト.SaveAs(Filename, FileFormat)**

- 保存形式や保存するファイルパスを指定してプレゼンテーションファイルを保存するには、PowerPointを表すApplicationオブジェクトのSaveAsメソッドを使用します。
- 引数「Filename」に保存先のファイルパス、引数「FileFormat」に保存形式を表すPpSaveAsFileType列挙型の定数を指定します。
- プレゼンテーションファイルをJPEG形式で保存するには「ppSaveAsJPG」を指定してください。各スライドが「スライド(通し番号) .JPG」という名前の画像ファイルに変換されて保存されます。
- JPEGファイルをワークシートに挿入するには、PicturesコレクションのInsertメソッドを使用します。引数「Filename」に挿入したいファイルのファイルパスを指定してください。Insertメソッドは、挿入したファイルを表すPictureオブジェクトを返します。
- 挿入したJPEGファイルの図形範囲を参照するには、PictureオブジェクトのShapeRangeプロパティを使用してください(取得のみ)。
- JPEGファイルの縦横のサイズの比率を保って画像サイズを変更するため、LockAspectRatioプロパティにMsoTriState列挙型の定数「msoTrue」を指定します。

ワザ 604 フォルダー内のすべてのプレゼンテーションファイルをノート形式で印刷する

難易度 ●●● | 頻出度 ●●○ | 対応Ver. 365 2021 2019 2016

Excel VBAでPowerPointを操作して、Cドライブの[印刷]フォルダーに保存されているファイルの中から、プレゼンテーションファイルを選んでノート形式で印刷します。「1つ1つプレゼンテーションファイルを開いて印刷を実行する」といった手間がなくなるので便利です。PowerPointはパソコン内部で起動するので、ディスプレイには表示されません。このワザでは、FileSystemObjectオブジェクトを使用してファイルのパスを取得し、ファイルの種類は、拡張子を調べて判別しています。

[印刷] フォルダーに保存されているファイルから、プレゼンテーションファイルを選んでノート形式で印刷する

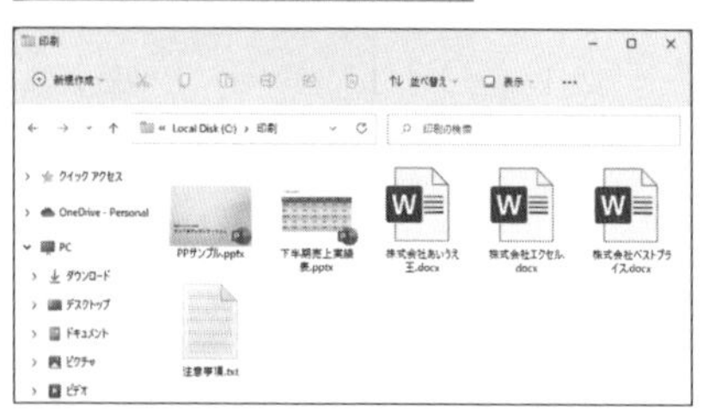

入力例

604.xlsm

```
Sub PowerPointノート形式印刷()
    Dim myFSO As New FileSystemObject
    Dim myFiles As Files, myFile As File, myFilePath As String
    Dim myPPApp As New PowerPoint.Application
    Dim myPresentation As PowerPoint.Presentation
    Set myFiles = myFSO.GetFolder("C:¥印刷").Files ←1
    myPPApp.Visible = msoTrue
    For Each myFile In myFiles ←2
        myFilePath = myFile.Path ←3
        If myFSO.GetExtensionName(myFilePath) = "pptx" Then ←4
            Set myPresentation = myPPApp.Presentations.Open(myFilePath) ←5
            With myPresentation.PrintOptions ←6
                .OutputType = ppPrintOutputNotesPages ←7
                .PrintColorType = ppPrintColor ←8
                .FitToPage = msoTrue ←9
                .FrameSlides = msoTrue ←10
            End With
            myPresentation.PrintOut ←11
            myPresentation.Close ←12
        End If
    Next
    myPPApp.Quit: Set myPPApp = Nothing ←13
End Sub
```

①Cドライブの［印刷］フォルダーに保存されているすべてのファイル（Filesコレクション）を取得して、変数「myFiles」に代入する　②変数「myFiles」に代入したFilesコレクション内のFileオブジェクトを1つ1つ参照する　③ファイルパスを取得して、変数「myFilePath」に代入する　④ファイルの拡張子が「pptx」だった場合、処理を実行する　⑤変数「myFilePath」に代入したファイルパスに保存されているプレゼンテーションファイルを開いて、変数「myPresentation」に代入する　⑥開いたプレゼンテーションファイルの印刷オプションを設定する　⑦印刷のレイアウトをノート形式に設定する　⑧カラー印刷に設定する　⑨用紙サイズに合わせて印刷するように設定する　⑩スライドに枠を付けて印刷するように設定する　⑪PowerPointの印刷機能を実行する　⑫印刷したプレゼンテーションファイルを閉じる　⑬PowerPointを終了して、変数「myPPApp」の参照を解放する

ポイント

構文　**Presentationオブジェクト.PrintOptions.印刷オプションを表すプロパティ**

- プレゼンテーションファイルの印刷オプションを設定するには、PrintOptionオブジェクトの印刷オプションを表すプロパティを使用します。印刷オプションを表す主なプロパティは、次の表の通りです。

●PrintOptionオブジェクトの印刷設定を表すプロパティ

プロパティ	設定内容	設定値
OutputType	印刷のレイアウト	PpPrintOutputType列挙型の定数
PrintColorType	カラー／グレースケール	PpPrintColorType列挙型の定数
FitToPage	用紙サイズに合わせて印刷するかどうか	MsoTriState列挙型の定数（msoTrue：印刷する）
FrameSlides	スライドの枠を印刷するかどうか	MsoTriState列挙型の定数（msoTrue：印刷する）

●PpPrintOutputType列挙型の主な定数

定数	値	内容
ppPrintOutputSlides	1	フルページサイズのスライド
ppPrintOutputTwoSlideHandouts	2	2スライドの配布資料
ppPrintOutputThreeSlideHandouts	3	3スライドの配布資料
ppPrintOutputSixSlideHandouts	4	6スライド（横）の配布資料
ppPrintOutputNotesPages	5	ノート
ppPrintOutputOutline	6	アウトライン
ppPrintOutputFourSlideHandouts	8	4スライド（横）の配布資料
ppPrintOutputNineSlideHandouts	9	9スライド（横）の配布資料
ppPrintOutputOneSlideHandouts	10	1スライドの配布資料

●PpPrintColorType列挙型の主な定数

定数	値	内容
ppPrintColor	1	カラー印刷
ppPrintBlackAndWhite	2	グレースケール印刷
ppPrintPureBlackAndWhite	3	単純白黒印刷

※グレースケール印刷、単純白黒印刷では、スライドの内容によって何も印刷されない場合があります。

構文　**Presentationオブジェクト.PrintOut**

- PowerPointの印刷処理を実行するには、PresentationオブジェクトのPrintOutメソッドを使用します。
- パソコンの環境やプレゼンテーションファイルの内容によって、プリンタが動作しなかったり、プロシージャーの動作が進まなくなってしまう場合があります。その場合は、PrintOutメソッドの次の行に、印刷処理が終了するのを待つコード「Application.Wait Now + TimeValue("00:00:05")」などを記述して、処理の同期が取れるようにしてください(Waitメソッドについてはワザ702参照)。

関連ワザ298　フォルダー内のすべてのファイルの情報一覧を作成する………P.370

ワザ 605 各スライドのプレゼンテーションにかかった秒数をワークシートに記録する

難易度 ●●● | 頻出度 ●●○ | 対応Ver. 365 2021 2019 2016

Excel VBAでPowerPointを操作してプレゼンテーションファイルを表示し、スライドショーを実行している間、各スライドにかかった秒数をワークシートに記録します。このワザでは、次のスライドが表示されたときに、1つ前のスライドから現在のスライドを表示するまでに要した時間を秒単位で計測します。PowerPointを使用したプレゼンテーションのリハーサルなどで、実際にプレゼンテーションを行いながら時間を計測できるので、大変便利です。

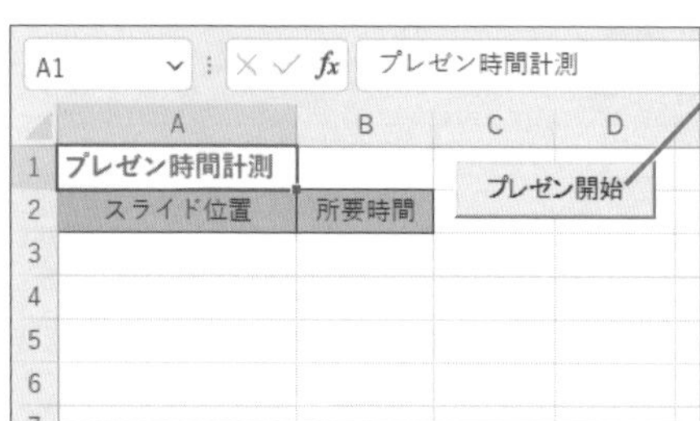

[プレゼン開始] をクリックすると、PowerPointが実行されてプレゼンテーションファイルが表示される

	A	B	C	D
1	プレゼン時間計測			
2	スライド位置	所要時間		
3	1枚目	15		
4	2枚目	64		
5	3枚目	85		
6	4枚目	72		

スライドショーを実行している間、各スライドの表示時間についてワークシートに秒数を記録する

入力例　605.xlsm

```
Dim WithEvents myPP As PowerPoint.Application ←1
Dim StartTime As Single ←2

Private Sub CommandButton1_Click() ←3
    Set myPP = New PowerPoint.Application ←4
    myPP.Visible = msoTrue ←5
    myPP.Presentations.Open "C:¥データ¥PPサンプル.pptx" ←6
End Sub

Private Sub myPP_SlideShowBegin(ByVal Wn As PowerPoint.SlideShowWindow) ←7
    StartTime = Timer ←8
End Sub
```

```
Private Sub myPP_SlideShowNextSlide(ByVal Wn As PowerPoint.SlideShowWindow) ←9
    Dim mySlideNo As Long
    mySlideNo = Wn.View.CurrentShowPosition ←10
    If mySlideNo = 1 Then ←11
        Exit Sub
    Else
        With Range("A1").End(xlDown)
            .Offset(1, 0).Value = mySlideNo - 1 & "枚目"
            .Offset(1, 1).Value = Int(Timer - StartTime)      ←12
        End With
    End If
    StartTime = Timer ←13
End Sub

Private Sub myPP_SlideShowEnd(ByVal Pres As PowerPoint.Presentation) ←14
    Dim i As Long
    Dim mySum As Long
    With Range("A1").End(xlDown)
        .Offset(1, 0).Value = Pres.Slides.Count & "枚目" ←15
        .Offset(1, 1).Value = Int(Timer - StartTime) ←16
    End With
    Pres.Close ←17
End Sub
```

1 PowerPointを表すApplication型の変数を、イベントに応答するモジュールレベル変数として宣言する 2 各スライドの表示が開始されたときのTimer関数の値を代入するモジュールレベル変数「StartTime」を宣言する 3 ワークシート上の［プレゼン開始］ボタンがクリックしたときに実行される 4 PowerPointを表すApplicationオブジェクトのインスタンスを生成して、変数「myPP」に代入する 5 PowerPointを画面に表示する 6 Cドライブの［データ］フォルダーに保存されているプレゼンテーションファイル［PPサンプル.pptx］を開く 7 スライドショーを開始したときに実行される 8 1枚目のスライドの表示を開始したときのTimer関数の値を、モジュールレベル変数「StartTime」に代入する 9 次のスライドを表示したときに実行される 10 現在のスライドの番号を取得して変数「mySlideNo」に代入する 11 スライド番号が1だった場合、時間の計測は不要なのでSlideShowNextSlideイベントプロシージャーの実行を強制終了する 12 そうでない場合（スライド番号が「2」以降の場合）、現在のスライド番号をワークシートに入力し、前のスライドから現在のスライドが表示されるまでの所要時間（秒単位）を計測してワークシートに入力する。計測した時間は整数値に丸めて入力する。スライド番号はセルA1の終端セルの1行下のセルに入力し、所要時間はセルA1の終端セルの1行下の1列右のセルに入力する 13 Timer関数の値をモジュールレベル変数「StartTime」に代入して、現在のスライドの表示を開始したときの値とする 14 スライドショーが終了したときに実行される 15 最後のスライド番号を取得してワークシートに入力する 16 最後のスライドの所要時間を計測してワークシートに入力する 17 プレゼンテーションファイルを閉じる

ポイント

構文 `Dim WithEvents 変数名 As イベントを持つオブジェクトを表すデータ型`

- 変数に代入したオブジェクトを、発生したイベントに応答させるには、変数を宣言するときに、変数名の前にWithEventsキーワードを付けてください。
- WithEventsキーワードとNewキーワードは、1つのステートメント内では使用できません。したがって、WithEventsキーワードを使用して変数を宣言した場合、インスタンスを生成して変数に代入するステートメントは個別に記述する必要があります。
- WithEventsキーワードは、標準モジュール以外のモジュール内で使用できます。
- 配列にはWithEventsキーワードを付けられません。

関連ワザ 631 経過した秒数を計測する………P.793

次のページに続く▶

構文
```
Private Sub 変数名_SlideShowBegin(ByVal Wn As PowerPoint.SlideShowWindow)
        スライドショーを開始したときに実行する処理
End Sub
```

- スライドショーが開始するとSlideShowBeginイベントが発生します。このイベントが発生したときに実行されるSlideShowBeginイベントプロシージャーを使用すると、スライドショーが開始したときに特定の処理を実行できます。

構文
```
Private Sub 変数名_SlideShowNextSlide(ByVal Wn As PowerPoint.SlideShowWindow)
        次のスライドが表示されたときに実行する処理
End Sub
```

- スライドショーで次のスライドが表示されると、SlideShowNextSlideイベントが発生します。このイベントが発生したときに実行されるSlideShowNextSlideイベントプロシージャーを使用すると、次のスライドが表示されたときに特定の処理を実行できます。
- SlideShowBeginイベントプロシージャー、SlideShowNextSlideイベントプロシージャーともに、引数「Wn」には、実行中のスライドショーのウィンドウを表すSlideShowWindowオブジェクトが代入されています。
- SlideShowWindowオブジェクトのViewプロパティを使用してSlideShowViewオブジェクトを参照し、SlideShowViewオブジェクトのCurrentShowPositionプロパティを使用して、実行中のスライドショーの現在のスライドの位置を取得できます(取得のみ)。コードには「Wn.View.CurrentShowPosition」と記述してください。
- スライドショーが開始されてSlideShowBeginイベントプロシージャーの実行が終了すると、続けてSlideShowNextSlideイベントプロシージャーが実行されます。これは、スライドショーの開始によって、最初のスライドが表示されたときにSlideShowNextSlideイベントが発生するためです。

構文
```
Private Sub 変数名_SlideShowEnd(ByVal Pres As PowerPoint.Presentation)
        スライドショーが終了したときに実行する処理
End Sub
```

- スライドショーが終了すると、SlideShowEndイベントが発生します。このイベントが発生したときに実行されるSlideShowEndイベントプロシージャーを使用すると、スライドショーが終了したときに特定の処理を実行できます。
- 引数「Pres」には、スライドショーが終了したプレゼンテーションファイルを表すPresentationオブジェクトが代入されています。
- PresentationオブジェクトからSlidesコレクションを参照し、SlidesコレクションのCountプロパティを使用すれば、プレゼンテーションファイル内のスライドの枚数を取得できます(取得のみ)。 サンプルでは、この枚数の数値をスライドの最後の番号をして使用しています。コードには「Pres.Slides.Count」と記述してください。
- SlideShowBeginイベントプロシージャー、SlideShowNextSlideイベントプロシージャー、SlideShowEndイベントプロシージャーを作成するには、VBEのコードウィンドウの［オブジェクトボックス］から、WithEventsキーワードを付けて宣言したApplication型の変数の名前（このサンプルでは「myPP」)を選択し、[プロシージャーボックス]からイベントの名前を選択してください。

ワザ 606 Excel VBAでOutlookを操作する

難易度 ●●● | 頻出度 ●○○ | 対応Ver. 365 2021 2019 2016

VBAはOutlookにも搭載されています。Outlook VBAを使用すれば、Outlookの操作を自動化できるVBAプログラムを作成できますが、Outlook VBAのライブラリファイルとの参照設定を行うことで、Excel VBAのコードの中にOutlook VBAのコードを記述できるようになります。つまり、Excel VBAからOutlookを操作できるわけです。ここでは、Excel VBAでOutlookを操作するプログラムの作成方法を紹介します。

Outlook の主なオブジェクトの階層構造

Outlook VBAでは、Outlookの受信メールや連絡先データなどの要素を、MailItemオブジェクトやContactItemオブジェクトといったオブジェクトとして扱います。これらのオブジェクトには下図のような階層構造があります。各オブジェクトを参照するには、このオブジェクトの階層構造を上から順番にたどって参照してください。

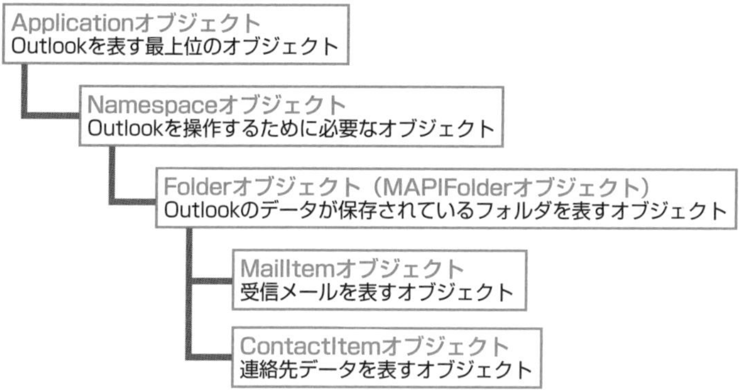

- Applicationオブジェクト
  Outlookを表す最上位のオブジェクト
  - Namespaceオブジェクト
    Outlookを操作するために必要なオブジェクト
    - Folderオブジェクト（MAPIFolderオブジェクト）
      Outlookのデータが保存されているフォルダを表すオブジェクト
      - MailItemオブジェクト
        受信メールを表すオブジェクト
      - ContactItemオブジェクト
        連絡先データを表すオブジェクト

Outlook を操作する準備

Excel VBAでOutlookを操作するには、その準備として、Outlook VBAのライブラリファイルへの参照設定を行う必要があります。ライブラリファイルにはバージョン番号があり、ライブラリファイル名に［Microsoft Outlook バージョン番号 Object Library］の形で記載されています。操作するOutlookのバージョンに対応したライブラリファイルを選択してください。参照設定の詳しい操作方法については、ワザ289を参照してください。なお、参照設定は、Outlookを操作するブックごとに設定する必要があります。

●Outlookのバージョンとライブラリファイルの対応

バージョン	ライブラリファイル
Outlook 2021/2019/2016、Microsoft 365のOutlook	Microsoft Outlook 16.0 Object Library
Outlook 2013	Microsoft Outlook 15.0 Object Library
Outlook 2010	Microsoft Outlook 14.0 Object Library
Outlook 2007	Microsoft Outlook 12.0 Object Library

次のページに続く▶

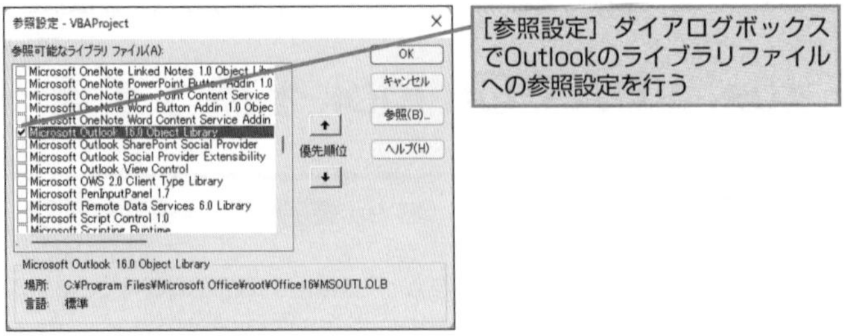

[参照設定] ダイアログボックスでOutlookのライブラリファイルへの参照設定を行う

Outlook の操作方法

Outlookを操作するには、使用したいオブジェクトのインスタンスを生成する必要があります。インスタンスを生成するには、DimステートメントでNewキーワードを使用して変数を宣言します。インスタンスは、宣言した変数が最初に参照されたときに自動生成されて、変数に代入されます。各オブジェクトのプロパティやメソッドを使用するには、「オブジェクト.メソッド」「オブジェクト.プロパティ」などのVBAの基本構文で記述してください。

▶Outlookを表すApplicationオブジェクトのインスタンスを生成する

```
Dim 変数名 As New Outlook.Application
```

▶MailItemオブジェクトを格納する変数を宣言する

```
Dim 変数名 As Outlook.MailItem
```

▶Namespaceオブジェクトを格納する変数を宣言する

```
Dim 変数名 As Outlook.Namespace
```

ポイント

- Outlookを操作するには、Outlookを表すApplicationオブジェクトのインスタンスを生成し、Outlookのメールを表すMailItem型の変数などを宣言します。
- 宣言したApplicationオブジェクトの変数が最初に参照されてOutlookのインスタンスが自動生成されると、Outlookがパソコン内部で起動します。
- Outlookに保存されている受信メールや連絡先データを操作するには、MailItemオブジェクトやContactItemオブジェクトといったItemオブジェクトを使用します。
- Itemオブジェクトを参照するには、Outlookを操作するためのNameSpaceオブジェクトを取得してから、NameSpaceオブジェクト→Itemオブジェクトが保存されているFolderオブジェクト→Itemオブジェクトと階層をたどって参照します。

関連ワザ 594 Excel VBAでWordを操作する………P.727
関連ワザ 600 Excel VBAでPowerPointを操作する………P.739
関連ワザ 607 ワークシート上のアドレス一覧を使用してメールを一括送信する………P.755
関連ワザ 608 選択された複数のアドレスをCCに設定する………P.757
関連ワザ 609 ワークシート上に連絡先一覧を作成する………P.759
関連ワザ 610 ワークシート上に受信メール一覧を作成する………P.761
関連ワザ 611 ワークシート上のデータを使用して連絡先データを修正する………P.763

ワザ607 ワークシート上のアドレス一覧を使用してメールを一括送信する

難易度 ●●● | 頻出度 ●●○ | 対応Ver. 365 2021 2019 2016

ワークシート上のメールアドレス一覧を使用して、送信先ごとにテキスト形式のメールを作成し、ファイルを添付して送信します。メール本文の内容は送信先ごとに設定し、CCとBCCのあて先は差し替えずに固定しています。メールを一括で送信できるので、複数のあて先にメールを送信することが多い場合などに大変便利です。

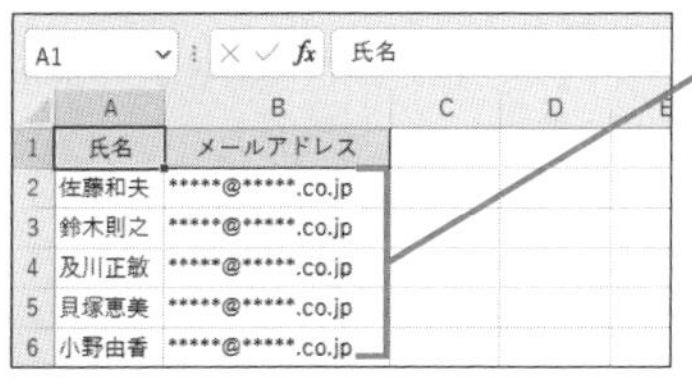

ワークシート上のメールアドレス一覧を使用して、送信先ごとにテキスト形式のメールを作成し、ファイルを添付して送信する

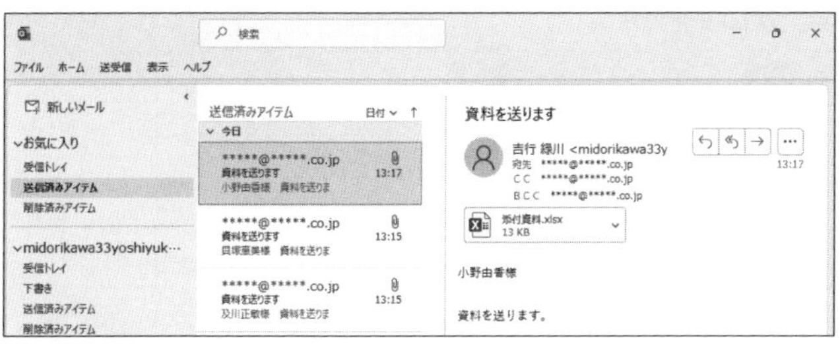

入力例

607.xlsm

```
Sub メール一括送信()
  Dim myOL As New Outlook.Application ←1
  Dim myMail As Outlook.MailItem ←2
  Dim i As Integer
  For i = 2 To Range("A2").End(xlDown).Row ←3
      Set myMail = myOL.CreateItem(olMailItem) ←4
      With myMail ←5
          .To = Cells(i, 2).Value ←6
          .Subject = "資料を送ります" ←7
          .CC = "*****@*****.co.jp" ←8
          .BCC = "*****@*****.co.jp" ←9
          .Body = Cells(i, 1).Value & "様" & vbCrLf & vbCrLf & "資料を送ります。" ←10
          .BodyFormat = olFormatPlain ←11
          .Attachments.Add Source:="C:¥データ¥添付資料.xlsx" ←12
          .Send ←13
      End With
      Set myMail = Nothing ←14
  Next i
  myOL.Quit: Set myOL = Nothing ←15
End Sub
```

次のページに続く▶

1 Outlookを表すApplication型の変数「myOL」を宣言して、Applicationオブジェクトのインスタンスを生成する 2 OutlookのメールをあらわすMailItem型の変数「myMail」を宣言する 3 変数「i」が「2」から「セルA2を基準にした終端セルの行番号」になるまで処理を繰り返す 4 メール(MailItemオブジェクト)を生成して、変数「myMail」に代入する 5 変数「myMail」に代入したメールに対して処理を実行する 6 メールのあて先にi行2列目のセルに入力されているメールアドレスを設定する 7 メールの件名に「資料を送ります」という文字列を設定する 8 メールのCCにメールアドレス「*****@*****.co.jp」を設定する 9 メールのBCCにメールアドレス「*****@*****.co.jp」を設定する 10 メールの本文に、i行1列目のセルに入力されているメールの受取人の氏名を含めた文字列を設定する 11 メール本文をテキスト形式に設定する 12 Cドライブの［データ］フォルダーに保存されているブック［添付資料.xlsx］をメールに添付する 13 メールを送信する 14 変数「myMail」の参照を解放する 15 Outlookを終了して、オブジェクト変数「myOL」の参照を解放する

ポイント

構文 `Outlookを表すApplicationオブジェクト.CreateItem(ItemType)`

- メールを生成するにはCreateItemメソッドを使用します。
- 引数「ItemType」に、生成するオブジェクトの種類を指定します。メールを生成する場合は、OlItemType列挙型の定数「olMailItem」を指定してください。

構文 `MailItemオブジェクト.メールの設定を行うプロパティ`

- MailItemオブジェクトの各プロパティを使用して、メールの設定を行います。メールの設定を行う主なプロパティは次の表の通りです。

●メールの設定を行う主なプロパティ

プロパティ	設定内容	設定値
To	メールのあて先	メールアドレスを表す文字列
Subject	メールの件名	件名に設定したい文字列
CC	メールのCC	メールアドレスを表す文字列
BCC	メールのBCC	メールアドレスを表す文字列
Body	メールの本文	本文に設定したい文字列
BodyFormat	メール本文の形式	OlBodyFormat列挙型の定数

●OlBodyFormat列挙型の定数

定数	値	内容
olFormatUnspecified	0	形式の指定なし
olFormatPlain	1	プレーンテキスト形式
olFormatHTML	2	HTML形式
olFormatRichText	3	リッチテキスト形式

構文 `MailItemオブジェクト.Attachments.Add(Source)`

- メールにファイルを添付するには、AttachmentsコレクションのAddメソッドを使用します。
- 引数「Source」に、添付するファイルのファイルパスを指定します。

構文 `MailItemオブジェクト.Send`

- 生成したメールを送信するには、MailItemオブジェクトのSendメソッドを使用します。

構文 `Outlookを表すApplicationオブジェクト.Quitメソッド`

- Outlookを終了するには、Outlookを表すApplicationオブジェクトのQuitメソッドを使用します。

ワザ 608 選択された複数のアドレスをCCに設定する

難易度 ●●● | 頻出度 ●●○ | 対応Ver. 365 2021 2019 2016

ワークシート上に作成されたメールアドレスの一覧から、複数選択されたメールアドレスをメールのCCに設定してメール送信を実行します。いくつでも自由にメールアドレスを選択できるように、メールアドレスを取得する変数は動的配列を使用しています。また、複数のメールアドレスを「; 」で連結するためにJoin関数を使用しています。

メールアドレスを入力したセルを選択しておく

B2 | *****1@*****.co.jp

	A	B	C	D	E	F	G
1	氏名	メールアドレス					
2	佐藤和夫	*****1@*****.co.jp					
3	鈴木則之	*****2@*****.co.jp					
4	及川正敏	*****3@*****.co.jp					
5	貝塚恵美	*****4@*****.co.jp					
6	小野由香	*****5@*****.co.jp					
7							

選択したメールアドレスをCCに指定して、メールを送信する

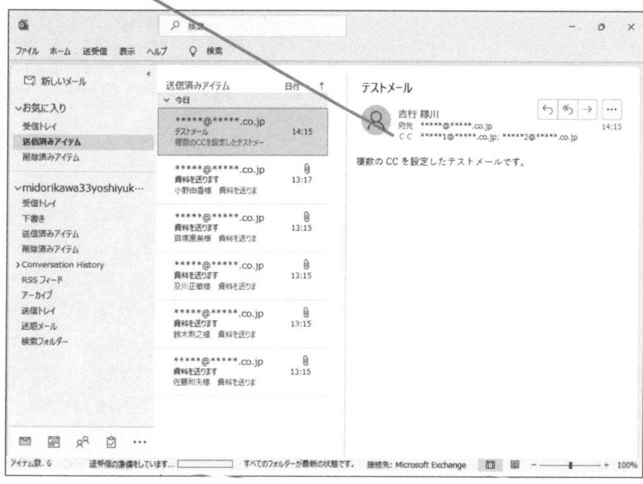

次のページに続く▶

入力例 608.xlsm

```
Sub CC複数設定()
    Dim myOL As New Outlook.Application
    Dim myMail As Outlook.MailItem
    Dim myCCList() As String ←1
    Dim myRange As Range, i As Long
    ReDim myCCList(Selection.Count - 1) ←2
    i = 0
    For Each myRange In Selection ←3
        myCCList(i) = myRange.Value
        i = i + 1
    Next
    Set myMail = myOL.CreateItem(olMailItem) ←4
    With myMail ←5
        .To = "*****@*****.co.jp " ←6
        .CC = Join(myCCList, "; ") ←7
        .Subject = "テストメール" ←8
        .Body = "複数のCCを設定したテストメールです。" ←9
        .BodyFormat = olFormatPlain ←10
        .Send ←11
    End With
    Set myMail = Nothing ←12
    myOL.Quit: Set myOL = Nothing ←13
End Sub
```

1 配列変数「myCCList」を要素数を指定せずに宣言する 2 配列変数「myCCList」の要素数として、選択されているセルの個数を指定する。配列変数のインデックス番号は「0」からカウントされるため、セルの個数から「1」を引いた数値を要素数に指定している 3 選択されているすべてのセルを1つずつ参照して、セルに入力されているメールアドレスを配列変数「myCCList」のi番目の要素として代入する 4 メール（MailItemオブジェクト）を生成して変数「myMail」に代入する 5 変数「myMail」に代入したメールに対して処理を実行する 6 メールのあて先に「*****@*****.co.jp」を設定する 7 メールのCCに、配列変数「myCCList」の各データを「;」で結合した文字列で設定する 8 メールの件名に「テストメール」という文字列を設定する 9 メールの本文に「複数のCCを設定したテストメールです。」という文字列を設定する 10 メール本文をテキスト形式に設定する 11 メールを送信する 12 変数「myMail」の参照を解放する 13 Outlookを終了して、オブジェクト変数「myOL」の参照を解放する

ポイント

- 選択されているセルを参照するには、選択されているすべてのセルをSelectionプロパティを使用して参照し、For Each ～ Nextステートメントを使用してそれらのセルを1つずつ参照します。
- 選択されるセルの個数は変わることがあるため、セルの値を代入する配列変数を宣言するときに要素数を指定できません。このような場合は、プロシージャーの実行中に要素数を決めることができる動的配列を使用します。
- メールのCCに複数のメールアドレスを指定する場合、メールアドレスを「;」で連結して指定します。このサンプルでは、配列変数で取得したメールアドレスを、Join関数を使用して「;」で連結しています。

関連ワザ 040 動的配列を使う………P.81
関連ワザ 606 Excel VBAでOutlookを操作する………P.753
関連ワザ 607 ワークシート上のアドレス一覧を使用してメールを一括送信する………P.755

ワザ609 ワークシート上に連絡先一覧を作成する

難易度 ●●●｜頻出度 ●○○｜対応Ver. 365 2021 2019 2016

Outlookに登録されている連絡先のデータを取り出して、その一覧をワークシート上に作成します。ここでは、連絡先の「姓」「名」「1番目に登録されている電子メールアドレス」の項目を取り出します。このように、連絡先で参照したい項目だけを選んで一覧表を作成できるので便利です。なお、このワザでは、各連絡先を識別するインデックス番号も一覧に入力しています。Excel VBAで連絡先を操作するときに活用できます（ワザ611参照）。

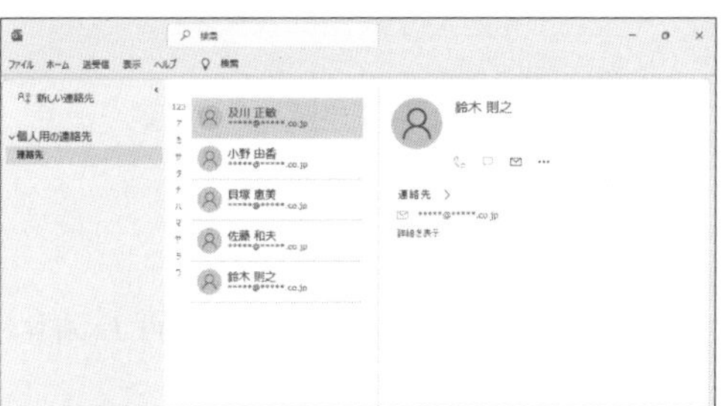

Outlookに登録されている連絡先の「姓」「名」「1番目に登録されている電子メールアドレス」を取り出して一覧を作成する

	A	B	C	D
1	連絡先一覧			
2	Index	姓	名	メールアドレス
3	1	小野	由香	*****@*****.co.jp
4	2	佐藤	和夫	*****@*****.co.jp
5	3	貝塚	恵美	*****@*****.co.jp
6	4	及川	正敏	*****@*****.co.jp

入力例

609.xlsm

```
Sub 連絡先一覧作成()
    Dim myOL As New Outlook.Application ←1
    Dim myNS As Outlook.Namespace ←2
    Dim myFolder As Outlook.Folder ←3
    Dim i As Integer
    Set myNS = myOL.GetNamespace("MAPI") ←4
    Set myFolder = myNS.GetDefaultFolder(olFolderContacts) ←5
    With myFolder.Items ←6
        For i = 1 To .Count ←7
            Cells(i + 2, 1).Value = i ←8
            Cells(i + 2, 2).Value = .Item(i).LastName ←9
            Cells(i + 2, 3).Value = .Item(i).FirstName ←10
            Cells(i + 2, 4).Value = .Item(i).Email1Address ←11
        Next i
    End With
    myOL.Quit: Set myOL = Nothing ←12
End Sub
```

1 Outlookを表すApplication型の変数「myOL」を宣言して、Applicationオブジェクトのインスタンスを生成する 2 Outlookを操作するために必要なNamespace型の変数「myNS」を宣言する 3 OutlookのFolder型の変数「myFolder」を宣言する 4 Outlookを操作するためのNameSpaceオブジェクトを取得して、変数「myNS」に代入する 5 連絡先のデータが保存されているフォルダーを取得して、変数「myFolder」に代入する 6 連絡先データの集まりを表すItemsコレクションについて処理を実行する 7 連絡先に保存されているデータの個数分だけ処理を繰り返し実行する 8 i+2行1列目のセルにIndex番号を入力する。ItemオブジェクトのIndex番号は「1」からカウントされるので、ここでは、ループカウンターの変数「i」の値を利用してIndex番号としている 9 i+2行2列目のセルに姓を入力する 10 i+2行3列目のセルに名を入力する 11 i+2行4列目のセルに1番目に登録されている電子メールアドレスを入力する 12 Outlookを終了して、変数「myOL」の参照を解放する

次のページに続く▶

ポイント

構 文 `Outlookを表すApplicationオブジェクト.GetNamespace("MAPI")`

- Outlookを表すApplicationオブジェクトのGetNamespaceメソッドを使用して、Outlookを操作するためのNameSpaceオブジェクトを取得します。
- GetNamespaceメソッドの引数に指定できるのは「MAPI」だけです。

構 文 `NameSpaceオブジェクト.GetDefaultFolder(FolderType)`

- NameSpaceオブジェクトのGetDefaultFolderメソッドを使用して、Outlookのデータが保存されているフォルダー（OutlookのFolderオブジェクト）を取得します。引数「FolderType」に取得したいフォルダーの種類を指定します。

●引数「FolderType」の設定値(OlDefaultFolders列挙型の主な定数)

定数	値	内容
olFolderSentMail	5	［送信済みアイテム］フォルダー
olFolderInbox	6	［受信トレイ］フォルダー
olFolderCalendar	9	［予定表］フォルダー
olFolderContacts	10	［連絡先］フォルダー
olFolderTasks	13	［仕事］フォルダー

構 文 `OutlookのForderオブジェクト.Items.Count`

- FolderオブジェクトのItemsプロパティを使用して、取得したOutlookのForderオブジェクト内に保存されているすべてのデータ(Itemsコレクション)を参照します(取得のみ)。
- ItemsコレクションのCountプロパティを使用して、OutlookのForderオブジェクト内に保存されているデータの個数を取得できます(取得のみ)。

構 文 `OutlookのForderオブジェクト.Items.Item(Index).連絡先の各データを取得・設定するプロパティ`

- 連絡先のデータ（ContactItemオブジェクト）は、ItemsコレクションのItemメソッドを使用して参照します。引数「Index」に「1」から始まる数値を指定して一組の連絡先を参照し、連絡先の各データを取得・設定するプロパティを使用して、姓や名、メールアドレスなどのデータを取得します。

●連絡先の各データを取得・設定する主なプロパティ

プロパティ	取得・設定できるデータ
LastName	姓
FirstName	名
CompanyName	会社名
Email1Address	1番目に登録されている電子メールアドレス
YomiLastName	姓のふりがな
YomiFirstName	名のふりがな
YomiCompanyName	会社名のふりがな

関連ワザ 610 ワークシート上に受信メール一覧を作成する………P.761
関連ワザ 611 ワークシート上のデータを使用して連絡先データを修正する………P.763

ワザ 610 ワークシート上に受信メール一覧を作成する

難易度 ●●●　頻出度 ●○○　対応Ver. 365 2021 2019 2016

Outlookで受信したメールのデータを取り出して、その一覧をワークシート上に作成します。受信メールの日時や件名などを取り出して一覧表を作成しておくと、受信メールをワークシート上で手軽に管理できるので便利です。ここでは、受信メールの受信日時、送信者の表示名、件名を取り出して一覧表を作成しています。

受信メールの受信日時、送信者の表示名、件名を取り出して一覧表を作成する

A1　受信メール一覧

	A	B	C
1	受信メール一覧		
2	受信日時	差出人	件名
3	2022/1/21 14:32	加藤敬	ミーティングについて
4	2022/1/21 14:33	高野聖	出張経費精算についての確認
5	2022/1/21 14:35	井之頭忠行	注文書：VD-113340-15
6	2022/1/21 14:35	佐島直哉	【注文書】VD-1665890
7	2022/1/21 14:36	横田要	資料送付のお知らせ
8	2022/1/21 14:37	古川俊雄	Re: ミーティングの日程
9			

関連ワザ 609 ワークシート上に連絡先一覧を作成する………P.759
関連ワザ 611 ワークシート上のデータを使用して連絡先データを修正する………P.763
次のページに続く▶

入力例

610.xlsm

```
Sub 受信メール一覧作成()
    Dim myOL As New Outlook.Application ←1
    Dim myNS As Outlook.Namespace ←2
    Dim myFolder As Outlook.Folder ←3
    Dim i As Integer
    Set myNS = myOL.GetNamespace("MAPI") ←4
    Set myFolder = myNS.GetDefaultFolder(olFolderInbox) ←5
    With myFolder.Items ←6
        For i = 1 To .Count ←7
            Cells(i + 2, 1).Value = .item(i).ReceivedTime ←8
            Cells(i + 2, 2).Value = .Item(i).SenderName ←9
            Cells(i + 2, 3).Value = .Item(i).Subject ←10
        Next i
    End With
    myOL.Quit: Set myOL = Nothing ←11
End Sub
```

1 Outlookを表すApplication型の変数「myOL」を宣言して、Applicationオブジェクトのインスタンスを生成する 2 Outlookを操作するために必要なNamespace型の変数「myNS」を宣言する 3 OutlookのFolder型の変数「myFolder」を宣言する 4 Outlookを操作するためのNameSpaceオブジェクトを取得して、変数「myNS」に代入する 5 受信メールのデータが保存されている受信トレイフォルダーを取得して、変数「myFolder」に代入する 6 受信メールのデータの集まりを表すItemsコレクションについて処理を実行する 7 受信トレイフォルダーに保存されているデータの個数分だけ、処理を繰り返し実行する 8 i+2行1列目のセルに受信日時を入力する 9 i+2行2列目のセルに送信者の表示名(差出人名)を入力する 10 i+2行3列目のセルに受信メールの件名を入力する 11 Outlookを終了して、変数「myOL」の参照を解放する

ポイント

- NameSpaceオブジェクトのGetDefaultFolderメソッドを使用して、Outlookのデータが保存されているフォルダー(OutlookのFolderオブジェクト)を取得します。受信メールが保存されている受信トレイフォルダーを取得する場合は、引数「FolderType」に、OlDefaultFolders列挙型の定数「olFolderInbox」を指定します。GetDefaultFolderメソッドの詳細については、ワザ609を参照してください。
- FolderオブジェクトのItemsプロパティを使用して、取得したOutlookのForderオブジェクト内に保存されているすべてのデータ(Itemsコレクション)を参照します(取得のみ)。
- ItemsコレクションのCountプロパティを使用して、OutlookのForderオブジェクト内に保存されているデータの個数を取得できます(取得のみ)。

構文 OutlookのForderオブジェクト.Items.Item(Index).連絡先の各データを取得・設定するプロパティ

- 受信メールのデータ(MailItemオブジェクト)は、ItemsコレクションのItemメソッドを使用して参照します。引数「Index」に1から始まる数値を指定して受信メールを特定し、受信メール内の各データを取得・設定するプロパティを使用して、送信者の表示名や件名などのデータを取得します。

●受信メール内の各データを取得・設定する主なプロパティ

プロパティ	取得・設定できるデータ
ReceivedTime	受信日時
SenderName	送信者の表示名
SenderEmailAddress	送信者の電子メールアドレス
Subject	件名

ワザ 611 ワークシート上のデータを使用して連絡先データを修正する

難易度 ●●●　頻出度 ●○○　対応Ver. 365 2021 2019 2016

ワークシート上に入力されているデータを使用して、Outlookの連絡先データを修正します。複数の連絡先データをまとめて修正したり、ワークシート上で管理しているデータを使用して連絡先データを修正したりするときに便利です。ここでは、連絡先データの「姓」「名」「1番目に登録した電子メール」の項目を修正します。

入力例

```
Sub 連絡先一括修正()
    Dim myOL As New Outlook.Application ←1
    Dim myNS As Outlook.Namespace ←2
    Dim myFolder As Outlook.Folder ←3
    Dim i As Integer
    Set myNS = myOL.GetNamespace("MAPI") ←4
    Set myFolder = myNS.GetDefaultFolder(olFolderContacts) ←5
    For i = 3 To Range("A3").End(xlDown).Row ←6
        With myFolder.Items.Item(Cells(i, 1).Value) ←7
            .LastName = Cells(i, 2).Value ←8
            .FirstName = Cells(i, 3).Value ←9
            .Email1Address = Cells(i, 4).Value ←10
            .Save ←11
        End With
    Next i
    myOL.Quit: Set myOL = Nothing ←12
End Sub
```

1 Outlookを表すApplication型の変数「myOL」を宣言して、Applicationオブジェクトのインスタンスを生成する　2 Outlookを操作するために必要なNamespace型の変数「myNS」を宣言する　3 OutlookのFolder型の変数「myFolder」を宣言する　4 Outlookを操作するためのNameSpaceオブジェクトを取得して、変数「myNS」に代入する　5 連絡先のデータが保存されている連絡先フォルダーを取得して、変数「myFolder」に代入する　6 変数「i」が3から「セルA3の下方向の終端セルの行番号」になるまで、処理を繰り返す　7 i行1列目のセルに入力されているIndex番号の連絡先データについて処理を実行する　8 姓データにi行2列目のセルの値を設定する　9 名データにi行3列目のセルの値を設定する　10 1番目に登録されている電子メールアドレスにi行4列目のセルの値を設定する　11 連絡先のデータを保存する　12 Outlookを終了して、変数「myOL」の参照を解放する

ポイント

構文　`Folderオブジェクト.Items.Item(Index).Save`

- Outlookの連絡先のデータ（ContactItemオブジェクト）や受信メールのデータ（MailItemオブジェクト）といったItemオブジェクトの設定内容を保存するには、Saveメソッドを使用します。
- 特定のItemオブジェクトは引数「Index」を指定して参照します。そのため、Itemオブジェクトのデータをワークシートに取り出すときに、「1」から始まるIndex番号を採番しておくといいでしょう。詳しくはワザ609を参照してください。

関連ワザ 607 ワークシート上のアドレス一覧を使用してメールを一括送信する………P.755
関連ワザ 609 ワークシート上に連絡先一覧を作成する………P.759

ワザ 612 SeleniumBasicをインストールする

難易度 ●●○ ｜ 頻出度 ●●○ ｜ 対応Ver. 365 2021 2019 2016

Excel VBAでWebスクレイピングを行うには、Google ChromeやMicrosoft EdgeなどのWebブラウザーをExcel VBAから操作するために「SeleniumBasic」というオープンソースの外部ライブラリをインストールする必要があります。パソコンの環境によっては、「.NET Framework 3.5」の有効化が必要です。

1 SeleniumBasicをインストールする

Webブラウザーを起動し、以下のWebページにアクセスしておく

▼SeleniumBasicのダウンロードページ
https://florentbr.github.io/SeleniumBasic/

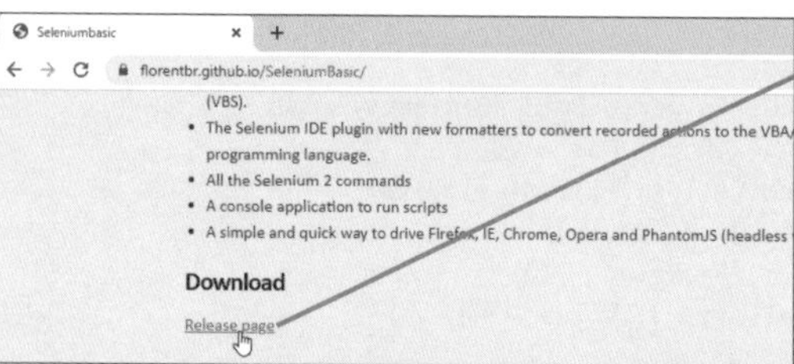

1 [Download] の [Release page] をクリック

2 [SeleniumBasic-2.0.9.0.exe] をクリック

[SeleniumBasic-2.0.9.0.exe] がダウンロードされた

3 [SeleniumBasic-2.0.9.0.exe] をダブルクリック

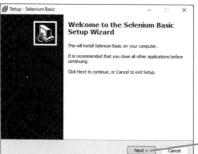

「SeleniumBasic」のセットアップ画面が表示された

4 [Next] をクリック

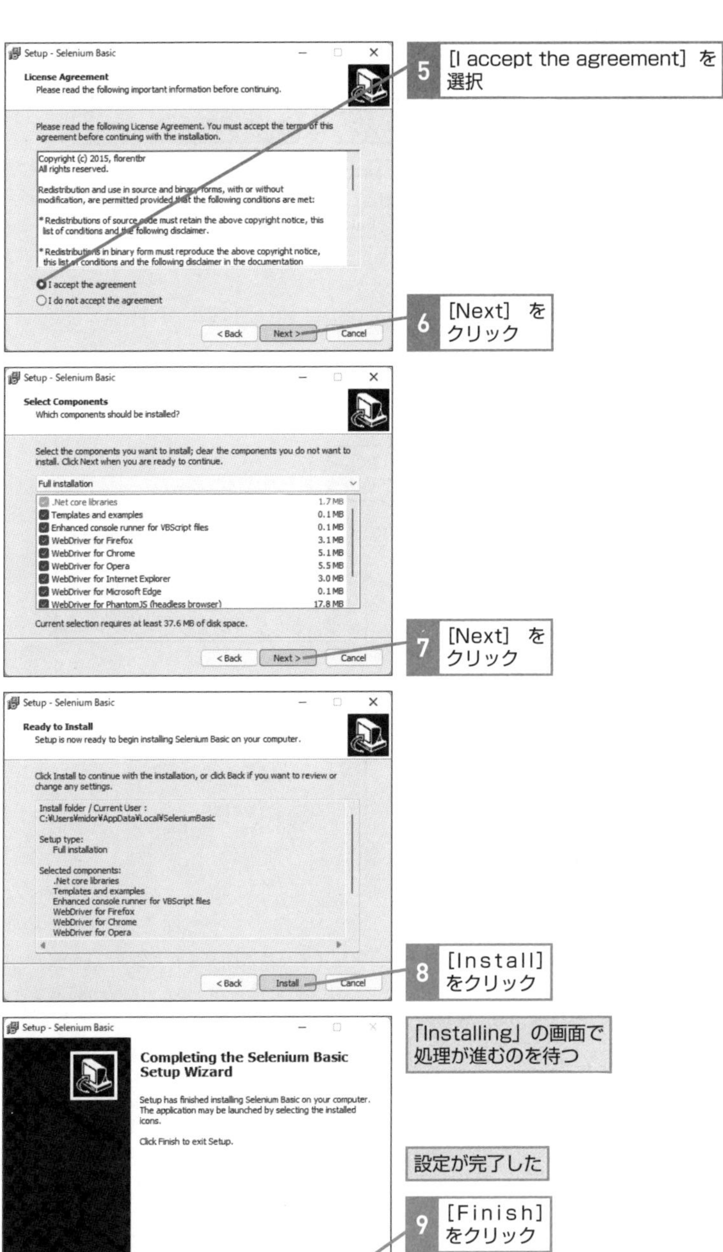
Setup - Selenium Basic
License Agreement
Please read the following important information before continuing.
Please read the following License Agreement. You must accept the terms of this agreement before continuing with the installation.
Copyright (c) 2015, florentbr
All rights reserved.
Redistribution and use in source and binary forms, with or without modification, are permitted provided that the following conditions are met:
* Redistributions of source code must retain the above copyright notice, this list of conditions and the following disclaimer.
* Redistributions in binary form must reproduce the above copyright notice, this list of conditions and the following disclaimer in the documentation
I accept the agreement
I do not accept the agreement
< Back
Next >
Cancel
5 [I accept the agreement] を選択
6 [Next] をクリック
Setup - Selenium Basic
Select Components
Which components should be installed?
Select the components you want to install; clear the components you do not want to install. Click Next when you are ready to continue.
Full installation
.Net core libraries 1.7 MB
Templates and examples 0.1 MB
Enhanced console runner for VBScript files 0.1 MB
WebDriver for Firefox 3.1 MB
WebDriver for Chrome 5.1 MB
WebDriver for Opera 5.5 MB
WebDriver for Internet Explorer 3.0 MB
WebDriver for Microsoft Edge 0.1 MB
WebDriver for PhantomJS (headless browser) 17.8 MB
Current selection requires at least 37.6 MB of disk space.
< Back
Next >
Cancel
7 [Next] をクリック
Setup - Selenium Basic
Ready to Install
Setup is now ready to begin installing Selenium Basic on your computer.
Click Install to continue with the installation, or click Back if you want to review or change any settings.
Install folder / Current User :
C:¥Users¥midor¥AppData¥Local¥SeleniumBasic
Setup type:
Full installation
Selected components:
.Net core libraries
Templates and examples
Enhanced console runner for VBScript files
WebDriver for Firefox
WebDriver for Chrome
WebDriver for Opera
< Back
Install
Cancel
8 [Install] をクリック
Setup - Selenium Basic
Completing the Selenium Basic Setup Wizard
Setup has finished installing Selenium Basic on your computer. The application may be launched by selecting the installed icons.
Click Finish to exit Setup.
Finish
「Installing」の画面で処理が進むのを待つ
設定が完了した
9 [Finish] をクリック
「SeleniumBasic」がインストールされた

次のページに続く▶

2 .NET Framework 3.5を有効化する

1 コントロールパネルを起動して、[プログラム] - [Windowsの機能の有効化または無効化] をクリック

.NET Framework 3.5を有効化する

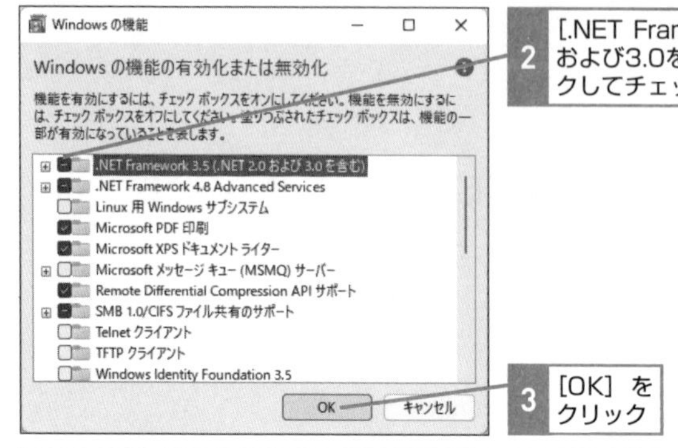

2 [.NET Framework 3.5(.NET 2.0および3.0を含む)] のここをクリックしてチェックマークを付ける

3 [OK] をクリック

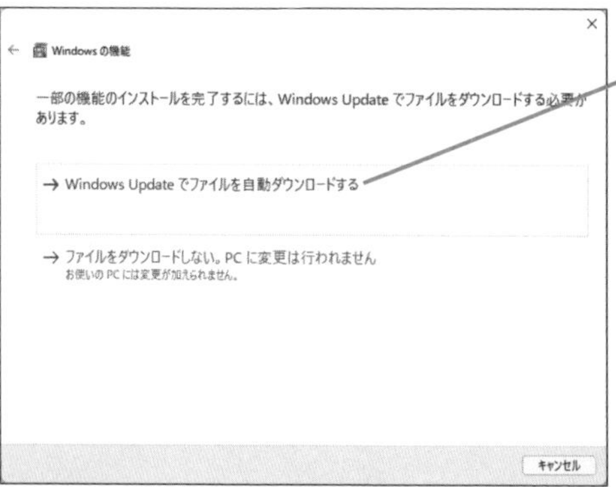

ファイルのダウンロードが必要であることを確認する画面が表示されたら、「Windows Updateでファイルを自動ダウンロードする」をクリックする

ポイント

- SeleniumBasicは、Webアプリケーションのテストを自動化するために開発されたSeleniumというフレームワークをVBAから使用するためのライブラリです。DOM(Document Object Model)に基づき、Webページの要素を階層化されたオブジェクトとして操作します。
- SeleniumBasicには、操作するWebブラウザーごとに「Webドライバー」が含まれています。Webドライバーは、SeleniumBasicでWebブラウザーを操作するとき、SeleniumBasicとWebブラウザーの間で機能しているプログラムです。
- インストール中に表示される「Select Compornents」という画面で、インストールするWebドライバーを選択できます。初期設定では、すべてのWebドライバーにチェックが入っています。操作しないWebブラウザーのWebドライバーは、チェックをはずしても構いません。
- Webドライバーは最新版に差し替える必要があります。最新版のWebドライバーは、Webブラウザーの開発元のサイトやGitHubからダウンロードしてください。
- SeleniumBasicを動作させるには、Windows 7で標準搭載されていたアプリケーション開発・実行環境である.NET Framework 3.5が必要です。.NET Framework 3.5を有効化しないと、実行時にWebドライバーを参照したタイミングなどでオートメーションエラーなどが発生します。

関連ワザ 613 **Google ChromeのWebドライバーを最新バージョンに差し替える………P.767**
関連ワザ 614 **Microsoft EdgeのWebドライバーを最新バージョンに差し替える………P.769**

ワザ 613 Google ChromeのWebドライバーを最新バージョンに差し替える

難易度 ●●● | 頻出度 ●○○ | 対応Ver. 365 2021 2019 2016

Google ChromeのWebドライバーはGoogle社が開発して公開しており、OS(Windows）とGoogle Chromeのバージョンに合った最新のWebドライバーをダウンロードして、SeleniumBasicのフォルダー内にあるWebドライバーと差し替えておく必要があります。実行する端末や環境が変わった場合は特に注意が必要です。

Google Chromeのバージョンを確認する

Google Chromeを起動しておく

1 ［Google Chromeの設定］をクリック

2 ［ヘルプ］にマウスポインターを合わせる

3 ［Google Chromeについて］をクリック

Google Chromeのバージョン情報が表示された

表示されているバージョンの番号をメモしておく

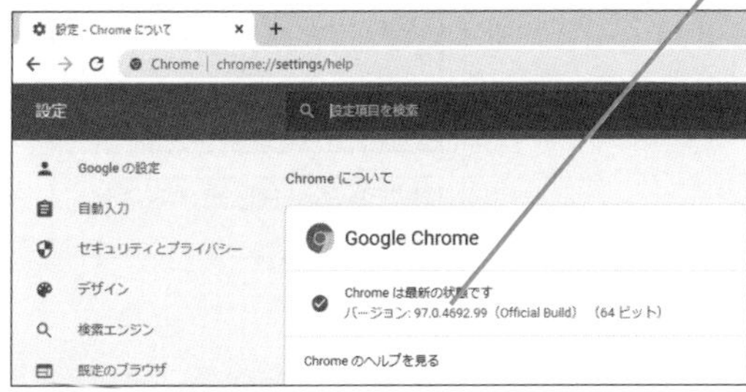

先ほど調べたバージョンが「97.0.4692.99」だったため、ここではこのバージョンに対応したWindows用のChromeDriverをダウンロードする

以下のWebページにアクセスしておく

▼ChromeDriverのダウンロードページ
https://sites.google.com/chromium.org/driver/downloads

次のページに続く▶

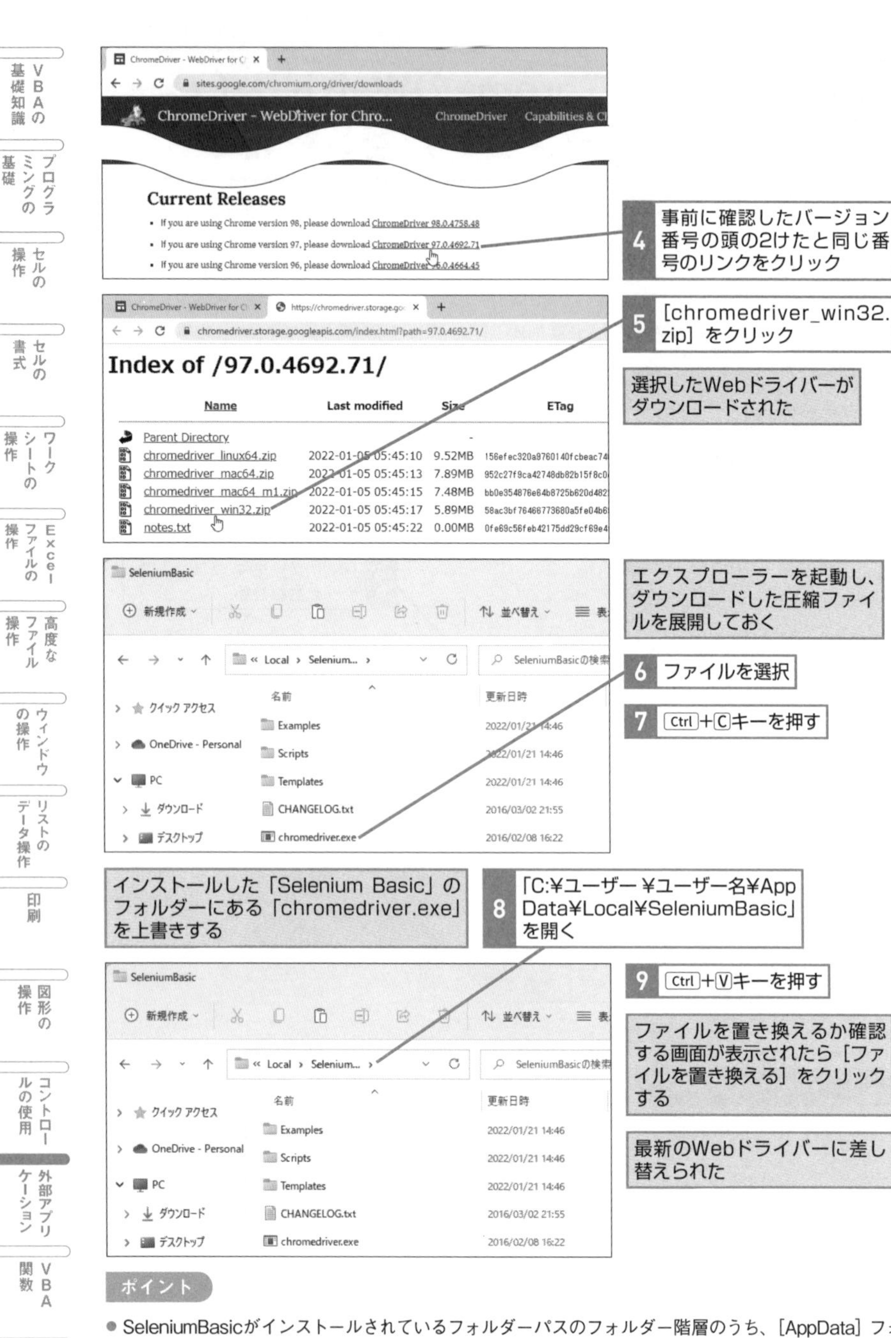

Current Releases
Index of /97.0.4692.71/
4 事前に確認したバージョン番号の頭の2けたと同じ番号のリンクをクリック
5 [chromedriver_win32.zip] をクリック
選択したWebドライバーがダウンロードされた
エクスプローラーを起動し、ダウンロードした圧縮ファイルを展開しておく
6 ファイルを選択
7 Ctrl+Cキーを押す
インストールした「Selenium Basic」のフォルダーにある「chromedriver.exe」を上書きする
8 「C:¥ユーザー¥ユーザー名¥AppData¥Local¥SeleniumBasic」を開く
9 Ctrl+Vキーを押す
ファイルを置き換えるか確認する画面が表示されたら [ファイルを置き換える] をクリックする
最新のWebドライバーに差し替えられた

ポイント

- SeleniumBasicがインストールされているフォルダーパスのフォルダー階層のうち、[AppData] フォルダーは隠しフォルダーです。
- 隠しフォルダーを表示するには、[スタート] を右クリック - [エクスプローラー] をクリックしてエクスプローラーを起動し、Windows 11の場合は [表示] - [表示] - [隠しファイル] にチェックを入れ、Windows 10の場合は[表示]タブ - [隠しファイル]にチェックを入れてください。

ワザ 614 Microsoft EdgeのWebドライバーを最新バージョンに差し替える

難易度 ●●●　頻出度 ●○○　対応Ver. 365 2021 2019 2016

Microsoft EdgeのWebドライバーはマイクロソフト社が開発して公開しており、OS(Windows) とMicrosoft Edgeのバージョンに合った最新のWebドライバーをダウンロードして、SeleniumBasicのフォルダー内にあるWebドライバーと差し替えておく必要があります。実行する端末や環境が変わったときは特に注意が必要です。

Microsoft Edgeのバージョンを確認する

Microsoft Edgeを起動しておく

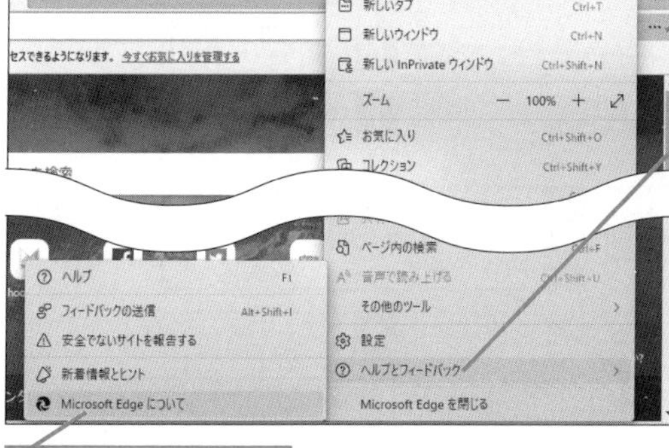

1 [設定など] をクリック

2 [ヘルプとフィードバック] にマウスポインターを合わせる

3 [Microsoft Edgeについて] をクリック

Microsoft Edgeのバージョン情報が表示された

表示されているバージョンの番号をメモしておく

以下のWebページにアクセスしておく

▼Microsoft WebDriveのダウンロードページ
https://developer.microsoft.com/ja-jp/microsoft-edge/tools/webdriver/

次のページに続く▶

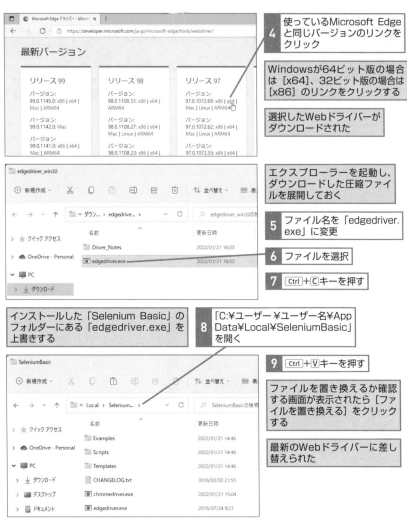

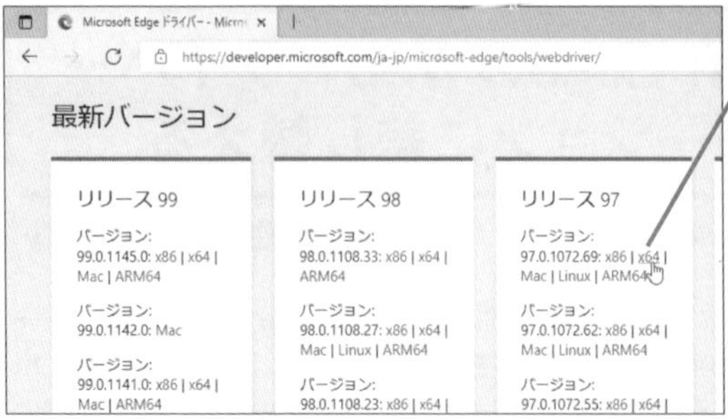

4 使っているMicrosoft Edgeと同じバージョンのリンクをクリック

Windowsが64ビット版の場合は［x64］、32ビット版の場合は［x86］のリンクをクリックする

選択したWebドライバーがダウンロードされた

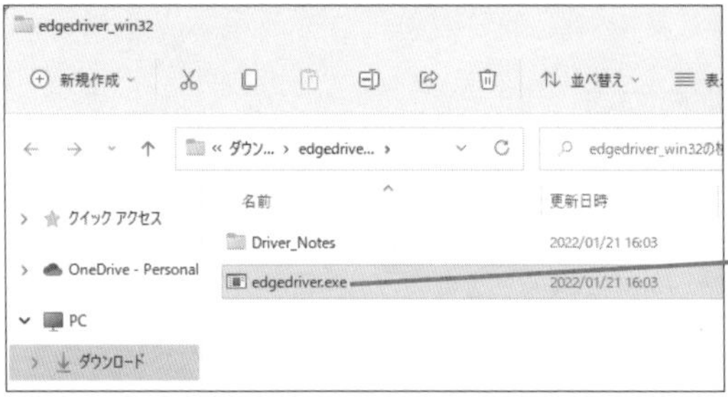

エクスプローラーを起動し、ダウンロードした圧縮ファイルを展開しておく

5 ファイル名を「edgedriver.exe」に変更

6 ファイルを選択

7 Ctrl＋Cキーを押す

8 「C:¥ユーザー¥ユーザー名¥AppData¥Local¥SeleniumBasic」を開く

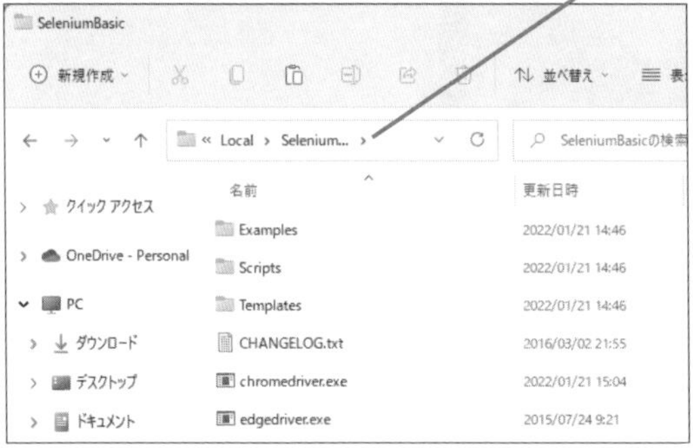

インストールした「Selenium Basic」のフォルダーにある「edgedriver.exe」を上書きする

9 Ctrl＋Vキーを押す

ファイルを置き換えるか確認する画面が表示されたら［ファイルを置き換える］をクリックする

最新のWebドライバーに差し替えられた

ポイント

- ダウンロードした圧縮ファイル「edgedriver_win64.zip」を展開すると、Microsoft Edgeドライバーのファイル名が「msedgedriver.exe」となっていますが、冒頭の「ms」を削除して「edgedriver.exe」にファイル名を変更してからファイルを差し替えてください。
- Windows 10やWindows 11の標準WebブラウザーであるMicrosoft Edgeには新旧2つのバージョンが存在しています。
- 新しいバージョンは「Chromium版」などと呼ばれており、Google社が中心となって開発したオープンソースのWebブラウザー「Chromium」をベースに開発されたマイクロソフト社のWebブラウザーです。
- 古いバージョンである「Microsoft Edge レガシ」は、マイクロソフトが開発したレンダリングエンジン（HTMLを解析してWebページを表示するプログラム）である「EdgeHTML」をベースに開発されたマイクロソフト社のWebブラウザーです。Microsoft Edge レガシの開発は終了しており、2021年3月9日にサポートが終了しているため、本書では対応していません。

ワザ 615 HTMLやCSSの要素を特定する

難易度 ●●●｜頻出度 ●○○｜対応Ver. 365 2021 2019 2016

Webスクレイピングでは、Webページ内で操作したいHTMLやCSSの要素を指定する必要があります。要素を指定する方法は5つあります。タグ名を指定して同じタグ名の要素をまとめて指定したり、id属性を指定してWebページ内で1つの要素を特定したりするなど、指定したい要素の範囲やまとまりに応じて指定方法使い分けます。SeleniumBasicでは､要素を指定する方法に応じたメソッドをWebDriverオブジェクトが持っているので、要素の指定方法に応じたメソッドを選んで実行してください。

●要素の指定方法とWebDriverオブジェクトのメソッド

指定方法	解説	使用するメソッド
タグ名を指定	同じタグ名の要素をまとめて操作したり、特定のタグ名の要素だけ操作したりするときの指定方法	FindElementByTagメソッド、FindElementsByTagメソッド
id属性を指定	id属性にはWebページ内で重複しない値を設定する。そのため、タグにid属性が設定されていれば、Webページ内で１つの要素を特定できる	FindElementByIdメソッド、FindElementsByIdメソッド
CSSセレクタを指定	CSSからWebページの要素を特定するCSSセレクタを使用して特定	FindElementByCssメソッド、FindElementsByCssメソッド
class属性を指定	class属性には、違う種類の要素（タグ名が違う要素）をまたいで同じ値を設定できる。class属性が設定されてグループ化されている違う種類の要素をまとめて操作できる	FindElementByClassメソッド、FindElementsByClassメソッド
name属性を指定	name属性は、formタグで作成された入力フォームからsubmitボタンによって送信されるデータのパラメータ名。送信されるパラメータ名から要素を特定できる	FindElementByNameメソッド、FindElementsByNameメソッド

ポイント

- メソッドの名前が｢indElement｣で始まるメソッドは、最初に見つかった要素をWebElementオブジェクトとして返します。
- メソッドの名前が「FindElements」で始まるメソッドは、Webページ内で見つかった指定要素のすべてをWebElementsコレクションとして返します。
- Webページの改修などによってHTMLやCSSに変更があると、Webページの要素を取得できなくなる場合があります。この場合、最初に見つかった要素をWebElementオブジェクトとして返すメソッドでは実行時にエラーが発生してしまいます。
- Webページの改修などによるエラーを防ぐには、Webページ内の要素をWebElementsコレクションとして返すメソッドを使用して、Countプロパティが「0」だった場合を「要素が見つからなかった場合」として処理します。要素が見つかった場合は､インデックス番号が｢1｣の要素(WebElementオブジェクト)を処理してください。

ワザ 616 Webページ内のリンク一覧を作成する

難易度 ●●●　頻出度 ●○○　対応Ver. 365 2021 2019 2016

Webブラウザー「Google Chrome」を起動してWebページ［おすすめ書籍一覧］へのURLをWebサーバーへ送信します。受信したWebページに表示されている書籍ページへのリンク情報を取得して、リンク名（リンクが設定されている文字列）とリンク先のURLの一覧をワークシート上に作成します。

▼ワザ616用のWebページサンプルのURL
https://book.impress.co.jp/dvba2019/Link.html

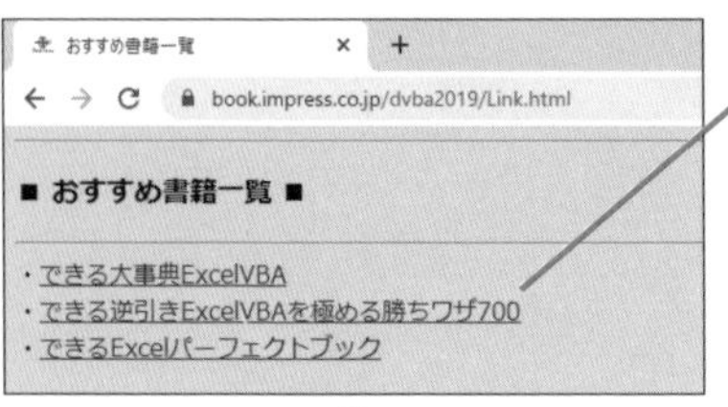

指定したURLのWebページ内のリンク名とリンク先の一覧を、ワークシート上に作成する

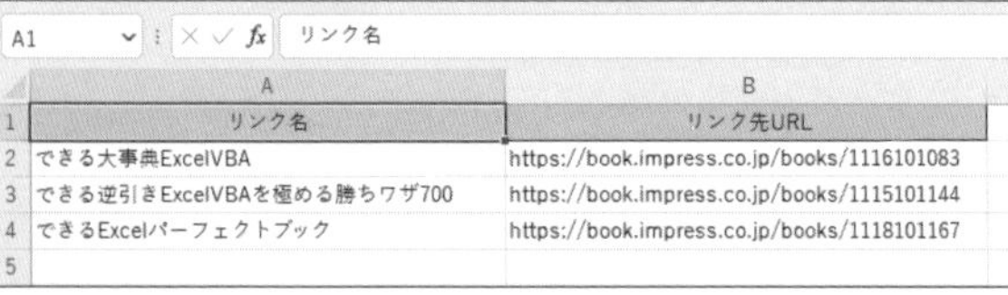

A1　リンク名

	A	B
1	リンク名	リンク先URL
2	できる大事典ExcelVBA	https://book.impress.co.jp/books/1116101083
3	できる逆引きExcelVBAを極める勝ちワザ700	https://book.impress.co.jp/books/1115101144
4	できるExcelパーフェクトブック	https://book.impress.co.jp/books/1118101167
5		

入力例　 616.xlsm

```
Sub リンク一覧作成()
    Dim myDriver As New WebDriver ←1
    Dim myElements As WebElements ←2
    Dim myElement As WebElement ←3
    Dim i As Integer
    With myDriver
        .Start "chrome" ←4
        .Get "https://book.impress.co.jp/dvba2019/Link.html" ←5
        Set myElements = .FindElementsByTag("a") ←6
        i = 2
        For Each myElement In myElements ←7
            Cells(i, 1).Value = myElement.Text ←8
            Cells(i, 2).Value = myElement.Attribute("href") ←9
            i = i + 1
        Next
        .Close ←10
    End With
    Set myDriver = Nothing ←11
End Sub
```

1WebDriver型の変数「myDriver」を宣言して、WebDriverオブジェクトのインスタンスを生成する 2Webページの複数の要素を表すWebElementsコレクション型の変数「myElements」を宣言する 3Webページの要素を表すWebElementオブジェクト型の変数「myElement」を宣言する 4Webブラウザー「Google Chrome」を起動する 5Webサーバーへのリクエストとして URL「https://book.impress.co.jp/dvba2019/Link.html」を送信する 6受信したWebページのHTML内のすべてのaタグの要素（WebElementsコレクション）を取得して、変数「myElements」に代入する 7変数「myElements」に代入したWebElementsコレクション内のWebElementオブジェクト（aタグの要素）を1つずつ変数「myElement」に代入して、次の処理を実行する 8変数「myElement」に代入したaタグのリンク名（表示文字列）をi行1列目のセルに表示する 9変数「myElement」に代入したaタグのhref属性の値（リンク先のURL）をi行2列目のセルに表示する 10Webブラウザーで開いたウィンドウを閉じる 11変数「myDriver」への参照を解放する

ポイント

- Webページを構成する要素（HTMLの開始タグから終了タグまでの部分）はWebElementオブジェクトとして扱います。
- Webページから複数の要素を取得するメソッドは、WebElementsコレクション（複数のWebElementオブジェクトの集まり）を返します。取得した要素数が0個であってもWebElementsコレクションを返す点に注意してください。要素数は、WebElementsコレクションのCountプロパティで確認できます。

構文 **WebDriverオブジェクト.Start(browser)**

- Webブラウザーを起動するには、WebDriverオブジェクトのStartメソッドを使用します。
- 引数「browser」に起動するWebブラウザー名を表す文字列を指定します。Google Chromeを起動する場合は「chrome」、Microsoft Edgeを起動する場合は「edge」を指定してください。
- SeleniumBasicでは、Google ChromeのWebドライバーを表すChromeDriverオブジェクト、Microsoft EdgeのWebドライバーを表すEdgeDriverオブジェクトが用意されています。これらのオブジェクトをWebDriverオブジェクトの代わりに使用してStartメソッドを実行する場合、引数「browser」は省略します。

構文 **WebDriverオブジェクト.Get(url)**

- 操作対象のWebページのURLをWebサーバーへ送信するには、WebDriverオブジェクトのGetメソッドを使用します。
- 引数「url」に送信するURLを指定してください。長いURLを改行して記述する場合は、改行したい位置でURLの文字列を複数に区切って「&」で連結する形にしたあと、行継続文字「 _」を使用して改行してください。
- 存在しないWebページのURLを送信した場合は、ステータスコード404が返信されるだけで実行時エラーは発生しません。

構文 **WebDriverオブジェクト.FindElementsByTag(tagname)**

- HTMLのタグ名を指定してWebページ内の要素を取得するには、WebDriverオブジェクトのFindElementsByTagメソッドを使用します。引数「tagname」に指定されたタグ名のすべての要素（WebElementオブジェクト）をWebElementsコレクションとして返します。
- WebElementsコレクションの要素のインデックス番号は「1」から採番されています。
- 指定したタグ名が見つからなかった場合、FindElementsByTagメソッドは、要素数が0個のWebElementsコレクションを返します。

構文 **WebElementオブジェクト.Text**

- Webページに表示されている文字列（HTMLの開始タグと終了タグで挟まれた文字列）を取得するには、WebElementオブジェクトのTextメソッドを使用します。
- 取得できるのは、bodyタグで挟まれたWebページの本文内の表示文字列です。

次のページに続く▶

構文　**WebElementオブジェクト.Attribute(attributeName)**

- HTMLのタグの属性値（開始タグ内に記述されている属性の設定値）を取得するには、WebElementオブジェクトのAttributeメソッドを使用します。
- 引数「attributeName」に取得したい属性名を指定します。

構文　**WebDriverオブジェクト.Close**

- WebDriverオブジェクトのStartメソッドを使用して起動したWebブラウザーで、現在開いているウィンドウを閉じるには、WebDriverオブジェクトのCloseメソッドを実行します。
- 起動したWebブラウザーで複数のウィンドウを開いている場合に、すべてのウィンドウを閉じてWebブラウザーを終了させる場合は、WebDriverオブジェクトのQuitメソッドを実行してください。
- 起動するWebブラウザーのWebドライバーが最新バージョンでないと、Webブラウザーが起動できずにエラーが発生します。
- Newキーワードを使用してWebDriverオブジェクトのインスタンスを生成するには、[Selenium Type Library]への参照設定が行われている必要があります。

ワザ 617 Webページ内の表組みのデータをワークシート上に取り込む

難易度 ●●●　頻出度 ●○○　対応Ver. 365 2021 2019 2016

Webブラウザー「Google Chrome」を起動して、Webページ［商品一覧］へのURLをWebサーバーへ送信します。受信したWebページに表示されている表組みの情報を取得して、「商品ID」「商品名」「在庫数」のデータをワークシート上に取り込みます。

▼ワザ617用のWebページサンプルのURL
https://book.impress.co.jp/dvba2019/Table.html

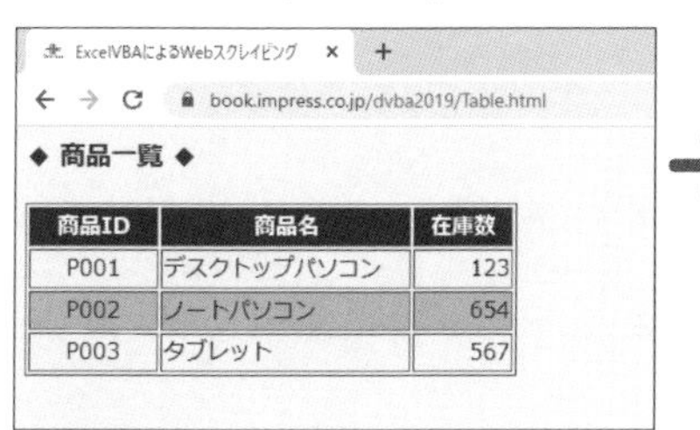

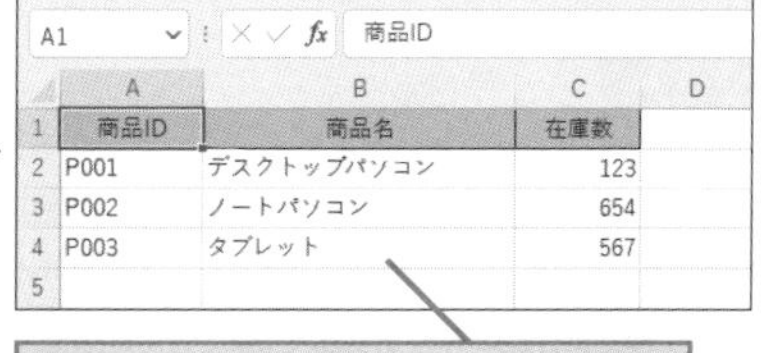

指定したURLのWebページ上の表組のデータを、ワークシートに取り込む

入力例　617.xlsm

```
Sub 表組みデータ取り込み()
    Dim myDriver As New WebDriver ←1
    Dim myTable As WebElement ←2
    Dim myTDs As WebElements ←3
    Dim myTD As WebElement ←4
    Dim myRowNo As Integer ←5
    Dim i As Integer ←6
    With myDriver
        .Start "chrome" ←7
        .Get "https://book.impress.co.jp/dvba2019/Table.html" ←8
        Set myTable = .FindElementById("productTable") ←9
        myRowNo = 2 ←10
        i = 1 ←11
        Set myTDs = myTable.FindElementsByTag("td") ←12
        For Each myTD In myTDs ←13
            Cells(myRowNo, i).Value = myTD.Text ←14
            i = i + 1
            If i = 4 Then
                i = 1
                myRowNo = myRowNo + 1      ←15
            End If
        Next
        .Close
    End With
    Set myDriver = Nothing
End Sub
```

次のページに続く▶

1 WebDriver型の変数「myDriver」を宣言して、WebDriverオブジェクトのインスタンスを生成する 2 Webページ内の表組みのデータ（tableタグの要素）を表すWebElementオブジェクト型の変数「myTable」を宣言する 3 Webページ内の表組みの複数の項目データ（tdタグの要素）を表すWebElementsコレクション型の変数「myTDs」を宣言する 4 Webページ内の表組みの項目データ（tdタグの要素）を表すWebElementオブジェクト型の変数「myTD」を宣言する 5 シートの行位置をカウントするための整数型の変数「myRowNo」を宣言する 6 シートの列位置をカウントするための整数型の変数「i」を宣言する 7 Webブラウザー「Google Chrome」を起動する 8 WebサーバーへのリクエストとしてURL「https://book.impress.co.jp/dvba2019/Table.html」を送信する 9 受信したWebページのHTML内からid属性「productTable」が設定されている要素を取得して、変数「myTable」に代入する 10 シートの2行目から一覧を作成するので、行位置の初期値として変数「myRowNo」に「2」を代入する 11 シートの1列目から一覧を作成するので、列位置の初期値として変数「i」に「1」を代入するる 12 変数「myTable」に代入した表組みデータ内のすべてのtdタグの要素（WebElementsコレクション）を取得して、変数「myTDs」に代入するる 13 変数「myTDs」に代入したWebElementsコレクション内のWebElementオブジェクト（tdタグの要素）を1つずつ変数「myTD」に代入して、次の処理を実行する 14 変数「myRowNo」に代入されている数値の行のi列目のセルに、tdタグの表示文字列を表示するる 15 シートの列位置をカウントする変数「i」が「4」だった場合は、3列分のデータの取り込みが終了したので、変数「i」を「1」に初期化して、行位置をカウントする変数「myRowNo」を1行分カウントアップする

ポイント

構文 `WebDriverオブジェクト.FindElementById(id)`

- HTMLの開始タグに記述されているid属性を指定してWebページ内の要素を取得するには、WebDriverオブジェクトのFindElementByIdメソッドを使用します。
- FindElementByIdメソッドは、引数「id」に指定されたid属性を持つ要素を探し、最初に見つかった要素をWebElementオブジェクトとして返します。
- HTMLの開始タグに記述されるid属性には、Webページ内で重複しない値を設定します。そのため、開始タグにid属性が記述されていれば、id属性を指定することでWebページ内で要素を1つだけ特定できます。
- 起動するWebブラウザーのWebドライバーが最新バージョンでないと、Webブラウザーが起動できずにエラーが発生します。
- Newキーワードを使用してWebDriverオブジェクトのインスタンスを生成するには、[Selenium Type Library]への参照設定が行われている必要があります。

ワザ 618 Webブラウザのデベロッパーツールを使用してCSSセレクタをコピーする

難易度 ●●●　頻出度 ●○○　対応Ver. 365 2021 2019 2016

Webページ内で操作したい要素を指定するとき、「CSSセレクタ」という記述方法を使用すると的確に要素を特定できます。Webブラウザーの［デベロッパーツール］を使用すると、HTMLやCSSの知識がなくてもCSSセレクタを簡単に調べてコピーできるので便利です。Google Chromeでは、[F12] キーを押すと［デベロッパーツール］が画面内に表示されます。

Google Chromeを起動しておく

1 [F12] キーを押す

［デベロッパーツール］が表示された

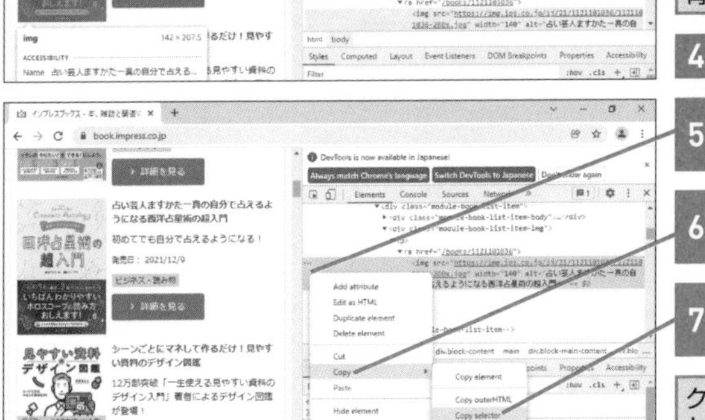

2 ［要素選択］をクリック

3 調べたい要素にマウスポインターを合わせる

選択した要素が薄い青色で表示された

4 要素をクリック

5 選択されている要素を右クリック

6 ［Copy］にマウスポインターを合わせる

7 ［Copy Selector］をクリック

クリップボードにCSSセレクタがコピーされた

ポイント

- CSS（Cascading Style Sheets）は、HTMLの記述内容のうち、デザイン（視覚効果）に関する情報をまとめて記述する言語です。HTMLの文書構造とデザインの記述を分離することで、メンテナンス性を向上できます。
- デザイン対象のHTMLの要素をCSSから指定するときに使用する記述方法がCSSセレクタです。
- CSSセレクタを使用すれば、HTML内の要素を特定できるため、SeleniumBasicでは、このCSSセレクタを使用してHTML内の要素を特定して取得することができます。
- CSSセレクタにはさまざまな書き方がありますが、デベロッパーツールを使用した場合、HTMLの階層構造をたどって要素を特定する「子セレクタ」で記述されたCSSセレクタを調べてコピーできます。

ワザ 619 上位3つのITニュースのタイトルを表示する

難易度 ●●● | 頻出度 ●○○ | 対応Ver. 365 2021 2019 2016

Webブラウザー「Google Chrome」を起動して、Webページ［今日のニュース］へのURLをWebサーバーへ送信します。受信したWebページに表示されているリンク［ITニュース］をクリックしてWebページ［今日のITニュースTop5］へ遷移し、上位3つのニュースタイトルをワークシートに取り込みます。

▼ワザ619用のWebページサンプルのURL
https://book.impress.co.jp/dvba2019/Link.html

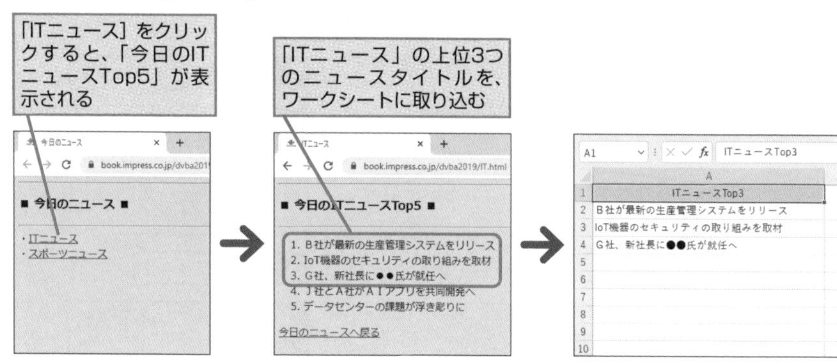

入力例

619.xlsm

```
Sub 上位3つのニュースタイトル取得()
    Dim myDriver As New WebDriver ←1
    Dim myElement As WebElement ←2
    Dim i As Integer
    Dim myCssSelector As String
    With myDriver
        .Start "chrome" ←3
        .Get "https://book.impress.co.jp/dvba2019/News.html" ←4
        Set myElement = .FindElementByCss("#itnews") ←5
        myElement.Click ←6
        For i = 1 To 3
            myCssSelector = "body > div > ol > li:nth-child(" & i & ")" ←7
            Cells(i + 1, 1).Value = .FindElementByCss(myCssSelector).Text ←8
        Next i
        .Close
    End With
    Set myDriver = Nothing
End Sub
```

1 WebDriver型の変数「myDriver」を宣言して、WebDriverオブジェクトのインスタンスを生成する 2 Webページの要素を表すWebElementオブジェクト型の変数「myElement」を宣言する 3 Webブラウザー「Google Chrome」を起動する 4 WebサーバーへのリクエストとしてURL「https://book.impress.co.jp/dvba2019/Link.html」を送信する 5 受信したWebページのHTML内からid属性「itnews」が設定されているハイパーリンクを表すWebElementオブジェクト（aタグの要素）を取得して、変数「myElement」に代入する 6 変数「myElement」に代入したハイパーリンクを表すWebElementオブジェクト（aタグの要素）をクリックする 7 変数「myCssSelector」に、CSSセレクタ「body > div > ol > li:nth-child(i)」を代入する（変数「i」はFor Nextステートメントの中で1から3までカウントアップする） 8 受信したWebページのHTML内で変数「myCssSelector」に代入されているCSSセレクタが示す要素の表示文字列をi+1行1列目のセルに表示する

ポイント

構文 `WebDriverオブジェクト.FindElementByCss(cssselector)`

- CSSからWebページの要素を特定する「CSSセレクタ」を使用してWebページ内の要素を取得するには、WebDriverオブジェクトのFindElementByCssメソッドを使用します。
- 引数「cssselector」に指定されたCSSセレクタが示す要素を探し、最初に見つかった要素をWebElementオブジェクトとして返します。
- class属性の値を使用してCSSセレクタを記述する場合は「.属性名」、id属性を使用してCSSセレクタを記述する場合は「#属性名」で記述します。
- CSSセレクタの記述方法として、Webブラウザーの[デベロッパーツール]を使用して取得できる「子セレクタ」の記述方法でも指定できます。
- 引数「cssselector」に指定したCSSセレクタが示す要素がWebページ内で見つからないとエラーが発生します。CSSセレクタの記述ミスを防ぐには、Webブラウザーのデベロッパーツールを使用してCSSセレクタを取得するといいでしょう。

構文 `WebElementオブジェクト.Click`

- Webページ上の要素（WebElementオブジェクト）をクリックするには、WebElementオブジェクトのClickメソッドを使用します。Webページの主な要素に対してClickメソッドを実行したときの挙動は下の表の通りです。

●主な要素のClickメソッド実行時の挙動

要素の種類	HTMLのタグ	Clickメソッド実行時の挙動
テキストボックス	input タグ(type 属性:text)	テキストボックス内にカーソルが設定される
ラジオボタン	input タグ(type 属性:radio)	ラジオボタンが選択される
チェックボックス	input タグ(type 属性:checkbox)	チェックのオンとオフが切り替わる
ドロップダウンリスト	select タグ	リストが表示される
ドロップダウンリストのリスト項目	option タグ	リスト項目が選択される
送信ボタン	input タグ(type 属性:submit)	送信ボタンがクリックされる (リクエスト送信（サブミット）が実行される)
リセットボタン	input タグ(type 属性:reset)	リセットボタンがクリックされる (画面の状態が初期状態に戻る)

- 起動するWebブラウザーのWebドライバーが最新バージョンでないと、Webブラウザーが起動できずにエラーが発生します。
- Newキーワードを使用してWebDriverオブジェクトのインスタンスを生成するには、[Selenium Type Library]への参照設定が行われている必要があります。

ワザ 620 Webページ内のテキストボックスに文字列を入力して送信する

難易度 ●●● | 頻出度 ●○○ | 対応Ver. 365 2021 2019 2016

Googleの検索画面のテキストボックスに「Excel VBA」というキーワードを入力して［Google 検索］ボタンをクリックし、検索結果の上位5件のリンク名とURLの一覧をワークシート上に作成します。

入力例

620.xlsm

```
Sub Google検索上位5件()
    Dim driver As New WebDriver, myElements As WebElements
    Dim myH3 As WebElement, myA As WebElement, i As Integer
    With driver
        .Start "chrome" ←1
        .Get "https://www.google.com/" ←2
        .FindElementByName("q").SendKeys keysOrModifier:="Excel VBA" ←3
        .FindElementByTag("form").submit ←4
        Set myElements = .FindElementsByClass("yuRUbf") ←5
        For i = 1 To 5 ←6
            Set myH3 = myElements(i).FindElementByTag("h3")
            Cells(i + 1, 1).Value = myH3.Text                  ←7
            Set myA = myElements(i).FindElementByTag("a")
            Cells(i + 1, 2).Value = myA.Attribute("href")      ←8
        Next
        .Close
    End With
End Sub
```

1Webブラウザー「Google Chrome」を起動する 2Webサーバーへ URL「https://www.google.com/」を送信する 3name属性「q」が設定されているテキストボックス（検索キーワードを入力するテキストボックス）を参照して、「Excel VBA」という文字列を入力する 4タグ名が「form」の要素（「Google 検索」が配置されている入力フォーム）の送信を実行する 5受信した検索結果からclass属性が「yuRUbf」であるすべての要素（検索結果のハイパーリンク）を取得して、WebElementsコレクション型の変数「myElements」に代入する 6上位5件の検索結果を参照する 7i番目の要素（検索結果）からh3タグの要素（検索結果の見出し）を取得して変数「myH3」に代入し、i+1行1列目のセルに見出しの表示文字列を表示する 8i番目の要素（検索結果）からaタグの要素（検索結果のハイパーリンク）を取得して変数「myA」に代入し、i+1行2列目のセルにハイパーリンクのhref属性の値を表示する

ポイント

構文 `WebElementオブジェクト.SendKeys(keysOrModifier)`

- Webページ内のテキストボックスに文字列を入力するには、WebElementオブジェクトのSendKeysメソッドを使用します。引数「keysOrModifier」に入力したい文字列を指定してください。

構文 `WebElementオブジェクト.submit`

- Webサーバーへの送信を実行するには、入力フォーム（formタグ）を表すWebElementオブジェクトのSubmitメソッドを実行します。
- 起動するWebブラウザーのWebドライバーが最新バージョンでないと、Webブラウザーが起動できずにエラーが発生します。
- Newキーワードを使用してWebDriverオブジェクトのインスタンスを生成するには、［Selenium Type Library］への参照設定が行われている必要があります。

ワザ 621 ［ペイント］を操作してExcelのグラフを画像ファイルとして保存する

難易度 ●●●　頻出度 ●○○　対応Ver. 365 2021 2019 2016

パソコンにインストールされているアプリケーションがショートカットキーなどのキー操作だけで操作できる場合、Shell関数とSendKeysメソッドを使用して、そのアプリケーションをExcel VBAで操作できます。マクロの機能を搭載していないアプリケーションの操作を自動化したり、Excelにはない機能を利用したりできるので、VBAの活用範囲が大きく広がります。ここでは、ワークシートに作成したグラフを、画像を編集するアプリケーション［ペイント］に貼り付けて、画像ファイルとして保存します。保存するときのファイル名には、セルA1に入力されているデータを設定します。

入力例　621.xlsm

```
Sub グラフをペイントに貼付()
    Dim myTskID As Double
    ActiveSheet.ChartObjects(1).Copy ←1
    myTskID = Shell("mspaint.exe", vbNormalFocus) ←2
    Application.Wait Now + TimeValue("00:00:02") ←3
    SendKeys "^v", True ←4
    Application.Wait Now + TimeValue("00:00:01")
    SendKeys "^s", True ←5
    Application.Wait Now + TimeValue("00:00:01")
    Range("A1").Copy
    AppActivate myTskID ←6
    SendKeys "^v", True ←7
    Application.Wait Now + TimeValue("00:00:01")
    SendKeys "~", True ←8
    Application.Wait Now + TimeValue("00:00:02")
    SendKeys "%{F4}", True ←9
    Application.CutCopyMode = False ←10
End Sub
```

1 アクティブシートの埋め込みグラフをコピーする　2 ペイントを「アクティブなウィンドウ状態」で起動して、変数「myTskID」にタスクIDを代入する　3 現時刻から2秒後までマクロを一時停止する　4 Ctrl＋Vキーのキーコードをペイントに送信する（埋め込みグラフ「グラフ1」をペイントに貼り付ける）　5 Ctrl＋Sキーのキーコードをペイントに送信する（［名前を付けて保存］ダイアログボックスを表示する）　6［ペイント］をアクティブにする　7 Ctrl＋Vキーのキーコードをペイントに送信する（コピーした内容を［ファイル名］に貼り付ける）　8 Enterキーのキーコードをペイントに送信する（保存を実行する）　9 Alt＋F4キーのキーコードをペイントに送信する（ペイントを終了する）　10 コピー範囲の選択状態を解除する

ポイント

構文　`Shell(PathName, WindowStyle)`

- ほかのアプリケーションを起動するには、Shell関数を使用します。
- Shell関数は、拡張子が「exe」の実行ファイルを実行してアプリケーションを起動し、起動中のアプリケーションを識別するためのタスクIDをバリアント型（内部処理形式：DoubleのVariant）の値で返します。
- 引数「PathName」に、起動するアプリケーションの実行ファイル名をファイルパスも含めて指定します。
- 引数「WindowStyle」に、起動したアプリケーションのウィンドウの状態を指定します。

次のページに続く▶

●引数「WindowStyle」の設定値（VbAppWinStyleクラスの定数）

定数	値	内容
vbHide	0	非表示の状態で、アクティブなウィンドウとして起動する
vbNormalFocus	1	前回ウィンドウを閉じたときのサイズと表示位置で、アクティブなウィンドウとして起動する
vbMinimizedFocus（既定値）	2	最小化表示の状態で、アクティブなウィンドウとして起動する
vbMaximizedFocus	3	最大化表示の状態で、アクティブなウィンドウとして起動する
vbNormalNoFocus	4	前回ウィンドウを閉じたときのサイズと表示位置で、アクティブではないウィンドウとして起動する
vbMinimizedNoFocus	6	最小化表示の状態で、アクティブではないウィンドウとして起動する

構文 `Applicationオブジェクト.SendKeys(Keys, Wait)`

- ほかのアプリケーションを操作するには、SendKeysメソッドを使用して、アクティブなアプリケーションにショートカットキーなどのキーコードを送信します。
- 引数「Keys」に、アクティブなアプリケーションに送信したいキー、またはキーの組み合わせをキーコードを使用して指定します。

●キーコード一覧

キー	キーコード	キー	キーコード
Alt	%	Insert	{INSERT}
Back space	{BACKSPACE} または {BS}	Num Lock	{NUMLOCK}
Ctrl ＋ Break	{BREAK}	Page Down	{PGDN}
Caps Lock	{CAPSLOCK}	Page Up	{PGUP}
clear	{CLEAR}	⏎ または Return	{RETURN}
Ctrl	^	Scroll Lock	{SCROLLLOCK}
Delete または Del	{DELETE} または {DEL}	Shift	＋
End	{END}	Tab	{TAB}
Enter（テンキー）	{ENTER}	F1 ～ F15	{F1} ～ {F15}
Enter	~	←	{LEFT}
Esc	{ESCAPE} または {ESC}	↑	{UP}
Help	{HELP}	→	{RIGHT}
Home	{HOME}	↓	{DOWN}

- 引数「Wait」には、送信した「キー操作」が終了してからVBAに制御を戻す場合に「True」、「キー操作」が終了するのを待たずにVBAの実行を続ける場合に「False」（既定値）を指定します。
- VBAは、「送信したキー操作によって実行される処理」が終了するのを待たずに次のコードを実行するため、SendKeysメソッドでキーボード操作の情報を送信した直後にApplicationオブジェクトのWaitメソッドを使用し、アプリケーションの処理が終了するまでの間、VBAの動作を一時停止させます。
- タスクIDとは、実行中のアプリケーションを識別するための重複しない番号です。Shell関数で複数のアプリケーションを起動した場合、このタスクIDとAppActivateステートメントを使用して、操作したいアプリケーションをアクティブにします。
- パソコンの環境によって、実行時エラーが発生する場合があります。その場合は、Waitメソッドで一時停止させる秒数を調整してください。
- 保存先に同名の画像ファイルが存在すると、［ペイント］とExcelの処理が同期しなくなります。ワザ281やワザ300を参考に、同名のファイルが存在するかどうかを調べるといいでしょう。

第14章

VBA関数

Excel VBAで用意されている関数を、日付/時刻関数、文字列関数、データ型を操作する関数、乱数や配列を扱う関数の4つに分類して紹介します。さらに、ユーザー独自のオリジナル関数とも言えるユーザー定義関数の作成方法についても詳しく紹介しています。なお、関数が返す結果のうち、日付、時刻、通貨の表示形式については、使用するパソコンのWindowsの設定によって違う場合があるのでご注意ください。

ワザ 622 現在の日付と時刻を表示する

難易度 ●○○ | 頻出度 ●●● | 対応Ver. 365 2021 2019 2016

パソコンに設定されている現在の日付を取得したい場合はDate関数、現在の時刻を取得したい場合はTime関数を使用します。現在の日付と時刻を合わせて取得したい場合はNow関数を使用します。このワザでは、現在の日付、現在の時刻、現在の日時を取得し、それぞれを改行文字で改行してメッセージで表示します。

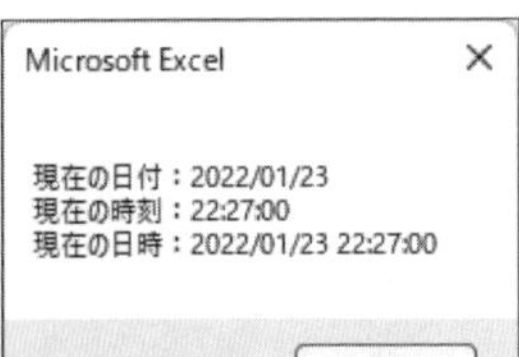

現在の日付、現在の時刻、現在の日時を取得し、改行文字を利用して改行し、メッセージで表示する

入力例

622.xlsm

```
Sub 日付時刻の表示()
    MsgBox "現在の日付:" & Date & vbCrLf & "現在の時刻:" & Time & vbCrLf & _  ←1
            "現在の日時:" & Now
End Sub
```

1 現在の日付、現在の時刻、現在の日時を取得してメッセージで表示する

ポイント

構文 Date

- 現在の日付を取得するにはDate関数を使用します。

構文 Time

- 現在の時刻を取得するにはTime関数を使用します。

構文 Now

- 現在の日付と時刻を取得するにはNow関数を使用します。
- Date関数、Time関数、Now関数を使用して、パソコンに設定されている日付や時刻の値を変更することはできません。
- 取得した日付や時刻の値をMsgBox関数などで表示した場合、[地域]ダイアログボックスの[形式]タブの[日付と時刻の形式]で設定されている表示形式で表示されます。ワークシートのセルに入力した場合は、セルに設定されている表示形式で表示されます。
- [地域] ダイアログボックスを表示するには、コントロールパネルを表示して、コントロールパネルの表示方法が [カテゴリ] の場合は [日付、時刻、数値形式の変更]、表示方法が [大きいアイコン] または [小さいアイコン] の場合は [地域] をクリックしてください。コントロールパネルを表示するには、Windows 11では[スタート] - [すべてのアプリ] - [Windows ツール] - [コントロール パネル]をダブルクリック、Windows 10では[スタート] - [Windows システム ツール] - [コントロール パネル]をクリックしてください。

関連ワザ 623 日付データから年、月、日を取り出して表示する………P.785
関連ワザ 624 時刻データから時、分、秒を取り出して表示する………P.786

ワザ 623 日付データから年、月、日を取り出して表示する

難易度 ●○○ | 頻出度 ●●● | 対応Ver. 365 2021 2019 2016

現在の日付データから年、月、日のデータを部分的に取り出してメッセージで表示します。年データはYear関数、月データはMonth関数、日データはDay関数を使用して取り出します。日付について、年、月、日に分けて計算したいときなどに便利な関数です。ここでは、それぞれの関数の引数「Date」に、現在の日付データを取得するDate関数を指定して、現在の日付データから年、月、日を取り出しています。

Microsoft Excel
年：2022
月：1
日：23
OK

現在の日付データから年、月、日のデータを取り出して、メッセージで表示する

入力例

623.xlsm

```
Sub 年月日を取り出して表示()
    MsgBox "年:" & Year(Date) & vbCrLf & "月:" & Month(Date) & vbCrLf & _   ←1
           "日:" & Day(Date)
End Sub
```

1 Date関数で今日の日付を取得し、「年」と「月」と「日」のデータを取り出してメッセージで表示する

ポイント

構文 `Year(Date)`

- 日付データから年データを部分的に取り出すにはYear関数を使用します。引数「Date」に指定された日付から年データを取り出します。

構文 `Month(Date)`

- 日付データから月データを部分的に取り出すにはMonth関数を使用します。引数「Date」に指定された日付から月データを取り出します。

構文 `Day(Date)`

- 日付データから日データを部分的に取り出すにはDay関数を使用します。引数「Date」に指定された日付から日データを取り出します。
- Year関数、Month関数、Day関数を使用して、パソコンに設定されている年月日の値を変更することはできません。

関連ワザ 622 現在の日付と時刻を表示する………P.784
関連ワザ 624 時刻データから時、分、秒を取り出して表示する………P.786

ワザ 624 時刻データから時、分、秒を取り出して表示する

難易度 ●○○ | 頻出度 ●●● | 対応Ver. 365 2021 2019 2016

現在の時刻データから時、分、秒のデータを部分的に取り出してメッセージで表示します。時データはHour関数、分データはMinute関数、秒データはSecond関数を使用して取り出します。時刻について、時、分、秒に分けて計算したいときなどに便利な関数です。ここでは、それぞれの関数の引数「Time」に、現在の時刻データを取得するTime関数を指定して、現在の時刻データから時、分、秒を取り出しています。

現在の時刻データから時、分、秒のデータを取り出して、メッセージで表示する

入力例

```
Sub 時分秒を取り出して表示()
    MsgBox "時:" & Hour(Time) & vbCrLf & "分:" & Minute(Time) & vbCrLf & _  ←1
            "秒:" & Second(Time)
End Sub
```

1 Time関数で現在の時刻を取得し、「時」と「分」と「秒」のデータを取り出してメッセージで表示する

ポイント

構文 `Hour(Time)`

- 時刻データから時データを部分的に取り出すにはHour関数を使用します。引数「Time」に指定された時刻から時データを取り出して、0～23の範囲の値を返します。

構文 `Minute(Time)`

- 時刻データから分データを部分的に取り出すにはMinute関数を使用します。引数「Time」に指定された時刻から分データを取り出して、0～59の範囲の値を返します。

構文 `Second(Time)`

- 時刻データから秒データを部分的に取り出すにはSecond関数を使用します。
- 引数「Time」に指定された時刻から秒データを取り出して、0～59の範囲の値を返します。
- Hour関数、Minute関数、Second関数を使用して、パソコンに設定されている時／分／秒の値を変更することはできません。

関連ワザ 622 現在の日付と時刻を表示する………P.784
関連ワザ 623 日付データから年、月、日を取り出して表示する………P.785

ワザ 625 今日が年初から数えて第何週目かを調べる

難易度 ●○○ | 頻出度 ●○○ | 対応Ver. 365 2021 2019 2016

今日が年初から数えて何週目かを調べるには、DatePart関数を使用します。ここでは、今日の日付データをDate関数で取得し、DatePart関数で何週目かを調べてメッセージで表示しています。そのほか、DatePart関数を使用して、日付データから年、月、日を部分的に取り出したり、日数の間隔を数えるのに便利な年間通算日を取得したりできます。

Microsoft Excel

今日は年初から数えて5週目です。

OK

今日が年初から何週目かをメッセージで表示する

入力例

625.xlsm

```
Sub 週取得()
    MsgBox "今日は年初から数えて" & DatePart("ww", Date) & "週目です。" ←1
End Sub
```

1今日の日付が年初から数えて何週目かを調べてメッセージで表示する

ポイント

構文 `DatePart(Interval, Date)`

- DatePart関数は、引数「Date」に指定された日付データから、引数「Interval」に指定された時間単位の情報を調べて取り出します。
- 年初から数えて第何週目かを調べるには、引数「Interval」に週単位を表す文字列式「ww」を指定します。
- 引数「Interval」に「y」を指定すれば、年間通算日を調べられます。
- 引数「Interval」に年単位を表す文字列式「yyyy」や、月単位を表す文字列式「m」、日単位を表す文字列式「d」を指定すると、Year関数や、Month関数、Day関数と同じように、年、月、日を部分的に取り出せます。
- 引数「Interval」に時単位を表す文字列式「h」や、分単位を表す文字列式「n」、秒単位を表す文字列式「s」を指定すると、Hour関数や、Minute関数、Second関数と同じように、時／分／秒を取り出せます。
- 引数「Interval」は「"」で囲んで記述してください。

関連ワザ 622 現在の日付と時刻を表示する………P.784
関連ワザ 626 今日の曜日名を表示する………P.788

ワザ 626 今日の曜日名を表示する

難易度 ●○○ | 頻出度 ●●○ | 対応Ver. 365 2021 2019 2016

今日の曜日名を表示するには、Weekday関数とWeekdayName関数を組み合わせて使用します。ここでは、Weekday関数の引数「Date」にDate関数を指定して今日の曜日を表す整数値を取得し、これをWeekdayName関数で曜日名を表す文字列に変換してメッセージで表示しています。スケジュール表に曜日名を入力するときなどに便利な関数です。

今日の曜日名をメッセージで表示する

入力例　626.xlsm

```
Sub 今月の曜日名を表示()
    MsgBox WeekdayName(Weekday(Date))  ←1
End Sub
```

1今日の曜日を表す整数値を曜日名に変換してメッセージで表示する

ポイント

構文 `Weekday(Date)`

- 曜日を表す整数値を取得するには、Weekday関数を使用します。引数「Date」に曜日を調べたい日付を指定してください。
- Weekday関数が返す整数値は、「1」が「日曜」、「2」が「月曜」、「3」が「火曜」、「4」が「水曜」、「5」が「木曜」、「6」が「金曜」、「7」が「土曜」に対応しています。

構文 `WeekdayName(Weekday, Abbreviate)`

- 曜日を表す整数値を、「日曜日」「月曜日」といった曜日名に変換するには、WeekdayName関数を使用します。引数「Weekday」に曜日を表す整数値を指定してください。
- 引数「Abbreviate」に「True」を指定すると、「日」「月」といった省略された曜日名に変換されます。引数「Abbreviate」の指定を省略した場合は「False」が指定されて、「日曜日」「月曜日」といった曜日名に変換されます。

関連ワザ 622 現在の日付と時刻を表示する………P.784
関連ワザ 625 今日が年初から数えて第何週目かを調べる………P.787

ワザ 627 今月末の日付データを求める

難易度 ●○○ | 頻出度 ●●○ | 対応Ver. 365 2021 2019 2016

年と月と日を個別に指定して日付を算出するDateSerial関数を使用すると、月末の日付を簡単に求められます。月末日は各月によって違うため、翌月1日（月初日）の1日前の日付を求めることで、月末日を算出します。したがって、DateSerial関数に、今月の年、今月の月に「1」加えた月（すなわち翌月)、1日（月初日）を表す「1」を指定して日付を算出し、その日付から「1」を引いて月末日を求めます。

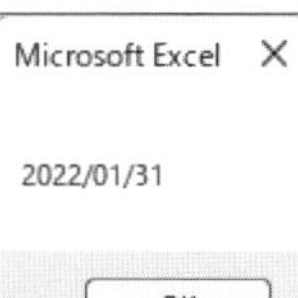

月末の日付をメッセージで表示する

入力例

627.xlsm

```
Sub 月末日を算出()
    MsgBox DateSerial(Year(Date), Month(Date) + 1, 1) - 1 ←1
End Sub
```

1今日の日付の年と、今日の日付の月に「1」加えた月、1日（月初日）のデータから日付を求めて、算出された日付から「1」を引いた日付を月末日としてメッセージで表示する

ポイント

構文 `DateSerial(Year, Month, Day)`

- 年、月、日を個別に指定して日付データを求めるには、DateSerial関数を使用します。
- DateSerial関数は、引数「Year」に指定された年、引数「Month」に指定された月、引数「Day」に指定された日を表す整数値から日付データを算出します。
- 引数「Year」には、年を表す整数型の数値を100～9999の範囲で指定します。西暦を2けたに省略して0～99の範囲の数値を指定すると、0～29の数値は2000～2029、30～99の数値は1939～1999と認識されます。混乱を避けるためにも、西暦は2けたに省略せずに指定しましょう。
- 引数「Month」には、月を表す整数型の数値を1～12の範囲で指定します。
- 引数「Day」には、日を表す整数型の数値を1～31の範囲で指定します。
- 各引数の数値範囲を超えた値を設定した場合、その超過分は繰り上げられます。

関連ワザ 622 現在の日付と時刻を表示する………P.784
関連ワザ 623 日付データから年、月、日を取り出して表示する………P.785
関連ワザ 629 日付の間隔を計算する………P.791
関連ワザ 630 時間を加算した日付を算出する………P.792

ワザ 628 現在の時刻から1分後にメッセージを表示する

難易度 ●●○ | 頻出度 ●○○ | 対応Ver. 365 2021 2019 2016

現在の時刻から1分後にメッセージを表示するには、1分後の時刻になるまでプロシージャーの実行を一時停止させてからメッセージを表示します。1分後の時刻を算出するには、時と分と秒を個別に指定して時刻を算出するTimeSerial関数を使用します。

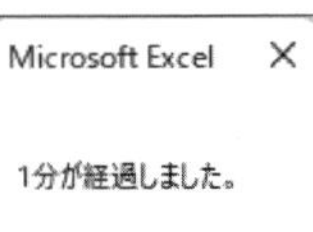

プロシージャーを実行してから
1分後にメッセージを表示する

入力例

 628.xlsm

```
Sub 時刻計算()
    Application.Wait TimeSerial(Hour(Time), Minute(Time) + 1, Second(Time)) ←1
    MsgBox "1分が経過しました。"
End Sub
```

1 現在の時刻の時の数値、現在の時刻の分に「1」を足した数値、現在の時刻の秒の数値から時刻データを求めて、その時刻までプロシージャーの実行を停止する

ポイント

構文 `TimeSerial(Hour, Minute, Second)`

- 時、分、秒を個別に指定して時刻データを求めるにはTimeSerial関数を使用します。
- TimeSerial関数は、引数「Hour」に指定された時、引数「Minute」に指定された分、引数「Second」に指定された秒を表す整数値から時刻データを算出します。
- 引数「Hour」には、時を表す整数型の数値を0～23の範囲で指定します。
- 引数「Minute」には、分を表す整数型の数値を0～59の範囲で指定します。
- 引数「Second」には、秒を表す整数型の数値を0～59の範囲で指定します。
- 各引数の数値範囲を超えた値を設定した場合、その超過分は繰り上げられます。
- 1分後の時刻を算出するには、Hour関数、Minute関数、Second関数のそれぞれの引数「Time」にTime関数を指定して現在の時、分、秒を取得し、そのうち、分の数値に「1」を加算して、それぞれの数値をTimeSerial関数の各引数に指定してください。

関連ワザ 622 現在の日付と時刻を表示する………P.784
関連ワザ 624 時刻データから時、分、秒を取り出して表示する………P.786
関連ワザ 631 経過した秒数を計測する………P.793
関連ワザ 702 実行中のプロシージャーを一時停止する………P.878

ワザ 629 日付の間隔を計算する

難易度 ●○○ | 頻出度 ●●○ | 対応Ver. 365 2021 2019 2016

日付の間隔を計算するには、DateDiff関数を使用します。ここでは、指定した日付から今日の日付までの日付の間隔を、年単位、月単位、日単位で計算してメッセージで表示します。なお、このワザでは、日付型のデータであることを確実に認識させるために、「#月/日/年#」という日付リテラルの形式で日付データを記述しています。

Microsoft Excel

2020/01/01から今日までの
年数：2
月数：24
日数：754

OK

指定した日付から今日までの間隔を、年単位、月単位、日単位で計算してメッセージで表示する

入力例 629.xlsm

```
Sub 日付間隔の計算()
    Dim myDate As Date
    myDate = #1/1/2020#  ←1
    MsgBox myDate & "から今日までの" & vbCrLf & _
            "年数:" & DateDiff("yyyy", myDate, Date) & vbCrLf & _  ←2
            "月数:" & DateDiff("m", myDate, Date) & vbCrLf & _  ←3
            "日数:" & DateDiff("d", myDate, Date)  ←4
End Sub
```

1変数「myDate」に日付リテラル「#1/1/2020#」を代入する　2変数「myDate」から今日までの日付間隔を年単位で算出している　3変数「myDate」から今日までの日付間隔を月単位で算出している　4変数「myDate」から今日までの日付間隔を日単位で算出している

ポイント

構文 `DateDiff(Interval, Date1, Date2)`

- DateDiff関数は、引数「Date1」と引数「Date2」に指定された2つの日付や時刻の間隔を、引数「Interval」に指定された単位で算出します。
- 引数「Interval」に「yyyy」「m」「d」を指定すると、年単位、月単位、日単位、「h」「n」「s」を指定すると、時単位、分単位、秒単位の間隔が算出されます。
- 引数「Interval」に「ww」を指定すると週単位、「y」を指定すると年間通算日による間隔が算出されます。
- 引数「Interval」に指定する単位は「"」で囲んで記述してください。
- 引数「Date1」に、引数「Date2」より後の日付や時刻を指定すると、計算結果は負の値になります。

関連ワザ 622 現在の日付と時刻を表示する………P.784
関連ワザ 623 日付データから年、月、日を取り出して表示する………P.785
関連ワザ 625 今日が年初から数えて第何週目かを調べる………P.787
関連ワザ 630 時間を加算した日付を算出する………P.792

ワザ 630 時間を加算した日付を算出する

難易度 ●○○ | 頻出度 ●●○ | 対応Ver. 365 2021 2019 2016

時間を加算した日付を算出するには、DateAdd関数を使用します。ここでは、今日の日付から3週間後の日付を算出してメッセージで表示します。DateAdd関数は、将来の日付データのほかに、過去の日付データも算出でき、時単位、分単位、秒単位による時刻の計算などにも使用できる便利な関数です。

今日の日付から3週間後の日付をメッセージで表示する

入力例

630.xlsm

```
Sub 日付加算()
    MsgBox "今日から3週間後:" & DateAdd("ww", 3, Date) ←1
End Sub
```

1現在の日付に週単位で「3」を加算した日付を算出してメッセージで表示する

ポイント

構文 DateAdd(Interval, Number, Date)

- 時間を加算または減算した日付や時刻を算出するには、DateAdd関数を使用します。
- DateAdd関数は、引数「Date」に指定された日付や時刻から引数「Number」に指定された整数値を加算または減算した日付や時刻を、引数「Interval」に指定された計算単位で算出します。
- 引数「Interval」に「yyyy」「m」「d」を指定すると、年単位、月単位、日単位、「h」「n」「s」を指定すると、時単位、分単位、秒単位で計算されます。
- 引数「Interval」に「ww」を指定すると週単位、「y」を指定すると年間通算日で計算されます。
- 引数「Interval」に指定する単位は「"」で囲んで記述してください。
- 引数「Number」に正の数を指定して加算した場合は将来の日付や時刻、負の数を指定して減算した場合は過去の日付や時刻を返します。
- 引数「Number」に小数点を含む数値を指定した場合、小数部分は無視されます。

関連ワザ 622 現在の日付と時刻を表示する………P.784
関連ワザ 625 今日が年初から数えて第何週目かを調べる………P.787
関連ワザ 627 今月末の日付データを求める………P.789
関連ワザ 629 日付の間隔を計算する………P.791

ワザ 631 経過した秒数を計測する

難易度 ○○○ | 頻出度 ○○○ | 対応Ver. 365 2021 2019 2016

経過秒数を計測するにはTimer関数を使用します。ここでは、「計測を開始します。」というメッセージの［OK］ボタンがクリックされた時点から計測を開始し、次に表示されるメッセージの［OK］ボタンがクリックされた時点で計測を終了して、経過した秒数をメッセージで表示します。

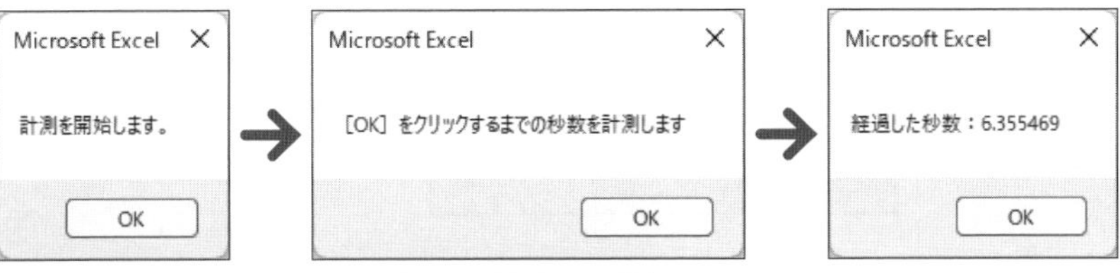

1つ目のメッセージで［OK］がクリックされてから、2つ目のメッセージで［OK］がクリックされるまでに経過した秒数をメッセージで表示する

入力例

631.xlsm

```
Sub 経過秒数の測定()
    Dim StartTime As Single
    MsgBox "計測を開始します。", vbOKOnly ←1
    StartTime = Timer ←2
    MsgBox "[OK]をクリックするまでの秒数を計測します", vbOKOnly ←3
    MsgBox "経過した秒数:" & Timer - StartTime ←4
End Sub
```

1 1つ目のメッセージを表示する　2 変数「StartTime」に、計測を開始した時点のTimer関数の値を代入する　3 2つ目のメッセージを表示する　4 計測が終了した時点のTimer関数の値から変数「StartTime」の値を減算して経過秒数を算出し、メッセージで表示する

ポイント

構文 Timer

- Timer関数は、午前0時から経過した秒数を表す単精度浮動小数点数型(Single)の値を返します。
- Timer関数の値は、当日の23時59分59秒まで秒単位で累積されています。したがって、処理終了時のTimer関数の値から処理開始時のTimer関数の値を減算することで、処理にかかった秒数を算出できます。
- 処理が午前0時を越えた場合、Timer関数は、午前0時以降に経過した秒数を「-86,400（1日を秒数に換算してマイナスの符号を付けた数値)」に加算して返します。したがって、午前0時を越えて経過した秒数を取得する場合は、午前0時の前と後で別々に計算する必要があります。

関連ワザ 069 メッセージボックスでクリックしたボタンによって処理を振り分ける………P.112
関連ワザ 628 現在の時刻から1分後にメッセージを表示する………P.790

ワザ 632 文字列を日付データに変換する

難易度 ●○○ | 頻出度 ●●○ | 対応Ver. 365 2021 2019 2016

外部アプリケーションなどのデータをExcel VBAで使用するとき、日付が文字列だった場合は、Excel VBAで日付データとして扱えるように変換する必要があります。そのような場合は、DateValue関数を使用して、文字列を日付データに変換しましょう。このワザでは、文字列型の変数「strDate」に日付を表す文字列を含む「令和4年5月20日　午後8時30分」を代入し、この文字列を日付データに変換してメッセージで表示します。

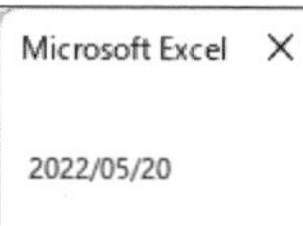

「令和4年5月20日　午後8時30分」を日付データに変換してメッセージで表示する

入力例 632.xlsm

```
Sub 文字列を日付データに変換()
    Dim strDate As String
    strDate = "令和4年5月20日 午後8時30分"
    MsgBox DateValue(strDate) ←1
End Sub
```

1変数「strDate」に代入されている文字列の中の日付部分を日付データに変換してメッセージで表示する

ポイント

構文 DateValue(Date)

- 文字列を日付データに変換するにはDateValue関数を使用します。
- 引数「Date」に日付を表す文字列を指定します。
- 文字列に時刻が含まれていても、DateValue関数が返すのは日付部分を変換した日付データだけです。

関連ワザ 627 今月末の日付データを求める………P.789
関連ワザ 633 文字列を時刻データに変換する………P.795
関連ワザ 650 文字列を日付型のデータに変換する………P.813

ワザ 633 文字列を時刻データに変換する

難易度 ●○○ | 頻出度 ●●○ | 対応Ver. 365 2021 2019 2016

外部アプリケーションなどのデータをExcel VBAで使用するとき、時刻が文字列だった場合は、Excel VBAで時刻データとして扱えるように変換する必要があります。そのような場合は、TimeValue関数を使用して、文字列を時刻データに変換しましょう。このワザでは、文字列型の変数「strTime」に時刻を表す文字列を含む「令和2年5月20日　午後8時30分」を代入し、この文字列を時刻データに変換してメッセージで表示します。

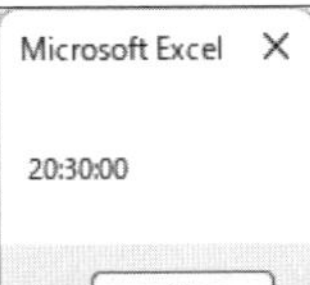

「令和2年5月20日　午後8時30分」を時刻データに変換してメッセージで表示する

入力例　633.xlsm

```
Sub 文字列を時刻データに変換()
    Dim strTime As String
    strTime = "令和2年5月20日　午後8時30分"
    MsgBox TimeValue(strTime)  ←1
End Sub
```

1 変数「strTime」に代入されている文字列の中の時刻部分を時刻データに変換してメッセージで表示する

ポイント

構文 `TimeValue(Time)`

- 文字列を時刻データに変換するにはTimeValue関数を使用します。
- 引数「Time」に時刻を表す文字列を指定します。
- 文字列に日付が含まれていても、TimeValue関数が返すのは時刻部分を変換した時刻データだけです。

関連ワザ 628 現在の時刻から1分後にメッセージを表示する………P.790
関連ワザ 632 文字列を日付データに変換する………P.794
関連ワザ 650 文字列を日付型のデータに変換する………P.813

ワザ 634 文字列の一部分を取り出して表示する

難易度 ●○○ | 頻出度 ●●● | 対応Ver. 365 2021 2019 2016

文字列の一部分を取り出すには、Left関数、Mid関数、Right関数を使用します。取り出す位置によってこれらの関数を使い分けましょう。ここでは、「できる逆引きExcelVBA」という文字列の左端、文字列の中、右端から文字列を取り出してメッセージで表示します。

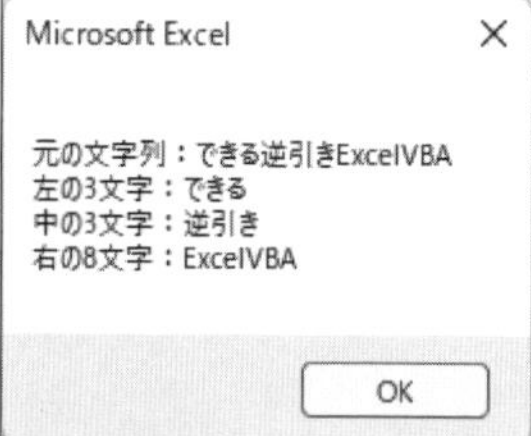

「できる逆引きExcelVBA」という文字列の左端、文字列の中、右端から文字列を取り出してメッセージで表示する

入力例 634.xlsm

```
Sub 文字列の一部を表示()
    Dim myString As String
    myString = "できる逆引きExcelVBA"
    MsgBox "元の文字列:" & myString & vbCrLf & _
        "左の3文字:" & Left(myString, 3) & vbCrLf & _  ←1
        "中の3文字:" & Mid(myString, 4, 3) & vbCrLf & _  ←2
        "右の8文字:" & Right(myString, 8)  ←3
End Sub
```

1 変数「myString」に代入されている文字列の左端から3文字分取り出す　2 変数「myString」に代入されている文字列の4文字目から3文字分取り出す　3 変数「myString」に代入されている文字列の右端から8文字分取り出す

ポイント

構文 `Left(String, Length)`

- Left関数は、引数「String」に指定された文字列の左端から、引数「Length」に指定された文字数だけ文字列を取り出します。

構文 `Mid(String, Start, Length)`

- Mid関数は、引数「String」に指定した文字列の先頭の文字位置を「1」として、引数「Start」に指定した文字位置から、引数「Length」に指定した文字数を取り出します。

構文 `Right(String, Length)`

- Right関数は、引数「String」に指定された文字列の右端から、引数「Length」に指定された文字数だけ文字列を取り出します。

関連ワザ 635 文字列の長さを調べる………P.797
関連ワザ 646 文字列を検索する………P.809
関連ワザ 647 ファイルパスからファイル名を取り出す………P.810

ワザ 635 文字列の長さを調べる

難易度 ●○○ | 頻出度 ●●● | 対応Ver. 365 2021 2019 2016

文字列の長さを調べるには、Len関数を使用します。文字列の一部分を取り出すとき、取り出す文字数を文字列の長さから算出する場合があるので、Len関数は、文字列を操作する上で重要な関数と言えるでしょう。ここでは、空白文字を含む「できる逆引き ExcelVBA」という文字列の長さを調べてメッセージで表示します。

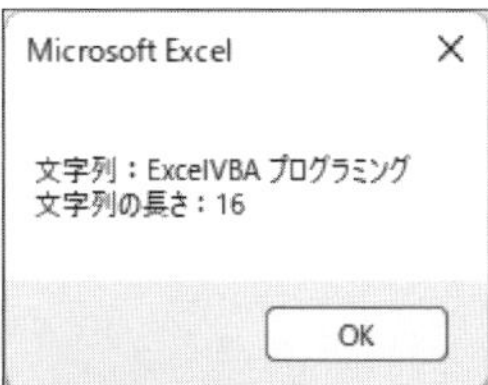

空白文字を含む「ExcelVBA プログラミング」という文字列の長さをメッセージで表示する

入力例

635.xlsm

```
Sub 文字列長さ表示()
    Dim myString As String
    myString = "ExcelVBA プログラミング"
    MsgBox "文字列:" & myString & vbCrLf & "文字列の長さ:" & Len(myString)  ←1
End Sub
```

1 変数「myString」に代入されている文字列の長さ（文字数）を調べてメッセージで表示する

ポイント

構文 Len(Expression)

- Len関数は、引数「Expression」に指定した文字列の文字数を返します。
- 半角文字と全角文字の区別なく、すべての文字が1文字分として数えられ、空白文字も1文字分として数えられます。

関連ワザ 634 文字列の一部分を取り出して表示する………P.796
関連ワザ 646 文字列を検索する………P.809
関連ワザ 647 ファイルパスからファイル名を取り出す………P.810

ワザ 636 改行文字を使用する

難易度 ●○○ ｜ 頻出度 ●●● ｜ 対応Ver. 365 2021 2019 2016

改行文字は、キャリッジリターン文字とラインフィード文字を連結した制御文字です。キャリッジリターン文字は「Chr(13)」、ラインフィード文字は「Chr(10)」と記述して取得します。これらの2つの文字は、Constantsクラスの定数「vbCrLf」を使用して記述することも可能です。

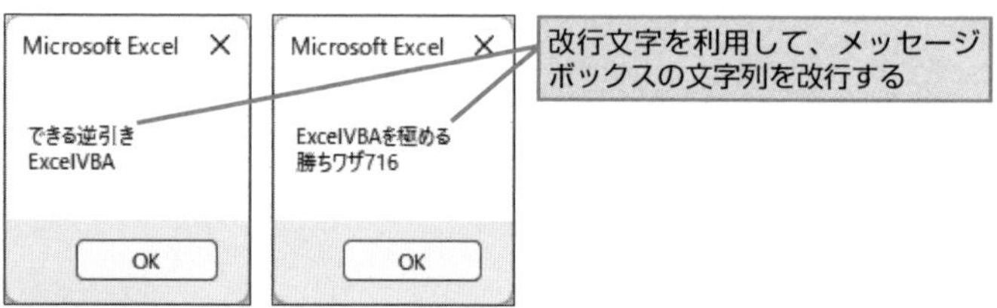

入力例

636.xlsm

```
Sub 改行文字()
    MsgBox "できる逆引き" & Chr(13) & Chr(10) & "ExcelVBA"   ←1
    MsgBox "ExcelVBAを極める" & vbCrLf & "勝ちワザ716"   ←2
End Sub
```

1「できる逆引き」と「ExcelVBA」の間で改行してメッセージで表示する　2「ExcelVBAを極める」と「勝ちワザ716」の間で改行してメッセージで表示する

ポイント

構文　**Chr(Charcode)**

- Chr関数は、引数「Charcode」に指定されたASCIIコードに対応する文字や制御文字を返します。
- 指定できるASCIIコードの範囲は0～255です。0～31のASCIIコードに対応する文字は表示されません。
- 国別に割り当てられた文字セットにより、127以上のASCIIコードで表示される文字が異なる場合があります。
- Chr関数で取得できる主な制御文字には、対応するConstantsクラスの定数があります。Constantsクラスの定数を使用すると、制御文字の内容が判別しやすくなるので便利です。

●改行文字に対応するConstantsクラスの定数

Constantsクラスの定数	Chr(CharCode)	内容
vbLf	Chr(10)	ラインフィード文字
vbCr	Chr(13)	キャリッジリターン文字
vbCrLf	Chr(13) & Chr(10)	改行文字

関連ワザ 307 テキストファイルに文字列と改行文字を書き込む………P.384
関連ワザ 643 セル内の改行文字を削除する………P.806

ワザ 637 文字のASCIIコードを調べる

難易度 ●○○ | 頻出度 ●○○ | 対応Ver. 365 2021 2019 2016

文字のASCIIコードを調べるには、Asc関数を使用します。Asc関数は調べたい文字を引数「String」に指定するだけで、ASCIIコードを調べられるので便利です。ここでは、指定した文字列の各文字についてASCIIコードを取得して、それぞれメッセージで表示します。文字列内の各文字は、Mid関数を使用して取得しています。

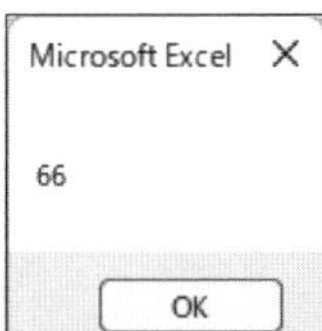

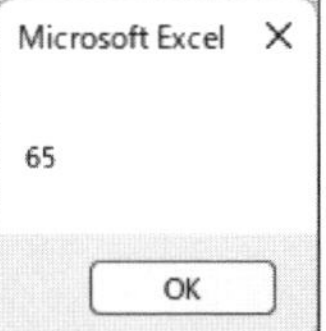

指定した文字列「VBA」の各文字のASCIIコードを取得して、メッセージで表示する

入力例 637.xlsm

```
Sub ASCIIコード表示()
    Dim i As Integer, myString As String
    myString = "VBA"
    For i = 1 To 3 ←1
        MsgBox Asc(Mid(myString, i, 1)) ←2
    Next i
End Sub
```

1変数「i」が「1」から「3」になるまで処理を繰り返し実行する 2変数「myString」に代入されている文字列に対して、i文字目の位置から1文字分取り出した文字のASCIIコードを調べてメッセージで表示する

ポイント

構文 Asc(String)

- Asc関数は、引数「String」に指定された文字に対応するASCIIコードを返します。
- 取得できるASCIIコードの範囲は0～255です。
- 引数「String」に文字列を指定した場合は、先頭文字のASCIIコードが返されます。
- 引数「String」に文字が含まれていない場合にエラーが発生します。

関連ワザ 634 文字列の一部分を取り出して表示する………P.796
関連ワザ 638 文字の種類を変換する………P.800
関連ワザ 640 アルファベットの大文字と小文字を変換する………P.803

ワザ 638 文字の種類を変換する

難易度 ●○○ | 頻出度 ●●○ | 対応Ver. 365 2021 2019 2016

文字の種類を変換するには、StrConv関数を使用します。半角文字と全角文字が入り混じっているデータを半角文字で統一したり、ひらがなをカタカナに変換したりするときに使用するといいでしょう。同時に複数の変換が可能な点も大きなポイントです。ここでは、全角ひらがなの文字を半角カタカナの文字に変換して、メッセージで表示します。

全角ひらがなの文字を半角カタカナに変換して、メッセージで表示する

入力例

638.xlsm

```
Sub 文字の種類を変換()
    Dim myString As String
    myString = "さとう　たろう"
    MsgBox "変換前:" & myString & vbCrLf & _
            "変換後:" & StrConv(myString, vbKatakana + vbNarrow)  ←1
End Sub
```

1 変数「myString」に代入した「さとう　たろう」という文字列を半角カタカナに変換する

ポイント

構文 `StrConv(String, Conversion)`

- StrConv関数は、引数「String」に指定した文字列を、引数「Conversion」に指定した種類に変換します。
- 引数「Conversion」に指定する変換の種類は、矛盾しない限り複数の種類を「+」で組み合わせて指定できます。

●引数「Conversion」の主な設定値（VbStrConv列挙型の主な定数）

定数	値	内容
vbUpperCase	1	大文字に変換
vbLowerCase	2	小文字に変換
vbProperCase	3	先頭の文字を大文字に変換
vbWide	4	半角文字を全角文字に変換
vbNarrow	8	全角文字を半角文字に変換
vbKatakana	16	ひらがなをカタカナに変換
vbHiragana	32	カタカナをひらがなに変換
vbUnicode	64	文字コードをUnicodeに変換

関連ワザ 640 アルファベットの大文字と小文字を変換する………P.803

ワザ 639 データの表示書式を変換する

難易度 ●○○ | 頻出度 ●●● | 対応Ver. 365 2021 2019 2016

データの表示書式を変換するには、Format関数を使用します。Format関数を使用すれば、数値や文字列の表示書式だけでなく、日付や時刻の表示書式にも変換できます。ここでは、数値の表示書式を通貨に変換したデータ、シリアル値の表示書式を和暦に変換したデータをそれぞれメッセージで表示します。

数値の表示書式を通貨に変換したデータと、シリアル値の表示書式を和暦に変換したデータをそれぞれメッセージで表示する

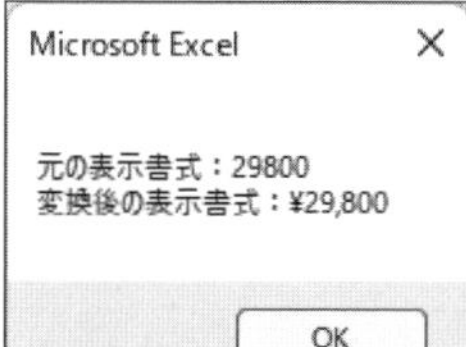

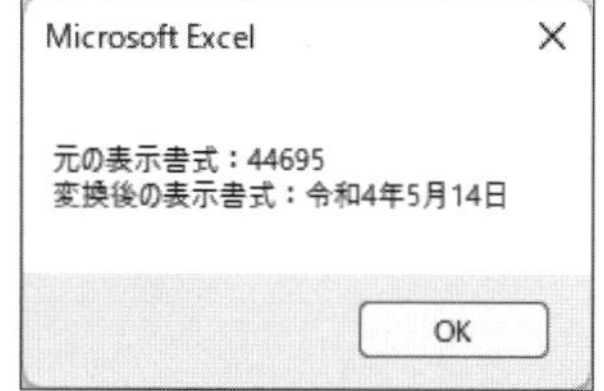

入力例　639.xlsm

```
Sub 表示書式変換()
    Dim myData As Single
    myData = 29800
    MsgBox "元の表示書式:" & myData & vbCrLf & _
           "変換後の表示書式:" & Format(myData, "Currency")  ←1
    myData = 44695
    MsgBox "元の表示書式:" & myData & vbCrLf & _
           "変換後の表示書式:" & Format(myData, "ggge年m月d日")  ←2
End Sub
```

1変数「myData」に代入した「29800」を、通貨の表示書式に変換する　2変数「myData」に代入した「44695」を、「令和○年○月○日」という日付の表示書式に変換する

ポイント

構文 `Format(Expression, Format)`

- Format関数は、引数「Expression」に指定された数値や文字列、日付や時刻を表す文字列を、引数「Format」に指定された表示書式に変換します。
- 引数「Format」に指定する書式記号(表示書式指定文字)についてはワザ147を参照してください。
- 数値を日付形式に変換するとき、数値はシリアル値として認識されます。
- 引数「Format」は、定義済み書式を使用して書式を指定することも可能です。例えば、「Currency」を指定すると「¥」やけた区切りなどの通貨に関する書式、「Percent」を指定するとパーセント表示による書式に変換されます。

次のページに続く▶

●引数「Format」に指定できる主な定義済み書式

定義済み書式	内容	使用例
General Number	指定した数値を1000単位の区切り記号を付けずに返す	Format(10000, "General Number") →"10000"
Currency	通貨記号、小数点以下の桁数、1000単位の区切り記号などを、[形式のカスタマイズ] ダイアログボックスの [通貨] タブで設定されている書式で返す	Format(10000,"Currency") →"¥10,000"
Fixed	整数部を最低1桁、小数部を最低2桁表示する形式で返す。1000単位の区切り記号は付かない	Format(1234.567,"Fixed") →"1234.57"
Standard	整数部を最低1桁、小数部を最低2桁表示する形式で返す。1000単位の区切り記号が付く	Format(1234.567, "Standard") →"1,234.57"
Percent	指定した数値を100倍して、小数部を常に2桁表示する形式で返す。パーセント記号 (%) が右側に付く	Format(0.123456, "Percent") →"12.35%"
General Date	[地域] ダイアログボックスの [形式] タブに設定されている形式で日付/時刻を返す。整数部と小数部の両方を含むシリアル値を指定した場合、日付と時刻の両方を表す文字列に変換する。整数部のみの場合は日付を、小数部のみの場合は時刻を表す文字列に変換する	Format(44880.55, "General Date") →"2022/11/15 13:12:00" Format(44880, "General Date") →"2022/11/15" Format(0.55, "General Date") →"13:12:00"
Long Date	[地域] ダイアログボックスの [形式] タブの [時刻 (長い形式)] に指定された表示形式で日付を返す	Format(44880, "Long Date") →"2022年11月15日"
Short Date	[地域] ダイアログボックスの [形式] タブで [日付 (短い形式)] に指定された表示形式で日付を返す	Format(44880, "Short Date") →"2022/11/15"
Medium Date	簡略形式で表した日付を返す	Format(44880, "Medium Date") →"22-11-15"
Long Time	[地域] ダイアログボックスの [形式] タブの [時刻 (長い形式)] に設定されている形式で返す	Format(0.55, "Long Time") →"13:12:00"
Medium Time	時間と分を、12時制で表した時刻を返す。同時に [形式のカスタマイズ] ダイアログボックスの [時刻] タブで設定されている形式で、午前(AM)、午後(PM) も表示する	Format(0.55, "Medium Time") →"01:12 午後"
Short Time	[地域] ダイアログボックスの [形式] タブの [時刻 (短い形式)] に設定されている形式で返す	Format(0.55, "Short Time") →"13:12"

- [地域] ダイアログボックスを表示するには、コントロールパネルを表示して、コントロールパネルの表示方法が [カテゴリ] の場合は [日付、時刻、数値形式の変更]、表示方法が [大きいアイコン] または [小さいアイコン] の場合は [地域] をクリックしてください。コントロールパネルを表示するには、Windows 11では[スタート] - [すべてのアプリ] - [Windows ツール] - [コントロール パネル] をダブルクリック、Windows 10では[スタート] - [Windows システム ツール] - [コントロール パネル] をクリックしてください。
- [形式のカスタマイズ]ダイアログボックスを表示するには、上記の手順で[地域]ダイアログボックスを表示して、[追加の設定]ボタンをクリックしてください。

関連ワザ 147 セルの表示形式を変更する………P.198
関連ワザ 638 文字の種類を変換する………P.800

ワザ 640 アルファベットの大文字と小文字を変換する

難易度 ●○○ ｜ 頻出度 ●●○ ｜ 対応Ver. 365 2021 2019 2016

アルファベットの大文字と小文字を変換してメッセージで表示します。大文字と小文字が混じっているアルファベットをすべて小文字に変換するにはLCase関数、すべて大文字に変換するにはUCase関数を使用します。大文字と小文字が不ぞろいになっているデータをどちらかに統一するときに利用するといいでしょう。

Microsoft Excel

元の文字列：ExcelVBA
小文字に変換：excelvba
大文字に変換：EXCELVBA

OK

大文字と小文字にデータをそろえて、メッセージで表示する

入力例

640.xlsm

```
Sub アルファベット大文字小文字変換()
    Dim myString As String
    myString = "ExcelVBA"
    MsgBox "元の文字列:" & myString & vbCrLf & _
           "小文字に変換:" & LCase(myString) & vbCrLf & _  ←1
           "大文字に変換:" & UCase(myString)  ←2
End Sub
```

1変数「myString」に代入されている文字列を、すべて小文字に変換する　2変数「myString」に代入されている文字列を、すべて大文字に変換する

ポイント

構文　LCase(String)

- LCase関数は、引数「String」に指定されたアルファベット内の大文字を小文字に変換します。
- LCase関数は大文字だけを操作し、小文字には影響を与えません。

構文　UCase(String)

- UCase関数は、引数「String」に指定されたアルファベット内の小文字を大文字に変換します。
- UCase関数は小文字だけを操作し、大文字には影響を与えません。
- LCase関数とUCase関数は、半角文字と全角文字を区別しません。

関連ワザ 638 文字の種類を変換する………P.800

ワザ **641**

文字列の先頭と末尾にある空白文字を削除する

難易度 ●○○ ｜ 頻出度 ●●● ｜ 対応Ver. 365 2021 2019 2016

文字列内の先頭と末尾にある空白文字（スペース）を削除するには、LTrim関数やRTrim関数、Trim関数を使用します。ここでは、先頭と末尾に半角の空白文字と全角の空白文字が混在して含まれている文字列から空白文字を削除して、その結果をメッセージで表示します。空白文字が削除されたことが確認できるように、[]で囲んで表示します。

文字列から、先頭と末尾にある半角と全角の空白文字を削除し、その結果をメッセージで表示する

入力例　641.xlsm

```
Sub 空白削除()
    Dim myString As String
    myString = "  Excel  " ←1
    MsgBox "元の文字列:[" & myString & "]" & vbCrLf & _
           "先頭を削除:[" & LTrim(myString) & "]" & vbCrLf & _ ←2
           "末尾を削除:[" & RTrim(myString) & "]" & vbCrLf & _ ←3
           "先末を削除:[" & Trim(myString) & "]" ←4
End Sub
```

1 変数「myString」に、半角の空白文字と全角の空白文字を含む「　 Excel 　」という文字列を代入する　2 変数「myString」に代入した文字列の先頭から空白文字を削除する　3 変数「myString」に代入した文字列の末尾から空白文字を削除する　4 変数「myString」に代入した文字列の先頭と末尾から空白文字を削除する

ポイント

構文 `LTrim(String)`

- LTrim関数は、引数「String」に指定された文字列内の先頭の空白文字を削除します。

構文 `RTrim(String)`

- RTrim関数は、引数「String」に指定された文字列内の末尾の空白文字を削除します。

構文 `Trim(String)`

- Trim関数は、引数「String」に指定された文字列内の先頭と末尾の空白文字を削除します。
- LTrim関数、RTrim関数、Trim関数は、いずれも半角と全角の空白文字を削除できます。
- LTrim関数、RTrim関数、Trim関数では、文字列の中にある空白文字を削除できません。文字列の中にある空白文字を削除する方法については、ワザ642を参照してください。

関連ワザ 356 セル内の空白文字を改行に置換する………P.446
関連ワザ 642 文字列の中にある空白文字を削除する………P.805

ワザ 642 文字列の中にある空白文字を削除する

難易度 ●○○ | 頻出度 ●●● | 対応Ver. 365 2021 2019 2016

文字列の中にある空白文字（スペース）を削除するには、Replace関数を使用します。Replace関数は、特定の文字列を検索して、ほかの文字列に置換する関数です。この機能を使用して、文字列内の空白文字を検索して、「""」（長さ0の文字列）に置換することで、文字列の中の空白文字を削除します。ここでは、文字列の中にあるすべての半角の空白文字を削除して、その結果をメッセージで表示します。

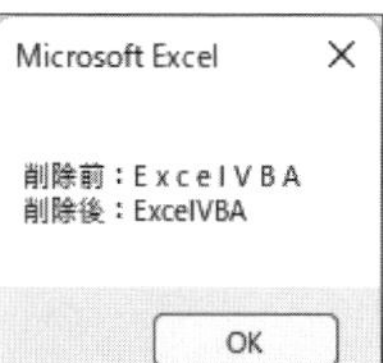

文字列の中にあるすべての半角の空白文字を削除して、その結果をメッセージで表示する

入力例　642.xlsm

```
Sub 文字列内の空白文字削除()
  Dim myString As String
  myString = "E x c e l V B A" ←1
  MsgBox "削除前:" & myString & vbCrLf & "削除後:" & Replace(myString, " ", "") ←2
End Sub
```

1変数「myString」に、文字間に半角の空白文字が挿入されている「E x c e l V B A」という文字列を代入する
2変数「myString」に代入した文字列内の半角の空白文字をすべて削除して、メッセージで表示する

ポイント

構文 Replace(Expression, Find, Replace)

- Replace関数は、引数「Expression」に指定された文字列内で引数「Find」に指定された文字列を検索し、見つかった文字列を引数「Replace」に指定された文字列に置換します。
- 各引数に「""」（長さ0の文字列）が指定された場合は、次のような文字列が返されます。

●Replace関数が返す文字列

引数の設定	Replace関数が返す文字列
引数「Expression」が「""」（長さ0の文字列）のとき	「""」（長さ0の文字列）
引数「Find」が「""」（長さ0の文字列）のとき	引数「Expression」に指定した文字列
引数「Replace」が「""」（長さ0の文字列）のとき	引数「Expression」に指定した文字列から引数「Find」に指定した文字列が削除された文字列

関連ワザ 356 セル内の空白文字を改行に置換する………P.446
関連ワザ 641 文字列の先頭と末尾にある空白文字を削除する………P.804

ワザ 643 セル内の改行文字を削除する

難易度 ●●○ | 頻出度 ●○○ | 対応Ver. 365 2021 2019 2016

セル内で[Alt]+[Enter]キーを押すとセルの中で改行できますが、入力された改行文字を削除するには「セルを編集できる状態にしてから改行位置までカーソルを移動して[Delete]キーを押す」といった手間がかかって面倒です。そのようなとき、Replace関数を使用して改行文字を「""」（長さ0の文字列）に置換すれば、簡単に改行文字を削除できます。このワザでは、選択したセル範囲に入力されている改行文字をすべて削除します。

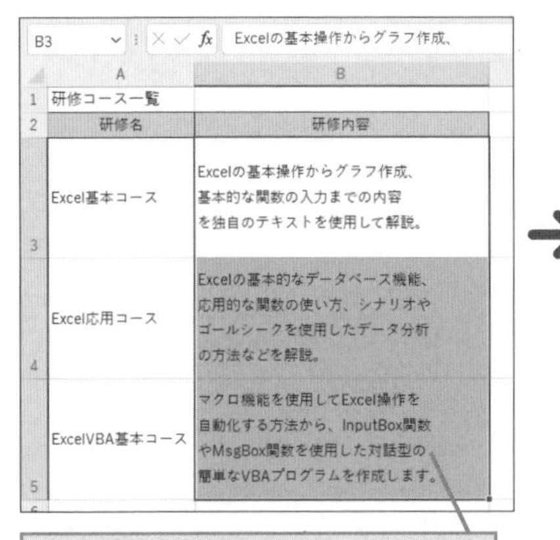

セル内の改行文字を削除したいセル範囲を選択してプロシージャーを実行する

選択したセル範囲に入力されているセル内の改行文字がすべて削除される

入力例　643.xlsm

```
Sub 改行文字削除()
    Dim objRange As Range, objCurRange As Range
    Set objRange = Selection  ←1
    For Each objCurRange In objRange  ←2
        objCurRange.Value = Replace(objCurRange.Value, vbLf, "")  ←3
    Next objCurRange
End Sub
```

1 選択されているセル範囲を変数「objRange」に代入する　2 変数「objRange」に代入したセル範囲のすべてのセルを1つ1つ変数「objCurRange」に代入して参照する　3 変数「objCurRange」に代入したセルに入力されているvbLf（ラインフィード文字）を「""」（長さ0の文字列）に置換して、セルのデータを上書きする

ポイント

- 選択されているセル範囲はSelectionプロパティで取得できます。
- セル内で[Alt]+[Enter]キーを押して改行したとき、入力される文字はvbLf（ラインフィード文字）です。この文字をReplace関数を使用して「""」（長さ0の文字列）に置換し、改行文字を削除しています。

関連ワザ 307 テキストファイルに文字列と改行文字を書き込む………P.384
関連ワザ 636 改行文字を使用する………P.798
関連ワザ 642 文字列の中にある空白文字を削除する………P.805

ワザ 644 固定長フィールド形式のファイルを作成する

難易度 ●●○ | 頻出度 ●●○ | 対応Ver. 365 2021 2019 2016

セルに入力されている文字列を、文字数が15文字になるように半角の空白文字（スペース）を追加しながらテキストファイルに書き込んで、固定長フィールド形式のファイルを作成します。半角の空白文字を追加するにはSpace関数を使用します。各文字列に追加する半角の空白文字の数は、そろえたい文字数である「15」から、Len関数で調べた文字列の長さを引いて算出しています。

セルの文字列をテキストファイルに書き込む

文字数を15文字にそろえた固定長フィールド形式のファイルが作成される

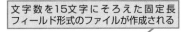

商品マスタ.txt - メモ帳
ファイル(F) 編集(E) 書式(O) 表示(V) ヘルプ
Excel
Word
PowerPoint
Access

入力例  644.xlsm

```
Sub 固定長ファイル作成()
    Dim myCount As Integer, i As Integer, myFileNo As Integer
    myFileNo = FreeFile ←1
    Open "C:¥データ¥商品マスタ.txt" For Append As #myFileNo ←2
    For i = 2 To 5
        myCount = 15 - Len(Cells(i, 1).Value) ←3
        Print #myFileNo, Cells(i, 1).Value & Space(myCount) ←4
    Next i
    Close #myFileNo ←5
End Sub
```

1使用可能なファイル番号を取得して、変数「myFileNo」に代入する 2Cドライブ内の[データ] フォルダーに[商品マスタ.txt] を作成し、パソコン内部に追加モードで開く。ファイル番号として変数「FileNo」に代入した値を指定する 3変数「myCount」に、15からi行1列目のセルの文字列の長さを引いた値を代入する 4i行1列目のセルの文字列に変数「myCount」に代入した数値分だけ半角の空白文字を追加して、[商品マスタ.txt] に書き込む 5ファイルを閉じる

ポイント

構文 Space(Number)

- Space関数は、引数「Number」に指定された数の半角の空白文字からなる文字列を返します。
- Space関数は、固定長文字列としてデータの文字数を整えるために半角の空白文字を追加する場合などに使用すると便利です。

関連ワザ 271 ワークシートの内容を行単位でテキストファイルに書き込む………P.340
関連ワザ 635 文字列の長さを調べる………P.797

ワザ 645 2つの文字列を比較する

難易度 ●○○ ｜ 頻出度 ●●○ ｜ 対応Ver. 365 2021 2019 2016

2つの文字列を比較するには、StrComp関数を使用します。ここでは、「ExcelVBA」と「excelvba」をバイナリモードとテキストモードで比較して、その結果をメッセージで表示します。バイナリモードでは大文字と小文字を区別するため、2つの文字列が等しくないことを表す「-1」が表示されます。テキストモードでは大文字と小文字を区別しないため、2つの文字列が等しいことを表す「0」が表示されます。

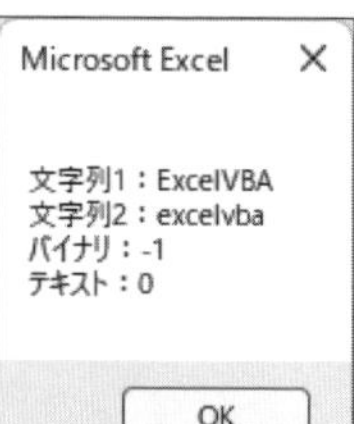

「ExcelVBA」と「excelvba」をバイナリモードとテキストモードで比較して、その結果をメッセージで表示する

入力例 645.xlsm

```
Sub 文字列比較()
  Dim myString1 As String, myString2 As String
  myString1 = "ExcelVBA"
  myString2 = "excelvba"
  MsgBox "文字列1:" & myString1 & vbCrLf & "文字列2:" & myString2 & vbCrLf & _
    "バイナリ:" & StrComp(myString1, myString2, vbBinaryCompare) & vbCrLf & _  ←1
    "テキスト:" & StrComp(myString1, myString2, vbTextCompare)  ←2
End Sub
```

1 変数「myString1」と変数「myString2」に代入した文字列をバイナリモードで比較する 2 変数「myString1」と変数「myString2」に代入した文字列をテキストモードで比較する

ポイント

構文 `StrComp(String1, String2, Compare)`

- StrComp関数は、引数「String1」と引数「String2」に指定された2つの文字列を、引数「Compare」に指定された比較モードで比較し、引数「String1」と引数「String2」が等しい場合に「0」、等しくない場合に「1」または「-1」を返します。
- 引数「Compare」に「vbBinaryCompare」を指定した場合はバイナリモード、「vbTextCompare」を指定した場合はテキストモードで文字列を比較します。省略した場合は「vbBinaryCompare」が指定されます。OptionCompareステートメントの設定がある場合は、その設定に従います。
- バイナリモードは「大文字と小文字」「全角文字と半角文字」「ひらがなとカタカナ」を区別しますが、テキストモードはそれらを区別しません。より厳密に文字列を比較したい場合にはバイナリモードを指定します。

関連ワザ 048 2つの値を比較する………P.90
関連ワザ 050 あいまいな条件で比較する………P.92

ワザ 646 文字列を検索する

難易度 ●●○ | 頻出度 ●●● | 対応Ver. 365 2021 2019 2016

「-」で区切られた3つの部分で構成される商品コードから左側部分と右側部分を取り出して、メッセージで表示します。左側部分はLeft関数を使用して取り出します。取り出す文字数は、InStr関数を使用して商品コードの先頭から「-」の位置を調べ、その位置から「1」を引いて算出しています。右側部分はRight関数を使用して取り出します。取り出す文字数は、InStrRev関数を使用して商品コードの末尾から「-」の位置を調べ、Len関数で調べた商品コードの総文字数から「-」の位置を引いて算出しています。

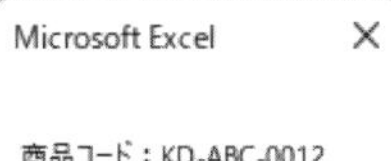

商品コード左側と右側を取り出し、メッセージで表示する

入力例 646.xlsm

```
Sub 文字列検索()
    Dim myString As String
    myString = "KD-ABC-0012"
    MsgBox "商品コード:" & myString & vbCrLf & _
      "左側部分:" & Left(myString, InStr(myString, "-") - 1) & vbCrLf & _  ←1
      "右側部分:" & Right(myString, Len(myString) - InStrRev(myString, "-"))  ←2
End Sub
```

1変数「myString」の先頭から「-」を検索して、最初に見つかった「-」の位置より1文字前までの文字列を左側から取り出す　2変数「myString」の末尾から「-」を検索して、最初に見つかった「-」の位置を総文字数から引いた文字数分の文字列を右側から取り出す

ポイント

構文 `InStr(Start, String1, String2, Compare)`

- InStr関数は、引数「String1」に指定した文字列の中から引数「String2」に指定した文字を検索して、最初に見つかった文字位置（文字列の先頭からの文字位置）を返します。引数「String2」が見つからないときは「0」を返します。
- 検索は、引数「Start」に指定した文字位置から文字列の末尾に向かって検索されます。引数「Start」の指定を省略した場合は、文字列の先頭から検索されます。
- 引数「Compare」に「vbBinaryCompare」を指定した場合はバイナリモード、「vbTextCompare」を指定した場合はテキストモードで文字列を比較します。省略した場合は「vbBinaryCompare」が指定されます。OptionCompareステートメントの設定がある場合はその設定に従います。比較モードについては、ワザ645を参照してください。
- 引数「Compare」を指定した場合、引数「Start」も指定する必要があります。

関連ワザ 635 文字列の長さを調べる………P.797

ワザ 647 ファイルパスからファイル名を取り出す

難易度 ●●○ | 頻出度 ●●○ | 対応Ver. 365 2021 2019 2016

ファイルパスからファイル名を取り出すには、ファイルパス内の最後の「¥」より右側の内容を取り出します。InStrRev関数を使用して最後の「¥」の文字位置を調べ、ファイルパスの総文字数から、その文字位置の数値を引いた数だけ右側から文字列を取得することで、ファイル名を取り出せます。

ファイルパスからファイル名を取り出してメッセージで表示する

入力例

647.xlsm

```
Sub ファイル名取得()
    Dim myPathStr As String
    myPathStr = "C:¥データ¥商品マスタ.txt"
    MsgBox Right(myPathStr, Len(myPathStr) - InStrRev(myPathStr, "¥"))  ←1
End Sub
```

1 変数「myPathStr」の末尾から「¥」を検索して、最初に見つかった「¥」の位置を総文字数から引いた文字数分の文字列を右側から取り出してメッセージで表示する

ポイント

構文 `InStrRev(StringCheck, StringMatch, Start, Compare)`

- InStrRev関数は、引数「StringCheck」に指定した文字列の中から引数「StringMatch」に指定した文字を検索して、最初に見つかった文字位置(文字列の先頭からの文字位置)を返します。引数「StringMatch」が見つからないときは「0」を返します。
- 検索は、引数「Start」に指定した文字位置から文字列の先頭に向かって検索されます。引数「Start」の指定を省略した場合は、文字列の末尾から検索されます。
- 引数「Compare」に「vbBinaryCompare」を指定した場合はバイナリモード、「vbTextCompare」を指定した場合はテキストモードで文字列を比較します。省略した場合は、「vbBinaryCompare」が指定されます。OptionCompareステートメントの設定がある場合はその設定に従います。比較モードについては、ワザ645を参照してください。
- 引数「Compare」を指定した場合、引数「Start」も指定する必要があります。

関連ワザ 272 ファイル名を変更して別のフォルダーにコピーする………P.341
関連ワザ 634 文字列の一部分を取り出して表示する………P.796
関連ワザ 635 文字列の長さを調べる………P.797
関連ワザ 645 2つの文字列を比較する………P.808

ワザ 648 文字列を長整数型のデータに変換する

難易度 ●○○ ｜ 頻出度 ●●● ｜ 対応Ver. 365 2021 2019 2016

数字を表す文字列を数値として扱いたい場合は、CLng関数を使用して長整数型（Long）のデータに変換します。ここでは、「2.5」という文字列を長整数型のデータに変換して、その結果をメッセージで表示します。小数部分が「0.5」なので、一番近い偶数「2」に丸められます。

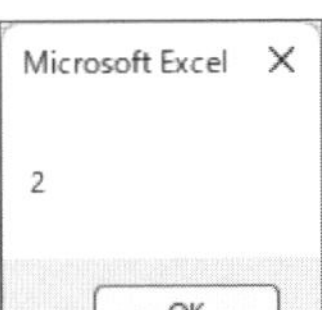

「2.5」という文字列を長整数型のデータに変換して、その結果をメッセージで表示する

入力例　648.xlsm

```
Sub 長整数型データ変換()
    Dim myString As String, myLong As Long
    myString = "2.5"
    myLong = CLng(myString)  ←1
    MsgBox myLong
End Sub
```

1 文字列型の変数「myString」に代入されている「2.5」という文字列を長整数型のデータに変換して、長整数型の変数「myLong」に代入する

ポイント

構文 `CLng(Expression)`

- CLng関数は、引数「Expression」に指定されたデータを長整数型のデータに変換します。「￥20,000」といった数値と見なせる文字列も長整数型のデータに変換できます。
- 指定したデータに小数が含まれている場合は、整数に丸められます。小数部分が「0.5」の場合は、一番近い偶数に丸められます。従って、「2.5」は「2」、「-1.5」は「-2」に丸められます。
- 引数「Expression」に数値と見なされない文字列を指定した場合、エラーが発生します。

関連ワザ 638 文字の種類を変換する………P.800
関連ワザ 639 データの表示書式を変換する………P.801
関連ワザ 649 文字列を数値に変換する………P.812
関連ワザ 650 文字列を日付型のデータに変換する………P.813
関連ワザ 651 データ型を変換する関数を活用する………P.814

ワザ 649 文字列を数値に変換する

難易度 ●○○ | 頻出度 ●●● | 対応Ver. 365 2021 2019 2016

数値に「円」や「kg」といった単位を表す文字列が付加されていると、その数値は文字列として認識されます。このような文字列を数値に変換するときに便利な関数がVal関数です。Val関数は文字列を数値に変換する関数で、文字列の左端から数字を見つけて数値に変換していく点に特徴があります。ここでは、「100円」という文字列を「100」という数値に変換してメッセージで表示しています。

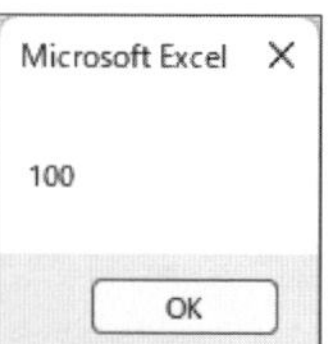

「100円」という文字列を「100」という数値に変換してメッセージを表示する

入力例　649.xlsm

```
Sub Val関数で数値変換()
    MsgBox Val("100円")  ←1
End Sub
```

1「100円」という文字列を数値に変換してメッセージで表示する

ポイント

構文 `Val(String)`

- Val関数は、引数「String」に指定された文字列の左端から数字を数値に変換していき、数字以外の文字が見つかった時点で変換を終了して、変換した数値を返します。
- 数値に変換された内容がなかった場合は「0」を返します。
- 全角の数字は数値に変換されません。

●Val関数の変換例

Val関数の記述	変換結果	説明
Val("12 34 56")	123456	空白文字（スペース）は無視される
Val("123,456")	123	「,」は数字の記号として認識されない
Val("123.456")	123.456	「.」は数字の記号として認識される
Val("¥3,980")	0	「¥」は数字の記号として認識されない （1文字目で変換が終了するので何も変換されない）
Val("１２３４５６")	0	全角数字は数字として認識されない
Val("2022/12/25")	2022	最初の「/」で変換が終了する
Val("午前10時")	0	1文字目が数字以外なので何も変換されない

関連ワザ 648 文字列を長整数型のデータに変換する………P.811
関連ワザ 650 文字列を日付型のデータに変換する………P.813
関連ワザ 651 データ型を変換する関数を活用する………P.814

ワザ 650 文字列を日付型のデータに変換する

難易度 ●○○ | 頻出度 ●●○ | 対応Ver. 365 2021 2019 2016

日付を表す文字列を日付として扱いたい場合は、CDate関数を使用して日付型（Date）のデータに変換します。日付型のデータに変換することで、日付計算が可能になります。ここでは、「令和４年５月２０日」という文字列を日付型のデータに変換して、その結果をメッセージで表示します。

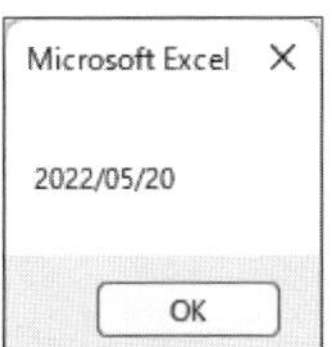

「令和４年５月２０日」という文字列を日付型のデータに変換して、その結果をメッセージで表示する

入力例　650.xlsm

```
Sub 日付型データ変換()
    Dim myString As String, myDate As Date
    myString = "令和4年5月20日"
    myDate = CDate(myString)  ←1
    MsgBox myDate
End Sub
```

1 文字列型の変数「myString」に代入されている「令和４年５月２０日」という文字列を日付型のデータに変換して、日付型の変数「myDate」に代入する

ポイント

構文　CDate(Expression)

- CDate関数は、引数「Expression」に指定されたデータを日付型のデータに変換します。「令和4年5月20日」といった日付を表す文字列も日付型のデータに変換できます。
- 「令和4年5月20日金曜日」のような曜日を含んだ文字列や、「令和4年」のような西暦だけを表す文字列は変換できずにエラーが発生します。
- 指定したデータが数値の場合、その数値はシリアル値として見なされ、整数部分が日付、小数部分が時刻に変換されます。

関連ワザ 632 文字列を日付データに変換する………P.794
関連ワザ 633 文字列を時刻データに変換する………P.795
関連ワザ 648 文字列を長整数型のデータに変換する………P.811
関連ワザ 649 文字列を数値に変換する………P.812
関連ワザ 651 データ型を変換する関数を活用する………P.814

ワザ 651

データ型を変換する関数を活用する

難易度 ●○○ | 頻出度 ●●○ | 対応Ver. 365 2021 2019 2016

データ型を変換する関数は、ワザ648とワザ650で紹介したCLng関数、CDate関数のほかに9種類あります。データ型変換関数は、演算処理が同じデータ型のデータによる演算になるように、データ型をそろえる場合などに利用します。いずれの関数も、変換したいデータを引数「Expression」に指定します。変換後の値が変換したデータ型の範囲を超える場合、エラーが発生するので注意しましょう。

関数名	変換後のデータ型	主な変換内容	使用例
CByte	バイト型 (Byte)	数値や文字列をバイト型の値に変換する。小数を含む数値は、整数に丸められる。小数部分が「0.5」の場合は、一番近い偶数に丸められる	CByte("13.5") → 14 CByte("42.5") → 42
CBool	ブール型 (Boolean)	数値や文字列をブール型に変換して、「True」または「False」を返す。数値の場合、「0」のときは「False」、それ以外のときは「True」を返す。文字列の場合、「True」、「False」以外の値を指定するとエラーが発生する	CBool(0) → False CBool(2) → True CBool("True") → True CBool("VBA") → エラー
CInt	整数型 (Integer)	数値や文字列を整数型の値に変換する。小数を含む数値は、整数に丸められる。小数部分が「0.5」の場合は、一番近い偶数に丸められる	CInt(1.5) → 2 CInt(8.5) → 8
CSng	単精度浮動小数点数型 (Single)	数値や文字列を単精度浮動小数点数型の値に変換する	CSng(65 / 3) →21.66667
CDbl	倍精度浮動小数点数型 (Double)	数値や文字列を倍精度浮動小数点数型の値に変換する	CDbl(65 / 3) →21.6666666666667
CCur	通貨型 (Currency)	数値や文字列を通貨型の値に変換する。整数部が15けた、小数部分が4けたの固定小数点数になる	CCur(123.456789) →123.4568
CStr	文字列型 (String)	数値や日付リテラルを文字列型の値に変換する	CStr(55) → 55 CStr(#6/15/2022#) →2022/06/15
CVar	バリアント型 (Variant)	数値や文字列をバリアント型の値に変換する。数値と文字を連結するときなどに利用する	CVar(12 & "00") → 1200
CDec	10進数 (Decimal)	数値や文字列を10進型の値に変換する	CDec("１２３．４５") →123.45

関連ワザ 648 文字列を長整数型のデータに変換する………P.811
関連ワザ 649 文字列を数値に変換する………P.812
関連ワザ 650 文字列を日付型のデータに変換する………P.813

ワザ 652 小数点以下を切り捨てる

難易度 ●○○ ｜ 頻出度 ●●○ ｜ 対応Ver. 365 2021 2019 2016

数値の小数点以下を切り捨てるには、Fix関数、またはInt関数を使用します。正の数の場合、Fix関数、Int関数ともに同じ結果を返しますが、負の数の場合は違う結果を返します。Fix関数が小数点以下が「0」になるように切り捨てるのに対し、Int関数は数値が元の数値より小さくなるように切り捨てます。目的に応じてFix関数とInt関数を使い分けましょう。

Microsoft Excel
-3
OK

変数「myData」の小数点以下を切り捨てて、メッセージを表示する

入力例

652.xlsm

```
Sub 小数点以下切り捨て()
    Dim myData As Single
    myData = -3.7
    MsgBox Fix(myData)  ←1
    MsgBox Int(myData)  ←2
End Sub
```

1変数「myData」に代入されている負の数の小数点以下を切り捨ててメッセージで表示する　2変数「myData」に代入されている負の数以下の最大の整数をメッセージで表示する

ポイント

構文 `Fix(Number)`

構文 `Int(Number)`

- Fix関数とInt関数は、引数「Number」に指定された数値の小数部分を切り捨てて、整数に丸めた数値を返します。
- 小数部分を含む正の数を整数に丸める場合は、Fix関数、Int関数共に、小数点以下を切り捨てた整数を返します
- 小数部分を含む負の数を整数に丸める場合、Fix関数が小数点以下を切り捨てた整数を返すのに対し、Int関数は指定した負の数以下の最大の整数を返します。

関連ワザ 653 数値を四捨五入する………P.816

ワザ

653 数値を四捨五入する

難易度 ●○○ | 頻出度 ●●● | 対応Ver. 365 2021 2019 2016

VBA関数のRound関数を使用すると、小数部分が「5」の場合、一番近い偶数に丸められます。例えば、「Round(24.5)」は「24」を返します。つまり、VBA関数のRound関数は、数値を整数に丸める関数であって、数値を四捨五入する関数ではありません。Excel VBAで数値を四捨五入するには、WorksheetFunctionプロパティを利用して、ワークシート関数のRound関数を使用しましょう。

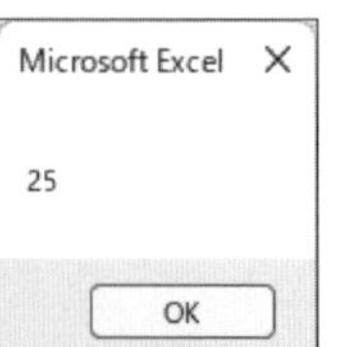

四捨五入した整数を求めて
メッセージを表示する

入力例　653.xlsm

```
Sub 四捨五入()
    Dim myData As Single
    myData = 24.5
    MsgBox Application.WorksheetFunction.Round(myData, 0) ←1
End Sub
```

1 変数「myData」に代入されている数値を四捨五入してメッセージで表示する

ポイント

構文　`Application.WorksheetFunction.Round(Arg1, Arg2)`

- Excel VBAからワークシート関数のRound関数を実行するには、WorksheetFunctionプロパティを使用してRound関数を参照します。WorksheetFunctionプロパティについては、ワザ052を参照してください。
- 引数「Arg1」に四捨五入したい数値データ、引数「Arg2」に四捨五入するけた位置を指定します。
- 引数「Arg2」に正の数を指定すると小数点以下、負の数を指定すると小数点以上（1の位、10の位、……）のけた位置を指定できます。

関連ワザ 052 ワークシート関数のSUM関数、MIN関数、MAX関数をVBAの中で使う………P.94
関連ワザ 053 ワークシート関数のSUMIF関数をVBAで使う………P.95
関連ワザ 652 小数点以下を切り捨てる………P.815

ワザ 654 数値を16進数に変換する

難易度 ●○○ | 頻出度 ●○○ | 対応Ver. 365 2021 2019 2016

日常で数値として使用している10進数を16進数に変換するには、Hex関数を使用します。基数変換などが必要な場合に便利な関数です。ここでは、「10進数による整数」と「小数を含む数値」をHex関数で16進数に変換してメッセージを表示します。小数を含む数値は、その数値に一番近い整数に丸められてから、16進数に変換されます。

Microsoft Excel

816 → 330
12.4 → C

OK

10進数による整数と小数を含む数値をHex関数で16進数に変換してメッセージを表示する

入力例　654.xlsm

```
Sub 数値を16進数に変換()
    Dim myInteger As Integer, mySingle As Single
    myInteger = 816
    mySingle = 12.4
    MsgBox myInteger & " → " & Hex(myInteger) & vbCrLf & _  ←1
            mySingle & " → " & Hex(mySingle)  ←2
End Sub
```

1変数「myInteger」に代入されている数値を16進数に変換する　2変数「mySingle」に代入されている数値は小数を含む数値なので、一番近い整数値に丸められてから16進数に変換される

ポイント

構文 Hex(Number)

- Hex関数は、引数「Number」に指定された数値を16進数に変換します。
- 引数「Number」に指定した数値が小数点を含む場合は、その値に一番近い整数値に丸めてから16進数に変換します。

関連ワザ 649 文字列を数値に変換する………P.812

ワザ 655 数値として扱えるかどうかを調べる

難易度 ●○○ | 頻出度 ●●● | 対応Ver. 365 2021 2019 2016

数値として扱えないデータを使用して計算を実行するとエラーが発生します。エラーを回避するには、計算で使用するデータが数値として扱えるかどうかを事前に調べておくことが大切です。ここでは、セルに入力されているデータが数値として扱えるかどうかを調べて、その結果を右隣の［チェック結果］の列に表示します。数値として扱える場合は「True」、扱えない場合は「False」が表示されます。

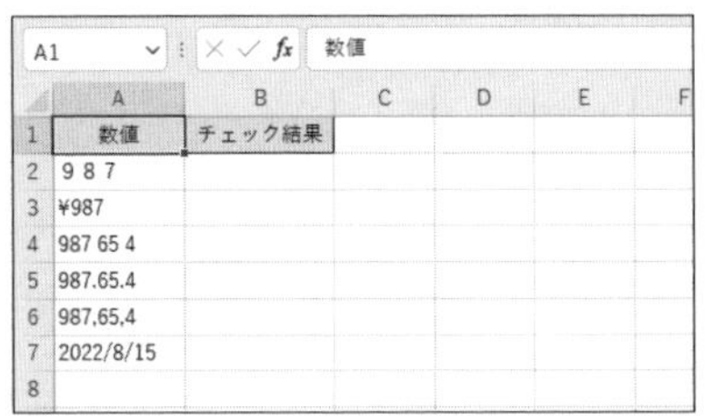

	A	B
1	数値	チェック結果
2	9 8 7	
3	¥987	
4	987 65 4	
5	987.65.4	
6	987,65,4	
7	2022/8/15	

	A	B
1	数値	チェック結果
2	9 8 7	TRUE
3	¥987	TRUE
4	987 65 4	FALSE
5	987.65.4	FALSE
6	987,65,4	TRUE
7	2022/8/15	FALSE

入力例

655.xlsm

```
Sub 数値チェック()
    Dim i As Integer
    For i = 2 To 7 ←1
        Cells(i, 2).Value = IsNumeric(Cells(i, 1).Value) ←2
    Next i
End Sub
```

1変数「i」が「2」から「7」になるまで処理を繰り返し実行する　2i行1列目のセルの値が数値として扱えるかどうかを調べて、i行2列目のセルにその結果を表示する

ポイント

構文 IsNumeric(Expression)

- IsNumeric関数は、引数「Expression」に指定されたデータが、数値として扱える場合に「True」、扱えない場合に「False」を返します。
- 空白文字（スペース）や「.」が含まれているデータ、日付や時刻データは数値として扱えません。
- 数値計算を実行するとき、IfステートメントとIsNumeric関数を使用して、データが数値の場合だけ数値計算を実行するコードを作成するといいでしょう。Ifステートメントの条件式で、IsNumeric関数を使用してデータが数値かどうかを調べ、IsNumeric関数の戻り値が「True」の場合だけ数値計算を実行します。

関連ワザ 648 文字列を長整数型のデータに変換する………P.811
関連ワザ 649 文字列を数値に変換する………P.812
関連ワザ 651 データ型を変換する関数を活用する………P.814
関連ワザ 656 日付や時刻として扱えるかどうかを調べる………P.819
関連ワザ 657 配列かどうかを調べる………P.820

ワザ 656 日付や時刻として扱えるかどうかを調べる

難易度 ●○○ | 頻出度 ●●○ | 対応Ver. 365 2021 2019 2016

日付として扱えないデータを使用して日付計算を実行するとエラーが発生します。エラーを回避するには、計算で使用するデータが日付として扱えるかどうかを事前に調べておくことが大切です。ここでは、セルに入力されているデータが日付として扱えるかどうかを調べて、その結果を右隣の「チェック結果」の列に表示します。日付として扱える場合は「True」、扱えない場合は「False」が表示されます。

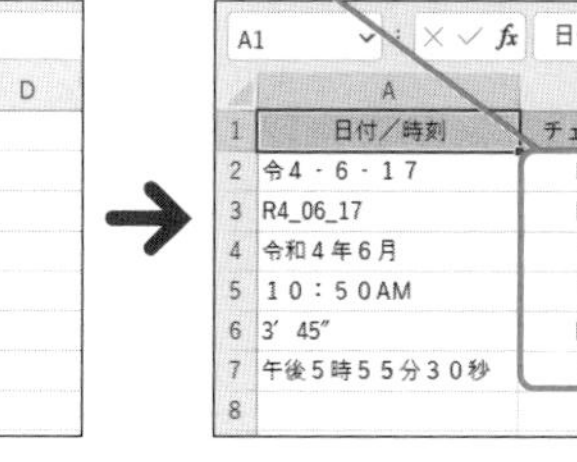

	A	B	C	D
1	日付／時刻	チェック結果		
2	令4・6・17			
3	R4_06_17			
4	令和4年6月			
5	10：50AM			
6	3′ 45″			
7	午後5時55分30秒			
8				

→

	A	B	C	D
1	日付／時刻	チェック結果		
2	令4・6・17	FALSE		
3	R4_06_17	FALSE		
4	令和4年6月	TRUE		
5	10：50AM	TRUE		
6	3′ 45″	FALSE		
7	午後5時55分30秒	TRUE		
8				

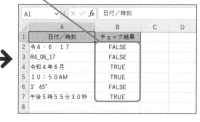

入力例

656.xlsm

```
Sub 日付時刻チェック()
    Dim i As Integer
    For i = 2 To 7 ←1
        Cells(i, 2).Value = IsDate(Cells(i, 1).Value) ←2
    Next i
End Sub
```

1変数「i」が「2」から「7」になるまで処理を繰り返し実行する　2i行1列目のセルの値が日付として扱えるかどうかを調べて、i行2列目のセルにその結果を表示する

ポイント

構文 IsDate(Expression)

- IsDate関数は、引数「Expression」に指定されたデータが、日付や時刻として扱える場合に「True」、扱えない場合に「False」を返します。
- 日付として扱えるデータ範囲は、西暦100年1月1日～西暦9999年12月31日です。
- 日付計算を実行するとき、IfステートメントとIsDate関数を使用して、データが日付の場合だけ日付計算を実行するコードを作成するといいでしょう。Ifステートメントの条件式で、IsDate関数を使用してデータが日付かどうかを調べ、IsDate関数の戻り値が「True」の場合だけ日付計算を実行します。

関連ワザ 632 文字列を日付データに変換する………P.794
関連ワザ 633 文字列を時刻データに変換する………P.795
関連ワザ 650 文字列を日付型のデータに変換する………P.813
関連ワザ 655 数値として扱えるかどうかを調べる………P.818

ワザ 657 配列かどうかを調べる

難易度 ●○○ | 頻出度 ●●○ | 対応Ver. 365 2021 2019 2016

配列ではない変数に対して配列の操作を実行しようとすると、エラーが発生します。エラーを回避するには、変数が配列かどうかを事前に調べておくことが大切です。ここでは、変数「myData」に代入されたデータの構造が配列かどうかを調べて、その結果をメッセージで表示します。なお、バリアント型（Variant）の変数に複数のセルの値を代入すると、各セルのデータが配列の形で代入されるため、2回目のメッセージでは、配列であることを表す「True」が表示されます。

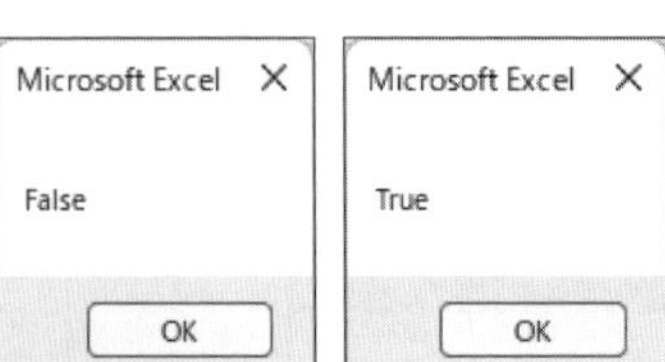

変数「myData」の値が配列かどうかを調べて、その結果をメッセージで表示する

入力例

657.xlsm

```
Sub 配列チェック()
    Dim myData As Variant
    myData = Range("A2").Value
    MsgBox IsArray(myData)  ←1
    myData = Range("A2:A7").Value
    MsgBox IsArray(myData)  ←1
End Sub
```

1 変数「myData」に代入されているデータが配列かどうかを調べて、その結果をメッセージで表示する

ポイント

構文 IsArray(VarName)

- IsArray関数は、引数「VarName」に指定された変数の内容が配列の場合に「True」、配列でない場合に「False」を返します。
- 引数「VarName」に動的配列変数を指定した場合、変数に配列が代入されていない状態でも配列と見なされ、「True」が返されます。

関連ワザ 036 配列変数を使用する………P.77
関連ワザ 655 数値として扱えるかどうかを調べる………P.818
関連ワザ 656 日付や時刻として扱えるかどうかを調べる………P.819
関連ワザ 663 配列の要素を結合する………P.827

ワザ 658 変数に代入されている値がNullかどうかを調べる

難易度 ●○○ | 頻出度 ●●● | 対応Ver. 365 2021 2019 2016

「Null」とは、何もない状態を表す値のことで、Nullが代入されている変数などを参照すると、「Nullの使い方が不正です」という実行時エラーが発生します。このエラーを回避するために、Nullが代入される可能性がある変数については、Nullが代入されているかどうかを事前に調べて、Nullだった場合に「""」(長さ0の文字列)などに置き換えます。ここでは、Nullを代入した変数「myData」を調べることでIsNull関数の機能を確認し、「""」(長さ0の文字列)に置き換えることで、変数「myData」を参照してもエラーが発生しないことを確認しています。

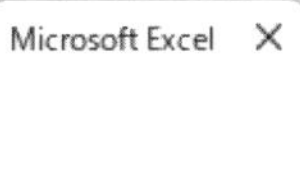

Nullを「""」(長さ0の文字列)に置き換えているので、実行時エラーが発生することなくメッセージが表示される

入力例

658.xlsm

```
Sub Null値チェック()
    Dim myData As Variant
    myData = Null ←1
    If IsNull(myData) = True Then ←2
        myData = ""
    End If
    MsgBox myData
End Sub
```

1バリアント型の変数「myData」にNullを代入する　2変数「myData」がNullかどうかを確認して、Nullだった場合は「""」(長さ0の文字列)を代入して置き換える

ポイント

構文 IsNull(Expression)

- IsNull関数は、引数「Expression」に指定された変数の内容がNullの場合に「True」、Nulではない場合に「False」を返します。
- Accessのテーブルのフィールドの初期値はNullです。したがって、Excel VBAでAccessのデータを扱うときは、IsNull関数でNullのチェックを行い、「""」(長さ0の文字列)の文字列などに置き換えることで実行時エラーを防ぐといいでしょう。

関連ワザ 030 変数を使用する………P.70
関連ワザ 081 中断モードのときに変数、式、プロパティの値を調べる………P.127
関連ワザ 082 中断モードのときにすべての変数の値を調べる………P.129
関連ワザ 083 変数の値の変化を書き出して調べる………P.131
関連ワザ 084 計算結果を簡単に確認する………P.132

ワザ 659 オブジェクトや変数の種類を調べる

難易度 ●○○ | 頻出度 ●●○ | 対応Ver. 365 2021 2019 2016

オブジェクトや変数の種類を調べるには、TypeName関数を使用します。ここでは、3つの変数について、TypeName関数で調べた結果をメッセージで表示します。3つの変数のうち、バリアント型の変数については何も代入していないときと文字列を代入したとき、オブジェクト変数については何も代入していないときとセル（Rangeオブジェクト）を代入したときの種類を調べています。

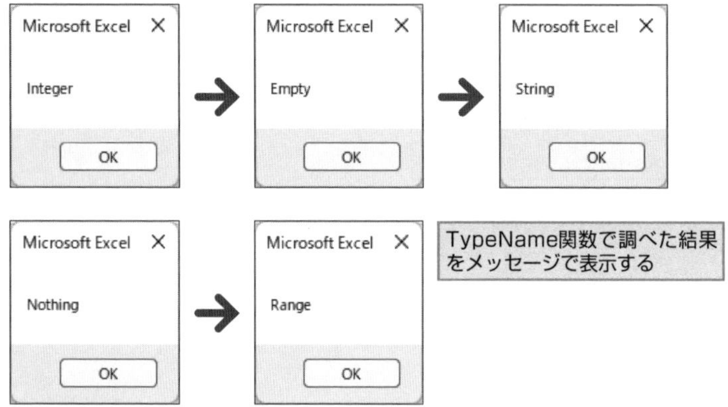

入力例 659.xlsm

```
Sub オブジェクトや変数の種類()
    Dim myInteger As Integer, myVariant As Variant, myObject As Object
    MsgBox TypeName(myInteger) ←1
    MsgBox TypeName(myVariant) ←2
    myVariant = "ExcelVBA"
    MsgBox TypeName(myVariant) ←3
    MsgBox TypeName(myObject) ←4
    Set myObject = Range("A1")
    MsgBox TypeName(myObject) ←5
End Sub
```

1 変数「myInteger」の変数の種類をメッセージで表示する　2 変数「myVariant」はバリアント型なので、何も代入されていないときは「Empty」がメッセージで表示される　3 変数「myVariant」に代入されているデータの種類をメッセージで表示する　4 変数「myObject」はオブジェクト型なので、何も代入されていないときは「Nothing」とメッセージで表示される　5 変数「myObject」に代入されているオブジェクトの種類をメッセージで表示する

ポイント

構文 `TypeName(VarName)`

- TypeName関数は、引数「VarName」に指定されたオブジェクトや変数の種類を表す文字列を返します。この文字列を確認することで、参照しようとしているオブジェクトや変数の種類を確認できます。
- 引数「VarName」にバリアント型の変数を指定した場合、TypeName関数は、変数に代入されているデータやオブジェクトの種類を表す文字列を返します。何も代入されていない場合は「Empty」を返します。
- 引数「VarName」にオブジェクト型の変数を指定した場合、TypeName関数は、変数に代入されているオブジェクトの種類を表す文字列を返します。何も代入されていない場合は「Nothing」を返します。
- 引数「VarName」に配列変数を指定した場合、TypeName関数の戻り値に「()」が付きます。例えば、文字列型の配列変数の場合、TypeName関数は「String()」を返します。
- TypeName関数が返す主な文字列とその内容については、次の表の通りです。

●変数の種類を表す主な文字列

文字列	内容
Integer	整数型（Integer）
Long	長整数型（Long）
Single	単精度浮動小数点数型（Single）
Double	倍精度浮動小数点数型（Double）
Date	日付型（Date）
String	文字列型（String）
Boolean	ブール型（Boolean）
Error	エラー値
Empty	バリアント型変数の初期値
Null	無効な値

●オブジェクトの種類を表す主な文字列

文字列	内容
Workbook	ブック
Worksheet	ワークシート
Range	セル
Chart	グラフ
TextBox	テキストボックス（ActiveXコントロール）
Label	ラベル（ActiveXコントロール）
CommandButton	コマンドボタン（ActiveXコントロール）
Object	オブジェクト
UnKnown	オブジェクトの種類が不明なオブジェクト
Nothing	オブジェクト変数の初期値(何も参照していない状態)

関連ワザ 032 オブジェクト型の変数を使用する………P.73
関連ワザ 081 中断モードのときに変数、式、プロパティの値を調べる………P.127
関連ワザ 082 中断モードのときにすべての変数の値を調べる………P.129
関連ワザ 660 変数の内部処理形式を調べる………P.824

ワザ 660 変数の内部処理形式を調べる

難易度 ●○○ ｜ 頻出度 ●●○ ｜ 対応Ver. 365 2021 2019 2016

バリアント型（Variant）の変数には、すべてのデータ型の値を代入できます。値が代入されると、そのデータ型に合わせて自動的に内部で型変換が実行され、内部処理形式が決定されます。コード上ではバリアント型でも、内部的にデータ型が設定されているわけです。この内部処理形式を調べるには、VarType関数を使用します。

入力例　660.xlsm

```
Sub 変数の内部処理形式()
    Dim myVariant  As Variant, myString As String
    Dim myStringArray() As String, myVariantArray() As Variant
    myVariant = "テスト"
    MsgBox VarType(myVariant)  ←1
    MsgBox VarType(myString)  ←2
    MsgBox VarType(myStringArray)  ←3
    MsgBox VarType(myVariantArray)  ←4
End Sub
```

1変数「myVariant」には文字列「テスト」が代入されているため「8」が表示される　2変数「myString」は文字列型の変数なので「8」が表示される　3変数「myStringArray」は文字列型の配列なので「8(vbString)」+「8192(vbArray)」=「8200」が表示される　4変数「myVariantArray」はバリアント型の配列なので「12(vbVariant)」+「8192(vbArray)」=「8204」が表示される

ポイント

構文　VarType(Varname)

- VarType関数は、引数「Varname」に指定された変数の内部処理形式を表す整数値（VbVarType列挙型の定数の値）を返します。
- 配列の場合、データ型を表す整数値と配列を表す整数値の合計値が返されます。例えば、文字列型の配列では、「8（vbString）」+「8192（vbArray）」=「8200」が返され、バリアント型の配列の場合、代入されたデータの種類にかかわらず常に「12（vbVariant）」+「8192（vbArray）」=「8204」が返されます。

●VarType関数が返す主な整数値とその内容

整数値	VbVarType列挙型の定数	内容
0	vbEmpty	バリアント型変数の初期値
1	vbNull	無効な値
2	vbInteger	整数型（Integer）
3	vbLong	長整数型（Long）
4	vbSingle	単精度浮動小数点数型（Single）
5	vbDouble	倍精度浮動小数点数型（Double）

整数値	VbVarType列挙型の定数	内容
6	vbCurrency	通貨型（Currency）
7	vbDate	日付型（Date）
8	vbString	文字列型（String）
9	vbObject	オブジェクト
10	vbError	エラー値
11	vbBoolean	ブール型（Boolean）
12	vbVariant	バリアント型（Variant）
8192	vbArray	配列

関連ワザ 081 中断モードのときに変数、式、プロパティの値を調べる………P.127
関連ワザ 659 オブジェクトや変数の種類を調べる………P.822

ワザ 661 乱数を発生させる

難易度 ●●○　頻出度 ●●○　対応Ver. 365 2021 2019 2016

乱数とは、ランダムに発生する数値のことです。くじ引きや簡単なシミュレーションなど、偶然にまかせたような規則性のない数値を使用したいときに発生させます。乱数を発生させるには、Rnd関数とRandomizeステートメントを使用します。ここでは、100～150の範囲で5つの乱数を発生させてセルに表示させています。

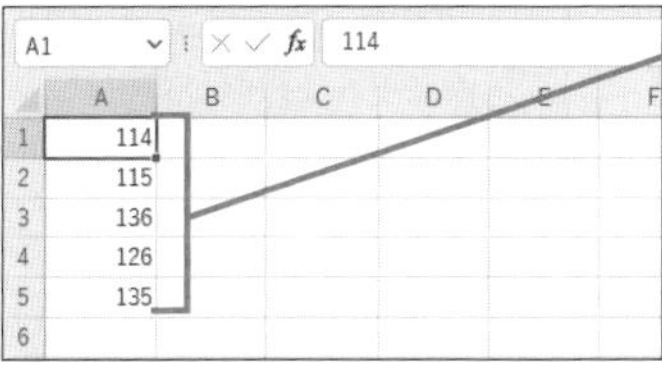

入力例　661.xlsm

```
Sub 乱数生成()
    Dim i As Integer
    Randomize ←1
    For i = 1 To 5 ←2
        Cells(i, 1).Value = Int((150 - 100 + 1) * Rnd + 100) ←3
    Next i
End Sub
```

1乱数系列を初期化する　2変数「i」が「1」から「5」になるまで処理を繰り返し実行する　3i行1列目のセルに100～150の範囲で発生させた乱数を表示する

ポイント

構文 Rnd

- Rnd関数は、0以上1未満の範囲でランダムな数値(乱数)を発生させて、単精度浮動小数点数型(Single)の値で返します。
- Rnd関数が返す乱数の範囲は0以上1未満ですが、「Int((最大値-最小値+1)*Rnd+最小値)」と記述すれば、最大値と最小値の範囲の乱数を発生させることができます。
- 乱数は、乱数系列と呼ばれる規則性のないランダムな数値の並びから発生されます。

構文 Randomize(Number)

- Randomizeステートメントは乱数系列を初期化します。
- 違う乱数を発生させるためには、引数「Number」を省略してRandomizeステートメントを実行してください。
- 引数「Number」に同じ値を指定すると、同じ乱数系列が生成されて、同じ順番で乱数が発生します。

関連ワザ 652 小数点以下を切り捨てる………P.815

VBAの基礎知識
プログラミングの基礎
セルの操作
セルの書式
ワークシートの操作
Excelファイルの操作
高度なファイル操作
ウィンドウの操作
リストのデータ操作
印刷
図形の操作
コントロールの使用
外部アプリケーション
VBA関数
そのほかの操作

ワザ 662 文字列を区切り文字の位置で分割する

難易度 ●●○ | 頻出度 ●●● | 対応Ver. 365 2021 2019 2016

文字列を区切り文字の位置で分割するにはSplit関数を使用します。分割された文字列は1次元配列で返されます。区切り文字「,」などでデータが区切られたCSV形式のテキストファイルを読み込むときに使用すると便利です。ここでは、区切り文字「,」で区切られている文字列をSplit関数で分割し、返された1次元配列の各要素を1つずつメッセージで表示します。

区切り文字の「,」で区切られている文字列を分割して、1つずつメッセージで表示する

入力例 662.xlsm

```
Sub 文字列を区切り文字位置で分割()
    Dim myData As String, i As Integer
    Dim myArray() As String ←1
    myData = "東京,大阪,名古屋"
    myArray() = Split(myData, ",") ←2
    For i = 0 To UBound(myArray()) ←3
        MsgBox myArray(i) ←4
    Next i
End Sub
```

1文字列型の動的配列変数「myArray」を宣言する 2変数「myData」に代入されている文字列を「,」で分割し、その結果として返された1次元配列を動的配列変数「myArray」に代入する 3変数「i」が「0」から動的配列変数「myArray」のインデックス番号の最大値になるまで処理を繰り返し実行する 4動的配列変数「myArray」のi番目の要素をメッセージで表示する

ポイント

構文 `Split(Expression, Delimiter)`

- Split関数は、引数「Expression」に指定された文字列を、引数「Delimiter」に指定された区切り文字の位置で分割して、分割した文字列を格納した1次元配列を返します。
- 引数「Delimiter」を省略した場合は、空白文字（スペース）の位置で文字列が分割されます。
- Split関数が返す配列を、要素数を指定した配列変数に代入することはできません。Split関数が返す配列は、要素数を指定しない動的配列に代入してください。

関連ワザ 040 動的配列を使う………P.81
関連ワザ 041 配列の下限値と上限値を調べる………P.82
関連ワザ 663 配列の要素を結合する………P.827
関連ワザ 664 配列から特定の文字列を含む要素を取り出す………P.828

ワザ 663 配列の要素を結合する

難易度 ○○○ ｜ 頻出度 ○○○ ｜ 対応Ver. 365 2021 2019 2016

配列に代入されている各要素を結合するには、Join関数を使用します。配列の各要素を区切り文字「,」などで結合して、CSV形式のテキストファイルに書き込むときなどに使用すると便利です。ここでは、Join関数を使用して配列変数の各要素を区切り文字「,」で結合し、その結果をメッセージで表示します。

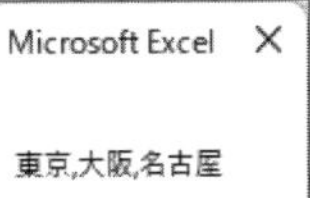

配列変数「myArray」の各要素を区切り文字「,」で結合してメッセージで表示する

入力例

663.xlsm

```
Sub 配列の要素を結合()
    Dim myArray(2) As String  ←1
    Dim myData As String
    myArray(0) = "東京"  ←2
    myArray(1) = "大阪"  ←3
    myArray(2) = "名古屋"  ←4
    myData = Join(myArray, ",")  ←5
    MsgBox myData
End Sub
```

1 3つの要素を持つ文字列型の配列変数「myArray」を宣言する　2 配列変数「myArray」の1つ目の要素に「東京」という文字列を代入する　3 配列変数「myArray」の2つ目の要素に「大阪」という文字列を代入する　4 配列変数「myArray」の3つ目の要素に「名古屋」という文字列を代入する　5 配列変数「myArray」の各要素を「,」で結合して、変数「myData」に代入する

ポイント

構文 `Join(SourceArray, Delimiter)`

- Join関数は、引数「SourceArray」に指定された1次元配列に代入されている各要素を、引数「Delimiter」で指定された区切り文字で結合した文字列を返します。
- 引数「Delimiter」を省略した場合は、半角の空白文字（スペース）で結合されます。
- 引数「SourceArray」に文字列型、またはバリアント型以外の配列変数を指定した場合には、エラーが発生します。

関連ワザ 662 文字列を区切り文字の位置で分割する………P.826
関連ワザ 664 配列から特定の文字列を含む要素を取り出す………P.828

ワザ664 配列から特定の文字列を含む要素を取り出す

難易度 ●●○　頻出度 ●○○　対応Ver. 365 2021 2019 2016

Filter関数を使用すると、配列の中から特定の文字列を含む要素を検索して取り出せます。ここでは、ワークシート上の「氏名リスト」の内容を配列に代入して、その配列の中から「川」を含む要素を検索して取り出します。取り出した要素は、Join関数を使用して「:」で結合し、その結果をメッセージで表示します。

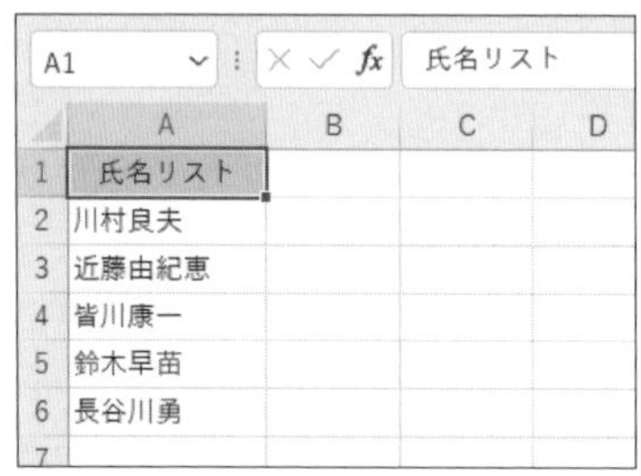

「氏名リスト」から「川」を含む要素を検索して取り出し、結合した結果をメッセージで表示する

Microsoft Excel
川村良夫:皆川康一:長谷川勇
OK

入力例　664.xlsm

```
Sub 特定の文字を含む文字列()
    Dim myArray(4) As String, myData() As String, i As Integer
    For i = 0 To 4  ←1
        myArray(i) = Cells(i + 2, 1).Value  ←2
    Next i
    myData = Filter(myArray, "川")  ←3
    MsgBox Join(myData, ":")  ←4
End Sub
```

1変数「i」が「0」から「4」になるまで処理を繰り返し実行する　2i+2行1列目のセルの内容を、配列変数「myArray」のi番目の要素として代入する　3配列変数「myArray」の要素から「川」を含む要素を取得して、動的配列変数「myData」に代入する　4動的配列変数「myData」の各要素を「:」で結合した結果をメッセージで表示する

ポイント

構文 `Filter(SourceArray, Match, Include)`

- Filter関数は、引数「SourceArray」に指定された配列から引数「Match」に指定された文字列を検索して、その文字列を含む要素を取り出し、配列のデータ構造で返します。
- 引数「Include」に「True」を指定すると、引数「Match」の文字列を含む要素を返し、「False」を指定すると、引数「Match」の文字列を含まない要素を返します。省略した場合は「True」が指定されます。
- 該当する要素がない場合は、空の配列を返します。

関連ワザ 662 文字列を区切り文字の位置で分割する………P.826
関連ワザ 663 配列の要素を結合する………P.827

ワザ665 ユーザー定義関数を作成してオリジナル関数を作成する

難易度 ●●○　頻出度 ●●●　対応Ver. 365 2021 2019 2016

ユーザー定義関数は、Excel VBAで作成できるオリジナル関数です。Excel VBAの制御構文やVBA関数などを使用して自由に処理内容を記述できるため、さまざまな計算処理や文字列操作などを実行できます。業務用のオリジナル関数を作成したり、頻度の高い文字列処理を行う関数を作成したりすることで、データ処理の効率化などに役立ちます。ここでは、実績が入力されているセルの値と目標が入力されているセルの値を比較して、目標以上であれば「達成」という文字列、それ以外の場合は「未達成」という文字列を返すユーザー定義関数「Seiseki」を作成します。

C3　=Seiseki(B3,$C$1)

	A	B	C	D
1	新規獲得実績一覧	目標件数：	20	
2	営業名	獲得件数	達成状況	
3	斉藤重雄	26	達成	
4	清水智子	5	未達成	
5	助川明子	31	達成	
6	立花実	24	達成	
7	友部幾太郎	16	未達成	

目標と実績の値を比較して、実績が目標以上であれば「目標達成」、それ以外であれば「未達成」という文字列を返すユーザー定義関数「Seiseki」を作成する

入力例　665.xlsm

```
Function Seiseki(Result As Integer, Target As Integer) As String ←1
    If Result >= Target Then ←2
        Seiseki = "達成"
    Else ←3
        Seiseki = "未達成"
    End If
End Function
```

1文字列型の結果を返すユーザー定義関数「Seiseki」を定義する。引数として実績データを受け取る整数型の引数「Result」と、目標データを受け取る整数型の引数「Target」を設定する　2引数「Result」で受け取った値が、引数「Target」で受け取った値以上の場合、「達成」をSeiseki関数の戻り値とする　3それ以外の場合、「未達成」をSeiseki関数の戻り値とする

ポイント

構文
```
Function 関数名(引数 As データ型, ……) As 戻り値のデータ型
    処理内容
    関数名 = 処理結果
End Function
```

- ユーザー定義関数は、処理結果を返すFunctionプロシージャーを標準モジュールに記述して作成します。Functionプロシージャーのプロシージャー名がユーザー定義関数の関数名になります。
- プロシージャー内には関数の処理内容を記述し、その処理結果をプロシージャー名である関数名に代入して、ユーザー定義関数の戻り値にします。

次のページに続く▶

- プロシージャー内の処理で使用したいデータは、引数を介して受け取ります。引数を複数指定する場合は、「,」で区切って「引数1 As データ型1,引数2 As データ型2 ,……」という形で記述します。
- ユーザー定義関数の戻り値のデータ型は、引数の後に記述します。
- ユーザー定義関数は、ユーザー定義関数のコードを記述した標準モジュールが保存されているブックを開いているときに使用でき、ワークシート関数と同じようにセルに入力して使用します。
- 他のSubプロシージャーから、戻り値を返すサブルーチンとして呼び出すことも可能です。
- ユーザー定義関数が再計算されるタイミングは、引数の値を直接変更したとき、または引数が参照しているセルの値が変更されたときです。
- 引数が参照しているセル以外のセルが変更されたときにユーザー定義関数の再計算を自動実行したい場合は、ユーザー定義関数の処理内容の冒頭に「Application.Volatile」と記述してください。
- ソースコードのメンテナンスや引き継ぎ時などに備えて、作成したユーザー定義関数の説明をコメントやドキュメントの形で記述しておきましょう。受け取る引数や処理内容、処理結果として返す戻り値について抜け漏れなく簡潔に記述しておくと、作成した内容を手早く確認できるので便利です。

1 標準モジュールにユーザー定義関数を作成する

1 「Function Seiseki(Result As Integer, Target As Integer) As String」と入力

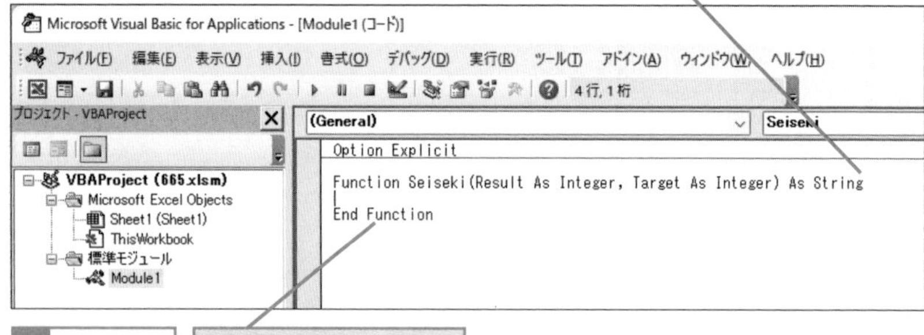

2 Enter キーを押す

自動的に「End Function」と入力された

2 コードを入力する

1 ユーザー定義関数の処理内容を記述する

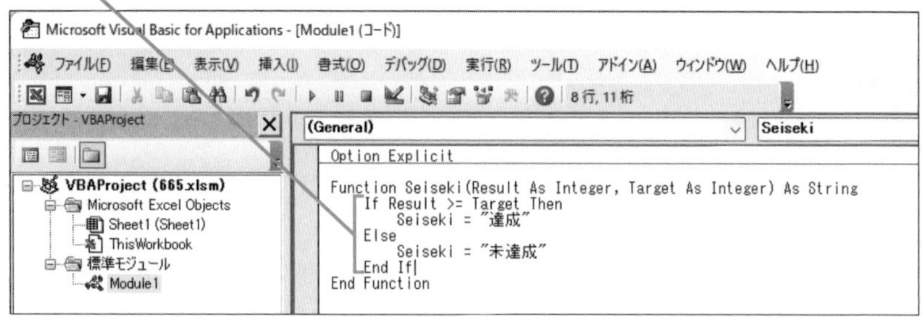

関連ワザ 666 省略可能な引数を持つユーザー定義関数を作成する………P.831
関連ワザ 667 渡されるデータの個数が不定の引数を持つユーザー定義関数を作成する………P.832

ワザ 666 省略可能な引数を持つユーザー定義関数を作成する

難易度 ●●○ ｜ 頻出度 ●●○

このワザではセルの文字列から、指定した文字より左側の文字列を返すユーザー定義関数「GetLeftStr」を作成します。引数として、操作対象の文字列を指定する「myTarget」、取り出し位置となる文字を指定する「myStr」を設定します。引数「myStr」は省略可能とし、省略された場合は全角の空白文字（スペース）を取り出し位置として指定します。

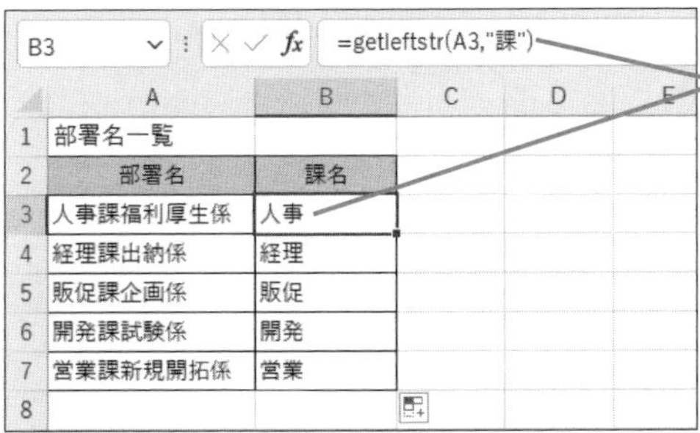

セルの文字列から、指定した文字より左側の文字列を取り出すユーザー定義関数「GetLeftStr」を作成する

入力例　666.xlsm

```
Function GetLeftStr(myTarget As String, Optional myStr As String = "　") As String ←1
    GetLeftStr = Left(myTarget, InStr(myTarget, myStr) - 1) ←2
End Function
```

1文字列型の値を返すユーザー定義関数「GetLeftStr」を定義する。引数として文字列型の「myTarget」と、省略可能で既定値が全角の空白文字である文字列型の「myStr」を定義する　2引数「myTarget」で受け取った文字列の先頭から引数「myStr」で受け取った文字を検索して、最初に見つかった文字位置より1文字前までの文字列を左端から取り出して、GetLeftStr関数の戻り値とする

ポイント

構文
```
Function プロシージャー名(Optional 引数名  As データ型=省略時の値) As 戻り値のデータ型
    (処理内容)
End Function
```

- ユーザー定義関数に省略可能な引数を設定するには、引数名の前にOptionalキーワードを記述します。引数を省略したときの値は、引数のデータ型の記述の後に「=」に続けて記述します。
- Optionalキーワードを付けた引数の後の引数には、すべてOptionalキーワードを付ける必要があります。従って、省略可能な引数の後ろに、省略不可の引数は設定できません。
- ParmArrayキーワードを使用して、配列を受け取る引数を設定した場合、どの引数にもOptionalキーワードは使用できません。ParmArrayキーワードについては、ワザ667を参照してください。

関連ワザ 634 文字列の一部分を取り出して表示する………P.796
関連ワザ 646 文字列を検索する………P.809
関連ワザ 665 ユーザー定義関数を作成してオリジナル関数を作成する………P.829
関連ワザ 667 渡されるデータの個数が不定の引数を持つユーザー定義関数を作成する………P.832

ワザ667 渡されるデータの個数が不定の引数を持つユーザー定義関数を作成する

難易度 ●●●　頻出度 ●●○　対応Ver. 365 2021 2019 2016

引数に指定された複数のセルの値を結合して返すユーザー定義関数「JoinValue」を作成します。引数に指定できるセルの個数を定めずに自由に指定できるようにしたいので、引数にParamArrayキーワードを付けて宣言しています。引数のデータ型はバリアント型になるので、いろいろなデータ型の値を結合できます。

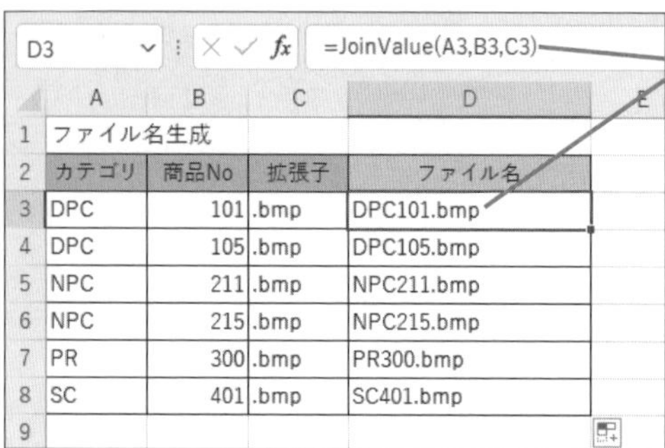

入力例

667.xlsm

```
Function JoinValue(ParamArray myValue()) As Variant  ←1
    Dim i As Integer, myResult As Variant
    For i = 0 To UBound(myValue)  ←2
        myResult = myResult & myValue(i)  ←3
    Next i
    JoinValue = myResult  ←4
End Function
```

1バリアント型の値を返すユーザー定義関数「JoinValue」を定義する。引数としてバリアント型の動的配列変数「myValue」を定義する　2変数「i」が「0」から動的配列変数「myValue」のインデックス番号の最大値になるまで処理を繰り返し実行する　3変数「myResult」と動的配列変数「myValue」のi番目の要素を結合して、変数「myResult」に代入する　4変数「myResult」をJoinValue関数の戻り値とする

ポイント

構文
```
Function プロシージャー名(ParamArray 引数名) As 戻り値のデータ型
    処理内容
End Function
```

- ユーザー定義関数に、渡されるデータの個数が不定の引数を設定するには、引数名の前にParamArrayキーワードを記述します。ParamArrayキーワードを付けた引数は、バリアント型（Variant）の値を代入する省略可能な動的配列変数として扱えます。
- ParamArrayキーワードは、最後の引数に対してのみ設定できます。
- ParamArrayキーワードは、省略可能な引数を設定するOptionalキーワード、値渡しに設定するByValキーワード、参照渡しに設定するByRefキーワードとは一緒に使用できません。

第15章

そのほかの操作

Excel VBAで、ツールバーやリボンを操作したり、Applicationオブジェクトを使用してExcelアプリケーション全体を操作したりするワザを紹介します。そのほか、レジストリの操作やアドインの作成、Win32 API関数、VBScript、Shell32ライブラリ、クラスモジュールを使用した上級テクニックを厳選して紹介しています。

ワザ 668 ユーザー独自のメニューやツールバーを作成するには

難易度 ●●○ | 頻出度 ●●○ | 対応Ver. 365 2021 2019 2016

Excel VBAでは、ユーザー独自のメニューやツールバーを作成できます。この機能は、Excel 2003/2002の頃の古い機能であり、現在は「リボン」インターフェースに置き換わったため、当時のメニューやツールバーの形で画面には表示されませんが、機能をグループ化する枠組みとして内部的に存在しています。メニューやツールバーはオブジェクトとして扱えるため、リボンのカスタマイズと比べてVBAのコードが記述しやすく、処理内容や利用状況に合わせた動的な環境作りが可能です。リボンのカスタマイズ方法については、ワザ692～694を参照してください。

コマンドバーとは

Excel VBAでは、ツールバー、ショートカットメニュー、Excel 2003/2002のメニューバーを「コマンドバー」として扱います。コマンドバーは「CommandBarオブジェクト」、すべてのコマンドバーは「CommandBarsコレクション」として操作します。CommandBarオブジェクトやCommandBarsコレクションを参照するには、ApplicationオブジェクトのCommandBarsプロパティを使用します。

コマンドバー（CommandBarオブジェクト）

ツールバー
Excel 2003/2002既定の［標準］ツールバーや［書式設定］ツールバーなどと、ユーザー独自のツールバー

100%　MS Pゴシック　11

ショートカットメニュー
セルやグラフを右クリックしたときに表示されるメニュー

Excel 2003/2002のメニューバー
Excel 2003/2002のワークシートメニューバーとグラフメニューバー

ファイル(F)　編集(E)　表示(V)　挿入(I)　書式(O)　ツール(T)　データ(D)　ウィンドウ(W)　ヘルプ(H)

ポイント

- Excel VBAで作成できるのは、ツールバーとショートカットメニューです。ツールバーの作成方法についてはワザ669、ショートカットメニューの作成方法についてはワザ672を参照してください。

- 作成やカスタマイズしたコマンドバーは、[アドイン]タブにまとめて表示されます。メニューバーは[メニューコマンド]グループ、Excel 2003/2002既定のツールバーは[ツールバーコマンド]グループ、ユーザー独自のツールバーは[ユーザー設定のツールバー]グループとして表示されます。詳しくは、次ページの図を参照してください。
- ツールバーに配置したメニューやボタンなどはリボンに表示されますが、ツールバーそのものは、Excel 2003/2002のツールバーのように表示されません。
- Excel 2003/2002既定のメニューバーやツールバー、ショートカットメニューは下位互換のために残されたものです。Excel 2021/2019/2016、Microsoft 365のExcelでは、主に「セルを右クリックしたときに表示されるショートカットメニュー」と「ワークシートメニューバー」を操作します。
- ユーザー独自で作成したツールバーは、マクロを実行するメニューやボタンをグループ化する枠組みと考えるといいでしょう。
- ツールバーとしてグループ化したメニューやボタンは、ツールバーごとにまとめて非表示にしたり、使用不可にしたりすることができます。非表示にする方法についてはワザ675、使用不可にする方法についてはワザ676を参照してください。
- メニューバーとツールバーは、ともにメニューやボタンをグループ化する枠組みですが、画面から非表示にする手段が違います。詳しくは、ワザ675とワザ676をご覧ください。
- メニューバーにボタンなどを作成する方法については、ワザ671を参照してください。
- ショートカットメニューについては、インターフェースがExcel 2003/2002と同じであるため、作成したショートカットメニューを表示できますし、既定のショートカットメニューをカスタマイズした結果も確認できます。カスタマイズする例については、ワザ673を参照してください。

コマンドバーコントロールとは

Excel VBAでは、コマンドバーに配置されているメニューやボタン、コンボボックスなどの要素を「コマンドバーコントロール」として扱います。コマンドバーコントロールは「CommandBarControlオブジェクト」、すべてのコマンドバーコントロールは「CommandBarControlsコレクション」として操作します。CommandBarControlオブジェクトやCommandBarControlsコレクションを参照するには、これらが配置されているコマンドバー（CommandBarオブジェクト）のControlsプロパティを使用します。

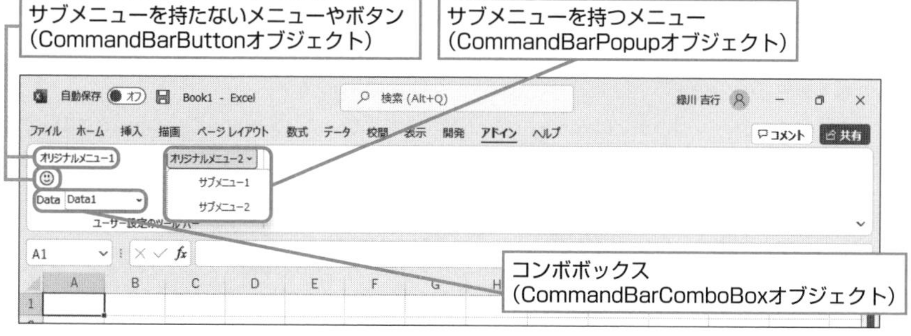

ポイント

- コマンドバーコントロール（CommandBarControlオブジェクト）は、サブメニューを持たないメニューやボタンを表すCommandBarButtonオブジェクト、サブメニューを持つメニューを表すCommandBarPopupオブジェクト、コンボボックスを表すCommandBarComboBoxオブジェクトに分類されます。

次のページに続く▶

● コマンドバーコントロールは作成した場所により、グループとして[アドイン]タブに表示されます。

●コマンドバーコントロールが配置されるグループ

コマンドバーコントロールの作成場所	グループ名
メニューバー	[メニューコマンド]
Excel 2003/2002既定のツールバー	[ツールバーコマンド]
作成したツールバー	[ユーザー設定のツールバー]

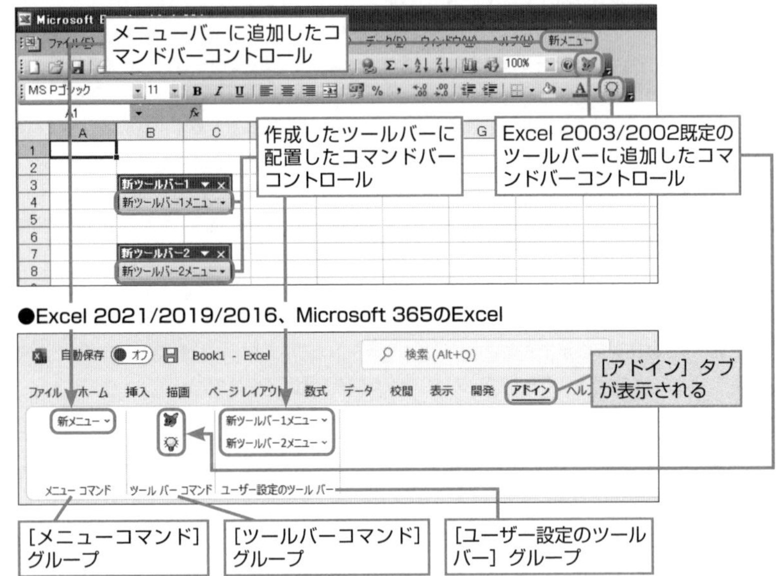

● サブメニューを持たないメニューとボタンの実体は、ともにCommandBarButtonオブジェクトです。その違いは、Styleプロパティの設定にあります。

● サブメニューを持たないメニューの場合、StyleプロパティにmsoButtonCaptionが設定されていて、CommandBarButtonオブジェクトのCaptionプロパティに設定されているコマンドバーコントロールの名前(メニュー名)だけが表示されています。サブメニューを持たないメニューの作成例については、ワザ679を参照してください。

● ボタンの場合、StyleプロパティにmsoButtonIconが設定されていて、CommandBarButtonオブジェクトのFaceIdプロパティに設定されているボタンイメージだけが表示されています。ボタンの作成例については、ワザ670を参照してください。

● CommandBarPopupオブジェクトの作成例については、ワザ669を参照してください。

● CommandBarComboBoxオブジェクトの作成例については、ワザ680を参照してください。

● コマンドバーコントロールのID番号を使用してExcelの機能を実行することができます。コマンドバーコントロールのID番号については、ワザ683を参照してください。

● Excel 2021/2019/2016、Microsoft 365のExcelで、コマンドバーを介してコマンドバーコントロールを操作する場合、主に「セルを右クリックしたときに表示されるショートカットメニュー」のコマンドバーコントロールを操作します。

● Excel 2003/2002で作成された古いマクロは実行可能ですが、Excel 2003/2002既定のツールバーやメニュー、ボタンなどをマクロでカスタマイズした処理結果は、インターフェースの違いによりExcel 2021/2019/2016、Microsoft 365のExcelでは直接確認できません。

ワザ 669 ツールバーにメニューを作成する

難易度 ●●○ | 頻出度 ●●○ | 対応Ver. 365 2021 2019 2016

ここでは、「オリジナルツールバー」というツールバーを作成します。オリジナルツールバーには、サブメニュー「オリジナルサブメニュー」を持つ、「オリジナルメニュー」というメニューを作成します。「オリジナルサブメニュー」にはメニュー名を表示し、クリックしたときにメッセージが表示される「ツールバーマクロ」マクロが実行されるように設定します。

オリジナルのツールバー「オリジナルツールバー」を作成する

サブメニューの［オリジナルサブメニュー］をクリックすると、メッセージが表示される

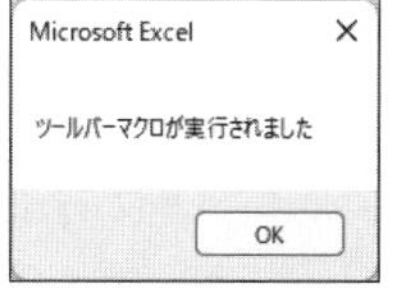

入力例 669.xlsm

```
Sub ツールバー作成()
    Dim myToolBar As CommandBar
    Dim myMainMenu As CommandBarPopup
    Dim mySubMenu As CommandBarButton
    Set myToolBar = Application.CommandBars.Add _   ←1
        (Name:="オリジナルツールバー", Temporary:=True)
    Set myMainMenu = myToolBar.Controls.Add _   ←2
        (Type:=msoControlPopup, Temporary:=True)
    myMainMenu.Caption = "オリジナルメニュー(&M)"   ←3
    Set mySubMenu = myMainMenu.Controls.Add _   ←4
        (Type:=msoControlButton, Temporary:=True)
    mySubMenu.Caption = "オリジナルサブメニュー(&S)"   ←5
    mySubMenu.Style = msoButtonCaption   ←6
    mySubMenu.OnAction = "ツールバーマクロ"   ←7
    myToolBar.Visible = True   ←8
End Sub

Sub ツールバーマクロ()   ←9
    MsgBox "ツールバーマクロが実行されました"
End Sub
```

1 一時的なツールバー「オリジナルツールバー」を作成して、変数「myToolBar」に代入する　2 変数「myToolBar」に代入したツールバーに、サブメニューを持つ一時的なメニューを作成し、変数「myMainMenu」に代入する　3 メニューの表示名として「オリジナルメニュー」を設定し、アクセスキーはMとする　4 変数「myMainMenu」に代入したメニューに、サブメニューを持たない一時的なメニューを作成し、変数「mySubMenu」に代入する　5 サブメニューの表示名に「オリジナルサブメニュー」を設定し、アクセスキーはSとする　6 サブメニューの表示方法としてテキストだけを設定する　7 サブメニューがクリックされたときに実行するマクロとして「ツールバーマクロ」を設定する　8 変数「myToolBar」に代入したツールバー「オリジナルツールバー」を表示する　9 作成したサブメニューがクリックされたときに実行される

次のページに続く▶

ポイント

構文 CommandBarsコレクション.Add(Name, [Position], Temporary)

- コマンドバー（ツールバー、ショートカットメニュー）を作成するには、CommandBarsコレクションのAddメソッドを使用します。
- 引数「Name」に、作成するコマンドバーの名前を設定します。省略した場合は、「ユーザー設定」という文字列と半角の空白に続けて連番が付けられた「ユーザー設定 1」などの名前が自動的に設定されます。設定した名前は画面上に表示されることはありませんが、ツールバーを非表示や使用不可に設定するときなど、操作したいツールバーをVBAで特定するときなどに使用します。
- ショートカットメニューを作成する場合、引数「Position」に「msoBarPopup」を設定します。ツールバーを作成する場合は、引数「Position」の設定を省略します。
- 引数「Temporary」に「True」を指定すると、作成したコマンドバーは一時的なコマンドバーとなり、Excelの終了時に削除されます。
- 引数「Temporary」に「False」を指定、もしくは指定を省略すると、作成したコマンドバーはExcel内部に残ります。そのため、Excelを再起動後にプロシージャーを再実行すると、同じ名前のコマンドバーが残っているためにエラーが発生します。特別な理由がない限り、引数「Temporary」に「True」を指定しておきましょう。
- 作成したコマンドバーがツールバーの場合、作成したツールバーは非表示に設定されています。表示するには、CommandBarオブジェクトのVisibleプロパティに「True」を設定します。
- 作成したツールバーと同じ名前のツールバーがすでに存在する場合は、エラーが発生します。
- サブメニューを持つメニューを作成する構文については、ワザ670を参照してください。

関連ワザ 668 ユーザー独自のメニューやツールバーを作成するには………P.834
関連ワザ 670 ツールバーにボタンを作成する………P.839
関連ワザ 671 ワークシートメニューバーにオリジナルのメニューを作成する………P.841
関連ワザ 672 ショートカットメニューを作成する………P.842

ワザ 670 ツールバーにボタンを作成する

難易度 ●●○ | 頻出度 ●●○ | 対応Ver. 365 2021 2019 2016

ツールバーにボタンを作成するには、ツールバー上に、サブメニューを持たないメニューやボタンを表すコマンドバーコントロールであるCommandBarButtonオブジェクトを作成し、表示させたいボタンイメージを設定して、ボタンイメージだけを表示する表示方法に設定します。ここでは、「オリジナルツールバー」というツールバーを作成し、このツールバー上に、ID番号「59」のボタンイメージを設定したボタンを作成します。作成したボタンをクリックすると、「ボタンマクロ」が実行されます。

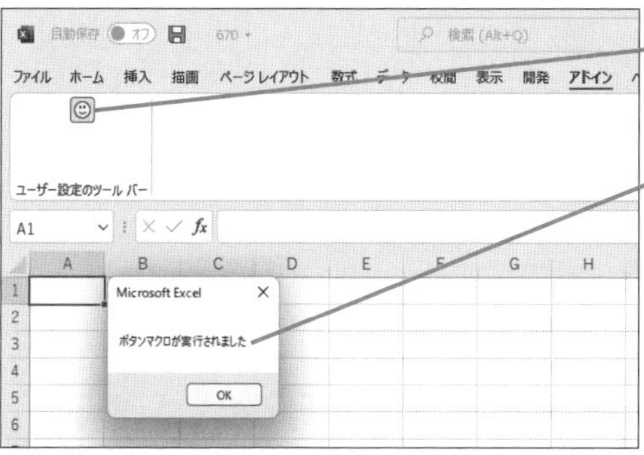

オリジナルの「オリジナルツールバー」を作成し、ID番号「59」のボタンイメージを設定したボタンを作成する

作成したボタンをクリックすると、メッセージが表示される

入力例　670.xlsm

```
Sub ボタン作成()
    Dim myToolBar As CommandBar
    Dim myButton As CommandBarButton
    Set myToolBar = Application.CommandBars.Add _  ←1
        (Name:="オリジナルツールバー", Temporary:=True)
    Set myButton = myToolBar.Controls.Add _  ←2
        (Type:=msoControlButton, Temporary:=True)
    myButton.FaceId = 59  ←3
    myButton.Style = msoButtonIcon  ←4
    myButton.OnAction = "ボタンマクロ"  ←5
    myToolBar.Visible = True  ←6
End Sub

Sub ボタンマクロ()  ←7
    MsgBox "ボタンマクロが実行されました"
End Sub
```

1一時的なツールバー「オリジナルツールバー」を作成して、変数「myToolBar」に代入する　2変数「myToolBar」に代入したツールバーに一時的なボタンを作成し、変数「myButton」に代入する　3ボタンにID番号「59」のボタンイメージを設定する　4ボタンの表示方法として、ボタンイメージだけを設定する　5ボタンがクリックされたときに実行するマクロとして、「ボタンマクロ」マクロを設定する　6変数「myToolBar」に代入したツールバー「オリジナルツールバー」を表示する　7作成したボタンがクリックされたときに実行される

次のページに続く▶

ポイント

構　文　`CommandBarControlsコレクション.Add(Type, Id, Before, Temporary)`

- コマンドバーコントロール（メニュー、ボタン、コンボボックスなど）を作成するには、CommandBarControlsコレクションのAddメソッドを使用します。
- 引数「Type」に、作成するコマンドバーコントロールの種類を設定します。

●引数「Type」の設定値（MsoControlType列挙型の定数）

定数	値	内容
msoControlButton（既定値）	1	サブメニューを持たないメニュー、ボタン
msoControlEdit	2	エディットボックス
msoControlDropdown	3	ドロップダウンリストボックス
msoControlComboBox	4	コンボボックス
msoControlPopup	10	サブメニューを持つメニュー

- サブメニューを持つメニューを作成するには、まず、引数「Type」に「msoControlPopup」を指定して「サブメニューを持つメニュー」を作成し、このメニューの中に「サブメニューを持たないメニュー」を作成します。サブメニューを持たないメニューを作成する場合、引数「Type」に「msoControlButton」を指定してください。具体的な作成例については、ワザ669の例を参照してください。
- コマンドバーコントロールがクリックされたときに既存のExcelの機能を実行させたい場合、実行したい機能のID番号を引数「Id」に指定します。

●引数「Id」に指定できる主なID番号

Excelの機能	ID番号
新規作成	2520
読み取り専用の設定・解除	456
テキストファイルのインポート	3844
再計算実行	960
セルの書式設定	855
形式を選択して貼り付け	755
値の貼り付け	370
書式の貼り付け	369

Excelの機能	ID番号
書式のクリア	368
セルの結合	798
セル結合の解除	800
セルを結合して中央揃え	402
カメラ機能	280
セルの挿入	295
セルの削除	292
行の挿入	296
行の削除	293
列の挿入	297
列の削除	294

Excelの機能	ID番号
印刷	4
印刷プレビュー	109
ページ設定	247
印刷範囲の設定	364
印刷範囲のクリア	1584
改ページプレビュー	724
改ページの追加	509
ウィンドウの分割	302
ウィンドウ枠の固定	443

- 引数「Before」に、コマンドバーコントロールを配置する位置を数値で指定します。指定した位置にあるコマンドバーコントロールの直前に配置されます。省略した場合は、コマンドバーの末尾に配置されます。
- 引数「Temporary」に「True」を指定すると、作成したコマンドバーコントロールは一時的なコマンドバーコントロールとなり、Excel終了時に削除されます。
- 引数「Temporary」に「False」を指定、もしくは指定を省略すると、作成したコマンドバーはExcel内部に残ります。そのため、Excelを再起動後にプロシージャーを再実行すると、同じ名前のコマンドバーが残っているためにエラーが発生します。特別な理由がない限り、引数「Temporary」に「True」を指定しておきましょう。

関連ワザ 668 **ユーザー独自のメニューやツールバーを作成するには………P.834**
関連ワザ 669 **ツールバーにメニューを作成する………P.837**
関連ワザ 683 **作成したコマンドバーコントロールからExcelの機能を実行する………P.855**

ワザ 671 ワークシートメニューバーにオリジナルのメニューを作成する

難易度 ●●○ | 頻出度 ●●○ | 対応Ver. 365 2021 2019 2016

ワークシートメニューバーに、サブメニュー「オリジナルサブメニュー」を持つ「オリジナルメニュー」というメニューを作成します。「オリジナルサブメニュー」には［オリジナルサブメニュー］というメニュー名を表示し、クリックしたときに「ワークシートメニューバーマクロ」を実行させます。

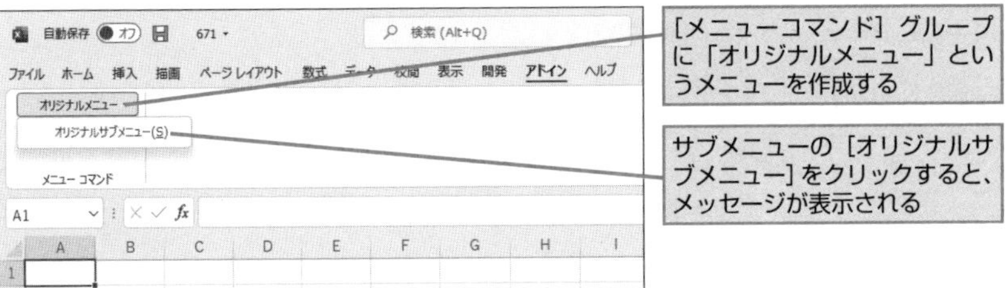

入力例 671.xlsm

```
Sub ワークシートメニューバーにメニュー作成()
    Dim myWSBar As CommandBar
    Dim myMainMenu As CommandBarPopup
    Dim mySubMenu As CommandBarButton
    Set myWSBar = Application.CommandBars("Worksheet Menu Bar")  ←1
    Set myMainMenu = myWSBar.Controls.Add _  ←2
        (Type:=msoControlPopup, Temporary:=True)
    myMainMenu.Caption = "オリジナルメニュー(&M)"  ←3
    Set mySubMenu = myMainMenu.Controls.Add _  ←4
        (Type:=msoControlButton, Temporary:=True)
    mySubMenu.Caption = "オリジナルサブメニュー(&S)"  ←5
    mySubMenu.Style = msoButtonCaption  ←6
    mySubMenu.OnAction = "ワークシートメニューバーマクロ"  ←7
End Sub

Sub ワークシートメニューバーマクロ()  ←8
    MsgBox "ワークシートメニューバーマクロを実行しました"
End Sub
```

1 ワークシートメニューバーを取得して、変数「myWSBar」に代入する 2 変数「myWSBar」に代入したワークシートメニューバーにサブメニューを持つ一時的なメニューを作成し、変数「myMainMenu」に代入する 3 メニューの表示名として「オリジナルメニュー(アクセスキーはM)」を設定する 4 変数「myMainMenu」に代入したメニューにサブメニューを持たない一時的なメニューを作成し、変数「mySubMenu」に代入する 5 サブメニュー「オリジナルサブメニュー（アクセスキーはS）」を設定する 6 サブメニューの表示はテキストのみに設定する 7 サブメニューをクリックしたときに「ワークシートメニューバーマクロ」を実行する 8 作成したサブメニューがクリックされたときに実行される

ポイント

- ワークシートメニューバーを表すコマンドバー（CommandBarオブジェクト）を取得するには、CommandBarsプロパティの引数「Index」に「Worksheet Menu Bar」を指定します。
- 作成したメニューは、［アドイン］タブの［メニューコマンド］グループに表示されます。

ワザ 672 ショートカットメニューを作成する

難易度 ●●● | 頻出度 ●●○ | 対応Ver. 365 2021 2019 2016

ワークシート上を右クリックしたときに表示される「ショートカットメニュー」を作成します。ワークシート上を右クリックしたタイミングでショートカットメニューを表すコマンドバー（CommandBarオブジェクト）を作成して表示します。ここでは、メニューの項目として「新しいメニュー」を持つショートカットメニュー「オリジナルショートカットメニュー」を作成します。[新しいメニュー] をクリックすると、「ショートカットメニューマクロ」が実行されます。

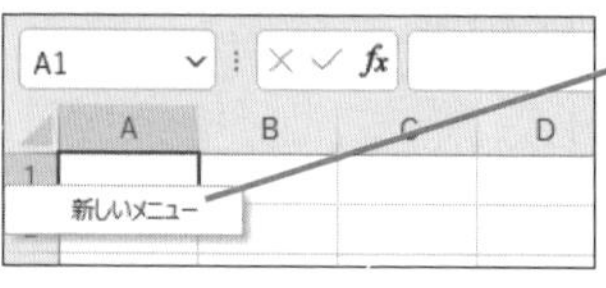

オリジナルのショートカットメニューを作成する

Microsoft Excel

ショートカットメニューがクリックされました

OK

[新しいメニュー] をクリックすると、メッセージが表示される

入力例1 シートモジュール(Sheet1)に記述　672.xlsm

```
Private Sub Worksheet_BeforeRightClick _ ←1
    (ByVal Target As Range, Cancel As Boolean)
    Dim mySCMenu As CommandBar
    Dim myMenu As CommandBarButton
    Set mySCMenu = Application.CommandBars.Add _ ←2
        (Name:="オリジナルショートカットメニュー", Position:=msoBarPopup)
    Set myMenu = mySCMenu.Controls.Add(Type:=msoControlButton) ←3
    myMenu.Caption = "新しいメニュー" ←4
    myMenu.OnAction = "ショートカットメニューマクロ" ←5
    mySCMenu.ShowPopup ←6
    mySCMenu.Delete ←7
    Cancel = True ←8
End Sub
```

1ワークシート上を右クリックしたときに実行される　2「オリジナルショートカットメニュー」という名前のショートカットメニューを作成して、変数「mySCMenu」に代入する　3変数「mySCMenu」に代入したショートカットメニューに、サブメニューを持たないメニューを作成し、変数「myMenu」に代入する　4メニューの表示名として「新しいメニュー」を設定する　5メニューがクリックされたときに実行するマクロとして「ショートカットメニューマクロ」を設定する　6変数「mySCMenu」に代入したショートカットメニューを表示する　7ショートカットメニューの実行が終了したら、変数「mySCMenu」に代入したショートカットメニューを削除する　8既存のショートカットメニューを表示させないように設定する入力例2 標準モジュール(Module1)に記述 

```
Sub ショートカットメニューマクロ()
    MsgBox "ショートカットメニューがクリックされました" ←1
End Sub
```

1作成したショートカットメニューがクリックされたときに実行される

ポイント

- ショートカットメニューを表すコマンドバー（CommandBarオブジェクト）を作成するには、CommandBarsコレクションのAddメソッドでコマンドバーを作成するとき、引数「Position」にMsoBarPosition列挙型の定数「msoBarPopup」を指定します。CommandBarsコレクションのAddメソッドについては、ワザ669を参照してください。
- ショートカットメニューを作成するコードは、ショートカットメニューを使用したいワークシートのモジュールにBeforeRightClickイベントプロシージャーを記述します。
- ショートカットメニューをクリックしたときに実行するコードは、標準モジュールに記述してください。

構文 **CommandBarオブジェクト.ShowPopup**

- 作成したショートカットメニューを表示するには、CommandBarオブジェクトのShowPopupメソッドを使用します。
- 作成したショートカットメニューの実行過程は下図の通りです。右クリックした後の左側の流れ図は既存のショートカットメニューの実行過程を表し、右側の流れ図はショートカットメニューの作成に関する実行過程を表しています。

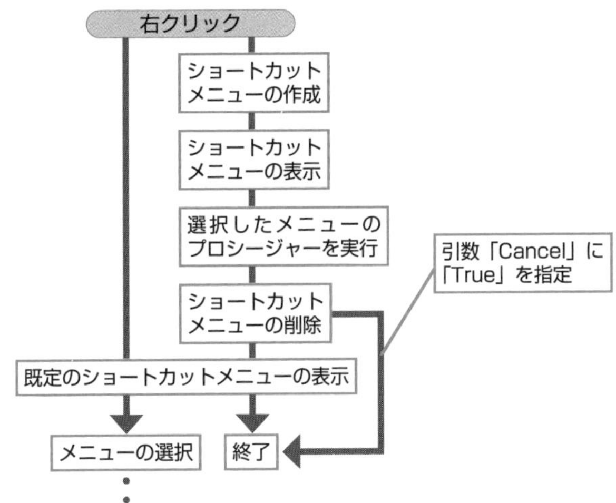

- 大きなポイントは、既存のショートカットメニューが表示される前に、ショートカットメニューの作成に関する内容が実行される点です。
- BeforeRightClickイベントプロシージャーの引数「Cancel」に「True」を指定しないと、既存のショートカットメニューが表示されてしまう点にも注意してください。

関連ワザ 668 ユーザー独自のメニューやツールバーを作成するには………P.834
関連ワザ 669 ツールバーにメニューを作成する………P.837
関連ワザ 670 ツールバーにボタンを作成する………P.839
関連ワザ 673 カスタマイズしたショートカットメニューの設定を元に戻す………P.844
関連ワザ 677 ツールバーを削除する………P.848

ワザ 673 カスタマイズしたショートカットメニューの設定を元に戻す

難易度 ●●○ | 頻出度 ●●○ | 対応Ver. 365 2021 2019 2016

ここでは、ショートカットメニューをいったんカスタマイズして、[削除] [数式と値のクリア] を使用不可、[ドロップダウンリストから選択] を削除します。その後、ブックを閉じるタイミングで設定を元に戻しています。カスタマイズしたショートカットメニューの設定はExcelに保存されて、Excelを再起動しても元に戻りません。ほかのユーザーと共同でExcelを使用してる場合、設定を元に戻す必要があります。

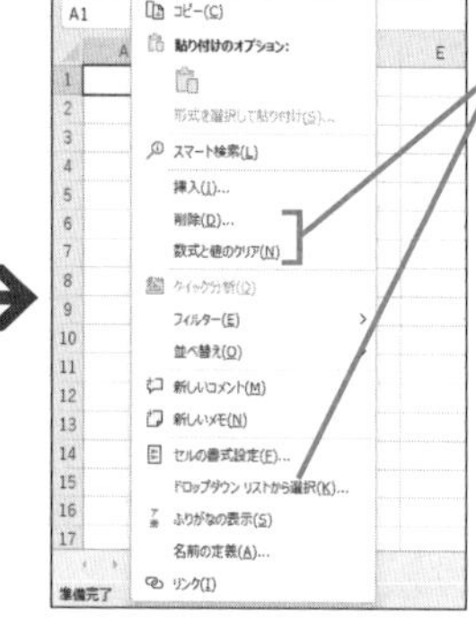

ブックを開いたときにカスタマイズされたショートカットメニューの設定を元に戻す

入力例 ブックモジュール(ThisWorkbook)に記述  673.xlsm

```
Private Sub Workbook_Open()  ←1
    With Application.CommandBars("Cell")  ←2
        .Controls("削除(&D)...").Enabled = False       ┐
        .Controls("数式と値のクリア(&N)").Enabled = False ┘3
        .Controls("ドロップダウン リストから選択(&K)...").Delete  ←4
    End With
End Sub

Private Sub Workbook_BeforeClose(Cancel As Boolean)  ←5
    Application.CommandBars("Cell").Reset  ←6
End Sub
```

1 ブックを開いた直後に実行される　2 セルを右クリックしたときに表示されるショートカットメニューについて処理を実行する　3 [削除] メニューと [数式と値のクリア] メニューを使用不可に設定する　4 [ドロップダウンリストから選択] メニューを削除する　5 ブックが閉じられる直前に実行される　6 セルを右クリックしたときに表示されるショートカットメニューを元の設定に戻す

ポイント

構文 `CommandBarオブジェクト.Reset`

- コマンドバー（CommandBarオブジェクト）の設定を元に戻すには、CommandBarオブジェクトのResetメソッドを使用します。Resetメソッドを実行すると、コマンドバーに配置されているコマンドバーコントロールの設定も元に戻ります。
- コマンドバーのうち、セルを右クリックしたときに表示されるショートカットメニューを参照するには、CommandBarsプロパティの引数「Index」に「Cell」を指定してください。
- パソコンによってはコマンドバーコントロールを参照するコードでエラーが発生する場合があります。

ワザ 674 全コマンドバーの情報リストを作成する

難易度 ●●○　頻出度 ●○○　対応Ver. 365 2021 2019 2016

すべてのコマンドバーの情報を取得してリストを作成します。Excel 2021/2019/2016、Microsoft 365のExcelで主に操作するコマンドバーは、セルを右クリックしたときに表示されるショートカットメニューと、ワークシートメニューバーの2つですが、Excel 2003/2002で作成されたマクロでは、そのほかのコマンドバーを操作している場合もあります。他人から引き継いだ古いマクロを改修する上で、コマンドバーの情報が役立ちます。なお、作成されるリストの内容はExcelのバージョンによって異なります。

入力例　674.xlsm

```
Sub 全コマンドバー情報取得()
    Dim myCB As CommandBar, i As Long
    i = 2
    For Each myCB In Application.CommandBars ←1
        Cells(i, 1).Value = myCB.Index ←2
        Cells(i, 2).Value = myCB.Name ←3
        Cells(i, 3).Value = myCB.NameLocal ←4
        Cells(i, 4).Value = myCB.Type ←5
        i = i + 1
    Next
End Sub
```

1すべてのコマンドバーを1つ1つ参照する　2インデックス番号を取得して、i行1列目のセルに表示する　3半角英字の名前を取得して、i行2列目のセルに表示する　4日本語の名前を取得して、i行3列目のセルに表示する　5コマンドバーの種類を表す数値を取得して、i行4列目のセルに表示する

ポイント

構文　`Applicationオブジェクト.CommandBars(Index)`

- コマンドバー（CommandBarオブジェクト）の情報は、ApplicationオブジェクトのCommandBarsプロパティを使用して特定のコマンドバーを参照し、CommandBarオブジェクトの各プロパティを使用して取得します。
- 引数「Index」に、参照したいコマンドバーを表す半角英字の文字列（CommandBarオブジェクトのNameプロパティの値）を指定します。
- 引数「Index」の指定を省略すると、すべてのコマンドバー（CommandBarsコレクション）を参照できます。
- コマンドバーの種類を取得するTypeプロパティは、MsoBarType列挙型の定数を返します。

●MsoBarType列挙型の定数

定数	数値	コマンドバーの種類
msoBarTypeNormal	0	ツールバー
msoBarTypeMenuBar	1	メニューバー
msoBarTypePopup	2	ショートカットメニュー

ワザ 675 コマンドバーの表示と非表示を切り替える

難易度 ●●○ ｜ 頻出度 ●○○ ｜ 対応Ver. 365 2021 2019 2016

コマンドバー（ツールバーやショートカットメニュー）の表示と非表示を切り替えるには、CommandBarオブジェクトのVisibleプロパティを使用します。ここでは、［ツールバー作成］プロシージャーを実行してツールバーを2つ作成し、「TB1」上に作成した［TB1のM1］メニューをクリックして、もう一方の「TB2」の表示と非表示を切り替えます。

入力例

675.xlsm

```
Sub ツールバー作成()
    Dim TB1 As CommandBar, TB2 As CommandBar
    Dim M1 As CommandBarButton, M2 As CommandBarButton
    Set TB1 = CommandBars.Add(Name:="TB1", Temporary:=True)  ←1
    Set M1 = TB1.Controls.Add(Type:=msoControlButton, Temporary:=True) _  ←2
    M1.Caption = "TB1のM1"  ←3
    M1.Style = msoButtonCaption  ←4
    M1.OnAction = "TB2表示切替"  ←5
    TB1.Visible = True  ←6
    Set TB2 = CommandBars.Add(Name:="TB2", Temporary:=True)  ←7
    Set M2 = TB2.Controls.Add(Type:=msoControlButton, Temporary:=True)  ←8
    M2.Caption = "TB2のM2"  ←9
    M2.Style = msoButtonCaption  ←10
    TB2.Visible = True  ←11
End Sub

Sub TB2表示切替()  ←12
    CommandBars("TB2").Visible = Not CommandBars("TB2").Visible  ←13
End Sub
```

1 一時的なツールバー「TB1」を作成して、変数「TB1」に代入する　2 変数「TB1」に代入したツールバーにサブメニューを持たない一時的なメニューを作成し、変数「M1」に代入する　3 メニューの表示名として「TB1のM1」を設定する　4 メニューの表示方法としてテキストだけを設定する　5 メニューがクリックされたときに実行するマクロとして、［TB2表示切替］を設定する　6 変数「TB1」に代入したツールバー［TB1］を表示する　7 一時的なツールバー「TB2」を作成して、変数「TB2」に代入する　8 変数「TB2」に代入したツールバーにサブメニューを持たない一時的なメニューを作成し、変数「M2」に代入する　9 メニューの表示名として「TB2のM2」を設定する　10 メニューの表示方法としてテキストだけを設定する　11 変数「TB2」に代入したツールバー［TB2］を表示する　12 ［TB1のM1］がクリックされたときに実行される　13 「TB2」が表示されている場合は非表示、非表示の場合は表示に設定する

ポイント

構文　`CommandBarオブジェクト.Visible`

- コマンドバー（CommandBarオブジェクト）の表示と非表示を取得・設定するには、Visibleプロパティを使用します。「True」を設定すると表示、「False」を設定すると非表示に設定されます。
- ワークシートメニューバーを非表示に設定することはできません。ワークシートメニューバーを非表示にするには、Enableプロパティに「False」を設定してください。
- Enableプロパティに「True」が設定されていないと、Visibleプロパティに「True」を設定してもコマンドバーは表示されません。

ワザ676 ワークシートメニューバーの使用可と使用不可を切り替える

難易度 ●●○ | 頻出度 ●○○ | 対応Ver. 365 2021 2019 2016

サンプルファイル（676.xlsm）の［ツールバー作成］プロシージャーを実行すると、ワークシートメニューバーにメニューが作成された後、ワークシートメニューバーとは別のツールバーが1つ作成されます。［ツールバーのメニュー］メニューをクリックして、ワークシートメニューバーの使用可と使用不可を切り替えます。コマンドバー（ツールバーやショートカットメニュー）の使用可と使用不可を切り替えるには、CommandBarオブジェクトのEnabledプロパティを使用します。

入力例

676.xlsm

```
Sub ツールバー作成()
    Dim WSMB As CommandBar, TB As CommandBar
    Dim WSM As CommandBarButton, M As CommandBarButton
    Set WSMB = Application.CommandBars("Worksheet Menu Bar") ←1
    Set WSM = WSMB.Controls.Add(Type:=msoControlButton, Temporary:=True) ←2
    WSM.Caption = "ワークシートメニューバーのメニュー" ←3
    WSM.Style = msoButtonCaption: WSMB.Enabled = True ←4
    Set TB = CommandBars.Add(Name:="ツールバー", Temporary:=True) ←5
    Set M = TB.Controls.Add(Type:=msoControlButton, Temporary:=True) ←6
    M.Caption = "ツールバーのメニュー": M.Style = msoButtonCaption ←7
    M.OnAction = "ワークシートメニューバー使用不可切替" ←8
    TB.Visible = True ←9
End Sub

Sub ワークシートメニューバー使用不可切替() ←10
    CommandBars("Worksheet Menu Bar").Enabled = ←11
        Not CommandBars("Worksheet Menu Bar").Enabled
End Sub
```

1ワークシートメニューバーを取得して、変数「WSMB」に代入する　2変数「WSMB」に代入したワークシートメニューバーにサブメニューを持たない一時的なメニューを作成し、変数「WSM」に代入する　3メニューの表示名として「ワークシートメニューバーのメニュー」を設定する　4メニューの表示方法としてテキストだけを設定し、変数「WSMB」に代入したワークシートメニューバーを使用可に設定する　5一時的なツールバー「ツールバー」を作成して、変数「TB」に代入する　6変数「TB」に代入したツールバーにサブメニューを持たない一時的なメニューを作成し、変数「M」に代入する　7メニューの表示名として「ツールバーのメニュー」を設定し、メニューの表示方法としてテキストだけを設定する　8メニューがクリックされたときに実行するマクロとして、［ワークシートメニューバー使用不可切替］を設定する　9変数「TB」に代入したツールバー［ツールバー］を表示する　10［ツールバーのメニュー］がクリックされたときに実行される　11ワークシートメニューバーが表示されている場合は非表示、非表示の場合は表示に設定する

ポイント

構文　CommandBarオブジェクト.Enabled

- コマンドバー（CommandBarオブジェクト）の使用可と使用不可を取得・設定するには、Enabledプロパティを使用します。「True」を設定すると使用可、「False」を設定すると使用不可に設定されます。
- Enableプロパティに「False」を設定すると、Visibleプロパティに「False」が自動的に設定され、コマンドバーが非表示に設定されます。
- Enableプロパティに「True」を設定すると、Visibleプロパティに「True」が自動的に設定され、コマンドバーが表示されます。

ワザ 677 ツールバーを削除する

難易度 ●○○ | 頻出度 ●○○ | 対応Ver. 365 2021 2019 2016

作成したコマンドバーを削除するには、CommandBarオブジェクトのDeleteメソッドを使用します。サンプルの「ツールバー作成」プロシージャーを実行すると、ボタンが1つ配置された「オリジナルツールバー」が作成されます。ボタンをクリックすると［ツールバー削除］プロシージャーが実行され、作成した［オリジナルツールバー］が削除されます。

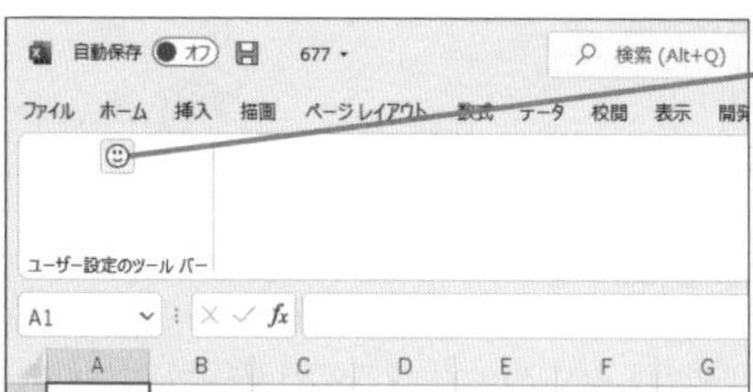

［オリジナルツールバー］のボタンをクリックすると［ツールバー削除］プロシージャーが実行されて、［オリジナルツールバー］が削除される

入力例 677.xlsm

```
Sub ツールバー作成()
    Dim myToolBar As CommandBar
    Dim myButton As CommandBarButton
    Set myToolBar = Application.CommandBars.Add _   ←1
        (Name:="オリジナルツールバー", Temporary:=True)
    Set myButton = myToolBar.Controls.Add _   ←2
        (Type:=msoControlButton, Temporary:=True)
    With myButton
        .FaceId = 59   ←3
        .Style = msoButtonIcon   ←4
        .OnAction = "ツールバー削除"   ←5
    End With
    myToolBar.Visible = True   ←6
End Sub

Sub ツールバー削除()   ←7
    CommandBars("オリジナルツールバー").Delete   ←8
End Sub
```

1 一時的なツールバー「オリジナルツールバー」を作成して、変数「myToolBar」に代入する 2 変数「myToolBar」に代入したツールバーに一時的なボタンを作成し、変数「myButton」に代入する 3 ボタンにID番号「59」のボタンイメージを設定する 4 ボタンの表示方法として、ボタンイメージだけを設定する 5 ボタンがクリックされたときに実行されるマクロとして、［ツールバー削除］を設定する 6 変数「myToolBar」に代入したツールバー［オリジナルツールバー］を表示する 7 作成したボタンがクリックされたときに実行される 8 ツールバー［オリジナルツールバー］を削除する

ポイント

構文 `CommandBarオブジェクト.Delete`

- コマンドバー（CommandBarオブジェクト）を削除するには、CommandBarオブジェクトのDeleteメソッドを使用します。

ワザ678 全コマンドバーコントロールの情報リストを作成する

難易度 ●●○ | 頻出度 ●○○ | 対応Ver. 365 2021 2019 2016

すべてのコマンドバーコントロールの情報を取得してリストを作成します。Excel 2021/2019/2016、Microsoft 365のExcelで主に操作するコマンドバーは、セルを右クリックしたときに表示されるショートカットメニューと、ワークシートメニューバーの2つですが、Excel 2003/2002で作成されたマクロでは、そのほかのコマンドバーを操作している場合もあります。他人から引き継いだ古いマクロを改修する上で、作成したリストの情報が役立ちます。ワザ683で紹介している通り、コマンドバーコントロールのID番号を使用してExcelの機能を実行することもできます。なお、作成されるリストの内容はExcelのバージョンによって異なります。

A1　CB_Index

	A	B	C	D
1	CB_Index	Index	ID	Caption
2	1	1	30002	ファイル(&F)
3	1	2	30003	編集(&E)
4	1	3	30004	表示(&V)
5	1	4	30005	挿入(&I)
6	1	5	30006	書式(&O)

［ファイル］や［編集］など、すべてのコマンドバーコントロールの情報を取得してリストを作成する

入力例　678.xlsm

```
Sub 全コマンドバーコントロール情報取得()
    Dim myCB As CommandBar, i As Long
    Dim myCBCtrl As CommandBarControl
    i = 2
    For Each myCB In Application.CommandBars ←1
        For Each myCBCtrl In myCB.Controls ←2
            Cells(i, 1).Value = myCB.Index ←3
            Cells(i, 2).Value = myCBCtrl.Index ←4
            Cells(i, 3).Value = myCBCtrl.ID ←5
            Cells(i, 4).Value = myCBCtrl.Caption ←6
            Cells(i, 5).Value = myCBCtrl.Type ←7
            If myCBCtrl.Type = msoControlButton Then ←8
                Cells(i, 6).Value = myCBCtrl.FaceId ←9
            End If
            i = i + 1
        Next
    Next
End Sub
```

1すべてのコマンドバーを1つ1つ参照する　2変数「myCB」に格納されたコマンドバーのすべてのコマンドバーコントロールを1つ1つ参照する　3変数「myCB」に格納されたコマンドバーのインデックス番号を取得して、i行1列目のセルに表示する（参照しているコマンドバーコントロールが属しているコマンドバーのインデックス番号を表示する）　4参照しているコマンドバーコントロールのインデックス番号を取得して、i行2列目のセルに表示する　5参照しているコマンドバーコントロールに割り当てられているExcelの機能のID番号を取得して、i行3列目のセルに表示する　6参照しているコマンドバーコントロールの機能名を取得して、i行4列目のセルに表示する　7参照しているコマンドバーコントロールの種類を取得して、i行5列目のセルに表示する　8参照しているコマンドバーコントロールの種類がボタンの場合だけ処理を実行する　9参照しているコマンドバーコントロールに割り当てられているボタンイメージのID番号を取得して、i行6列目のセルに表示する

次のページに続く▶

ポイント

構 文 `CommandBarオブジェクト.Controls(Index)`

- メニューやボタンなどのコマンドバーコントロール（CommandBarControlオブジェクト）の情報を調べるには、CommandBarオブジェクトのControlsプロパティを使用して特定のコマンドバーコントロールを参照し、CommandBarControlオブジェクトの各プロパティを使用して情報を取得します。
- 引数「Index」に、参照したいコマンドバーコントロールの機能名や割り当てられているExcelの機能のID番号を指定します。コマンドバーコントロールの機能名を指定する場合は、次の点に注意してください。
  1. メニュー名にアクセスキーや「...」が含まれているときは、それらを含めて「新規作成(&N)...」のように指定します。
  2. サブメニューを参照する場合は、サブメニューが属する一番上の親メニューから、階層をたどるように順番に参照します。
- 引数「Index」の指定を省略すると、対象のCommandBarオブジェクトのすべてのコマンドバーコントロール（CommandBarControlsコレクション）を参照できます。

●CommandBarControlオブジェクトの主なプロパティ

プロパティ	取得できる情報
Index	コマンドバーコントロールのインデックス番号（取得のみ）
ID	コマンドバーコントロールに割り当てられているExcelの機能のID番号（取得のみ）
Caption	コマンドバーコントロールの機能名
FaceId	コマンドバーコントロールのボタンイメージのID番号
Type	コマンドバーコントロールの種類（MsoControlType列挙型の定数の数値）（取得のみ） ※MsoControlType列挙型の定数についてはワザ670を参照

- CommandBarButtonオブジェクト以外のコマンドバーコントロールに対してFaceIdプロパティを使用するとエラーが発生します。
- FaceIdプロパティを使用すると、マクロで作成したコマンドバーコントロール（CommandBarButtonオブジェクトのみ）にボタンイメージを設定できます。設定したボタンイメージをコマンドバーコントロールに表示するには、CommandBarButtonオブジェクトのStyleプロパティに「msoButtonIcon」、または「msoButtonIconAndCaption」を設定してください。
- FaceIdプロパティを使用してボタンイメージを設定しても、ボタンイメージに対応するExcelの機能は設定されません。
- サンプルファイルに含まれている［ボタンイメージ.xlsm］でボタンイメージの一覧を作成できます。セルA2に開始IDを入力して［作成］ボタンをクリックすると、50個のボタンを配置した3つのツールバーが［アドイン］タブに作成されます。各ボタンにマウスポインターを合わせると、設定されているボタンイメージのID番号（FaceIdプロパティの値）が表示されます。なお、［ボタンイメージ.xlsm］を使用するときは、あらかじめ［アドイン］タブを表示するように設定しておいてください。

関連ワザ 674 全コマンドバーの情報リストを作成する……P.845
関連ワザ 679 サブメニューを持たないメニューやボタンの表示方法を設定する………P.851

ワザ 679 サブメニューを持たないメニューやボタンの表示方法を設定する

難易度 ●●○ | 頻出度 ●●○ | 対応Ver. 365 2021 2019 2016

コマンドバーコントロール（CommandBarControlオブジェクト）のうち、CommandBarButtonオブジェクトは、表示方法をテキストのみに設定するとサブメニューを持たないメニューになり、表示方法をボタンイメージのみに設定するとボタンになります。テキストとボタンイメージの両方を表示させることも可能です。ここでは、作成した「オリジナルボタン」の表示方法をテキストとボタンイメージに設定しています。

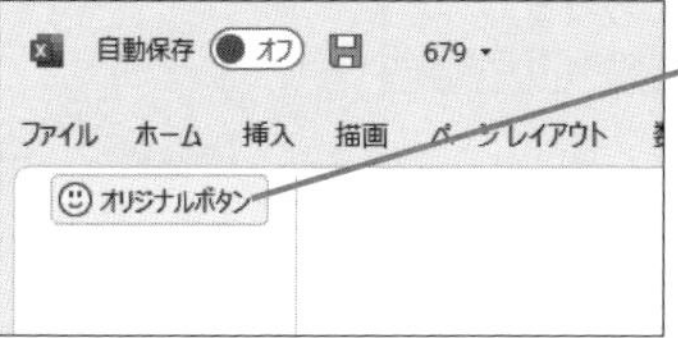

作成した「オリジナルボタン」の表示方法をテキストとボタンイメージに設定する

入力例

679.xlsm

```
Sub メニューやボタンの表示設定()
    Dim myToolBar As CommandBar, myButton As CommandBarButton
    Set myToolBar = Application.CommandBars.Add _  ←1
        (Name:="オリジナルツールバー", Temporary:=True)
    Set myButton = myToolBar.Controls.Add _  ←2
        (Type:=msoControlButton, Temporary:=True)
    myButton.Caption = "オリジナルボタン"  ←3
    myButton.FaceId = 59  ←4
    myButton.Style = msoButtonIconAndCaption  ←5
    myToolBar.Visible = True  ←6
End Sub
```

1一時的なツールバー「オリジナルツールバー」を作成して、変数「myToolBar」に代入する 2変数「myToolBar」に代入したツールバーに一時的なボタンを作成して、変数「myButton」に代入する 3画面に表示するボタンの名前を［オリジナルボタン］に設定する 4ID番号「59」のボタンイメージを設定する 5メニューの表示方法として、テキストとイメージを表示するように設定する 6変数「myToolBar」に代入したツールバー［オリジナルツールバー］を表示する

ポイント

構文 CommandBarButtonオブジェクト.Style

- CommandBarButtonオブジェクトの表示方法を取得・設定するには、Styleプロパティを使用します。

●Styleプロパティの設定値（MsoButtonStyle列挙型の定数）

主な定数	値	内容
msoButtonIcon	1	ボタンイメージのみ
msoButtonCaption	2	テキストのみ
msoButtonIconAndCaption	3	テキストとボタンイメージ

関連ワザ 669 ツールバーにメニューを作成する………P.837
関連ワザ 670 ツールバーにボタンを作成する………P.839

ワザ 680 コンボボックスを作成する

難易度 ●●○ | 頻出度 ●○○ | 対応Ver. 365 2021 2019 2016

ワークシートメニューバーに、コマンドバーコントロールのコンボボックスを作成します。コマンドバーコントロールのコンボボックスは、ユーザーフォームのコンボボックスコントロールのように、一覧から項目を選択するインターフェースを持っています。ここでは、「東京」「大阪」の2つの項目を持つコンボボックスを作成します。

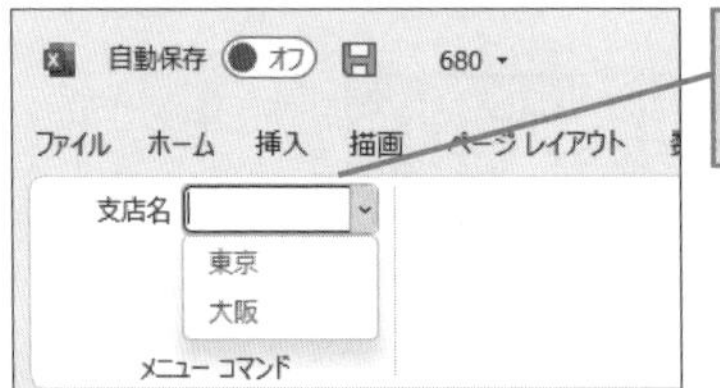

「東京」「大阪」の2つの項目を持つコンボボックスをワークシートメニューバーに作成する

入力例　680.xlsm

```
Sub コンボボックス作成()
    Dim myWSMenu As CommandBar, myCombo As CommandBarComboBox
    Set myWSMenu = Application.CommandBars("Worksheet Menu Bar")
    Set myCombo = myWSMenu.Controls.Add _  ←1
        (Type:=msoControlComboBox, Temporary:=True)
    myCombo.Caption = "支店名"  ←2
    myCombo.AddItem "東京"  ┐
    myCombo.AddItem "大阪"  ┘3
    myCombo.Style = msoComboLabel  ←4
End Sub
```

1ワークシートメニューバーに一時的なコンボボックスを作成する　2コンボボックスのタイトルに「支店名」を設定する　3コンボボックスの項目として「東京」「大阪」を設定する　4コンボボックスにタイトルを表示するように設定する

ポイント

- メニューやツールバーといったコマンドバーにコンボボックス（CommandBarComboBoxオブジェクト）を作成するには、CommandBarControlsコレクションのAddメソッドでコマンドバーコントロールを作成するとき、引数「Type」にMsoControlType列挙型の定数「msoControlComboBox」を指定します。CommandBarControlsコレクションのAddメソッドについては、ワザ670を参照してください。

構文　**CommandBarComboBoxオブジェクト.Caption**

- コンボボックスのタイトルを取得・設定するには、Captionプロパティを使用します。設定したタイトルを表示するには、StyleプロパティでMsoComboStyle列挙型の定数「msoComboLabel」を設定してください。

構文　**CommandBarComboBoxオブジェクト.AddItem(Text)**

- コンボボックスに項目を設定するには、CommandBarComboBoxオブジェクトのAddItemメソッドを使用します。引数「Text」に追加したい項目を表す文字列を指定してください。

ワザ 681 コンボボックスで選択された項目を表示する

難易度 ●●○　頻出度 ●○○　対応Ver. 365 2021 2019 2016

ワークシートメニューバーに作成したコンボボックスで、選択内容が変更されたときに、選択された項目を取得してメッセージで表示します。選択されている項目の位置を取得するにはListIndexプロパティ、その位置の項目データを取得するにはListプロパティを使用します。

入力例　681.xlsm

```
Sub コンボボックス作成()
    Dim myWSMenu As CommandBar, myCombo As CommandBarComboBox
    Set myWSMenu = Application.CommandBars("Worksheet Menu Bar")
    Set myCombo = myWSMenu.Controls.Add _
        (Type:=msoControlComboBox, Temporary:=True)
    myCombo.Caption = "支店名"
    myCombo.AddItem "東京"
    myCombo.AddItem "名古屋"
    myCombo.AddItem "大阪"
    myCombo.ListIndex = 1 ←1
    myCombo.OnAction = "コンボボックス値取得" ←2
End Sub

Sub コンボボックス値取得() ←3
    With CommandBars("Worksheet Menu Bar").Controls("支店名") ←4
        MsgBox .List(.ListIndex) & "が選択されました。" ←5
    End With
End Sub
```

1コンボボックスを作成したときに、初期状態として1つ目の項目が選択されているように設定する　2コンボボックスの内容が変更されたときに実行するマクロとして「コンボボックス値取得」を設定する　3コンボボックスの内容が変更されたときに実行される　4ワークシートメニューバー上に作成したコンボボックス「支店名」について処理を実行する　5コンボボックス上で選択されている項目を取得してメッセージで表示する

ポイント

構文　CommandBarComboBoxオブジェクト.ListIndex

- コンボボックスで選択された項目のインデックス番号を取得・設定するには、ListIndexプロパティを使用します。ListIndexプロパティは、先頭の項目の位置を「1」とする数値を返し、リストが何も選択されていない場合は「0」を返します。数値を設定すると、その項目位置を選択した状態に設定できます。

構文　CommandBarComboBoxオブジェクト.List(Index)

- コンボボックスで選択された項目を取得・設定するには、CommandBarComboBoxオブジェクトのListプロパティを使用します。引数「Index」に取得したい項目の位置を指定しますが、CommandBarComboBoxオブジェクトのListIndexプロパティを指定すると、コンボボックスで選択されている項目のデータを取得できます。
- コマンドバー（CommandBarオブジェクト）に作成したコンボボックスを参照するには、Controlsプロパティの引数「Index」に、コンボボックスのCapitonプロパティの値を指定します。
- コンボボックスの内容が変更されたときに実行させるプロシージャーは、OnActionプロパティに設定します。

ワザ 682 ボタンにマクロを登録する

難易度 ●○○ ｜ 頻出度 ●●○ ｜ 対応Ver. 365 2021 2019 2016

作成したコマンドバーコントロールにマクロを登録するには、OnActionプロパティを使用します。OnActionプロパティに実行させたいマクロ名を設定するだけで、コマンドバーコントロールをクリックしたときに設定したマクロを実行できます。ここでは、ワークシートメニューバーにボタンを作成して「メッセージマクロ」を登録しています。

ワークシートメニューバーにボタンを作成して、作成したボタンに「メッセージマクロ」を登録する

作成したボタンをクリックすると、「メッセージマクロ」が実行されてメッセージが表示される

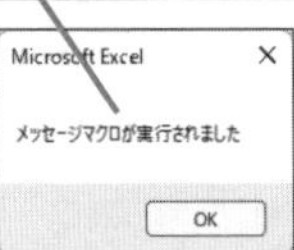
Microsoft Excel
メッセージマクロが実行されました
OK

入力例

682.xlsm

```
Sub マクロ登録()
    Dim myWSMenu As CommandBar, myButton As CommandBarButton
    Set myWSMenu = Application.CommandBars("Worksheet Menu Bar")
    Set myButton = myWSMenu.Controls.Add _    ←1
          (Type:=msoControlButton, Temporary:=True)
    myButton.FaceId = 59   ←2
    myButton.OnAction = "メッセージマクロ"   ←3
End Sub

Sub メッセージマクロ()   ←4
    MsgBox "メッセージマクロが実行されました"
End Sub
```

1 ワークシートメニューバーに一時的なボタンを作成し、変数「myButton」に代入する　2 ボタンにID番号「59」のボタンイメージを設定する　3 ボタンがクリックされたときに実行されるマクロとして「メッセージマクロ」を登録する　4 作成したボタンがクリックされたときに実行される

ポイント

構文 コマンドバーコントロールを表すオブジェクト.OnAction

- 作成したコマンドバーコントロールにマクロを登録するには、OnActionプロパティを使用します。コマンドバーコントロールをクリックしたときに実行させたいマクロの名前（プロシージャーの名前）を設定してください。
- 同じフォルダー内にある別のブックのマクロを登録する場合は、マクロの名前を「"ブック名!マクロ名"」、異なるフォルダー内にあるブックのマクロを設定する場合は、マクロの名前を「"パス名¥ブック名!マクロ名"」という形式で記述してください。

関連ワザ 669 ツールバーにメニューを作成する………P.837
関連ワザ 670 ツールバーにボタンを作成する………P.839
関連ワザ 671 ワークシートメニューバーにオリジナルのメニューを作成する………P.841

ワザ 683 作成したコマンドバーコントロールからExcelの機能を実行する

難易度 ●○○ | 頻出度 ●○○ | 対応Ver. 365 2021 2019 2016

ボタンやメニューといったコマンドバーコントロールを作成するとき、Excelの機能を表すID番号を割り当てることで、作成したコマンドバーコントロールをクリックしてExcelの既存の機能を実行できます。ここでは、メニューバーにボタンを作成して、Excelの［値の貼り付け］の機能を割り当てます。書式が設定されているセルをコピーして値だけを貼り付けられます。

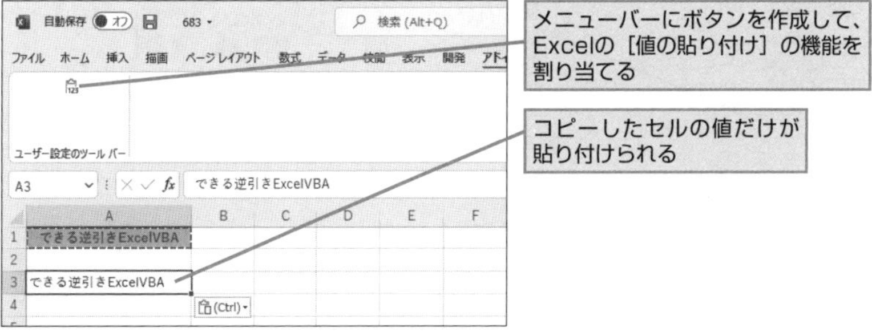

入力例

683.xlsm

```
Sub Excelの機能を実行()
    Dim myToolBar As CommandBar, myButton As CommandBarButton
    Set myToolBar = Application.CommandBars.Add _  ←1
        (Name:="オリジナルツールバー", Temporary:=True)
    Set myButton = myToolBar.Controls.Add _  ←2
        (Type:=msoControlButton, ID:=370, Temporary:=True)
    myToolBar.Visible = True  ←3
End Sub
```

1一時的なツールバー「オリジナルツールバー」を作成して、変数「myToolBar」に代入する 2変数「myToolBar」に代入したツールバーに一時的なボタンを作成して、ID番号が「370」である［値の貼り付け］の機能を割り当てる 3変数「myToolBar」に代入したツールバー［オリジナルツールバー］を表示する

ポイント

- CommandBarControlsコレクションのAddメソッドの引数「Id」にExcelの機能のID番号を指定すると、作成したコマンドバーコントロールから、指定したID番号に対応するExcelの機能を実行できます。CommandBarControlsコレクションのAddメソッドと、引数「Id」に指定できる主なID番号については、ワザ670を参照してください。
- Excelのバージョンによって、機能に割り当てられているボタンイメージがなかったり異なったりする場合がありますが、機能を実行することは可能です。

関連ワザ 669 ツールバーにメニューを作成する………P.837
関連ワザ 670 ツールバーにボタンを作成する………P.839
関連ワザ 675 コマンドバーの表示と非表示を切り替える………P.846

ワザ 684 メニューに区切り線を表示する

難易度 ●●○ | 頻出度 ●○○ | 対応Ver. 365 2021 2019 2016

作成したコマンドバーコントロールに区切り線を表示します。区切り線を表示させると、作成したメニューなどをグループ化できるので、クリックしたいメニューを探しやすくなります。ここでは、「オリジナルショートカットメニュー」に2つのメニューを作成し、その間に区切り線を表示します。区切り線はメニューの上側に表示されるため、2つ目のメニューに区切り線を設定しています。

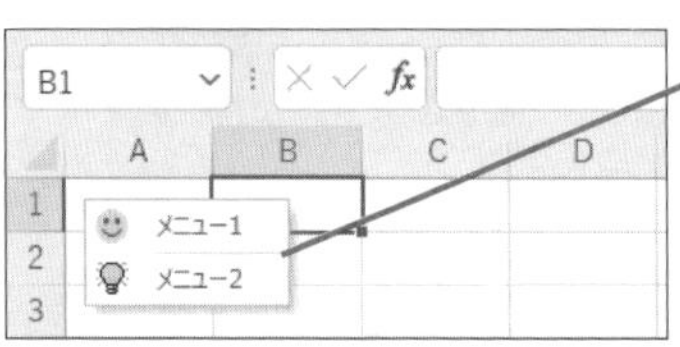

「オリジナルショートカットメニュー」を作成して2つのメニューを作成し、その間に区切り線を表示する

入力例 シートモジュール(Sheet1)に記述 684.xlsm

```
Private Sub Worksheet_BeforeRightClick ←1
        (ByVal Target As Range, Cancel As Boolean)
    Dim mySCMenu As CommandBar
    Dim myMenu1 As CommandBarButton, myMenu2 As CommandBarButton
    Set mySCMenu = Application.CommandBars.Add ←2
        (Name:="オリジナルショートカットメニュー", Position:=msoBarPopup)
    Set myMenu1 = mySCMenu.Controls.Add(Type:=msoControlButton) ←3
    myMenu1.Caption = "メニュー1": myMenu1.FaceId = 59 ←4
    myMenu1.Style = msoButtonIconAndCaption ←5
    Set myMenu2 = mySCMenu.Controls.Add(Type:=msoControlButton) ←6
    myMenu2.Caption = "メニュー2": myMenu2.BeginGroup = True ←7
    myMenu2.FaceId = 343: myMenu2.Style = msoButtonIconAndCaption ←8
    mySCMenu.ShowPopup: mySCMenu.Delete: Cancel = True ←9
End Sub
```

1ワークシート上を右クリックしたときに実行される 2「オリジナルショートカットメニュー」という名前のショートカットメニューを作成して、変数「mySCMenu」に代入する 3変数「mySCMenu」に代入したショートカットメニューに、サブメニューを持たないメニューを作成し、変数「myMenu1」に代入する 4メニューの表示名として「メニュー1」を設定し、メニューにID番号「59」のボタンイメージを設定する 5メニューの表示方法として、ボタンイメージとメニュー名を表示するように設定する 6変数「mySCMenu」に代入したショートカットメニューに、サブメニューを持たないメニューを作成し、変数「myMenu2」に代入する 7メニューの表示名として「メニュー2」を設定し、メニューの上側に区切り線を表示する 8メニューにID番号「343」のボタンイメージを設定し、メニューの表示方法として、ボタンイメージとメニュー名を表示するように設定する 9変数「mySCMenu」に代入したショートカットメニューを表示し、ショートカットメニューの実行が終了したら、変数「mySCMenu」に代入したショートカットメニューを削除して、既存のショートカットメニューを表示させないように設定する

ポイント

構文 コマンドバーコントロールを表すオブジェクト.BeginGroup

- コマンドバーコントロールに区切り線を表示するには、BeginGroupプロパティを使用します。「True」を設定すると、オブジェクトに指定したコマンドバーコントロールの上側に区切り線が表示されます。「False」を設定すると、区切り線は表示されません。

ワザ 685 ショートカットメニューの特定のメニューの表示・非表示を切り替える

難易度 ●○○ | 頻出度 ●○○ | 対応Ver. 365 2021 2019 2016

コマンドバーコントロールの表示・非表示を設定するにはVisibleプロパティを使用します。使用頻度が低いメニューなどを非表示に設定することで、実行したいメニューを探しやすくなります。ここでは、セルを右クリックすると表示されるショートカットメニューのうち、[削除] メニューの表示と非表示を切り替えます。プロシージャーを実行するたびに表示・非表示が切り替わります。

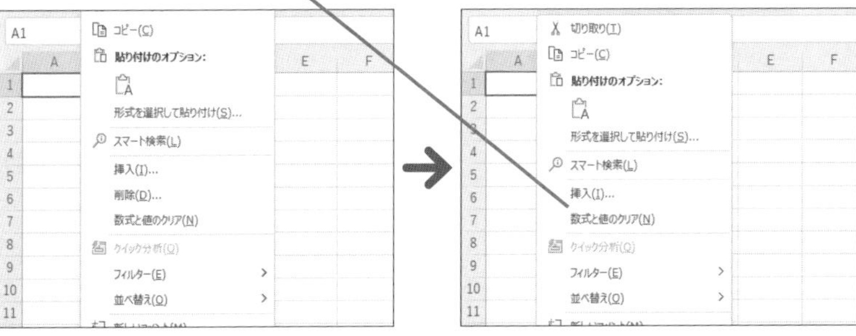

入力例　685.xlsm

```
Sub メニュー非表示()
    With Application.CommandBars("Cell").Controls("削除(&D)...")  ←1
    .Visible = Not .Visible  ←2
    End With
End Sub

※ThisWorkbookモジュールに記述
Private Sub Workbook_BeforeClose(Cancel As Boolean)  ←3
    Application.CommandBars("Cell").Controls("削除(&D)...").Visible = True  ←4
End Sub
```

1ショートカットメニューの［削除］メニューについて処理を実行する　2Not演算子を使用して、現在のVisibleプロパティの値とは逆の値をVisibleプロパティに設定する　3ブックが閉じられる直前に実行される　4ショートカットメニューの［削除］メニューを表示する設定にする

ポイント

構文　コマンドバーコントロールを表すオブジェクト.Visible

- コマンドバーコントロールの表示・非表示を取得・設定するには、Visibleプロパティを使用します。Visibleプロパティに「True」を設定すると表示、「False」を設定すると非表示に設定されます。
- Visibleプロパティの設定はExcelに保存されるため、Excelを再起動しても元に戻りません。非表示に設定したままExcelを終了してしまう場合を想定して、ここでは、BeforeCloseイベントプロシージャーを利用して、ブックを閉じるタイミングで表示する設定に戻しています。

関連ワザ 678 全コマンドバーコントロールの情報リストを作成する………P.849

ワザ 686 メニューを使用不可に設定する

難易度 ●●○ | 頻出度 ●○○ | 対応Ver. 365 2021 2019 2016

作成したコマンドバーコントロールを使用不可に設定します。ある状況で「特定のメニューを使用できないようにしたい」というときにこのワザを利用しましょう。ここでは、「オリジナルツールバー」を作成して2つのサブメニューを持つメニューを作成し、下側のサブメニューを使用不可に設定しています。

「オリジナルツールバー」を作成して、2つのサブメニューのうち、下側のサブメニューを使用不可に設定する

入力例

686.xlsm

```
Sub メニュー使用不可()
    Dim myToolBar As CommandBar, myMenu As CommandBarPopup
    Dim mySubMenu As CommandBarButton
    Set myToolBar = Application.CommandBars.Add _  ←1
        (Name:="オリジナルツールバー", Temporary:=True)
    Set myMenu = myToolBar.Controls.Add _  ←2
        (Type:=msoControlPopup, Temporary:=True)
    myMenu.Caption = "メインメニュー"  ←3
    Set mySubMenu = myMenu.Controls.Add _  ←4
        (Type:=msoControlButton, Temporary:=True)
    mySubMenu.Caption = "サブメニュー1"  ←5
    Set mySubMenu = myMenu.Controls.Add _  ←6
        (Type:=msoControlButton, Temporary:=True)
    mySubMenu.Caption = "サブメニュー2"  ←7
    mySubMenu.Enabled = False  ←8
    myToolBar.Visible = True  ←9
End Sub
```

1一時的なツールバー「オリジナルツールバー」を作成して、変数「myToolBar」に代入する 2変数「myToolBar」に代入したツールバーに、サブメニューを持つ一時的なメニューを作成し、変数「myMenu」に代入する 3メニューの表示名として「メインメニュー」を設定する 4変数「myMenu」に代入したメニューにサブメニューを持たない一時的なメニューを作成して、変数「mySubMenu」に代入する 5メニューの表示名として「サブメニュー1」を設定する 6変数「myMenu」に代入したメニューにサブメニューを持たない2つ目の一時的なメニューを作成して、変数「mySubMenu」に代入する 7メニューの表示名として「サブメニュー2」を設定する 8メニューを使用不可に設定する 9変数「myToolBar」に代入したツールバー[オリジナルツールバー]を表示する

ポイント

構文 コマンドバーコントロールを表すオブジェクト.Enabled

- コマンドバーコントロールの使用可・使用不可を取得・設定するには、Enabledプロパティを使用します。「True」を設定すると使用可、「False」を設定すると使用不可に設定され、コマンドバーコントロールはクリックできないグレー表示の状態になります。

ワザ 687 ボタンのオンとオフの表示方法を設定する

難易度 ●○○ | 頻出度 ●○○ | 対応Ver. 365 2021 2019 2016

ボタンのオンとオフの表示方法とは、コマンドバーコントロールがボタンの場合は「ボタンが押されているかどうか」、サブメニューを持たないメニューの場合は「メニューの左側にチェックマークが付いているかどうか」に関する表示方法のことです。ここでは、ユーザーフォームのコントロールのトグルボタンのように、クリック操作によってオンとオフを切り替えるボタンを作成します。なお、「ボタン表示切り替え」プロシージャーは、「ボタン作成」プロシージャーを実行して［ボタンOnOff］ボタンを作成し、［ボタンOnOff］ボタンをクリックして実行するプロシージャーです。「ボタン作成」プロシージャーについてはサンプルファイルを確認してください。

クリック操作によってオンとオフを切り替える［ボタンOnOff］というボタンを作成する

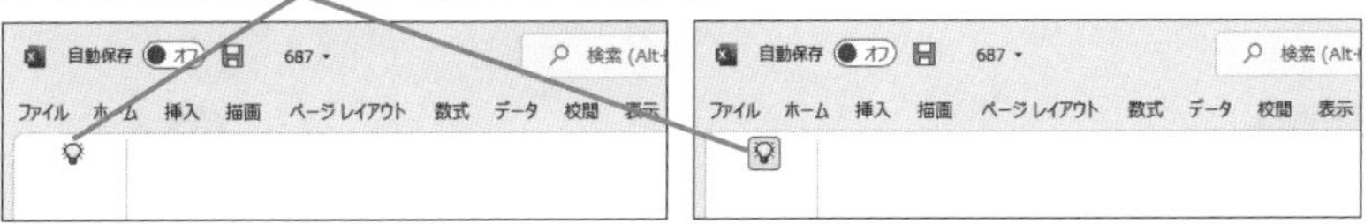

入力例

687.xlsm

```
Sub ボタン表示切り替え()
    Dim myButton As CommandBarButton
    Set myButton = Application. _    ←1
        CommandBars("Worksheet Menu Bar").Controls("ボタンOnOff")
    If myButton.State = msoButtonUp Then    ←2
        myButton.State = msoButtonDown
    ElseIf myButton.State = msoButtonDown Then    ←3
        myButton.State = msoButtonUp
    End If
End Sub
```

1ワークシートメニューバーに作成した［ボタンOnOff］ボタンを取得して、変数「myButton」に代入する　2変数「myButton」に代入したボタンが押されていない状態であれば、ボタンが押された状態に設定する　3変数「myButton」に代入したボタンが押された状態であれば、ボタンが押されていない状態に設定する

ポイント

構文 CommandBarButtonオブジェクト.State

- CommandBarButtonオブジェクト（サブメニューを持たないメニューやボタン）のオン・オフの表示方法を取得・設定するには、Stateプロパティを使用します。

●Stateプロパティの設定値（MsoButtonState列挙型の定数）

定数	値	CommandBarButtonオブジェクトに設定される状態
msoButtonDown	-1	ボタンの場合はボタンがクリックされている状態。メニューの場合はチェックマークが付いた状態
msoButtonUp	0	ボタンの場合はボタンがクリックされていない状態。メニューの場合はチェックマークが付いていない状態

ワザ 688 ボタンにポップヒントを表示する

難易度 ●○○ | 頻出度 ●○○ | 対応Ver. 365 2021 2019 2016

ボタンにマウスポインターを合わせたときに表示される文字列を「ポップヒント」と言います。このポップヒントをコマンドバーコントロールに設定するにはTooltipTextプロパティを使用します。ボタンをクリックする前に、どのような機能なのかを知ることができる便利な機能です。ここでは、メニューバーに作成したボタンに「ポップヒントです」と表示されるポップヒントを設定しています。

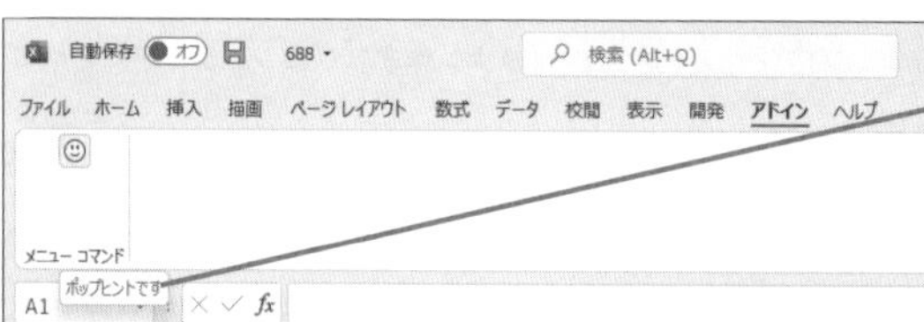

メニューバーに作成したボタンに「ポップヒントです」と表示されるポップヒントを設定する

入力例

688.xlsm

```
Sub ポップヒント表示()
    Dim myWSMenu As CommandBar, myButton As CommandBarButton
    Set myWSMenu = Application.CommandBars("Worksheet Menu Bar") ←1
    Set myButton = myWSMenu.Controls.Add _ ←2
            (Type:=msoControlButton, Temporary:=True)
    myButton.FaceId = 59 ←3
    myButton.TooltipText = "ポップヒントです" ←4
End Sub
```

1ワークシートメニューバーを取得して、変数「myWSMenu」に代入する　2ワークシートメニューバーに一時的なボタンを作成し、変数「myButton」に代入する　3ボタンにID番号「59」のボタンイメージを設定する　4ボタンに「ポップヒントです」と表示するポップヒントを設定する

ポイント

構文　コマンドバーコントロールを表すオブジェクト.TooltipText

- コマンドバーコントロールにマウスポインターを合わせたときに表示されるポップヒントの文字列を取得・設定するには、TooltipTextプロパティを使用します。
- TooltipTextプロパティに設定したポップヒントの内容を削除するには、TooltipTextプロパティに「""」(長さ0の文字列)を設定してください。
- TooltipTextプロパティが設定されていない場合は、Captionプロパティの文字列がポップヒントとして表示されます。

関連ワザ 669 ツールバーにメニューを作成する………P.837
関連ワザ 670 ツールバーにボタンを作成する………P.839
関連ワザ 671 ワークシートメニューバーにオリジナルのメニューを作成する………P.841
関連ワザ 687 ボタンのオンとオフの表示方法を設定する………P.859

ワザ 689 メニューを一時的に削除する

難易度 ●○○ | 頻出度 ●○○ | 対応Ver. 365 2021 2019 2016

コマンドバーコントロールを削除するにはDeleteプロパティを使用します。使用頻度が低いメニューなどを削除することで、実行したいメニューを探しやすくなります。ここでは、ショートカットメニューのうち［リンク］メニューを一時的に削除しています。

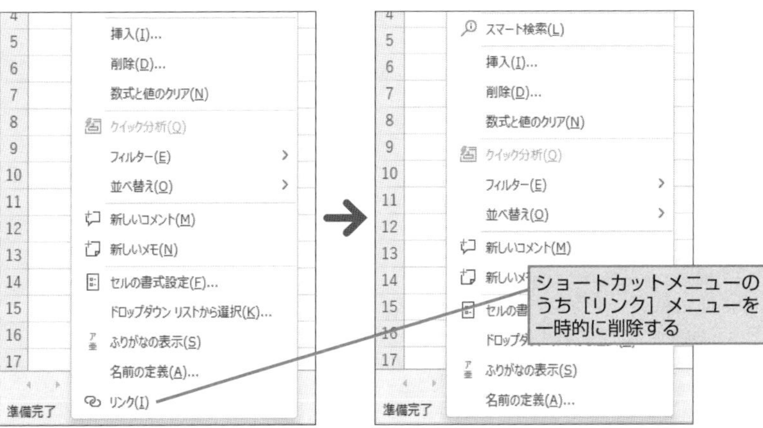

入力例　689.xlsm

```
Sub メニュー削除()
    Application.CommandBars("Cell"). _    ←1
        Controls("ハイパーリンク(&H)...").Delete Temporary:=True
End Sub
```

1 ショートカットメニューの［リンク］メニューを一時的に削除する

ポイント

構文　**コマンドバーコントロールを表すオブジェクト.Delete(Temporary)**

- コマンドバーコントロールを削除するには、Deleteメソッドを使用します。引数「Temporary」に「True」を設定すると、一時的にコマンドバーコントロールが削除され、次にExcelを起動したときに元の設定に戻ります。
- セルを右クリックしたときに表示されるショートカットメニューなど、既存のExcelのメニューを削除する場合は、引数「Temporary」に「True」を設定して、再起動したときに元に戻るように設定するといいでしょう。
- CommandBarオブジェクトのResetメソッドを使用して、削除前の状態にリセットすることも可能です。

関連ワザ 673 カスタマイズしたショートカットメニューの設定を元に戻す………P.844
関連ワザ 677 ツールバーを削除する………P.848
関連ワザ 678 全コマンドバーコントロールの情報リストを作成する………P.849
関連ワザ 685 ショートカットメニューの特定のメニューの表示・非表示を切り替える………P.857

ワザ 690 ショートカットメニューにオリジナルのメニューを作成する

難易度 ●●○ | 頻出度 ●○○ | 対応Ver. 365 2021 2019 2016

セルを右クリックしたときに表示されるショートカットメニューの先頭に、サブメニュー［オリジナルサブメニュー］を持つ「オリジナルメニュー」を作成します。先頭にメニューを追加することで、探しやすくてクリックしやすいメニューになります。「オリジナルサブメニュー」をクリックすると「オリジナルマクロ」が実行されます。

入力例

690.xlsm

```
Sub ショートカットメニューにメニュー追加()
    Dim mySCMenu As CommandBar
    Dim myMenu As CommandBarPopup
    Dim mySubMenu As CommandBarButton
    Set mySCMenu = Application.CommandBars("Cell")  ←1
    mySCMenu.Controls(1).BeginGroup = True  ←2
    Set myMenu = mySCMenu.Controls.Add _  ←3
        (Type:=msoControlPopup, Before:=1, Temporary:=True)
    myMenu.Caption = "オリジナルメニュー"  ←4
    Set mySubMenu = myMenu.Controls.Add _  ←5
        (Type:=msoControlButton, Temporary:=True)
    mySubMenu.Caption = "オリジナルサブメニュー"  ←6
    mySubMenu.OnAction = "オリジナルマクロ"  ←7
End Sub

Sub オリジナルマクロ()  ←8
    MsgBox "オリジナルマクロを実行しました。"
End Sub
```

1セルを右クリックして表示されるショートカットメニューを取得して、変数「mySCMenu」に代入する 2変数「mySCMenu」に代入したショートカットメニューの1つ目のコマンドバーコントロール（メニュー）の上側に区切り線を表示する 3変数「mySCMenu」に代入したショートカットメニューの1つ目のコマンドバーコントロール（メニュー）の直前に、サブメニューを持つ一時的なメニューを作成し、変数「myMenu」に代入する 4メニューの表示名として「オリジナルメニュー」を設定する 5変数「myMenu」に代入したメニューに、サブメニューを持たない一時的なメニューを作成し、変数「mySubMenu」に代入する 6サブメニューの表示名に「オリジナルサブメニュー」を設定する 7サブメニューがクリックされたときに実行するマクロとして、「オリジナルマクロ」を設定する 8作成したサブメニューがクリックされたときに実行される

ポイント

- セルを右クリックしたときに表示されるショートカットメニューを参照するには、CommandBarsプロパティの引数「Index」に「Cell」を指定します。
- ショートカットメニューの先頭にメニューを追加するには、CommandBarControlsコレクションのAddメソッドの引数「Before」に「1」を指定して、ショーカットメニューの1番目のメニューの直前、つまり、ショートカットメニューの先頭にメニューを作成します。
- 既定のショートカットメニューとオリジナルメニューの区切りが分かるように、ショートカットメニューの1番目のメニューの上側に区切り線を設定しています。

関連ワザ 670 ツールバーにボタンを作成する………P.839

ワザ 691 ミニツールバーを非表示に設定する

難易度 ●●○　頻出度 ●●○　対応Ver. 365 2021 2019 2016

セルを右クリックしたときやセルの文字列の選択時に表示されるミニツールバーは、Excelのオプションで非表示に設定できません。ミニツールバーを非表示にすれば、ワークシートの視認性を上げることができます。セルを右クリックしたときに表示されるミニツールバーを非表示に設定するには、ApplicationオブジェクトのShowMenuFloatiesプロパティに「True」を設定します。セルの文字列を選択したときに表示されるミニツールバーを非表示に設定するには、ApplicationオブジェクトのShowSelectionFloatiesプロパティに「True」を設定します。

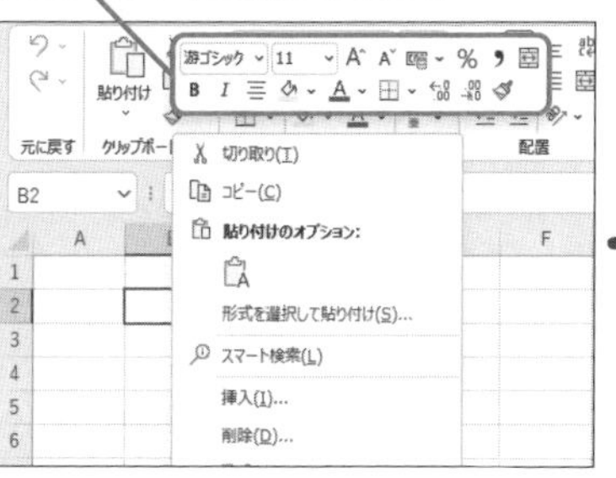

セルを右クリックしたときに表示される
ミニツールバーが非表示に設定された

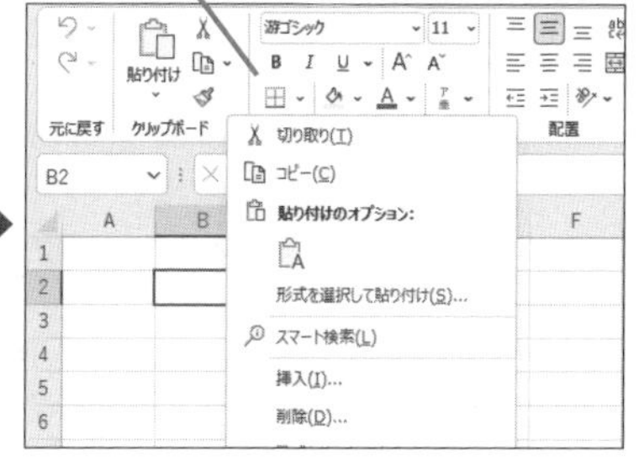

◆セルの文字列を選択したときに
表示されるミニツールバー

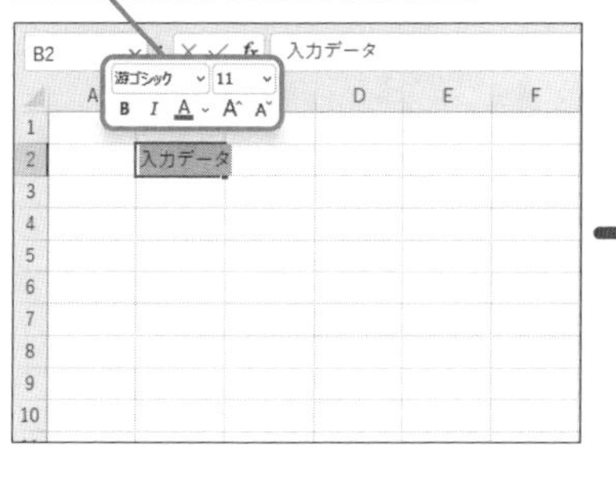

セルの文字列を選択したときに表示される
ミニツールバーが非表示に設定された

次のページに続く▶

入力例 ThisWorkbookモジュールに記述  691.xlsm

```
Private Sub Workbook_Open()_  ←1
    With Application
        .ShowMenuFloaties = True  ←2
        .ShowSelectionFloaties = True  ←3
    End With
End Sub

Private Sub Workbook_BeforeClose(Cancel As Boolean)  ←4
    With Application
        .ShowMenuFloaties = False  ←5
        .ShowSelectionFloaties = False  ←6
    End With
End Sub
```

1ブックが開いた直後に実行される 2セルを右クリックしたときに表示されるミニツールバーを非表示に設定する 3セルに入力された文字列を選択したときに表示されるミニツールバーを非表示に設定する 4ブックが閉じられる直前に実行される 5セルを右クリックしたときに表示されるミニツールバーが表示されるように設定する 6セルに入力された文字列を選択したときに表示されるミニツールバーが表示されるように設定する

ポイント

構文 `Applicationオブジェクト.ShowMenuFloaties`

- セルを右クリックしたときに表示されるミニツールバーの表示と非表示を設定するには、ApplicationオブジェクトのShowMenuFloatiesプロパティを使用します。「True」を設定すると非表示、「False」を設定すると表示に設定されます。

構文 `Applicationオブジェクト.ShowSelectionFloaties`

- セルに入力された文字列を選択したときに表示されるミニツールバーの表示と非表示を設定するには、ApplicationオブジェクトのShowSelectionFloatiesプロパティを使用します。「True」を設定すると非表示、「False」を設定すると表示に設定されます。
- ShowMenuFloatiesプロパティ、ShowSelectionFloatiesプロパティともに、プロパティ名に対して、非表示に設定するときに「True」、非表示に設定するときに「False」を指定することに違和感があるかもしれません。値を逆に設定しないように注意してください。
- ミニツールバーの表示・非表示の設定は、Excelを終了した後も、その設定内容が保存されます。ここでは、特定のブックを開いたときだけミニツールバーを非表示に設定するため、BeforeCloseイベントプロシージャーを使用してミニツールバーを表示する設定に戻しています。

関連ワザ 020 ブックを開いたときに処理を実行する………P.56
関連ワザ 023 ブックを閉じる前に処理を実行する………P.59

ワザ 692 リボンから実行するプロシージャーを作成する

難易度 ●●○ | 頻出度 ●○○ | 対応Ver. 365 2021 2019 2016

リボンをカスタマイズして作成したボタンをクリックしたときに実行するプロシージャーを作成します。ここでは、クリックされたボタンのID番号をメッセージで表示するプロシージャーを作成します。このプロシージャーを実行するには、ワザ693とワザ694で解説している方法で、リボンをカスタマイズしてから、作成したボタンをクリックしてください。

入力例

CustomRibbon.xlsm

```
Sub ボタンメッセージ(ByRef myButton As IRibbonControl) ←1
    MsgBox "クリックされたボタンのID:" & myButton.ID ←2
End Sub
```

1リボンに作成したボタンがクリックされたときに実行される　2クリックされたボタンのID番号をメッセージで表示する

ポイント

構文
```
Sub プロシージャー名(ByRef 引数名 As IRibbonControl)
    処理内容
End Sub
```

- リボンから実行するプロシージャーは標準モジュールに記述します。
- プロシージャーの引数として、参照渡しによるIRibbonControl型の変数を1つ指定する必要があります。この引数には、リボンで操作されたコントロール（IRibbonControlオブジェクト）への参照が代入され、プロシージャー内でIRibbonControlオブジェクトの各プロパティの値を参照できます。

●IRibbonControlオブジェクトのプロパティ

プロパティ	内容
Context	操作されたコントロール（IRibbonControlオブジェクト）が配置されているリボンを含むアクティブウィンドウ（Windowオブジェクト）を返す
ID	操作されたコントロール（IRibbonControlオブジェクト）に設定されている属性「id」の値を返す
Tag	操作されたコントロール（IRibbonControlオブジェクト）に設定されている属性「tag」の値を返す

関連ワザ 693 リボンをカスタマイズするXMLファイルを作成する………P.866
関連ワザ 694 リボンをカスタマイズするXMLファイルをExcelに反映させる………P.868

ワザ 693 リボンをカスタマイズするXMLファイルを作成する

難易度 ●●●　頻出度 ●○○　対応Ver. 365 2021 2019 2016

リボンに独自のタブを作成するには、作成するタブの構成を定義したXMLファイルを作成します。タブに配置する部品をXMLの要素として記述し、各部品の設定を要素の属性値として記述します。ここでは、2つのボタンを持つ「オリジナルグループ」を配置した「オリジナルタブ」を作成するXMLファイルを記述します。これをExcelに反映させる方法については、ワザ694を参照してください。

入力例　 OriginalTab.xml（[OriginalTab] フォルダー内）

```
<?xml version="1.0" encoding="UTF-8" standalone="yes"?>
<customUI xmlns="http://schemas.microsoft.com/office/2006/01/customui">
  <ribbon>
    <tabs>
      <tab id="myTab" label="オリジナルタブ">
        <group id="myGroup" label="オリジナルグループ">
          <button id="myButton1" size="large" label="ボタン1"
            imageMso="HappyFace" onAction="ボタンメッセージ"
            screentip="メッセージ1を表示"
            supertip="クリックされたボタンのIDを表示します。"/>
          <button id="myButton2" size="large" label="ボタン2"
            imageMso="MacroDefault" onAction="ボタンメッセージ"
            screentip="メッセージ2を表示"
            supertip="クリックされたボタンのIDを表示します。"/>
        </group>
      </tab>
    </tabs>
  </ribbon>
</customUI>
```

1「オリジナルタブ」という名前のタブを作成する　2「オリジナルグループ」という名前のグループを作成する
3id属性が「myButton1」、ボタンイメージが「HappyFace」、クリックすると「ボタンメッセージ」プロシージャーが実行される［ボタン1］ボタンを作成する　4id属性が「myButton2」、ボタンイメージが「MacroDefault」、クリックすると［ボタンメッセージ］プロシージャーが実行される［ボタン2］ボタンを作成する

ポイント

構文

```
<?xml version="1.0" encoding="UTF-8" standalone="yes"?>
<customUI xmlns="http://schemas.microsoft.com/office/2006/01/customui">
  <ribbon>
    <tabs>
      タブを構成する要素の記述
    </tabs>
  </ribbon>
</customUI>
```

- XMLファイルは、メモ帳などのテキストエディターを使用して作成します。
- 1行目のXML宣言に続けて、ルート要素となるcustomUI要素、続いてcustomUI要素の子要素としてリボンを表すribbon要素を記述し、ribbon要素の子要素としてすべてのタブを表すtabs要素を記述します。タブを作成するXMLファイルの場合、ここまでは、ほぼ決まり文句と言える記述内容です。

- タブを構成する部品の定義は、tabs要素の子要素として記述します。定義する主な要素としては、タブを表すtab要素、グループを表すgroup要素、そしてグループ内に配置されるさまざまなコントロール(例えば、ボタンを表すbutton要素)があります。
- 1つのタブの中に複数のグループがあったり、1つのグループの中に複数のコントロールがあったりするように、tab要素の子要素として複数のgroup要素を記述したり、group要素の子要素として複数のbutton要素などを記述したりします。

構文
```
<tab id=ID番号 label=表示文字列>
    タブを構成するgroup要素やbutton要素などの記述
</tab>
```

- 複数のタブをコンピューターに識別させるために、タブごとに重複しない半角英数字のID番号をid属性に記述し、タブ部分に表示する文字列(タブの名前)をlabel属性に記述します。

構文
```
<group id=ID番号 label=表示文字列>
    グループを構成するbutton要素などを記述
</group>
```

- 複数のグループをコンピューターに識別させるために、グループごとに重複しない半角英数字のID番号をid属性に記述し、グループの下部に表示する文字列(グループの名前)をlabel属性に記述します。

構文
```
<button id=ID番号 size=ボタンのサイズ label=表示文字列
  imageMso=ボタンイメージ名 onAction=クリックされたときに実行するプロシージャー名
  screentip=ヒントのタイトル
  supertip=ヒントの説明/>
```

- 複数のボタンをコンピューターに識別させるために、ボタンごとに重複しない半角英数字のID番号をid属性として記述します。
- ワザ692で作成している「ボタンメッセージ」プロシージャーで表示されるID番号（IRibbonControlオブジェクトのIDプロパティで取得する値)は、このid属性の値です。
- その他、button要素には、ボタンのサイズや表示文字列(ボタンの名前)、ボタンイメージなどを設定する属性を記述できます。ボタンがクリックされたときに実行するプロシージャー名は、onAction属性として記述してください。

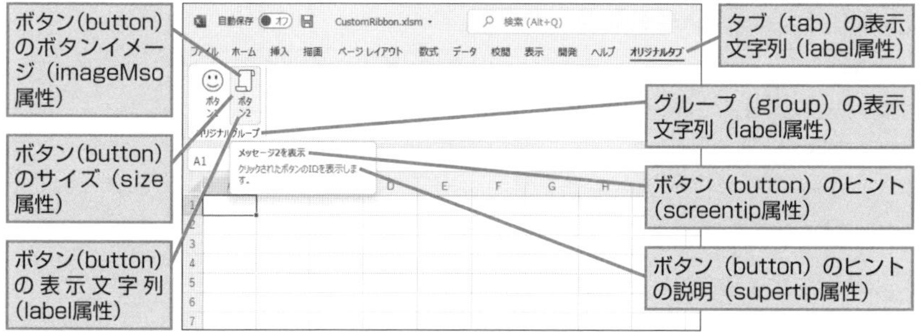

- XMLファイルを作成したら、任意のフォルダーを作成して、そのフォルダーに保存しておきます。保存するときの文字コードは［UTF-8］に設定し、フォルダー名とXMLファイル名ともに、半角英数字を使用して設定してください。XMLファイルの拡張子は「.xml」です。ここでは、作成した[OriginalTab.xml]を[OriginalTab]フォルダーに保存しておきます。

ワザ 694 リボンをカスタマイズするXMLファイルをExcelに反映させる

難易度 ●●● | 頻出度 ●○○ | 対応Ver. 365 2021 2019 2016

ワザ693で作成した「リボンをカスタマイズするXMLファイル」をExcelに反映させるには、Excelファイルの拡張子の末尾に「.zip」を追記してZIP形式のパッケージ表示にする必要があります。パッケージ表示に変化させたら、パッケージを開いてExcelファイルの内部を表示し、作成したXMLファイルをコピーします。続いて、Excelファイルの内部にある「.rels」ファイルにRelationship要素を追記します。

作成した XML ファイルをパッケージにコピーする

ExcelファイルをZIP形式のパッケージ表示に変更して、この中に作成したXMLファイルを［OriginalTab］フォルダーごとコピーします。

1 ファイルの拡張子を変更する

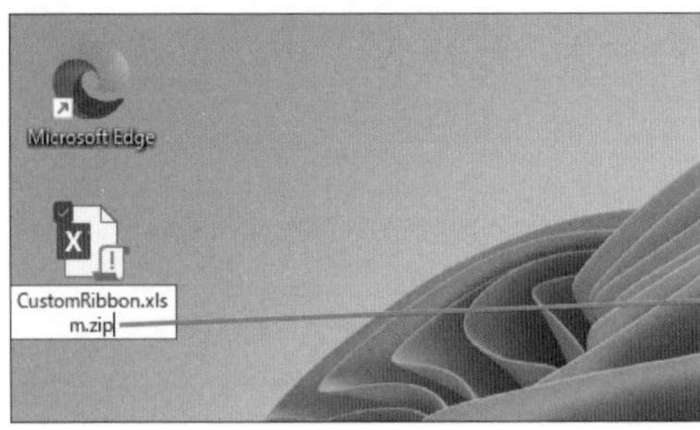

ファイルの拡張子を変更して、ZIP形式のパッケージ表示にする

ここでは、デスクトップに保存されているExcelファイル［CustomRibbon.xlsm］のファイル名を変更する

1 ファイル名の末尾に「.zip」を追記

2 拡張子の変更を実行する

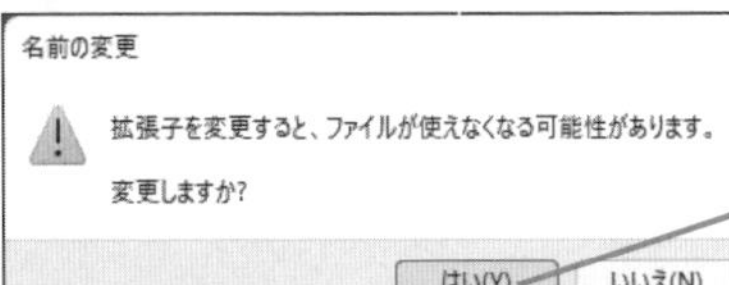

拡張子変更についてのメッセージが表示された

1 ［はい］をクリック

3 XMLファイルをコピーする

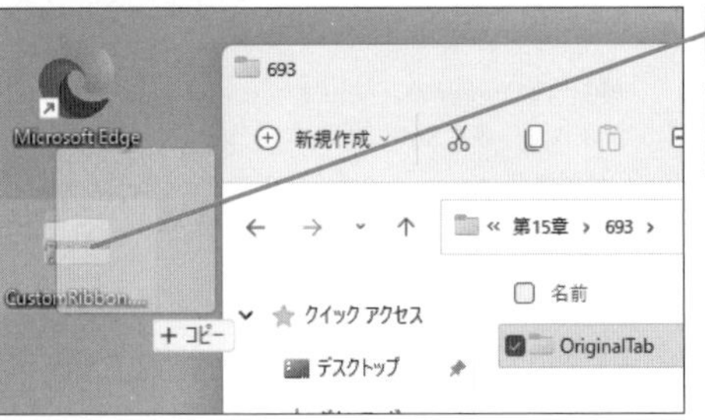

1 ここまでドラッグ

［OriginalTab］フォルダーをパッケージ内にコピーする

.rels ファイルにファイル構成を追記する

ZIP形式で表示したパッケージ内の「_rels」フォルダーにある「.rels」ファイルをメモ帳などで開いて、追加したファイルのディレクトリ構造などを記したRelationship要素を追記します。ここでは、次の1のRelationship要素を追記します。なお、Windows 11の場合、「.rels」ファイルは直接編集できません。別な場所へコピーしてから編集し、元の場所へ移動して上書きしてください。

入力例　CustomRibbon.xlsm 内の .rels ファイル（「_rels」フォルダー内）

```
<?xml version="1.0" encoding="UTF-8" standalone="yes"?>
<Relationships xmlns="http://schemas.openxmlformats.org/package/2006/
relationships">
  <Relationship Id="rId3" Type="http://schemas.openxmlformats.org/
officeDocument/2006/relationships/extended-properties" Target="docProps/app.xml"/>
  <Relationship Id="rId2" Type="http://schemas.openxmlformats.org/package/2006/
relationships/metadata/core-properties" Target="docProps/core.xml"/>
  <Relationship Id="rId1" Type="http://schemas.openxmlformats.org/
officeDocument/2006/relationships/officeDocument" Target="xl/workbook.xml"/>
  <Relationship Id="myTab1" Type="http://schemas.microsoft.com/office/2006/
relationships/ui/extensibility" Target="OriginalTab/OriginalTab.xml"/>   ─ 1
</Relationships>
```

1「myTab1」というID番号で、OriginalTabパッケージ内の［OriginalTab.xml］を登録する

ポイント

- 「.rels」ファイルには、パッケージ内に保存されている各パーツのディレクトリ構造などがXML形式で記述されています。ルート要素はRelationships要素で、その子要素としてRelationship要素が各パーツ単位で記述されています。
- Relationship要素のId属性には、各パーツを一意に識別できるID番号を設定します。半角英数字を使用して設定してください。
- Relationship要素のType属性には、パーツの種類ごとに用意されているXMLスキーマのURLを設定します。リボンなどのユーザーインターフェースをカスタマイズするときのURLは「http://schemas.microsoft.com/office/2006/relationships/ui/extensibility」です。
- Relationship要素のTarget属性には、パーツの内容が記述されているXMLファイルのディレクトリ構造を記述します。例えば、パッケージ内の［OriginalTab］フォルダーに保存されている「OriginalTab.xml」ファイルのディレクトリ構造は、「OriginalTab/OriginalTab.xml」と記述します。

作成したタブを表示する

作成したタブを表示するには、ZIP形式のパッケージ表示からExcelファイルの表示に戻して、Excelファイルを開きます。

1 拡張子の変更を実行する

1 ファイル名末尾の「.zip」を削除

2 Enter キーを押す

名前の変更

拡張子を変更すると、ファイルが使えなくなる可能性があります。

変更しますか?

はい(Y)　いいえ(N)

［名前の変更］ダイアログボックスが表示された

3［はい］をクリック

次のページに続く▶

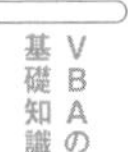

2 「CustomRibbon.xlsm」ファイルを開く

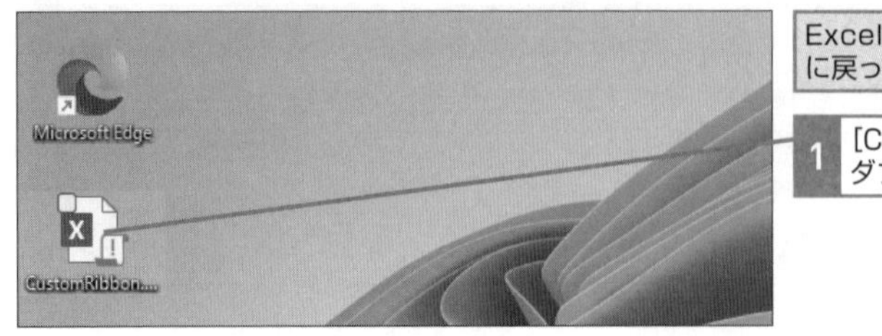

3 プロシージャーを実行する

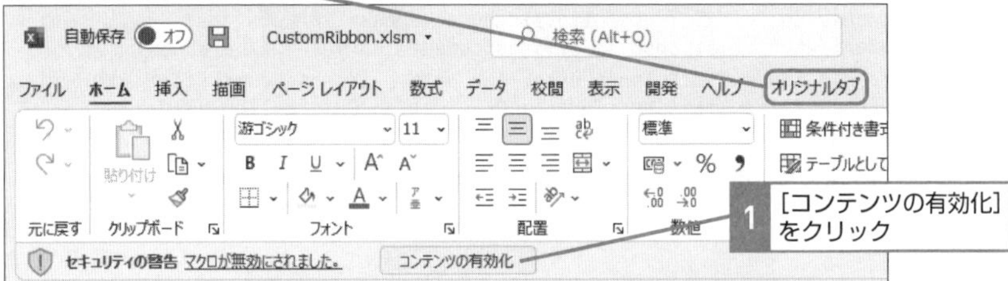

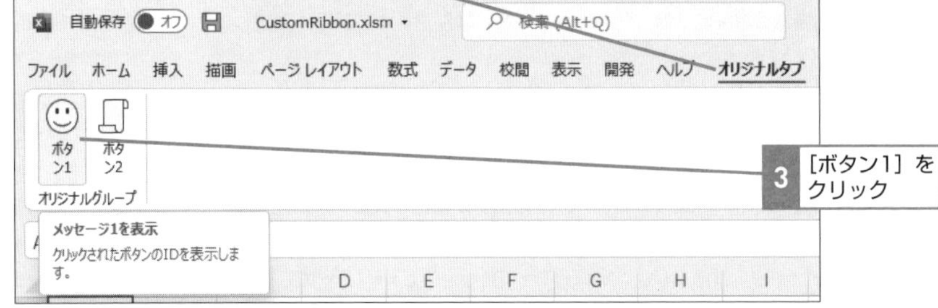

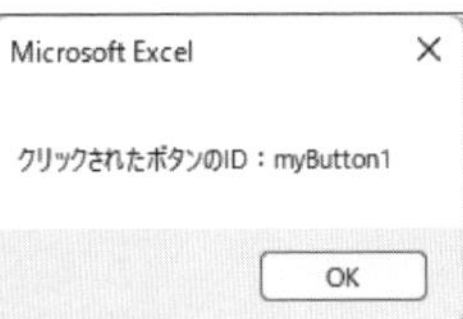

関連ワザ 692 リボンから実行するプロシージャーを作成する………P.865
関連ワザ 693 リボンをカスタマイズするXMLファイルを作成する………P.866

ワザ 695 プロシージャーのショートカットキーを自動的に割り当てる

難易度 ●○○ | 頻出度 ●●○ | 対応Ver. 365 2021 2019 2016

プロシージャーを実行するショートカットキーを自動的に割り当てるには、ApplicationオブジェクトのOnKeyメソッドを使用します。ここでは、「サンプルマクロ」プロシージャーを実行するショートカットキーとして[Ctrl]+[W]キーを割り当てます。Workbook_Openイベントプロシージャーを使用して、ブックを開いたタイミングで自動的に割り当てています。

Microsoft Excel
ショートカットキーで実行されました。
OK

[Ctrl]キーを押しながら[W]キーを押すと、マクロが実行され、メッセージが表示された

入力例 ThisWorkbookモジュールに記述　695.xlsm

```
Private Sub Workbook_Open()  ←1
    Application.OnKey Key:="^w", Procedure:="サンプルマクロ"  ←2
End Sub
```

1 ブックが開いた直後に実行される　2「サンプルマクロ」プロシージャーのショートカットキーとして[Ctrl]+[W]キーを割り当てる

入力例 標準モジュール(Module1)に記述  695.xlsm

```
Sub サンプルマクロ()
    MsgBox "ショートカットキーで実行されました。"  ←1
End Sub
```

1「ショートカットキーで実行されました。」というメッセージを表示する

ポイント

構文 `Applicationオブジェクト.OnKey(Key,Procedure)`

- プロシージャーを実行するショートカットキーを自動的に割り当てるには、ApplicationオブジェクトのOnKeyメソッドを使用します。
- 引数「Key」には、割り当てるショートカットキーをキーコードを使用して指定します。キーコードについてはワザ621に掲載されているキーコード一覧を参照してください。
- 引数「Procedure」には、ショートカットキーを割り当てるプロシージャーの名前を指定します。
- 引数「Procedure」に「""」(長さ0の文字列)を指定すると、引数「Key」に指定したショートカットキーの設定が解除されます。この場合、引数「Key」に指定したショートカットキーを押しても何も起こらなくなります。
- 引数「Procedure」の指定を省略すると、引数「Key」に指定したショートカットキーへの割り当てがクリアされて、Excelの既定のショートカットキーの設定に戻ります。
- ApplicationオブジェクトのOnKeyメソッドを使用すれば、VBAのコードでプロシージャーとショートカットキーの割り当ての対応をコード上で管理できるので便利です。

ワザ 696 画面表示の更新を抑止して処理速度を上げる

難易度 ●○○ | 頻出度 ●●● | 対応Ver. 365 2021 2019 2016

Excel VBAでセルの書式を変更する処理などを実行すると、その処理に合わせて画面表示が更新されるので画面がちらつき、処理速度が遅くなります。この画面表示の更新を抑止すれば、処理速度を上げることができます。ここでは、セルA1～A1000に行番号を入力して、文字の横位置と背景色、外枠の罫線を設定します。処理に負荷をかけるために、セルを選択したり、行番号を参照させたりしていますが、画面表示の更新を抑止しているため、処理にかかる時間が短縮されます。

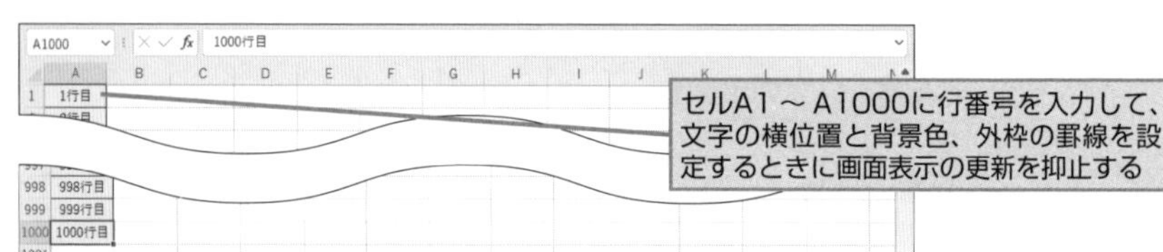

入力例　696.xlsm

```
Sub 画面更新を抑止()
    Dim i As Long
    Application.ScreenUpdating = False ←1
    For i = 1 To 1000 ←2
        Cells(i, 1).Select ←3
        With Selection ←4
            .Value = .Row & "行目" ←5
            .HorizontalAlignment = xlCenter ←6
            .Interior.ColorIndex = 34 ←7
            .BorderAround LineStyle:=xlContinuous ←8
        End With
    Next i
    Application.ScreenUpdating = True ←9
End Sub
```

1画面を更新しない設定にする　2変数「i」が「1」から「1000」になるまで処理を繰り返す　3i行1列目のセルを選択する　4選択したセルについて処理を行う　5行番号に「行目」という文字列を連結してセルに入力する　6横方向の配置を［中央揃え］に設定する　7背景色を薄い水色に設定する　8セルの周囲に細実線の罫線を設定する　9画面を更新する設定にする

ポイント

構文　`Applicationオブジェクト.ScreenUpdating`

- ApplicationオブジェクトのScreenUpdatingプロパティに「False」を設定すると、画面表示の更新が抑止されます。画面表示を更新する設定に戻すには「True」を設定します。
- ScreenUpdatingプロパティを「False」に設定した場合、マクロの実行が終了すると自動的に「True」の設定に戻りますが、トラブルを防ぐために、「True」に設定するステートメントを明示的に記述しておきましょう。
- サンプルの1をコメントにする、もしくは「Application.ScreenUpdating = True」に変更してプロシージャーを実行すると、画面表示が更新されて画面がちらつき、処理に時間がかかります。

ワザ 697 注意メッセージを非表示にする

難易度 ●○○ | 頻出度 ●●● | 対応Ver. 365 2021 2019 2016

データを変更した後に上書き保存されていないブックを閉じようとすると、注意のメッセージが表示されます。メッセージの内容を承知の上でブックを閉じる場合に、その都度注意メッセージのボタンをクリックしなくてもいいように、注意メッセージを表示させないように設定できます。

変更後に上書き保存していないブックを閉じるときに表示される、注意メッセージが表示されないようにする

入力例　697.xlsm

```
Sub 注意メッセージ非表示()
    Application.DisplayAlerts = False ←1
    ActiveWorkbook.Close ←2
    Application.DisplayAlerts = True ←3
End Sub
```

1注意メッセージを表示しない設定にする　2アクティブブックを閉じる　3注意メッセージを表示する設定にする

ポイント

構文 `Applicationオブジェクト.DisplayAlerts`

- プロシージャーが実行されている間、注意や警告などのメッセージを非表示にするには、ApplicationオブジェクトのDisplayAlertsプロパティに「False」を設定します。
- DisplayAlertsプロパティに「False」を設定すると、変更後に上書き保存していないブックを閉じるときの注意メッセージだけでなく、すべての注意や警告などのメッセージが表示されなくなります。
- 注意や警告などのメッセージを表示する設定に戻すには、DisplayAlertsプロパティに「True」を設定します。
- WorksheetオブジェクトのDeleteメソッドを使用して、データが入力されたワークシートを削除するとき、Excel 2016では、DisplayAlertsプロパティの設定にかかわらず、注意メッセージは表示されない場合があるので注意してください(手動で削除するときは表示されます)。
- DisplayAlertsプロパティを「False」に設定した場合、マクロの実行が終了すると自動的に「True」の設定に戻りますが、不意なトラブルを防ぐために、「True」に設定するステートメントを明示的に記述しておきましょう。
- サンプルの1をコメントにする、もしくは「Application.DisplayAlerts = True」に変更してプロシージャーを実行すると、変更後に上書き保存していないブックを閉じるときに注意メッセージが表示されます。DisplayAlertsプロパティに「False」を設定したことによって、この注意メッセージが表示されなくなったことが確認できます。

関連ワザ 239 ブックの変更を保存せずに閉じる………P.300
関連ワザ 243 変更を保存してブックを閉じる………P.304

ワザ 698 ステータスバーにメッセージを表示する

難易度 ●●○ 頻出度 ●●○ 対応Ver. 365 2021 2019 2016

Excelの下部に表示されているステータスバーにメッセージを表示します。ここでは、ステータスバーに、処理の進行状況を伝える簡単なプログレスバーを表示します。プログレスバー部分はString関数を使用して作成します。

Excelのステータスバーにメッセージを表示できる

入力例

698.xlsm

```
Sub ステータスバー()
    Dim i As Integer
    For i = 0 To 10  ←1
        Application.StatusBar = "プロシージャー処理中" & String(i, "■") & _  ←2
            String(10 - i, "□")
        Application.Wait Now + TimeValue("00:00:01")  ←3
    Next i
    Application.StatusBar = False  ←4
End Sub
```

1変数「i」が「0」から「10」になるまで処理を繰り返し実行する 2「プロシージャー処理中」という文字列と、i個分の「■」を並べた文字列、10-i個分の「□」を並べた文字列を連結して、ステータスバーに表示する 3プロシージャーの実行を、現在の時刻から1秒間、一時停止する。1秒単位で変数「i」の数値が大きくなって「■」の個数が増えていくため、左から右へ「□」が「■」に塗りつぶされるように見える 4ステータスバーをExcelの既定の表示に戻す

ポイント

構文 Applicationオブジェクト.StatusBar

- ステータスバーに文字列を表示するには、ApplicationオブジェクトのStatusBarプロパティに表示したい文字列を設定します。
- Excelの既定の表示に戻すには「False」を設定します。
- ステータスバーが非表示の場合、文字列は設定されますが、ステータスバーを表示させることはできません。ステータスバーを表示する場合は、ApplicationオブジェクトのDisplayStatusBarプロパティに「True」を設定してください。

関連ワザ 622 現在の日付と時刻を表示する………P.784
関連ワザ 633 文字列を時刻データに変換する………P.795
関連ワザ 702 実行中のプロシージャーを一時停止する………P.878

ワザ 699 Enterキーを押した後のセルの移動方向を右方向に設定する

難易度 ●●○ | 頻出度 ●●○ | 対応Ver. 365 2021 2019 2016

セルにデータを入力してEnterキーを押すと、既定の設定では下方向のセルが選択されます。ワークシートに作成した表の内容などによっては、このセルの移動方向を右方向や上方向などにしたい場合もあるでしょう。ここでは、ブックを開いたときにセルの移動方向を右方向に設定し、ブックを閉じたときに元の設定に戻します。

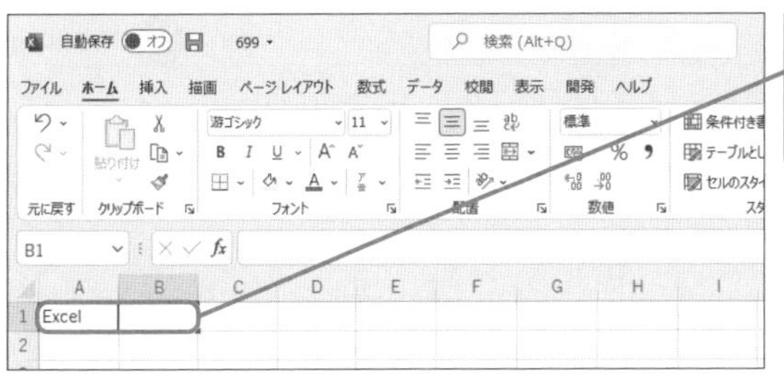

ブックを開いたときにセルの移動方向を右方向に設定し、ブックを閉じたときに元の設定に戻す

入力例　699.xlsm

```
Dim myDirection As String ←1

Private Sub Workbook_Open() ←2
    myDirection = Application.MoveAfterReturnDirection ←3
    Application.MoveAfterReturnDirection = xlToRight ←4
End Sub

Private Sub Workbook_BeforeClose(Cancel As Boolean) ←5
    Application.MoveAfterReturnDirection = myDirection ←6
End Sub
```

1現在のセルの移動方向の設定を保存するための、モジュールレベル変数「myDirection」を宣言する 2ブックが開いた直後に実行される 3現在のセルの移動方向の設定を、モジュールレベル変数「myDirection」に代入（保存）する 4セルの移動方向の設定を右方向に設定する 5ブックが閉じられる直前に実行される 6モジュールレベル変数「myDirection」に保存されていたセルの移動方向の設定を、セルの移動方向に設定する

ポイント

構　文　Applicationオブジェクト.MoveAfterReturnDirection

- セルの移動方向を取得・設定するには、MoveAfterReturnDirectionプロパティを使用します。

●MoveAfterReturnDirectionプロパティの設定値（XlDirection列挙型の定数）

定数	値	内容	定数	値	内容
xlDown	-4121	下方向	xlToRight	-4161	右方向
xlToLeft	-4159	左方向	xlUp	-4162	上方向

- セルの移動方向の設定は、Excelを終了した後も、その設定内容が保存されます。ここでは、特定のブックを開いたときだけセルの移動方向を変更するため、BeforeCloseイベントプロシージャーを使用してセルの移動方向の設定を元に戻しています。

ワザ 700 実行時間を指定して プロシージャーを実行する

難易度 ●●○ | 頻出度 ●○○ | 対応Ver. 365 2021 2019 2016

決まった時間になったら自動的にプロシージャーが実行されるプロシージャーを作成します。ここでは、現在の時刻から5秒後に「テスト」プロシージャーを実行します。決まった時刻に定期的にプロシージャーを実行するときに便利なテクニックです。なお、現在の時刻から10秒経ってもExcelが処理中で待機モードに入らない場合は、「テスト」プロシージャーを実行しないように設定しています。

入力例

 700.xlsm

```
Sub 実行時刻指定()
    Application.OnTime EarliestTime:=Now + TimeValue("00:00:05"), _    ←1
        Procedure:="テスト", LatestTime:=Now + TimeValue("00:00:10")
End Sub

Sub テスト()
    MsgBox "指定時刻にプロシージャーを実行しました。"
End Sub
```

1「テスト」プロシージャーを実行する時刻を、現在の時刻から5秒後に設定する。10秒経ってもExcelが待機モードに入らない場合は実行しない

ポイント

構文 Applicationオブジェクト.OnTime(EarliestTime, Procedure, LatestTime, Schedule)

- 実行時刻を指定してプロシージャーを実行するには、ApplicationオブジェクトのOnTimeメソッドを使用します。
- OnTimeメソッドを実行すると、引数「Procedure」に指定したプロシージャーの実行時刻が、引数「EarliestTime」に指定した時刻に設定されます。
- OnTimeメソッドを実行したプロシージャーが終了すると、Excelは待機モードに入り、ユーザーは、引数「EarliestTime」に指定した時刻になるまで、Excelを通常通りに操作することが可能です。
- 指定した時刻になっても、何らかの処理によってExcelが待機モードに入れない場合は、引数「LatestTime」に指定された最終時刻まで待ち、その時刻を過ぎても待機モードに入れない場合、引数「Procedure」に指定されたプロシージャーは実行されません。引数「LatestTime」の設定を省略した場合は、Excelが待機モードに入ってプロシージャーが実行できる状態になるまで待ちます。
- 引数「Schedule」に「False」を指定した場合、引数「Procedure」に指定したプロシージャーを引数「EarliestTime」に指定した時刻に実行することを取り止めます。「True」を指定した場合は、指定された通りに実行します。省略した場合は、「True」が指定されます。「False」を指定して使用するサンプルについては、ワザ701を参照してください。

関連ワザ 622 現在の日付と時刻を表示する………P.784
関連ワザ 633 文字列を時刻データに変換する………P.795
関連ワザ 701 一定時間置きにプロシージャーを実行する………P.877
関連ワザ 702 実行中のプロシージャーを一時停止する………P.878

ワザ 701 一定時間置きにプロシージャーを実行する

難易度 ●●● | 頻出度 ●○○ | 対応Ver. 365 2021 2019 2016

メッセージを表示する「テスト」プロシージャーを5秒置きに実行します。「テスト」プロシージャーを実行するたびに、次の実行時刻を5秒後に設定しているため、一定時間置きにプロシージャーが実行され続けます。なお、実行を中止するための別なプロシージャーを作成しないと、一定時間置きの実行を中止できません。そのため、このワザでは、「中止」プロシージャーも作成します。

入力例 701.xlsm

```
Private myReserveTime As Date ←1

Sub 一定時間おきにプロシージャー実行()
    myReserveTime = Now + TimeValue("00:00:05") ←2
    Application.OnTime EarliestTime:=myReserveTime, _ ←3
        Procedure:="一定時間おきにプロシージャー実行"
    テスト ←4
End Sub

Sub テスト()
    MsgBox "5秒おきにプロシージャーを実行しています。"
End Sub

Sub 中止()
    Application.OnTime EarliestTime:=myReserveTime, _ ←5
        Procedure:="一定時間おきにプロシージャー実行", Schedule:=False
    MsgBox "次のプロシージャー実行を中止します。"
End Sub
```

1 次の実行時刻を保存するためのモジュールレベル変数「myReserveTime」を宣言する 2 変数「myReserveTime」に現在の時刻の5秒後の時刻を代入(保存)する 3 変数「myReserveTime」に代入した時刻に、自分自身(「一定時間おきにプロシージャー実行」プロシージャー)を実行するように設定する 4「テスト」プロシージャーを呼び出す 5 変数「myReserveTime」に代入した時刻に、自分自身(「一定時間おきにプロシージャー実行」プロシージャー)を実行しないように設定する

ポイント

- 「一定時間おきにプロシージャー実行」プロシージャーでは、OnTimeメソッドを使用して、OnTimeメソッドが記述されている自分自身を再帰的に呼び出します。自分自身の次の実行時刻を設定してから、一定時間置きに実行したい「テスト」プロシージャーを呼び出しています。
- 一定時間置きにプロシージャーを実行するのを中止するには、OnTimeメソッドの引数「EarliestTime」に「次に実行する予定だった時刻」、引数「Procedure」に「実行時刻を設定するOnTimeメソッドが記述されているプロシージャー名」、引数「Schedule」に「False」を指定してOnTimeメソッドを実行し、次に予定していたプロシージャーの実行を取りやめます。
- 次の実行時刻を代入する変数「myReserveTime」は「中止」プロシージャーでも使用するため、モジュールレベルの変数として宣言しています。

関連ワザ 700 実行時間を指定してプロシージャーを実行する………P.876
関連ワザ 702 実行中のプロシージャーを一時停止する………P.878

ワザ 702 実行中のプロシージャーを一時停止する

難易度 ●●○ | 頻出度 ●○○ | 対応Ver. 365 2021 2019 2016

実行中のプロシージャーを一時停止するには、Waitメソッドを使用します。ここでは、「5秒間、一時停止します。」というメッセージを表示し、[OK] ボタンがクリックされた後に、プロシージャーの実行を5秒間、一時停止します。一時停止している間、ステータスバーに「一時停止中」という文字列を表示し、5秒経ったら「プロシージャーの実行を再開しました。」というメッセージを表示します。

[OK] がクリックされた後、プロシージャーの実行を5秒間、一時停止する

入力例

702.xlsm

```
Sub プロシージャー一時停止()
    Dim myResult As VbMsgBoxResult
    myResult = MsgBox("5秒間、一時停止します。", vbOKCancel)  ←1
    If myResult = vbOK Then  ←2
        Application.StatusBar = "一時停止中"  ←3
        Application.Wait Now + TimeValue("00:00:05")  ←4
        Application.StatusBar = False  ←5
        MsgBox "プロシージャーの実行を再開しました。"
    End If
End Sub
```

1 [OK] ボタンと [キャンセル] ボタンとともに「5秒間、一時停止します。」というメッセージを表示して、クリックされたボタンの値を変数「myResult」に代入する　2 変数「myResult」の値が「vbOK」の場合だけ、処理を実行する　3 ステータスバーに「一時停止中」という文字列を表示する　4 プロシージャーの実行を、現在の時刻から5秒間、一時停止する　5 ステータスバーをExcel既定の表示に戻す

ポイント

構文 `Applicationオブジェクト.Wait(Time)`

- 実行中のプロシージャーを一時停止するには、ApplicationオブジェクトのWaitメソッドを使用します。
- Waitメソッドは、引数「Time」に指定した時刻まで実行中のマクロを一時停止します。
- Excelの動作も一時停止されますが、バックグラウンドで行われている印刷などの処理は継続されます。

関連ワザ 622 現在の日付と時刻を表示する………P.784
関連ワザ 633 文字列を時刻データに変換する………P.795
関連ワザ 698 ステータスバーにメッセージを表示する………P.874
関連ワザ 701 一定時間置きにプロシージャーを実行する………P.877
関連ワザ 703 ミリ秒単位でマクロの実行を一時停止する………P.879

ワザ 703 ミリ秒単位でマクロの実行を一時停止する

難易度 ●●○ ｜ 頻出度 ●●○ ｜ 対応Ver. 365 2021 2019 2016

プロシージャーを一時停止するメソッドにWaitメソッドがありますが、指定できる停止時間は秒単位です。さらに短い停止時間を指定したい場合は、ミリ秒単位で指定できるWin32 API関数のSleep関数を使用します。ここでは、0.5秒ごとにセルにデータを入力します。なお、Win32 API関数を使用するには、使用したい関数を宣言する必要があります。

	A	B	C	D
1	1			
2	2			
3	3			

ミリ秒単位で指定できるWin32 API関数のSleep関数を使用して、0.5秒ごとにセルにデータを入力する

入力例

703.xlsm

```
Declare Sub Sleep Lib "kernel32" (ByVal dwMilliseconds As Long) ←1
'Declare PtrSafe Sub Sleep Lib "kernel32" (ByVal dwMilliseconds As LongPtr) ←2

Sub ミリ秒一時停止()
    Dim i As Integer
    For i = 1 To 10 ←3
        Sleep 500 ←4
        Cells(i, 1).Value = i ←5
    Next i
End Sub
```

1 Win32 API関数のSleep関数を使用するためのステートメントを宣言セクションに記述する　2 64ビット版のExcelで実行する場合は、PtrSafeキーワードを追記し、引数のデータ型を32ビット環境と64ビット環境に対応できるLongPtr型に変更する　3 変数「i」が「1」から「10」になるまで処理を繰り返し実行する　4 0.5秒間、プロシージャーの実行を一時停止する　5 i行1列目のセルに変数「i」の値を入力する

ポイント

- Win32 API関数は、Excelなどのアプリケーションがwindowsの各機能を実行するための関数です。Win32 API関数を使用することで、Windowsの便利な機能をExcel VBAなどから実行できます。

構文 `Declare Sub name Lib "libname" (arglist)`

- Win32 API関数を使用するには、Declareステートメントを使用して、使用したい関数を宣言します。戻り値を戻さない関数を使用するときは、Declareステートメントに続けてSubと記述してから、nameの部分に関数名を記述します。
- Lib節に、使用したい関数が含まれているライブラリファイル名を「"」で囲んで記述し、arglist部分に、使用したい関数に渡す引数のリストを記述します。
- 64ビット版のExcelでAPI関数を安全に実行するには、DeclareステートメントにPtrSafeキーワードを追記してください。さらに、Declareステートメント内で宣言する引数や戻り値のデータ型のうち、64ビットの値を代入する必要があるものは、LongLong型やLongPtr型などに修正しておきます。LongPtr型で宣言したデータ型は、32ビット版ではLong型、64ビット版ではLongLong型に変換されます。
- ミリ秒単位でマクロの実行を一時停止するSleep関数は、kernel32ライブラリの関数です。

ワザ 704 正規表現を使用してパターンにマッチしているかチェックする

難易度 ●●●　頻出度 ●○○　対応Ver. 365 2021 2019 2016

正規表現を使用して、データが特定のパターンにマッチしているかどうかをチェックするには、VBScriptのRegExpオブジェクトを使用します。ここでは、入力されている郵便番号データが『数値3桁で始まり、「-」（ハイフン）に続いて数値4桁で終わる』というパターンにマッチしているかどうかをチェックして、マッチしていれば「TRUE」、マッチしていなければ「FALSE」を表示します。

入力例　704.xlsm

```
Sub 正規表現チェック()
    Dim myReg As New RegExp ←1
    Dim i As Integer
    myReg.Pattern = "^[0-9]{3}-[0-9]{4}$" ←2
    For i = 2 To 6
        Cells(i, 2).Value = myReg.Test(Cells(i, 1).Value) ←3
    Next i
End Sub
```

1 VBScript_RegExp_55ライブラリのRegExp型の変数「myReg」を宣言して、RegExpオブジェクトのインスタンスを生成する　2 正規表現のパターンとして「^[0-9]{3}-[0-9]{4}$」（0～9の3文字で始まり、「-」（ハイフン）に続けて、0～9の4文字で終わるパターン）を設定する　3 i行1列目のセルのデータからパターンにマッチする文字列を検索し、検索できたら「TRUE」、検索できなかったら「FALSE」をi行2列目のセルに表示する

ポイント

- Excel VBAで正規表現によるパターンマッチング（データの中で特定のパターンが出現するかどうか探して確認する処理）を実行するには、VBScriptのRegExpオブジェクトを使用します。

構文　RegExpオブジェクト.Pattern = 正規表現のパターンを表す文字列

- 正規表現のパターンを設定するには、RegExpオブジェクトのPatternプロパティを使用します。
- 正規表現のパターンはメタ文字を使用して記述します。このワザで使用したメタ文字とその意味は下表のとおりです。

●このワザで使用したメタ文字

メタ文字	分類	意味	使用例
^	文字位置を指定	文字列の先頭を指定	^A（Aで始まる文字列）
[ ]	文字の種類を指定	[ ]内の1文字（[ ]内で使用した「-」は範囲指定）	[0-9]（0～9の範囲の1文字）
{ }	文字数を指定	その直前の文字の文字数を指定	a{3}（aが3文字）
$	文字位置を指定	文字列の末尾を指定	n$（nで終わる文字列）

構文　RegExpオブジェクト.Test(sourceString As String)

- 設定した正規表現パターンにマッチする文字列を検索するには、RegExpオブジェクトのTestメソッドを使用します。
- 検索できた（パターンにマッチした）場合は「True」、検索できなかった（パターンにマッチしなかった）場合は「False」を返します。
- Newキーワードを使用してRegExpオブジェクトのインスタンスを生成する場合、[Microsoft VBScript Regular Expressions 5.5]への参照設定が必要です。

ワザ 705 フォルダーを指定するダイアログボックスを表示する

難易度 ●●● ｜ 頻出度 ●●○ ｜ 対応Ver. 365 2021 2019 2016

フォルダーを指定する［フォルダーの参照］ダイアログボックスを表示するには、ShellオブジェクトのBrowseForFolderメソッドを使用します。ここでは、［フォルダーの参照］ダイアログボックスを表示し、一覧からフォルダーを選択して［OK］ボタンがクリックされたときに、選択したフォルダーのフォルダーパスをメッセージで表示します。なお、Shellオブジェクトは、Shell32ライブラリという外部ライブラリに含まれているため、参照設定が必要です。

［フォルダーの参照］ダイアログボックスを表示する

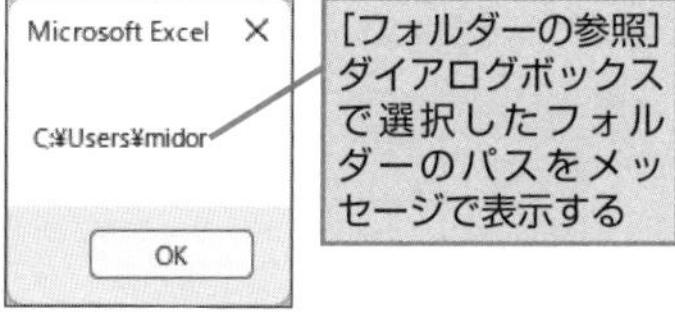

［フォルダーの参照］ダイアログボックスで選択したフォルダーのパスをメッセージで表示する

入力例　705.xlsm

```
Sub フォルダー選択ダイアログ()
    Dim myShell As New Shell32.Shell  ←1
    Dim myFolder As Shell32.Folder3
    Set myFolder = myShell.BrowseForFolder _  ←2
        (0, "フォルダーを選択してください。", &H1 + &H200)
    If myFolder Is Nothing Then
        Exit Sub  ←3
    ElseIf myFolder.Items.Item Is Nothing Then
        MsgBox myFolder.Self.Path  ←4
    Else
        MsgBox myFolder.Items.Item.Path  ←5
    End If
    Set myFolder = Nothing: Set myShell = Nothing
End Sub
```

1 Shell32ライブラリのShell型の変数「myShell」を宣言して、Shellオブジェクトのインスタンスを生成する　2「フォルダーを選択してください。」というメッセージが表示された［フォルダーの参照］ダイアログボックスを表示して、選択されたフォルダーを表すFolder3オブジェクトを変数「myFolder」に代入する。［フォルダーの参照］ダイアログボックスのオプションとして、［新しいフォルダーの作成］ボタンを非表示、フォルダーのみ選択できるように設定する　3［フォルダーの参照］ダイアログボックスで［キャンセル］ボタンがクリックされた場合は、プロシージャーを強制終了する　4 デスクトップなどが選択された場合のフォルダーパスをメッセージで表示する
5 選択されたフォルダーのフォルダーパスをメッセージで表示する

次のページに続く▶

ポイント

構文 `Dim 変数名 As New Shell32.Shell`

- フォルダーを選択するダイアログボックスなど、ユーザーからの指示を受け取るインターフェースをExcel VBAで使用するには、Shell32ライブラリのShellオブジェクトのインスタンスを生成します。
- Shellオブジェクトを使用するには、[Microsoft Shell Controls And Automation] への参照設定を行う必要があります。

構文 `Shellオブジェクト.BrowseForFolder(Hwnd, Title, Options, RootFolder)`

- [フォルダーの参照]ダイアログボックスを表示するには、ShellオブジェクトのBrowseForFolderメソッドを使用します。
- 1つ目の引数「Hwnd」に、親ウィンドウのハンドル(ウィンドウを識別するために割り当てられる値)を指定します。
- 2つ目の引数「Title」に、[フォルダーの参照]ダイアログボックスに表示する文字列を指定します。
- 3つ目の引数「Options」に、[フォルダーの参照]ダイアログボックスのオプションを下表の値を使用して指定します。複数のオプションを指定する場合は、値を+演算子で結合して指定します。

●引数「Options」に設定できる主な値

値	内容
&H1	フォルダーのみ選択可能にする(フォルダー以外を選択すると [OK] ボタンが使用不可になる)
&H10	フォルダー一覧の下部にテキストボックスを表示する
&H200	[新しいフォルダーの作成] ボタンを非表示にする
&H4000	ファイルも表示する

- 4つ目の引数「RootFolder」には、[フォルダーの参照]ダイアログボックスに表示するフォルダー構成の親フォルダーを指定します。例えば、「C:¥」を指定すると、Cドライブ以下のフォルダー構成のみが[フォルダーの参照]ダイアログボックスに表示されます。
- [フォルダーの参照]ダイアログボックスで[OK]ボタンがクリックされると、BrowseForFolderメソッドは、選択されたフォルダーを表すFolder3オブジェクトで返します。[キャンセル] ボタンがクリックされると、BrowseForFolderメソッドは「Nothing」を返します。

構文 `Folder3オブジェクト.Items.Item.Path`

- Folder3オブジェクトが表すフォルダーのパスを取得するには、FolderItem2オブジェクトのPathプロパティを使用します(取得のみ)。
- PathプロパティのコンテナであるFolderItem2オブジェクトを参照するには、BrowseForFolderメソッドで取得したFolder3オブジェクトから、FolderItems3コレクション(Folder3オブジェクトのItemsメソッドを使用して参照) →FolderItem2オブジェクト (FolderItems3コレクションのItemメソッドを使用して参照)と階層をたどります。

構文 `Folder3オブジェクト.Self.Path`

- デスクトップなどは、FolderItems3コレクションのItemメソッドを使用してFolderItem2オブジェクトを参照できないので、Selfプロパティを使用してFolderItem2オブジェクトを参照し、Pathプロパティを使用してフォルダーパスを取得します(取得のみ)。

関連ワザ 261 フォルダーを選択するダイアログボックスを表示する………P.324
関連ワザ 289 外部ライブラリファイルへの参照設定を行う………P.360
関連ワザ 562 ツリー形式でフォルダー階層を表示する………P.675

ワザ 706 レジストリに値を登録する

難易度 ●●○ | 頻出度 ●○○ | 対応Ver. 365 2021 2019 2016

「レジストリ」とは、Windowsやアプリケーションが使用する設定値が保存されている場所です。Excel VBAを使用して、このレジストリに値を登録できます。レジストリに登録した値は、Excelを終了した後もパソコンの内部に保存されているため、長期的に保存しておきたい値を扱うときに使用すると便利です。

入力例

706.xlsm

```
Sub レジストリ値登録()
    SaveSetting AppName:="myExcelVBA", Section:="SaveData", _  ←1
                Key:="Name", Setting:="suzuki"
End Sub
```

1レジストリに、アプリケーション名を「ExcelVBA」、セクション名を「SaveData」、キー名を「Name」として「suzuki」という値を登録する

ポイント

- レジストリにはWindowsやアプリケーションが使用する重要な設定値が保存されているため、慎重に操作する必要があります。しかし、Excel VBAで操作できるレジストリの場所は、下の個所に限定されているため、安全に操作できます。なお、「VB and VBA Program Setting」は、SaveSettingステートメントを使用した登録が実行されたあとに表示されます。

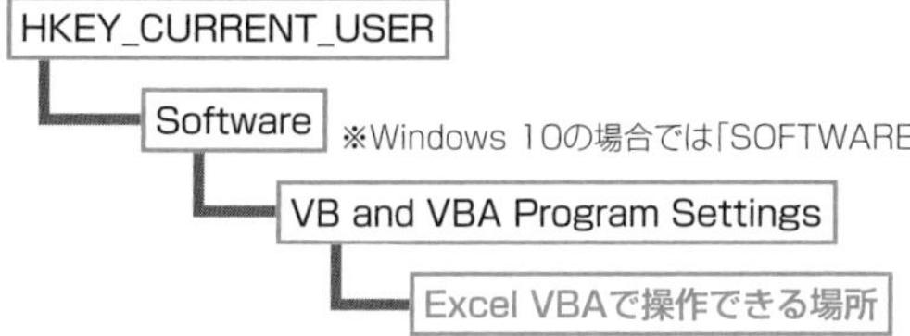

構文 `SaveSetting(AppName, Section, Key, Setting)`

- レジストリに値を登録するには、SaveSettingステートメントを使用します。
- レジストリに登録する値を引数「Setting」に指定し、登録する値の内容を表すキーの名前を引数「Key」に指定します。
- キーを保存するセクションの名前を引数「Section」に指定し、引数「AppName」にアプリケーション名またはプロジェクト名を表す文字列を指定します。
- 引数はすべて省略不可です。
- 登録したレジストリの値は「レジストリエディター」で確認できます。レジストリエディターを起動するには、⊞+Rキーを押して[ファイル名を指定して実行]ダイアログボックスを表示して「regedit」と入力します。

関連ワザ 707 レジストリの値を取得する………P.884
関連ワザ 708 レジストリの値をセクション単位でまとめて取得する………P.885
関連ワザ 709 レジストリの値を削除する………P.886

ワザ 707 レジストリの値を取得する

難易度 ●●○ | 頻出度 ●○○ | 対応Ver. 365 2021 2019 2016

レジストリには、特定のアプリケーション名とセクション名、キー名によって値が登録されています。GetSetting関数を使用すると、これらの名称を指定してレジストリに登録されている値を取得できます。レジストリに登録した値を参照するときに必須となる関数と言えるでしょう。ここでは、ワザ706で登録したレジストリの値を取得して、メッセージで表示しています。

ワザ706で登録したレジストリの値を取得して、メッセージで表示する

入力例　707.xlsm

```
Sub レジストリ値取得()
    Dim myRegData As String
    myRegData = GetSetting(AppName:="myExcelVBA", _  ←1
        Section:="SaveData", Key:="Name", Default:="値なし")
    MsgBox myRegData  ←2
End Sub
```

1 アプリケーション名が「myExcelVBA」、セクション名が「SaveData」、キー名が「Name」のレジストリの値を取得して、変数「myRegData」に代入する。もし、キー名が存在しない場合は「値なし」という文字列を返す
2 変数「myRegData」に代入した値をメッセージで表示する

ポイント

- 取得できるレジストリの場所は「HKEY_CURRENT_USER¥Software¥VB and VBA Program Settings」に限られています。Windows 10の場合、「Software」は「SOFTWARE」と表示されています。

構文 `GetSetting(AppName, Section, Key, Default)`

- レジストリの値を取得するには、GetSetting関数を使用します。取得したいレジストリの値のアプリケーション名を引数「AppName」、セクション名を引数「Section」、キー名を引数「Key」に指定します。
- GetSetting関数は、指定したキーがレジストリに存在する場合は文字列型（String）の値、存在しない場合は引数「Default」に指定した値を返します。

関連ワザ 706 レジストリに値を登録する………P.883
関連ワザ 708 レジストリの値をセクション単位でまとめて取得する………P.885
関連ワザ 709 レジストリの値を削除する………P.886

ワザ 708 レジストリの値をセクション単位でまとめて取得する

難易度 ●●○ | 頻出度 ●○○ | 対応Ver. 365 2021 2019 2016

レジストリに登録されている値を、セクション単位でまとめて取得できます。レジストリに値を登録するときに、同じセクション名で登録することで、まとめて値を取得できるわけです。値は2次元配列で取得できるため、ループ処理などで各要素を取り出せます。なお、このワザでは、「複数のレジストリの値を登録」プロシージャーを実行して複数の値をレジストリに登録してから、「レジストリの値をまとめて取得」プロシージャーを実行してください。

A1 レジストリの値一覧

	A	B	C	D	E	F	G
1	レジストリの値一覧						
2	キー名	値					
3	Name	suzuki					
4	Data1	100					
5	Data2	200					
6	Data3	300					
7							

レジストリに登録されている値をセクション単位でまとめて取得する

入力例

708.xlsm

```
Sub 複数のレジストリの値を登録()
    SaveSetting "myExcelVBA", "SaveData", "Data1", "100"
    SaveSetting "myExcelVBA", "SaveData", "Data2", "200"
    SaveSetting "myExcelVBA", "SaveData", "Data3", "300"
End Sub

Sub レジストリの値をまとめて取得()
    Dim myRegData As Variant, i As Integer
    myRegData = GetAllSettings("myExcelVBA", "SaveData")
    For i = 0 To UBound(myRegData)
        Cells(i + 3, 1).Value = myRegData(i, 0)
        Cells(i + 3, 2).Value = myRegData(i, 1)
    Next i
End Sub
```

1 レジストリに、アプリケーション名を「myExcelVBA」、セクション名を「SaveData」、キー名を「Data1」～「Data3」として「100」～「300」を登録する　2 アプリケーション名が「myExcelVBA」、セクション名が「SaveData」であるレジストリの値をすべて取得して、バリアント型の変数「myRegData」に代入する。変数「myRegData」は、キー名とレジストリの値による2次元配列となる　3 変数「i」が2次元配列「myRegData」の下限値になるまで処理を繰り返し実行する　4 i+3行1列目のセルに、i行0列目の2次元配列の要素の値を入力する

ポイント

構文 `GetAllSettings(AppName, Section)`

- レジストリの登録値をセクション単位でまとめて取得するには、GetAllSettings関数を使用します。
- GetAllSettings関数は、引数「AppName」に指定したアプリケーション名、引数「Section」に指定したセクション名で登録されている値をまとめて取得して、2次元配列のデータ形式で返します。このとき、0列目にはキー名、1列目には登録されている値が代入されています。
- GetAllSettings関数の戻り値を受け取る場合は、バリアント型の変数を使用してください。

ワザ 709 レジストリの値を削除する

難易度 ●●○ | 頻出度 ●○○ | 対応Ver. 365 2021 2019 2016

レジストリには特定のアプリケーション名とセクション名、キー名によって値が登録されています。DeleteSettingステートメントを使用すると、これらの名称を指定してレジストリに登録されている値を削除できます。ここでは、ワザ706で登録したレジストリの値を削除しています。なお、複数のプロシージャーが1つのレジストリの値を参照している場合があります。レジストリの値を削除するときは、他のプロシージャーに影響がないか確認してから削除しましょう。

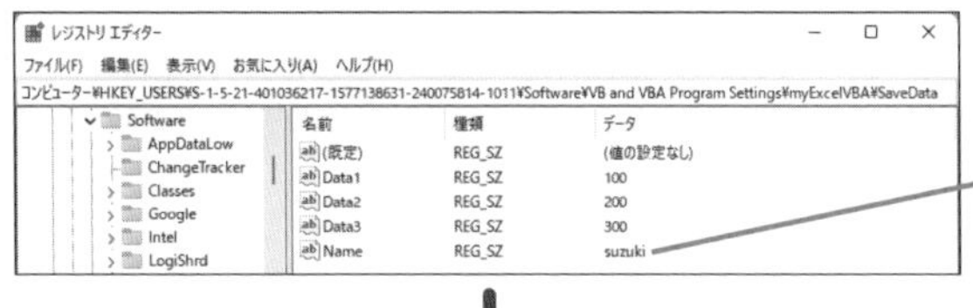

ワザ706で登録したレジストリの値を削除する

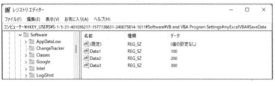

入力例　709.xlsm

```
Sub レジストリの値を削除()
On Error GoTo errHndl: ←1
    DeleteSetting AppName:="myExcelVBA", Section:="SaveData", Key:="Name" ←2
    Exit Sub ←3
errHndl:
    MsgBox "指定したキーは存在しません" ←4
End Sub
```

1エラーが発生した場合は、行ラベル「errHndl」へ移動する　2アプリケーション名が「myExcelVBA」、セクション名が「SaveData」、キー名が「Name」であるレジストリの値を削除する　3正常に実行できた場合は、プロシージャーの実行を強制終了する　4エラーが発生した場合、「指定したキーは存在しません」というメッセージを表示する

ポイント

構文 `DeleteSetting(AppName, Section, Key)`

- レジストリの値を削除するには、DeleteSettingステートメントを使用します。
- 削除したい値のアプリケーション名を引数「AppName」、セクション名を引数「Section」、キー名を引数「Key」に指定します。
- 引数「Key」の指定を省略すると、引数「Section」に指定したセクションが削除されます。
- 引数「Section」と引数「Key」の指定を省略すると、引数「AppName」に指定したアプリケーション名の項目がすべて削除されます。
- 各引数に指定した項目が存在しない場合、エラーが発生します。レジストリを削除するプロシージャーでは、エラー処理を記述しておくといいでしょう。

ワザ 710 クラスモジュールを追加する

難易度 ●○○ | 頻出度 ●●● | 対応Ver. 365 2021 2019 2016

クラスモジュールは、クラスを定義するための専用モジュール（シート）です。クラスはオブジェクト（操作対象となる実体）のひな型（設計図）であり、定義したクラスからオブジェクトを生成して利用します。クラスモジュールは、プロジェクトエクスプローラーの［挿入］メニューから操作してプロジェクトに追加します。追加したクラスモジュールの名前は［プロパティ］ウィンドウの［(オブジェクト名)］の項目で設定できます。この名前がクラスモジュールのクラス名となります。ここでは、「Product」というクラス名のクラスモジュールを作成します。

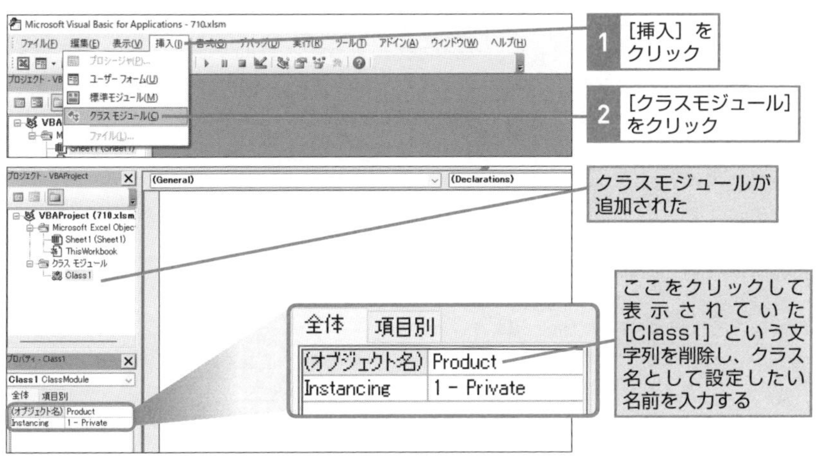
1 ［挿入］をクリック
2 ［クラスモジュール］をクリック
クラスモジュールが追加された
ここをクリックして表示されていた［Class1］という文字列を削除し、クラス名として設定したい名前を入力する
全体 項目別
(オブジェクト名) Product
Instancing 1 - Private

ポイント

- クラスモジュールを使用すると、ユーザー独自のクラスを定義できます。
- クラスはオブジェクトのひな型（設計図）であり、ユーザー独自のプロパティ（オブジェクトに持たせるデータ）やメソッド（データに対する処理）を定義できます。
- クラスモジュールに定義したクラスは、クラスモジュール以外の標準モジュールなどで使用し、クラスからオブジェクトを生成してメソッドを呼び出すことでデータを処理します。
- データと処理をオブジェクトとしてまとめて管理し、オブジェクトのやり取りによって処理を記述するプログラミングの考え方をオブジェクト指向プログラミングといいます。
- オブジェクト指向の三大特徴であるカプセル化、継承、ポリモーフィズムの考え方に準じたプログラミング言語をオブジェクト指向プログラミング言語と呼びますが、Excel VBAはカプセル化のみに準じた言語仕様であるため、オブジェクト指向プログラミング言語であるとは言い切れません。
- オブジェクト指向プログラミングのカプセル化の考え方に準じることで、メンテナンス性に優れた変更に強いプログラムを作成できます。
- クラスモジュールを使用したプログラミングは、再利用性が高いプログラムを作成したり、規模が大きめのプログラムを作成したりするときに有効な方法です。逆に、再利用性が低く、規模が小さめのプログラムを作成するときにクラスモジュールを使用すると、必要以上に記述量が増えて非効率になる場合があるので注意しましょう。

ワザ 711 クラスモジュールにクラスを定義する

難易度 ●●●　頻出度 ●●○　対応Ver. 365 2021 2019 2016

追加したクラスモジュールにクラスを定義します。定義する内容はプロパティ（オブジェクトに持たせるデータ）とメソッド（データに対する処理内容）です。プロパティは、データを格納する変数、および、データを設定・取得するPropertyプロシージャーから構成されます。メソッドは、Subプロシージャーもしくは Functionプロシージャーで定義します。なお、プロパティやメソッドをまとめて、クラスのメンバといいます。

モジュールレベル変数を宣言する

プロパティのデータの格納先となる変数を、クラスモジュールのモジュールレベル変数として宣言します。この宣言により、変数はクラスモジュール内のすべてのプロシージャーから使用できるようになります。また、宣言するときにPrivateステートメントを使用して、外部モジュールのプロシージャーから直接操作されないようにします。サンプルファイルでは、Productクラスのモジュールレベル変数として、商品コードを格納するCodeValueと、商品名を格納するNameValueを宣言しています。

入力例1　 711.xlsm

```
Private CodeValue As String ←1

Private NameValue As String ←2
```

1商品コードを代入する文字列型のモジュールレベル変数「CodeValue」を宣言する　2商品名を代入する文字列型のモジュールレベル変数「NameValue」を宣言する

ポイント

- モジュールレベル変数をPrivateステートメントを使用して宣言することで、プロパティの値は標準モジュールなどの外部プロシージャーから直接操作できなくなります。そのため、プロパティの値を操作するときはPropertyプロシージャーまたはメソッドを呼び出して操作することになります。その結果、プロパティの値に対する処理コードは原則的にクラスモジュール内に記述されることになり、プロパティに対する処理コードをクラスモジュール内で一元的に管理できます。ソースコードが分散しないため、メンテナンス性に優れた変更に強いプログラムになるのです。

Property プロシージャーを定義する

外部モジュールのプロシージャーからモジュールレベル変数のデータを設定、取得するためにPropertyプロシージャーを定義します。このとき、Propertyプロシージャーを呼び出す名前としてプロパティ名を定義します。また、外部モジュールのプロシージャーから呼び出すため、Publicステートメントを使用して外部に公開します。Propertyプロシージャーは、その役割によってProperty LetプロシージャーとProperty Getプロシージャーの2種類に分けられます。

入力例2

711.xlsm

```
Public Property Let Code(ByVal Value As String) ←1
    CodeValue = Value ←2
End Property

Public Property Let Name(ByVal Value As String)
    NameValue = Value
End Property

Public Property Get Code() As String ←3
    Code = CodeValue ←4
End Property

Public Property Get Name() As String
    Name = NameValue
End Property
```

1「Code」というプロパティ名のProperty Letプロシージャーを定義する 2文字列型の引数「Value」で受け取ったデータをモジュールレベル変数「CodeValue」に代入する 3「Code」というプロパティ名のProperty Getプロシージャーを定義する 4モジュールレベル変数「CodeValue」に代入されているデータを戻り値とする

ポイント

構文
```
Public Property Let プロパティ名(ByVal 引数 As データ型)
        モジュールレベル変数名 = 引数
End Property
```

- Property Letプロシージャーは、モジュールレベル変数のデータを設定するプロシージャーです。
- Publicステートメントを使用して外部に公開し、外部モジュールのプロシージャーから呼び出せるようにします。
- 記述する内容は、引数で受け取ったデータをモジュールレベル変数に代入する処理です。
- 引数のデータ型は、モジュールレベル変数のデータ型と合わせます。
- プロパティ名は、モジュールレベル変数ごとにProperty Getプロシージャーのプロパティ名と同じ名前を指定してください。
- Property Letプロシージャーを仲介することで、モジュールレベル変数に設定されるデータに異常値でないかどうかチェックするコードを記述して実行することなども可能です。

次のページに続く▶

構 文
```
Public Property Get プロパティ名() As 戻り値のデータ型
                プロパティ名 = モジュールレベル変数名
End Property
```

- Property Getプロシージャーは、モジュールレベル変数のデータを呼び出し先へ返すプロシージャーです。
- Publicステートメントを使用して外部に公開し、外部モジュールのプロシージャーから呼び出せるようにします。
- モジュールレベル変数のデータをプロパティ名に格納して、Property Getプロシージャーの戻り値にします。
- 戻り値のデータ型は、モジュールレベル変数のデータ型と合わせます。
- プロパティ名は、モジュールレベル変数ごとにProperty Letプロシージャーのプロパティ名と同じ名前を指定してください。
- Property Getプロシージャーだけを定義することで、読み取り専用プロパティを定義できます。

メソッドを定義する

クラスのメソッドは、戻り値を戻さない処理についてはSubプロシージャー、戻り値を戻す処理についてはFunctionプロシージャーで定義します。モジュールレベル変数は、クラスモジュール内のすべてのプロシージャー内で使用できます。サンプルファイルでは、Productクラスのモジュールレベル変数CodeValueとNameValueのデータを表示するメソッドとしてDisplayInfoメソッドを定義しています。データを表示するだけで戻り値はないので、Subプロシージャーとして定義しています。

入力例3

711.xlsm

```
Public Sub DisplayInfo() ←1
    MsgBox "商品コード:" & CodeValue & vbCrLf & _ ←2
           "商品名:" & NameValue
End Sub
```

1引数と戻り値を持たない「DisplayInfo」という名前のメソッドを定義する　2商品コードが代入されているモジュールレベル変数「CodeValue」のデータと、商品名が代入されているモジュールレベル変数「NameValue」のデータを、改行してメッセージで表示する

ポイント

- メソッドはPublicステートメントを使用して外部に公開し、外部モジュールのプロシージャーから呼び出せるようにします。
- Subプロシージャーの詳しい定義方法については、ワザ005やワザ006を参照してください。
- Functionプロシージャーの詳しい定義方法については、ワザ005やワザ665～667を参照してください。
- サンプルでは、メソッド内からモジュールレベル変数を直接参照していますが、プロパティ名でモジュールレベル変数の値を参照することもできます。この場合、指定したプロパティ名で定義されているProperty Getプロシージャが呼び出されて、モジュールレベル変数の値を参照します。詳しくはサンプルのソースコードを確認してください。

ワザ 712 ワークシート上のデータをオブジェクトとして処理する

難易度 ●●●　頻出度 ●●○　対応Ver. 365 2021 2019 2016

クラスモジュール［Product］からオブジェクトを生成して、ワークシート上の商品コードと商品名のデータをCodeプロパティとNameプロパティに設定し、DisplayInfoメソッドを呼び出してそれぞれのデータを表示します。オブジェクトは商品情報1件ごとに生成し、Productオブジェクト型の配列に格納して処理しています。このSubプロシージャーは、標準モジュールに作成して実行してください。

A1　商品コード

	A	B	C
1	商品コード	商品名	
2	P001	デスクトップパソコン	
3	P002	ノートパソコン	
4	P003	タブレット	
5			

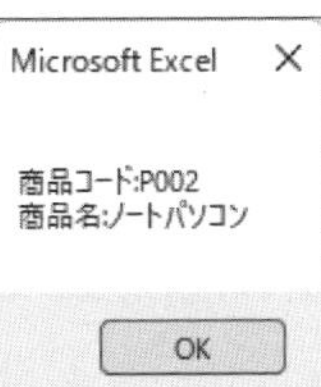

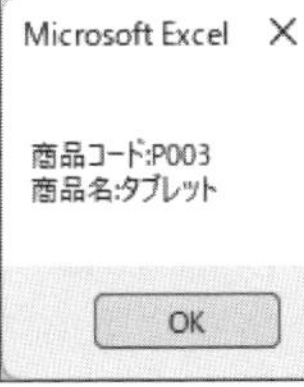

ワークシート上の商品コードと商品名のデータを表示する

入力例　712.xlsm

```
Sub クラスからオブジェクト生成()
    Dim myProduct As Product ←1
    Dim myProducts(2) As Product ←2
    Dim i As Integer
    For i = 2 To 4
        Set myProduct = New Product ←3
        myProduct.Code = Cells(i, 1).Value ←4
        myProduct.Name = Cells(i, 2).Value ←5
        Set myProducts(i - 2) = myProduct ←6
    Next
    For i = 0 To 2
        myProducts(i).DisplayInfo ←7
    Next
End Sub
```

次のページに続く▶

1Product型のオブジェクト変数「myProduct」を宣言する　23つの要素を持つProduct型のオブジェクト配列「myProducts」を宣言する　3Productクラスのオブジェクトを生成してオブジェクト変数「myProduct」に代入する　4i行1列目のセルに入力されているデータを、オブジェクト変数「myProduct」のCodeプロパティに設定する（結果的に、オブジェクト変数「myProduct」に代入されているオブジェクト内のモジュールレベル変数「CodeValue」にデータが代入される）　5i行2列目のセルに入力されているデータを、オブジェクト変数「myProduct」のNameプロパティに設定する（結果的に、オブジェクト変数「myProduct」に代入されているオブジェクト内のモジュールレベル変数「NameValue」にデータが代入される）　6オブジェクト配列「myProducts」のi-2番目の要素にオブジェクト変数「myProduct」を代入する　7オブジェクト配列「myProducts」のi番目の要素（Productオブジェクト）のDisplayInfoメソッドを呼び出す（結果的に、オブジェクト変数「myProduct」に代入されているオブジェクト内のモジュールレベル変数「CodeValue」とモジュールレベル変数「NameValue」に代入されているデータが改行されてメッセージで表示される）

ポイント

- 定義したクラスを使用するソースコードは、標準モジュールに作成したプロシージャーなど、クラスを使用したい外部モジュールのプロシージャー内に記述して実行します。
- クラスを使用するには、まず、クラスからオブジェクトを生成します。生成したオブジェクトにはクラスに定義したメンバが含まれていて（オブジェクトはクラスのコピーのようなイメージ）、オブジェクトからメンバを呼び出すことができます。

構文 **Set オブジェクト変数名 = New クラス名**

- 定義したクラスからオブジェクトを生成するには、Newキーワードを使用してクラス名を指定します。
- クラス名は、クラスモジュールに設定した名前です。
- 生成したオブジェクトはSetステートメントを使用してオブジェクト変数に格納します。
- 定義したクラスからは複数のオブジェクトを生成できます。
- 生成したオブジェクトからメンバ（プロパティやメソッド）を呼び出す構文は、VBAの基本構文と同じです。

構文 **オブジェクト変数名.プロパティ名 = データ**

構文 **オブジェクト変数名.プロパティ名**

- 代入演算子「=」の左辺でプロパティを呼び出した場合はPropertyLetプロシージャー、それ以外の場合は、Property Getプロシージャーが呼び出されます。
- PropertyLetプロシージャーが呼び出されると、設定したデータがPropertyLetプロシージャーの引数に渡されて、プロパティが操作しているモジュールレベル変数にデータが代入されます。
- Property Getプロシージャーが呼び出されると、プロパティが操作しているモジュールレベル変数からデータを取得できます。

構文 **オブジェクト変数名.メソッド名**

- オブジェクト変数に代入されているオブジェクトのメソッドを呼び出して、モジュールレベル変数に代入されているデータを処理できます。
- 引数にデータを渡したり、戻り値を受け取ったりするときの記述方法は、VBAの基本構文と同じです。

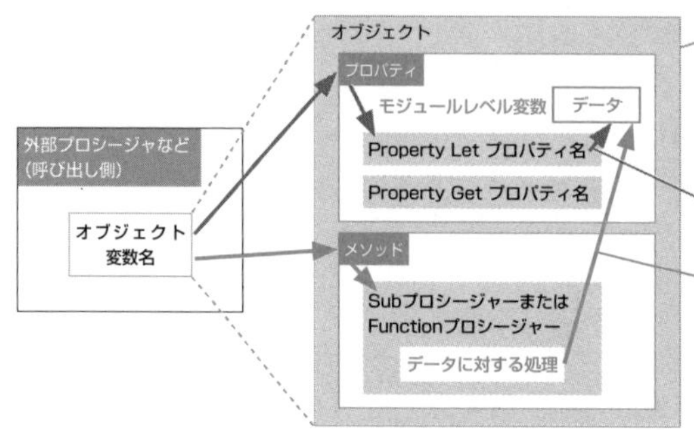

クラスから生成したオブジェクトにはクラスに定義したメンバが含まれている（オブジェクトはクラスのコピーのようなもの）

「オブジェクト変数名.プロパティ名 = データ」と記述すると、Property Letプロシージャーが呼び出されてデータがモジュールレベル変数へ代入される

「オブジェクト変数名.メソッド名」と記述すると、Subプロシージャーなどを呼び出されてモジュールレベル変数に代入されているデータが処理される

ワザ 713 アドインとは

難易度 ●●○ | 頻出度 ●○○ | 対応Ver. 365 2021 2019 2016

「アドイン」とは、必要に応じてアプリケーションに追加することができる拡張機能のことです。Excelでは、「ソルバーアドイン」や「分析ツール」などのアドインが用意されていて、必要に応じて組み込んだり解除したりすることができるようになっています。Excel VBAを使用すれば、オリジナルのアドインを作成して配布できます。

アドインを作成するには

Excel VBAでアドインを作成するには、アドインとして配布したいプロシージャーを作成し、そのブックをアドイン形式で保存します。こうして作成したアドインファイルは、既存のアドインと同じように、組み込んだり解除したりすることができるので、作成したプロシージャーを配布する手段として利用できます。

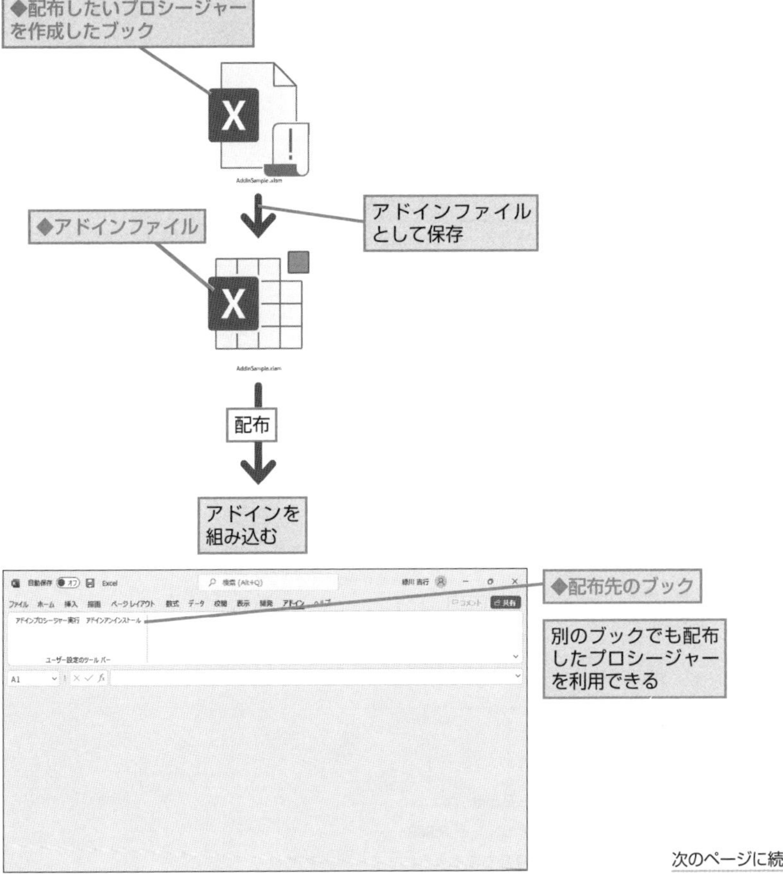

次のページに続く▶

アドインとして作成するプロシージャーの構成

プロシージャーをアドインとして配布する場合、配布先のブックでプロシージャーを実行するためにはメニュー（またはボタン）が必要です。したがって、配布したいプロシージャーに加えて、メニューを作成するプロシージャーと、アドインを解除したときにメニューを削除するプロシージャーを作成する必要があります。そのほか、Excel VBAを使用してアドインを解除するプロシージャーも作成できます。

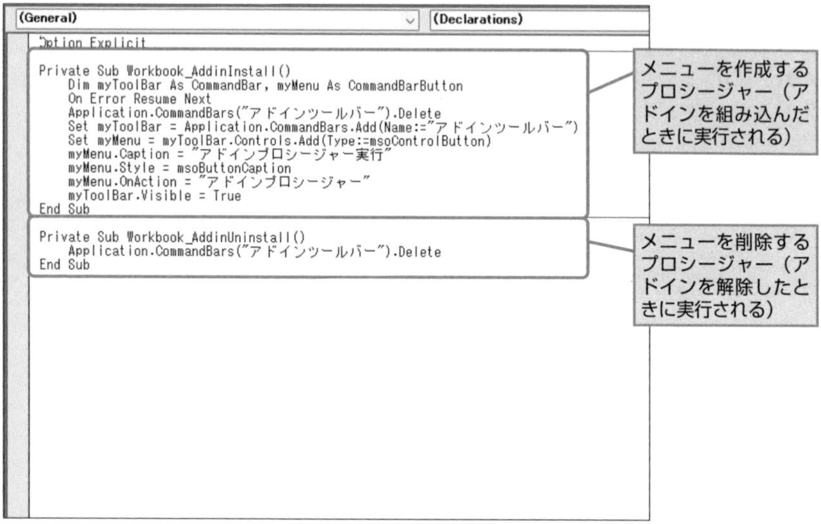

(General)
(Declarations)
Option Explicit
Private Sub Workbook_AddinInstall()
Dim myToolBar As CommandBar, myMenu As CommandBarButton
On Error Resume Next
Application.CommandBars("アドインツールバー").Delete
Set myToolBar = Application.CommandBars.Add(Name:="アドインツールバー")
Set myMenu = myToolBar.Controls.Add(Type:=msoControlButton)
myMenu.Caption = "アドインプロシージャー実行"
myMenu.Style = msoButtonCaption
myMenu.OnAction = "アドインプロシージャー"
myToolBar.Visible = True
End Sub
Private Sub Workbook_AddinUninstall()
Application.CommandBars("アドインツールバー").Delete
End Sub
メニューを作成するプロシージャー（アドインを組み込んだときに実行される）
メニューを削除するプロシージャー（アドインを解除したときに実行される）

(General)
(Declarations)
Option Explicit
Sub アドインプロシージャー()
MsgBox "アドインで配布したプロシージャーです。"
End Sub
Sub アンインストール()
AddIns("AddInSample").Installed = False
End Sub
Sub Auto_Remove()
End Sub
配布したいプロシージャー
アドインを解除するプロシージャー

関連ワザ 714 アドインを作成する………P.895
関連ワザ 715 作成したアドインを使用する………P.899
関連ワザ 716 メニューからアドインを解除できるようにする………P.901

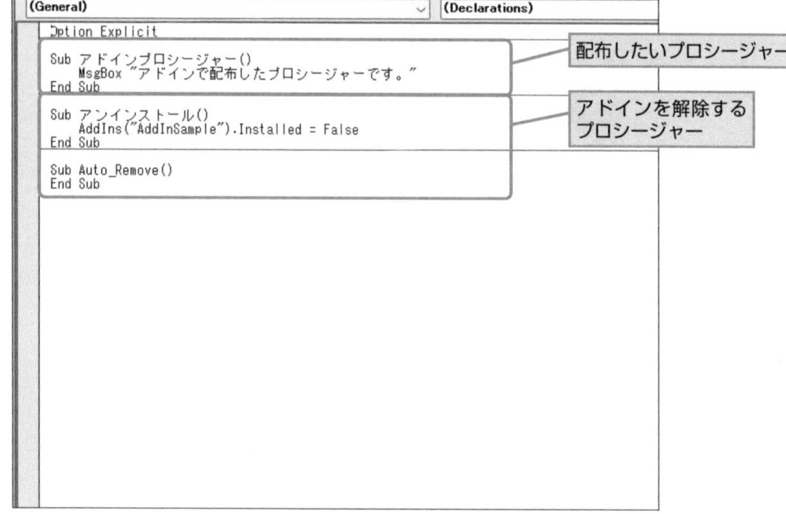

ワザ 714 アドインを作成する

難易度 ●●○ | 頻出度 ●○○ | 対応Ver. 365 2021 2019 2016

アドインを作成するには、配布したいプロシージャー、メニューを作成するプロシージャー、アドインを解除したときにメニューを削除するプロシージャーを作成し、これら3つのプロシージャーを含むブックをアドイン形式で保存します。アドインを組み込んだり解除したりするときに実行されるイベントプロシージャーを使用して作成するので、プロシージャーの作成場所に注意してください。

配布するプロシージャーを作成する

配布するプロシージャーは標準モジュールに記述します。ここでは、メッセージを表示するだけの簡単なプロシージャーを作成します。

入力例　標準モジュール(Module1)に記述　　AddInSample.xlam

```
Sub アドインプロシージャー()
    MsgBox "アドインで配布したプロシージャーです。" ←1
End Sub
```

1「アドインで配布したプロシージャーです。」というメッセージを表示する

メニューを作成するプロシージャーを作成する

配布先のブックに、アドインで配布したプロシージャーを実行するためのメニューを作成するプロシージャーを作成します。メニューを作成するプロシージャーは、ThisWorkbookモジュールのAddinInstallイベントプロシージャーに記述します。AddinInstallイベントプロシージャーは、アドインをブックに組み込んだときに実行されるプロシージャーです。したがって、配布先でブックにアドインを組み込んだときに、アドインを実行するためのメニューが配布先のブックに作成されます。

入力例　ThisWorkbookモジュールに記述　　AddInSample.xlam

```
Private Sub Workbook_AddinInstall() ←1
    Dim myToolBar As CommandBar, myMenu As CommandBarButton
    On Error Resume Next ←2
    Application.CommandBars("アドインツールバー").Delete ←3
    Set myToolBar = Application.CommandBars.Add(Name:="アドインツールバー") ←4
    Set myMenu = myToolBar.Controls.Add(Type:=msoControlButton) ←5
    myMenu.Caption = "アドインプロシージャー実行" ←6
    myMenu.Style = msoButtonCaption ←7
    myMenu.OnAction = "アドインプロシージャー" ←8
    myToolBar.Visible = True ←9
End Sub
```

次のページに続く▶

1アドインをブックに組み込んだときに実行される 2エラーが発生した場合、エラーを無視して次の行のコードを実行するように設定する 3ツールバー［オリジナルツールバー］を削除する 4移動可能なツールバー［オリジナルツールバー］を作成して、変数「myToolBar」に代入する 5変数「myToolBar」に代入したツールバーにサブメニューを持たないメニューを作成し、変数「myMenu」に代入する 6メニューに「アドインプロシージャー実行」という表示名を設定する 7メニューの表示方法として、テキストだけを設定する 8実行させるプロシージャーとして、「アドインプロシージャー」プロシージャーを設定する 9変数「myToolBar」に代入したツールバー［オリジナルツールバー］を表示する

ポイント

- AddinInstallイベントプロシージャーを作成するには、VBEのプロジェクトエクスプローラーで［ThisWorkbook］をダブルクリックし、［オブジェクト］ボックスで［Workbook］、［プロシージャー］ボックスで［AddinInstall］を選択してください。
- アドインを実行するためのツールバーは、アドインを解除するまで表示させておきます。したがって、Addメソッドの引数「Temporary」の設定を省略して、一時的ではないツールバーとして作成します。
- 一時的ではないツールバーを作成した場合、再度同じツールバーを作成しようとすると、同じ名前のツールバーが存在するためにエラーが発生します。したがって、ツールバーを作成する前に、CommandBarオブジェクトのDeleteメソッドで同じ名前のツールバーを削除してエラーを防ぎます。なお、同じ名前のツールバーが存在しない場合、削除しようとした時点でエラーが発生するので、このエラーを無視するために、OnErrorResumeNextステートメントを記述します。

アドインを解除したときにメニューを削除するプロシージャーを作成する

アドインが解除されたら、作成したメニューを削除する必要があります。メニューを削除するプロシージャーは、ThisWorkbookモジュールのAddinUninstallイベントプロシージャーに記述します。AddinUninstallイベントプロシージャーはアドインを解除したときに実行されるプロシージャーです。従って、配布先のブックでアドインが解除されたときに、配布先に作成されたメニューが削除されます。

入力例 ThisWorkbookモジュールに記述  AddInSample.xlam

```
Private Sub Workbook_AddinUninstall()  ←1
    Application.CommandBars("アドインツールバー").Delete  ←2
End Sub
```

1アドインを解除したときに実行される 2ツールバー「アドインツールバー」を削除する

- AddinUninstallイベントプロシージャーを作成するには、VBEのプロジェクトエクスプローラーで［ThisWorkbook］をダブルクリックし、［オブジェクト］ボックスで［Workbook］、［プロシージャー］ボックスで［AddinUninstall］を選択してください。

関連ワザ 713 アドインとは………P.893
関連ワザ 715 作成したアドインを使用する………P.899
関連ワザ 716 メニューからアドインを解除できるようにする………P.901

ブックをアドイン形式で保存する

配布するプロシージャー、メニューを作成するプロシージャー、アドインを解除したときにメニューを削除するプロシージャーを作成したら、プロジェクトにパスワードを設定し、ブックをアドイン形式で保存します。アドインの拡張子は、「.xlam」となります。

1 プロジェクトにパスワードを設定する

1 [ツール] をクリック

2 [VBAProjectのプロパティ] をクリック

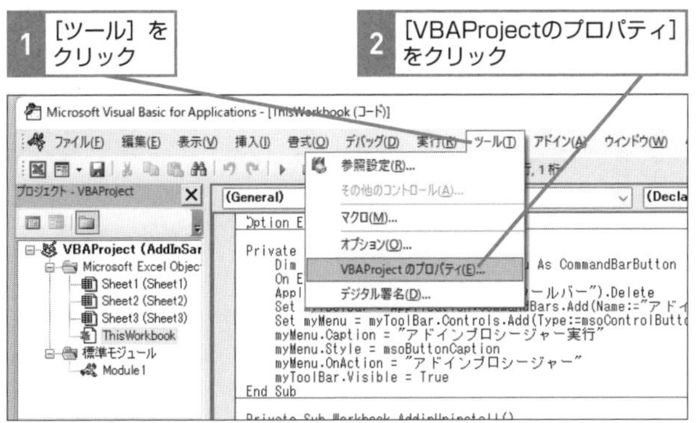

2 プロジェクトのパスワードを入力する

[VBAProject - プロジェクトプロパティ] ダイアログボックスが表示された

1 [保護] タブをクリック

パスワードを入力しないと、プロジェクトを開くことができないように設定する

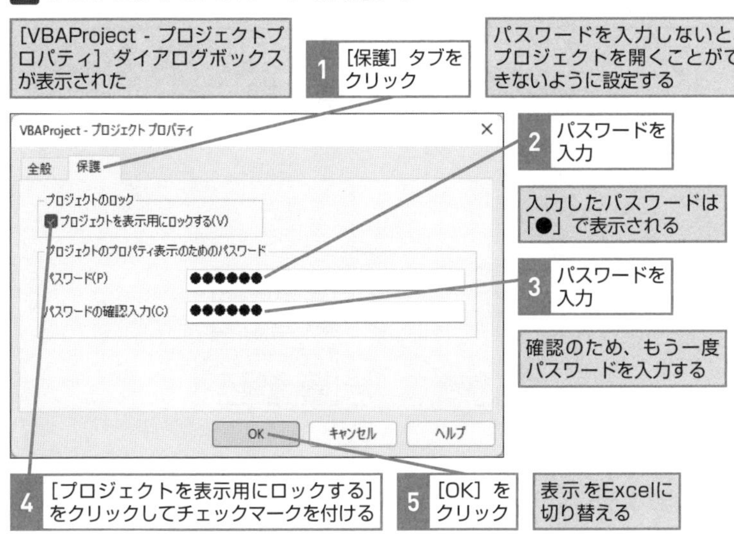

2 パスワードを入力

入力したパスワードは「●」で表示される

3 パスワードを入力

確認のため、もう一度パスワードを入力する

4 [プロジェクトを表示用にロックする] をクリックしてチェックマークを付ける

5 [OK] をクリック

表示をExcelに切り替える

次のページに続く▶

3 ブックをアドイン形式で保存する

1 [ファイル] タブをクリック

2 [名前を付けて保存] をクリック

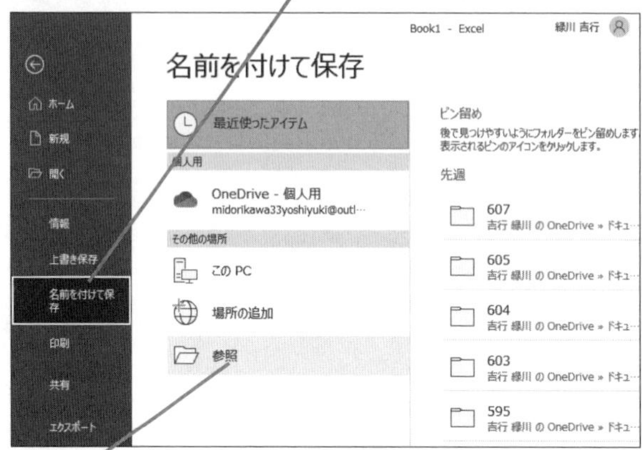

3 [参照] をクリック

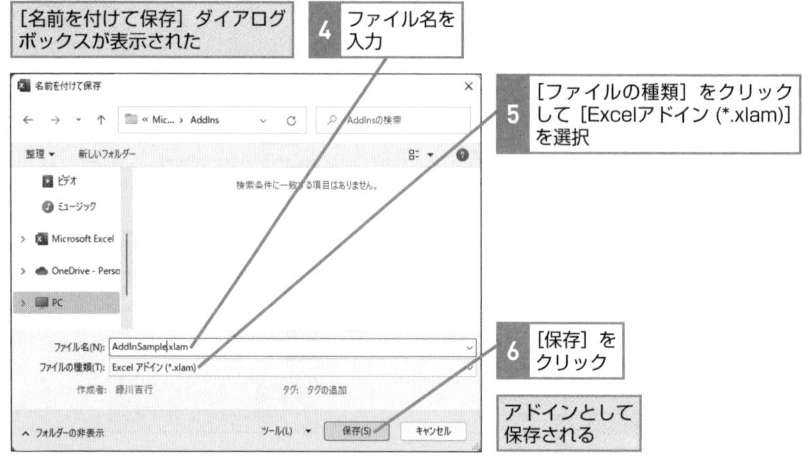

ポイント

- アドインとして配布したプロシージャーが、配布先のユーザーによって勝手に書き換えられないように、プロジェクトにパスワードを設定します。
- 設定したパスワードを忘れてしまうと、コードを表示できないためにメンテナンスできなくなってしまいます。パスワードを設定した場合は、忘れないように管理しましょう。
- 作成したアドインファイルは「C:¥Users¥ユーザー名¥AppData¥Roaming¥Microsoft¥AddIns」に保存されます。保存先を確認するときは、隠しフォルダーを表示する設定にしてください。なお、[Users] フォルダーはエクスプローラー上で「ユーザー」と表示されています。「ユーザー名」はログインしているユーザー名です。

ワザ 715 作成したアドインを使用する

難易度 ●○○ | 頻出度 ●○○ | 対応Ver. 365 2021 2019 2016

作成したアドインは特定のフォルダーに保存され、そのフォルダーに保存されているアドインが［アドイン］ダイアログボックスの［有効なアドイン］の一覧に表示されます。アドインをブックに組み込んだり、解除したりする操作は、この［アドイン］ダイアログボックスから操作します。アドインが保存されているフォルダーのパスについては、ワザ714のポイントを参照してください。なお、サンプル「AddInSample.xlam」を使用する場合は、アドインが保存されるフォルダーへコピーしてから操作してください。

アドインをブックに組み込む

作成したアドインをブックに組み込みます。ここでは、組み込んだときにAddinInstallイベントプロシージャーが実行されて、配布したプロシージャーを実行するためのメニューが作成されます。

1 ［アドイン］ダイアログボックスを表示する

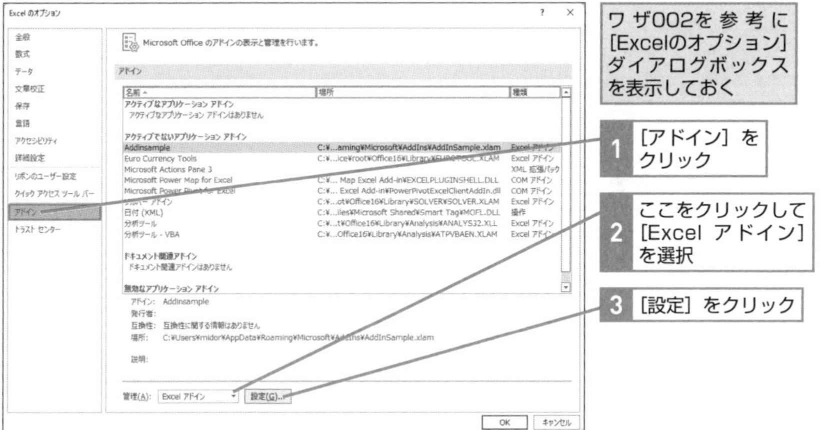

2 組み込むアドインを選択する

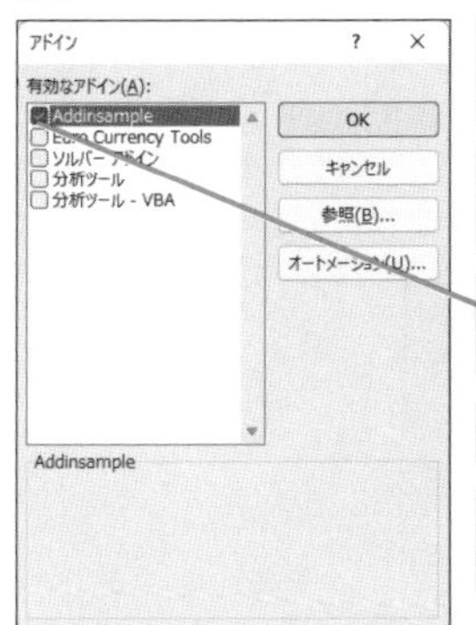

［アドイン］ダイアログボックスが表示された

保存したアドインが［有効なアドイン］の一覧に表示される

1 組み込みたいアドインをクリックしてチェックマークを付ける

2 ［OK］をクリック

アドインが組み込まれ、AddinInstallイベントプロシージャーが実行される

次のページに続く▶

3 プロシージャーを実行する

[アドイン] タブが表示された

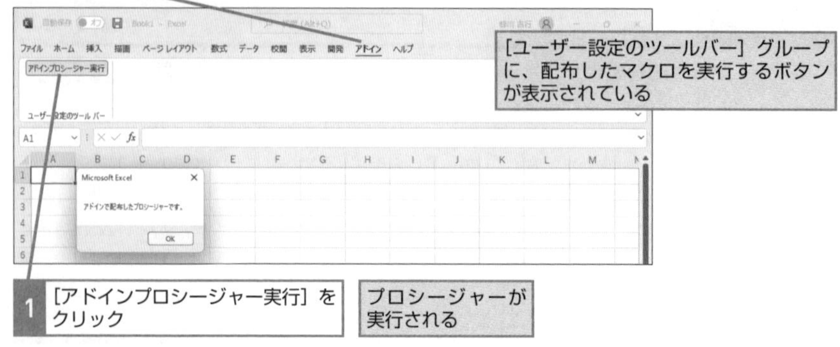

ポイント

- [アドイン]ダイアログボックスの[有効なアドイン]の一覧には、[AddIns]フォルダーに保存された自作のアドインが表示されています。
- 他人が作成したアドインを組み込む場合は、[アドイン]ダイアログボックスの[参照]ボタンをクリックして組み込みたいアドインを選択し、[OK]ボタンをクリックすると[有効なアドイン]の一覧にアドイン名が表示されます。このとき、[有効なアドイン]の一覧は、選択したアドインファイルを直接参照しています。[有効なアドイン]の一覧にアドインを表示したあと、アドインをブックに組み込んだり、解除したりする操作は、この[アドイン]ダイアログボックスから操作します。

アドインを解除する

アドインを解除するには、[アドイン] ダイアログボックスで、解除したいアドインのチェックマークをはずします。[OK] ボタンをクリックすると、アドインのAddinUninstallイベントプロシージャーが実行され、ここでは、作成したツールバー [アドインツールバー] が削除されます。なお、アドインを解除しても、保存したアドインを削除したり、ほかのフォルダーへ移動したりしない限り、[アドイン] ダイアログボックスの [有効なアドイン] の一覧にアドイン名が表示されているので、アドインを再度組み込むことができます。

[アドイン] ダイアログボックスを表示しておく

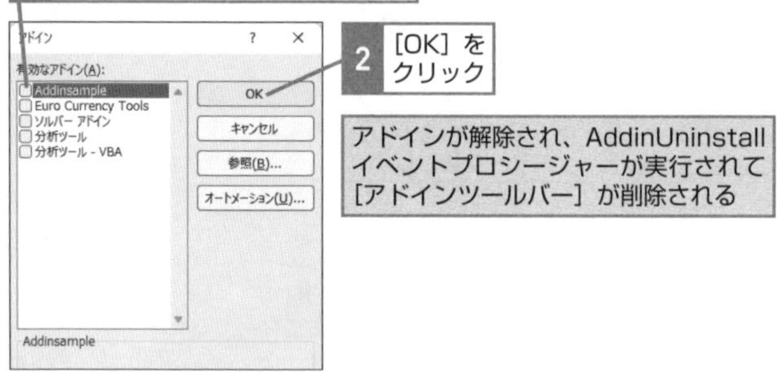

ワザ 716 メニューからアドインを解除できるようにする

難易度 ●●○ | 頻出度 ●○○ | 対応Ver. 365 2021 2019 2016

アドインを解除するメニューを作成しておけば、［アドイン］ダイアログボックスを表示しなくてもアドインを解除できるため、利用する人にとって便利なアドインを作成できます。マクロでアドインを解除するには、AddInsオブジェクトのInstalledプロパティに「False」を設定します。ここでは、ワザ714で紹介した［AddInSample.xlam］に、メニューからアドインを解除するためのプロシージャーを追記します。プロシージャーを追記するアドインの保存場所については、ワザ714のポイントを参照してください。追記済みのサンプルでプロシージャーの動きを確認したい場合は、保存先のアドインを上書きしてください。

メニューからアドインを解除できるようにする

次のページに続く▶

入力例1 標準モジュール(Module1)に記述

 AddInSample.xlam

```
Sub アンインストール()
    AddIns("AddInSample").Installed = False  ←1
End Sub

Sub Auto_Remove()  ←2
End Sub
```

1「AddInSample」アドインをアンインストールする　2何も実行しないAuto_Remove関数を定義しておく

入力例2 ブックモジュール(ThisWorkbook)に記述

```
Private Sub Workbook_AddinInstall()
    Dim myToolBar As CommandBar, myMenu As CommandBarButton
    On Error Resume Next
    Application.CommandBars("アドインツールバー").Delete
    Set myToolBar = Application.CommandBars.Add(Name:="アドインツールバー")
    Set myMenu = myToolBar.Controls.Add(Type:=msoControlButton)
    myMenu.Caption = "アドインプロシージャー実行"
    myMenu.Style = msoButtonCaption
    myMenu.OnAction = "アドインプロシージャー"
    Set myMenu = myToolBar.Controls.Add(Type:=msoControlButton)  ←2 ┐
    myMenu.Caption = "アドインアンインストール"  ←3                 │
    myMenu.Style = msoButtonCaption  ←4                             ├1
    myMenu.OnAction = "アンインストール"  ←5                        ┘
    myToolBar.Visible = True
End Sub
```

1アドインを解除するメニューを作成するために、この4行をAddinInstallイベントプロシージャーに追記する　2変数「myToolBar」に代入したツールバーにサブメニューを持たないメニューを作成し、変数「myMenu」に代入する　3メニューに「アドインアンインストール」という表示名を設定する　4メニューの表示方法として、テキストだけを設定する　5実行させるプロシージャーとして、「アンインストール」プロシージャーを設定する

ポイント

構文　`AddInオブジェクト.Installed`

- アドインをアンインストールするには、Installedプロパティに「False」を設定します。
- Installedプロパティに「False」を設定するとAuto_Remove関数が自動的に呼び出されるため、処理内容を記述していないAuto_Remove関数を標準モジュールに作成しておく必要があります。Auto_Remove関数を記述しておかないと、Installedプロパティに「False」を設定したときにエラーが発生します。
- プロシージャーにコードを追記するためにアドインを開いたとき、画面上には何も表示されません。アドインに作成したプロシージャーを表示するには、VBEを起動してプロジェクトエクスプローラーに表示されているアドインをダブルクリックしてください。パスワードを設定している場合は、パスワードの入力が必要です。

関連ワザ 713 アドインとは………P.893
関連ワザ 714 アドインを作成する………P.895
関連ワザ 715 作成したアドインを使用する………P.899

索引

数字

A

B

C

D

E

F

G

H

I

Q

R

S

T

U

V

読者アンケートにご協力ください！

https://book.impress.co.jp/books/1120101187

このたびは「できるシリーズ」をご購入いただき、ありがとうございます。

本書はWebサイトにおいて皆さまのご意見・ご感想を承っております。

気になったことやお気に召さなかった点、役に立った点など、

皆さまからのご意見・ご感想をお聞かせいただき、

今後の商品企画・制作に生かしていきたいと考えています。

お手数ですが以下の方法で読者アンケートにご回答ください。

ご協力いただいた方には抽選で毎月プレゼントをお送りします！

※プレゼントの内容については、「CLUB Impress」のWebサイト（https://book.impress.co.jp/）をご確認ください。

https://book.impress.co.jp/books/1120101187

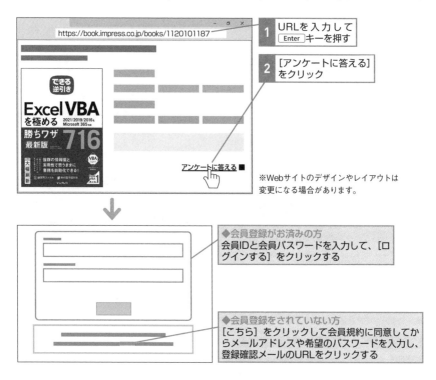

1 URLを入力して Enter キーを押す

2 ［アンケートに答える］をクリック

アンケートに答える

※Webサイトのデザインやレイアウトは変更になる場合があります。

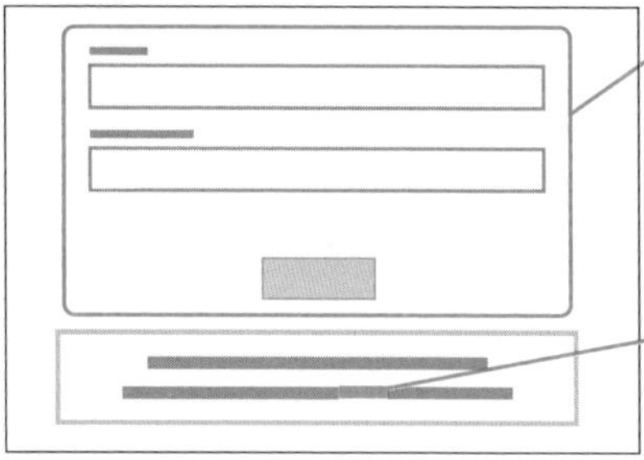

◆会員登録がお済みの方
会員IDと会員パスワードを入力して、［ログインする］をクリックする

◆会員登録をされていない方
［こちら］をクリックして会員規約に同意してからメールアドレスや希望のパスワードを入力し、登録確認メールのURLをクリックする

本書のご感想をぜひお寄せください

https://book.impress.co.jp/books/1120101187

読者登録サービス

アンケート回答者の中から、抽選で**図書カード（1,000円分）**などを毎月プレゼント。
当選者の発表は賞品の発送をもって代えさせていただきます。
※プレゼントの賞品は変更になる場合があります。

◎著者

国本温子（くにもと　あつこ）

テクニカルライター、企業内でワープロ、パソコンなどのOA教育担当後、OfficeやVB、VBAなどのインストラクターや実務経験を経て、フリーのITライターとして書籍の執筆を中心に活動中。主な著書に『できる大事典 Excel VBA 2019/2016/2013&Microsoft 365対応』『できるAccess パーフェクトブック 困った！&便利ワザ大全 2019/2016/2013&Microsoft 365対応』（共著：インプレス）『Excel マクロ&VBA [実践ビジネス入門講座] [完全版]』（SBクリエイティブ）などがある。

緑川吉行（みどりかわ　よしゆき）

Excelを中心とした書籍の企画・執筆・編集に携わった後、プログラマーとしてExcel VBA三昧の日々を過ごす。その後、JavaによるWebアプリケーション開発に携わり、システム開発に関するスキルを磨く。現在は、システムエンジニアやプログラマー向けの研修講師どして活動する一方、ITライターとしても活動中。All Aboutにて「エクセル（Excel）の使い方」「Excel VBAの使い方」「アクセス（Access）の使い方」のガイドを担当している。2008年～2016年にマイクロソフトのMVPアワード（Excel）を受賞。

◎STAFF

カバーデザイン　伊藤忠インタラクティブ株式会社
本文フォーマットデザイン　柏倉真理子
DTP制作　町田有美

編集協力　松本花穂
デザイン制作室　今津幸弘<imazu@impress.co.jp>
　鈴木　薫<suzu-kao@impress.co.jp>
制作担当デスク　柏倉真理子<kasiwa-m@impress.co.jp>

編集制作　高木大地・今井　孝

編集　高橋優海<takah-y@impress.co.jp>
編集長　藤原泰之<fujiwara@impress.co.jp>

■商品に関する問い合わせ先
このたびは弊社商品をご購入いただきありがとうございます。本書の内容などに関するお問い合わせは、下記のURLまたはQRコードにある問い合わせフォームからお送りください。

https://book.impress.co.jp/info/

上記フォームがご利用頂けない場合のメールでの問い合わせ先
info@impress.co.jp

※お問い合わせの際は、書名、ISBN、お名前、お電話番号、メールアドレスに加えて、「該当するページ」と「具体的なご質問内容」「お使いの動作環境」を必ずご明記ください。なお、本書の範囲を超えるご質問にはお答えできないのでご了承ください。

●電話やFAXでのご質問には対応しておりません。また、封書でのお問い合わせは回答までに日数をいただく場合があります。あらかじめご了承ください。

●インプレスブックスの本書情報ページ https://book.impress.co.jp/books/1120101187 では、本書のサポート情報や正誤表・訂正情報などを提供しています。あわせてご確認ください。

●本書の奥付に記載されている初版発行日から3年が経過した場合、もしくは本書で紹介している製品やサービスについて提供会社によるサポートが終了した場合はご質問にお答えできない場合があります。

■落丁・乱丁本などの問い合わせ先
TEL　03-6837-5016　FAX　03-6837-5023
service@impress.co.jp
（受付時間／10:00～12:00、13:00～17:30 土日祝祭日を除く）
※古書店で購入された商品はお取り替えできません。

■書店／販売会社からのご注文窓口
株式会社インプレス 受注センター
TEL　048-449-8040
FAX　048-449-8041

できる逆引き Excel VBAを極める勝ちワザ 716
2021/2019/2016&Microsoft 365対応

2022年3月21日　初版発行

著　者　国本温子・緑川吉行&できるシリーズ編集部

発行人　小川 亨

編集人　高橋隆志

発行所　株式会社インプレス
〒101-0051　東京都千代田区神田神保町一丁目105番地
ホームページ　https://book.impress.co.jp/

本書は著作権法上の保護を受けています。本書の一部あるいは全部について（ソフトウェア及びプログラムを含む）、株式会社インプレスから文書による許諾を得ずに、いかなる方法においても無断で複写、複製することは禁じられています。

Copyright ©2022 Atsuko Kunimoto, Yoshiyuki Midorikawa and Impress Corporation. All rights reserved.

印刷所　　株式会社リーブルテック
ISBN978-4-295-01331-0 C3055

Printed in Japan